# チャート式® 基礎からの 数学C

チャート研究所　編著

## はじめに

**CHART（チャート）とは 何？**

C.O.D.(*The Concise Oxford Dictionary*) には，CHART――Navigator's sea map, with coast outlines, rocks, shoals, *etc.* と説明してある。

海図――浪風荒き問題の海に船出する若き船人に捧げられた海図――問題海の全面をことごとく一眸の中に収め，もっとも安らかな航路を示し，あわせて乗り上げやすい暗礁や浅瀬を一目瞭然たらしめるCHART！　――昭和初年チャート式代数学巻頭言

本書では，この CHART の意義に則り，下に示したチャート式編集方針で

問題の急所がどこにあるか，その解法をいかにして思いつくか

をわかりやすく示すことを主眼としています。

### チャート式編集方針

**1**
基本となる事項を，定義や公式・定理という形で覚えるだけではなく，問題を解くうえで直接に役に立つ形でとらえるようにする。

▶

**2**
問題と基本となる事項の間につながりをつけることを考える――問題の条件を分析して既知の基本事項と結びつけて結論を導き出す。

▶

**3**
問題と基本となる事項を端的にわかりやすく示したものが CHART である。
CHART によって基本となる事項を問題に活かす。

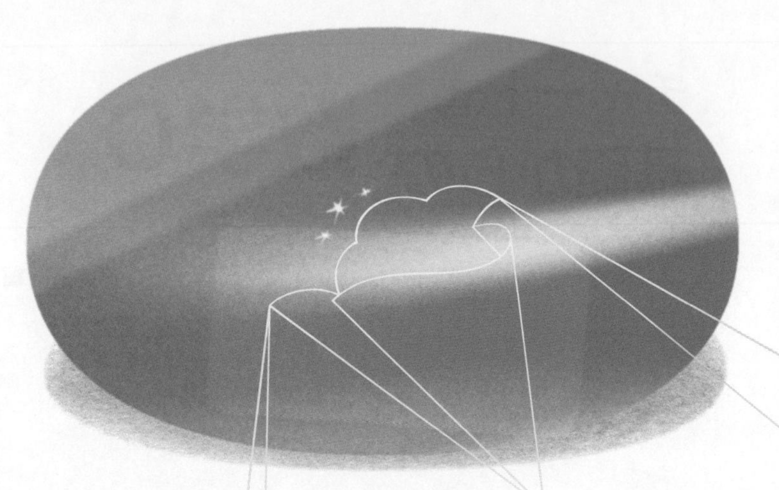

問.

# 「なりたい自分」から、逆算しよう。

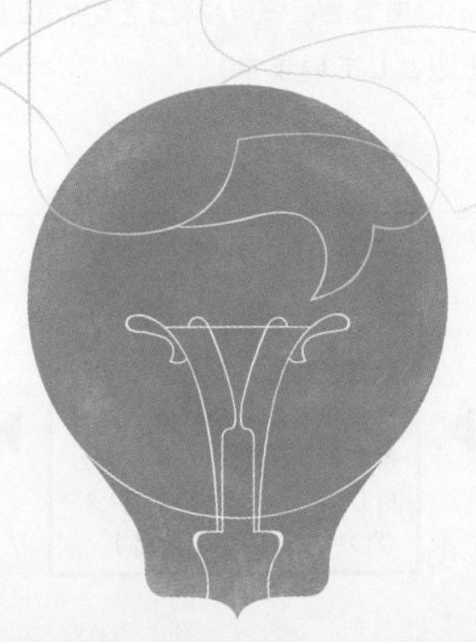

## 数字で表せない成長がある。

チャート式との学びの旅も、いよいよ最終章です。
これまでの旅路を振り返ってみよう。
大きな難題につまづいたり、思い通りの結果が出なかったり、
出口がなかなか見えず焦ることも、たくさんあったはず。
そんな長い学びの旅路の中で、君が得たものは何だろう。
それはきっと、たくさんの公式や正しい解法だけじゃない。
納得いくまで、自分の頭で考え抜く力。
自分の考えを、言葉と数字で表現する力。
難題を恐れず、挑み続ける力。
いまの君には、数学を通して大きな力が身についているはず。

## 磨いているのは「未来の問題」を解く力。

数年後、君はどんな大人になっていたいのだろう?
そのためには、どんな力が必要だろう?
チャート式との学びの先に待っているのは、君が主役の人生。
この先、知識や公式だけでは解けない問題にも直面するだろう。
だからいま、数学を一生懸命学んでほしい。
チャート式と身につけた君の力。
その力こそ、これから訪れる身の回りの小さな問題も、
社会に訪れる大きな難題も乗り越えて、
君が目指すゴールに向かって進み続ける助けになるから。

# その答えが、
# 君の未来を前進させる解になる。

# 本書の構成

**章トビラ**　各章のはじめに，SELECT STUDY とその章で扱う例題の一覧を設けました。SELECT STUDY は，目的に応じ例題を精選して学習する際に活用できます。例題一覧は，各章で掲載している例題の全体像をつかむのに役立ちます。

## 基本事項のページ

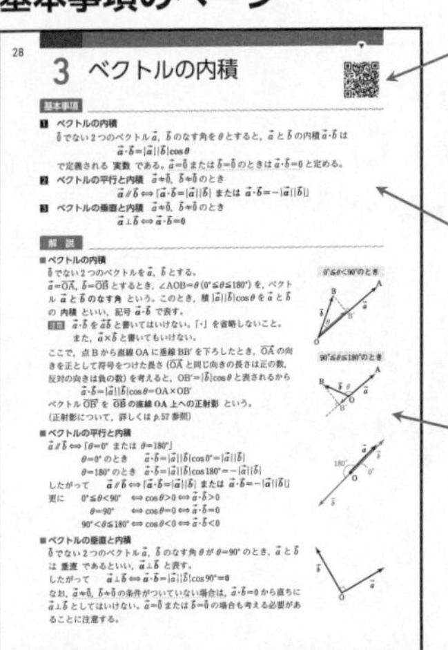

**デジタルコンテンツ**

各節の例題解説動画や，学習を補助するコンテンツにアクセスできます（詳細は，$p.8$ を参照）。

**基本事項**

定理や公式など，問題を解く上で基本となるものをまとめています。

**解説**

用語の説明や，定理・公式の証明なども示してあり，教科書に扱いのないような事柄でも無理なく理解できるようになっています。

## 例題のページ　基本事項などで得た知識を，具体的な問題を通して身につけます。

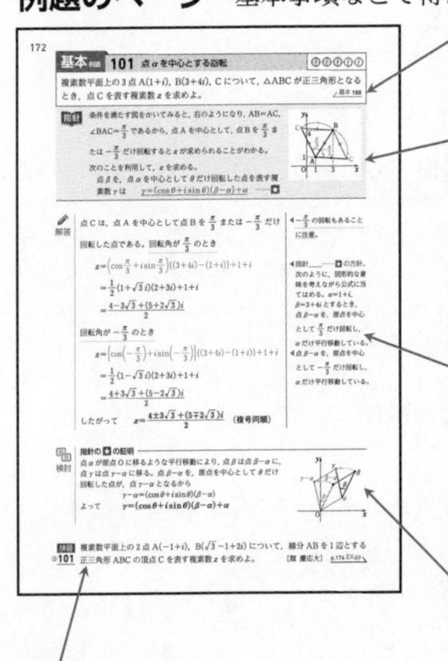

**フィードバック・フォワード**

関連する例題の番号や基本事項のページを示しました。

**指針**

問題のポイントや急所がどこにあるか，問題解法の方針をいかにして立てるかを中心に示しました。この指針が本書の特色であるチャート式の真価を最も発揮しているところです。

**解答**

例題の模範解答例を示しました。側注には適宜解答を補足しています。特に重要な箇所には ★ を付け，指針の対応する部分にも ★ を付けています。解答の流れや考え方がつかみづらい場合には指針を振り返ってみてください。

**検討**

例題に関連する内容などを取り上げました。特に，発展的な内容を扱う検討には，PLUS ONE をつけています。学習の取捨選択の目安として使用できます。

**POINT**

重要な公式やポイントとなる式などを取り上げました。

**練習**

例題の反復問題を1問取り上げました。関連する EXERCISES の番号を示した箇所もあります。

**基本例題** …… 基本事項で得た知識をもとに，基礎力をつけるための問題です。教科書で扱われているレベルの問題が中心です。(◎ 印は 1 個～3 個)

**重要例題** …… 基本例題を更に発展させた問題が中心です。入試対策に向けた，応用力の定着に適した問題がそろっています。(◎ 印は 3 個～5 個)

**演習例題** …… 他の単元の内容が絡んだ問題や，応用度がかなり高い問題を扱う例題です。「関連発展問題」としてまとめて掲載しています。(◎ 印は 3 個～5 個)

## コラム

**まとめ** …… いろいろな場所で学んできた事柄をみやすくまとめています。知識の確認・整理に有効です。

**参考事項，補足事項** …… 学んだ事項を発展させた内容を紹介したり，わかりにくい事柄を掘り下げて説明したりしています。

**ズーム UP** …… 考える力を特に必要とする例題について，更に詳しく解説しています。重要な内容の理解を深めるとともに，**思考力**，**判断力**，**表現力**を高めるのに効果的です。

**振り返り** …… 複数の例題で学んだ解法の特徴を横断的に解説しています。解法を判断するときのポイントについて，理解を深めることができます。

## EXERCISES

各単元末に，例題に関連する問題を取り上げました。

各問題には対応する例題番号を → で示してあり，適宜 HINT もついています(複数の単元に対して EXERCISES を 1 つのみ掲載，という構成になっている場合もあります)。

## 総合演習

巻末に，学習の総仕上げのための問題を，2 部構成で掲載しています。

**第 1 部** …… 例題で学んだことを振り返りながら，思考力を鍛えることができる問題，解説を掲載しています。大学入学共通テスト対策にも役立ちます。

**第 2 部** …… 過去の大学入試問題の中から，入試実践力を高められる問題を掲載しています。

## 索　引

初めて習う数学の用語を五十音順に並べたもので，巻末にあります。

### ●難易度数について

例題，練習・EXERCISES の全問に，全 5 段階の難易度数がついています。

◎○○○○，① …… 教科書の例レベル

◎◎○○○，② …… 教科書の例題レベル

◎◎◎○○，③ …… 教科書の節末，章末レベル

◎◎◎◎○，④ …… 入試の基本～標準レベル

◎◎◎◎◎，⑤ …… 入試の標準～やや難レベル

# 目次

## 第1章　平面上のベクトル



## 第2章　空間のベクトル



## 第3章　複素数平面



## 第4章　式と曲線

# コラムの一覧

# デジタルコンテンツの活用方法

本書では，QR コード*からアクセスできるデジタルコンテンツを豊富に用意しています。これらを活用することで，わかりにくいところの理解を補ったり，学習したことを更に深めたりすることができます。

## ■ 解説動画

本書に掲載している例題の解説動画を配信しています。

数学講師が丁寧に解説しているので，本書と解説動画をあわせて学習することで，例題のポイントを確実に理解することができます。

例えば,

・例題を解いたあとに，その例題の理解を確認したいとき

・例題が解けなかったときや，解説を読んでも理解できなかったとき

といった場面で活用できます。

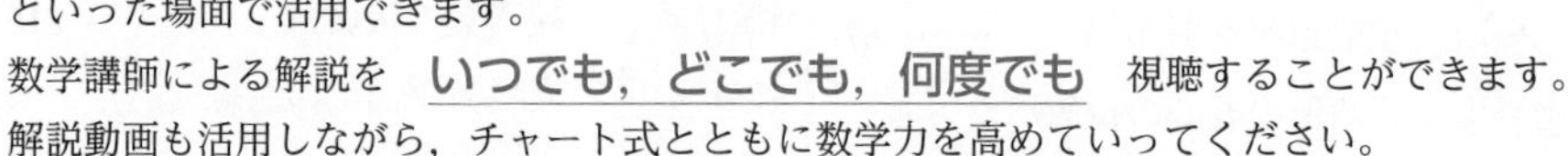

数学講師による解説を **いつでも，どこでも，何度でも** 視聴することができます。
解説動画も活用しながら，チャート式とともに数学力を高めていってください。

## ■ サポートコンテンツ

本書に掲載した問題や解説の理解を深めるための補助的なコンテンツも用意しています。例えば，関数のグラフや図形の動きを考察する例題において，画面上で実際にグラフや図形を動かしてみることで，視覚的なイメージと数式を結びつけて学習できるなど，より深い理解につなげることができます。

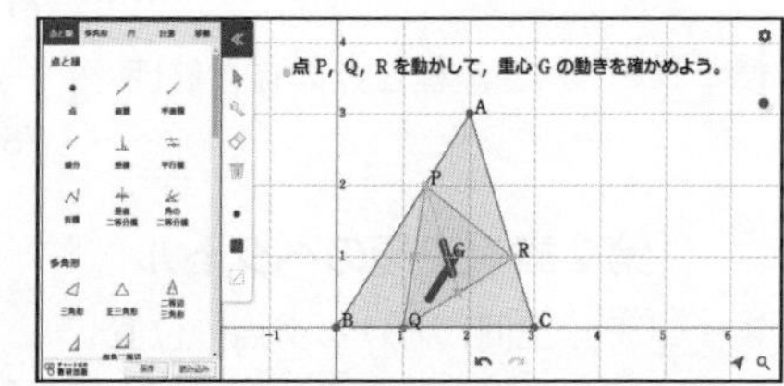


**<デジタルコンテンツのご利用について>**

デジタルコンテンツはインターネットに接続できるコンピュータやスマートフォン等でご利用いただけます。下記の URL，右の QR コード，もしくは「基本事項」のページにある QR コードからアクセスできます。

https://cds.chart.co.jp/books/bajggkd3ve

※追加費用なしにご利用いただけますが，通信料はお客様のご負担となります。Wi-Fi 環境でのご利用をおすすめいたします。学校や公共の場では，マナーを守ってスマートフォンなどをご利用ください。

---

＊ QR コードは，(株)デンソーウェーブの登録商標です。

※ 上記コンテンツは，順次配信予定です。また，画像は制作中のものです。

# 本書の活用方法

## ■ 方法 1「自学自習のため」の活用例

週末・長期休暇などの時間のあるときや受験勉強などで，本書の各ページに順々に取り組む場合は，次のようにして学習を進めるとよいでしょう。

第1ステップ …… 基本事項のページを読み，重要事項を確認。
問題を解くうえでは，知識を整理しておくことが大切。

第2ステップ …… 例題に取り組み解法を習得，練習を解いて理解の確認。

① まず，**例題を自分で解いてみよう。**

➡何もわからなかったら，指針を読んで糸口をつかもう。

② 指針を読んで，**解法やポイントを確認** し，自分の解答と見比べよう。
〈$+\alpha$〉**検討** を読んで応用力を身につけよう。

➡ポイントを見抜く力をつけるために，指針は必ず読もう。また，解答の右の◀も理解の助けになる。

③ **練習** に取り組んで，そのページで学習したことを**再確認** しよう。

➡わからなかったら，指針をもう一度読み返そう。

第3ステップ …… EXERCISES のページで腕試し。
例題のページの勉強がひと通り終わったら取り組もう。

## ■ 方法 2「解法を調べるため」の活用例 （解法の辞書としての使い方）

どうやって解いたらいいかわからない問題が出てきたときは，同じ(似た)タイプの例題があるページを本書で探し，解法をまねる ことを考えてみましょう。

同じ(似た)タイプの例題があるページを見つけるには

目次 (*p*.6) や 例題一覧 (各章の始め) を利用するとよいでしょう。

大切なこと 解法を調べる際，解答を読むだけでは実力は定着しません。

指針もしっかり読んで，その問題の急所やポイントをつかんでおく ことを意識すると，実力の定着につながります。

## ■ 方法 3「目的に応じた学習のため」の活用例

短期間で取り組みたいときや，順々に取り組む時間がとれないときは，目的に応じた例題を選んで学習する ことも1つの方法です。例題の種類（基本，重要，演習）や章トビラの SELECT STUDY を参考に，目的に応じた問題に取り組むとよいでしょう。

**問題数**
**1. 例題 179**
（基本 127，重要 36，演習 16）
**2. 練習 179　3. EXERCISES 121**
**4. 総合演習 第1部 3，第2部 30**
[1.～4. の合計 512]

## まとめ　三角関数のいろいろな公式（数学Ⅱ）

数学Ⅱの「三角関数」で学んださまざまな公式は，数学Cを学ぶうえでよく利用されるため，ここに掲載しておく。公式の再確認のためのページとして活用して欲しい。
（符号が紛らわしいものも多いので注意！）

1　半径が $r$，中心角が $\theta$（ラジアン）である扇形の

弧の長さは　$l=r\theta$，面積は　$S=\dfrac{1}{2}r^2\theta=\dfrac{1}{2}rl$

2　**相互関係**　$\tan\theta=\dfrac{\sin\theta}{\cos\theta}$　$\sin^2\theta+\cos^2\theta=1$　$1+\tan^2\theta=\dfrac{1}{\cos^2\theta}$

$-1\leqq\sin\theta\leqq1$　$-1\leqq\cos\theta\leqq1$

3　**三角関数の性質**　複号同順とする。

$\sin(-\theta)=-\sin\theta$　$\cos(-\theta)=\cos\theta$　$\tan(-\theta)=-\tan\theta$

$\sin(\pi\pm\theta)=\mp\sin\theta$　$\cos(\pi\pm\theta)=-\cos\theta$　$\tan(\pi\pm\theta)=\pm\tan\theta$

$\sin\left(\dfrac{\pi}{2}\pm\theta\right)=\cos\theta$　$\cos\left(\dfrac{\pi}{2}\pm\theta\right)=\mp\sin\theta$　$\tan\left(\dfrac{\pi}{2}\pm\theta\right)=\mp\dfrac{1}{\tan\theta}$

4　**加法定理**　複号同順とする。

$\sin(\alpha\pm\beta)=\sin\alpha\cos\beta\pm\cos\alpha\sin\beta$

$\cos(\alpha\pm\beta)=\cos\alpha\cos\beta\mp\sin\alpha\sin\beta$

$\tan(\alpha\pm\beta)=\dfrac{\tan\alpha\pm\tan\beta}{1\mp\tan\alpha\tan\beta}$

5　**2倍角の公式**　導き方　加法定理の式で，$\beta=\alpha$ とおく。

$\sin2\alpha=2\sin\alpha\cos\alpha$

$\cos2\alpha=\cos^2\alpha-\sin^2\alpha=1-2\sin^2\alpha=2\cos^2\alpha-1$

$\tan2\alpha=\dfrac{2\tan\alpha}{1-\tan^2\alpha}$

6　**半角の公式**　導き方　cos の2倍角の公式を変形して，$\alpha$ を $\dfrac{\alpha}{2}$ とおく。

$\sin^2\dfrac{\alpha}{2}=\dfrac{1-\cos\alpha}{2}$　$\cos^2\dfrac{\alpha}{2}=\dfrac{1+\cos\alpha}{2}$　$\tan^2\dfrac{\alpha}{2}=\dfrac{1-\cos\alpha}{1+\cos\alpha}$

7　**3倍角の公式**　導き方　$3\alpha=2\alpha+\alpha$ として，加法定理と2倍角の公式を利用。

$\sin3\alpha=3\sin\alpha-4\sin^3\alpha$　$\cos3\alpha=-3\cos\alpha+4\cos^3\alpha$

8　**積 ⟶ 和の公式**

$\sin\alpha\cos\beta=\dfrac{1}{2}\{\sin(\alpha+\beta)+\sin(\alpha-\beta)\}$

$\cos\alpha\sin\beta=\dfrac{1}{2}\{\sin(\alpha+\beta)-\sin(\alpha-\beta)\}$

$\cos\alpha\cos\beta=\dfrac{1}{2}\{\cos(\alpha+\beta)+\cos(\alpha-\beta)\}$

$\sin\alpha\sin\beta=-\dfrac{1}{2}\{\cos(\alpha+\beta)-\cos(\alpha-\beta)\}$

9　**和 ⟶ 積の公式**

$\sin A+\sin B=2\sin\dfrac{A+B}{2}\cos\dfrac{A-B}{2}$

$\sin A-\sin B=2\cos\dfrac{A+B}{2}\sin\dfrac{A-B}{2}$

$\cos A+\cos B=2\cos\dfrac{A+B}{2}\cos\dfrac{A-B}{2}$

$\cos A-\cos B=-2\sin\dfrac{A+B}{2}\sin\dfrac{A-B}{2}$

10　**三角関数の合成**

$a\sin\theta+b\cos\theta=\sqrt{a^2+b^2}\sin(\theta+\alpha)$　ただし　$\sin\alpha=\dfrac{b}{\sqrt{a^2+b^2}}$，$\cos\alpha=\dfrac{a}{\sqrt{a^2+b^2}}$

数学C 第1章

# 平面上のベクトル 1

1 ベクトルの演算
2 ベクトルの成分
3 ベクトルの内積
4 位置ベクトル，ベクトルと図形
5 ベクトル方程式

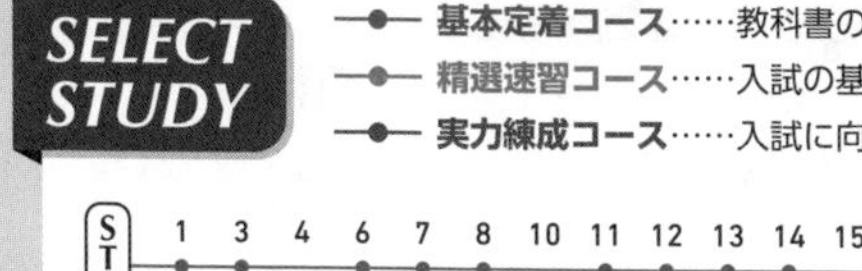


**基本定着コース**……教科書の基本事項を確認したいきみに
**精選速習コース**……入試の基礎を短期間で身につけたいきみに
**実力練成コース**……入試に向け実力を高めたいきみに

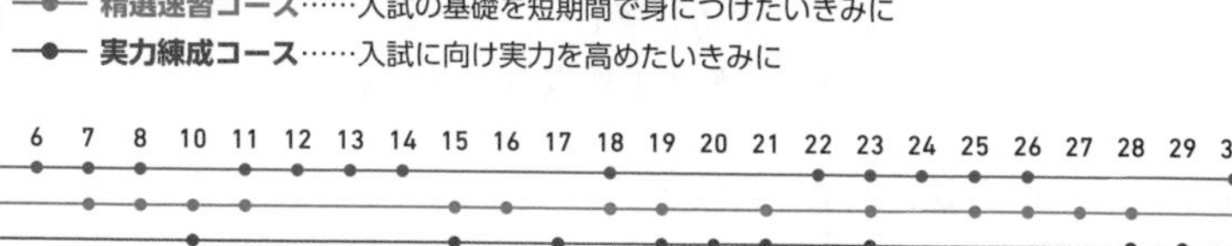


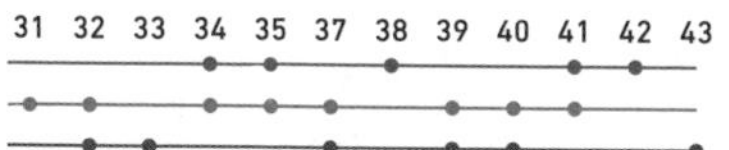

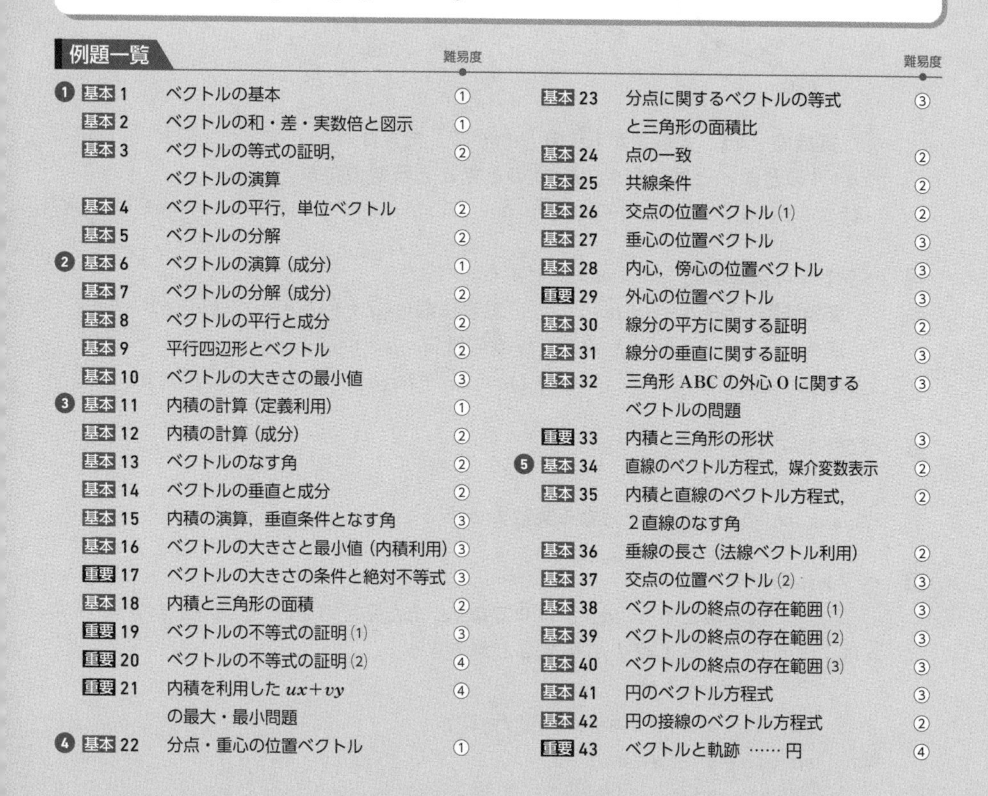

## 例題一覧

# 1 ベクトルの演算

## 基本事項

### 1 有向線分とベクトル

**有向線分 AB**　始点 A から終点 B に向かう向きを指定した線分

**ベクトル**　向きと大きさだけで定まる量

$\vec{a}=\overrightarrow{\mathrm{AB}}$　$\vec{a}$ は有向線分 AB の表すベクトル

$\vec{a}$ **の大きさ** $|\vec{a}|$　$\vec{a}$ を表す有向線分の長さ

**単位ベクトル**　大きさが 1 であるベクトル

**ベクトルの相等** $\vec{a}=\vec{b}$　$\vec{a}$ と $\vec{b}$ の向きが同じで，大きさが等しい。

**逆ベクトル** $-\vec{a}$　$\vec{a}$ と大きさが等しく，向きが反対のベクトル　$-\overrightarrow{\mathrm{AB}}=\overrightarrow{\mathrm{BA}}$

**零ベクトル** $\vec{0}$　有向線分の始点と終点が一致　$\overrightarrow{\mathrm{AA}}=\vec{0}$，$|\vec{0}|=0$，向きは考えない。

### 2 ベクトルの加法，減法，実数倍

① **和**　$\vec{a}+\vec{b}$　$\overrightarrow{\mathrm{OA}}+\overrightarrow{\mathrm{AC}}=\overrightarrow{\mathrm{OC}}$　　② **差**　$\vec{a}-\vec{b}=\vec{a}+(-\vec{b})$　$\overrightarrow{\mathrm{OA}}-\overrightarrow{\mathrm{OB}}=\overrightarrow{\mathrm{BA}}$

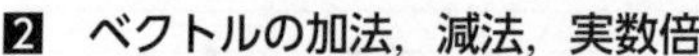

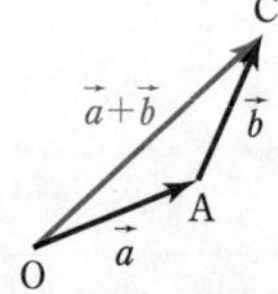


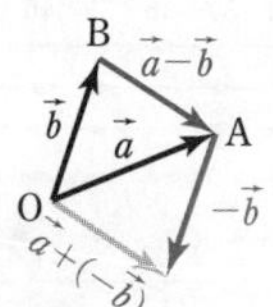


③ **実数倍**　$k\vec{a}$　**大きさが** $|\vec{a}|$ **の** $|k|$ **倍** で，**向きは**

$k>0$ **のとき** $\vec{a}$ **と同じ向き**，$k<0$ **のとき** $\vec{a}$ **と反対の向き**

特に　$1\vec{a}=\vec{a}$，$(-1)\vec{a}=-\vec{a}$，$0\vec{a}=\vec{0}$

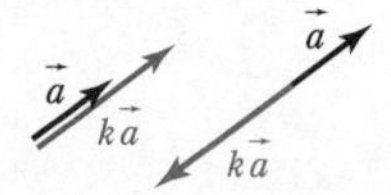


### 3 ベクトルの演算法則　$k$，$l$ を実数とする。

1　**交換法則**　$\vec{a}+\vec{b}=\vec{b}+\vec{a}$　　2　**結合法則**　$(\vec{a}+\vec{b})+\vec{c}=\vec{a}+(\vec{b}+\vec{c})$

3　**逆ベクトル**　$\vec{a}+(-\vec{a})=\vec{0}$　　4　$\vec{0}$ **の性質**　$\vec{a}+\vec{0}=\vec{0}+\vec{a}=\vec{a}$

5　$k(l\vec{a})=(kl)\vec{a}$　　6　$(k+l)\vec{a}=k\vec{a}+l\vec{a}$　　7　$k(\vec{a}+\vec{b})=k\vec{a}+k\vec{b}$

### 4 ベクトルの平行

$\vec{a}\neq\vec{0}$，$\vec{b}\neq\vec{0}$ のとき

$$\vec{a}\parallel\vec{b} \iff \vec{b}=k\vec{a} \text{ となる実数 } k \text{ がある}$$

### 5 ベクトルの分解

$s$，$t$，$s'$，$t'$ は実数とする。$\vec{a}$，$\vec{b}$ **は** $\vec{0}$ **でなく，また平行でない** とき，任意のベクトル $\vec{p}$ は，次の形に**ただ 1 通り** に表すことができる。

$$\vec{p}=s\vec{a}+t\vec{b}$$

また　$s\vec{a}+t\vec{b}=s'\vec{a}+t'\vec{b} \iff s=s',\ t=t'$

特に　$s\vec{a}+t\vec{b}=\vec{0} \iff s=0,\ t=0$

## 解 説

### ■ 有向線分とベクトル

線分 AB に点 A から点 B への向きをつけて考えるとき，これを **有向線分 AB** といい，A をその **始点**，B を **終点** という。

有向線分は位置と，向きおよび大きさで定まるのに対して，その位置を問題にしないで，向きと大きさだけで定まる量を **ベクトル** という。有向線分 AB で表されるベクトルを $\overrightarrow{\mathbf{AB}}$ と書き表す。また，ベクトルは 1 つの文字と矢印を用いて，$\vec{\boldsymbol{a}}$，$\vec{\boldsymbol{b}}$ のように表すこともある。

◀ベクトルを表す有向線分は，始点をどこにとってもよい。

### ■ ベクトルの差 〔$p$.12 **2** ② の図を参照〕

$\vec{b}+\overrightarrow{\mathrm{BA}}=\vec{a}$ であるから，$\overrightarrow{\mathrm{BA}}$ を $\vec{a}$ から $\vec{b}$ を引いた **差** といい，$\vec{a}-\vec{b}$ で表す。

図から，$\vec{\boldsymbol{a}}-\vec{\boldsymbol{b}}=\vec{\boldsymbol{a}}+(-\vec{\boldsymbol{b}})$ が成り立つことがわかる。

### ■ ベクトルの演算法則

それぞれ，次のような図をかいて確かめることができる。

1　$\vec{a}+\vec{b}=\vec{b}+\vec{a}$　　2　$(\vec{a}+\vec{b})+\vec{c}=\vec{a}+(\vec{b}+\vec{c})$　　7　$k(\vec{a}+\vec{b})=k\vec{a}+k\vec{b}$

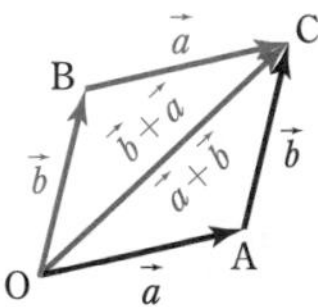


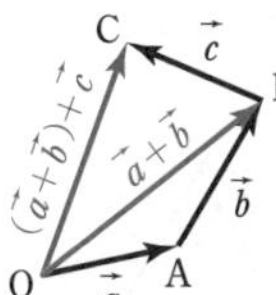


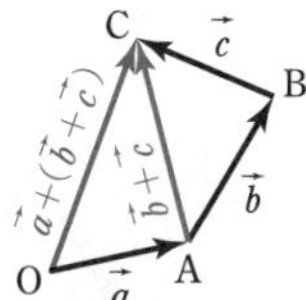


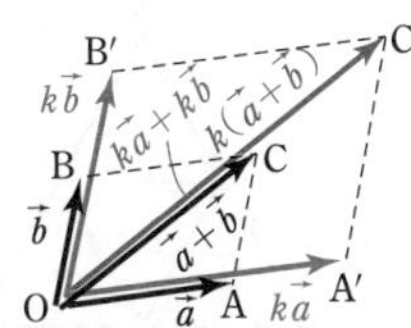


また，2 のベクトルを単に $\vec{\boldsymbol{a}}+\vec{\boldsymbol{b}}+\vec{\boldsymbol{c}}$，5 のベクトルを単に $\boldsymbol{kl}\vec{\boldsymbol{a}}$ と書く。

### ■ ベクトルの平行

$\vec{0}$ でない 2 つのベクトル $\vec{a}$，$\vec{b}$ の向きが同じであるか，または反対であるとき，$\vec{a}$ と $\vec{b}$ は **平行** であるといい $\vec{\boldsymbol{a}}\mathbin{/\!/}\vec{\boldsymbol{b}}$ と書く。

ベクトルの平行条件は，ベクトルの実数倍の定義 ($p$.12 **2** ③)から，明らかである。

なお，$\vec{a}\neq\vec{0}$，$\vec{b}\neq\vec{0}$ から，$\boldsymbol{k}\neq\mathbf{0}$ である。

**注意**　$\vec{a}$ と $\vec{b}$ が平行でないことを $\vec{\boldsymbol{a}}\not\parallel\vec{\boldsymbol{b}}$ で表す。

$k>0$ のとき 同じ向きに平行　　$\vec{b}=k\vec{a}$

$k<0$ のとき 反対の向きに平行　　$\vec{b}=k\vec{a}$

### ■ ベクトルの分解

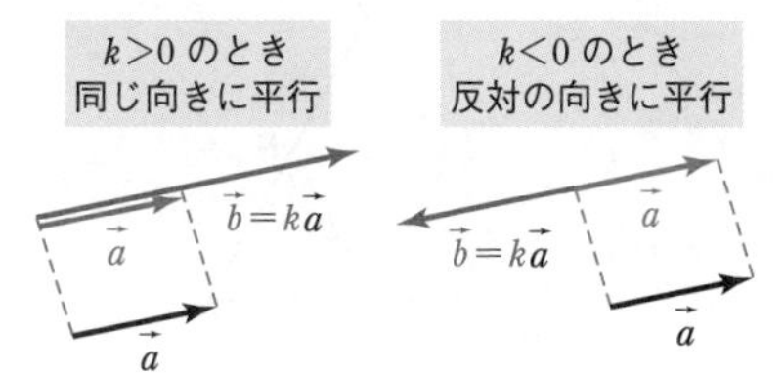

右の図のように，$\vec{a}=\overrightarrow{\mathrm{OA}}$，$\vec{b}=\overrightarrow{\mathrm{OB}}$，$\vec{p}=\overrightarrow{\mathrm{OP}}$ とし，点 P を通り，直線 OB，OA に平行な直線が，直線 OA，OB と交わる点をそれぞれ A′，B′ とする。

$$\overrightarrow{\mathrm{OP}}=\overrightarrow{\mathrm{OA'}}+\overrightarrow{\mathrm{OB'}}$$

であり，$\overrightarrow{\mathrm{OA'}}=s\vec{a}$，$\overrightarrow{\mathrm{OB'}}=t\vec{b}$ となる実数 $s$，$t$ があるから

$\vec{p}=s\vec{a}+t\vec{b}$ …… ① と表される。

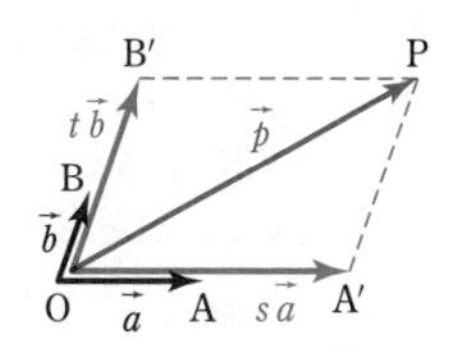

また，点 A′ は直線 OA 上に，点 B′ は直線 OB 上にあるから，実数 $s$，$t$ はただ 1 通りに定まり，① の表し方はただ 1 通りである。

① のような表し方を，$\vec{p}$ の $\vec{a}$，$\vec{b}$ 2 方向への **分解** という。

◀$p$.22 基本例題 **7** の 検討 も参照。

# 基本例題 1 ベクトルの基本

①①①①①

1辺の長さが2である正三角形ABCにおいて，辺AB，BC，CAそれぞれの中点をL，M，Nとする。6点A，B，C，L，M，Nを使って表されるベクトルのうち，次のものをすべて求めよ。

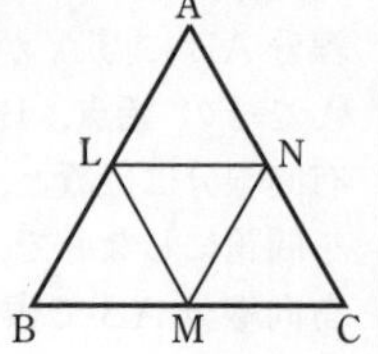


(1) $\overrightarrow{AL}$ と等しいベクトル

(2) $\overrightarrow{AB}$ と向きが同じベクトル　(3) $\overrightarrow{MN}$ の逆ベクトル

(4) $\overrightarrow{BC}$ に平行で大きさが1のベクトル

p.12 基本事項 1

**指針** (1) **等しいベクトル …… 向きが同じで，大きさが等しい**

(3) **逆ベクトル** とは，**向きが反対で，大きさが等しいベクトル** のことである。

なお，△ALN，△LBMなどは正三角形であり，四角形ALMN，四角形LBMNなどはひし形（平行四辺形）であることに注意する。

**解答**

(1) $\overrightarrow{\mathbf{LB}}$，$\overrightarrow{\mathbf{NM}}$

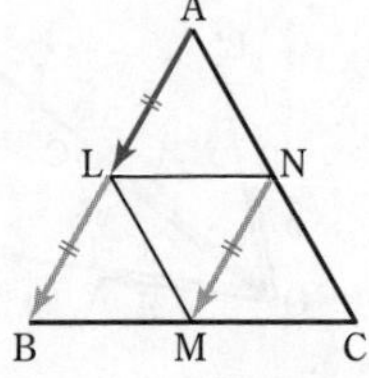


(2) $\overrightarrow{\mathbf{AL}}$，$\overrightarrow{\mathbf{LB}}$，$\overrightarrow{\mathbf{NM}}$

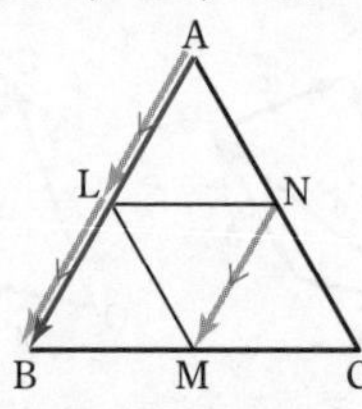


◀ $\overrightarrow{AB} /\!/ \overrightarrow{NM}$ に注意。

(3) $\overrightarrow{\mathbf{NM}}$，$\overrightarrow{\mathbf{LB}}$，$\overrightarrow{\mathbf{AL}}$

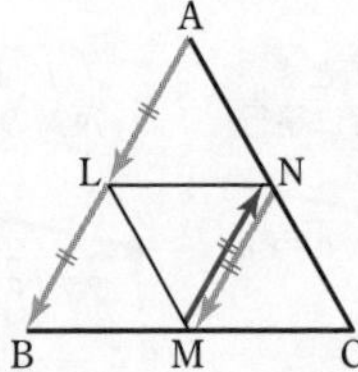


(4) $\overrightarrow{\mathbf{LN}}$，$\overrightarrow{\mathbf{BM}}$，$\overrightarrow{\mathbf{MC}}$，
$\overrightarrow{\mathbf{NL}}$，$\overrightarrow{\mathbf{MB}}$，$\overrightarrow{\mathbf{CM}}$

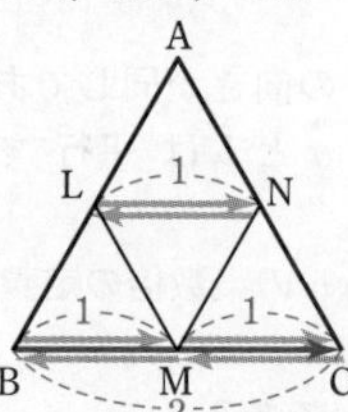


(3) 逆ベクトルは，向きが反対で，大きさが等しいベクトル。$\overrightarrow{NM}$ を忘れずに。

(4) 辺BCの長さは2
$\overrightarrow{BC}$ と同じ向き，逆向き両方の場合がある。

**検討** **等しいベクトルと平行四辺形**

右の図において，$\overrightarrow{AB}=\overrightarrow{DC}$ であるとき，AB∥DC，AB=DCであるから，四角形ABCDは平行四辺形である。このように，直線ABが直線CD上にないとき，$\overrightarrow{\mathbf{AB}}=\overrightarrow{\mathbf{DC}}$ **ならば，四角形ABCDは平行四辺形** である。

また，**四角形ABCDが平行四辺形** $\Longrightarrow$ $\overrightarrow{\mathbf{AB}}=\overrightarrow{\mathbf{DC}}$ がいえる。

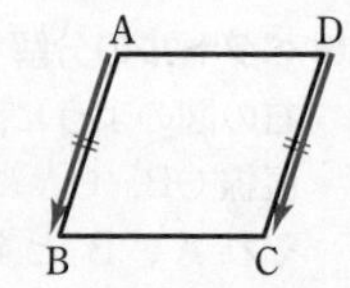


**練習 ① 1** 1辺の長さが1である正六角形ABCDEFの6頂点と，対角線AD，BEの交点Oを使って表されるベクトルのうち，次のものをすべて求めよ。

(1) $\overrightarrow{AB}$ と等しいベクトル　(2) $\overrightarrow{OA}$ と向きが同じベクトル

(3) $\overrightarrow{AC}$ の逆ベクトル　(4) $\overrightarrow{AF}$ に平行で大きさが2のベクトル

## 基本例題 2 ベクトルの和・差・実数倍と図示

右の図で与えられた3つのベクトル $\vec{a}$, $\vec{b}$, $\vec{c}$ について，次のベクトルを図示せよ。

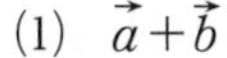

(1) $\vec{a}+\vec{b}$　(2) $\vec{b}-\vec{a}$
(3) $2\vec{a}$　(4) $-3\vec{b}$　(5) $\vec{a}+3\vec{b}-2\vec{c}$

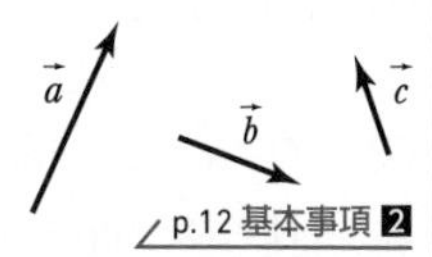


p.12 基本事項 2

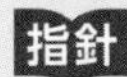

**指針** (1) **和 $\vec{a}+\vec{b}$ の図示** $\vec{b}$ を平行移動して，$\vec{a}$ **の終点と** $\vec{b}$ **の始点を重ねて三角形を作り，** $\vec{a}$ の始点と $\vec{b}$ の終点を結んだベクトルを考える。

(2) **差 $\vec{b}-\vec{a}$ の図示** $\vec{a}$ を平行移動して，$\vec{b}$ **と** $\vec{a}$ **の始点を重ねて三角形を作り，** $\vec{a}$ と $\vec{b}$ の終点を結んだベクトルを考える。

(3), (4) **ベクトルの実数倍 $k\vec{a}$ の図示 大きさは $|\vec{a}|$ の $|k|$ 倍。向きは $k$ の符号で判断。** ⟶ $k>0$ なら $\vec{a}$ と同じ向き，$k<0$ なら $\vec{a}$ と反対の向き。

(5) $\vec{a}+3\vec{b}+(-2\vec{c})$ とみて，ベクトル $\vec{a}$, $3\vec{b}$, $-2\vec{c}$ の和として図示する。

**CHART** ベクトルの和　終点と始点を重ねる
ベクトルの差　始点どうしを重ねる

**解答** 求めるベクトルは，次の **図の赤色のベクトル** である。

(1)

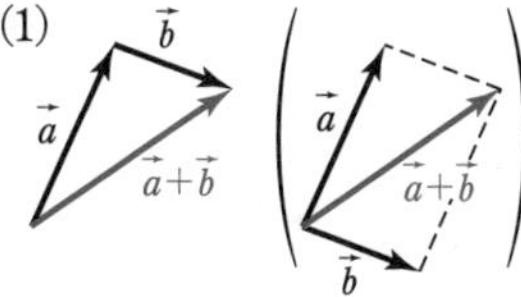


(2)

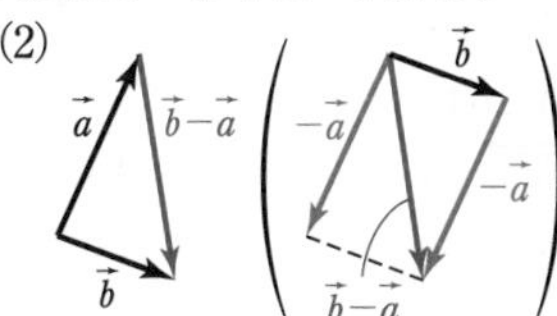


(3) (4)

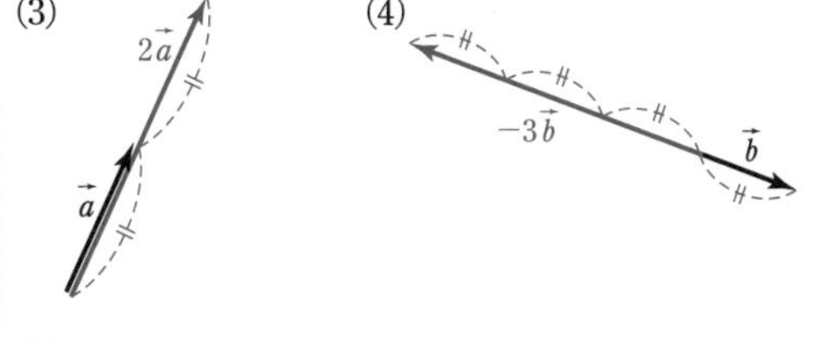


(5)

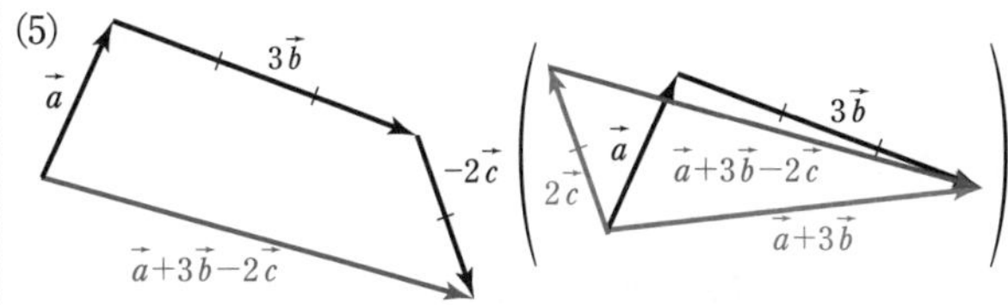


**検討 （ ）内の図**

(1) $\vec{a}$, $\vec{b}$ **の始点を重ねて，平行四辺形を作り，その対角線を考える。**

(2) $\vec{b}+(-\vec{a})$ **とみて，和 $\vec{b}+(-\vec{a})$ を図示。**

(5) $(\vec{a}+3\vec{b})-2\vec{c}$ **とみて，差 $(\vec{a}+3\vec{b})-2\vec{c}$ を図示。**

(3) 向きは $\vec{a}$ と同じ，大きさは $|\vec{a}|$ の2倍。

(4) 向きは $\vec{b}$ と反対，大きさは $|\vec{b}|$ の3倍。

**注意** 本書では，有向線分の始点・終点を，便宜上ベクトルの始点・終点と呼んでいる。

**練習 ① 2** 上の例題の $\vec{a}$, $\vec{b}$, $\vec{c}$ について，ベクトル $\vec{a}+2\vec{b}$, $2\vec{a}-\vec{b}$, $2\vec{a}+\vec{b}-\vec{c}$ を図示せよ。

## 基本例題 3 ベクトルの等式の証明，ベクトルの演算 ①①①①①

(1) 次の等式が成り立つことを証明せよ。

$$\overrightarrow{AB}+\overrightarrow{EC}+\overrightarrow{FD}=\overrightarrow{EB}+\overrightarrow{FC}+\overrightarrow{AD}$$

(2) (ア) $\vec{x}=2\vec{a}-3\vec{b}-\vec{c}$，$\vec{y}=-4\vec{a}+5\vec{b}-3\vec{c}$ のとき，$\vec{x}-\vec{y}$ を $\vec{a}$，$\vec{b}$，$\vec{c}$ で表せ。

(イ) $4\vec{x}-3\vec{a}=\vec{x}+6\vec{b}$ を満たす $\vec{x}$ を $\vec{a}$，$\vec{b}$ で表せ。

(ウ) $3\vec{x}+\vec{y}=\vec{a}$，$5\vec{x}+2\vec{y}=\vec{b}$ を満たす $\vec{x}$，$\vec{y}$ を $\vec{a}$，$\vec{b}$ で表せ。

p.12 基本事項 2，3

(1) ベクトルの等式の証明は，通常の等式の証明と同じ要領で行う。ここでは，(左辺)−(右辺)を変形して $=\vec{0}$ となることを示す。
ベクトルの計算では，右の変形がポイントとなる。

合成 $\overrightarrow{P\square}+\overrightarrow{\square Q}=\overrightarrow{PQ}$，$\overrightarrow{\square Q}-\overrightarrow{\square P}=\overrightarrow{PQ}$
分割 $\overrightarrow{PQ}=\overrightarrow{P\square}+\overrightarrow{\square Q}$，$\overrightarrow{PQ}=\overrightarrow{\square Q}-\overrightarrow{\square P}$
向き変え $\overrightarrow{PQ}=-\overrightarrow{QP}$
$\overrightarrow{PP}=\vec{0}$ … 同じ文字が並ぶと $\vec{0}$

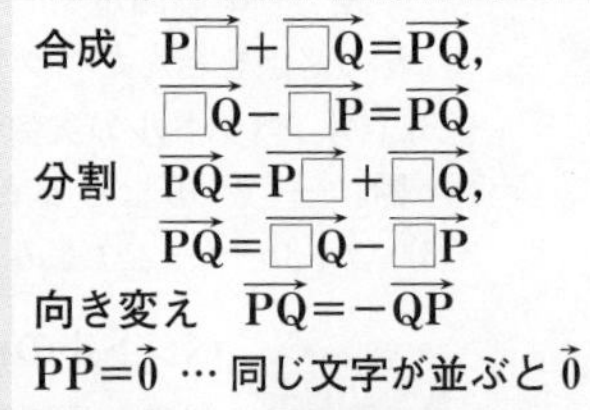

(2) ベクトルの加法，減法，実数倍については，**数式と同じような計算法則が成り立つ。**

(ア) $x=2a-3b-c$，$y=-4a+5b-3c$ のとき，$x-y$ を $a$，$b$，$c$ で表す要領で。

(イ) 方程式 $4x-3a=x+6b$ (ウ) 連立方程式 $3x+y=a$，$5x+2y=b$ を解く要領で。

**解答**

(1) $\overrightarrow{AB}+\overrightarrow{EC}+\overrightarrow{FD}-(\overrightarrow{EB}+\overrightarrow{FC}+\overrightarrow{AD})$ ◀(左辺)−(右辺)

$=\overrightarrow{AB}+\overrightarrow{EC}+\overrightarrow{FD}-\overrightarrow{EB}-\overrightarrow{FC}-\overrightarrow{AD}$

$=(\overrightarrow{AB}+\overrightarrow{BE})+(\overrightarrow{EC}+\overrightarrow{CF})+(\overrightarrow{FD}+\overrightarrow{DA})$ ◀向き変え $-\overrightarrow{EB}=\overrightarrow{BE}$ など。

$=\overrightarrow{AE}+\overrightarrow{EF}+\overrightarrow{FA}=\overrightarrow{AF}+\overrightarrow{FA}$ ◀合成 $\overrightarrow{AB}+\overrightarrow{BE}=\overrightarrow{AE}$ など。

$=\overrightarrow{AA}=\vec{0}$ ◀0 でなく $\vec{0}$

ゆえに $\overrightarrow{AB}+\overrightarrow{EC}+\overrightarrow{FD}=\overrightarrow{EB}+\overrightarrow{FC}+\overrightarrow{AD}$

(2) (ア) $\boldsymbol{\vec{x}-\vec{y}}=(2\vec{a}-3\vec{b}-\vec{c})-(-4\vec{a}+5\vec{b}-3\vec{c})$

$=2\vec{a}-3\vec{b}-\vec{c}+4\vec{a}-5\vec{b}+3\vec{c}$

$\boldsymbol{=6\vec{a}-8\vec{b}+2\vec{c}}$

(イ) $4\vec{x}-3\vec{a}=\vec{x}+6\vec{b}$ から $4\vec{x}-\vec{x}=3\vec{a}+6\vec{b}$

よって $3\vec{x}=3\vec{a}+6\vec{b}$ ◀両辺を 3 で割る。

ゆえに $\boldsymbol{\vec{x}=\vec{a}+2\vec{b}}$

(ウ) $3\vec{x}+\vec{y}=\vec{a}$ …… ①，$5\vec{x}+2\vec{y}=\vec{b}$ …… ② とする。

①×2−② から $\boldsymbol{\vec{x}=2\vec{a}-\vec{b}}$

◀ $6\vec{x}+2\vec{y}=2\vec{a}$
$-)\ 5\vec{x}+2\vec{y}=\vec{b}$
$\vec{x}\qquad=2\vec{a}-\vec{b}$

これを ① に代入して $6\vec{a}-3\vec{b}+\vec{y}=\vec{a}$

よって $\boldsymbol{\vec{y}=-5\vec{a}+3\vec{b}}$

**注意** $\overrightarrow{A\square}+\overrightarrow{\square\triangle}+\overrightarrow{\triangle A}=\vec{0}$ **(しりとりで戻れば $\vec{0}$)**
この変形も役立つ。ただし，□，△ はそれぞれ同じ点である。

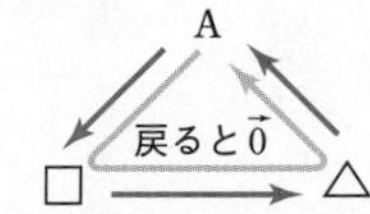


**練習 3** ②

(1) 次の等式が成り立つことを証明せよ。

$$\overrightarrow{AC}+\overrightarrow{BP}+\overrightarrow{CQ}+\overrightarrow{RA}=\overrightarrow{BC}+\overrightarrow{CP}+\overrightarrow{DQ}+\overrightarrow{RD}$$

(2) $3\vec{x}+\vec{a}-2\vec{b}=5(\vec{x}+\vec{b})$ を満たす $\vec{x}$ を $\vec{a}$，$\vec{b}$ で表せ。

(3) $5\vec{x}+3\vec{y}=\vec{a}$，$3\vec{x}-5\vec{y}=\vec{b}$ を満たす $\vec{x}$，$\vec{y}$ を $\vec{a}$，$\vec{b}$ で表せ。

## 基本例題 4 ベクトルの平行，単位ベクトル

(1) 平面上に異なる 4 点 A，B，C，D と直線 AB 上にない点 O がある。$\overrightarrow{OA}=\vec{a}$，$\overrightarrow{OB}=\vec{b}$ とするとき，$\overrightarrow{OC}=3\vec{a}-2\vec{b}$，$\overrightarrow{OD}=-3\vec{a}+4\vec{b}$ であれば $\overrightarrow{AB}/\!/\overrightarrow{CD}$ である。このことを証明せよ。

(2) $|\vec{a}|=3$ のとき，$\vec{a}$ と平行な単位ベクトルを求めよ。

(3) AB=3，AD=4 の長方形 ABCD がある。$\overrightarrow{AB}=\vec{b}$，$\overrightarrow{AD}=\vec{d}$ とするとき，ベクトル $\overrightarrow{BD}$ と平行な単位ベクトルを $\vec{b}$，$\vec{d}$ で表せ。

p.12 基本事項 4

指針 (1) $\overrightarrow{AB}$，$\overrightarrow{CD}$ をそれぞれ $\vec{a}$，$\vec{b}$ で表し，**$\overrightarrow{CD}=k\overrightarrow{AB}$ となる実数 $k$ がある** ことを示す。$\overrightarrow{AB}\neq\vec{0}$，$\overrightarrow{CD}\neq\vec{0}$ の確認も忘れずに。

(2) $\vec{a}$ と平行なベクトルは $k\vec{a}$ と表され，**単位ベクトルは大きさが 1 のベクトル** である。また，$\vec{a}$ と平行なベクトルは，「$\vec{a}$ と同じ向きのもの」と「$\vec{a}$ と反対の向きのもの」があることに注意。

**CHART** ベクトルの平行　ベクトルが $k$（実数）倍

解答

(1) $\overrightarrow{AB}=\overrightarrow{OB}-\overrightarrow{OA}=\vec{b}-\vec{a}$

$\overrightarrow{CD}=\overrightarrow{OD}-\overrightarrow{OC}$

$=(-3\vec{a}+4\vec{b})-(3\vec{a}-2\vec{b})$

$=-6\vec{a}+6\vec{b}$

$=6(\vec{b}-\vec{a})$

よって　$\overrightarrow{CD}=6\overrightarrow{AB}$

また　$\overrightarrow{AB}\neq\vec{0}$，$\overrightarrow{CD}\neq\vec{0}$ (＊)

ゆえに　$\overrightarrow{AB}/\!/\overrightarrow{CD}$

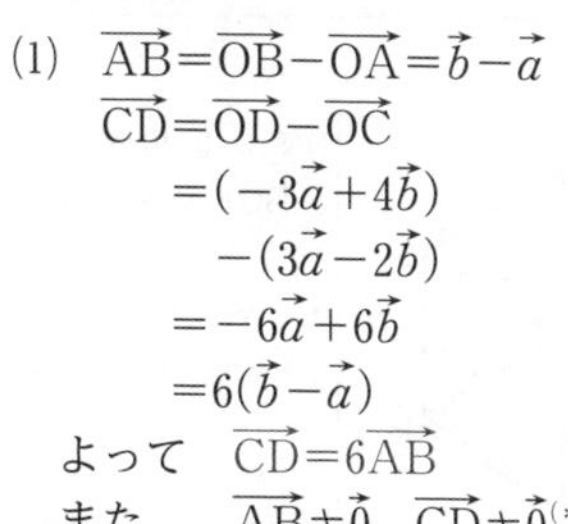

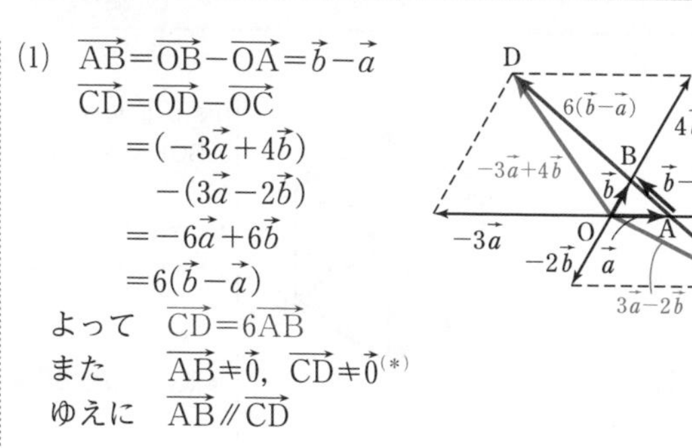

分割 $\overrightarrow{PQ}=\overrightarrow{□Q}-\overrightarrow{□P}$ は，後から前を引くととらえるとイメージしやすい。

(＊) 4 点 A，B，C，D は異なる点であるから，$\overrightarrow{AB}\neq\vec{0}$，$\overrightarrow{CD}\neq\vec{0}$ である。この確認も忘れずに。

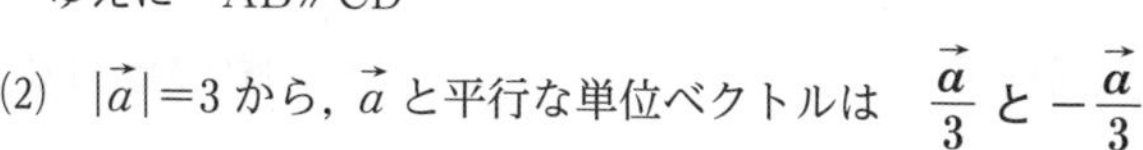

(2) $|\vec{a}|=3$ から，$\vec{a}$ と平行な単位ベクトルは　$\dfrac{\vec{a}}{3}$ と $-\dfrac{\vec{a}}{3}$

◀ $\dfrac{\vec{a}}{3}$，$-\dfrac{\vec{a}}{3}$ の大きさはともに 1 である。

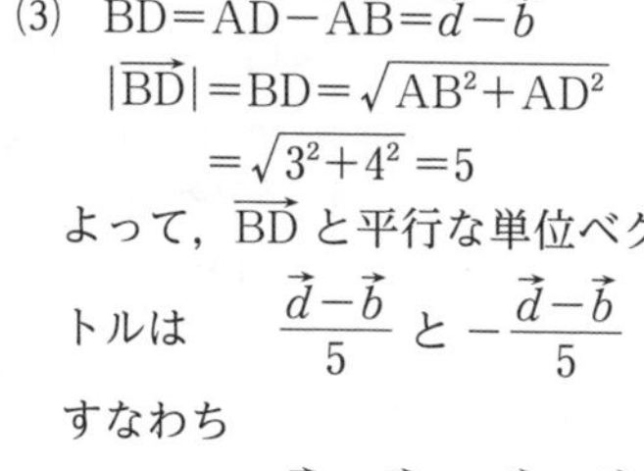

(3) $\overrightarrow{BD}=\overrightarrow{AD}-\overrightarrow{AB}=\vec{d}-\vec{b}$

$|\overrightarrow{BD}|=\mathrm{BD}=\sqrt{\mathrm{AB}^2+\mathrm{AD}^2}$

$=\sqrt{3^2+4^2}=5$

よって，$\overrightarrow{BD}$ と平行な単位ベクトルは　$\dfrac{\vec{d}-\vec{b}}{5}$ と $-\dfrac{\vec{d}-\vec{b}}{5}$

すなわち

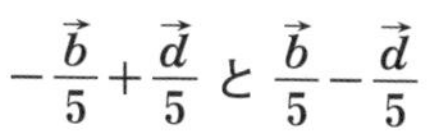

$$-\frac{\vec{b}}{5}+\frac{\vec{d}}{5} \text{ と } \frac{\vec{b}}{5}-\frac{\vec{d}}{5}$$

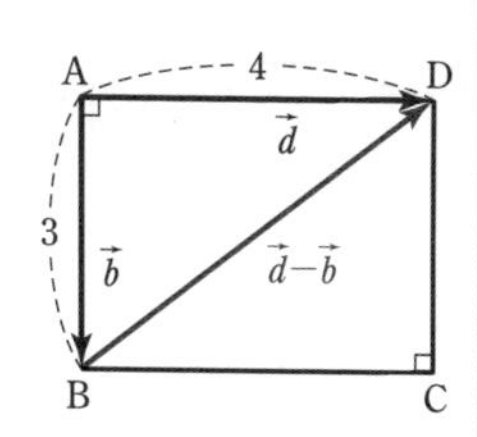


◀ △ABD において，**三平方の定理**。

**$\vec{p}$ と平行な単位ベクトル** は次の 2 つある。

$\dfrac{\vec{p}}{|\vec{p}|}$ … $\vec{p}$ と同じ向き

$-\dfrac{\vec{p}}{|\vec{p}|}$ … $\vec{p}$ と反対向き

練習 ② 4

(1) $\vec{a}\neq\vec{0}$，$\vec{b}\neq\vec{0}$，$\vec{a}\not\parallel\vec{b}$ のとき，$3\vec{p}=4\vec{a}-\vec{b}$，$5\vec{q}=-4\vec{a}+3\vec{b}$ とする。このとき，$(2\vec{a}+\vec{b})/\!/(\vec{p}+\vec{q})$ であることを示せ。

(2) 上の例題 (3) において，ベクトル $\overrightarrow{AB}+\overrightarrow{AC}$ と平行な単位ベクトルを $\vec{b}$，$\vec{d}$ で表せ。

p.19 EX 2, 3

## 基本例題 5 ベクトルの分解

①①①①①

正六角形 ABCDEF において，中心を O，辺 CD を 2：1 に内分する点を P，辺 EF の中点を Q とする。$\overrightarrow{\mathrm{AB}}=\vec{a}$，$\overrightarrow{\mathrm{AF}}=\vec{b}$ とするとき，ベクトル $\overrightarrow{\mathrm{BC}}$，$\overrightarrow{\mathrm{EF}}$，$\overrightarrow{\mathrm{CE}}$，$\overrightarrow{\mathrm{AC}}$，$\overrightarrow{\mathrm{BD}}$，$\overrightarrow{\mathrm{QP}}$ をそれぞれ $\vec{a}$，$\vec{b}$ で表せ。

p.12 基本事項 2

**指針** ベクトルの変形においては，右のことが基本。

**分割** を利用することにより

$\overrightarrow{\mathrm{BC}}=\overrightarrow{\mathrm{BO}}+\overrightarrow{\mathrm{OC}}$ ←しりとりのように変形。

ここで，平行な辺(線分)に注目することにより，$\overrightarrow{\mathrm{BO}}=\overrightarrow{\mathrm{AF}}=\vec{b}$，$\overrightarrow{\mathrm{OC}}=\overrightarrow{\mathrm{AB}}=\vec{a}$ であるから，$\overrightarrow{\mathrm{BC}}$ は $\vec{a}$，$\vec{b}$ で表される。

このように $\vec{a}$ または $\vec{b}$ に平行なベクトルの和の形に変形することがポイント。

**合成** $\overrightarrow{\mathrm{P}\square}+\overrightarrow{\square\mathrm{Q}}=\overrightarrow{\mathrm{PQ}}$，$\overrightarrow{\square\mathrm{Q}}-\overrightarrow{\square\mathrm{P}}=\overrightarrow{\mathrm{PQ}}$

**分割** $\overrightarrow{\mathrm{PQ}}=\overrightarrow{\mathrm{P}\square}+\overrightarrow{\square\mathrm{Q}}$，$\overrightarrow{\mathrm{PQ}}=\overrightarrow{\square\mathrm{Q}}-\overrightarrow{\square\mathrm{P}}$

**向き変え** $\overrightarrow{\mathrm{PQ}}=-\overrightarrow{\mathrm{QP}}$

$\overrightarrow{\mathrm{PP}}=\vec{0}$ … 同じ文字が並ぶと $\vec{0}$

**注意** 正 $n$ 角形の外接円の中心を **正 $n$ 角形の中心** という。

**CHART** ベクトルの変形　**合成・分割を利用**

**解答**

$\overrightarrow{\mathrm{BC}}=\overrightarrow{\mathrm{BO}}+\overrightarrow{\mathrm{OC}}=\vec{b}+\vec{a}$
$=\boldsymbol{\vec{a}+\vec{b}}$

$\overrightarrow{\mathrm{EF}}=\overrightarrow{\mathrm{EO}}+\overrightarrow{\mathrm{OF}}=-\vec{b}-\vec{a}$
$=\boldsymbol{-\vec{a}-\vec{b}}$

$\overrightarrow{\mathrm{CE}}=\overrightarrow{\mathrm{CO}}+\overrightarrow{\mathrm{OE}}$
$=\boldsymbol{-\vec{a}+\vec{b}}$

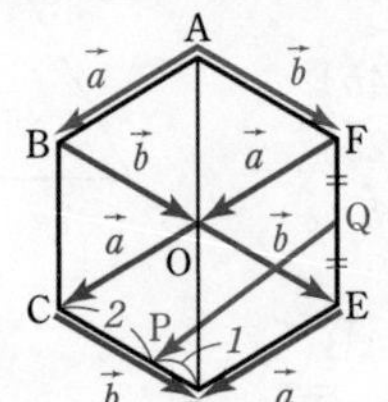


$\overrightarrow{\mathrm{AC}}=\overrightarrow{\mathrm{AB}}+\overrightarrow{\mathrm{BC}}=\vec{a}+(\vec{a}+\vec{b})$
$=\boldsymbol{2\vec{a}+\vec{b}}$

$\overrightarrow{\mathrm{BD}}=\overrightarrow{\mathrm{BC}}+\overrightarrow{\mathrm{CD}}=(\vec{a}+\vec{b})+\vec{b}$
$=\boldsymbol{\vec{a}+2\vec{b}}$

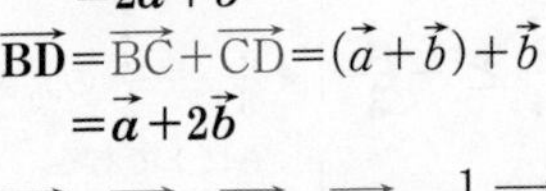

$\overrightarrow{\mathrm{QP}}=\overrightarrow{\mathrm{QE}}+\overrightarrow{\mathrm{ED}}+\overrightarrow{\mathrm{DP}}=\dfrac{1}{2}\overrightarrow{\mathrm{BC}}+\vec{a}-\dfrac{1}{3}\vec{b}$

$=\dfrac{1}{2}(\vec{a}+\vec{b})+\vec{a}-\dfrac{1}{3}\vec{b}$

$=\boldsymbol{\dfrac{3}{2}\vec{a}+\dfrac{1}{6}\vec{b}}$

**参考** $\overrightarrow{\mathrm{CE}}=\overrightarrow{\mathrm{BF}}=\overrightarrow{\mathrm{AF}}-\overrightarrow{\mathrm{AB}}=\vec{b}-\vec{a}$ として求めてもよい。

**別解** 四角形 ABCO，ABOF は平行四辺形であるから
$\overrightarrow{\mathrm{BC}}=\overrightarrow{\mathrm{AO}}=\boldsymbol{\vec{a}+\vec{b}}$
$\overrightarrow{\mathrm{EF}}=\overrightarrow{\mathrm{CB}}=-\overrightarrow{\mathrm{BC}}=\boldsymbol{-\vec{a}-\vec{b}}$

◀既に求めた $\overrightarrow{\mathrm{BC}}$ を利用。

◀既に求めた $\overrightarrow{\mathrm{BC}}$ を利用。

◀$\mathrm{DP}=\dfrac{1}{3}\mathrm{DC}$，DC∥AF で，$\overrightarrow{\mathrm{DP}}$ は $\vec{b}$ と反対の向きであるから $\overrightarrow{\mathrm{DP}}=-\dfrac{1}{3}\vec{b}$

**練習 5** ②
(1) 上の例題の正六角形において，ベクトル $\overrightarrow{\mathrm{DF}}$，$\overrightarrow{\mathrm{OP}}$，$\overrightarrow{\mathrm{BQ}}$ をそれぞれ $\vec{a}$，$\vec{b}$ で表せ。
(2) 平行四辺形 ABCD において，辺 BC の中点を L，線分 DL を 2：3 に内分する点を M とする。$\overrightarrow{\mathrm{AB}}=\vec{b}$，$\overrightarrow{\mathrm{AD}}=\vec{d}$ とするとき，$\overrightarrow{\mathrm{AM}}$ を $\vec{b}$，$\vec{d}$ で表せ。

p.19 EX 4～6

# EXERCISES





①1 $\vec{a}\neq\vec{0}$, $\vec{b}\neq\vec{0}$, $\vec{a}\not\parallel\vec{b}$ のとき，等式

$$3s\vec{a}+2(t+1)\vec{b}=(5t-1)\vec{a}-(s+1)\vec{b}$$

を満たす実数 $s$, $t$ の値を求めよ。 →p.12 基本事項 5

②2 $(2\vec{a}+3\vec{b})\parallel(\vec{a}-4\vec{b})$, $\vec{a}\neq\vec{0}$, $\vec{b}\neq\vec{0}$ のとき，$\vec{a}\parallel\vec{b}$ であることを示せ。 →4

③3 1辺の長さが1の正方形 OACB において，辺 CB を 2：1 に内分する点を D とする。また，∠AOD の二等分線に関して点 A と対称な点を P とする。このとき，$\overrightarrow{OP}$ は $\overrightarrow{OA}$, $\overrightarrow{OB}$ を用いて $\overrightarrow{OP}=$ ア□ $\overrightarrow{OA}+$ イ□ $\overrightarrow{OB}$ と表される。 〔関西大〕

→4

②4 平行四辺形 ABCD において，対角線の交点を P，辺 BC を 2：1 に内分する点を Q とする。このとき，$\overrightarrow{AB}=\vec{b}$, $\overrightarrow{AD}=\vec{d}$ をそれぞれ $\overrightarrow{AP}=\vec{p}$, $\overrightarrow{AQ}=\vec{q}$ を用いて表せ。

→3, 5

②5 △ABC において，$2\overrightarrow{BP}=\overrightarrow{BC}$, $2\overrightarrow{AQ}+\overrightarrow{AB}=\overrightarrow{AC}$ であるとき，四角形 ABPQ はどのような形か。 →4, 5

③6 1辺の長さが1の正五角形 ABCDE において，対角線 AC と BE の交点を F，AD と BE の交点を G とする。また，AC$=x$ とする。 〔類 中央大〕

(1) FG$=2-x$ であることを示せ。

(2) $x$ の値を求めよ。

(3) $\overrightarrow{AC}$ を $\overrightarrow{AB}$ と $\overrightarrow{AE}$ を用いて表せ。 →5

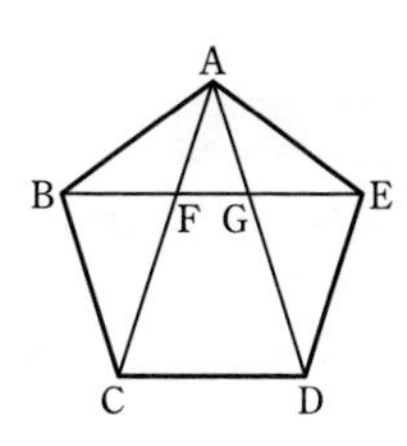

1 $\vec{a}\neq\vec{0}$, $\vec{b}\neq\vec{0}$, $\vec{a}\not\parallel\vec{b}$ のとき　$s\vec{a}+t\vec{b}=s'\vec{a}+t'\vec{b} \iff s=s'$, $t=t'$

2 $\vec{a}=l\vec{b}$ となる実数 $l$ が存在することを示せばよい。

3 まず，$\overrightarrow{OD}$ を $\overrightarrow{OA}$, $\overrightarrow{OB}$ で表す。OP=OA にも注意。

4 まず，$\overrightarrow{AP}$, $\overrightarrow{AQ}$ をそれぞれ $\overrightarrow{AB}$, $\overrightarrow{AD}$ で表す。

5 条件式を変形して，$\overrightarrow{BP}$ と $\overrightarrow{AQ}$ の関係式を導く。

6 (1) 正五角形の1つの内角の大きさは 108° であることから

$$\angle BAF=\angle ABF=\angle EAG=\angle AEG=36^\circ$$

(2) △ACD∽△AFG であることを示し，これを利用。

(3) $\overrightarrow{AC}=\overrightarrow{AE}+\overrightarrow{EC}$

# 2 ベクトルの成分

## 基本事項

**1 ベクトルの成分**

① **成分表示**　基本ベクトル $\vec{e_1}$, $\vec{e_2}$ を用いて

$\vec{a}=a_1\vec{e_1}+a_2\vec{e_2}$ で表されるとき　$\vec{a}=(a_1,\ a_2)$

$a_1$, $a_2$ は $\vec{a}$ の **成分**。$a_1$ は **$x$ 成分**, $a_2$ は **$y$ 成分**。

$\vec{a}=\overrightarrow{\mathrm{OA}}$ (O は原点) とすると $\mathbf{A}(\boldsymbol{a_1},\ \boldsymbol{a_2})$ である。

② **相等**　$\vec{a}=(a_1,\ a_2)$, $\vec{b}=(b_1,\ b_2)$ について

$$\vec{a}=\vec{b} \iff a_1=b_1,\ a_2=b_2$$

③ **大きさ**　$\vec{a}=(a_1,\ a_2)$ のとき　$|\vec{a}|=\sqrt{a_1{}^2+a_2{}^2}$

**2 成分によるベクトルの演算**

① **和**　$(a_1,\ a_2)+(b_1,\ b_2)=(a_1+b_1,\ a_2+b_2)$

② **差**　$(a_1,\ a_2)-(b_1,\ b_2)=(a_1-b_1,\ a_2-b_2)$

③ **実数倍**　$k(a_1,\ a_2)=(ka_1,\ ka_2)$　　**$k$ は実数**

一般に, $k$, $l$ を実数とするとき　$k(a_1,\ a_2)+l(b_1,\ b_2)=(ka_1+lb_1,\ ka_2+lb_2)$

**3 ベクトルの平行条件**

$\vec{0}$ でない 2 つのベクトル $\vec{a}=(a_1,\ a_2)$, $\vec{b}=(b_1,\ b_2)$ について

$$\vec{a}\parallel\vec{b} \iff \vec{b}=k\vec{a} \text{ となる実数 } k \text{ がある} \iff a_1b_2-a_2b_1=0$$

**4 座標平面上の点とベクトル**

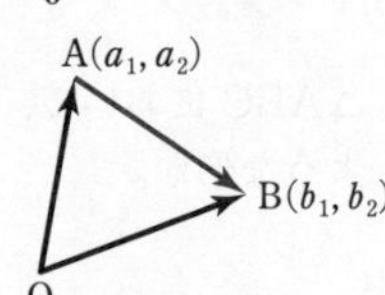


2 点 $\mathrm{A}(a_1,\ a_2)$, $\mathrm{B}(b_1,\ b_2)$ について

$$\overrightarrow{\mathrm{AB}}=(b_1-a_1,\ b_2-a_2)$$

$$|\overrightarrow{\mathrm{AB}}|=\sqrt{(b_1-a_1)^2+(b_2-a_2)^2}$$

## 解　説

■**ベクトルの成分**

座標平面上の原点を O, $\mathrm{A}(a_1,\ a_2)$ とする。

A から $x$ 軸, $y$ 軸にそれぞれ垂線 AH, AK を下ろすと

$$\overrightarrow{\mathrm{OA}}=\overrightarrow{\mathrm{OH}}+\overrightarrow{\mathrm{OK}}$$

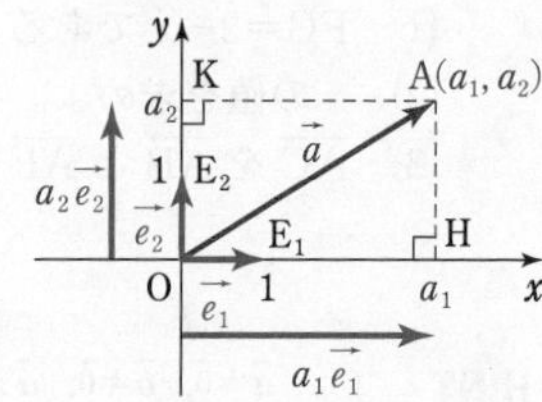


ここで, 点 $\mathrm{E_1}(1,\ 0)$, $\mathrm{E_2}(0,\ 1)$ をとり, $\vec{e_1}=\overrightarrow{\mathrm{OE_1}}$, $\vec{e_2}=\overrightarrow{\mathrm{OE_2}}$ とする。$\vec{e_1}$, $\vec{e_2}$ を **基本ベクトル** という。

$\overrightarrow{\mathrm{OH}}=a_1\overrightarrow{\mathrm{OE_1}}=a_1\vec{e_1}$, $\overrightarrow{\mathrm{OK}}=a_2\overrightarrow{\mathrm{OE_2}}=a_2\vec{e_2}$ から, $\vec{a}=\overrightarrow{\mathrm{OA}}$ とすると, $\vec{a}=a_1\vec{e_1}+a_2\vec{e_2}$ と表される。

■**成分によるベクトルの和, 差, 実数倍**

$$(a_1,\ a_2)+(b_1,\ b_2)=(a_1\vec{e_1}+a_2\vec{e_2})+(b_1\vec{e_1}+b_2\vec{e_2})$$
$$=(a_1+b_1)\vec{e_1}+(a_2+b_2)\vec{e_2}=(a_1+b_1,\ a_2+b_2)$$

他の等式も同様にして成り立つ。

■**ベクトルの平行条件**

$p.23$ 基本例題 **8** の 検討 を参照。

## 基本例題 6 ベクトルの演算（成分）

(1) $\vec{a}=(3,\ 2)$, $\vec{b}=(2,\ -1)$ のとき，次のベクトルの成分を求めよ。また，その大きさを求めよ。

(ア) $\vec{a}+\vec{b}$　　(イ) $3\vec{a}-4\vec{b}$

(2) 2 つのベクトル $\vec{a}$, $\vec{b}$ において，$2\vec{a}-\vec{b}=(4,\ 1)$, $3\vec{a}-2\vec{b}=(7,\ 0)$ のとき，$\vec{a}$ と $\vec{b}$ を求めよ。

(3) $\vec{p}=(-7,\ 2)$, $\vec{x}=(1,\ a)$, $\vec{y}=(b,\ 2)$ とする。等式 $\vec{p}=2\vec{x}-3\vec{y}$ が成り立つとき，$a$, $b$ の値を求めよ。

p.20 基本事項 1, 2, 基本 3

**指針** 成分については，次のことが基本である。

**成分の計算** $\boldsymbol{k(a_1,\ a_2)+l(b_1,\ b_2)=(ka_1+lb_1,\ ka_2+lb_2)}$ を利用。

**大きさ** $\vec{a}=(a_1,\ a_2)$ の大きさは $|\vec{a}|=\sqrt{a_1^2+a_2^2}$

**相　等** $\boldsymbol{(a_1,\ a_2)=(b_1,\ b_2) \Leftrightarrow a_1=b_1,\ a_2=b_2}$

**解答**

(1) (ア) $\vec{a}+\vec{b}=(3,\ 2)+(2,\ -1)$

$=(3+2,\ 2+(-1))=\boldsymbol{(5,\ 1)}$

よって　$|\vec{a}+\vec{b}|=\sqrt{5^2+1^2}=\boldsymbol{\sqrt{26}}$

(イ) $3\vec{a}-4\vec{b}=3(3,\ 2)-4(2,\ -1)$

$=(3\cdot3-4\cdot2,\ 3\cdot2-4\cdot(-1))=\boldsymbol{(1,\ 10)}$

よって　$|3\vec{a}-4\vec{b}|=\sqrt{1^2+10^2}=\boldsymbol{\sqrt{101}}$

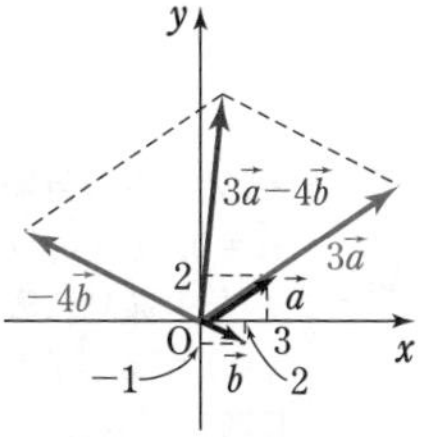

(2) $2\vec{a}-\vec{b}=(4,\ 1)$ …… ①,

$3\vec{a}-2\vec{b}=(7,\ 0)$ …… ② とする。

◀p.16 基本例題 3 (2)(ウ) と同様。

①×2−② から　$\vec{a}=2(4,\ 1)-(7,\ 0)$

$=(2\cdot4-7,\ 2\cdot1-0)=\boldsymbol{(1,\ 2)}$

◀①×2　$4\vec{a}-2\vec{b}=2(4,\ 1)$
②　$-)\ 3\vec{a}-2\vec{b}=(7,\ 0)$
$\vec{a}\quad=2(4,\ 1)-(7,\ 0)$

これと ① から　$\vec{b}=2\vec{a}-(4,\ 1)=2(1,\ 2)-(4,\ 1)$

$=(2\cdot1-4,\ 2\cdot2-1)=\boldsymbol{(-2,\ 3)}$

(3) $\vec{p}=2\vec{x}-3\vec{y}$ から　$(-7,\ 2)=2(1,\ a)-3(b,\ 2)$

◀(右辺)$=(2,\ 2a)-(3b,\ 6)$

よって　$(-7,\ 2)=(2-3b,\ 2a-6)$

ゆえに　$-7=2-3b,\ 2=2a-6$　　よって　$\boldsymbol{a=4,\ b=3}$

**検討** **ベクトルの大きさの計算の際の工夫**

$\vec{a}=k(a_1,\ a_2)$ ($k$ は実数) と表されるとき

$$|\vec{a}|=\sqrt{(ka_1)^2+(ka_2)^2}=\sqrt{k^2(a_1^2+a_2^2)}=|k|\sqrt{a_1^2+a_2^2}$$

例　$\vec{a}=(2,\ 4)$ のときは，$\vec{a}=2(1,\ 2)$ から $|\vec{a}|=|2|\sqrt{1^2+2^2}=2\sqrt{5}$ とすると，計算もらく。

**練習 6**

(1) $\vec{a}=(-3,\ 4)$, $\vec{b}=(1,\ -5)$ のとき，$2\vec{a}+\vec{b}$ の成分と大きさを求めよ。

(2) 2 つのベクトル $\vec{a}$, $\vec{b}$ において，$\vec{a}+2\vec{b}=(-2,\ -4)$, $2\vec{a}+\vec{b}=(5,\ -2)$ のとき，$\vec{a}$ と $\vec{b}$ を求めよ。

(3) $\vec{x}=(a,\ 2)$, $\vec{y}=(3,\ b)$, $\vec{p}=(b+1,\ a-2)$ とする。等式 $\vec{p}=3\vec{x}-2\vec{y}$ が成り立つとき，$a$, $b$ の値を求めよ。

p.27 EX 7, 8

## 基本例題 7 ベクトルの分解（成分）

①①①①①

$\vec{a}=(1,\ 2)$, $\vec{b}=(2,\ 1)$ であるとき，$\vec{c}=(11,\ 10)$ を $s\vec{a}+t\vec{b}$ の形に表せ。

〔類 東北学院大〕 p.20 基本事項 **1**，**2**，基本 6

$\vec{c}=s\vec{a}+t\vec{b}$ とおいて，両辺の $x$ 成分，$y$ 成分がそれぞれ等しいとおく。

**相等 $(a_1,\ a_2)=(b_1,\ b_2) \iff a_1=b_1,\ a_2=b_2$**

により，$s$，$t$ の連立方程式が得られるから，それを解く。

**解答**

$\vec{c}=s\vec{a}+t\vec{b}$ とおくと

$(11,\ 10)=s(1,\ 2)+t(2,\ 1)$

すなわち　$(11,\ 10)=(s+2t,\ 2s+t)$

ゆえに　$s+2t=11$, $2s+t=10$

よって　$s=3$, $t=4$

ゆえに　$\boldsymbol{\vec{c}=3\vec{a}+4\vec{b}}$

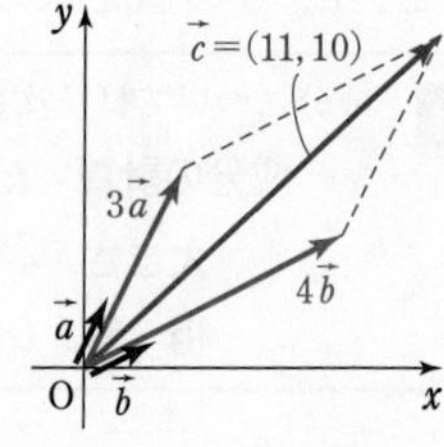


**検討**

**ベクトルの分解**

**$\vec{a}\neq\vec{0}$, $\vec{b}\neq\vec{0}$, $\vec{a}\not\parallel\vec{b}$（$\vec{a}$, $\vec{b}$ は1次独立）ならば，任意のベクトル $\vec{p}$ は $\vec{p}=s\vec{a}+t\vec{b}$ の形に，ただ1通りに表される。** ……（＊）

（＊）が成り立つことを，成分を用いて証明してみよう。

証明　$\vec{a}=(a_1,\ a_2)$, $\vec{b}=(b_1,\ b_2)$, $\vec{a}\neq\vec{0}$, $\vec{b}\neq\vec{0}$ とするとき

$\vec{a}\parallel\vec{b} \iff a_1b_2-a_2b_1=0$　（次ページの基本例題 **8** の 検討 参照）

よって　$\vec{a}\not\parallel\vec{b} \iff a_1b_2-a_2b_1\neq0$ …… ①

ここで，$\vec{p}=(p_1,\ p_2)$ に対し，$\vec{p}=s\vec{a}+t\vec{b}$（$s$, $t$ は実数）とすると，

$s\vec{a}+t\vec{b}=s(a_1,\ a_2)+t(b_1,\ b_2)=(sa_1+tb_1,\ sa_2+tb_2)$ であるから

$p_1=sa_1+tb_1$ …… ②，　$p_2=sa_2+tb_2$ …… ③

②$\times b_2-$③$\times b_1$，②$\times a_2-$③$\times a_1$ から

$(a_1b_2-a_2b_1)s=b_2p_1-b_1p_2$, $(a_2b_1-a_1b_2)t=a_2p_1-a_1p_2$

① により，$a_1b_2-a_2b_1\neq0$ であるから　$s=\dfrac{b_2p_1-b_1p_2}{a_1b_2-a_2b_1}$, $t=\dfrac{a_2p_1-a_1p_2}{a_2b_1-a_1b_2}$

よって，$s$, $t$ はただ1通りに定まるから，（＊）は成り立つ。

注意　$\vec{a}$, $\vec{b}$ の一方が $\vec{0}$ のときや，$\vec{a}\parallel\vec{b}$ のときに $s\vec{a}+t\vec{b}$ の形に表すことができないベクトル $\vec{p}$ が存在することは，右の例からわかる。

$\vec{b}=\vec{0}$ のとき　　$\vec{a}\parallel\vec{b}$ のとき

$\vec{p}$　$\vec{b}=\vec{0}$　$\vec{a}$　　$\vec{p}$　$\vec{b}$　$\vec{a}$

$\vec{a}$ と平行でない $\vec{p}$ は表せない。　　$\vec{a}$, $\vec{b}$ と平行でない $\vec{p}$ は表せない。

**練習 7** ②　$\vec{a}=(3,\ 2)$, $\vec{b}=(0,\ -1)$ のとき，$\vec{p}=(6,\ 1)$ を $s\vec{a}+t\vec{b}$ の形に表せ。

〔類 湘南工科大〕 p.27 EX9

# 基本 例題 8 ベクトルの平行と成分

2 つのベクトル $\vec{a}=(3,\ -1)$，$\vec{b}=(7-2t,\ -5+t)$ が平行になるように，$t$ の値を定めよ。　〔類 千葉工大〕

p.20 基本事項 3

**指針**　2 つのベクトル $\vec{a}=(a_1,\ a_2)$，$\vec{b}=(b_1,\ b_2)$ $(\vec{a}\neq\vec{0},\ \vec{b}\neq\vec{0})$ について

$\boldsymbol{\vec{a}\parallel\vec{b}\iff\vec{b}=k\vec{a}}$ **となる実数 $\boldsymbol{k}$ がある** …… Ⓐ

$\boldsymbol{\iff a_1b_2-a_2b_1=0}$ …… Ⓑ　（証明は，下の 検討 を参照。）

が成り立つ。Ⓐ，Ⓑ のいずれかの平行条件を利用して，方程式の問題に帰着させる。

**解答**

$\vec{a}\neq\vec{0}$，$\vec{b}\neq\vec{0}$ であるから，$\vec{a}$ と $\vec{b}$ が平行になるための必要十分条件は，$\vec{b}=k\vec{a}$ を満たす実数 $k$ が存在することである。

◀$7-2t=0$ かつ $-5+t=0$ となる $t$ はない。

よって　$(7-2t,\ -5+t)=k(3,\ -1)$

すなわち　$(7-2t,\ -5+t)=(3k,\ -k)$

ゆえに　$7-2t=3k$ …… ①，$-5+t=-k$ …… ②

◀$x$ 成分，$y$ 成分がそれぞれ等しい。

①＋②×3 から　$-8+t=0$

したがって　$\boldsymbol{t=8}$　このとき　$k=-3$

別解　$\vec{a}\neq\vec{0}$，$\vec{b}\neq\vec{0}$ であるから，$\vec{a}$ と $\vec{b}$ が平行になるための必要十分条件は

$3\cdot(-5+t)-(-1)\cdot(7-2t)=0$

◀平行条件 Ⓑ を利用。

よって　$-15+3t+7-2t=0$

したがって　$\boldsymbol{t=8}$

**検討**

**成分で表された平行条件 $\boldsymbol{\vec{a}\parallel\vec{b}\iff a_1b_2-a_2b_1=0}$ の証明**

$\vec{a}\neq\vec{0}$，$\vec{b}\neq\vec{0}$ のとき　$\vec{a}\parallel\vec{b}\iff\vec{b}=k\vec{a}$ となる実数 $k$ がある（$p$.12 基本事項 4）

$\iff(b_1,\ b_2)=k(a_1,\ a_2)$

よって，$\vec{a}\parallel\vec{b}$ ならば $b_1=ka_1$，$b_2=ka_2$ となる実数 $k$ があるから

$a_1b_2-a_2b_1=a_1(ka_2)-a_2(ka_1)=0$

逆に，$a_1b_2-a_2b_1=0$ …… Ⓐ ならば，$\vec{a}\neq\vec{0}$ より，$a_1$ と $a_2$ の少なくとも一方は 0 でない。

$a_1\neq0$ のとき，Ⓐ から　$b_2=\dfrac{b_1}{a_1}\cdot a_2$

$\dfrac{b_1}{a_1}=k$ とおくと，$b_1=ka_1$，$b_2=ka_2$ となり　$\vec{b}=k\vec{a}$（$k$ は実数）

ゆえに　$\vec{a}\parallel\vec{b}$　　$a_2\neq0$ のときも同様である。

以上により　$\vec{a}\parallel\vec{b}\iff a_1b_2-a_2b_1=0$

**練習 ② 8**

(1)　2 つのベクトル $\vec{a}=(14,\ -2)$，$\vec{b}=(3t+1,\ -4t+7)$ が平行になるように，$t$ の値を定めよ。　〔広島国際大〕

(2)　2 つのベクトル $\vec{m}=(1,\ p)$，$\vec{n}=(p+3,\ 4)$ が平行になるように，$p$ の値を定めよ。　〔類 京都産大〕

p.27 EX10

## 参考事項　1次独立と1次従属

$n$ 個のベクトル $\vec{a_1}$, $\vec{a_2}$, ……, $\vec{a_n}$ を用いて, $x_1\vec{a_1}+x_2\vec{a_2}+\cdots\cdots+x_n\vec{a_n}$ ($x_1$, $x_2$, ……, $x_n$ は実数) の形に表されたベクトルを, $\vec{a_1}$, $\vec{a_2}$, ……, $\vec{a_n}$ の **1次結合** という。そして

$$\boldsymbol{x_1\vec{a_1}+x_2\vec{a_2}+\cdots\cdots+x_n\vec{a_n}=\vec{0}}\ \textbf{ならば}\quad \boldsymbol{x_1=x_2=\cdots\cdots=x_n=0}$$

が成り立つとき, これら $n$ 個のベクトル $\vec{a_1}$, $\vec{a_2}$, ……, $\vec{a_n}$ は **1次独立** であるという。
また, 1次独立でないベクトルは, **1次従属** であるという。

### 平面上のベクトルの1次独立と1次従属

平面上の $\vec{0}$ でない2つのベクトル $\vec{a}$, $\vec{b}$ について, $s$, $t$ を実数として

$$s\vec{a}+t\vec{b}=\vec{0}\quad ならば \quad s=t=0$$

が成り立つとき, $\vec{a}$ と $\vec{b}$ は **1次独立** であるという。また, 1次独立でないベクトルは **1次従属** であるという。

例えば, $\vec{a}=(2,\ 1)$, $\vec{b}=(1,\ -1)$, $\vec{c}=(4,\ 2)$ のとき

$s\vec{a}+t\vec{b}=\vec{0} \Longrightarrow (2s+t,\ s-t)=(0,\ 0)$　◀$\vec{a} \nparallel \vec{b}$

$\Longrightarrow 2s+t=0,\ s-t=0 \Longrightarrow s=t=0$

よって, $\vec{a}$ と $\vec{b}$ は1次独立である。

$s\vec{a}+t\vec{c}=\vec{0} \Longrightarrow (2s+4t,\ s+2t)=(0,\ 0)$　◀$\vec{a} /\!/ \vec{c}$

$\Longrightarrow 2s+4t=0,\ s+2t=0$

$\Longrightarrow s=-2k,\ t=k$ ($k$ は任意の実数)

よって, $\vec{a}$ と $\vec{c}$ は1次従属である。

この例からもわかるように, 2つのベクトル $\vec{a}$, $\vec{b}$ について, 次のことが成り立つ。

$$\boldsymbol{\vec{a}}\ \textbf{と}\ \boldsymbol{\vec{b}}\ \textbf{が1次独立} \iff \boldsymbol{\vec{a}\neq\vec{0},\ \vec{b}\neq\vec{0},\ \vec{a}\nparallel\vec{b}}$$

証明　($\Longrightarrow$) $\vec{a}$, $\vec{b}$ の少なくとも1つが $\vec{0}$ のとき, $\vec{a}$ と $\vec{b}$ は1次従属である。　◀0 でない実数 $k$ について $k\vec{0}=\vec{0}$

$\vec{a}\neq\vec{0}$, $\vec{b}\neq\vec{0}$, $\vec{a}/\!/\vec{b}$ のとき, $\vec{b}=k\vec{a}$ となる0でない実数 $k$ が存在する。このとき, $k\vec{a}-\vec{b}=\vec{0}$ となり, $\vec{a}$ と $\vec{b}$ は1次従属である。

よって　$\vec{a}$ と $\vec{b}$ が1次独立 $\Longrightarrow \vec{a}\neq\vec{0},\ \vec{b}\neq\vec{0},\ \vec{a}\nparallel\vec{b}$

($\Longleftarrow$) $\vec{a}\neq\vec{0}$, $\vec{b}\neq\vec{0}$, $\vec{a}\nparallel\vec{b}$ とし, 実数 $s$, $t$ に対して $s\vec{a}+t\vec{b}=\vec{0}$ とする。

$s\neq0$ と仮定すると, $\vec{a}=-\dfrac{t}{s}\vec{b}$ となり　$\vec{a}/\!/\vec{b}$　これは $\vec{a}\nparallel\vec{b}$ と矛盾する。

ゆえに　$s=0$　同様にして $t=0$ であることも示すことができる。

よって　$\vec{a}\neq\vec{0},\ \vec{b}\neq\vec{0},\ \vec{a}\nparallel\vec{b} \Longrightarrow \vec{a}$ と $\vec{b}$ は1次独立

以上から　$\vec{a}$ と $\vec{b}$ が1次独立 $\iff \vec{a}\neq\vec{0},\ \vec{b}\neq\vec{0},\ \vec{a}\nparallel\vec{b}$

$p.12$, 13, 22 で学んだことと合わせ, 次のことは重要であるから, ここにまとめておく。

$\vec{a}$, $\vec{b}$ が1次独立であるとき, すなわち, $\boldsymbol{\vec{a}\neq\vec{0},\ \vec{b}\neq\vec{0},\ \vec{a}\nparallel\vec{b}}$ であるとき

① 任意のベクトル $\vec{p}$ は, $\vec{p}=s\vec{a}+t\vec{b}$ の形 ($\vec{a}$ と $\vec{b}$ の1次結合) で, ただ1通りに表される。

② $s\vec{a}+t\vec{b}=\vec{0} \iff s=t=0$

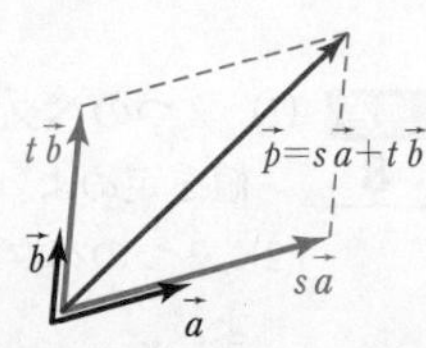

## 基本例題 9 平行四辺形とベクトル

3 点 A(1, 3), B(3, −2), C(4, 1) がある。

(1) $\overrightarrow{\mathrm{AB}}$, $\overrightarrow{\mathrm{CA}}$ の成分と大きさをそれぞれ求めよ。

(2) 四角形 ABCD が平行四辺形であるとき，点 D の座標を求めよ。

(3) (2) の平行四辺形について，2 本の対角線の長さを求めよ。

p.20 基本事項 4　基本 50

**指針** (1) O を原点とする。$\mathrm{A}(a_1,\ a_2)$, $\mathrm{B}(b_1,\ b_2)$ のとき

$\overrightarrow{\mathbf{OA}}=(\boldsymbol{a}_1,\ \boldsymbol{a}_2)$, $\overrightarrow{\mathbf{OB}}=(\boldsymbol{b}_1,\ \boldsymbol{b}_2)$ であり

$\overrightarrow{\mathbf{AB}}=\overrightarrow{\mathrm{OB}}-\overrightarrow{\mathrm{OA}}$　← 後−前 ととらえると イメージしやすい。

$=(\boldsymbol{b}_1-\boldsymbol{a}_1,\ \boldsymbol{b}_2-\boldsymbol{a}_2)$

$|\overrightarrow{\mathbf{AB}}|=\sqrt{(\boldsymbol{b}_1-\boldsymbol{a}_1)^2+(\boldsymbol{b}_2-\boldsymbol{a}_2)^2}$

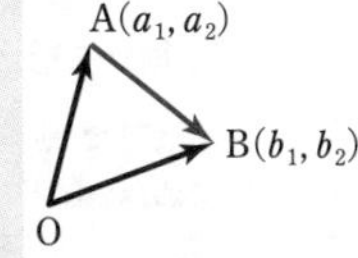


(2) 四角形 ABCD が **平行四辺形** であるための条件は

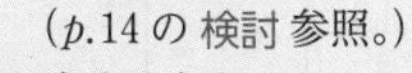

$\overrightarrow{\mathbf{AB}}=\overrightarrow{\mathbf{DC}}$　← $\overrightarrow{\mathrm{AB}}=\overrightarrow{\mathrm{CD}}$ ではない！

(*p*.14 の 検討 参照。)

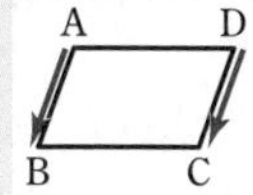


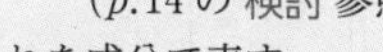

これを成分で表す。

(3) 対角線の長さは $|\overrightarrow{\mathrm{AC}}|$, $|\overrightarrow{\mathrm{BD}}|$ である。(1), (2) の結果を利用。

**解答**

(1) $\overrightarrow{\mathbf{AB}}=(3-1,\ -2-3)=\mathbf{(2,\ -5)}$

よって　$|\overrightarrow{\mathbf{AB}}|=\sqrt{2^2+(-5)^2}=\boldsymbol{\sqrt{29}}$

$\overrightarrow{\mathbf{CA}}=(1-4,\ 3-1)=\mathbf{(-3,\ 2)}$

よって　$|\overrightarrow{\mathbf{CA}}|=\sqrt{(-3)^2+2^2}=\boldsymbol{\sqrt{13}}$

(2) 点 D の座標を $(a,\ b)$ とする。

四角形 ABCD は平行四辺形であるから　$\overrightarrow{\mathrm{AB}}=\overrightarrow{\mathrm{DC}}$

よって　$(2,\ -5)=(4-a,\ 1-b)$

ゆえに　$2=4-a$, $-5=1-b$

これを解いて　$a=2$, $b=6$　　よって　**D(2, 6)**

(3) 2 本の対角線の長さは $|\overrightarrow{\mathrm{AC}}|$, $|\overrightarrow{\mathrm{BD}}|$ である。

よって，(1) から　$|\overrightarrow{\mathrm{AC}}|=\boldsymbol{\sqrt{13}}$

また，(2) から　$|\overrightarrow{\mathrm{BD}}|=\sqrt{(2-3)^2+\{6-(-2)\}^2}=\boldsymbol{\sqrt{65}}$

◀ (2) $\overrightarrow{\mathrm{AB}}=\overrightarrow{\mathrm{DC}}$ の代わりに $\overrightarrow{\mathrm{AD}}=\overrightarrow{\mathrm{BC}}$ などを考えてもよい。

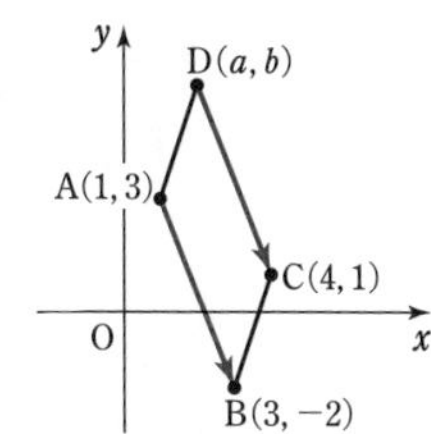


**注意** 上の例題 (2) のように，「平行四辺形 ABCD」というと 1 通りに決まるが，「4 点 A, B, C, D を頂点とする平行四辺形」というと「平行四辺形 ABCD」,「平行四辺形 ABDC」,「平行四辺形 ADBC」の 3 通りあるので，注意が必要である。

**練習 9** ②

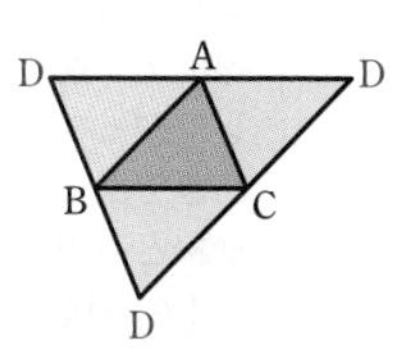

(1) 4 点 A(2, 4), B(−3, 2), C(−1, −7), D(4, −5) を頂点とする四角形 ABCD は平行四辺形であることを証明せよ。

(2) 3 点 A(0, 2), B(−1, −1), C(3, 0) と，もう 1 つの点 D を結んで平行四辺形を作る。第 4 の頂点 D の座標を求めよ。

## 基本例題 10 ベクトルの大きさの最小値 ①①①①①

$t$ は実数とする。$\vec{a}=(2,\ 1)$, $\vec{b}=(3,\ 4)$ に対して, $|\vec{a}+t\vec{b}|$ は $t=$ ア［　］のとき最小値 イ［　］をとる。

基本 6　基本 16, 51

**指針** $|\vec{a}+t\vec{b}|\geqq 0$ であるから, $|\vec{a}+t\vec{b}|^2$ **が最小となるとき**, $|\vec{a}+t\vec{b}|$ **も最小となる。**
このことを利用して, まず, $|\vec{a}+t\vec{b}|^2$ の最小値を求める。
$\vec{a}+t\vec{b}$ の成分を求めて $|\vec{a}+t\vec{b}|^2$ を計算すると, **$t$ の 2 次式** になるから

① **2 次式は基本形 $a(t-p)^2+q$ に直す**

に従って変形する。

**CHART** $|\vec{p}|$ は $|\vec{p}|^2$ として扱う

**解答**

$\vec{a}+t\vec{b}=(2,\ 1)+t(3,\ 4)$
$=(2+3t,\ 1+4t)$

よって

$$|\vec{a}+t\vec{b}|^2=(2+3t)^2+(1+4t)^2$$
$$=25t^2+20t+5$$
$$=25\left(t+\frac{2}{5}\right)^2+1$$

ゆえに, $|\vec{a}+t\vec{b}|^2$ は

$t=-\dfrac{2}{5}$ のとき最小値 1 をとる。

$|\vec{a}+t\vec{b}|\geqq 0$ であるから, このとき $|\vec{a}+t\vec{b}|$ も最小となる。

よって, $|\vec{a}+t\vec{b}|$ は

$t=$ ア $-\dfrac{2}{5}$ のとき最小値 $\sqrt{1}=$ イ $1$ をとる。

◀ $25t^2+20t+5$
$=25\left(t^2+\dfrac{4}{5}t\right)+5$
$=25\left\{\left(t+\dfrac{2}{5}\right)^2-\left(\dfrac{2}{5}\right)^2\right\}+5$
$=25\left(t+\dfrac{2}{5}\right)^2+1$

◀ **この断りは重要。**

**検討** **$|\vec{a}+t\vec{b}|$ の最小値の図形的な意味**

上の例題において, O を原点とし, $\vec{a}=\overrightarrow{OA}$, $\vec{b}=\overrightarrow{OB}$, $\vec{p}=\vec{a}+t\vec{b}=\overrightarrow{OP}$ とする。
実数 $t$ の値が変化するとき, 点 P は, 点 A を通り $\vec{b}$ に平行な直線 $\ell$ 上を動く。　←$p.65$ 基本事項 **1** ① 参照。
したがって, $|\vec{p}|=|\vec{a}+t\vec{b}|=|\overrightarrow{OP}|$ が最小になるのは, $\overrightarrow{OP}\perp\ell$ のときである。すなわち, 点 P が, 原点 O から直線 $\ell$ に下ろした垂線と直線 $\ell$ の交点 H に一致するときであり, このとき, OH=1 (最小値) となる。

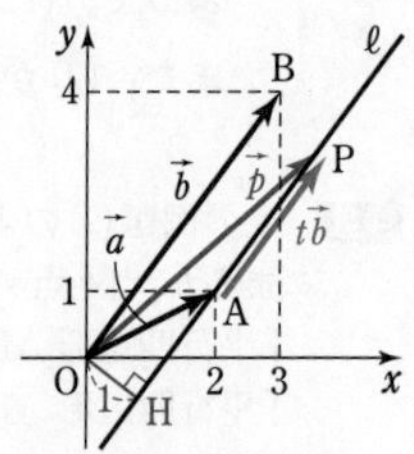


**練習 ③ 10** $\vec{a}=(11,\ 23)$, $\vec{b}=(-2,\ -3)$ に対して, $|\vec{a}+t\vec{b}|$ を最小にする実数 $t$ の値と $|\vec{a}+t\vec{b}|$ の最小値を求めよ。　〔類 防衛大〕

p.27 EX11

# EXERCISES



②7 2つのベクトル $\vec{a}=(2,\ 1)$，$\vec{b}=(4,\ -3)$ に対して，$\vec{x}+2\vec{y}=\vec{a}$，$2\vec{x}-\vec{y}=\vec{b}$ を満たすベクトル $\vec{x}$，$\vec{y}$ の成分を求めよ。〔高知工科大〕

→3, 6



②8 (1) $\vec{a}=(-3,\ 4)$，$\vec{b}=(1,\ -2)$ のとき，$\vec{a}+\vec{b}$ と同じ向きの単位ベクトルを求めよ。

(2) ベクトル $\vec{a}=(1,\ 2)$，$\vec{b}=(1,\ 1)$ に対し，ベクトル $t\vec{a}+\vec{b}$ の大きさが1となる $t$ の値を求めよ。

(3) $\vec{a}=(-5,\ 4)$，$\vec{b}=(7,\ -5)$，$\vec{c}=(1,\ t)$ に対して $|\vec{a}-\vec{c}|=2|\vec{b}-\vec{c}|$ が成り立つとき，$t$ の値を求めよ。〔(1) 湘南工科大 (2) 京都産大 (3) 千葉工大〕

→4, 6

③9 座標平面上で，始点が原点であるベクトル $\vec{a}=\left(\dfrac{2}{\sqrt{5}},\ \dfrac{1}{\sqrt{5}}\right)$ を，原点を中心として反時計回りに 90° 回転したベクトルを $\vec{b}$ とする。このとき，ベクトル $\left(\dfrac{7}{\sqrt{5}},\ -\dfrac{4}{\sqrt{5}}\right)$ を $s\vec{a}+t\vec{b}$ の形に表せ。〔関西大〕

→7

③10 (1) $s\neq0$ とする。相異なる3点 $\mathrm{O}(0,\ 0)$，$\mathrm{P}(s,\ t)$，$\mathrm{Q}(s+6t,\ s+2t)$ について，点P，Qが同じ象限にあり，$\overrightarrow{\mathrm{OP}}\parallel\overrightarrow{\mathrm{OQ}}$ であるとき，直線OPと $x$ 軸の正の向きとのなす角を $\alpha$ とする。このとき，$\tan\alpha$ の値を求めよ。〔類 職能開発大〕

(2) ベクトル $\vec{a}=(1,\ 3)$，$\vec{b}=(2,\ 8)$，$\vec{c}=(x,\ y)$ がある。$\vec{c}$ は $2\vec{a}+\vec{b}$ に平行で，$|\vec{c}|=\sqrt{53}$ である。このとき，$x$，$y$ の値を求めよ。〔岩手大〕

→8

③11 (1) $\vec{a}=(2,\ 3)$，$\vec{b}=(1,\ -1)$，$\vec{t}=\vec{a}+k\vec{b}$ とする。$-2\leqq k\leqq2$ のとき，$|\vec{t}|$ の最大値および最小値を求めよ。〔東京電機大〕

(2) 2定点 $\mathrm{A}(5,\ 2)$，$\mathrm{B}(-1,\ 5)$ と $x$ 軸上の動点Pについて，$2\overrightarrow{\mathrm{PA}}+\overrightarrow{\mathrm{PB}}$ の大きさの最小値とそのときの点Pの座標を求めよ。

→10

7 まず，$\vec{x}$，$\vec{y}$ をそれぞれ $\vec{a}$，$\vec{b}$ で表す。

8 (1) $\vec{p}$ と同じ向きの単位ベクトルは $\dfrac{\vec{p}}{|\vec{p}|}$

(2), (3) ❶ **$|\vec{p}|$ は $|\vec{p}|^2$ として扱う**

9 まず，$\vec{b}$ の成分を求める。図をかいてみるとよい。

10 $\vec{a}\neq\vec{0}$，$\vec{b}\neq\vec{0}$ のとき **$\vec{a}\parallel\vec{b}\iff\vec{b}=k\vec{a}$ となる実数 $k$ がある。**

11 (1) $|\vec{t}|^2$ を $k$ で表すと，$k$ の2次式になる。これを基本形に直す。

(2) $\mathrm{P}(t,\ 0)$ として，$|2\overrightarrow{\mathrm{PA}}+\overrightarrow{\mathrm{PB}}|^2$ を $t$ で表す。

# 3 ベクトルの内積

## 基本事項

**1 ベクトルの内積**

$\vec{0}$ でない 2 つのベクトル $\vec{a}$, $\vec{b}$ のなす角を $\theta$ とすると, $\vec{a}$ と $\vec{b}$ の内積 $\vec{a}\cdot\vec{b}$ は

$$\boldsymbol{\vec{a}\cdot\vec{b}=|\vec{a}||\vec{b}|\cos\theta}$$

で定義される **実数** である。$\vec{a}=\vec{0}$ または $\vec{b}=\vec{0}$ のときは $\vec{a}\cdot\vec{b}=0$ と定める。

**2 ベクトルの平行と内積**　$\vec{a}\neq\vec{0}$, $\vec{b}\neq\vec{0}$ のとき

$$\boldsymbol{\vec{a}\parallel\vec{b}} \Longleftrightarrow \text{「}\boldsymbol{\vec{a}\cdot\vec{b}=|\vec{a}||\vec{b}|} \text{ または } \boldsymbol{\vec{a}\cdot\vec{b}=-|\vec{a}||\vec{b}|}\text{」}$$

**3 ベクトルの垂直と内積**　$\vec{a}\neq\vec{0}$, $\vec{b}\neq\vec{0}$ のとき

$$\boldsymbol{\vec{a}\perp\vec{b} \Longleftrightarrow \vec{a}\cdot\vec{b}=0}$$

## 解　説

### ■ ベクトルの内積

$\vec{0}$ でない 2 つのベクトルを $\vec{a}$, $\vec{b}$ とする。
$\vec{a}=\overrightarrow{\mathrm{OA}}$, $\vec{b}=\overrightarrow{\mathrm{OB}}$ とするとき, $\angle\mathrm{AOB}=\theta\ (0^\circ\leqq\theta\leqq180^\circ)$ を, **ベクトル $\vec{a}$ と $\vec{b}$ のなす角** という。このとき, 積 $|\vec{a}||\vec{b}|\cos\theta$ を $\vec{a}$ と $\vec{b}$ の **内積** といい, 記号 $\boldsymbol{\vec{a}\cdot\vec{b}}$ で表す。

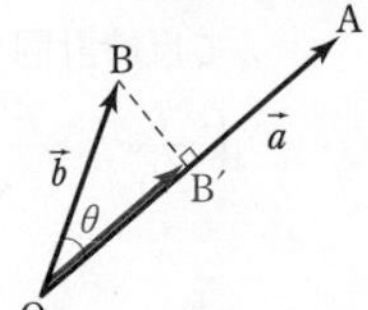


**注意**　$\vec{a}\cdot\vec{b}$ を $\vec{a}\vec{b}$ と書いてはいけない。「・」を省略しないこと。
また, $\vec{a}\times\vec{b}$ と書いてもいけない。

ここで, 点 B から直線 OA に垂線 BB′ を下ろしたとき, $\overrightarrow{\mathrm{OA}}$ の向きを正として符号をつけた長さ ($\overrightarrow{\mathrm{OA}}$ と同じ向きの長さは正の数, 反対の向きは負の数) を考えると, $\mathrm{OB'}=|\vec{b}|\cos\theta$ と表されるから

$$\vec{a}\cdot\vec{b}=|\vec{a}||\vec{b}|\cos\theta=\mathrm{OA}\times\mathrm{OB'}$$

ベクトル $\overrightarrow{\mathrm{OB'}}$ を **$\overrightarrow{\mathrm{OB}}$ の直線 OA 上への正射影** という。
(正射影について, 詳しくは $p.57$ 参照)

90°≦θ≦180°のとき

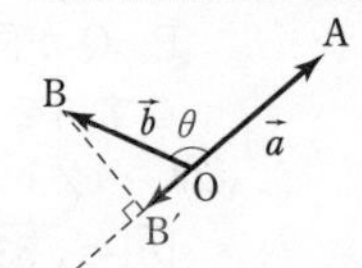


### ■ ベクトルの平行と内積

$\vec{a}\parallel\vec{b} \Longleftrightarrow$「$\theta=0^\circ$ または $\theta=180^\circ$」

$\theta=0^\circ$ のとき　　$\vec{a}\cdot\vec{b}=|\vec{a}||\vec{b}|\cos0^\circ=|\vec{a}||\vec{b}|$

$\theta=180^\circ$ のとき　$\vec{a}\cdot\vec{b}=|\vec{a}||\vec{b}|\cos180^\circ=-|\vec{a}||\vec{b}|$

したがって　$\boldsymbol{\vec{a}\parallel\vec{b}} \Longleftrightarrow$「$\boldsymbol{\vec{a}\cdot\vec{b}=|\vec{a}||\vec{b}|}$ または $\boldsymbol{\vec{a}\cdot\vec{b}=-|\vec{a}||\vec{b}|}$」

更に　$0^\circ\leqq\theta<90^\circ \Longleftrightarrow \cos\theta>0 \Longleftrightarrow \vec{a}\cdot\vec{b}>0$

$\theta=90^\circ \Longleftrightarrow \cos\theta=0 \Longleftrightarrow \vec{a}\cdot\vec{b}=0$

$90^\circ<\theta\leqq180^\circ \Longleftrightarrow \cos\theta<0 \Longleftrightarrow \vec{a}\cdot\vec{b}<0$

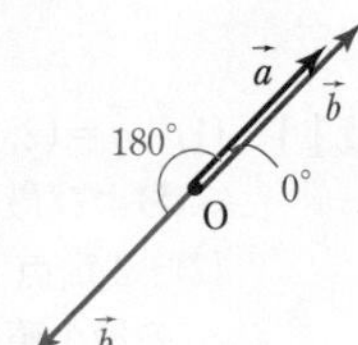


### ■ ベクトルの垂直と内積

$\vec{0}$ でない 2 つのベクトル $\vec{a}$, $\vec{b}$ のなす角 $\theta$ が $\theta=90^\circ$ のとき, $\vec{a}$ と $\vec{b}$ は **垂直** であるといい, $\boldsymbol{\vec{a}\perp\vec{b}}$ と表す。

したがって　$\boldsymbol{\vec{a}\perp\vec{b} \Longleftrightarrow \vec{a}\cdot\vec{b}}=|\vec{a}||\vec{b}|\cos90^\circ\boldsymbol{=0}$

なお, $\vec{a}\neq\vec{0}$, $\vec{b}\neq\vec{0}$ の条件がついていない場合は, $\vec{a}\cdot\vec{b}=0$ から直ちに $\vec{a}\perp\vec{b}$ としてはいけない。$\vec{a}=\vec{0}$ または $\vec{b}=\vec{0}$ の場合も考える必要があることに注意する。

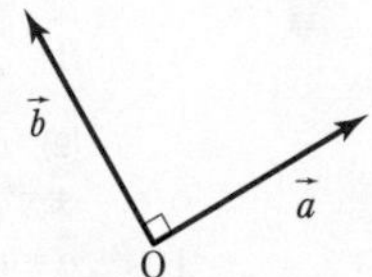

## 基本事項

### 4 内積と成分

$\vec{a}=(a_1,\ a_2)$，$\vec{b}=(b_1,\ b_2)$ とする。

1 $\boldsymbol{\vec{a}\cdot\vec{b}=a_1b_1+a_2b_2}$

2 $\vec{a}\neq\vec{0}$，$\vec{b}\neq\vec{0}$ のとき，$\vec{a}$ と $\vec{b}$ のなす角を $\theta$ とすると

$$\boldsymbol{\cos\theta=\frac{\vec{a}\cdot\vec{b}}{|\vec{a}||\vec{b}|}=\frac{a_1b_1+a_2b_2}{\sqrt{a_1^2+a_2^2}\sqrt{b_1^2+b_2^2}}}$$ ただし　$0^\circ\leqq\theta\leqq180^\circ$

### 5 内積と平行・垂直条件

$\vec{a}\neq\vec{0}$，$\vec{b}\neq\vec{0}$，$\vec{a}=(a_1,\ a_2)$，$\vec{b}=(b_1,\ b_2)$ とする。

1 **平行条件**　$\boldsymbol{\vec{a}\parallel\vec{b}}\iff\vec{a}\cdot\vec{b}=\pm|\vec{a}||\vec{b}|\iff\boldsymbol{a_1b_2-a_2b_1=0}$

2 **垂直条件**　$\boldsymbol{\vec{a}\perp\vec{b}\iff\vec{a}\cdot\vec{b}=0\iff a_1b_1+a_2b_2=0}$

### 6 内積の性質

$k$ は実数とする。

1 $\boldsymbol{\vec{a}\cdot\vec{b}=\vec{b}\cdot\vec{a}}$　　← **交換法則**

2 $\boldsymbol{(\vec{a}+\vec{b})\cdot\vec{c}=\vec{a}\cdot\vec{c}+\vec{b}\cdot\vec{c}}$，$\boldsymbol{\vec{a}\cdot(\vec{b}+\vec{c})=\vec{a}\cdot\vec{b}+\vec{a}\cdot\vec{c}}$　　← **分配法則**

3 $\boldsymbol{(k\vec{a})\cdot\vec{b}=\vec{a}\cdot(k\vec{b})=k(\vec{a}\cdot\vec{b})}$　　← $\boldsymbol{k\vec{a}\cdot\vec{b}}$ と書いてよい。

4 $\boldsymbol{\vec{a}\cdot\vec{a}=|\vec{a}|^2}$

5 $\boldsymbol{|\vec{a}|=\sqrt{\vec{a}\cdot\vec{a}}}$

## 解　説

### ■内積と成分

1　$\vec{0}$ でないベクトル $\vec{a}=\overrightarrow{\mathrm{OA}}$，$\vec{b}=\overrightarrow{\mathrm{OB}}$ のなす角を $\theta$ とすると，$\theta=\angle\mathrm{AOB}$ である。

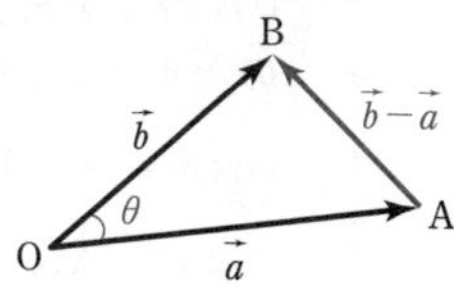


$0^\circ<\theta<180^\circ$ のとき，余弦定理から

$$\mathrm{AB}^2=\mathrm{OA}^2+\mathrm{OB}^2-2\mathrm{OA}\times\mathrm{OB}\cos\theta \quad\cdots\cdots\ Ⓐ$$

Ⓐ をベクトルで表すと

$$|\vec{b}-\vec{a}|^2=|\vec{a}|^2+|\vec{b}|^2-2|\vec{a}||\vec{b}|\cos\theta$$

◀Ⓐ は $\theta=0^\circ$，$180^\circ$ のときも成り立つ。

$\vec{a}=(a_1,\ a_2)$，$\vec{b}=(b_1,\ b_2)$ とすると

$$(b_1-a_1)^2+(b_2-a_2)^2=a_1^2+a_2^2+b_1^2+b_2^2-2|\vec{a}||\vec{b}|\cos\theta$$

整理して　$|\vec{a}||\vec{b}|\cos\theta=a_1b_1+a_2b_2$

したがって，内積の定義から　$\boldsymbol{\vec{a}\cdot\vec{b}=a_1b_1+a_2b_2}$

◀$\vec{a}=\vec{0}$ または $\vec{b}=\vec{0}$ のときも成り立つ。

2　内積の定義 $\vec{a}\cdot\vec{b}=|\vec{a}||\vec{b}|\cos\theta$ と 1 から導かれる。

### ■内積と平行・垂直条件

1　**平行条件**　$(\vec{a}\cdot\vec{b})^2=|\vec{a}|^2|\vec{b}|^2$ を成分で表して証明する。

2　**垂直条件**　$\vec{a}\perp\vec{b}\iff\vec{a}$ と $\vec{b}$ のなす角 $\theta$ が $90^\circ$

$$\iff\cos\theta=0\iff\vec{a}\cdot\vec{b}=0$$

◀前ページの基本事項 **2** から。$p.23$ 検討も参照。

### ■内積の性質

1〜3　ベクトルを成分表示することにより証明できる。

4，5　$\vec{a}\cdot\vec{b}=|\vec{a}||\vec{b}|\cos\theta$ で $\vec{b}=\vec{a}$ とすると $\theta=0^\circ$ であるから

$\vec{a}\cdot\vec{a}=|\vec{a}|^2$　　また，$|\vec{a}|\geqq0$ であるから　$|\vec{a}|=\sqrt{\vec{a}\cdot\vec{a}}$

◀$\cos\theta=1$

# 基本例題 11 内積の計算（定義利用）

$\angle A=90^\circ$, AB=5, AC=4 の三角形において，次の内積を求めよ。

(1) $\overrightarrow{BA}\cdot\overrightarrow{BC}$　　(2) $\overrightarrow{AC}\cdot\overrightarrow{CB}$　　(3) $\overrightarrow{AB}\cdot\overrightarrow{BA}$

p.28 基本事項 1　重要 21

**指針**　内積の定義 $\vec{a}\cdot\vec{b}=|\vec{a}||\vec{b}|\cos\theta$

に当てはめて計算する。その際，なす角の測り方に注意する。

(1) で $\overrightarrow{BA}$, $\overrightarrow{BC}$ は始点が一致しているから，それらのなす角は右の図の $\alpha$ であるが，(2) の $\overrightarrow{AC}$, $\overrightarrow{CB}$ のなす角を図の $\beta$ であるとすると **誤り！**

この場合，例えば，$\overrightarrow{CB}$ を平行移動して **始点を A にそろえた** ベクトルを $\overrightarrow{AD}$ とすると，$\overrightarrow{AC}$, $\overrightarrow{AD}$ のなす角 $\angle CAD$ が $\overrightarrow{AC}$, $\overrightarrow{CB}$ のなす角となる。

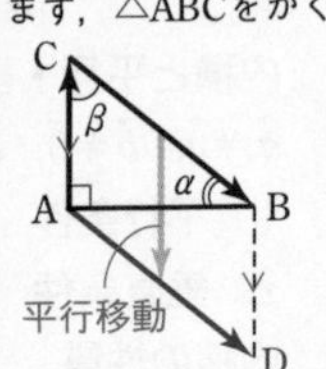


**CHART**　2 ベクトルのなす角　**始点をそろえて測る**

**解答**

(1) $\overrightarrow{BA}$, $\overrightarrow{BC}$ のなす角 $\alpha$ は右の図の $\angle ABC$ で，$BC=\sqrt{5^2+4^2}=\sqrt{41}$ であるから　$\overrightarrow{BA}\cdot\overrightarrow{BC}=|\overrightarrow{BA}||\overrightarrow{BC}|\cos\alpha$

$$=5\times\sqrt{41}\times\frac{5}{\sqrt{41}}=\mathbf{25}$$

◀2 つのベクトル $\overrightarrow{BA}$, $\overrightarrow{BC}$ の始点は一致。

◀$\vec{a}\cdot\vec{b}=|\vec{a}||\vec{b}|\cos\theta$

◀$\cos\alpha=\dfrac{AB}{BC}$

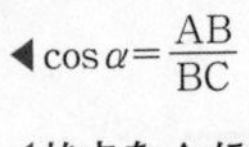

(2) $\overrightarrow{CB}$ を $\overrightarrow{AD}$ に平行移動すると，$\overrightarrow{AC}$, $\overrightarrow{CB}$ のなす角 $\beta$ は，右の図で $\overrightarrow{AC}$, $\overrightarrow{AD}$ のなす角 $\angle CAD=90^\circ+\alpha$ に等しく

$$\cos\beta=\cos(90^\circ+\alpha)=-\sin\alpha=-\frac{4}{\sqrt{41}}$$

ゆえに　$\overrightarrow{AC}\cdot\overrightarrow{CB}=|\overrightarrow{AC}||\overrightarrow{CB}|\cos\beta$

$$=4\times\sqrt{41}\times\left(-\frac{4}{\sqrt{41}}\right)$$

$$=\mathbf{-16}$$

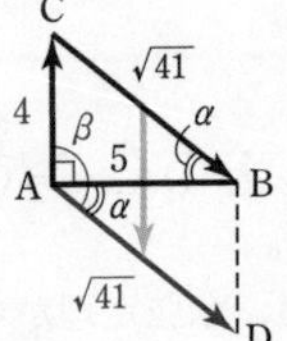


◀**始点を A にそろえる。**

◀CB∥AD から $\angle BAD=\angle ABC$

◀$\cos(\theta+90^\circ)=-\sin\theta$

◀$\vec{a}\cdot\vec{b}=|\vec{a}||\vec{b}|\cos\theta$

(3) $\overrightarrow{BA}$ を $\overrightarrow{AE}$ に平行移動すると，$\overrightarrow{AB}$, $\overrightarrow{BA}$ のなす角は，右の図で $\overrightarrow{AB}$, $\overrightarrow{AE}$ のなす角であるから　$180^\circ$

ゆえに　$\overrightarrow{AB}\cdot\overrightarrow{BA}=|\overrightarrow{AB}||\overrightarrow{BA}|\cos180^\circ$

$$=5\times5\times(-1)$$

$$=\mathbf{-25}$$

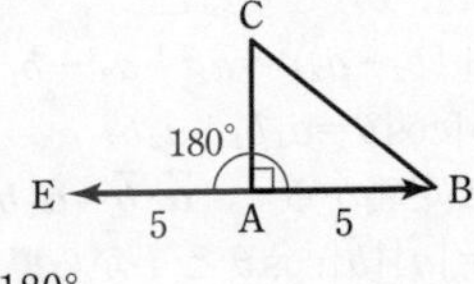


◀**始点を A にそろえる。**

◀0° ではない！

別解　(3) $\overrightarrow{AB}\cdot\overrightarrow{BA}=\overrightarrow{AB}\cdot(-\overrightarrow{AB})=-|\overrightarrow{AB}|^2=-25$

**練習 ① 11**　△ABC において，$AB=\sqrt{2}$, CA=2, $\angle B=45^\circ$, $\angle C=30^\circ$ であるとき，次の内積を求めよ。

(1) $\overrightarrow{BA}\cdot\overrightarrow{BC}$　　(2) $\overrightarrow{CA}\cdot\overrightarrow{CB}$　　(3) $\overrightarrow{AB}\cdot\overrightarrow{BC}$　　(4) $\overrightarrow{BC}\cdot\overrightarrow{CA}$

p.43 EX 12

## 基本例題 12 内積の計算（成分）

次のベクトル $\vec{a}$, $\vec{b}$ の内積と，そのなす角 $\theta$ を求めよ。

(1) $\vec{a}=(-1,\ 1)$, $\vec{b}=(\sqrt{3}-1,\ \sqrt{3}+1)$　　(2) $\vec{a}=(1,\ 2)$, $\vec{b}=(1,\ -3)$

p.29 基本事項 4

**指針** **内積の成分による表現** $\vec{a}=(a_1,\ a_2)$, $\vec{b}=(b_1,\ b_2)$ のとき，$\vec{a}$, $\vec{b}$ のなす角を $\theta$ とすると

$$\vec{a}\cdot\vec{b}=a_1b_1+a_2b_2 \quad\cdots\cdots Ⓐ \qquad \cos\theta=\frac{\vec{a}\cdot\vec{b}}{|\vec{a}||\vec{b}|} \quad\cdots\cdots Ⓑ$$

成分が与えられたベクトルの内積は Ⓐ を利用して計算。

また，ベクトルのなす角 $\theta$ は Ⓑ を利用して，三角方程式 $\cos\theta=\alpha\ (-1\leqq\alpha\leqq1)$ を解く問題に帰着させる。かくれた条件 $0°\leqq\theta\leqq180°$ に注意。

**解答**

(1) $\vec{a}\cdot\vec{b}=(-1)\times(\sqrt{3}-1)+1\times(\sqrt{3}+1)=\mathbf{2}$

◀($x$ 成分の積)+($y$ 成分の積)

また　$|\vec{a}|=\sqrt{(-1)^2+1^2}=\sqrt{2}$,

$|\vec{b}|=\sqrt{(\sqrt{3}-1)^2+(\sqrt{3}+1)^2}=\sqrt{8}=2\sqrt{2}$

よって　$\cos\theta=\dfrac{\vec{a}\cdot\vec{b}}{|\vec{a}||\vec{b}|}=\dfrac{2}{\sqrt{2}\times2\sqrt{2}}=\dfrac{1}{2}$

$0°\leqq\theta\leqq180°$ であるから　$\boldsymbol{\theta=60°}$

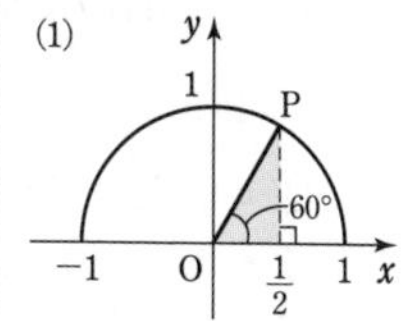

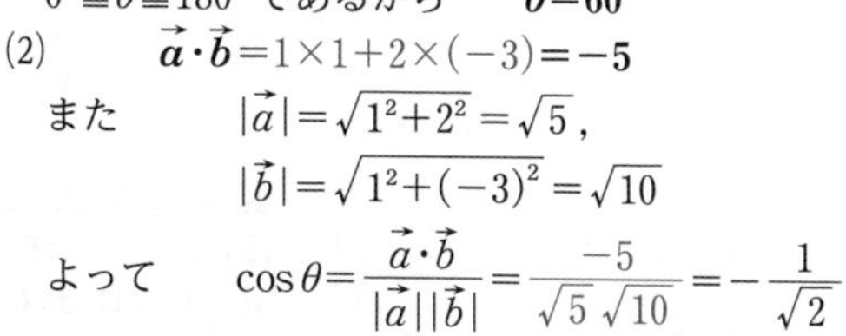

(2) $\vec{a}\cdot\vec{b}=1\times1+2\times(-3)=\mathbf{-5}$

また　$|\vec{a}|=\sqrt{1^2+2^2}=\sqrt{5}$,

$|\vec{b}|=\sqrt{1^2+(-3)^2}=\sqrt{10}$

よって　$\cos\theta=\dfrac{\vec{a}\cdot\vec{b}}{|\vec{a}||\vec{b}|}=\dfrac{-5}{\sqrt{5}\sqrt{10}}=-\dfrac{1}{\sqrt{2}}$

$0°\leqq\theta\leqq180°$ であるから　$\boldsymbol{\theta=135°}$

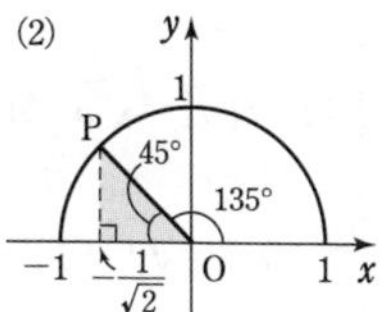


**検討** **余弦定理を利用してベクトルのなす角を求める**

上の例題(1)において，$\vec{a}$, $\vec{b}$ のなす角 $\theta$ は，次のように余弦定理を利用して求めることもできる。

$\vec{a}=\overrightarrow{OA}$, $\vec{b}=\overrightarrow{OB}$ とする。

$A(-1,\ 1)$, $B(\sqrt{3}-1,\ \sqrt{3}+1)$, $\theta=\angle AOB$ であるから

$OA^2=(-1)^2+1^2=2$,

$OB^2=(\sqrt{3}-1)^2+(\sqrt{3}+1)^2=8$,

$AB^2=\{\sqrt{3}-1-(-1)\}^2+(\sqrt{3}+1-1)^2=6$

よって　$\cos\theta=\dfrac{OA^2+OB^2-AB^2}{2OA\cdot OB}=\dfrac{2+8-6}{2\sqrt{2}\cdot2\sqrt{2}}=\dfrac{1}{2}$

$0°\leqq\theta\leqq180°$ であるから　$\boldsymbol{\theta=60°}$

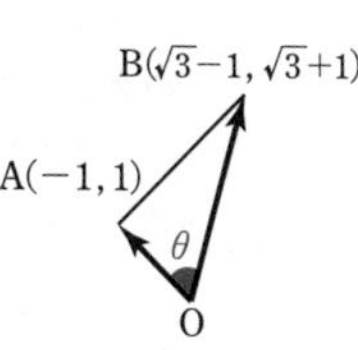


**練習** ② **12**

(1) 2つのベクトル $\vec{a}=(\sqrt{3},\ 1)$, $\vec{b}=(-1,\ -\sqrt{3})$ に対して，その内積と，なす角 $\theta$ を求めよ。

(2) $\vec{a}$, $\vec{b}$ のなす角が $135°$, $|\vec{a}|=\sqrt{6}$, $\vec{b}=(-1,\ \sqrt{2})$ のとき，内積 $\vec{a}\cdot\vec{b}$ を求めよ。

## 基本例題 13 ベクトルのなす角

(1) $p$ を正の数とし，ベクトル $\vec{a}=(1,\ 1)$ と $\vec{b}=(1,\ -p)$ があるとする。いま，$\vec{a}$ と $\vec{b}$ のなす角が $60°$ のとき，$p$ の値を求めよ。〔立教大〕

(2) $\vec{a}=(-1,\ 3)$，$\vec{b}=(m,\ n)$ ($m$ と $n$ は正の数)，$|\vec{b}|=\sqrt{5}$ のとき，$\vec{a}$ と $\vec{b}$ のなす角は $45°$ である。このとき，$m$，$n$ の値を求めよ。

p.29 基本事項 4，基本 12

**指針** 内積 $\vec{a}\cdot\vec{b}$ について，

$$\vec{a}\cdot\vec{b}=|\vec{a}||\vec{b}|\cos\theta,\quad \vec{a}\cdot\vec{b}=a_1b_1+a_2b_2$$

の **2通りで表し，これらを等しいとおいた方程式を利用する。**

(1) では $p$，(2) では $m$，$n$ の値がいずれも正の数であることに注意。

**解答**

(1) $\vec{a}\cdot\vec{b}=1\cdot1+1\cdot(-p)=1-p$ ◀成分による表現。

$|\vec{a}|=\sqrt{1^2+1^2}=\sqrt{2}$，$|\vec{b}|=\sqrt{1^2+(-p)^2}=\sqrt{1+p^2}$

$\vec{a}\cdot\vec{b}=|\vec{a}||\vec{b}|\cos 60°$ から ◀定義による表現。

$$1-p=\sqrt{2}\sqrt{1+p^2}\times\frac{1}{2}\ \cdots\cdots ①$$

① の両辺を 2 乗して整理すると　$p^2-4p+1=0$

よって　$p=2\pm\sqrt{3}$

ここで，① より，$1-p>0$ であるから

$0<p<1$

◀ $\sqrt{1+p^2}>0$ であるから，① の右辺は正。よって，① の左辺は　$1-p>0$

ゆえに　$\boldsymbol{p=2-\sqrt{3}}$

(2) $|\vec{b}|=\sqrt{5}$ から　$|\vec{b}|^2=5$

よって　$m^2+n^2=5\ \cdots\cdots ①$

**注意** $\sqrt{●}$ が出てきたときは，かくれた条件 $●\geqq0$，$\sqrt{●}\geqq0$ に注意。

$|\vec{a}|=\sqrt{(-1)^2+3^2}=\sqrt{10}$ であるから

$$\vec{a}\cdot\vec{b}=|\vec{a}||\vec{b}|\cos 45°=\sqrt{10}\cdot\sqrt{5}\cdot\frac{1}{\sqrt{2}}=5$$ ◀定義による表現。

また，$\vec{a}\cdot\vec{b}=-1\cdot m+3\cdot n=-m+3n$ であるから ◀成分による表現。

$-m+3n=5$

ゆえに　$m=3n-5\ \cdots\cdots ②$

② を ① に代入して　$(3n-5)^2+n^2=5$

よって　$n^2-3n+2=0$

ゆえに　$(n-1)(n-2)=0$

これを解いて　$n=1,\ 2$ ($n>0$ を満たす)

② から　$n=1$ のとき　$m=-2$，

$n=2$ のとき　$m=1$

$m$ も正の数であるから，求める $m$，$n$ の値は

$\boldsymbol{m=1,\ n=2}$

**練習 13** ②

(1) $\vec{p}=(-3,\ -4)$ と $\vec{q}=(a,\ -1)$ のなす角が $45°$ のとき，定数 $a$ の値を求めよ。

(2) $\vec{a}=(1,\ -\sqrt{3})$ とのなす角が $120°$，大きさが $2\sqrt{10}$ であるベクトル $\vec{b}$ を求めよ。

# 基本例題 14 ベクトルの垂直と成分

(1) 2つのベクトル $\vec{a}=(x-1,\ 3)$, $\vec{b}=(1,\ x+1)$ が垂直になるような $x$ の値を求めよ。

(2) ベクトル $\vec{a}=(2,\ 1)$ に垂直で，大きさ $\sqrt{10}$ のベクトル $\vec{u}$ を求めよ。

p.29 基本事項 5　基本 55

**指針** (1) ベクトルの垂直条件から $x$ の方程式を作る。

$$\vec{a}\neq\vec{0},\ \vec{b}\neq\vec{0} \text{ のとき } \vec{a}\perp\vec{b} \Longleftrightarrow \vec{a}\cdot\vec{b}=0$$

**注意** $\vec{0}$ でない2つのベクトルのなす角が90°のとき，2つのベクトルは **垂直** であるという。よって，「(内積)=0 ⟹ 垂直」は，2つのベクトルがともに $\vec{0}$ でないときに限り成り立つ。

(2) $\vec{u}=(x,\ y)$ として，①：垂直条件から $\vec{a}\cdot\vec{u}=0$　②：$|\vec{u}|=\sqrt{10}$　により，$x$, $y$ の連立方程式を導く。

**CHART** なす角・垂直　内積を利用

**解答**

(1) $\vec{a}\neq\vec{0}$, $\vec{b}\neq\vec{0}$ から，$\vec{a}\perp\vec{b}$ であるための条件は

$\vec{a}\cdot\vec{b}=0$

ここで　$\vec{a}\cdot\vec{b}=(x-1)\times1+3\times(x+1)=4x+2$

ゆえに　$4x+2=0$　　よって　$\boldsymbol{x=-\frac{1}{2}}$

(2) $\vec{u}=(x,\ y)$ とする。

$\vec{a}\perp\vec{u}$ であるから　$\vec{a}\cdot\vec{u}=0$

よって　$2x+y=0$ ……①

また，$|\vec{u}|=\sqrt{10}$ であるから　$x^2+y^2=10$ ……②

①から　$y=-2x$ ……③

②に代入して　$x^2+(-2x)^2=10$

ゆえに　$x=\pm\sqrt{2}$

③から　$\boldsymbol{\vec{u}=(\sqrt{2},\ -2\sqrt{2}),\ (-\sqrt{2},\ 2\sqrt{2})}$

◀(1) $(x-1,\ 3)\neq\vec{0}$, $(1,\ x+1)\neq\vec{0}$ である。

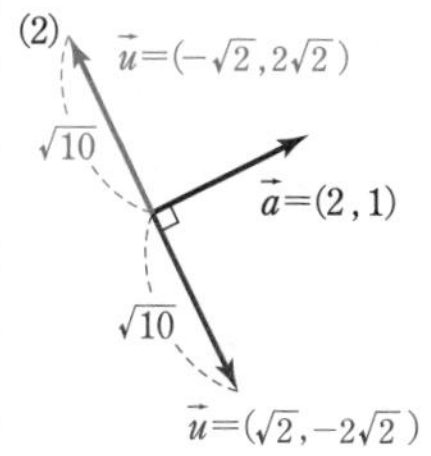


**検討** $\vec{a}$ と平行なベクトル

上の例題(2)において，「$\vec{a}$ と平行で，大きさ $\sqrt{10}$ のベクトル $\vec{v}$」を求める場合は，平行条件 $\vec{v}=k\vec{a}\ (k\neq0)$ を用いて次のように解ける。

$\vec{a}\parallel\vec{v}$ から，$\vec{v}=k\vec{a}=(2k,\ k)$ とおくと　$|\vec{v}|^2=(2k)^2+k^2=5k^2$

$|\vec{v}|=\sqrt{10}$ のとき，$5k^2=(\sqrt{10})^2$ から　$k=\pm\sqrt{2}$

ゆえに　$\vec{v}=(2\sqrt{2},\ \sqrt{2}),\ (-2\sqrt{2},\ -\sqrt{2})$

**練習 ② 14**

(1) 2つのベクトル $\vec{a}=(x+1,\ x)$, $\vec{b}=(x,\ x-2)$ が垂直になるような $x$ の値を求めよ。

(2) ベクトル $\vec{a}=(1,\ -3)$ に垂直である単位ベクトルを求めよ。

## 基本例題 15 内積の演算，垂直条件となす角

(1) 等式 $|\vec{a}+\vec{b}|^2+|\vec{a}-\vec{b}|^2=2(|\vec{a}|^2+|\vec{b}|^2)$ を証明せよ。

(2) $|\vec{a}|=2$，$|\vec{b}|=1$ で，$\vec{a}-\vec{b}$ と $2\vec{a}+5\vec{b}$ が垂直であるとき，$\vec{a}$ と $\vec{b}$ のなす角 $\theta$ を求めよ。

p.29 基本事項 6　基本 30

**指針** (1) 等式の証明（数学Ⅱ）で学んだように，**左辺（複雑な式）を変形して右辺（簡単な式）を導く** 方針で示す。
その際，$|\vec{p}|^2=\vec{p}\cdot\vec{p}$ を用いて内積の性質（$p.29$ 基本事項 6）を適用すると，$|\vec{a}+\vec{b}|^2$，$|\vec{a}-\vec{b}|^2$ の変形は，それぞれ $(a+b)^2$，$(a-b)^2$ を展開する要領で計算できる。

(2) $\vec{a}$ と $\vec{b}$ のなす角 $\theta$ は $\boldsymbol{\cos\theta=\dfrac{\vec{a}\cdot\vec{b}}{|\vec{a}||\vec{b}|}}$ の値から求められる。

$(\vec{a}-\vec{b})\perp(2\vec{a}+5\vec{b})$ から　$(\vec{a}-\vec{b})\cdot(2\vec{a}+5\vec{b})=0$

よって，この等式の左辺を(1)の要領で変形して $|\vec{a}|=2$，$|\vec{b}|=1$ を代入すると，まず $\vec{a}\cdot\vec{b}$ の値がわかる。

**CHART** なす角・垂直　内積を利用

**解答**

(1) 
$$\begin{aligned}|\vec{a}+\vec{b}|^2+|\vec{a}-\vec{b}|^2&=(\vec{a}+\vec{b})\cdot(\vec{a}+\vec{b})+(\vec{a}-\vec{b})\cdot(\vec{a}-\vec{b})\\&=(\vec{a}\cdot\vec{a}+\vec{a}\cdot\vec{b}+\vec{b}\cdot\vec{a}+\vec{b}\cdot\vec{b})\\&\quad+(\vec{a}\cdot\vec{a}-\vec{a}\cdot\vec{b}-\vec{b}\cdot\vec{a}+\vec{b}\cdot\vec{b})\\&=|\vec{a}|^2+2\vec{a}\cdot\vec{b}+|\vec{b}|^2\\&\quad+|\vec{a}|^2-2\vec{a}\cdot\vec{b}+|\vec{b}|^2\\&=2(|\vec{a}|^2+|\vec{b}|^2)\end{aligned}$$

◀ $(a+b)^2+(a-b)^2$ の計算と同じ要領。

(2) $(\vec{a}-\vec{b})\perp(2\vec{a}+5\vec{b})$ から

$(\vec{a}-\vec{b})\cdot(2\vec{a}+5\vec{b})=0$

◀ 垂直 ⟶（内積）$=0$

よって　$2|\vec{a}|^2+3\vec{a}\cdot\vec{b}-5|\vec{b}|^2=0$

◀ $(a-b)(2a+5b)=2a^2+3ab-5b^2$ と同じ要領。

$|\vec{a}|=2$，$|\vec{b}|=1$ を代入して

$2\times4+3\vec{a}\cdot\vec{b}-5\times1=0$

ゆえに　$\vec{a}\cdot\vec{b}=-1$

したがって　$\cos\theta=\dfrac{\vec{a}\cdot\vec{b}}{|\vec{a}||\vec{b}|}=\dfrac{-1}{2\times1}=-\dfrac{1}{2}$

◀ $p.31$ 基本例題 **12** と同じ要領。

$0°\leqq\theta\leqq180°$ であるから　$\boldsymbol{\theta=120°}$

**練習** ③ **15**

(1) 次の等式を証明せよ。

(ア) $(\vec{p}-\vec{a})\cdot(\vec{p}+2\vec{b})=|\vec{p}|^2-(\vec{a}-2\vec{b})\cdot\vec{p}-2\vec{a}\cdot\vec{b}$

(イ) $|\vec{a}+\vec{b}+\vec{c}|^2+|\vec{a}|^2+|\vec{b}|^2+|\vec{c}|^2=|\vec{a}+\vec{b}|^2+|\vec{b}+\vec{c}|^2+|\vec{c}+\vec{a}|^2$

(2) $\vec{0}$ でない 2 つのベクトル $\vec{a}$，$\vec{b}$ がある。$2\vec{a}+\vec{b}$ と $2\vec{a}-\vec{b}$ が垂直で，かつ $\vec{a}$ と $\vec{a}-\vec{b}$ が垂直であるとき，$\vec{a}$ と $\vec{b}$ のなす角を求めよ。

p.43 EX 13

## 基本例題 16 ベクトルの大きさと最小値（内積利用）

ベクトル $\vec{a}$, $\vec{b}$ について $|\vec{a}|=\sqrt{3}$, $|\vec{b}|=2$, $|\vec{a}-\vec{b}|=\sqrt{5}$ であるとき

(1) 内積 $\vec{a}\cdot\vec{b}$ の値を求めよ。

(2) ベクトル $2\vec{a}-3\vec{b}$ の大きさを求めよ。

(3) ベクトル $\vec{a}+t\vec{b}$ の大きさが最小となるように実数 $t$ の値を定め，そのときの最小値を求めよ。〔類 西南学院大〕

基本 10　重要 17，基本 32

**指針** (1) $|\vec{a}-\vec{b}|^2=(\sqrt{5})^2$ を変形すると，$\vec{a}\cdot\vec{b}$ が現れる。……★

(2) $|2\vec{a}-3\vec{b}|^2$ を変形して $|\vec{a}|$, $|\vec{b}|$, $\vec{a}\cdot\vec{b}$ の値を代入。

(3) $|\vec{a}+t\vec{b}|^2$ を変形すると $t$ の 2 次式になるから

2 次式は基本形 $a(t-p)^2+q$ に直す

**大きさの問題は 2乗して扱う**

**CHART** $|\vec{p}|$ は $|\vec{p}|^2$ として扱う

**解答**

(1) $|\vec{a}-\vec{b}|=\sqrt{5}$ から　$|\vec{a}-\vec{b}|^2=5$

よって　$(\vec{a}-\vec{b})\cdot(\vec{a}-\vec{b})=5$

ゆえに　$|\vec{a}|^2-2\vec{a}\cdot\vec{b}+|\vec{b}|^2=5$

$|\vec{a}|=\sqrt{3}$, $|\vec{b}|=2$ であるから　$3-2\vec{a}\cdot\vec{b}+4=5$

したがって　$\vec{a}\cdot\vec{b}=\mathbf{1}$

(2) $|2\vec{a}-3\vec{b}|^2=(2\vec{a}-3\vec{b})\cdot(2\vec{a}-3\vec{b})$

$=4|\vec{a}|^2-12\vec{a}\cdot\vec{b}+9|\vec{b}|^2$

$=4\times(\sqrt{3})^2-12\times1+9\times2^2$

$=36$

$|2\vec{a}-3\vec{b}|\geqq0$ であるから　$|2\vec{a}-3\vec{b}|=\mathbf{6}$

(3) $|\vec{a}+t\vec{b}|^2=(\vec{a}+t\vec{b})\cdot(\vec{a}+t\vec{b})=|\vec{a}|^2+2t\vec{a}\cdot\vec{b}+t^2|\vec{b}|^2$

$=4t^2+2t+3=4\left(t+\dfrac{1}{4}\right)^2+\dfrac{11}{4}$

よって，$|\vec{a}+t\vec{b}|^2$ は $t=-\dfrac{1}{4}$ のとき最小値 $\dfrac{11}{4}$ をとる。

$|\vec{a}+t\vec{b}|\geqq0$ であるから，このとき $|\vec{a}+t\vec{b}|$ も最小となる。

したがって，$|\vec{a}+t\vec{b}|$ は $t=-\dfrac{1}{4}$ のとき最小値 $\dfrac{\sqrt{11}}{2}$ をとる。

◀指針＿……★の方針。ベクトルの大きさの式 $|k\vec{a}+l\vec{b}|$ について，2乗して内積 $\vec{a}\cdot\vec{b}$ を作り出すことは，ベクトルにおける重要な手法である。

◀$(2a-3b)^2$
$=4a^2-12ab+9b^2$
と同じ要領。

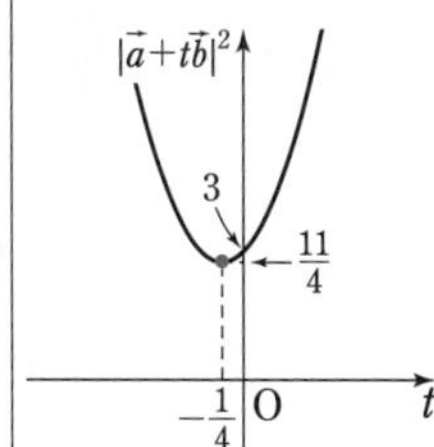


**練習** ③ **16**

(1) 2 つのベクトル $\vec{a}$, $\vec{b}$ が，$|\vec{a}|=1$, $|\vec{b}|=2$, $|\vec{a}+2\vec{b}|=3$ を満たすとき，$\vec{a}$ と $\vec{b}$ のなす角 $\theta$ および $|\vec{a}-2\vec{b}|$ の値を求めよ。〔類 神奈川大〕

(2) ベクトル $\vec{a}$, $\vec{b}$ について，$|\vec{a}|=2$, $|\vec{b}|=1$, $|\vec{a}+3\vec{b}|=3$ とする。$t$ が実数全体を動くとき，$|\vec{a}+t\vec{b}|$ の最小値は［　　］である。〔類 慶応大〕

p.43 EX 14, 15

## 重要例題 17 ベクトルの大きさの条件と絶対不等式

$k$ は実数の定数とする。$|\vec{a}|=2$, $|\vec{b}|=3$, $|\vec{a}-\vec{b}|=\sqrt{7}$ とするとき，$|k\vec{a}+t\vec{b}|>\sqrt{3}$ がすべての実数 $t$ に対して成り立つような $k$ の値の範囲を求めよ。

基本 16

**指針** $|\vec{p}|$ は $|\vec{p}|^2$ として扱う　の考え方が基本となる。

まず，$|\vec{a}-\vec{b}|^2=(\sqrt{7})^2$ を考えることで，$\vec{a}\cdot\vec{b}$ の値を求めておく。

また，$|k\vec{a}+t\vec{b}|>\sqrt{3}$ は $|k\vec{a}+t\vec{b}|^2>(\sqrt{3})^2$ …… ① と同値である。

① を変形して整理すると $pt^2+qt+r>0$ $(p>0)$ の形になるから，数学 I で学習した，次のことを利用して解決する。

**2 次不等式 $at^2+bt+c>0$ が常に成り立つ** …… (＊) ための必要十分条件は

$D=b^2-4ac$ とすると　$a>0$ かつ $D<0$

**CHART** $|\vec{p}|$ は $|\vec{p}|^2$ として扱う

**解答**

$|\vec{a}-\vec{b}|=\sqrt{7}$ から　$|\vec{a}-\vec{b}|^2=(\sqrt{7})^2$

よって　$(\vec{a}-\vec{b})\cdot(\vec{a}-\vec{b})=7$

ゆえに　$|\vec{a}|^2-2\vec{a}\cdot\vec{b}+|\vec{b}|^2=7$

$|\vec{a}|=2$, $|\vec{b}|=3$ であるから　$4-2\vec{a}\cdot\vec{b}+9=7$

したがって　$\vec{a}\cdot\vec{b}=3$

また，$|k\vec{a}+t\vec{b}|>\sqrt{3}$ は $|k\vec{a}+t\vec{b}|^2>3$ …… ① と同値である。

① を変形すると　$k^2|\vec{a}|^2+2kt\vec{a}\cdot\vec{b}+t^2|\vec{b}|^2>3$

すなわち　$9t^2+6kt+4k^2-3>0$ …… ②

② がすべての実数 $t$ について成り立つための必要十分条件は，$t$ の 2 次方程式 $9t^2+6kt+4k^2-3=0$ の判別式を $D$ とすると，$t^2$ の係数が正であるから　$D<0$

ここで　$\dfrac{D}{4}=(3k)^2-9(4k^2-3)$

$=-27k^2+27=-27(k^2-1)$

$=-27(k+1)(k-1)$

$D<0$ から　$(k+1)(k-1)>0$

よって　$\boldsymbol{k<-1,\ 1<k}$

◀前ページの基本例題 16 (1) と同じ要領。

◀$A>0$, $B>0$ のとき $A>B \Leftrightarrow A^2>B^2$

**参考**
指針の (＊) のように，すべての実数に対して成り立つ不等式を **絶対不等式** という。

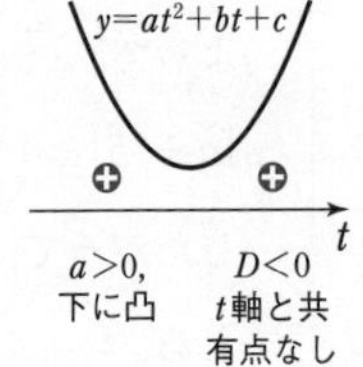


**練習 ③ 17**　ベクトル $\vec{p}=\vec{a}+\vec{b}$, $\vec{q}=\vec{a}-\vec{b}$ は，$|\vec{p}|=4$, $|\vec{q}|=2$ を満たし，$\vec{p}$ と $\vec{q}$ のなす角は $60°$ である。

(1) 2 つのベクトルの大きさ $|\vec{a}|$, $|\vec{b}|$, および内積 $\vec{a}\cdot\vec{b}$ を求めよ。

(2) $k$ は実数の定数とする。すべての実数 $t$ に対して $|t\vec{a}+k\vec{b}|\geqq|\vec{b}|$ が成り立つような $k$ の値の範囲を求めよ。

p.43 EX16

## 基本例題 18 内積と三角形の面積 ②②②②②

(1) △OAB において，$\overrightarrow{OA}=\vec{a}$，$\overrightarrow{OB}=\vec{b}$ のとき，△OAB の面積 $S$ を $\vec{a}$，$\vec{b}$ で表せ。

(2) (1)を利用して，3 点 O(0, 0)，A($a_1$, $a_2$)，B($b_1$, $b_2$) を頂点とする △OAB の面積 $S$ を $a_1$，$a_2$，$b_1$，$b_2$ を用いて表せ。

p.29 基本事項 4

(1) △OAB の面積 $S$ は，∠AOB$=\theta$ とすると　$S=\dfrac{1}{2}\mathrm{OA}\times\mathrm{OB}\sin\theta$　(数学 I)

$\sin\theta$ は，$\vec{a}\cdot\vec{b}=|\vec{a}||\vec{b}|\cos\theta$ と **かくれた条件** $\sin^2\theta+\cos^2\theta=1$ から求める。

(2) $\overrightarrow{OA}=(a_1,\ a_2)$，$\overrightarrow{OB}=(b_1,\ b_2)$ であるから，(1)の結果を成分で表す。

**解答**

(1) ∠AOB$=\theta$ $(0°<\theta<180°)$ とすると

$$\cos\theta=\frac{\vec{a}\cdot\vec{b}}{|\vec{a}||\vec{b}|}$$

また，$\sin\theta>0$ であるから

$$S=\frac{1}{2}|\vec{a}||\vec{b}|\sin\theta=\frac{1}{2}|\vec{a}||\vec{b}|\sqrt{1-\cos^2\theta}$$

$$=\frac{1}{2}|\vec{a}||\vec{b}|\sqrt{1-\left(\frac{\vec{a}\cdot\vec{b}}{|\vec{a}||\vec{b}|}\right)^2}$$

$$=\frac{1}{2}|\vec{a}||\vec{b}|\times\frac{\sqrt{|\vec{a}|^2|\vec{b}|^2-(\vec{a}\cdot\vec{b})^2}}{|\vec{a}||\vec{b}|}=\boldsymbol{\frac{1}{2}\sqrt{|\vec{a}|^2|\vec{b}|^2-(\vec{a}\cdot\vec{b})^2}}$$

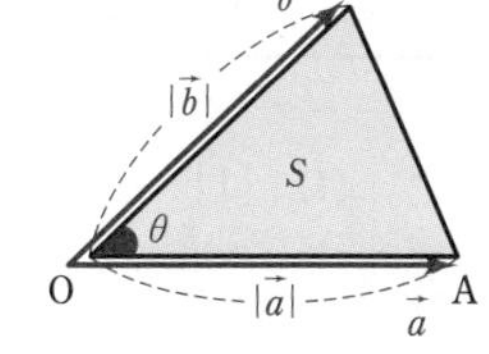


(2) $\overrightarrow{OA}=\vec{a}$，$\overrightarrow{OB}=\vec{b}$ とすると　$\vec{a}=(a_1,\ a_2)$，$\vec{b}=(b_1,\ b_2)$

(1)から，△OAB の面積 $S$ は $S=\dfrac{1}{2}\sqrt{|\vec{a}|^2|\vec{b}|^2-(\vec{a}\cdot\vec{b})^2}$ と表され，$|\vec{a}|^2=a_1{}^2+a_2{}^2$，$|\vec{b}|^2=b_1{}^2+b_2{}^2$，$(\vec{a}\cdot\vec{b})^2=(a_1b_1+a_2b_2)^2$ であるから

◀ $|\vec{a}|^2$，$|\vec{b}|^2$，$\vec{a}\cdot\vec{b}$ をそれぞれ成分で表す。

$$|\vec{a}|^2|\vec{b}|^2-(\vec{a}\cdot\vec{b})^2=(a_1{}^2+a_2{}^2)(b_1{}^2+b_2{}^2)-(a_1b_1+a_2b_2)^2$$
$$=a_1{}^2b_2{}^2+a_2{}^2b_1{}^2-2a_1b_1a_2b_2$$
$$=(a_1b_2-a_2b_1)^2$$

ゆえに　$S=\dfrac{1}{2}\sqrt{(a_1b_2-a_2b_1)^2}=\boldsymbol{\dfrac{1}{2}|a_1b_2-a_2b_1|}$

◀ $\sqrt{A^2}=|A|$ に注意。

**POINT**　△OAB で $\overrightarrow{OA}=\vec{a}=(a_1,\ a_2)$，$\overrightarrow{OB}=\vec{b}=(b_1,\ b_2)$ とすると，面積 $S$ は

$$\boldsymbol{S=\frac{1}{2}\sqrt{|\vec{a}|^2|\vec{b}|^2-(\vec{a}\cdot\vec{b})^2}=\frac{1}{2}|a_1b_2-a_2b_1|}$$

**検討**　**頂点がいずれも原点でない場合**

頂点がいずれも原点ではない三角形の面積を，(2)の結果を用いて求める場合，まず，**頂点が原点にくるような平行移動** について考える。下の練習 (2) の解答参照。

**練習 ② 18**　次の 3 点を頂点とする △ABC の面積 $S$ を求めよ。

(1) A(0, 0)，B(3, 1)，C(2, 4)　　(2) A(−2, 1)，B(3, 0)，C(2, 4)

## 重要例題 19 ベクトルの不等式の証明(1)

次の不等式を証明せよ。

(1) $-|\vec{a}||\vec{b}| \leqq \vec{a}\cdot\vec{b} \leqq |\vec{a}||\vec{b}|$　　(2) $|\vec{a}|-|\vec{b}| \leqq |\vec{a}+\vec{b}| \leqq |\vec{a}|+|\vec{b}|$

p.28 基本事項 1

**指針** (1) **内積の定義** $\vec{a}\cdot\vec{b}=|\vec{a}||\vec{b}|\cos\theta$ ($\theta$ は $\vec{a}$, $\vec{b}$ のなす角) において, $-1 \leqq \cos\theta \leqq 1$ であることを利用。ベクトルの大きさ $|\vec{p}|$ について $|\vec{p}| \geqq 0$ であることにも注意する。

(2) まず, $|\vec{a}+\vec{b}| \leqq |\vec{a}|+|\vec{b}|$ を示す。左辺, 右辺とも 0 以上であるから,

$$A \geqq 0,\ B \geqq 0 \text{ のとき }\quad A \leqq B \Longleftrightarrow A^2 \leqq B^2$$

であることを利用し, $|\vec{a}+\vec{b}|^2 \leqq (|\vec{a}|+|\vec{b}|)^2$ を示す。(右辺)−(左辺)≧0 を示す過程では, (1)の **結果も利用** する。

次に, $|\vec{a}|-|\vec{b}| \leqq |\vec{a}+\vec{b}|$ の証明については, 先に示した不等式 $|\vec{a}+\vec{b}| \leqq |\vec{a}|+|\vec{b}|$ を利用する。

**解答**

(1) [1] $\vec{a}=\vec{0}$ または $\vec{b}=\vec{0}$ のとき

$\vec{a}\cdot\vec{b}=0$, $|\vec{a}||\vec{b}|=0$ であるから

$$-|\vec{a}||\vec{b}|=\vec{a}\cdot\vec{b}=|\vec{a}||\vec{b}|=0$$

[2] $\vec{a}\neq\vec{0}$ かつ $\vec{b}\neq\vec{0}$ のとき

$\vec{a}$, $\vec{b}$ のなす角を $\theta$ とすると

$$\vec{a}\cdot\vec{b}=|\vec{a}||\vec{b}|\cos\theta \quad \cdots\cdots ①$$

$0^\circ \leqq \theta \leqq 180^\circ$ より, $-1 \leqq \cos\theta \leqq 1$ であるから

$$-|\vec{a}||\vec{b}| \leqq |\vec{a}||\vec{b}|\cos\theta \leqq |\vec{a}||\vec{b}|$$

① から　$-|\vec{a}||\vec{b}| \leqq \vec{a}\cdot\vec{b} \leqq |\vec{a}||\vec{b}|$

[1], [2] から　$-|\vec{a}||\vec{b}| \leqq \vec{a}\cdot\vec{b} \leqq |\vec{a}||\vec{b}|$

◀[1] のときは, $\vec{a}$, $\vec{b}$ のなす角 $\theta$ が定義できない。

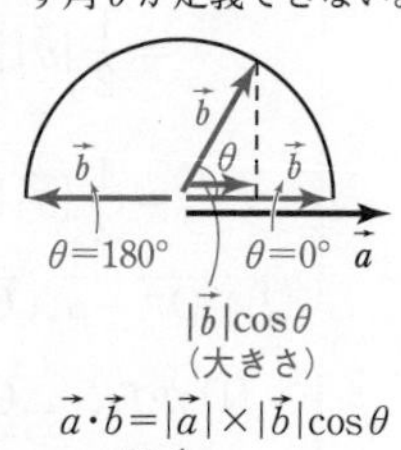


$\vec{a}\cdot\vec{b}=|\vec{a}|\times|\vec{b}|\cos\theta$
一定

$|\vec{b}|\cos\theta$ は
$\theta=0^\circ$ のとき最大,
$\theta=180^\circ$ のとき最小。

(2) $(|\vec{a}|+|\vec{b}|)^2-|\vec{a}+\vec{b}|^2$

$$=|\vec{a}|^2+2|\vec{a}||\vec{b}|+|\vec{b}|^2-(|\vec{a}|^2+2\vec{a}\cdot\vec{b}+|\vec{b}|^2)$$

$$=2(|\vec{a}||\vec{b}|-\vec{a}\cdot\vec{b}) \geqq 0$$

◀(1)で示した $\vec{a}\cdot\vec{b} \leqq |\vec{a}||\vec{b}|$ を利用。

ゆえに　$|\vec{a}+\vec{b}|^2 \leqq (|\vec{a}|+|\vec{b}|)^2$

$|\vec{a}|+|\vec{b}| \geqq 0$, $|\vec{a}+\vec{b}| \geqq 0$ から

$$|\vec{a}+\vec{b}| \leqq |\vec{a}|+|\vec{b}| \quad \cdots\cdots ②$$

② において, $\vec{a}$ を $\vec{a}+\vec{b}$, $\vec{b}$ を $-\vec{b}$ におき換えると

$$|\vec{a}+\vec{b}-\vec{b}| \leqq |\vec{a}+\vec{b}|+|-\vec{b}|$$

よって　$|\vec{a}| \leqq |\vec{a}+\vec{b}|+|\vec{b}| \quad \cdots\cdots (*)$

ゆえに　$|\vec{a}|-|\vec{b}| \leqq |\vec{a}+\vec{b}| \quad \cdots\cdots ③$

②, ③ から　$|\vec{a}|-|\vec{b}| \leqq |\vec{a}+\vec{b}| \leqq |\vec{a}|+|\vec{b}|$

◀$|-\vec{b}|=|\vec{b}|$
(*)の $|\vec{b}|$ を左辺に移項する。

**練習 ③ 19** 次の不等式を証明せよ。

(1) $|\vec{a}|^2+|\vec{b}|^2+|\vec{c}|^2 \geqq \vec{a}\cdot\vec{b}+\vec{b}\cdot\vec{c}+\vec{c}\cdot\vec{a}$　　等号は $\vec{a}=\vec{b}=\vec{c}$ のときのみ成立。

(2) $|\vec{a}+\vec{b}+\vec{c}|^2 \geqq 3(\vec{a}\cdot\vec{b}+\vec{b}\cdot\vec{c}+\vec{c}\cdot\vec{a})$　　等号は $\vec{a}=\vec{b}=\vec{c}$ のときのみ成立。

# 補足事項 ベクトルの内積や大きさに関する不等式

## ● 不等式 $|\vec{a}\cdot\vec{b}|\leqq|\vec{a}||\vec{b}|$ …… ① について

◀例題 19 (1)　$|A|\leqq B \iff -B\leqq A\leqq B$

絶対値については等式 $|ab|=|a||b|$ が成り立つが，これをベクトルへ発展させたものが ① と考えることができる（等号が不等号に替わる）。

前ページの 解答 (1) から，次のことがわかる。

$|\vec{a}\cdot\vec{b}|=|\vec{a}||\vec{b}|$

$\iff$「$\vec{a}$, $\vec{b}$ のうち少なくとも一方が零ベクトル」または「$\vec{a}$ と $\vec{b}$ は平行」…… Ⓐ

[____は前ページの 解答 (1) [1] から，____は 解答 (1) [2] で $\cos\theta=\pm1$ すなわち $\theta=0^\circ$ または $\theta=180^\circ$ であることから。]

Ⓐ の否定は 「$\vec{a}\neq\vec{0}$ かつ $\vec{b}\neq\vec{0}$」かつ「$\vec{a}\not\parallel\vec{b}$」であり，これは $\vec{a}$ と $\vec{b}$ が 1 次独立であることと同値である。したがって，次のことが成り立つ。

**$|\vec{a}\cdot\vec{b}|<|\vec{a}||\vec{b}| \iff \vec{a}$, $\vec{b}$ は 1 次独立**

**$|\vec{a}\cdot\vec{b}|=|\vec{a}||\vec{b}| \iff \vec{a}$, $\vec{b}$ は 1 次従属**

（1 次独立，1 次従属については $p.24$ を参照。）

なお，不等式 ① については，次のような 別証 もある。

$\vec{a}=\vec{0}$ のとき　明らかに成り立つ。

$\vec{a}\neq\vec{0}$ のとき　$|t\vec{a}+\vec{b}|^2\geqq0$　すなわち　$t^2|\vec{a}|^2+2t(\vec{a}\cdot\vec{b})+|\vec{b}|^2\geqq0$ …… ㋐

はすべての実数 $t$ について成り立つ。

㋐ の $t^2$ の係数は $|\vec{a}|^2>0$ であるから，$t$ の 2 次方程式 $|\vec{a}|^2t^2+2\vec{a}\cdot\vec{b}t+|\vec{b}|^2=0$ の判別式を $D$ とすると

$$\frac{D}{4}=(\vec{a}\cdot\vec{b})^2-|\vec{a}|^2|\vec{b}|^2\leqq0 \quad すなわち \quad (\vec{a}\cdot\vec{b})^2\leqq|\vec{a}|^2|\vec{b}|^2$$

したがって，$|\vec{a}\cdot\vec{b}|\leqq|\vec{a}||\vec{b}|$ が成り立つ。（証明終）

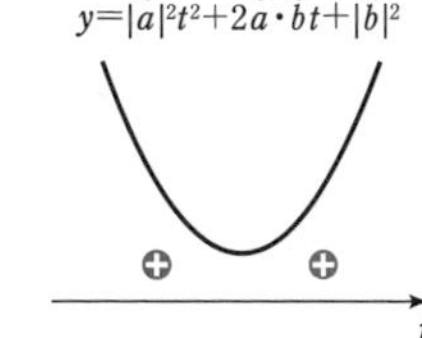


また，不等式 $|\vec{a}|^2|\vec{b}|^2\geqq(\vec{a}\cdot\vec{b})^2$ を，成分を用いて

[1]　$\vec{a}=(a,\ b)$, $\vec{b}=(x,\ y)$　　[2]　$\vec{a}=(a,\ b,\ c)$, $\vec{b}=(x,\ y,\ z)$

として表すと，次の重要な不等式（**シュワルツの不等式**）が導かれる。[2] は次章で学ぶ空間ベクトルの成分を用いた場合である。

[1]　$\boldsymbol{(a^2+b^2)(x^2+y^2)\geqq(ax+by)^2}$

等号成立は，ベクトル $(a,\ b)$ と $(x,\ y)$ が 1 次従属のとき。

[2]　$\boldsymbol{(a^2+b^2+c^2)(x^2+y^2+z^2)\geqq(ax+by+cz)^2}$

等号成立は，ベクトル $(a,\ b,\ c)$ と $(x,\ y,\ z)$ が 1 次従属のとき。

## ● 不等式 $|\vec{a}|-|\vec{b}|\leqq|\vec{a}+\vec{b}|\leqq|\vec{a}|+|\vec{b}|$ …… ② について

◀例題 19 (2)

絶対値について，不等式 $|a|-|b|\leqq|a+b|\leqq|a|+|b|$ が成り立つ（数学Ⅱで学習）。② は，この不等式のベクトル版といえる（絶対値の場合と同様の形である）。

特に，$|\vec{a}+\vec{b}|\leqq|\vec{a}|+|\vec{b}|$ は **三角不等式** とも呼ばれ，$\vec{a}$, $\vec{b}$ が 1 次独立のときは，三角形における性質「2 辺の長さの和は，他の 1 辺の長さより大きい」（数学 A）をベクトルで表現したものである。

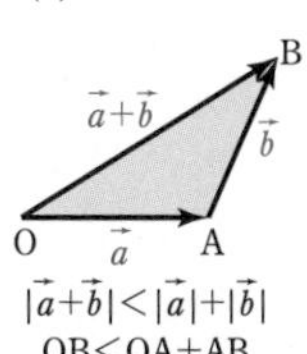

$|\vec{a}+\vec{b}|<|\vec{a}|+|\vec{b}|$
OB<OA+AB

## 重要例題 20 ベクトルの不等式の証明 (2)

①①①①①

平面上のベクトル $\vec{a}$, $\vec{b}$ が $|2\vec{a}+\vec{b}|=1$, $|\vec{a}-3\vec{b}|=1$ を満たすように動くとき，$\dfrac{3}{7}\leqq|\vec{a}+\vec{b}|\leqq\dfrac{5}{7}$ となることを証明せよ。

↗重要 19

**指針** 条件を扱いやすくするために $2\vec{a}+\vec{b}=\vec{p}$, $\vec{a}-3\vec{b}=\vec{q}$ とおくと，与えられた条件は $|\vec{p}|=1$, $|\vec{q}|=1$ となる。そこで，$\vec{a}+\vec{b}$ を $\vec{p}$, $\vec{q}$ で表して，まず $|\vec{a}+\vec{b}|^2$ のとりうる値の範囲について考える。
$|\vec{a}+\vec{b}|^2$ は $\vec{p}\cdot\vec{q}$ を含む式になるから，$p.38$ 重要例題 **19** (1) で示した不等式

$$-|\vec{p}||\vec{q}|\leqq\vec{p}\cdot\vec{q}\leqq|\vec{p}||\vec{q}|$$ を利用する。

**CHART** $|\vec{p}|$ は $|\vec{p}|^2$ として扱う

**解答**

$2\vec{a}+\vec{b}=\vec{p}$ …… ①，$\vec{a}-3\vec{b}=\vec{q}$ …… ② とおく。
(①×3+②)÷7，(①−②×2)÷7 から

$$\vec{a}=\frac{3}{7}\vec{p}+\frac{1}{7}\vec{q},\quad \vec{b}=\frac{1}{7}\vec{p}-\frac{2}{7}\vec{q}$$

◀$a$, $b$ の連立方程式 $\begin{cases}2a+b=p\\a-3b=q\end{cases}$ を解く要領。

よって，$\vec{a}+\vec{b}=\dfrac{4}{7}\vec{p}-\dfrac{1}{7}\vec{q}$ で，$|\vec{p}|=|\vec{q}|=1$ であるから

$$|\vec{a}+\vec{b}|^2=\left|\frac{4}{7}\vec{p}-\frac{1}{7}\vec{q}\right|^2=\frac{1}{49}(16|\vec{p}|^2-8\vec{p}\cdot\vec{q}+|\vec{q}|^2)$$

◀$\dfrac{1}{7^2}(4\vec{p}-\vec{q})\cdot(4\vec{p}-\vec{q})$

$$=\frac{17}{49}-\frac{8}{49}\vec{p}\cdot\vec{q}$$

ここで，$-|\vec{p}||\vec{q}|\leqq\vec{p}\cdot\vec{q}\leqq|\vec{p}||\vec{q}|$, $|\vec{p}|=|\vec{q}|=1$ であるから

$$-1\leqq\vec{p}\cdot\vec{q}\leqq1$$

◀左の等号は $\vec{p}$ と $\vec{q}$ が反対の向きのとき，右の等号は $\vec{p}$ と $\vec{q}$ が同じ向きのとき，それぞれ成立。

ゆえに，$\dfrac{17}{49}-\dfrac{8}{49}\leqq|\vec{a}+\vec{b}|^2\leqq\dfrac{17}{49}+\dfrac{8}{49}$ から

$$\frac{9}{49}\leqq|\vec{a}+\vec{b}|^2\leqq\frac{25}{49}$$

したがって　$\dfrac{3}{7}\leqq|\vec{a}+\vec{b}|\leqq\dfrac{5}{7}$

別解 (上の解答 3 行目までは同じ)

$\vec{a}+\vec{b}=\dfrac{4}{7}\vec{p}-\dfrac{1}{7}\vec{q}$ より，$7(\vec{a}+\vec{b})=4\vec{p}-\vec{q}$ であるから，
不等式 $|\vec{a}|-|\vec{b}|\leqq|\vec{a}+\vec{b}|\leqq|\vec{a}|+|\vec{b}|$ を利用すると

$$|4\vec{p}|-|-\vec{q}|\leqq|4\vec{p}+(-\vec{q})|\leqq|4\vec{p}|+|-\vec{q}|$$

◀$p.38$ 重要例題 **19** (2) で示した不等式。$\vec{a}$ の代わりに $4\vec{p}$ を，$\vec{b}$ の代わりに $-\vec{q}$ を代入。

よって　$4|\vec{p}|-|\vec{q}|\leqq|4\vec{p}-\vec{q}|\leqq4|\vec{p}|+|\vec{q}|$
$|\vec{p}|=|\vec{q}|=1$ であるから　$3\leqq|4\vec{p}-\vec{q}|\leqq5$
ゆえに，$3\leqq|7(\vec{a}+\vec{b})|\leqq5$ から　$\dfrac{3}{7}\leqq|\vec{a}+\vec{b}|\leqq\dfrac{5}{7}$

**練習 20** ④ $\vec{a}$, $\vec{b}$ を平面上のベクトルとする。$3\vec{a}+2\vec{b}$ と $2\vec{a}-3\vec{b}$ がともに単位ベクトルであるとき，ベクトルの大きさ $|\vec{a}+\vec{b}|$ の最大値を求めよ。　〔横浜市大〕

## 重要例題 21 内積を利用した $ux+vy$ の最大・最小問題 ④

(1) $xy$ 平面上に点 A(2, 3) をとり，更に単位円 $x^2+y^2=1$ 上に点 P$(x,\ y)$ をとる。また，原点を O とする。2 つのベクトル $\overrightarrow{\mathrm{OA}}$，$\overrightarrow{\mathrm{OP}}$ のなす角を $\theta$ とするとき，内積 $\overrightarrow{\mathrm{OA}}\cdot\overrightarrow{\mathrm{OP}}$ を $\theta$ のみで表せ。

(2) 実数 $x$，$y$ が条件 $x^2+y^2=1$ を満たすとき，$2x+3y$ の最大値，最小値を求めよ。 〔愛知教育大〕 基本 11

**指針** (1) P は原点 O を中心とする半径 1 の円(単位円)上の点であるから $|\overrightarrow{\mathrm{OP}}|=1$

(2) **(1) は (2) のヒント**

A(2, 3)，P$(x,\ y)$ に注目すると $2x+3y=\overrightarrow{\mathrm{OA}}\cdot\overrightarrow{\mathrm{OP}}$

**かくれた条件 $-1\leqq\cos\theta\leqq1$** を利用して，$\overrightarrow{\mathrm{OA}}\cdot\overrightarrow{\mathrm{OP}}$ の最大・最小を考える。

**解答**

(1) $|\overrightarrow{\mathrm{OA}}|=\sqrt{2^2+3^2}=\sqrt{13}$，$|\overrightarrow{\mathrm{OP}}|=1$ から

$$\overrightarrow{\mathrm{OA}}\cdot\overrightarrow{\mathrm{OP}}=|\overrightarrow{\mathrm{OA}}||\overrightarrow{\mathrm{OP}}|\cos\theta$$
$$=\boldsymbol{\sqrt{13}\cos\theta}$$

◀内積の定義に従って計算。

(2) $x^2+y^2=1$ を満たす $x$，$y$ に対し，$\overrightarrow{\mathrm{OP}}=(x,\ y)$，$\overrightarrow{\mathrm{OA}}=(2,\ 3)$ として，2 つのベクトル $\overrightarrow{\mathrm{OA}}$，$\overrightarrow{\mathrm{OP}}$ のなす角を $\theta$ とすると，(1) から



$$2x+3y=\overrightarrow{\mathrm{OA}}\cdot\overrightarrow{\mathrm{OP}}=\sqrt{13}\cos\theta$$

$0^\circ\leqq\theta\leqq180^\circ$ より，$-1\leqq\cos\theta\leqq1$ であるから，$2x+3y$ の

**最大値は $\sqrt{13}$，最小値は $-\sqrt{13}$**

◀$\theta=0^\circ$ のとき最大，$\theta=180^\circ$ のとき最小。$-|\overrightarrow{\mathrm{OA}}||\overrightarrow{\mathrm{OP}}|\leqq\overrightarrow{\mathrm{OA}}\cdot\overrightarrow{\mathrm{OP}}\leqq|\overrightarrow{\mathrm{OA}}||\overrightarrow{\mathrm{OP}}|$ から求めてもよい($p.38$ 重要例題 **19** (1) 参照)。

別解 1. $2x+3y=k$ とおくと $y=\dfrac{k}{3}-\dfrac{2}{3}x$

これを $x^2+y^2=1$ に代入し，整理すると

$$13x^2-4kx+k^2-9=0 \quad\cdots\cdots ①$$

$x$ は実数であるから，$x$ の 2 次方程式 ① の判別式を $D$ とすると $D\geqq0$

$\dfrac{D}{4}=(-2k)^2-13(k^2-9)=-9(k^2-13)$ であるから

$k^2\leqq13$ よって $-\sqrt{13}\leqq k\leqq\sqrt{13}$

◀$x$ は実数であるから，$x$ の 2 次方程式が実数解をもつ。
**実数解 $\Longleftrightarrow$ $D\geqq0$**
(数学 I)

別解 2. $(x,\ y)=(\cos\theta_1,\ \sin\theta_1)$ と表されるから

◀**三角関数の合成**(数学 II)

$$2x+3y=2\cos\theta_1+3\sin\theta_1=\sqrt{2^2+3^2}\sin(\theta_1+\alpha)=\sqrt{13}\sin(\theta_1+\alpha)$$

ただし $\cos\alpha=\dfrac{3}{\sqrt{13}}$，$\sin\alpha=\dfrac{2}{\sqrt{13}}$

$-1\leqq\sin(\theta_1+\alpha)\leqq1$ であるから $-\sqrt{13}\leqq2x+3y\leqq\sqrt{13}$ ◀$0^\circ\leqq\theta_1<360^\circ$

**練習 ④ 21**

(1) 実数 $x$，$y$，$a$，$b$ が条件 $x^2+y^2=1$ および $a^2+b^2=2$ を満たすとき，$ax+by$ の最大値，最小値を求めよ。

(2) 実数 $x$，$y$，$a$，$b$ が条件 $x^2+y^2=1$ および $(a-2)^2+(b-2\sqrt{3})^2=1$ を満たすとき，$ax+by$ の最大値，最小値を求めよ。 〔愛知教育大〕

## 参考事項　ベクトルの内積としてとらえる

　ここでは，ベクトルの内積についてのいろいろなとらえ方があることを紹介する。まずは，ベクトル以外の内容を，ベクトルの内積としてとらえることができる例として，三角関数の加法定理，合成（説明において角度は弧度法とする）を取り上げる。

### 三角関数の加法定理　$\cos\alpha\cos\beta+\sin\alpha\sin\beta=\cos(\alpha-\beta)$　……①

原点をOとし，$A(\cos\alpha,\ \sin\alpha)$，$B(\cos\beta,\ \sin\beta)$ とする。
$0\leqq\beta\leqq\alpha\leqq\pi$ のとき，$\overrightarrow{OA}=\vec{a}$，$\overrightarrow{OB}=\vec{b}$ とし，$\vec{a}\cdot\vec{b}$ を成分で表すと

$$\vec{a}\cdot\vec{b}=\cos\alpha\cos\beta+\sin\alpha\sin\beta$$

↑①の左辺

$|\vec{a}|=1$，$|\vec{b}|=1$ であり，$\vec{a}$ と $\vec{b}$ のなす角は $\alpha-\beta$ であるから，$\vec{a}\cdot\vec{b}$ を定義による表現で表すと

$$\vec{a}\cdot\vec{b}=1\times1\times\cos(\alpha-\beta)=\cos(\alpha-\beta)$$

↑①の右辺

よって，①は内積 $\vec{a}\cdot\vec{b}$ の成分による表現と定義による表現が等しいことを表している。

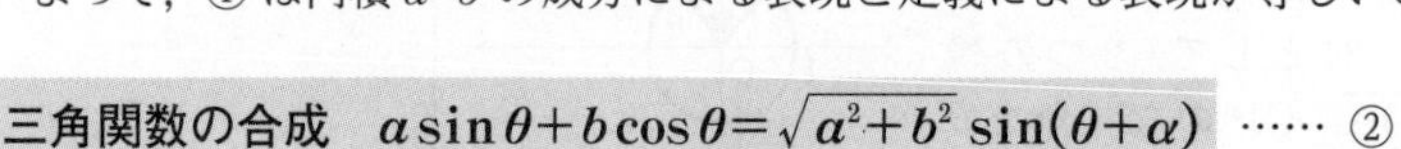

### 三角関数の合成　$a\sin\theta+b\cos\theta=\sqrt{a^2+b^2}\sin(\theta+\alpha)$　……②

ただし　$\cos\alpha=\dfrac{a}{\sqrt{a^2+b^2}}$，$\sin\alpha=\dfrac{b}{\sqrt{a^2+b^2}}$

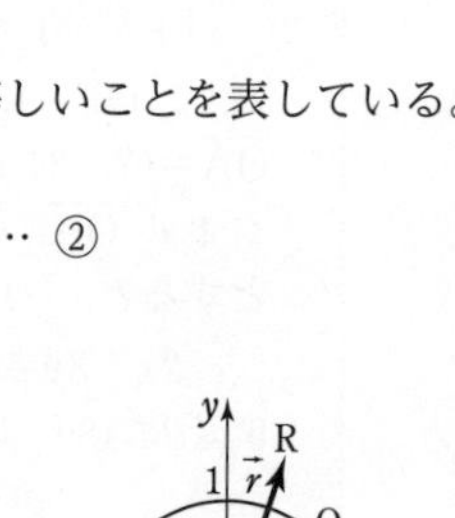

原点をOとし，$P(a,\ b)$，$Q(\cos\theta,\ \sin\theta)$ とする。
また，直線OPと $x$ 軸の正の向きとのなす角を $\alpha$ とする。
$\left(このとき\quad \sin\alpha=\dfrac{b}{\sqrt{a^2+b^2}},\ \cos\alpha=\dfrac{a}{\sqrt{a^2+b^2}}\right)$

$0\leqq\alpha\leqq\dfrac{\pi}{2}$，$0\leqq\theta\leqq\dfrac{\pi}{2}$ のとき，$R(b,\ a)$ とすると，直線ORと $x$ 軸の正の向きとのなす角は　$\dfrac{\pi}{2}-\alpha$

◀2点P，Rは直線 $y=x$ に関して対称。

$\overrightarrow{OP}=\vec{p}$，$\overrightarrow{OQ}=\vec{q}$，$\overrightarrow{OR}=\vec{r}$ とし，$\vec{r}\cdot\vec{q}$ を成分で表すと

$$\vec{r}\cdot\vec{q}=b\cos\theta+a\sin\theta=a\sin\theta+b\cos\theta$$

↑②の左辺

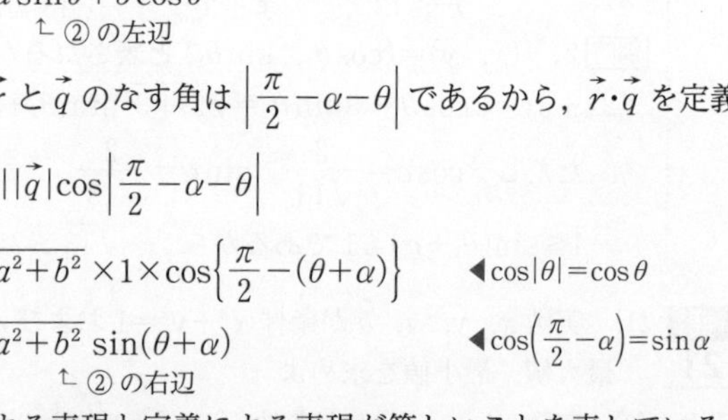

$|\vec{r}|=\sqrt{a^2+b^2}$，$|\vec{q}|=1$ であり，$\vec{r}$ と $\vec{q}$ のなす角は $\left|\dfrac{\pi}{2}-\alpha-\theta\right|$ であるから，$\vec{r}\cdot\vec{q}$ を定義による表現で表すと

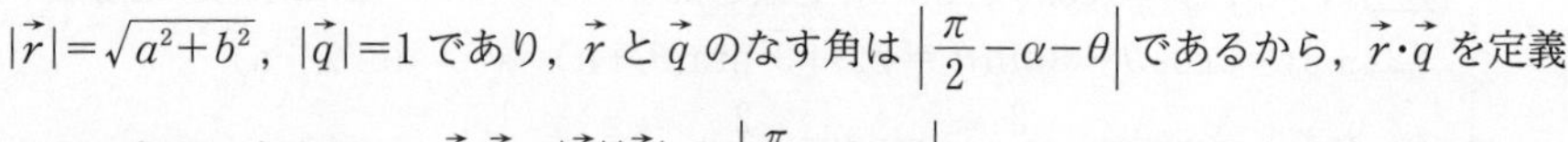

$$\vec{r}\cdot\vec{q}=|\vec{r}||\vec{q}|\cos\left|\frac{\pi}{2}-\alpha-\theta\right|$$

$$=\sqrt{a^2+b^2}\times1\times\cos\left\{\frac{\pi}{2}-(\theta+\alpha)\right\}$$

◀$\cos|\theta|=\cos\theta$

$$=\sqrt{a^2+b^2}\sin(\theta+\alpha)$$

◀$\cos\left(\dfrac{\pi}{2}-\alpha\right)=\sin\alpha$

↑②の右辺

ゆえに，②は内積 $\vec{r}\cdot\vec{q}$ の成分による表現と定義による表現が等しいことを表している。

# EXERCISES





②12 AD∥BC である等脚台形 ABCD において，辺 AB，CD，DA の長さは 1，辺 BC の長さは 2 である。このとき，ベクトル $\overrightarrow{\mathrm{AC}}$，$\overrightarrow{\mathrm{DB}}$ の内積の値を求めよ。〔防衛大〕

→11

③13 平行四辺形 OABC において，OA=3，OC=2，∠AOC=60° とし，また，辺 OA を 2：1 に内分する点を D，辺 OC の中点を E とする。$\overrightarrow{\mathrm{OA}}=\vec{a}$，$\overrightarrow{\mathrm{OC}}=\vec{c}$ とするとき，次の問いに答えよ。

(1) $\overrightarrow{\mathrm{DE}}$ を $\vec{a}$ と $\vec{c}$ を用いて表せ。

(2) $\overrightarrow{\mathrm{AB}}$ と $\overrightarrow{\mathrm{DE}}$ のなす角 $\theta$ を求めよ。

(3) 辺 AB 上の任意の点 P に対し，内積 $\overrightarrow{\mathrm{DE}}\cdot\overrightarrow{\mathrm{DP}}$ の値は常に $-\dfrac{3}{2}$ であることを示せ。〔富山県大〕

→15

③14 ベクトル $\vec{a}$，$\vec{b}$ が $|\vec{a}|=5$，$|\vec{b}|=3$，$|\vec{a}-2\vec{b}|=7$ を満たしている。$\vec{a}-2\vec{b}$ と $2\vec{a}+\vec{b}$ のなす角を $\theta$ とするとき，$\cos\theta$ の値を求めよ。〔類 関西学院大〕

→13, 16

③15 $\vec{0}$ でない 2 つのベクトル $\vec{a}$ と $\vec{b}$ について，$\vec{a}+2\vec{b}$ と $\vec{a}-2\vec{b}$ が垂直で，$|\vec{a}+2\vec{b}|=2|\vec{b}|$ とする。

(1) $\vec{a}$ と $\vec{b}$ のなす角 $\theta$ を求めよ。

(2) $|\vec{a}|=1$ のとき，$\left|t\vec{a}+\dfrac{1}{t}\vec{b}\right|$ $(t>0)$ の最小値を求めよ。〔群馬大〕

→16

③16 零ベクトルでない 2 つのベクトル $\vec{a}$，$\vec{b}$ に対して，$\vec{a}+t\vec{b}$ と $\vec{a}+3t\vec{b}$ が垂直であるような実数 $t$ がただ 1 つ存在するとき，$\vec{a}$ と $\vec{b}$ のなす角 $\theta$ を求めよ。〔関西大〕

→17

12 ∠B=∠C である。点 A，D から辺 BC にそれぞれ垂線 AE，DF を下ろす。

13 (2) $\overrightarrow{\mathrm{AB}}\cdot\overrightarrow{\mathrm{DE}}$ を計算してみる。
(3) 点 P は辺 AB 上にあるから，$\overrightarrow{\mathrm{AP}}=k\overrightarrow{\mathrm{AB}}$ となる実数 $k$ がある。

14 まず，$|\vec{a}-2\vec{b}|^2=49$ から $\vec{a}\cdot\vec{b}$ の値を求める。

15 (2) $\left|t\vec{a}+\dfrac{1}{t}\vec{b}\right|^2$ を $t$ の式で表し，**(相加平均)≧(相乗平均)**（数学Ⅱ）を利用。

16 $at^2+bt+c=0$ $(a\neq0)$ を満たす $t$ がただ 1 つ ⟺ $D=b^2-4ac=0$

# 4 位置ベクトル，ベクトルと図形

## 基本事項

### 1 位置ベクトル

平面上で1点Oを固定して考えると，任意の点Pの位置は，ベクトル $\vec{p}=\overrightarrow{\mathrm{OP}}$ によって定まる。このとき，$\vec{p}$ を点Oに関する点Pの **位置ベクトル** といい，$\mathrm{P}(\vec{p})$ と表す。

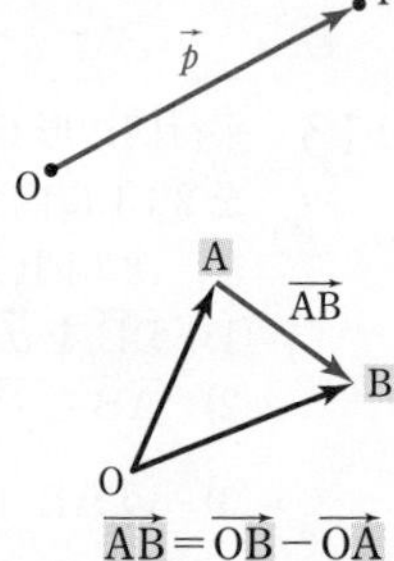


$\overrightarrow{\mathrm{AB}}=\overrightarrow{\mathrm{OB}}-\overrightarrow{\mathrm{OA}}$
(ベクトルの分割)

したがって，1点Oを固定すると，点Pと点Pの位置ベクトル $\vec{p}$ を対応させることにより，平面上の各点と平面のベクトルとが1対1に対応する。特に，1点Oを座標平面の原点にとると，点Pの座標と，$\vec{p}$ の成分とは一致する。

また，2点 $\mathrm{A}(\vec{a})$，$\mathrm{B}(\vec{b})$ に対し，$\overrightarrow{\mathrm{AB}}=\vec{b}-\vec{a}$ と表され，$\vec{a}=\vec{b}$ のとき，点Aと点Bは一致する。

**注意** 以後，特に断らない限り，点Oに関する位置ベクトルを考える。

### 2 線分の内分点・外分点の位置ベクトル

2点 $\mathrm{A}(\vec{a})$，$\mathrm{B}(\vec{b})$ を結ぶ線分ABを $m:n$ に内分する点P，外分する点Qの位置ベクトルをそれぞれ $\vec{p}$，$\vec{q}$ とすると

$$\vec{p}=\frac{n\vec{a}+m\vec{b}}{m+n},\qquad \vec{q}=\frac{-n\vec{a}+m\vec{b}}{m-n}$$

特に，線分ABの中点Mの位置ベクトルを $\vec{m}$ とすると　$\vec{m}=\dfrac{\vec{a}+\vec{b}}{2}$

## 解　説

### ■線分の内分点・外分点の位置ベクトル

$\mathrm{A}(\vec{a})$，$\mathrm{B}(\vec{b})$，$\mathrm{P}(\vec{p})$，$\mathrm{Q}(\vec{q})$ とする。

[1] **内分点**　線分ABを $m:n$ に内分する点をPとすると

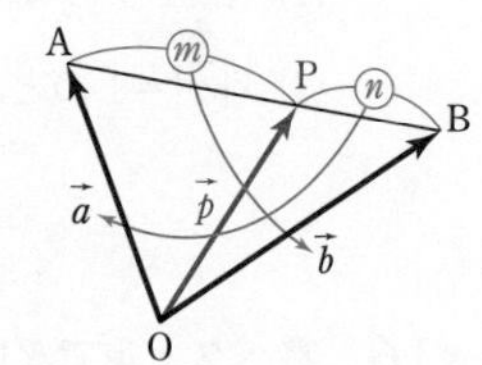


$$\overrightarrow{\mathrm{AP}}=\frac{m}{m+n}\overrightarrow{\mathrm{AB}}$$

よって　$\vec{p}-\vec{a}=\dfrac{m}{m+n}(\vec{b}-\vec{a})$

ゆえに　$\vec{p}=\dfrac{m}{m+n}(\vec{b}-\vec{a})+\vec{a}=\dfrac{n\vec{a}+m\vec{b}}{m+n}$

[2] **外分点**　線分ABを $m:n$ に外分する点をQとすると

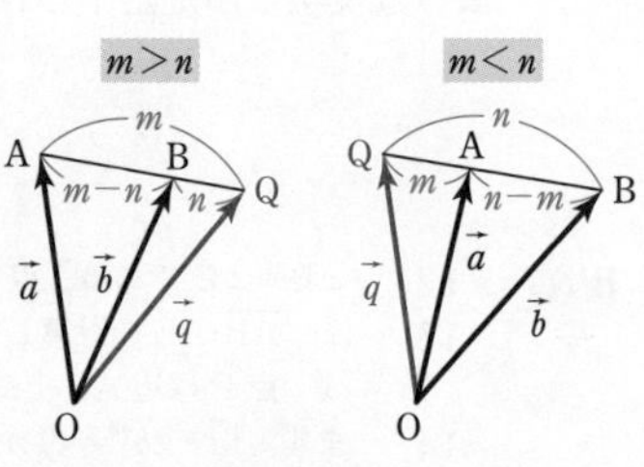


$m>n$ のとき，$\overrightarrow{\mathrm{AQ}}=\dfrac{m}{m-n}\overrightarrow{\mathrm{AB}}$ から

$$\vec{q}=\frac{m}{m-n}(\vec{b}-\vec{a})+\vec{a}=\frac{-n\vec{a}+m\vec{b}}{m-n}$$

$m<n$ のとき　$\overrightarrow{\mathrm{AQ}}=\dfrac{m}{n-m}\overrightarrow{\mathrm{BA}}=\dfrac{m}{m-n}\overrightarrow{\mathrm{AB}}$

ゆえに，$m>n$ のときと同様に示される。したがって　$\vec{q}=\dfrac{-n\vec{a}+m\vec{b}}{m-n}$

内分点，外分点をまとめて **分点** ということがある。

## 基本事項

**3** **三角形の重心の位置ベクトル**

3点 A($\vec{a}$), B($\vec{b}$), C($\vec{c}$) を頂点とする △ABC の重心 G の位置ベクトルを $\vec{g}$ とすると

$$\vec{g}=\frac{\vec{a}+\vec{b}+\vec{c}}{3}$$

**4** **共線，共点であるための条件**

① **共線条件**

2点 A，B が異なるとき

**点 P が直線 AB 上にある $\Longleftrightarrow$ $\overrightarrow{\mathrm{AP}}=k\overrightarrow{\mathrm{AB}}$ となる実数 $k$ がある**

② **共点条件**

**3直線 $\ell$，$m$，$n$ が1点で交わる $\Longleftrightarrow$ $\ell$ と $m$，$m$ と $n$ の交点が一致する**



## 解　説

### ■ 三角形の重心の位置ベクトル

△ABC の重心 G は中線 AM を 2：1 に内分する。

ゆえに　$\overrightarrow{\mathrm{OG}}=\dfrac{\overrightarrow{\mathrm{OA}}+2\overrightarrow{\mathrm{OM}}}{2+1}$

また　$\overrightarrow{\mathrm{OM}}=\dfrac{\overrightarrow{\mathrm{OB}}+\overrightarrow{\mathrm{OC}}}{2}$

よって　$\overrightarrow{\mathrm{OG}}=\dfrac{1}{3}(\overrightarrow{\mathrm{OA}}+\overrightarrow{\mathrm{OB}}+\overrightarrow{\mathrm{OC}})$

ゆえに　$\vec{g}=\dfrac{\vec{a}+\vec{b}+\vec{c}}{3}$

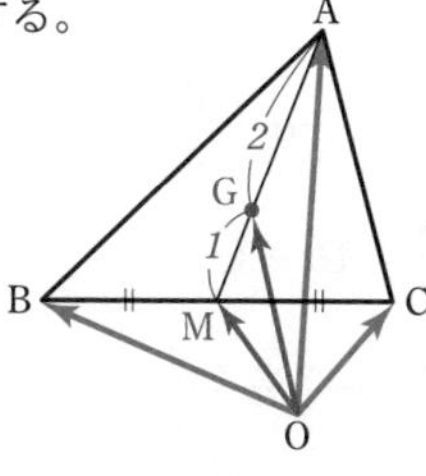


◀ $\vec{p}=\dfrac{n\vec{a}+m\vec{b}}{m+n}$ において，$\vec{p}=\overrightarrow{\mathrm{OG}}$，$\vec{a}=\overrightarrow{\mathrm{OA}}$，$\vec{b}=\overrightarrow{\mathrm{OM}}$，$m=2$，$n=1$ としたもの。

### ■ 共線であるための条件

異なる3個以上の点が同じ直線上にあるとき，これらの点は **共線** であるという。

$\overrightarrow{\mathrm{AP}}=\vec{0}$ のとき，点 P は点 A と一致する。

$\overrightarrow{\mathrm{AP}}\neq\vec{0}$ のとき

　点 P が直線 AB 上にある

　$\Longleftrightarrow$ $\overrightarrow{\mathrm{AP}}\parallel\overrightarrow{\mathrm{AB}}$

　$\Longleftrightarrow$ $\overrightarrow{\mathrm{AP}}=k\overrightarrow{\mathrm{AB}}$ $(k\neq0)$ となる実数 $k$ がある

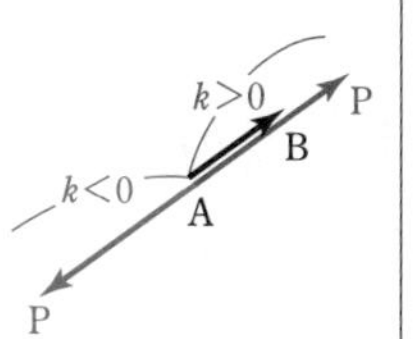


◀ $\overrightarrow{\mathrm{AP}}=k\overrightarrow{\mathrm{AB}}$ において $k=0$ のとき。なお，$k=1$ のとき点 P は点 B と一致する。

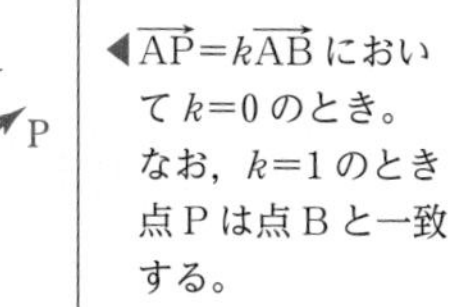

なお，A($\vec{a}$)，B($\vec{b}$)，P($\vec{p}$) とすると

　$\overrightarrow{\mathrm{AP}}=k\overrightarrow{\mathrm{AB}} \Longleftrightarrow \vec{p}=(1-k)\vec{a}+k\vec{b}$

そこで，$1-k=s$，$k=t$ とおくと

　点 P が直線 AB 上にある $\Longleftrightarrow$ $\vec{p}=s\vec{a}+t\vec{b}$ かつ $s+t=1$

◀ $\overrightarrow{\mathrm{AP}}=\vec{p}-\vec{a}$，$\overrightarrow{\mathrm{AB}}=\vec{b}-\vec{a}$ から。

◀ $p.65$ 基本事項 **1** も参照。

### ■ 共点であるための条件

異なる3本以上の直線が1点で交わるとき，これらの直線は **共点** であるという。

◀ 点の一致は，位置ベクトルが等しいことから示す。

## 基本例題 22 分点・重心の位置ベクトル ①①①①①

3 点 $A(\vec{a})$, $B(\vec{b})$, $C(\vec{c})$ を頂点とする △ABC において，辺 AB を 3：2 に内分する点を P，辺 BC を 3：4 に外分する点を Q，辺 CA を 4：1 に外分する点を R とし，△PQR の重心を G とする。次のベクトルを $\vec{a}$, $\vec{b}$, $\vec{c}$ で表せ。

(1) 点 P，Q，R の位置ベクトル　(2) $\overrightarrow{PQ}$　(3) 点 G の位置ベクトル

p.44 基本事項 2，p.45 基本事項 3

**指針** (1) 位置ベクトルを考える問題では，点 O をどこにとってもよい。例えば，$\overrightarrow{AB}$ は図 [1] のように点 O をとったときも，図 [2] のように点 O をとったときも，$\overrightarrow{AB}=\vec{b}-\vec{a}$ となる。
よって，点 O をどこにするのか，ということは気にせずに，p.44 基本事項 2 の **公式を適用** すればよい。
(2) **ベクトルの分解　$\overrightarrow{PQ}=\overrightarrow{OQ}-\overrightarrow{OP}$**

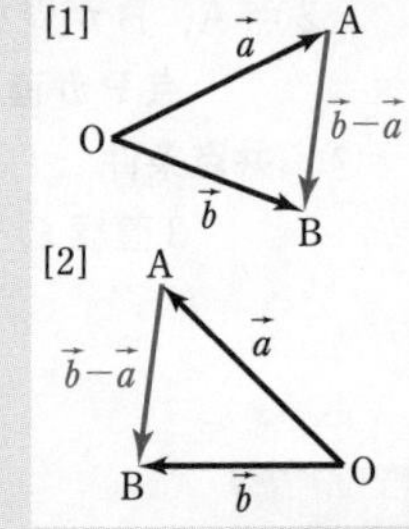


**解答** $P(\vec{p})$, $Q(\vec{q})$, $R(\vec{r})$, $G(\vec{g})$ とする。

(1) $\vec{p}=\dfrac{2\vec{a}+3\vec{b}}{3+2}=\boldsymbol{\dfrac{2}{5}\vec{a}+\dfrac{3}{5}\vec{b}}$

$\vec{q}=\dfrac{4\vec{b}-3\vec{c}}{-3+4}=\boldsymbol{4\vec{b}-3\vec{c}}$

$\vec{r}=\dfrac{-\vec{c}+4\vec{a}}{4-1}=\boldsymbol{\dfrac{4}{3}\vec{a}-\dfrac{1}{3}\vec{c}}$

(2) $\overrightarrow{PQ}=\overrightarrow{OQ}-\overrightarrow{OP}=\vec{q}-\vec{p}$

$=(4\vec{b}-3\vec{c})-\left(\dfrac{2}{5}\vec{a}+\dfrac{3}{5}\vec{b}\right)$

$=\boldsymbol{-\dfrac{2}{5}\vec{a}+\dfrac{17}{5}\vec{b}-3\vec{c}}$

(3) $\vec{g}=\dfrac{\vec{p}+\vec{q}+\vec{r}}{3}$

$=\dfrac{1}{3}\left\{\left(\dfrac{2}{5}\vec{a}+\dfrac{3}{5}\vec{b}\right)+(4\vec{b}-3\vec{c})+\left(\dfrac{4}{3}\vec{a}-\dfrac{1}{3}\vec{c}\right)\right\}$

$=\dfrac{1}{3}\left(\dfrac{2}{5}+\dfrac{4}{3}\right)\vec{a}+\dfrac{1}{3}\left(\dfrac{3}{5}+4\right)\vec{b}+\dfrac{1}{3}\left(-3-\dfrac{1}{3}\right)\vec{c}$

$=\boldsymbol{\dfrac{26}{45}\vec{a}+\dfrac{23}{15}\vec{b}-\dfrac{10}{9}\vec{c}}$

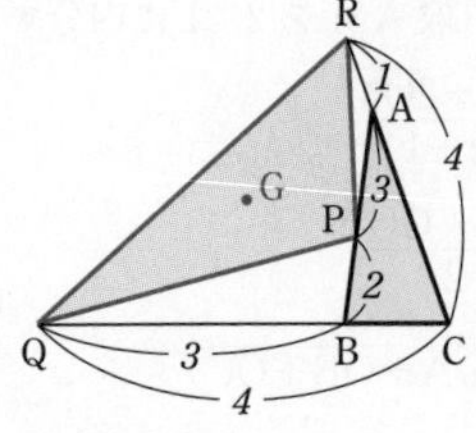


**検討**

外分点の位置ベクトルは

[1] $m>n$ ならば

$\vec{q}=\dfrac{(-n)\vec{a}+m\vec{b}}{m+(-n)}$

[2] $m<n$ ならば

$\vec{q}=\dfrac{n\vec{a}+(-m)\vec{b}}{(-m)+n}$

として，(分母)>0 となるように計算するとよい。これは $m:n$ に外分することを「$m:(-n)$ または $(-m):n$ に内分する」と考えて，内分点の位置ベクトルの公式を適用することと同じである。

**練習 ① 22** 3 点 $A(\vec{a})$, $B(\vec{b})$, $C(\vec{c})$ を頂点とする △ABC において，辺 BC を 2：3 に内分する点を D，辺 BC を 1：2 に外分する点を E，△ABC の重心を G，△AED の重心を G′ とする。次のベクトルを $\vec{a}$, $\vec{b}$, $\vec{c}$ で表せ。

(1) 点 D，E，G′ の位置ベクトル　(2) $\overrightarrow{GG'}$

p.64 EX17

## 基本 例題 23 分点に関するベクトルの等式と三角形の面積比

△ABC の内部に点 P があり，$6\overrightarrow{PA}+3\overrightarrow{PB}+2\overrightarrow{PC}=\vec{0}$ を満たしている。

(1) 点 P はどのような位置にあるか。

(2) △PAB，△PBC，△PCA の面積の比を求めよ。〔類 名古屋市大〕

p.44 基本事項 2　基本 61

**指針** (1) $a\overrightarrow{PA}+b\overrightarrow{PB}+c\overrightarrow{PC}=\vec{0}$ の問題 ⟶ 点 A に関する位置ベクトル $\overrightarrow{AP}$，$\overrightarrow{AB}$，$\overrightarrow{AC}$ の式に直し，$\overrightarrow{AP}=k\cdot\dfrac{n\overrightarrow{AB}+m\overrightarrow{AC}}{m+n}$ の形を導く。……★

(2) 三角形の面積比 1 等高なら底辺の比 2 等底なら高さの比 を利用して，各三角形と △ABC との面積比を求める。その際，(1) の結果も利用。

**解答**

(1) 等式を変形すると

$$-6\overrightarrow{AP}+3(\overrightarrow{AB}-\overrightarrow{AP})+2(\overrightarrow{AC}-\overrightarrow{AP})=\vec{0}$$

◀差の形に **分割**。

よって　$11\overrightarrow{AP}=3\overrightarrow{AB}+2\overrightarrow{AC}$

ゆえに　$\overrightarrow{AP}=\dfrac{5}{11}\cdot\dfrac{3\overrightarrow{AB}+2\overrightarrow{AC}}{5}$

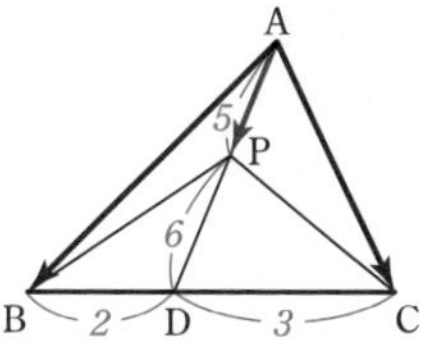

◀指針___……★ の方針。$\overrightarrow{AB}$，$\overrightarrow{AC}$ の係数に注目すると，線分 BC の内分点の位置ベクトル $\dfrac{3\overrightarrow{AB}+2\overrightarrow{AC}}{2+3}$ の形に変形することを思いつく。

辺 BC を 2：3 に内分する点を D とすると　$\overrightarrow{AP}=\dfrac{5}{11}\overrightarrow{AD}$

したがって，**辺 BC を 2：3 に内分する点を D とすると，点 P は線分 AD を 5：6 に内分する位置** にある。

(2) △ABC の面積を $S$ とすると

$$\triangle PAB=\frac{5}{11}\cdot\triangle ABD=\frac{5}{11}\cdot\frac{2}{5}\cdot\triangle ABC=\frac{2}{11}S$$

$$\triangle PBC=\frac{6}{11}\cdot\triangle ABC=\frac{6}{11}S$$

$$\triangle PCA=\frac{5}{11}\cdot\triangle ACD=\frac{5}{11}\cdot\frac{3}{5}\cdot\triangle ABC=\frac{3}{11}S$$

ゆえに　$\triangle PAB:\triangle PBC:\triangle PCA=\dfrac{2}{11}S:\dfrac{6}{11}S:\dfrac{3}{11}S$

$$=\mathbf{2:6:3}$$

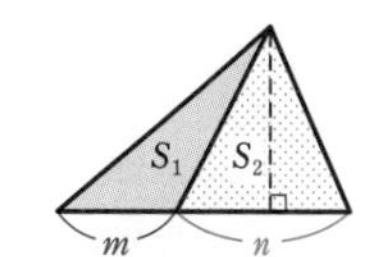


等高 → $S_1:S_2=m:n$

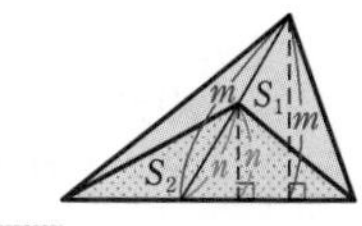


等底 → $S_1:S_2=m:n$

**参考** 一般に，△ABC と点 P に対し，$l\overrightarrow{PA}+m\overrightarrow{PB}+n\overrightarrow{PC}=\vec{0}$ を満たす正の数 $l$，$m$，$n$ が存在するとき，次のことが成り立つ。

(1) 点 P は △ABC の内部にある。　(2) $\triangle\mathbf{PBC}:\triangle\mathbf{PCA}:\triangle\mathbf{PAB}=\boldsymbol{l:m:n}$

**練習** ③ **23** △ABC の内部に点 P があり，$4\overrightarrow{PA}+5\overrightarrow{PB}+3\overrightarrow{PC}=\vec{0}$ を満たしている。

(1) 点 P はどのような位置にあるか。

(2) 面積比 △PAB：△PBC：△PCA を求めよ。〔類 神戸薬大〕

## 基本例題 24 点の一致

四角形 ABCD の辺 AB, BC, CD, DA の中点を，それぞれ K, L, M, N とし，対角線 AC, BD の中点を，それぞれ S, T とする。

(1) 頂点 A, B, C, D の位置ベクトルを，それぞれ $\vec{a}$, $\vec{b}$, $\vec{c}$, $\vec{d}$ とするとき，線分 KM の中点の位置ベクトルを $\vec{a}$, $\vec{b}$, $\vec{c}$, $\vec{d}$ を用いて表せ。

(2) 線分 LN, ST の中点の位置ベクトルをそれぞれ $\vec{a}$, $\vec{b}$, $\vec{c}$, $\vec{d}$ を用いて表すことにより，3 つの線分 KM, LN, ST は 1 点で交わることを示せ。

p.45 基本事項 4

**指針** (2) **点が一致 ⟺ 位置ベクトルが等しい**

ここでは，3 つの線分のそれぞれの中点が一致することを示す。

**点 $P(\vec{p})$, $Q(\vec{q})$, $R(\vec{r})$ が一致 ⟺ $\vec{p}=\vec{q}=\vec{r}$**

**解答**

(1) 線分 KM の中点を P とし，点 K, M, P の位置ベクトルを，それぞれ $\vec{k}$, $\vec{m}$, $\vec{p}$ とすると

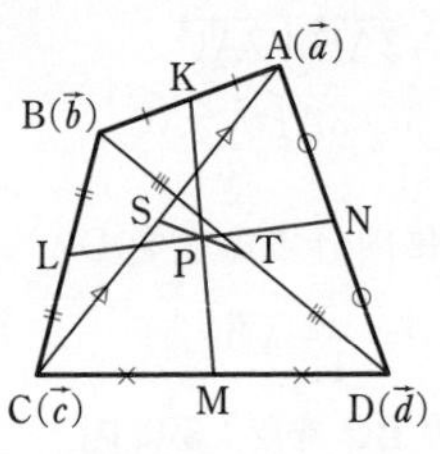


$$\vec{k}=\frac{\vec{a}+\vec{b}}{2},\ \vec{m}=\frac{\vec{c}+\vec{d}}{2},$$

$$\vec{p}=\frac{\vec{k}+\vec{m}}{2}$$

◀2 点 $A(\vec{a})$, $B(\vec{b})$ を結ぶ線分 AB の中点の位置ベクトルは $\dfrac{\vec{a}+\vec{b}}{2}$

よって

$$\vec{p}=\frac{1}{2}\left(\frac{\vec{a}+\vec{b}}{2}+\frac{\vec{c}+\vec{d}}{2}\right)=\boldsymbol{\frac{\vec{a}+\vec{b}+\vec{c}+\vec{d}}{4}} \quad \cdots\cdots ①$$

(2) 線分 LN の中点を Q とし，点 L, N, Q の位置ベクトルを，それぞれ $\vec{l}$, $\vec{n}$, $\vec{q}$ とすると

$$\vec{q}=\frac{\vec{l}+\vec{n}}{2}=\frac{1}{2}\left(\frac{\vec{b}+\vec{c}}{2}+\frac{\vec{d}+\vec{a}}{2}\right)=\frac{\vec{a}+\vec{b}+\vec{c}+\vec{d}}{4} \quad \cdots ②$$

◀$\vec{l}=\dfrac{\vec{b}+\vec{c}}{2}$, $\vec{n}=\dfrac{\vec{d}+\vec{a}}{2}$

線分 ST の中点を R とし，点 S, T, R の位置ベクトルを，それぞれ $\vec{s}$, $\vec{t}$, $\vec{r}$ とすると

$$\vec{r}=\frac{\vec{s}+\vec{t}}{2}=\frac{1}{2}\left(\frac{\vec{a}+\vec{c}}{2}+\frac{\vec{b}+\vec{d}}{2}\right)=\frac{\vec{a}+\vec{b}+\vec{c}+\vec{d}}{4} \quad \cdots ③$$

◀$\vec{s}=\dfrac{\vec{a}+\vec{c}}{2}$, $\vec{t}=\dfrac{\vec{b}+\vec{d}}{2}$

①〜③ より，3 つの線分 KM, LN, ST の中点の位置ベクトルが等しいから，3 つの線分は 1 点で交わる。

◀3 つの線分のそれぞれの中点で交わる。

**練習 ② 24** △ABC の辺 BC, CA, AB をそれぞれ $m:n$ $(m>0,\ n>0)$ に内分する点を P, Q, R とするとき，△ABC と △PQR の重心は一致することを示せ。

## 基本例題 25 共線条件

平行四辺形 ABCD において，対角線 AC を 3：1 に内分する点を P，辺 BC を 2：1 に内分する点を Q とする。このとき，3 点 D，P，Q は一直線上にあることを証明せよ。

p.45 基本事項 4

**3 点 D，P，Q が一直線上にある $\Longleftrightarrow$ $\overrightarrow{DQ}=k\overrightarrow{DP}$ となる実数 $k$ がある**

ここで，ベクトルの取り扱いには次の方針がある。

1 頂点を始点とする 2 つのベクトルで表す。

2 頂点以外の点を始点とする位置ベクトルで考える。

ここでは 1 の方針でいく。すなわち，$\overrightarrow{AB}=\vec{b}$，$\overrightarrow{AD}=\vec{d}$ として，$\overrightarrow{DP}$，$\overrightarrow{DQ}$ をそれぞれ $\vec{b}$，$\vec{d}$ で表してみる。

解答

$\overrightarrow{AB}=\vec{b}$，$\overrightarrow{AD}=\vec{d}$ とすると

$$\overrightarrow{AP}=\frac{3}{4}\overrightarrow{AC}=\frac{3}{4}(\vec{b}+\vec{d}),$$

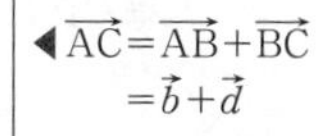

$$\overrightarrow{AQ}=\overrightarrow{AB}+\overrightarrow{BQ}=\vec{b}+\frac{2}{3}\vec{d}$$

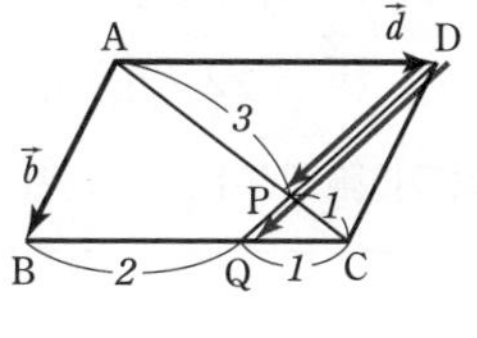


◀ $\overrightarrow{AC}=\overrightarrow{AB}+\overrightarrow{BC}$
$=\vec{b}+\vec{d}$

よって $\overrightarrow{DP}=\overrightarrow{AP}-\overrightarrow{AD}$

$$=\frac{3}{4}(\vec{b}+\vec{d})-\vec{d}$$

$$=\frac{3\vec{b}-\vec{d}}{4} \quad \cdots\cdots ①$$

$$\overrightarrow{DQ}=\overrightarrow{AQ}-\overrightarrow{AD}=\vec{b}+\frac{2}{3}\vec{d}-\vec{d}=\frac{3\vec{b}-\vec{d}}{3} \quad \cdots\cdots ②$$

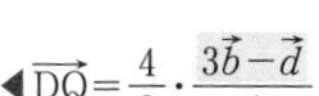

◀ $\overrightarrow{DQ}=\frac{4}{3}\cdot\frac{3\vec{b}-\vec{d}}{4}$

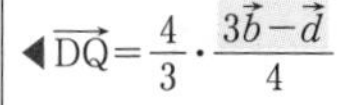

①，② から $\overrightarrow{DQ}=\frac{4}{3}\overrightarrow{DP}$ ……（＊）

◀ $\overrightarrow{DQ}=k\overrightarrow{DP}$ の形。
$\left(\overrightarrow{DP}=\frac{3}{4}\overrightarrow{DQ}\right.$ でもよい。$\left.\right)$

したがって，3 点 D，P，Q は一直線上にある。

別解 点 D を始点とするベクトルで考えると，ベクトルの計算がらくになる。

$\overrightarrow{DA}=\vec{a}$，$\overrightarrow{DC}=\vec{c}$ とすると

$$\overrightarrow{DP}=\frac{1\cdot\vec{a}+3\vec{c}}{3+1}=\frac{\vec{a}+3\vec{c}}{4} \quad \cdots\cdots ③$$

$$\overrightarrow{DQ}=\overrightarrow{DC}+\overrightarrow{CQ}=\vec{c}+\frac{1}{3}\vec{a}=\frac{\vec{a}+3\vec{c}}{3} \quad \cdots\cdots ④$$

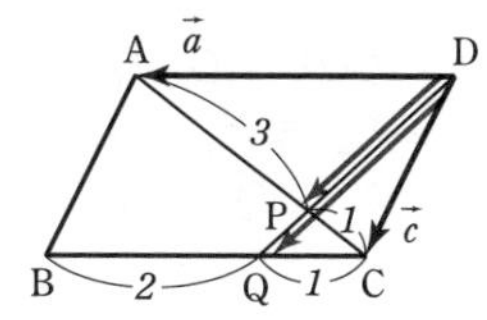

③，④ から $\overrightarrow{DQ}=\frac{4}{3}\overrightarrow{DP}$

◀（＊）と同じ式。

したがって，3 点 D，P，Q は一直線上にある。

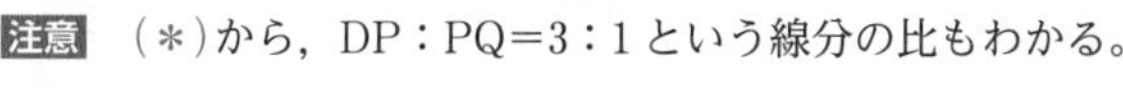

注意 （＊）から，DP：PQ＝3：1 という線分の比もわかる。

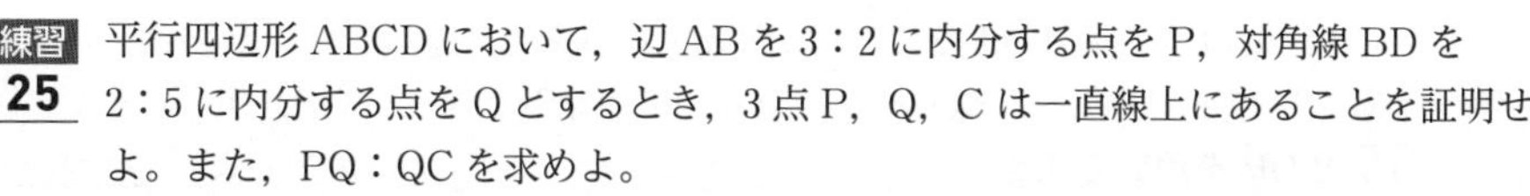

**練習 ② 25** 平行四辺形 ABCD において，辺 AB を 3：2 に内分する点を P，対角線 BD を 2：5 に内分する点を Q とするとき，3 点 P，Q，C は一直線上にあることを証明せよ。また，PQ：QC を求めよ。

## 基本例題 26 交点の位置ベクトル(1)

①①①①①

△OAB において，$\overrightarrow{OA}=\vec{a}$，$\overrightarrow{OB}=\vec{b}$ とする。辺 OA を 3：2 に内分する点を C，辺 OB を 3：4 に内分する点を D，線分 AD と BC との交点を P とし，直線 OP と辺 AB との交点を Q とする。次のベクトルを $\vec{a}$，$\vec{b}$ を用いて表せ。

(1) $\overrightarrow{OP}$　　(2) $\overrightarrow{OQ}$　　〔類 早稲田大〕

基本 28, 37, 66

**指針** (1) 線分 AD と線分 BC の交点 P は AD 上にも BC 上にもあると考える。そこで，AP：PD$=s:(1-s)$，BP：PC$=t:(1-t)$ として，$\overrightarrow{OP}$ を 2 つのベクトル $\vec{a}$，$\vec{b}$ を用いて **2 通りに表す** と，p.12 基本事項 5 から

> $\vec{a}\neq\vec{0}$，$\vec{b}\neq\vec{0}$，$\vec{a}\not\parallel\vec{b}$（$\vec{a}$ と $\vec{b}$ が 1 次独立）のとき
> $p\vec{a}+q\vec{b}=p'\vec{a}+q'\vec{b} \iff p=p'$，$q=q'$

(2) 直線 OP と線分 AB の交点 Q は OP 上にも AB 上にもあると考える。

**CHART** 交点の位置ベクトル　**2 通りに表し　係数比較**

**解答**

(1) AP：PD$=s:(1-s)$，BP：PC$=t:(1-t)$ とすると

$$\overrightarrow{OP}=(1-s)\overrightarrow{OA}+s\overrightarrow{OD}=(1-s)\vec{a}+\frac{3}{7}s\vec{b},$$

$$\overrightarrow{OP}=t\overrightarrow{OC}+(1-t)\overrightarrow{OB}=\frac{3}{5}t\vec{a}+(1-t)\vec{b}$$

よって　$(1-s)\vec{a}+\frac{3}{7}s\vec{b}=\frac{3}{5}t\vec{a}+(1-t)\vec{b}$

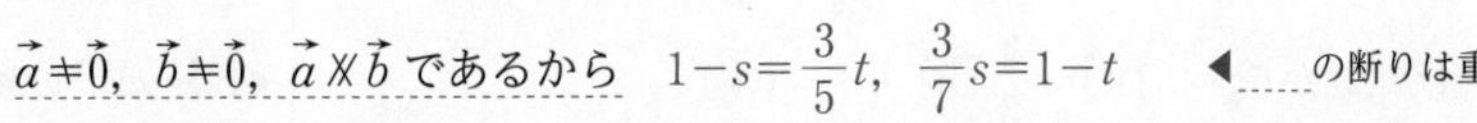

$\vec{a}\neq\vec{0}$，$\vec{b}\neq\vec{0}$，$\vec{a}\not\parallel\vec{b}$ であるから　$1-s=\frac{3}{5}t$，$\frac{3}{7}s=1-t$

◀ ---- の断りは重要。

これを解いて　$s=\frac{7}{13}$，$t=\frac{10}{13}$　したがって　$\overrightarrow{OP}=\frac{6}{13}\vec{a}+\frac{3}{13}\vec{b}$

(2) AQ：QB$=u:(1-u)$ とすると　$\overrightarrow{OQ}=(1-u)\vec{a}+u\vec{b}$

また，点 Q は直線 OP 上にあるから，

$\overrightarrow{OQ}=k\overrightarrow{OP}$（$k$ は実数）とすると，(1) の結果から

$$\overrightarrow{OQ}=k\left(\frac{6}{13}\vec{a}+\frac{3}{13}\vec{b}\right)=\frac{6}{13}k\vec{a}+\frac{3}{13}k\vec{b}$$

よって　$(1-u)\vec{a}+u\vec{b}=\frac{6}{13}k\vec{a}+\frac{3}{13}k\vec{b}$

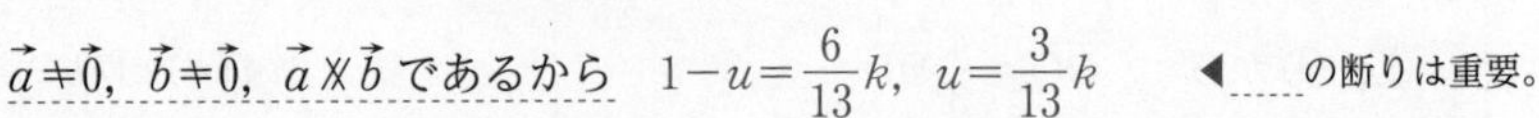

$\vec{a}\neq\vec{0}$，$\vec{b}\neq\vec{0}$，$\vec{a}\not\parallel\vec{b}$ であるから　$1-u=\frac{6}{13}k$，$u=\frac{3}{13}k$

◀ ---- の断りは重要。

これを解いて　$k=\frac{13}{9}$，$u=\frac{1}{3}$　したがって　$\overrightarrow{OQ}=\frac{2}{3}\vec{a}+\frac{1}{3}\vec{b}$

**練習 ② 26** △OAB において，辺 OA を 2：1 に内分する点を L，辺 OB の中点を M，BL と AM の交点を P とし，直線 OP と辺 AB の交点を N とする。$\overrightarrow{OP}$，$\overrightarrow{ON}$ をそれぞれ $\overrightarrow{OA}$ と $\overrightarrow{OB}$ を用いて表せ。　〔類 神戸大〕 p.64 EX18

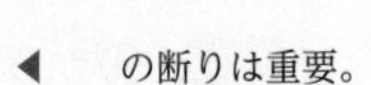

# 交点の位置ベクトルの考え方

### ● なぜ，$s:(1-s)$ とするのか

AP：PD$=m:n$（点 P は線分 AD を $m:n$ に内分する）として，$\overrightarrow{\mathrm{OP}}$ を $\overrightarrow{\mathrm{OA}}$，$\overrightarrow{\mathrm{OD}}$ で表すと，$\overrightarrow{\mathrm{OP}}=\dfrac{n\overrightarrow{\mathrm{OA}}+m\overrightarrow{\mathrm{OD}}}{m+n}\left(=\dfrac{n}{m+n}\overrightarrow{\mathrm{OA}}+\dfrac{m}{m+n}\overrightarrow{\mathrm{OD}}\right)$ となるが，$\overrightarrow{\mathrm{OA}}$，$\overrightarrow{\mathrm{OD}}$ の係数について $\boldsymbol{\dfrac{n}{m+n}+\dfrac{m}{m+n}=1}$ **［係数の和が 1］** ……（＊）である。

さて，$\overrightarrow{\mathrm{OP}}$ **を 2 通りに表し 係数比較** に従って進めるにあたり，**文字は少ない方が計算しやすい**。そこで，（＊）に着目して $\dfrac{m}{m+n}=s$ とすると，$\dfrac{n}{m+n}=1-s$ であるから，$\overrightarrow{\mathrm{OP}}=(1-s)\overrightarrow{\mathrm{OA}}+s\overrightarrow{\mathrm{OD}}$ となる。

ここで，右辺を $\dfrac{(1-s)\overrightarrow{\mathrm{OA}}+s\overrightarrow{\mathrm{OD}}}{1}$ とみると，$\overrightarrow{\mathrm{OP}}=\dfrac{(1-s)\overrightarrow{\mathrm{OA}}+s\overrightarrow{\mathrm{OD}}}{s+(1-s)}$ と表される。

これは，AP：PD$=s:(1-s)$［点 P は線分 AD を $s:(1-s)$ に内分する］として，$\overrightarrow{\mathrm{OP}}$ を $\overrightarrow{\mathrm{OA}}$，$\overrightarrow{\mathrm{OD}}$ で表したものである。

このようになることを見越して，AP：PD$=m:n$ ではなく，AP：PD$=s:(1-s)$ としているのである。

なお，$\overrightarrow{\mathrm{OP}}$ を，$s$ と $\vec{a}$，$\vec{b}$ で表す場面，$t$ と $\vec{a}$，$\vec{b}$ で表す場面については，右の図を参照してほしい。

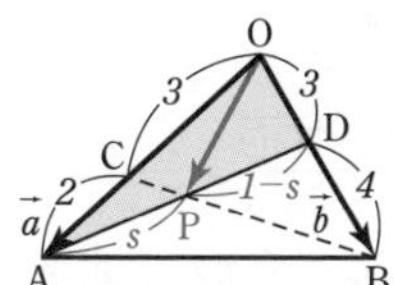


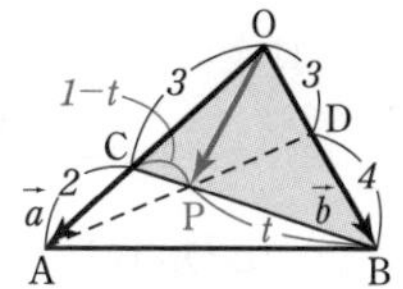


補足　上で述べていることと本質的には同じであるが，次のように考えてもよい。
点 P が直線 AD 上にあるための条件「$\overrightarrow{\mathrm{AP}}=s\overrightarrow{\mathrm{AD}}$（$s$ は実数）」に着目すると

$$\overrightarrow{\mathrm{OP}}-\overrightarrow{\mathrm{OA}}=s(\overrightarrow{\mathrm{OD}}-\overrightarrow{\mathrm{OA}})$$

よって　$\overrightarrow{\mathrm{OP}}=(1-s)\overrightarrow{\mathrm{OA}}+s\overrightarrow{\mathrm{OD}}$　すなわち　$\overrightarrow{\mathrm{OP}}=\dfrac{(1-s)\overrightarrow{\mathrm{OA}}+s\overrightarrow{\mathrm{OD}}}{s+(1-s)}$

つまり，AP：PD$=s:(1-s)$ としたときと同じ形が導かれる。

### ● なぜ，$\vec{a}\neq\vec{0}$，$\vec{b}\neq\vec{0}$，$\vec{a}\not\parallel\vec{b}$ である，という断りが重要なのか

例えば，$\vec{a}=2\vec{b}$（$\vec{a}$ と $\vec{b}$ が平行）であるとき，$3\vec{a}+2\vec{b}=6\vec{a}+(-4\vec{b})$ $[=4\vec{a}]$ となり，両辺の $\vec{a}$，$\vec{b}$ の係数が等しくなくても等式が成り立つ場合がある。

また，$\vec{a}=\vec{0}$ であるときも，$2\vec{a}+2\vec{b}=-3\vec{a}+2\vec{b}$ $[=2\vec{b}]$ となり，両辺の $\vec{a}$，$\vec{b}$ の係数が等しくなくても成り立つ場合がある。

このようなことが起こるため，「$\vec{a}\neq\vec{0}$，$\vec{b}\neq\vec{0}$，$\vec{a}\not\parallel\vec{b}$ である」という断りは **重要** である。

補足　$\vec{a}\neq\vec{0}$，$\vec{b}\neq\vec{0}$，$\vec{a}\not\parallel\vec{b}$ であるとき，任意のベクトル $\vec{p}$ が $\vec{p}=s\vec{a}+t\vec{b}$ の形にただ 1 通りに表されることは例題 **7** の 検討 で証明している。

## 参考事項 交点の位置ベクトルのいろいろな解法

交点の位置ベクトルの求め方には,「**2 通りに表し 係数比較**」以外の解法もある。例題 **26** について,その解法で考えると次のようになる。

### 1 チェバ・メネラウスの定理の利用

① **チェバの定理**

△ABC の 3 頂点 A, B, C と,三角形の辺上またはその延長上にない点 O とを結ぶ直線が,対辺 BC, CA, AB またはその延長と交わる点をそれぞれ P, Q, R とすると

$$\frac{\mathbf{BP}}{\mathbf{PC}}\cdot\frac{\mathbf{CQ}}{\mathbf{QA}}\cdot\frac{\mathbf{AR}}{\mathbf{RB}}=1$$

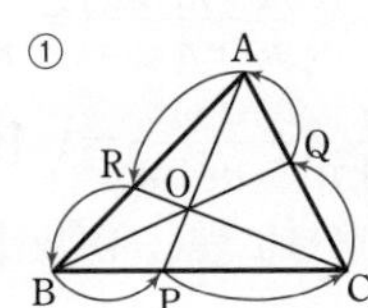


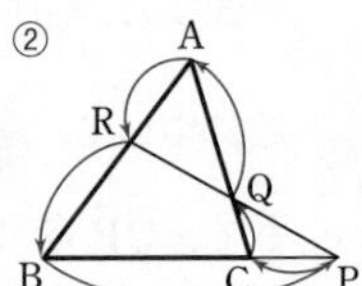


② **メネラウスの定理**

△ABC の辺 BC, CA, AB またはその延長が,三角形の頂点を通らない 1 直線とそれぞれ点 P, Q, R で交わるとき $\quad \dfrac{\mathbf{BP}}{\mathbf{PC}}\cdot\dfrac{\mathbf{CQ}}{\mathbf{QA}}\cdot\dfrac{\mathbf{AR}}{\mathbf{RB}}=1$

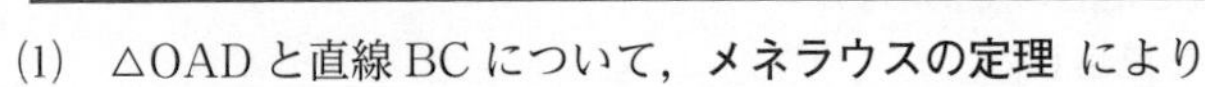

(1) △OAD と直線 BC について,**メネラウスの定理** により

$$\frac{\mathrm{OC}}{\mathrm{CA}}\cdot\frac{\mathrm{AP}}{\mathrm{PD}}\cdot\frac{\mathrm{DB}}{\mathrm{BO}}=1 \qquad \text{よって} \qquad \frac{3}{2}\cdot\frac{\mathrm{AP}}{\mathrm{PD}}\cdot\frac{4}{7}=1$$

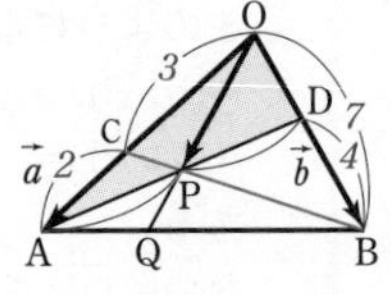


ゆえに,AP : PD=7 : 6 であるから

$$\overrightarrow{\mathbf{OP}}=\frac{6\overrightarrow{\mathrm{OA}}+7\overrightarrow{\mathrm{OD}}}{7+6}=\frac{1}{13}\left(6\vec{a}+7\cdot\frac{3}{7}\vec{b}\right)=\frac{\mathbf{6}}{\mathbf{13}}\vec{\boldsymbol{a}}+\frac{\mathbf{3}}{\mathbf{13}}\vec{\boldsymbol{b}}$$

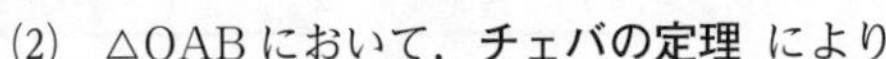

(2) △OAB において,**チェバの定理** により

$$\frac{\mathrm{OC}}{\mathrm{CA}}\cdot\frac{\mathrm{AQ}}{\mathrm{QB}}\cdot\frac{\mathrm{BD}}{\mathrm{DO}}=1 \qquad \text{よって} \qquad \frac{3}{2}\cdot\frac{\mathrm{AQ}}{\mathrm{QB}}\cdot\frac{4}{3}=1$$

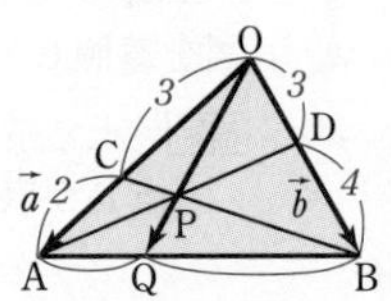


ゆえに,AQ : QB=1 : 2 であるから

$$\overrightarrow{\mathbf{OQ}}=\frac{2\overrightarrow{\mathrm{OA}}+\overrightarrow{\mathrm{OB}}}{1+2}=\frac{\mathbf{2}}{\mathbf{3}}\vec{\boldsymbol{a}}+\frac{\mathbf{1}}{\mathbf{3}}\vec{\boldsymbol{b}}$$

### 2 直線のベクトル方程式の利用 (*p*.65 基本事項 **1**)

**異なる 2 点 A($\vec{a}$), B($\vec{b}$) を通る直線のベクトル方程式は**

$$\vec{\boldsymbol{p}}=\boldsymbol{s}\vec{\boldsymbol{a}}+\boldsymbol{t}\vec{\boldsymbol{b}} \qquad \text{ただし} \quad \boldsymbol{s}+\boldsymbol{t}=\mathbf{1}$$

◀ $\overrightarrow{\mathrm{OP}}=s\overrightarrow{\mathrm{OA}}+t\overrightarrow{\mathrm{OB}}$,
(係数 $s$ と $t$ の和)=1

(2) $\overrightarrow{\mathrm{OQ}}=k\overrightarrow{\mathrm{OP}}=\dfrac{6}{13}k\vec{a}+\dfrac{3}{13}k\vec{b}$ ($k$ は実数) とおくと,点 Q は直線 AB 上にあるから

$$\frac{6}{13}k+\frac{3}{13}k=1 \qquad \text{よって} \qquad k=\frac{13}{9}$$

ゆえに $\quad \overrightarrow{\mathbf{OQ}}=\dfrac{\mathbf{2}}{\mathbf{3}}\vec{\boldsymbol{a}}+\dfrac{\mathbf{1}}{\mathbf{3}}\vec{\boldsymbol{b}}$

## 基本例題 27 垂心の位置ベクトル

平面上に △OAB があり，OA＝5，OB＝6，AB＝7 とする。また，△OAB の垂心を H とする。

(1) cos∠AOB を求めよ。

(2) $\overrightarrow{OA}=\vec{a}$，$\overrightarrow{OB}=\vec{b}$ とするとき，$\overrightarrow{OH}$ を $\vec{a}$，$\vec{b}$ を用いて表せ。

p.29 基本事項 5　重要 29

指針 三角形の垂心とは，三角形の各頂点から対辺またはその延長に下ろした垂線の交点であり，△OAB の垂心 H に対して，OA⊥BH，OB⊥AH，AB⊥OH が成り立つ。

そこで，OA⊥BH といった**図形の条件をベクトルの条件に直して解く**。(2) では $\overrightarrow{OH}=s\vec{a}+t\vec{b}$ とし，$\overrightarrow{OA}\cdot\overrightarrow{BH}=0$，$\overrightarrow{OB}\cdot\overrightarrow{AH}=0$ の 2 つの条件から，$s$，$t$ の値を求める。……★

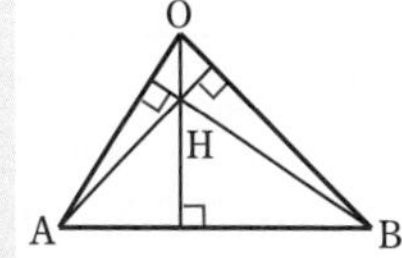

解答

(1) 余弦定理から

$$\cos\angle AOB=\frac{5^2+6^2-7^2}{2\cdot5\cdot6}=\frac{12}{60}=\frac{1}{5}$$

(2) (1) から

$$\vec{a}\cdot\vec{b}=|\vec{a}||\vec{b}|\cos\angle AOB=5\cdot6\cdot\frac{1}{5}=6$$

△OAB は直角三角形でないから，垂心 H は 2 点 A，B と一致することはない。

H は垂心であるから　　OA⊥BH，OB⊥AH

$\overrightarrow{OH}=s\vec{a}+t\vec{b}$ ($s$，$t$ は実数) とする。

OA⊥BH より $\overrightarrow{OA}\cdot\overrightarrow{BH}=0$ であるから　　$\vec{a}\cdot\{s\vec{a}+(t-1)\vec{b}\}=0$

よって　　$s|\vec{a}|^2+(t-1)\vec{a}\cdot\vec{b}=0$

ゆえに　　$25s+6(t-1)=0$

すなわち　$25s+6t=6$ …… ①

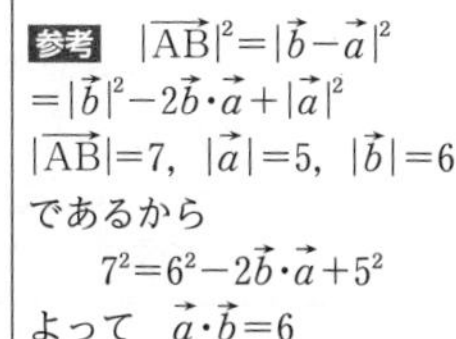


また，OB⊥AH より $\overrightarrow{OB}\cdot\overrightarrow{AH}=0$ であるから

$\vec{b}\cdot\{(s-1)\vec{a}+t\vec{b}\}=0$

よって　　$(s-1)\vec{a}\cdot\vec{b}+t|\vec{b}|^2=0$

ゆえに　　$6(s-1)+36t=0$　すなわち　$s+6t=1$ … ②

①，② から　　$s=\frac{5}{24}$，$t=\frac{19}{144}$

したがって　　$\boldsymbol{\overrightarrow{OH}=\frac{5}{24}\vec{a}+\frac{19}{144}\vec{b}}$

参考　$|\overrightarrow{AB}|^2=|\vec{b}-\vec{a}|^2=|\vec{b}|^2-2\vec{b}\cdot\vec{a}+|\vec{a}|^2$

$|\overrightarrow{AB}|=7$，$|\vec{a}|=5$，$|\vec{b}|=6$ であるから

$7^2=6^2-2\vec{b}\cdot\vec{a}+5^2$

よって　$\vec{a}\cdot\vec{b}=6$

◀指針___……★ の方針。**垂直** の条件を **(内積)＝0** の計算に結びつけて解決する。

◀$|\vec{a}|=5$，$\vec{a}\cdot\vec{b}=6$

垂直 ⟶ (内積)＝0

◀$\overrightarrow{AH}=\overrightarrow{OH}-\overrightarrow{OA}$

◀$\vec{a}\cdot\vec{b}=6$，$|\vec{b}|=6$

◀①−② から　$24s=5$

**練習 ③ 27** 平面上に △OAB があり，OA＝1，OB＝2，∠AOB＝45° とする。また，△OAB の垂心を H とする。$\overrightarrow{OA}=\vec{a}$，$\overrightarrow{OB}=\vec{b}$ とするとき，$\overrightarrow{OH}$ を $\vec{a}$，$\vec{b}$ を用いて表せ。

## 基本例題 28 内心，傍心の位置ベクトル

(1) AB=8, BC=7, CA=5 である △ABC において，内心を I とするとき，$\overrightarrow{AI}$ を $\overrightarrow{AB}$, $\overrightarrow{AC}$ で表せ。

(2) △OAB において，$\overrightarrow{OA}=\vec{a}$, $\overrightarrow{OB}=\vec{b}$ とする。

(ア) ∠O を 2 等分するベクトルは，$k\left(\dfrac{\vec{a}}{|\vec{a}|}+\dfrac{\vec{b}}{|\vec{b}|}\right)$（$k$ は実数，$k\neq0$）と表されることを示せ。

(イ) OA=2, OB=3, AB=4 のとき，∠O の二等分線と ∠A の外角の二等分線の交点を P とする。このとき，$\overrightarrow{OP}$ を $\vec{a}$, $\vec{b}$ で表せ。

基本 26

(1) 三角形の内心は，3 つの内角の二等分線の交点である。
次の「角の二等分線の定理」を利用し，まず $\overrightarrow{AD}$ を $\overrightarrow{AB}$, $\overrightarrow{AC}$ で表す。右図で **AD が △ABC の ∠A の二等分線**
**⟹ BD : DC=AB : AC**
次に，△ABD と ∠B の二等分線 BI に注目。

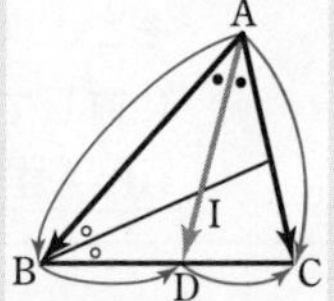


(2) (ア) ∠O の二等分線と辺 AB の交点を D として，まず $\overrightarrow{OD}$ を $\vec{a}$, $\vec{b}$ で表す。

別解 ひし形の対角線が内角を 2 等分することを利用する解法も考えられる。つまり，OA′=1, OB′=1 となる点 A′, B′ をそれぞれ半直線 OA, OB 上にとってひし形 OA′CB′ を作ると，点 C は ∠O の二等分線上にあることに注目する。

(イ) (ア)の結果を利用して，「$\overrightarrow{OP}$ を $\vec{a}$, $\vec{b}$ で **2 通りに表し，係数比較**」の方針で。
点 P は ∠A の外角の二等分線上にある ⟶ $\overrightarrow{AC}=\overrightarrow{OA}$ となる点 C をとり，(ア)の結果を使うと $\overrightarrow{AP}$ は $\vec{a}$, $\vec{b}$ で表される。$\overrightarrow{OP}=\overrightarrow{OA}+\overrightarrow{AP}$ に注目。

(1) △ABC の ∠A の二等分線と辺 BC の交点を D とすると

$$BD:DC=AB:AC=8:5$$

よって $\overrightarrow{AD}=\dfrac{5\overrightarrow{AB}+8\overrightarrow{AC}}{13}$

また，$BD=7\cdot\dfrac{8}{13}=\dfrac{56}{13}$ であるから

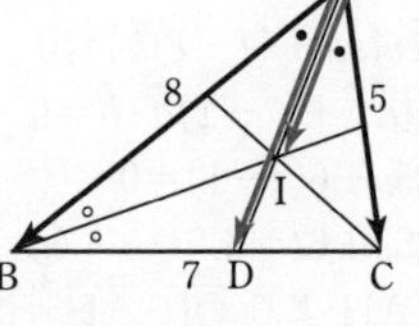


$$AI:ID=BA:BD=8:\frac{56}{13}=13:7$$

ゆえに $\overrightarrow{AI}=\dfrac{13}{20}\overrightarrow{AD}=\dfrac{13}{20}\cdot\dfrac{5\overrightarrow{AB}+8\overrightarrow{AC}}{13}=\boldsymbol{\dfrac{1}{4}\overrightarrow{AB}+\dfrac{2}{5}\overrightarrow{AC}}$

◀∠C の二等分線と辺 AB の交点を E とし，AE : EB=5 : 7, $EI:IC=\dfrac{10}{3}:5$ $=2:3$ このことを利用してもよい。

◀角の二等分線の定理を 2 回用いると求められる。

(2) (ア) ∠O の二等分線と辺 AB の交点を D とすると

$$AD:DB=OA:OB=|\vec{a}|:|\vec{b}|$$

ゆえに $\overrightarrow{OD}=\dfrac{|\vec{b}|\overrightarrow{OA}+|\vec{a}|\overrightarrow{OB}}{|\vec{a}|+|\vec{b}|}=\dfrac{|\vec{a}||\vec{b}|}{|\vec{a}|+|\vec{b}|}\left(\dfrac{\vec{a}}{|\vec{a}|}+\dfrac{\vec{b}}{|\vec{b}|}\right)$

求めるベクトルは，$t$ を $t\neq0$ である実数として $t\overrightarrow{OD}$ と表される。$\dfrac{|\vec{a}||\vec{b}|}{|\vec{a}|+|\vec{b}|}t=k$ とおくと，求めるベクトルは

$$k\left(\frac{\vec{a}}{|\vec{a}|}+\frac{\vec{b}}{|\vec{b}|}\right)\ (k \text{ は実数，} k\neq0)$$

◀角の二等分線の定理を利用する解法。

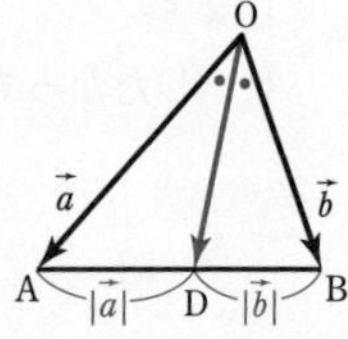


◀$t\overrightarrow{OD}=\dfrac{|\vec{a}||\vec{b}|}{|\vec{a}|+|\vec{b}|}t\left(\dfrac{\vec{a}}{|\vec{a}|}+\dfrac{\vec{b}}{|\vec{b}|}\right)$

別解 (ア) $\vec{a}$, $\vec{b}$ と同じ向きの単位ベクトルをそれぞれ $\overrightarrow{\mathrm{OA'}}$, $\overrightarrow{\mathrm{OB'}}$

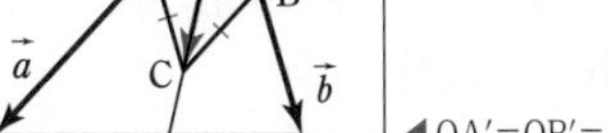

とすると $\overrightarrow{\mathrm{OA'}}=\dfrac{\vec{a}}{|\vec{a}|}$, $\overrightarrow{\mathrm{OB'}}=\dfrac{\vec{b}}{|\vec{b}|}$

$\overrightarrow{\mathrm{OA'}}+\overrightarrow{\mathrm{OB'}}=\overrightarrow{\mathrm{OC}}$ とすると，四角形 OA′CB′ はひし形であるから，点 C は ∠O の二等分線上にある。

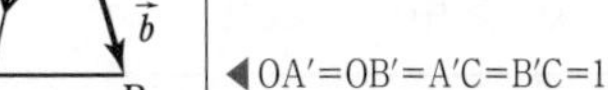

◀ $\mathrm{OA'=OB'=A'C=B'C}=1$

◀ △OA′C≡△OB′C から。

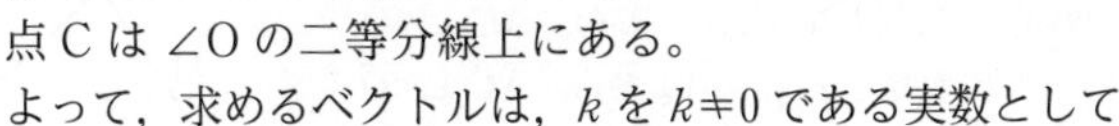

よって，求めるベクトルは，$k$ を $k\neq 0$ である実数として

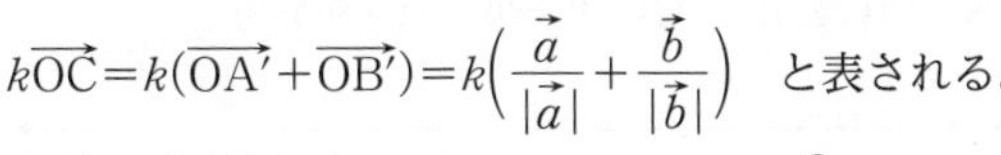

$$k\overrightarrow{\mathrm{OC}}=k(\overrightarrow{\mathrm{OA'}}+\overrightarrow{\mathrm{OB'}})=k\left(\frac{\vec{a}}{|\vec{a}|}+\frac{\vec{b}}{|\vec{b}|}\right)$$ と表される。

◀ $k=0$ のときは，$k\overrightarrow{\mathrm{OC}}=\vec{0}$ となり，不合理。

(イ) 点 P は △OAB において ∠O の二等分線上にあるから，(ア) より

$\overrightarrow{\mathrm{OP}}=s\left(\dfrac{\vec{a}}{2}+\dfrac{\vec{b}}{3}\right)$ ($s$ は実数)

◀ 注意 点 P は，△OAB の傍心（∠O 内の傍心）である（数学 A）。

◀ (ア) の結果を利用。

$\overrightarrow{\mathrm{AC}}=\overrightarrow{\mathrm{OA}}$ となる点 C をとると，点 P は △ABC において ∠BAC の二等分線上にあるから

◀ 三角形の内角の二等分線を作り出すための工夫。

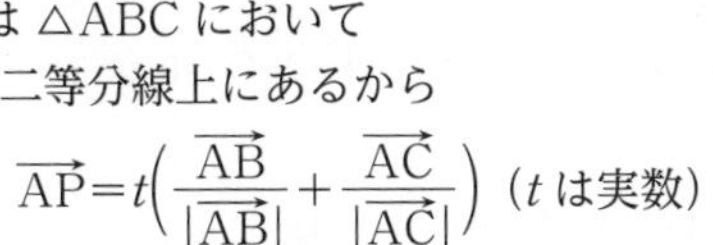

$$\overrightarrow{\mathrm{AP}}=t\left(\frac{\overrightarrow{\mathrm{AB}}}{|\overrightarrow{\mathrm{AB}}|}+\frac{\overrightarrow{\mathrm{AC}}}{|\overrightarrow{\mathrm{AC}}|}\right)\ (t\text{ は実数})$$

◀ (ア) の結果を利用。

よって $\overrightarrow{\mathrm{OP}}=\overrightarrow{\mathrm{OA}}+\overrightarrow{\mathrm{AP}}$

$$=\vec{a}+t\left(\frac{\vec{b}-\vec{a}}{4}+\frac{\vec{a}}{2}\right)=\left(1+\frac{t}{4}\right)\vec{a}+\frac{t}{4}\vec{b}$$

◀ $\overrightarrow{\mathrm{OP}}$ を $t$ の式に直す。

◀ $\overrightarrow{\mathrm{AB}}=\overrightarrow{\mathrm{OB}}-\overrightarrow{\mathrm{OA}}$, $|\overrightarrow{\mathrm{AB}}|=4$, $\overrightarrow{\mathrm{AC}}=\overrightarrow{\mathrm{OA}}$, $|\overrightarrow{\mathrm{AC}}|=|\overrightarrow{\mathrm{OA}}|=2$

$\vec{a}\neq\vec{0}$, $\vec{b}\neq\vec{0}$, $\vec{a}\not\parallel\vec{b}$ であるから $\dfrac{s}{2}=1+\dfrac{t}{4}$, $\dfrac{s}{3}=\dfrac{t}{4}$

これを解いて $s=6$, $t=8$ ゆえに $\boldsymbol{\overrightarrow{\mathrm{OP}}=3\vec{a}+2\vec{b}}$

別解 (イ) AB と OP の交点を D とすると

$$\mathrm{AD:DB=OA:OB}=2:3$$

AP は △OAD の ∠A の外角の二等分線であるから

$$\mathrm{OP:PD=AO:AD}=2:\left(4\times\frac{2}{5}\right)=5:4$$

◀「外角の二等分線の定理」（数学 A）を利用する解答。

◀ AD : DB=2 : 3 から AD : AB=2 : 5

よって $\boldsymbol{\overrightarrow{\mathrm{OP}}}=5\overrightarrow{\mathrm{OD}}=5\cdot\dfrac{3\vec{a}+2\vec{b}}{2+3}=\boldsymbol{3\vec{a}+2\vec{b}}$

検討

(2) (ア) の結果は，三角形の内心や角の二等分線が関係する問題で有効な場合もあるので，覚えておくとよい。

**△OAB の ∠O を 2 等分するベクトルは** $\boldsymbol{k\left(\dfrac{\overrightarrow{\mathrm{OA}}}{|\overrightarrow{\mathrm{OA}}|}+\dfrac{\overrightarrow{\mathrm{OB}}}{|\overrightarrow{\mathrm{OB}}|}\right)}$ ($k$ は実数，$k\neq 0$)

練習 ③ 28

(1) △ABC の 3 辺の長さを AB=8, BC=7, CA=9 とする。$\overrightarrow{\mathrm{AB}}=\vec{b}$, $\overrightarrow{\mathrm{AC}}=\vec{c}$ とし，△ABC の内心を P とするとき，$\overrightarrow{\mathrm{AP}}$ を $\vec{b}$, $\vec{c}$ で表せ。

(2) △OAB において，$|\overrightarrow{\mathrm{OA}}|=3$, $|\overrightarrow{\mathrm{OB}}|=2$, $\overrightarrow{\mathrm{OA}}\cdot\overrightarrow{\mathrm{OB}}=4$ とする。点 A で直線 OA に接する円の中心 C が ∠AOB の二等分線 $g$ 上にある。このとき，$\overrightarrow{\mathrm{OC}}$ を $\overrightarrow{\mathrm{OA}}=\vec{a}$, $\overrightarrow{\mathrm{OB}}=\vec{b}$ で表せ。

［(2) 類 神戸商大］ p.64 EX 19, 20

## 重要例題 29 外心の位置ベクトル

△ABC において，AB=4，AC=5，BC=6 とし，外心を O とする。$\overrightarrow{AO}$ を $\overrightarrow{AB}$，$\overrightarrow{AC}$ を用いて表せ。〔類 早稲田大〕 基本 27

**指針** 三角形の外心は，各辺の垂直二等分線の交点であるから，
右図の △ABC の外心 O に対して　AB⊥MO，AC⊥NO
これをベクトルの条件に直すと　$\overrightarrow{\mathbf{AB}}\perp\overrightarrow{\mathbf{MO}}$，$\overrightarrow{\mathbf{AC}}\perp\overrightarrow{\mathbf{NO}}$
よって，$\overrightarrow{AO}=s\overrightarrow{AB}+t\overrightarrow{AC}$ として $\overrightarrow{AB}\cdot\overrightarrow{MO}=0$，$\overrightarrow{AC}\cdot\overrightarrow{NO}=0$
から，$s$，$t$ の値を求める。

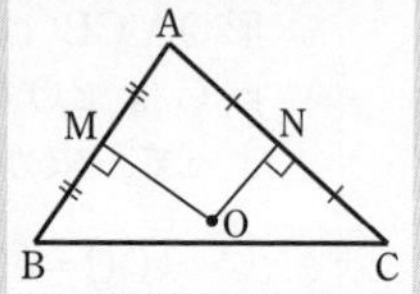


**解答**

辺 AB，辺 AC の中点をそれぞれ M，N とする。
ただし，△ABC は直角三角形ではないから，2 点 M，N はともに点 O とは一致しない。 ……（*）
点 O は △ABC の外心であるから
$$AB\perp MO,\ AC\perp NO$$
ゆえに　$\overrightarrow{AB}\cdot\overrightarrow{MO}=0$，$\overrightarrow{AC}\cdot\overrightarrow{NO}=0$
$\overrightarrow{AO}=s\overrightarrow{AB}+t\overrightarrow{AC}$（$s$，$t$ は実数）とすると，$\overrightarrow{AB}\cdot\overrightarrow{MO}=0$ から　$\overrightarrow{AB}\cdot(\overrightarrow{AO}-\overrightarrow{AM})=0$
よって　$\overrightarrow{AB}\cdot\left\{\left(s-\frac{1}{2}\right)\overrightarrow{AB}+t\overrightarrow{AC}\right\}=0$ …… ①
また，$\overrightarrow{AC}\cdot\overrightarrow{NO}=0$ から　$\overrightarrow{AC}\cdot(\overrightarrow{AO}-\overrightarrow{AN})=0$
ゆえに　$\overrightarrow{AC}\cdot\left\{s\overrightarrow{AB}+\left(t-\frac{1}{2}\right)\overrightarrow{AC}\right\}=0$ …… ②
ここで　$|\overrightarrow{BC}|^2=|\overrightarrow{AC}-\overrightarrow{AB}|^2$
$=|\overrightarrow{AC}|^2-2\overrightarrow{AB}\cdot\overrightarrow{AC}+|\overrightarrow{AB}|^2$
よって　$6^2=5^2-2\overrightarrow{AB}\cdot\overrightarrow{AC}+4^2$
ゆえに　$\overrightarrow{AB}\cdot\overrightarrow{AC}=\frac{5}{2}$
よって，① から　$\left(s-\frac{1}{2}\right)\times4^2+t\times\frac{5}{2}=0$
すなわち　$32s+5t=16$ …… ③
また，② から　$s\times\frac{5}{2}+\left(t-\frac{1}{2}\right)\times5^2=0$
すなわち　$s+10t=5$ …… ④
③，④ から　$s=\frac{3}{7}$，$t=\frac{16}{35}$
したがって　$\overrightarrow{\mathbf{AO}}=\frac{\mathbf{3}}{\mathbf{7}}\overrightarrow{\mathbf{AB}}+\frac{\mathbf{16}}{\mathbf{35}}\overrightarrow{\mathbf{AC}}$

◀最大辺は BC であり $BC^2\neq AB^2+AC^2$

（*）直角三角形の外心 O（外接円の中心）は，斜辺の中点と一致する。

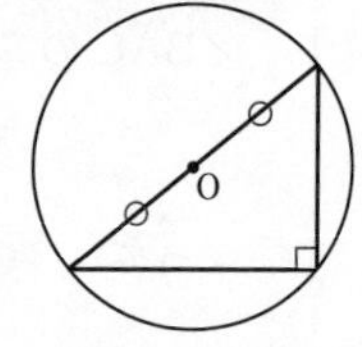


◀$\left(s-\frac{1}{2}\right)|\overrightarrow{AB}|^2+t\overrightarrow{AB}\cdot\overrightarrow{AC}=0$

◀$s\overrightarrow{AB}\cdot\overrightarrow{AC}+\left(t-\frac{1}{2}\right)|\overrightarrow{AC}|^2=0$

**練習 ③ 29** △ABC において，AB=3，AC=4，BC=$\sqrt{13}$ とし，外心を O とする。$\overrightarrow{AO}$ を $\overrightarrow{AB}$，$\overrightarrow{AC}$ を用いて表せ。 p.64 EX21

# 参考事項 正射影ベクトル

第 3 節で扱ったベクトルの内積と関係性がある，「**正射影ベクトル**」を紹介しよう。
後半で説明するが，この正射影ベクトルは，垂線に関する問題などで利用できる。

## ● ベクトルの正射影

$\overrightarrow{\mathrm{OA}}=\vec{a}$，$\overrightarrow{\mathrm{OB}}=\vec{b}$ とし，$\vec{a}$ と $\vec{b}$ のなす角を $\theta$ とする。点 B から直線 OA に垂線 BB′ を下ろしたとき，$\overrightarrow{\mathrm{OB'}}$ を $\overrightarrow{\mathrm{OB}}$ の直線 OA 上への **正射影** という。

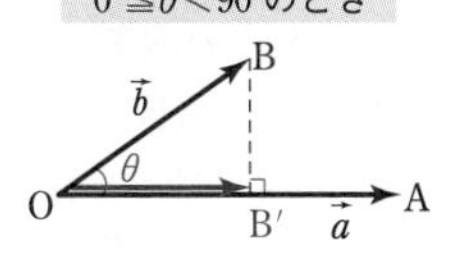


OA 上で $\overrightarrow{\mathrm{OA}}$ の向きを正として，符号を含んだ長さを考えると $\mathrm{OB'}=|\vec{b}|\cos\theta$ であって　◀90°≦θ≦180° のとき　OB′≦0

$$\boldsymbol{\vec{a}\cdot\vec{b}=\mathrm{OA}\times\mathrm{OB'}} \quad \cdots\cdots \ (*)$$

と書ける。

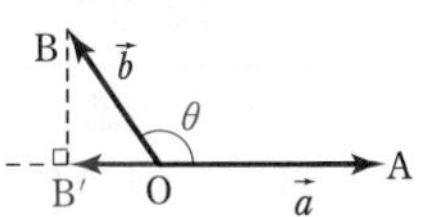


よって，内積 $\overrightarrow{\mathrm{OA}}\cdot\overrightarrow{\mathrm{OB}}$ の図形的意味は，線分 OA の長さと線分 OB′ の長さの積である，といえる。

また，$\overrightarrow{\mathrm{OB'}}$ は，$\vec{a}$ と同じ向きの単位ベクトル $\dfrac{\vec{a}}{|\vec{a}|}$ を $|\vec{b}|\cos\theta$ 倍（OB′ 倍）したベクトルであるから　↖90°≦θ≦180° のとき 0 以下。

$$\overrightarrow{\mathbf{OB'}}=|\vec{b}|\cos\theta\left(\frac{\vec{a}}{|\vec{a}|}\right)=\frac{|\vec{b}|\cos\theta}{|\vec{a}|}\vec{a}=\frac{\vec{a}\cdot\vec{b}}{|\vec{a}|^2}\vec{a}$$

これを本書では，$\vec{b}$ の $\vec{a}$ 上への **正射影ベクトル** ということにする。

## ● 例題 29 を（＊）を利用して解く

$\angle\mathrm{OAM}<90^\circ$，$\angle\mathrm{OAN}<90^\circ$ である。（＊）から

$$\overrightarrow{\mathrm{AM}}\cdot\overrightarrow{\mathrm{AO}}=\mathrm{AM}^2=2^2,\quad \overrightarrow{\mathrm{AN}}\cdot\overrightarrow{\mathrm{AO}}=\mathrm{AN}^2=\left(\frac{5}{2}\right)^2$$

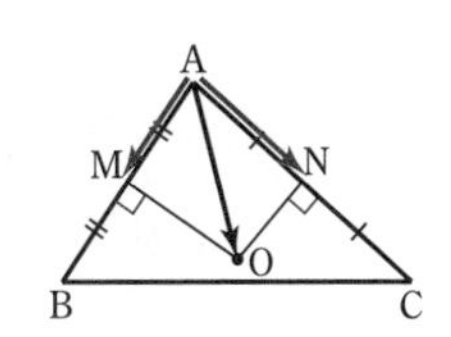

$\overrightarrow{\mathrm{AO}}=s\overrightarrow{\mathrm{AB}}+t\overrightarrow{\mathrm{AC}}$（$s$，$t$ は実数）とすると，

$\dfrac{1}{2}\overrightarrow{\mathrm{AB}}\cdot(s\overrightarrow{\mathrm{AB}}+t\overrightarrow{\mathrm{AC}})=4$ から　◀$\overrightarrow{\mathrm{AM}}\cdot\overrightarrow{\mathrm{AO}}=4$

$$s|\overrightarrow{\mathrm{AB}}|^2+t\overrightarrow{\mathrm{AB}}\cdot\overrightarrow{\mathrm{AC}}=8 \quad \cdots\cdots \ ①$$

また，$\dfrac{1}{2}\overrightarrow{\mathrm{AC}}\cdot(s\overrightarrow{\mathrm{AB}}+t\overrightarrow{\mathrm{AC}})=\dfrac{25}{4}$ から　◀$\overrightarrow{\mathrm{AN}}\cdot\overrightarrow{\mathrm{AO}}=\dfrac{25}{4}$

$$2s\overrightarrow{\mathrm{AB}}\cdot\overrightarrow{\mathrm{AC}}+2t|\overrightarrow{\mathrm{AC}}|^2=25 \quad \cdots\cdots \ ②$$

$|\overrightarrow{\mathrm{AB}}|=4$，$|\overrightarrow{\mathrm{AC}}|=5$，$\overrightarrow{\mathrm{AB}}\cdot\overrightarrow{\mathrm{AC}}=\dfrac{5}{2}$ を ①，② に代入して整理すると

$$32s+5t=16 \quad \cdots\cdots \ ③,\qquad s+10t=5 \quad \cdots\cdots \ ④$$

③，④ から　$s=\dfrac{3}{7}$，$t=\dfrac{16}{35}$

したがって　$\overrightarrow{\mathbf{AO}}=\dfrac{\mathbf{3}}{\mathbf{7}}\overrightarrow{\mathbf{AB}}+\dfrac{\mathbf{16}}{\mathbf{35}}\overrightarrow{\mathbf{AC}}$

## 参考事項　三角形の五心の位置ベクトル

これまでに三角形の垂心，内心，外心，傍心に関するベクトルについて考えてきた。ここでは，これらの点の位置ベクトルが，$A(\vec{a})$，$B(\vec{b})$，$C(\vec{c})$ であるとき，$\vec{a}$，$\vec{b}$，$\vec{c}$ でどのように表されるかを，三角形の面積比を利用して調べてみよう。

### ● △ABC の内部の点 P の位置ベクトル

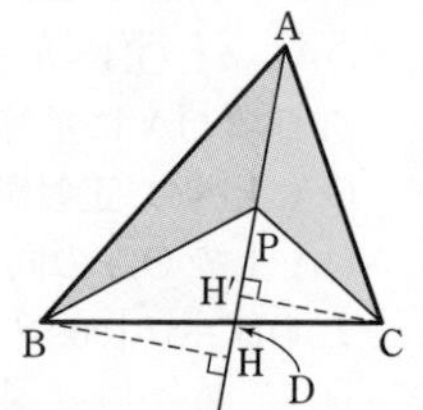


△ABC の内部の点 P をとり，直線 AP と辺 BC の交点を D とする。△ABP と △CAP の面積について，右の図で底辺をともに辺 AP とみると，面積の比は高さの比 BH：CH′ となる。

BH∥CH′ であるから　　BH：CH′＝BD：CD

よって，△ABP：△CAP＝BD：CD ……（＊）が成り立つ。

このことから，△ABC の内部の点 P の位置ベクトルについて，次のことが成り立つ。

> △ABC の内部に点 P をとり，$A(\vec{a})$，$B(\vec{b})$，$C(\vec{c})$，$P(\vec{p})$ とする。
> **△BCP：△CAP：△ABP＝$\alpha:\beta:\gamma$（$\alpha>0$，$\beta>0$，$\gamma>0$）……（★）とするとき**
> $$\vec{p}=\frac{\alpha\vec{a}+\beta\vec{b}+\gamma\vec{c}}{\alpha+\beta+\gamma}$$ **……（＊＊）が成り立つ。**

証明　右図のように 3 点 D，E，F をとると，（＊）から

$BD:DC=\gamma:\beta$，$CE:EA=\alpha:\gamma$，$AF:FB=\beta:\alpha$

$BP:PE=s:(1-s)$，$CP:PF=t:(1-t)$ とすると

$$\overrightarrow{AP}=(1-s)\overrightarrow{AB}+s\overrightarrow{AE}=(1-s)\overrightarrow{AB}+\frac{s\gamma}{\alpha+\gamma}\overrightarrow{AC}$$

$$\overrightarrow{AP}=t\overrightarrow{AF}+(1-t)\overrightarrow{AC}=\frac{t\beta}{\alpha+\beta}\overrightarrow{AB}+(1-t)\overrightarrow{AC}$$

A, β, γ, F, E, α, γ, β, α, P, α, B, γ, D, β, C

$\overrightarrow{AB}\neq\vec{0}$，$\overrightarrow{AC}\neq\vec{0}$，$\overrightarrow{AB}\not\parallel\overrightarrow{AC}$ であるから

$$1-s=\frac{t\beta}{\alpha+\beta}\ \cdots\cdots\ ①,\quad \frac{s\gamma}{\alpha+\gamma}=1-t\ \cdots\cdots\ ②$$

①，② から　$s=\dfrac{\alpha+\gamma}{\alpha+\beta+\gamma}$　ゆえに　$\overrightarrow{AP}=\dfrac{\beta\overrightarrow{AB}}{\alpha+\beta+\gamma}+\dfrac{\gamma\overrightarrow{AC}}{\alpha+\beta+\gamma}$

$\overrightarrow{AP}=\vec{p}-\vec{a}$，$\overrightarrow{AB}=\vec{b}-\vec{a}$，$\overrightarrow{AC}=\vec{c}-\vec{a}$ から　　$\vec{p}=\dfrac{\alpha\vec{a}+\beta\vec{b}+\gamma\vec{c}}{\alpha+\beta+\gamma}$

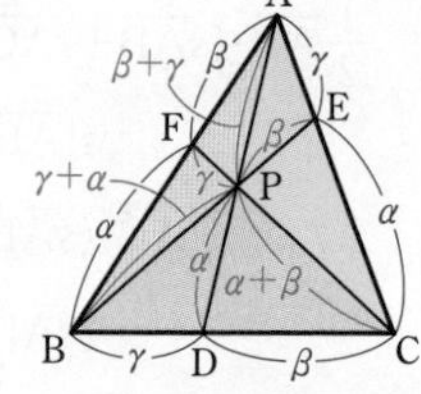


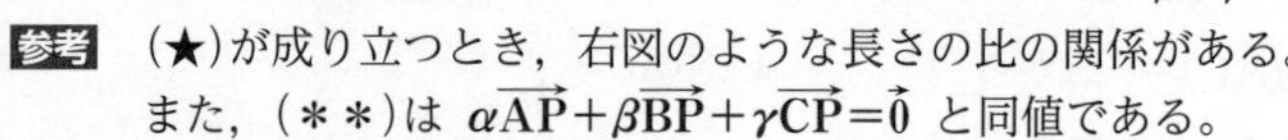

参考　（★）が成り立つとき，右図のような長さの比の関係がある。
また，（＊＊）は $\alpha\overrightarrow{AP}+\beta\overrightarrow{BP}+\gamma\overrightarrow{CP}=\vec{0}$ と同値である。

### ● 三角形の五心の位置ベクトル

以下，△ABC に対し，$A(\vec{a})$，$B(\vec{b})$，$C(\vec{c})$，$BC=a$，$CA=b$，$AB=c$ とする。

(1)　**重心 …… 3 つの中線の交点 $G(\vec{g})$**

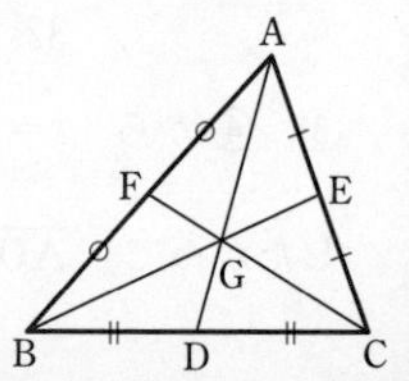


直線 AG と辺 BC の交点，直線 BG と辺 CA の交点，
直線 CG と辺 AB の交点をそれぞれ D，E，F とすると

BD＝DC，CE＝EA，AF＝FB

よって，（＊）から　　△BCG：△CAG：△ABG＝1：1：1

ゆえに，$(**)$から　$\vec{g}=\dfrac{1\cdot\vec{a}+1\cdot\vec{b}+1\cdot\vec{c}}{1+1+1}=\dfrac{\vec{a}+\vec{b}+\vec{c}}{3}$

(2) **内心** …… **3 つの内角の二等分線の交点 I$(\vec{i})$**

点 I から辺 BC，CA，AB に垂線 ID，IE，IF を下ろすと，ID=IE=IF であるから

$\triangle\mathrm{BCI}:\triangle\mathrm{CAI}:\triangle\mathrm{ABI}=\mathrm{BC}:\mathrm{CA}:\mathrm{AB}$

よって，$(**)$から　$\vec{i}=\dfrac{a\vec{a}+b\vec{b}+c\vec{c}}{a+b+c}$ …… ㋐

また，正弦定理より　$\dfrac{a}{\sin A}=\dfrac{b}{\sin B}=\dfrac{c}{\sin C}$

すなわち　$a:b:c=\sin A:\sin B:\sin C$

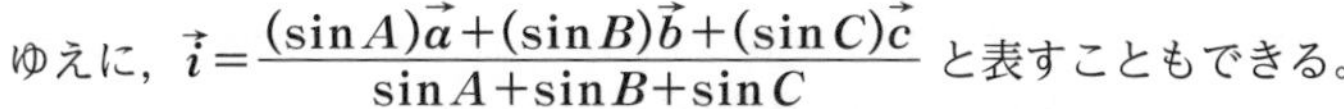

ゆえに，$\vec{i}=\dfrac{(\sin A)\vec{a}+(\sin B)\vec{b}+(\sin C)\vec{c}}{\sin A+\sin B+\sin C}$ と表すこともできる。

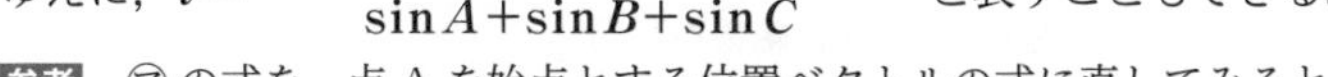

**参考** ㋐の式を，点 A を始点とする位置ベクトルの式に直してみると

$$\overrightarrow{\mathrm{AI}}=\vec{i}-\vec{a}=\frac{a\vec{a}+b\vec{b}+c\vec{c}}{a+b+c}-\frac{(a+b+c)\vec{a}}{a+b+c}=\frac{b(\vec{b}-\vec{a})+c(\vec{c}-\vec{a})}{a+b+c}$$

$$=\frac{b}{a+b+c}\overrightarrow{\mathrm{AB}}+\frac{c}{a+b+c}\overrightarrow{\mathrm{AC}}$$

◀例題 **28** (1) で検算してみよ。

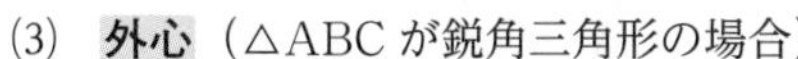

(3) **外心**（△ABC が鋭角三角形の場合）

…… **3 辺の垂直二等分線の交点 O$(\vec{o})$**

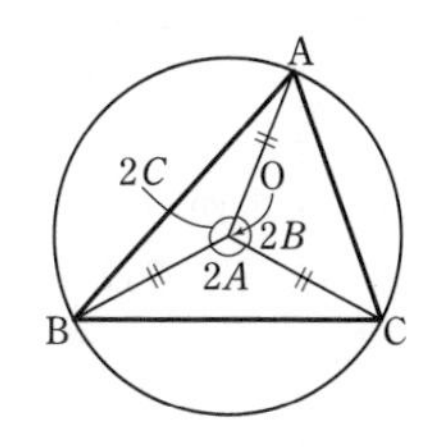

点 O は △ABC の外接円の中心であるから

OA=OB=OC,

$\angle\mathrm{BOC}=2A$，$\angle\mathrm{COA}=2B$，$\angle\mathrm{AOB}=2C$

よって　$\triangle\mathrm{BCO}:\triangle\mathrm{CAO}:\triangle\mathrm{ABO}$

$=\dfrac{1}{2}\mathrm{OB}\cdot\mathrm{OC}\sin 2A:\dfrac{1}{2}\mathrm{OC}\cdot\mathrm{OA}\sin 2B:\dfrac{1}{2}\mathrm{OA}\cdot\mathrm{OB}\sin 2C$

$=\sin 2A:\sin 2B:\sin 2C$

ゆえに，$(**)$から　$\vec{o}=\dfrac{(\sin 2A)\vec{a}+(\sin 2B)\vec{b}+(\sin 2C)\vec{c}}{\sin 2A+\sin 2B+\sin 2C}$

(4) **垂心**（△ABC が鋭角三角形の場合）

…… **3 つの垂線の交点 H$(\vec{h})$**

直線 AH と辺 BC の交点，直線 CH と辺 AB の交点をそれぞれ D，E とすると，$\mathrm{BD}=\dfrac{\mathrm{AD}}{\tan B}$，$\mathrm{DC}=\dfrac{\mathrm{AD}}{\tan C}$ から

$\mathrm{BD}:\mathrm{DC}=\tan C:\tan B$

同様に　$\mathrm{AE}:\mathrm{EB}=\tan B:\tan A$

よって，$(*)$から　$\triangle\mathrm{BCH}:\triangle\mathrm{CAH}:\triangle\mathrm{ABH}=\tan A:\tan B:\tan C$

ゆえに，$(**)$から　$\vec{h}=\dfrac{(\tan A)\vec{a}+(\tan B)\vec{b}+(\tan C)\vec{c}}{\tan A+\tan B+\tan C}$

三角形の傍心の位置ベクトルについては，$p.64$ の EXERCISES 19 で問題として取り上げたので，取り組んでみてほしい。

## 基本例題 30 線分の平方に関する証明 ①①①①①

△ABC の重心を G とするとき，次の等式を証明せよ。

(1) $\overrightarrow{GA}+\overrightarrow{GB}+\overrightarrow{GC}=\vec{0}$　　(2) $AB^2+AC^2=BG^2+CG^2+4AG^2$

基本 15　重要 33，基本 71

**指針** (1) 点 O を始点とすると，重心 G の位置ベクトルは　$\overrightarrow{OG}=\frac{1}{3}(\overrightarrow{OA}+\overrightarrow{OB}+\overrightarrow{OC})$

O は任意の点でよいから，G を始点としてみる。

(2) 図形の問題 ⟶ ベクトル化 も有効。すなわち，$AB^2$ など **(線分)$^2$** には

$AB^2=|\overrightarrow{AB}|^2=|\vec{b}-\vec{a}|^2$ として，**内積を利用** するとよい。

なお，この問題では $BG^2$，$CG^2$，$AG^2$ のように，G を端点とする線分が多く出てくるから，**G を始点** とする位置ベクトルを使って証明するとよい。すなわち，$\overrightarrow{GA}=\vec{a}$，$\overrightarrow{GB}=\vec{b}$，$\overrightarrow{GC}=\vec{c}$ として進める。(1)の **結果も利用**。

**CHART** (線分)$^2$ の問題　内積を利用

**解答**

(1) 重心 G の位置ベクトルを，点 O に関する位置ベクトルで表すと

$\overrightarrow{OG}=\frac{1}{3}(\overrightarrow{OA}+\overrightarrow{OB}+\overrightarrow{OC})$ であるから，点 G に関する位置ベクトルで表すと

$$\overrightarrow{GG}=\frac{1}{3}(\overrightarrow{GA}+\overrightarrow{GB}+\overrightarrow{GC})$$

ゆえに　$\overrightarrow{GA}+\overrightarrow{GB}+\overrightarrow{GC}=\vec{0}$

(2) $\overrightarrow{GA}=\vec{a}$，$\overrightarrow{GB}=\vec{b}$，$\overrightarrow{GC}=\vec{c}$ とすると，(1)の結果から

$\vec{a}+\vec{b}+\vec{c}=\vec{0}$　　ゆえに　$\vec{c}=-\vec{a}-\vec{b}$

また　$\overrightarrow{AB}=\vec{b}-\vec{a}$，$\overrightarrow{AC}=\vec{c}-\vec{a}=-2\vec{a}-\vec{b}$

よって　$AB^2+AC^2-(BG^2+CG^2+4AG^2)$

$=|\overrightarrow{AB}|^2+|\overrightarrow{AC}|^2-(|\overrightarrow{BG}|^2+|\overrightarrow{CG}|^2+4|\overrightarrow{AG}|^2)$

$=|\vec{b}-\vec{a}|^2+|-2\vec{a}-\vec{b}|^2$
$\quad-|-\vec{b}|^2-|\vec{a}+\vec{b}|^2-4|-\vec{a}|^2$

$=(|\vec{b}|^2-2\vec{b}\cdot\vec{a}+|\vec{a}|^2)+(4|\vec{a}|^2+4\vec{a}\cdot\vec{b}+|\vec{b}|^2)$
$\quad-|\vec{b}|^2-(|\vec{a}|^2+2\vec{a}\cdot\vec{b}+|\vec{b}|^2)-4|\vec{a}|^2$

$=0$

ゆえに　$AB^2+AC^2=BG^2+CG^2+4AG^2$

別解 (1) $\overrightarrow{GA}+\overrightarrow{GB}+\overrightarrow{GC}$
$=(\overrightarrow{OA}-\overrightarrow{OG})+(\overrightarrow{OB}-\overrightarrow{OG})+(\overrightarrow{OC}-\overrightarrow{OG})$
$=\overrightarrow{OA}+\overrightarrow{OB}+\overrightarrow{OC}-3\overrightarrow{OG}$
$=\vec{0}$

◀$\overrightarrow{GG}=\vec{0}$

① 条件式
文字を減らす方針で

◀$A=B \Leftrightarrow A-B=0$

◀$AB^2=|\overrightarrow{AB}|^2$

**練習** ② **30** 次の等式が成り立つことを証明せよ。

(1) △ABC において，辺 BC の中点を M とするとき

$$AB^2+AC^2=2(AM^2+BM^2)\quad(\text{中線定理})$$

(2) △ABC の重心を G，O を任意の点とするとき

$$AG^2+BG^2+CG^2=OA^2+OB^2+OC^2-3OG^2$$

## 基本例題 31 線分の垂直に関する証明

△ABC の重心を G，外接円の中心を O とするとき，次のことを示せ。

(1) $\overrightarrow{OA}+\overrightarrow{OB}+\overrightarrow{OC}=\overrightarrow{OH}$ である点 H をとると，H は △ABC の垂心である。

(2) (1)の点 H に対して，3 点 O，G，H は一直線上にあり　GH＝2OG

〔類 山梨大〕 基本 25　基本 71

(1) 三角形の垂心とは，三角形の各頂点から対辺またはその延長に下ろした垂線の交点である。

$\overrightarrow{AH}\neq\vec{0}$，$\overrightarrow{BC}\neq\vec{0}$，$\overrightarrow{BH}\neq\vec{0}$，$\overrightarrow{CA}\neq\vec{0}$ のとき

$\overrightarrow{AH}\perp\overrightarrow{BC}$，$\overrightarrow{BH}\perp\overrightarrow{CA} \Leftrightarrow \overrightarrow{AH}\cdot\overrightarrow{BC}=0$，$\overrightarrow{BH}\cdot\overrightarrow{CA}=0$ …… Ⓐ

であるから，**内積を利用** して，Ⓐ〔(内積)＝0〕を計算により示す。

O は △ABC の外心であるから，$|\overrightarrow{OA}|=|\overrightarrow{OB}|=|\overrightarrow{OC}|$ も利用。

**CHART 線分の垂直 (内積)＝0 を利用**

(1) ∠A≠90°，∠B≠90° としてよい。このとき，外心 O は辺 BC，CA 上にはない。…… ①

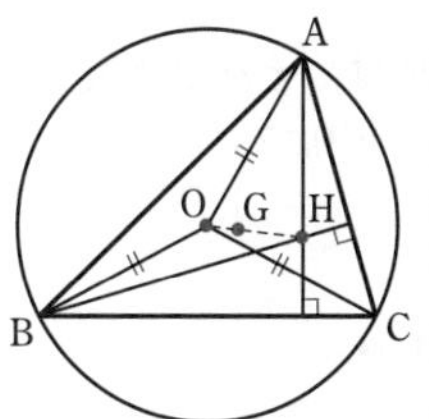


$\overrightarrow{OH}=\overrightarrow{OA}+\overrightarrow{OB}+\overrightarrow{OC}$ から

$\overrightarrow{AH}=\overrightarrow{OH}-\overrightarrow{OA}=\overrightarrow{OB}+\overrightarrow{OC}$

ゆえに　$\overrightarrow{AH}\cdot\overrightarrow{BC}$

$=(\overrightarrow{OB}+\overrightarrow{OC})\cdot(\overrightarrow{OC}-\overrightarrow{OB})$

$=|\overrightarrow{OC}|^2-|\overrightarrow{OB}|^2=0$

同様にして

$\overrightarrow{BH}\cdot\overrightarrow{CA}=(\overrightarrow{OA}+\overrightarrow{OC})\cdot(\overrightarrow{OA}-\overrightarrow{OC})$

$=|\overrightarrow{OA}|^2-|\overrightarrow{OC}|^2=0$

また，① から　$\overrightarrow{AH}=\overrightarrow{OB}+\overrightarrow{OC}\neq\vec{0}$，$\overrightarrow{BH}=\overrightarrow{OA}+\overrightarrow{OC}\neq\vec{0}$

よって，$\overrightarrow{AH}\neq\vec{0}$，$\overrightarrow{BC}\neq\vec{0}$，$\overrightarrow{BH}\neq\vec{0}$，$\overrightarrow{CA}\neq\vec{0}$ であるから

$\overrightarrow{AH}\perp\overrightarrow{BC}$，$\overrightarrow{BH}\perp\overrightarrow{CA}$

すなわち　AH⊥BC，BH⊥CA

したがって，点 H は △ABC の垂心である。

(2) $\overrightarrow{OG}=\dfrac{\overrightarrow{OA}+\overrightarrow{OB}+\overrightarrow{OC}}{3}=\dfrac{1}{3}\overrightarrow{OH}$ から　$\overrightarrow{OH}=3\overrightarrow{OG}$

ゆえに　$\overrightarrow{GH}=\overrightarrow{OH}-\overrightarrow{OG}=2\overrightarrow{OG}$

よって，3 点 O，G，H は一直線上にあり　GH＝2OG

◀直角三角形のときは ∠C＝90° とする。このとき，外心は辺 AB 上にある（辺 AB の中点）。

◀$\overrightarrow{BC}=\overrightarrow{OC}-\overrightarrow{OB}$（**分割**）

◀**△ABC の外心 O ⟶ OA＝OB＝OC**（数学 A）

**検討**

外心，重心，垂心を通る直線（この例題の直線 OGH）を **オイラー線** という。ただし，正三角形は除く。

◀(1) から $\overrightarrow{OA}+\overrightarrow{OB}+\overrightarrow{OC}=\overrightarrow{OH}$

**練習 ③ 31** 右の図のように，△ABC の外側に

AP＝AB，AQ＝AC，∠PAB＝∠QAC＝90°

となるように，2 点 P，Q をとる。

更に，四角形 AQRP が平行四辺形になるように点 R をとると，AR⊥BC であることを証明せよ。

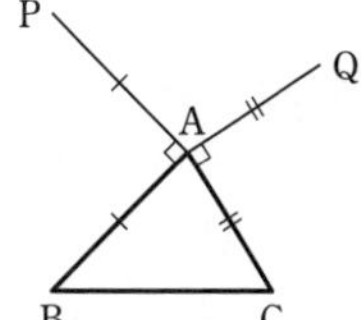

## 基本例題 32 三角形 ABC の外心 O に関するベクトルの問題

鋭角三角形 ABC の外心 O から直線 BC, CA, AB に下ろした垂線の足を，それぞれ P, Q, R とするとき，$\overrightarrow{OP}+2\overrightarrow{OQ}+3\overrightarrow{OR}=\vec{0}$ が成立しているとする。

(1) $5\overrightarrow{OA}+4\overrightarrow{OB}+3\overrightarrow{OC}=\vec{0}$ が成り立つことを示せ。

(2) 内積 $\overrightarrow{OB}\cdot\overrightarrow{OC}$ を求めよ。

(3) $\angle A$ の大きさを求めよ。

基本 16

点 O から直線に下ろした **垂線の足** とは，下ろした垂線と直線との交点のこと。

(1) まず，$\overrightarrow{OP}$, $\overrightarrow{OQ}$, $\overrightarrow{OR}$ を $\overrightarrow{OA}$, $\overrightarrow{OB}$, $\overrightarrow{OC}$ で表すことを考える。
ここで，**円の中心から弦に引いた垂線は，弦を 2 等分する**。よって，3 点 P, Q, R は，それぞれ辺 BC, CA, AB の中点である。

(2) (1) の等式から $|5\overrightarrow{OA}|=|4\overrightarrow{OB}+3\overrightarrow{OC}|$ として，両辺を 2 乗すると，$\overrightarrow{OB}\cdot\overrightarrow{OC}$ が出てくる。ここで，**△ABC の外心 O ⟶ OA＝OB＝OC** を利用。

(3) ∠A は弧 BC に対する円周角 ⟶ **2×(円周角)＝(中心角)＝∠BOC** から。

**解答**

(1) 3 点 P, Q, R は，それぞれ辺 BC, CA, AB の中点であるから

$$\overrightarrow{OP}=\frac{\overrightarrow{OB}+\overrightarrow{OC}}{2},\quad \overrightarrow{OQ}=\frac{\overrightarrow{OC}+\overrightarrow{OA}}{2},$$

$$\overrightarrow{OR}=\frac{\overrightarrow{OA}+\overrightarrow{OB}}{2}$$

これらを $\overrightarrow{OP}+2\overrightarrow{OQ}+3\overrightarrow{OR}=\vec{0}$ に代入して

$$\frac{\overrightarrow{OB}+\overrightarrow{OC}}{2}+2\left(\frac{\overrightarrow{OC}+\overrightarrow{OA}}{2}\right)+3\left(\frac{\overrightarrow{OA}+\overrightarrow{OB}}{2}\right)=\vec{0}$$

ゆえに $5\overrightarrow{OA}+4\overrightarrow{OB}+3\overrightarrow{OC}=\vec{0}$

(2) (1) の結果から $5\overrightarrow{OA}=-(4\overrightarrow{OB}+3\overrightarrow{OC})$

よって $5|\overrightarrow{OA}|=|4\overrightarrow{OB}+3\overrightarrow{OC}|$

両辺を 2 乗して

$$25|\overrightarrow{OA}|^2=16|\overrightarrow{OB}|^2+24\overrightarrow{OB}\cdot\overrightarrow{OC}+9|\overrightarrow{OC}|^2$$

$|\overrightarrow{OA}|=|\overrightarrow{OB}|=|\overrightarrow{OC}|$ であるから $\overrightarrow{OB}\cdot\overrightarrow{OC}=\mathbf{0}$

(3) (2) から ∠BOC＝90°

∠A と ∠BOC は弧 BC に対する円周角と中心角の関係にあり，△ABC は鋭角三角形であるから，弦 BC から見て点 A と点 O は同じ側にある。

よって $\angle A=\frac{1}{2}\angle BOC=\frac{1}{2}\times 90^\circ=\mathbf{45^\circ}$

◀三角形の外心 ⟶ 3 辺の垂直二等分線の交点。

◀両辺に 2 を掛けて整理する。

◀$|k\vec{a}|=|k||\vec{a}|$ ($k$ は実数)

◀両辺の ＿＿ が消し合う。

(3) 鋭角三角形の外心と頂点は，その頂点の対辺に関して同じ側にあるから，鋭角三角形の外心はその内部にある。

**練習 ③ 32** 3 点 A, B, C が点 O を中心とする半径 1 の円周上にあり，$13\overrightarrow{OA}+12\overrightarrow{OB}+5\overrightarrow{OC}=\vec{0}$ を満たす。$\angle AOB=\alpha$, $\angle AOC=\beta$ とするとき

(1) $\overrightarrow{OB}\perp\overrightarrow{OC}$ であることを示せ。

(2) $\cos\alpha$ および $\cos\beta$ を求めよ。 〔長崎大〕

## 重要例題 33 内積と三角形の形状

△ABC が次の等式を満たすとき，△ABC はどのような形か。

(1) $\overrightarrow{AB}\cdot\overrightarrow{AC}=|\overrightarrow{AC}|^2$　　(2) $\overrightarrow{AB}\cdot\overrightarrow{BC}=\overrightarrow{BC}\cdot\overrightarrow{CA}=\overrightarrow{CA}\cdot\overrightarrow{AB}$

基本 30

**指針** **三角形の形状問題**　2 辺ずつの長さの関係(2 辺の長さが等しい，3 辺の長さが等しいなど)，2 辺のなす角(30°，45°，60°，90° になるかなど)を調べる。

線分の長さ，角の大きさを調べるには，**内積** を利用する。

(1) $|\overrightarrow{AC}|^2=\overrightarrow{AC}\cdot\overrightarrow{AC}$ から　$(\overrightarrow{AB}-\overrightarrow{AC})\cdot\overrightarrow{AC}=0$　　**(内積)=0 ⟺ 垂直か $\vec{0}$**

(2) 2 組ずつ，すなわち $\overrightarrow{AB}\cdot\overrightarrow{BC}=\overrightarrow{BC}\cdot\overrightarrow{CA}$，$\overrightarrow{BC}\cdot\overrightarrow{CA}=\overrightarrow{CA}\cdot\overrightarrow{AB}$ について調べる。1 つ目の等式で　$\overrightarrow{BC}\cdot(\overrightarrow{AB}-\overrightarrow{CA})=0$　ここで，$\overrightarrow{BC}$ を $\overrightarrow{AC}-\overrightarrow{AB}$ に分割する。

**CHART** 線分のなす角，長さの平方　内積を利用

**解答**

(1) $\overrightarrow{AB}\cdot\overrightarrow{AC}=|\overrightarrow{AC}|^2$ から

$$\overrightarrow{AB}\cdot\overrightarrow{AC}-\overrightarrow{AC}\cdot\overrightarrow{AC}=0$$

◀ $|\overrightarrow{AC}|^2=\overrightarrow{AC}\cdot\overrightarrow{AC}$

ゆえに　$(\overrightarrow{AB}-\overrightarrow{AC})\cdot\overrightarrow{AC}=0$

$\overrightarrow{AB}-\overrightarrow{AC}=\overrightarrow{CB}$ であるから　$\overrightarrow{CB}\cdot\overrightarrow{AC}=0$

$\overrightarrow{CB}\neq\vec{0}$，$\overrightarrow{AC}\neq\vec{0}$ であるから　$\overrightarrow{CB}\perp\overrightarrow{AC}$

すなわち　CB⊥AC

したがって，△ABC は **∠C＝90° の直角三角形** である。

◀ どの角が直角になるかも明記しておく。

(2) $\overrightarrow{AB}\cdot\overrightarrow{BC}=\overrightarrow{BC}\cdot\overrightarrow{CA}$ から

$$\overrightarrow{BC}\cdot(\overrightarrow{AB}-\overrightarrow{CA})=0$$

よって　$(\overrightarrow{AC}-\overrightarrow{AB})\cdot(\overrightarrow{AB}+\overrightarrow{AC})=0$

◀ $\overrightarrow{BC}=\overrightarrow{AC}-\overrightarrow{AB}$，$\overrightarrow{CA}=-\overrightarrow{AC}$

ゆえに　$|\overrightarrow{AC}|^2-|\overrightarrow{AB}|^2=0$

よって　$|\overrightarrow{AC}|^2=|\overrightarrow{AB}|^2$　すなわち　AC＝AB …… ①

$\overrightarrow{BC}\cdot\overrightarrow{CA}=\overrightarrow{CA}\cdot\overrightarrow{AB}$ から，上と同様にして

BC＝AB …… ②

◀ $\overrightarrow{CA}\cdot(\overrightarrow{BC}-\overrightarrow{AB})=0$
$(\overrightarrow{BA}-\overrightarrow{BC})\cdot(\overrightarrow{BC}+\overrightarrow{BA})=0$
$|\overrightarrow{BA}|^2=|\overrightarrow{BC}|^2$
よって　BA＝BC

①，② から　AB＝BC＝CA

したがって，△ABC は **正三角形** である。

**検討**　**中点の位置ベクトルを利用する別解**

(2) $\overrightarrow{AB}\cdot\overrightarrow{BC}=\overrightarrow{BC}\cdot\overrightarrow{CA}$ から　$\overrightarrow{BC}\cdot(\overrightarrow{AB}-\overrightarrow{CA})=0$

ゆえに　$\overrightarrow{BC}\cdot(\overrightarrow{AB}+\overrightarrow{AC})=0$

ここで，辺 BC の中点を M とすると　$\overrightarrow{AB}+\overrightarrow{AC}=2\overrightarrow{AM}$

よって　$\overrightarrow{BC}\cdot\overrightarrow{AM}=0 \Longrightarrow$ BC⊥AM

$\Longrightarrow$ AM は辺 BC の垂直二等分線 $\Longrightarrow$ **AB＝AC**

同様に，$\overrightarrow{BC}\cdot\overrightarrow{CA}=\overrightarrow{CA}\cdot\overrightarrow{AB}$ から　**BA＝BC**

よって，△ABC は **正三角形** である。

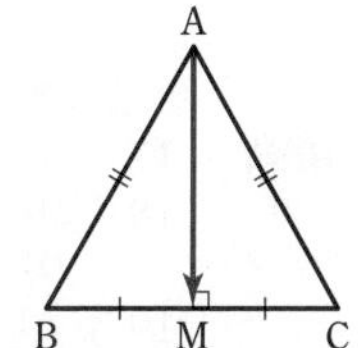


**練習 ③ 33**　次の等式を満たす △ABC は，どのような形の三角形か。

$$\overrightarrow{AB}\cdot\overrightarrow{AB}=\overrightarrow{AB}\cdot\overrightarrow{AC}+\overrightarrow{BA}\cdot\overrightarrow{BC}+\overrightarrow{CA}\cdot\overrightarrow{CB}$$

# EXERCISES



②**17** $m$，$n$ を正の定数とし，AB＝AC である二等辺三角形 ABC の辺 AB，BC，CA をそれぞれ $m:n\ (m \neq n)$ に内分する点を D，E，F とする。〔類 北海道教育大〕

(1) $\overrightarrow{AB}=\vec{b}$，$\overrightarrow{AC}=\vec{c}$ として，$\overrightarrow{AE}$，$\overrightarrow{DF}$ をそれぞれ $\vec{b}$，$\vec{c}$ で表せ。

(2) $\overrightarrow{AE} \perp \overrightarrow{DF}$ となるとき，$\overrightarrow{AB} \perp \overrightarrow{AC}$ であることを示せ。

→22

④**18** $0<s<1$，$0<t<1$ とする。平行四辺形 OABC において，$\overrightarrow{OA}=\vec{a}$，$\overrightarrow{OC}=\vec{c}$ とし，辺 OC を $s:(1-s)$ に内分する点を E，辺 CB を $t:(1-t)$ に内分する点を F，OF と AE との交点を G とする。〔類 岐阜大〕

(1) $\overrightarrow{AF}$，$\overrightarrow{OG}$ をそれぞれ $\vec{a}$，$\vec{c}$，$s$，$t$ で表せ。

(2) △OGE と △ABF の面積をそれぞれ $S$，$S'$ とするとき，$\dfrac{S'}{S}$ を $s$，$t$ で表せ。

(3) $s$，$t$ が $0<s<1$，$0<t<1$，$st=\dfrac{1}{3}$ を満たしながら動くとき，(2) で求めた $\dfrac{S'}{S}$ の最大値を求めよ。

→23，26

③**19** 鋭角三角形 ABC において，A$(\vec{a})$，B$(\vec{b})$，C$(\vec{c})$，BC＝$a$，CA＝$b$，AB＝$c$ とする。頂角 A 内の傍心を $\mathrm{I_A}(\vec{i_A})$ とするとき，ベクトル $\vec{i_A}$ を $\vec{a}$，$\vec{b}$，$\vec{c}$ を用いて表せ。

→28

④**20** △OAB において，$\vec{a}=\overrightarrow{OA}$，$\vec{b}=\overrightarrow{OB}$ とし，$|\vec{a}|=3$，$|\vec{b}|=5$，$\cos\angle AOB=\dfrac{3}{5}$ とする。このとき，∠AOB の二等分線と点 B を中心とする半径 $\sqrt{10}$ の円との交点の，O を原点とする位置ベクトルを，$\vec{a}$，$\vec{b}$ を用いて表せ。〔京都大〕

→28

③**21** △ABC について，$|\overrightarrow{AB}|=1$，$|\overrightarrow{AC}|=2$，$|\overrightarrow{BC}|=\sqrt{6}$ が成立しているとする。△ABC の外接円の中心を O とし，直線 AO と外接円との A 以外の交点を P とする。〔北海道大〕

(1) $\overrightarrow{AB}$ と $\overrightarrow{AC}$ の内積を求めよ。

(2) $\overrightarrow{AP}=s\overrightarrow{AB}+t\overrightarrow{AC}$ が成り立つような実数 $s$，$t$ の値を求めよ。

(3) 直線 AP と直線 BC の交点を D とするとき，線分 AD の長さを求めよ。

→29

17 (2) $\overrightarrow{AE}\cdot\overrightarrow{DF}=0$ から $m$，$n$，$\vec{b}$，$\vec{c}$ の等式を導く。

18 (1) [$\overrightarrow{OG}$] $\overrightarrow{OG}=k\overrightarrow{OF}$ となる実数 $k$ がある。また，AG：GE＝$m:(1-m)$ とする。
(2) $S$，$S'$ がそれぞれ △OAC の面積の何倍になるかを調べる。

19 $\mathrm{AI_A}$ と辺 BC の交点を D として，まず $\overrightarrow{AD}$ を $\overrightarrow{AB}$，$\overrightarrow{AC}$ で表す。

20 ∠AOB の二等分線と B を中心とする半径 $\sqrt{10}$ の円との交点を P とすると

$$\overrightarrow{OP}=k\left(\frac{\vec{a}}{|\vec{a}|}+\frac{\vec{b}}{|\vec{b}|}\right)\ (k \text{ は実数}),\quad |\overrightarrow{BP}|=\sqrt{10}$$

21 $\overrightarrow{AB}=\vec{b}$，$\overrightarrow{AC}=\vec{c}$ とする。(1) $|\overrightarrow{BC}|=\sqrt{6}$ から $|\vec{c}-\vec{b}|^2=6$
(2) 線分 AP は △ABC の外接円の直径であるから $\overrightarrow{BA}\perp\overrightarrow{BP}$，$\overrightarrow{CA}\perp\overrightarrow{CP}$

# 5 ベクトル方程式

## 基本事項

**1 直線のベクトル方程式**

直線上の任意の点Pの位置ベクトルを $\vec{p}$ とし，$s$ と $t$ を実数の変数とする。

① **定点 $A(\vec{a})$ を通り，$\vec{0}$ でないベクトル $\vec{d}$ に平行な直線**

$\boldsymbol{\vec{p}=\vec{a}+t\vec{d}}$　　**$\vec{d}$ は直線の方向ベクトル**

② **異なる2点 $A(\vec{a})$，$B(\vec{b})$ を通る直線**

$\boldsymbol{\vec{p}=(1-t)\vec{a}+t\vec{b}}$　**または**　$\boldsymbol{\vec{p}=s\vec{a}+t\vec{b},\ s+t=1}$

③ **定点 $A(\vec{a})$ を通り，$\vec{0}$ でないベクトル $\vec{n}$ に垂直な直線**

$\boldsymbol{\vec{n}\cdot(\vec{p}-\vec{a})=0}$　　**$\vec{n}$ は直線の法線ベクトル**

## 解　説

曲線上の点の位置ベクトル $\vec{p}$ の満たす関係式を，その曲線の **ベクトル方程式** という。

**■直線のベクトル方程式**

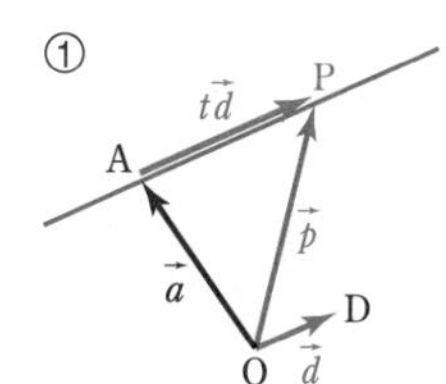


① 右の図において

$(\overrightarrow{AP}/\!/\overrightarrow{OD}$ または $\overrightarrow{AP}=\vec{0})\Longleftrightarrow\overrightarrow{AP}=t\overrightarrow{OD}$

$\Longleftrightarrow\overrightarrow{OP}-\overrightarrow{OA}=t\overrightarrow{OD}\Longleftrightarrow\vec{p}-\vec{a}=t\vec{d}$

から，この直線のベクトル方程式は　$\boldsymbol{\vec{p}=\vec{a}+t\vec{d}}$ …… Ⓐ

このとき，$\vec{d}$ を直線Ⓐの **方向ベクトル**，$t$ を **媒介変数** という。

更に，原点をO，点 $A(x_1,\ y_1)$，直線Ⓐ上の任意の点を $P(x,\ y)$ とし，$\vec{d}=(l,\ m)$ とすると

Ⓐから　$(x,\ y)=(x_1,\ y_1)+t(l,\ m)=(x_1+tl,\ y_1+tm)$

すなわち　$\begin{cases}x=x_1+tl\\y=y_1+tm\end{cases}$ …… Ⓑ

連立方程式Ⓑを，この直線の **媒介変数表示** という。

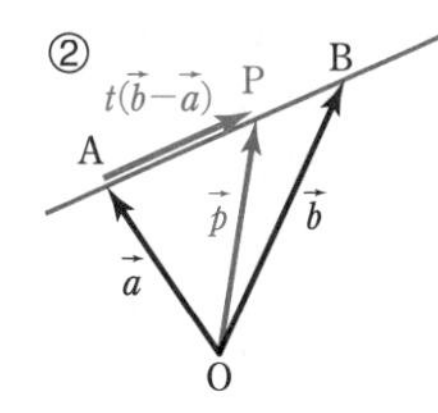


② ①で $\vec{d}=\overrightarrow{AB}$ の場合を考えて，直線ABのベクトル方程式は，$\overrightarrow{AB}=\vec{b}-\vec{a}$ から

$\vec{p}=\vec{a}+t(\vec{b}-\vec{a})$　　すなわち　$\boldsymbol{\vec{p}=(1-t)\vec{a}+t\vec{b}}$

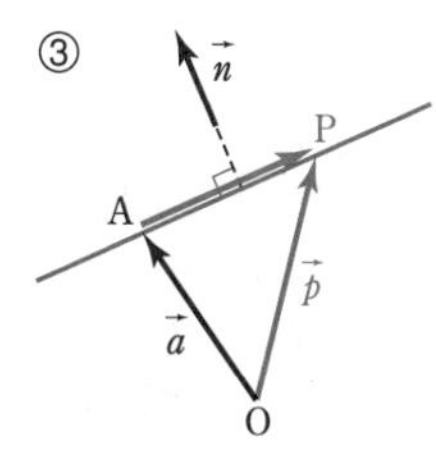


③ 右の図において

$(\overrightarrow{AP}\perp\vec{n}$ または $\overrightarrow{AP}=\vec{0})\Longleftrightarrow\vec{n}\cdot\overrightarrow{AP}=0$

から，この直線のベクトル方程式は　$\boldsymbol{\vec{n}\cdot(\vec{p}-\vec{a})=0}$ …… Ⓒ

このとき，$\vec{n}$ を直線Ⓒの **法線ベクトル** という。

更に，$A(x_1,\ y_1)$，$P(x,\ y)$，$\vec{n}=(a,\ b)$ とすると

$\vec{p}-\vec{a}=(x-x_1,\ y-y_1)$ であるから，Ⓒは

$$\boldsymbol{a(x-x_1)+b(y-y_1)=0}$$

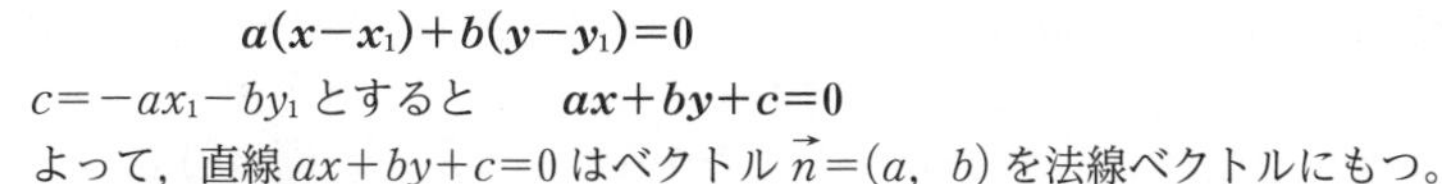

$c=-ax_1-by_1$ とすると　$\boldsymbol{ax+by+c=0}$

よって，直線 $ax+by+c=0$ はベクトル $\vec{n}=(a,\ b)$ を法線ベクトルにもつ。

**基本事項**

## 2 ベクトルの終点の存在範囲

$\overrightarrow{OA}=\vec{a}$，$\overrightarrow{OB}=\vec{b}$，$\overrightarrow{OP}=\vec{p}$ とし，$\vec{a}\neq\vec{0}$，$\vec{b}\neq\vec{0}$，$\vec{a}\not\parallel\vec{b}$，$\vec{p}=s\vec{a}+t\vec{b}$ とする（$s$，$t$ は実数の変数）。$s$，$t$ に条件があると，次のような図形を表す。

① **直線 AB　$s+t=1$**　　特に　**線分 AB　$s+t=1$，$s\geqq0$，$t\geqq0$**

② **三角形 OAB の周および内部　　$0\leqq s+t\leqq1$，$s\geqq0$，$t\geqq0$**

③ **平行四辺形 OACB の周および内部　　$0\leqq s\leqq1$，$0\leqq t\leqq1$**
（ただし，$\overrightarrow{OC}=\overrightarrow{OA}+\overrightarrow{OB}$）

## 3 円のベクトル方程式

3つの定点を $A(\vec{a})$，$B(\vec{b})$，$C(\vec{c})$ とし，円周上の任意の点を $P(\vec{p})$ とすると

① **中心 C，半径 $r$ の円　$|\vec{p}-\vec{c}|=r$** または **$(\vec{p}-\vec{c})\cdot(\vec{p}-\vec{c})=r^2$**

② **線分 AB を直径とする円　$(\vec{p}-\vec{a})\cdot(\vec{p}-\vec{b})=0$**

**解　説**

### ■ベクトルの終点の存在範囲

① （後半）　$s=1-t\geqq0$ から　　$t\leqq1$
よって　　$0\leqq t\leqq1$　　　このとき，$\vec{p}=\vec{a}+t(\vec{b}-\vec{a})$ であるから，点 P は線分 AB 上を動く。

② 　$s+t=k$，$0<k\leqq1$ とし，$s=s'k$，$t=t'k$ とすると
$\vec{p}=s'(k\vec{a})+t'(k\vec{b})$　$s'+t'=1$，$s'\geqq0$，$t'\geqq0$
ここで，$A'(k\vec{a})$，$B'(k\vec{b})$ とし，$k$ を定数 $(k>0)$ とすると，
点 P は線分 AB と平行な線分 A′B′ 上を動く。

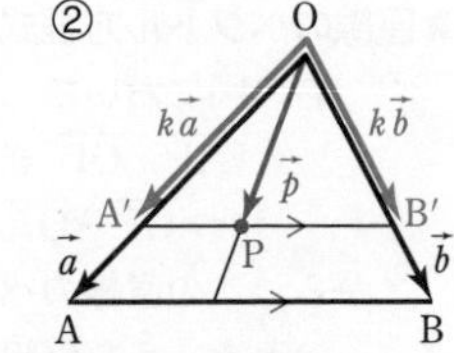


そして，$k$ が $0<k\leqq1$ で動くと，点 A′ は線分 OA 上を，点 B′ は線分 OB 上を動く。
$k=0$ のとき，点 P は点 O に一致する。
よって，$0\leqq k\leqq1$ のとき点 P は △OAB の周および内部を動く。

③ 　**$s$ を固定** して，$\overrightarrow{OA'}=s\overrightarrow{OA}$ とすると　　$\overrightarrow{OP}=\overrightarrow{OA'}+t\overrightarrow{OB}$
ここで，**$t$ を $0\leqq t\leqq1$ の範囲で変化させる** と，点 P は右の図の線分 A′C′ 上を動く。そして，**$s$ を $0\leqq s\leqq1$ の範囲で変化させる** と，線分 A′C′ は線分 OB から線分 AC まで平行に動く（ただし，$\overrightarrow{OC}=\overrightarrow{OA}+\overrightarrow{OB}$）。
よって，点 P は平行四辺形 OACB の周および内部を動く。

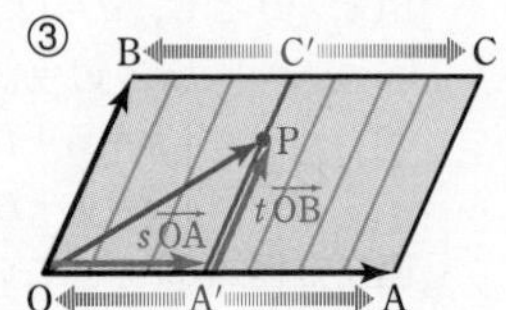


### ■円のベクトル方程式

① 　$|\overrightarrow{CP}|=r$ から　　$|\vec{p}-\vec{c}|=r$
よって　　$|\vec{p}-\vec{c}|^2=r^2$
ゆえに　　$(\vec{p}-\vec{c})\cdot(\vec{p}-\vec{c})=r^2$
更に，$C(a,\ b)$，$P(x,\ y)$ として成分で表すと
$\vec{p}-\vec{c}=(x-a,\ y-b)$
から　　$(x-a)^2+(y-b)^2=r^2$　　◀数学Ⅱで学ぶ円の方程式と同じ形。

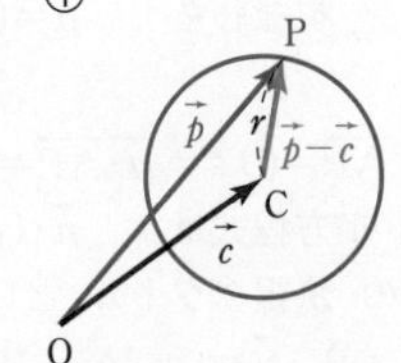


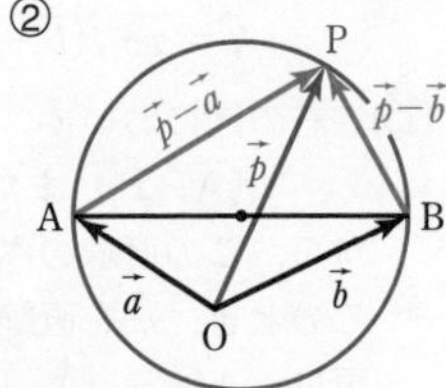


② 　半円の弧に対する円周角は直角であるから AP⊥BP，または点 P が A か B と一致。
よって　　$\overrightarrow{AP}\perp\overrightarrow{BP}$ または $\overrightarrow{AP}=\vec{0}$ または $\overrightarrow{BP}=\vec{0}$　　　ゆえに　　$\overrightarrow{AP}\cdot\overrightarrow{BP}=0$
よって　　$(\overrightarrow{OP}-\overrightarrow{OA})\cdot(\overrightarrow{OP}-\overrightarrow{OB})=0$　　　したがって　　$(\vec{p}-\vec{a})\cdot(\vec{p}-\vec{b})=0$

## 基本例題 34 直線のベクトル方程式，媒介変数表示

(1) 3点 A$(\vec{a})$，B$(\vec{b})$，C$(\vec{c})$ を頂点とする △ABC がある。辺 AB を 2：3 に内分する点 M を通り，辺 AC に平行な直線のベクトル方程式を求めよ。
(2) (ア) 2点 $(-3, 2)$，$(2, -4)$ を通る直線の方程式を媒介変数 $t$ を用いて表せ。
(イ) (ア)で求めた直線の方程式を，$t$ を消去した形で表せ。

p.65 基本事項 1

(1) 定点 A$(\vec{a})$ を通り，方向ベクトル $\vec{d}$ の直線のベクトル方程式は
$$\vec{p}=\vec{a}+t\vec{d}$$
ここでは，M を定点，$\overrightarrow{AC}$ を方向ベクトルとみて，この式にあてはめる(結果は $\vec{a}$，$\vec{b}$，$\vec{c}$ および媒介変数 $t$ を含む式となる)。
(2) (ア) 2点 A$(\vec{a})$，B$(\vec{b})$ を通る直線のベクトル方程式は
$$\vec{p}=(1-t)\vec{a}+t\vec{b}$$
$\vec{p}=(x, y)$，$\vec{a}=(-3, 2)$，$\vec{b}=(2, -4)$ とみて，これを成分で表す。

**解答**

(1) 直線上の任意の点を P$(\vec{p})$ とし，$t$ を媒介変数とする。

M$(\vec{m})$ とすると　$\vec{m}=\dfrac{3\vec{a}+2\vec{b}}{5}$

辺 AC に平行な直線の方向ベクトルは $\overrightarrow{AC}$ であるから
$$\vec{p}=\vec{m}+t\overrightarrow{AC}=\frac{3\vec{a}+2\vec{b}}{5}+t(\vec{c}-\vec{a})$$
整理して　$\boldsymbol{\vec{p}=\left(\dfrac{3}{5}-t\right)\vec{a}+\dfrac{2}{5}\vec{b}+t\vec{c}}$ **($t$ は媒介変数)**

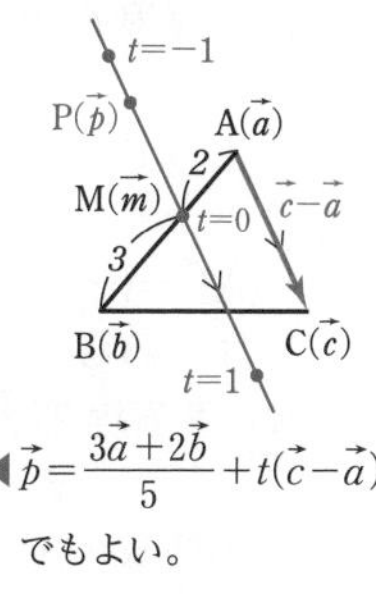


◀ $\vec{p}=\dfrac{3\vec{a}+2\vec{b}}{5}+t(\vec{c}-\vec{a})$ でもよい。

(2) (ア) 2点 $(-3, 2)$，$(2, -4)$ を通る直線上の任意の点の座標を $(x, y)$ とすると
$$(x, y)=(1-t)(-3, 2)+t(2, -4)$$
$$=(-3(1-t)+2t, 2(1-t)-4t)$$
$$=(5t-3, -6t+2)$$
◀ P$(x, y)$，A$(-3, 2)$，B$(2, -4)$ とすると，$\overrightarrow{OP}=(1-t)\overrightarrow{OA}+t\overrightarrow{OB}$ と同じこと(O は原点)。

よって　$\begin{cases} \boldsymbol{x=5t-3} \\ \boldsymbol{y=-6t+2} \end{cases}$ **($t$ は媒介変数)**

◀ 各成分を比較。

(イ) $x=5t-3$ …… ①，$y=-6t+2$ …… ② とする。
①×6＋②×5 から　$\boldsymbol{6x+5y+8=0}$

◀ $t$ を消去。

**参考** 数学Ⅱの問題として，(2)を解くと，2点 $(-3, 2)$，$(2, -4)$ を通る直線の方程式は，
$y-2=\dfrac{-4-2}{2+3}(x+3)$ から　$\boldsymbol{6x+5y+8=0}$

**練習 ② 34**
(1) △ABC において，A$(\vec{a})$，B$(\vec{b})$，C$(\vec{c})$ とする。M を辺 BC の中点とするとき，直線 AM のベクトル方程式を求めよ。
(2) 次の直線の方程式を求めよ。ただし，媒介変数 $t$ で表された式，$t$ を消去した式の両方を答えよ。
(ア) 点 A$(-4, 2)$ を通り，ベクトル $\vec{d}=(3, -1)$ に平行な直線
(イ) 2点 A$(-3, 5)$，B$(-2, 1)$ を通る直線

## 基本 例題 35 内積と直線のベクトル方程式，2 直線のなす角

(1) 点 $A(3,\ -4)$ を通り，直線 $\ell$：$2x-3y+6=0$ に平行な直線を $g$ とする。直線 $g$ の方程式を求めよ。

(2) 2 直線 $2x+y-6=0$，$x+3y-5=0$ のなす鋭角を求めよ。

p.65 基本事項 1

**指針** **直線 ⓐ$x$+ⓑ$y+c=0$ において，$\vec{n}=$(ⓐ，ⓑ) はその法線ベクトル**（直線に垂直なベクトル）である。

(1) 直線 $\ell$ の法線ベクトル $\vec{n}$ はすぐにわかるから，これを利用すると

$$\ell\perp\vec{n},\ \ell /\!/ g \Longrightarrow g\perp\vec{n}$$

すなわち，$\vec{n}$ は直線 $g$ の法線ベクトルでもある。

(2) 2 直線のなす鋭角 ⟶ **2 直線の法線ベクトルのなす角** を考える。

直線 $2x+y-6=0$ の法線ベクトル　$\vec{n}=(2,\ 1)$,

直線 $x+3y-5=0$ の法線ベクトル　$\vec{m}=(1,\ 3)$

を利用して，$\vec{n}$，$\vec{m}$ のなす角 $\theta$ $(0^\circ\leqq\theta\leqq180^\circ)$ を考える。

**解答**

(1) 直線 $\ell$：$2x-3y+6=0$ の法線ベクトルである $\vec{n}=(2,\ -3)$ は，直線 $g$ の法線ベクトルでもある。

よって，直線 $g$ 上の点を $P(x,\ y)$ とすると

$$\vec{n}\cdot\overrightarrow{AP}=0$$

$\overrightarrow{AP}=(x-3,\ y+4)$ であるから　$2(x-3)-3(y+4)=0$

すなわち　　**$2x-3y-18=0$**

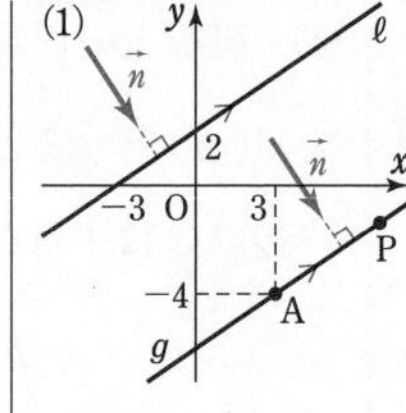


(2) 2 直線 $2x+y-6=0$，

$x+3y-5=0$

の法線ベクトルは，それぞれ

$\vec{n}=(2,\ 1)$，$\vec{m}=(1,\ 3)$

とおける。

$\vec{n}$ と $\vec{m}$ のなす角を $\theta$

$(0^\circ\leqq\theta\leqq180^\circ)$ とすると

$$|\vec{n}|=\sqrt{2^2+1^2}=\sqrt{5},$$

$$|\vec{m}|=\sqrt{1^2+3^2}=\sqrt{10},$$

$$\vec{n}\cdot\vec{m}=2\times1+1\times3=5$$

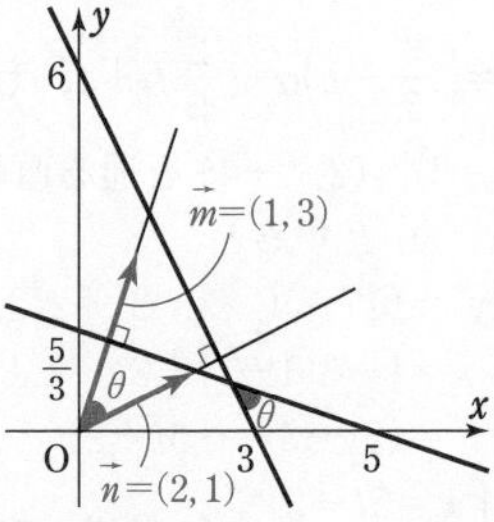

よって　　$\cos\theta=\dfrac{\vec{n}\cdot\vec{m}}{|\vec{n}||\vec{m}|}=\dfrac{5}{\sqrt{5}\sqrt{10}}=\dfrac{1}{\sqrt{2}}$

ゆえに　　$\theta=45^\circ$

したがって，2 直線のなす鋭角も　**45°**

◀直線の方程式における $x$，$y$ の係数に注目。

◀$\vec{a}$ と $\vec{b}$ のなす角 $\theta$

$$\cos\theta=\frac{\vec{a}\cdot\vec{b}}{|\vec{a}||\vec{b}|}$$

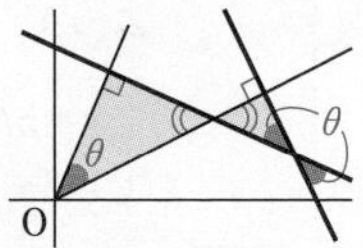


**検討**

**法線ベクトルのなす角 $\theta$ が鈍角のときは，2 直線のなす鋭角は　$180^\circ-\theta$**

**練習 ② 35**

(1) 点 $A(-2,\ 1)$ を通り，直線 $3x-5y+4=0$ に平行な直線，垂直な直線の方程式をそれぞれ求めよ。

(2) 2 直線 $x-3y+5=0$，$2x+4y+3=0$ のなす鋭角を求めよ。

p.79 EX22

## 36 垂線の長さ（法線ベクトル利用）

点 A(4, 5) から直線 $\ell$：$x+2y-6=0$ に垂線を引き，$\ell$ との交点を H とする。

(1) 点 H の座標を，ベクトルを用いて求めよ。

(2) 線分 AH の長さを求めよ。

基本 35

**直線 ⓐ$x$+ⓑ$y+c=0$ において，$\vec{n}$=(ⓐ, ⓑ) はその法線ベクトルである。**

(1) 法線ベクトル $\vec{n}=(1,\ 2)$ を利用する。$\vec{n}\,/\!/\,\overrightarrow{\mathrm{AH}}$ であるから，$\overrightarrow{\mathrm{AH}}=k\vec{n}$ ($k$ は実数) とおける。H($s$, $t$) とし，$k$, $s$, $t$ の連立方程式に帰着させる。

(2) (1)の **結果を利用**。 $\mathrm{AH}=|\overrightarrow{\mathrm{AH}}|=|k||\vec{n}|$

解答

(1) $\vec{n}=(1,\ 2)$ とすると，$\vec{n}$ は直線 $\ell$ の法線ベクトルであるから　　$\vec{n}\,/\!/\,\overrightarrow{\mathrm{AH}}$

よって，$\overrightarrow{\mathrm{AH}}=k\vec{n}$ ($k$ は実数) とおけるから，H($s$, $t$) とすると　　$(s-4,\ t-5)=k(1,\ 2)$

ゆえに　　$s-4=k$ …… ①，$t-5=2k$ …… ②

また，$s+2t-6=0$ であるから，①，② より

$$4+k+2(5+2k)-6=0$$

したがって　　$k=-\dfrac{8}{5}$

よって，①，② から　　$s=\dfrac{12}{5}$，$t=\dfrac{9}{5}$

したがって　　**$\mathrm{H}\left(\dfrac{12}{5},\ \dfrac{9}{5}\right)$**

(2) $\overrightarrow{\mathrm{AH}}=-\dfrac{8}{5}\vec{n}$ から　$\mathrm{AH}=|\overrightarrow{\mathrm{AH}}|=\dfrac{8}{5}\sqrt{1^2+2^2}=\boldsymbol{\dfrac{8\sqrt{5}}{5}}$

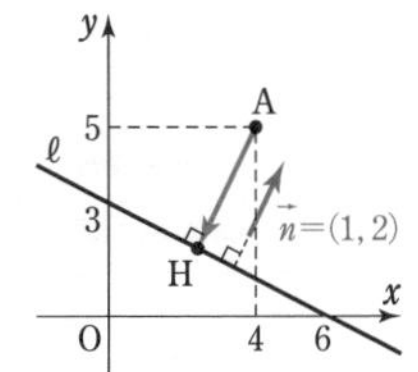


別解 (1) H($6-2t$, $t$), $\vec{n}=(1,\ 2)$ とすると，$\vec{n}\,/\!/\,\overrightarrow{\mathrm{AH}}$ であるから

$1\cdot(t-5)-2(2-2t)=0$

よって　$t=\dfrac{9}{5}$

ゆえに　**$\mathrm{H}\left(\dfrac{12}{5},\ \dfrac{9}{5}\right)$**

**点と直線の距離**

上の例題(2)において，線分 AH の長さを点 A と直線 $\ell$ の **距離** という。

一般に，A($x_1$, $y_1$)，H($x_2$, $y_2$)，$\ell$：$ax+by+c=0$，$\vec{n}=(a,\ b)$ とすると

$\vec{n}\,/\!/\,\overrightarrow{\mathrm{AH}}$ から　　$\vec{n}\cdot\overrightarrow{\mathrm{AH}}=\pm|\vec{n}||\overrightarrow{\mathrm{AH}}|$　　← $\vec{n}$ と $\overrightarrow{\mathrm{AH}}$ のなす角は 0° または 180°

ゆえに　　$|\vec{n}\cdot\overrightarrow{\mathrm{AH}}|=|\vec{n}||\overrightarrow{\mathrm{AH}}|$　　よって　　$|\overrightarrow{\mathrm{AH}}|=\dfrac{|\vec{n}\cdot\overrightarrow{\mathrm{AH}}|}{|\vec{n}|}$

ここで　　$|\vec{n}\cdot\overrightarrow{\mathrm{AH}}|=|a(x_2-x_1)+b(y_2-y_1)|$

$=|-ax_1-by_1+(ax_2+by_2)|$

$=|ax_1+by_1+c|$　　← $ax_2+by_2+c=0$ から。

ゆえに，**点 A($x_1$, $y_1$) と直線 $ax+by+c=0$ の距離 $d$** (=AH) は

$$\boldsymbol{d=\frac{|ax_1+by_1+c|}{\sqrt{a^2+b^2}}}$$

← この公式は数学Ⅱでも学習する。

**練習 ② 36** 点 A(2, −3) から直線 $\ell$：$3x-2y+4=0$ に下ろした垂線の足の座標を，ベクトルを用いて求めよ。また，点 A と直線 $\ell$ の距離を求めよ。

## 基本例題 37 交点の位置ベクトル (2)

平行四辺形 ABCD において，辺 AB の中点を M，辺 BC を 1：2 に内分する点を E，辺 CD を 3：1 に内分する点を F とする。$\overrightarrow{AB}=\vec{b}$，$\overrightarrow{AD}=\vec{d}$ とするとき

(1) 線分 CM と FE の交点を P とするとき，$\overrightarrow{AP}$ を $\vec{b}$，$\vec{d}$ で表せ。

(2) 直線 AP と対角線 BD の交点を Q とするとき，$\overrightarrow{AQ}$ を $\vec{b}$，$\vec{d}$ で表せ。

基本 26，p.66 基本事項 2

(1) CP：PM$=s:(1-s)$，EP：PF$=t:(1-t)$ として，*p*.50 基本例題 **26** (1) と同じ要領で進める。$\overrightarrow{AP}$ を **2 通りに表して，係数比較**。

(2) 点 Q は直線 AP 上にあるから，$\overrightarrow{AQ}=k\overrightarrow{AP}$ ($k$ は実数) とおける。
点 Q が直線 BD 上にあるための条件は
$\overrightarrow{AQ}=s\overrightarrow{AB}+t\overrightarrow{AD}$ **と表したとき** $s+t=1$ (係数の和が 1)

**CHART 交点 2 通りに表して係数比較か，1 通りで (係数の和)=1**

**解答**

(1) CP：PM$=s:(1-s)$，EP：PF$=t:(1-t)$ とすると

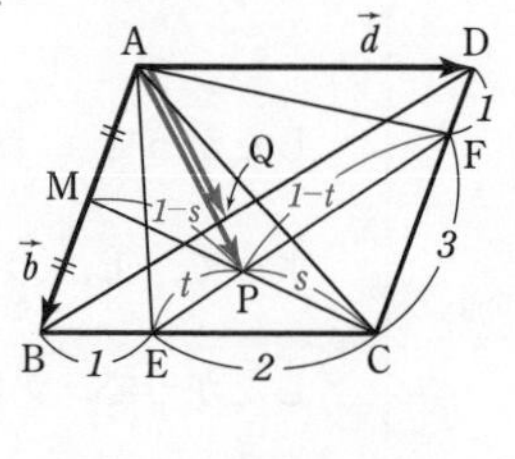


$$\overrightarrow{AP}=(1-s)\overrightarrow{AC}+s\overrightarrow{AM}=(1-s)(\vec{b}+\vec{d})+\frac{s}{2}\vec{b}$$
$$=\left(1-\frac{s}{2}\right)\vec{b}+(1-s)\vec{d}$$
$$\overrightarrow{AP}=(1-t)\overrightarrow{AE}+t\overrightarrow{AF}=(1-t)\left(\vec{b}+\frac{1}{3}\vec{d}\right)+t\left(\vec{d}+\frac{1}{4}\vec{b}\right)$$
$$=\left(1-\frac{3}{4}t\right)\vec{b}+\frac{1+2t}{3}\vec{d}$$

$\vec{b}\neq\vec{0}$，$\vec{d}\neq\vec{0}$，$\vec{b}\not\parallel\vec{d}$ であるから　◀$\vec{b}$ と $\vec{d}$ は 1 次独立。

$$1-\frac{s}{2}=1-\frac{3}{4}t,\quad 1-s=\frac{1+2t}{3}$$　◀$\vec{b}$，$\vec{d}$ の係数を比較。

よって　$s=\dfrac{6}{13}$，$t=\dfrac{4}{13}$　　ゆえに　$\overrightarrow{\mathbf{AP}}=\dfrac{\mathbf{10}}{\mathbf{13}}\vec{b}+\dfrac{\mathbf{7}}{\mathbf{13}}\vec{d}$

(2) 点 Q は直線 AP 上にあるから，$\overrightarrow{AQ}=k\overrightarrow{AP}$ ($k$ は実数) とおける。

よって　$\overrightarrow{AQ}=k\left(\dfrac{10}{13}\vec{b}+\dfrac{7}{13}\vec{d}\right)=\dfrac{10}{13}k\vec{b}+\dfrac{7}{13}k\vec{d}$　◀$\overrightarrow{AQ}=\dfrac{10}{13}k\overrightarrow{AB}+\dfrac{7}{13}k\overrightarrow{AD}$

点 Q は直線 BD 上にあるから　$\dfrac{10}{13}k+\dfrac{7}{13}k=1$　◀(係数の和)=1

ゆえに　$k=\dfrac{13}{17}$　　よって　$\overrightarrow{\mathbf{AQ}}=\dfrac{\mathbf{10}}{\mathbf{17}}\vec{b}+\dfrac{\mathbf{7}}{\mathbf{17}}\vec{d}$

**練習 ③ 37** 平行四辺形 ABCD において，辺 AB を 3：2 に内分する点を E，辺 BC を 1：2 に内分する点を F，辺 CD の中点を M とし，$\overrightarrow{AB}=\vec{b}$，$\overrightarrow{AD}=\vec{d}$ とする。

(1) 線分 CE と FM の交点を P とするとき，$\overrightarrow{AP}$ を $\vec{b}$，$\vec{d}$ で表せ。

(2) 直線 AP と対角線 BD の交点を Q とするとき，$\overrightarrow{AQ}$ を $\vec{b}$，$\vec{d}$ で表せ。

p.79 EX 23, 24

## まとめ 共線条件（一直線上にあるための条件）

$p.45$ 基本事項，$p.49$ 基本例題 **25** では，共線条件について，2 点 A，B が異なるとき

点 P が直線 AB 上にある $\iff \overrightarrow{\mathrm{AP}}=k\overrightarrow{\mathrm{AB}}$（$k$ は実数）

であることを学習した。

共線条件は，$\overrightarrow{\mathrm{AP}}=k\overrightarrow{\mathrm{AB}}$（$k$ は実数）…… ① と簡潔な形で表されるが，次の ②～⑤［直線のベクトル方程式など］のように，別の形で表すこともできる。つまり，① と ②～⑤ はすべて同じ意味である。

> $k$，$m$，$n$，$s$，$t$ は実数とする。
>
> ② $\overrightarrow{\mathrm{OP}}=\overrightarrow{\mathrm{OA}}+k\overrightarrow{\mathrm{AB}}$
> ［点 A を通り，方向ベクトルが $\overrightarrow{\mathrm{AB}}$ である直線のベクトル方程式］
>
> ③ $\overrightarrow{\mathrm{OP}}=(1-t)\overrightarrow{\mathrm{OA}}+t\overrightarrow{\mathrm{OB}}$　［2 点 A，B を通る直線のベクトル方程式］
>
> ④ $\overrightarrow{\mathrm{OP}}=s\overrightarrow{\mathrm{OA}}+t\overrightarrow{\mathrm{OB}}$，$s+t=1$　［2 点 A，B を通る直線のベクトル方程式］
>
> ⑤ $\overrightarrow{\mathrm{OP}}=\dfrac{n\overrightarrow{\mathrm{OA}}+m\overrightarrow{\mathrm{OB}}}{m+n}$　［線分 AB における分点の位置ベクトル］

**解説** ① $\overrightarrow{\mathrm{AP}}=k\overrightarrow{\mathrm{AB}} \iff \overrightarrow{\mathrm{OP}}-\overrightarrow{\mathrm{OA}}=k\overrightarrow{\mathrm{AB}}$

$\iff \overrightarrow{\mathrm{OP}}=\overrightarrow{\mathrm{OA}}+k\overrightarrow{\mathrm{AB}}$ …… ②

① $\overrightarrow{\mathrm{AP}}=k\overrightarrow{\mathrm{AB}} \iff \overrightarrow{\mathrm{OP}}-\overrightarrow{\mathrm{OA}}=k(\overrightarrow{\mathrm{OB}}-\overrightarrow{\mathrm{OA}})$

$\iff \overrightarrow{\mathrm{OP}}=(1-k)\overrightarrow{\mathrm{OA}}+k\overrightarrow{\mathrm{OB}}$

$k$ を $t$ におき換えて

$\iff \overrightarrow{\mathrm{OP}}=(1-t)\overrightarrow{\mathrm{OA}}+t\overrightarrow{\mathrm{OB}}$ …… ③

$1-t=s$ とおくと

$\iff \overrightarrow{\mathrm{OP}}=s\overrightarrow{\mathrm{OA}}+t\overrightarrow{\mathrm{OB}}$，$s+t=1$ …… ④

$t=\dfrac{m}{m+n}$ とおくと

③ $\overrightarrow{\mathrm{OP}}=(1-t)\overrightarrow{\mathrm{OA}}+t\overrightarrow{\mathrm{OB}} \iff \overrightarrow{\mathrm{OP}}=\left(1-\dfrac{m}{m+n}\right)\overrightarrow{\mathrm{OA}}+\dfrac{m}{m+n}\overrightarrow{\mathrm{OB}}$

$\iff \overrightarrow{\mathrm{OP}}=\dfrac{n\overrightarrow{\mathrm{OA}}+m\overrightarrow{\mathrm{OB}}}{m+n}$ …… ⑤

第 5 節で初めて「直線のベクトル方程式」というものが出てきたが，必要以上に難しく考えなくてよい。

**例** 例えば，2 点 A，B を通る直線は，次のように，第 4 節で学んだ ① や ⑤ ととらえればよい。
① において，$k=0$，1，2，…… となる点 P などが集まってできている。
⑤ において，$(m,\ n)=(4,\ 1)$，$(2,\ -1)$，$(1,\ -3)$，…… となる点 P などが集まってできている。

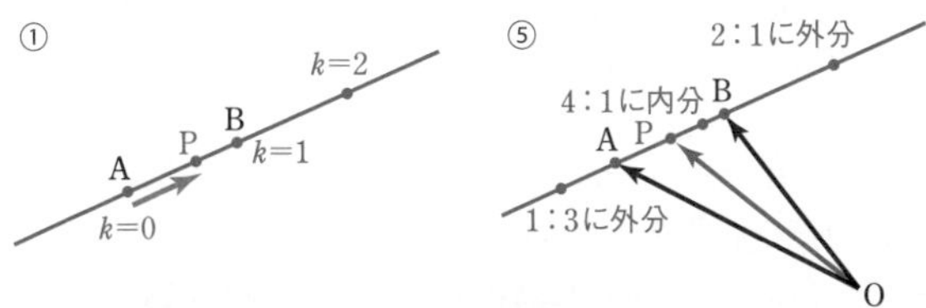

## 基本例題 38 ベクトルの終点の存在範囲 (1)

$\triangle$OAB に対し，$\overrightarrow{OP}=s\overrightarrow{OA}+t\overrightarrow{OB}$ とする。実数 $s$，$t$ が次の条件を満たしながら動くとき，点 P の存在範囲を求めよ。

(1) $s+2t=3$　　(2) $3s+t\leqq 1,\ s\geqq 0,\ t\geqq 0$

p.66 基本事項 2

**指針** $\overrightarrow{OP}=●\overrightarrow{OM}+▲\overrightarrow{ON}$ で表された点 P の存在範囲は

**●＋▲＝1 なら直線 MN　　●＋▲＝1，●≧0，▲≧0 なら線分 MN**

そこで，「係数の和が 1」の形を導く。

(1) 条件から $\frac{1}{3}s+\frac{2}{3}t=1$ ⟶ $\overrightarrow{OP}=\frac{1}{3}s(3\overrightarrow{OA})+\frac{2}{3}t\left(\frac{3}{2}\overrightarrow{OB}\right)$ として考える。

(2) $3s+t=k$ …… ① とおき，まず $k\ (0\leqq k\leqq 1)$ を固定 して考える。

① から $\frac{3s}{k}+\frac{t}{k}=1$　また，$\overrightarrow{OP}=\frac{3s}{k}\overrightarrow{OQ}+\frac{t}{k}\overrightarrow{OR}$ $\left(\frac{3s}{k}\geqq 0,\ \frac{t}{k}\geqq 0\right)$ と変形すると，点 P は線分 QR 上にあることがわかる。次に，$k$ を動かして，線分 QR の動きを見る。

**解答**

(1) $s+2t=3$ から　$\frac{1}{3}s+\frac{2}{3}t=1$

> ◀＝1 の形を導く。

また

$$\overrightarrow{OP}=\frac{1}{3}s(3\overrightarrow{OA})+\frac{2}{3}t\left(\frac{3}{2}\overrightarrow{OB}\right)$$

> ◀ $\frac{1}{3}s=s'$，$\frac{2}{3}t=t'$ とおくと $s'+t'=1$ で $\overrightarrow{OP}=s'\overrightarrow{OA'}+t'\overrightarrow{OB'}$

ゆえに，点 P の存在範囲は，

**$3\overrightarrow{OA}=\overrightarrow{OA'}$，$\frac{3}{2}\overrightarrow{OB}=\overrightarrow{OB'}$ とすると，直線 A′B′** である。

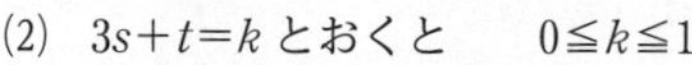

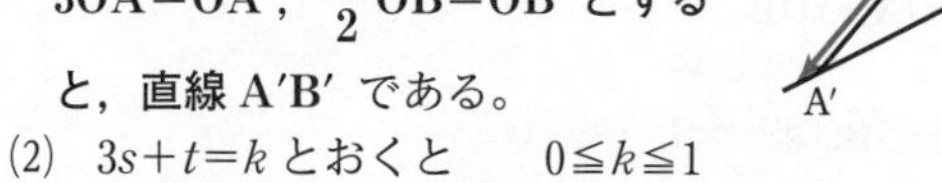

(2) $3s+t=k$ とおくと　$0\leqq k\leqq 1$

> ◀ $0\leqq 3s+t\leqq 1$

$k=0$ のとき，$s=t=0$ であるから，点 P は点 O に一致する。

> ◀ $\overrightarrow{OP}=\vec{0}$

$0<k\leqq 1$ のとき　$\frac{3s}{k}+\frac{t}{k}=1,\ \frac{3s}{k}\geqq 0,\ \frac{t}{k}\geqq 0$

> ◀ $3s+t=k$ の両辺を $k$ で割る。

また　$\overrightarrow{OP}=\frac{3s}{k}\left(\frac{k}{3}\overrightarrow{OA}\right)+\frac{t}{k}(k\overrightarrow{OB})$

$\frac{k}{3}\overrightarrow{OA}=\overrightarrow{OA'}$，$k\overrightarrow{OB}=\overrightarrow{OB'}$ とすると，$k$ が一定のとき点 P は線分 A′B′ 上を動く。

> ◀ $\frac{3s}{k}=s'$，$\frac{t}{k}=t'$ とおくと，$s'+t'=1$，$s'\geqq 0$，$t'\geqq 0$ で $\overrightarrow{OP}=s'\overrightarrow{OA'}+t'\overrightarrow{OB'}$

ここで，**$\frac{1}{3}\overrightarrow{OA}=\overrightarrow{OC}$ とすると，**

$0\leqq k\leqq 1$ の範囲で $k$ が変わるとき点 P の存在範囲は **△OCB の周および内部** である。

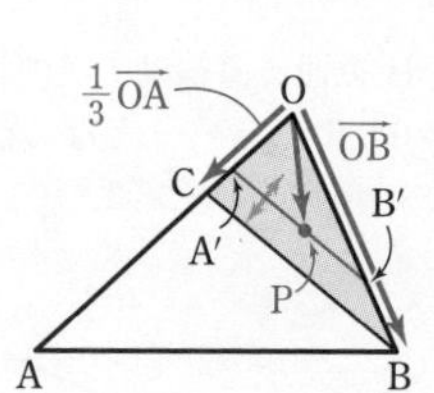


> ◀線分 A′B′ は線分 CB と平行に動く。

**練習 ③ 38** $\triangle$OAB に対し，$\overrightarrow{OP}=s\overrightarrow{OA}+t\overrightarrow{OB}$ とする。実数 $s$，$t$ が次の条件を満たしながら動くとき，点 P の存在範囲を求めよ。

(1) $s+t=3$　(2) $2s+3t=1,\ s\geqq 0,\ t\geqq 0$　(3) $2s+3t\leqq 6,\ s\geqq 0,\ t\geqq 0$

p.79, 80 EX 25, 26

## 基本例題 39 ベクトルの終点の存在範囲 (2)

△OAB に対し，$\overrightarrow{OP}=s\overrightarrow{OA}+t\overrightarrow{OB}$ とする。実数 $s$，$t$ が次の条件を満たしながら動くとき，点 P の存在範囲を求めよ。

(1) $1\leqq s+t\leqq 2$，$s\geqq 0$，$t\geqq 0$　　(2) $1\leqq s\leqq 2$，$0\leqq t\leqq 1$

p.66 基本事項 2，基本 38

**指針** (1) 基本例題 38 (2) 同様，$s+t=k$ とおいて $k$ を固定し，

$\overrightarrow{OP}=●\overrightarrow{OQ}+▲\overrightarrow{OR}$，●＋▲＝1，●≧0，▲≧0 (線分 QR) …… Ⓐ

の形を導く。次に，$k$ を動かして線分 QR の動きを見る。

(2) Ⓐ のような形を導くことはできない。そこで，まず $s$ を固定 させて $t$ を動かしたときの点 P の描く図形を考える。

**解答**

(1) $s+t=k$ $(1\leqq k\leqq 2)$ とおくと $\dfrac{s}{k}+\dfrac{t}{k}=1$，$\dfrac{s}{k}\geqq 0$，$\dfrac{t}{k}\geqq 0$

◀ $s+t=k$ の両辺を $k$ で割る。

また　$\overrightarrow{OP}=\dfrac{s}{k}(k\overrightarrow{OA})+\dfrac{t}{k}(k\overrightarrow{OB})$

◀ $\dfrac{s}{k}=s'$，$\dfrac{t}{k}=t'$ とおくと $s'+t'=1$，$s'\geqq 0$，$t'\geqq 0$ で $\overrightarrow{OP}=s'\overrightarrow{OA'}+t'\overrightarrow{OB'}$ よって　線分 A′B′

よって，$k\overrightarrow{OA}=\overrightarrow{OA'}$，$k\overrightarrow{OB}=\overrightarrow{OB'}$ とすると，$k$ が一定のとき点 P は AB に平行な線分 A′B′ 上を動く。

**ここで，$2\overrightarrow{OA}=\overrightarrow{OC}$，$2\overrightarrow{OB}=\overrightarrow{OD}$ とすると**，$1\leqq k\leqq 2$ の範囲で $k$ が変わるとき，点 P の存在範囲は

**台形 ACDB の周および内部**

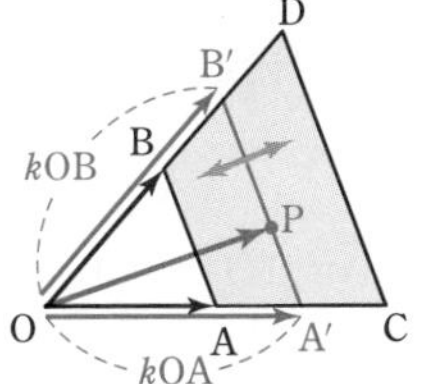


◀ 線分 A′B′ は AB に平行に，AB から CD まで動く。

(2) $s$ を固定して，$\overrightarrow{OA'}=s\overrightarrow{OA}$ とすると　$\overrightarrow{OP}=\overrightarrow{OA'}+t\overrightarrow{OB}$

ここで，$t$ を $0\leqq t\leqq 1$ の範囲で変化させると，点 P は右の図の線分 A′C′ 上を動く。

ただし　$\overrightarrow{OC'}=\overrightarrow{OA'}+\overrightarrow{OB}$

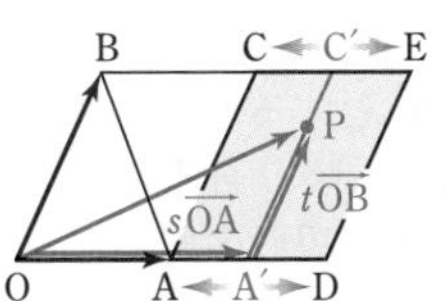
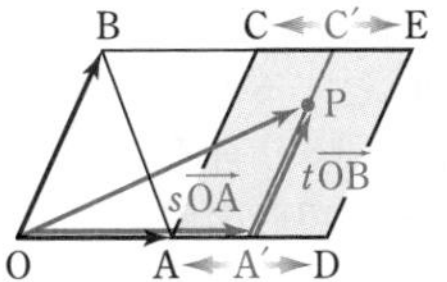


◀ $s$，$t$ を同時に変化させると考えにくい。一方を固定して考える（$t$ を先に固定してもよい）。

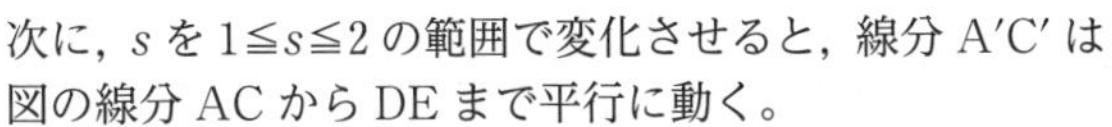

次に，$s$ を $1\leqq s\leqq 2$ の範囲で変化させると，線分 A′C′ は図の線分 AC から DE まで平行に動く。

ただし　$\overrightarrow{OC}=\overrightarrow{OA}+\overrightarrow{OB}$，$\overrightarrow{OD}=2\overrightarrow{OA}$，$\overrightarrow{OE}=\overrightarrow{OD}+\overrightarrow{OB}$

よって，点 P の存在範囲は

**$\overrightarrow{OA}+\overrightarrow{OB}=\overrightarrow{OC}$，$2\overrightarrow{OA}=\overrightarrow{OD}$，$2\overrightarrow{OA}+\overrightarrow{OB}=\overrightarrow{OE}$ とすると，平行四辺形 ADEC の周および内部**

◀ $s=1$ のとき $\overrightarrow{OP}=\overrightarrow{OA}+t\overrightarrow{OB}$ → 点 P は線分 AC 上。
$s=2$ のとき $\overrightarrow{OP}=2\overrightarrow{OA}+t\overrightarrow{OB}$ → 点 P は線分 DE 上。

別解 (2) $0\leqq s-1\leqq 1$ から $s-1=s'$ とすると　$\overrightarrow{OP}=(s'+1)\overrightarrow{OA}+t\overrightarrow{OB}=(s'\overrightarrow{OA}+t\overrightarrow{OB})+\overrightarrow{OA}$

そこで，$\overrightarrow{OQ}=s'\overrightarrow{OA}+t\overrightarrow{OB}$ とおくと，$0\leqq s'\leqq 1$，$0\leqq t\leqq 1$ から，点 Q は平行四辺形 OACB の周および内部にある。$\overrightarrow{OP}=\overrightarrow{OQ}+\overrightarrow{OA}$ から，点 P の存在範囲は，平行四辺形 OACB を $\overrightarrow{OA}$ だけ平行移動したものである。

練習 ③ 39　△OAB に対し，$\overrightarrow{OP}=s\overrightarrow{OA}+t\overrightarrow{OB}$ とする。実数 $s$，$t$ が次の条件を満たしながら動くとき，点 P の存在範囲を求めよ。

(1) $1\leqq s+2t\leqq 2$，$s\geqq 0$，$t\geqq 0$　　(2) $-1\leqq s\leqq 0$，$0\leqq 2t\leqq 1$　　(3) $-1<s+t<2$

p.80 EX 27

## 基本 例題 40 ベクトルの終点の存在範囲 (3)

△OAB において，次の条件を満たす点 P の存在範囲を求めよ。

(1) $\overrightarrow{OP}=s\overrightarrow{OA}+t(\overrightarrow{OA}+\overrightarrow{OB})$，$0\leqq s+t\leqq 1$，$s\geqq 0$，$t\geqq 0$

(2) $\overrightarrow{OP}=s\overrightarrow{OA}+(s+t)\overrightarrow{OB}$，$0\leqq s\leqq 1$，$0\leqq t\leqq 1$

p.66 基本事項 2，基本 38, 39

**指針** $\overrightarrow{OP}=s\overrightarrow{OA}+t\overrightarrow{OB}$ の形で与えられていない。そのため，$s$，$t$ についての不等式の条件を活かせるように，まず **$\overrightarrow{OP}=s\overrightarrow{O●}+t\overrightarrow{O■}$ …… Ⓐ の形に変形** する。

(1) $\overrightarrow{OA}+\overrightarrow{OB}=\overrightarrow{OC}$ とすると Ⓐ の形。⟶ $s$，$t$ の不等式から，$p.66$ 2 ② のタイプ。

(2) $s$，$t$ それぞれについて整理し，Ⓐ の形へ。⟶ $s$，$t$ の不等式から，$p.66$ 2 ③ のタイプ。

**解答**

(1) $\overrightarrow{OA}+\overrightarrow{OB}=\overrightarrow{OC}$ **とすると**

$\overrightarrow{OP}=s\overrightarrow{OA}+t\overrightarrow{OC}$，

$0\leqq s+t\leqq 1$，$s\geqq 0$，$t\geqq 0$

よって，点 P の存在範囲は

**△OAC の周および内部**

である。

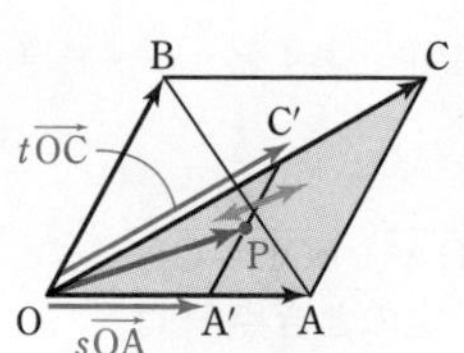


(2) $s\overrightarrow{OA}+(s+t)\overrightarrow{OB}=s(\overrightarrow{OA}+\overrightarrow{OB})+t\overrightarrow{OB}$ であるから，

$\overrightarrow{OA}+\overrightarrow{OB}=\overrightarrow{OC}$ とすると

$\overrightarrow{OP}=s\overrightarrow{OC}+t\overrightarrow{OB}$，

$0\leqq s\leqq 1$，$0\leqq t\leqq 1$

よって，点 P の存在範囲は

**$\overrightarrow{OA}+\overrightarrow{OB}=\overrightarrow{OC}$ とすると，線分 OB，OC を隣り合う 2 辺とする平行四辺形の周および内部** である。

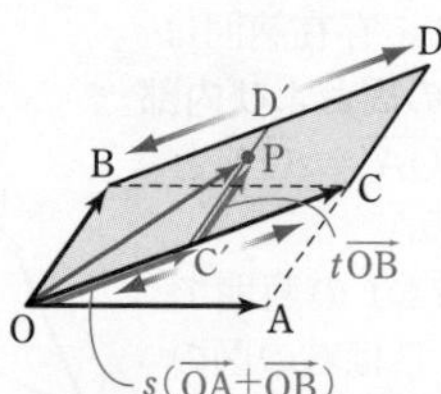


(1) $s+t=k$ $(0\leqq k\leqq 1)$ とおくと，$k\neq 0$ のとき

$\dfrac{s}{k}+\dfrac{t}{k}=1$

$\overrightarrow{OP}=\dfrac{s}{k}(k\overrightarrow{OA})+\dfrac{t}{k}(k\overrightarrow{OC})$

$k\overrightarrow{OA}=\overrightarrow{OA'}$，$k\overrightarrow{OC}=\overrightarrow{OC'}$ とおいて $k$ を固定すると，点 P は線分 A′C′ 上を動く。次に $k$ を動かす。

(2) $s(\overrightarrow{OA}+\overrightarrow{OB})=\overrightarrow{OC'}$ とおいて $s$ を固定すると

$\overrightarrow{OP}=\overrightarrow{OC'}+t\overrightarrow{OB}$

ここで $t$ を $0\leqq t\leqq 1$ で動かすと，点 P は図の線分 C′D′ 上を動く。次に，$s$ を $0\leqq s\leqq 1$ で動かすと，線分 C′D′ は，線分 OB から CD まで平行に動く。

**検討** **ベクトルの終点 P の存在範囲の基本 4 パターン**

△OAB に対して，$\overrightarrow{OP}=s\overrightarrow{OA}+t\overrightarrow{OB}$ とする。

[1] $s+t=1$ ならば **直線 AB**

[2] $s+t=1$，$s\geqq 0$，$t\geqq 0$ ならば **線分 AB**

[3] $s+t\leqq 1$，$s\geqq 0$，$t\geqq 0$ ならば **△OAB の周および内部**

[4] $0\leqq s\leqq 1$，$0\leqq t\leqq 1$ ならば **平行四辺形 OACB の周および内部 $(\overrightarrow{OA}+\overrightarrow{OB}=\overrightarrow{OC})$**

これらを用いた，上の解答のような簡潔な答案でも構わない。

[1]

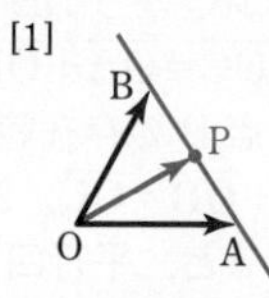


[2]

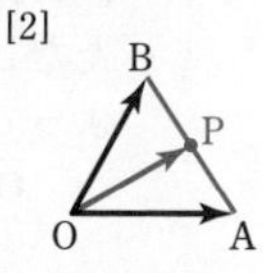


[3]

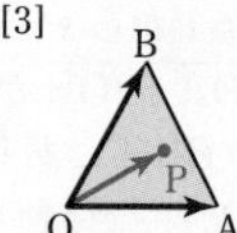


[4]

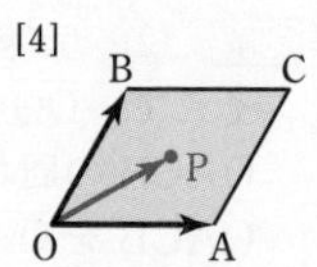


**練習 ③ 40** △OAB において，次の条件を満たす点 P の存在範囲を求めよ。

(1) $\overrightarrow{OP}=(2s+t)\overrightarrow{OA}+t\overrightarrow{OB}$，$0\leqq s+t\leqq 1$，$s\geqq 0$，$t\geqq 0$

(2) $\overrightarrow{OP}=(s-t)\overrightarrow{OA}+(s+t)\overrightarrow{OB}$，$0\leqq s\leqq 1$，$0\leqq t\leqq 1$

## 参考事項 斜交座標と点の存在範囲

平面上で1次独立なベクトル $\overrightarrow{OA}$, $\overrightarrow{OB}$ を定めると，任意の点Pは

$\overrightarrow{OP}=s\overrightarrow{OA}+t\overrightarrow{OB}$ （$s$, $t$ は実数）…… Ⓐ

の形にただ1通りに表される（$p$.12 基本事項 **5**）。
このとき，実数の組 $(s, t)$ を **斜交座標** といい，Ⓐ によって定まる点Pを $P(s, t)$ で表す（図1）。
特に，$\overrightarrow{OA}\perp\overrightarrow{OB}$，$|\overrightarrow{OA}|=|\overrightarrow{OB}|=1$ のときの斜交座標は，$\overrightarrow{OA}$ の延長を $x$ 軸，$\overrightarrow{OB}$ の延長を $y$ 軸にとった $xy$ 座標になる（図2）。
この意味で，$xy$ 座標を **直交座標** と呼ぶこともある。
斜交座標が定められた平面は，「直交座標平面（$xy$ 平面）を斜めから見たもの」というイメージでとらえることができる。そこで ある条件を満たして動く点 $P(s, t)$ が，直交座標平面上で直線を描くならば，斜交座標平面上でも直線を描く ことになる。これを，$p$.72 基本例題 **38** (1) で確かめてみよう。

［図1］斜交座標

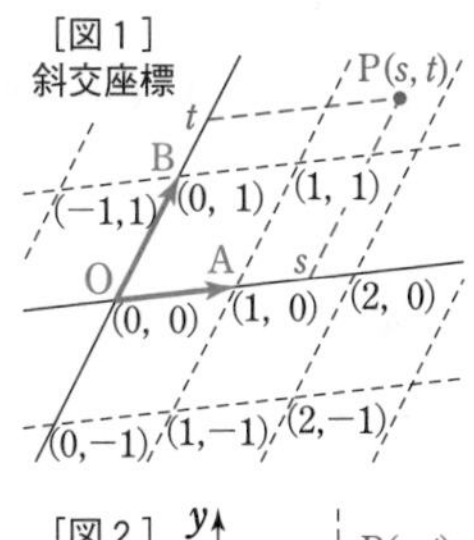


［図2］直交座標

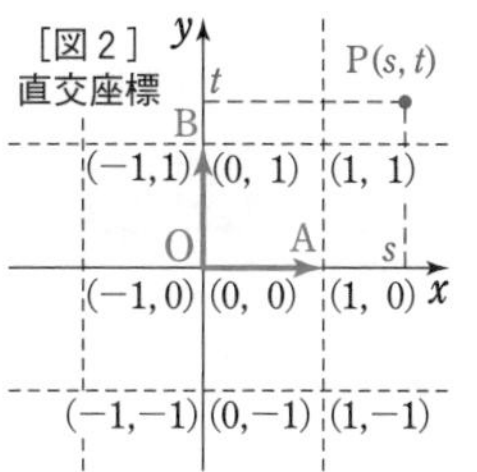


**【基本例題 38 (1)】**
$\overrightarrow{OP}=s\overrightarrow{OA}+t\overrightarrow{OB}$，$s+2t=3$ ……（＊） すなわち $P(s, t)$，$s+2t=3$ を満たす点Pは，直交座標平面上では直線 $x+2y=3$ 上にある。
この直線と座標軸との交点を $C(3, 0)$，
$D\left(0, \dfrac{3}{2}\right)$ とする。
これに対して，斜交座標平面上で同じ座標をもつ点C，Dを考えると

$$\overrightarrow{OA}=\frac{1}{3}\overrightarrow{OC},\ \overrightarrow{OB}=\frac{2}{3}\overrightarrow{OD}$$

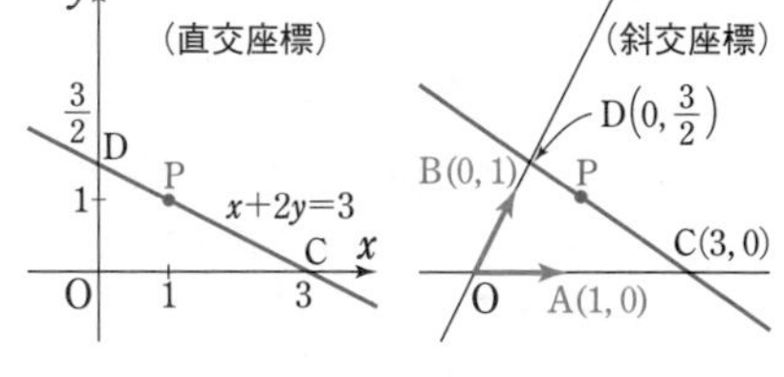

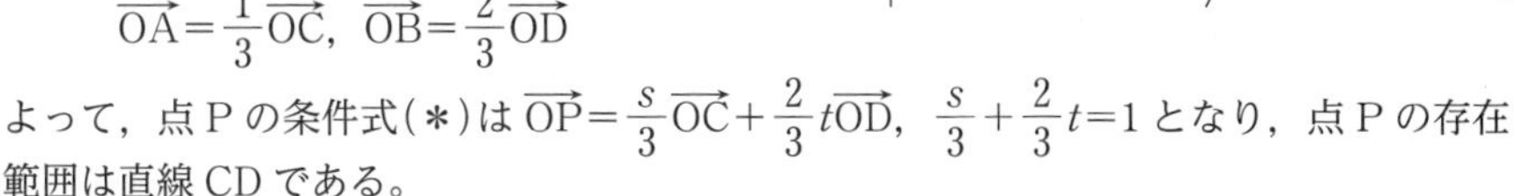

よって，点Pの条件式（＊）は $\overrightarrow{OP}=\dfrac{s}{3}\overrightarrow{OC}+\dfrac{2}{3}t\overrightarrow{OD}$，$\dfrac{s}{3}+\dfrac{2}{3}t=1$ となり，点Pの存在範囲は直線CDである。

点 $P(s, t)$ の条件が $s$ と $t$ の1次方程式または1次不等式で与えられたとき，上と同様に

1. **$s$ を $x$，$t$ を $y$ におき換えた方程式（不等式）の表す図形を直交座標平面上で考える。**
2. **1 の図形をそのまま斜交座標平面の直線，線分，領域に読み替える。**

という手順で点Pの存在範囲を求めることができる（数学Ⅱ「図形と方程式」も参照）。

例 **【基本例題 39 (2)】**
$\overrightarrow{OP}=s\overrightarrow{OA}+t\overrightarrow{OB}$，$1\leqq s\leqq 2$，$0\leqq t\leqq 1$ を満たす点Pの存在範囲は，直交座標平面上の領域 $1\leqq x\leqq 2$，$0\leqq y\leqq 1$ を斜交座標平面に読み替えた領域，すなわち右の図の平行四辺形ADECの周および内部である。

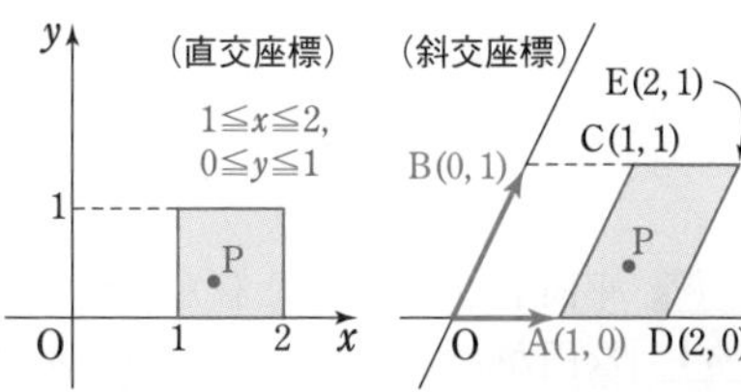

## 基本例題 41 円のベクトル方程式

平面上の △OAB と任意の点 P に対し，次のベクトル方程式は円を表す。どのような円か。

(1) $|3\overrightarrow{\mathrm{OA}}+2\overrightarrow{\mathrm{OB}}-5\overrightarrow{\mathrm{OP}}|=5$　　(2) $\overrightarrow{\mathrm{OP}}\cdot(\overrightarrow{\mathrm{OP}}-\overrightarrow{\mathrm{AB}})=\overrightarrow{\mathrm{OA}}\cdot\overrightarrow{\mathrm{OB}}$

p.66 基本事項 3　重要 43, 79

**指針** 円のベクトル方程式は

$|\vec{p}-\vec{c}|=r$ …… 中心 $\mathrm{C}(\vec{c})$，半径 $r$

$(\vec{p}-\vec{a})\cdot(\vec{p}-\vec{b})=0$ …… $\mathrm{A}(\vec{a})$，$\mathrm{B}(\vec{b})$ が直径の両端

そこで，与えられたベクトル方程式を変形して，いずれかの形を導く。
点 O に関する位置ベクトルを考えるとよい。

**CHART** ベクトルと軌跡　始点をうまく選び　差に分割

**解答**

$\overrightarrow{\mathrm{OA}}=\vec{a}$，$\overrightarrow{\mathrm{OB}}=\vec{b}$，$\overrightarrow{\mathrm{OP}}=\vec{p}$ とする。

◀点 O に関する位置ベクトルを考える。

(1) $|3\overrightarrow{\mathrm{OA}}+2\overrightarrow{\mathrm{OB}}-5\overrightarrow{\mathrm{OP}}|=\left|-5\left(\vec{p}-\dfrac{3\vec{a}+2\vec{b}}{5}\right)\right|$

であるから，ベクトル方程式は

$$5\left|\vec{p}-\frac{3\vec{a}+2\vec{b}}{5}\right|=5$$

◀$|k\vec{a}|=|k||\vec{a}|$

すなわち　$\left|\vec{p}-\dfrac{3\vec{a}+2\vec{b}}{2+3}\right|=1$

◀$\mathrm{C}\left(\dfrac{3\vec{a}+2\vec{b}}{2+3}\right)$ とすると点 C は辺 AB を 2：3 に内分する。

よって，**辺 AB を 2：3 に内分する点を中心とし，半径 1 の円。**

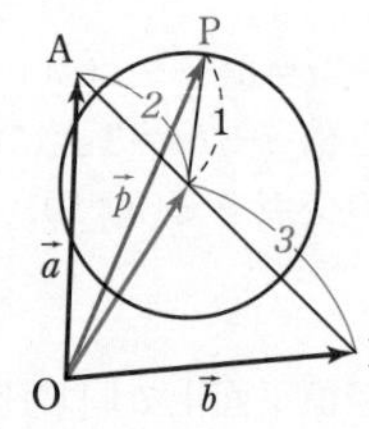


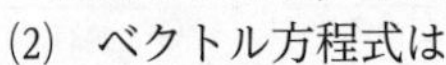

(2) ベクトル方程式は

$\vec{p}\cdot\{\vec{p}-(\vec{b}-\vec{a})\}=\vec{a}\cdot\vec{b}$

◀$\overrightarrow{\mathrm{AB}}=\vec{b}-\vec{a}$

よって　$|\vec{p}|^2+(\vec{a}-\vec{b})\cdot\vec{p}-\vec{a}\cdot\vec{b}=0$ …… $(*)$

◀$x^2+(a-b)x-ab=(x+a)(x-b)$ と同じ要領。

ゆえに　$(\vec{p}+\vec{a})\cdot(\vec{p}-\vec{b})=0$

すなわち

$\{\vec{p}-(-\vec{a})\}\cdot(\vec{p}-\vec{b})=0$

◀$\overrightarrow{\mathrm{OA'}}=-\vec{a}$ とすると，点 A′ は点 O に関して点 A と対称。

よって，**点 O に関して点 A と対称な点と点 B を直径の両端とする円。**

A′
$-\vec{a}$
P
O
$\vec{p}$
$\vec{b}$
$\vec{a}$
A
B

**参考** $(*)$から，$\left|\vec{p}-\dfrac{\vec{b}-\vec{a}}{2}\right|=\left|\dfrac{\vec{b}+\vec{a}}{2}\right|$ を導いて考えることもできる。

◀$\dfrac{\vec{b}-\vec{a}}{2}=\dfrac{\vec{b}+(-\vec{a})}{2}$

$\left|\dfrac{\vec{b}+\vec{a}}{2}\right|=\left|\dfrac{\vec{b}-(-\vec{a})}{2}\right|$

**練習 ③ 41** 平面上の △ABC と任意の点 P に対し，次のベクトル方程式は円を表す。どのような円か。

(1) $|\overrightarrow{\mathrm{BP}}+\overrightarrow{\mathrm{CP}}|=|\overrightarrow{\mathrm{AB}}+\overrightarrow{\mathrm{AC}}|$　　(2) $2\overrightarrow{\mathrm{PA}}\cdot\overrightarrow{\mathrm{PB}}=3\overrightarrow{\mathrm{PA}}\cdot\overrightarrow{\mathrm{PC}}$

p.80 EX 28

## 基本 例題 42 円の接線のベクトル方程式

(1) 中心 C($\vec{c}$)，半径 $r$ の円 $C$ 上の点 $P_0(\vec{p_0})$ における円の接線のベクトル方程式は $(\vec{p_0}-\vec{c})\cdot(\vec{p}-\vec{c})=r^2$ であることを示せ。

(2) 円 $x^2+y^2=r^2$ $(r>0)$ 上の点 $(x_0,\ y_0)$ における接線の方程式は

$$x_0x+y_0y=r^2$$

であることを，ベクトルを用いて証明せよ。 基本 35

**指針** (1) **円 $C$ の接線 $\ell$ は，接点 $P_0$ を通り，半径 $CP_0$ に垂直**

すなわち，$\overrightarrow{CP_0}$ は接線 $\ell$ の法線ベクトルである。このことから直線 $\ell$ のベクトル方程式を求め，与えられた形に式を変形する。

(2) 中心が原点 O($\vec{0}$)，半径が $r$ の円上の点 $P_0(\vec{p_0})$ における接線のベクトル方程式は，(1) において $\vec{c}=\vec{0}$ とおくと得られる。それを成分で表す。

**CHART** 円の接線　半径⊥接線 に注目

**解答**

(1) 中心 C，半径 $r$ の円の接線上に点 P($\vec{p}$) があることは，$\overrightarrow{CP_0}\perp\overrightarrow{P_0P}$ または $\overrightarrow{P_0P}=\vec{0}$ が成り立つことと同値である。

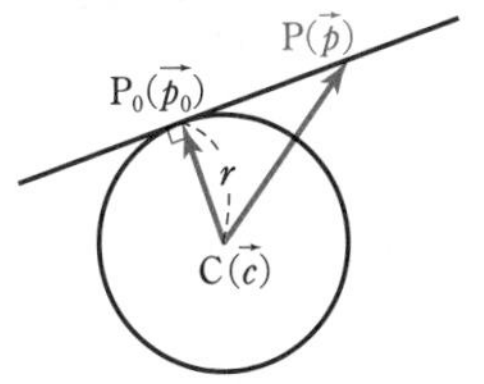


よって，接線のベクトル方程式は

$$\overrightarrow{CP_0}\cdot(\vec{p}-\vec{p_0})=0$$

$\overrightarrow{CP_0}=\vec{p_0}-\vec{c}$ であるから

$$(\vec{p_0}-\vec{c})\cdot\{(\vec{p}-\vec{c})-(\vec{p_0}-\vec{c})\}=0$$

したがって

$$(\vec{p_0}-\vec{c})\cdot(\vec{p}-\vec{c})-|\vec{p_0}-\vec{c}|^2=0$$

$|\vec{p_0}-\vec{c}|^2=CP_0{}^2=r^2$ であるから

$$(\vec{p_0}-\vec{c})\cdot(\vec{p}-\vec{c})=r^2 \quad \cdots\cdots ①$$

(2) 中心が原点 O($\vec{0}$)，半径 $r$ の円上の点 $P_0(\vec{p_0})$ における接線のベクトル方程式は，① において，$\vec{c}=\vec{0}$ とおくと得られるから　$\vec{p_0}\cdot\vec{p}=r^2$ …… ②

$\vec{p_0}=(x_0,\ y_0)$，$\vec{p}=(x,\ y)$ とおくと

$$\vec{p_0}\cdot\vec{p}=x_0x+y_0y$$

これを ② に代入して，接線の方程式は

$$x_0x+y_0y=r^2$$

◀点 A($\vec{a}$) を通り，ベクトル $\vec{n}$ に垂直な直線のベクトル方程式は
$\boldsymbol{\vec{n}\cdot(\vec{p}-\vec{a})=0}$

**検討**

(1) $\angle PCP_0=\theta$ $(0^\circ\leqq\theta<90^\circ)$ とおくと

$(\vec{p_0}-\vec{c})\cdot(\vec{p}-\vec{c})$
$=\overrightarrow{CP_0}\cdot\overrightarrow{CP}$
$=CP_0\times CP\cos\theta$
$=r\times r=r^2$

($PP_0\perp CP_0$ であるから $CP\cos\theta=CP_0=r$)

**練習 ② 42** 円 $(x-a)^2+(y-b)^2=r^2$ $(r>0)$ 上の点 $(x_0,\ y_0)$ における接線の方程式は

$$(x_0-a)(x-a)+(y_0-b)(y-b)=r^2$$

であることを，ベクトルを用いて証明せよ。

## 重要例題 43 ベクトルと軌跡 …… 円

座標平面において，△ABC は $\overrightarrow{\mathrm{BA}}\cdot\overrightarrow{\mathrm{CA}}=0$ を満たしている。この平面上の点 P が条件 $\overrightarrow{\mathrm{AP}}\cdot\overrightarrow{\mathrm{BP}}+\overrightarrow{\mathrm{BP}}\cdot\overrightarrow{\mathrm{CP}}+\overrightarrow{\mathrm{CP}}\cdot\overrightarrow{\mathrm{AP}}=0$ を満たすとき，P はどのような図形上の点であるか。 〔類 岡山理科大〕 基本 41

**指針** *p.*76 基本例題 **41** と同様の方針。ここでは各ベクトルを，点 A に関する位置ベクトルの **差に分割** して整理。
その際に，条件 $\overrightarrow{\mathrm{BA}}\cdot\overrightarrow{\mathrm{CA}}=0$ を利用する。

**CHART** ベクトルと軌跡 **始点をうまく選び 差に分割**

**解答**

$\overrightarrow{\mathrm{AB}}=\vec{b}$, $\overrightarrow{\mathrm{AC}}=\vec{c}$, $\overrightarrow{\mathrm{AP}}=\vec{p}$ とすると，条件式は

$$\vec{p}\cdot(\vec{p}-\vec{b})+(\vec{p}-\vec{b})\cdot(\vec{p}-\vec{c})+(\vec{p}-\vec{c})\cdot\vec{p}=0 \quad \cdots\cdots ①$$

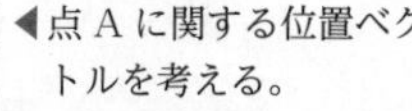

◀点 A に関する位置ベクトルを考える。

$\overrightarrow{\mathrm{BA}}\cdot\overrightarrow{\mathrm{CA}}=0$ より $\vec{b}\cdot\vec{c}=0$ であるから，① を整理して

◀$\overrightarrow{\mathrm{BA}}\cdot\overrightarrow{\mathrm{CA}}=(-\vec{b})\cdot(-\vec{c})=\vec{b}\cdot\vec{c}$

$$3|\vec{p}|^2-2(\vec{b}+\vec{c})\cdot\vec{p}=0$$

よって $|\vec{p}|^2-\dfrac{2}{3}(\vec{b}+\vec{c})\cdot\vec{p}=0$

ゆえに $|\vec{p}|^2-\dfrac{2}{3}(\vec{b}+\vec{c})\cdot\vec{p}+\dfrac{1}{9}|\vec{b}+\vec{c}|^2=\dfrac{1}{9}|\vec{b}+\vec{c}|^2$

◀平方完成の要領。

よって $\left|\vec{p}-\dfrac{2}{3}\left(\dfrac{\vec{b}+\vec{c}}{2}\right)\right|^2=\left|\dfrac{2}{3}\left(\dfrac{\vec{b}+\vec{c}}{2}\right)\right|^2$

ゆえに $\left|\vec{p}-\dfrac{2}{3}\left(\dfrac{\vec{b}+\vec{c}}{2}\right)\right|=\left|\dfrac{2}{3}\left(\dfrac{\vec{b}+\vec{c}}{2}\right)\right|$

◀$\dfrac{\vec{b}+\vec{c}}{2}$ は辺 BC の中点の位置ベクトル。

辺 BC の中点を M とすると

$$\frac{2}{3}\left(\frac{\vec{b}+\vec{c}}{2}\right)=\frac{2}{3}\overrightarrow{\mathrm{AM}}$$

$\dfrac{2}{3}\overrightarrow{\mathrm{AM}}=\overrightarrow{\mathrm{AG}}$ とすると，点 G は △ABC の重心となる。

◀点 G は線分 AM を 2：1 に内分する。

したがって，**点 P は △ABC の重心 G を中心とし，半径が AG の円周上の点** である。

◀円は頂点 A を通る。

**練習** ④ **43** 平面上に，異なる 2 定点 O，A と，線分 OA を直径とする円 $C$ を考える。円 $C$ 上に点 O，A とは異なる点 B をとり，$\vec{a}=\overrightarrow{\mathrm{OA}}$，$\vec{b}=\overrightarrow{\mathrm{OB}}$ とする。

(1) △OAB の重心を G とする。位置ベクトル $\overrightarrow{\mathrm{OG}}$ を $\vec{a}$ と $\vec{b}$ で表せ。

(2) この平面上で，$\overrightarrow{\mathrm{OP}}\cdot\overrightarrow{\mathrm{AP}}+\overrightarrow{\mathrm{AP}}\cdot\overrightarrow{\mathrm{BP}}+\overrightarrow{\mathrm{BP}}\cdot\overrightarrow{\mathrm{OP}}=0$ を満たす点 P の全体からなる円の中心を D，半径を $r$ とする。位置ベクトル $\overrightarrow{\mathrm{OD}}$ および $r$ を，$\vec{a}$ と $\vec{b}$ を用いて表せ。 〔類 岡山大〕 p.80 EX 29

# EXERCISES





②**22** △ABC において，A($\vec{a}$)，B($\vec{b}$)，C($\vec{c}$) とする。次の直線のベクトル方程式を求めよ。

(1) 辺 AB の中点と辺 AC の中点を通る直線

(2) 辺 BC の垂直二等分線

→34, 35

③**23** 座標平面上の $\vec{0}$ でないベクトル $\vec{a}$，$\vec{b}$ は平行でないとする。$\vec{a}$ と $\vec{b}$ を位置ベクトルとする点をそれぞれ A，B とする。また，正の実数 $x$，$y$ に対して，$x\vec{a}$ と $y\vec{b}$ を位置ベクトルとする点をそれぞれ P，Q とする。線分 PQ が線分 AB を 2：1 に内分する点を通るとき，$xy$ の最小値を求めよ。ただし，位置ベクトルはすべて原点 O を基準に考える。〔信州大〕

→37

④**24** 平面上に 1 辺の長さが 1 の正三角形 OAB と，辺 AB 上の点 C があり，AC<BC とする。点 A を通り直線 AB に直交する直線 $k$ と，直線 OC との交点を D とする。△OCA と △ACD の面積の比が 1：2 であるとき，次の問いに答えよ。

(1) $\overrightarrow{OD}=m\overrightarrow{OA}+n\overrightarrow{OB}$ となる $m$，$n$ の値を求めよ。

(2) 点 D を通り，直線 OD と直交する直線を $\ell$ とする。$\ell$ と直線 OA，OB との交点をそれぞれ E，F とするとき，$\overrightarrow{EF}=s\overrightarrow{OA}+t\overrightarrow{OB}$ となる $s$，$t$ の値を求めよ。

〔島根大〕

→37

③**25** 平面上に △ABC がある。実数 $x$，$y$ に対して，点 P が
$3\overrightarrow{PA}+4\overrightarrow{PB}+5\overrightarrow{PC}=x\overrightarrow{AB}+y\overrightarrow{AC}$ を満たすものとする。

(1) 点 P が △ABC の周または内部にあるとき，△PAB，△PBC，△PCA の面積比が 1：2：3 となる点 $(x, y)$ を求めよ。

(2) 線分 BC を 2：1 に外分する点を D とする。点 P が線分 CD 上（両端を含む）にあるとき，点 $(x, y)$ が存在する範囲を $xy$ 平面上に図示せよ。〔類 静岡大〕

→38

22 (1) 辺 AB の中点を通り，$\overrightarrow{BC}$ に平行な直線。
(2) 辺 BC の中点を通り，$\overrightarrow{BC}$ に垂直な直線。

23 点 C が線分 PQ 上にあるとき $\overrightarrow{OC}=s\overrightarrow{OP}+t\overrightarrow{OQ}$，$s+t=1$，$s\geqq 0$，$t\geqq 0$
この $\overrightarrow{OC}$ が，線分 AB を 2：1 に内分する点と一致する条件を求める。

24 (2) $\overrightarrow{OE}=\alpha\overrightarrow{OA}$，$\overrightarrow{OF}=\beta\overrightarrow{OB}$ とおき，$\overrightarrow{EF}\cdot\overrightarrow{OD}=0$ を利用。

25 まず，与えられた等式から，$\overrightarrow{AP}$ を $\overrightarrow{AB}$，$\overrightarrow{AC}$ で表す。
(1) 面積比の条件から線分の比を調べ，$\overrightarrow{AP}$ を $\overrightarrow{AB}$，$\overrightarrow{AC}$ で表す。
(2) 点 P が線分 CD 上（両端を含む）にあるとき $\overrightarrow{AP}=(1-t)\overrightarrow{AC}+t\overrightarrow{AD}$ $(0\leqq t\leqq 1)$

## EXERCISES



③**26**　△OAB において，ベクトル $\overrightarrow{\mathrm{OA}}$，$\overrightarrow{\mathrm{OB}}$ は $|\overrightarrow{\mathrm{OA}}|=3$，$|\overrightarrow{\mathrm{OB}}|=2$，$\overrightarrow{\mathrm{OA}}\cdot\overrightarrow{\mathrm{OB}}=2$ を満たすとする。実数 $s$，$t$ が次の条件を満たすとき，$\overrightarrow{\mathrm{OP}}=s\overrightarrow{\mathrm{OA}}+t\overrightarrow{\mathrm{OB}}$ と表されるような点 P の存在する範囲の面積を求めよ。

(1)　$s\geqq0$，$t\geqq0$，$2s+t\leqq1$　　(2)　$s\geqq0$，$t\geqq0$，$s+2t\leqq2$，$2s+t\leqq2$

〔(1) 立教大〕

→18, 38

⑤**27**　平面上で原点 O と 3 点 A(3, 1)，B(1, 2)，C(−1, 1) を考える。実数 $s$，$t$ に対し，点 P を $\overrightarrow{\mathrm{OP}}=s\overrightarrow{\mathrm{OA}}+t\overrightarrow{\mathrm{OB}}$ により定める。

(1)　$s$，$t$ が条件 $-1\leqq s\leqq1$，$-1\leqq t\leqq1$ を満たすとき，点 P$(x, y)$ が存在する範囲 $D_1$ を図示せよ。

(2)　$s$，$t$ が条件 $-1\leqq s\leqq1$，$-1\leqq t\leqq1$，$-1\leqq s+t\leqq1$ を満たすとき，点 P$(x, y)$ が存在する範囲 $D_2$ を図示せよ。

(3)　点 P が (2) で求めた範囲 $D_2$ を動くとき，内積 $\overrightarrow{\mathrm{OP}}\cdot\overrightarrow{\mathrm{OC}}$ の最大値を求め，そのときの点 P の座標を求めよ。　〔類　東北大〕

→38, 39

③**28**　(1)　平面上に 4 点 O，A，B，C があり，$\overrightarrow{\mathrm{CA}}+2\overrightarrow{\mathrm{CB}}+3\overrightarrow{\mathrm{CO}}=\vec{0}$ を満たす。点 A が点 O を中心とする半径 12 の円上を動くとき，点 C はどのような図形を描くか。ただし，点 O，B は定点とする。　〔類　中央大〕

(2)　$xy$ 平面上の点 A(0, 0)，B$(b, 0)$ に対して，$(\overrightarrow{\mathrm{AP}}+\overrightarrow{\mathrm{BP}})\cdot(\overrightarrow{\mathrm{AP}}-2\overrightarrow{\mathrm{BP}})=0$ を満たす $xy$ 平面上の点 P$(x, y)$ の描く図形の方程式を求めよ。　〔東北学院大〕

→41

⑤**29**　平面上の異なる 3 点 O，A，B は同一直線上にないものとする。
この平面上の点 P が $2|\overrightarrow{\mathrm{OP}}|^2-\overrightarrow{\mathrm{OA}}\cdot\overrightarrow{\mathrm{OP}}+2\overrightarrow{\mathrm{OB}}\cdot\overrightarrow{\mathrm{OP}}-\overrightarrow{\mathrm{OA}}\cdot\overrightarrow{\mathrm{OB}}=0$ を満たすとき，次の問いに答えよ。

(1)　点 P の軌跡は円となることを示せ。

(2)　(1) の円の中心を C とするとき，$\overrightarrow{\mathrm{OC}}$ を $\overrightarrow{\mathrm{OA}}$ と $\overrightarrow{\mathrm{OB}}$ で表せ。

(3)　点 O との距離が最小となる (1) の円周上の点を $\mathrm{P_0}$ とする。2 点 A，B が条件

$$|\overrightarrow{\mathrm{OA}}|^2+5\overrightarrow{\mathrm{OA}}\cdot\overrightarrow{\mathrm{OB}}+4|\overrightarrow{\mathrm{OB}}|^2=0$$

を満たすとき，$\overrightarrow{\mathrm{OP_0}}=s\overrightarrow{\mathrm{OA}}+t\overrightarrow{\mathrm{OB}}$ となる $s$，$t$ の値を求めよ。　〔岡山大〕

→43

26　(2)「$s\geqq0$，$t\geqq0$，$s+2t\leqq2$」を満たす場合の点 P の存在範囲と，「$s\geqq0$，$t\geqq0$，$2s+t\leqq2$」を満たす場合の点 P の存在範囲の共通部分と考える。

27　(1)　まず $s$ を固定して，$\overrightarrow{\mathrm{OA'}}=s\overrightarrow{\mathrm{OA}}$ とする。そして，$\overrightarrow{\mathrm{OP}}=\overrightarrow{\mathrm{OA'}}+t\overrightarrow{\mathrm{OB}}$，$-1\leqq t\leqq1$ を満たす点 P の存在範囲を考える。

28　(1)　A$(\vec{a})$，B$(\vec{b})$，C$(\vec{c})$ として，$|\overrightarrow{\mathrm{OA}}|=12$ から $|\vec{c}-\square|=k$ の形を導く。

29　(1)　与えられた式を平方完成の要領で変形する。

数学C 第2章

# 空間のベクトル

2

- 6 空間の座標
- 7 空間のベクトル，ベクトルの成分
- 8 空間のベクトルの内積
- 9 位置ベクトル，ベクトルと図形
- 10 座標空間の図形
- 11 発展 平面の方程式，直線の方程式

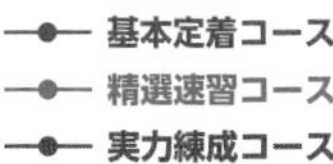


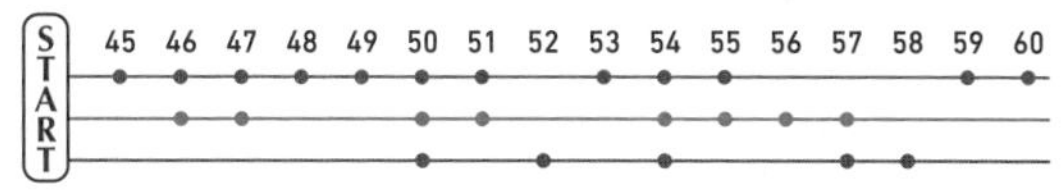


## 例題一覧

| | 例題 | 内容 | 難易度 |
|---|---|---|---|
| 6 | 基本 44 | 空間の点の座標 | ① |
| | 基本 45 | 2点間の距離，三角形の形状 | ① |
| | 基本 46 | 定点から等距離にある点の座標 | ② |
| 7 | 基本 47 | 空間のベクトルの表示 | ① |
| | 基本 48 | 空間のベクトルの分解（成分表示） | ② |
| | 基本 49 | 空間のベクトルの平行 | ② |
| | 基本 50 | 平行四辺形の頂点 | ② |
| | 基本 51 | ベクトルの大きさの最小値 (1)，最短経路 | ③ |
| | 基本 52 | ベクトルの大きさの最小値 (2) | ③ |
| 8 | 基本 53 | 空間のベクトルの内積 | ② |
| | 基本 54 | 空間のベクトルのなす角，三角形の面積 | ② |
| | 基本 55 | 2つのベクトルに垂直な単位ベクトル | ② |
| | 基本 56 | ベクトルの大きさに関する等式の証明など | ③ |
| | 重要 57 | ベクトルと座標軸のなす角 | ③ |
| | 重要 58 | ベクトルの大きさの大小関係 | ④ |
| 9 | 基本 59 | 分点と位置ベクトル | ① |
| | 基本 60 | 点の一致 | ② |
| | 基本 61 | 等式から点の位置の決定 | ③ |
| | 重要 62 | 位置ベクトルと内積，なす角 | ③ |
| | 基本 63 | 平行四辺形であることの証明，共線条件 (1) | ② |
| | 基本 64 | 共線条件 (2) | ② |
| | 基本 65 | 垂線の足，線対称な点の座標 | ③ |
| | 基本 66 | 2直線の交点の位置ベクトル | ② |
| | 基本 67 | 共面条件 | ② |
| | 基本 68 | 同じ平面上にあることの証明 | ③ |
| | 基本 69 | 直線と平面の交点の位置ベクトル (1) | ② |
| | 基本 70 | 直線と平面の交点の位置ベクトル (2) | ③ |
| | 基本 71 | 垂直，線分の長さの平方に関する証明問題 | ③ |
| | 基本 72 | 平面に下ろした垂線 (1) | ③ |
| | 重要 73 | 平面に下ろした垂線 (2) | ③ |
| 10 | 基本 74 | 分点の座標 | ① |
| | 基本 75 | 座標軸に垂直な平面の方程式 | ① |
| | 基本 76 | 球面の方程式 (1) | ② |
| | 基本 77 | 球面の方程式 (2) | ② |
| | 基本 78 | 球面と平面が交わってできる円 | ② |
| | 重要 79 | 球面のベクトル方程式 | ③ |
| 11 | 演習 80 | 平面の方程式 | ③ |
| | 演習 81 | 平面の方程式の利用 | ④ |
| | 演習 82 | 2平面のなす角 | ③ |
| | 演習 83 | 直線の方程式 | ③ |
| | 演習 84 | 直線の方程式の利用 | ④ |
| | 演習 85 | 直線と平面の交点，直線と球面が接する条件 | ④ |
| | 演習 86 | 球面と平面の交わり | ③ |
| | 演習 87 | 2つの球面の交わり | ④ |
| | 演習 88 | 直線と平面のなす角，直線に垂直な平面 | ③ |
| | 演習 89 | 2平面の交線，それを含む平面の方程式 | ④ |

# 6 空間の座標

## 基本事項

**1 空間の点の座標**

① **座標軸** $x$ 軸, $y$ 軸, $z$ 軸は原点Oで互いに直交。**直交座標軸** ともいう。
座標の定められた空間を **座標空間** という。

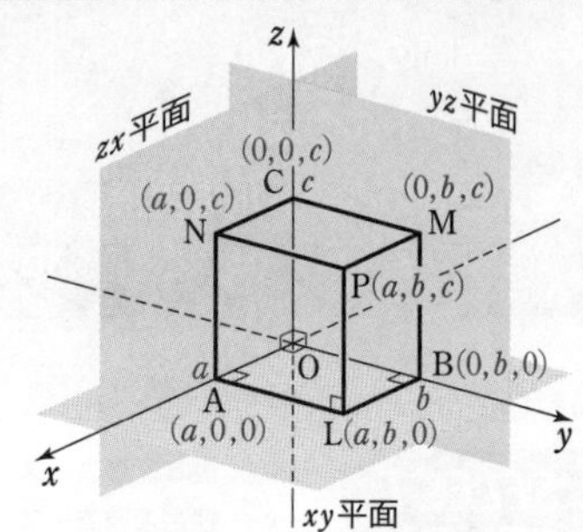


② **座標平面**
***xy* 平面**($x$ 軸と $y$ 軸が定める平面。他も同様),
***yz* 平面, *zx* 平面**

③ **点の座標**
空間の点P ⟺ 実数の組 $(a,\ b,\ c)$ が決まる。
$\mathrm{P}(a,\ b,\ c)\cdots$($x$ 座標, $y$ 座標, $z$ 座標)

**2 2点間の距離**

$\mathrm{A}(x_1,\ y_1,\ z_1)$, $\mathrm{B}(x_2,\ y_2,\ z_2)$, $\mathrm{O}(0,\ 0,\ 0)$ とする。

$$\mathbf{AB}=\sqrt{(x_2-x_1)^2+(y_2-y_1)^2+(z_2-z_1)^2} \qquad \text{特に} \quad \mathbf{OA}=\sqrt{x_1{}^2+y_1{}^2+z_1{}^2}$$

## 解 説

**■空間の点の座標**

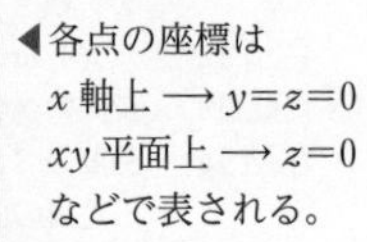

点Pを通り, 各座標平面に平行な3つの平面と $x$ 軸, $y$ 軸, $z$ 軸との交点を, それぞれA, B, Cとする。
3点A, B, Cの $x$ 軸, $y$ 軸, $z$ 軸に関する座標を, それぞれ $a$, $b$, $c$ とするとき, 3つの実数の組 $(a,\ b,\ c)$ を点Pの **座標** といい, $\mathbf{P}(a,\ b,\ c)$ と書く。また, 実数 $a$, $b$, $c$ を, それぞれ点Pの ***x* 座標**, ***y* 座標**, ***z* 座標** という。
このとき, $\mathrm{A}(a,\ 0,\ 0)$, $\mathrm{B}(0,\ b,\ 0)$, $\mathrm{C}(0,\ 0,\ c)$ である。また, 点Pから $xy$ 平面, $yz$ 平面, $zx$ 平面に下ろした垂線を, それぞれPL, PM, PNとすると, $\mathrm{L}(a,\ b,\ 0)$, $\mathrm{M}(0,\ b,\ c)$, $\mathrm{N}(a,\ 0,\ c)$ となる。
座標の定められた空間を **座標空間** といい, 点 $\mathrm{O}(0,\ 0,\ 0)$ を座標空間の **原点** という。

◀各点の座標は
$x$ 軸上 ⟶ $y=z=0$
$xy$ 平面上 ⟶ $z=0$
などで表される。

**■2点間の距離**

座標空間において2点を $\mathrm{A}(x_1,\ y_1,\ z_1)$, $\mathrm{B}(x_2,\ y_2,\ z_2)$ とする。
点Aを通り各座標平面に平行な3つの平面と, 点Bを通り各座標平面に平行な3つの平面でできる直方体ACDE-FGBHにおいて

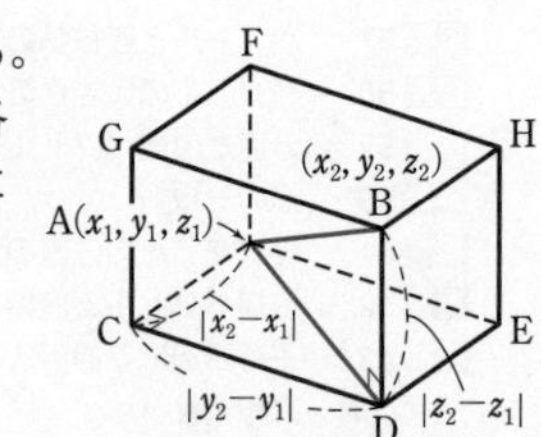


$$\mathrm{AC}=|x_2-x_1|,\ \mathrm{CD}=|y_2-y_1|,\ \mathrm{DB}=|z_2-z_1|$$

よって $\quad \mathrm{AB}^2=\mathrm{AD}^2+\mathrm{DB}^2=(\mathrm{AC}^2+\mathrm{CD}^2)+\mathrm{DB}^2$
$$=(x_2-x_1)^2+(y_2-y_1)^2+(z_2-z_1)^2$$

$\mathrm{AB}>0$ であるから, 2点A, B間の距離は

$$\mathbf{AB}=\sqrt{(x_2-x_1)^2+(y_2-y_1)^2+(z_2-z_1)^2}$$

## 基本 例題 44 空間の点の座標 ①①①①①

点 P(6, 4, 8) に対して，次の点の座標を求めよ。

(1) 点 P から $x$ 軸に下ろした垂線の足 A

(2) 点 P と $yz$ 平面に関して対称な点 B

(3) 点 P と $z$ 軸に関して対称な点 C

(4) 点 P と原点に関して対称な点 D

p.82 基本事項 1

指針 解答のような図をかいて考えるとよい。

(1) 点 A は $x$ 軸上にあって，点 P と $x$ 座標が同じ。

(2)〜(4) 座標平面や座標軸，原点に関して対称な点は，符号の変化する座標に要注意。なお，$x$ 座標，$y$ 座標，$z$ 座標の絶対値は変わらない（⟶ 検討 参照）。

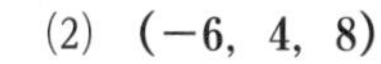

解答

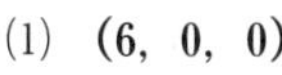

(1) **(6, 0, 0)**

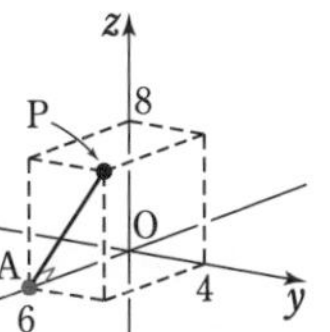


(2) **(−6, 4, 8)**

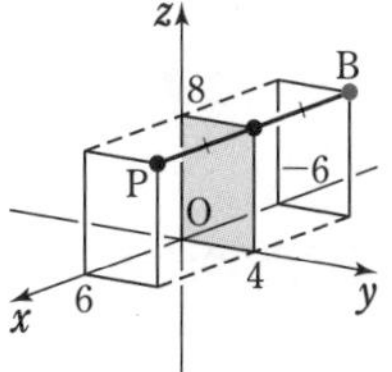


(3) **(−6, −4, 8)**

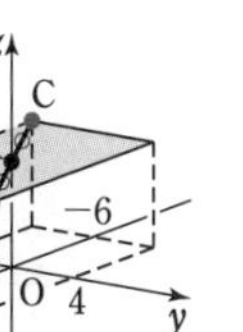


(4) **(−6, −4, −8)**

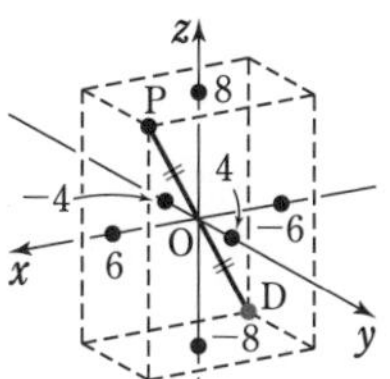


**垂線の足**

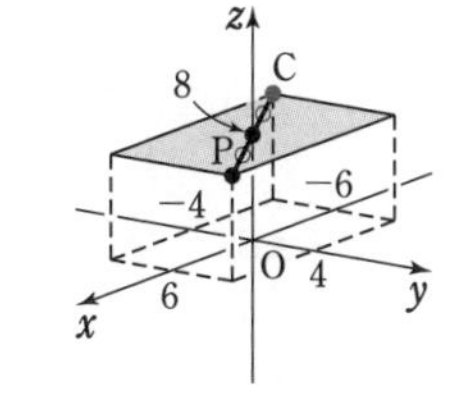

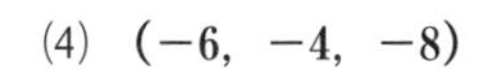

直線 $\ell$ 上にない点 A から直線 $\ell$ に下ろした垂線と，直線 $\ell$ の交点 H を，点 A から直線 $\ell$ に下ろした **垂線の足** という（図 [1] 参照）。

また，平面 $\alpha$ 上にない点 A を通る $\alpha$ の垂線が，平面 $\alpha$ と交わる点 H を，点 A から平面 $\alpha$ に下ろした **垂線の足** という（図 [2] 参照）。なお，図 [2] で $AH \perp \ell$，$AH \perp m$ となる。

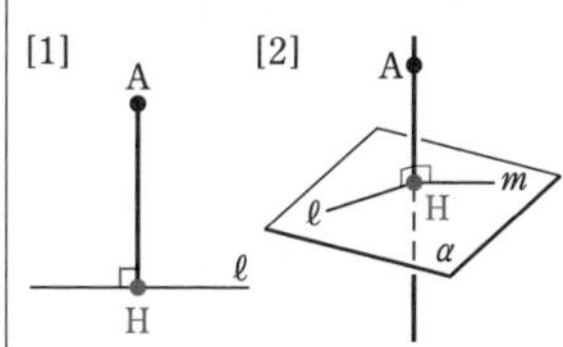


検討

**座標軸，座標平面に関して対称な点**

点 $(a, b, c)$ と，座標軸，座標平面に関して対称な点の座標は，次のようになる。

$x$ 軸 …… $(a, -b, -c)$　　$xy$ 平面 …… $(a, b, -c)$

$y$ 軸 …… $(-a, b, -c)$　　$yz$ 平面 …… $(-a, b, c)$

$z$ 軸 …… $(-a, -b, c)$　　$zx$ 平面 …… $(a, -b, c)$

また，原点に関して対称な点の座標は　$(-a, -b, -c)$

**練習 ① 44** 点 P(3, −2, 1) に対して，次の点の座標を求めよ。

(1) 点 P から $x$ 軸に下ろした垂線と $x$ 軸の交点 Q

(2) $xy$ 平面に関して対称な点 R

(3) 原点 O に関して対称な点 S

## 基本例題 45 2点間の距離，三角形の形状

①①①①①

(1) 2点 A$(-1,\ 0,\ 1)$，B$(1,\ -1,\ 3)$ 間の距離を求めよ。

(2) 3点 A$(2,\ 3,\ 4)$，B$(4,\ 0,\ 3)$，C$(5,\ 3,\ 1)$ を頂点とする △ABC はどのような形か。

p.82 基本事項 2

**指針** (1) 2点 P$(x_1,\ y_1,\ z_1)$，Q$(x_2,\ y_2,\ z_2)$ 間の距離 PQ は

$$\mathrm{PQ}=\sqrt{(x_2-x_1)^2+(y_2-y_1)^2+(z_2-z_1)^2}$$

(2) **空間において，同じ直線上にない異なる3点を通る平面はただ1通りに決まる。** したがって，空間における三角形の形状は，平面の場合と同様に，2頂点間の距離を調べて，辺の長さの関係に注目して考えるとよい。

結果は，例えば

**二等辺三角形** … AB=AC など

**正三角形** … AB=BC=CA

**直角三角形** … $\mathrm{AB}^2+\mathrm{BC}^2=\mathrm{CA}^2$ なら $\angle \mathrm{B}=90^\circ$ など

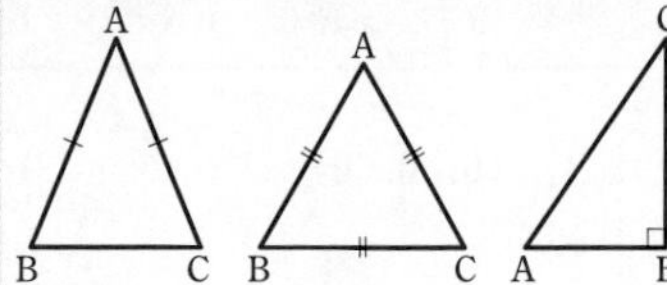


を導く。解答では，等しい辺，直角である角についても記しておく。

**CHART** 空間における三角形の形状 3辺の長さに着目

**解答**

(1) $\mathrm{AB}=\sqrt{\{1-(-1)\}^2+(-1-0)^2+(3-1)^2}$
$=\mathbf{3}$ ◀ $=\sqrt{4+1+4}=\sqrt{9}=3$

(2) $\mathrm{AB}^2=(4-2)^2+(0-3)^2+(3-4)^2$
$=4+9+1=14$ ◀ $\mathrm{AB}=\sqrt{14}$

$\mathrm{BC}^2=(5-4)^2+(3-0)^2+(1-3)^2$
$=1+9+4=14$ ◀ $\mathrm{BC}=\sqrt{14}$

$\mathrm{CA}^2=(2-5)^2+(3-3)^2+(4-1)^2$
$=9+0+9=18$ ◀ $\mathrm{CA}=3\sqrt{2}$

よって　$\mathrm{AB}^2=\mathrm{BC}^2$

ゆえに　AB=BC ◀辺の長さの関係を調べる。

したがって，△ABC は **AB=BC の二等辺三角形** である。 ◀どの辺が等しいかも記す。

**練習** ① **45**

(1) 次の2点間の距離を求めよ。

(ア) O$(0,\ 0,\ 0)$，A$(2,\ 7,\ -4)$　(イ) A$(1,\ 2,\ 3)$，B$(2,\ 4,\ 5)$

(ウ) A$(3,\ -\sqrt{3},\ 2)$，B$(\sqrt{3},\ 1,\ -\sqrt{3})$

(2) 3点 A$(-1,\ 0,\ 1)$，B$(1,\ 1,\ 3)$，C$(0,\ 2,\ -1)$ を頂点とする △ABC はどのような形か。

(3) $a$ は定数とする。3点 A$(2,\ 2,\ 2)$，B$(3,\ -1,\ 6)$，C$(6,\ a,\ 5)$ を頂点とする三角形が正三角形であるとき，$a$ の値を求めよ。

p.94 EX30

## 基本例題 46 定点から等距離にある点の座標 ①①①①①

(1) 2点A$(-1,\ 2,\ -4)$, B$(5,\ -3,\ 1)$から等距離にある$x$軸上の点P, $y$軸上の点Qの座標をそれぞれ求めよ。

(2) 原点Oと3点A$(2,\ 2,\ 4)$, B$(-1,\ 1,\ 2)$, C$(4,\ 1,\ 1)$から等距離にある点Mの座標を求めよ。 [(2) 鳥取大]

基本 45

**指針** $x$軸上の点 ⟶ $y=z=0$　　$y$軸上の点 ⟶ $x=z=0$

よって，　(1) P$(x,\ 0,\ 0)$, Q$(0,\ y,\ 0)$　(2) M$(x,\ y,\ z)$　として

**距離の条件を式に表し**，方程式を解く。なお，例えば(1)では条件AP=BPのままでは扱いにくいから，これと同値な条件$AP^2=BP^2$を利用する。

**CHART** 距離の条件　2乗した形で扱う

**解答**

(1) P$(x,\ 0,\ 0)$とすると，AP=BPから

$$AP^2=BP^2$$

よって　$(x+1)^2+(0-2)^2+(0+4)^2$
$=(x-5)^2+(0+3)^2+(0-1)^2$

これを解いて　$x=\dfrac{7}{6}$　ゆえに　$\mathbf{P}\left(\dfrac{7}{6},\ 0,\ 0\right)$

また，Q$(0,\ y,\ 0)$とすると，AQ=BQから

$$AQ^2=BQ^2$$

よって　$(0+1)^2+(y-2)^2+(0+4)^2$
$=(0-5)^2+(y+3)^2+(0-1)^2$

これを解いて　$y=-\dfrac{7}{5}$　ゆえに　$\mathbf{Q}\left(0,\ -\dfrac{7}{5},\ 0\right)$

(2) M$(x,\ y,\ z)$とすると，OM=AM=BM=CMから

$$OM^2=AM^2=BM^2=CM^2$$

$OM^2=AM^2$から　$x^2+y^2+z^2=(x-2)^2+(y-2)^2+(z-4)^2$

$OM^2=BM^2$から　$x^2+y^2+z^2=(x+1)^2+(y-1)^2+(z-2)^2$

$OM^2=CM^2$から　$x^2+y^2+z^2=(x-4)^2+(y-1)^2+(z-1)^2$

よって　$x+y+2z=6$, $-x+y+2z=3$, $4x+y+z=9$

これを解くと　$x=\dfrac{3}{2}$, $y=\dfrac{3}{2}$, $z=\dfrac{3}{2}$

したがって　$\mathbf{M}\left(\dfrac{3}{2},\ \dfrac{3}{2},\ \dfrac{3}{2}\right)$

◀AP>0, BP>0から AP=BP ⟺ $AP^2=BP^2$

◀$x^2$の項は両辺に出てきて消し合うから，$x$の1次方程式になる。

◀AQ>0, BQ>0から AQ=BQ ⟺ $AQ^2=BQ^2$

◀$x$, $y$, $z$の1次の項が出てこない$OM^2$を有効利用する。

◀(第1式)−(第2式)から　$x=\dfrac{3}{2}$ 次に，$y$, $z$の連立方程式を解く。

**練習 ② 46** (1) 3点A$(2,\ 1,\ -2)$, B$(-2,\ 0,\ 1)$, C$(3,\ -1,\ -3)$から等距離にある$xy$平面上の点P, $zx$平面上の点Qの座標をそれぞれ求めよ。 〔類 武蔵大〕

(2) 4点O$(0,\ 0,\ 0)$, A$(0,\ 2,\ 0)$, B$(-1,\ 1,\ 2)$, C$(0,\ 1,\ 3)$から等距離にある点Mの座標を求めよ。 〔関西学院大〕

p.94 EX31

# 7 空間のベクトル，ベクトルの成分

## 基本事項

### 1 空間のベクトル

① 空間のベクトルの基本

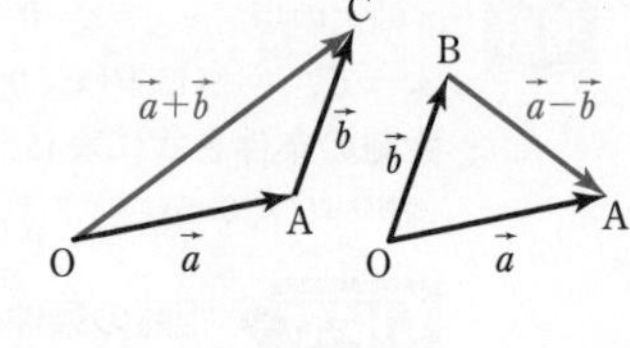


**相等** $\vec{a}=\vec{b}$ 向きが同じで大きさが等しい

**加法** $\vec{a}+\vec{b}$ $\overrightarrow{OA}+\overrightarrow{AC}=\overrightarrow{OC}$

**減法** $\vec{a}-\vec{b}$ $\overrightarrow{OA}-\overrightarrow{OB}=\overrightarrow{BA}$

**逆ベクトル** $-\vec{a}$ $-\overrightarrow{AB}=\overrightarrow{BA}$

**零ベクトル** $\vec{0}$ $\vec{0}=\overrightarrow{AA}$ $\vec{0}$の大きさは 0

**実数倍** $k\vec{a}$ 大きさは $|\vec{a}|$ の $|k|$ 倍 で，

向きは $k>0$ なら $\vec{a}$ と同じ $k<0$ なら $\vec{a}$ と反対 なお $k=0$ なら $k\vec{a}=\vec{0}$

② 空間のベクトルの演算法則 （$k$，$l$ は実数）

[1] **加法** $\vec{a}+\vec{b}=\vec{b}+\vec{a}$（交換法則） $(\vec{a}+\vec{b})+\vec{c}=\vec{a}+(\vec{b}+\vec{c})$（結合法則）

[2] **実数倍** $k(l\vec{a})=(kl)\vec{a}$，$(k+l)\vec{a}=k\vec{a}+l\vec{a}$，$k(\vec{a}+\vec{b})=k\vec{a}+k\vec{b}$

[3] **零ベクトル $\vec{0}$ の演算** $\vec{a}+\vec{0}=\vec{a}$，$\vec{a}+(-\vec{a})=\vec{a}-\vec{a}=\vec{0}$，$0\vec{a}=\vec{0}$，$k\vec{0}=\vec{0}$

### 2 平行条件

$\vec{a}\neq\vec{0}$，$\vec{b}\neq\vec{0}$ のとき **$\vec{a}\parallel\vec{b}\iff\vec{b}=k\vec{a}$ となる実数 $k$ がある**

### 3 空間のベクトルの分解 （$s$，$t$，$u$，$s'$，$t'$，$u'$ は実数）

同じ平面上にない 4 点 O，A，B，C に対し，$\overrightarrow{OA}=\vec{a}$，$\overrightarrow{OB}=\vec{b}$，$\overrightarrow{OC}=\vec{c}$ とするとき

① 任意のベクトル $\vec{p}$ は $\vec{p}=s\vec{a}+t\vec{b}+u\vec{c}$ の形に，ただ 1 通りに表される。

② $s\vec{a}+t\vec{b}+u\vec{c}=s'\vec{a}+t'\vec{b}+u'\vec{c}\iff s=s'$，$t=t'$，$u=u'$

特に $s\vec{a}+t\vec{b}+u\vec{c}=\vec{0}\iff s=t=u=0$

## 解 説

■**空間のベクトルの分解** ［基本事項 3 ① の証明］

3 点 O，A，B の定める平面を $\alpha$ とし，$\vec{p}=\overrightarrow{OP}$ となる点 P をとる。

点 P を通り $\vec{c}$ と平行な直線と平面 $\alpha$ は 1 点で交わるから，その交点を Q とすると，$\overrightarrow{QP}=\vec{0}$ または $\overrightarrow{QP}\parallel\vec{c}$ であるから

$\overrightarrow{QP}=u\vec{c}$（$u$ は実数）…… ①

とただ 1 通りに表される。

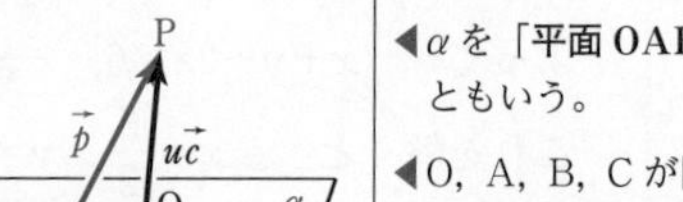

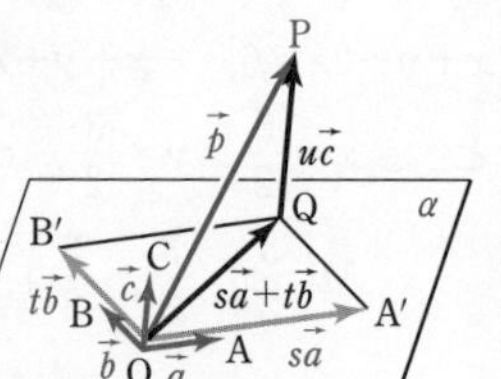


また，点 Q は平面 $\alpha$ 上にあり，$\vec{a}\neq\vec{0}$，$\vec{b}\neq\vec{0}$，$\vec{a}\nparallel\vec{b}$ であるから

$\overrightarrow{OQ}=s\vec{a}+t\vec{b}$（$s$，$t$ は実数）…… ②

とただ 1 通りに表される（$p$.12 基本事項 5）。

①，② から，任意の $\vec{p}$ は

$\vec{p}=\overrightarrow{OP}=\overrightarrow{OQ}+\overrightarrow{QP}=s\vec{a}+t\vec{b}+u\vec{c}$（$s$，$t$，$u$ は実数）

の形に表され，その表し方はただ 1 通りである。

◀$\alpha$ を「**平面 OAB**」ともいう。

◀O，A，B，C が同じ平面上にないから。

**参考** 4 点 O，A，B，C が同じ平面上にないとき，「**$\vec{a}$，$\vec{b}$，$\vec{c}$ は同じ平面上にない**」ともいう。この $\vec{a}$，$\vec{b}$，$\vec{c}$ は **1 次独立** である。

◀3 ② は「表し方がただ 1 通り」であることの言い換え。

## 基本事項

**4 空間のベクトルの成分**

① **成分表示** 基本ベクトル $\vec{e_1}$, $\vec{e_2}$, $\vec{e_3}$ を用いて，$\vec{a}=a_1\vec{e_1}+a_2\vec{e_2}+a_3\vec{e_3}$ で表されるとき $\boldsymbol{\vec{a}=(a_1,\ a_2,\ a_3)}$ （これを $\vec{a}$ の**成分表示** という。）

$a_1$, $a_2$, $a_3$ はベクトル $\vec{a}$ の成分。$a_1$ は $x$ 成分，$a_2$ は $y$ 成分，$a_3$ は $z$ 成分。

② O を原点とする座標空間で $\vec{a}=\overrightarrow{\mathrm{OA}}$ とすると $\mathbf{A}(\boldsymbol{a_1,\ a_2,\ a_3})$ である。

③ **相　等** $\vec{a}=(a_1,\ a_2,\ a_3)$, $\vec{b}=(b_1,\ b_2,\ b_3)$ について

$\boldsymbol{\vec{a}=\vec{b} \iff a_1=b_1,\ a_2=b_2,\ a_3=b_3}$

④ **大きさ** $\vec{a}=(a_1,\ a_2,\ a_3)$ のとき $\boldsymbol{|\vec{a}|=\sqrt{a_1^2+a_2^2+a_3^2}}$

**5 成分によるベクトルの演算** （$k$, $l$ は実数）

① **和** $\boldsymbol{(a_1,\ a_2,\ a_3)+(b_1,\ b_2,\ b_3)=(a_1+b_1,\ a_2+b_2,\ a_3+b_3)}$

② **差** $\boldsymbol{(a_1,\ a_2,\ a_3)-(b_1,\ b_2,\ b_3)=(a_1-b_1,\ a_2-b_2,\ a_3-b_3)}$

③ **実数倍** $\boldsymbol{k(a_1,\ a_2,\ a_3)=(ka_1,\ ka_2,\ ka_3)}$

一般に $\boldsymbol{k(a_1,\ a_2,\ a_3)+l(b_1,\ b_2,\ b_3)=(ka_1+lb_1,\ ka_2+lb_2,\ ka_3+lb_3)}$

**6 点の座標とベクトルの成分**

2 点 $\mathrm{A}(a_1,\ a_2,\ a_3)$, $\mathrm{B}(b_1,\ b_2,\ b_3)$ について

$$\boldsymbol{\overrightarrow{\mathrm{AB}}=(b_1-a_1,\ b_2-a_2,\ b_3-a_3)}$$

$$\boldsymbol{|\overrightarrow{\mathrm{AB}}|=\sqrt{(b_1-a_1)^2+(b_2-a_2)^2+(b_3-a_3)^2}}$$



## 解　説

**■ 空間のベクトルの成分**

座標空間において，$x$ 軸，$y$ 軸，$z$ 軸の正の向きと同じ向きの単位ベクトルを，順に $\vec{e_1}$, $\vec{e_2}$, $\vec{e_3}$ とするとき，この 3 つのベクトルを**基本ベクトル** という。3 つの基本ベクトルは同じ平面上にない（1 次独立である）から，任意のベクトル $\vec{a}$ は

$\boldsymbol{\vec{a}=a_1\vec{e_1}+a_2\vec{e_2}+a_3\vec{e_3}}$ の形にただ 1 通りに表される（基本事項 **3**）。



ベクトルの成分について，右の図から

$$\overrightarrow{\mathrm{OA}}=(a_1,\ a_2,\ a_3) \iff \mathrm{A}(a_1,\ a_2,\ a_3)$$

また，$\vec{e_1}=(1,\ 0,\ 0)$, $\vec{e_2}=(0,\ 1,\ 0)$, $\vec{e_3}=(0,\ 0,\ 1)$ である。

**■ 成分によるベクトルの演算**

例えば，**5** ① については

$$\begin{aligned}(a_1,\ a_2,\ a_3)+(b_1,\ b_2,\ b_3)&=(a_1\vec{e_1}+a_2\vec{e_2}+a_3\vec{e_3})+(b_1\vec{e_1}+b_2\vec{e_2}+b_3\vec{e_3})\\&=(a_1+b_1)\vec{e_1}+(a_2+b_2)\vec{e_2}+(a_3+b_3)\vec{e_3}\\&=(a_1+b_1,\ a_2+b_2,\ a_3+b_3)\end{aligned}$$

**5** ②，③ も同様に導かれる。

**■ 点の座標とベクトルの成分**

$\mathrm{O}(0,\ 0,\ 0)$, $\mathrm{A}(a_1,\ a_2,\ a_3)$, $\mathrm{B}(b_1,\ b_2,\ b_3)$ について

$$\overrightarrow{\mathrm{AB}}=\overrightarrow{\mathrm{OB}}-\overrightarrow{\mathrm{OA}}=(b_1,\ b_2,\ b_3)-(a_1,\ a_2,\ a_3)=(b_1-a_1,\ b_2-a_2,\ b_3-a_3)$$

ゆえに　$|\overrightarrow{\mathrm{AB}}|=\sqrt{(b_1-a_1)^2+(b_2-a_2)^2+(b_3-a_3)^2}$

**注意** このページで学んだことは，平面上のベクトルで学んだこと（$p.20$）に **$z$ 成分が加わった形** になっている。

## 基本例題 47 空間のベクトルの表示 ①①①①①

平行六面体 ABCD-EFGH において，対角線 AG の中点を P とし，$\overrightarrow{AB}=\vec{a}$，$\overrightarrow{AD}=\vec{b}$，$\overrightarrow{AE}=\vec{c}$ とする。$\overrightarrow{AC}$，$\overrightarrow{AG}$，$\overrightarrow{BH}$，$\overrightarrow{CP}$ をそれぞれ $\vec{a}$，$\vec{b}$，$\vec{c}$ で表せ。

p.86 基本事項 1

**指針** **平行六面体** とは，向かい合った 3 組の面がそれぞれ平行な六面体で，平行六面体の **各面は平行四辺形** である。よって，解答の図からわかるように，

$$\overrightarrow{AB}=\overrightarrow{DC},\ \overrightarrow{AD}=\overrightarrow{BC},\ \overrightarrow{AE}=\overrightarrow{DH}\quad \text{などが成り立つ。}$$

平面の場合（*p*.18 基本例題 **5**）と同様に，AB，AD，AE に平行な線分に注目して，**ベクトルの合成・分割** などを利用する。

**解答**

$\overrightarrow{AC}=\overrightarrow{AB}+\overrightarrow{BC}$
$\quad=\overrightarrow{AB}+\overrightarrow{AD}=\boldsymbol{\vec{a}+\vec{b}}$

$\overrightarrow{AG}=\overrightarrow{AC}+\overrightarrow{CG}$
$\quad=\overrightarrow{AC}+\overrightarrow{AE}=\boldsymbol{\vec{a}+\vec{b}+\vec{c}}$

$\overrightarrow{BH}=\overrightarrow{BA}+\overrightarrow{AD}+\overrightarrow{DH}$
$\quad=-\overrightarrow{AB}+\overrightarrow{AD}+\overrightarrow{AE}$
$\quad\boldsymbol{=-\vec{a}+\vec{b}+\vec{c}}$

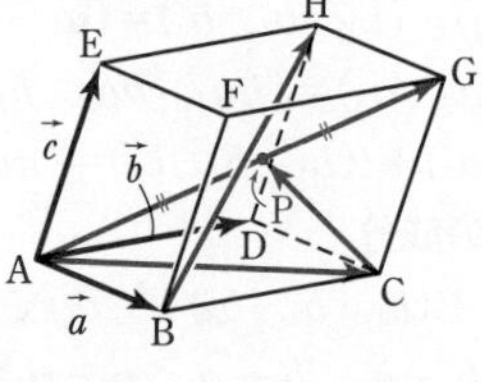


$\overrightarrow{CP}=\overrightarrow{AP}-\overrightarrow{AC}=\dfrac{1}{2}\overrightarrow{AG}-\overrightarrow{AC}=\dfrac{1}{2}(\vec{a}+\vec{b}+\vec{c})-(\vec{a}+\vec{b})$

$\quad\boldsymbol{=-\dfrac{1}{2}\vec{a}-\dfrac{1}{2}\vec{b}+\dfrac{1}{2}\vec{c}}$

合成 $\mathrm{P\square}+\mathrm{\square Q}=\mathrm{PQ}$，
$\quad\mathrm{\square Q}-\mathrm{\square P}=\mathrm{PQ}$
分割 $\mathrm{PQ}=\mathrm{P\square}+\mathrm{\square Q}$，
$\quad\mathrm{PQ}=\mathrm{\square Q}-\mathrm{\square P}$
向き変え $\mathrm{PQ}=-\mathrm{QP}$
$\quad\mathrm{PP}=\vec{0}$

◀分割。$\overrightarrow{CP}=\overrightarrow{CA}+\overrightarrow{AP}$ としてもよい。

**検討**

### 空間の 1 次独立なベクトル

$s$，$t$，$u$ を実数とする。空間の 3 つのベクトル $\vec{a}$，$\vec{b}$，$\vec{c}$ について

$$s\vec{a}+t\vec{b}+u\vec{c}=\vec{0}\ \text{ならば}\ s=t=u=0$$

が成り立つとき，$\vec{a}$，$\vec{b}$，$\vec{c}$ は **1 次独立** であるという。
1 次独立でないベクトルは **1 次従属** であるという。
$\vec{a}$，$\vec{b}$，$\vec{c}$ が 1 次独立であるとき，$\vec{a}=\overrightarrow{OA}$，$\vec{b}=\overrightarrow{OB}$，$\vec{c}=\overrightarrow{OC}$ とすると，4 点 O，A，B，C は同じ平面上にない。このとき，4 点 O，A，B，C を頂点とする立体は四面体になる。
また，$\vec{a}$，$\vec{b}$，$\vec{c}$ はどれも $\vec{0}$ でなく，どの 2 つのベクトルも平行でない。

1次独立

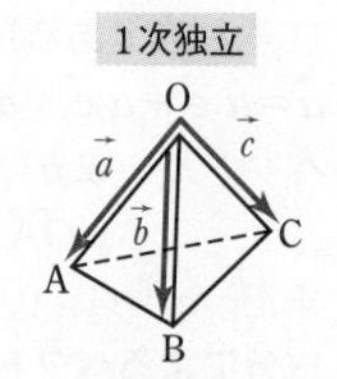

O
$\vec{a}$
$\vec{c}$
$\vec{b}$
C
A
B

特に重要なのは，1 次独立な 3 つのベクトルによって，空間の任意のベクトル $\vec{p}$ は $\quad\vec{p}=s\vec{a}+t\vec{b}+u\vec{c}$ …… (∗)
の形にただ 1 通りに表されるということである。 ◀p.86 3

なお，$\vec{0}$ でないベクトル $\vec{a}$，$\vec{b}$，$\vec{c}$ が 1 次従属であるとき，$\vec{a}=\overrightarrow{OA}$，$\vec{b}=\overrightarrow{OB}$，$\vec{c}=\overrightarrow{OC}$ とすると，4 点 O，A，B，C は 1 つの平面上にある。よって，この平面上にない点 P を (∗) の形に表すことはできない。

1次従属

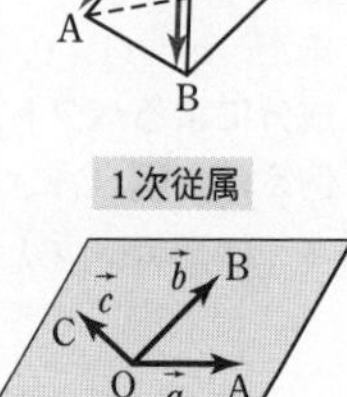


**練習** ① **47** 四面体 ABCD において，$\overrightarrow{AB}=\vec{a}$，$\overrightarrow{AC}=\vec{b}$，$\overrightarrow{AD}=\vec{c}$ とし，辺 BC，AD の中点をそれぞれ L，M とする。

(1) $\overrightarrow{AL}$，$\overrightarrow{DL}$，$\overrightarrow{LM}$ をそれぞれ $\vec{a}$，$\vec{b}$，$\vec{c}$ で表せ。

(2) 線分 AL の中点を N とすると，$\overrightarrow{DL}=2\overrightarrow{MN}$ であることを示せ。 p.94 EX32, 33

## 基本例題 48 空間のベクトルの分解(成分表示)

$\vec{a}=(-2,\ 0,\ 1)$, $\vec{b}=(0,\ 2,\ 0)$, $\vec{c}=(2,\ 1,\ 1)$ とし，$s$, $t$, $u$ は実数とする。

(1) $3\vec{a}+4\vec{b}-\vec{c}$ を成分で表せ。また，その大きさを求めよ。

(2) $s\vec{a}+t\vec{b}+u\vec{c}=\vec{0}$ ならば $s=t=u=0$ であることを示せ。

(3) $\vec{p}=(2,\ -7,\ 5)$ を $s\vec{a}+t\vec{b}+u\vec{c}$ の形に表せ。

p.86 基本事項 3，p.87 基本事項 4，5

**指針** (1) $p.87$ 基本事項 5，4 ④ を利用して計算する。

(2), (3) はベクトル $s\vec{a}+t\vec{b}+u\vec{c}$ を成分で表し，

**ベクトルの相等　対応する成分がそれぞれ等しい**

を利用して解決する。すなわち

(2) $s\vec{a}+t\vec{b}+u\vec{c}=\vec{0}$　(3) $\vec{p}=s\vec{a}+t\vec{b}+u\vec{c}$　として，両辺の各成分を等しいとおき，$s$, $t$, $u$ の連立方程式を解く。

**解答**

(1) $3\vec{a}+4\vec{b}-\vec{c}=3(-2,\ 0,\ 1)+4(0,\ 2,\ 0)-(2,\ 1,\ 1)$
$=(-6-2,\ 8-1,\ 3-1)$
$=\mathbf{(-8,\ 7,\ 2)}$

よって　$|3\vec{a}+4\vec{b}-\vec{c}|=\sqrt{(-8)^2+7^2+2^2}=\sqrt{117}$
$=\mathbf{3\sqrt{13}}$

(2) $s\vec{a}+t\vec{b}+u\vec{c}=s(-2,\ 0,\ 1)+t(0,\ 2,\ 0)+u(2,\ 1,\ 1)$
$=(-2s+2u,\ 2t+u,\ s+u)$

$s\vec{a}+t\vec{b}+u\vec{c}=\vec{0}$ ならば

$-2s+2u=0$ …… ①，$2t+u=0$ …… ②，
$s+u=0$ …… ③

①，③ から　$s=u=0$　② から　$t=0$

したがって　$s=t=u=0$

(3) $\vec{p}=s\vec{a}+t\vec{b}+u\vec{c}$ とすると

$-2s+2u=2$ …… ④，$2t+u=-7$ …… ⑤，
$s+u=5$ …… ⑥

④，⑥ から　$s=2$, $u=3$　⑤ から　$t=-5$

したがって　$\boldsymbol{\vec{p}=2\vec{a}-5\vec{b}+3\vec{c}}$

◀平面の場合の計算に，$z$ 成分が加わる。

◀$\vec{p}=(x_1,\ y_1,\ z_1)$ のとき $|\vec{p}|=\sqrt{x_1^2+y_1^2+z_1^2}$

◀ベクトルの相等

**検討**

(2) の結果から，$\vec{a}$, $\vec{b}$, $\vec{c}$ は **1 次独立** であることがわかる。したがって，$p.86$ 基本事項 3 により，**任意のベクトル $\vec{p}$ は $s\vec{a}+t\vec{b}+u\vec{c}$ の形にただ 1 通りに表される** [(3) はその一例]。

**練習 ② 48** $\vec{a}=(1,\ 0,\ 1)$, $\vec{b}=(2,\ -1,\ -2)$, $\vec{c}=(-1,\ 2,\ 0)$ とし，$s$, $t$, $u$ は実数とする。

(1) $2\vec{a}-3\vec{b}+\vec{c}$ を成分で表せ。また，その大きさを求めよ。

(2) $\vec{d}=(6,\ -5,\ 0)$ を $s\vec{a}+t\vec{b}+u\vec{c}$ の形に表せ。

(3) $l$, $m$, $n$ は実数とする。$\vec{d}=(l,\ m,\ n)$ を $s\vec{a}+t\vec{b}+u\vec{c}$ の形に表すとき，$s$, $t$, $u$ をそれぞれ $l$, $m$, $n$ で表せ。

## 基本例題 49 空間のベクトルの平行

4点 A(1, 0, −3), B(−1, 2, 2), D(2, 3, −1), E(6, $a$, $b$) がある。

(1) AB∥DE であるとき，$a$, $b$ の値を求めよ。また，このとき AB：DE=□

(2) 四角形 ABCD が平行四辺形であるとき，点 C の座標を求めよ。

基本 8, 9

**指針** 空間においても，1つの平面上で考えるときは，平面図形とベクトルの関係をそのまま用いることができる。

(1) **AB∥DE ⟺ $\overrightarrow{DE}=k\overrightarrow{AB}$ となる実数 $k$ がある** ($\overrightarrow{AB}\neq\vec{0}$, $\overrightarrow{DE}\neq\vec{0}$)

(2) **四角形 ABCD が平行四辺形であるための条件は**

$\overrightarrow{AB}=\overrightarrow{DC}$ ($\overrightarrow{AB}\neq\vec{0}$, $\overrightarrow{DC}\neq\vec{0}$) ← $\overrightarrow{AB}=\overrightarrow{CD}$ ではない！

計算の際，次のことを利用する。[平面の場合と同様。空間の場合，**$z$ 成分が加わる**]

2点 A($a_1$, $a_2$, $a_3$), B($b_1$, $b_2$, $b_3$) について $\overrightarrow{AB}=(b_1-a_1,\ b_2-a_2,\ b_3-a_3)$

**解答**

(1) AB∥DE から，$\overrightarrow{DE}=k\overrightarrow{AB}$ となる実数 $k$ がある。

$\overrightarrow{AB}=(-2,\ 2,\ 5)$, $\overrightarrow{DE}=(4,\ a-3,\ b+1)$ であるから

$(4,\ a-3,\ b+1)=k(-2,\ 2,\ 5)$ …… (＊)

よって $4=-2k$, $a-3=2k$, $b+1=5k$

ゆえに $k=-2$, $\boldsymbol{a=-1}$, $\boldsymbol{b=-11}$

また，$|\overrightarrow{DE}|=|-2\overrightarrow{AB}|=2|\overrightarrow{AB}|$ から AB：DE=**1：2**

◀ $\overrightarrow{AB}=k\overrightarrow{DE}$ として考えてもよいが，その場合，$k\overrightarrow{DE}$ は $(4k,\ ka-3k,\ kb+k)$ となり，左の解答よりも計算が面倒になる。

(2) 点Cの座標を $(x,\ y,\ z)$ とする。

四角形 ABCD は平行四辺形であるから $\overrightarrow{AB}=\overrightarrow{DC}$

$\overrightarrow{DC}=(x-2,\ y-3,\ z+1)$ であるから

$(-2,\ 2,\ 5)=(x-2,\ y-3,\ z+1)$

よって $-2=x-2$, $2=y-3$, $5=z+1$

ゆえに $x=0$, $y=5$, $z=4$

よって **C(0, 5, 4)**

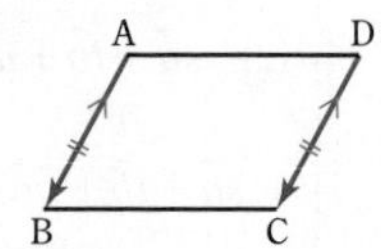


別解 四角形 ABCD は平行四辺形であるから

$\overrightarrow{AC}=\overrightarrow{AB}+\overrightarrow{AD}$

よって $\overrightarrow{AC}=(-2,\ 2,\ 5)+(1,\ 3,\ 2)=(-1,\ 5,\ 7)$

ゆえに，原点を O とすると

$\overrightarrow{OC}=\overrightarrow{OA}+\overrightarrow{AC}=(1,\ 0,\ -3)+(-1,\ 5,\ 7)=(0,\ 5,\ 4)$

よって **C(0, 5, 4)**

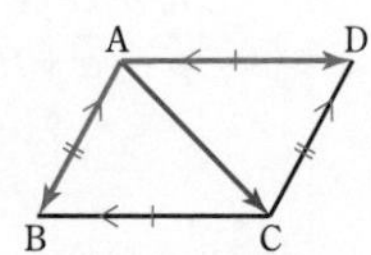


**参考** ベクトルについて，例えば，(＊) を $\begin{pmatrix}4\\a-3\\b+1\end{pmatrix}=k\begin{pmatrix}-2\\2\\5\end{pmatrix}$ のように成分を縦に書く記述法もある。

縦に書くと，$x$, $y$, $z$ の各成分が同じ高さになり見やすい，という利点がある。

**練習 ② 49**

(1) $\vec{a}=(2,\ -3x,\ 8)$, $\vec{b}=(3x,\ -6,\ 4y-2)$ とする。$\vec{a}$ と $\vec{b}$ が平行であるとき，$x$, $y$ の値を求めよ。〔岩手大〕

(2) 4点 A(3, 3, 2), B(0, 4, 0), C, D(5, 1, −2) がある。四角形 ABCD が平行四辺形であるとき，点 C の座標を求めよ。

## 基本例題 50 平行四辺形の頂点 …3通りの場合分け

平行四辺形の3頂点が A(1, 1, −2), B(−2, 1, 2), C(3, −1, −3) であるとき，第4の頂点Dの座標を求めよ。

基本 9, 49

**指針** 平行四辺形は平面図形であるから，平面上の場合と同様に考えればよいのだが,「第4の頂点D」から「平行四辺形ABCD」と早合点してはならない。**頂点Dには，右の図の $D_1$, $D_2$, $D_3$ のように3通り**（平行四辺形ABCD, ABDC, ADBC）**の場合がある。**
例えば，点Dが $D_1$ の位置にある条件は $\overrightarrow{AB}=\overrightarrow{DC}$

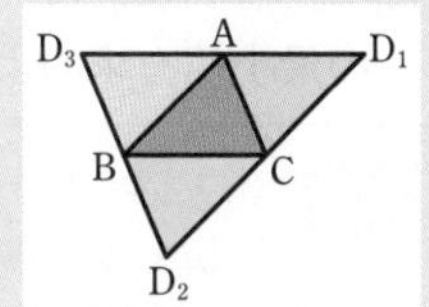


**解答** D(x, y, z) とする。

[1] 四角形ABCDが平行四辺形の場合 $\overrightarrow{AB}=\overrightarrow{DC}$

$\overrightarrow{AB}=(-3, 0, 4)$, $\overrightarrow{DC}=(3-x, -1-y, -3-z)$ であるから $-3=3-x$, $0=-1-y$, $4=-3-z$

これを解くと $x=6$, $y=-1$, $z=-7$

[2] 四角形ABDCが平行四辺形の場合 $\overrightarrow{AB}=\overrightarrow{CD}$

$\overrightarrow{AB}=(-3, 0, 4)$, $\overrightarrow{CD}=(x-3, y+1, z+3)$ であるから $-3=x-3$, $0=y+1$, $4=z+3$

これを解くと $x=0$, $y=-1$, $z=1$

[3] 四角形ADBCが平行四辺形の場合 $\overrightarrow{AC}=\overrightarrow{DB}$

$\overrightarrow{AC}=(2, -2, -1)$, $\overrightarrow{DB}=(-2-x, 1-y, 2-z)$ であるから $2=-2-x$, $-2=1-y$, $-1=2-z$

これを解くと $x=-4$, $y=3$, $z=3$

以上から，点Dの座標は

**(6, −1, −7), (0, −1, 1), (−4, 3, 3)**

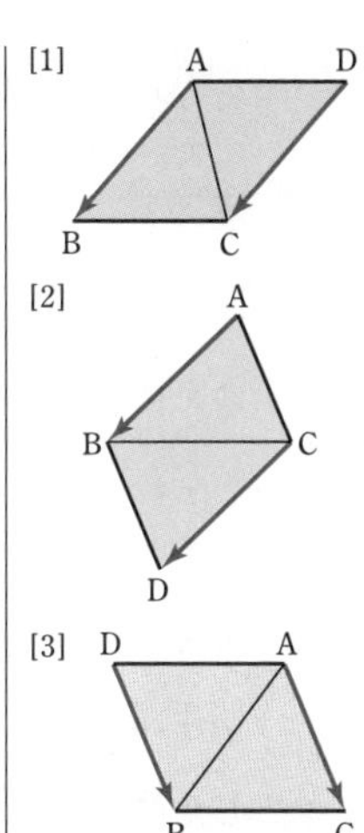


別解 **平行四辺形は，2本の対角線がそれぞれの中点で交わる** ことを利用する。

[1] 四角形ABCDが平行四辺形の場合

対角線ACの中点の座標は $\left(2, 0, -\frac{5}{2}\right)$

◀p.127 参照。$\left(\frac{1+3}{2}, \frac{1-1}{2}, \frac{-2-3}{2}\right)$ として求める（平面の場合と同様）。

対角線BDの中点の座標は $\left(\frac{x-2}{2}, \frac{y+1}{2}, \frac{z+2}{2}\right)$

これらが一致するから

$$\frac{x-2}{2}=2,\quad \frac{y+1}{2}=0,\quad \frac{z+2}{2}=-\frac{5}{2}$$

よって $x=6$, $y=-1$, $z=-7$

[2] 対角線が AD, BC, [3] 対角線が AB, CD の場合も同様（解答は省略）。

**練習 ② 50** 平行四辺形の3頂点が A(1, 0, −1), B(2, −1, 1), C(−1, 3, 2) であるとき，第4の頂点Dの座標を求めよ。

p.94 EX34

## 基本例題 51 ベクトルの大きさの最小値 (1)，最短経路

(1) $\vec{a}=(2,\ 1,\ 1)$，$\vec{b}=(1,\ 2,\ -1)$ とする。ベクトル $\vec{a}+t\vec{b}$ の大きさが最小になるときの実数 $t$ の値と，そのときの大きさを求めよ。

(2) 定点 A(2, 0, 3)，B(1, 2, 1) と，$xy$ 平面上を動く点 P に対し，AP+PB の最小値を求めよ。

基本 10，数学Ⅱ重要 89

**指針** (1) $|\vec{p}|$ は $|\vec{p}|^2$ として扱う に従い，$|\vec{a}+t\vec{b}|^2$ の最小値を調べる。
$|\vec{a}+t\vec{b}|^2$ は $t$ の **2 次式** になるから，**基本形 $a(t-p)^2+q$ に変形**。

(2) 平面上では，折れ線の最小 対称点をとって 1 本の線分にのばす ……★
に従い，右の図のようにして

$$\mathbf{AP+PB=AP+PB'\geqq AP_0+P_0B'=AB'}$$

から，**折れ線** AP+PB の最小値は AB′ であるとして求めた。空間においても同様の考え方で求められる。

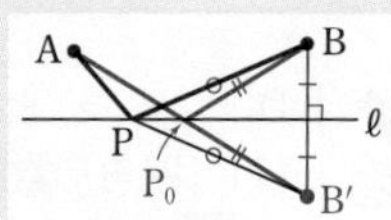


**解答**

(1) $\vec{a}+t\vec{b}=(2,\ 1,\ 1)+t(1,\ 2,\ -1)$
$=(2+t,\ 1+2t,\ 1-t)$

ゆえに $|\vec{a}+t\vec{b}|^2=(2+t)^2+(1+2t)^2+(1-t)^2$
$=6t^2+6t+6$
$=6\left(t+\dfrac{1}{2}\right)^2+\dfrac{9}{2}$

よって，$|\vec{a}+t\vec{b}|^2$ は $t=-\dfrac{1}{2}$ のとき最小となり，
$|\vec{a}+t\vec{b}|\geqq 0$ であるから $|\vec{a}+t\vec{b}|$ もこのとき最小になる。

したがって **$t=-\dfrac{1}{2}$ のとき最小値 $\sqrt{\dfrac{9}{2}}=\dfrac{3}{\sqrt{2}}$**

◀$p.26$ 基本例題 **10** と同じ要領の解答。

◀$6t^2+6t+6$
$=6(t^2+t)+6$
$=6\left\{\left(t+\dfrac{1}{2}\right)^2-\left(\dfrac{1}{2}\right)^2\right\}+6$

参考 $|\vec{a}+t\vec{b}|$ が最小になるのは，$(\vec{a}+t\vec{b})\perp\vec{b}$ のときである。$p.26$ 参照。

(2) $xy$ 平面に関して A と B は同じ側にある。
そこで，$xy$ 平面に関して点 B と対称な点を B′ とすると
B′(1, 2, −1) であり，
PB=PB′ であるから
AP+PB=AP+PB′≧AB′
よって，P として直線 AB′ と $xy$ 平面の交点 $\mathrm{P_0}$ をとると AP+PB は最小となり，
最小値は

$$\mathrm{AB'}=\sqrt{(1-2)^2+(2-0)^2+(-1-3)^2}=\boldsymbol{\sqrt{21}}$$

◀$z$ 座標がともに正であるから。この断りは必要。

◀指針___……★ の方針。
「2 点間の最短経路は，2 点を結ぶ線分である」ことを利用する。

◀$\mathrm{P_0}\left(\dfrac{5}{4},\ \dfrac{3}{2},\ 0\right)$ となる。

**練習 ③ 51**
(1) 原点 O と 2 点 A(−1, 2, −3)，B(−3, 2, 1) に対して，$\vec{p}=(1-t)\overrightarrow{\mathrm{OA}}+t\overrightarrow{\mathrm{OB}}$ とする。$|\vec{p}|$ の最小値とそのときの実数 $t$ の値を求めよ。
(2) 定点 A(−1, −2, 1)，B(5, −1, 3) と，$zx$ 平面上の動点 P に対し，AP+PB の最小値を求めよ。

p.94 EX35

## 基本例題 52 ベクトルの大きさの最小値 (2)

座標空間に原点 O と点 A(1, −2, 3), B(2, 0, 4), C(3, −1, 5) がある。このとき，ベクトル $\overrightarrow{OA}+x\overrightarrow{AB}+y\overrightarrow{AC}$ の大きさの最小値と，そのときの実数 $x$, $y$ の値を求めよ。

基本 51

指針　**$|\vec{p}|$ は $|\vec{p}|^2$ として扱う** に従い，$|\overrightarrow{OA}+x\overrightarrow{AB}+y\overrightarrow{AC}|^2$ の最小値を調べる。
$|\overrightarrow{OA}+x\overrightarrow{AB}+y\overrightarrow{AC}|^2$ は $x$, $y$ の 2 次式となるから，まずは一方の文字について平方完成し，次に残りの文字について平方完成を行う。

**解答**

$\overrightarrow{OA}+x\overrightarrow{AB}+y\overrightarrow{AC}$
$=(1,\ -2,\ 3)+x(1,\ 2,\ 1)+y(2,\ 1,\ 2)$
$=(1+x+2y,\ -2+2x+y,\ 3+x+2y)$

よって　$|\overrightarrow{OA}+x\overrightarrow{AB}+y\overrightarrow{AC}|^2$
$=(1+x+2y)^2+(-2+2x+y)^2+(3+x+2y)^2$
$=6x^2+12xy+9y^2+12y+14$
$=6(x+y)^2+3y^2+12y+14$
$=6(x+y)^2+3(y+2)^2+2$

ゆえに，$|\overrightarrow{OA}+x\overrightarrow{AB}+y\overrightarrow{AC}|^2$ は　$x+y=0$ かつ $y+2=0$
すなわち，$x=2$, $y=-2$ のとき最小値 2 をとる。
$|\overrightarrow{OA}+x\overrightarrow{AB}+y\overrightarrow{AC}|\geqq 0$ であるから，$|\overrightarrow{OA}+x\overrightarrow{AB}+y\overrightarrow{AC}|^2$ が最小のとき $|\overrightarrow{OA}+x\overrightarrow{AB}+y\overrightarrow{AC}|$ も最小となる。
したがって，$|\overrightarrow{OA}+x\overrightarrow{AB}+y\overrightarrow{AC}|$ は
　**$x=2$, $y=-2$ のとき最小値 $\sqrt{2}$** をとる。

◀まず，成分で表す。
◀$\vec{p}=(x,\ y,\ z)$ のとき $|\vec{p}|^2=x^2+y^2+z^2$
◀$6x^2+12xy=6(x^2+2xy)$ に注目し，
$6x^2+12xy+9y^2$
$=(6x^2+12xy+6y^2)+3y^2$
と変形。
◀$(\text{実数})^2\geqq 0$

**検討**　**図形的に考える**

$\overrightarrow{OP}=\overrightarrow{OA}+(x\overrightarrow{AB}+y\overrightarrow{AC})$ とすると，点 P は 3 点 A, B, C を通る平面 $\alpha$ 上の任意の点を表す (p.104 基本事項 **3** ③ 参照)。
よって，$|\overrightarrow{OP}|$ が最小になるのは，OP と平面 $\alpha$ が垂直のときである。
このとき　OP⊥AB かつ OP⊥AC (p.121 **補足事項** 参照。)
すなわち　$\overrightarrow{OP}\cdot\overrightarrow{AB}=0$ かつ $\overrightarrow{OP}\cdot\overrightarrow{AC}=0$
ゆえに　$1\cdot(1+x+2y)+2(-2+2x+y)+1\cdot(3+x+2y)=0$,
　　　$2(1+x+2y)+1\cdot(-2+2x+y)+2(3+x+2y)=0$
(内積の計算は平面の場合と同様。p.95 基本事項 **1** ② 参照。)
整理して　$x+y=0$, $2x+3y+2=0$
これを解いて　**$x=2$, $y=-2$**
このとき，$\overrightarrow{OP}=(-1,\ 0,\ 1)$ となるから，$|\overrightarrow{OP}|$ の **最小値は**
$\sqrt{(-1)^2+0^2+1^2}=\sqrt{2}$

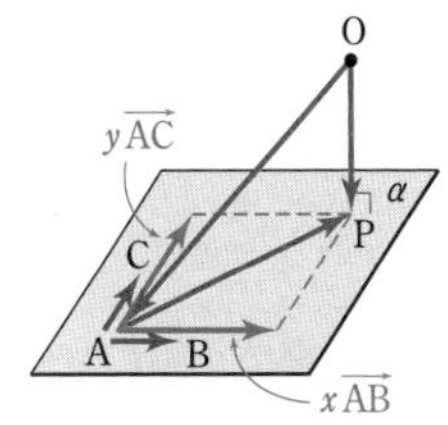


(点 P が点 O から平面 $\alpha$ に下ろした垂線の足と一致するとき最小。)

**練習 ③ 52**　$\vec{a}=(1,\ -1,\ 1)$, $\vec{b}=(1,\ 0,\ 1)$, $\vec{c}=(2,\ 1,\ 0)$ とする。このとき，$|\vec{a}+x\vec{b}+y\vec{c}|$ は実数の組 $(x,\ y)=$ ア［　］に対して，最小値 イ［　］をとる。　〔成蹊大〕

2章 ⑦ 空間のベクトル、ベクトルの成分

## EXERCISES　6 空間の座標，7 空間のベクトル，ベクトルの成分

③30　$p$，$q$ を正の実数とする。O を原点とする座標空間内の 3 点 $P(p,\ 0,\ 0)$，$Q(0,\ q,\ 0)$，$R(0,\ 0,\ 1)$ が $\angle PRQ=\dfrac{\pi}{6}$ を満たすとき

(1) 線分 PQ，QR，RP の長さをそれぞれ $p$，$q$ を用いて表せ。

(2) $p^2q^2+p^2+q^2$ の値を求めよ。

(3) 四面体 OPQR の体積 $V$ の最大値を求めよ。〔類 一橋大〕

→45

④31　空間内の 4 点 A，B，C，D が AB=1，AC=2，AD=3，$\angle BAC=\angle CAD=60^\circ$，$\angle DAB=90^\circ$ を満たしている。この 4 点から等距離にある点を E とするとき，線分 AE の長さを求めよ。〔大阪大 改題〕

→46

②32　立方体 OAPB-CRSQ において，$\vec{p}=\overrightarrow{OP}$，$\vec{q}=\overrightarrow{OQ}$，$\vec{r}=\overrightarrow{OR}$ とする。$\vec{p}$，$\vec{q}$，$\vec{r}$ を用いて $\overrightarrow{OA}$ を表せ。〔類 立教大〕

→47

②33　空間における長方形 ABCD について，点 A の座標は (5, 0, 0)，点 D の座標は (−5, 0, 0) であり，辺 AB の長さは 5 であるとする。更に，点 B の $y$ 座標と $z$ 座標はいずれも正であり，点 B から $xy$ 平面に下ろした垂線の長さは 3 であるとする。このとき，点 B および点 C の座標を求めよ。〔類 法政大〕

→47

②34　4 点 A(1, −2, −3)，B(2, 1, 1)，C(−1, −3, 2)，D(3, −4, −1) がある。線分 AB，AC，AD を 3 辺とする平行六面体の他の頂点の座標を求めよ。〔類 防衛大〕

→50

④35　座標空間において，点 A(1, 0, 2)，B(0, 1, 1) とする。点 P が $x$ 軸上を動くとき，AP+PB の最小値を求めよ。〔早稲田大〕

→51

30　(2) △PQR に余弦定理を適用する。

(3) (相加平均)≧(相乗平均) から　$p^2+q^2 \geqq 2\sqrt{p^2q^2}$　これと (2) の結果を利用。

31　AB=1，AD=3，$\angle DAB=90^\circ$ から，A(0, 0, 0)，B(1, 0, 0)，D(0, 3, 0) とおいて考える。まず，点 C の座標を求める。

32　まず，$\vec{p}$，$\vec{q}$，$\vec{r}$ をそれぞれ $\overrightarrow{OA}$，$\overrightarrow{OB}$，$\overrightarrow{OC}$ で表す。

33　点 B の座標は $(5,\ a,\ 3)\ (a>0)$ と表される。

34　平行六面体の各面は平行四辺形である。

35　2 点 A，P が $zx$ 平面上にあることに着目。PB=PC となる $zx$ 平面上の点 C を考える。

# 8 空間のベクトルの内積

## 基本事項

**1 空間のベクトルの内積**

① **定義** $\vec{a}\neq\vec{0}$, $\vec{b}\neq\vec{0}$ のとき，$\vec{a}$, $\vec{b}$ のなす角を $\theta$ とすると

$$\boldsymbol{\vec{a}\cdot\vec{b}=|\vec{a}||\vec{b}|\cos\theta}$$

$\vec{a}=\vec{0}$ または $\vec{b}=\vec{0}$ のとき　$\boldsymbol{\vec{a}\cdot\vec{b}=0}$

② **成分表示** $\vec{a}=(a_1,\ a_2,\ a_3)$, $\vec{b}=(b_1,\ b_2,\ b_3)$ のとき

$$\boldsymbol{\vec{a}\cdot\vec{b}=a_1b_1+a_2b_2+a_3b_3}$$

**2 空間のベクトルの内積の性質** $k$, $p$, $q$, $r$, $s$ は実数とする。

① **交換法則** $\boldsymbol{\vec{a}\cdot\vec{b}=\vec{b}\cdot\vec{a}}$

② **ベクトルの大きさと内積** $\boldsymbol{|\vec{a}|^2=\vec{a}\cdot\vec{a}}$

③ **分配法則** $\boldsymbol{\vec{a}\cdot(\vec{b}+\vec{c})=\vec{a}\cdot\vec{b}+\vec{a}\cdot\vec{c}}$　　$\boldsymbol{(\vec{a}+\vec{b})\cdot\vec{c}=\vec{a}\cdot\vec{c}+\vec{b}\cdot\vec{c}}$

④ $\boldsymbol{(k\vec{a})\cdot\vec{b}=\vec{a}\cdot(k\vec{b})=k(\vec{a}\cdot\vec{b})}$　　←$\boldsymbol{k\vec{a}\cdot\vec{b}}$ と書いてよい。

一般に　$\boldsymbol{(p\vec{a}+q\vec{b})\cdot(r\vec{c}+s\vec{d})=pr\vec{a}\cdot\vec{c}+ps\vec{a}\cdot\vec{d}+qr\vec{b}\cdot\vec{c}+qs\vec{b}\cdot\vec{d}}$

⑤ **不等式** $\boldsymbol{-|\vec{a}||\vec{b}|\leqq\vec{a}\cdot\vec{b}\leqq|\vec{a}||\vec{b}|\iff|\vec{a}\cdot\vec{b}|\leqq|\vec{a}||\vec{b}|}$

**3 ベクトルのなす角**

$\vec{a}\neq\vec{0}$, $\vec{b}\neq\vec{0}$, $\vec{a}$, $\vec{b}$ のなす角を $\theta$ とし，$\vec{a}=(a_1,\ a_2,\ a_3)$, $\vec{b}=(b_1,\ b_2,\ b_3)$ とする。

① $\boldsymbol{\cos\theta=\dfrac{\vec{a}\cdot\vec{b}}{|\vec{a}||\vec{b}|}=\dfrac{a_1b_1+a_2b_2+a_3b_3}{\sqrt{a_1^2+a_2^2+a_3^2}\sqrt{b_1^2+b_2^2+b_3^2}}}$　　ただし　$\boldsymbol{0^\circ\leqq\theta\leqq180^\circ}$

② **垂直** $\boldsymbol{\vec{a}\perp\vec{b}\iff\vec{a}\cdot\vec{b}=0\iff a_1b_1+a_2b_2+a_3b_3=0}$

## 解　説

空間における $\vec{0}$ でない 2 つのベクトル $\vec{a}$, $\vec{b}$ のなす角 $\theta$ を平面の場合 ($p.28$) と同様に定義すると，ベクトルの内積 $\vec{a}\cdot\vec{b}$ は，**1** ① のように平面の場合とまったく同じ式で定義され，内積についての性質，法則も平面の場合と同様に成り立つ。なお，2 つのベクトルのなす角 $\theta$ は $0^\circ\leqq\theta\leqq180^\circ$ である。

◀特に，成分が関係するものは，平面の場合に $z$ 成分が加わった形になる。

■ **空間のベクトルの内積の性質**

例えば，**2** ③ 分配法則については

$\vec{a}=(a_1,\ a_2,\ a_3)$, $\vec{b}=(b_1,\ b_2,\ b_3)$, $\vec{c}=(c_1,\ c_2,\ c_3)$ のとき

$$\begin{aligned}\vec{a}\cdot(\vec{b}+\vec{c})&=a_1(b_1+c_1)+a_2(b_2+c_2)+a_3(b_3+c_3)\\&=(a_1b_1+a_2b_2+a_3b_3)+(a_1c_1+a_2c_2+a_3c_3)\\&=\vec{a}\cdot\vec{b}+\vec{a}\cdot\vec{c}\end{aligned}$$

◀$\vec{b}+\vec{c}=(b_1+c_1,\ b_2+c_2,\ b_3+c_3)$

その他についても，ベクトルの成分表示を用いて同様に証明できる。

したがって，平面の場合と同様，$(p\vec{a}+q\vec{b})\cdot(r\vec{c}+s\vec{d})$ は，式 $(pa+qb)(rc+sd)$ を展開するのと同じように変形できる。

なお，**2** ⑤ 不等式については，$p.38$ 重要例題 **19** を参照。

## 基本例題 53 空間のベクトルの内積 ①①①①①

1辺の長さが1の正四面体OABCにおいて，$\overrightarrow{OA}=\vec{a}$，$\overrightarrow{OB}=\vec{b}$，$\overrightarrow{OC}=\vec{c}$ とする。

(1) 内積 $\vec{a}\cdot\vec{b}$ を求めよ。

(2) 辺BC上に $BD=\frac{1}{3}$ となるように点Dをとる。このとき，内積 $\overrightarrow{OA}\cdot\overrightarrow{OD}$ を求めよ。

p.95 基本事項 1，2　重要 62

**指針** (1) 内積の定義 $\vec{a}\cdot\vec{b}=|\vec{a}||\vec{b}|\cos\theta$ に当てはめて計算。すなわち，$\vec{a}$，$\vec{b}$ の大きさと，なす角 $\theta$ を調べる（始点が異なる場合は，始点をそろえてなす角 $\theta$ を測る）。
なお，この結果は $\vec{b}\cdot\vec{c}$，$\vec{c}\cdot\vec{a}$ についても同じである。

(2) $\overrightarrow{OA}$ と $\overrightarrow{OD}$ のなす角は簡単にわからないから，(1)と同様にはできない。
そこで，$\overrightarrow{OD}$ が $\vec{b}$，$\vec{c}$ で表されることに着目し，**分配法則** を利用する。

**解答**

(1) $\vec{a}\cdot\vec{b}=|\vec{a}||\vec{b}|\cos\angle AOB$

$=1\times1\times\cos60^\circ=\mathbf{\frac{1}{2}}$

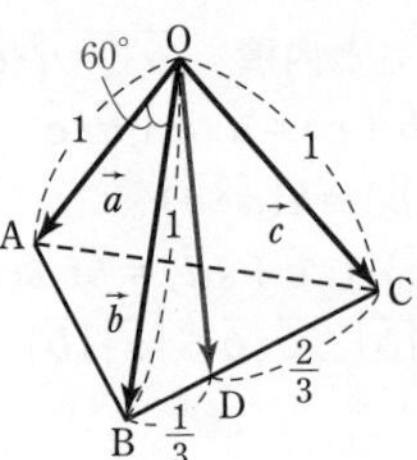


(2) $\overrightarrow{OD}=\overrightarrow{OB}+\frac{1}{3}\overrightarrow{BC}$

$=\vec{b}+\frac{1}{3}(\vec{c}-\vec{b})$

$=\frac{2}{3}\vec{b}+\frac{1}{3}\vec{c}$

よって

$\overrightarrow{OA}\cdot\overrightarrow{OD}=\vec{a}\cdot\left(\frac{2}{3}\vec{b}+\frac{1}{3}\vec{c}\right)=\frac{1}{3}(2\vec{a}\cdot\vec{b}+\vec{a}\cdot\vec{c})$

$\vec{a}\cdot\vec{c}=1\times1\times\cos60^\circ=\frac{1}{2}$ であるから

$\overrightarrow{OA}\cdot\overrightarrow{OD}=\frac{1}{3}\left(2\times\frac{1}{2}+\frac{1}{2}\right)=\mathbf{\frac{1}{2}}$

◀正四面体とは，4つの面が合同な正三角形でできている四面体。

◀$BC=1$，$BD=\frac{1}{3}$ であるから　$\overrightarrow{BD}=\frac{1}{3}\overrightarrow{BC}$

◀$a\left(\frac{2}{3}b+\frac{1}{3}c\right)$ と同様の計算。

◀$\vec{a}\cdot\vec{c}=|\vec{a}||\vec{c}|\cos\angle AOC$

**検討　点Dの位置にかかわらず $\overrightarrow{OA}\cdot\overrightarrow{OD}$ の値は一定**

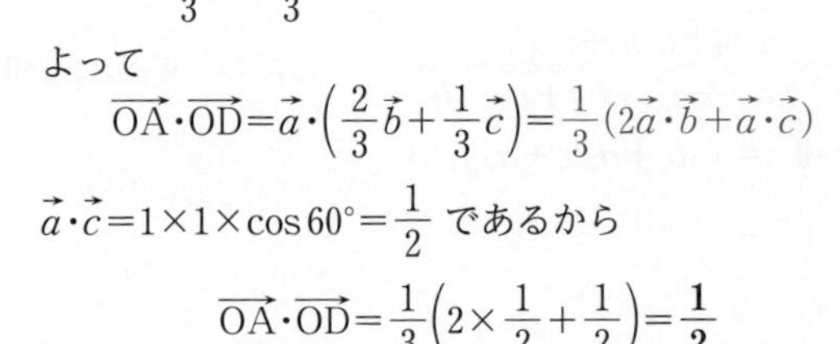

上の例題において，点Dが辺BC上にあれば，AB=OB，BD共通，
$\angle ABD=\angle OBD=60^\circ$ であるから　$\triangle ABD\equiv\triangle OBD$
ゆえに，$\triangle DOA$ は $DA=DO$ の二等辺三角形である。
よって　$\overrightarrow{OA}\cdot\overrightarrow{OD}=|\overrightarrow{OA}||\overrightarrow{OD}|\cos\angle DOA$

$=|\overrightarrow{OA}|\cdot\frac{1}{2}|\overrightarrow{OA}|=\frac{1}{2}|\overrightarrow{OA}|^2=\frac{1}{2}$

したがって，点Dの位置にかかわらず $\overrightarrow{OA}\cdot\overrightarrow{OD}$ の値は一定である。

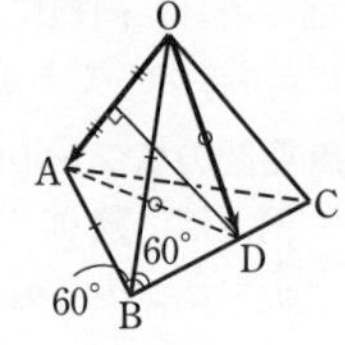


**練習 ② 53** どの辺の長さも1である正四角錐OABCDにおいて，$\overrightarrow{OA}=\vec{a}$，$\overrightarrow{OB}=\vec{b}$，$\overrightarrow{OC}=\vec{c}$ とする。辺OAの中点をMとするとき

(1) $\overrightarrow{MB}$，$\overrightarrow{MC}$ をそれぞれ $\vec{a}$，$\vec{b}$，$\vec{c}$ で表せ。

(2) 内積 $\vec{b}\cdot\vec{c}$，$\overrightarrow{MB}\cdot\overrightarrow{MC}$ をそれぞれ求めよ。〔類 宮崎大〕

## 基本例題 54 空間のベクトルのなす角，三角形の面積 ①①①①①

(1) $\vec{a}=(0,\ 0,\ 2)$，$\vec{b}=(1,\ \sqrt{2},\ 3)$ の内積とそのなす角 $\theta$ を求めよ。

(2) A$(-2,\ 1,\ 3)$，B$(-3,\ 1,\ 4)$，C$(-3,\ 3,\ 5)$ とする。〔類 宮城教育大〕

(ア) 2 つのベクトル $\overrightarrow{\mathrm{AB}}$，$\overrightarrow{\mathrm{AC}}$ のなす角を求めよ。

(イ) 3 点 A，B，C で定まる △ABC の面積 $S$ を求めよ。

p.95 基本事項 3　重要 57

**指針** $\vec{a}=(a_1,\ a_2,\ a_3)$，$\vec{b}=(b_1,\ b_2,\ b_3)$ のとき，$\vec{a}$，$\vec{b}$ のなす角を $\theta$ とすると

$$\vec{a}\cdot\vec{b}=a_1b_1+a_2b_2+a_3b_3,\qquad \cos\theta=\frac{\vec{a}\cdot\vec{b}}{|\vec{a}||\vec{b}|}\quad ただし\quad 0^\circ\leqq\theta\leqq180^\circ$$

**解答**

(1) $\vec{a}\cdot\vec{b}=0\times1+0\times\sqrt{2}+2\times3=\mathbf{6}$

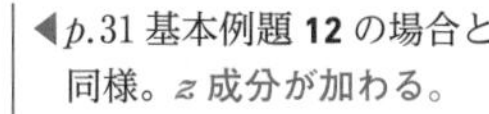

◀$p.31$ 基本例題 12 の場合と同様。$z$ 成分が加わる。

また，$|\vec{a}|=2$，$|\vec{b}|=\sqrt{1+2+9}=2\sqrt{3}$ であるから

$$\cos\theta=\frac{\vec{a}\cdot\vec{b}}{|\vec{a}||\vec{b}|}=\frac{6}{2\times2\sqrt{3}}=\frac{\sqrt{3}}{2}$$

$0^\circ\leqq\theta\leqq180^\circ$ であるから　$\boldsymbol{\theta=30^\circ}$

(2) (ア) $\overrightarrow{\mathrm{AB}}=(-1,\ 0,\ 1)$，$\overrightarrow{\mathrm{AC}}=(-1,\ 2,\ 2)$ であるから

$\overrightarrow{\mathrm{AB}}\cdot\overrightarrow{\mathrm{AC}}=(-1)\times(-1)+0\times2+1\times2=3$,

$|\overrightarrow{\mathrm{AB}}|=\sqrt{1+0+1}=\sqrt{2}$,

$|\overrightarrow{\mathrm{AC}}|=\sqrt{1+4+4}=3$

◀A$(a_1,\ a_2,\ a_3)$，B$(b_1,\ b_2,\ b_3)$ のとき $\overrightarrow{\mathbf{AB}}=(\boldsymbol{b_1-a_1},\ \boldsymbol{b_2-a_2},\ \boldsymbol{b_3-a_3})$

$\overrightarrow{\mathrm{AB}}$，$\overrightarrow{\mathrm{AC}}$ のなす角を $\theta$ とすると

$$\cos\theta=\frac{\overrightarrow{\mathrm{AB}}\cdot\overrightarrow{\mathrm{AC}}}{|\overrightarrow{\mathrm{AB}}||\overrightarrow{\mathrm{AC}}|}=\frac{3}{\sqrt{2}\times3}=\frac{1}{\sqrt{2}}$$

$0^\circ\leqq\theta\leqq180^\circ$ であるから　$\boldsymbol{\theta=45^\circ}$

(イ) $S=\dfrac{1}{2}|\overrightarrow{\mathrm{AB}}||\overrightarrow{\mathrm{AC}}|\sin\theta=\dfrac{1}{2}\times\sqrt{2}\times3\times\dfrac{1}{\sqrt{2}}$

$=\boldsymbol{\dfrac{3}{2}}$

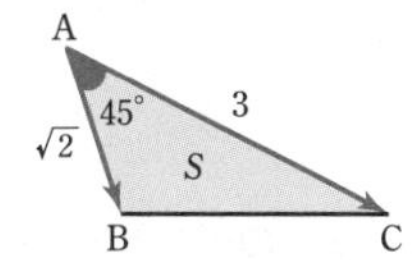

**検討** **三角形の面積**

平面の場合と同様に，空間の場合も次のことが成り立つ。

△ABC において $\overrightarrow{\mathrm{AB}}=\vec{x}$，$\overrightarrow{\mathrm{AC}}=\vec{y}$ とすると，△ABC の面積 $S$ は

$$S=\frac{1}{2}|\vec{x}||\vec{y}|\sin A=\frac{1}{2}\sqrt{|\vec{x}|^2|\vec{y}|^2-(\vec{x}\cdot\vec{y})^2}\quad (p.37\ 参照)$$

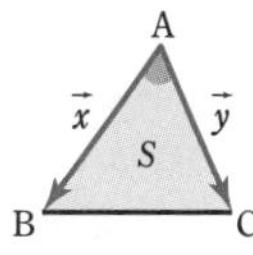


**練習 ② 54**

(1) 次の 2 つのベクトル $\vec{a}$，$\vec{b}$ の内積とそのなす角 $\theta$ を，それぞれ求めよ。

(ア) $\vec{a}=(-2,\ 1,\ 2)$，$\vec{b}=(-1,\ 1,\ 0)$

(イ) $\vec{a}=(1,\ -1,\ 1)$，$\vec{b}=(1,\ \sqrt{6},\ -1)$

(2) 3 点 A$(1,\ 0,\ 0)$，B$(0,\ 3,\ 0)$，C$(0,\ 0,\ 2)$ で定まる △ABC の面積 $S$ を求めよ。

〔(2) 類 湘南工科大〕 p.102 EX 37

## 基本例題 55 2つのベクトルに垂直な単位ベクトル

2つのベクトル $\vec{a}=(2,\ 1,\ 3)$ と $\vec{b}=(1,\ -1,\ 0)$ の両方に垂直な単位ベクトルを求めよ。

〔信州大〕 p.95 基本事項 3，基本 14

**指針** 求める単位ベクトルを $\vec{e}=(x,\ y,\ z)$ とすると

[1] $|\vec{e}|=1$ から $|\vec{e}|^2=1$ ← $|\vec{p}|$ は $|\vec{p}|^2$ として扱う

[2] $\vec{a}\perp\vec{e}$，$\vec{b}\perp\vec{e}$ から $\vec{a}\cdot\vec{e}=0$，$\vec{b}\cdot\vec{e}=0$

これらから，$x$，$y$，$z$ の連立方程式が得られ，それを解く。

なお，この問題は $p.33$ 基本例題 **14** (2) を空間の場合に拡張したものである。

**CHART** なす角・垂直　内積を利用

**解答**

求める単位ベクトルを $\vec{e}=(x,\ y,\ z)$ とする。

$\vec{a}\perp\vec{e}$，$\vec{b}\perp\vec{e}$ であるから　$\vec{a}\cdot\vec{e}=0$，$\vec{b}\cdot\vec{e}=0$

よって　$2x+y+3z=0$ …… ①，$x-y=0$ …… ②

また，$|\vec{e}|=1$ であるから　$x^2+y^2+z^2=1$ …… ③

◀ $|\vec{e}|^2=x^2+y^2+z^2$

② から　$y=x$　更に ① から　$z=-x$

これらを ③ に代入して　$x^2+x^2+(-x)^2=1$

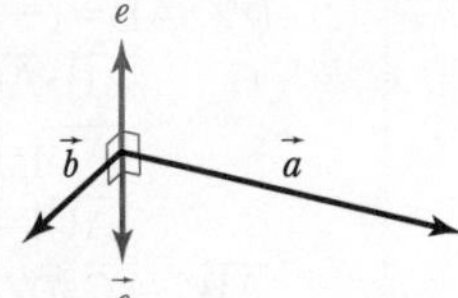


ゆえに　$3x^2=1$　よって　$x=\pm\dfrac{1}{\sqrt{3}}$

このとき　$y=\pm\dfrac{1}{\sqrt{3}}$，$z=\mp\dfrac{1}{\sqrt{3}}$（複号同順）

したがって，求める単位ベクトルは

$$\vec{e}=\left(\frac{1}{\sqrt{3}},\ \frac{1}{\sqrt{3}},\ -\frac{1}{\sqrt{3}}\right),\ \left(-\frac{1}{\sqrt{3}},\ -\frac{1}{\sqrt{3}},\ \frac{1}{\sqrt{3}}\right)$$

◀ $\vec{e}=\pm\left(\dfrac{1}{\sqrt{3}},\dfrac{1}{\sqrt{3}},-\dfrac{1}{\sqrt{3}}\right)$ でもよい。

**検討**

### 2つのベクトルに垂直なベクトル

$\vec{a}=(a_1,\ a_2,\ a_3)$，$\vec{b}=(b_1,\ b_2,\ b_3)$ に対し

$$\vec{u}=(a_2b_3-a_3b_2,\ a_3b_1-a_1b_3,\ a_1b_2-a_2b_1)$$

は $\vec{a}$ と $\vec{b}$ の両方に垂直なベクトルになる。各自，$\vec{a}\cdot\vec{u}=0$，$\vec{b}\cdot\vec{u}=0$ となることを確かめてみよう。

また，$\vec{u}$ を $\vec{a}$ と $\vec{b}$ の **外積** という。詳しくは $p.124$ 参照。

上の例題では，$\vec{u}=(3,\ 3,\ -3)$，$|\vec{u}|=3\sqrt{3}$ から

（$\vec{u}$：$\vec{a}$，$\vec{b}$ に垂直なベクトルの1つ）

$$\vec{e}=\pm\frac{\vec{u}}{|\vec{u}|}=\pm\frac{1}{\sqrt{3}}(1,\ 1,\ -1)$$

**$\vec{u}$ の計算法**

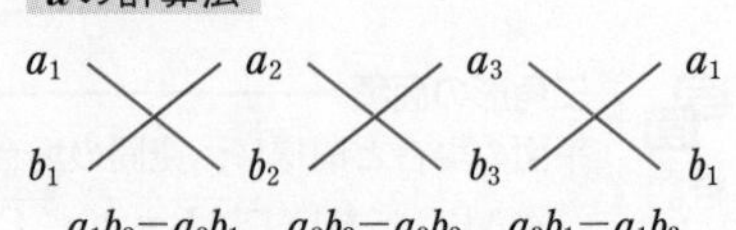


$a_1b_2-a_2b_1$（$z$成分）　$a_2b_3-a_3b_2$（$x$成分）　$a_3b_1-a_1b_3$（$y$成分）

各成分は（＼の積）−（／の積）

**練習 ② 55** 4点 A(4, 1, 3)，B(3, 0, 2)，C(−3, 0, 14)，D(7, −5, −6) について，$\overrightarrow{AB}$，$\overrightarrow{CD}$ のいずれにも垂直な大きさ $\sqrt{6}$ のベクトルを求めよ。〔名古屋市大〕

## 基本例題 56 ベクトルの大きさに関する等式の証明など ①①①①①

(1) 四面体OABCにおいて，ベクトル$\overrightarrow{\mathrm{OA}}$と$\overrightarrow{\mathrm{BC}}$が垂直ならば

$$|\overrightarrow{\mathrm{AB}}|^2+|\overrightarrow{\mathrm{OC}}|^2=|\overrightarrow{\mathrm{AC}}|^2+|\overrightarrow{\mathrm{OB}}|^2$$

であることを証明せよ。〔類 新潟大〕

(2) $\vec{a}=(3,\ -4,\ 12)$，$\vec{b}=(-3,\ 0,\ 4)$，$\vec{c}=\vec{a}+t\vec{b}$について，$\vec{c}$と$\vec{a}$，$\vec{c}$と$\vec{b}$のなす角が等しくなるような実数$t$の値を求めよ。

p.95 基本事項 2，3　重要 58

指針 (1) $\overrightarrow{\mathrm{OA}}\perp\overrightarrow{\mathrm{BC}}$から $\overrightarrow{\mathrm{OA}}\cdot\overrightarrow{\mathrm{BC}}=0$　これを用いて，(左辺)−(右辺)=0を示す。

(2) $\vec{c}$と$\vec{a}$，$\vec{c}$と$\vec{b}$のなす角をそれぞれ$\alpha$，$\beta$とすると

$$\cos\alpha=\frac{\vec{c}\cdot\vec{a}}{|\vec{c}||\vec{a}|},\quad \cos\beta=\frac{\vec{c}\cdot\vec{b}}{|\vec{c}||\vec{b}|}$$ が等しいことから，**$t$の方程式に帰着** させる。

なお，式の変形では成分で表さずにベクトルのまま計算するとよい。

**CHART** なす角・垂直　内積を利用

解答

(1) $\overrightarrow{\mathrm{OA}}\perp\overrightarrow{\mathrm{BC}}$であるから　$\overrightarrow{\mathrm{OA}}\cdot\overrightarrow{\mathrm{BC}}=0$

このとき　$(|\overrightarrow{\mathrm{AB}}|^2+|\overrightarrow{\mathrm{OC}}|^2)-(|\overrightarrow{\mathrm{AC}}|^2+|\overrightarrow{\mathrm{OB}}|^2)$

$=|\overrightarrow{\mathrm{OB}}-\overrightarrow{\mathrm{OA}}|^2+|\overrightarrow{\mathrm{OC}}|^2-|\overrightarrow{\mathrm{OC}}-\overrightarrow{\mathrm{OA}}|^2-|\overrightarrow{\mathrm{OB}}|^2$

$=|\overrightarrow{\mathrm{OB}}|^2-2\overrightarrow{\mathrm{OA}}\cdot\overrightarrow{\mathrm{OB}}+|\overrightarrow{\mathrm{OA}}|^2+|\overrightarrow{\mathrm{OC}}|^2$
$\quad-|\overrightarrow{\mathrm{OC}}|^2+2\overrightarrow{\mathrm{OA}}\cdot\overrightarrow{\mathrm{OC}}-|\overrightarrow{\mathrm{OA}}|^2-|\overrightarrow{\mathrm{OB}}|^2$

$=2\overrightarrow{\mathrm{OA}}\cdot\overrightarrow{\mathrm{OC}}-2\overrightarrow{\mathrm{OA}}\cdot\overrightarrow{\mathrm{OB}}=2\overrightarrow{\mathrm{OA}}\cdot(\overrightarrow{\mathrm{OC}}-\overrightarrow{\mathrm{OB}})$

$=2\overrightarrow{\mathrm{OA}}\cdot\overrightarrow{\mathrm{BC}}=0$

ゆえに　$|\overrightarrow{\mathrm{AB}}|^2+|\overrightarrow{\mathrm{OC}}|^2=|\overrightarrow{\mathrm{AC}}|^2+|\overrightarrow{\mathrm{OB}}|^2$

(2) $\vec{a}$，$\vec{b}$，$\vec{c}$は$\vec{0}$ではないから，$\vec{c}$と$\vec{a}$，$\vec{c}$と$\vec{b}$のなす角が等しくなるための条件は

$$\frac{\vec{c}\cdot\vec{a}}{|\vec{c}||\vec{a}|}=\frac{\vec{c}\cdot\vec{b}}{|\vec{c}||\vec{b}|}$$

よって　$|\vec{b}|(\vec{a}+t\vec{b})\cdot\vec{a}=|\vec{a}|(\vec{a}+t\vec{b})\cdot\vec{b}$

ゆえに　$|\vec{a}|^2|\vec{b}|+t|\vec{b}|\vec{a}\cdot\vec{b}=|\vec{a}|\vec{a}\cdot\vec{b}+t|\vec{a}||\vec{b}|^2$

よって　$t|\vec{b}|(\vec{a}\cdot\vec{b}-|\vec{a}||\vec{b}|)=|\vec{a}|(\vec{a}\cdot\vec{b}-|\vec{a}||\vec{b}|)$

$\vec{a}\cdot\vec{b}-|\vec{a}||\vec{b}|\neq0$であるから

$$t=\frac{|\vec{a}|}{|\vec{b}|}=\frac{\sqrt{9+16+144}}{\sqrt{9+0+16}}=\frac{\sqrt{169}}{\sqrt{25}}=\frac{13}{5}$$

◀条件式の(左辺)−(右辺)

◀Oを始点とするベクトルの差に分割。

◀$\overrightarrow{\mathrm{OA}}\cdot\overrightarrow{\mathrm{BC}}=0$を利用。

◀$\vec{c}$の$y$成分が0でないから$\vec{c}\neq\vec{0}$

◀分母を払って$|\vec{b}|\vec{c}\cdot\vec{a}=|\vec{a}|\vec{c}\cdot\vec{b}$

◀$\vec{c}=\vec{a}+t\vec{b}$を代入。

◀$t|\vec{b}|\vec{a}\cdot\vec{b}-t|\vec{a}||\vec{b}|^2=|\vec{a}|\vec{a}\cdot\vec{b}-|\vec{a}|^2|\vec{b}|$

◀$\vec{a}$と$\vec{b}$のなす角は明らかに0°ではない。

◀**最後に成分の計算** をする。

参考 (2)は，角の二等分線とベクトルの関係（$p.54$，55 基本例題 **28**）を利用することもできる。詳しくは，解答編$p.55$を参照。

練習 ③ **56**
(1) 四面体OABCにおいて，$|\overrightarrow{\mathrm{OA}}|=|\overrightarrow{\mathrm{OB}}|$，$\overrightarrow{\mathrm{OC}}\perp\overrightarrow{\mathrm{AB}}$とする。このとき，$|\overrightarrow{\mathrm{AC}}|=|\overrightarrow{\mathrm{BC}}|$であることを証明せよ。

(2) 3点A(2, 3, 1)，B(1, 5, −2)，C(4, 4, 0)がある。$\overrightarrow{\mathrm{AB}}=\vec{b}$，$\overrightarrow{\mathrm{AC}}=\vec{c}$のとき，$\vec{b}+t\vec{c}$と$\vec{c}$のなす角が60°となるような$t$の値を求めよ。〔(2) 愛知教育大〕

p.102 EX39

## 重要例題 57 ベクトルと座標軸のなす角

空間において，大きさが 4 で，$x$ 軸の正の向きとなす角が 60°，$z$ 軸の正の向きとなす角が 45° であるようなベクトル $\vec{p}$ を求めよ。また，$\vec{p}$ が $y$ 軸の正の向きとなす角 $\theta$ を求めよ。

基本 54

**指針** （●軸の正の向きとなす角）＝（●軸の向きの基本ベクトルとなす角）と考えるとよい。すなわち，$\vec{e_1}=(1,\ 0,\ 0)$，$\vec{e_2}=(0,\ 1,\ 0)$，$\vec{e_3}=(0,\ 0,\ 1)$，$\vec{p}=(x,\ y,\ z)$ として，まず内積 $\vec{p}\cdot\vec{e_1}$，$\vec{p}\cdot\vec{e_3}$ を考え，$x$，$z$ の値を求める。

**解答**

$\vec{e_1}=(1,\ 0,\ 0)$，$\vec{e_2}=(0,\ 1,\ 0)$，$\vec{e_3}=(0,\ 0,\ 1)$，
$\vec{p}=(x,\ y,\ z)$ とすると

$$\vec{p}\cdot\vec{e_1}=x,\quad \vec{p}\cdot\vec{e_3}=z$$

また $\vec{p}\cdot\vec{e_1}=|\vec{p}||\vec{e_1}|\cos 60°=4\times1\times\frac{1}{2}=2$

$$\vec{p}\cdot\vec{e_3}=|\vec{p}||\vec{e_3}|\cos 45°=4\times1\times\frac{1}{\sqrt{2}}=2\sqrt{2}$$

よって　$x=2,\ z=2\sqrt{2}$

このとき　$|\vec{p}|^2=2^2+y^2+(2\sqrt{2})^2=y^2+12$

$|\vec{p}|^2=16$ であるから　$y^2=4$　ゆえに　$y=\pm2$

ここで　$\cos\theta=\frac{\vec{p}\cdot\vec{e_2}}{|\vec{p}||\vec{e_2}|}=\frac{y}{4\times1}=\frac{y}{4}$

ゆえに，$y=2$ のとき，$\cos\theta=\frac{1}{2}$ であるから　$\theta=60°$

$y=-2$ のとき，$\cos\theta=-\frac{1}{2}$ であるから

$\theta=120°$

したがって　$\vec{p}=(2,\ 2,\ 2\sqrt{2})$，$\theta=60°$　または
$\vec{p}=(2,\ -2,\ 2\sqrt{2})$，$\theta=120°$

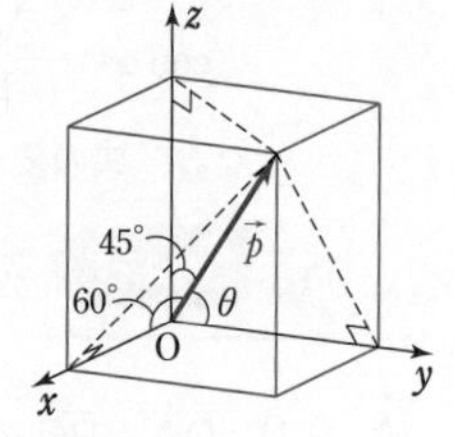


別解
$\vec{p}=(4\cos 60°,\ 4\cos\theta,\ 4\cos 45°)$，$|\vec{p}|=4$ であるから
$2^2+16\cos^2\theta+(2\sqrt{2})^2=4^2$
よって，$\cos^2\theta=\frac{1}{4}$ から
$$\cos\theta=\pm\frac{1}{2}$$
これから，$\theta$，$\vec{p}$ を求める。

**参考** $\vec{a}=(a_1,\ a_2,\ a_3)$ に対して，$\vec{a}$ が $x$ 軸，$y$ 軸，$z$ 軸の正の向きとそれぞれなす角を $\alpha$，$\beta$，$\gamma$ とすると，斜辺の長さが $|\vec{a}|$ である 3 つの直角三角形から $\cos\alpha=\frac{a_1}{|\vec{a}|}$，$\cos\beta=\frac{a_2}{|\vec{a}|}$，$\cos\gamma=\frac{a_3}{|\vec{a}|}$ である。このとき，$\cos\alpha$，$\cos\beta$，$\cos\gamma$ を $\vec{a}$ の **方向余弦** という。
また，$|\vec{a}|^2={a_1}^2+{a_2}^2+{a_3}^2$ であるから，$\cos^2\alpha+\cos^2\beta+\cos^2\gamma=1$ が成り立つ。

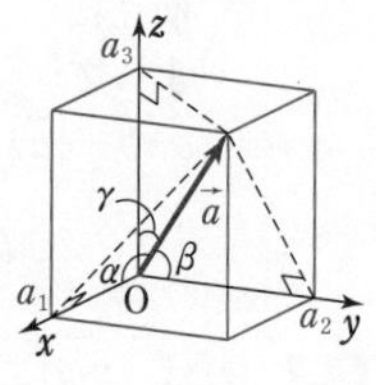


**練習 ③ 57**
(1) 空間において，$x$ 軸と直交し，$z$ 軸の正の向きとのなす角が 45° であり，$y$ 成分が正である単位ベクトル $\vec{t}$ を求めよ。
(2) (1)の空間内に点 A(1, 2, 3) がある。O を原点とし，$\vec{t}=\overrightarrow{OT}$ となるように点 T を定め，直線 OT 上に O と異なる点 P をとる。$\overrightarrow{OP}\perp\overrightarrow{AP}$ であるとき，点 P の座標を求めよ。
〔類 東北学院大〕

## 重要例題 58 ベクトルの大きさの大小関係 ④④④④④

空間の2つのベクトル $\vec{a}=\overrightarrow{OA}\neq\vec{0}$ と $\vec{b}=\overrightarrow{OB}\neq\vec{0}$ が垂直であるとする。

$\vec{p}=\overrightarrow{OP}$ に対して，$\vec{q}=\overrightarrow{OQ}=\dfrac{\vec{p}\cdot\vec{a}}{\vec{a}\cdot\vec{a}}\vec{a}+\dfrac{\vec{p}\cdot\vec{b}}{\vec{b}\cdot\vec{b}}\vec{b}$ のとき，次のことを示せ。

(1) $(\vec{p}-\vec{q})\cdot\vec{a}=0$，$(\vec{p}-\vec{q})\cdot\vec{b}=0$

(2) $|\vec{q}|\leqq|\vec{p}|$

〔類 名古屋市大〕 基本 56

**指針** (2) $\dfrac{\vec{p}\cdot\vec{a}}{\vec{a}\cdot\vec{a}}$，$\dfrac{\vec{p}\cdot\vec{b}}{\vec{b}\cdot\vec{b}}$ をそのまま使うのは面倒であるから，$s$，$t$ (実数) などとおいて，$|\vec{p}|^2-|\vec{q}|^2\geqq0$ を示す。(1) の結果を利用。

**解答**

(1) $\vec{a}\perp\vec{b}$ であるから $\vec{a}\cdot\vec{b}=0$

よって $(\vec{p}-\vec{q})\cdot\vec{a}=\vec{p}\cdot\vec{a}-\vec{q}\cdot\vec{a}$

$=\vec{p}\cdot\vec{a}-(\vec{p}\cdot\vec{a}+0)=0$

$(\vec{p}-\vec{q})\cdot\vec{b}=\vec{p}\cdot\vec{b}-\vec{q}\cdot\vec{b}$

$=\vec{p}\cdot\vec{b}-(0+\vec{p}\cdot\vec{b})=0$

(2) $\dfrac{\vec{p}\cdot\vec{a}}{\vec{a}\cdot\vec{a}}=s$，$\dfrac{\vec{p}\cdot\vec{b}}{\vec{b}\cdot\vec{b}}=t$ とおくと $\vec{q}=s\vec{a}+t\vec{b}$

(1) から $(\vec{p}-\vec{q})\cdot\vec{q}=s(\vec{p}-\vec{q})\cdot\vec{a}+t(\vec{p}-\vec{q})\cdot\vec{b}=0$

よって $\vec{p}\cdot\vec{q}-|\vec{q}|^2=0$ すなわち $\vec{p}\cdot\vec{q}=|\vec{q}|^2$

このとき $|\vec{p}-\vec{q}|^2=|\vec{p}|^2-2\vec{p}\cdot\vec{q}+|\vec{q}|^2=|\vec{p}|^2-|\vec{q}|^2$

$|\vec{p}-\vec{q}|^2\geqq0$ であるから $|\vec{q}|^2\leqq|\vec{p}|^2$

$|\vec{q}|\geqq0$，$|\vec{p}|\geqq0$ であるから $|\vec{q}|\leqq|\vec{p}|$

◀$\vec{a}\perp\vec{b}\iff\vec{a}\cdot\vec{b}=0$

◀$\vec{q}\cdot\vec{a}$
$=\dfrac{\vec{p}\cdot\vec{a}}{\vec{a}\cdot\vec{a}}\vec{a}\cdot\vec{a}+\dfrac{\vec{p}\cdot\vec{b}}{\vec{b}\cdot\vec{b}}\vec{b}\cdot\vec{a}$
$=\vec{p}\cdot\vec{a}+0$

◀(1) から $(\vec{p}-\vec{q})\cdot\vec{a}=0$，$(\vec{p}-\vec{q})\cdot\vec{b}=0$

◀等号は $|\vec{p}-\vec{q}|^2=0$ すなわち $\vec{p}=\vec{q}$ のとき成立。

**検討** **図形的に考える**

(1) から，$\vec{p}\neq\vec{q}$ のとき $\overrightarrow{QP}\perp\overrightarrow{OA}$，$\overrightarrow{QP}\perp\overrightarrow{OB}$

よって，線分 PQ は3点 O，A，B を通る平面 $\alpha$ に垂直であり，点 Q は平面 $\alpha$ 上にあるから，点 Q は点 P から平面 $\alpha$ に下ろした垂線の足となる。

ゆえに，$\overrightarrow{OP}$，$\overrightarrow{OQ}$ は右の図のような位置関係になり，(2) の $|\overrightarrow{OP}|\geqq|\overrightarrow{OQ}|$ が成り立つことが図形的にわかるだろう。

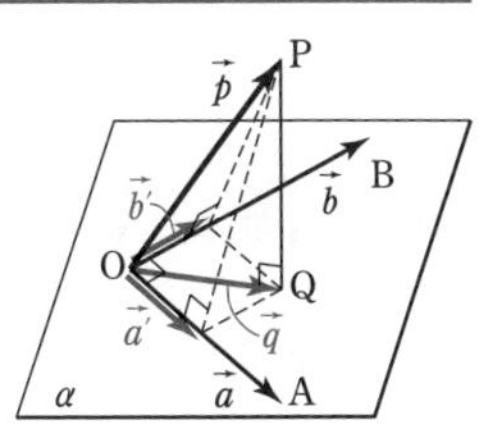


なお，本問の $\dfrac{\vec{p}\cdot\vec{a}}{\vec{a}\cdot\vec{a}}\vec{a}=\vec{a'}$，$\dfrac{\vec{p}\cdot\vec{b}}{\vec{b}\cdot\vec{b}}\vec{b}=\vec{b'}$ はそれぞれ $\vec{p}$ の $\vec{a}$，$\vec{b}$ への **正射影ベクトル** ($p$.57 参照) である。

**練習 ④ 58** $\vec{a}$，$\vec{b}$ を零ベクトルでない空間ベクトル，$s$，$t$ を負でない実数とし，$\vec{c}=s\vec{a}+t\vec{b}$ とおく。このとき，次のことを示せ。

(1) $s(\vec{c}\cdot\vec{a})+t(\vec{c}\cdot\vec{b})\geqq0$　　(2) $\vec{c}\cdot\vec{a}\geqq0$ または $\vec{c}\cdot\vec{b}\geqq0$

(3) $|\vec{c}|\geqq|\vec{a}|$ かつ $|\vec{c}|\geqq|\vec{b}|$ ならば $s+t\geqq1$ 〔神戸大〕

## EXERCISES



②**36**　O(0, 0, 0), A(1, 2, $-3$), B(3, 1, 0), $\overrightarrow{\mathrm{OA}}=\vec{a}$, $\overrightarrow{\mathrm{AB}}=\vec{d}$ とするとき，$\vec{a}+t\vec{d}$ と $\vec{d}$ が垂直になるような $t$ の値を求めよ。〔東京電機大〕

→$p$.95 基本事項 **3**, **51**

③**37**　O を原点とする座標空間内において，定点 A(1, 1, $-1$)，動点 P($-2t+2$, $2t-1$, $-2$) がある。∠AOP の大きさが最小となるときの $t$ の値を求めよ。

→**54**

④**38**　図のような 1 辺の長さが $a>0$ の立方体がある。この立方体を AG を軸として回転させる。静止($0^\circ$ の回転)以外でもとの立方体に重なるときの正で最小の回転の角度を求めよう。この正で最小の角度の回転により，点 D, E, B がそれぞれ点 E, B, D の位置にきたとする。ここで，点 E と点 D から AG に垂線を引くと，その足は一致する。その足を M とすると，線分 EM の長さは ア□ である。また，$\overrightarrow{\mathrm{EM}}\cdot\overrightarrow{\mathrm{DM}}=$ イ□ であるから，$\overrightarrow{\mathrm{EM}}$ と $\overrightarrow{\mathrm{DM}}$ のなす角度を $\alpha$ とすると，$\cos\alpha=$ ウ□ となり，求める角度は エ□° であることがわかる。〔類 金沢医大〕

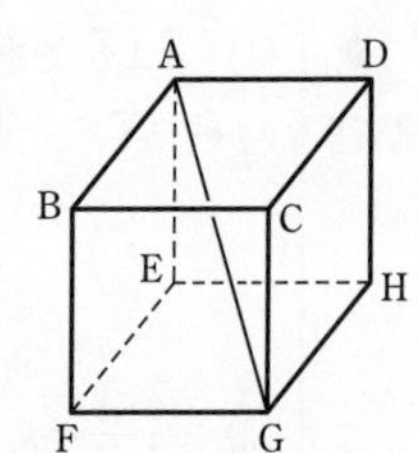


→**53, 54**

③**39**　$s$, $t$ を実数とする。2 つのベクトル $\vec{u}=(s, t, 3)$, $\vec{v}=(t, t, 2)$ のなす角が，どのような $t$ に対しても鋭角となるための必要十分条件を $s$ を用いて表せ。〔愛媛大〕

→**56**

③**40**　四面体 OABC において，$\cos\angle\mathrm{AOB}=\dfrac{1}{5}$，$\cos\angle\mathrm{AOC}=-\dfrac{1}{3}$ であり，面 OAB と面 OAC のなす角は $\dfrac{\pi}{2}$ である。このとき，$\cos\angle\mathrm{BOC}$ の値を求めよ。〔早稲田大〕

→**54**

**HINT**

36　$\vec{a}\neq\vec{0}$, $\vec{b}\neq\vec{0}$ のとき　$\vec{a}\perp\vec{b}\iff\vec{a}\cdot\vec{b}=0$

37　$0^\circ\leqq\theta\leqq180^\circ$ において　$\theta$ が最小 $\iff\cos\theta$ が最大

38　(ア)　△AEG で考える。
　(イ)　$\overrightarrow{\mathrm{EA}}=\overrightarrow{\mathrm{EM}}+\overrightarrow{\mathrm{MA}}$, $\overrightarrow{\mathrm{DA}}=\overrightarrow{\mathrm{DM}}+\overrightarrow{\mathrm{MA}}$ として，$\overrightarrow{\mathrm{EA}}\cdot\overrightarrow{\mathrm{DA}}=0$ を利用。

39　$\vec{u}$ と $\vec{v}$ のなす角を $\theta$ とすると　$0^\circ<\theta<90^\circ\iff\cos\theta>0$

40　O(0, 0, 0), A(1, 0, 0) とすると，条件から点 B は $xy$ 平面上，点 C は $zx$ 平面上にあると考えることができる。

# 9 位置ベクトル，ベクトルと図形

## 基本事項

### 1 位置ベクトル

① **位置ベクトル** 空間で1点Oを固定して考えると，任意の点Pの位置は，ベクトル $\vec{p}=\overrightarrow{\mathrm{OP}}$ によって定まる。このとき，$\vec{p}$ を点Oに関する点Pの **位置ベクトル** という。

② **表現** 位置ベクトルが $\vec{p}$ である点Pを $\mathbf{P}(\vec{p})$ と表す。

A$(\vec{a})$，B$(\vec{b})$ とすると $\overrightarrow{\mathrm{AB}}=\vec{b}-\vec{a}$

**$\overrightarrow{\mathrm{OP}}=\overrightarrow{\mathrm{OP'}}$ ならば点Pと点P′は一致する。**

### 2 線分の分点と位置ベクトル

① **分点** 2点A$(\vec{a})$，B$(\vec{b})$ を結ぶ線分ABについて

[1] **内分点** $m:n$ に内分する点をP$(\vec{p})$ とすると $\vec{p}=\dfrac{n\vec{a}+m\vec{b}}{m+n}$

[2] **外分点** $m:n$ に外分する点をQ$(\vec{q})$ とすると $\vec{q}=\dfrac{-n\vec{a}+m\vec{b}}{m-n}$

特に，**中点** をM$(\vec{m})$ とすると $\vec{m}=\dfrac{\vec{a}+\vec{b}}{2}$

② **三角形の重心** 3点A$(\vec{a})$，B$(\vec{b})$，C$(\vec{c})$ を頂点とする△ABCの重心をG$(\vec{g})$ とすると $\vec{g}=\dfrac{\vec{a}+\vec{b}+\vec{c}}{3}$

## 解　説

### ■位置ベクトル

空間で，1点Oを固定すると，空間の任意の **点P** と **ベクトル $\vec{p}=\overrightarrow{\mathrm{OP}}$** が **1対1に対応** する。

◀点P $\Longleftrightarrow$ $\vec{p}$ $[=\overrightarrow{\mathrm{OP}}]$

また，3点O$(\vec{0})$，A$(\vec{a})$，B$(\vec{b})$ は同じ平面上にあるから，平面上のベクトルの場合と同様に

$$\overrightarrow{\mathrm{AB}}=\overrightarrow{\mathrm{OB}}-\overrightarrow{\mathrm{OA}}=\vec{b}-\vec{a}$$

◀分割(減法)

### ■線分の分点と位置ベクトル

2点A$(\vec{a})$，B$(\vec{b})$ を結ぶ線分ABを **$m:n$ に内分する点を P$(\vec{p})$** とする。

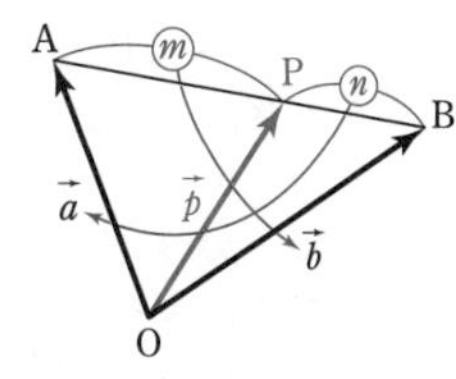


点O，A，B，Pは同じ平面上にあるから，平面上のベクトルの場合と同様に $\vec{p}=\dfrac{n\vec{a}+m\vec{b}}{m+n}$

外分点についても，平面上の場合と同様である。

なお，内分点，外分点の位置ベクトルは，次のように1つにまとめられる。

$$\vec{p}=\frac{n\vec{a}+m\vec{b}}{m+n}$$ **内分なら $m>0$，$n>0$**
**外分なら $(m>0,\ n<0)$ または $(m<0,\ n>0)$** $(m+n\neq 0)$

**中点**，**重心** についても，平面上の場合と同様に導かれる。$p.44$，$p.45$ 参照。

**基本事項**

## 3 共線・共点・共面であるための条件

### ① 共線条件

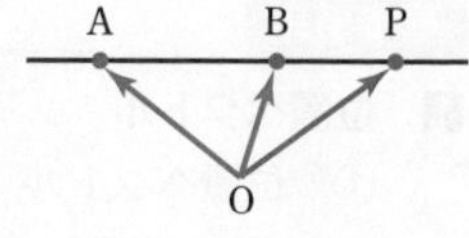


2点A，Bが異なるとき

**点Pが直線AB上にある**

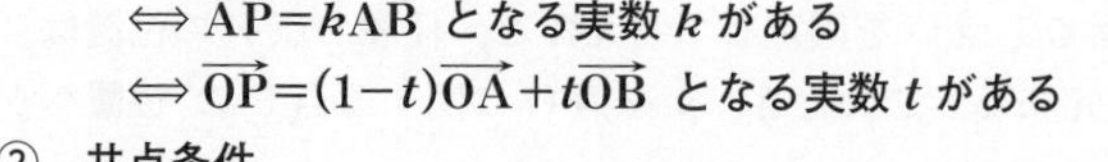

**$\Longleftrightarrow \overrightarrow{\mathrm{AP}}=k\overrightarrow{\mathrm{AB}}$ となる実数 $k$ がある**

**$\Longleftrightarrow \overrightarrow{\mathrm{OP}}=(1-t)\overrightarrow{\mathrm{OA}}+t\overrightarrow{\mathrm{OB}}$ となる実数 $t$ がある**

### ② 共点条件

**3直線 $\ell$，$m$，$n$ が1点で交わる $\Longleftrightarrow$ $\ell$ と $m$，$m$ と $n$ の交点が一致する**

### ③ 共面条件

3点 $\mathrm{A}(\vec{a})$，$\mathrm{B}(\vec{b})$，$\mathrm{C}(\vec{c})$ が一直線上にないとき

**点 $\mathrm{P}(\vec{p})$ が平面ABC上にある**

**$\Longleftrightarrow \overrightarrow{\mathrm{CP}}=s\overrightarrow{\mathrm{CA}}+t\overrightarrow{\mathrm{CB}}$ となる実数 $s$，$t$ がある**

**$\Longleftrightarrow \vec{p}=s\vec{a}+t\vec{b}+u\vec{c}$，$s+t+u=1$ となる実数 $s$，$t$，$u$ がある**

補足 $\overrightarrow{\mathrm{CP}}=s\overrightarrow{\mathrm{CA}}+t\overrightarrow{\mathrm{CB}}$ ……（＊）を，Cを基準にした式ととらえると，次のようにして，点Aを基準にした式を導くことができる。

$$\overrightarrow{\mathrm{AP}}-\overrightarrow{\mathrm{AC}}=-s\overrightarrow{\mathrm{AC}}+t(\overrightarrow{\mathrm{AB}}-\overrightarrow{\mathrm{AC}}) \text{ であるから}$$

$$\overrightarrow{\mathrm{AP}}=t\overrightarrow{\mathrm{AB}}+(1-s-t)\overrightarrow{\mathrm{AC}} \qquad \longleftarrow 1-s-t \text{ は実数}$$

同じようにして，点Bを基準にした式も導くことができるから，**（＊）の式は3点A，B，Cどれを基準にしてもよい。**

**解　説**

### ■共線・共点条件

**3** ① 共線条件は，点O，A，B，Pが同じ平面上にあるから，平面上の場合と同様に成り立つ。

◀$p.45$ 参照。

また，**3** ② 共点条件も，平面上と同様に考えればよい。

### ■共面条件

異なる4個以上の点が同じ平面上にあるとき，これらの点は **共面** であるという。

◀3個以下の点は必ず同じ平面上にある。

一直線上にない3点A，B，Cの定める平面を $\alpha$ とすると，右の図から

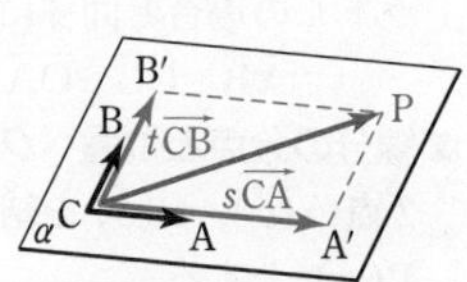


**点Pが平面 $\alpha$ 上にある**

**$\Longleftrightarrow \overrightarrow{\mathrm{CP}}=s\overrightarrow{\mathrm{CA}}+t\overrightarrow{\mathrm{CB}}$ となる実数 $s$，$t$ がある**

このとき，$\mathrm{A}(\vec{a})$，$\mathrm{B}(\vec{b})$，$\mathrm{C}(\vec{c})$，$\mathrm{P}(\vec{p})$ とすると

$$\vec{p}-\vec{c}=s(\vec{a}-\vec{c})+t(\vec{b}-\vec{c})$$

よって　$\vec{p}=s\vec{a}+t\vec{b}+(1-s-t)\vec{c}$

ここで，$1-s-t=u$ とおくと

$$\boldsymbol{\vec{p}=s\vec{a}+t\vec{b}+u\vec{c},\ s+t+u=1} \quad \cdots\cdots \text{Ⓐ}$$

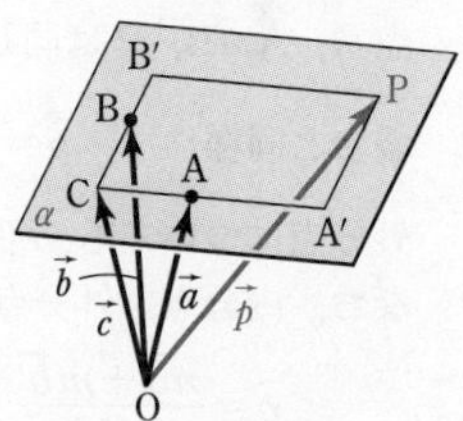


なお，これは $p.66$ の **2** ①（前半）を空間の場合に発展させたものと考えられる。

参考　Ⓐを，3点A，B，Cを通る **平面のベクトル方程式** という（詳しくは，$p.135$ 参照）。

## 基本例題 59 分点と位置ベクトル ①①①①①

四面体 OABC がある。線分 AB を 2：3 に内分する点を P，線分 OP を 10：1 に外分する点を Q とし，△QBC の重心を G とするとき，$\overrightarrow{\mathrm{OG}}$ を $\overrightarrow{\mathrm{OA}}=\vec{a}$，$\overrightarrow{\mathrm{OB}}=\vec{b}$，$\overrightarrow{\mathrm{OC}}=\vec{c}$ で表せ。

p.103 基本事項 2

**指針** 線分 AB を $m：n$ に内分する点を P とすると

$$\overrightarrow{\square\mathrm{P}}=\frac{n\overrightarrow{\square\mathrm{A}}+m\overrightarrow{\square\mathrm{B}}}{m+n}$$ ← 平面でも空間でも同じ公式。

$\overrightarrow{\mathrm{OQ}}$ については，3 点 O，P，Q が一直線上にあることに注目し，線分比を考えて，$\overrightarrow{\mathrm{OQ}}=\bullet\overrightarrow{\mathrm{OP}}$ と表されることを利用。

また，△QBC の重心 G について $\overrightarrow{\square\mathrm{G}}=\dfrac{\overrightarrow{\square\mathrm{Q}}+\overrightarrow{\square\mathrm{B}}+\overrightarrow{\square\mathrm{C}}}{3}$

**CHART** 空間での位置ベクトル　平面を取り出して考える

**解答**

点 P は線分 AB を 2：3 に内分するから

$$\overrightarrow{\mathrm{OP}}=\frac{3\vec{a}+2\vec{b}}{2+3}=\frac{3}{5}\vec{a}+\frac{2}{5}\vec{b}$$

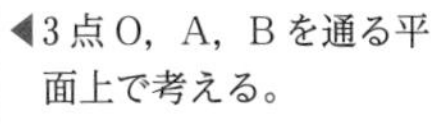

◀3 点 O，A，B を通る平面上で考える。

点 Q は線分 OP を 10：1 に外分するから

◀OP：OQ＝9：10

$$\overrightarrow{\mathrm{OQ}}=\frac{10}{9}\overrightarrow{\mathrm{OP}}=\frac{10}{9}\left(\frac{3}{5}\vec{a}+\frac{2}{5}\vec{b}\right)$$
$$=\frac{2}{3}\vec{a}+\frac{4}{9}\vec{b}$$

◀$\overrightarrow{\mathrm{OQ}}=\dfrac{-\overrightarrow{\mathrm{OO}}+10\overrightarrow{\mathrm{OP}}}{10-1}$ として考えてもよい。

点 G は △QBC の重心であるから

$$\overrightarrow{\mathrm{OG}}=\frac{\overrightarrow{\mathrm{OQ}}+\overrightarrow{\mathrm{OB}}+\overrightarrow{\mathrm{OC}}}{3}=\frac{1}{3}\left(\frac{2}{3}\vec{a}+\frac{4}{9}\vec{b}\right)+\frac{1}{3}\vec{b}+\frac{1}{3}\vec{c}$$
$$=\frac{2}{9}\vec{a}+\frac{13}{27}\vec{b}+\frac{1}{3}\vec{c}$$

**注意** $\overrightarrow{\mathrm{OQ}}=k\overrightarrow{\mathrm{OP}}$ のとき，点 Q は直線 OP 上にあるが
① $0\leqq k\leqq 1$ なら　点 Q は線分 OP 上
② $k<0$ なら　点 Q は線分 OP の O を越える延長上
③ $1<k$ なら　点 Q は線分 OP の P を越える延長上
にある。

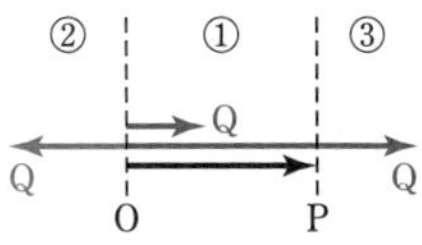


**練習 ① 59** 1 辺の長さが 1 の正四面体 OABC を考える。辺 OA，OB の中点をそれぞれ P，Q とし，辺 OC を 2：3 に内分する点を R とする。また，△PQR の重心を G とする。
(1) $\overrightarrow{\mathrm{OA}}=\vec{a}$，$\overrightarrow{\mathrm{OB}}=\vec{b}$，$\overrightarrow{\mathrm{OC}}=\vec{c}$ とするとき，$\overrightarrow{\mathrm{OG}}$ を $\vec{a}$，$\vec{b}$，$\vec{c}$ を用いて表せ。
(2) $\overrightarrow{\mathrm{OG}}$ の大きさ $|\overrightarrow{\mathrm{OG}}|$ を求めよ。

p.125 EX 41

## 基本例題 60 点の一致

四面体ABCDにおいて，△BCD，△ACD，△ABD，△ABCの重心をそれぞれ$G_A$，$G_B$，$G_C$，$G_D$とする。線分$AG_A$，$BG_B$，$CG_C$，$DG_D$をそれぞれ3：1に内分する点は一致することを示せ。

p.103 基本事項 1，2

**指針** **点が一致することを示す** には，**位置ベクトルが等しいことを示す。**
すなわち，線分$AG_A$，$BG_B$，$CG_C$，$DG_D$を3：1に内分する点の位置ベクトル(4つ)を，それぞれ点A，B，C，Dの位置ベクトル$\vec{a}$，$\vec{b}$，$\vec{c}$，$\vec{d}$で表し，それらが等しいことを示す。

**CHART** 分点の活用　**点が一致 ⟺ 位置ベクトルが等しい**

**解答** 点A，B，C，D，$G_A$，$G_B$，$G_C$，$G_D$の位置ベクトルをそれぞれ$\vec{a}$，$\vec{b}$，$\vec{c}$，$\vec{d}$，$\vec{g_A}$，$\vec{g_B}$，$\vec{g_C}$，$\vec{g_D}$とすると

$$\vec{g_A}=\frac{\vec{b}+\vec{c}+\vec{d}}{3},\quad \vec{g_B}=\frac{\vec{a}+\vec{c}+\vec{d}}{3},$$
$$\vec{g_C}=\frac{\vec{a}+\vec{b}+\vec{d}}{3},\quad \vec{g_D}=\frac{\vec{a}+\vec{b}+\vec{c}}{3}$$

よって，線分$AG_A$，$BG_B$，$CG_C$，$DG_D$を3：1に内分する点の位置ベクトルをそれぞれ$\vec{p}$，$\vec{q}$，$\vec{r}$，$\vec{s}$とすると

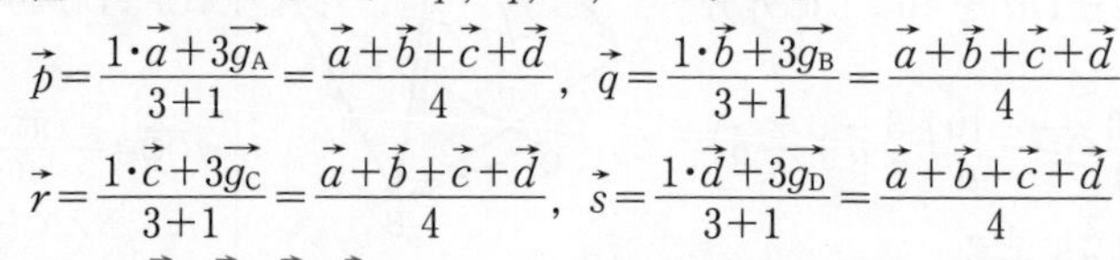

$$\vec{p}=\frac{1\cdot\vec{a}+3\vec{g_A}}{3+1}=\frac{\vec{a}+\vec{b}+\vec{c}+\vec{d}}{4},\quad \vec{q}=\frac{1\cdot\vec{b}+3\vec{g_B}}{3+1}=\frac{\vec{a}+\vec{b}+\vec{c}+\vec{d}}{4},$$
$$\vec{r}=\frac{1\cdot\vec{c}+3\vec{g_C}}{3+1}=\frac{\vec{a}+\vec{b}+\vec{c}+\vec{d}}{4},\quad \vec{s}=\frac{1\cdot\vec{d}+3\vec{g_D}}{3+1}=\frac{\vec{a}+\vec{b}+\vec{c}+\vec{d}}{4}$$

ゆえに　$\vec{p}=\vec{q}=\vec{r}=\vec{s}$

よって，線分$AG_A$，$BG_B$，$CG_C$，$DG_D$をそれぞれ3：1に内分する点は一致する。

**検討** **四面体の重心**

上の例題における一致する点は，四面体ABCDの **重心** と呼ばれている。重心は各頂点とその対面の三角形の重心を結ぶ線分上にあり，その線分を3：1に内分している。なお，正四面体の場合，重心は外接する球・内接する球の中心となる。

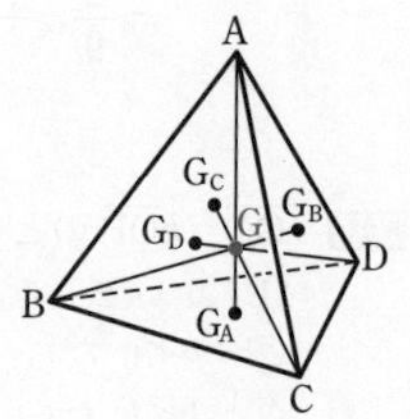


**練習 ② 60** 四面体ABCDの重心をGとするとき，次のことを示せ。

(1) 四面体ABCDの辺AB，BC，CD，DA，AC，BDの中点をそれぞれP，Q，R，S，T，Uとすると，3つの線分PR，QS，TUの中点は1点Gで交わる。

(2) △BCD，△ACD，△ABD，△ABCの重心をそれぞれ$G_A$，$G_B$，$G_C$，$G_D$とすると，四面体$G_AG_BG_CG_D$の重心は点Gと一致する。

## 基本例題 61 等式から点の位置の決定 ③

四面体 ABCD と点 P について，$\overrightarrow{AP}+3\overrightarrow{BP}+2\overrightarrow{CP}+6\overrightarrow{DP}=\vec{0}$ が成り立つ。

(1) 点 P はどのような位置にあるか。

(2) 四面体 ABCD と四面体 PBCD の体積をそれぞれ $V_1$, $V_2$ とするとき，$V_1:V_2$ を求めよ。

〔類 信州大〕 基本 23

**指針** (1) 平面の場合でも似た問題を扱った（p.47 基本例題 23 (1) 参照）。
**点 A に関する位置ベクトル** を B($\vec{b}$), C($\vec{c}$), D($\vec{d}$), P($\vec{p}$) として，与えられた等式を $\vec{b}$, $\vec{c}$, $\vec{d}$, $\vec{p}$ で表し，適当なベクトルを組み合わせて，**内分点の公式** にあてはめることを考える。

(2) 底面 △BCD が共通であるから，高さの比を考える。

**解答**

(1) 点 A に関する位置ベクトルを B($\vec{b}$), C($\vec{c}$), D($\vec{d}$), P($\vec{p}$) とすると，等式から

$$\vec{p}+3(\vec{p}-\vec{b})+2(\vec{p}-\vec{c})+6(\vec{p}-\vec{d})=\vec{0}$$

◀ $12\vec{p}=3\vec{b}+2\vec{c}+6\vec{d}$

よって $\vec{p}=\dfrac{3\vec{b}+2\vec{c}+6\vec{d}}{12}=\dfrac{1}{12}\left(5\cdot\dfrac{3\vec{b}+2\vec{c}}{5}+6\vec{d}\right)$

ここで，$\dfrac{3\vec{b}+2\vec{c}}{5}=\vec{e}$ とすると

◀点 E($\vec{e}$) は線分 BC を 2：3 に内分する。

$\vec{p}=\dfrac{1}{12}(5\vec{e}+6\vec{d})=\dfrac{11}{12}\cdot\dfrac{5\vec{e}+6\vec{d}}{11}$

更に，$\dfrac{5\vec{e}+6\vec{d}}{11}=\vec{f}$ とすると

◀点 F($\vec{f}$) は線分 ED を 6：5 に内分する。

$\vec{p}=\dfrac{11}{12}\vec{f}$

◀点 P($\vec{p}$) は線分 AF を 11：1 に内分する。

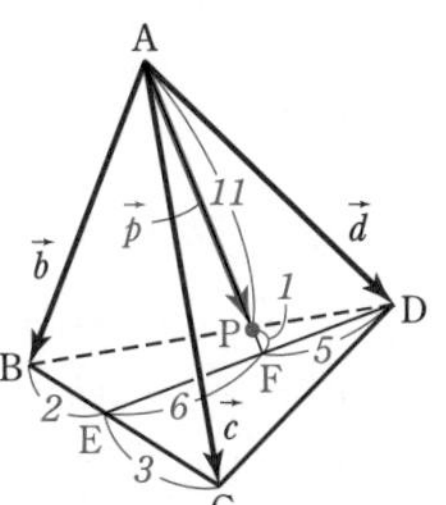


したがって，**線分 BC を 2：3 に内分する点を E，線分 ED を 6：5 に内分する点を F とすると，点 P は線分 AF を 11：1 に内分する位置** にある。

(2) $V_1:V_2=\text{AF}:\text{PF}$
$=\mathbf{12:1}$

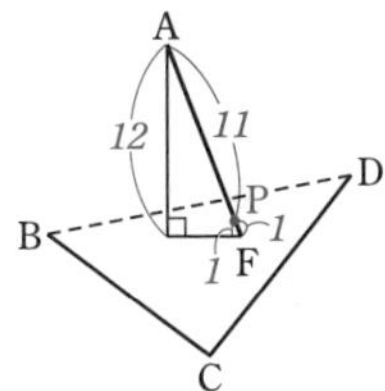

**検討**

$\vec{p}=\dfrac{3\vec{b}+2\vec{c}+6\vec{d}}{12}=\dfrac{1}{12}\left(3\vec{b}+8\cdot\dfrac{\vec{c}+3\vec{d}}{4}\right)=\dfrac{11}{12}\cdot\dfrac{1}{11}\left(3\vec{b}+8\cdot\dfrac{\vec{c}+3\vec{d}}{4}\right)$ と変形し，$\dfrac{\vec{c}+3\vec{d}}{4}=\vec{l}$,

$\dfrac{3\vec{b}+8\vec{l}}{11}=\vec{m}$ とすると　$\vec{p}=\dfrac{11}{12}\vec{m}$

したがって，**線分 CD を 3：1 に内分する点を L，線分 BL を 8：3 に内分する点を M とすると，点 P は線分 AM を 11：1 に内分する位置** にあるとしても正解。

**練習 61** ③ 四面体 ABCD に関し，次の等式を満たす点 P はどのような位置にある点か。

$$\overrightarrow{AP}+2\overrightarrow{BP}-7\overrightarrow{CP}-3\overrightarrow{DP}=\vec{0}$$

p.125 EX42

## 重要例題 62 位置ベクトルと内積，なす角

1 辺の長さが $a$ の正四面体 ABCD において，$\overrightarrow{AB}=\vec{b}$，$\overrightarrow{AC}=\vec{c}$，$\overrightarrow{AD}=\vec{d}$ とする。辺 AB，CD の中点をそれぞれ M，N とし，線分 MN の中点を G，$\angle AGB=\theta$ とする。

(1) $\overrightarrow{AN}$，$\overrightarrow{AG}$，$\overrightarrow{BG}$ をそれぞれ $\vec{b}$，$\vec{c}$，$\vec{d}$ で表せ。

(2) $|\overrightarrow{GA}|^2$，$\overrightarrow{GA}\cdot\overrightarrow{GB}$ をそれぞれ $a$ を用いて表せ。

(3) $\cos\theta$ の値を求めよ。　〔類 熊本大〕 基本 53

**指針**
(1) 中点の位置ベクトルの利用。

(2) $|\overrightarrow{GA}|^2=|\overrightarrow{AG}|^2=\overrightarrow{AG}\cdot\overrightarrow{AG}$，$\overrightarrow{GA}\cdot\overrightarrow{GB}=\overrightarrow{AG}\cdot\overrightarrow{BG}$　**(1) の結果を利用** して計算。

(3) $\overrightarrow{GA}\cdot\overrightarrow{GB}=|\overrightarrow{GA}||\overrightarrow{GB}|\cos\theta$ …… ①　ここで，△ABN は AN＝BN の二等辺三角形であることに注目すると　$|\overrightarrow{GA}|=|\overrightarrow{GB}|$

よって，① は $\overrightarrow{GA}\cdot\overrightarrow{GB}=|\overrightarrow{GA}|^2\cos\theta$ となるから，**(2) の結果が利用** できる。

**解答**

(1) $\overrightarrow{AN}=\dfrac{1}{2}(\vec{c}+\vec{d})$

$\overrightarrow{AG}=\dfrac{1}{2}(\overrightarrow{AM}+\overrightarrow{AN})=\dfrac{1}{2}\left\{\dfrac{1}{2}\vec{b}+\dfrac{1}{2}(\vec{c}+\vec{d})\right\}$

$=\dfrac{1}{4}(\vec{b}+\vec{c}+\vec{d})$

$\overrightarrow{BG}=\overrightarrow{AG}-\overrightarrow{AB}=\dfrac{1}{4}(-3\vec{b}+\vec{c}+\vec{d})$

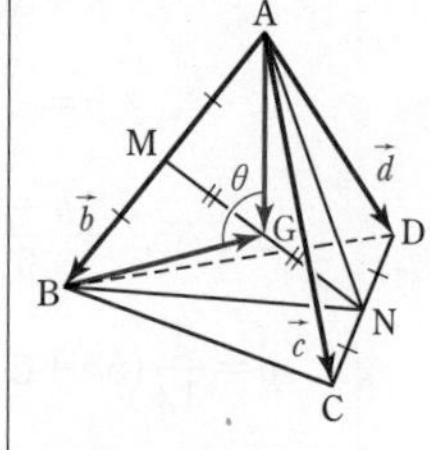


(2) $16|\overrightarrow{GA}|^2=|4\overrightarrow{AG}|^2=(\vec{b}+\vec{c}+\vec{d})\cdot(\vec{b}+\vec{c}+\vec{d})$

$=|\vec{b}|^2+|\vec{c}|^2+|\vec{d}|^2+2(\vec{b}\cdot\vec{c}+\vec{c}\cdot\vec{d}+\vec{d}\cdot\vec{b})$

$=3a^2+2\times3a^2\cos60^\circ=6a^2$

◀ $|\vec{b}|=|\vec{c}|=|\vec{d}|=a$ から $\vec{b}\cdot\vec{c}=\vec{c}\cdot\vec{d}=\vec{d}\cdot\vec{b}=a^2\cos60^\circ$

$16\overrightarrow{GA}\cdot\overrightarrow{GB}=4\overrightarrow{AG}\cdot4\overrightarrow{BG}=(\vec{b}+\vec{c}+\vec{d})\cdot(-3\vec{b}+\vec{c}+\vec{d})$

$=-3|\vec{b}|^2+|\vec{c}|^2+|\vec{d}|^2-2\vec{b}\cdot\vec{c}-2\vec{b}\cdot\vec{d}+2\vec{c}\cdot\vec{d}$

$=-a^2-2a^2\cos60^\circ=-2a^2$

◀ 分数の計算を避けるため，$4\overrightarrow{AG}=\vec{b}+\vec{c}+\vec{d}$，$4\overrightarrow{BG}=-3\vec{b}+\vec{c}+\vec{d}$ として計算。

よって　$|\overrightarrow{GA}|^2=\dfrac{3}{8}a^2$，$\overrightarrow{GA}\cdot\overrightarrow{GB}=-\dfrac{a^2}{8}$

(3) AM＝BM，AN＝BN であるから　AB⊥MN

◀ $|\overrightarrow{AN}|=|\overrightarrow{BN}|=\dfrac{\sqrt{3}}{2}a$

ゆえに，$|\overrightarrow{GA}|=|\overrightarrow{GB}|$ であるから

$\overrightarrow{GA}\cdot\overrightarrow{GB}=|\overrightarrow{GA}||\overrightarrow{GB}|\cos\theta=|\overrightarrow{GA}|^2\cos\theta$

(2) から　$-\dfrac{a^2}{8}=\dfrac{3}{8}a^2\cos\theta$　ゆえに　$\cos\theta=-\dfrac{1}{3}$

◀ $\overrightarrow{GA}\cdot\overrightarrow{GB}=-\dfrac{a^2}{8}$，$|\overrightarrow{GA}|^2=\dfrac{3}{8}a^2$ を代入。

**練習 ③ 62** 1 辺の長さが 1 の立方体 ABCD-A′B′C′D′ において，辺 AB，CC′，D′A′ を $a:(1-a)$ に内分する点をそれぞれ P，Q，R とし，$\overrightarrow{AB}=\vec{x}$，$\overrightarrow{AD}=\vec{y}$，$\overrightarrow{AA'}=\vec{z}$ とする。ただし，$0<a<1$ とする。

(1) $\overrightarrow{PQ}$，$\overrightarrow{PR}$ をそれぞれ $\vec{x}$，$\vec{y}$，$\vec{z}$ を用いて表せ。

(2) $|\overrightarrow{PQ}|:|\overrightarrow{PR}|$ を求めよ。

(3) $\overrightarrow{PQ}$ と $\overrightarrow{PR}$ のなす角を求めよ。

p.125 EX43

## 基本例題 63 平行四辺形であることの証明，共線条件 (1)

(1) 四面体 OABC がある。$0<t<1$ を満たす $t$ に対し，辺 OB，OC，AB，AC を $t:(1-t)$ に内分する点をそれぞれ K，L，M，N とする。このとき，四角形 KLNM は平行四辺形であることを示せ。 〔静岡大〕

(2) 座標空間において，3 点 $(-1,\ 10,\ -3)$，$(2,\ ^{ア}\boxed{\phantom{0}},\ 3)$，$(3,\ 6,\ ^{イ}\boxed{\phantom{0}})$ は一直線上にある。 〔千葉工大〕

p.104 基本事項 3

(1) **四角形 KLNM が平行四辺形 ⟺ $\overrightarrow{KL}=\overrightarrow{MN}$**　　これを示す。

(2) まず，$A(-1,\ 10,\ -3)$，$B(2,\ y,\ 3)$，$C(3,\ 6,\ z)$ とする。

**3 点 A，B，C が一直線上 ⟺ $\overrightarrow{AC}=k\overrightarrow{AB}$ となる実数 $k$ がある**　(共線条件)

これを成分で表し，$k$，$y$，$z$ の連立方程式を導く。

解答

(1) $\overrightarrow{OA}=\vec{a}$，$\overrightarrow{OB}=\vec{b}$，$\overrightarrow{OC}=\vec{c}$ とすると

$$\overrightarrow{KL}=\overrightarrow{OL}-\overrightarrow{OK}=t\vec{c}-t\vec{b}=t(\vec{c}-\vec{b})$$

$$\overrightarrow{MN}=\overrightarrow{ON}-\overrightarrow{OM}=(1-t)\vec{a}+t\vec{c}-\{(1-t)\vec{a}+t\vec{b}\}=t(\vec{c}-\vec{b})$$

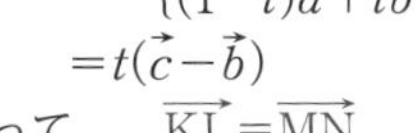

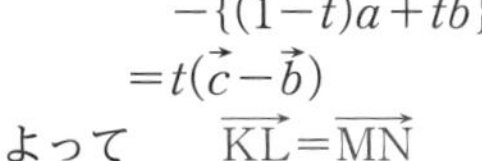

よって　$\overrightarrow{KL}=\overrightarrow{MN}$

ゆえに，四角形 KLNM は平行四辺形である。

(2) $A(-1,\ 10,\ -3)$，$B(2,\ y,\ 3)$，$C(3,\ 6,\ z)$ とする。

3 点 A，B，C が一直線上にあるための条件は，$\overrightarrow{AC}=k\overrightarrow{AB}$ となる実数 $k$ があることである。

$$\overrightarrow{AC}=(3+1,\ 6-10,\ z+3)=(4,\ -4,\ z+3),$$
$$\overrightarrow{AB}=(2+1,\ y-10,\ 3+3)=(3,\ y-10,\ 6)$$

よって　$(4,\ -4,\ z+3)=k(3,\ y-10,\ 6)$

ゆえに　$4=3k$ …… ①，$-4=(y-10)k$ …… ②，$z+3=6k$ …… ③

① から　$k=\dfrac{4}{3}$

②，③ から　$y={}^{ア}7$，$z={}^{イ}5$

◀点 O に関する位置ベクトル。

◀$OC:OL=1:t$ から $\overrightarrow{OL}=t\overrightarrow{OC}$

◀点 N は辺 AC を $t:(1-t)$ に内分する点であるから $\overrightarrow{ON}=\dfrac{(1-t)\vec{a}+t\vec{c}}{t+(1-t)}$

◀すなわち KL∥MN かつ KL＝MN

◀$\overrightarrow{AB}=k\overrightarrow{AC}$ とし，$(3,\ y-10,\ 6)=(4k,\ -4k,\ k(z+3))$ から，$3=4k$，$y-10=-4k$，$6=k(z+3)$ として，$y$，$z$ を求めてもよい。

◀**ベクトルの相等**

---

**練習 ② 63**

(1) 四面体 ABCD において，△ABC の重心を E，△ABD の重心を F とするとき，EF∥CD であることを証明せよ。

(2) 3 点 $A(-1,\ -1,\ -1)$，$B(1,\ 2,\ 3)$，$C(x,\ y,\ 1)$ が一直線上にあるとき，$x$，$y$ の値を求めよ。 〔(2) 立教大〕

p.125 EX44

## 基本 例題 64 共線条件 (2)

①①①①①

平行六面体 ABCD-EFGH において，辺 AB，AD を 2：1 に内分する点をそれぞれ P，Q とし，平行四辺形 EFGH の対角線 EG を 1：2 に内分する点を R とするとき，平行六面体の対角線 AG は △PQR の重心 K を通ることを証明せよ。

基本 63

**指針** **AG は K を通る ⟺ 3 点 A，G，K が一直線上にある**

**⟺ $\overrightarrow{AG}=k\overrightarrow{AK}$ となる実数 $k$ がある**

まず，点 A に関する位置ベクトル $\overrightarrow{AB}$，$\overrightarrow{AD}$，$\overrightarrow{AE}$ をそれぞれ $\vec{b}$，$\vec{d}$，$\vec{e}$ として（表現を簡単に），$\overrightarrow{AG}$，$\overrightarrow{AK}$ を $\vec{b}$，$\vec{d}$，$\vec{e}$ で表す。

**解答**

$\overrightarrow{AB}=\vec{b}$，$\overrightarrow{AD}=\vec{d}$，$\overrightarrow{AE}=\vec{e}$ とする。

◀ $\vec{b}$，$\vec{d}$，$\vec{e}$ は 1 次独立。

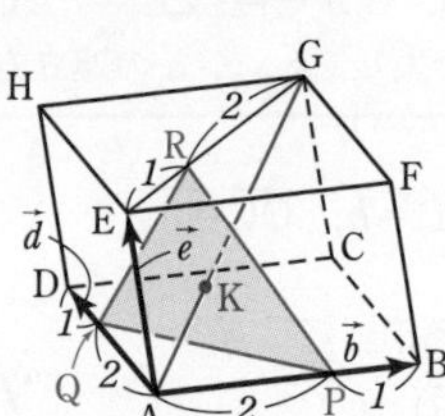


$$\overrightarrow{AP}=\frac{2}{3}\vec{b},\ \overrightarrow{AQ}=\frac{2}{3}\vec{d}$$

◀ AP：PB=2：1
AQ：QD=2：1

また，$\overrightarrow{AG}=\vec{b}+\vec{d}+\vec{e}$ …… ① から

$$\overrightarrow{AR}=\frac{2\overrightarrow{AE}+\overrightarrow{AG}}{3}=\frac{\vec{b}+\vec{d}+3\vec{e}}{3}$$

◀ ER：RG=1：2

ゆえに，△PQR の重心 K について

$$\overrightarrow{AK}=\frac{1}{3}(\overrightarrow{AP}+\overrightarrow{AQ}+\overrightarrow{AR})$$

$$=\frac{1}{3}\left(\frac{2}{3}\vec{b}+\frac{2}{3}\vec{d}+\frac{\vec{b}+\vec{d}+3\vec{e}}{3}\right)=\frac{\vec{b}+\vec{d}+\vec{e}}{3} \quad \cdots\cdots ②$$

◀ 結局，点 K は △BDE の重心である。

①，② から　$\overrightarrow{AG}=3\overrightarrow{AK}$

したがって，対角線 AG は △PQR の重心 K を通る。

**検討**

### 基本例題 64 の一般化

上の例題において，辺 AB，AD，線分 GE を $t:(1-t)$ $(0<t<1)$ に内分する点をそれぞれ P，Q，R とすると

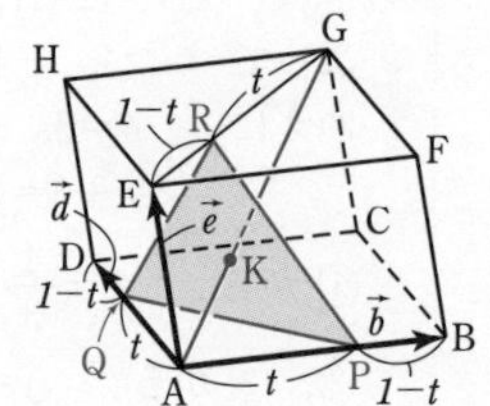


$$\overrightarrow{AP}=t\vec{b},\ \overrightarrow{AQ}=t\vec{d}$$

また，$\overrightarrow{AG}=\vec{b}+\vec{d}+\vec{e}$ から

$$\overrightarrow{AR}=t\overrightarrow{AE}+(1-t)\overrightarrow{AG}=t\vec{e}+(1-t)(\vec{b}+\vec{d}+\vec{e})$$
$$=(1-t)(\vec{b}+\vec{d})+\vec{e}$$

ゆえに

$$\overrightarrow{AK}=\frac{1}{3}\{t\vec{b}+t\vec{d}+(1-t)(\vec{b}+\vec{d})+\vec{e}\}=\frac{1}{3}(\vec{b}+\vec{d}+\vec{e})$$

よって　$\overrightarrow{AG}=3\overrightarrow{AK}$

したがって，$t$ の値に関係なく AG は △PQR の重心 K を通る。

**練習 ② 64** 平行六面体 ABCD-EFGH で △BDE，△CHF の重心をそれぞれ P，Q とするとき，4 点 A，P，Q，G は一直線上にあることを証明せよ。

## 基本例題 65 垂線の足，線対称な点の座標

2 点 A$(-3,\ -1,\ 1)$，B$(-1,\ 0,\ 0)$ を通る直線を $\ell$ とする。
(1) 点 C$(2,\ 3,\ 3)$ から直線 $\ell$ に下ろした垂線の足 H の座標を求めよ。
(2) 直線 $\ell$ に関して，点 C と対称な点 D の座標を求めよ。

基本 63

**指針** 点□は直線 AB 上 ⟺ **$\overrightarrow{\text{A}\square}=k\overrightarrow{\text{AB}}$ となる実数 $k$ がある。**
(1) $\overrightarrow{\text{AH}}=k\overrightarrow{\text{AB}}$ ($k$ は実数) から $\overrightarrow{\text{CH}}$ を成分で表し，$\overrightarrow{\text{AB}}\perp\overrightarrow{\text{CH}}$ を利用する。…… 垂直 ⟹ (内積)$=0$

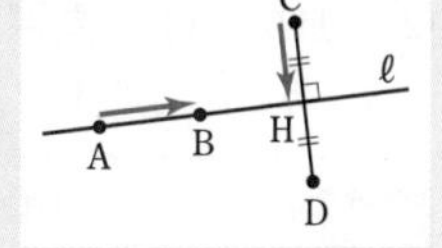

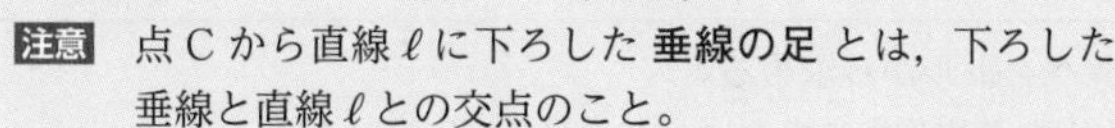

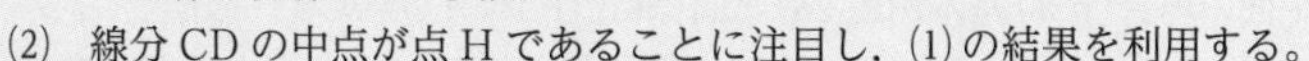

**注意** 点 C から直線 $\ell$ に下ろした **垂線の足** とは，下ろした垂線と直線 $\ell$ との交点のこと。
(2) 線分 CD の中点が点 H であることに注目し，(1) の結果を利用する。

**解答**
(1) 点 H は直線 AB 上にあるから，$\overrightarrow{\text{AH}}=k\overrightarrow{\text{AB}}$ となる実数 $k$ がある。
よって $\overrightarrow{\text{CH}}=\overrightarrow{\text{CA}}+\overrightarrow{\text{AH}}=\overrightarrow{\text{CA}}+k\overrightarrow{\text{AB}}$
$=(-5,\ -4,\ -2)+k(2,\ 1,\ -1)$
$=(2k-5,\ k-4,\ -k-2)$ …… (＊)

◀ $\overrightarrow{\text{CA}}=(-5,\ -4,\ -2)$
$\overrightarrow{\text{AB}}=(2,\ 1,\ -1)$

$\overrightarrow{\text{AB}}\perp\overrightarrow{\text{CH}}$ より $\overrightarrow{\text{AB}}\cdot\overrightarrow{\text{CH}}=0$ であるから
$2(2k-5)+(k-4)-(-k-2)=0$

◀ $6k-12=0$

ゆえに $k=2$ このとき，O を原点とすると
$\overrightarrow{\text{OH}}=\overrightarrow{\text{OC}}+\overrightarrow{\text{CH}}=(2,\ 3,\ 3)+(-1,\ -2,\ -4)$
$=(1,\ 1,\ -1)$

◀ $k=2$ を (＊) に代入して $\overrightarrow{\text{CH}}$ を求める。

したがって，点 H の座標は **$(1,\ 1,\ -1)$**

(2) $\overrightarrow{\text{OD}}=\overrightarrow{\text{OC}}+\overrightarrow{\text{CD}}=\overrightarrow{\text{OC}}+2\overrightarrow{\text{CH}}$
$=(2,\ 3,\ 3)+2(-1,\ -2,\ -4)=(0,\ -1,\ -5)$
したがって，点 D の座標は **$(0,\ -1,\ -5)$**

◀ $\overrightarrow{\text{OD}}=\overrightarrow{\text{OH}}+\overrightarrow{\text{HD}}$
$=\overrightarrow{\text{OH}}+\overrightarrow{\text{CH}}$
から求めてもよい。

**検討** **正射影ベクトルの利用**

(1) は，**正射影ベクトル** ($p.57$ 参照) を用いて，次のように解くこともできる。
$\overrightarrow{\text{AB}}=(2,\ 1,\ -1)$，$\overrightarrow{\text{AC}}=(5,\ 4,\ 2)$ であるから

$$\overrightarrow{\text{AH}}=\frac{\overrightarrow{\text{AC}}\cdot\overrightarrow{\text{AB}}}{|\overrightarrow{\text{AB}}|^2}\overrightarrow{\text{AB}}=\frac{12}{6}\overrightarrow{\text{AB}}=2\overrightarrow{\text{AB}}$$

◀ $\overrightarrow{\text{AC}}\cdot\overrightarrow{\text{AB}}=5\times2+4\times1+2\times(-1)=12$
$|\overrightarrow{\text{AB}}|^2=2^2+1^2+(-1)^2=6$

ゆえに $\overrightarrow{\text{OH}}=\overrightarrow{\text{OA}}+\overrightarrow{\text{AH}}=\overrightarrow{\text{OA}}+2\overrightarrow{\text{AB}}$
$=(-3,\ -1,\ 1)+2(2,\ 1,\ -1)=(1,\ 1,\ -1)$
よって，点 H の座標は **$(1,\ 1,\ -1)$**

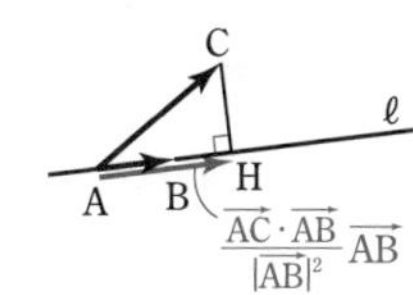


**練習 ③ 65** 2 点 A$(1,\ 3,\ 0)$，B$(0,\ 4,\ -1)$ を通る直線を $\ell$ とする。
(1) 点 C$(1,\ 5,\ -4)$ から直線 $\ell$ に下ろした垂線の足 H の座標を求めよ。
(2) 直線 $\ell$ に関して，点 C と対称な点 D の座標を求めよ。

## 基本例題 66 2直線の交点の位置ベクトル

四面体 OABC の辺 OA の中点を P，辺 BC を 2：1 に内分する点を Q，辺 OC を 1：3 に内分する点を R，辺 AB を 1：6 に内分する点を S とする。$\overrightarrow{OA}=\vec{a}$，$\overrightarrow{OB}=\vec{b}$，$\overrightarrow{OC}=\vec{c}$ とするとき

(1) $\overrightarrow{OQ}$，$\overrightarrow{OS}$ をそれぞれ $\vec{a}$，$\vec{b}$，$\vec{c}$ で表せ。

(2) 直線 PQ と直線 RS が交わるとき，その交点を T とする。このとき，$\overrightarrow{OT}$ を $\vec{a}$，$\vec{b}$，$\vec{c}$ で表せ。

基本 26

**指針** (1) 内分点の位置ベクトルから求める。

(2) 平面の場合（$p.50$ 基本例題 **26**）と同様に，PT：TQ$=s:(1-s)$，ST：TR$=t:(1-t)$ として，点 T を線分 PQ，線分 SR のそれぞれの内分点ととらえ，$\overrightarrow{OT}$ を $\vec{a}$，$\vec{b}$，$\vec{c}$ で **2通りに表す**。そして，**係数比較** にもち込む。

**CHART** 交点の位置ベクトル　2通りに表し，係数比較

**解答**

(1) $\overrightarrow{OQ}=\dfrac{1\cdot\overrightarrow{OB}+2\overrightarrow{OC}}{2+1}=\dfrac{1}{3}\vec{b}+\dfrac{2}{3}\vec{c}$

$\overrightarrow{OS}=\dfrac{6\overrightarrow{OA}+1\cdot\overrightarrow{OB}}{1+6}=\dfrac{6}{7}\vec{a}+\dfrac{1}{7}\vec{b}$

(2) PT：TQ$=s:(1-s)$ とすると

$$\overrightarrow{OT}=(1-s)\overrightarrow{OP}+s\overrightarrow{OQ}$$
$$=(1-s)\cdot\frac{1}{2}\vec{a}+s\left(\frac{1}{3}\vec{b}+\frac{2}{3}\vec{c}\right)$$
$$=\frac{1}{2}(1-s)\vec{a}+\frac{1}{3}s\vec{b}+\frac{2}{3}s\vec{c}\ \cdots\cdots ①$$

ST：TR$=t:(1-t)$ とすると

$$\overrightarrow{OT}=(1-t)\overrightarrow{OS}+t\overrightarrow{OR}$$
$$=(1-t)\left(\frac{6}{7}\vec{a}+\frac{1}{7}\vec{b}\right)+t\cdot\frac{1}{4}\vec{c}$$
$$=\frac{6}{7}(1-t)\vec{a}+\frac{1}{7}(1-t)\vec{b}+\frac{1}{4}t\vec{c}\ \cdots\cdots ②$$

4点 O，A，B，C は同じ平面上にないから，①，② より

$$\frac{1}{2}(1-s)=\frac{6}{7}(1-t),\quad \frac{1}{3}s=\frac{1}{7}(1-t),\quad \frac{2}{3}s=\frac{1}{4}t$$

第2式と第3式から　$s=\dfrac{1}{5}$，$t=\dfrac{8}{15}$

これは第1式を満たす。

したがって，① から　$\overrightarrow{OT}=\dfrac{2}{5}\vec{a}+\dfrac{1}{15}\vec{b}+\dfrac{2}{15}\vec{c}$

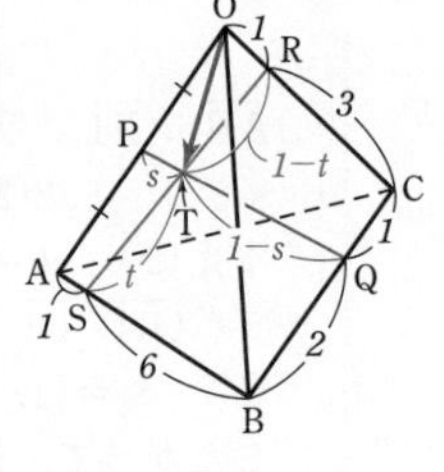


◀同じ平面上にない4点 O，A($\vec{a}$)，B($\vec{b}$)，C($\vec{c}$) に対し，次のことが成り立つ。
$s\vec{a}+t\vec{b}+u\vec{c}=s'\vec{a}+t'\vec{b}+u'\vec{c}$
$\Longleftrightarrow$ $s=s'$，$t=t'$，$u=u'$
（$s$，$t$，$u$，$s'$，$t'$，$u'$ は実数）

**練習** ② **66** 四面体 OABC において，辺 AB を 1：3 に内分する点を L，辺 OC を 3：1 に内分する点を M，線分 CL を 3：2 に内分する点を N，線分 LM，ON の交点を P とし，$\overrightarrow{OA}=\vec{a}$，$\overrightarrow{OB}=\vec{b}$，$\overrightarrow{OC}=\vec{c}$ とするとき，$\overrightarrow{ON}$，$\overrightarrow{OP}$ をそれぞれ $\vec{a}$，$\vec{b}$，$\vec{c}$ で表せ。

p.125 EX45

# 空間における交点の位置ベクトルの考え方

これまで，平面上のベクトル，空間のベクトルについての問題を学んできたが，これらの類似点，相違点について考えてみよう。

## ● ベクトルを 2 通りに表す

第 1 章の例題 **26** で学んだように，ベクトルを **2 通りに表して**，**係数比較** で求める解法は，空間の位置ベクトルを求める問題でも有効である。
この問題では，点 T が線分 PQ 上にも RS 上にもあると考えて，$\overrightarrow{OT}$ を 2 通りに表す。内分比を PT：TQ$=s$：$(1-s)$，ST：TR$=t$：$(1-t)$ とするのも，例題 **26** などと同様である。なお，空間の問題であるから，$\overrightarrow{OT}$ は 3 つのベクトル $\vec{a}$，$\vec{b}$，$\vec{c}$ で表される。これは平面上の場合と異なる点であるから注意しよう。

## ● 空間の場合も 1 次独立の断り書きは重要！

上で述べた「2 通りに表し係数比較」による解法は，ベクトルが 1 次独立であることがポイントで，その断り書きが重要である。
ここで，平面上の場合と空間の場合の 1 次独立について，まとめておく。表現が似ているものもある。平面と空間でその違いをつかんでおこう。

| | **平面** $\vec{a}$，$\vec{b}$ が **1 次独立** | **空間** $\vec{a}$，$\vec{b}$，$\vec{c}$ が **1 次独立** |
|---|---|---|
| **定義** | $s\vec{a}+t\vec{b}=\vec{0}$ ならば $s=t=0$ | $s\vec{a}+t\vec{b}+u\vec{c}=\vec{0}$ ならば $s=t=u=0$ |
| **別の表現** | $\vec{a}=\overrightarrow{OA}$，$\vec{b}=\overrightarrow{OB}$ とする。<br>① $\vec{a}\neq\vec{0}$，$\vec{b}\neq\vec{0}$，$\vec{a}\not\parallel\vec{b}$<br>② $\vec{a}$，$\vec{b}$ は $\vec{0}$ でなく，同じ直線上にない。<br>③ 3 点 O，A，B を結ぶと三角形。<br>(図: O, A, B, $\vec{a}$, $\vec{b}$)<br>このとき，平面上の任意のベクトル $\vec{p}$ は $\boldsymbol{\vec{p}=s\vec{a}+t\vec{b}}$ ($s$，$t$ は実数) の形にただ 1 通りに表される。 | $\vec{a}=\overrightarrow{OA}$，$\vec{b}=\overrightarrow{OB}$，$\vec{c}=\overrightarrow{OC}$ とする。<br>① 4 点 O, A, B, C は同じ平面上にない。<br>② $\vec{a}$，$\vec{b}$，$\vec{c}$ は $\vec{0}$ でなく，同じ平面上にない。<br>③ 4 点 O，A，B，C を結ぶと四面体。<br>(図: O, A, B, C, $\vec{a}$, $\vec{b}$, $\vec{c}$)<br>このとき，空間の任意のベクトル $\vec{p}$ は $\boldsymbol{\vec{p}=s\vec{a}+t\vec{b}+u\vec{c}}$ ($s$，$t$，$u$ は実数) の形にただ 1 通りに表される。 |

**注意** 空間の場合の 1 次独立の断り書きを
「$\vec{a}\neq\vec{0}$，$\vec{b}\neq\vec{0}$，$\vec{c}\neq\vec{0}$，$\vec{a}\not\parallel\vec{b}$，$\vec{b}\not\parallel\vec{c}$，$\vec{c}\not\parallel\vec{a}$」
としたら，間違いである。なぜなら，右の図のように，4 点 O，A，B，C を同じ平面上にとることができるからである。

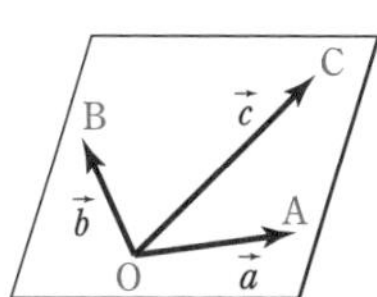

## 基本例題 67 共面条件

次の 4 点が同じ平面上にあるように，$x$ の値を定めよ。

$A(1,\ 1,\ 0)$，$B(3,\ 4,\ 5)$，$C(1,\ 3,\ 6)$，$P(4,\ 5,\ x)$

p.104 基本事項 3

**指針** 一直線上にない 3 点 A，B，C に対して，点 P が平面 ABC 上にある(共面条件)とは，次のいずれかが成り立つことである。ただし，O は原点とする。

[1] $\overrightarrow{AP}=s\overrightarrow{AB}+t\overrightarrow{AC}$ となる実数 $s$，$t$ がある。

[2] $\overrightarrow{OP}=s\overrightarrow{OA}+t\overrightarrow{OB}+u\overrightarrow{OC}$，$s+t+u=1$ となる実数 $s$，$t$，$u$ がある。

これを成分で表し，方程式の問題に帰着させる。

**解答**

解答 1. $\overrightarrow{AP}=(3,\ 4,\ x)$，$\overrightarrow{AB}=(2,\ 3,\ 5)$，$\overrightarrow{AC}=(0,\ 2,\ 6)$

3 点 A，B，C は一直線上にないから(*)，点 P が平面 ABC 上にあるための条件は，$\overrightarrow{AP}=s\overrightarrow{AB}+t\overrightarrow{AC}$ となる実数 $s$，$t$ があることである。

よって　$(3,\ 4,\ x)=s(2,\ 3,\ 5)+t(0,\ 2,\ 6)$

すなわち　$(3,\ 4,\ x)=(2s,\ 3s+2t,\ 5s+6t)$

ゆえに　$2s=3$，$3s+2t=4$，$5s+6t=x$

よって　$s=\dfrac{3}{2}$，$t=-\dfrac{1}{4}$　　したがって　$\boldsymbol{x=6}$

解答 2. 3 点 A，B，C は一直線上にないから，原点を O とすると，点 P が平面 ABC 上にあるための条件は，

$\overrightarrow{OP}=s\overrightarrow{OA}+t\overrightarrow{OB}+u\overrightarrow{OC}$，$s+t+u=1$

となる実数 $s$，$t$，$u$ があることである。よって

$(4,\ 5,\ x)=s(1,\ 1,\ 0)+t(3,\ 4,\ 5)+u(1,\ 3,\ 6)$

すなわち　$(4,\ 5,\ x)=(s+3t+u,\ s+4t+3u,\ 5t+6u)$

ゆえに　$s+3t+u=4$，$s+4t+3u=5$，$5t+6u=x$

また　$s+t+u=1$

これらを解くと　$s=-\dfrac{1}{4}$，$t=\dfrac{3}{2}$，$u=-\dfrac{1}{4}$

したがって　$\boldsymbol{x}=5\cdot\dfrac{3}{2}+6\cdot\left(-\dfrac{1}{4}\right)=\boldsymbol{6}$

◀[1] を用いる解法。
$\overrightarrow{AP}=(4-1,\ 5-1,\ x)$
$\overrightarrow{AB}=(3-1,\ 4-1,\ 5)$
$\overrightarrow{AC}=(1-1,\ 3-1,\ 6)$
(*)　$\overrightarrow{AB}=k\overrightarrow{AC}$ を満たす実数 $k$ は存在しない。

◀まず，第 1 式と第 2 式から $s$，$t$ の値を求める。

◀[2] を用いる解法。

◀解答 2. では 4 変数 $(s,\ t,\ u,\ x)$ の連立方程式を解くことになるが，解答 1. の $\overrightarrow{AP}$，$\overrightarrow{AB}$，$\overrightarrow{AC}$ の計算は不要になる。

◀第 1 式，第 2 式，第 4 式 $(s+t+u=1)$ から $s$，$t$，$u$ の値を求める。まず，(第 1 式)−(第 4 式) から　$t=\dfrac{3}{2}$

**検討**　**上の例題を，後で学ぶ「平面の方程式」を用いて解く**

3 点 A，B，C を通る平面の方程式を，$p.137$ の演習例題 **80** と同様にして求めると

$2x-3y+z+1=0$　　通る点の座標を代入。

この平面上に点 P があるための条件は　$2\cdot4-3\cdot5+x+1=0$　　よって　$\boldsymbol{x=6}$

**練習 ② 67**　4 点 $A(0,\ 0,\ 2)$，$B(2,\ -2,\ 3)$，$C(a,\ -1,\ 4)$，$D(1,\ a,\ 1)$ が同じ平面上にあるように，定数 $a$ の値を定めよ。　〔弘前大〕

## 基本 例題 68 同じ平面上にあることの証明

四面体 OABC の辺 OA，AB，BC を 1：2 に内分する点をそれぞれ P，Q，R とし，辺 OC を 1：8 に内分する点を S とする。このとき，4 点 P，Q，R，S は同じ平面上にあることを示せ。

p.104 基本事項 3，基本 67

**指針** 4 点 P，Q，R，S が同じ平面上にあることを示すには，次の[1]，[2]のいずれかが成り立つことを示す。

[1] $\overrightarrow{PS}=s\overrightarrow{PQ}+t\overrightarrow{PR}$ となる実数 $s$，$t$ がある。

[2] $\overrightarrow{OS}=s\overrightarrow{OP}+t\overrightarrow{OQ}+u\overrightarrow{OR}$，$s+t+u=1$ となる実数 $s$，$t$，$u$ がある。

**解答**

解答 1. $\overrightarrow{OA}=\vec{a}$，$\overrightarrow{OB}=\vec{b}$，$\overrightarrow{OC}=\vec{c}$ とすると

◀[1] を用いる解法。

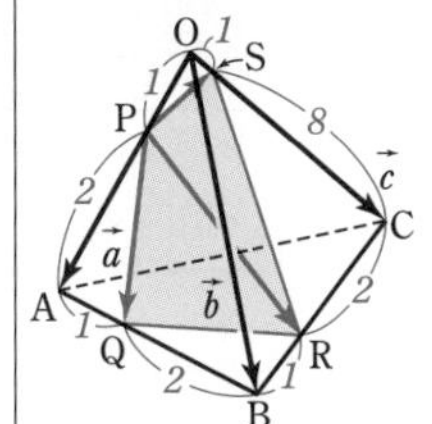


$$\overrightarrow{PQ}=\overrightarrow{OQ}-\overrightarrow{OP}=\frac{2\vec{a}+1\cdot\vec{b}}{1+2}-\frac{1}{3}\vec{a}=\frac{1}{3}\vec{a}+\frac{1}{3}\vec{b}$$

$$\overrightarrow{PR}=\overrightarrow{OR}-\overrightarrow{OP}=\frac{2\vec{b}+1\cdot\vec{c}}{1+2}-\frac{1}{3}\vec{a}=-\frac{1}{3}\vec{a}+\frac{2}{3}\vec{b}+\frac{1}{3}\vec{c}$$

$$\overrightarrow{PS}=\overrightarrow{OS}-\overrightarrow{OP}=\frac{1}{9}\vec{c}-\frac{1}{3}\vec{a}=-\frac{1}{3}\vec{a}+\frac{1}{9}\vec{c}$$

$\overrightarrow{PS}=s\overrightarrow{PQ}+t\overrightarrow{PR}$ とすると

$$-\frac{1}{3}\vec{a}+\frac{1}{9}\vec{c}=s\left(\frac{1}{3}\vec{a}+\frac{1}{3}\vec{b}\right)+t\left(-\frac{1}{3}\vec{a}+\frac{2}{3}\vec{b}+\frac{1}{3}\vec{c}\right)$$

よって $-\frac{1}{3}\vec{a}+\frac{1}{9}\vec{c}=\left(\frac{1}{3}s-\frac{1}{3}t\right)\vec{a}+\left(\frac{1}{3}s+\frac{2}{3}t\right)\vec{b}+\frac{1}{3}t\vec{c}$

◀右辺を ●$\vec{a}$+■$\vec{b}$+▲$\vec{c}$ の形に。

4 点 O，A，B，C は同じ平面上にないから

$\frac{1}{3}s-\frac{1}{3}t=-\frac{1}{3}$ …… ①，$\frac{1}{3}s+\frac{2}{3}t=0$ …… ②，$\frac{1}{3}t=\frac{1}{9}$ …… ③

◀係数を比較。

②，③ から　$s=-\frac{2}{3}$，$t=\frac{1}{3}$　　これは ① を満たす。

◀$\overrightarrow{PS}=s\overrightarrow{PQ}+t\overrightarrow{PR}$ を満たす実数 $s$，$t$ がある。

したがって，4 点 P，Q，R，S は同じ平面上にある。

解答 2. $\overrightarrow{OS}=s\overrightarrow{OP}+t\overrightarrow{OQ}+u\overrightarrow{OR}$ とすると

◀[2] を用いる解法。

$$\frac{1}{9}\vec{c}=s\cdot\frac{1}{3}\vec{a}+t\cdot\frac{2\vec{a}+\vec{b}}{3}+u\cdot\frac{2\vec{b}+\vec{c}}{3}$$

よって　$\frac{1}{9}\vec{c}=\left(\frac{1}{3}s+\frac{2}{3}t\right)\vec{a}+\left(\frac{1}{3}t+\frac{2}{3}u\right)\vec{b}+\frac{u}{3}\vec{c}$

4 点 O, A, B, C は同じ平面上にないから　$\frac{1}{3}s+\frac{2}{3}t=0$，$\frac{1}{3}t+\frac{2}{3}u=0$，$\frac{u}{3}=\frac{1}{9}$

ゆえに　$s=\frac{4}{3}$，$t=-\frac{2}{3}$，$u=\frac{1}{3}$　　これは $s+t+u=1$ を満たす。

したがって，4 点 P，Q，R，S は同じ平面上にある。

**練習 ③ 68** 平行六面体 ABCD-EFGH において，辺 BF を 2：1 に内分する点を P，辺 FG を 2：1 に内分する点を Q，辺 DH の中点を R とする。4 点 A，P，Q，R は同じ平面上にあることを示せ。

## 基本例題 69 直線と平面の交点の位置ベクトル(1)

四面体OABCを考える。辺OAの中点をPとする。また辺OBを2：1に内分する点をQとして，辺OCを3：1に内分する点をRとする。更に三角形ABCの重心をGとする。
3点P，Q，Rを通る平面と直線OGの交点をKとするとき，$\overrightarrow{OK}$ を $\overrightarrow{OA}$，$\overrightarrow{OB}$，$\overrightarrow{OC}$ を用いて表せ。

〔類 鹿児島大〕 基本 67

**指針** 点Kは「3点P，Q，Rを通る平面上」にも「直線OG上」にもあると考え，$\overrightarrow{OK}$ を $\overrightarrow{OA}$，$\overrightarrow{OB}$，$\overrightarrow{OC}$ を用いて，**2通りに表して係数比較** をする。
その際，

**点Kが3点P，Q，Rを通る平面上にある**
**$\Longleftrightarrow$ $\overrightarrow{OK}=s\overrightarrow{OP}+t\overrightarrow{OQ}+u\overrightarrow{OR}$，$s+t+u=1$ となる実数 $s$，$t$，$u$ がある** ……★

を利用する。

**解答**

点Kは3点P，Q，Rを通る平面上にあるから，実数 $s$，$t$，$u$ を用いて

$$\overrightarrow{OK}=s\overrightarrow{OP}+t\overrightarrow{OQ}+u\overrightarrow{OR},\ s+t+u=1$$

と表される。

ここで，$\overrightarrow{OP}=\frac{1}{2}\overrightarrow{OA}$，$\overrightarrow{OQ}=\frac{2}{3}\overrightarrow{OB}$，$\overrightarrow{OR}=\frac{3}{4}\overrightarrow{OC}$ であるから

$$\overrightarrow{OK}=\frac{s}{2}\overrightarrow{OA}+\frac{2}{3}t\overrightarrow{OB}+\frac{3}{4}u\overrightarrow{OC} \ \cdots\cdots ①$$

また，点Kは直線OG上にあるから，$\overrightarrow{OK}=k\overrightarrow{OG}$（$k$ は実数）と表される。

よって

$$\overrightarrow{OK}=k\left(\frac{\overrightarrow{OA}+\overrightarrow{OB}+\overrightarrow{OC}}{3}\right)$$
$$=\frac{k}{3}\overrightarrow{OA}+\frac{k}{3}\overrightarrow{OB}+\frac{k}{3}\overrightarrow{OC} \ \cdots\cdots ②$$

4点O，A，B，Cは同じ平面上にないから，①，②より

$$\frac{s}{2}=\frac{k}{3},\ \frac{2}{3}t=\frac{k}{3},\ \frac{3}{4}u=\frac{k}{3}$$

ゆえに　$s=\frac{2}{3}k$，$t=\frac{k}{2}$，$u=\frac{4}{9}k$

これらを $s+t+u=1$ に代入して　$\frac{2}{3}k+\frac{k}{2}+\frac{4}{9}k=1$

よって　$k=\frac{18}{29}$

これを②に代入して

$$\mathbf{\overrightarrow{OK}=\frac{6}{29}\overrightarrow{OA}+\frac{6}{29}\overrightarrow{OB}+\frac{6}{29}\overrightarrow{OC}}$$

◀指針＿＿……★の方針。同じ平面上にあるための条件。この★の形と前ページの[1]の形 $\overrightarrow{PK}=s\overrightarrow{PQ}+t\overrightarrow{PR}$ のどちらも使いこなせるようにしておきたい。

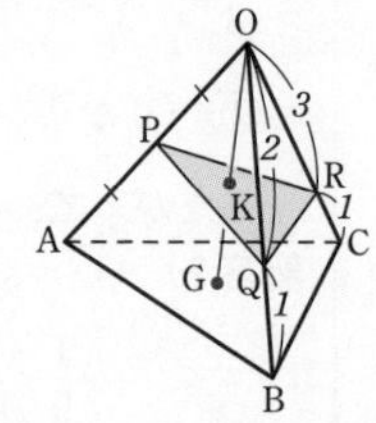


◀空間の位置ベクトルを2通りに表して係数比較をするとき，この断り書きは重要である。$p.113$ も参照。

◀$s$，$t$，$u$ の値を求め，その値を①に代入してもよいが，②に代入する方が計算がらく。

別解　点 K は直線 OG 上にあるから，$\overrightarrow{OK}=k\overrightarrow{OG}$（$k$ は実数）と表される。

よって　$\overrightarrow{OK}=k\left(\dfrac{\overrightarrow{OA}+\overrightarrow{OB}+\overrightarrow{OC}}{3}\right)$

$=\dfrac{k}{3}\overrightarrow{OA}+\dfrac{k}{3}\overrightarrow{OB}+\dfrac{k}{3}\overrightarrow{OC}$ ……（＊）

ここで，$\overrightarrow{OP}=\dfrac{1}{2}\overrightarrow{OA}$，$\overrightarrow{OQ}=\dfrac{2}{3}\overrightarrow{OB}$，$\overrightarrow{OR}=\dfrac{3}{4}\overrightarrow{OC}$ であるから

$\overrightarrow{OA}=2\overrightarrow{OP}$，$\overrightarrow{OB}=\dfrac{3}{2}\overrightarrow{OQ}$，$\overrightarrow{OC}=\dfrac{4}{3}\overrightarrow{OR}$

ゆえに　$\overrightarrow{OK}=\dfrac{2}{3}k\overrightarrow{OP}+\dfrac{k}{2}\overrightarrow{OQ}+\dfrac{4}{9}k\overrightarrow{OR}$

◀$\overrightarrow{OP}$，$\overrightarrow{OQ}$，$\overrightarrow{OR}$ の条件に直す。

点 K は 3 点 P，Q，R を通る平面上にあるから

$\dfrac{2}{3}k+\dfrac{k}{2}+\dfrac{4}{9}k=1$　　よって　$k=\dfrac{18}{29}$

ゆえに，（＊）から　$\boldsymbol{\overrightarrow{OK}=\dfrac{6}{29}\overrightarrow{OA}+\dfrac{6}{29}\overrightarrow{OB}+\dfrac{6}{29}\overrightarrow{OC}}$

検討

**同じ平面上にある条件**

・左ページの解答では，点 K が 3 点 P，Q，R を通る平面上にある条件として

$\boldsymbol{\overrightarrow{OK}=s\overrightarrow{OP}+t\overrightarrow{OQ}+u\overrightarrow{OR},\ s+t+u=1}$　（$s$，$t$，$u$ は実数）

を利用したが，

$\boldsymbol{\overrightarrow{PK}=s\overrightarrow{PQ}+t\overrightarrow{PR}}$　（$s$，$t$ は実数）

を利用してもよい。なぜなら，この 2 つの条件は実質的に同じだからである（$p$.104 解説参照）。

・また，左ページの解答では，点 K が「3 点 P，Q，R を通る平面上」にも「直線 OG 上」にもあると考え，それぞれの条件を利用して，$\overrightarrow{OK}$ を 2 通りに表している。この方針の場合，2 通りに表す際に文字が多くなるので，やや手間な面もある。
そこで，上の 別解 では，まず，点 K が直線 OG 上にある条件から，$\overrightarrow{OK}$ を $\overrightarrow{OA}$，$\overrightarrow{OB}$，$\overrightarrow{OC}$ を用いて表し，それを $\overrightarrow{OP}$，$\overrightarrow{OQ}$，$\overrightarrow{OR}$ の条件に直す，すなわち

**$\overrightarrow{OK}$＝●$\overrightarrow{OP}$＋▲$\overrightarrow{OQ}$＋■$\overrightarrow{OR}$　［●，▲，■ は $k$ の式］**　……（＊＊）

を導いている。そして，●＋▲＋■＝1 となることを利用している。

位置ベクトルが（＊＊）のように表されるとき，別解 の解法が有効である。

練習 ② **69**　四面体 OABC において，$\vec{a}=\overrightarrow{OA}$，$\vec{b}=\overrightarrow{OB}$，$\vec{c}=\overrightarrow{OC}$ とする。

(1)　線分 AB を 1：2 に内分する点を P とし，線分 PC を 2：3 に内分する点を Q とする。$\overrightarrow{OQ}$ を $\vec{a}$，$\vec{b}$，$\vec{c}$ を用いて表せ。

(2)　D，E，F はそれぞれ線分 OA，OB，OC 上の点で，$OD=\dfrac{1}{2}OA$，$OE=\dfrac{2}{3}OB$，$OF=\dfrac{1}{3}OC$ とする。3 点 D，E，F を含む平面と直線 OQ の交点を R とするとき，$\overrightarrow{OR}$ を $\vec{a}$，$\vec{b}$，$\vec{c}$ を用いて表せ。

〔大阪電通大〕　p.126 EX46

## 基本例題 70 直線と平面の交点の位置ベクトル (2)

四面体 OABC において，P を辺 OA の中点，Q を辺 OB を 2：1 に内分する点，R を辺 BC の中点とする。P，Q，R を通る平面と辺 AC の交点を S とする。$\overrightarrow{OA}=\vec{a}$，$\overrightarrow{OB}=\vec{b}$，$\overrightarrow{OC}=\vec{c}$ とおく。

(1) $\overrightarrow{PQ}$，$\overrightarrow{PR}$ をそれぞれ $\vec{a}$，$\vec{b}$，$\vec{c}$ を用いて表せ。

(2) 比 $|\overrightarrow{AS}|:|\overrightarrow{SC}|$ を求めよ。

［類 神戸大］ 基本 69

**指針** (2) 基本例題 **69** と同様に，点 S は「3 点 P，Q，R を通る平面上」にも「辺 AC 上」にもあると考え，$\overrightarrow{OS}$ を $\vec{a}$，$\vec{b}$，$\vec{c}$ を用いて，**2 通りに表して係数比較** をする。
その際，「3 点 P，Q，R を通る平面上」にある条件については，(1) の結果 ($\overrightarrow{PQ}$，$\overrightarrow{PR}$ をそれぞれ $\vec{a}$，$\vec{b}$，$\vec{c}$ で表している) が使えるから，次を利用する。

**点 S は 3 点 P，Q，R を通る平面上にある**
**$\iff \overrightarrow{PS}=s\overrightarrow{PQ}+t\overrightarrow{PR}$ となる実数 $s$，$t$ がある**

**解答**

(1) $\overrightarrow{PQ}=\overrightarrow{OQ}-\overrightarrow{OP}=-\dfrac{1}{2}\vec{a}+\dfrac{2}{3}\vec{b}$

$\overrightarrow{PR}=\overrightarrow{OR}-\overrightarrow{OP}=\dfrac{\vec{b}+\vec{c}}{2}-\dfrac{1}{2}\vec{a}=-\dfrac{1}{2}\vec{a}+\dfrac{1}{2}\vec{b}+\dfrac{1}{2}\vec{c}$

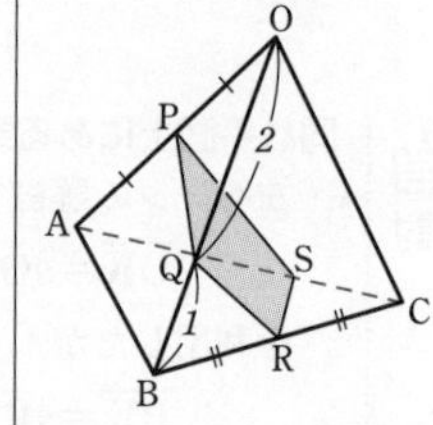



(2) 点 S は 3 点 P，Q，R を通る平面上にあるから

$$\overrightarrow{PS}=s\overrightarrow{PQ}+t\overrightarrow{PR}\quad (s,\ t \text{ は実数})$$

と表される。(1) の結果から

$$\overrightarrow{OS}=\overrightarrow{OP}+\overrightarrow{PS}$$
$$=\frac{1}{2}\vec{a}+s\left(-\frac{1}{2}\vec{a}+\frac{2}{3}\vec{b}\right)+t\left(-\frac{1}{2}\vec{a}+\frac{1}{2}\vec{b}+\frac{1}{2}\vec{c}\right)$$
$$=\frac{1-s-t}{2}\vec{a}+\left(\frac{2}{3}s+\frac{t}{2}\right)\vec{b}+\frac{t}{2}\vec{c}\quad \cdots\cdots ①$$

また，点 S は辺 AC 上にあるから，AS：SC$=u:(1-u)$ とすると

$$\overrightarrow{OS}=(1-u)\vec{a}+u\vec{c}\quad \cdots\cdots ②$$

4 点 O，A，B，C は同じ平面上にないから，①，② より

$$\frac{1-s-t}{2}=1-u,\quad \frac{2}{3}s+\frac{t}{2}=0,\quad \frac{t}{2}=u$$

これを解いて　$s=-1$，$t=\dfrac{4}{3}$，$u=\dfrac{2}{3}$

よって　$|\overrightarrow{AS}|:|\overrightarrow{SC}|=\dfrac{2}{3}:\dfrac{1}{3}=\mathbf{2:1}$

◀① を導いた段階で，「点 S は線分 AC 上にあるから $\dfrac{1-s-t}{2}+\dfrac{t}{2}=1$，$\dfrac{2}{3}s+\dfrac{t}{2}=0$」として考えてもよい。

**練習 ③ 70** 四面体 OABC において，線分 OA を 2：1 に内分する点を P，線分 OB を 3：1 に内分する点を Q，線分 BC を 4：1 に内分する点を R とする。この四面体を 3 点 P，Q，R を通る平面で切り，この平面が線分 AC と交わる点を S とするとき，線分の長さの比 AS：SC を求めよ。　［類 早稲田大］

## 基本例題 71 垂直，線分の長さの平方に関する証明問題 ①①①①①

四面体OABCにおいて，OA＝AB，BC＝OC，OA⊥BCとするとき，次のことを証明せよ。〔浜松医大〕

(1) OB⊥AC (2) $OA^2+BC^2=OB^2+AC^2$

基本 30，31

**指針** 直線(線分)の垂直 ⟶ (内積)＝0 ［基本例題 31 参照］，
線分の長さの平方 ⟶ $AB^2=|\overrightarrow{AB}|^2$ ［基本例題 30 参照］
このように，**内積を利用** してベクトル化することが有効である。

(1) $\overrightarrow{OA}=\vec{a}$，$\overrightarrow{OB}=\vec{b}$，$\overrightarrow{OC}=\vec{c}$ とする。**結論からお迎え** すると
OB⊥AC ⟺ $\overrightarrow{OB}\cdot\overrightarrow{AC}=0$ ⟺ $\vec{b}\cdot(\vec{c}-\vec{a})=0$ ⟺ $\vec{b}\cdot\vec{c}=\vec{a}\cdot\vec{b}$
よって，OA＝AB，BC＝OC から $\vec{b}\cdot\vec{c}=\vec{a}\cdot\vec{b}$ を導く。

(2) **等式の証明** ここでは(左辺)－(右辺)＝0 を示す。

**CHART** 垂直・$(線分)^2$ 内積を利用

**解答**

$\overrightarrow{OA}=\vec{a}$，$\overrightarrow{OB}=\vec{b}$，$\overrightarrow{OC}=\vec{c}$ とする。

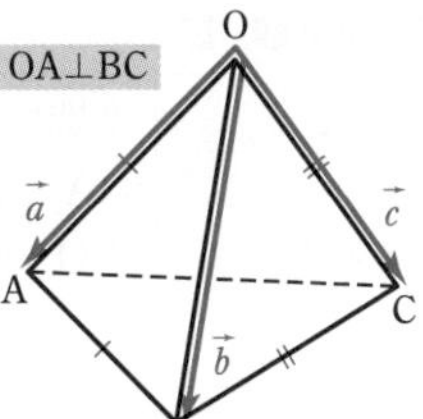


(1) OA＝AB から $|\overrightarrow{OA}|^2=|\overrightarrow{AB}|^2$
よって $|\vec{a}|^2=|\vec{b}-\vec{a}|^2$
ゆえに $|\vec{a}|^2=|\vec{b}|^2-2\vec{a}\cdot\vec{b}+|\vec{a}|^2$
よって $|\vec{b}|^2=2\vec{a}\cdot\vec{b}$ …… ①
同様に，BC＝OC から
$|\overrightarrow{BC}|^2=|\overrightarrow{OC}|^2$
よって $|\vec{c}-\vec{b}|^2=|\vec{c}|^2$
ゆえに $|\vec{b}|^2=2\vec{b}\cdot\vec{c}$ …… ②
①，② から $\vec{a}\cdot\vec{b}=\vec{b}\cdot\vec{c}$ …… ③
よって $\vec{b}\cdot(\vec{c}-\vec{a})=0$ すなわち $\overrightarrow{OB}\cdot\overrightarrow{AC}=0$
$\overrightarrow{OB}\neq\vec{0}$，$\overrightarrow{AC}\neq\vec{0}$ であるから $\overrightarrow{OB}\perp\overrightarrow{AC}$
したがって OB⊥AC

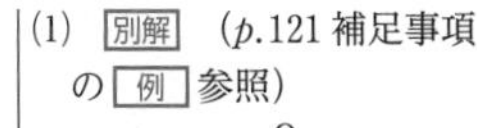

(1) 別解 (p.121 補足事項の 例 参照)

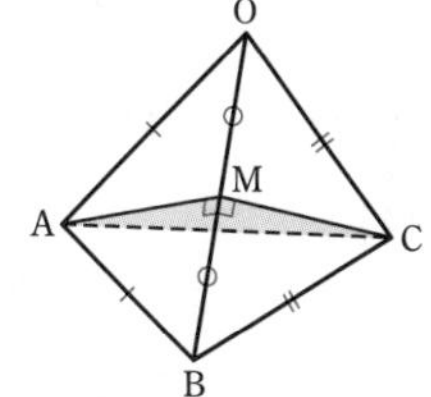


辺OBの中点をMとすると
OA＝AB から AM⊥OB
OC＝BC から CM⊥OB
よって OB⊥(平面ACM)
ACは平面ACM上にあるから OB⊥AC

(2) OA⊥BC から $\overrightarrow{OA}\cdot\overrightarrow{BC}=0$
よって $\vec{a}\cdot(\vec{c}-\vec{b})=0$ ゆえに $\vec{a}\cdot\vec{c}=\vec{a}\cdot\vec{b}$
これと ③ より $\vec{a}\cdot\vec{c}=\vec{b}\cdot\vec{c}$ であるから
$OA^2+BC^2-(OB^2+AC^2)$
$=|\overrightarrow{OA}|^2+|\overrightarrow{BC}|^2-|\overrightarrow{OB}|^2-|\overrightarrow{AC}|^2$
$=|\vec{a}|^2+|\vec{c}-\vec{b}|^2-|\vec{b}|^2-|\vec{c}-\vec{a}|^2$
$=|\vec{a}|^2+|\vec{c}|^2-2\vec{b}\cdot\vec{c}+|\vec{b}|^2-|\vec{b}|^2-|\vec{c}|^2+2\vec{a}\cdot\vec{c}-|\vec{a}|^2=0$
したがって $OA^2+BC^2=OB^2+AC^2$

◀(左辺)－(右辺)

◀$|\vec{c}-\vec{b}|^2=|\vec{c}|^2-2\vec{b}\cdot\vec{c}+|\vec{b}|^2$

**練習 ③ 71** 四面体ABCDを考える。△ABCと△ABDは正三角形であり，ACとBDとは垂直である。〔岩手大〕
(1) BCとADも垂直であることを示せ。
(2) 四面体ABCDは正四面体であることを示せ。

p.126 EX 47

## 振り返り 平面と空間の類似点と相違点 1

これまでに学んだ平面上のベクトルと空間のベクトルの性質を，比較しながらまとめよう。なお，**1 次独立の条件** については，*p*.113 **ズーム UP** でまとめているので，そこを確認してほしい。以下，$k$，$s$，$t$，$u$ は実数とする。

| | 平面上のベクトル | 空間のベクトル | 補　足 |
|---|---|---|---|
| 大きさ・内積 | $\vec{a}=(a_1,\ a_2)$，$\vec{b}=(b_1,\ b_2)$，<br>$\vec{a}$，$\vec{b}$ のなす角を $\theta$ とすると<br>$\vec{a}$ の大きさは<br>$\boldsymbol{\|\vec{a}\|=\sqrt{a_1^2+a_2^2}}$<br>$\vec{a}$ と $\vec{b}$ の内積は<br>$\boldsymbol{\vec{a}\cdot\vec{b}=\|\vec{a}\|\|\vec{b}\|\cos\theta}$<br>$\boldsymbol{=a_1b_1+a_2b_2}$<br>➡ *p*.20 基本事項 1，<br>*p*.28，29 基本事項 1，4 | $\vec{a}=(a_1,\ a_2,\ a_3)$，$\vec{b}=(b_1,\ b_2,\ b_3)$，<br>$\vec{a}$，$\vec{b}$ のなす角を $\theta$ とすると<br>$\vec{a}$ の大きさは<br>$\boldsymbol{\|\vec{a}\|=\sqrt{a_1^2+a_2^2+a_3^2}}$<br>$\vec{a}$ と $\vec{b}$ の内積は<br>$\boldsymbol{\vec{a}\cdot\vec{b}=\|\vec{a}\|\|\vec{b}\|\cos\theta}$<br>$\boldsymbol{=a_1b_1+a_2b_2+a_3b_3}$<br>➡ *p*.87 基本事項 4，<br>*p*.95 基本事項 1 | 内積の定義の式は平面，空間で同じ。<br>また，成分表示は，空間では $z$ 成分が加わる。 |
| 三角形の面積 | 平面上にある △OAB で，<br>$\overrightarrow{\mathrm{OA}}=\vec{a}=(a_1,\ a_2)$，<br>$\overrightarrow{\mathrm{OB}}=\vec{b}=(b_1,\ b_2)$ とすると<br>△OAB の面積 $S$ は<br>$\boldsymbol{S=\frac{1}{2}\sqrt{\|\vec{a}\|^2\|\vec{b}\|^2-(\vec{a}\cdot\vec{b})^2}}$<br>$\boldsymbol{=\frac{1}{2}\|a_1b_2-a_2b_1\|}$<br>➡ *p*.37 基本例題 18 | 空間内にある △OAB で，<br>$\overrightarrow{\mathrm{OA}}=\vec{a}$，$\overrightarrow{\mathrm{OB}}=\vec{b}$ とすると<br>△OAB の面積 $S$ は<br>$\boldsymbol{S=\frac{1}{2}\sqrt{\|\vec{a}\|^2\|\vec{b}\|^2-(\vec{a}\cdot\vec{b})^2}}$<br>➡ *p*.97 検討 | ベクトルによる式は，平面・空間で同じ形である。 |
| 共線・共面条件 | (平面における **共線条件**)<br>点 P が直線 AB 上にある<br>$\Longleftrightarrow \overrightarrow{\mathrm{AP}}=k\overrightarrow{\mathrm{AB}}$ …… ①<br>$\Longleftrightarrow \overrightarrow{\mathrm{OP}}=s\overrightarrow{\mathrm{OA}}+t\overrightarrow{\mathrm{OB}}$，<br>$s+t=1$ …… ②<br>➡ *p*.45 基本事項 4，*p*.66 基本事項 2 | (空間における **共面条件**)<br>点 P が平面 ABC 上にある<br>$\Longleftrightarrow \overrightarrow{\mathrm{CP}}=s\overrightarrow{\mathrm{CA}}+t\overrightarrow{\mathrm{CB}}$ …… ③<br>$\Longleftrightarrow \overrightarrow{\mathrm{OP}}=s\overrightarrow{\mathrm{OA}}+t\overrightarrow{\mathrm{OB}}+u\overrightarrow{\mathrm{OC}}$，<br>$s+t+u=1$ …… ④<br>➡ *p*.104 基本事項 3 | ②，④ の表し方は，ともに **(係数の和)=1** である。下の 注意 も参照。 |

**注意**　平面における共線条件 ① と ②，空間における共面条件 ③ と ④ について

・① は ② より，③ は ④ より，それぞれ文字が少なくてすむ

・② は ① より，④ は ③ より，それぞれ文字が多くなるが，O として原点をとると，点の座標とベクトルの成分を等しくできる

というのがそれぞれのメリットである。

## 補足事項　直線と平面の垂直

直線と平面の垂直については，数学 A の内容であるが，次ページ以降の例題で利用するから，ここで確認しておこう。

**直線と平面の垂直**

直線 $h$ が，平面 $\alpha$ 上のすべての直線に垂直であるとき，直線 $h$ は平面 $\alpha$ に **垂直** である，または平面 $\alpha$ に **直交** するといい，$\boldsymbol{h \perp \alpha}$ と書く。また，このとき，直線 $h$ を平面 $\alpha$ の **垂線** という。

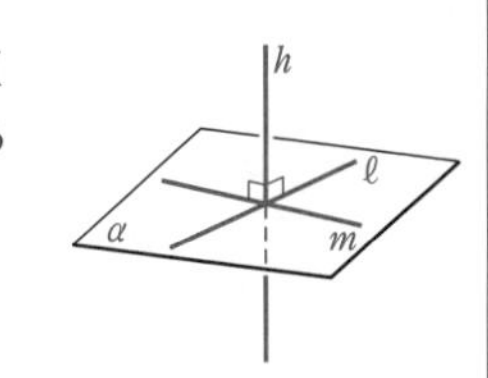


**［定理］ 直線 $h$ が，平面 $\alpha$ 上の交わる 2 直線 $\ell$，$m$ に垂直ならば，直線 $h$ は平面 $\alpha$ に垂直である。**

証明　直線 $h$ と平面 $\alpha$ の交点を O とし，O を通り $\alpha$ 上にある $\ell$，$m$ 以外の任意の直線を $n$ とする。O を通らない直線と $\ell$，$m$，$n$ がそれぞれ A，B，C で交わるとき，直線 $h$ 上に，$\alpha$ に関して互いに反対側にある点 P，P′ をとり，OP＝OP′ とする。

OA⊥$h$，OB⊥$h$ のとき

　　PA＝P′A，PB＝P′B，AB は共通

よって　　△PAB≡△P′AB

ゆえに　　∠PAC＝∠P′AC

△PAC と △P′AC において，PA＝P′A，AC は共通であるから

　　△PAC≡△P′AC

よって　　PC＝P′C

また　　OP＝OP′　　ゆえに　　OC⊥$h$

したがって，$h$ は $\alpha$ 上の任意の直線と垂直となるから，$h \perp \alpha$ が成り立つ。

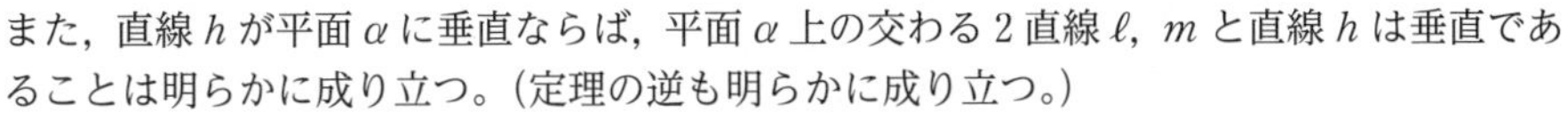

また，直線 $h$ が平面 $\alpha$ に垂直ならば，平面 $\alpha$ 上の交わる 2 直線 $\ell$，$m$ と直線 $h$ は垂直であることは明らかに成り立つ。(定理の逆も明らかに成り立つ。)

したがって，平面 ABC 上の点を H とすると，次のことが成り立つ。

$$\mathbf{OH} \perp (\text{平面 ABC}) \iff \overrightarrow{\mathrm{OH}} \perp \overrightarrow{\mathrm{AB}},\ \overrightarrow{\mathrm{OH}} \perp \overrightarrow{\mathrm{AC}}$$

例　正四面体 ABCD において，辺 AB の中点を M とすると，CM，DM は，それぞれ正三角形 ABC，ABD の中線であるから

　　CM⊥AB，DM⊥AB

したがって，AB は平面 CDM に垂直である。

ゆえに，辺 AB はその対辺 CD と垂直である。

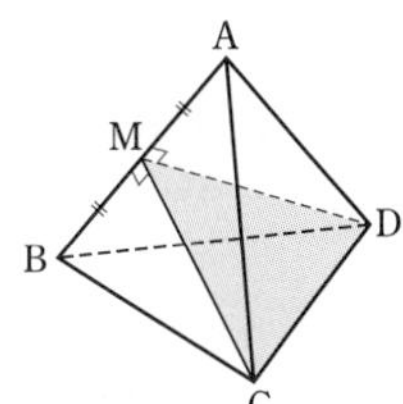

## 基本例題 72 平面に下ろした垂線(1)

3点 A(1, 0, 0), B(0, 2, 0), C(0, 0, 3) を通る平面を $\alpha$ とし，原点Oから平面 $\alpha$ に下ろした垂線の足をHとする。〔類 岐阜大，早稲田大〕

(1) 点Hの座標を求めよ。 (2) △ABC の面積 $S$ を求めよ。

基本 67, 71

**指針** (1) **点Hは平面 $\alpha$（平面ABC）上にある**

$\iff \overrightarrow{OH}=s\overrightarrow{OA}+t\overrightarrow{OB}+u\overrightarrow{OC},\ s+t+u=1$ となる実数 $s, t, u$ がある。

これと，$OH\perp$(平面ABC) $\iff \overrightarrow{OH}\perp\overrightarrow{AB},\ \overrightarrow{OH}\perp\overrightarrow{AC}$（前ページの補足事項）を活かし，$s, t, u$ の値を求める。

(2) 三角形の面積の公式（p.97 検討）を用いる方法もあるが，ここでは四面体OABCの体積 $V$ を次のように **2通りに表す** ことを考えるとよい。

$$V=\frac{1}{3}\triangle OAB\times OC=\frac{1}{3}\triangle ABC\times OH$$

◀OH は(1)を利用して求める。

**解答**

(1) 点Hは平面 $\alpha$ 上にあるから，$s, t, u$ を実数として

$$\overrightarrow{OH}=s\overrightarrow{OA}+t\overrightarrow{OB}+u\overrightarrow{OC},\quad s+t+u=1$$

と表される。よって

$$\overrightarrow{OH}=s(1,\ 0,\ 0)+t(0,\ 2,\ 0)+u(0,\ 0,\ 3)=(s,\ 2t,\ 3u)$$

また $\overrightarrow{AB}=(-1,\ 2,\ 0),\ \overrightarrow{AC}=(-1,\ 0,\ 3)$

$OH\perp$(平面 $\alpha$) であるから $\overrightarrow{OH}\perp\overrightarrow{AB},\ \overrightarrow{OH}\perp\overrightarrow{AC}$

ゆえに $\overrightarrow{OH}\cdot\overrightarrow{AB}=-s+4t=0,\ \overrightarrow{OH}\cdot\overrightarrow{AC}=-s+9u=0$

よって，$t=\frac{1}{4}s,\ u=\frac{1}{9}s$ で $s+t+u=1$ から $s=\frac{36}{49}$

したがって，点Hの座標は $\left(\mathbf{\frac{36}{49},\ \frac{18}{49},\ \frac{12}{49}}\right)$

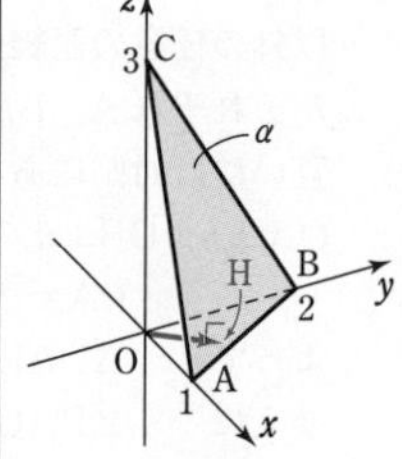


◀$t=\frac{9}{49},\ u=\frac{4}{49}$ から

$\overrightarrow{OH}=\left(\frac{36}{49},\ \frac{18}{49},\ \frac{12}{49}\right)=\frac{6}{49}(6,\ 3,\ 2)$

(2) 四面体OABCの体積を $V$ とすると

$$V=\frac{1}{3}\triangle OAB\times OC=\frac{1}{3}\times\frac{1}{2}\times1\times2\times3=1$$

◀$\angle AOB=90^\circ$

また $OH=|\overrightarrow{OH}|=\frac{6}{49}\sqrt{6^2+3^2+2^2}=\frac{6}{7}$

◀$\vec{a}=k(a_1,\ a_2,\ a_3)$（$k$ は実数）のとき $|\vec{a}|=|k|\sqrt{a_1^2+a_2^2+a_3^2}$

よって，$V=\frac{1}{3}S\times OH$ から $S=\frac{3V}{OH}=3\times1\times\frac{7}{6}=\mathbf{\frac{7}{2}}$

**検討** **四平方の定理**

$\angle AOB,\ \angle BOC,\ \angle COA$ がすべて直角である四面体OABCにおいて

$$(\triangle OAB)^2+(\triangle OBC)^2+(\triangle OCA)^2=(\triangle ABC)^2$$

◀面積についての等式

が成り立つ。このことは，三平方の定理を繰り返し用いることにより証明できる（解答編 p.67 の 参考 参照）。△ABC の面積を $S$ とし，これを利用すると，(2)は

$$S^2=\left(\frac{1}{2}\times1\times2\right)^2+\left(\frac{1}{2}\times2\times3\right)^2+\left(\frac{1}{2}\times3\times1\right)^2=\frac{49}{4}\qquad よって\quad S=\frac{7}{2}$$

**練習 ③ 72** 原点をOとし，3点 A(2, 0, 0), B(0, 4, 0), C(0, 0, 3) をとる。原点Oから3点A, B, Cを含む平面に下ろした垂線の足をHとするとき

(1) 点Hの座標を求めよ。 (2) △ABC の面積を求めよ。〔類 宮城大〕

## 重要例題 73 平面に下ろした垂線(2)

四面体 OABC の 4 つの面はすべて合同で，$\mathrm{OA}=\sqrt{10}$，$\mathrm{OB}=2$，$\mathrm{OC}=3$ であるとする。このとき，$\overrightarrow{\mathrm{AB}}\cdot\overrightarrow{\mathrm{AC}}=$ ア□ であり，三角形 ABC の面積は イ□ である。また，3 点 A，B，C を通る平面を $\alpha$ とし，点 O から平面 $\alpha$ に垂線 OH を下ろすと，$\overrightarrow{\mathrm{AH}}$ は $\overrightarrow{\mathrm{AB}}$ と $\overrightarrow{\mathrm{AC}}$ を用いて $\overrightarrow{\mathrm{AH}}=$ ウ□ と表される。

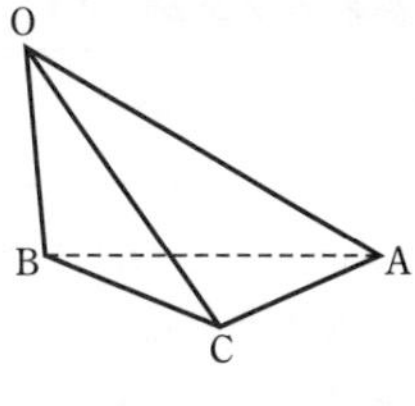


〔類 慶応大〕 基本 72

**指針** (ウ) 考え方は基本例題 **72** と同じで，$s$，$t$ を実数として，次の条件を利用する。

$\overrightarrow{\mathrm{AH}}=s\overrightarrow{\mathrm{AB}}+t\overrightarrow{\mathrm{AC}}$ ［点 H は平面 ABC 上にある］

$\overrightarrow{\mathrm{OH}}\cdot\overrightarrow{\mathrm{AB}}=0$，$\overrightarrow{\mathrm{OH}}\cdot\overrightarrow{\mathrm{AC}}=0$ ［直線 OH は平面 ABC に垂直である］

内積の計算では，(ア)，$\overrightarrow{\mathrm{AB}}\cdot\overrightarrow{\mathrm{AO}}$，$\overrightarrow{\mathrm{AC}}\cdot\overrightarrow{\mathrm{AO}}$ の値が必要となるが，その値は $|\overrightarrow{\mathrm{BC}}|^2=|\overrightarrow{\mathrm{AC}}-\overrightarrow{\mathrm{AB}}|^2=|\overrightarrow{\mathrm{AB}}|^2-2\overrightarrow{\mathrm{AB}}\cdot\overrightarrow{\mathrm{AC}}+|\overrightarrow{\mathrm{AC}}|^2$ などを利用して求める。

**解答**

四面体 OABC の 4 つの面は合同で，$\mathrm{OA}=\sqrt{10}$，$\mathrm{OB}=2$，$\mathrm{OC}=3$ であるから　$\mathrm{AB}=3$，$\mathrm{BC}=\sqrt{10}$，$\mathrm{CA}=2$

このとき

$$|\overrightarrow{\mathrm{BC}}|^2=|\overrightarrow{\mathrm{AC}}-\overrightarrow{\mathrm{AB}}|^2=|\overrightarrow{\mathrm{AB}}|^2-2\overrightarrow{\mathrm{AB}}\cdot\overrightarrow{\mathrm{AC}}+|\overrightarrow{\mathrm{AC}}|^2$$

よって　$\overrightarrow{\mathrm{AB}}\cdot\overrightarrow{\mathrm{AC}}=\dfrac{|\overrightarrow{\mathrm{AB}}|^2+|\overrightarrow{\mathrm{AC}}|^2-|\overrightarrow{\mathrm{BC}}|^2}{2}=$ ア $\boldsymbol{\dfrac{3}{2}}$

同様に　$\overrightarrow{\mathrm{AB}}\cdot\overrightarrow{\mathrm{AO}}=\dfrac{15}{2}$，$\overrightarrow{\mathrm{AC}}\cdot\overrightarrow{\mathrm{AO}}=\dfrac{5}{2}$ ……（＊）

（＊）$|\overrightarrow{\mathrm{OB}}|^2=|\overrightarrow{\mathrm{AB}}-\overrightarrow{\mathrm{AO}}|^2=|\overrightarrow{\mathrm{AB}}|^2-2\overrightarrow{\mathrm{AB}}\cdot\overrightarrow{\mathrm{AO}}+|\overrightarrow{\mathrm{AO}}|^2$，$|\overrightarrow{\mathrm{OC}}|^2=|\overrightarrow{\mathrm{AC}}-\overrightarrow{\mathrm{AO}}|^2=|\overrightarrow{\mathrm{AC}}|^2-2\overrightarrow{\mathrm{AC}}\cdot\overrightarrow{\mathrm{AO}}+|\overrightarrow{\mathrm{AO}}|^2$ から導くことができる。

三角形 ABC の面積は

$$\frac{1}{2}\sqrt{|\overrightarrow{\mathrm{AB}}|^2|\overrightarrow{\mathrm{AC}}|^2-(\overrightarrow{\mathrm{AB}}\cdot\overrightarrow{\mathrm{AC}})^2}=\frac{1}{2}\sqrt{36-\frac{9}{4}}=\text{イ}\,\boldsymbol{\frac{3\sqrt{15}}{4}}$$

H は平面 ABC 上にあるから，$\overrightarrow{\mathrm{AH}}=s\overrightarrow{\mathrm{AB}}+t\overrightarrow{\mathrm{AC}}$ を満たす実数 $s$，$t$ が存在する。

ゆえに　$\overrightarrow{\mathrm{OH}}=\overrightarrow{\mathrm{OA}}+\overrightarrow{\mathrm{AH}}=-\overrightarrow{\mathrm{AO}}+s\overrightarrow{\mathrm{AB}}+t\overrightarrow{\mathrm{AC}}$

直線 OH は平面 $\alpha$ と垂直であるから　$\overrightarrow{\mathrm{OH}}\perp\overrightarrow{\mathrm{AB}}$，$\overrightarrow{\mathrm{OH}}\perp\overrightarrow{\mathrm{AC}}$

よって　$\overrightarrow{\mathrm{OH}}\cdot\overrightarrow{\mathrm{AB}}=0$，$\overrightarrow{\mathrm{OH}}\cdot\overrightarrow{\mathrm{AC}}=0$

ここで　$\overrightarrow{\mathrm{OH}}\cdot\overrightarrow{\mathrm{AB}}=(-\overrightarrow{\mathrm{AO}}+s\overrightarrow{\mathrm{AB}}+t\overrightarrow{\mathrm{AC}})\cdot\overrightarrow{\mathrm{AB}}=-\dfrac{15}{2}+9s+\dfrac{3}{2}t$

$\overrightarrow{\mathrm{OH}}\cdot\overrightarrow{\mathrm{AC}}=(-\overrightarrow{\mathrm{AO}}+s\overrightarrow{\mathrm{AB}}+t\overrightarrow{\mathrm{AC}})\cdot\overrightarrow{\mathrm{AC}}=-\dfrac{5}{2}+\dfrac{3}{2}s+4t$

ゆえに　$9s+\dfrac{3}{2}t-\dfrac{15}{2}=0$，$\dfrac{3}{2}s+4t-\dfrac{5}{2}=0$

これを解くと　$s=\dfrac{7}{9}$，$t=\dfrac{1}{3}$　　したがって　$\overrightarrow{\mathrm{AH}}=$ ウ $\boldsymbol{\dfrac{7}{9}\overrightarrow{\mathrm{AB}}+\dfrac{1}{3}\overrightarrow{\mathrm{AC}}}$

**練習 ③ 73** 各辺の長さが 1 の正四面体 PABC において，点 A から平面 PBC に下ろした垂線の足を H とし，$\overrightarrow{\mathrm{PA}}=\vec{a}$，$\overrightarrow{\mathrm{PB}}=\vec{b}$，$\overrightarrow{\mathrm{PC}}=\vec{c}$ とする。〔佐賀大〕

(1) 内積 $\vec{a}\cdot\vec{b}$，$\vec{a}\cdot\vec{c}$，$\vec{b}\cdot\vec{c}$ を求めよ。　(2) $\overrightarrow{\mathrm{PH}}$ を $\vec{b}$ と $\vec{c}$ を用いて表せ。

(3) 正四面体 PABC の体積を求めよ。

p.126 EX 48, 49

# 参考事項　外　積

## 1　外積の定義

$\overrightarrow{\mathrm{OA}}=\vec{a}$, $\overrightarrow{\mathrm{OB}}=\vec{b}$ とする。$\vec{a}$ と $\vec{b}$ について，$\vec{a}$, $\vec{b}$ が作る（線分 OA，OB を隣り合う 2 辺とする）平行四辺形の面積 $S$ を大きさとし，$\vec{a}$ と $\vec{b}$ の両方に垂直なベクトルを $\vec{a}$ と $\vec{b}$ の **外積** という。

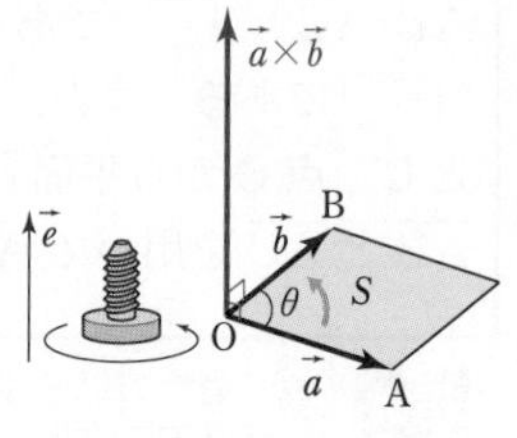


外積は「$\boldsymbol{\vec{a}\times\vec{b}}$」で表し，次のように定義する。

$$\vec{a}\times\vec{b}=(|\vec{a}||\vec{b}|\sin\theta)\vec{e} \quad \cdots\cdots \text{Ⓐ}$$

ただし，$\theta$ は，$\vec{a}$ と $\vec{b}$ のなす角とする。また，$\vec{e}$ は，A から B に向かって右ねじを回すときのねじの進む方向を向きとする単位ベクトルとする。

この定義から，外積 $\vec{a}\times\vec{b}$ について，次のことがわかる。

**外積の性質**

① $\vec{a}\times\vec{b}$ はベクトルで，$\vec{a}$，$\vec{b}$ の両方に垂直

② $\vec{a}\times\vec{b}$ の向きは A から B に右ねじを回すときに進む向き

③ $|\vec{a}\times\vec{b}|$ は $\vec{a}$，$\vec{b}$ が作る平行四辺形の面積に等しい

**内積との比較**

◀$\vec{a}\cdot\vec{b}$ は値（スカラー）で，向きはない。

◀$|\vec{a}|$ は線分 OA の長さ

補足　・右上の図の青い平行四辺形の面積は　$2\triangle\mathrm{OAB}=2\times\frac{1}{2}|\vec{a}||\vec{b}|\sin\theta=|\vec{a}||\vec{b}|\sin\theta$

・Ⓐ から，外積の成分表示（$p.98$ 検討）を導くことができる。解答編 $p.68$，69 参照。

## 2　外積と立体の体積

外積を用いると，四面体や平行六面体の体積を簡単な式で表すことができる。

右図のような，線分 OA，OB，OC を 3 辺とする平行六面体があるとき，まず四面体 OABC の体積 $V_1$ を求めてみよう。

$\overrightarrow{\mathrm{OA}}=\vec{a}$, $\overrightarrow{\mathrm{OB}}=\vec{b}$, $\overrightarrow{\mathrm{OC}}=\vec{c}$ とし，$\vec{a}$ と $\vec{b}$ のなす角を $\theta$ とする。

$\triangle\mathrm{OAB}$ を底面とみたときの高さを $h$ とすると

$$h=||\vec{c}|\cos\alpha|=|\vec{c}||\cos\alpha| \quad (\alpha \text{ は } \vec{c} \text{ と } \vec{a}\times\vec{b} \text{ のなす角})$$

よって　$V_1=\frac{1}{3}\triangle\mathrm{OAB}\cdot h=\frac{1}{3}\cdot\frac{1}{2}|\vec{a}\times\vec{b}|\cdot|\vec{c}||\cos\alpha|$　← 外積の性質 ③

$$=\frac{1}{6}||\vec{a}\times\vec{b}||\vec{c}|\cos\alpha|$$

$$=\frac{1}{6}|(\vec{a}\times\vec{b})\cdot\vec{c}| \quad \cdots\cdots (*)$$

◀・は内積を表すものであり，〰〰は値（スカラー）である。

また，図の平行六面体の体積 $V_2$ は

$$V_2=(\text{平行四辺形 OADB})\cdot h=|\vec{a}\times\vec{b}|\cdot|\vec{c}||\cos\alpha|=|(\vec{a}\times\vec{b})\cdot\vec{c}|$$

参考　原点 O，A$(a_1,\ a_2,\ a_3)$，B$(b_1,\ b_2,\ b_3)$，C$(c_1,\ c_2,\ c_3)$ を頂点とする四面体 OABC の体積 $V$ は，$\overrightarrow{\mathrm{OA}}\times\overrightarrow{\mathrm{OB}}=(a_2b_3-a_3b_2,\ a_3b_1-a_1b_3,\ a_1b_2-a_2b_1)$ から

$$V=\frac{1}{6}|(\overrightarrow{\mathrm{OA}}\times\overrightarrow{\mathrm{OB}})\cdot\overrightarrow{\mathrm{OC}}|=\frac{1}{6}|(a_2b_3-a_3b_2)\times c_1+(a_3b_1-a_1b_3)\times c_2+(a_1b_2-a_2b_1)\times c_3|$$

$$=\frac{1}{6}|a_1b_2c_3+a_2b_3c_1+a_3b_1c_2-a_1b_3c_2-a_2b_1c_3-a_3b_2c_1|$$ と表される。

# EXERCISES





①**41**　4点 A$(\vec{a})$，B$(\vec{b})$，C$(\vec{c})$，D$(\vec{d})$ を頂点とする四面体 ABCD において，辺 AC，BD の中点をそれぞれ M，N とするとき，次の等式を証明せよ。

$$\overrightarrow{AB}-\overrightarrow{DA}-\overrightarrow{BC}+\overrightarrow{CD}=4\overrightarrow{MN}$$

→59

③**42**　空間の3点 A，B，C は同一直線上にはないものとし，原点を O とする。空間の点 P の位置ベクトル $\overrightarrow{OP}$ が，$x+y+z=1$ を満たす正の実数 $x$，$y$，$z$ を用いて，$\overrightarrow{OP}=x\overrightarrow{OA}+y\overrightarrow{OB}+z\overrightarrow{OC}$ と表されているとする。

(1)　直線 AP と直線 BC は交わり，その交点を D とすれば，点 D は線分 BC を $z:y$ に内分し，点 P は線分 AD を $(1-x):x$ に内分することを示せ。

(2)　△PAB，△PBC の面積をそれぞれ $S_1$，$S_2$ とすれば，$\dfrac{S_1}{z}=\dfrac{S_2}{x}$ が成り立つことを示せ。　〔大阪府大〕 →61

④**43**　辺の長さが1である正四面体 ABCD がある。線分 AB を $t:(1-t)$ に内分する点を E とし，線分 AC を $(1-t):t$ に内分する点を F とする ($0\leqq t\leqq 1$，ただし $t=0$ のとき E=A，F=C，$t=1$ のとき E=B，F=A とする)。∠EDF を $\theta$ とするとき

(1)　$\cos\theta$ を $t$ で表せ。

(2)　$\cos\theta$ の最大値と最小値を求めよ。　〔名古屋市大〕 →62

③**44**　空間内に四面体 ABCD がある。辺 AB の中点を M，辺 CD の中点を N とする。$t$ を0でない実数とし，点 G を $\overrightarrow{GA}+\overrightarrow{GB}+(t-2)\overrightarrow{GC}+t\overrightarrow{GD}=\vec{0}$ を満たす点とする。

(1)　$\overrightarrow{DG}$ を $\overrightarrow{DA}$，$\overrightarrow{DB}$，$\overrightarrow{DC}$ で表せ。

(2)　点 G は点 N と一致しないことを示せ。

(3)　直線 NG と直線 MC は平行であることを示せ。　〔東北大〕 →63

③**45**　1辺の長さが1である正四面体 OABC において，OA を 3：1 に内分する点を P，AB を 2：1 に内分する点を Q，BC を 1：2 に内分する点を R，OC を 2：1 に内分する点を S とする。$\overrightarrow{OA}=\vec{a}$，$\overrightarrow{OB}=\vec{b}$，$\overrightarrow{OC}=\vec{c}$ とおくとき，次の問いに答えよ。

(1)　内積 $\vec{a}\cdot\vec{b}$，$\vec{b}\cdot\vec{c}$，$\vec{c}\cdot\vec{a}$ をそれぞれ求めよ。

(2)　$\overrightarrow{PR}$ および $\overrightarrow{QS}$ を $\vec{a}$，$\vec{b}$，$\vec{c}$ を用いて表せ。

(3)　$\overrightarrow{PR}$ と $\overrightarrow{QS}$ のなす角を $\theta$ とするとき，$\theta$ は鋭角，直角，鈍角のいずれであるかを調べよ。

(4)　線分 PR と線分 QS は交点をもつかどうかを調べよ。　〔広島市大〕 →66

42　(1)　内分点の公式にあてはまるように変形する。

43　(1)　$\overrightarrow{DE}$ と $\overrightarrow{DF}$ の内積を利用。

(2)　$\cos\theta=\dfrac{1}{f(t)}+$(定数)，$f(t)$ は2次式で常に正の形になり

$f(t)$ が最大 ⟺ $\cos\theta$ が最小，　$f(t)$ が最小 ⟺ $\cos\theta$ が最大

44　(1)　点 D を始点とするベクトルで表す。

45　(4)　交点 T があると仮定して，$\overrightarrow{OT}$ を $\vec{a}$，$\vec{b}$，$\vec{c}$ を用いて2通りに表す。

③**46**　四角形 ABCD を底面とする四角錐 OABCD は $\overrightarrow{OA}+\overrightarrow{OC}=\overrightarrow{OB}+\overrightarrow{OD}$ を満たしており，0 と異なる 4 つの実数 $p$，$q$，$r$，$s$ に対して 4 点 P，Q，R，S を $\overrightarrow{OP}=p\overrightarrow{OA}$，$\overrightarrow{OQ}=q\overrightarrow{OB}$，$\overrightarrow{OR}=r\overrightarrow{OC}$，$\overrightarrow{OS}=s\overrightarrow{OD}$ によって定める。このとき，4 点 P，Q，R，S が同じ平面上にあれば，$\dfrac{1}{p}+\dfrac{1}{r}=\dfrac{1}{q}+\dfrac{1}{s}$ が成り立つことを示せ。〔京都大〕

→69

③**47**　四面体 ABCD において，$AB^2+CD^2=BC^2+AD^2=AC^2+BD^2$，$\angle ADB=90°$ が成り立っている。三角形 ABC の重心を G とする。

(1)　$\angle BDC$ を求めよ。

(2)　$\dfrac{\sqrt{AB^2+CD^2}}{DG}$ の値を求めよ。〔千葉大〕

→71

③**48**　四面体 OABC は，OA＝4，OB＝5，OC＝3，$\angle AOB=90°$，$\angle AOC=\angle BOC=60°$ を満たしている。

(1)　点 C から △OAB に下ろした垂線と △OAB との交点を H とする。ベクトル $\overrightarrow{CH}$ を $\overrightarrow{OA}$，$\overrightarrow{OB}$，$\overrightarrow{OC}$ を用いて表せ。

(2)　四面体 OABC の体積を求めよ。〔類 東京理科大〕

→73

③**49**　O を原点とする座標空間において，3 点 A$(-2,\ 0,\ 0)$，B$(0,\ 1,\ 0)$，C$(0,\ 0,\ 1)$ を通る平面を $\alpha$ とする。2 点 P$(0,\ 5,\ 5)$，Q$(1,\ 1,\ 1)$ をとる。点 P を通り $\overrightarrow{OQ}$ に平行な直線を $\ell$ とする。直線 $\ell$ 上の点 R から平面 $\alpha$ に下ろした垂線と $\alpha$ の交点を S とする。$\overrightarrow{OR}=\overrightarrow{OP}+k\overrightarrow{OQ}$（ただし，$k$ は実数）とおくとき，次の問いに答えよ。

(1)　$k$ を用いて，$\overrightarrow{AS}$ を成分で表せ。

(2)　点 S が △ABC の内部または周にあるような $k$ の値の範囲を求めよ。〔筑波大〕

→73

**HINT**

46　$\overrightarrow{OS}$ を $\overrightarrow{OP}$，$\overrightarrow{OQ}$，$\overrightarrow{OR}$ で表す。4 点 P，Q，R，S が同じ平面上 ⟺ **係数の和が 1** を利用。

47　(1)　$\overrightarrow{DA}=\vec{a}$，$\overrightarrow{DB}=\vec{b}$，$\overrightarrow{DC}=\vec{c}$ として，条件式を $\vec{a}$，$\vec{b}$，$\vec{c}$ で表してみる。

48　(1)　CH⊥(平面 OAB) であるから　$\overrightarrow{CH}\perp\overrightarrow{OA}$，$\overrightarrow{CH}\perp\overrightarrow{OB}$

(2)　四面体 OABC の体積は　$\dfrac{1}{3}\cdot\triangle OAB\cdot CH$

49　(2)　$\overrightarrow{AS}=s\overrightarrow{AB}+t\overrightarrow{AC}$ のとき，点 S が △ABC の内部または周にある
⟺ $s\geqq 0$，$t\geqq 0$，$s+t\leqq 1$

# 10 座標空間の図形

## 基本事項

**1 線分の分点の座標**

$A(x_1,\ y_1,\ z_1)$，$B(x_2,\ y_2,\ z_2)$，$C(x_3,\ y_3,\ z_3)$ とする。

① **分点**　線分 AB を $m：n$ に

[1] **内分** する点の座標は $\left(\dfrac{nx_1+mx_2}{m+n},\ \dfrac{ny_1+my_2}{m+n},\ \dfrac{nz_1+mz_2}{m+n}\right)$

[2] **外分** する点の座標は $\left(\dfrac{-nx_1+mx_2}{m-n},\ \dfrac{-ny_1+my_2}{m-n},\ \dfrac{-nz_1+mz_2}{m-n}\right)$

② **△ABC の重心の座標** $\left(\dfrac{x_1+x_2+x_3}{3},\ \dfrac{y_1+y_2+y_3}{3},\ \dfrac{z_1+z_2+z_3}{3}\right)$

**2 座標軸に垂直な平面の方程式**

点 $P(a,\ b,\ c)$ を通り，各座標軸に垂直な平面の方程式は

$x$ 軸に垂直 …… $\boldsymbol{x=a}$，　$y$ 軸に垂直 …… $\boldsymbol{y=b}$，　$z$ 軸に垂直 …… $\boldsymbol{z=c}$

**3 球面の方程式**

[1] **中心が点 $(a,\ b,\ c)$，半径が $r$ のとき　$(x-a)^2+(y-b)^2+(z-c)^2=r^2$**

特に，**中心が原点 $O(0,\ 0,\ 0)$ ならば　$x^2+y^2+z^2=r^2$**

[2] **一般形　$x^2+y^2+z^2+Ax+By+Cz+D=0$**　　ただし $A^2+B^2+C^2-4D>0$

## 解　説

**■ 線分の分点の座標**

線分 AB を $m：n$ に内分する点を P，外分する点を Q とし，O を原点とすると

$$\overrightarrow{OP}=\frac{n\overrightarrow{OA}+m\overrightarrow{OB}}{m+n},\quad \overrightarrow{OQ}=\frac{-n\overrightarrow{OA}+m\overrightarrow{OB}}{m-n}$$

また，△ABC の重心を G とすると　$\overrightarrow{OG}=\dfrac{\overrightarrow{OA}+\overrightarrow{OB}+\overrightarrow{OC}}{3}$

よって，これらを成分で表すことによりわかる。

**■ 座標軸に垂直な平面の方程式**

**2** については，$p.130$ 検討 を参照。

特に，$xy$，$yz$，$zx$ 平面の方程式は，それぞれ $z=0$，$x=0$，$y=0$ である。

**■ 球面の方程式**

[1] 中心が $C(a,\ b,\ c)$，半径が $r$ の球面上の点 $P(x,\ y,\ z)$ に対して

$$|\overrightarrow{CP}|=r \iff |\overrightarrow{CP}|^2=r^2 \iff (x-a)^2+(y-b)^2+(z-c)^2=r^2 \quad \longleftarrow \text{標準形}$$

[2] [1] で導いた方程式を展開して整理すると

$$x^2+y^2+z^2-2ax-2by-2cz+a^2+b^2+c^2-r^2=0$$

よって，$-2a=A$，$-2b=B$，$-2c=C$，$a^2+b^2+c^2-r^2=D$ とおくと

$$x^2+y^2+z^2+Ax+By+Cz+D=0 \quad \longleftarrow \text{一般形}$$

ただし，$a^2+b^2+c^2-D=\dfrac{A^2}{4}+\dfrac{B^2}{4}+\dfrac{C^2}{4}-D=r^2>0$ から　**$A^2+B^2+C^2-4D>0$**

## 基本事項

### 4 球面のベクトル方程式

3 つの定点を $A(\vec{a})$, $B(\vec{b})$, $C(\vec{c})$ とし，球面上の任意の点を $P(\vec{p})$ とする。

[1] **中心 C，半径 $r$ の球面**
$|\vec{p}-\vec{c}|=r$ または $(\vec{p}-\vec{c})\cdot(\vec{p}-\vec{c})=r^2$

[2] **線分 AB を直径とする球面**
$(\vec{p}-\vec{a})\cdot(\vec{p}-\vec{b})=0$

## 解　説

### ■球面のベクトル方程式

[1] 球面上の点を $P(\vec{p})$ とすると，中心 $C(\vec{c})$ との距離が $r$ であるから　$|\overrightarrow{CP}|=r$

すなわち　$|\vec{p}-\vec{c}|=r$

ゆえに　$|\vec{p}-\vec{c}|^2=r^2$

よって　$(\vec{p}-\vec{c})\cdot(\vec{p}-\vec{c})=r^2$ …… ①

これは平面における円のベクトル方程式 ($p$.66 参照) とまったく同じ形である。

ここで，$\vec{p}=(x,\ y,\ z)$，$\vec{c}=(a,\ b,\ c)$ として ① を成分で表すと

$$(x-a)^2+(y-b)^2+(z-c)^2=r^2$$

となり，$p$.127 で学んだ球面の方程式(標準形)が導かれる。

[2]

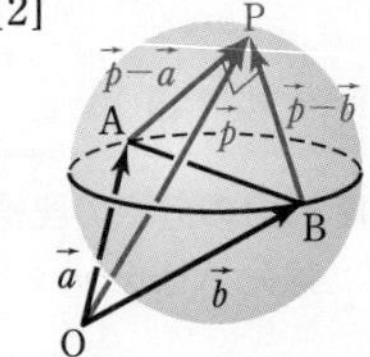


[2] 球面上の点 $P(\vec{p})$ (ただし，点 A, B を除く) に対し，$AP\perp BP$ であるから　$\overrightarrow{AP}\cdot\overrightarrow{BP}=0$

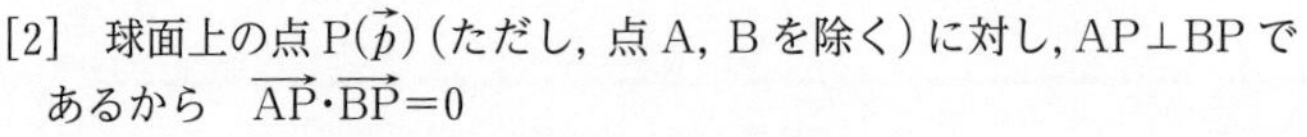

よって　$(\vec{p}-\vec{a})\cdot(\vec{p}-\vec{b})=0$ …… ②

点 P が点 A または点 B と一致するときも ② は成り立つから，線分 AB を直径とする球面のベクトル方程式は ② で表される。

補足　点 P が点 A または点 B と一致するとき，$AP\perp BP$ が定義されない。そのため，[2] の証明では「ただし，点 A，B は除く」として，② を導いている。

[球面の中心と半径から [2] を証明する]

球面上の点を $P(\vec{p})$，中心を $C(\vec{c})$，半径を $r$ とすると

$$\vec{c}=\frac{\vec{a}+\vec{b}}{2},$$

$$r=\frac{AB}{2}=\frac{|\overrightarrow{AB}|}{2}=\frac{|\vec{b}-\vec{a}|}{2}$$

[1] から，この球面のベクトル方程式は

$$\left(\vec{p}-\frac{\vec{a}+\vec{b}}{2}\right)\cdot\left(\vec{p}-\frac{\vec{a}+\vec{b}}{2}\right)=\frac{|\vec{b}-\vec{a}|^2}{4}$$

よって　$|\vec{p}|^2-2\vec{p}\cdot\dfrac{\vec{a}+\vec{b}}{2}+\dfrac{|\vec{a}+\vec{b}|^2}{4}=\dfrac{|\vec{b}-\vec{a}|^2}{4}$

ゆえに　$|\vec{p}|^2-\vec{p}\cdot(\vec{a}+\vec{b})+\vec{a}\cdot\vec{b}=0$

したがって　$(\vec{p}-\vec{a})\cdot(\vec{p}-\vec{b})=0$

◀[1] の形にもちこむ。

◀C は直径 AB の中点。

◀$r$ は直径 AB の長さの半分。

◀$(\vec{p}-\vec{c})\cdot(\vec{p}-\vec{c})=r^2$ に代入。

◀$|\vec{a}+\vec{b}|^2-|\vec{b}-\vec{a}|^2=4\vec{a}\cdot\vec{b}$

## 基本例題 74 分点の座標

(1) A(−1, 2, 3), B(2, −1, 6) のとき，線分 AB を 1：2 に内分する点 P，外分する点 Q の座標をそれぞれ求めよ。

(2) 3 点 A(−1, 4, $a$), B(−2, $b$, −3), C(−4, 2, −1) があり，B は線分 AC 上にあるとき，$a$, $b$ の値を求めよ。

p.127 基本事項 1

指針 (1) $p$.127 基本事項 1 ① の公式に当てはめて座標を求める。外分点については

$m$：$n$ に外分のとき

[1] $m>n$ ならば $\left(\dfrac{-nx_1+mx_2}{m-n},\ \dfrac{-ny_1+my_2}{m-n},\ \dfrac{-nz_1+mz_2}{m-n}\right)$ ← $m-n>0$

[2] $m<n$ ならば $\left(\dfrac{nx_1-mx_2}{-m+n},\ \dfrac{ny_1-my_2}{-m+n},\ \dfrac{nz_1-mz_2}{-m+n}\right)$ ← $-m+n>0$

として，**(分母)>0** となるように計算するとよい。

(2) B は「**線分**」AC 上の点 ⟺ A，B，C の順に一直線上にある

下の解答では，線分 AC を $t$：$(1-t)$ に内分する点が点 B に一致する，として考えている。

解答

(1) $\left(\dfrac{2\cdot(-1)+1\cdot2}{1+2},\ \dfrac{2\cdot2+1\cdot(-1)}{1+2},\ \dfrac{2\cdot3+1\cdot6}{1+2}\right)$

よって　**P(0, 1, 4)**

$\left(\dfrac{2\cdot(-1)-1\cdot2}{-1+2},\ \dfrac{2\cdot2-1\cdot(-1)}{-1+2},\ \dfrac{2\cdot3-1\cdot6}{-1+2}\right)$

よって　**Q(−4, 5, 0)**

◀$z$ 座標を忘れないように。

◀1<2 であるから，分母は −1+2 (>0) とする。

(2) 線分 AC を $t$：$(1-t)$ に内分する点の座標は

$((1-t)\cdot(-1)+t\cdot(-4),\ (1-t)\cdot4+t\cdot2,\ (1-t)a+t\cdot(-1))$

すなわち　$(-1-3t,\ 4-2t,\ a-(a+1)t)$

これが点 B(−2, $b$, −3) に一致するとき

$$\begin{cases} -1-3t=-2 & \cdots\cdots ① \\ 4-2t=b & \cdots\cdots ② \\ a-(a+1)t=-3 & \cdots\cdots ③ \end{cases}$$

① から　$t=\dfrac{1}{3}$

②，③ から　$\boldsymbol{a=-4,\ b=\dfrac{10}{3}}$

(2) 別解　$\overrightarrow{AB}=k\overrightarrow{AC}$ となる実数 $k$ $(0\leqq k\leqq1)$ があるから

$(-1,\ b-4,\ -3-a)$
$=k(-3,\ -2,\ -1-a)$

ゆえに　$1=3k$,
$b-4=-2k$,
$3+a=(1+a)k$

これを解いて

$k=\dfrac{1}{3}$, $\boldsymbol{a=-4}$,

$\boldsymbol{b=\dfrac{10}{3}}$

**練習 ① 74**

(1) 3 点 A(3, 7, 0), B(−3, 1, 3), G(−7, −4, 6) について

(ア) 線分 AB を 2：1 に内分する点 P の座標を求めよ。

(イ) 線分 AB を 2：3 に外分する点 Q の座標を求めよ。

(ウ) △PQR の重心が点 G となるような点 R の座標を求めよ。

(2) 点 A(0, 1, 2) と点 B(−1, 1, 6) を結ぶ線分 AB 上に点 C($a$, $b$, 3) がある。このとき，$a$, $b$ の値を求めよ。

## 基本 例題 75 座標軸に垂直な平面の方程式 ①①①①①

(1) 点 A(2, −1, 3) を通る，次のような平面の方程式を，それぞれ求めよ。

(ア) $x$ 軸に垂直　(イ) $y$ 軸に垂直　(ウ) $z$ 軸に垂直

(2) 点 B(1, 3, −2) を通る，次のような平面の方程式を，それぞれ求めよ。

(ア) $xy$ 平面に平行　(イ) $yz$ 平面に平行　(ウ) $zx$ 平面に平行

p.127 基本事項 2

**指針** (1) **点 P$(a,\ b,\ c)$ を通り，座標軸に垂直な平面の方程式**(下の 検討 参照)

**$x$ 軸に垂直 …… $x=a$，　$y$ 軸に垂直 …… $y=b$，　$z$ 軸に垂直 …… $z=c$**

(2) **$xy$ 平面** に平行 ⟹ **$z$ 軸** に垂直

**$yz$ 平面** に平行 ⟹ **$x$ 軸** に垂直

**$zx$ 平面** に平行 ⟹ **$y$ 軸** に垂直

**解答** (1) (ア) $\boldsymbol{x=2}$　(イ) $\boldsymbol{y=-1}$　(ウ) $\boldsymbol{z=3}$

**参考** 求める平面を図示すると，次のようになる。

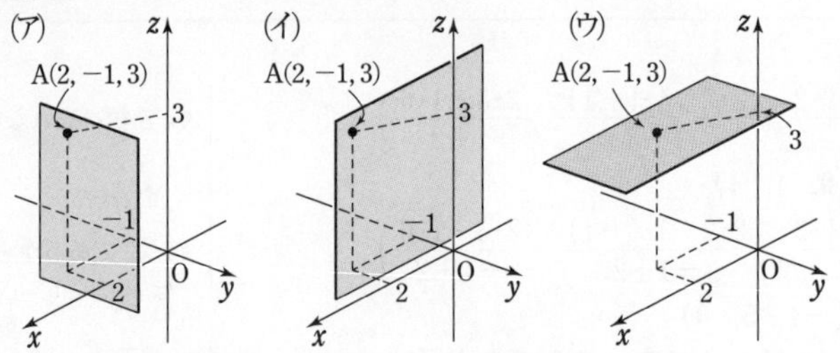


(2) 求める平面は点 B(1, 3, −2) を通り，(ア) $z$ 軸，(イ) $x$ 軸，(ウ) $y$ 軸 にそれぞれ垂直な平面であるから，その方程式は

(ア) $\boldsymbol{z=-2}$　(イ) $\boldsymbol{x=1}$　(ウ) $\boldsymbol{y=3}$

**注意** 方程式 $x=2$ は，座標空間では平面を表すが，座標平面では直線を表す。
このように，**同じ方程式であっても座標空間で表される図形と座標平面で表される図形は異なる**ので，注意が必要である。

**検討** **座標軸に垂直な平面の方程式**

点 P$(a,\ b,\ c)$ を通り，$x$ 軸に垂直な平面を $\alpha$ とする。
$\alpha$ と $x$ 軸との交点の座標は $(a,\ 0,\ 0)$ で，$\alpha$ は $x$ 座標が常に $a$ ($y$，$z$ 座標は任意) である点全体の集合であるから，**平面 $\alpha$ の方程式は $x=a$** である。
同様に考えて，点 P を通り $y$ 軸に垂直な **平面 $\beta$ の方程式は $y=b$** であり，点 P を通り $z$ 軸に垂直な **平面 $\gamma$ の方程式は $z=c$** である。

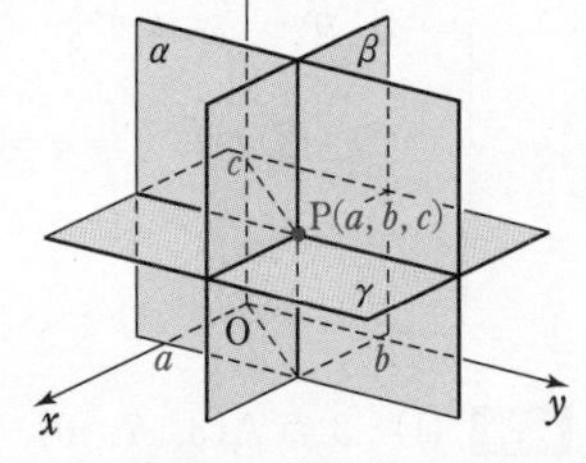


**練習 ① 75** (1) A(−1, 2, 3) を通り，$x$ 軸に垂直な平面の方程式を求めよ。
(2) B(3, −2, 4) を通り，$y$ 軸に垂直な平面の方程式を求めよ。
(3) C(0, 2, −3) を通り，$xy$ 平面に平行な平面の方程式を求めよ。

# 基本例題 76 球面の方程式(1)

次の条件を満たす球面の方程式を求めよ。

(1) 2点 A(1, 2, 4), B(−5, 8, −2) を直径の両端とする。

(2) 点 (5, 1, 4) を通り，3つの座標平面に接する。

p.127 基本事項 3

**指針** **球面の方程式** には，次の2通りの表し方がある。

[1] **標準形** $(x-a)^2+(y-b)^2+(z-c)^2=r^2$ ⟵ 中心と半径が見える形。

[2] **一般形** $x^2+y^2+z^2+Ax+By+Cz+D=0$

球の中心や半径のいずれかがわかる場合は，[1] **標準形** を用いて考える。

(1) 「線分 AB が直径」から，中心 C は線分 AB の中点。また (半径)=AC=BC

(2) 「3つの座標平面に接する」から，中心から各座標平面に下ろした垂線が半径。また，$x>0$, $y>0$, $z>0$ である点を通ることから，中心の座標は半径 $r$ を用いて表すことができる。

**解答**

(1) この球面の中心 C は直径 AB の中点であるから

$$C\left(\frac{1-5}{2},\ \frac{2+8}{2},\ \frac{4-2}{2}\right) \quad \text{すなわち} \quad C(-2,\ 5,\ 1)$$

また，球面の半径を $r$ とすると

$$r^2=AC^2=(-2-1)^2+(5-2)^2+(1-4)^2=27$$

よって $\boldsymbol{(x+2)^2+(y-5)^2+(z-1)^2=27}$

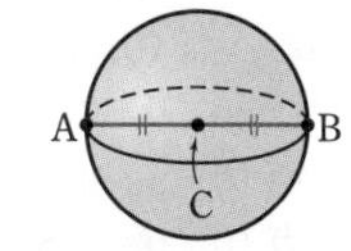


◀半径は $r=3\sqrt{3}$

◀[1] **標準形** で表す。

(2) 球面が各座標平面に接し，かつ点 (5, 1, 4) を通ることから，半径を $r$ とすると，中心の座標は $(r,\ r,\ r)$ と表される。ゆえに，球面の方程式は

$$(x-r)^2+(y-r)^2+(z-r)^2=r^2$$

◀$x>0$, $y>0$, $z>0$ の部分にある点を通ることから，中心も $x>0$, $y>0$, $z>0$ の部分にある。

点 (5, 1, 4) を通るから

$$(5-r)^2+(1-r)^2+(4-r)^2=r^2$$

よって $r^2-10r+21=0$

ゆえに $(r-3)(r-7)=0$

したがって $r=3,\ 7$

よって $\boldsymbol{(x-3)^2+(y-3)^2+(z-3)^2=9}$ **または**

$\boldsymbol{(x-7)^2+(y-7)^2+(z-7)^2=49}$

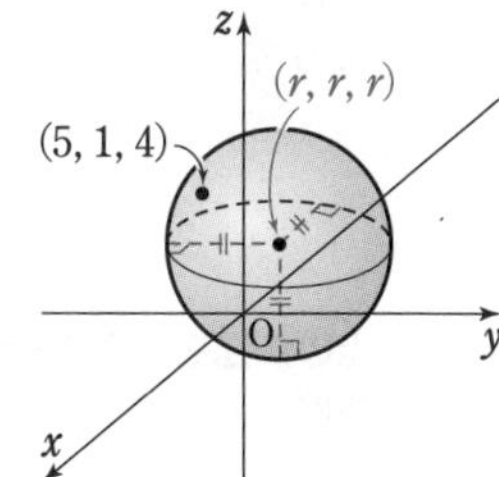


**検討** **直径の両端が与えられた球面の方程式**

2点 $A(x_1,\ y_1,\ z_1)$, $B(x_2,\ y_2,\ z_2)$ を直径の両端とする球面の方程式は

$$(x-x_1)(x-x_2)+(y-y_1)(y-y_2)+(z-z_1)(z-z_2)=0$$

である($p.128$ 基本事項 4 [2] のベクトル方程式を成分で表すと得られる)。

上の例題(1)は，これを用いて求めてもよい。

**練習** ② **76** 次の条件を満たす球面の方程式を求めよ。

(1) 直径の両端が2点 (1, −4, 3), (3, 0, 1) である。

(2) 点 (1, −2, 5) を通り，3つの座標平面に接する。

p.151 EX50

2章 ⑩ 座標空間の図形

## 基本例題 77 球面の方程式 (2)

4点 $(0,\ 0,\ 0)$, $(6,\ 0,\ 0)$, $(0,\ 4,\ 0)$, $(0,\ 0,\ -8)$ を通る球面の方程式を求めよ。また，その中心の座標と半径を求めよ。

基本 76

**指針** **球面の方程式**

1 **標準形** $(x-a)^2+(y-b)^2+(z-c)^2=r^2$

2 **一般形** $x^2+y^2+z^2+Ax+By+Cz+D=0$

球面の中心も半径もわからない場合は，2 **一般形** を用いて考えるとよい。

2 の方程式に与えられた4点の座標を代入すると，4つの係数 $A$, $B$, $C$, $D$ に関する連立方程式が得られる。

一般形で得られた球面の中心の座標と半径を求めるには，$x$, $y$, $z$ のそれぞれについて平方完成し，標準形 $(x-a)^2+(y-b)^2+(z-c)^2=r^2$ の形を導く。

**解答**

求める方程式を $x^2+y^2+z^2+Ax+By+Cz+D=0$ とすると，点 $(0,\ 0,\ 0)$ を通るから　$D=0$

点 $(6,\ 0,\ 0)$ を通るから　$36+6A+D=0$

点 $(0,\ 4,\ 0)$ を通るから　$16+4B+D=0$

点 $(0,\ 0,\ -8)$ を通るから　$64-8C+D=0$

これらを解いて　$A=-6$, $B=-4$, $C=8$, $D=0$

よって，求める方程式は　$\boldsymbol{x^2+y^2+z^2-6x-4y+8z=0}$

これを変形すると

$$(x^2-6x+9)-9+(y^2-4y+4)-4+(z^2+8z+16)-16=0$$

ゆえに　$(x-3)^2+(y-2)^2+(z+4)^2=29$

よって，この球面の

**中心の座標は $(3,\ 2,\ -4)$，半径は $\sqrt{29}$**

◀4つの座標を方程式に代入する。

◀$D=0$ を他の3式に代入する。

◀$x^2+ax$
$=x^2+ax+\left(\frac{a}{2}\right)^2-\left(\frac{a}{2}\right)^2$
$=\left(x+\frac{a}{2}\right)^2-\frac{a^2}{4}$

**検討** **上の例題を，空間図形の性質を利用して解く**

空間において，異なる2点P，Qから等距離にある点は，線分PQの中点を通り直線PQと垂直な平面 $\alpha$ 上にある。

O(0, 0, 0), A(6, 0, 0), B(0, 4, 0), C(0, 0, −8) とし，求める球の中心をDとすると　OD=AD=BD=CD

OD=AD から，点Dは平面 $x=3$ 上にある。

OD=BD から，点Dは平面 $y=2$ 上にある。

OD=CD から，点Dは平面 $z=-4$ 上にある。

よって，中心は D(**3, 2, −4**),

半径は $\mathrm{OD}=\sqrt{3^2+2^2+(-4)^2}=\boldsymbol{\sqrt{29}}$

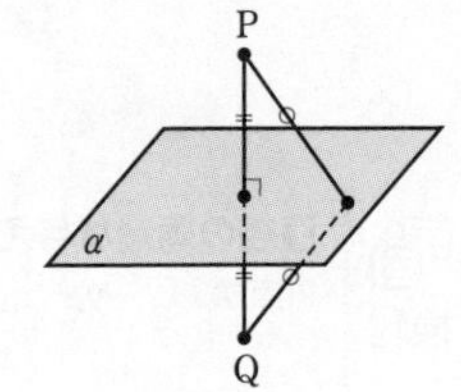


**練習 ② 77** 4点 $(1,\ 1,\ 1)$, $(-1,\ 1,\ -1)$, $(-1,\ -1,\ 0)$, $(2,\ 1,\ 0)$ を通る球面の方程式を求めよ。また，その中心の座標と半径を求めよ。

# 基本例題 78 球面と平面が交わってできる円

中心が点 $(1,\ -3,\ 2)$ で，原点を通る球面を $S$ とする。

(1) $S$ と $yz$ 平面の交わりは円になる。この円の中心と半径を求めよ。

(2) $S$ と平面 $z=k$ の交わりが半径 $\sqrt{5}$ の円になるという。$k$ の値を求めよ。

基本 76

原点を通る球面 $S$ の半径は，中心と原点との距離に等しい。このことを利用して，まず $S$ の方程式を求める。

(1) 切り口は $yz$ 平面，すなわち方程式 $x=0$ で表される平面との共通部分であるから，**球面 $S$ の方程式に $x=0$ を代入する** と，切り口の図形の方程式が得られる。

(2) 平面 $z=k$ との交わりであるから，**球面 $S$ の方程式に $z=k$ を代入する。**
交わりの図形(円)の方程式に注目して半径を $k$ で表し，$k$ の方程式に帰着。

注意 図形の方程式に，(1) $x=0$，(2) $z=k$ を書き忘れないように。

**CHART 球面と平面 □$=k$ の交わりは，□$=k$ とおいた円**

解答

(1) 球面 $S$ の半径 $r$ は，中心 $(1,\ -3,\ 2)$ と原点との距離に等しいから

$$r^2=1^2+(-3)^2+2^2=14$$

したがって，球面 $S$ の方程式は

$$(x-1)^2+(y+3)^2+(z-2)^2=14$$

球面 $S$ が $yz$ 平面と交わってできる図形の方程式は

$$(0-1)^2+(y+3)^2+(z-2)^2=14,\ x=0$$

よって $(y+3)^2+(z-2)^2=13,\ x=0$

これは $yz$ 平面上で **中心 $(0,\ -3,\ 2)$，半径 $\sqrt{13}$** の円を表す。

(2) 球面 $S$ と平面 $z=k$ が交わってできる図形の方程式は

$$(x-1)^2+(y+3)^2+(k-2)^2=14,\ z=k$$

よって $(x-1)^2+(y+3)^2=14-(k-2)^2,\ z=k$

これは平面 $z=k$ 上で，中心 $(1,\ -3,\ k)$，半径 $\sqrt{14-(k-2)^2}$ の円を表す。

よって，条件から $14-(k-2)^2=(\sqrt{5})^2$

ゆえに $(k-2)^2=9$ よって $k-2=\pm3$

したがって **$k=-1,\ 5$**

検討

球面 $S$ と平面 $\alpha$ の任意の共有点(接点を除く)を P とする。$S$ の中心 O から $\alpha$ に垂線 OH を引くと，OH，OP は一定で，OH⊥PH から，PH は一定(三平方の定理)。
よって，共有点 P 全体の集合は，定点 H が中心，半径が PH の円になる。

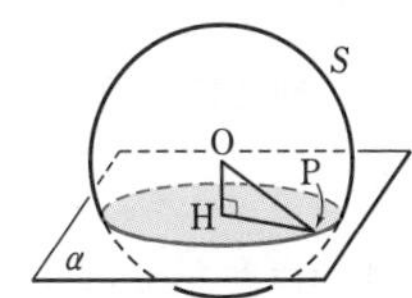


練習 ② 78

(1) 球面 $x^2+y^2+z^2-4x-6y+2z+5=0$ と $xy$ 平面の交わりは，中心が点 ア□，半径が イ□ の円である。

(2) 中心が点 $(-2,\ 4,\ -2)$ で，2 つの座標平面に接する球面 $S$ の方程式は ウ□ である。また，$S$ と平面 $x=k$ の交わりが半径 $\sqrt{3}$ の円であるとき，$k=$ エ□ である。

p.151 EX 52

## 重要例題 79 球面のベクトル方程式 ④④④④④

空間において，点 A(0, 6, 0) を中心とする半径 3 の球面上を動く点 Q を考える。更に，原点を O，線分 OQ の中点を P とし，点 A，Q，P の位置ベクトルをそれぞれ $\vec{a}$，$\vec{q}$，$\vec{p}$ とする。
このとき，点 P が満たすベクトル方程式を求めよ。また，点 P(x, y, z) が描く図形の方程式を x，y，z を用いて表せ。　〔類 立命館大〕

基本 41，p.128 基本事項 4

**球面のベクトル方程式**

[1] $|\vec{p}-\vec{c}|=r$
…… 中心 C($\vec{c}$)，半径 r

[2] $(\vec{p}-\vec{a})\cdot(\vec{p}-\vec{b})=0$
…… 2 点 A($\vec{a}$)，B($\vec{b}$) が直径の両端

これは，平面で円を表すベクトル方程式と同じ形である。そこで，p.76 基本例題 **41** と同じ要領で，[1]，[2] いずれかの形を導く。

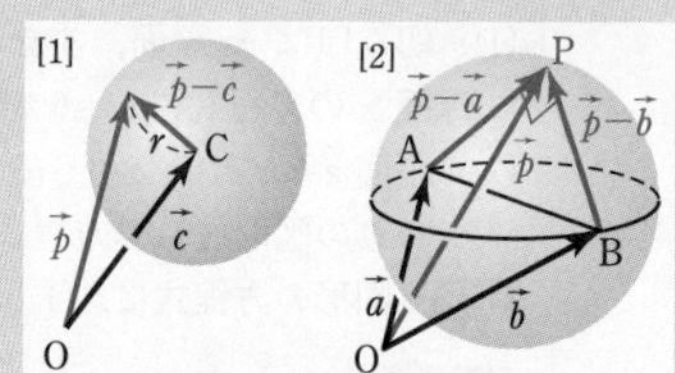


**解答**

点 Q は，点 A を中心とする半径 3 の球面上の点であるから，$|\vec{q}-\vec{a}|=3$ を満たす。

また，線分 OQ の中点が P であるから，$\vec{p}=\frac{1}{2}\vec{q}$ すなわち $\vec{q}=2\vec{p}$ である。

よって　$|2\vec{p}-\vec{a}|=3$

ゆえに，点 P が満たすベクトル方程式は　$\left|\vec{p}-\frac{\vec{a}}{2}\right|=\frac{3}{2}$

よって，点 P は，中心 (0, 3, 0)，半径 $\frac{3}{2}$ の球面上にある。　◀[1] の形。

ゆえに，点 P が描く図形の方程式は　$x^2+(y-3)^2+z^2=\frac{9}{4}$

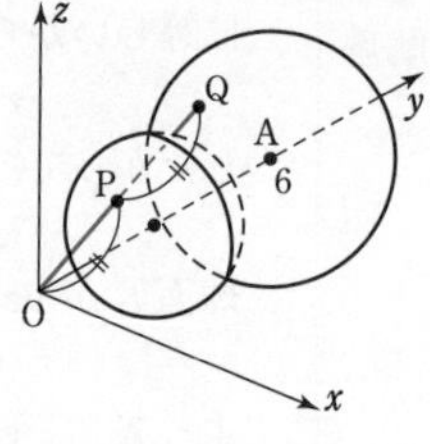


**参考** ［点 P が描く図形の方程式を，数学 II の軌跡の考え方で求める（数学 II 例題 **110** 参照）］

点 Q の座標を (s, t, u) とする。　◀s，t，u はつなぎの文字。

点 Q は，点 A を中心とする半径 3 の球面上の点であるから　$s^2+(t-6)^2+u^2=3^2$ …… ①

線分 OQ の中点 $\left(\frac{s}{2}, \frac{t}{2}, \frac{u}{2}\right)$ が点 P と一致するから　$\frac{s}{2}=x$，$\frac{t}{2}=y$，$\frac{u}{2}=z$

よって　$s=2x$，$t=2y$，$u=2z$

これらを ① に代入して　$(2x)^2+(2y-6)^2+(2z)^2=3^2$　◀つなぎの文字 s，t，u を消去する。

ゆえに　$x^2+(y-3)^2+z^2=\frac{9}{4}$

**練習 ③ 79** 点 O を原点とする座標空間において，A(5, 4, −2) とする。
$|\overrightarrow{OP}|^2-2\overrightarrow{OA}\cdot\overrightarrow{OP}+36=0$ を満たす点 P(x, y, z) の集合はどのような図形を表すか。また，その方程式を x，y，z を用いて表せ。　〔類 静岡大〕

# 11 発展 平面の方程式，直線の方程式

## 基本事項

**1 平面のベクトル方程式**

平面上の任意の点を P($\vec{p}$)，$s$，$t$，$u$ を実数とする。

[1] 同じ直線上にない 3 点 A($\vec{a}$)，B($\vec{b}$)，C($\vec{c}$) を通る平面

$\vec{p}=s\vec{a}+t\vec{b}+u\vec{c}$，$s+t+u=1$；**または** $\vec{p}=s\vec{a}+t\vec{b}+(1-s-t)\vec{c}$

[2] 点 A($\vec{a}$) を通り，$\vec{0}$ でないベクトル $\vec{n}$ に垂直な平面 $\alpha$

$\vec{n}\cdot(\vec{p}-\vec{a})=0$

**2 平面の方程式**

点 A($x_1$, $y_1$, $z_1$) を通り，$\vec{n}=(a,\ b,\ c)\neq\vec{0}$ に垂直な平面 $\alpha$ の方程式は

$$a(x-x_1)+b(y-y_1)+c(z-z_1)=0$$

ここで，$ax_1+by_1+cz_1=-d$ とおくと

$$ax+by+cz+d=0$$ （平面の方程式の一般形）



## 解説

### ■ 平面のベクトル方程式

**1** [1] は，$p.104$ で学んだ共面条件と同様である。

**1** [2] は，次のようにして導くことができる。

点 P が平面 $\alpha$ 上

$\iff \overrightarrow{\mathrm{AP}}\perp\vec{n}$ ($\vec{n}\neq\vec{0}$) または $\overrightarrow{\mathrm{AP}}=\vec{0}$

$\iff \overrightarrow{\mathrm{AP}}\cdot\vec{n}=0$

$\iff (\vec{p}-\vec{a})\cdot\vec{n}=0$

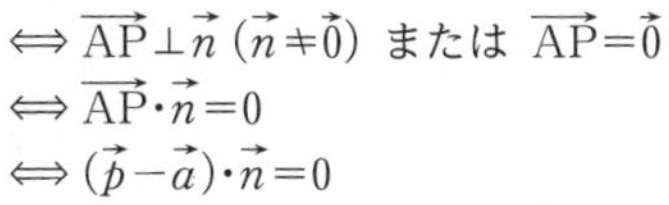

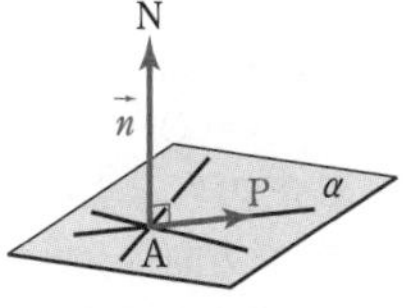

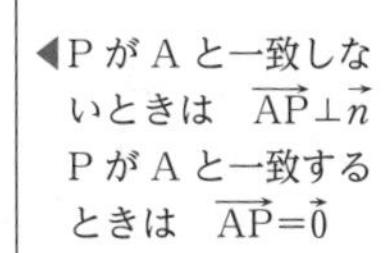

◀P が A と一致しないときは $\overrightarrow{\mathrm{AP}}\perp\vec{n}$
P が A と一致するときは $\overrightarrow{\mathrm{AP}}=\vec{0}$

これが平面 $\alpha$ のベクトル方程式である。

また，これは $p.65$ 基本事項 **1** で紹介したベクトル方程式と同じ形である。

### ■ 平面の方程式

**1** [2] で，$\vec{n}=(a,\ b,\ c)$，P($x$, $y$, $z$)，A($x_1$, $y_1$, $z_1$) とすると

$$a(x-x_1)+b(y-y_1)+c(z-z_1)=0 \quad \cdots\cdots ①$$

◀$\vec{p}-\vec{a}=(x-x_1,\ y-y_1,\ z-z_1)$

が得られる。ここで，平面 $\alpha$ に垂直な直線（例えば，図の直線 AN）を，$\alpha$ の **法線**，平面 $\alpha$ に垂直なベクトル（例えば $\vec{n}$）を **法線ベクトル** という。

① を展開し，$ax_1+by_1+cz_1=-d$ とおくと

$$ax+by+cz+d=0$$

すなわち，平面上で $x$，$y$ の 1 次方程式が直線を表したように，空間では，$x$，$y$，$z$ の 1 次方程式は平面を表す。

一般に，$\vec{n}=(a,\ b,\ c)$ **は平面** $ax+by+cz+d=0$ **の法線ベクトル**である。

## 基本事項

**3　空間における直線のベクトル方程式**　直線上の任意の点を $\mathrm{P}(\vec{p})$ とし，$s$，$t$ を実数の変数とする。

[1]　**点 $\mathrm{A}(\vec{a})$ を通り，$\vec{0}$ でないベクトル $\vec{d}$ に平行な直線**

$$\vec{p}=\vec{a}+t\vec{d}$$

[2]　**異なる 2 点 $\mathrm{A}(\vec{a})$，$\mathrm{B}(\vec{b})$ を通る直線**

$$\vec{p}=(1-t)\vec{a}+t\vec{b}\quad\text{または}\quad\vec{p}=s\vec{a}+t\vec{b},\ s+t=1$$

**4　空間における直線の方程式**　$\mathrm{A}(x_1,\ y_1,\ z_1)$，$\mathrm{B}(x_2,\ y_2,\ z_2)$ を定点，$\mathrm{P}(x,\ y,\ z)$ を直線上の任意の点とし，$t$ を実数の変数とする。

[1]　**点 A を通り，$\vec{d}=(l,\ m,\ n)\neq\vec{0}$ に平行な直線**

①　$x=x_1+lt,\ y=y_1+mt,\ z=z_1+nt$　　（変数 $t$ 形）

②　$\dfrac{x-x_1}{l}=\dfrac{y-y_1}{m}=\dfrac{z-z_1}{n}$　ただし $lmn\neq0$　　（消去形）

[2]　**異なる 2 点 A，B を通る直線**

①　$x=(1-t)x_1+tx_2,\ y=(1-t)y_1+ty_2,\ z=(1-t)z_1+tz_2$　　（変数 $t$ 形）

②　$\dfrac{x-x_1}{x_2-x_1}=\dfrac{y-y_1}{y_2-y_1}=\dfrac{z-z_1}{z_2-z_1}$　$(x_2\neq x_1,\ y_2\neq y_1,\ z_2\neq z_1)$　　（消去形）

## 解　説

### ■空間における直線のベクトル方程式

平面における直線のベクトル方程式（$p.65$ 基本事項 1）と同様である。

[1]　右の図から

$(\overrightarrow{\mathrm{AP}}\parallel\vec{d}$ または $\overrightarrow{\mathrm{AP}}=\vec{0})\Longleftrightarrow\overrightarrow{\mathrm{AP}}=t\vec{d}$

$\Longleftrightarrow\overrightarrow{\mathrm{OP}}-\overrightarrow{\mathrm{OA}}=t\vec{d}\Longleftrightarrow\vec{p}=\vec{a}+t\vec{d}$

$\vec{p}=\vec{a}+t\vec{d}$ を，$t$ を **媒介変数** とする **直線のベクトル方程式** といい，$\vec{d}$ をこの直線の **方向ベクトル** という。

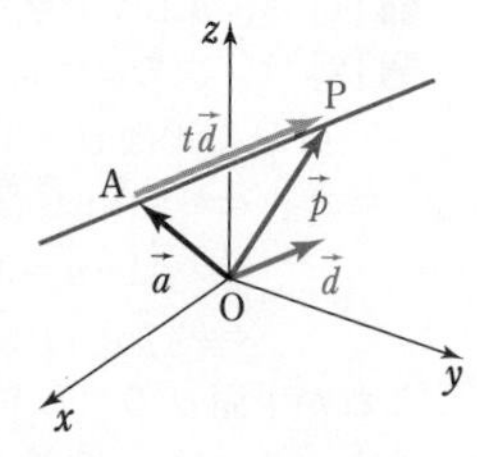


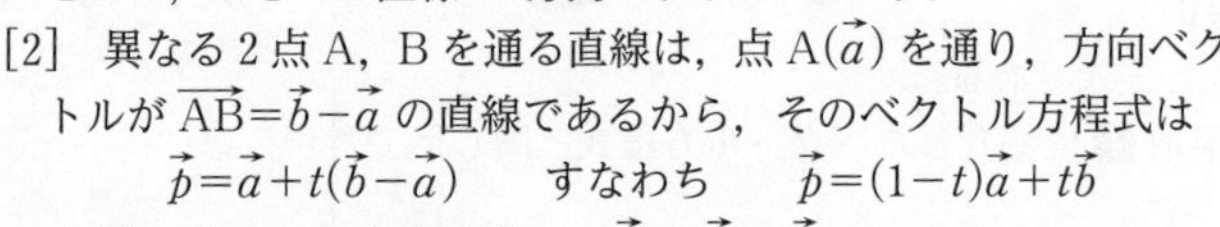

[2]　異なる 2 点 A，B を通る直線は，点 $\mathrm{A}(\vec{a})$ を通り，方向ベクトルが $\overrightarrow{\mathrm{AB}}=\vec{b}-\vec{a}$ の直線であるから，そのベクトル方程式は

$$\vec{p}=\vec{a}+t(\vec{b}-\vec{a})\qquad\text{すなわち}\qquad\vec{p}=(1-t)\vec{a}+t\vec{b}$$

または，$1-t=s$ とおくと　　$\vec{p}=s\vec{a}+t\vec{b},\ s+t=1$

### ■空間における直線の方程式

[1]　3 [1] において，$\vec{p}=(x,\ y,\ z)$，$\vec{a}=(x_1,\ y_1,\ z_1)$ として成分で表すと　$(x,\ y,\ z)=(x_1,\ y_1,\ z_1)+t(l,\ m,\ n)$

$=(x_1+lt,\ y_1+mt,\ z_1+nt)$

よって　$x=x_1+lt,\ y=y_1+mt,\ z=z_1+nt$

更に，$lmn\neq0$ すなわち $l\neq0,\ m\neq0,\ n\neq0$ のとき

$$t=\frac{x-x_1}{l},\ t=\frac{y-y_1}{m},\ t=\frac{z-z_1}{n}$$

ゆえに　$\dfrac{x-x_1}{l}=\dfrac{y-y_1}{m}=\dfrac{z-z_1}{n}$

[2]　[1] において，$\vec{d}=\overrightarrow{\mathrm{AB}}=(x_2-x_1,\ y_2-y_1,\ z_2-z_1)$ と考えると，$l=x_2-x_1,\ m=y_2-y_1,\ n=z_2-z_1$ から得られる。

$lmn=0$ のとき，$t$ を消去した方程式は次のようになる。
$l=0,\ mn\neq0$ ならば
$x=x_1,\ \dfrac{y-y_1}{m}=\dfrac{z-z_1}{n}$
（$x$ 軸と垂直な直線）
$l=m=0,\ n\neq0$ ならば
$x=x_1,\ y=y_1$
（$z$ 軸に平行な直線）

## 演習 例題 80 平面の方程式

3 点 A(0, 1, 1), B(6, −1, −1), C(−3, −1, 1) を通る平面の方程式を求めよ。

〔関西学院大〕 p.135 基本事項 2

平面の方程式を求めるには，次の 2 通りの方法がある。

方針 1. *p*.135 で学んだように，平面の方程式は **通る 1 点** と **法線ベクトル** が決まると定まる。法線ベクトルを $\vec{n}=(a,\ b,\ c)$ として，$\vec{n}\perp\overrightarrow{AB}$, $\vec{n}\perp\overrightarrow{AC}$ から $\vec{n}$ を具体的に 1 つ定め，ベクトル方程式 $\vec{n}\cdot(\vec{p}-\vec{a})=0$ にあてはめる。……★

方針 2. 求める平面の方程式を $ax+by+cz+d=0$ として（一般形を利用），通る 3 点の座標を代入。

**CHART** 平面の方程式　通る 1 点 と 法線ベクトル で決定

**解答**

解答 1. 平面の法線ベクトルを $\vec{n}=(a,\ b,\ c)$ $(\vec{n}\neq\vec{0})$ とする。$\overrightarrow{AB}=(6,\ -2,\ -2)$, $\overrightarrow{AC}=(-3,\ -2,\ 0)$ であるから，$\vec{n}\perp\overrightarrow{AB}$ より　$\vec{n}\cdot\overrightarrow{AB}=0$

よって　$6a-2b-2c=0$ …… ①

$\vec{n}\perp\overrightarrow{AC}$ より　$\vec{n}\cdot\overrightarrow{AC}=0$

よって　$-3a-2b=0$ …… ②

①, ② から　$b=-\dfrac{3}{2}a,\ c=\dfrac{9}{2}a$

ゆえに　$\vec{n}=\dfrac{a}{2}(2,\ -3,\ 9)$

$\vec{n}\neq\vec{0}$ より，$a\neq0$ であるから，$\vec{n}=(2,\ -3,\ 9)$ とする。

よって，求める平面は，点 A(0, 1, 1) を通り $\vec{n}=(2,\ -3,\ 9)$ に垂直であるから，その方程式は

$$2x-3(y-1)+9(z-1)=0$$

すなわち　$\boldsymbol{2x-3y+9z-6=0}$

解答 2. 求める平面の方程式を $ax+by+cz+d=0$ とすると

A(0, 1, 1) を通るから　$b+c+d=0$ … ①

B(6, −1, −1) を通るから　$6a-b-c+d=0$ … ②

C(−3, −1, 1) を通るから　$-3a-b+c+d=0$ … ③

①〜③ から　$b=-\dfrac{3}{2}a,\ c=\dfrac{9}{2}a,\ d=-3a$

よって，求める平面の方程式は

$$ax-\frac{3}{2}ay+\frac{9}{2}az-3a=0$$

$a\neq0$ であるから　$\boldsymbol{2x-3y+9z-6=0}$

◀指針 ……★ の方針。平面上の直線は「通る 1 点と法線ベクトル」を求めることで定まったが，これと同様の考え方である（*p*.68 基本例題 **35** 参照）。

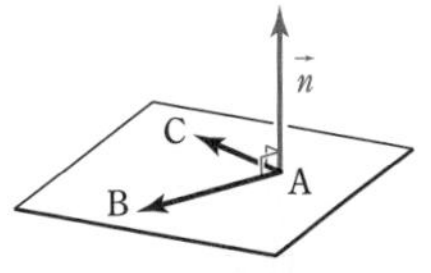


◀分数を避けるために，$a=2$ として $\vec{n}$ を定めた。一般に，**1 つの平面の法線ベクトルは無数にある。**

◀①−③ から $b$, ②−③ から $c$, ①+② から $d$ をそれぞれ $a$ で表す。

◀$a=0$ のときは平面の方程式にならない。

**練習 ③ 80** 次の 3 点を通る平面の方程式を求めよ。

(1) A(1, 0, 2), B(0, 1, 0), C(2, 1, −3)

(2) A(2, 0, 0), B(0, 3, 0), C(0, 0, 1)

## 演習 例題 81 平面の方程式の利用

座標空間に 4 点 A(2, 1, 0), B(1, 0, 1), C(0, 1, 2), D(1, 3, 7) がある。3 点 A, B, C を通る平面に関して点 D と対称な点を E とするとき，点 E の座標を求めよ。

〔京都大〕 演習 80

**指針** ここでは，平面の方程式を利用して解いてみよう。
まず，前ページと同様に，平面 ABC の方程式を求める。
次に，2 点 D，E が平面 ABC に関して対称となるための条件
　[1]　DE⊥(平面 ABC)
　[2]　線分 DE の中点が平面 ABC 上にある
を利用して点 E の座標を求める。

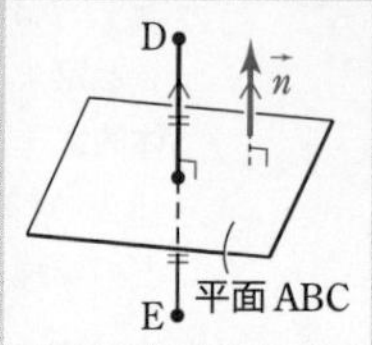


**解答**

平面 ABC の法線ベクトルを $\vec{n}=(a,\ b,\ c)$ とする。
$\overrightarrow{AB}=(-1,\ -1,\ 1)$，$\overrightarrow{AC}=(-2,\ 0,\ 2)$ であるから，
$\vec{n}\cdot\overrightarrow{AB}=0$，$\vec{n}\cdot\overrightarrow{AC}=0$ より　$-a-b+c=0$，$-2a+2c=0$
よって　$b=0$，$c=a$　　ゆえに　$\vec{n}=a(1,\ 0,\ 1)$
$a\neq0$ から $\vec{n}=(1,\ 0,\ 1)$ とすると，平面 ABC の方程式は
$$1\times(x-2)+0\times(y-1)+1\times(z-0)=0$$
すなわち　$x+z-2=0$ …… ①
E$(s,\ t,\ u)$ とする。$\overrightarrow{DE}\perp$(平面 ABC) であるから
$\overrightarrow{DE}/\!/\vec{n}$　　ゆえに，$\overrightarrow{DE}=k\vec{n}$ ($k$ は実数) とおける。
よって　$(s-1,\ t-3,\ u-7)=k(1,\ 0,\ 1)$
ゆえに　$s=k+1$，$t=3$，$u=k+7$ …… ②
線分 DE の中点 $\left(\dfrac{s+1}{2},\ \dfrac{t+3}{2},\ \dfrac{u+7}{2}\right)$ が平面 ABC 上にあるから，① に代入して　$\dfrac{s+1}{2}+\dfrac{u+7}{2}-2=0$
よって　$s+u+4=0$ …… ③
②，③ から　$k=-6$，$s=-5$，$t=3$，$u=1$
したがって　**E(−5, 3, 1)**

◀平面 ABC の方程式を $ax+by+cz+d=0$ として求めると，$2a+b+d=0$，$a+c+d=0$，$b+2c+d=0$ から $b=0$，$c=a$，$d=-2a$ ゆえに　$x+z-2=0$

◀$\vec{n}\perp$(平面 ABC)

◀$\overrightarrow{DE}=\overrightarrow{OE}-\overrightarrow{OD}$

◀中点の座標を平面 ABC の方程式 ① に代入。

◀② を ③ に代入して $(k+1)+(k+7)+4=0$

**別解** 上の例題を，平面の方程式を用いないで解く場合，方針は次のようになる。
点 D から平面 ABC に垂線 DH を下ろすと，$s$，$t$，$u$ を実数として
$$\overrightarrow{DH}=s\overrightarrow{DA}+t\overrightarrow{DB}+u\overrightarrow{DC},\ s+t+u=1\ \text{と表される。}$$
成分表示すると　$\overrightarrow{DH}=(s-u,\ -2s-3t-2u,\ -7s-6t-5u)$
$\overrightarrow{DH}\perp\overrightarrow{AB}$，$\overrightarrow{DH}\perp\overrightarrow{AC}$ より，$\overrightarrow{DH}\cdot\overrightarrow{AB}=0$，$\overrightarrow{DH}\cdot\overrightarrow{AC}=0$ であるから
$6s+3t+2u=0$，$4s+3t+2u=0$　　ゆえに　$s=0$，$t=-2$，$u=3$
よって　$\overrightarrow{DH}=(-3,\ 0,\ -3)$　　O を原点とすると　$\overrightarrow{OE}=\overrightarrow{OD}+2\overrightarrow{DH}=$**(−5, 3, 1)**

**練習 ④ 81** O を原点とする座標空間に，4 点 A(4, 0, 0), B(0, 8, 0), C(0, 0, 4), D(0, 0, 2) がある。
(1) △ABC の重心 G の座標を求めよ。
(2) 直線 OG と平面 ABD との交点 P の座標を求めよ。

p.151, 152 EX53, 54

# 参考事項　点と平面の距離の公式，2 平面の関係

## ● 点と平面の距離の公式

**点 A と平面 $\alpha$ の距離** とは，点 A から平面 $\alpha$ に下ろした垂線を AH としたときの線分 AH の長さのことであり，次のことが成り立つ。

> 点 $\mathrm{A}(x_1,\ y_1,\ z_1)$ と平面 $\alpha$：$ax+by+cz+d=0$ の距離は　$\dfrac{|ax_1+by_1+cz_1+d|}{\sqrt{a^2+b^2+c^2}}$

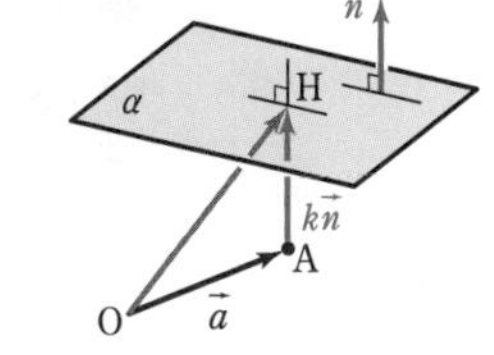

証明　点 A を通り平面 $\alpha$ に垂直な直線と平面 $\alpha$ との交点を H とし，
$\vec{n}=(a,\ b,\ c)$ とすると，$\vec{n}\perp$(平面 $\alpha$) であるから
$\overrightarrow{\mathrm{AH}}\parallel\vec{n}$　または　$\overrightarrow{\mathrm{AH}}=\vec{0}$
よって，$\overrightarrow{\mathrm{AH}}=k\vec{n}$ ($k$ は実数) とおける。
O を原点とすると，$\overrightarrow{\mathrm{OH}}=\overrightarrow{\mathrm{OA}}+\overrightarrow{\mathrm{AH}}$ であり，点 H は平面 $\alpha$ 上にあるから　$a(x_1+ka)+b(y_1+kb)+c(z_1+kc)+d=0$
変形して　$(a^2+b^2+c^2)k=-(ax_1+by_1+cz_1+d)$

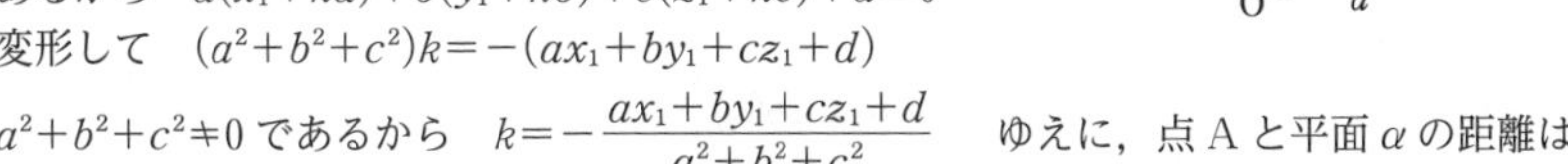

$a^2+b^2+c^2\neq0$ であるから　$k=-\dfrac{ax_1+by_1+cz_1+d}{a^2+b^2+c^2}$　ゆえに，点 A と平面 $\alpha$ の距離は

$$\mathrm{AH}=|k\vec{n}|=|k||\vec{n}|=\frac{|ax_1+by_1+cz_1+d|}{a^2+b^2+c^2}\cdot\sqrt{a^2+b^2+c^2}=\frac{|ax_1+by_1+cz_1+d|}{\sqrt{a^2+b^2+c^2}}$$

例　点 (3，4，5) と平面 $2x-y+z+1=0$ の距離は　$\dfrac{|2\cdot3-4+5+1|}{\sqrt{2^2+(-1)^2+1^2}}=\dfrac{8}{\sqrt{6}}=\dfrac{4\sqrt{6}}{3}$

## ● 2 平面の関係

平面は通る 1 点と法線ベクトル（平面に垂直なベクトル）で決まるから，2 平面の平行，垂直，なす角は法線ベクトルを利用して考えることができる。

> 異なる 2 平面 $\alpha$，$\beta$ の法線ベクトルをそれぞれ $\vec{m}$，$\vec{n}$ とすると
> ①　**平行条件 $\alpha\parallel\beta$** ……　$\vec{m}\parallel\vec{n}$　すなわち　**$\vec{m}=k\vec{n}$ となる実数 $k$ がある**
> ②　**垂直条件 $\alpha\perp\beta$** ……　$\vec{m}\perp\vec{n}$　すなわち　**$\vec{m}\cdot\vec{n}=0$**
> ③　$\alpha$，$\beta$ のなす角を $\theta$ $(0^\circ\leqq\theta\leqq90^\circ)$ とすると　　$\cos\theta=\dfrac{|\vec{m}\cdot\vec{n}|}{|\vec{m}||\vec{n}|}$

① 平行

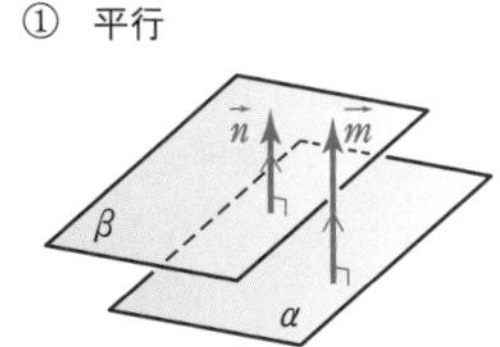


② 垂直

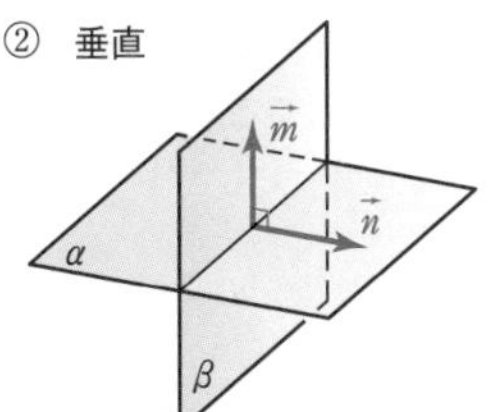


③

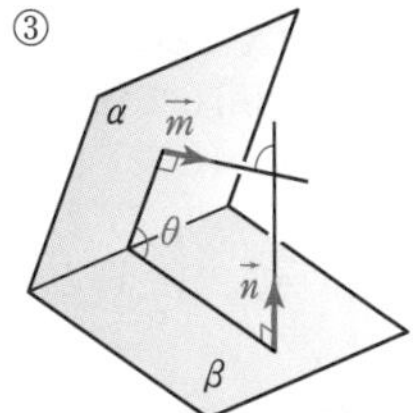


補足　交わる 2 平面の共有点全体を 2 平面の **交線** といい，交線上の点から，2 平面に垂直に引いた 2 直線のなす角 $\theta$ を，2 平面の **なす角** という。また，$\theta=90^\circ$ のとき，2 平面は **垂直** であるという。なお，2 平面が共有点をもたないとき，2 平面は **平行** であるという。

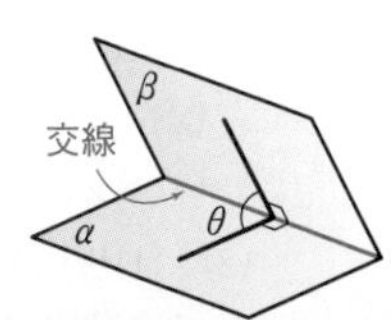

## 演習 例題 82 2平面のなす角

2平面 $\alpha$：$x-2y+z=7$，$\beta$：$x+y-2z=14$ について

(1) 2平面 $\alpha$，$\beta$ のなす角 $\theta$ を求めよ。ただし，$0°\leqq\theta\leqq 90°$ とする。

(2) 点 A$(3,\ -4,\ 2)$ を通り，2平面 $\alpha$，$\beta$ のどちらにも垂直である平面 $\gamma$ の方程式を求めよ。

p.139 参考事項

**指針** (1) 2平面のなす角 $\theta$ は，その法線ベクトルのなす角 $\theta_1$ を利用して求める。その際，**2平面のなす角 $\theta$ は普通 $0°\leqq\theta\leqq 90°$ の範囲である** のに対し，2つのベクトルのなす角 $\theta_1$ は $0°\leqq\theta_1\leqq 180°$ の範囲であることに注意する。

**平面 $ax+by+cz+d=0$ の法線ベクトルの1つは　$(a,\ b,\ c)$**

(2) 平面 $\gamma$ の法線ベクトルを $\vec{l}=(a,\ b,\ c)\ (\vec{l}\neq\vec{0})$ として，$\vec{l}$ が $\alpha$，$\beta$ 両方の法線ベクトルと垂直であることから $\vec{l}$ を1つ定める。

**解答** 2平面 $\alpha$，$\beta$ の法線ベクトルをそれぞれ $\vec{m}=(1,\ -2,\ 1)$，$\vec{n}=(1,\ 1,\ -2)$ とする。

(1) $\vec{m}$，$\vec{n}$ のなす角を $\theta_1\ (0°\leqq\theta_1\leqq 180°)$ とすると

$$\cos\theta_1=\frac{\vec{m}\cdot\vec{n}}{|\vec{m}||\vec{n}|}=\frac{1\times1+(-2)\times1+1\times(-2)}{\sqrt{1^2+(-2)^2+1^2}\sqrt{1^2+1^2+(-2)^2}}$$

$$=\frac{-3}{\sqrt{6}\sqrt{6}}=-\frac{1}{2}$$

$0°\leqq\theta_1\leqq 180°$ であるから　$\theta_1=120°$

よって，2平面 $\alpha$，$\beta$ のなす角 $\theta$ は　$\boldsymbol{\theta=180°-120°=60°}$



◀法線ベクトルのなす角 $\theta_1$ が　$90°<\theta_1\leqq 180°$
⟶ 平面のなす角は $180°-\theta_1$

(2) 平面 $\gamma$ の法線ベクトルを $\vec{l}=(a,\ b,\ c)\ (\vec{l}\neq\vec{0})$ とする。

$\vec{l}\perp\vec{m}$，$\vec{l}\perp\vec{n}$ から　$\vec{l}\cdot\vec{m}=0$，$\vec{l}\cdot\vec{n}=0$

よって　$a-2b+c=0$ …… ①，$a+b-2c=0$ …… ②

①，② から　$b=a$，$c=a$　ゆえに　$\vec{l}=a(1,\ 1,\ 1)$

平面 $\gamma$ は点 A を通るから，その方程式は　$1\times(x-3)+1\times(y+4)+1\times(z-2)=0$

すなわち　$\boldsymbol{x+y+z-1=0}$

**検討** **外積の利用**

演習例題 **80** や **82** (2) では，$p.98$ の 検討 で示したように，**外積**（2つのベクトルに垂直なベクトル）を利用して法線ベクトルを求めることもできる。演習例題 **82** (2) では

$$\vec{m}\times\vec{n}=((-2)\cdot(-2)-1\cdot1,\ 1\cdot1-1\cdot(-2),\ 1\cdot1-(-2)\cdot1)$$
$$=(3,\ 3,\ 3)=3(1,\ 1,\ 1)$$

◀$p.98$ の 検討 参照。

よって，$\vec{l}=(1,\ 1,\ 1)$ とする。

**練習 ③ 82** (1) 平面 $\alpha$，$\beta$ が次のようなとき，2平面 $\alpha$，$\beta$ のなす角 $\theta$ を求めよ。ただし，$0°\leqq\theta\leqq 90°$ とする。

(ア) $\alpha$：$4x-3y+z=2$，$\beta$：$x+3y+5z=0$

(イ) $\alpha$：$-2x+y+2z=3$，$\beta$：$x-y=5$

(2) (1)(イ)の2平面 $\alpha$，$\beta$ のどちらにも垂直で，点 $(4,\ 2,\ -1)$ を通る平面 $\gamma$ の方程式を求めよ。

## 演習 例題 83 直線の方程式

(1) 次の直線のベクトル方程式を求めよ。

(ア) 点 A(1, 2, 3) を通り，$\vec{d}=(2,\ 3,\ -4)$ に平行。

(イ) 2点 A(2, −1, 1)，B(−1, 3, 1) を通る。

(2) 点 (1, 2, −3) を通り，ベクトル $\vec{d}=(3,\ -1,\ 2)$ に平行な直線の方程式を求めよ。

(3) 点 A(−3, 5, 2) を通り，$\vec{d}=(0,\ 0,\ 1)$ に平行な直線の方程式を求めよ。

p.136 基本事項 3，4

**指針** 直線のベクトル方程式

[1] $\vec{p}=\vec{a}+t\vec{d}$ …… 点 A を通り $\vec{d}$ に平行

[2] $\vec{p}=(1-t)\vec{a}+t\vec{b}$ …… 2点 A，B を通る

(2) 点 A$(x_1,\ y_1,\ z_1)$ を通り，ベクトル $\vec{d}=(l,\ m,\ n)$ に平行な直線の方程式は

$$\frac{x-x_1}{l}=\frac{y-y_1}{m}=\frac{z-z_1}{n} \quad ただし，lmn \neq 0$$

**CHART** 直線の方程式　通る1点 と 方向ベクトル で決定

**解答**

O を原点，P$(x,\ y,\ z)$ を直線上の点とする。

(1) (ア) $\overrightarrow{OP}=\overrightarrow{OA}+t\vec{d}$ であるから

$$(x,\ y,\ z)=(1,\ 2,\ 3)+t(2,\ 3,\ -4) \quad (t は実数)$$

(イ) $\overrightarrow{OP}=(1-t)\overrightarrow{OA}+t\overrightarrow{OB}$ であるから

$$(x,\ y,\ z)=(1-t)(2,\ -1,\ 1)+t(-1,\ 3,\ 1)$$

◀これでも正解。

$$=(2,\ -1,\ 1)+t(-3,\ 4,\ 0)^{(*)}$$

$(t は実数)$

(2) 求める直線の方程式は $\dfrac{x-1}{3}=\dfrac{y-2}{-1}=\dfrac{z+3}{2}$

◀$3\cdot(-1)\cdot2 \neq 0$

(3) $\overrightarrow{OP}=\overrightarrow{OA}+t\vec{d}$ であるから

$$(x,\ y,\ z)=(-3,\ 5,\ 2)+t(0,\ 0,\ 1) \quad (t は実数)$$

よって，$x=-3$，$y=5$，$z=2+t$ から　$x=-3$，$y=5$

(3) $0\cdot0\cdot1=0$ であるから，(2) のように求めることはできない。

◀$z$ は任意の値をとるから，$z=$● の部分は不要。

**検討** **空間における直線の方程式の表し方は，1通りではない**

例えば，上の例題 (1)(イ) で，**通る1点** を B とし，**方向ベクトル** を $\overrightarrow{BA}=(3,\ -4,\ 0)$ とすると，$\overrightarrow{OP}=\overrightarrow{OB}+t\overrightarrow{BA}$ から

$$(x,\ y,\ z)=(-1,\ 3,\ 1)+t(3,\ -4,\ 0) \quad \cdots\cdots ①$$

解答の (＊) と異なるが，① のように答えても正解である。

**練習 ③ 83**

(1) 次の直線のベクトル方程式を求めよ。

(ア) 点 A(2, −1, 3) を通り，$\vec{d}=(5,\ 2,\ -2)$ に平行。

(イ) 2点 A(1, 2, 1)，B(−1, 2, 4) を通る。

(2) 点 (4, −3, 1) を通り，$\vec{d}=(3,\ 7,\ -2)$ に平行な直線の方程式を求めよ。

(3) 点 A(3, −1, 1) を通り，$y$ 軸に平行な直線の方程式を求めよ。

## 演習 例題 84 直線の方程式の利用

2 点 A(1, 3, 0), B(0, 4, −1) を通る直線を $\ell$ とし，点 C(−1, 3, 2) を通り，$\vec{d}=(-1,\ 2,\ 0)$ に平行な直線を $m$ とする。
$\ell$ 上に点 P，$m$ 上に点 Q をとる。距離 PQ の最小値と，そのときの 2 点 P，Q の座標を求めよ。

演習 83

**指針** 直線上の点の座標に関する問題では，**媒介変数で表す** と考えやすい。
$PQ^2$ は，媒介変数 $s$，$t$ の 2 次式で表される。よって，まず，**一方の文字を定数とみて平方完成** する。

**CHART** 直線上の点の座標に関する問題　媒介変数表示利用

**解答**

$\ell$ の方程式は

$$(x,\ y,\ z)=(1-s)(1,\ 3,\ 0)+s(0,\ 4,\ -1)$$

◀$\vec{p}=(1-s)\overrightarrow{OA}+s\overrightarrow{OB}$ [O は原点]

ゆえに　$x=1-s,\ y=3+s,\ z=-s$　($s$ は実数) …… Ⓐ

$m$ の方程式は $(x,\ y,\ z)=(-1,\ 3,\ 2)+t(-1,\ 2,\ 0)$ から　$x=-1-t,\ y=3+2t,\ z=2$　($t$ は実数) …… Ⓑ

◀$\vec{q}=\overrightarrow{OC}+t\vec{d}$ [O は原点]

よって，P$(1-s,\ 3+s,\ -s)$，Q$(-1-t,\ 3+2t,\ 2)$ とすると

$$PQ^2=(-2-t+s)^2+(2t-s)^2+(2+s)^2$$
$$=3s^2-6st+5t^2+4t+8$$
$$=3(s-t)^2+2(t+1)^2+6$$

◀ 距離の条件　2 乗した形で扱う

◀$s \longrightarrow t$ の順に平方完成。

ゆえに，$PQ^2$ は $s=t$ かつ $t=-1$ すなわち $s=t=-1$ から，
**P(2, 2, 1)，Q(0, 1, 2) のとき** 最小値 6 をとる。
PQ>0 であるから，このとき PQ は **最小値 $\sqrt{6}$** をとる。

◀P(1+1, 3−1, 1), Q(−1+1, 3−2, 2)

**検討**

**2 直線の共通垂線と，2 直線の最短距離**

上の例題において，Ⓐ，Ⓑ から，

$1-s=-1-t$ …… Ⓒ，$3+s=3+2t$ …… Ⓓ，$-s=2$ …… Ⓔ

とすると，Ⓓ，Ⓔ より　$s=-2,\ t=-1$

これは Ⓒ を満たさない。すなわち，Ⓒ～Ⓔ を同時に満たす実数の組 $(s,\ t)$ は存在しないから，直線 $\ell$ と $m$ は交わらないことがわかる。
($\ell \not\parallel m$ でもあるから，直線 $\ell$ と $m$ はねじれの位置にある。)
なお，上の例題で，距離 PQ が最小となるときの直線 PQ は，2 直線 $\ell$，$m$ にともに垂直な直線(共通垂線)である。
一般に，空間における 2 直線の最短距離は，各直線とその共通垂線との交点間の距離に等しい。

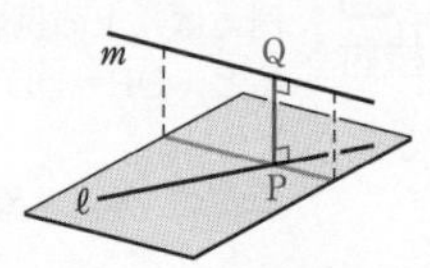


**練習 ④ 84** 2 点 A(1, 1, −1)，B(0, 2, 1) を通る直線を $\ell$，2 点 C(2, 1, 1)，D(3, 0, 2) を通る直線を $m$ とし，$\ell$ 上に点 P，$m$ 上に点 Q をとる。距離 PQ の最小値と，そのときの 2 点 P，Q の座標を求めよ。　〔類 東京理科大〕

p.152 EX55

## 演習 例題 85 直線と平面の交点，直線と球面が接する条件

(1) 点 $(2,\ 4,\ -1)$ を通り，ベクトル $(3,\ -1,\ 2)$ に平行な直線 $\ell$ と，平面 $\alpha : 2x+3y-z=16$ との交点の座標を求めよ。

(2) $k>0$ とする。点 $(-3,\ -1,\ 0)$ を通り，ベクトル $(1,\ 1,\ k)$ に平行な直線 $m$ が，点 $(0,\ 2,\ 3)$ を中心とする半径 3 の球面に接するように，定数 $k$ の値を定め，接点の座標を求めよ。

演習 83

**指針** 前ページと同様に，**直線上の点の座標に関する問題　媒介変数表示利用** に従って考える。媒介変数 $t$ で表した後は，それを (1) 平面の方程式 (2) 球面の方程式に代入して，媒介変数 $t$ の方程式の問題にもち込む。
(2) では，**接する ⟺ 重解（判別式 $D=0$）** も利用。

**解答**

(1) $\ell$ の方程式は $(x,\ y,\ z)=(2,\ 4,\ -1)+t(3,\ -1,\ 2)$

から　$x=2+3t,\ y=4-t,\ z=-1+2t$　（$t$ は実数）

◀直線 $\ell$ 上の点を媒介変数 $t$ を用いて表す。

これらを $2x+3y-z=16$ に代入して

$$2(2+3t)+3(4-t)-(-1+2t)=16$$

よって　$t=-1$

ゆえに，求める交点の座標は　$\boldsymbol{(-1,\ 5,\ -3)}$

◀$x=2+3\cdot(-1)$，$y=4-(-1)$，$z=-1+2\cdot(-1)$

(2) $m$ の方程式は $(x,\ y,\ z)=(-3,\ -1,\ 0)+t(1,\ 1,\ k)$

から

$x=-3+t,\ y=-1+t,\ z=kt$　（$t$ は実数）……①

◀直線 $m$ 上の点を媒介変数 $t$ を用いて表す。

また，球面の方程式は　$x^2+(y-2)^2+(z-3)^2=9$

① を代入すると

$$(-3+t)^2+(-3+t)^2+(kt-3)^2=9$$

よって　$(k^2+2)t^2-6(k+2)t+18=0$ ……②

直線 $m$ が球面に接する条件は，2 次方程式 ② の判別式 $D$ について　$D=0$

◀$k^2+2\neq 0$

ここで　$\dfrac{D}{4}=\{-3(k+2)\}^2-18(k^2+2)$

$=-9k^2+36k=-9k(k-4)$

$D=0$ から　$k=0,\ 4$　$k>0$ であるから　$\boldsymbol{k=4}$

このとき，② から　$t=-\dfrac{-3(4+2)}{4^2+2}=1$

ゆえに，接点の座標は，① から　$\boldsymbol{(-2,\ 0,\ 4)}$

◀2 次方程式 $ax^2+2b'x+c=0$ の重解は　$x=-\dfrac{2b'}{2a}=-\dfrac{b'}{a}$

**練習 ④ 85**

(1) 点 $(1,\ 1,\ -4)$ を通り，ベクトル $(2,\ 1,\ 3)$ に平行な直線 $\ell$ と，平面 $\alpha : x+y+2z=3$ との交点の座標を求めよ。

(2) 2 点 $\mathrm{A}(1,\ 0,\ 0)$，$\mathrm{B}(-1,\ b,\ b)$ に対し，直線 AB が球面 $x^2+(y-1)^2+z^2=1$ と共有点をもつような定数 $b$ の値の範囲を求めよ。　［(2) 類 鹿児島大］

p.152 EX 56, 57

## 演習 例題 86 球面と平面の交わり

(1) 球面 $x^2+y^2+z^2+2x-4y+4z=16$ の平面 $\alpha$：$6x-2y+3z=5$ による切り口である円を $C$ とする。この円の中心の座標と半径を求めよ。

(2) 平面 $ax+(9-a)y-18z+45=0$ が，点 $(3,\ 2,\ 1)$ を中心とする半径 $\sqrt{5}$ の球面に接する。このとき，定数 $a$ の値を求めよ。

演習 81，p.139 参考事項

**指針** 球面と平面の交わりの図形は，球面と平面の位置関係によって決まる。その位置関係は，平面における円と直線の関係に似ていて，次のようになる。

球面 $S$（半径 $r$）と平面 $\alpha$ の交わり

球面 $S$ の中心と平面 $\alpha$ の距離を $d$ とすると

$d<r \iff$ 交わりは **円周**（半径 $R$） $d^2+R^2=r^2$

$d=r \iff$ 交わりは **点**（接点）

$r<d \iff$ **共有点はない**

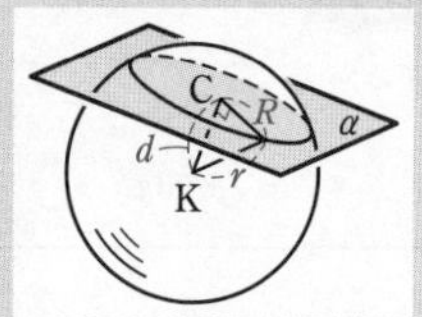


**解答**

(1) 球面の方程式を変形すると

$$(x+1)^2+(y-2)^2+(z+2)^2=25$$

◀ $(x^2+2x+1)-1+(y^2-4y+4)-4+(z^2+4z+4)-4=16$

よって，球面の中心を K，半径を $r$ とすると

$$\mathrm{K}(-1,\ 2,\ -2),\ r=5$$

円 $C$ の中心を $\mathrm{C}(x,\ y,\ z)$ とすると $\mathrm{KC}\perp\alpha$

ゆえに，$\overrightarrow{\mathrm{KC}}$ は平面 $\alpha$ の法線ベクトル $\vec{n}=(6,\ -2,\ 3)$ に平行であるから $\overrightarrow{\mathrm{KC}}=t\vec{n}$（$t$ は実数）

◀指針の図参照。

よって $(x+1,\ y-2,\ z+2)=(6t,\ -2t,\ 3t)$

◀ $x+1=6t$, $y-2=-2t$, $z+2=3t$

ゆえに $x=6t-1,\ y=-2t+2,\ z=3t-2$

点 C は平面 $\alpha$ 上にあるから

$$6(6t-1)-2(-2t+2)+3(3t-2)=5$$

◀ $\alpha$ の方程式に代入。

よって $t=\dfrac{3}{7}$ このとき $\mathrm{C}\left(\dfrac{11}{7},\ \dfrac{8}{7},\ -\dfrac{5}{7}\right)$

また，$|\overrightarrow{\mathrm{KC}}|=|t||\vec{n}|=3$ であるから，円 $C$ の半径 $R$ は

◀ $|\vec{n}|=\sqrt{6^2+(-2)^2+3^2}=7$

$$R=\sqrt{r^2-|\overrightarrow{\mathrm{KC}}|^2}=\mathbf{4}$$

◀三平方の定理。

(2) 球面と平面が接する条件は，球面の中心と平面との距離が球面の半径に等しいことであるから

$$\frac{|a\cdot3+(9-a)\cdot2-18\cdot1+45|}{\sqrt{a^2+(9-a)^2+(-18)^2}}=\sqrt{5}$$

◀**点と平面の距離の公式**（$p.139$）を利用。

ゆえに $|a+45|=\sqrt{5}\cdot\sqrt{2a^2-18a+405}$

両辺を 2 乗すると $a^2+90a+2025=10a^2-90a+2025$

◀左辺と右辺の 2025 は消し合う。

よって $9a(a-20)=0$ ゆえに $\boldsymbol{a=0,\ 20}$

**練習 ③ 86**

(1) 球面 $S$：$x^2+y^2+z^2-2y-4z-40=0$ と平面 $\alpha$：$x+2y+2z=a$ がある。球面 $S$ と平面 $\alpha$ が共有点をもつとき，定数 $a$ の値の範囲を求めよ。

(2) 点 $\mathrm{A}(2\sqrt{3},\ 2\sqrt{3},\ 6)$ を中心とする球面 $S$ が平面 $x+y+z-6=0$ と交わってできる円の面積が $9\pi$ であるとき，$S$ の方程式を求めよ。

## 振り返り 平面と空間の類似点と相違点 2

平面上のベクトルと空間のベクトルの性質を学んできたが，$p$.120 の「振り返り」以外のことについて，比較しながらまとめよう。

| | 平面上のベクトル | 空間のベクトル | 補　足 |
|---|---|---|---|
| 円・球面の方程式 | 点 $(a,\ b)$ を中心とする半径 $r$ の円の方程式は<br>$(\boldsymbol{x}-\boldsymbol{a})^2+(\boldsymbol{y}-\boldsymbol{b})^2=\boldsymbol{r}^2$<br>中心が $\mathrm{C}(\vec{c})$，半径 $r$ の円のベクトル方程式は<br>$\|\vec{\boldsymbol{p}}-\vec{\boldsymbol{c}}\|=\boldsymbol{r}$<br>➡ $p$.66 基本事項 3 | 点 $(a,\ b,\ c)$ を中心とする半径 $r$ の球面の方程式は<br>$(\boldsymbol{x}-\boldsymbol{a})^2+(\boldsymbol{y}-\boldsymbol{b})^2+(\boldsymbol{z}-\boldsymbol{c})^2=\boldsymbol{r}^2$<br>中心が $\mathrm{C}(\vec{c})$，半径 $r$ の球面のベクトル方程式は<br>$\|\vec{\boldsymbol{p}}-\vec{\boldsymbol{c}}\|=\boldsymbol{r}$<br>➡ $p$.127，128 基本事項 3，4 | 空間の場合は $z$ 座標が追加される。<br>ベクトル方程式の形は同じである。 |
| ベクトル方程式 | 点 $\mathrm{A}(\vec{a})$ を通り，$\vec{d}(\neq\vec{0})$ に平行な直線のベクトル方程式は<br>$\vec{\boldsymbol{p}}=\vec{\boldsymbol{a}}+t\vec{\boldsymbol{d}}$ ……①<br>点 $\mathrm{A}(\vec{a})$ を通り，$\vec{n}(\neq\vec{0})$ に垂直な直線のベクトル方程式は<br>$\vec{\boldsymbol{n}}\cdot(\vec{\boldsymbol{p}}-\vec{\boldsymbol{a}})=0$ ……②<br>➡ $p$.65 基本事項 1 | 点 $\mathrm{A}(\vec{a})$ を通り，$\vec{d}(\neq\vec{0})$ に平行な直線のベクトル方程式は<br>$\vec{\boldsymbol{p}}=\vec{\boldsymbol{a}}+t\vec{\boldsymbol{d}}$ ……①<br>点 $\mathrm{A}(\vec{a})$ を通り，$\vec{n}(\neq\vec{0})$ に垂直な平面のベクトル方程式は<br>$\vec{\boldsymbol{n}}\cdot(\vec{\boldsymbol{p}}-\vec{\boldsymbol{a}})=0$ ……②<br>➡ $p$.135，136 基本事項 1，3 | ① は平面，空間どちらも直線を表す。<br>② は平面では直線，空間では平面を表す。 |
| 点と直線・平面の距離など | 点 $\mathrm{A}(x_1,\ y_1)$ と直線 $ax+by+c=0$ の距離は<br>$\dfrac{\|\boldsymbol{ax_1}+\boldsymbol{by_1}+\boldsymbol{c}\|}{\sqrt{\boldsymbol{a}^2+\boldsymbol{b}^2}}$<br>直線 $ax+by+c=0$ に垂直なベクトル $\vec{n}$ は<br>$\vec{\boldsymbol{n}}=(\boldsymbol{a},\ \boldsymbol{b})$<br>➡ $p$.65 基本事項 | 点 $\mathrm{A}(x_1,\ y_1,\ z_1)$ と平面 $ax+by+cz+d=0$ の距離は<br>$\dfrac{\|\boldsymbol{ax_1}+\boldsymbol{by_1}+\boldsymbol{cz_1}+\boldsymbol{d}\|}{\sqrt{\boldsymbol{a}^2+\boldsymbol{b}^2+\boldsymbol{c}^2}}$<br>平面 $ax+by+cz+d=0$ に垂直なベクトル $\vec{n}$ は<br>$\vec{\boldsymbol{n}}=(\boldsymbol{a},\ \boldsymbol{b},\ \boldsymbol{c})$<br>➡ $p$.135 基本事項 2，$p$.139 参考事項 | 点と直線の距離，点と平面の距離の公式は形がよく似ている。<br>また，垂直なベクトルの成分は，ともに係数を並べたものである。 |

このページや，$p$.120「振り返り」で紹介したもの以外にも，平面と空間で比較できるものもある。
例えば，内分点や外分点の式では，それぞれの成分は平面と空間で同じ形をしている。
よく似ているもの，似ているが少し異なるものは，関連付けることで理解が深まる。
これは，定理や公式だけでなく，これまでの例題で学習した問題解法にもあてはまる。
学習を振り返るときには，このようなことを意識するとよいだろう。

## 演習 例題 87 2つの球面の交わり

2つの球面 $S_1:(x-1)^2+(y-2)^2+(z+3)^2=5$, $S_2:(x-2)^2+y^2+(z+1)^2=8$ がある。球面 $S_1$, $S_2$ の交わりの円を $C$ とするとき，次のものを求めよ。

(1) 円 $C$ の中心 P の座標と半径 $r$　　(2) 円 $C$ を含む平面 $\alpha$ の方程式 演習 80

**指針** (1) 球面 $S_1$, $S_2$ の中心をそれぞれ $O_1$, $O_2$ とする。円 $C$ 上の点 A をとり，平面 $AO_1O_2$ による **切断面** を考える（解答の図参照）。

$\triangle O_1PA$, $\triangle O_2PA$ は **直角三角形** ⟶ **三平方の定理** を利用して半径 $r$ を求める。

点 P の座標については，点 P が線分 $O_1O_2$ をどのような比に内分するかに注目。

(2) ベクトル $\overrightarrow{O_1O_2}$ は，円 $C$ を含む平面 $\alpha$ に垂直であること，つまり平面 $\alpha$ の法線ベクトルであることを利用する。

なお，次ページの 別解 のように，2つの球面 $f(x, y, z)=0$, $g(x, y, z)=0$ の共通部分を含む図形の方程式は，次の形で表されることを利用する方法もある。

$\boldsymbol{f(x,\ y,\ z)+kg(x,\ y,\ z)=0}$ （$k$ は定数） ⟶ $p.148$ 補足事項 参照。

**解答**

(1) $S_1$ の中心を $O_1(1,\ 2,\ -3)$，半径を $r_1=\sqrt{5}$，
$S_2$ の中心を $O_2(2,\ 0,\ -1)$，半径を $r_2=2\sqrt{2}$
とすると，中心間の距離は

$$O_1O_2=\sqrt{(2-1)^2+(0-2)^2+\{-1-(-3)\}^2}=3$$

$2\sqrt{2}-\sqrt{5}<3<2\sqrt{2}+\sqrt{5}$ すなわち $|r_2-r_1|<O_1O_2<r_2+r_1$ が成り立つから，2つの球面 $S_1$, $S_2$ の交わりは円である。

◀2つの球面の半径を $r$, $R$ とし，中心間の距離を $d$ とすると 2つの球面の交わりが円 $\Longleftrightarrow |r-R|<d<r+R$

点 P は円 $C$ を含む平面 $\alpha$ と直線 $O_1O_2$ の交点に一致し，円 $C$ 上の点を A とすると，半径 $r$ について　$r=AP$

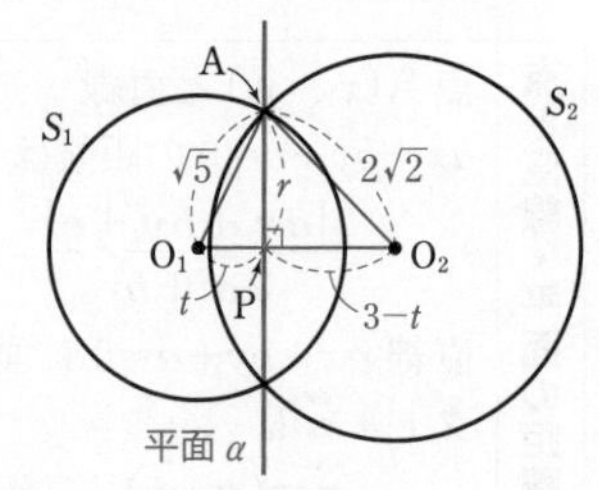


$O_1P=t$ とおくと　$O_2P=O_1O_2-O_1P=3-t$

$\triangle O_1PA$, $\triangle O_2PA$ について，三平方の定理より

$$AP^2=O_1A^2-O_1P^2=(\sqrt{5})^2-t^2$$
$$AP^2=O_2A^2-O_2P^2=(2\sqrt{2})^2-(3-t)^2$$

よって　$5-t^2=-t^2+6t-1$

ゆえに　$t=1$

したがって，円 $C$ の半径 $r$ は　$\boldsymbol{r=AP=\sqrt{5-1^2}=2}$

◀$AP^2=5-t^2$

また，$t=1$ より $O_1P:PO_2=1:2$ であるから，**中心 P の座標は**

$$\left(\frac{2\cdot1+1\cdot2}{1+2},\ \frac{2\cdot2+1\cdot0}{1+2},\ \frac{2\cdot(-3)+1\cdot(-1)}{1+2}\right)$$

◀点 P は線分 $O_1O_2$ を $1:2$ に内分する。

すなわち　$\boldsymbol{\left(\frac{4}{3},\ \frac{4}{3},\ -\frac{7}{3}\right)}$

(2) 平面 $\alpha$ の法線ベクトルは

$$\overrightarrow{O_1O_2}=(2-1,\ 0-2,\ -1-(-3))=(1,\ -2,\ 2)$$

平面 $\alpha$ は点 P を通るから，平面 $\alpha$ の方程式は

$$1\cdot\left(x-\frac{4}{3}\right)-2\left(y-\frac{4}{3}\right)+2\left(z+\frac{7}{3}\right)=0$$

すなわち　$\boldsymbol{x-2y+2z+6=0}$

◀平面 $\alpha$ 上の点を $Q(x,\ y,\ z)$ とすると $\overrightarrow{PQ}=\left(x-\frac{4}{3},\ y-\frac{4}{3},\ z+\frac{7}{3}\right)$ 
$\overrightarrow{PQ}\perp\overrightarrow{O_1O_2}$ または $\overrightarrow{PQ}=\vec{0}$ から　$\overrightarrow{O_1O_2}\cdot\overrightarrow{PQ}=0$

別解 2つの球面 $S_1$, $S_2$ の共通部分が円になることを確認することまでは同じ。

(2) 球面 $S_1$, $S_2$ の共有点は，$k$ を定数として次の方程式を満たす。

$$(x-1)^2+(y-2)^2+(z+3)^2-5 +k\{(x-2)^2+y^2+(z+1)^2-8\}=0 \quad \cdots\cdots ①$$

この方程式の表す図形が平面となるのは，$k=-1$ のときである。

$k=-1$ を ① に代入して

$$(x-1)^2+(y-2)^2+(z+3)^2-5 -\{(x-2)^2+y^2+(z+1)^2-8\}=0$$

整理して　　$\boldsymbol{x-2y+2z+6=0}$

これが求める平面 $\alpha$ の方程式である。

(1) 円 $C$ の中心 P は，直線 $O_1O_2$ と平面 $\alpha$ の交点である。

$\overrightarrow{O_1O_2}=(1,\ -2,\ 2)$ から，直線 $O_1O_2$ 上の点 $(x,\ y,\ z)$ は，$t$ を実数として

$$(x,\ y,\ z)=(1,\ 2,\ -3)+t(1,\ -2,\ 2) =(t+1,\ -2t+2,\ 2t-3)$$

を満たす。この点は平面 $\alpha$ 上にあるから，平面 $\alpha$ の方程式に代入して

$$(t+1)-2(-2t+2)+2(2t-3)+6=0$$

これを解いて　　$t=\dfrac{1}{3}$　　よって　　$\mathbf{P}\left(\dfrac{4}{3},\ \dfrac{4}{3},\ -\dfrac{7}{3}\right)$

円 $C$ 上の点を A とすると，$PA\perp O_1O_2$ であるから

$$r^2=O_1A^2-O_1P^2 =(\sqrt{5})^2-\left\{\left(\frac{4}{3}-1\right)^2+\left(\frac{4}{3}-2\right)^2+\left(-\frac{7}{3}+3\right)^2\right\} =5-1=4$$

したがって　　$\boldsymbol{r=2}$

◀(2)→(1) の順に解く。

◀$k=-1$ のとき，① は2次の項がなくなり，平面を表す。

◀直線 $O_1O_2$ の方程式を媒介変数 $t$ を用いて表し，$x=(t$ の式$)$, $y=(t$ の式$)$, $z=(t$ の式$)$ を (2) で求めた平面 $\alpha$ の方程式に代入する方針。

◀$x=t+1$, $y=-2t+2$, $z=2t-3$ で　$t=\dfrac{1}{3}$

◀前ページの解答の図における直角三角形 $O_1PA$ に注目し，**三平方の定理**。

注意 2つの球面 $f(x,\ y,\ z)=0$, $g(x,\ y,\ z)=0$ の共通部分がないこともある。その場合，$f(x,\ y,\ z)+kg(x,\ y,\ z)=0$ ($k$ は定数) …… Ⓐ の表す図形は存在しない。

例 球面 $x^2+y^2+z^2-1=0$ …… Ⓑ と $x^2+y^2+(z-4)^2-1=0$ …… Ⓒ について，
$4>1+1$，すなわち (中心間の距離)>(2球面の半径の和) であるから，共通部分は存在しない。
一方，Ⓑ−Ⓒ を計算すると $z=2$ となり，共通部分が平面 $z=2$ に含まれるように思われる。
しかし，$z=2$ を Ⓑ に代入すると　$x^2+y^2=-3$
これを満たす実数 $x$, $y$ は存在せず，不合理が生じる。
一般に，Ⓐ の式を使う場合は，2つの球面に共通部分があることを確認しておくと確実である。

**練習 ④ 87** 2つの球面 $S_1:(x-1)^2+(y-1)^2+(z-1)^2=7$, $S_2:(x-2)^2+(y-3)^2+(z-3)^2=1$ がある。球面 $S_1$, $S_2$ の交わりの円を $C$ とするとき，次のものを求めよ。

(1) 円 $C$ の中心 P の座標と半径 $r$　　　(2) 円 $C$ を含む平面 $\alpha$ の方程式

# 補足事項　平面や球面の共通部分を含む図形など

## ● 平面や球面の共通部分を含む図形

平面や球面の方程式を簡易的に $f=0$，$g=0$ と書くことにすると，図形 $f=0$ と $g=0$ が共有点をもつ場合，方程式 $\boldsymbol{f+kg=0}$（$k$ は定数）の表す図形は次のようになる。

| $f=0$，$g=0$ | [1]　**2 平面** の場合 | [2]　**平面と球面** の場合<br>（$f=0$：平面，$g=0$：球面） | [3]　**2 球面** の場合 |
|---|---|---|---|
| $\boldsymbol{f+kg=0}$<br>**の表す図形** | $g=0$　$f=0$　㋐<br>**交線 ㋐ を含む平面** | $g=0$　$f=0$　㋑<br>**共通部分 ㋑ を含む球面**<br>（$k=0$ のときは<br>平面 $f=0$） | $f=0$　㋒　$g=0$<br>**共通部分 ㋒ を含む球面**<br>（$k=-1$ のときは ㋒ を<br>含む平面） |

説明　[3] の場合については，$f=0$，$g=0$ を同時に満たす $x$，$y$，$z$ は $\boldsymbol{f+kg=0}$ ……（＊）も満たし，（＊）の左辺は　$k \neq -1$ のとき 2 次式，$k=-1$ のとき 1 次式　である。
よって，（＊）は，2 球面 $f=0$，$g=0$ の共通部分を含む球面（$k=-1$ のときは平面）を表す。[1]，[2] についても同様である。
[1]：（＊）の左辺は 1 次式　[2]：（＊）の左辺は　$k \neq 0$ のとき 2 次式，$k=0$ のとき $f=0$

## ● 直線の方程式についての考察

**直線の方程式**　点 $\mathrm{A}(x_1,\ y_1,\ z_1)$ を通り，$\vec{d}=(l,\ m,\ n) \neq \vec{0}$ に平行な直線は

① $\boldsymbol{x=x_1+lt,\ \ y=y_1+mt,\ \ z=z_1+nt}$　　（変数 $t$ 形）

② $\boldsymbol{\dfrac{x-x_1}{l}=\dfrac{y-y_1}{m}=\dfrac{z-z_1}{n}}$　ただし　$lmn \neq 0$　　（消去形）

② の消去形について考察してみると

$$②\iff \frac{x-x_1}{l}=\frac{y-y_1}{m}\ \cdots\cdots Ⓐ\ \text{かつ}\ \frac{y-y_1}{m}=\frac{z-z_1}{n}\ \cdots\cdots Ⓑ$$

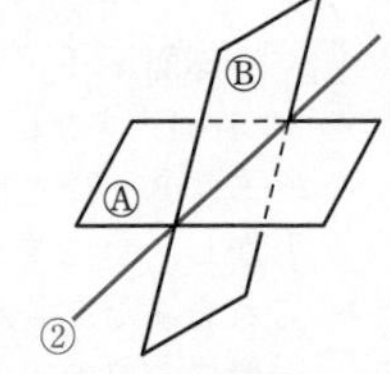


ここで Ⓐ は $mx-ly-mx_1+ly_1=0$，Ⓑ は $ny-mz-ny_1+mz_1=0$ で，どちらも平面を表す。
すなわち，直線 ② は 2 平面 Ⓐ，Ⓑ の交線として定義されている，とも考えられる。

なお，② の消去形は，式の形から通る点や方向ベクトルがすぐにわかるという利点があるが，そのままでは扱いにくく，$=t$ などとおいて変数 $t$ 形（①）に戻して使うことが多い。また，$lmn \neq 0$ の条件からわかるように，$l$，$m$，$n$ の中に 1 つでも 0 が含まれる場合は ② の形に表せない。その場合は，最初から ① の変数 $t$ 形で考えていくのが効率的であろう。

## 演習 例題 88 直線と平面のなす角，直線に垂直な平面

(1) 直線 $\ell$：$\dfrac{x-2}{4}=\dfrac{y+1}{-1}=z-3$ と平面 $\alpha$：$x-4y+z=0$ のなす角を求めよ。

(2) 点 A(1, 1, 0) を通り，直線 $\dfrac{x-6}{3}=y-2=\dfrac{1-z}{2}$ に垂直な平面の方程式を求めよ。

演習 80，83

**指針** (1) 直線 $\ell$ と平面 $\alpha$ のなす角は，$\ell$ の $\alpha$ 上への正射影 (*) を $\ell'$ とすると，右図のように $\ell$ と $\ell'$ のなす角 $\theta$ である。
したがって，平面 $\alpha$ の法線ベクトルを $\vec{n}$，直線 $\ell$ の方向ベクトルを $\vec{d}$，$\vec{n}$ と $\vec{d}$ のなす角を $\theta_1$ とすると，
**$\theta=90°-\theta_1$ または $\theta=\theta_1-90°$** である。……★

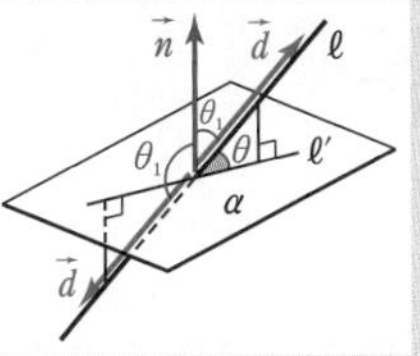

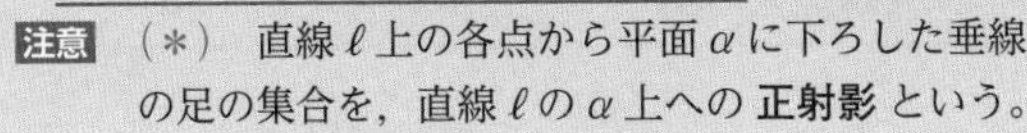

**注意** (*) 直線 $\ell$ 上の各点から平面 $\alpha$ に下ろした垂線の足の集合を，直線 $\ell$ の $\alpha$ 上への **正射影** という。

(2) 直線に垂直な平面 ⟶ 直線の方向ベクトルが平面の法線ベクトルである。

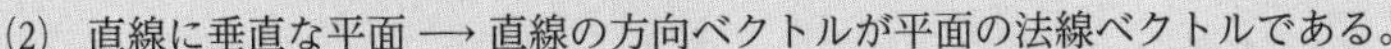

**解答**

(1) 直線 $\ell$ の方向ベクトル $\vec{d}$ を $\vec{d}=(4, -1, 1)$ とし，平面 $\alpha$ の法線ベクトル $\vec{n}$ を $\vec{n}=(1, -4, 1)$ とする。
$\vec{d}$ と $\vec{n}$ のなす角を $\theta_1$ $(0°\leqq\theta_1\leqq180°)$ とすると

$$\cos\theta_1=\frac{\vec{d}\cdot\vec{n}}{|\vec{d}||\vec{n}|}=\frac{4\cdot1+(-1)\cdot(-4)+1\cdot1}{\sqrt{4^2+(-1)^2+1^2}\sqrt{1^2+(-4)^2+1^2}}=\frac{1}{2}$$

$0°\leqq\theta_1\leqq180°$ であるから　$\theta_1=60°$
よって，直線 $\ell$ と平面 $\alpha$ のなす角は

$$90°-60°=\mathbf{30°}$$

◀ $\dfrac{x-a}{l}=\dfrac{y-b}{m}=\dfrac{z-c}{n}$ の方向ベクトルは $(l, m, n)$

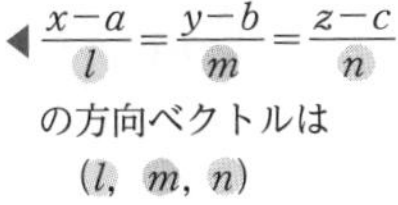

◀指針＿＿……★ の方針。答えとする角に注意！ $\theta_1$ や求める角がどの角であるかを，簡単でよいから，指針のような図をかいて判断する。

(2) 直線 $\dfrac{x-6}{3}=y-2=\dfrac{z-1}{-2}$ の方向ベクトル $\vec{d}$ を $\vec{d}=(3, 1, -2)$ とする。
求める平面は点 A(1, 1, 0) を通り，$\vec{d}$ を法線ベクトルとする平面であるから，その方程式は

$$3\cdot(x-1)+1\cdot(y-1)+(-2)(z-0)=0$$

ゆえに　$\mathbf{3x+y-2z-4=0}$

◀ $\dfrac{x-a}{l}=\dfrac{y-b}{m}=\dfrac{z-c}{n}$ の形にしてから，方向ベクトルを考える。

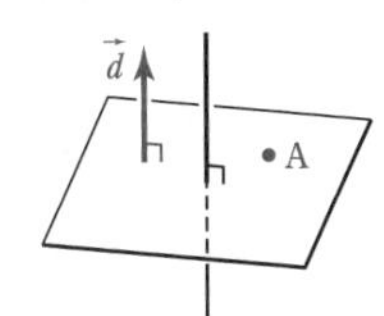

**練習 ③ 88**

(1) 直線 $\ell$：$x+1=\dfrac{y+2}{4}=z-3$ と平面 $\alpha$：$2x+2y-z-5=0$ のなす角を求めよ。

(2) 点 (1, 2, 3) を通り，直線 $\dfrac{x-1}{2}=\dfrac{y+2}{-2}=z+3$ に垂直な平面の方程式を求めよ。

## 演習 例題 89 2平面の交線，それを含む平面の方程式

2平面 $\alpha$：$3x-2y+6z-6=0$ …… ①，$\beta$：$3x+4y-3z+12=0$ …… ② の交線を $\ell$ とする。

(1) 交線 $\ell$ の方程式を $\dfrac{x-x_1}{l}=\dfrac{y-y_1}{m}=\dfrac{z-z_1}{n}$ の形で表せ。

(2) 交線 $\ell$ を含み，点 P$(1,\ -9,\ 2)$ を通る平面 $\gamma$ の方程式を求めよ。

演習 81

指針 (1) 2平面 $\alpha$，$\beta$ が交わるとき，$\alpha$ と $\beta$ の共有点全体は1つの直線になる。この直線を2平面 $\alpha$，$\beta$ の **交線** といい，その方程式は $x$，$y$，$z$ のうち2つを残り1つの文字で表すことで導かれる。この例題では，①，② から $x$ を消去して $z=(y$ の式$)$，$y$ を消去して $z=(x$ の式$)$ が得られ，$(x$ の式$)=(y$ の式$)=z$ を導いている。

(2) 平面は3点で定まる。平面 $\gamma$ は，交線 $\ell$ 上の2点と点Pを通る。

解答

(1) ②−① から　$6y-9z+18=0$　よって　$z=\dfrac{2(y+3)}{3}$

①×2+② から　$9x+9z=0$　ゆえに　$z=-x$

よって，$-x=\dfrac{2(y+3)}{3}=z$ から　$\boldsymbol{\dfrac{x}{-2}=\dfrac{y+3}{3}=\dfrac{z}{2}}$

(2) 交線 $\ell$ 上に2点 A$(0,\ -3,\ 0)$，B$(-2,\ 0,\ 2)$ があるから，$\gamma$ は3点 A，B，P を通る平面である。

平面 $\gamma$ の法線ベクトルを $\vec{n}=(a,\ b,\ c)\ (\vec{n}\neq\vec{0})$ とする。

$\overrightarrow{\mathrm{AB}}=(-2,\ 3,\ 2)$，$\overrightarrow{\mathrm{AP}}=(1,\ -6,\ 2)$ であるから，

$\vec{n}\perp\overrightarrow{\mathrm{AB}}$ より　$\vec{n}\cdot\overrightarrow{\mathrm{AB}}=0$

よって　$-2a+3b+2c=0$ …… ③

$\vec{n}\perp\overrightarrow{\mathrm{AP}}$ より　$\vec{n}\cdot\overrightarrow{\mathrm{AP}}=0$

よって　$a-6b+2c=0$ …… ④

③，④ から　$a=3b,\ c=\dfrac{3}{2}b$　ゆえに　$\vec{n}=\dfrac{b}{2}(6,\ 2,\ 3)$

$\vec{n}\neq\vec{0}$ より，$b\neq0$ であるから，$\vec{n}=(6,\ 2,\ 3)$ とする。

よって，平面 $\gamma$ は点 A$(0,\ -3,\ 0)$ を通り，$\vec{n}=(6,\ 2,\ 3)$ に垂直であるから，その方程式は　$6x+2(y+3)+3z=0$　すなわち　$\boldsymbol{6x+2y+3z+6=0}$

別解 (2) 2平面 $\alpha$：$3x-2y+6z-6=0$，$\beta$：$3x+4y-3z+12=0$ の交線を含む平面の方程式(ただし，平面 $\alpha$ を除く)は，$k$ を定数として，

$\boldsymbol{k(3x-2y+6z-6)+3x+4y-3z+12=0}$ …… Ⓐ で表される。

Ⓐ に $x=1$，$y=-9$，$z=2$ を代入すると　$27k-27=0$　よって　$k=1$

これを Ⓐ に代入して　$\boldsymbol{6x+2y+3z+6=0}$

**練習 ④ 89** 2平面 $\alpha$：$x-2y+z+1=0$ … ①，$\beta$：$3x-2y+7z-1=0$ … ② の交線を $\ell$ とする。

(1) 交線 $\ell$ の方程式を $\dfrac{x-x_1}{l}=\dfrac{y-y_1}{m}=\dfrac{z-z_1}{n}$ の形で表せ。

(2) 交線 $\ell$ を含み，点 P$(1,\ 2,\ -1)$ を通る平面 $\gamma$ の方程式を求めよ。

# EXERCISES　10　座標空間の図形, 11　発展 平面の方程式, 直線の方程式

②**50**　座標空間に点 O(0, 0, 0), A(2, 0, 0), B(0, 1, 2) がある。$t$ を実数とし，動点 P が $\overrightarrow{\mathrm{AP}}\cdot\overrightarrow{\mathrm{BP}}=t$ を満たしながら動くとき，$t$ のとりうる値の範囲は $t\geqq$ ア□ である。特に，$t>$ ア□ のとき，点 P の軌跡は中心の座標が イ□，半径が ウ□ の球面となる。　〔類 立命館大〕

→76

④**51**　原点 O を中心とする半径 1 の球面を $Q$ とする。$Q$ 上の点 P$(l,\ m,\ n)$ を通り $\overrightarrow{\mathrm{OP}}$ に垂直な平面が，$x$ 軸，$y$ 軸，$z$ 軸と交わる点を順に A$(a,\ 0,\ 0)$, B$(0,\ b,\ 0)$, C$(0,\ 0,\ c)$ とおく。ただし，$l>0$, $m>0$, $n>0$ とする。

(1)　△ABC の面積 $S$ を $l$, $m$, $n$ を用いて表せ。

(2)　点 P が $l>0$, $m>0$, $n=\dfrac{1}{2}$ の条件を満たしながら $Q$ 上を動くとき，$S$ の最小値を求めよ。　〔名古屋市大〕

→76

③**52**　座標空間内に $xy$ 平面と交わる半径 5 の球がある。その球の中心の $z$ 座標が正であり，その球と $xy$ 平面の交わりが作る円の方程式が

$$x^2+y^2-4x+6y+4=0,\ z=0$$

であるとき，その球の中心の座標を求めよ。　〔早稲田大〕

→78

③**53**　点 O を原点とする座標空間に，2 点 A(2, 3, 1), B(−2, 1, 3) をとる。また，$x$ 座標が正の点 C を，$\overrightarrow{\mathrm{OC}}$ が $\overrightarrow{\mathrm{OA}}$ と $\overrightarrow{\mathrm{OB}}$ に垂直で，$|\overrightarrow{\mathrm{OC}}|=8\sqrt{3}$ となるように定める。

(1)　点 C の座標を求めよ。

(2)　四面体 OABC の体積を求めよ。

(3)　平面 ABC の方程式を求めよ。

(4)　原点 O から平面 ABC に垂線 OH を下ろす。このとき，点 H の座標を求めよ。　〔類 慶応大〕

→80,81

**HINT**

50　方程式 $(x-a)^2+(y-b)^2+(z-c)^2=r$ が球面を表すのは $r>0$ のとき。

51　(1)　四面体 OABC の体積に注目。$\overrightarrow{\mathrm{OP}}\perp\overrightarrow{\mathrm{AP}}$, $\overrightarrow{\mathrm{OP}}\perp\overrightarrow{\mathrm{BP}}$, $\overrightarrow{\mathrm{OP}}\perp\overrightarrow{\mathrm{CP}}$ から，$a$, $b$, $c$ をそれぞれ $l$, $m$, $n$ で表す。

52　まず，交わりの円の中心の座標を求める。

53　(1)　C$(a,\ b,\ c)$ $(a>0)$ とする。

(4)　(3) から平面 ABC の法線ベクトルを求め，それを利用。

## EXERCISES　10 座標空間の図形，11 発展 平面の方程式，直線の方程式

⑤**54** 座標空間内の 8 点 O(0, 0, 0), A(1, 0, 0), B(0, 1, 0), C(0, 0, 1), D(0, 1, 1), E(1, 0, 1), F(1, 1, 0), G(1, 1, 1) を頂点とする立方体を考える。辺 OA を 3：1 に内分する点を P, 辺 CE を 1：2 に内分する点を Q, 辺 BF を 1：3 に内分する点を R とする。3 点 P, Q, R を通る平面を $\alpha$ とする。

(1) 平面 $\alpha$ が直線 DG, CD, BD と交わる点を，それぞれ S, T, U とする。点 S, T, U の座標を求めよ。

(2) 四面体 SDTU の体積を求めよ。

(3) 立方体を平面 $\alpha$ で切ってできる立体のうち，点 A を含む側の体積を求めよ。

〔日本女子大〕

→81

④**55** 空間に 4 個の点 A(0, 1, 1), B(0, 2, 3), C(1, 3, 0), D(0, 1, 2) をとる。点 A と点 B を通る直線を $\ell$ とし，点 C と点 D を通る直線を $m$ とする。

(1) 直線 $\ell$ と直線 $m$ は交わらないことを証明せよ。

(2) 直線 $\ell$ と直線 $m$ のどちらに対しても直交する直線を $n$ とし，直線 $\ell$ と直線 $n$ の交点を P とし，直線 $m$ と直線 $n$ の交点を Q とする。このとき，点 P と点 Q の座標を求め，線分 PQ の長さを求めよ。 〔埼玉大〕

→83, 84

④**56** 座標空間において，原点 O を中心とし半径が $\sqrt{5}$ の球面を $S$ とする。点 A(1, 1, 1) からベクトル $\vec{u}=(0,\ 1,\ -1)$ と同じ向きに出た光線が球面 $S$ に点 B で当たり，反射して球面 $S$ の点 C に到達したとする。ただし，反射光は点 O, A, B が定める平面上を，直線 OB が ∠ABC を二等分するように進むものとする。点 C の座標を求めよ。 〔早稲田大〕

→65, 85

⑤**57** 空間に球面 $S：x^2+y^2+z^2-4z=0$ と定点 A(0, 1, 4) がある。

(1) 球面 $S$ の中心 C の座標と半径を求めよ。

(2) 直線 AC と $xy$ 平面との交点 P の座標を求めよ。

(3) $xy$ 平面上に点 B(4, −1, 0) をとるとき，直線 AB と球面 $S$ の共有点の座標を求めよ。

(4) 直線 AQ と球面 $S$ が共有点をもつように点 Q が $xy$ 平面上を動く。このとき，点 Q の動く範囲を求めて，それを $xy$ 平面上に図示せよ。 〔立命館大〕

→85

54 (1) 平面 $\alpha$ の方程式を求め，それを利用。
(3) (立方体の体積)−(点 A を含まない側の立体の体積) で計算。

55 (1) 直線 $\ell$ 上の点，直線 $m$ 上の点をそれぞれ媒介変数を用いて表す。
(2) 直線 $\ell$, $m$ の方向ベクトルがともに $\overrightarrow{PQ}$ と垂直であることを利用。

56 まず，$\overrightarrow{OB}=\overrightarrow{OA}+k\vec{u}$ ($k$ は正の実数) とおいて，点 B の座標を求める。次に，BC 上に OB に関して点 A と対称な点 D をとり，$\overrightarrow{BD}$ を成分表示する。

57 (3) 直線 AB 上の点を R とし，$l$ を実数とすると　$\overrightarrow{OR}=(1-l)\overrightarrow{OA}+l\overrightarrow{OB}$
これから，点 R の座標を求め，球面 $S$ の方程式に代入する。

数学C 第3章

# 複素数平面

3

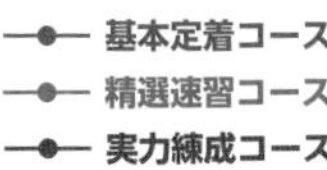

SELECT STUDY

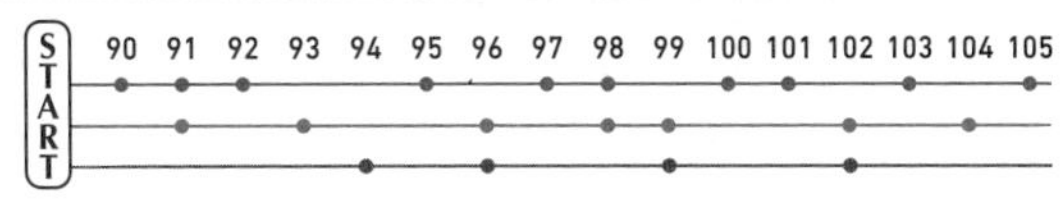

基本定着コース
精選速習コース
実力練成コース
START
90 91 92 93 94 95 96 97 98 99 100 101 102 103 104 105
106 107 109 110 111 112 113 114 115 116 117 118 119 120 121 122 123 124 125 126 127 128 130 131 132 133 134 135

## 例題一覧

# 12 複素数平面

## 基本事項

**注意** 以後，$a+bi$，$c+di$ などでは，文字 $a$，$b$，$c$，$d$ は実数を表す。

**1 複素数平面**

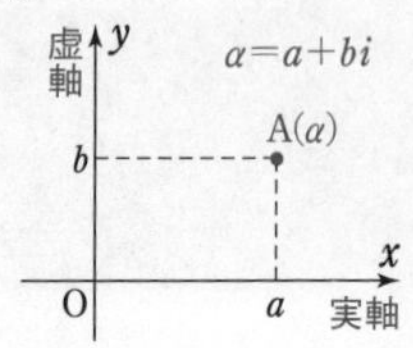


複素数 $\alpha=a+bi$ を座標平面上の点 $\mathrm{A}(a,\ b)$ で表すとき，この平面を **複素数平面** という。また，複素数平面上で $\alpha=a+bi$ を表す点 A を $\mathbf{A(\alpha)}$，$\mathbf{A(a+bi)}$ または単に **点 $\alpha$** と表す。

**2 複素数の実数倍**

$\alpha\neq0$ のとき，**3 点 0，$\alpha$，$\beta$ が一直線上にある $\Longleftrightarrow$ $\beta=k\alpha$ となる実数 $k$ がある**

**3 複素数の加法，減法**

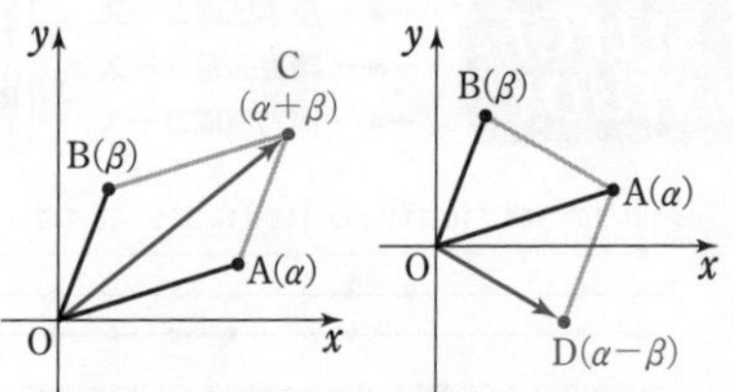


3 点 O(0)，A($\alpha$)，B($\beta$) が一直線上にないとき

① **加法** C($\alpha+\beta$) は，原点 O を点 B に移す平行移動によって，点 A が移る点。

② **減法** D($\alpha-\beta$) は，点 B を原点 O に移す平行移動によって点 A が移る点。

**4 共役な複素数の性質** $\alpha$，$\beta$ は複素数とする。

① $\alpha$ **が実数** $\Longleftrightarrow$ $\overline{\alpha}=\alpha$，　$\alpha$ **が純虚数** $\Longleftrightarrow$ $\overline{\alpha}=-\alpha$，$\alpha\neq0$

② [1] $\alpha+\overline{\alpha}$ **は実数**　[2] $\overline{\alpha+\beta}=\overline{\alpha}+\overline{\beta}$　[3] $\overline{\alpha-\beta}=\overline{\alpha}-\overline{\beta}$

[4] $\overline{\alpha\beta}=\overline{\alpha}\,\overline{\beta}$　[5] $\overline{\left(\dfrac{\alpha}{\beta}\right)}=\dfrac{\overline{\alpha}}{\overline{\beta}}$ $(\beta\neq0)$　[6] $\overline{\overline{\alpha}}=\alpha$

**5 絶対値と 2 点間の距離**

① 複素数 $\alpha=a+bi$ に対し，$\sqrt{a^2+b^2}$ を $\alpha$ の **絶対値** といい，$|\alpha|$ で表す。

すなわち　$|\alpha|=|a+bi|=\sqrt{a^2+b^2}$　←$|\alpha|$ は原点と点 $\alpha$ の距離に等しい。

② **複素数の絶対値の性質**

[1] $|z|=0 \Longleftrightarrow z=0$　[2] $|z|=|-z|=|\overline{z}|$　$z\overline{z}=|z|^2$

[3] $|\alpha\beta|=|\alpha||\beta|$　[4] $\left|\dfrac{\alpha}{\beta}\right|=\dfrac{|\alpha|}{|\beta|}$ $(\beta\neq0)$

③ 2 点 $\alpha$，$\beta$ 間の距離は $|\beta-\alpha|$

## 解説

■**複素数平面**

実数 $a$，$b$ と虚数単位 $i$ を用いて，$a+bi$ の形で表される数を **複素数** といい，$a$ をその実部，$b$ をその虚部という。複素数と座標平面上の点は 1 つずつ，もれなく対応する。

なお，複素数平面上では，$x$ 軸を **実軸**，$y$ 軸を **虚軸** という。実軸上の点は実数を表し，虚軸上の点は原点 O を除いて純虚数(*)を表す。

◀複素平面，ガウス平面ということもある。

◀p.156 補足事項参照。

(*) 純虚数 …… $bi$ $(b\neq0)$ の形の複素数。

**問** 点 A($2+i$)，B($-1-2i$)，C(3)，D($-2i$) を複素数平面上に図示せよ。

(*) 問 の解答は p.330 にある。

■ **複素数の実数倍**

実数 $k$ と複素数 $\alpha=a+bi$ について　$k\alpha=ka+(kb)i$

よって，$\alpha\neq0$ のとき，点 $k\alpha$ は 2 点 0，$\alpha$ を通る直線 $\ell$ 上にある。
逆に，この直線 $\ell$ 上の点は，$\alpha$ の実数倍の複素数を表す。
したがって，前ページの基本事項 **2** が成り立つ。
このとき，右の図からわかるように，点 $k\alpha$ は直線 $\ell$ 上で

$k>0$ ならば，原点に関して点 $\alpha$ と同じ側にあり，
$k=0$ ならば，原点と一致し，
$k<0$ ならば，原点に関して点 $\alpha$ と反対側にある。

また，O(0)，A($\alpha$)，B($k\alpha$) とすると　$\mathrm{OB}=|k|\mathrm{OA}$　である。

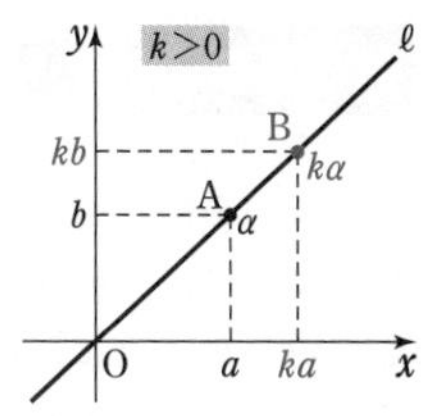


◀特に，点 $-\alpha$ は原点に関して点 $\alpha$ と対称。

■ **複素数の加法，減法**

$\alpha=a+bi$，$\beta=c+di$ について

$\alpha+\beta=(a+c)+(b+d)i$，$\alpha-\beta=(a-c)+(b-d)i$

よって，点 $\alpha+\beta$ は点 $\alpha$ を，実軸方向に $c$，虚軸方向に $d$ だけ平行移動した点である。
また，点 $\alpha-\beta$ は点 $\alpha$ を，実軸方向に $-c$，虚軸方向に $-d$ だけ平行移動した点である。
複素数の和，差を表す点を図示する問題では，基本事項 **3** の図のように，**平行四辺形と関連づけて考える** とよい。
**(ベクトルの和・差の図示と同様の考え方。)**

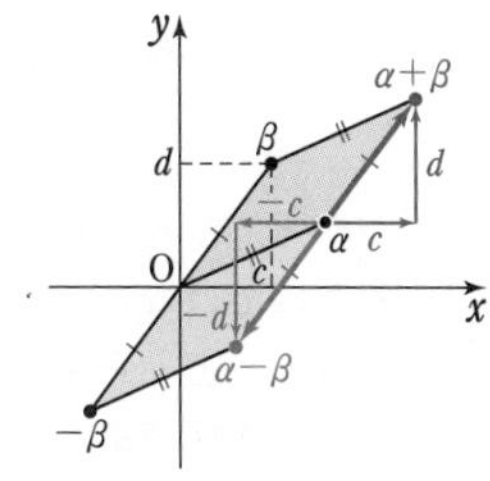

■ **共役な複素数**

複素数 $\alpha=a+bi$ に対し，$\overline{\alpha}=a-bi$ を $\alpha$ に **共役な複素数**，
または $\alpha$ の **共役複素数** という。
右の図から，次のことが成り立つ。

点 $\overline{\alpha}$ は点 $\alpha$ と実軸に関して対称
点 $-\alpha$ は点 $\alpha$ と原点に関して対称
点 $-\overline{\alpha}$ は点 $\alpha$ と虚軸に関して対称

このことから，基本事項 **4** ①，② [1] が示される。
基本事項 **4** ② の [2]～[4]，[6] については，$\alpha=a+bi$，$\beta=c+di$ とおいて，計算により証明できる。また，**4** ② [5] は，$\beta\cdot\dfrac{\alpha}{\beta}=\alpha$ に注目し，[4] を利用することで導かれる。
なお，**4** ② [4] から，自然数 $n$ について $\overline{\alpha^n}=(\overline{\alpha})^n$ が成り立つことがわかる。

■ **絶対値と 2 点間の距離**

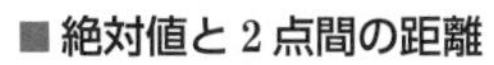

基本事項 **5** ② の [1]，[2] は，$z=a+bi$ とおいて，計算により証明できる。
**5** ② の [3]，[4] の証明

[3]　$|\alpha\beta|^2=\alpha\beta\overline{\alpha\beta}=\alpha\overline{\alpha}\beta\overline{\beta}=|\alpha|^2|\beta|^2=(|\alpha||\beta|)^2$
　$|\alpha\beta|\geqq0$，$|\alpha||\beta|\geqq0$ であるから　$|\alpha\beta|=|\alpha||\beta|$

[4]　$\beta\neq0$ のとき　$\beta\cdot\dfrac{\alpha}{\beta}=\alpha$　よって，[3] から　$|\beta|\left|\dfrac{\alpha}{\beta}\right|=|\alpha|$
　$|\beta|\neq0$ であるから　$\left|\dfrac{\alpha}{\beta}\right|=\dfrac{|\alpha|}{|\beta|}$

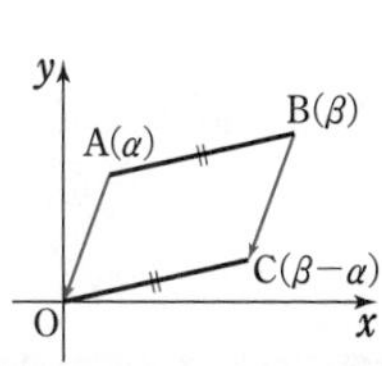


**5** ③ については，3 点 O(0)，A($\alpha$)，B($\beta$) に対して，点 C($\beta-\alpha$) を考えると，$\mathrm{AB}=\mathrm{OC}=|\beta-\alpha|$ であることからわかる。

# 補足事項 複素数とベクトルの関係

数学Ⅱの範囲における複素数の扱いは，複素数の相等と計算法則，共役な複素数の性質などのように，計算が主体であった。数学Cでは，複素数平面を導入することで，前ページで説明したように，図形的にとらえることができる。実は，複素数はベクトルとも関係があるので，ここで説明しておく。

## ● 複素数をベクトルのように考える

複素数平面上で，複素数 $\alpha=a+bi$ を表す点を $\mathrm{A}(\alpha)$ とする。
いま，この平面上で，原点Oに関する点Aの位置ベクトルを $\vec{p}$ とすると，複素数 $\alpha$ と位置ベクトル $\vec{p}$ は互いに対応している。

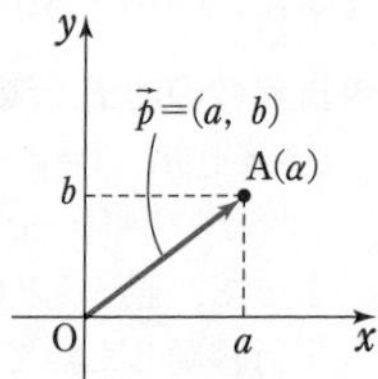


$$\boldsymbol{\alpha=a+bi \iff \vec{p}=\overrightarrow{\mathrm{OA}}=(a,\ b)}$$ **[1対1に対応]**

したがって，複素数 $\alpha$ を，複素数平面上の「点を表す」ととらえるだけではなく，ベクトルのように「向き」と「大きさ」を表すもの，ととらえることも，複素数平面の問題を考えていくうえでは大切である。

## ● 加法・減法

複素数 $\alpha=a+bi,\ \beta=c+di$ に対し，$\mathrm{A}(\alpha),\ \mathrm{B}(\beta)$ とすると

$$\alpha+\beta=a+bi+c+di=(a+c)+(b+d)i$$
$$\overrightarrow{\mathrm{OA}}+\overrightarrow{\mathrm{OB}}=(a,\ b)+(c,\ d)=(a+c,\ b+d)$$

よって，$\mathrm{C}(\alpha+\beta)$ とすると　$\overrightarrow{\mathrm{OC}}=\overrightarrow{\mathrm{OA}}+\overrightarrow{\mathrm{OB}}$

同様に　$\alpha-\beta=a+bi-(c+di)=(a-c)+(b-d)i$

$$\overrightarrow{\mathrm{OA}}-\overrightarrow{\mathrm{OB}}=(a,\ b)-(c,\ d)=(a-c,\ b-d)$$

ゆえに，$\mathrm{D}(\alpha-\beta)$ とすると　$\overrightarrow{\mathrm{OD}}=\overrightarrow{\mathrm{OA}}-\overrightarrow{\mathrm{OB}}$

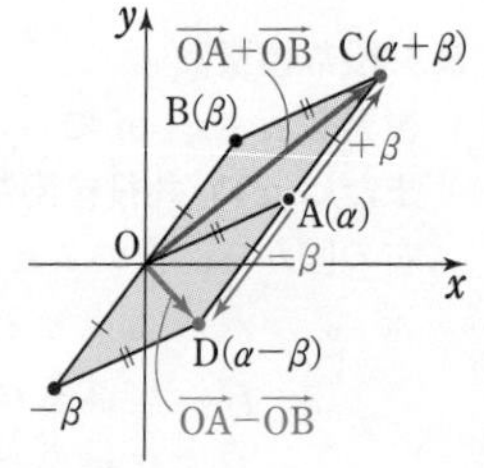


したがって，点 $\alpha+\beta$ や点 $\alpha-\beta$ を図示するときは，ベクトルの和・差の図示と同じように，平行四辺形を用いて考えればよい。

また，次の性質も，ベクトルとの対応が考えられる。

## ● 実数倍　（$k$ は0でない実数）

3点O，A，Bが一直線上にある

$\iff$　$\overrightarrow{\mathrm{OB}}=k\overrightarrow{\mathrm{OA}}$　$\iff$　$\beta=k\alpha$

$(c,\ d)=k(a,\ b)$　　$c+di=k(a+bi)$

…… ベクトル，複素数どちらの表現からも $c=ka,\ d=kb$ が得られる。

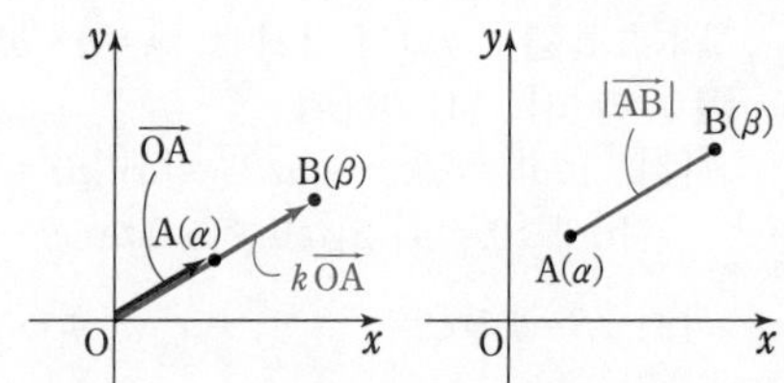


## ● 2点間の距離

$$\mathrm{AB}=|\overrightarrow{\mathrm{OB}}-\overrightarrow{\mathrm{OA}}|=|\beta-\alpha| \quad \text{（差の絶対値）}$$
$$=\sqrt{(c-a)^2+(d-b)^2}$$

## 基本 例題 90 複素数の実数倍，加法，減法

(1) $\alpha=a+2i$, $\beta=-2-4i$, $\gamma=3+bi$ とする。4 点 0，$\alpha$，$\beta$，$\gamma$ が一直線上にあるとき，実数 $a$，$b$ の値を求めよ。

(2) 右図の複素数平面上の点 $\alpha$，$\beta$ について，次の点を図に示せ。

(ア) $\alpha+\beta$　(イ) $\alpha-\beta$　(ウ) $\alpha+2\beta$　(エ) $-(\alpha+2\beta)$

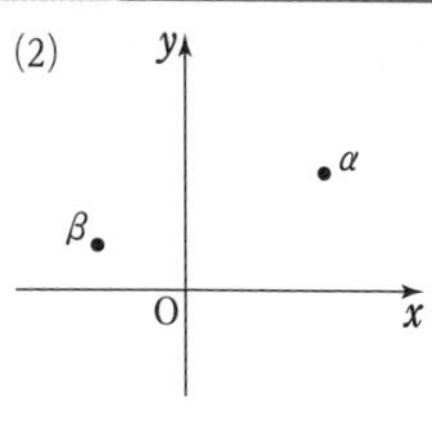


p.154 基本事項 2，3

指針 (1) $\alpha\neq0$ のとき　3 点 0，$\alpha$，$\beta$ が一直線上にある

$\Longleftrightarrow$ **$\beta=k\alpha$ となる実数 $k$ がある**

(2) 3 点 O(0)，A($\alpha$)，B($\beta$) が一直線上にないとき
C($\alpha+\beta$) は線分 OA，OB を 2 辺とする 平行四辺形 の第 4 の頂点である。
また，B′($-\beta$) とすると，D($\alpha-\beta$) は線分 OA，OB′ を 2 辺とする 平行四辺形 の第 4 の頂点である。

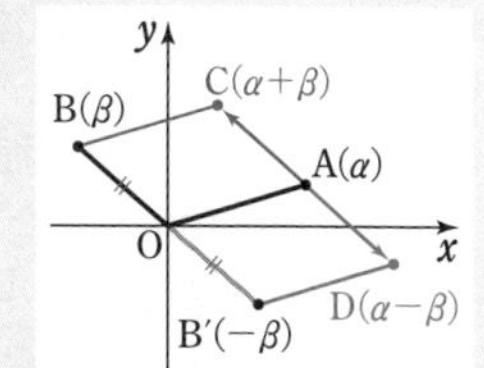


**CHART 複素数の和・差は平行四辺形を作る**

解答

(1) $\alpha\neq0$ であるから，条件より

$$\beta=k\alpha \;\cdots\cdots ①,\quad \gamma=l\alpha \;\cdots\cdots ②$$

となる実数 $k$，$l$ がある。

① から　$-2-4i=ka+2ki$

よって　$-2=ka$，$-4=2k$

これを解いて　$k=-2$，$\boldsymbol{a=1}$

② から　$3+bi=l+2li$

ゆえに　$3=l$，$b=2l$

これを解いて　$l=3$，$\boldsymbol{b=6}$

(2) 右の図で，線分で囲まれた四角形はすべて平行四辺形である。このとき，(ア)～(エ) の各点は，**図** のようになる。

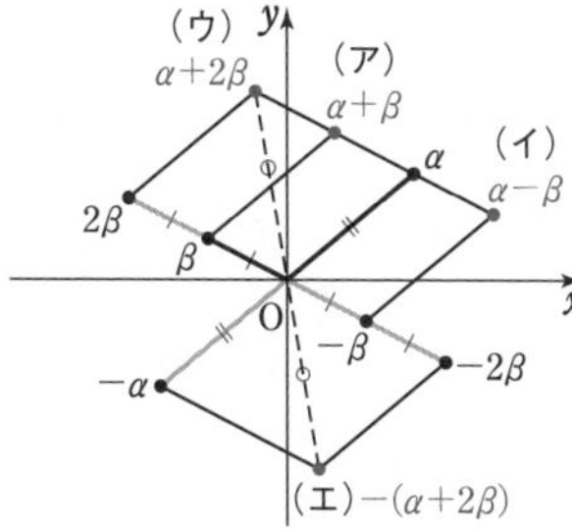


(1) ①：3 点 0，$\alpha$，$\beta$；②：3 点 0，$\alpha$，$\gamma$ がそれぞれ一直線上。

◀複素数の相等
$A+Bi=C+Di$
$\Longleftrightarrow A=C$，$B=D$
($A$，$B$，$C$，$D$ は実数)

(2) ベクトルの図示と同じように考えればよい。
(イ) $\alpha-\beta=\alpha+(-\beta)$
(エ) $-(\alpha+2\beta)$
$=-\alpha+(-2\beta)$
なお，2 点 $\alpha+2\beta$，$-(\alpha+2\beta)$ は原点に関して互いに対称である。

練習 ① 90

(1) $\alpha=a+3i$, $\beta=2+bi$, $\gamma=3a+(b+3)i$ とする。4 点 0，$\alpha$，$\beta$，$\gamma$ が一直線上にあるとき，実数 $a$，$b$ の値を求めよ。

(2) 右図の複素数平面上の点 $\alpha$，$\beta$ について，点 $\alpha+\beta$，$\alpha-\beta$，$3\alpha+2\beta$，$\dfrac{1}{2}(\alpha-4\beta)$ を図に示せ。

p.162 EX59

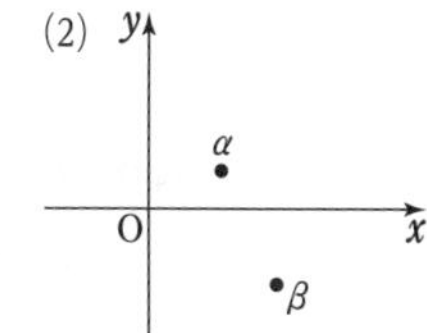

## 基本例題 91 共役な複素数（実数か純虚数かの判定など）

①①①①①

(1) $\alpha\overline{\beta}$ が実数でないとき，次の複素数は実数，純虚数のどちらであるか。

(ア) $\alpha\overline{\beta}+\overline{\alpha}\beta$　　　(イ) $\alpha\overline{\beta}-\overline{\alpha}\beta$

(2) $a$，$b$，$c$ $(a\neq 0)$ は実数とする。5 次方程式 $ax^5+bx^2+c=0$ が虚数解 $\alpha$ をもつとき，$\overline{\alpha}$ もこの方程式の解であることを示せ。

p.154 基本事項 4　重要 94

**指針** (1)

複素数 $\alpha$ が実数 $\Longleftrightarrow \overline{\alpha}=\alpha$

複素数 $\alpha$ が純虚数 $\Longleftrightarrow \overline{\alpha}=-\alpha$ かつ $\alpha\neq 0$

を利用する。(ア) では $z=\alpha\overline{\beta}+\overline{\alpha}\beta$，(イ) では $z=\alpha\overline{\beta}-\overline{\alpha}\beta$ として，$\overline{z}$ をそれぞれ変形してみる。なお，$z$ が純虚数である場合については，**$z\neq 0$ の確認** を忘れずに。

(2) **$x=\alpha$ が方程式 $f(x)=0$ の解 $\Longleftrightarrow f(\alpha)=0$** …… 代入すると成り立つ。

虚数解 $x=\alpha$ を方程式に代入して成り立つ等式 $F(\alpha)=0$ について，$\overline{F(\alpha)}=\overline{0}$ を考えてみる。　← $A=B$ ならば，当然 $\overline{A}=\overline{B}$ である。

なお，$\overline{\alpha^n}=(\overline{\alpha})^n$ ($n$ は自然数) が成り立つことも利用。

**解答**

(1) (ア) $z=\alpha\overline{\beta}+\overline{\alpha}\beta$ とすると

$$\overline{z}=\overline{\alpha\overline{\beta}+\overline{\alpha}\beta}=\overline{\alpha\overline{\beta}}+\overline{\overline{\alpha}\beta}=\overline{\alpha}\,\overline{\overline{\beta}}+\overline{\overline{\alpha}}\,\overline{\beta}=\overline{\alpha}\beta+\alpha\overline{\beta}=z$$

したがって，$z$ は **実数** である。

◀共役な複素数の性質 $\overline{\alpha+\beta}=\overline{\alpha}+\overline{\beta}$，$\overline{\alpha\beta}=\overline{\alpha}\,\overline{\beta}$，$\overline{\overline{\alpha}}=\alpha$

(イ) $z=\alpha\overline{\beta}-\overline{\alpha}\beta$ とすると

$$\overline{z}=\overline{\alpha\overline{\beta}-\overline{\alpha}\beta}=\overline{\alpha}\,\overline{\overline{\beta}}-\overline{\overline{\alpha}}\,\overline{\beta}$$

$$=\overline{\alpha}\beta-\alpha\overline{\beta}=-(\alpha\overline{\beta}-\overline{\alpha}\beta)=-z$$

また，$\alpha\overline{\beta}$ は実数でないから　$\overline{\alpha\overline{\beta}}\neq\alpha\overline{\beta}$

すなわち　$\overline{\alpha}\beta\neq\alpha\overline{\beta}$

よって　$\alpha\overline{\beta}-\overline{\alpha}\beta\neq 0$　すなわち　$z\neq 0$

したがって，$z$ は **純虚数** である。

◀$\overline{z}=z \Longleftrightarrow z$ が実数　の対偶を考えることにより $z$ が実数でない $\Longleftrightarrow \overline{z}\neq z$

別解 $\alpha=a+bi$，$\beta=c+di$ ($a$，$b$，$c$，$d$ は実数) とすると

$\alpha\overline{\beta}=(a+bi)(c-di)=ac+bd+(-ad+bc)i$ …… ①

$\overline{\alpha}\beta=(a-bi)(c+di)=ac+bd+(ad-bc)i$ …… ②

(ア) ①＋② から　$\alpha\overline{\beta}+\overline{\alpha}\beta=2(ac+bd)$　よって，$\alpha\overline{\beta}+\overline{\alpha}\beta$ は **実数** である。

(イ) ①－② から　$\alpha\overline{\beta}-\overline{\alpha}\beta=2(bc-ad)i$　$\alpha\overline{\beta}$ は実数ではないから，① より $bc-ad\neq 0$　よって，$\alpha\overline{\beta}-\overline{\alpha}\beta$ は **純虚数** である。

(2) 5 次方程式 $ax^5+bx^2+c=0$ が $x=\alpha$ を解にもつから

$$a\alpha^5+b\alpha^2+c=0$$

ゆえに　$\overline{a\alpha^5+b\alpha^2+c}=\overline{0}$　すなわち　$\overline{a\alpha^5}+\overline{b\alpha^2}+\overline{c}=0$

ここで，$\overline{a\alpha^5}=\overline{a}\,\overline{\alpha^5}=a(\overline{\alpha})^5$，$\overline{b\alpha^2}=\overline{b}\,\overline{\alpha^2}=b(\overline{\alpha})^2$ であるから　$a(\overline{\alpha})^5+b(\overline{\alpha})^2+c=0$

したがって，与えられた方程式は $x=\overline{\alpha}$ を解にもつ。

◀**$x=\alpha$ が解 $\Longleftrightarrow$ $\alpha$ を代入すると成り立つ。**

◀$a$，$b$，$c$ は実数であるから　$\overline{a}=a$，$\overline{b}=b$，$\overline{c}=c$ また　$\overline{\alpha^n}=(\overline{\alpha})^n$

**練習 ② 91** $\alpha$，$\beta$ は虚数とする。　〔(1) 類 岡山大〕

(1) 任意の複素数 $z$ に対して，$z\overline{z}+\alpha\overline{z}+\overline{\alpha}z$ は実数であることを示せ。

(2) $\alpha+\beta$，$\alpha\beta$ がともに実数ならば，$\alpha=\overline{\beta}$ であることを示せ。

p.162 EX60

## 基本例題 92 複素数の絶対値 (1)，2点間の距離

(1) $z=1+i$ のとき，$\left|z+\dfrac{1}{z}\right|$ の値を求めよ。

(2) 2点 A$(-1+5i)$，B$(3+2i)$ 間の距離は ア□ である。また，この2点から等距離にある虚軸上の点Cを表す複素数は イ□ である。 p.154 基本事項 5

(1) $z=1+i$，$\overline{z}=1-i$ を代入して計算してもよいが，ここでは絶対値の性質 $|\alpha|^2=\alpha\overline{\alpha}$ を利用して計算してみる。

(2) (ア) 2点 A$(\alpha)$，B$(\beta)$ 間の距離は　$|\beta-\alpha|$

(イ) 求める虚軸上の点を C$(\alpha)$ とすると　$\alpha=bi$ ($b$ は実数)　← $\alpha$ の実部は 0

**距離の条件　平方して扱う**　条件 AC=BC を $AC^2=BC^2$ として，$b$ の方程式を解く。

**CHART 複素数の絶対値 $|\alpha|$ は $|\alpha|^2$ として扱う　$|\alpha|^2=\alpha\overline{\alpha}$**

### 解答

(1) $\left|z+\dfrac{1}{z}\right|^2=\left(z+\dfrac{1}{z}\right)\overline{\left(z+\dfrac{1}{z}\right)}=\left(z+\dfrac{1}{z}\right)\left(\overline{z}+\dfrac{1}{\overline{z}}\right)$

$=z\overline{z}+\dfrac{1}{z\overline{z}}+2=|z|^2+\dfrac{1}{|z|^2}+2$

ここで，$|z|^2=|1+i|^2=1^2+1^2=2$ であるから

$\left|z+\dfrac{1}{z}\right|^2=2+\dfrac{1}{2}+2=\dfrac{9}{2}$　　よって　$\left|z+\dfrac{1}{z}\right|=\dfrac{3}{\sqrt{2}}$

◀ $\overline{z+\dfrac{1}{z}}=\overline{z}+\overline{\left(\dfrac{1}{z}\right)}=\overline{z}+\dfrac{\overline{1}}{\overline{z}}=\overline{z}+\dfrac{1}{\overline{z}}$

◀ $\alpha=a+bi$ に対し $|\alpha|=|a+bi|=\sqrt{a^2+b^2}$

別解 (1) $|z|^2=2$ であるから　$z\overline{z}=2$

よって　$\dfrac{1}{z}=\dfrac{\overline{z}}{2}$

ゆえに

$\left|z+\dfrac{1}{z}\right|=\left|z+\dfrac{\overline{z}}{2}\right|$

$=\dfrac{3}{2}|z|=\dfrac{3\sqrt{2}}{2}$

(2) $AB^2=|(3+2i)-(-1+5i)|^2=|4-3i|^2=4^2+(-3)^2=25$

AB>0 であるから　　AB=ア**5**

また，求める虚軸上の点を C$(\alpha)$ とすると，$\alpha=bi$ ($b$ は実数) とおける。

AC=BC であるから　　$AC^2=BC^2$

$AC^2=|1+(b-5)i|^2=1^2+(b-5)^2=b^2-10b+26$

$BC^2=|-3+(b-2)i|^2=(-3)^2+(b-2)^2=b^2-4b+13$

よって　　$b^2-10b+26=b^2-4b+13$

これを解いて　　$b=\dfrac{13}{6}$

ゆえに，点Cを表す複素数は　　イ $\dfrac{13}{6}i$

(2) (イ)

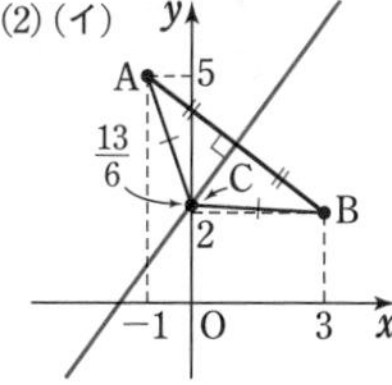


**参考** (イ) 右図から，2点 A$(-1,\ 5)$，B$(3,\ 2)$ を結ぶ線分 AB の垂直二等分線 $\left(\text{具体的に方程式を求めると } y=\dfrac{4}{3}x+\dfrac{13}{6}\right)$ と $y$ 軸（虚軸）の交点に注目して求めることもできる。

**練習 92** ①

(1) $z=1-i$ のとき，$\left|\overline{z}-\dfrac{1}{z}\right|$ の値を求めよ。

(2) 2点 A$(3-4i)$，B$(4-3i)$ 間の距離を求めよ。また，この2点から等距離にある実軸上の点Cを表す複素数を求めよ。

p.162 EX61

## 基本例題 93 複素数の絶対値(2)

$z$, $\alpha$, $\beta$ を複素数とする。

(1) $|z-3|=|z+3i|$ のとき，等式 $z+i\overline{z}=0$ が成り立つことを示せ。

(2) $|\alpha|=|\beta|=|\alpha-\beta|=2$ のとき，$|\alpha+\beta|$ の値を求めよ。 〔(2) 類 東北学院大〕

基本 92

前ページの基本例題 **92** 同様，$|\alpha|^2=\alpha\overline{\alpha}$ の利用がポイント。つまり，(1) では条件を $|z-3|^2=|z+3i|^2$，(2) では，条件を $|\alpha|^2=|\beta|^2=|\alpha-\beta|^2=2^2$ として利用。

(2) まず $|\alpha-\beta|^2=2^2$ として計算し，$\alpha\overline{\beta}+\overline{\alpha}\beta$ の値を求める。

**CHART** 複素数の絶対値 $|\alpha|$ は $|\alpha|^2$ として扱う $|\alpha|^2=\alpha\overline{\alpha}$

**解答**

(1) $|z-3|=|z+3i|$ から

$$|z-3|^2=|z+3i|^2$$

ゆえに $(z-3)(\overline{z-3})=(z+3i)(\overline{z+3i})$ ◀$|\alpha|^2=\alpha\overline{\alpha}$

よって $(z-3)(\overline{z}-3)=(z+3i)(\overline{z}-3i)$ ◀$\overline{z-3}=\overline{z}-\overline{3}=\overline{z}-3$，$\overline{z+3i}=\overline{z}+\overline{3i}=\overline{z}-3i$

展開すると $z\overline{z}-3z-3\overline{z}+9=z\overline{z}-3iz+3i\overline{z}+9$ ◀$z\overline{z}$ が消える。

整理すると $(1-i)z=-(1+i)\overline{z}$ …… (＊)

ゆえに $z=-\dfrac{1+i}{1-i}\overline{z}=-\dfrac{(1+i)^2}{(1-i)(1+i)}\overline{z}$

$$=-\frac{1+2i+i^2}{1-i^2}\overline{z}=-\frac{2i}{2}\overline{z}=-i\overline{z}$$

◀分母の実数化。なお，(＊)の両辺に $(1+i)$ を掛けて実数化するのもよい。

したがって $z+i\overline{z}=0$

(2) $|\alpha-\beta|^2=(\alpha-\beta)(\overline{\alpha-\beta})$

$=(\alpha-\beta)(\overline{\alpha}-\overline{\beta})$ ◀$\overline{\alpha-\beta}=\overline{\alpha}-\overline{\beta}$

$=\alpha\overline{\alpha}-\alpha\overline{\beta}-\overline{\alpha}\beta+\beta\overline{\beta}$

$=|\alpha|^2-\alpha\overline{\beta}-\overline{\alpha}\beta+|\beta|^2$

条件より，$|\alpha|^2=|\beta|^2=|\alpha-\beta|^2=4$ であるから

$$4=4-\alpha\overline{\beta}-\overline{\alpha}\beta+4$$

ゆえに $\alpha\overline{\beta}+\overline{\alpha}\beta=4$

よって $|\alpha+\beta|^2=(\alpha+\beta)(\overline{\alpha+\beta})$

$=(\alpha+\beta)(\overline{\alpha}+\overline{\beta})$

$=\alpha\overline{\alpha}+\alpha\overline{\beta}+\overline{\alpha}\beta+\beta\overline{\beta}$

$=|\alpha|^2+\alpha\overline{\beta}+\overline{\alpha}\beta+|\beta|^2$

$=4+4+4=12$

したがって $|\alpha+\beta|=\mathbf{2\sqrt{3}}$

**参考** $|\alpha|=|\beta|=|\alpha-\beta|=2$ から，複素数平面上の 3 点 0，$\alpha$，$\beta$ は 1 辺の長さが 2 の正三角形をなす。

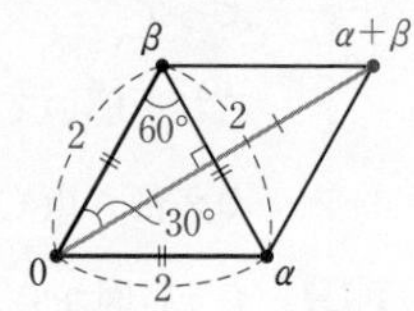


図から

$|\alpha+\beta|=2\times\sqrt{3}=\mathbf{2\sqrt{3}}$

**練習 ③ 93** $z$, $\alpha$, $\beta$ を複素数とする。 〔(1) 類 東北学院大〕

(1) $|z-2i|=|1+2iz|$ のとき，$|z|=1$ であることを示せ。

(2) $|\alpha|=|\beta|=|\alpha+\beta|=2$ のとき，$\alpha^2+\alpha\beta+\beta^2$ の値を求めよ。

p.162 EX62

## 重要例題 94 複素数の実数条件 ⓘⓘⓘⓘⓘ

絶対値が 1 で，$\dfrac{z+1}{z^2}$ が実数であるような複素数 $z$ を求めよ。

基本 91

**指針**　複素数 $\alpha$ が実数 $\Longleftrightarrow$ $\overline{\alpha}=\alpha$ を利用する。

$\overline{\left(\dfrac{z+1}{z^2}\right)}=\dfrac{z+1}{z^2}$ から得られる $z$，$\overline{z}$ の式を，$|z|=1$ すなわち $z\overline{z}=1$ を代入することで簡単にする。なお，$z\overline{z}=1$ から得られる $z=\dfrac{1}{\overline{z}}$ または $\overline{z}=\dfrac{1}{z}$ を利用し，$z$ のみまたは $\overline{z}$ のみの式にして扱う方法も考えられる。⟶ 別解

**解答**

$\dfrac{z+1}{z^2}$ が実数であるための条件は　$\overline{\left(\dfrac{z+1}{z^2}\right)}=\dfrac{z+1}{z^2}$

◀ $\alpha$ が実数 $\Longleftrightarrow$ $\overline{\alpha}=\alpha$

すなわち　$\dfrac{\overline{z}+1}{(\overline{z})^2}=\dfrac{z+1}{z^2}$ ...... Ⓐ

◀ $\overline{\left(\dfrac{\beta}{\alpha}\right)}=\dfrac{\overline{\beta}}{\overline{\alpha}}$，$\overline{\alpha^2}=(\overline{\alpha})^2$

両辺に $z^2(\overline{z})^2$ を掛けて　$z^2(\overline{z}+1)=(\overline{z})^2(z+1)$

よって　$z\cdot z\overline{z}+z^2=\overline{z}\cdot z\overline{z}+(\overline{z})^2$

$|z|=1$ より $z\overline{z}=1$ であるから　$z+z^2=\overline{z}+(\overline{z})^2$

ゆえに　$z-\overline{z}+z^2-(\overline{z})^2=0$

◀ $z-\overline{z}+(z+\overline{z})(z-\overline{z})=0$

よって　$(z-\overline{z})(1+z+\overline{z})=0$

ゆえに　$z-\overline{z}=0$ または $1+z+\overline{z}=0$

◀ $\alpha$，$\beta$ が複素数のときも **$\alpha\beta=0$ $\Longleftrightarrow$ $\alpha=0$ または $\beta=0$** が成り立つ。

[1] $z-\overline{z}=0$ のとき　$\overline{z}=z$

よって，$z$ は実数であるから，$|z|=1$ より　$z=\pm1$

[2] $1+z+\overline{z}=0$ のとき　$z+\overline{z}=-1$

また，$z\overline{z}=1$ から，和が $-1$，積が 1 である 2 数を，2 次方程式 $x^2+x+1=0$ を解いて求めると

◀ $x^2-(\text{和})x+(\text{積})=0$

$$x=\frac{-1\pm\sqrt{1^2-4\cdot1\cdot1}}{2\cdot1}=\frac{-1\pm\sqrt{3}\,i}{2}$$

◀ 解の公式を利用。

この 2 数は互いに共役であるから，適する。

◀ 2 数は $z$ と $\overline{z}$ であるから，求めた 2 数が互いに共役かどうか確認する。

[1]，[2] から　$\boldsymbol{z=\pm1,\ \dfrac{-1\pm\sqrt{3}\,i}{2}}$

別解　$z\overline{z}=1$ から　$\dfrac{1}{\overline{z}}=z$　よって　$\dfrac{\overline{z}+1}{(\overline{z})^2}=\dfrac{1}{\overline{z}}+\left(\dfrac{1}{\overline{z}}\right)^2=z+z^2$

ゆえに，Ⓐ は　$z+z^2=\dfrac{z+1}{z^2}$　両辺に $z^2$ を掛けて　$z^2\cdot z(z+1)=z+1$

よって　$(z+1)(z-1)(z^2+z+1)=0$

◀ $z^3-1=(z-1)(z^2+z+1)$

これを解いて　$\boldsymbol{z=\pm1,\ \dfrac{-1\pm\sqrt{3}\,i}{2}}$　これらの $z$ は $|z|=1$ を満たす。

**練習 ④ 94**　絶対値が 1 で，$z^3-z$ が実数であるような複素数 $z$ を求めよ。〔類 関西大〕

p.162 EX63

# EXERCISES



②58 $z=a+bi$ ($a$, $b$ は実数) とするとき，次の式を $z$ と $\overline{z}$ を用いて表せ。

(1) $a$　(2) $b$　(3) $a-b$　(4) $a^2-b^2$

→p.155

③59 (1) 複素数平面上に 4 点 A$(2+4i)$, B$(z)$, C$(\overline{z})$, D$(2z)$ がある。四角形 ABCD が平行四辺形であるとき，複素数 $z$ の値を求めよ。

(2) 複素数平面上の平行四辺形の 4 つの頂点を O$(0)$, A$(z)$, B$(\overline{z})$, C$(w)$ とするとき，$w$ は実数または純虚数であることを示せ。

→90

②60 $a$, $b$ を実数，3 次方程式 $x^3+ax^2+bx+1=0$ が虚数解 $\alpha$ をもつとする。このとき，$\alpha$ の共役複素数 $\overline{\alpha}$ もこの方程式の解になることを示せ。また，3 つ目の解 $\beta$，および係数 $a$, $b$ を $\alpha$, $\overline{\alpha}$ を用いて表せ。〔類 防衛医大〕

→91

③61 $\alpha$, $z$ は複素数で，$|\alpha|>1$ であるとする。このとき，$|z-\alpha|$ と $|\overline{\alpha}z-1|$ の大小を比較せよ。

→92

③62 $z$, $w$ を $|z|=2$, $|w|=5$ を満たす複素数とする。$z\overline{w}$ の実部が 3 であるとき，$|z-w|$ の値を求めよ。〔愛媛大〕 →93

③63 次の条件 (A), (B) をともに満たす複素数 $z$ について考える。

(A) $z+\dfrac{i}{z}$ は実数である　(B) $z$ の虚部は正である

(1) $|z|=r$ とおくとき，$z$ を $r$ を用いて表せ。

(2) $z$ の虚部が最大となるときの $z$ を求めよ。〔富山大〕

→94

**HINT**

58 (1), (2) $z+\overline{z}$, $z-\overline{z}$ を計算してみる。

59 (1) A$(\alpha)$, B$(\beta)$, C$(\gamma)$, D$(\delta)$ のとき，四角形 ABCD が平行四辺形 $\Longrightarrow \beta-\alpha=\gamma-\delta$

(2) O$(0)$, P$(\alpha)$, Q$(\beta)$, R$(\gamma)$ のとき，四角形 OPQR が平行四辺形 $\Longrightarrow \beta=\alpha+\gamma$

60 (後半) 3 次方程式の解と係数の関係を利用。

61 $|z-\alpha|^2-|\overline{\alpha}z-1|^2$ の符号を調べる。

62 まず，$|z-w|^2=(z-w)(\overline{z-w})$ として展開する。 ① **$|\alpha|$ は $|\alpha|^2$ として扱う** $|\alpha|^2=\alpha\overline{\alpha}$

63 (1) 条件 (A) については **● が実数 ⟺ $\overline{●}$=●** を利用。$|z|=r$ すなわち $z\overline{z}=r^2$ から得られる $\overline{z}=\dfrac{r^2}{z}$ も利用する。

(2) (相加平均)≧(相乗平均) を利用。

# 13 複素数の極形式と乗法，除法

## 基本事項

**1 極形式**

複素数平面上で，0 でない複素数 $z=a+bi$ を表す点を P とする。OP$=r$，半直線 OP を動径と考えて，動径 OP の表す角を $\theta$ とすると，$a=r\cos\theta$，$b=r\sin\theta$ であるから

$$\boldsymbol{z=r(\cos\theta+i\sin\theta)} \quad [r>0] \quad \cdots\cdots ①$$

① を，複素数 $z$ の **極形式** という。このとき　$\boldsymbol{r=|z|}$

また，$\theta$ を $z$ の **偏角** といい $\boldsymbol{\arg z}$ で表す。

特に，$|z|=1$ のとき　　$\boldsymbol{z=\cos\theta+i\sin\theta}$

注意　$z=0$ のとき，偏角が定まらないから，その極形式は考えない。

**2 複素数の乗法，除法**

$z_1=r_1(\cos\theta_1+i\sin\theta_1)$，$z_2=r_2(\cos\theta_2+i\sin\theta_2)$ $[r_1>0,\ r_2>0]$　とする。

① 複素数 $z_1$，$z_2$ の **積の極形式**　$\boldsymbol{z_1z_2=r_1r_2\{\cos(\theta_1+\theta_2)+i\sin(\theta_1+\theta_2)\}}$

$$|z_1z_2|=|z_1||z_2|,\quad \arg(z_1z_2)=\arg z_1+\arg z_2$$

② 複素数 $z_1$，$z_2$ の **商の極形式**　$\boldsymbol{\dfrac{z_1}{z_2}=\dfrac{r_1}{r_2}\{\cos(\theta_1-\theta_2)+i\sin(\theta_1-\theta_2)\}}$

$$\left|\frac{z_1}{z_2}\right|=\frac{|z_1|}{|z_2|},\quad \arg\frac{z_1}{z_2}=\arg z_1-\arg z_2 \qquad (z_2\neq0)$$

偏角についての等式は，両辺の角が $2\pi$ の整数倍の差を除いて一致することを意味する。

**3 複素数の乗法と回転**（複素数の乗法の図形的意味）

複素数平面上で，P$(z)$ とするとき，**点 $r(\cos\theta+i\sin\theta)\cdot z$ は，点 P を原点を中心として角 $\theta$ だけ回転し，原点からの距離を $r$ 倍した点** である。

## 解　説

**■偏角**

記号 arg は偏角を表す argument の略である。

極形式で，絶対値は 1 通りに定まるが，偏角は 1 通りには定まらない。$\theta$ の代わりに $\theta+2\pi\times n$（$n$ は整数）としても，動径が同じ位置にくるからである（右の図参照）。偏角を求めるときは，$0\leqq\theta<2\pi$ または $-\pi\leqq\theta<\pi$ の範囲で考えるのが一般的である。

◀偏角を表す角は，弧度法とする。

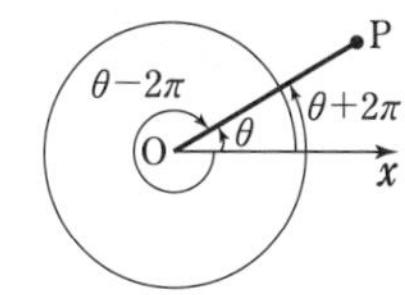


**■複素数の乗法，除法**　$p.166$ の 検討 参照。

**■複素数の乗法と回転**

$z=r_1(\cos\theta_1+i\sin\theta_1)$，$z'=r(\cos\theta+i\sin\theta)\cdot z$ とし，P$(z)$，P$'(z')$ とする。上の基本事項 2 から　$|z'|=r_1r$，$\arg z'=\theta_1+\theta$

よって，点 P$'(z')$ は，点 P を **原点を中心として角 $\theta$ だけ回転** し，更に **原点からの距離を $r$ 倍した点** である。

特に，$\boldsymbol{iz}$ **は，点 $z$ を原点を中心として $\dfrac{\pi}{2}$ だけ回転した点** である。

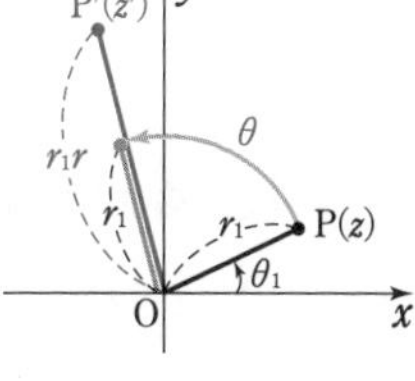

## 基本例題 95 複素数の極形式 (1) …… 基本

次の複素数を極形式で表せ。ただし，偏角 $\theta$ は $0 \leqq \theta < 2\pi$ とする。

(1) $-1+\sqrt{3}\,i$　　(2) $-2i$　　(3) $z=\cos\dfrac{\pi}{5}+i\sin\dfrac{\pi}{5}$ のとき $2\overline{z}$

p.163 基本事項 1　重要 96, 99

複素数 $z=a+bi\ (z \neq 0)$ について

**絶対値** $r$ は　$r=\sqrt{a^2+b^2}$

**偏角** $\theta$ は　$\cos\theta=\dfrac{a}{r}$，$\sin\theta=\dfrac{b}{r}$　（右図参照）

$\Longrightarrow$ **極形式** は　$\boldsymbol{z=r(\cos\theta+i\sin\theta)}$

(3) 複素数平面上に点 $2\overline{z}$ を図示すると考えやすい。

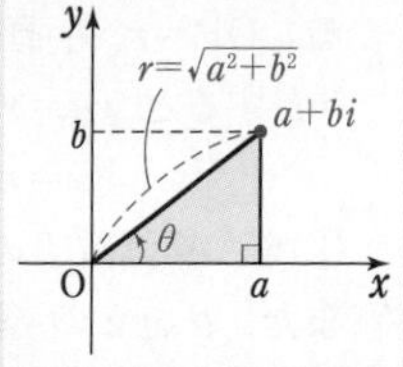


**CHART** $a+bi$ の極形式表示　点 $a+bi$ を図示して考える

**解答**

(1) 絶対値は　$\sqrt{(-1)^2+(\sqrt{3})^2}=2$

偏角 $\theta$ は　$\cos\theta=-\dfrac{1}{2}$，$\sin\theta=\dfrac{\sqrt{3}}{2}$

$0 \leqq \theta < 2\pi$ であるから　$\theta=\dfrac{2}{3}\pi$

したがって　$-1+\sqrt{3}\,i=2\left(\cos\dfrac{2}{3}\pi+i\sin\dfrac{2}{3}\pi\right)$

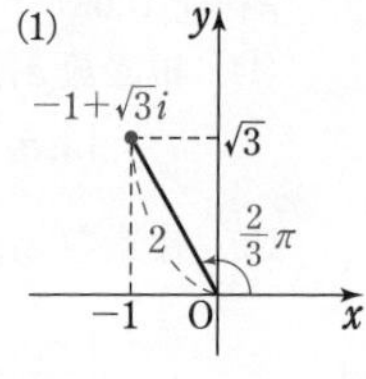


(2) 絶対値は　$\sqrt{(-2)^2}=2$

偏角 $\theta$ は　$\cos\theta=0$，$\sin\theta=-1$

$0 \leqq \theta < 2\pi$ であるから　$\theta=\dfrac{3}{2}\pi$

したがって　$-2i=2\left(\cos\dfrac{3}{2}\pi+i\sin\dfrac{3}{2}\pi\right)$

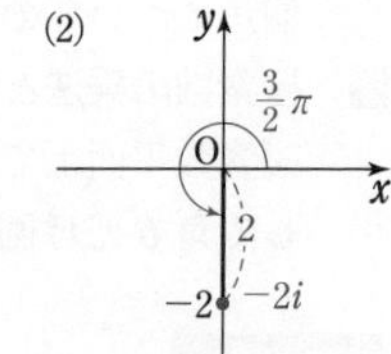


(3) $z$ の絶対値は　$\sqrt{\cos^2\dfrac{\pi}{5}+\sin^2\dfrac{\pi}{5}}=1$，　偏角は $\dfrac{\pi}{5}$

点 $2\overline{z}$ は，点 $z$ を実軸に関して対称移動し，原点からの距離を 2 倍した点である。

よって，$2\overline{z}$ の絶対値は 2，偏角は

$2\pi-\dfrac{\pi}{5}=\dfrac{9}{5}\pi$　←「偏角 $\theta$ は $0 \leqq \theta < 2\pi$」の条件があるため，このように考えている。

したがって　$2\overline{z}=2\left(\cos\dfrac{9}{5}\pi+i\sin\dfrac{9}{5}\pi\right)$

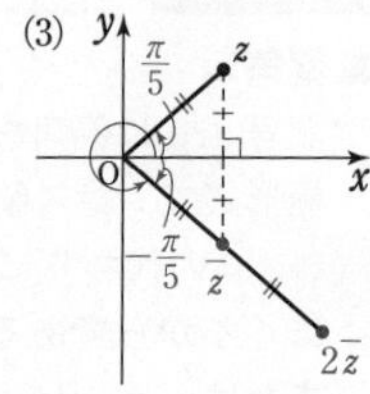


**練習 ① 95** 次の複素数を極形式で表せ。ただし，偏角 $\theta$ は $0 \leqq \theta < 2\pi$ とする。

(1) $2-2i$　　(2) $-3$　　(3) $\cos\dfrac{2}{3}\pi-i\sin\dfrac{2}{3}\pi$

p.174 EX 64

## 重要例題 96 複素数の極形式 (2) …… 偏角の範囲を考える

次の複素数を極形式で表せ。ただし，偏角 $\theta$ は $0 \leqq \theta < 2\pi$ とする。

(1) $-\cos\alpha + i\sin\alpha \ (0 < \alpha < \pi)$　(2) $\sin\alpha + i\cos\alpha \ (0 \leqq \alpha < 2\pi)$

基本 95

**指針** 既に極形式で表されているように見えるが，$r(\cos● + i\sin●)$ の形ではないから極形式ではない。式の形に応じて **三角関数の公式** を利用し，極形式の形にする。

(1) 実部の符号 $-$ を $+$ にする必要があるから，$\boldsymbol{\cos(\pi-\theta) = -\cos\theta}$ を利用。更に虚部の偏角を実部の偏角に合わせるために，$\boldsymbol{\sin(\pi-\theta) = \sin\theta}$ を利用する。

(2) 実部の sin を cos に，虚部の cos を sin にする必要があるから，

$\boldsymbol{\cos\left(\frac{\pi}{2}-\theta\right) = \sin\theta}$，$\boldsymbol{\sin\left(\frac{\pi}{2}-\theta\right) = \cos\theta}$ を利用する。

また，本問では偏角 $\theta$ の範囲に指定があり，$0 \leqq \theta < 2\pi$ を満たさなければならないことに注意。特に (2) では，$\alpha$ の値によって場合分けが必要となる。

**CHART** 極形式 $r(\cos● + i\sin●)$ の形　三角関数の公式を利用

**解答**

(1) 絶対値は　$\sqrt{(-\cos\alpha)^2 + (\sin\alpha)^2} = 1$

また　$-\cos\alpha + i\sin\alpha = \boldsymbol{\cos(\pi-\alpha) + i\sin(\pi-\alpha)}$ …… ①

◀ $\cos(\pi-\theta) = -\cos\theta$，$\sin(\pi-\theta) = \sin\theta$

$0 < \alpha < \pi$ より，$0 < \pi - \alpha < \pi$ であるから，① は求める極形式である。

◀偏角の条件を満たすかどうか確認する。

(2) 絶対値は　$\sqrt{(\sin\alpha)^2 + (\cos\alpha)^2} = 1$

また　$\sin\alpha + i\cos\alpha = \cos\left(\frac{\pi}{2}-\alpha\right) + i\sin\left(\frac{\pi}{2}-\alpha\right)$

◀ $\cos\left(\frac{\pi}{2}-\theta\right) = \sin\theta$，$\sin\left(\frac{\pi}{2}-\theta\right) = \cos\theta$

ここで

$\boldsymbol{0 \leqq \alpha \leqq \frac{\pi}{2}}$ **のとき**，$0 \leqq \frac{\pi}{2} - \alpha \leqq \frac{\pi}{2}$ であるから，求める極形式は

$$\sin\alpha + i\cos\alpha = \boldsymbol{\cos\left(\frac{\pi}{2}-\alpha\right) + i\sin\left(\frac{\pi}{2}-\alpha\right)}$$

◀ $0 \leqq \alpha < 2\pi$ から $-\frac{3}{2}\pi < \frac{\pi}{2} - \alpha \leqq \frac{\pi}{2}$ ゆえに，$\alpha$ の値の範囲によって場合分け。

$\boldsymbol{\frac{\pi}{2} < \alpha < 2\pi}$ **のとき**　$-\frac{3}{2}\pi < \frac{\pi}{2} - \alpha < 0$

各辺に $2\pi$ を加えると，$\frac{\pi}{2} < \frac{5}{2}\pi - \alpha < 2\pi$ であり

$$\cos\left(\frac{\pi}{2}-\alpha\right) = \cos\left(\frac{5}{2}\pi-\alpha\right),$$

$$\sin\left(\frac{\pi}{2}-\alpha\right) = \sin\left(\frac{5}{2}\pi-\alpha\right)$$

よって，求める極形式は

$$\sin\alpha + i\cos\alpha = \boldsymbol{\cos\left(\frac{5}{2}\pi-\alpha\right) + i\sin\left(\frac{5}{2}\pi-\alpha\right)}$$

◀ $\frac{\pi}{2} < \alpha < 2\pi$ のとき，偏角が 0 以上 $2\pi$ 未満の範囲に含まれていないから，偏角に $2\pi$ を加えて調整する。
なお
$\cos(● + 2n\pi) = \cos●$
$\sin(● + 2n\pi) = \sin●$
[$n$ は整数]

**練習** ③ **96** 次の複素数を極形式で表せ。ただし，偏角 $\theta$ は $0 \leqq \theta < 2\pi$ とする。

(1) $-\cos\alpha - i\sin\alpha \ (0 < \alpha < \pi)$　(2) $\sin\alpha - i\cos\alpha \ (0 \leqq \alpha < 2\pi)$

## 基本例題 97 複素数の乗法・除法と極形式

$\alpha=2+2i$, $\beta=1-\sqrt{3}\,i$ のとき，$\alpha\beta$, $\dfrac{\alpha}{\beta}$ をそれぞれ極形式で表せ。ただし，偏角 $\theta$ は $0\leqq\theta<2\pi$ とする。

p.163 基本事項 2，基本 95

**指針** **複素数 $z_1$, $z_2$ の積と商　まず $z_1$, $z_2$ を極形式で表す**

$z_1=r_1(\cos\theta_1+i\sin\theta_1)$, $z_2=r_2(\cos\theta_2+i\sin\theta_2)$　$[r_1>0,\ r_2>0]$　のとき

積 $z_1z_2=r_1r_2\{\cos(\theta_1+\theta_2)+i\sin(\theta_1+\theta_2)\}$ ← 絶対値 は 掛ける，偏角 は 加える

商 $\dfrac{z_1}{z_2}=\dfrac{r_1}{r_2}\{\cos(\theta_1-\theta_2)+i\sin(\theta_1-\theta_2)\}$ ← 絶対値 は 割る，偏角 は 引く

**解答**

$\alpha=2\sqrt{2}\left(\dfrac{1}{\sqrt{2}}+\dfrac{1}{\sqrt{2}}i\right)=2\sqrt{2}\left(\cos\dfrac{\pi}{4}+i\sin\dfrac{\pi}{4}\right)$,

$\beta=2\left(\dfrac{1}{2}-\dfrac{\sqrt{3}}{2}i\right)=2\left(\cos\dfrac{5}{3}\pi+i\sin\dfrac{5}{3}\pi\right)$　と表される。

よって　$\alpha\beta=2\sqrt{2}\cdot2\left\{\cos\left(\dfrac{\pi}{4}+\dfrac{5}{3}\pi\right)+i\sin\left(\dfrac{\pi}{4}+\dfrac{5}{3}\pi\right)\right\}$

$$=\mathbf{4\sqrt{2}\left(\cos\frac{23}{12}\pi+i\sin\frac{23}{12}\pi\right)}$$

$$\frac{\alpha}{\beta}=\frac{2\sqrt{2}}{2}\left\{\cos\left(\frac{\pi}{4}-\frac{5}{3}\pi\right)+i\sin\left(\frac{\pi}{4}-\frac{5}{3}\pi\right)\right\}$$

$$=\sqrt{2}\left\{\cos\left(-\frac{17}{12}\pi\right)+i\sin\left(-\frac{17}{12}\pi\right)\right\}$$

$-\dfrac{17}{12}\pi=\dfrac{7}{12}\pi+2\pi\times(-1)$ から

$$\mathbf{\frac{\alpha}{\beta}=\sqrt{2}\left(\cos\frac{7}{12}\pi+i\sin\frac{7}{12}\pi\right)}$$

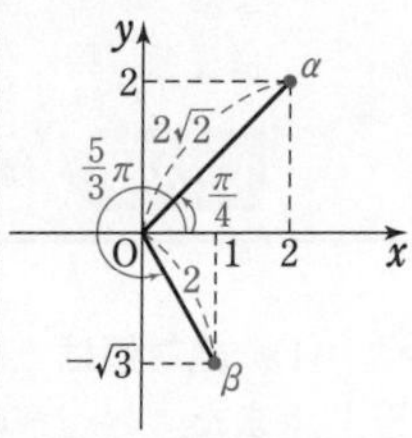


**注意**　「極形式で表せ」とあるから，$\dfrac{\alpha}{\beta}$ について $\sqrt{2}\left(\cos\dfrac{17}{12}\pi-i\sin\dfrac{17}{12}\pi\right)$ と答えてはいけない。極形式では，$i$ の前の符号は＋である。

**検討**　***p.*163 基本事項 2 の証明**

① $z_1z_2=r_1(\cos\theta_1+i\sin\theta_1)\cdot r_2(\cos\theta_2+i\sin\theta_2)$

$=r_1r_2\{(\cos\theta_1\cos\theta_2-\sin\theta_1\sin\theta_2)+i(\cos\theta_1\sin\theta_2+\sin\theta_1\cos\theta_2)\}$

$=r_1r_2\{\cos(\theta_1+\theta_2)+i\sin(\theta_1+\theta_2)\}$　← 三角関数の加法定理

② $\dfrac{z_1}{z_2}=z_1\cdot\dfrac{1}{z_2}$ で　$\dfrac{1}{z_2}=\dfrac{1}{r_2(\cos\theta_2+i\sin\theta_2)}=\dfrac{\cos\theta_2-i\sin\theta_2}{r_2(\cos\theta_2+i\sin\theta_2)(\cos\theta_2-i\sin\theta_2)}$

$=\dfrac{\cos\theta_2-i\sin\theta_2}{r_2(\cos^2\theta_2+\sin^2\theta_2)}=\dfrac{1}{r_2}\cdot\{\cos(-\theta_2)+i\sin(-\theta_2)\}$

↑ $\sin(-\theta)=-\sin\theta$, $\cos(-\theta)=\cos\theta$

よって，① から　$\dfrac{z_1}{z_2}=\dfrac{r_1}{r_2}\{\cos(\theta_1-\theta_2)+i\sin(\theta_1-\theta_2)\}$

これから，絶対値や偏角についての等式が成り立つことがわかる。

**練習** ① **97**　次の 2 つの複素数 $\alpha$, $\beta$ について，積 $\alpha\beta$ と商 $\dfrac{\alpha}{\beta}$ を極形式で表せ。ただし，偏角 $\theta$ は $0\leqq\theta<2\pi$ とする。

(1) $\alpha=-1+i$, $\beta=3+\sqrt{3}\,i$　(2) $\alpha=-2+2i$, $\beta=-1-\sqrt{3}\,i$

p.174 EX 65, 66

## 基本例題 98 極形式の利用 (1) … $\frac{\pi}{12}$ の正弦，余弦

$1+\sqrt{3}i$，$1+i$ を極形式で表すことにより，$\cos\frac{\pi}{12}$，$\sin\frac{\pi}{12}$ の値をそれぞれ求めよ。

基本 95, 97

**指針** $\alpha=1+\sqrt{3}i$，$\beta=1+i$ とすると $\arg\alpha=\frac{\pi}{3}$，$\arg\beta=\frac{\pi}{4}$ ← 解答の図参照。
$\arg$● は ● の偏角のこと。

$\frac{\pi}{12}=\frac{\pi}{3}-\frac{\pi}{4}$ であるから $\frac{\pi}{12}=\arg\alpha-\arg\beta=\arg\frac{\alpha}{\beta}$

よって，$\frac{\alpha}{\beta}$ を極形式で表すと $\frac{\alpha}{\beta}=r\left(\cos\frac{\pi}{12}+i\sin\frac{\pi}{12}\right)$ $[r>0]$

また，$\frac{\alpha}{\beta}=\frac{1+\sqrt{3}i}{1+i}$ を変形して $a+bi$ の形にすると，$\frac{\alpha}{\beta}$ が **極形式と $a+bi$ の 2 通りの形で表されたことになる** から，それぞれの実部と虚部を **比較** する。

**解答**

$1+\sqrt{3}i$，$1+i$ をそれぞれ極形式で表すと

$$1+\sqrt{3}i=2\left(\frac{1}{2}+\frac{\sqrt{3}}{2}i\right)=2\left(\cos\frac{\pi}{3}+i\sin\frac{\pi}{3}\right)$$

$$1+i=\sqrt{2}\left(\frac{1}{\sqrt{2}}+\frac{1}{\sqrt{2}}i\right)=\sqrt{2}\left(\cos\frac{\pi}{4}+i\sin\frac{\pi}{4}\right)$$

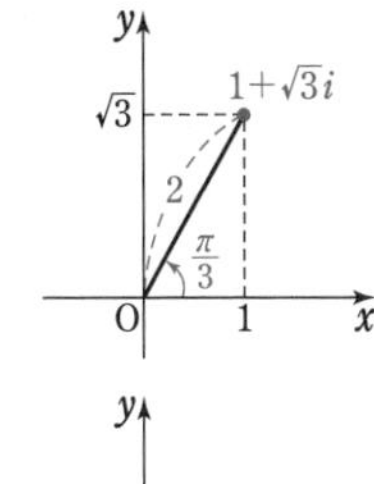


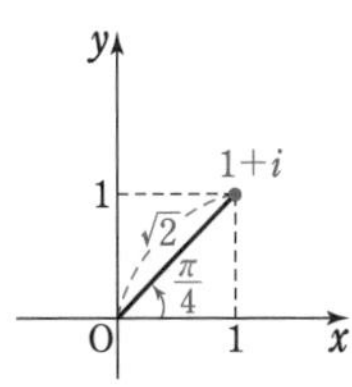


したがって

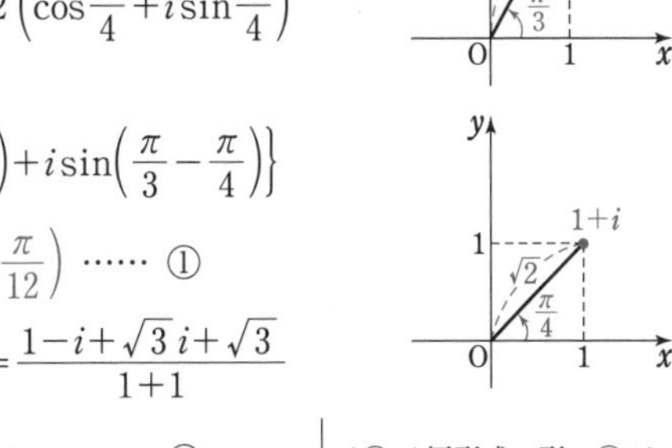

$$\frac{1+\sqrt{3}i}{1+i}=\frac{2}{\sqrt{2}}\left\{\cos\left(\frac{\pi}{3}-\frac{\pi}{4}\right)+i\sin\left(\frac{\pi}{3}-\frac{\pi}{4}\right)\right\}$$

$$=\sqrt{2}\left(\cos\frac{\pi}{12}+i\sin\frac{\pi}{12}\right) \quad \cdots\cdots ①$$

また

$$\frac{1+\sqrt{3}i}{1+i}=\frac{(1+\sqrt{3}i)(1-i)}{(1+i)(1-i)}=\frac{1-i+\sqrt{3}i+\sqrt{3}}{1+1}$$

$$=\frac{\sqrt{3}+1}{2}+\frac{\sqrt{3}-1}{2}i \quad \cdots\cdots ②$$

◀① は極形式の形。② は $a+bi$ の形。

よって，①，② から

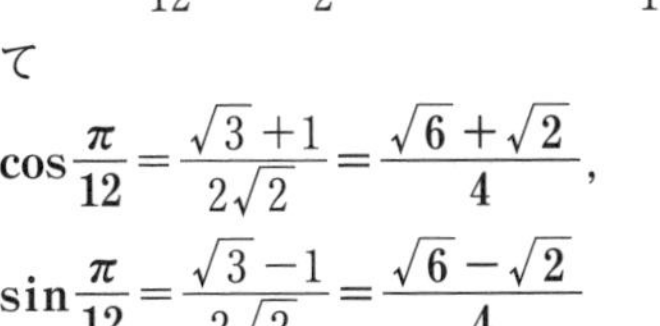

$$\sqrt{2}\cos\frac{\pi}{12}=\frac{\sqrt{3}+1}{2}, \quad \sqrt{2}\sin\frac{\pi}{12}=\frac{\sqrt{3}-1}{2}$$

◀①，② の実部どうし，虚部どうしがそれぞれ等しい。

したがって

$$\cos\frac{\pi}{12}=\frac{\sqrt{3}+1}{2\sqrt{2}}=\frac{\sqrt{6}+\sqrt{2}}{4},$$

$$\sin\frac{\pi}{12}=\frac{\sqrt{3}-1}{2\sqrt{2}}=\frac{\sqrt{6}-\sqrt{2}}{4}$$

◀この値は三角関数の加法定理から導くこともできる。覚えておくと便利である。

**練習 ② 98** $1+i$，$\sqrt{3}+i$ を極形式で表すことにより，$\cos\frac{5}{12}\pi$，$\sin\frac{5}{12}\pi$ の値をそれぞれ求めよ。

## 重要例題 99 極形式の利用(2) … 三角関数の公式が関連

(1) $\alpha=\dfrac{1}{\sqrt{2}}(1+i)$ とするとき，$\alpha+i$ の偏角 $\theta\ (0\leqq\theta<2\pi)$ を求めよ。

(2) $\alpha+i$ の絶対値に注目することにより，$\cos\dfrac{\pi}{8}$ の値を求めよ。

基本 95

**指針** (1) $\alpha+i=\dfrac{1}{\sqrt{2}}+\left(\dfrac{1}{\sqrt{2}}+1\right)i$ であるが，これを $p.164$ 基本例題 **95** と同じようにして極形式で表すことは難しい。そこで，$\alpha=\cos\dfrac{\pi}{4}+i\sin\dfrac{\pi}{4}$，$i=\cos\dfrac{\pi}{2}+i\sin\dfrac{\pi}{2}$ に注目すると

← $\alpha$，$i$ の絶対値はともに1である。

$$\alpha+i=\left(\cos\frac{\pi}{4}+\cos\frac{\pi}{2}\right)+i\left(\sin\frac{\pi}{4}+\sin\frac{\pi}{2}\right)$$

ここで，三角関数の 和 ⟶ 積の公式 を利用するとうまくいく。

$$\cos A+\cos B=2\cos\frac{A+B}{2}\cos\frac{A-B}{2},\quad \sin A+\sin B=2\sin\frac{A+B}{2}\cos\frac{A-B}{2}$$

別解 複素数平面上に2点 $\alpha$，$\alpha+i$ を図示し，図で考えてもよい。

(2) $\alpha+i$ は極形式，$a+bi$ の形の2通りに表される。その絶対値を等しいとおく。

**解答**

(1) $\alpha=\cos\dfrac{\pi}{4}+i\sin\dfrac{\pi}{4}$，$i=\cos\dfrac{\pi}{2}+i\sin\dfrac{\pi}{2}$ から

$$\alpha+i=\left(\cos\frac{\pi}{4}+i\sin\frac{\pi}{4}\right)+\left(\cos\frac{\pi}{2}+i\sin\frac{\pi}{2}\right)$$
$$=\left(\cos\frac{\pi}{2}+\cos\frac{\pi}{4}\right)+i\left(\sin\frac{\pi}{2}+\sin\frac{\pi}{4}\right)$$

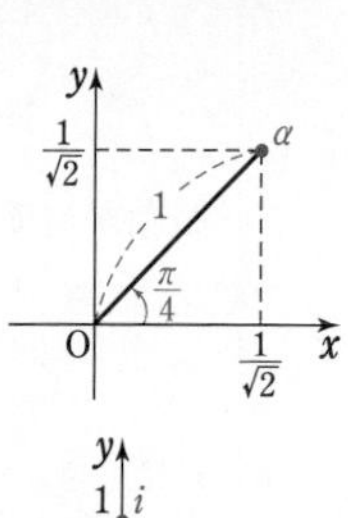


$$\cos\frac{\pi}{2}+\cos\frac{\pi}{4}=2\cos\left\{\frac{1}{2}\left(\frac{\pi}{2}+\frac{\pi}{4}\right)\right\}\cos\left\{\frac{1}{2}\left(\frac{\pi}{2}-\frac{\pi}{4}\right)\right\}$$
$$=2\cos\frac{3}{8}\pi\cos\frac{\pi}{8}$$

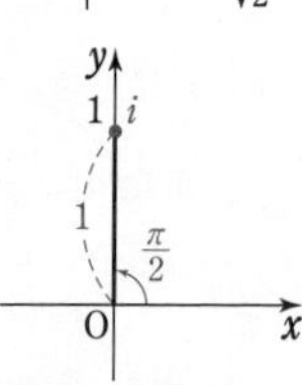


$$\sin\frac{\pi}{2}+\sin\frac{\pi}{4}=2\sin\left\{\frac{1}{2}\left(\frac{\pi}{2}+\frac{\pi}{4}\right)\right\}\cos\left\{\frac{1}{2}\left(\frac{\pi}{2}-\frac{\pi}{4}\right)\right\}$$
$$=2\sin\frac{3}{8}\pi\cos\frac{\pi}{8}\ \text{であるから}$$

$$\alpha+i=2\cos\frac{\pi}{8}\left(\cos\frac{3}{8}\pi+i\sin\frac{3}{8}\pi\right)\ \cdots\cdots\ ①$$

(＊) 極形式 $r(\cos\theta+i\sin\theta)$ では，$r>0$ となる必要がある。このことを確認している。

$2\cos\dfrac{\pi}{8}>0$ から(＊)，① が $\alpha+i$ の極形式で，偏角は　$\boldsymbol{\theta=\dfrac{3}{8}\pi}$

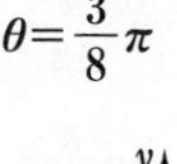

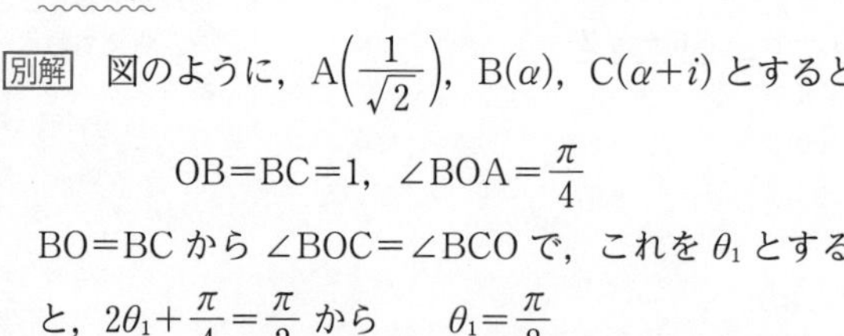

別解 図のように，$\mathrm{A}\left(\dfrac{1}{\sqrt{2}}\right)$，$\mathrm{B}(\alpha)$，$\mathrm{C}(\alpha+i)$ とすると

$$\mathrm{OB}=\mathrm{BC}=1,\quad \angle\mathrm{BOA}=\frac{\pi}{4}$$

$\mathrm{BO}=\mathrm{BC}$ から $\angle\mathrm{BOC}=\angle\mathrm{BCO}$ で，これを $\theta_1$ とすると，$2\theta_1+\dfrac{\pi}{4}=\dfrac{\pi}{2}$ から　$\theta_1=\dfrac{\pi}{8}$

よって，求める偏角は　$\boldsymbol{\theta=\dfrac{\pi}{4}+\theta_1=\dfrac{3}{8}\pi}$

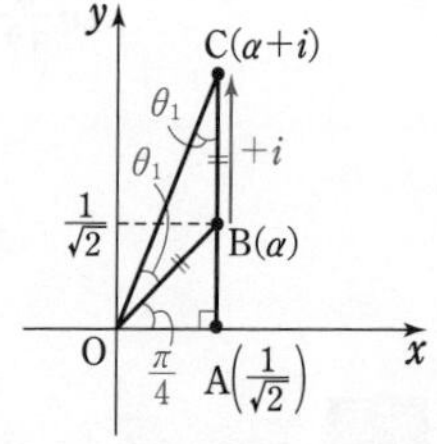

(2) $\alpha+i=\dfrac{1}{\sqrt{2}}(1+i)+i=\dfrac{1}{\sqrt{2}}\{1+(1+\sqrt{2})i\}$

ゆえに　$|\alpha+i|=\dfrac{1}{\sqrt{2}}\cdot\sqrt{1^2+(1+\sqrt{2})^2}=\sqrt{2+\sqrt{2}}$

(1) から　$|\alpha+i|=2\cos\dfrac{\pi}{8}$

よって，$2\cos\dfrac{\pi}{8}=\sqrt{2+\sqrt{2}}$ から　$\boldsymbol{\cos\dfrac{\pi}{8}=\dfrac{\sqrt{2+\sqrt{2}}}{2}}$

◀2 重根号ははずすことができない。

検討 PLUS ONE

**複素数の和の極形式**

絶対値が等しい 2 つの複素数

$$z_1=r(\cos\alpha+i\sin\alpha),\ z_2=r(\cos\beta+i\sin\beta)\quad(r>0)$$

の和 $z_1+z_2$ の極形式を考えよう。ここでは，$0<\alpha<\pi$，$0<\beta<\pi$ とする。

三角関数の 和 ⟶ 積の公式 より，

$$\cos\alpha+\cos\beta=2\cos\frac{\alpha+\beta}{2}\cos\frac{\alpha-\beta}{2},\quad \sin\alpha+\sin\beta=2\sin\frac{\alpha+\beta}{2}\cos\frac{\alpha-\beta}{2}$$

であるから　$z_1+z_2=r\{\cos\alpha+\cos\beta+i(\sin\alpha+\sin\beta)\}$

$$=2r\cos\frac{\alpha-\beta}{2}\left(\cos\frac{\alpha+\beta}{2}+i\sin\frac{\alpha+\beta}{2}\right)\ \cdots\cdots\ ①$$

$0<\beta<\pi$ より $-\pi<-\beta<0$ で，$0<\alpha<\pi$ の辺々に加えると $-\pi<\alpha-\beta<\pi$ であるから

$$-\frac{\pi}{2}<\frac{\alpha-\beta}{2}<\frac{\pi}{2}$$

よって，$2r\cos\dfrac{\alpha-\beta}{2}>0$ であるから，① が $z_1+z_2$ の極形式である。

また，重要例題 **99** (1) の 別解 と同様に，図で考える方法もある。

ここで，$\alpha\geqq\beta$ としても一般性を失わない。

$z=z_1+z_2$ とし，図のように，$\mathrm{A}(z_1)$，$\mathrm{B}(z_2)$，$\mathrm{C}(z)$ とすると，

OA＝OB から，四角形 OACB はひし形である。

AB と OC の交点を D とすると，OC＝2OD で，

$\angle\mathrm{AOB}=\alpha-\beta$ から　$\angle\mathrm{DOB}=\dfrac{\alpha-\beta}{2}$

よって　$\mathrm{OC}=2\mathrm{OD}=2\mathrm{OB}\cos\dfrac{\alpha-\beta}{2}=2r\cos\dfrac{\alpha-\beta}{2}$

また，$z$ の偏角は，図から　$\dfrac{\alpha-\beta}{2}+\beta=\dfrac{\alpha+\beta}{2}$

したがって，$z$ の極形式は　$\boldsymbol{z=2r\cos\dfrac{\alpha-\beta}{2}\left(\cos\dfrac{\alpha+\beta}{2}+i\sin\dfrac{\alpha+\beta}{2}\right)}$

補足　$0<\alpha<\pi$，$0<\beta<\pi$ でないとき，$\cos\dfrac{\alpha-\beta}{2}<0$ となる場合がある。

そのようなときは，$\cos(\theta+\pi)=-\cos\theta$，$\sin(\theta+\pi)=-\sin\theta$ を用いて，

$$z_1+z_2=2r\left(-\cos\frac{\alpha-\beta}{2}\right)\left\{\cos\left(\frac{\alpha+\beta}{2}+\pi\right)+i\sin\left(\frac{\alpha+\beta}{2}+\pi\right)\right\}$$

などのように変形することで，$2r\left(-\cos\dfrac{\alpha-\beta}{2}\right)>0$ とすることができる。

練習 ③ **99**

(1)　$\alpha=\dfrac{1}{2}(\sqrt{3}+i)$ とするとき，$\alpha-1$ を極形式で表せ。

(2)　(1) の結果を利用して，$\cos\dfrac{5}{12}\pi$ の値を求めよ。

p.174 EX67

## 基本例題 100 複素数の乗法と回転

(1) $z=2-6i$ とする。点 $z$ を，原点を中心として次の角だけ回転した点を表す複素数を求めよ。

(ア) $\dfrac{\pi}{6}$　　(イ) $-\dfrac{\pi}{2}$

(2) 点 $(1-i)z$ は，点 $z$ をどのように移動した点であるか。

p.163 基本事項 3

**指針**

$z'=r(\cos\theta+i\sin\theta)\cdot z$ のとき
点 $z'$ は，**点 $z$ を原点を中心として $\theta$ だけ回転し，原点からの距離を $r$ 倍した点** である。
(特に，$r=1$ のときは回転移動のみである。)　(＊)

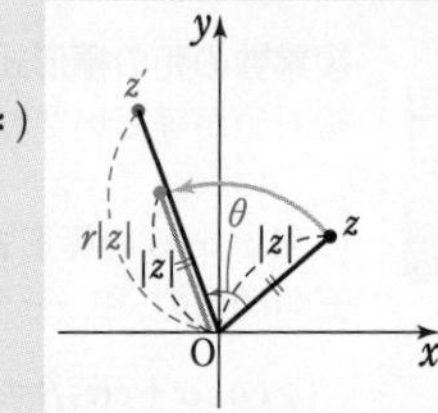


このことを利用する。

(1) 絶対値が1で，偏角が $\dfrac{\pi}{6}$ や $-\dfrac{\pi}{2}$ である複素数を $z$ に掛ける。

(2) $1-i$ を極形式で表す。

**CHART** 原点を中心とする角 $\theta$ の回転　$r(\cos\theta+i\sin\theta)$ を掛ける
回転だけなら $r=1$

**解答**

(1) 求める点を表す複素数は

(ア) $\left(\cos\dfrac{\pi}{6}+i\sin\dfrac{\pi}{6}\right)z=\left(\dfrac{\sqrt{3}}{2}+\dfrac{1}{2}i\right)(2-6i)$

◀ $=(\sqrt{3}+i)(1-3i)$

$=\sqrt{3}-3\sqrt{3}i+i+3$

$=\mathbf{3+\sqrt{3}+(1-3\sqrt{3})i}$

(イ) $\left\{\cos\left(-\dfrac{\pi}{2}\right)+i\sin\left(-\dfrac{\pi}{2}\right)\right\}z=-i(2-6i)$

$=\mathbf{-6-2i}$

(2) $(1-i)z=\sqrt{2}\left(\dfrac{1}{\sqrt{2}}-\dfrac{1}{\sqrt{2}}i\right)z$

$=\sqrt{2}\left\{\cos\left(-\dfrac{\pi}{4}\right)+i\sin\left(-\dfrac{\pi}{4}\right)\right\}z$

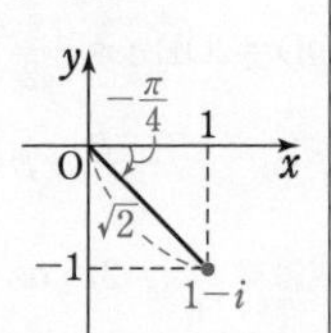


よって，点 $(1-i)z$ は，点 $z$ を
**原点を中心として $-\dfrac{\pi}{4}$ だけ回転し，原点からの距離を $\sqrt{2}$ 倍した点** である。

注意 (2)と同様に考えると
$iz$ … 原点中心の $\dfrac{\pi}{2}$ 回転
$-iz$ … 原点中心の $-\dfrac{\pi}{2}$ 回転
$-z$ … 原点中心の $\pi$ 回転
であることが導かれる。

**練習 ①100**

(1) $z=2+4i$ とする。点 $z$ を，原点を中心として $-\dfrac{2}{3}\pi$ だけ回転した点を表す複素数を求めよ。

(2) 次の複素数で表される点は，点 $z$ をどのように移動した点であるか。

(ア) $\dfrac{-1+i}{\sqrt{2}}z$　　(イ) $\dfrac{z}{1-\sqrt{3}i}$　　(ウ) $-i\overline{z}$

p.174 EX68, 69

# 複素数の計算は，点の移動に関連づける

## ● 複素数平面では，点の移動を計算で考える

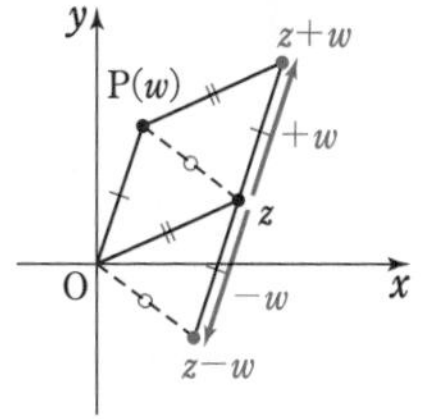


$p.155$～157 で学んだように，O(0)，P($w$) とすると，
点 $z+w$ は点 $z$ を $\overrightarrow{\mathrm{OP}}$ と同じ向きに $|w|$ だけ移動した点,
点 $z-w$ は点 $z$ を $\overrightarrow{\mathrm{OP}}$ と反対向きに $|w|$ だけ移動した点
を表す。また，$w=r(\cos\theta+i\sin\theta)$ とすると

$$\frac{z}{w}=\frac{z}{r(\cos\theta+i\sin\theta)}=\frac{1}{r}\{\cos(-\theta)+i\sin(-\theta)\}\cdot z$$

$\dfrac{z}{w}$ は，点 $z$ を原点を中心として $-\theta$ だけ回転し，原点からの距離を $\dfrac{1}{r}$ 倍した点を表す。以上のことと，前ページの指針の（∗）などから，一般に次のようにまとめられる。

複素数の **和・差（±●）は 平行移動　積・商（×●，÷●）は 回転と拡大・縮小**
**共役（$\pm\overline{●}$）は 軸（実軸・虚軸）に関する対称移動**　← $p.155$ で説明。

すなわち，複素数平面ではさまざまな移動を計算によって考えることができ，移動後の点の位置は計算後の値として得られる。これが複素数平面の便利なところである。

例えば，点の回転は，複素数 cos(回転角)$+i$sin(回転角) を掛ける，という計算のみで求められるので，簡単である。
⟶ 座標平面上の点の回転も，複素数平面を利用すると簡単になる。
一般に，座標平面上の点 $(x,\ y)$ を原点の周りに角 $\theta$ だけ回転した点 $(x',\ y')$ を求める場合は　$x'+y'i=(x+yi)(\cos\theta+i\sin\theta)$　を計算することで
$x'=x\cos\theta-y\sin\theta$，$y'=x\sin\theta+y\cos\theta$　と求められる。

## ● 複素数の式は，図形的な意味を見極める

**複素数の式を扱うときは，その式の図形的な意味（点の移動，線分の長さなど）を考える** ことも大切である。例えば，$p.168$ の例題 **99** (1) では，別解 のように図形的に考えることによって，だいぶらくに解くことができる。

また，例題 **100** (2) の式 $(1-i)z$ は，積の形であるから，回転と拡大・縮小という移動になることがわかるが，$1-i$ を極形式に表すことで，移動に関しての回転角や拡大・縮小の比率を具体的に調べることができる。

**参考　変　換**

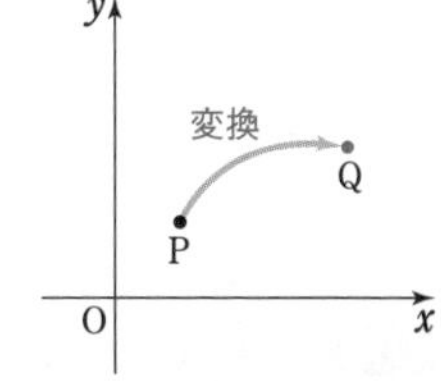


ある対応によって，座標平面上の各点 P に，同じ平面上の点 Q がちょうど 1 つ定まるとき，この対応を座標平面上の **変換** といい，点 Q をこの変換による点 P の **像** という。
例えば，点の平行移動，対称移動，回転はすべて 1 つの変換である。
また，実数倍 $kz$ $(k>0)$ は，点 $z$ を原点からの距離を $k$ 倍にする移動を表すが，これも 1 つの変換であり，**相似変換** という。

## 基本例題 101 点 $\alpha$ を中心とする回転

複素数平面上の 3 点 $A(1+i)$, $B(3+4i)$, C について，△ABC が正三角形となるとき，点 C を表す複素数 $z$ を求めよ。

基本 100

**指針** 条件を満たす図をかいてみると，右のようになり，AB=AC, $\angle BAC=\frac{\pi}{3}$ であるから，点 A を中心として，点 B を $\frac{\pi}{3}$ または $-\frac{\pi}{3}$ だけ回転すると $z$ が求められることがわかる。

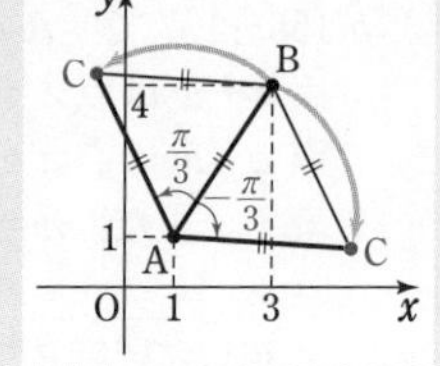


次のことを利用して，$z$ を求める。

点 $\beta$ を，点 $\alpha$ を中心として $\theta$ だけ回転した点を表す複素数 $\gamma$ は　$\gamma=(\cos\theta+i\sin\theta)(\beta-\alpha)+\alpha$ ……★

**解答**

点 C は，点 A を中心として点 B を $\frac{\pi}{3}$ または $-\frac{\pi}{3}$ だけ回転した点である。回転角が $\frac{\pi}{3}$ のとき

$$z=\left(\cos\frac{\pi}{3}+i\sin\frac{\pi}{3}\right)\{(3+4i)-(1+i)\}+1+i$$
$$=\frac{1}{2}(1+\sqrt{3}i)(2+3i)+1+i$$
$$=\frac{4-3\sqrt{3}+(5+2\sqrt{3})i}{2}$$

回転角が $-\frac{\pi}{3}$ のとき

$$z=\left\{\cos\left(-\frac{\pi}{3}\right)+i\sin\left(-\frac{\pi}{3}\right)\right\}\{(3+4i)-(1+i)\}+1+i$$
$$=\frac{1}{2}(1-\sqrt{3}i)(2+3i)+1+i$$
$$=\frac{4+3\sqrt{3}+(5-2\sqrt{3})i}{2}$$

したがって　$z=\frac{4\pm3\sqrt{3}+(5\mp2\sqrt{3})i}{2}$　**(複号同順)**

◀ $-\frac{\pi}{3}$ の回転もあることに注意。

◀指針____……★の方針。次のように，図形的な意味を考えながら公式に当てはめる。$\alpha=1+i$, $\beta=3+4i$ とするとき，点 $\beta-\alpha$ を，原点を中心として $\frac{\pi}{3}$ だけ回転し，$\alpha$ だけ平行移動している。

◀点 $\beta-\alpha$ を，原点を中心として $-\frac{\pi}{3}$ だけ回転し，$\alpha$ だけ平行移動している。

**検討**

**指針の★の証明**

点 $\alpha$ が原点 O に移るような平行移動により，点 $\beta$ は点 $\beta-\alpha$ に，点 $\gamma$ は点 $\gamma-\alpha$ に移る。点 $\beta-\alpha$ を，原点を中心として $\theta$ だけ回転した点が，点 $\gamma-\alpha$ となるから

$$\gamma-\alpha=(\cos\theta+i\sin\theta)(\beta-\alpha)$$

よって　$\gamma=(\cos\theta+i\sin\theta)(\beta-\alpha)+\alpha$

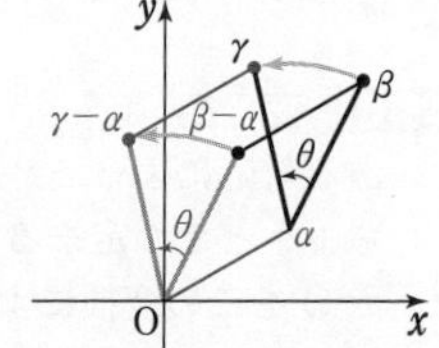


**練習 ③101** 複素数平面上の 2 点 $A(-1+i)$, $B(\sqrt{3}-1+2i)$ について，線分 AB を 1 辺とする正三角形 ABC の頂点 C を表す複素数 $z$ を求めよ。　〔類 慶応大〕

p.174 EX69

## 基本例題 102 図形の頂点を中心とする回転

複素数平面上に3点 O(0), A$(-1+3i)$, B がある。△OAB が直角二等辺三角形となるとき，点 B を表す複素数 $z$ を求めよ。

基本 100, 101

**指針** 直角となる角の指定がないから，∠O，∠A，∠B のどれが直角になるかで **場合分け** が必要。各場合について，解答のような図をかいてみて，前ページの基本例題 **101** と同じように，点の回転を利用して解決する。

なお，$\pm\dfrac{\pi}{2}$ の回転は $\pm i$ を掛ける ことであり，この計算は ●+▲$i$ を掛ける計算よりもらくである。よって，**直角となる頂点を中心とする回転を考える** と，計算もらくになる。

**解答**

[1] ∠O が直角のとき，点 B は，点 O を中心として点 A を $\dfrac{\pi}{2}$ または $-\dfrac{\pi}{2}$ だけ回転した点であるから　$z=\pm i(-1+3i)$

よって　$z=-3-i,\ 3+i$

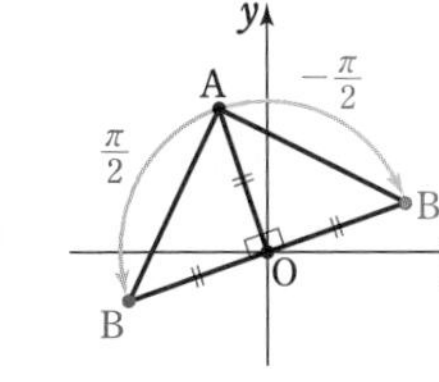


◀ $\angle\mathrm{AOB}=\dfrac{\pi}{2}$，OA=OB

◀ $\cos\left(\pm\dfrac{\pi}{2}\right)+i\sin\left(\pm\dfrac{\pi}{2}\right)=\pm i$（複号同順）

[2] ∠A が直角のとき，点 B は，点 A を中心として点 O を $\dfrac{\pi}{2}$ または $-\dfrac{\pi}{2}$ だけ回転した点であるから

$$z=\pm i\{0-(-1+3i)\}-1+3i$$

よって　$z=2+4i,\ -4+2i$

[2] 点 B を，点 O を中心として点 A を $\dfrac{\pi}{4}$ または $-\dfrac{\pi}{4}$ だけ回転し，O からの距離を $\sqrt{2}$ 倍した点と考えて

$z=\sqrt{2}\left\{\cos\left(\pm\dfrac{\pi}{4}\right)+i\sin\left(\pm\dfrac{\pi}{4}\right)\right\}\times(-1+3i)$（複号同順）

として求めてもよい。

[3] ∠B が直角のとき，点 A は，点 B を中心として点 O を $\dfrac{\pi}{2}$ または $-\dfrac{\pi}{2}$ だけ回転した点であるから

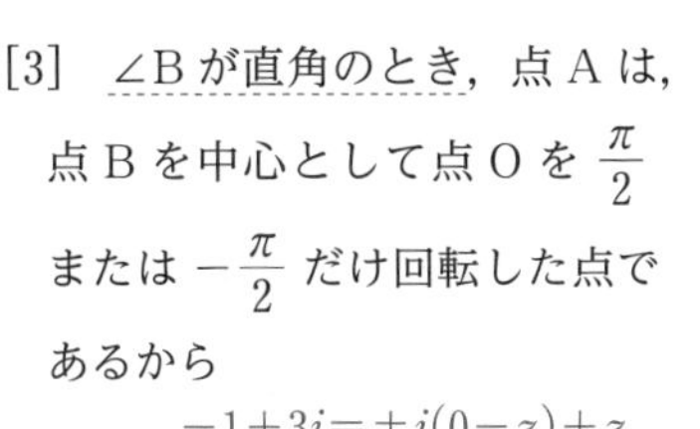

$$-1+3i=\pm i(0-z)+z$$

$z$ について整理すると

$$(1\pm i)z=-1+3i$$

これを解いて　$z=1+2i,\ -2+i$

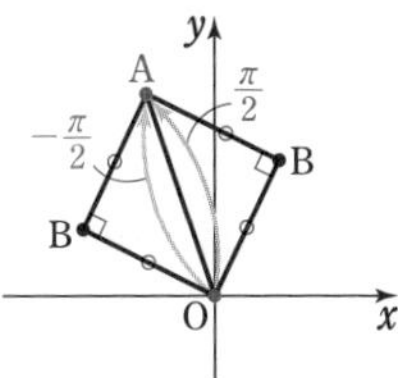


以上から

$$\boldsymbol{z=3+i,\ -3-i,\ 2+4i,\ -4+2i,\ 1+2i,\ -2+i}$$

[3] 点 B を，点 O を中心として点 A を $\dfrac{\pi}{4}$ または $-\dfrac{\pi}{4}$ だけ回転し，O からの距離を $\dfrac{1}{\sqrt{2}}$ 倍した点と考えて

$z=\dfrac{1}{\sqrt{2}}\left\{\cos\left(\pm\dfrac{\pi}{4}\right)+i\sin\left(\pm\dfrac{\pi}{4}\right)\right\}\times(-1+3i)$（複号同順）

として求めてもよい。

**練習 ③102** 複素数平面上の正方形において，1組の隣り合った2頂点が点 1 と点 $3+3i$ であるとき，他の2頂点を表す複素数を求めよ。

## EXERCISES



③**64** (1) 複素数 $\dfrac{5-2i}{7+3i}$ の偏角 $\theta$ を求めよ。ただし，$0\leqq\theta<2\pi$ とする。〔類 神奈川大〕

(2) $z$ を虚数とする。$z+\dfrac{1}{z}$ が実数となるとき，$|z|=1$ であることを示せ。また，$z+\dfrac{1}{z}$ が自然数となる $z$ をすべて求めよ。 →95

②**65** $\theta=\dfrac{\pi}{10}$ のとき，$\dfrac{(\cos 4\theta+i\sin 4\theta)(\cos 5\theta+i\sin 5\theta)}{\cos\theta-i\sin\theta}$ の値を求めよ。 →97

④**66** 複素数 $\alpha$，$\beta$ についての等式 $\dfrac{1}{\alpha}+\dfrac{1}{\beta}=\overline{\alpha}+\overline{\beta}$ を考える。

(1) この等式を満たす $\alpha$，$\beta$ は，$\alpha+\beta=0$ または $|\alpha\beta|=1$ を満たすことを示せ。

(2) 極形式で $\alpha=r(\cos\theta+i\sin\theta)\ (r>0)$ と表されているとき，この等式を満たす $\beta$ を求めよ。〔類 和歌山県医大〕 →97

③**67** 2つの複素数 $\alpha=\cos\theta_1+i\sin\theta_1$，$\beta=\cos\theta_2+i\sin\theta_2$ の偏角 $\theta_1$，$\theta_2$ は，$0<\theta_1<\pi<\theta_2<2\pi$ を満たすものとする。

(1) $\alpha+1$ を極形式で表せ。ただし，偏角 $\theta$ は $0\leqq\theta<2\pi$ とする。

(2) $\dfrac{\alpha+1}{\beta+1}$ の実部が0に等しいとき，$\beta=-\alpha$ が成り立つことを示せ。 →99

③**68** 複素数平面上で，3点O(0)，A($\alpha$)，B($\beta$) を頂点とする三角形OABが $\angle\mathrm{AOB}=\dfrac{\pi}{6}$，$\dfrac{\mathrm{OA}}{\mathrm{OB}}=\dfrac{1}{\sqrt{3}}$ を満たすとき，ア□ $\alpha^2-$イ□ $\alpha\beta+\beta^2=0$ が成り立つ。

〔類 秋田大〕 →100

③**69** (1) 点A(2, 1)を，原点Oを中心として $\dfrac{\pi}{4}$ だけ回転した点Bの座標を求めよ。

(2) 点A(2, 1)を，点Pを中心として $\dfrac{\pi}{4}$ だけ回転した点の座標は $(1-\sqrt{2},\ -2+2\sqrt{2})$ であった。点Pの座標を求めよ。 →100,101

**HINT**

64 (2) (前半) ●**が実数** ⟺ $\overline{●}=●$ (後半) $z=\cos\theta+i\sin\theta\ (0\leqq\theta<2\pi)$ とする。

66 (1) 等式の両辺に $\alpha\beta$ を掛け，両辺の絶対値をとる。

67 (1) 2倍角・半角の公式を利用。 (2) (1)の結果を利用。

68 点Bは，原点Oを中心として点Aを $\pm\dfrac{\pi}{6}$ だけ回転し，Oからの距離を $\sqrt{3}$ 倍した点。

69 座標平面上の点 $(a,\ b)$ ⟺ 複素数 $a+bi$ であるから，点(2, 1)は複素数平面上では $2+i$ と表される。

(2) 公式 $\gamma=(\cos\theta+i\sin\theta)(\beta-\alpha)+\alpha$ に当てはめて計算。

# 14 ド・モアブルの定理

## 基本事項

**1 ド・モアブルの定理**

$n$ が整数のとき　　$(\cos\theta+i\sin\theta)^n=\cos n\theta+i\sin n\theta$

**2 1の $n$ 乗根**　$n$ は自然数とする。

① **1の $n$ 乗根**（すなわち，方程式 $z^n=1$ の解）は，次の $n$ 個の複素数である。

$$z_k=\cos\frac{2k\pi}{n}+i\sin\frac{2k\pi}{n}\quad (k=0,\ 1,\ 2,\ \cdots\cdots,\ n-1)$$

② $n\geqq 3$ のとき，複素数平面上で，$z_k$ **を表す点は，点1を1つの頂点として，単位円に内接する正 $n$ 角形の各頂点である。**



## 解　説

### ■ド・モアブルの定理

*p.*163 基本事項 2 ① から，0 でない複素数に $z=\cos\theta+i\sin\theta$ を掛けると，絶対値は変わらずに，偏角は $\theta$ だけ増える。よって，

$$(\cos\theta+i\sin\theta)^2=\cos 2\theta+i\sin 2\theta$$
$$(\cos\theta+i\sin\theta)^3=\cos 3\theta+i\sin 3\theta$$

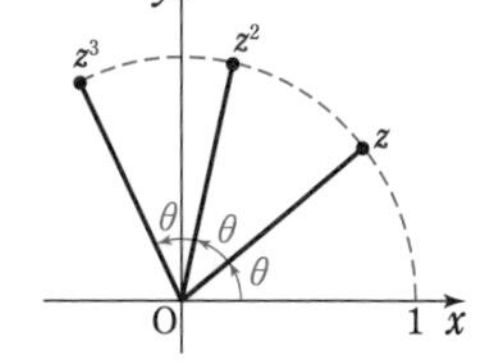


となり，一般に，自然数 $n$ について次の等式が成り立つ。

$$(\cos\theta+i\sin\theta)^n=\cos n\theta+i\sin n\theta \quad\cdots\cdots ①$$

0 でない複素数 $z$ に対して，$z^0=1$ と定めると，① は $n=0$ のときも成り立つ。

更に，$z^{-n}=\dfrac{1}{z^n}$ と定めると

$$(\cos\theta+i\sin\theta)^{-n}=\frac{1}{(\cos\theta+i\sin\theta)^n}=\frac{1}{\cos n\theta+i\sin n\theta}=\cos(-n\theta)+i\sin(-n\theta)$$

（① を利用。）

以上により，ド・モアブルの定理が成り立つ。

### ■1の $n$ 乗根

自然数 $n$ と複素数 $\alpha$ に対して，$z^n=\alpha$ を満たす複素数 $z$ を，$\alpha$ の **$n$ 乗根** という。1 の $n$ 乗根を求めてみよう。

◀$\alpha\ (\neq 0)$ の $n$ 乗根は $n$ 個あることが知られている。

$z^n=1$ から　$|z|^n=1$　　よって　$|z|=1$　　ゆえに，$z=\cos\theta+i\sin\theta$ とおくと

$$z^n=(\cos\theta+i\sin\theta)^n=\cos n\theta+i\sin n\theta$$

したがって　　　　　$\cos n\theta+i\sin n\theta=1$

実部と虚部を比較して　　$\cos n\theta=1,\ \sin n\theta=0$

よって　　$n\theta=2\pi\times k$　すなわち　$\theta=\dfrac{2k\pi}{n}$　（$k$ は整数）

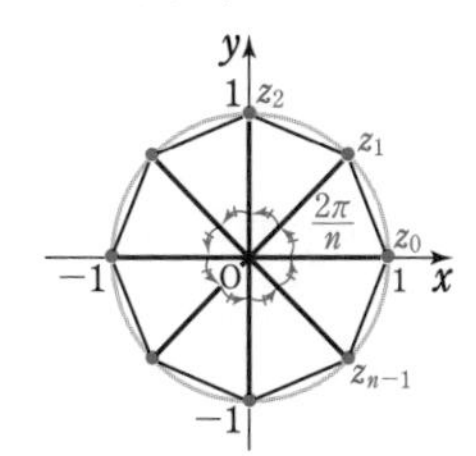


逆に，$k$ を整数として　　$z_k=\cos\dfrac{2k\pi}{n}+i\sin\dfrac{2k\pi}{n}$ ……Ⓐ

とおくと，$(z_k)^n=1$ が成り立つから，$z_k$ は1の $n$ 乗根である。また，$z_{n+k}$ と $z_k$ の偏角は $2\pi$ だけ異なり，ともに絶対値は1であるから，$z_{n+k}=z_k$ が成り立つ。

よって，Ⓐ の **$z_k$ のうち互いに異なるものは $z_0$，$z_1$，$z_2$，……，$z_{n-1}$ の $n$ 個** である。

なお，$z^n=a\ (a>0)$ の解は $\sqrt[n]{a}\,z_k$（$z_k$ は $z^n=1$ の解）で表される。

## 基本例題 103 複素数の $n$ 乗の計算(1) …ド・モアブルの定理 ①①①①①

次の式を計算せよ。

(1) $\left(\cos\dfrac{\pi}{12}+i\sin\dfrac{\pi}{12}\right)^9$　(2) $(1+\sqrt{3}\,i)^6$　(3) $\dfrac{1}{(1-i)^{10}}$

[(2) 京都産大]

基本 95, p.175 基本事項 1

**指針** 複素数の累乗には，**ド・モアブルの定理** を利用。

$$\{r(\cos\theta+i\sin\theta)\}^n=r^n(\cos n\theta+i\sin n\theta)$$

まずは，(1)～(3) それぞれの（　）の中の複素数を極形式で表す。

**CHART** ド・モアブルの定理　絶対値は $n$ 乗，偏角は $n$ 倍

**解答**

(1) $\left(\cos\dfrac{\pi}{12}+i\sin\dfrac{\pi}{12}\right)^9=\cos\left(9\times\dfrac{\pi}{12}\right)+i\sin\left(9\times\dfrac{\pi}{12}\right)$

$=\cos\dfrac{3}{4}\pi+i\sin\dfrac{3}{4}\pi=\boldsymbol{-\dfrac{1}{\sqrt{2}}+\dfrac{1}{\sqrt{2}}i}$

◀既に極形式の累乗の形。

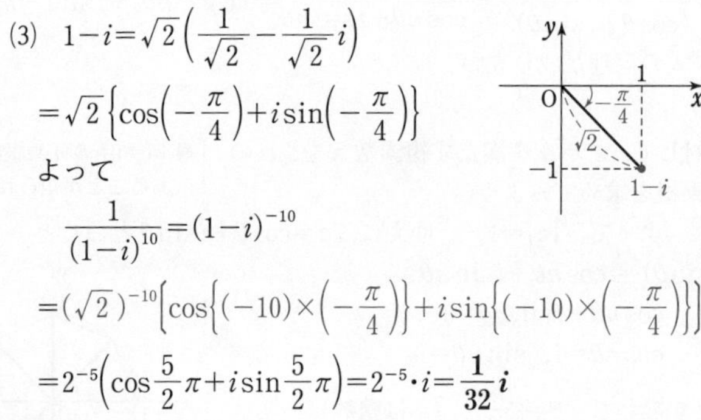


(2) $1+\sqrt{3}\,i=2\left(\dfrac{1}{2}+\dfrac{\sqrt{3}}{2}i\right)$

$=2\left(\cos\dfrac{\pi}{3}+i\sin\dfrac{\pi}{3}\right)$

◀$1+\sqrt{3}\,i$ を極形式で表す。

よって　$(1+\sqrt{3}\,i)^6$

$=\left\{2\left(\cos\dfrac{\pi}{3}+i\sin\dfrac{\pi}{3}\right)\right\}^6$

$=2^6\left\{\cos\left(6\times\dfrac{\pi}{3}\right)+i\sin\left(6\times\dfrac{\pi}{3}\right)\right\}$

$=2^6(\cos 2\pi+i\sin 2\pi)=2^6\cdot 1=\boldsymbol{64}$

◀$(ab)^n=a^nb^n$，ド・モアブルの定理。

(3) $1-i=\sqrt{2}\left(\dfrac{1}{\sqrt{2}}-\dfrac{1}{\sqrt{2}}i\right)$

$=\sqrt{2}\left\{\cos\left(-\dfrac{\pi}{4}\right)+i\sin\left(-\dfrac{\pi}{4}\right)\right\}$

◀$1-i$ を極形式で表す。偏角は $-\pi\leqq\theta<\pi$ の範囲にとるとよい。

よって

$\dfrac{1}{(1-i)^{10}}=(1-i)^{-10}$

◀$\dfrac{1}{z^n}=z^{-n}$（$n$ は自然数）

$=(\sqrt{2})^{-10}\left[\cos\left\{(-10)\times\left(-\dfrac{\pi}{4}\right)\right\}+i\sin\left\{(-10)\times\left(-\dfrac{\pi}{4}\right)\right\}\right]$

$=2^{-5}\left(\cos\dfrac{5}{2}\pi+i\sin\dfrac{5}{2}\pi\right)=2^{-5}\cdot i=\boldsymbol{\dfrac{1}{32}i}$

◀$(\sqrt{2})^{-10}=(2^{\frac{1}{2}})^{-10}=2^{-5}$

**練習** ②**103** 次の式を計算せよ。

(1) $\left\{2\left(\cos\dfrac{\pi}{3}+i\sin\dfrac{\pi}{3}\right)\right\}^5$　(2) $(-\sqrt{3}+i)^6$　(3) $\left(\dfrac{1+i}{2}\right)^{-14}$

p.185 EX 71

## 基本例題 104 複素数の $n$ 乗の計算 (2)

(1) $\left(\dfrac{1+i}{\sqrt{3}+i}\right)^n$ が実数となる最小の自然数 $n$ の値を求めよ。〔類 日本女子大〕

(2) 複素数 $z$ が $z+\dfrac{1}{z}=\sqrt{2}$ を満たすとき，$z^{20}+\dfrac{1}{z^{20}}$ の値を求めよ。〔類 中部大〕

基本 97, 103　重要 108

**指針** (1) $1+i$，$\sqrt{3}+i$ をそれぞれ極形式で表し，その商を更に極形式で表す。
その後にド・モアブルの定理を適用。また **実数 ⟺ 虚部が 0**

(2) 条件式は，分母を払うと $z$ の 2 次方程式になる。
⟶ 解 $z$ を極形式で表してド・モアブルの定理を適用。

**CHART 複素数の累乗には ド・モアブルの定理**
$$(\cos\theta+i\sin\theta)^n=\cos n\theta+i\sin n\theta$$

**解答**

(1) $$\frac{1+i}{\sqrt{3}+i}=\frac{\sqrt{2}\left(\cos\frac{\pi}{4}+i\sin\frac{\pi}{4}\right)}{2\left(\cos\frac{\pi}{6}+i\sin\frac{\pi}{6}\right)}$$
$$=\frac{1}{\sqrt{2}}\left(\cos\frac{\pi}{12}+i\sin\frac{\pi}{12}\right)^{(*)}$$ よって
$$\left(\frac{1+i}{\sqrt{3}+i}\right)^n=\left(\frac{1}{\sqrt{2}}\right)^n\left(\cos\frac{n}{12}\pi+i\sin\frac{n}{12}\pi\right)\ \cdots\cdots ①$$

① が実数となるための条件は　$\sin\dfrac{n}{12}\pi=0$

ゆえに　$\dfrac{n}{12}\pi=k\pi$ （$k$ は整数）　よって　$n=12k$

ゆえに，求める最小の自然数 $n$ は $k=1$ のときで　$\boldsymbol{n=12}$

(2) $z+\dfrac{1}{z}=\sqrt{2}$ の両辺に $z$ を掛けて整理すると
$$z^2-\sqrt{2}z+1=0$$

これを解くと　$z=\dfrac{\sqrt{2}\pm\sqrt{(\sqrt{2})^2-4\cdot1\cdot1}}{2}=\dfrac{\sqrt{2}\pm\sqrt{2}i}{2}$

よって　$z=\cos\left(\pm\dfrac{\pi}{4}\right)+i\sin\left(\pm\dfrac{\pi}{4}\right)$ （複号同順）

ここで，$\theta=\pm\dfrac{\pi}{4}$ とおくと
$$z^{20}+\frac{1}{z^{20}}=(\cos\theta+i\sin\theta)^{20}+(\cos\theta+i\sin\theta)^{-20}$$
$$=(\cos 20\theta+i\sin 20\theta)+\{\cos(-20\theta)+i\sin(-20\theta)\}$$
$$=2\cos 20\theta=2\cos\left\{20\times\left(\pm\frac{\pi}{4}\right)\right\}=2\cos(\pm 5\pi)=2\cos 5\pi=\boldsymbol{-2}$$

(1) $\dfrac{1+i}{\sqrt{3}+i}$ の分母を実数化するとうまくいかない。

(＊) $\dfrac{\sqrt{2}}{2}\left\{\cos\left(\dfrac{\pi}{4}-\dfrac{\pi}{6}\right)+i\sin\left(\dfrac{\pi}{4}-\dfrac{\pi}{6}\right)\right\}$

◀虚部が 0

◀$\sin\theta=0$ の解は $\theta=k\pi$ （$k$ は整数）

◀$z=\dfrac{1}{\sqrt{2}}\pm\dfrac{1}{\sqrt{2}}i$

◀$z$ を極形式で表す。

◀$\cos(-20\theta)=\cos 20\theta$，$\sin(-20\theta)=-\sin 20\theta$

**練習 ③104** (1) $\left(\dfrac{\sqrt{3}+3i}{\sqrt{3}+i}\right)^n$ が実数となる最大の負の整数 $n$ の値を求めよ。

(2) 複素数 $z$ が $z+\dfrac{1}{z}=\sqrt{3}$ を満たすとき　$z^{12}+\dfrac{1}{z^{12}}=$ □

p.185 EX72

# 基本例題 105 方程式 $z^n=1$ の解

⊘⊘⊘⊘⊘

極形式を用いて，方程式 $z^6=1$ を解け。

p.175 基本事項 2　重要 107，演習 133

**指針** 次の手順で考えていくとよい。

1. 解を $z=r(\cos\theta+i\sin\theta)$ $[r>0]$ とする。
2. 方程式 $z^6=1$ の左辺と右辺を極形式で表す。
3. 両辺の 絶対値と偏角を比較 する。
4. $z$ の絶対値 $r$ と偏角 $\theta$ の値を求める。$\theta$ は $0\leqq\theta<2\pi$ の範囲にあるものを書き上げる。

**CHART** 複素数の累乗には　ド・モアブルの定理
$$(\cos\theta+i\sin\theta)^n=\cos n\theta+i\sin n\theta$$

**解答**

解を $z=r(\cos\theta+i\sin\theta)$ $[r>0]$ とすると

$$z^6=r^6(\cos 6\theta+i\sin 6\theta)$$

また　$1=\cos 0+i\sin 0$

ゆえに　$r^6(\cos 6\theta+i\sin 6\theta)=\cos 0+i\sin 0$

両辺の絶対値と偏角を比較すると

$$r^6=1,\quad 6\theta=2k\pi\quad (k \text{ は整数})$$

$r>0$ であるから　$r=1$　　また　$\theta=\dfrac{k}{3}\pi$

よって　$z=\cos\dfrac{k}{3}\pi+i\sin\dfrac{k}{3}\pi$ ……①

$0\leqq\theta<2\pi$ の範囲で考えると　$k=0,\ 1,\ 2,\ 3,\ 4,\ 5$

① で $k=l$ ($l=0,\ 1,\ 2,\ 3,\ 4,\ 5$) としたときの $z$ を $z_l$ とすると

$$z_0=\cos 0+i\sin 0=1,$$
$$z_1=\cos\frac{\pi}{3}+i\sin\frac{\pi}{3}=\frac{1}{2}+\frac{\sqrt{3}}{2}i,$$
$$z_2=\cos\frac{2}{3}\pi+i\sin\frac{2}{3}\pi=-\frac{1}{2}+\frac{\sqrt{3}}{2}i,$$
$$z_3=\cos\pi+i\sin\pi=-1,$$
$$z_4=\cos\frac{4}{3}\pi+i\sin\frac{4}{3}\pi=-\frac{1}{2}-\frac{\sqrt{3}}{2}i,$$
$$z_5=\cos\frac{5}{3}\pi+i\sin\frac{5}{3}\pi=\frac{1}{2}-\frac{\sqrt{3}}{2}i$$

したがって，求める解は　$\boldsymbol{z=\pm 1,\ \pm\dfrac{1}{2}\pm\dfrac{\sqrt{3}}{2}i}$

◀ド・モアブルの定理。

◀1 を極形式で表す。

◀$z^6=1$ の両辺を極形式で表した。

**検討**

$z^6-1=0$ から
$(z+1)(z-1)(z^2+z+1)\times(z^2-z+1)=0$
このように，因数分解を利用して解くこともできる。
なお，解を複素数平面上に図示すると，単位円に内接する正六角形の頂点となっている。また，$z_k={z_1}^k$ が成り立つ。
→ $p.182$, 183 の参考事項も参照。

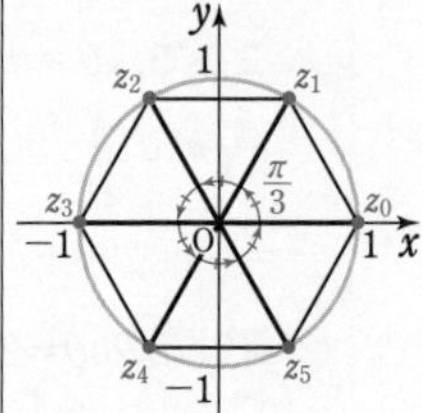


**練習** ②**105** 極形式を用いて，次の方程式を解け。

(1) $z^3=1$　　(2) $z^8=1$

## 基本例題 106 方程式 $z^n=\alpha$ の解

方程式 $z^4=-8+8\sqrt{3}\,i$ を解け。

基本 105 重要 108

指針 方針は前ページの基本例題 105 とまったく同様である。
解を $z=r(\cos\theta+i\sin\theta)$ $[r>0]$ とすると　$z^4=r^4(\cos 4\theta+i\sin 4\theta)$
また，$-8+8\sqrt{3}\,i$ を極形式で表し，両者の **絶対値と偏角を比較** する。

**CHART** $\alpha$ の $n$ 乗根は　絶対値と偏角を比べる

解答

解を $z=r(\cos\theta+i\sin\theta)$ $[r>0]$ とすると

$$z^4=r^4(\cos 4\theta+i\sin 4\theta)$$

◀ド・モアブルの定理。

また　$-8+8\sqrt{3}\,i=16\left(\cos\frac{2}{3}\pi+i\sin\frac{2}{3}\pi\right)$

◀$-8+8\sqrt{3}\,i=16\left(-\frac{1}{2}+\frac{\sqrt{3}}{2}i\right)$

ゆえに　$r^4(\cos 4\theta+i\sin 4\theta)=16\left(\cos\frac{2}{3}\pi+i\sin\frac{2}{3}\pi\right)$

両辺の絶対値と偏角を比較すると

$$r^4=16,\quad 4\theta=\frac{2}{3}\pi+2k\pi\ (k\text{ は整数})$$

◀$+2k\pi$ を忘れないように。

$r>0$ であるから　$r=2$　また　$\theta=\frac{\pi}{6}+\frac{k}{2}\pi$

◀$r^n=a$ $(a>0)$ の正の解は　$r=\sqrt[n]{a}$

よって

$$z=2\left\{\cos\left(\frac{\pi}{6}+\frac{k}{2}\pi\right)+i\sin\left(\frac{\pi}{6}+\frac{k}{2}\pi\right)\right\}\ \cdots\cdots\ ①$$

$0\leqq\theta<2\pi$ の範囲で考えると　$k=0,\ 1,\ 2,\ 3$

① で $k=0,\ 1,\ 2,\ 3$ としたときの $z$ を，それぞれ $z_0,\ z_1,\ z_2,\ z_3$ とすると

$$z_0=2\left(\cos\frac{\pi}{6}+i\sin\frac{\pi}{6}\right)=\sqrt{3}+i,$$

$$z_1=2\left(\cos\frac{2}{3}\pi+i\sin\frac{2}{3}\pi\right)=-1+\sqrt{3}\,i,$$

$$z_2=2\left(\cos\frac{7}{6}\pi+i\sin\frac{7}{6}\pi\right)=-\sqrt{3}-i,$$

$$z_3=2\left(\cos\frac{5}{3}\pi+i\sin\frac{5}{3}\pi\right)=1-\sqrt{3}\,i$$

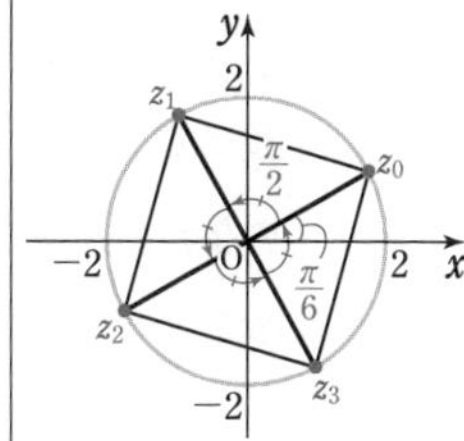


したがって，求める解は　$\boldsymbol{z=\pm(\sqrt{3}+i),\ \pm(1-\sqrt{3}\,i)}$

検討 **解の図形的な意味**

解を表す 4 点 $z_0,\ z_1,\ z_2,\ z_3$ は，複素数平面上で，原点 O を中心とする半径 2 の円に内接する正方形の頂点である。また，解 $z_k$ において，$k=0,\ 1,\ 2,\ 3$ 以外の任意の整数 $k$ に対して，$z_k$ は $z_0,\ z_1,\ z_2,\ z_3$ のいずれかと一致する。

練習 ②106 次の方程式を解け。　〔(1) 東北学院大〕

(1) $z^3=8i$　　(2) $z^4=-2-2\sqrt{3}\,i$

p.185 EX73

3章 ⑭ ド・モアブルの定理

## 重要例題 107 1の $n$ 乗根の利用

複素数 $\alpha\ (\alpha \neq 1)$ を1の5乗根とする。 [(1)~(3) 金沢大]

(1) $\alpha^2+\alpha+1+\dfrac{1}{\alpha}+\dfrac{1}{\alpha^2}=0$ であることを示せ。

(2) (1)を利用して，$t=\alpha+\overline{\alpha}$ は $t^2+t-1=0$ を満たすことを示せ。

(3) (2)を利用して，$\cos\dfrac{2}{5}\pi$ の値を求めよ。

(4) $\alpha=\cos\dfrac{2}{5}\pi+i\sin\dfrac{2}{5}\pi$ とするとき，$(1-\alpha)(1-\alpha^2)(1-\alpha^3)(1-\alpha^4)=5$ であることを示せ。

基本 105

**指針**

(1) $\alpha$ は1の5乗根 $\Longleftrightarrow \alpha^5=1 \Longleftrightarrow (\alpha-1)(\alpha^4+\alpha^3+\alpha^2+\alpha+1)=0$

(2) $\alpha^5=1$ より，$|\alpha|=1$ すなわち $\alpha\overline{\alpha}=1$ であるから，かくれた条件 $\overline{\alpha}=\dfrac{1}{\alpha}$ を利用。

(3) $\alpha=\cos\dfrac{2}{5}\pi+i\sin\dfrac{2}{5}\pi$ とすると，$\alpha$ は1の5乗根の1つ。$t=\alpha+\overline{\alpha}$ を考え，(2)の結果を利用 する。

(4) $\alpha^5=1$ を利用して，$\alpha^k\ (k=1,\ 2,\ 3,\ 4,\ 5)$ が方程式 $z^5=1$ の異なる5個の解であることを示す。これが示されるとき，$z^5-1=(z-\alpha)(z-\alpha^2)(z-\alpha^3)(z-\alpha^4)(z-\alpha^5)$ が成り立つことを利用する。 $(1-\alpha)(1-\alpha^2)(1-\alpha^3)(1-\alpha^4)$ に似た形。

**解答**

(1) $\alpha^5=1$ から $(\alpha-1)(\alpha^4+\alpha^3+\alpha^2+\alpha+1)=0$

$\alpha \neq 1$ であるから $\alpha^4+\alpha^3+\alpha^2+\alpha+1=0$

両辺を $\alpha^2\ (\neq 0)$ で割ると $\alpha^2+\alpha+1+\dfrac{1}{\alpha}+\dfrac{1}{\alpha^2}=0$

(2) $\alpha^5=1$ から $|\alpha|^5=1$

よって $|\alpha|=1$ ゆえに $|\alpha|^2=1$

すなわち $\alpha\overline{\alpha}=1$ よって $\overline{\alpha}=\dfrac{1}{\alpha}$

ゆえに
$$\begin{aligned}t^2+t-1&=(\alpha+\overline{\alpha})^2+(\alpha+\overline{\alpha})-1\\&=\alpha^2+\alpha+2\alpha\overline{\alpha}-1+(\overline{\alpha})^2+\overline{\alpha}\\&=\alpha^2+\alpha+2-1+\frac{1}{\alpha^2}+\frac{1}{\alpha}=0\end{aligned}$$

(3) $\alpha=\cos\dfrac{2}{5}\pi+i\sin\dfrac{2}{5}\pi$ とすると，$\alpha$ は $\alpha^5=1$，$\alpha\neq1$ を満たす。このとき $\overline{\alpha}=\cos\dfrac{2}{5}\pi-i\sin\dfrac{2}{5}\pi$

よって，$t=\alpha+\overline{\alpha}$ とすると $t=2\cos\dfrac{2}{5}\pi$ であり，(2)から $t^2+t-1=0$ が満たされる。

$t^2+t-1=0$ の解は $t=\dfrac{-1\pm\sqrt{1^2-4\cdot1\cdot(-1)}}{2}=\dfrac{-1\pm\sqrt{5}}{2}$

$t>0$ であるから $t=2\cos\dfrac{2}{5}\pi=\dfrac{-1+\sqrt{5}}{2}$ ゆえに $\boldsymbol{\cos\dfrac{2}{5}\pi=\dfrac{\sqrt{5}-1}{4}}$

◀$\alpha^5-1=0$

一般に
$z^n-1$
$=(z-1)(z^{n-1}+z^{n-2}+\cdots+1)$
[$n$ は自然数] が成り立つ。この恒等式は，初項1，公比 $z$，項数 $n$ の等比数列の和を考えることで導かれる。

◀$(\alpha+\overline{\alpha})^2=\alpha^2+2\alpha\overline{\alpha}+(\overline{\alpha})^2$

◀(1)の結果を利用。

◀$\alpha^5=\cos2\pi+i\sin2\pi=1$

◀$\alpha+\overline{\alpha}=2\times$($\alpha$ の実部)

(4) $\alpha^5=1$ であるから，$k=1,\ 2,\ 3,\ 4,\ 5$ に対して

$$(\alpha^k)^5=(\alpha^5)^k=1^k=1 \quad \text{が成り立つ。}$$

よって，$\alpha^k\ (k=1,\ 2,\ 3,\ 4,\ 5)$ は方程式 $z^5=1$ の解である。

ここで，$\alpha,\ \alpha^2,\ \alpha^3,\ \alpha^4,\ \alpha^5\ (=1)$ は互いに異なるから，5 次方程式 $z^5-1=0$ の異なる 5 個の解である。

$z^5-1=(z-1)(z^4+z^3+z^2+z+1)$ から，$\alpha,\ \alpha^2,\ \alpha^3,\ \alpha^4$ は $z^4+z^3+z^2+z+1=0$ の解である。よって，

$$z^4+z^3+z^2+z+1=(z-\alpha)(z-\alpha^2)(z-\alpha^3)(z-\alpha^4)$$

と因数分解できる。

両辺に $z=1$ を代入して

$$(1-\alpha)(1-\alpha^2)(1-\alpha^3)(1-\alpha^4)=5$$

別解 (与式)$=(1-\alpha)(1-\alpha^4)\times(1-\alpha^2)(1-\alpha^3)$

$$=(1-\alpha^4-\alpha+\alpha^5)(1-\alpha^3-\alpha^2+\alpha^5)$$
$$=\{2-(\alpha+\alpha^4)\}\{2-(\alpha^2+\alpha^3)\}$$
$$=2^2-(\alpha^4+\alpha^3+\alpha^2+\alpha)\cdot 2+\alpha^3+\alpha^4+\alpha^6+\alpha^7$$
$$=4-(-1)\cdot 2+\alpha^3+\alpha^4+\alpha+\alpha^2=6-1=5$$

◀(3) の $\alpha$ と同じ値。$\alpha\neq 1$

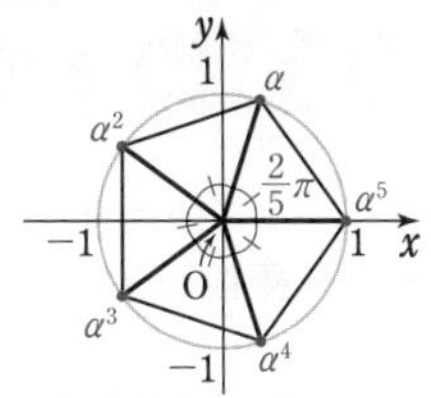


注意　一般に，$n$ 次方程式は $n$ 個の解をもつ。

◀$\alpha^5=1$ と (1) で導いた $\alpha^4+\alpha^3+\alpha^2+\alpha+1=0$ を利用する。



## 検討 重要例題 107 (4) に関する一般化

重要例題 107 (4) に関する考察は，一般の場合でも同様である。

1 の $n$ 乗根の 1 つを $\alpha=\cos\dfrac{2\pi}{n}+i\sin\dfrac{2\pi}{n}$ とすると，$\alpha,\ \alpha^2,\ \cdots\cdots,\ \alpha^{n-1},\ \alpha^n\ (=1)$ は互いに異なり，$1\leqq k\leqq n$ である自然数 $k$ に対して $(\alpha^k)^n=(\alpha^n)^k=1^k=1$ であるから，$1,\ \alpha,\ \alpha^2,\ \cdots\cdots,\ \alpha^{n-1}$ は $n$ 次方程式 $z^n-1=0$ の解である。

$z^n-1=(z-1)(z^{n-1}+z^{n-2}+\cdots\cdots+z+1)$ から，$\alpha,\ \alpha^2,\ \cdots\cdots,\ \alpha^{n-1}$ は $z^{n-1}+z^{n-2}+\cdots\cdots+z+1=0$ の解である。

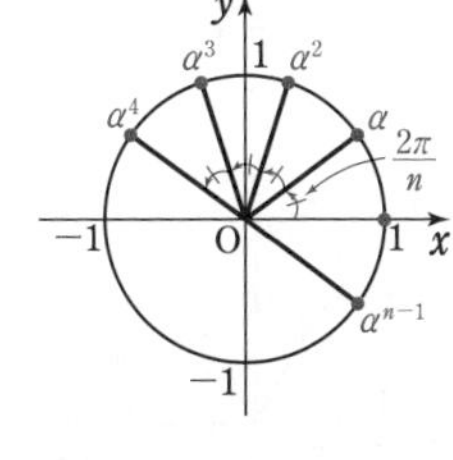


よって，恒等式

$$(z-\alpha)(z-\alpha^2)\cdot\cdots\cdots\cdot(z-\alpha^{n-1})=z^{n-1}+z^{n-2}+\cdots\cdots+z+1$$

が成り立つ。両辺に $z=1$ を代入すると

$$(1-\alpha)(1-\alpha^2)\cdot\cdots\cdots\cdot(1-\alpha^{n-1})=n$$　◀(右辺)$=1\times n$

更に，両辺の絶対値をとると，$|z_1z_2|=|z_1||z_2|$ に注意して

$$|1-\alpha||1-\alpha^2|\cdot\cdots\cdots\cdot|1-\alpha^{n-1}|=n \quad \cdots\cdots ①$$

ここで，$P_k(\alpha^k)\ (k=0,\ 1,\ \cdots\cdots,\ n-1)$ とすると，$|1-\alpha^k|$ は線分 $P_0P_k$ の長さに等しいから，① は

$$P_0P_1\times P_0P_2\times\cdots\cdots\times P_0P_{n-1}=n$$

したがって，① から次のことがわかる。

**半径 1 の円に内接する正 $n$ 角形の 1 つの頂点から他の頂点に引いた $(n-1)$ 本の線分の長さの積は $n$ に等しい。**

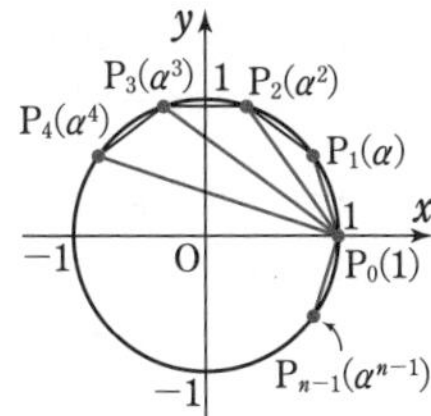


**練習 ④107** 複素数 $\alpha=\cos\dfrac{2}{7}\pi+i\sin\dfrac{2}{7}\pi$ に対して

(1) (ア) $\alpha+\alpha^2+\alpha^3+\alpha^4+\alpha^5+\alpha^6$　　(イ) $\dfrac{1}{1-\alpha}+\dfrac{1}{1-\alpha^6}$

(ウ) $(1-\alpha)(1-\alpha^2)(1-\alpha^3)(1-\alpha^4)(1-\alpha^5)(1-\alpha^6)$　　の値を求めよ。

(2) $t=\alpha+\overline{\alpha}$ とするとき，$t^3+t^2-2t$ の値を求めよ。

p.185 EX 74, 75

## 参考事項　1の原始 $n$ 乗根

複素数 $\alpha$ の $n$ 乗根，すなわち，$x^n=\alpha$ の解のうち，$n$ 乗して初めて $\alpha$ になるものを，$\alpha$ の **原始 $n$ 乗根** という。ここでは，1の原始 $n$ 乗根について，考えてみることにしよう。

例　$n=6$ の場合。$z^6=1$ の解のうち，原始6乗根となるものを求める。

$z^6=1$ の解は，$p.178$ 基本例題 **105** の解答における，$z_0$，$z_1$，……，$z_5$ の6個である。

[1]　$z_0=1$ は，明らかに1の原始6乗根ではない。

[2]　$z_3=-1$ は，$z_3{}^2=1$ から，1の原始6乗根ではない。

[3]　$z_1$，$z_5$ については

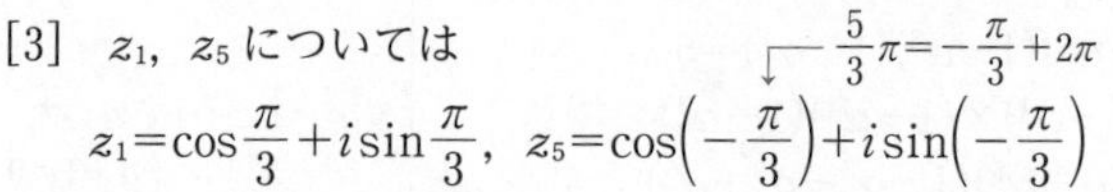

$$z_1=\cos\frac{\pi}{3}+i\sin\frac{\pi}{3},\quad z_5=\cos\left(-\frac{\pi}{3}\right)+i\sin\left(-\frac{\pi}{3}\right)$$

（$\frac{5}{3}\pi=-\frac{\pi}{3}+2\pi$）

と表され，図[3]より，$z_1$，$z_5$ はどちらも6乗したとき初めて1になる。つまり，$z_1$，$z_5$ は1の原始6乗根である。

[2] $z_3$

点 $z_3$ に $\pi$ の回転を行うと点1に到達する。

$z_3\times z_3=z_3{}^2=1$

[4]　$z_2$，$z_4$ については

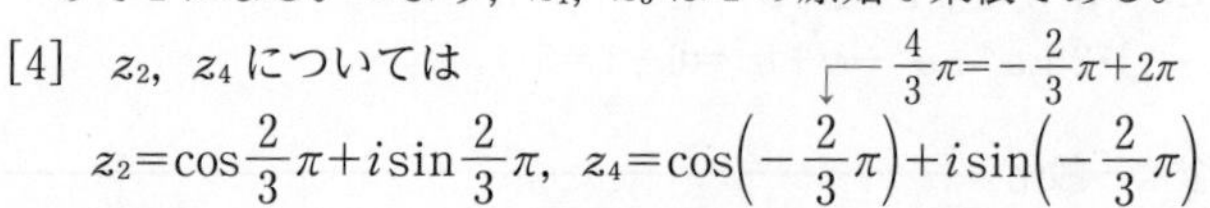

$$z_2=\cos\frac{2}{3}\pi+i\sin\frac{2}{3}\pi,\quad z_4=\cos\left(-\frac{2}{3}\pi\right)+i\sin\left(-\frac{2}{3}\pi\right)$$

（$\frac{4}{3}\pi=-\frac{2}{3}\pi+2\pi$）

と表され，$z_2{}^3=1$，$z_4{}^3=1$ である（このことは，図[4]からもわかる）。

よって，$z_2$，$z_4$ はともに1の原始6乗根ではない。

[3]

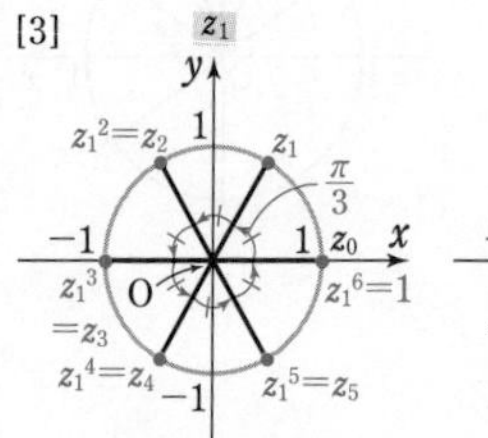


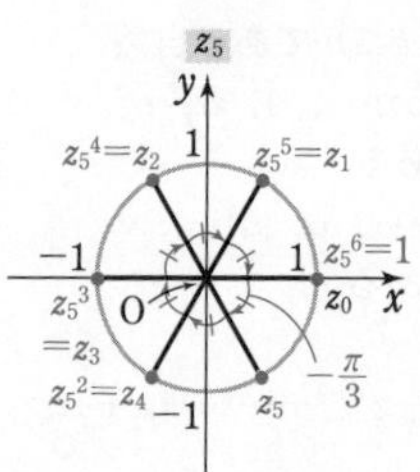


点 $z_1$，$z_5$ にそれぞれ $\frac{\pi}{3}$，$-\frac{\pi}{3}$ の回転を5回行うと（初めて）点1に到達する。

$z_1\times z_1{}^5=z_1{}^6=1$，　$z_5\times z_5{}^5=z_5{}^6=1$

[4]

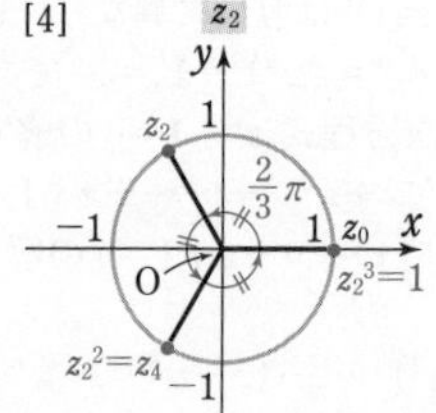


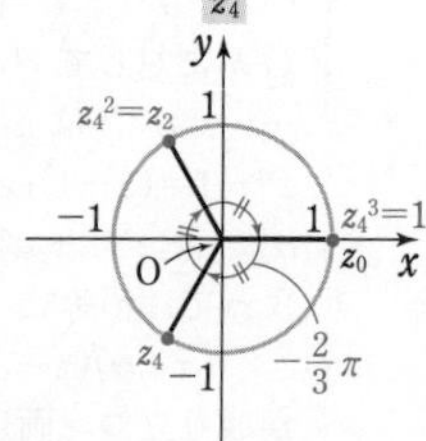


点 $z_2$，$z_4$ にそれぞれ $\frac{2}{3}\pi$，$-\frac{2}{3}\pi$ の回転を2回行うと点1に到達する。

$z_2\times z_2{}^2=z_2{}^3=1$，　$z_4\times z_4{}^2=z_4{}^3=1$

ここで，[3]　$k=1$，5のとき，$z_k$ は1の原始6乗根であり，　◀$k$ は6と互いに素である。

[2]，[4]　$k=2$，3，4のとき，$z_k$ は1の原始6乗根ではない。　◀$k$ は6と互いに素でない。

となっており，1の原始6乗根 $z=z_1$，$z_5$ については，図[3]から次のことがわかる。

点 $z^l$ $(l=1,\ 2,\ 3,\ 4,\ 5,\ 6)$ は，点1を1つの頂点として，単位円に内接する正六角形の各頂点になる。

一般には，原始 $n$ 乗根に関して，次のページで示したような性質がある。

**1 の $n$ 乗根，すなわち $z^n=1$ の解 $z_k=\cos\dfrac{2k\pi}{n}+i\sin\dfrac{2k\pi}{n}$ $(k=0,\ 1,\ \cdots\cdots,\ n-1)$ の**
うち，$z_0=1$ は 1 の原始 $n$ 乗根ではなく，$k\geqq 1$ の場合については次のことが成り立つ。
(i)　**$k$ が $n$ と互いに素であるとき，$z_k$ は 1 の原始 $n$ 乗根である。**
**また，このとき，$z_k{}^l$ $(l=1,\ 2,\ \cdots\cdots,\ n)$ は，点 1 を 1 つの頂点として，単位円に内接する正 $n$ 角形の各頂点になる。**
(ii)　**$k$ が $n$ と互いに素でないとき，$z_k$ は 1 の原始 $n$ 乗根ではない。**

**[(i) の前半と (ii) の証明]**

自然数 $m$ $(1\leqq m\leqq n)$ が $z_k{}^m=1$ を満たすための条件は，$\dfrac{2k\pi}{n}\times m=2\pi\times$(自然数)　← 偏角に注目。

すなわち，　$km=(n$ の正の倍数$)$ …… ①　が満たされることである。

(i)　$k$ が $n$ と互いに素であるとき，① を満たす $m$ は $n$ の正の倍数である。$1\leqq m\leqq n$ であるから　　$m=n$
よって，$z_k$ は $n$ 乗して初めて 1 になるから，$z_k$ は 1 の原始 $n$ 乗根である。

◀ **$a$，$b$ が互いに素で，$ac$ が $b$ の倍数ならば，$c$ は $b$ の倍数である。**
($a$，$b$，$c$ は整数)

(ii)　$k$ が $n$ と互いに素でないとき，$k$ と $n$ の最大公約数を $g$ $(g\geqq 2)$ とすると　$k=gk'$，$n=gn'$　($k'$，$n'$ は互いに素な自然数)　と表される。
これを ① に代入することにより，① は　$k'm=(n'$ の正の倍数$)$ …… ②　と同値である。
$k'$ と $n'$ は互いに素であるから，② を満たす $m$ は $n'$ の正の倍数である。
$m=n'$ とすると，$n'<n$ から $1\leqq m<n$ を満たし　　$km=kn'=gk'n'=nk'$
よって，① が満たされるから，$z_k{}^{n'}=1$ $(n'<n)$ である。
すなわち，$z_k$ は 1 の原始 $n$ 乗根ではない。

**[(i) の後半の証明]**　1 の原始 $n$ 乗根 $z_k$ について，$z_k$，$z_k{}^2$，$z_k{}^3$，……，$z_k{}^n$ の偏角は順に

$$\frac{k}{n}\cdot 2\pi,\ \frac{2k}{n}\cdot 2\pi,\ \frac{3k}{n}\cdot 2\pi,\ \cdots\cdots,\ \frac{nk}{n}\cdot 2\pi \quad \cdots\cdots ③$$

◀ $\dfrac{nk}{n}\cdot 2\pi=2\pi k$

③ の隣り合った 2 つの偏角の差はすべて $\left|\dfrac{k}{n}\cdot 2\pi\right|$ であり，③ の任意の 2 つの偏角の差は

$\dfrac{lk}{n}\cdot 2\pi$ $(1\leqq|l|\leqq n-1)$　と表される。

$\dfrac{lk}{n}=m$ ($m$ は整数) と仮定すると　　$lk=nm$

$k$ と $n$ は互いに素であるから，$l$ は $n$ の倍数であるが，これは $1\leqq|l|\leqq n-1$ に反する。

ゆえに，$\dfrac{lk}{n}$ が整数になることはないから，③ の任意の 2 つの偏角の差が $2\pi$ の整数倍になることはない。よって，$z_k$，$z_k{}^2$，$z_k{}^3$，…，$z_k{}^n$ はすべて互いに異なるから，(i) の後半は示された。

また，**$z_k$ が 1 の原始 $n$ 乗根のときは**，(i) と $p.181$ の 検討 で示したことから，恒等式

$$(z-z_k)(z-z_k{}^2)\cdots\cdots(z-z_k{}^{n-1})=z^{n-1}+z^{n-2}+\cdots\cdots+z+1 \quad \cdots\cdots ④$$

が成り立つ。
特に，$n$ が素数のときは，(i) により，解 $z_k$ $(k=1,\ 2,\ \cdots\cdots,\ n-1)$ はどれも 1 の原始 $n$ 乗根であるから，すべての解 $z_k$ $(k=1,\ 2,\ \cdots\cdots,\ n-1)$ について ④ が成り立つ。

## 重要例題 108 累乗の等式を満たす指数の最小値 ④④④④

$\alpha=\dfrac{\sqrt{3}+i}{2}$, $\beta=\dfrac{1+i}{\sqrt{2}}$, $\gamma=-\alpha$ とするとき

(1) $\alpha^n=\gamma$ となるような最小の自然数 $n$ の値を求めよ。

(2) $\alpha^n\beta^m=\gamma$ となるような自然数の組 $(n, m)$ のうちで, $n+m$ が最小となるものを求めよ。

基本 104, 106

**指針** 方針は基本例題 105, 106 と同様。ド・モアブルの定理によって, $\alpha^n=\gamma$ や $\alpha^n\beta^m=\gamma$ を極形式の形に直し, 絶対値と偏角を比較 する。
→ 偏角についての比較により, (1) では, $n$ の 1 次方程式, (2) では, $n$, $m$ の 1 次不定方程式が導かれるから, その自然数解について考えていくことになる。

**解答**

(1) $\alpha=\cos\dfrac{\pi}{6}+i\sin\dfrac{\pi}{6}$, $\gamma=\cos\dfrac{7}{6}\pi+i\sin\dfrac{7}{6}\pi$ であるから,

$\alpha^n=\gamma$ より　$\cos\dfrac{n\pi}{6}+i\sin\dfrac{n\pi}{6}=\cos\dfrac{7}{6}\pi+i\sin\dfrac{7}{6}\pi$

よって　$\dfrac{n\pi}{6}=\dfrac{7}{6}\pi+2k\pi$ ($k$ は整数)　$\therefore$ $n=7+12k$

求める最小の自然数 $n$ は, $k=0$ のときで　$\boldsymbol{n=7}$

(2) $\beta=\cos\dfrac{\pi}{4}+i\sin\dfrac{\pi}{4}$ であるから, $\alpha^n\beta^m=\gamma$ より

$$\left(\cos\frac{n\pi}{6}+i\sin\frac{n\pi}{6}\right)\left(\cos\frac{m\pi}{4}+i\sin\frac{m\pi}{4}\right)$$
$$=\cos\frac{7}{6}\pi+i\sin\frac{7}{6}\pi$$

$\therefore$ $\cos\left(\dfrac{n}{6}+\dfrac{m}{4}\right)\pi+i\sin\left(\dfrac{n}{6}+\dfrac{m}{4}\right)\pi=\cos\dfrac{7}{6}\pi+i\sin\dfrac{7}{6}\pi$

よって　$\left(\dfrac{n}{6}+\dfrac{m}{4}\right)\pi=\dfrac{7}{6}\pi+2k\pi$ ($k$ は整数)

ゆえに　$2n+3m=14+24k$ …… ①

$n$, $m$ は自然数であるから, ① より　$k\geqq 0$ …… ②

① を変形すると　$2(n-7)=-3(m-8k)$

2 と 3 は互いに素であるから, $n-7=-3l$, $m-8k=2l$ ($l$ は整数) と表される。よって　$n=7-3l$, $m=2l+8k$

$n$ は自然数であるから　$7-3l>0$　ゆえに　$l\leqq 2$ …… ③

ここで　$n+m=(7-3l)+(2l+8k)=7+8k-l$

$n+m$ が最小となるのは, ②, ③ から $k=0$ かつ $l=2$ のとき, すなわち $\boldsymbol{(n, m)=(1, 4)}$ のときである。

◀ $\gamma=-\alpha$ のとき
$\arg\gamma=\arg\alpha+\pi$

◀ ド・モアブルの定理
$(\cos\theta+i\sin\theta)^n$
$=\cos n\theta+i\sin n\theta$

◀ 偏角を比較。

◀ $(\cos\alpha+i\sin\alpha)$
$\times(\cos\beta+i\sin\beta)$
$=\cos(\alpha+\beta)$
$+i\sin(\alpha+\beta)$

◀ 偏角を比較。

◀ $k\leqq -1$ のとき
$14+24k<0$

◀ **$a$, $b$ が互いに素で, $ac$ が $b$ の倍数ならば, $c$ は $b$ の倍数である。**
($a$, $b$, $c$ は整数)

**練習 ④ 108**

(1) $\left(\dfrac{1-\sqrt{3}i}{2}\right)^n+1=0$ を満たす最小の自然数 $n$ の値を求めよ。

(2) 正の整数 $m$, $n$ で, $(1+i)^n=(1+\sqrt{3}i)^m$ かつ $m+n\leqq 100$ を満たす組 $(m, n)$ をすべて求めよ。

[(2) 類 神戸大]

# EXERCISES



②**70**　ド・モアブルの定理を用いて，次の等式を証明せよ。

(1)　$\sin 2\theta=2\sin\theta\cos\theta$，$\cos 2\theta=\cos^2\theta-\sin^2\theta$

(2)　$\sin 3\theta=3\sin\theta-4\sin^3\theta$，$\cos 3\theta=-3\cos\theta+4\cos^3\theta$　→p.175 基本事項 **1**

③**71**　次の式を計算せよ。

$\dfrac{2+\sqrt{3}-i}{2+\sqrt{3}+i}=$ ア□，$\left(\dfrac{2+\sqrt{3}-i}{2+\sqrt{3}+i}\right)^3=$ イ□，$\left(\dfrac{2+\sqrt{3}-i}{2+\sqrt{3}+i}\right)^{2023}=$ ウ□　→103

③**72**　$z$ についての2次方程式 $z^2-2z\cos\theta+1=0$（ただし，$0<\theta<\pi$）の複素数解を $\alpha$，$\beta$ とする。

(1)　$\alpha$，$\beta$ を求めよ。

(2)　$\theta=\dfrac{2}{3}\pi$ のとき，$\alpha^n+\beta^n$ の値を求めよ。ただし，$n$ は正の整数とする。　→104

③**73**　虚数単位を $i$ とし，$\alpha=2+2\sqrt{3}i$ とする。

(1)　$w^2=\alpha$ を満たす複素数 $w$ の実部と虚部の値を求めよ。

(2)　$z^2-\alpha z-4=0$ を満たす複素数 $z$ の実部と虚部の値を求めよ。

(3)　$z^2-\alpha z-2-2\sqrt{3}-(2-2\sqrt{3})i=0$ を満たす複素数 $z$ の実部と虚部の値を求めよ。　〔類　岐阜大〕　→106

④**74**　(1)　$\theta$ を $0\leqq\theta<2\pi$ を満たす実数，$i$ を虚数単位とし，$z$ を $z=\cos\theta+i\sin\theta$ で表される複素数とする。このとき，整数 $n$ に対して次の式を証明せよ。

$$\cos n\theta=\frac{1}{2}\left(z^n+\frac{1}{z^n}\right),\quad \sin n\theta=-\frac{i}{2}\left(z^n-\frac{1}{z^n}\right)$$

(2)　$\sin^2 20^\circ+\sin^2 40^\circ+\sin^2 60^\circ+\sin^2 80^\circ=\dfrac{9}{4}$ を証明せよ。〔類　九州大〕　→104,107

④**75**　複素数 $\alpha=\cos\dfrac{2\pi}{7}+i\sin\dfrac{2\pi}{7}$ に対して，複素数 $\beta$，$\gamma$ を $\beta=\alpha+\alpha^2+\alpha^4$，$\gamma=\alpha^3+\alpha^5+\alpha^6$ とする。　〔横浜国大〕

(1)　$\beta+\gamma$，$\beta\gamma$ の値を求めよ。　(2)　$\beta$，$\gamma$ の値を求めよ。

(3)　$\sin\dfrac{2\pi}{7}+\sin\dfrac{4\pi}{7}+\sin\dfrac{8\pi}{7}$ および $\sin\dfrac{\pi}{7}\sin\dfrac{2\pi}{7}\sin\dfrac{3\pi}{7}$ の値を求めよ。　→107

**HINT**

70　$(\cos\theta+i\sin\theta)^2$，$(\cos\theta+i\sin\theta)^3$ にド・モアブルの定理を適用。

71　(ア)　分母を実数化。　(イ)，(ウ)　(ア)の結果を極形式で表し，ド・モアブルの定理を利用。

72　(2)　$n$ の値により場合分けして求めることになる。

73　(2)　$z^2-\alpha z-4=0$ を平方完成の要領で式変形し，(1)の結果を利用する。

74　(1)　$z^n$，$\dfrac{1}{z^n}$ をド・モアブルの定理を用いて計算。

(2)　まず，半角の公式 $\sin^2 20^\circ=\dfrac{1-\cos 40^\circ}{2}$ などを用いて，与式を cos● の1次の式に直す。その式に注目して，(1)の $\cos n\theta$ の式の利用を考える。

75　(1)　$\alpha^7=1$ と $\alpha\neq1$ であることを利用する。

(2)　$\beta$，$\gamma$ は $x$ の2次方程式 $x^2-(\beta+\gamma)x+\beta\gamma=0$ の2解である。

# 15 複素数と図形

## 基本事項

### 1 線分の内分点，外分点

① 2 点 $A(\alpha)$，$B(\beta)$ を結ぶ線分を $m:n$ に

内分する点を表す複素数は $\dfrac{n\alpha+m\beta}{m+n}$，外分する点を表す複素数は $\dfrac{-n\alpha+m\beta}{m-n}$

特に，中点を表す複素数は $\dfrac{\alpha+\beta}{2}$

② 3 点 $A(\alpha)$，$B(\beta)$，$C(\gamma)$ を頂点とする $\triangle ABC$ の重心を表す複素数は $\dfrac{\alpha+\beta+\gamma}{3}$

### 2 方程式の表す図形

異なる 2 点 $A(\alpha)$，$B(\beta)$ に対して

① 方程式 $|z-\alpha|=|z-\beta|$ を満たす点 $P(z)$

全体は　**線分 AB の垂直二等分線**

② 方程式 $|z-\alpha|=r$ $(r>0)$ を満たす点 $P(z)$

全体は　**点 $\alpha$ を中心とする半径 $r$ の円**

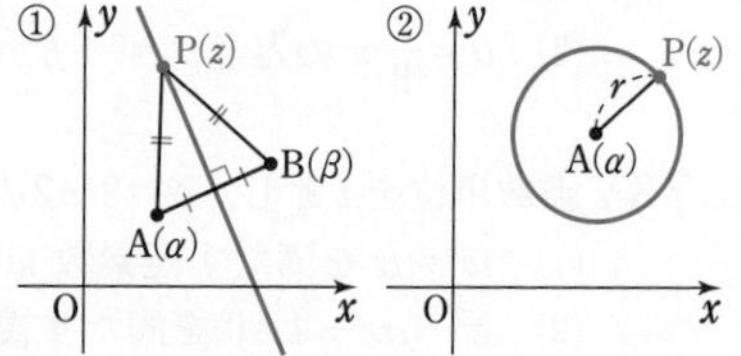


### 3 半直線のなす角，線分の平行・垂直などの条件

異なる 4 点を $A(\alpha)$，$B(\beta)$，$C(\gamma)$，$D(\delta)$ とし，偏角 $\theta$ を $-\pi<\theta\leqq\pi$ で考えるとすると

① $\angle\beta\alpha\gamma=\arg\dfrac{\gamma-\alpha}{\beta-\alpha}$

② **3 点 A，B，C が一直線上にある** $\Longleftrightarrow \dfrac{\gamma-\alpha}{\beta-\alpha}$ **が実数**　［**偏角が 0 または $\pi$**］

③ $AB\perp AC \Longleftrightarrow \dfrac{\gamma-\alpha}{\beta-\alpha}$ **が純虚数**　$\left[\text{偏角が} \pm\dfrac{\pi}{2}\right]$

④ $AB /\!/ CD \Longleftrightarrow \dfrac{\delta-\gamma}{\beta-\alpha}$ **が実数**，　$AB\perp CD \Longleftrightarrow \dfrac{\delta-\gamma}{\beta-\alpha}$ **が純虚数**

## 解　説

### ■線分の内分点，外分点

① 2 点 $A(\alpha)$，$B(\beta)$ に対して，$\alpha=a+bi$，$\beta=c+di$ とすると，線分 AB を $m:n$ に内分する点 $\gamma$ の実部は $\dfrac{na+mc}{m+n}$，虚部は $\dfrac{nb+md}{m+n}$　よって，$\gamma=\dfrac{n\alpha+m\beta}{m+n}$ となる。

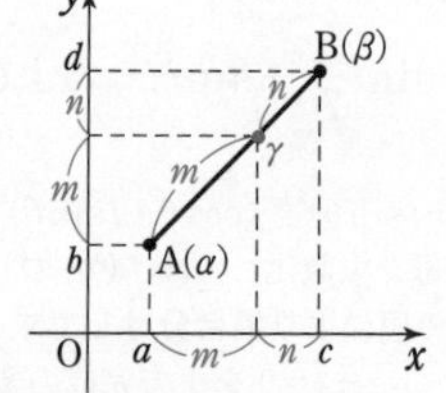


◀座標平面上の 2 点 $(x_1,\ y_1)$，$(x_2,\ y_2)$ を結ぶ線分を $m:n$ に内分する点の座標は $\left(\dfrac{nx_1+mx_2}{m+n},\ \dfrac{ny_1+my_2}{m+n}\right)$

外分の場合も同様にして導かれる。

中点については，内分の場合で $m=n=1$ とすると得られる。

② 3 点 $A(\alpha)$，$B(\beta)$，$C(\gamma)$ を頂点とする $\triangle ABC$ について，辺 BC の中点 M を表す複素数は　$\dfrac{\beta+\gamma}{2}$

$\triangle ABC$ の重心 G は，線分 AM を 2 : 1 に内分する点であることから，基本事項の 1 ② が導かれる。

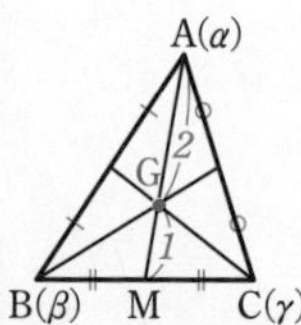

■ **方程式の表す図形**

異なる2定点 A$(\alpha)$，B$(\beta)$ と動点 P$(z)$，$r$ $(r>0)$ に対して

$|z-\alpha|=|z-\beta| \Leftrightarrow$ AP=BP $\Leftrightarrow$ 点 P は2点 A，B から等距離にある

$|z-\alpha|=r \Leftrightarrow$ AP$=r \Leftrightarrow$ 点 P は点 A から $r$（一定）の距離にある

よって，基本事項の **2** が成り立つ。

◀A$(\alpha)$，B$(\beta)$ に対し **AB$=|\beta-\alpha|$**

■ **アポロニウスの円の利用**

一般に，2定点 A，B からの距離の比が $m:n$ $(m>0, n>0, m \neq n)$ である点の軌跡は，線分 AB を $m:n$ に内分する点と外分する点を直径の両端とする円（アポロニウスの円）である。

このことを用いると，次のことが成り立つ。

異なる2点を A$(\alpha)$，B$(\beta)$ とする。　$m>0$，$n>0$，$m \neq n$ のとき，方程式 $n|z-\alpha|=m|z-\beta|$ を満たす点 P$(z)$ の全体は，**線分 AB を $m:n$ に内分する点と外分する点を直径の両端とする円** である。

なお，$m=n$ のとき，点 P 全体は線分 AB の垂直二等分線である。

◀「チャート式基礎からの数学Ⅱ」の $p.175$ 参照。

◀$n$AP$=m$BP $\Leftrightarrow$ AP：BP$=m:n$

◀基本事項 **2** ①。

■ **半直線のなす角**

異なる3点 A$(\alpha)$，B$(\beta)$，C$(\gamma)$ に対し，半直線 AB から半直線 AC までの回転角を，本書では $\angle\beta\alpha\gamma$ と表すことにする。

ここで，この $\angle\beta\alpha\gamma$ は向きを含めて考えた角である。

すなわち，半直線 AB から半直線 AC へ回転する角の向きが反時計回りのとき $\angle\beta\alpha\gamma$ は正の角，時計回りのとき $\angle\beta\alpha\gamma$ は負の角となる。

また，$\angle\gamma\alpha\beta=-\angle\beta\alpha\gamma$ が成り立つ。

点 $\alpha$ が点0に移るような平行移動で，点 $\beta$ が点 $\beta'$ に，点 $\gamma$ が点 $\gamma'$ に移るとすると　$\beta'=\beta-\alpha$，$\gamma'=\gamma-\alpha$

よって　$\angle\beta\alpha\gamma=\angle\beta' 0 \gamma'=\arg\gamma'-\arg\beta'=\arg\dfrac{\gamma'}{\beta'}=\arg\dfrac{\gamma-\alpha}{\beta-\alpha}$

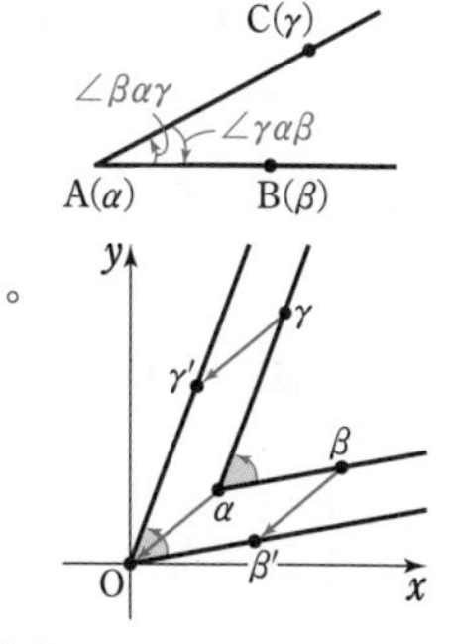


**注意**　$\angle\gamma\alpha\beta=-\angle\beta\alpha\gamma$ などの等式は，$2\pi$ の整数倍の違いを除いて考えている。

■ **共線条件，線分の平行・垂直などの条件**

基本事項 **3** の ②～④ について，説明する。

② 3点 A，B，C が一直線上にあるとき

$$\angle\beta\alpha\gamma=\arg\frac{\gamma-\alpha}{\beta-\alpha}=0,\ \pi$$

偏角が $0\left(\dfrac{\gamma-\alpha}{\beta-\alpha}>0\right)$ なら，A，B，C または A，C，B の順に一直線上にあり，偏角が $\pi\left(\dfrac{\gamma-\alpha}{\beta-\alpha}<0\right)$ なら，B，A，C の順に一直線上にある。このとき，$\dfrac{\gamma-\alpha}{\beta-\alpha}$ は実数。

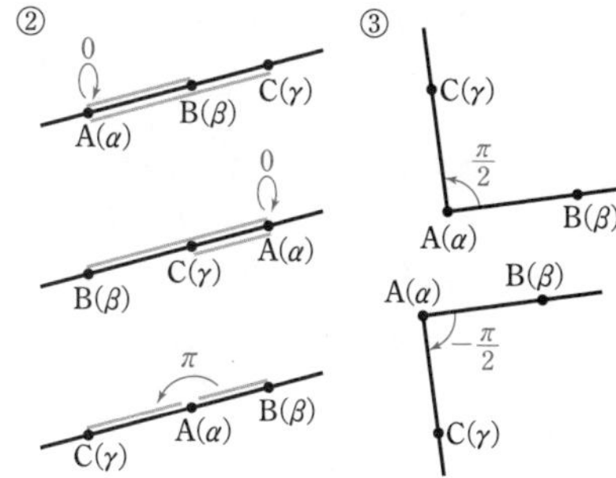


③ AB⊥AC であるとき　$\angle\beta\alpha\gamma=\arg\dfrac{\gamma-\alpha}{\beta-\alpha}=\pm\dfrac{\pi}{2}$　　このとき，$\dfrac{\gamma-\alpha}{\beta-\alpha}$ は純虚数。

④ 平行移動して ③ に帰着させる。例えば，垂直の場合は

C ⟶ A の平行移動により　D ⟶ D′ とすると　D′$(\delta+\alpha-\gamma)$

$$\text{AB}\perp\text{CD} \Leftrightarrow \text{AB}\perp\text{AD}' \Leftrightarrow \frac{(\delta+\alpha-\gamma)-\alpha}{\beta-\alpha}=\frac{\delta-\gamma}{\beta-\alpha}\ \text{が純虚数}$$

## 基本例題 109 内分点・外分点，重心を表す複素数

3 点 A$(-1+4i)$，B$(2-i)$，C$(4+3i)$ について，次の点を表す複素数を求めよ。

(1) 線分 AB を 3：2 に内分する点 P　(2) 線分 AC を 2：1 に外分する点 Q

(3) 線分 AC の中点 M　(4) 平行四辺形 ABCD の頂点 D

(5) △ABC の重心 G

p.186 基本事項 1

**指針** 2 点 A$(\alpha)$，B$(\beta)$ について，線分 AB を $m:n$ に

内分する点を表す複素数は $\dfrac{n\alpha+m\beta}{m+n}$

外分する点を表す複素数は $\dfrac{-n\alpha+m\beta}{m-n}$　（$n$ を $-n$ におき換える）

線分 AB の **中点** を表す複素数は $\dfrac{\alpha+\beta}{2}$

(4) **平行四辺形 ABCD ⟺ 四角形 ABCD の対角線 AC，BD の中点が一致**

D$(\alpha)$ として，$\alpha$ の方程式を作る。

(5) 3 点 A$(\alpha)$，B$(\beta)$，C$(\gamma)$ を頂点とする △ABC の **重心** は 点 $\dfrac{\alpha+\beta+\gamma}{3}$

**解答**

(1) 点 P を表す複素数は

$$\frac{2(-1+4i)+3(2-i)}{3+2}=\frac{4+5i}{5}=\boldsymbol{\frac{4}{5}+i}$$

(2) 点 Q を表す複素数は

$$\frac{-1\cdot(-1+4i)+2(4+3i)}{2-1}=\boldsymbol{9+2i}$$

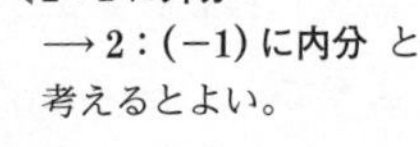

◀2：1 に外分 ⟶ 2：(−1) に内分 と考えるとよい。

(3) 点 M を表す複素数は

$$\frac{(-1+4i)+(4+3i)}{2}=\boldsymbol{\frac{3}{2}+\frac{7}{2}i}$$

(4) 点 D$(\alpha)$ とすると，線分 AC の中点 M と線分 BD の中点が一致するから

◀2 本の対角線が互いに他を 2 等分する。

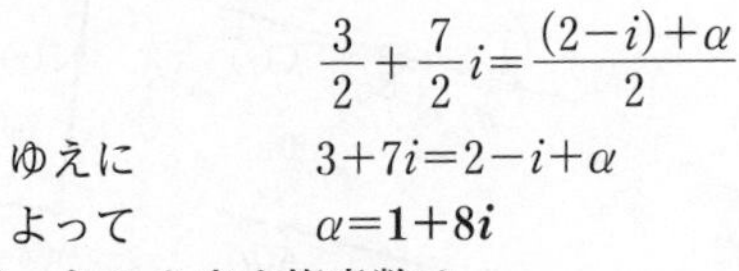

$$\frac{3}{2}+\frac{7}{2}i=\frac{(2-i)+\alpha}{2}$$

ゆえに　$3+7i=2-i+\alpha$

よって　$\alpha=\boldsymbol{1+8i}$

(5) 点 G を表す複素数は

$$\frac{(-1+4i)+(2-i)+(4+3i)}{3}=\frac{5+6i}{3}=\boldsymbol{\frac{5}{3}+2i}$$

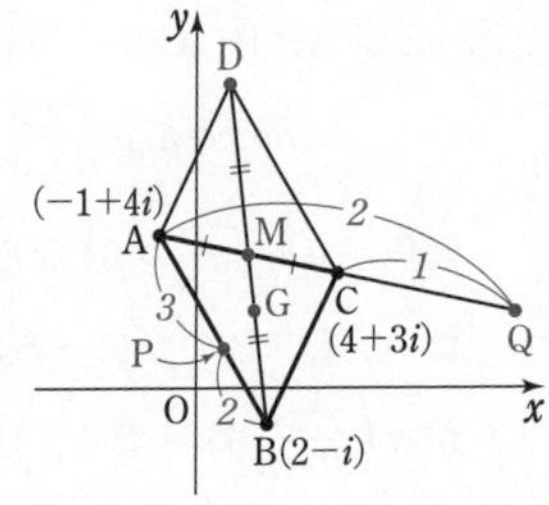


**練習 109** ① 3 点 A$(1+2i)$，B$(-3-2i)$，C$(6+i)$ について，次の点を表す複素数を求めよ。

(1) 線分 AB を 1：2 に内分する点 P　(2) 線分 CA を 2：3 に外分する点 Q

(3) 線分 BC の中点 M　(4) 平行四辺形 ADBC の頂点 D

(5) △ABQ の重心 G

p.228 EX76

## 基本例題 110 方程式の表す図形 (1) … 基本

次の方程式を満たす点 $z$ の全体は，どのような図形か。　〔(2) 類 芝浦工大〕

(1) $|2z+1|=|2z-i|$　　(2) $|z+3-4i|=2$

(3) $(3z+2)(3\overline{z}+2)=9$　　(4) $(1+i)z+(1-i)\overline{z}+2=0$

p.186 基本事項 2　重要 117，演習 131

① 方程式 $|z-\alpha|=|z-\beta|$ を満たす点 $z$ 全体は
2 点 $\alpha$，$\beta$ を結ぶ線分の垂直二等分線

② 方程式 $|z-\alpha|=r$ $(r>0)$ を満たす点 $z$ 全体は
点 $\alpha$ を中心とする半径 $r$ の円

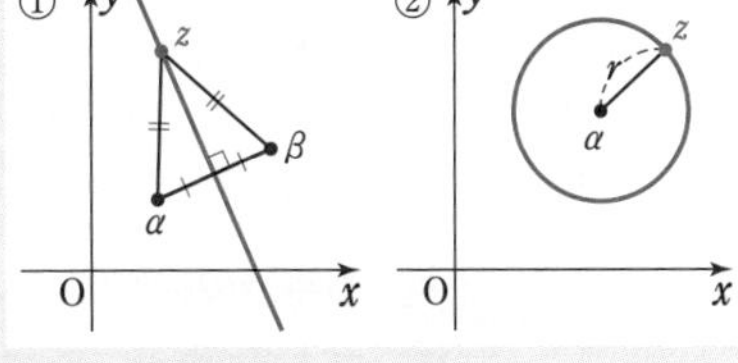


(1)〜(3) 方程式を，上の ① または ② のような形に変形する。

(4) $|\quad|$ の形を作り出すことはできないから，上の ①，② のような形に変形するのは無理。⟶ **$z=x+yi$（$x$，$y$ は実数）とおき**，$x$，$y$ の関係式を導く。

(1) 方程式を変形すると　$\left|z+\dfrac{1}{2}\right|=\left|z-\dfrac{i}{2}\right|$

よって，点 $z$ の全体は

**2 点 $-\dfrac{1}{2}$，$\dfrac{i}{2}$ を結ぶ線分の垂直二等分線**

$|z-\alpha|$ は 2 点 $z$，$\alpha$ 間の距離

(2) 方程式を変形すると

$$|z-(-3+4i)|=2$$

よって，点 $z$ の全体は

**点 $-3+4i$ を中心とする半径 2 の円**

(3) 方程式から　$(3z+2)(\overline{3z+2})=9$

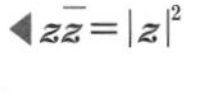

よって　$|3z+2|^2=3^2$　　ゆえに　$|3z+2|=3$

◀ $z\overline{z}=|z|^2$

したがって　$\left|z-\left(-\dfrac{2}{3}\right)\right|=1$

◀ $|z-●|=r$ の形。

よって，点 $z$ の全体は　**点 $-\dfrac{2}{3}$ を中心とする半径 1 の円**

(4) $z=x+yi$（$x$，$y$ は実数）とおくと　$\overline{z}=x-yi$

これらを方程式に代入して

$$(1+i)(x+yi)+(1-i)(x-yi)+2=0$$

よって　$2x-2y+2=0$　すなわち　$y=x+1$

座標平面上の直線 $y=x+1$ は 2 点 $(-1,\ 0)$，$(0,\ 1)$ を通るから，点 $z$ の全体は　**2 点 $-1$，$i$ を通る直線**

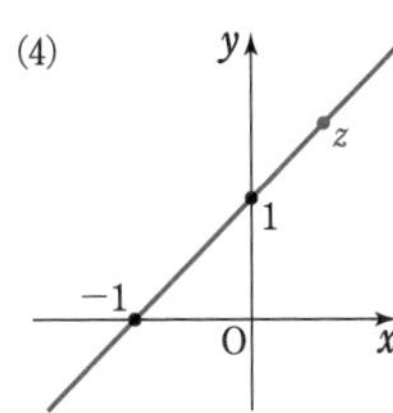


**練習 ①110** 次の方程式を満たす点 $z$ の全体は，どのような図形か。

(1) $|z-2i|=|z+3|$　　(2) $2|z-1+2i|=1$

(3) $(2z+1+i)(2\overline{z}+1-i)=4$　　(4) $2z+2\overline{z}=1$

(5) $(1+2i)z-(1-2i)\overline{z}=4i$

p.228 EX 77

## 基本例題 111 方程式の表す図形 (2) … アポロニウスの円

方程式 $2|z-i|=|z+2i|$ を満たす点 $z$ の全体は，どのような図形か。

基本 110　重要 115, 118

**指針** $n|z-\alpha|=m|z-\beta|$ $(m\neq n)$ の形の方程式は，両辺を平方して，$|z-\alpha|=r$ の形を導く。
その式変形の際は，共役な複素数の性質

$$z\bar{z}=|z|^2,\ \overline{\alpha+\beta}=\bar{\alpha}+\bar{\beta},\ \overline{\alpha-\beta}=\bar{\alpha}-\bar{\beta}$$ を使う。

また，検討 の 別解 1. のように，$z=x+yi$ ($x$，$y$ は実数) として，$x$，$y$ の方程式を求めてもよいし，別解 2. のように，**等式の図形的な意味をとらえる** 方法もある。

**CHART** 複素数の絶対値 $|z|$ は $|z|^2$ として扱う

**解答**

方程式の両辺を平方すると　$4|z-i|^2=|z+2i|^2$

ゆえに　$4(z-i)(\overline{z-i})=(z+2i)(\overline{z+2i})$　◀ $|z|^2=z\bar{z}$

よって　$4(z-i)(\bar{z}+i)=(z+2i)(\bar{z}-2i)$　◀ $\overline{z-i}=\bar{z}-\bar{i}=\bar{z}+i$

両辺を展開して整理すると　$z\bar{z}+2iz-2i\bar{z}=0$

ゆえに　$(z-2i)(\bar{z}+2i)-4=0$　◀ $z\bar{z}+aiz+bi\bar{z}=(z+bi)(\bar{z}+ai)+ab$ を利用して変形。

よって　$(z-2i)(\overline{z-2i})=4$

すなわち　$|z-2i|^2=2^2$　◀ $z\bar{z}=|z|^2$

よって　$|z-2i|=2$

したがって，点 $z$ の全体は，**点 $2i$ を中心とする半径 2 の円** である。

**検討**

**上の例題のいろいろな解法**

別解 **1.** $z=x+yi$ ($x$，$y$ は実数) とおくと

$2|(x+yi)-i|=|(x+yi)+2i|$ から　$\{2|x+(y-1)i|\}^2=|x+(y+2)i|^2$

よって　$4\{x^2+(y-1)^2\}=x^2+(y+2)^2$　◀ $|a+bi|^2=a^2+b^2$

展開して整理すると　$x^2+y^2-4y=0$　ゆえに　$x^2+y^2-4y+4=4$

変形すると　$x^2+(y-2)^2=4$

よって，座標平面上で **点 (0, 2) を中心とする半径 2 の円** の方程式となるから，解答と同じ図形になる。

別解 **2.** 等式の図形的意味をとらえる ⟶ アポロニウスの円 ($p.187$)

A($i$)，B($-2i$)，P($z$) とすると，方程式は　2AP＝BP

ゆえに　AP：BP＝1：2

したがって，点 P($z$) の全体は，2 点 A，B からの距離が 1：2 である点の軌跡，すなわち，**線分 AB を 1：2 に内分する点を C(0)，外分する点を D($4i$) とすると，線分 CD を直径とする円** である。

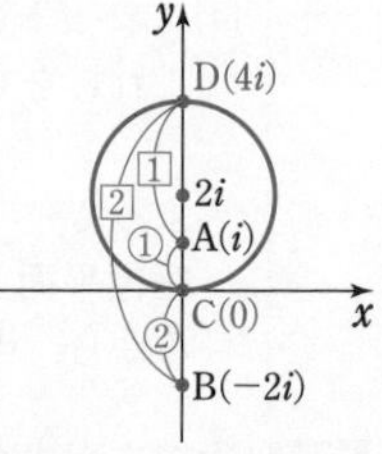


**練習** ②**111** 次の方程式を満たす点 $z$ の全体は，どのような図形か。

(1) $3|z|=|z-8|$　　(2) $2|z+4i|=3|z-i|$

p.228 EX 78

## 基本例題 112 複素数の絶対値の最大・最小

複素数 $z$ が $|z-1-3i|=2$ を満たすとき，$|z+2+i|$ の最大値と，そのときの $z$ の値を求めよ。

基本 109, 110

方程式 $|z-\alpha|=r$ $(r>0)$ を満たす点 $z$ の全体は，**点 $\alpha$ を中心とする半径 $r$ の円**であることから，まず，点 $z$ がどのような円周上の点であるかを考える。また，$|z-\beta|$ は2点 $z$，$\beta$ の距離を表す。その距離が最大となる点 $z$ の位置を図形的に調べるとよい。

**解答**

方程式を変形すると

$$|z-(1+3i)|=2$$

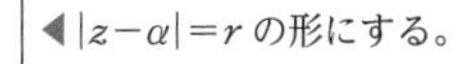

◀ $|z-\alpha|=r$ の形にする。

よって，点 $\mathrm{P}(z)$ は点 $\mathrm{C}(1+3i)$ を中心とする半径2の円周上の点である。

$|z+2+i|=|z-(-2-i)|$ から，点 $\mathrm{A}(-2-i)$ とすると，$|z+2+i|$ が最大となるのは，右図から，3点 A，C，P がこの順で一直線上にあるときである。

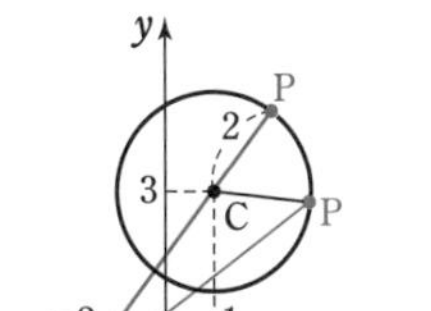


◀点 P を円周上の点とすると $\mathrm{AC}+\mathrm{CP} \geqq \mathrm{AP}$ 等号が成り立つとき，AP は最大となる。

よって，求める **最大値** は

$$\mathrm{AC}+\mathrm{CP}=|(1+3i)-(-2-i)|+2$$
$$=|3+4i|+2=\sqrt{3^2+4^2}+2$$
$$=5+2=\mathbf{7}$$

◀(線分 AC の長さ)＋(円の半径)

また，このとき点 P は，線分 AC を 7：2 に外分する点であるから，求める $z$ の値は

$$z=\frac{-2(-2-i)+7(1+3i)}{7-2}=\frac{\mathbf{11+23}i}{\mathbf{5}}$$

◀2点 $\mathrm{A}(\alpha)$，$\mathrm{B}(\beta)$ について，線分 AB を $m:n$ に外分する点を表す複素数は $\dfrac{-n\alpha+m\beta}{m-n}$

**検討**　**ベクトルを用いた解法**

$|z+2+i|$ が最大となるときの $z$ の値は，ベクトルを用いて次のように求めることもできる。

3点 A，C，P がこの順で一直線上にあるとき，$\overrightarrow{\mathrm{AP}}$ と $\overrightarrow{\mathrm{AC}}$ は同じ向きであり，$\mathrm{AP}:\mathrm{AC}=7:5$ であるから

$$\overrightarrow{\mathrm{AP}}=\frac{\mathrm{AP}}{\mathrm{AC}}\overrightarrow{\mathrm{AC}}=\frac{7}{5}\overrightarrow{\mathrm{AC}}=\frac{7}{5}(\overrightarrow{\mathrm{OC}}-\overrightarrow{\mathrm{OA}})$$

ゆえに　$\overrightarrow{\mathrm{OP}}=\overrightarrow{\mathrm{OA}}+\overrightarrow{\mathrm{AP}}=\overrightarrow{\mathrm{OA}}+\dfrac{7}{5}(\overrightarrow{\mathrm{OC}}-\overrightarrow{\mathrm{OA}})=\dfrac{7}{5}\overrightarrow{\mathrm{OC}}-\dfrac{2}{5}\overrightarrow{\mathrm{OA}}$

よって　$z=\dfrac{7}{5}(1+3i)-\dfrac{2}{5}(-2-i)=\dfrac{\mathbf{11}}{\mathbf{5}}+\dfrac{\mathbf{23}}{\mathbf{5}}i$

**練習 ③112**　複素数 $z$ が $|z-1+3i|=\sqrt{5}$ を満たすとき，$|z+2-3i|$ の最大値および最小値と，そのときの $z$ の値を求めよ。

p.228 EX 79

## 基本例題 113 $w=\alpha z+\beta$ の表す図形

点 $z$ が原点 O を中心とする半径 1 の円上を動くとき，$w=i(z-2)$ で表される点 $w$ はどのような図形を描くか。

基本 110, 111　重要 115, 117

**指針** $w=f(z)$ の表す図形を求めるときは，以下の手順で考えるとよい。

1. $w=f(z)$ の式を **$z=(w$ の式$)$ の形に変形** する。
2. 1 の式を **$z$ の条件式に代入** する。
   → この問題では，点 $z$ は単位円上を動くから，$z$ の条件式は $|z|=1$ となる。

**CHART** $w=f(z)$ の表す図形　$z=(w$ の式$)$ で表し，$z$ の条件式に代入

**解答**

点 $z$ は単位円上を動くから　$|z|=1$ …… ①　◀ $z$ の条件式。

$w=i(z-2)$ から　$z=\dfrac{w}{i}+2$　◀ $z$ について解く。

これを ① に代入すると　$\left|\dfrac{w}{i}+2\right|=1$

ゆえに　$\dfrac{|w+2i|}{|i|}=1$　◀ $\left|\dfrac{\beta}{\alpha}\right|=\dfrac{|\beta|}{|\alpha|}$

$|i|=1$ であるから　$|w+2i|=1$

よって，点 $w$ は **点 $-2i$ を中心とする半径 1 の円** を描く。

**検討　上の例題の図形的考察**

上の例題で，$w=i(z-2)=\left(\cos\dfrac{\pi}{2}+i\sin\dfrac{\pi}{2}\right)z-2i$ であるから，

求める図形は，円 $|z|=1$ を原点を中心として $\dfrac{\pi}{2}$ だけ回転移動し，①

更に虚軸方向に $-2$ だけ平行移動したものである。②

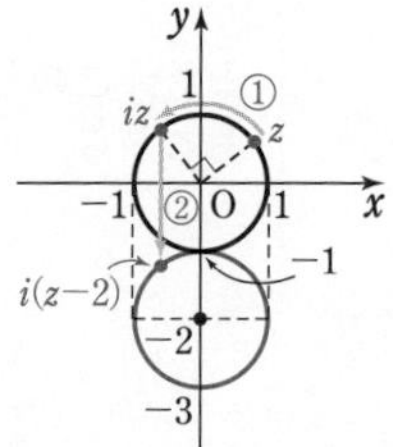


一般に，$w=\alpha z+\beta\ (\alpha\neq0)$ で表される点 $w$ の描く図形について，$\alpha$ の極形式を $\alpha=r(\cos\theta+i\sin\theta)\ [r>0]$ とすると，$w=r(\cos\theta+i\sin\theta)z+\beta$ であるから，$w=\alpha z+\beta$ の図形的な意味は，次の ❶，❷，❸ を順に行うことである。

❶ $z_1=(\cos\theta+i\sin\theta)z$ とすると，点 $z_1$ が描く図形は，点 $z$ が描く図形を **原点を中心として角 $\theta$ だけ回転** したものである。

❷ $z_2=rz_1$ とすると，点 $z_2$ が描く図形は，点 $z_1$ に対し，**原点からの距離を $r$ 倍に拡大または縮小** したものである。

❸ $z_3=z_2+\beta$ とし，$\beta=a+bi$ とすると，点 $z_3$ が描く図形は，点 $z_2$ が描く図形を **実軸方向に $a$，虚軸方向に $b$ だけ平行移動** したものである。

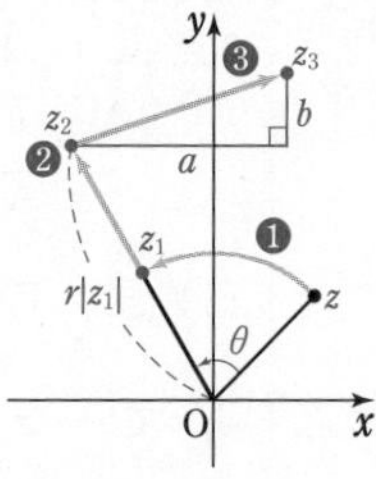


**練習 ③113** 点 $z$ が原点 O を中心とする半径 1 の円上を動くとき，$w=(1-i)z-2i$ で表される点 $w$ はどのような図形を描くか。〔琉球大〕

## 基本例題 114 $w=\dfrac{1}{z}$ の表す図形 ①①①①①

点 $\mathrm{P}(z)$ が点 $-\dfrac{1}{2}$ を通り実軸に垂直な直線上を動くとき，$w=\dfrac{1}{z}$ で表される点 $\mathrm{Q}(w)$ はどのような図形を描くか。

基本 113　重要 115

**指針** 点 $z$ の条件を $z$ の式で表し，$w=\dfrac{1}{z}$ を変形した $z=\dfrac{1}{w}$ を代入すればよい。
また，本問は，数学Ⅱの軌跡で扱った **反転**（「チャート式基礎からの数学Ⅱ」$p.185$）と関連がある内容である。下の **検討** や次ページ以後の参考事項も参照してほしい。

**解答**

点 $\mathrm{P}(z)$ は原点と点 $-1$ を結ぶ線分の垂直二等分線上を動くから　$|z|=|z+1|$ …… ①

$w=\dfrac{1}{z}$ から　$wz=1$

$w=0$ とすると $0=1$ となり，不合理。

よって，$w\neq0$ であるから　$z=\dfrac{1}{w}$

これを ① に代入すると　$\left|\dfrac{1}{w}\right|=\left|\dfrac{1}{w}+1\right|$

両辺に $|w|$ を掛けて　$1=|1+w|$

すなわち　$|w+1|=1$

ゆえに，点 $\mathrm{Q}(w)$ は **点 $-1$ を中心とする半径 1 の円** を描く。**ただし，**$w\neq0$ であるから，**原点を除く。**

別解　$z$ の実部は $-\dfrac{1}{2}$ であるから　$\dfrac{z+\overline{z}}{2}=-\dfrac{1}{2}$

ゆえに
$z+\overline{z}=-1$ …… ②

$z=\dfrac{1}{w}$ を代入して

$\dfrac{1}{w}+\dfrac{1}{\overline{w}}=-1$

よって　$w\overline{w}+w+\overline{w}=0$

ゆえに　$|w+1|=1$

よって，**点 $-1$ を中心とする半径 1 の円。原点を除く。**

**検討　複素数平面上における反転**

中心 O，半径 $r$ の円 O があり，O とは異なる点 P に対し，O を端点とする半直線 OP 上の点 P′ を $\mathbf{OP\cdot OP'=r^2}$ となるように定めるとき，点 P に点 P′ を対応させることを，円 O に関する **反転** という。
また，点 P が図形 $F$ 上を動くとき，点 P′ が描く図形を **反形** という。

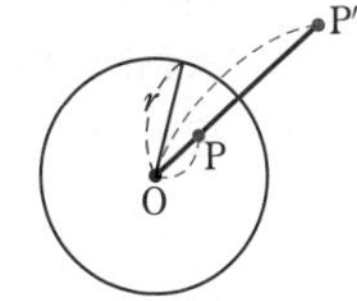


円の半径を $r=1$ とし，$\mathrm{P}(z)$，$\mathrm{P'}(z')$ として，複素数平面上の反転について考えてみよう。

3 点 $\mathrm{O}(0)$，$z$，$z'$ は O を端点とする半直線上にあるから，$z'=kz$ $(k>0)$ が成り立ち，
$\mathrm{OP\cdot OP'}=1$ から　$|z||z'|=1$　　$z'=kz$ を代入すると　$|z||kz|=1$　すなわち　$k|z|^2=1$

よって　$k=\dfrac{1}{|z|^2}$　　ゆえに　$z'=kz=\dfrac{1}{|z|^2}z=\dfrac{1}{z\overline{z}}z=\dfrac{1}{\overline{z}}$

よって，複素数平面上における，単位円に関する反転は $z'=\dfrac{1}{\overline{z}}$ と表される。ゆえに，例題の点 $\mathrm{Q}(w)$ が描く図形は，$w=\overline{\left(\dfrac{1}{\overline{z}}\right)}$ から，点 $\mathrm{P}(z)$ が動く直線の **単位円に関する反形を，実軸に関して対称移動** したものである。

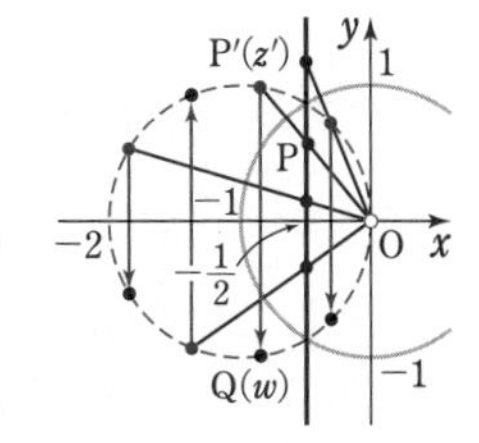

**練習 ③114** 点 $\mathrm{P}(z)$ が点 $-i$ を中心とする半径 1 の円から原点を除いた円周上を動くとき，$w=\dfrac{1}{z}$ で表される点 $\mathrm{Q}(w)$ はどのような図形を描くか。

# 参考事項　反転に関する性質の検証

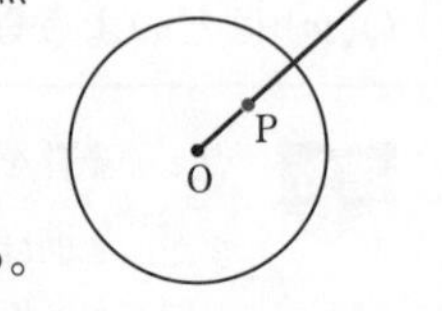


円Oに関する **反転**（この円Oを **反転円** という）により，点Pが点P′に移るとする。このとき，点Pと点P′は円Oに関して互いに**鏡像**，または，点P′は点Pの **鏡像** ともいう。
そして，右の図のように，円Oに関する反転により，

**円Oの内部の点は外部の点に，円Oの外部の点は内部の点に移る。**

また，**円O上の点は反転によって動かない。**

注意　反転の定義によると，中心Oの移動先が定義できないが，中心Oの移動先を **無限遠点** という仮想の点として考えることがある。なお，無限遠点については大学の数学で学ぶ。

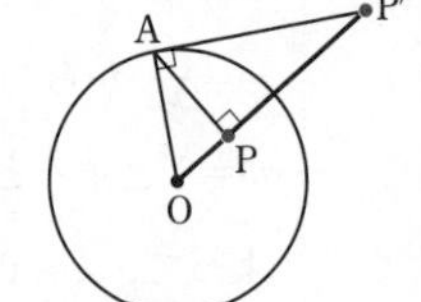


**反転の作図**　円Oに関する反転によって，円の内部にある点Pが移る点P′は，次のようにして作図することができる。この作図要領を押さえておくと，反転のイメージがわかりやすい。

[1]　点Pを通りOPに垂直な直線と円Oとの交点をAとする。

[2]　点Aにおける円Oの接線と直線OPの交点をP′とする。

証明　△OAP′∽△OPAから　　OA：OP＝OP′：OA
よって　　$\mathrm{OP}\cdot\mathrm{OP}'=\mathrm{OA}^2=r^2$　(円の半径)$^2$

注意　点Pが円の外部にあるときも，次のように点P′を作図することができる。
点Pから円に接線を引き，その接線の接点Aから直線OPに垂線AP′を下ろす。

**円や直線の反形に関する性質**　円Oに関する反転には，次の4つの性質がある。

① **反転円の中心Oを通る円は，Oを通らない直線に移る。**
② **反転円の中心Oを通らない直線は，Oを通る円に移る。**
③ **反転円の中心Oを通らない円は，Oを通らない円に移る。**
④ **反転円の中心Oを通る直線は，その直線自身に移る。**

①～④の性質が成り立つことを，具体的な例をもとに確認してみよう。ここでは，円Oとして単位円をとることとする。また，このとき，前ページの **検討** で説明したように，

点P($z$)が単位円に関する反転によって点P′($z'$)に移るとき，$z'=\dfrac{1}{\overline{z}}$ …… Ⓐ が成り立つ。

ここで，Ⓐは　$z=\dfrac{1}{\overline{z'}}$ …… Ⓑ と同値である。

**②の例** ⟶ **例題 114**　点P($z$)が直線$|z|=|z+1|$上を動くとき，Ⓑを代入すると　$\left|\dfrac{1}{\overline{z'}}\right|=\left|\dfrac{1}{\overline{z'}}+1\right|$

◀この直線は原点を通らない。

両辺に$|\overline{z'}|$を掛けて　$|\overline{z'}+1|=1$　　よって　$|z'+1|=1$
ゆえに，点P′($z'$)の描く図形は，円$|z'+1|=1$で，原点を通る円に移ることがわかる。

◀$|\alpha|=|\overline{\alpha}|$により
$|\overline{z'}+1|=|\overline{z'+1}|$
$=|z'+1|$

その後，この円を実軸に関して対称移動したものが，**例題 114** の点Q($w$)の描く図形である(ただし,原点は除かれる)。

◀$w=\dfrac{1}{z}=\overline{\left(\dfrac{1}{\overline{z}}\right)}=\overline{z'}$

**① の例** ⟶ **練習 114**　点 $\mathrm{P}(z)$ が円 $|z+i|=1$ 上を動くとき，Ⓑ を代入すると　$\left|\dfrac{1}{z'}+i\right|=1$

◀この円は原点を通る。

両辺に $|\overline{z'}|$ を掛けて変形すると　$|z'|=|z'+i|$

ゆえに，点 $\mathrm{P}'(z')$ の描く図形は，2 点 0，$-i$ を結ぶ線分の垂直二等分線で，原点を通らない直線に移ることがわかる。

その後，この直線を実軸に関して対称移動したものが，練習 114 の点 $\mathrm{Q}(w)$ の描く図形である。

◀$|1+i\overline{z'}|=|\overline{z'}|$
$\Longleftrightarrow |i(\overline{z'}-i)|=|z'|$
$\Longleftrightarrow |\overline{z'}-i|=|z'|$
$\Longleftrightarrow |\overline{\overline{z'}-i}|=|z'|$

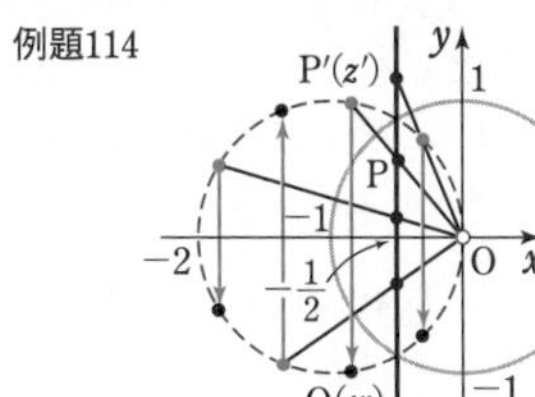


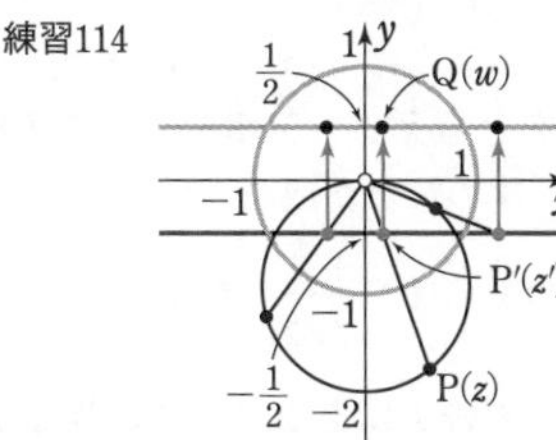


**③ の例**　点 $\mathrm{P}(z)$ が円 $|z-2|=\dfrac{1}{2}$ 上を動く場合について考えてみよう。Ⓑ を代入して変形すると

◀この円は原点を通らない。

$$|z'|=2|2z'-1| \quad \text{すなわち} \quad |z'|=4\left|z'-\frac{1}{2}\right|$$

$\mathrm{A}\left(\dfrac{1}{2}\right)$ とすると，$\mathrm{OP}'=4\mathrm{AP}'$ から　$\mathrm{OP}':\mathrm{AP}'=4:1$

ゆえに，点 $\mathrm{P}'(z')$ の描く図形は，線分 OA を 4：1 に内分する点 $\dfrac{2}{5}$，外分する点 $\dfrac{2}{3}$ を直径の両端とする円で，原点を通らない円に移ることがわかる。

**④ の例**　点 $\mathrm{P}(z)$ が原点と点 $1+i$ を通る直線 $\ell$ 上を動く場合について考えてみよう。

$z=(1+i)k$（$k$ は実数）と表されるから，Ⓑ を代入して変形すると　$z'=(1+i)\cdot\dfrac{1}{2k}=(1+i)\times$(実数)

よって，点 $\mathrm{P}'(z')$ の描く図形は直線 $\ell$ 自身である。

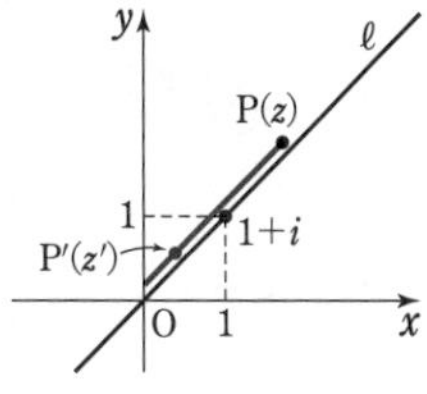


**参考**　複素数平面を用いた，①～④ の性質の証明の方針は，次のようになる。

円 $|z|=r$ に関する反転とし，この反転により点 $\mathrm{P}(z)$ が点 $\mathrm{P}'(z')$ に移るならば，

$z'=\dfrac{r^2}{\overline{z}}$　すなわち　$z=\dfrac{r^2}{\overline{z'}}$ …… Ⓒ　が成り立つ（導き方は $p.193$ の 検討 と同様）。

①～④ について，反転をする前の図形上に点 P があるとき，次の等式が成り立つ。各等式に Ⓒ を代入して導かれる $z'$ の関係式に注目する。ここで，$\alpha$，$\beta$ は 0 でない複素数とする。

①：原点を通る円 $|z-\alpha|=|\alpha|$　　②：原点を通らない直線 $|z|=|z-\alpha|$
（原点と点 $\alpha$ を結ぶ線分の垂直二等分線）

③：原点を通らない円 $|z-\alpha|=|\beta|$ $(\alpha \neq \beta)$　　④：原点を通る直線 $z=\alpha k$（$k$ は実数）

## 重要例題 115 $w=\dfrac{\alpha z+\beta}{\gamma z+\delta}$ の表す図形

複素数平面上の点 $z\left(z\neq\dfrac{i}{2}\right)$ に対して，$w=\dfrac{z-2i}{2z-i}$ とする。点 $z$ が次の図形上を動くとき，点 $w$ が描く図形を求めよ。

(1) 点 $i$ を中心とする半径 2 の円　　(2) 虚軸

基本 111, 113, 114

方針は基本例題 **113**，**114** と同様である。$w=(z$ の式$)$ を $z=(w$ の式$)$ に変形し，これを $z$ の満たす条件式に代入する。

(1) $z$ の条件式は $|z-i|=2$ である。$z=(w$ の式$)$ を代入した後は，$p.190$ 基本例題 **111** の解答のように，$|\alpha|^2=\alpha\overline{\alpha}$ を用いて計算主体で進めてもよいが，**等式の図形的な意味をとらえる（アポロニウスの円** を利用する）考え方で進めると早い。

(2) 一般に，次のことが成り立つ。ここでは，下の(＊)を $z$ の条件式として利用する。

複素数 $z$ の実部は $\dfrac{z+\overline{z}}{2}$，虚部は $\dfrac{z-\overline{z}}{2i}$ であるから　◀$p.162$ EXERCISES 58 の (1)，(2)

点 $z$ が **実軸上にある** $\Longleftrightarrow$ **($z$ の虚部)$=0$** $\Longleftrightarrow$ $z-\overline{z}=0$

点 $z$ が **虚軸上にある** $\Longleftrightarrow$ **($z$ の実部)$=0$** $\Longleftrightarrow$ $z+\overline{z}=0$　…… (＊)

**CHART** $w=f(z)$ の表す図形　**$z=(w$ の式$)$ で表し，$z$ の条件式に代入**

**解答**

$w=\dfrac{z-2i}{2z-i}$ から　　$w(2z-i)=z-2i$

よって　　$(2w-1)z=(w-2)i$　　◀$2w-1=0$ の場合も考えられるから，直ちに $2w-1$ で割ってはダメ。

ここで，$w=\dfrac{1}{2}$ とすると，$0=-\dfrac{3}{2}i$ となり，不合理である。

ゆえに　　$w\neq\dfrac{1}{2}$　　よって　　$z=\dfrac{w-2}{2w-1}i$ …… ①

(1) ① を $|z-i|=2$ に代入すると

$$\left|\frac{w-2}{2w-1}i-i\right|=2$$

よって　$\left|\left(\dfrac{w-2}{2w-1}-1\right)i\right|=2$　　◀まず，$|\quad|$ 内を整理。

ゆえに　$\left|\dfrac{-w-1}{2w-1}\right||i|=2$　　◀$|\alpha\beta|=|\alpha||\beta|$

よって　$\dfrac{|w+1|}{|2w-1|}=2$　　◀$\left|\dfrac{\alpha}{\beta}\right|=\dfrac{|\alpha|}{|\beta|}$，$|i|=1$

ゆえに　$|w+1|=2|2w-1|$

すなわち　$|w+1|=4\left|w-\dfrac{1}{2}\right|$

$\mathrm{A}(-1)$，$\mathrm{B}\left(\dfrac{1}{2}\right)$，$\mathrm{P}(w)$ とすると　　$\mathrm{AP}=4\mathrm{BP}$　　◀アポロニウスの円（$p.187$ 参照）

すなわち，$\mathrm{AP}:\mathrm{BP}=4:1$ であるから，点 P の描く図形は，線分 AB を $4:1$ に内分する点 C と外分する点 D を直径の両端とする円である。

$C\left(\frac{1}{5}\right)$，$D(1)$ であるから，
点 $w$ が描く図形は

**点 $\frac{3}{5}$ を中心とする半径 $\frac{2}{5}$ の円**

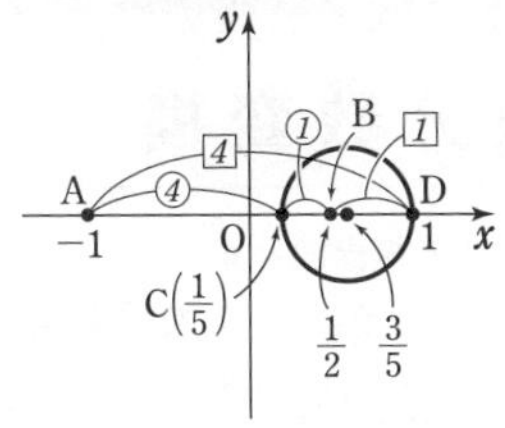


◀$C\left(\dfrac{1\cdot(-1)+4\cdot\frac{1}{2}}{4+1}\right)$，$D\left(\dfrac{-1\cdot(-1)+4\cdot\frac{1}{2}}{4-1}\right)$
求める円の中心は線分 CD の中点で，点 $\frac{1}{2}\left(\frac{1}{5}+1\right)=\frac{3}{5}$，
半径は $\left|1-\frac{3}{5}\right|=\frac{2}{5}$

別解　$|w+1|=2|2w-1|$ を導くまでは同じ。
この等式の両辺を平方すると

$$4|2w-1|^2=|w+1|^2$$

ゆえに　$4(2w-1)(\overline{2w-1})=(w+1)(\overline{w+1})$　◀$|\alpha|^2=\alpha\overline{\alpha}$

よって　$4(2w-1)(2\overline{w}-1)=(w+1)(\overline{w}+1)$　◀$4(4w\overline{w}-2w-2\overline{w}+1)=w\overline{w}+w+\overline{w}+1$

展開して整理すると　$5w\overline{w}-3w-3\overline{w}+1=0$

ゆえに　$w\overline{w}-\frac{3}{5}w-\frac{3}{5}\overline{w}+\frac{1}{5}=0$　◀$w\overline{w}$ の係数を 1 にする。

よって　$\left(w-\frac{3}{5}\right)\left(\overline{w}-\frac{3}{5}\right)-\left(\frac{3}{5}\right)^2+\frac{1}{5}=0$　◀$w\overline{w}+aw+b\overline{w}=(w+b)(\overline{w}+a)-ab$

ゆえに　$\left(w-\frac{3}{5}\right)\left(\overline{w-\frac{3}{5}}\right)=\frac{4}{25}$

すなわち　$\left|w-\frac{3}{5}\right|^2=\left(\frac{2}{5}\right)^2$　よって　$\left|w-\frac{3}{5}\right|=\frac{2}{5}$　◀$\alpha\overline{\alpha}=|\alpha|^2$

したがって，点 $w$ が描く図形は

**点 $\frac{3}{5}$ を中心とする半径 $\frac{2}{5}$ の円**　◀この円は点 $\frac{1}{2}$ を通らない。つまり，$w\neq\frac{1}{2}$ を満たす。

(2)　点 $z$ が虚軸上を動くとき　$z+\overline{z}=0$

① を代入して　$\frac{w-2}{2w-1}i+\overline{\frac{w-2}{2w-1}i}=0$

ゆえに　$\frac{w-2}{2w-1}i+\frac{\overline{w}-2}{2\overline{w}-1}(-i)=0$　◀両辺に $(2w-1)(2\overline{w}-1)$ を掛け，更に両辺を $i$ で割る。

よって　$(w-2)(2\overline{w}-1)-(\overline{w}-2)(2w-1)=0$

展開して整理すると　$w-\overline{w}=0$　すなわち　$w=\overline{w}$　◀$w$ は実数。

したがって，点 $w$ が描く図形は

**実軸。ただし，点 $\frac{1}{2}$ を除く。**　◀$w\neq\frac{1}{2}$，すなわち除外点が出ることに注意。

**参考**　(2) は，数学Ⅲの「分数関数」の知識を用いると，次のように考えることもできる。
$z=ki\left(k\text{ は実数，}k\neq\frac{1}{2}\right)$ として $w=\frac{z-2i}{2z-i}$ に代入すると　$w=\frac{k-2}{2k-1}=\frac{1}{2}-\frac{3}{4k-2}$
この $k$ の関数 $w$ の値域に注目すると，$w$ は $\frac{1}{2}$ 以外のすべての実数の値をとる。

**練習 ④115**　2 つの複素数 $w$，$z$ $(z\neq2)$ が $w=\frac{iz}{z-2}$ を満たしているとする。〔弘前大〕

(1)　点 $z$ が原点を中心とする半径 2 の円周上を動くとき，点 $w$ はどのような図形を描くか。

(2)　点 $z$ が虚軸上を動くとき，点 $w$ はどのような図形を描くか。

(3)　点 $w$ が実軸上を動くとき，点 $z$ はどのような図形を描くか。

p.228 EX79

## 参考事項　1次分数変換

注意　ここでは，文字はすべて複素数とする。

次の式で表される $z$ から $w$ の変換を **1次分数変換**（または **メビウス変換**）という。

$$w=\frac{az+b}{cz+d} \quad \cdots\cdots (*)$$

ただし，$z$ は変数，$a$，$b$，$c$，$d$ は定数，$ad-bc\neq 0$

そして，**1次分数変換は，基本的な変換（平行移動，回転移動，相似変換，反転，実軸対称移動）を合成した（組み合わせた）もの** であることが，次の [1]，[2] からわかる。

[1]　$c\neq 0$ のとき

$(*)$ の右辺の分母，分子を $c$ で割ると

$$w=\frac{\frac{a}{c}z+\frac{b}{c}}{z+\frac{d}{c}}=\frac{a}{c}+\frac{\frac{b}{c}-\frac{ad}{c^2}}{z+\frac{d}{c}}=\frac{a}{c}+\frac{\frac{bc-ad}{c^2}}{z+\frac{d}{c}}$$

よって，$z$ から $w$ を求めるには，次の ❶ ～ ❹ の基本的な変換を順に行えばよい。

❶　$z_1=z+\frac{d}{c}$

$\cdots\cdots \frac{d}{c}=\beta$ とおくと，

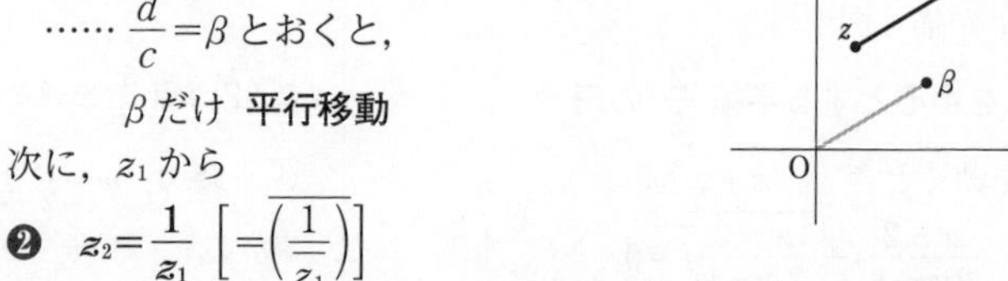

$\beta$ だけ **平行移動**

次に，$z_1$ から

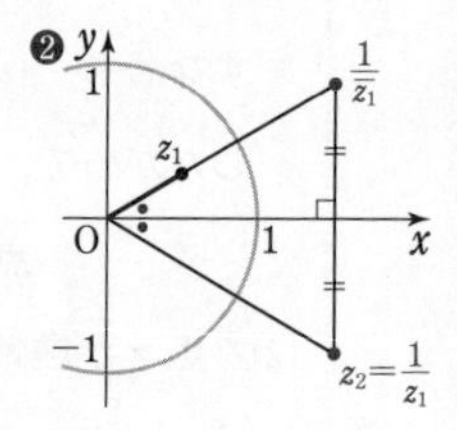

❷　$z_2=\frac{1}{z_1}\left[=\overline{\left(\frac{1}{\overline{z_1}}\right)}\right]$

……（単位円に関する）**反転と実軸に関する対称移動**（折り返し）

次に，$z_2$ から

❸　$z_3=\frac{bc-ad}{c^2}z_2$

$\cdots\cdots \frac{bc-ad}{c^2}=\gamma$ とおくと，原点を中心に $\arg\gamma=\theta$ だけ回転し，原点からの距離を $|\gamma|$ 倍に拡大または縮小。

つまり，**回転移動と相似変換** の組み合わせである。

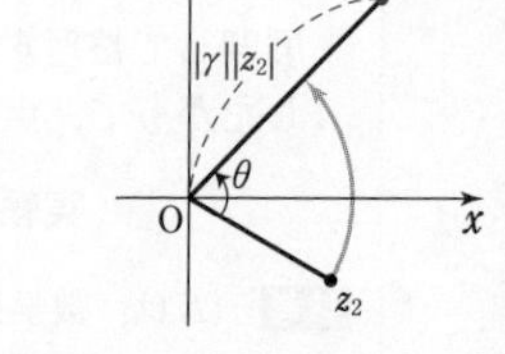


最後に $z_3$ から

❹　$w=z_3+\frac{a}{c}$　$\left(\frac{a}{c}\right.$ だけ **平行移動**$\left.\right)$

[2]　$c=0$ のとき

$ad-bc\neq 0$ であるから，$c=0$ なら　$ad\neq 0$　ゆえに　$a\neq 0$，$d\neq 0$

したがって，$(*)$ は　$w=\frac{a}{d}z+\frac{b}{d}=\frac{a}{d}\left(z+\frac{b}{a}\right)$　となる。

すなわち，上の ❶ の型の平行移動，❸ の型の変換（回転移動＋相似変換）を順に行えばよい。

例　$p.196$ 重要例題 **115** の 1 次分数変換 $w=\dfrac{z-2i}{2z-i}$ は，$\dfrac{z-2i}{2z-i}=\dfrac{1}{2}-\dfrac{3}{2}i\cdot\dfrac{1}{2z-i}$ より

$w=\dfrac{1}{2}+\dfrac{3}{4}\left(\cos\dfrac{3}{2}\pi+i\sin\dfrac{3}{2}\pi\right)\cdot\dfrac{1}{z-\dfrac{i}{2}}$ であるから，次の ① ～ ④ を順に行う変換である。

① $z_1=z-\dfrac{i}{2}$ …… 虚軸方向に $-\dfrac{i}{2}$ だけ平行移動

② $z_2=\dfrac{1}{z_1}$ …… 反転と実軸に関する対称移動

③ $z_3=\dfrac{3}{4}\left(\cos\dfrac{3}{2}\pi+i\sin\dfrac{3}{2}\pi\right)z_2$ …… 原点を中心に $\dfrac{3}{2}\pi$ だけ回転移動し，$\dfrac{3}{4}$ 倍に縮小

④ $w=z_3+\dfrac{1}{2}$ …… 実軸方向に $\dfrac{1}{2}$ だけ平行移動

ところで，複素数平面上の直線を半径が無限大の円，すなわち直線を円に含めて考えることがある。このとき，次の定理が成り立つ。

**定理　1 次分数変換は，複素数平面上の円を円に変換する**

1 次分数変換は，4 つの基本的な変換（前ページの ❶ ～ ❹）を合成したものである。
よって，❶ ～ ❹ それぞれの基本的な変換が円を円に移すならば，それらを合成した変換により円は円に移る。

説明　❶ 型と ❸ 型と ❹ 型，すなわち「平行移動」，「回転移動＋相似変換」により，円が円に移ることは明らかである。
残るは ❷ 型の「反転＋実軸に関する対称移動」であるが，実軸に関する対称移動により，円が円に移ることは明らかである。
ここで，直線を半径が無限大の円と考えると，$p.194$，195 の参考事項で説明したように，反転によって，円は円に移るといえる。したがって，❷ 型の変換で円は円に移る。
以上のことから，上の定理が成り立つわけである。

参考　次の性質（$p.223$ 参照）を利用しても説明できる。

**4 点 $A(z_1)$, $B(z_2)$, $C(z_3)$, $D(z_4)$ が 1 つの円周上にある $\iff$ $\dfrac{z_2-z_3}{z_1-z_3}\div\dfrac{z_2-z_4}{z_1-z_4}$ が実数**

**❶，❹ 平行移動**　$w_1=z_1+\beta$，$w_2=z_2+\beta$，$w_3=z_3+\beta$，$w_4=z_4+\beta$ のとき

$$\frac{w_2-w_3}{w_1-w_3}\div\frac{w_2-w_4}{w_1-w_4}=\frac{(z_2+\beta)-(z_3+\beta)}{(z_1+\beta)-(z_3+\beta)}\div\frac{(z_2+\beta)-(z_4+\beta)}{(z_1+\beta)-(z_4+\beta)}=\frac{z_2-z_3}{z_1-z_3}\div\frac{z_2-z_4}{z_1-z_4}$$

よって，$\dfrac{z_2-z_3}{z_1-z_3}\div\dfrac{z_2-z_4}{z_1-z_4}$ が実数ならば，$\dfrac{w_2-w_3}{w_1-w_3}\div\dfrac{w_2-w_4}{w_1-w_4}$ は実数である。 ……（★）

**❸ 回転移動＋相似変換**　$w_1=\gamma z_1$，$w_2=\gamma z_2$，$w_3=\gamma z_3$，$w_4=\gamma z_4$ のとき

$$\frac{w_2-w_3}{w_1-w_3}\div\frac{w_2-w_4}{w_1-w_4}=\frac{\gamma(z_2-z_3)}{\gamma(z_1-z_3)}\div\frac{\gamma(z_2-z_4)}{\gamma(z_1-z_4)}=\frac{z_2-z_3}{z_1-z_3}\div\frac{z_2-z_4}{z_1-z_4}$$

**❷ 反転＋実軸に関する対称移動**　$w_1=\dfrac{1}{z_1}$，$w_2=\dfrac{1}{z_2}$，$w_3=\dfrac{1}{z_3}$，$w_4=\dfrac{1}{z_4}$ のとき

$$\frac{w_2-w_3}{w_1-w_3}\div\frac{w_2-w_4}{w_1-w_4}=\left(\frac{z_3-z_2}{z_3-z_1}\cdot\frac{z_1z_3}{z_2z_3}\right)\div\left(\frac{z_4-z_2}{z_4-z_1}\cdot\frac{z_1z_4}{z_2z_4}\right)=\frac{z_2-z_3}{z_1-z_3}\div\frac{z_2-z_4}{z_1-z_4}$$

❷，❸ も（★）が成り立ち，以上により，円周上の 4 点は円周上に移される。

3章　⓯ 複素数と図形

## 重要例題 116 $w=z+\frac{a^2}{z}$ の表す図形 (1)

⊘⊘⊘⊘⊘

点 $z$ が原点を中心とする半径 $r$ の円上を動き，点 $w$ が $w=z+\frac{4}{z}$ を満たす。

(1) $r=2$ のとき，点 $w$ はどのような図形を描くか。

(2) $w=x+yi$ ($x$，$y$ は実数) とおく。$r=1$ のとき，点 $w$ が描く図形の式を $x$，$y$ を用いて表せ。

重要 115

**指針** $z$ と $\frac{●}{z}$ が同時に出てくる式には，極形式 $z=r(\cos\theta+i\sin\theta)$ を利用するとよい。

…… $\frac{1}{z}=\frac{1}{r}(\cos\theta-i\sin\theta)$ により，式が処理しやすくなることがある。

(2) $z$ を極形式で表すことにより，$x$，$y$ は $\theta$ を用いて表されるので，**つなぎの文字 $\theta$ を消去** して，$x$，$y$ の関係式を導く。それには $\sin^2\theta+\cos^2\theta=1$ を利用。

**解答**

$z=r(\cos\theta+i\sin\theta)$ $(r>0,\ 0\leqq\theta<2\pi)$ とすると

$$w=z+\frac{4}{z}=r(\cos\theta+i\sin\theta)+\frac{4}{r}(\cos\theta-i\sin\theta)$$

$$=\left(r+\frac{4}{r}\right)\cos\theta+i\left(r-\frac{4}{r}\right)\sin\theta \quad \cdots\cdots ①$$

(1) $r=2$ のとき，① から　　$w=4\cos\theta$

$0\leqq\theta<2\pi$ では $-1\leqq\cos\theta\leqq1$ であるから　　$-4\leqq w\leqq4$

したがって，点 $w$ は **2 点 $-4$，$4$ を結ぶ線分** を描く。

(2) $r=1$ のとき，① から　　$w=5\cos\theta-3i\sin\theta$

$w=x+yi$ とおくと　　$x=5\cos\theta$，$y=-3\sin\theta$

$\cos\theta=\frac{x}{5}$，$\sin\theta=-\frac{y}{3}$ を $\sin^2\theta+\cos^2\theta=1$ に代入して $\theta$ を消去すると　　$\left(-\frac{y}{3}\right)^2+\left(\frac{x}{5}\right)^2=1$

すなわち　　$\boldsymbol{\frac{x^2}{25}+\frac{y^2}{9}=1}$

◀ $z\neq0$

◀ $\frac{1}{z}$
$=\frac{1}{r}\{\cos(-\theta)+i\sin(-\theta)\}$

◀ 虚部がなくなるので，このとき $w$ は実数である。

**参考** (2) 点 $w$ が描く図形は楕円（4 章で学習）である。

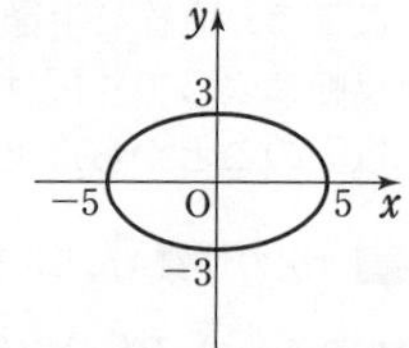


**検討 PLUS ONE**

$w=z+\frac{a^2}{z}$ $(a>0)$ で表される変換を **ジューコフスキー** (Joukowski) **変換** という。

一般に，この変換により，複素数平面上の原点を中心とする半径 $r$ の円は

$a=r$ のとき，2 点 $-2a$，$2a$ を結ぶ **線分**（長さ $4a$ の線分），

$a\neq r$ のとき，長軸の長さ $2\left(r+\frac{a^2}{r}\right)$，短軸の長さ $2\left|r-\frac{a^2}{r}\right|$ の **楕円**（第 4 章参照）

に移される。なお，ジューコフスキー変換については，$p.230$ の参考事項も参照。

**練習 ④116** 2 つの複素数 $w$，$z$ $(z\neq0)$ の間に $w=z-\frac{7}{4z}$ という関係がある。点 $z$ が原点を中心とする半径 $\frac{7}{2}$ の円周上を動くとき　　〔類 早稲田大〕

(1) $w$ が実数になるような $z$ の値を求めよ。

(2) $w=x+yi$ ($x$，$y$ は実数) とおくとき，点 $w$ が描く図形の式を $x$，$y$ で表せ。

## 重要例題 117 不等式を満たす点の存在範囲 (1)

複素数 $z$ が $|z|\leqq 1$ を満たすとする。$w=z+2i$ で表される複素数 $w$ について
(1) 点 $w$ の存在範囲を複素数平面上に図示せよ。
(2) $w^2$ の絶対値を $r$，偏角を $\theta$ とするとき，$r$ と $\theta$ の値の範囲をそれぞれ求めよ。ただし，$0\leqq\theta<2\pi$ とする。

基本 110, 113

**指針** (1) $w=z+2i$ から $z=w-2i$ として，これを $|z|\leqq 1$ に代入。下の 検討 も参照。
(2) $w=R(\cos\alpha+i\sin\alpha)$ $[R>0]$ として，ド・モアブルの定理を利用。
→ $r$ は $R$ で，$\theta$ は $\alpha$ で表すことができるから，(1) で図示した図形をもとにして，まず $R$，$\alpha$ のとりうる値の範囲を調べる。

**解答**

(1) $w=z+2i$ から　　$z=w-2i$
これを $|z|\leqq 1$ に代入して
$$|w-2i|\leqq 1$$
ゆえに，点 $w$ の全体は，点 $2i$ を中心とする半径 1 の円の周および内部である。よって，点 $w$ の存在範囲は **右図の斜線部分。ただし，境界線を含む。**

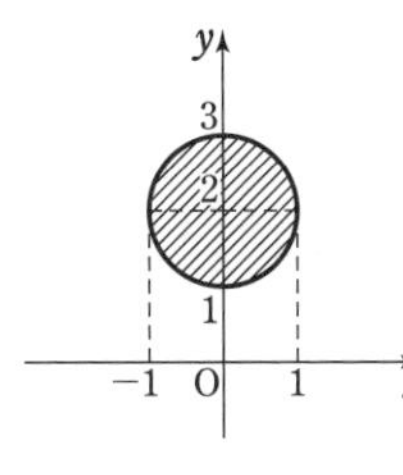


◀P($w$)，A($2i$) とすると，$|w-2i|\leqq 1$ を満たす点 $w$ は，点 A からの距離が 1 以下の点，という意味をもつ。

(2) $w=R(\cos\alpha+i\sin\alpha)$ $[R>0]$ とすると
$$w^2=R^2(\cos\alpha+i\sin\alpha)^2=R^2(\cos 2\alpha+i\sin 2\alpha)$$
よって，条件から　　$r=R^2$，$\theta=2\alpha$

(1) の図から　　$|i|\leqq|w|\leqq|3i|$　　ゆえに　$1^2\leqq R^2\leqq 3^2$

したがって　　$\mathbf{1\leqq r\leqq 9}$

(1) の図から，$w$ の絶対値 $|w|$ は，$w=3i$ のとき最大，$w=i$ のとき最小となる。

◀$|w|=R$

また，右図において　　OA$=2$，AB$=1$，$\angle\mathrm{ABO}=\dfrac{\pi}{2}$

よって　　$\angle\mathrm{AOB}=\dfrac{\pi}{6}$　　同様にして　$\angle\mathrm{AOC}=\dfrac{\pi}{6}$

ゆえに　　$\dfrac{\pi}{3}\leqq\alpha\leqq\dfrac{2}{3}\pi$　　よって　　$\dfrac{2}{3}\pi\leqq 2\alpha\leqq\dfrac{4}{3}\pi$

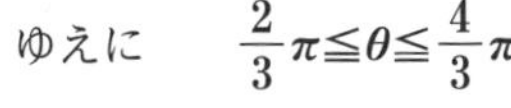

ゆえに　　$\boldsymbol{\dfrac{2}{3}\pi\leqq\theta\leqq\dfrac{4}{3}\pi}$　　これは $0\leqq\theta<2\pi$ を満たす。

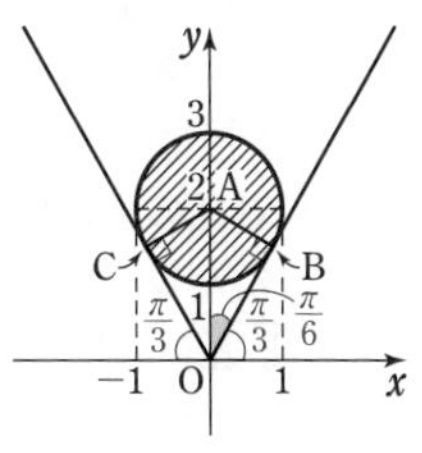


**検討**

**不等式 $|z-\alpha|\leqq r$，$|z-\alpha|\geqq r$ の表す不等式**

P($z$)，A($\alpha$) とすると，AP$=|z-\alpha|$ であるから
① $|z-\alpha|\leqq r$ ($r>0$) を満たす点 $z$ 全体は
**点 A を中心とする半径 $r$ の円の周および内部**
② $|z-\alpha|\geqq r$ ($r>0$) を満たす点 $z$ 全体は
**点 A を中心とする半径 $r$ の円の周および外部**
である。

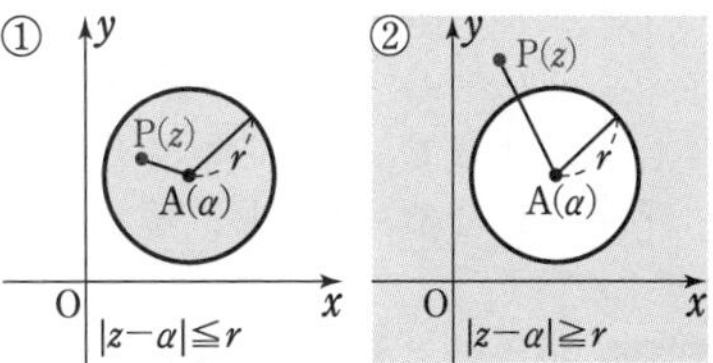


**練習 ④117** $|z-\sqrt{2}|\leqq 1$ を満たす複素数 $z$ に対し，$w=z+\sqrt{2}i$ とする。点 $w$ の存在範囲を複素数平面上に図示せよ。また，$w^4$ の絶対値と偏角の値の範囲を求めよ。ただし，偏角 $\theta$ は $0\leqq\theta<2\pi$ の範囲で考えよ。

p.228 EX79

## 重要例題 118 不等式を満たす点の存在範囲 (2)

複素数 $z$ が $|z-1| \leqq |z-4| \leqq 2|z-1|$ を満たすとき，点 $z$ が動く範囲を複素数平面上に図示せよ。

基本 111，重要 117

**指針** $|z-1| \leqq |z-4| \leqq 2|z-1| \iff \begin{cases} |z-1| \leqq |z-4| & \cdots\cdots ① \\ |z-4| \leqq 2|z-1| & \cdots\cdots ② \end{cases}$ である。

①，② とも左辺，右辺は 0 以上であるから，それぞれ **両辺を平方** した式と同値である。平方した不等式を整理する方針で進める。

また，別解 のように，$\boldsymbol{z=x+yi}$ **($\boldsymbol{x}$，$\boldsymbol{y}$ は実数)** として，$x$，$y$ の不等式の表す領域として考えてもよい。 ⟶ 数学Ⅱで学んだ知識で解決できる。

**解答**

$|z-1| \leqq |z-4| \leqq 2|z-1|$ から

$$|z-1|^2 \leqq |z-4|^2 \leqq 2^2|z-1|^2$$

$|z-1|^2 \leqq |z-4|^2$ から　　$(z-1)(\overline{z}-1) \leqq (z-4)(\overline{z}-4)$

整理すると　　$z+\overline{z} \leqq 5$　　ゆえに　　$\dfrac{z+\overline{z}}{2} \leqq \dfrac{5}{2}$

これは点 $\dfrac{5}{2}$ を通り，実軸に垂直な直線とその左側の部分を表す。

また，$|z-4|^2 \leqq 4|z-1|^2$ から

$$(z-4)(\overline{z}-4) \leqq 4(z-1)(\overline{z}-1)$$

整理すると　　$z\overline{z} \geqq 4$

すなわち　　$|z|^2 \geqq 2^2$

したがって　　$|z| \geqq 2$

これは原点を中心とする半径 2 の円とその外部の領域を表す。

以上から，点 $z$ の動く範囲は **右図の斜線部分** のようになる。

**ただし，境界線を含む。**

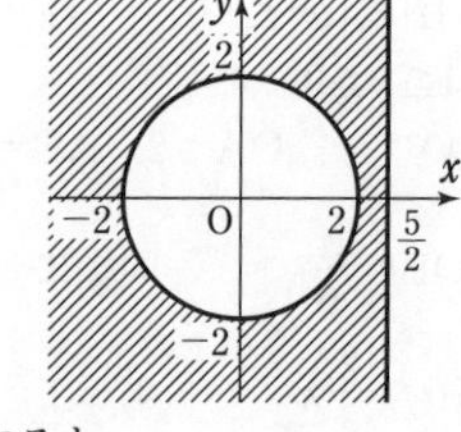


別解　$z=x+yi$ ($x$，$y$ は実数) とすると，

$|z-1|^2 \leqq |z-4|^2 \leqq 2^2|z-1|^2$ から

$$(x-1)^2+y^2 \leqq (x-4)^2+y^2 \leqq 4\{(x-1)^2+y^2\}$$

$(x-1)^2+y^2 \leqq (x-4)^2+y^2$ から　　$x \leqq \dfrac{5}{2}$

$(x-4)^2+y^2 \leqq 4\{(x-1)^2+y^2\}$ から　　$x^2+y^2 \geqq 4$

よって，点 $z$ の動く範囲は **右上の図の斜線部分** のようになる。**ただし，境界線を含む。**

◀ $\boldsymbol{a \geqq 0}$，$\boldsymbol{b \geqq 0}$ **のとき** $\boldsymbol{a \leqq b \iff a^2 \leqq b^2}$

◀ $\dfrac{z+\overline{z}}{2}$ **は $\boldsymbol{z}$ の実部。**

**検討**

$|z-1| \leqq |z-4|$ については，P($z$)，A(1)，B(4) とすると　AP≦BP

よって，点 P は 2 点 A，B を結ぶ線分の垂直二等分線およびその左側の部分にある。

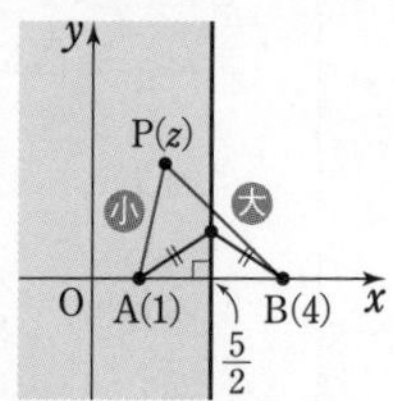


◀ $z-1=x-1+yi$，$z-4=x-4+yi$

◀直線 $x=\dfrac{5}{2}$ とその左側。

◀円 $x^2+y^2=4$ とその外部。

**練習 ④118** 複素数 $z$ の実部を Re$z$ で表す。このとき，次の領域を複素数平面上に図示せよ。

(1) $|z|>1$ かつ $\mathrm{Re}\,z<\dfrac{1}{2}$ を満たす点 $z$ の領域

(2) $w=\dfrac{1}{z}$ とする。点 $z$ が (1) で求めた領域を動くとき，点 $w$ が動く領域

## 重要例題 119 不等式を満たす点の存在範囲 (3)

$z$ を 0 でない複素数とする。$z$ が不等式 $2 \leqq z+\dfrac{16}{z} \leqq 10$ を満たすとき，点 $z$ が存在する範囲を複素数平面上に図示せよ。

重要 94

**指針** $2 \leqq z+\dfrac{16}{z} \leqq 10$ と不等式で表されているから，$z+\dfrac{16}{z}$ は実数である。

そこで，まず **● が実数 ⇔ $\overline{●}$=●** を適用して導かれる条件式に注目。

なお，$z+\dfrac{■}{z}$ の式であるから，極形式を利用する方法も考えられる。 ⟶ 別解

**解答**

$z+\dfrac{16}{z}$ は実数であるから $\overline{z+\dfrac{16}{z}}=z+\dfrac{16}{z}$

よって $\bar{z}+\dfrac{16}{\bar{z}}=z+\dfrac{16}{z}$

ゆえに $\bar{z}|z|^2+16z=z|z|^2+16\bar{z}$

よって $(z-\bar{z})|z|^2-16(z-\bar{z})=0$

ゆえに $(z-\bar{z})(|z|^2-16)=0$

よって $(z-\bar{z})(|z|+4)(|z|-4)=0$

したがって $z=\bar{z}$ または $|z|=4$ ◀$|z|>0$ から，$|z|=-4$ は不適。

[1] $z=\bar{z}$ のとき，$z$ は実数である。

$2 \leqq z+\dfrac{16}{z}$ が成り立つための条件は $z>0$ であり，このとき (相加平均)≧(相乗平均) により

$$z+\frac{16}{z} \geqq 2\sqrt{z\cdot\frac{16}{z}}=8$$

(等号は $z=4$ のとき成り立つ。)

すなわち，$2 \leqq z+\dfrac{16}{z}$ は常に成り立つ。

$z>0$ のとき，$z+\dfrac{16}{z} \leqq 10$ を解くと，$z^2+16 \leqq 10z$ から

$(z-2)(z-8) \leqq 0$ 　したがって　$2 \leqq z \leqq 8$

[2] $|z|=4$ のとき，点 $z$ は原点を中心とする半径 4 の円上にある。$z\bar{z}=4^2$ であるから $\dfrac{16}{z}=\bar{z}$

$2 \leqq z+\dfrac{16}{z} \leqq 10$ から $2 \leqq z+\bar{z} \leqq 10$

ゆえに $1 \leqq \dfrac{z+\bar{z}}{2} \leqq 5$

すなわち $1 \leqq (z \text{ の実部}) \leqq 5$

[1]，[2] から，点 $z$ の存在する範囲は，**右図の太線部分**。

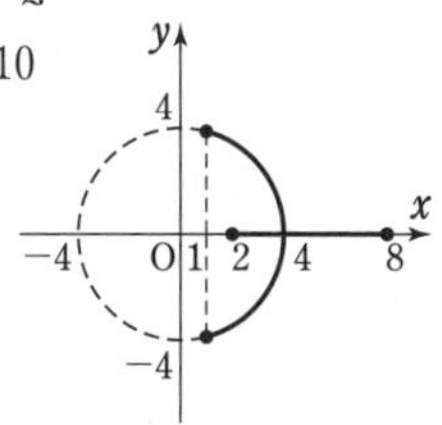


別解 $z=r(\cos\theta+i\sin\theta)$ $(r>0,\ 0 \leqq \theta<2\pi)$ とすると

$z+\dfrac{16}{z}$
$=\left(r+\dfrac{16}{r}\right)\cos\theta$
$\quad+i\left(r-\dfrac{16}{r}\right)\sin\theta$

$z+\dfrac{16}{z}$ は実数であるから

$r-\dfrac{16}{r}=0$

または $\sin\theta=0$

すなわち

$r=4$ または $\theta=0$

または $\theta=\pi$

[1] $r=4$ のとき

$z+\dfrac{16}{z}=8\cos\theta$

よって，$2 \leqq 8\cos\theta \leqq 10$

と $-1 \leqq \cos\theta \leqq 1$ から

$\dfrac{1}{4} \leqq \cos\theta \leqq 1$

[2] $\theta=0$ のとき

$z+\dfrac{16}{z}=r+\dfrac{16}{r}$

よって，$2 \leqq r+\dfrac{16}{r} \leqq 10$

から $2 \leqq r \leqq 8$

[3] $\theta=\pi$ のとき

$z+\dfrac{16}{z}=-\left(r+\dfrac{16}{r}\right)<0$

これは条件を満たさない。

以上から，**左図の太線部分**。

**練習 ④119** $z$ を 0 でない複素数とする。点 $z-\dfrac{1}{z}$ が 2 点 $i$，$\dfrac{10}{3}i$ を結ぶ線分上を動くとき，点 $z$ の存在する範囲を複素数平面上に図示せよ。

3章 ⑮ 複素数と図形

## 基本 例題 120 線分のなす角，平行・垂直条件

複素数平面上の 3 点 $A(\alpha)$，$B(\beta)$，$C(\gamma)$ について

(1) $\alpha=1+2i$，$\beta=-2+4i$，$\gamma=2-ai$ とする。このとき，次のものを求めよ。

(ア) $a=3$ のとき，$\angle BAC$ の大きさと $\triangle ABC$ の面積

(イ) $a=16$ のとき，$\angle CBA$ の大きさ

(2) $\alpha=-1-i$，$\beta=i$，$\gamma=b-2i$（$b$ は実数の定数）とする。

(ア) 3 点 A，B，C が一直線上にあるように，$b$ の値を定めよ。

(イ) 2 直線 AB，AC が垂直であるように，$b$ の値を定めよ。

p.186 基本事項 3　演習 132

**指針**　$\angle BAC$ の偏角 $\angle\beta\alpha\gamma=\arg\dfrac{\gamma-\alpha}{\beta-\alpha}$ に注目する。

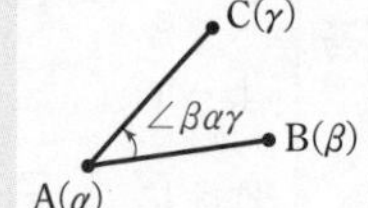


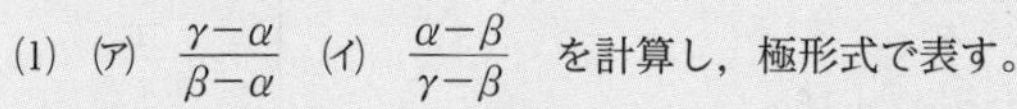

(1) (ア) $\dfrac{\gamma-\alpha}{\beta-\alpha}$ (イ) $\dfrac{\alpha-\beta}{\gamma-\beta}$ を計算し，極形式で表す。

(ア) $\triangle ABC$ の面積は $\dfrac{1}{2}AB\cdot AC\sin\angle BAC$

ここで，$AB=|\beta-\alpha|$，$AC=|\gamma-\alpha|$ であるから，$\dfrac{\gamma-\alpha}{\beta-\alpha}$ の計算で出てくる $\beta-\alpha$，$\gamma-\alpha$ の値を使うとよい。

(2) $p.186$ の基本事項 3 ②，③ が適用できるように，まず $\dfrac{\gamma-\alpha}{\beta-\alpha}$ を計算し

(ア) $\dfrac{\gamma-\alpha}{\beta-\alpha}$ が 実数（$\angle BAC=0$ または $\pi$）

(イ) $\dfrac{\gamma-\alpha}{\beta-\alpha}$ が 純虚数 $\left(\angle BAC=\dfrac{\pi}{2}\right)$ となるように，$b$ の値を定める。

**CHART** 線分のなす角，直線の平行・垂直　偏角 $\angle\beta\alpha\gamma=\arg\dfrac{\gamma-\alpha}{\beta-\alpha}$ が活躍

---

**解答**

(1) (ア) $a=3$ のとき，$\gamma=2-3i$ であるから

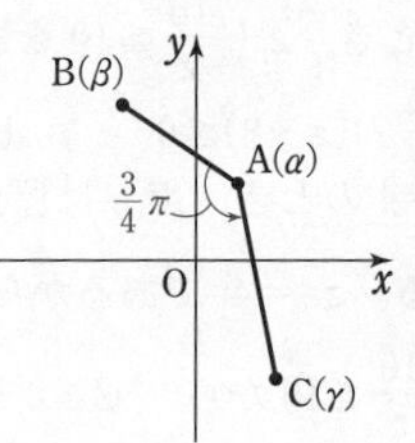


$$\frac{\gamma-\alpha}{\beta-\alpha}=\frac{2-3i-(1+2i)}{-2+4i-(1+2i)}=\frac{1-5i}{-3+2i}$$
$$=\frac{(1-5i)(-3-2i)}{(-3+2i)(-3-2i)}=-1+i$$
$$=\sqrt{2}\left(\cos\frac{3}{4}\pi+i\sin\frac{3}{4}\pi\right)$$

◀分母の実数化。

◀偏角を調べる。ここでは，偏角は $\frac{3}{4}\pi$ で $0<\frac{3}{4}\pi<\pi$

よって，$\angle BAC$ の大きさは　$\boldsymbol{\dfrac{3}{4}\pi}$

また　$\triangle ABC=\dfrac{1}{2}AB\cdot AC\sin\angle BAC$

$$=\frac{1}{2}\sqrt{(-3)^2+2^2}\sqrt{1^2+(-5)^2}\sin\frac{3}{4}\pi$$
$$=\frac{1}{2}\cdot\sqrt{13}\cdot\sqrt{26}\cdot\frac{1}{\sqrt{2}}=\boldsymbol{\frac{13}{2}}$$

◀$AB=|\beta-\alpha|=|-3+2i|$
$AC=|\gamma-\alpha|=|1-5i|$

(イ) $a=16$ のとき，$\gamma=2-16i$ であるから

$$\frac{\alpha-\beta}{\gamma-\beta}=\frac{1+2i-(-2+4i)}{2-16i-(-2+4i)}=\frac{3-2i}{4-20i}$$
$$=\frac{(3-2i)(1+5i)}{4(1-5i)(1+5i)}=\frac{1+i}{8}$$
$$=\frac{\sqrt{2}}{8}\left(\cos\frac{\pi}{4}+i\sin\frac{\pi}{4}\right)$$

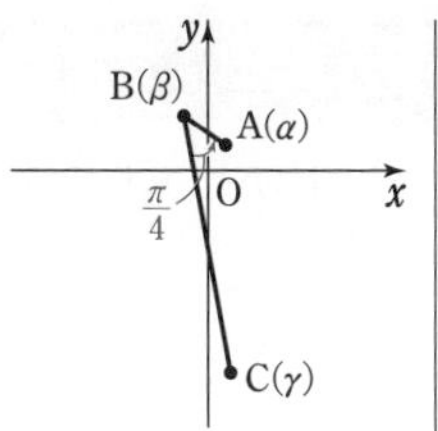


よって，∠CBA の大きさは　$\boldsymbol{\frac{\pi}{4}}$

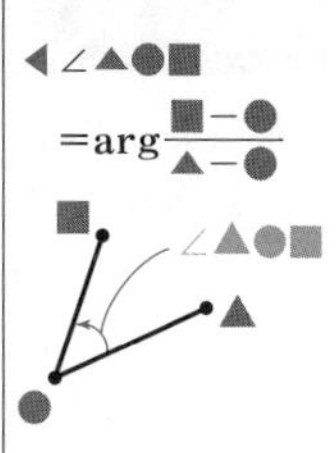


(2) $$\frac{\gamma-\alpha}{\beta-\alpha}=\frac{(b-2i)-(-1-i)}{i-(-1-i)}=\frac{b+1-i}{1+2i}$$
$$=\frac{(b+1-i)(1-2i)}{(1+2i)(1-2i)}=\frac{b-1-(2b+3)i}{5}\quad\cdots\cdots ①$$

◀(イ) にも利用できるように，∠BAC について調べる。

(ア) 3 点 A，B，C が一直線上にあるための条件は，① が実数となることであるから　$2b+3=0$

よって　$\boldsymbol{b=-\frac{3}{2}}$

(イ) 2 直線 AB，AC が垂直であるための条件は，① が純虚数となることであるから　$b-1=0$ かつ $2b+3\neq0$

ゆえに　$\boldsymbol{b=1}$

◀$z=x+yi$ において
$y=0$
　$\Longrightarrow z$ は実数
$x=0$ かつ $y\neq0$
　$\Longrightarrow z$ は純虚数

3章 ⑮ 複素数と図形

**検討** **ベクトルの問題として考える**

複素数平面上の点 $p+qi$ を座標平面上の点 $(p,\ q)$ とみると，次のようにベクトルの知識を用いて解くこともできる。

(1) (イ) A(1, 2)，B(−2, 4)，C(2, −16) とすると
$\overrightarrow{BA}=(3,\ -2)$，$\overrightarrow{BC}=(4,\ -20)=4(1,\ -5)$

よって　$$\cos\angle CBA=\frac{\overrightarrow{BA}\cdot\overrightarrow{BC}}{|\overrightarrow{BA}||\overrightarrow{BC}|}=\frac{4\{3\times1-2\times(-5)\}}{\sqrt{3^2+(-2)^2}\times4\sqrt{1^2+(-5)^2}}=\frac{1}{\sqrt{2}}$$

$0\leqq\angle CBA\leqq\pi$ であるから　$\angle CBA=\boldsymbol{\frac{\pi}{4}}$

(ア) についても同様にして求められる。

(2) A(−1, −1)，B(0, 1)，C(b, −2) とすると　$\overrightarrow{AB}=(1,\ 2)$，$\overrightarrow{AC}=(b+1,\ -1)$

(ア) $k$ を実数として，$\overrightarrow{AC}=k\overrightarrow{AB}$ とすると　$(b+1,\ -1)=k(1,\ 2)$

よって　$b+1=k$，$-1=2k$　　これを解いて　$k=-\frac{1}{2}$，$\boldsymbol{b=-\frac{3}{2}}$

(イ) $\overrightarrow{AB}\cdot\overrightarrow{AC}=0$ とすると　$1\times(b+1)+2\times(-1)=0$　　ゆえに　$\boldsymbol{b=1}$

**練習 ②120** 複素数平面上の 3 点 A(α)，B(β)，C(γ) について

(1) $\alpha=-i$，$\beta=-1-3i$，$\gamma=1-4i$ のとき，∠BAC の大きさを求めよ。

(2) $\alpha=2$，$\beta=1+i$，$\gamma=(3+\sqrt{3})i$ のとき，∠ABC の大きさと △ABC の面積を求めよ。

(3) $\alpha=1+i$，$\beta=3+4i$，$\gamma=ai$ ($a$ は実数) のとき，$a=$ ア［　］ならば 3 点 A，B，C は一直線上にあり，$a=$ イ［　］ならば AB⊥AC となる。

p.228, 229 EX81, 82

## 基本例題 121 三角形の形状 (1) … 基本

異なる 3 点 A($\alpha$), B($\beta$), C($\gamma$) が次の条件を満たすとき，△ABC の 3 つの角の大きさを求めよ。

(1) $\beta-\alpha=(1+\sqrt{3}i)(\gamma-\alpha)$　　(2) $\alpha+i\beta=(1+i)\gamma$

基本 120　演習 134

**指針** まず，式を $\dfrac{▲-●}{■-●}=p+qi$ の形に直す。例えば，(1) では $\dfrac{\beta-\alpha}{\gamma-\alpha}=1+\sqrt{3}i$ と変形できるから，$1+\sqrt{3}i$ を極形式で表すと

・$\left|\dfrac{\beta-\alpha}{\gamma-\alpha}\right|=\dfrac{|\beta-\alpha|}{|\gamma-\alpha|}=\dfrac{AB}{AC}$ ⟶ **2 辺 AB，AC の長さの比**

・$\arg\dfrac{\beta-\alpha}{\gamma-\alpha}$ から ∠CAB ⟶ **2 辺 AB，AC の間の角**

この 2 つを調べることにより，△ABC の形状がわかる。

**CHART** 三角形の形状問題　**隣り合う 2 辺の絶対値と偏角を調べる**

**解答**

(1) $\dfrac{\beta-\alpha}{\gamma-\alpha}=1+\sqrt{3}i=2\left(\cos\dfrac{\pi}{3}+i\sin\dfrac{\pi}{3}\right)$

ゆえに　$\left|\dfrac{\beta-\alpha}{\gamma-\alpha}\right|=\dfrac{|\beta-\alpha|}{|\gamma-\alpha|}=\dfrac{AB}{AC}=2$

よって　AB：AC＝2：1

また，$\arg\dfrac{\beta-\alpha}{\gamma-\alpha}=\dfrac{\pi}{3}$ から

$\angle CAB=\dfrac{\pi}{3}$

ゆえに，△ABC は AB：BC：CA＝2：$\sqrt{3}$：1 の直角三角形であり　**$\angle A=\dfrac{\pi}{3}$，$\angle B=\dfrac{\pi}{6}$，$\angle C=\dfrac{\pi}{2}$**



(2) $\alpha+i\beta=(1+i)\gamma$ から　$\alpha-\gamma=(\gamma-\beta)i$

よって　$\dfrac{\alpha-\gamma}{\beta-\gamma}=-i$

◀ $\alpha=-i(\beta-\gamma)+\gamma$

ゆえに　$\left|\dfrac{\alpha-\gamma}{\beta-\gamma}\right|=\dfrac{|\alpha-\gamma|}{|\beta-\gamma|}=\dfrac{CA}{CB}=1$

よって　CA＝CB

また，$\dfrac{\alpha-\gamma}{\beta-\gamma}$ は純虚数であるから　CA⊥CB

ゆえに，△ABC は CA＝CB の直角二等辺三角形であるから　**$\angle A=\dfrac{\pi}{4}$，$\angle B=\dfrac{\pi}{4}$，$\angle C=\dfrac{\pi}{2}$**

◀ $1+\sqrt{3}i=2\left(\dfrac{1}{2}+\dfrac{\sqrt{3}}{2}i\right)$

(1) $\beta=2\left(\cos\dfrac{\pi}{3}+i\sin\dfrac{\pi}{3}\right)\times(\gamma-\alpha)+\alpha$

この形から，点 B は，点 A を中心として点 C を $\dfrac{\pi}{3}$ だけ回転し，点 A からの距離を 2 倍した点であることがわかる ($p$.172 参照)。

このことから △ABC の形状を求めることもできる [(2) でも同じように考えてよい]。

(2)

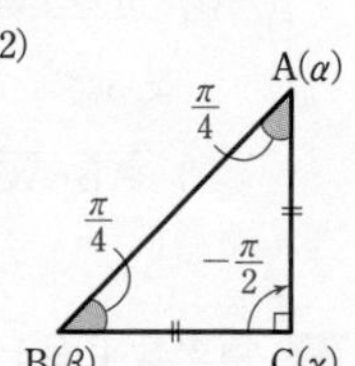



**練習 ② 121** 異なる 3 点 A($\alpha$), B($\beta$), C($\gamma$) が次の条件を満たすとき，△ABC はどんな形の三角形か。

(1) $2(\alpha-\beta)=(1+\sqrt{3}i)(\gamma-\beta)$　　(2) $\beta(1-i)=\alpha-\gamma i$

## 基本例題 122 三角形の形状(2) … ($\alpha$, $\beta$ の 2 次式)$=0$ ①①①①①

異なる 3 点 O(0), A($\alpha$), B($\beta$) に対し，等式 $2\alpha^2-2\alpha\beta+\beta^2=0$ が成り立つとき

(1) $\dfrac{\alpha}{\beta}$ の値を求めよ。　　(2) △OAB はどんな形の三角形か。

〔類 岡山理科大〕 基本 121

**指針** (1) $\beta^2 \neq 0$ であるから，条件式の両辺を $\beta^2$ で割ると，$\dfrac{\alpha}{\beta}$ の 2 次方程式が得られる。

(2) (1)で求めた $\dfrac{\alpha}{\beta}$ を極形式で表し，$\left|\dfrac{\alpha}{\beta}\right|$ や $\arg\dfrac{\alpha}{\beta}$ の図形的な意味を考える。

**CHART** ($\alpha$, $\beta$ の 2 次式)$=0$ と三角形の形状問題　$\dfrac{\alpha}{\beta}=$(極形式) の形を導く

**解答**

(1) $\beta \neq 0$ より，$\beta^2 \neq 0$ であるから，等式 $2\alpha^2-2\alpha\beta+\beta^2=0$ の両辺を $\beta^2$ で割ると　$2\left(\dfrac{\alpha}{\beta}\right)^2-2\cdot\dfrac{\alpha}{\beta}+1=0$

◀ $2\cdot\dfrac{\alpha^2}{\beta^2}-2\cdot\dfrac{\alpha}{\beta}+1=0$

したがって　$\boldsymbol{\dfrac{\alpha}{\beta}}=\dfrac{-(-1)\pm\sqrt{(-1)^2-2\cdot 1}}{2}=\boldsymbol{\dfrac{1\pm i}{2}}$

◀解の公式を利用。

(2) (1)から　$\dfrac{\alpha}{\beta}=\dfrac{1}{\sqrt{2}}\left(\dfrac{1}{\sqrt{2}}\pm\dfrac{1}{\sqrt{2}}i\right)$

$=\dfrac{1}{\sqrt{2}}\left\{\cos\left(\pm\dfrac{\pi}{4}\right)+i\sin\left(\pm\dfrac{\pi}{4}\right)\right\}$ (複号同順)

ゆえに　$\left|\dfrac{\alpha}{\beta}\right|=\dfrac{|\alpha|}{|\beta|}=\dfrac{\text{OA}}{\text{OB}}=\dfrac{1}{\sqrt{2}}$

よって　$\text{OA}:\text{OB}=1:\sqrt{2}$

また，$\arg\dfrac{\alpha}{\beta}=\pm\dfrac{\pi}{4}$ から

$\angle\text{BOA}=\dfrac{\pi}{4}$

したがって，△OAB は $\boldsymbol{\angle \text{A}=\dfrac{\pi}{2}}$ **の直角二等辺三角形** である。

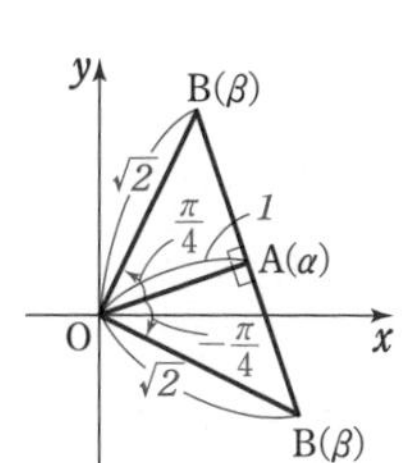


◀ $\beta=\sqrt{2}\left\{\cos\left(\pm\dfrac{\pi}{4}\right)+i\sin\left(\pm\dfrac{\pi}{4}\right)\right\}\alpha$ と書けるから，点 B は，原点を中心として点 A を $\pm\dfrac{\pi}{4}$ だけ回転し，原点からの距離を $\sqrt{2}$ 倍した点である。

◀ AB=AO の直角二等辺三角形 と答えてもよい。

別解　等式から　$(\alpha^2-2\alpha\beta+\beta^2)+\alpha^2=0$　よって　$(\alpha-\beta)^2=-\alpha^2$

ゆえに　$\left(\dfrac{\alpha-\beta}{\alpha}\right)^2=-1$　よって　$\dfrac{\alpha-\beta}{\alpha}=\pm i$

すなわち，$\dfrac{\beta-\alpha}{0-\alpha}=\pm i$ (純虚数) であるから，$\left|\dfrac{\beta-\alpha}{0-\alpha}\right|=1$ より　BA=OA

また　BA⊥OA　したがって　$\boldsymbol{\angle \text{A}=\dfrac{\pi}{2}}$ **の直角二等辺三角形**

**練習 ③122** 原点 O とは異なる 3 点 A($\alpha$), B($\beta$), C($\gamma$) がある。〔(1) 類 大分大，(2) 類 関西大〕

(1) $\alpha^2+\alpha\beta+\beta^2=0$ が成り立つとき，△OAB はどんな形の三角形か。

(2) $3\alpha^2+4\beta^2+\gamma^2-6\alpha\beta-2\beta\gamma=0$ が成り立つとき

(ア) $\gamma$ を $\alpha$, $\beta$ で表せ。　　(イ) △ABC はどんな形の三角形か。

## 基本例題 123 図形の性質の証明 ①①①①①

右の図のように，△ABC の外側に，正方形 ABDE および正方形 ACFG を作るとき，次の問いに答えよ。

(1) 複素数平面上で A(0)，B($\beta$)，C($\gamma$) とするとき，点 E，G を表す複素数を求めよ。

(2) 線分 EG の中点を M とするとき，2AM＝BC，AM⊥BC であることを証明せよ。 p.186 基本事項 3

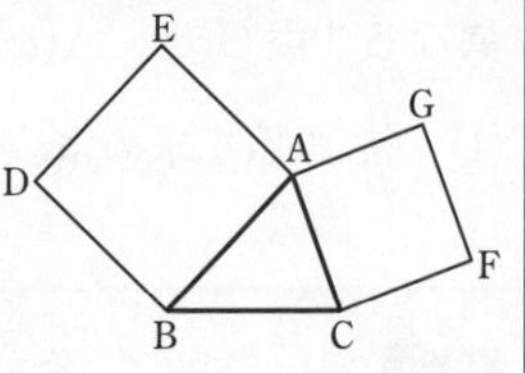

**指針**

(1) 点 A を原点とする複素数平面で考えているから，2 つの正方形に注目すると

点 E は，点 B を点 A（**原点**）**を中心として** $-\dfrac{\pi}{2}$ **回転** した点 ⟶ $-i$ **を掛ける**

点 G は，点 C を点 A（**原点**）**を中心として** $\dfrac{\pi}{2}$ **回転** した点 ⟶ $i$ **を掛ける**

(2) 2AM＝BC の証明には，**2 点 P($z_1$)，Q($z_2$) 間の距離は** $|z_2-z_1|$ を利用。
AM⊥BC の証明には，異なる 4 点 P($z_1$)，Q($z_2$)，R($z_3$)，S($z_4$) に対し

$$\mathrm{PQ}\perp\mathrm{RS} \iff \frac{z_4-z_3}{z_2-z_1} \text{ が純虚数}$$ を利用。

**CHART 図形の条件 角の大きさがわかるなら，回転を利用**
**特に直角なら $\pm i$ を掛ける $\left(\pm\dfrac{\pi}{2}\text{ の回転}\right)$**

**解答**

(1) 点 E は，点 B($\beta$) を原点 A を中心として $-\dfrac{\pi}{2}$ だけ回転した点であるから　　**E($-\beta i$)**

点 G は，点 C($\gamma$) を原点 A を中心として $\dfrac{\pi}{2}$ だけ回転した点であるから　　**G($\gamma i$)**

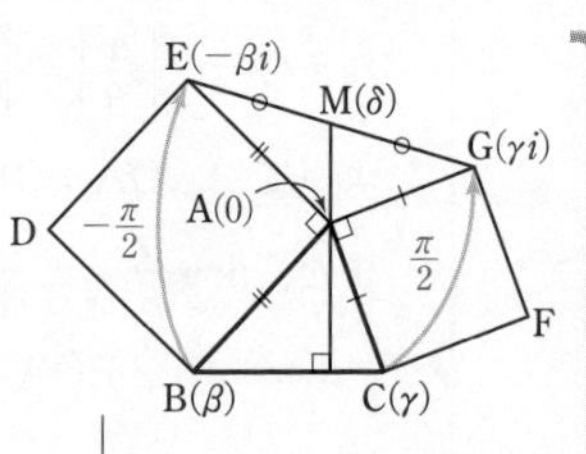


(2) M($\delta$) とすると

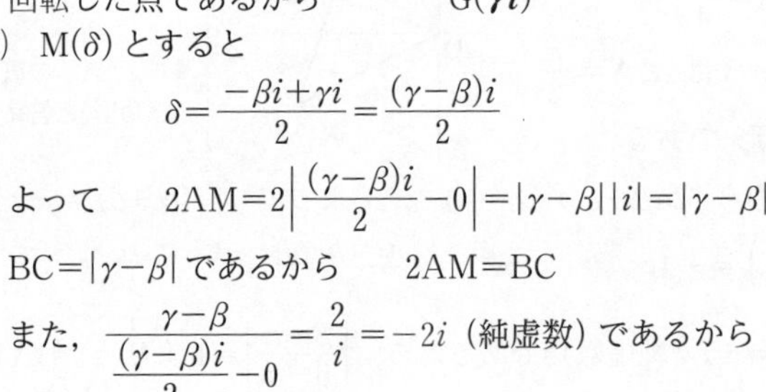

$$\delta=\frac{-\beta i+\gamma i}{2}=\frac{(\gamma-\beta)i}{2}$$

よって　　$2\mathrm{AM}=2\left|\dfrac{(\gamma-\beta)i}{2}-0\right|=|\gamma-\beta||i|=|\gamma-\beta|$

◀2 点 $z_1$，$z_2$ を結ぶ線分の中点を表す複素数は $\dfrac{z_1+z_2}{2}$

BC＝$|\gamma-\beta|$ であるから　　2AM＝BC

また，$\dfrac{\gamma-\beta}{\dfrac{(\gamma-\beta)i}{2}-0}=\dfrac{2}{i}=-2i$（純虚数）であるから

◀$\gamma-\beta\neq 0$

AM⊥BC

**練習 ③123** 上の例題において，BG＝CE，BG⊥CE であることを証明せよ。

# 図形の性質と複素数

## ● 図形の性質の複素数による表現

図形に関する証明問題では，複素数平面の利用が有効なことが多い。まず，図形の条件ごとに，複素数による表現を確認しておこう。
以下，O を原点，複素数平面上の 3 点を $A(\alpha)$，$B(\beta)$，$C(\gamma)$，$k$ を実数とする。

| 図形の条件 | 複素数による表現 | (参考) ベクトルによる表現 |
|---|---|---|
| 1 **線分の長さ** ←→<br>AB | **絶対値**<br>$AB=\|\beta-\alpha\|$ | **絶対値**<br>$AB=\|\overrightarrow{AB}\|=\|\overrightarrow{OB}-\overrightarrow{OA}\|$ |
| 2 **角** ←→<br>$\angle BAC$ | **偏角**<br>$\angle\beta\alpha\gamma=\arg\dfrac{\gamma-\alpha}{\beta-\alpha}$ | **内積利用**<br>$\cos\angle BAC=\dfrac{\overrightarrow{AB}\cdot\overrightarrow{AC}}{\|\overrightarrow{AB}\|\|\overrightarrow{AC}\|}$ |
| 3 **共線条件** ←→<br>3 点 A，B，C が一直線上 | **偏角が 0 か $\pi$**<br>$\iff \dfrac{\gamma-\alpha}{\beta-\alpha}$ が実数<br>$\iff \gamma-\alpha=k(\beta-\alpha)$ | **実数倍**<br>$\overrightarrow{AC}=k\overrightarrow{AB}$<br>$\iff \overrightarrow{OC}-\overrightarrow{OA}=k(\overrightarrow{OB}-\overrightarrow{OA})$ |
| 4 **垂直条件** ←→<br>$AB\perp AC$ | **偏角が $\pm\dfrac{\pi}{2}$**<br>$\iff \dfrac{\gamma-\alpha}{\beta-\alpha}$ が純虚数 | **(内積)=0**<br>$\overrightarrow{AB}\cdot\overrightarrow{AC}=0$ |
| 5 **平行移動** ←→<br>$x$ 軸方向に $a$，$y$ 軸方向に $b$ | **$+\alpha$ ($\alpha=a+bi$)**<br>点 $z$ が点 $z'$ に移るなら<br>$z'=z+\alpha$ | 点 P が点 P′ に移るなら<br>$\overrightarrow{OP'}=\overrightarrow{OP}+\overrightarrow{PP'}$<br>$[\overrightarrow{PP'}=(a,\ b)]$ |
| 6 **回転移動** ←→<br>原点を中心とする角 $\theta$ の回転 | **$\times(\cos\theta+i\sin\theta)$**<br>点 $z$ が点 $z'$ に移るなら<br>$z'=z\times(\cos\theta+i\sin\theta)$ | 回転の中心が点 $\alpha$ なら<br>$z'=(z-\alpha)(\cos\theta+i\sin\theta)+\alpha$ |

## ● 複素数を利用することの利点

複素数平面では，（ベクトルと比べると）簡潔に表現できる図形の条件も多い。
例えば，角の大きさは $\dfrac{\gamma-\alpha}{\beta-\alpha}$ から調べられるし，特に 回転移動については，移動後の点を積の計算によって求められる ので大変便利である。この利点を活かしたのが，前ページの例題 **123** の解答である。回転移動を利用することで，点 E，G を表す複素数がすぐに求められる。また，線分の長さの関係式 $2AM=BC$ も，絶対値の性質 $|\alpha\beta|=|\alpha||\beta|$ を利用することにより，簡単に求められる。
なお，例題 **123** は，次ページのように，ベクトルや初等幾何（中学や数学 A の「図形の性質」で学んだ知識を使う）によって証明することもできるが，前ページの解答の方が簡潔であり，複素数平面の便利さがわかるだろう。

## 検討　基本例題 123 をさまざまな方法で解く

### ● 例題 123 のベクトルを用いた解法

…… 条件をベクトルの式に表して，　**垂直 ⟺ 内積＝0**　などを利用することで証明できるが，$p.208$ の解答に比べると，全体的に計算は面倒になる。

$\overrightarrow{AB}=\vec{b}$，$\overrightarrow{AC}=\vec{c}$，$\overrightarrow{AE}=\vec{e}$，$\overrightarrow{AG}=\vec{g}$ とすると，条件から

$$|\vec{b}|=|\vec{e}|,\ |\vec{c}|=|\vec{g}|,\ \vec{b}\cdot\vec{e}=0,\ \vec{c}\cdot\vec{g}=0$$

また，$\angle BAC=\theta$ とすると　$\angle EAG=\pi-\theta$

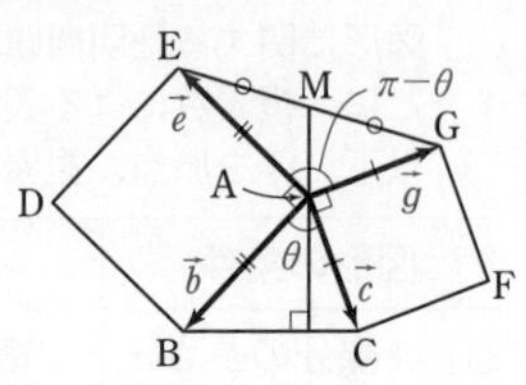


$\overrightarrow{AM}=\dfrac{\vec{e}+\vec{g}}{2}$ であるから

$$\begin{aligned}4|\overrightarrow{AM}|^2&=(\vec{e}+\vec{g})\cdot(\vec{e}+\vec{g})\\&=|\vec{e}|^2+2\vec{e}\cdot\vec{g}+|\vec{g}|^2\\&=|\vec{b}|^2+2|\vec{e}||\vec{g}|\cos(\pi-\theta)+|\vec{c}|^2\\&=|\vec{b}|^2-2|\vec{b}||\vec{c}|\cos\theta+|\vec{c}|^2=|\vec{b}-\vec{c}|^2=|\overrightarrow{BC}|^2\end{aligned}$$

◀ $|\vec{e}|=|\vec{b}|$，$|\vec{g}|=|\vec{c}|$

◀ $\cos(\pi-\theta)=-\cos\theta$，$|\vec{b}||\vec{c}|\cos\theta=\vec{b}\cdot\vec{c}$

よって　$(2|\overrightarrow{AM}|)^2=|\overrightarrow{BC}|^2$　　ゆえに　$2AM=BC$

$$\begin{aligned}2\overrightarrow{AM}\cdot\overrightarrow{BC}&=(\vec{e}+\vec{g})\cdot(\vec{c}-\vec{b})=\vec{e}\cdot\vec{c}-\vec{e}\cdot\vec{b}+\vec{g}\cdot\vec{c}-\vec{g}\cdot\vec{b}\\&=\vec{e}\cdot\vec{c}-\vec{g}\cdot\vec{b}=|\vec{e}||\vec{c}|\cos\left(\frac{\pi}{2}+\theta\right)-|\vec{g}||\vec{b}|\cos\left(\frac{\pi}{2}+\theta\right)\\&=|\vec{b}||\vec{c}|\cos\left(\frac{\pi}{2}+\theta\right)-|\vec{c}||\vec{b}|\cos\left(\frac{\pi}{2}+\theta\right)=0\end{aligned}$$

◀ $\vec{e}\cdot\vec{b}=0$，$\vec{g}\cdot\vec{c}=0$

◀ $\vec{e}\cdot\vec{c}=|\vec{e}||\vec{c}|\cos\angle EAC$，$\vec{g}\cdot\vec{b}=|\vec{g}||\vec{b}|\cos\angle GAB$

$\overrightarrow{AM}\neq\vec{0}$，$\overrightarrow{BC}\neq\vec{0}$ から　$\overrightarrow{AM}\perp\overrightarrow{BC}$　すなわち　$AM\perp BC$

### ● 例題 123 の初等幾何による解法

…… **中線は 2 倍にのばして平行四辺形を作り出す**　の方針で証明することができるが，補助となる点や補助線が必要となるので，思いつきにくい。

線分 AM の点 M を越える延長上に，AM＝MH となるように点 H をとると，EM＝GM から，四角形 AGHE は平行四辺形である。

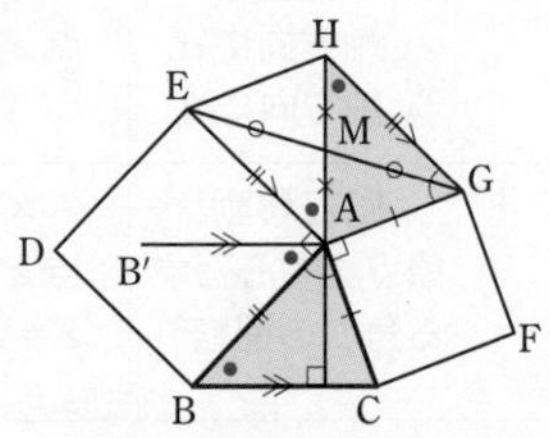


よって　AE＝GH　　また，AB＝AE から

AB＝GH …… ①　更に　AC＝AG …… ②

AE∥GH から　$\angle EAG+\angle AGH=\pi$

ゆえに　$\angle AGH=\pi-\angle EAG=\angle BAC$

すなわち　$\angle AGH=\angle BAC$ …… ③

①～③ から　$\triangle ABC\equiv\triangle GHA$　◀ 2 辺とその間の角がそれぞれ等しい。

よって　BC＝AH＝2AM

また，図のように，BC∥B′A となる点 B′ をとると

$\angle MAE=\angle GHA=\angle ABC=\angle BAB'$　◀ 順に AE∥GH，$\triangle ABC\equiv\triangle GHA$，BC∥B′A に注目。

ゆえに　$\angle MAB'=\angle MAE+\angle EAB'=\angle BAB'+\angle EAB'=\dfrac{\pi}{2}$

よって　$AM\perp B'A$　　BC∥B′A から　$AM\perp BC$

このように，図形の性質の証明には，**複素数平面**，**ベクトル**，**初等幾何** などによる方法が考えられる。例題 **123** では複素数平面を利用すると，証明が最も簡潔となるが，どの方法が最も便利であるかは問題によりさまざまである。
(この他にも **座標平面の利用**［数学Ⅱ］が考えられる。)

## 補足事項　複素数平面を利用した図形の性質の証明の例

中学や数学 A で学んだ，図形に関する定理や性質の中には，複素数平面の知識を利用して証明できるものもある。そのような例をいくつか示しておこう。

＜中線定理＞　△ABC において，辺 BC の中点を M とするとき，次の等式が成り立つ。

$$\mathbf{AB^2+AC^2=2(AM^2+BM^2)}$$

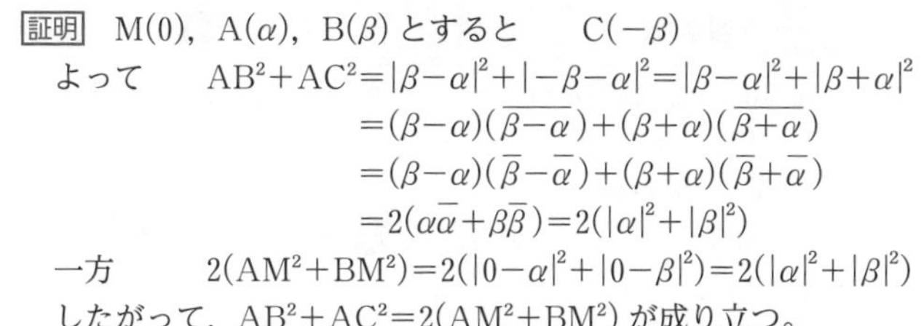

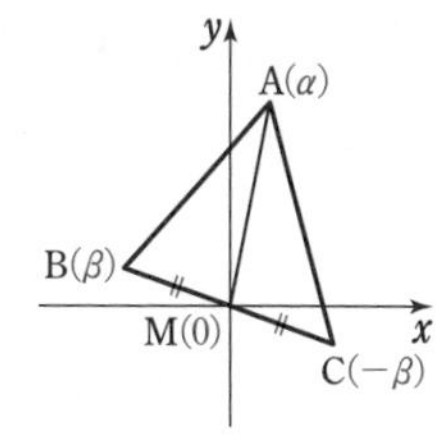

証明　M(0)，A($\alpha$)，B($\beta$) とすると　　C($-\beta$)

よって　　$AB^2+AC^2=|\beta-\alpha|^2+|-\beta-\alpha|^2=|\beta-\alpha|^2+|\beta+\alpha|^2$

$$=(\beta-\alpha)(\overline{\beta-\alpha})+(\beta+\alpha)(\overline{\beta+\alpha})$$

$$=(\beta-\alpha)(\overline{\beta}-\overline{\alpha})+(\beta+\alpha)(\overline{\beta}+\overline{\alpha})$$

$$=2(\alpha\overline{\alpha}+\beta\overline{\beta})=2(|\alpha|^2+|\beta|^2)$$

一方　　$2(AM^2+BM^2)=2(|0-\alpha|^2+|0-\beta|^2)=2(|\alpha|^2+|\beta|^2)$

したがって，$AB^2+AC^2=2(AM^2+BM^2)$ が成り立つ。

＜トレミーの定理＞　円に内接する四角形 ABCD について，次の等式が成り立つ。

$$\mathbf{AB\cdot CD+AD\cdot BC=AC\cdot BD}$$

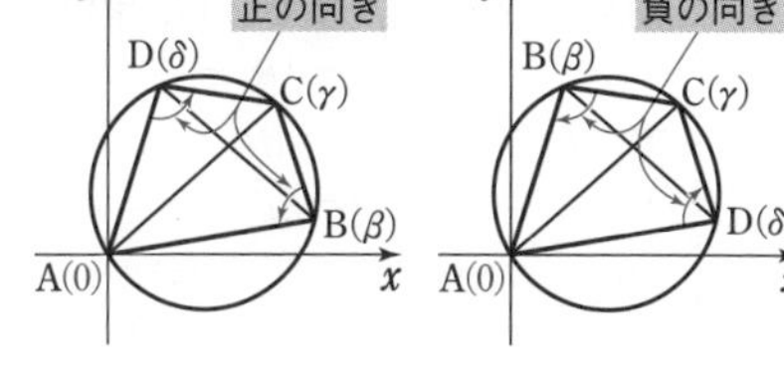


証明　A(0)，B($\beta$)，C($\gamma$)，D($\delta$) とすると，

$\angle CBA+\angle ADC=\pi$ から

$$\arg\frac{0-\beta}{\gamma-\beta}+\arg\frac{\gamma-\delta}{0-\delta}=\pm\pi$$

よって　　$\arg\left(\dfrac{-\beta}{\gamma-\beta}\cdot\dfrac{\gamma-\delta}{-\delta}\right)=\pm\pi$

すなわち　$\arg\dfrac{(\gamma-\delta)\beta}{(\gamma-\beta)\delta}=\pm\pi$

ここで，$(\gamma-\delta)\beta=z_1$，$(\gamma-\beta)\delta=z_2$ とおくと，$z_1\neq 0$，$z_2\neq 0$，$z_1\neq z_2$ で，

$\arg\dfrac{z_1}{z_2}=\pm\pi$ であるから，3 点 $z_1$，0，$z_2$ はこの順に一直線上にある。

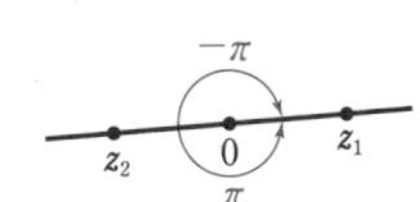


ゆえに　　$|z_1-z_2|=|z_1|+|z_2|$ …… ①

$z_1-z_2=(\gamma-\delta)\beta-(\gamma-\beta)\delta=(\beta-\delta)\gamma$ であるから，① より

$$|(\beta-\delta)\gamma|=|(\gamma-\delta)\beta|+|(\gamma-\beta)\delta|$$

よって　　$|\beta-\delta||\gamma|=|\gamma-\delta||\beta|+|\gamma-\beta||\delta|$

したがって，$BD\cdot AC=DC\cdot AB+BC\cdot AD$ が成り立つ。

このような，複素数平面を利用した図形の性質の証明においては，計算が簡単になるように原点を選ぶ ことがポイントとなる。例えば，上の中線定理の証明では，A(0)，B($\beta$)，C($\gamma$) とおいて進めることもできるが，この場合は $M\left(\dfrac{\beta+\gamma}{2}\right)$ となり，分数が現れるため，計算が繁雑になってしまう。

問　△ABC の辺 AB，AC の中点をそれぞれ D，E とするとき，BC∥DE，BC＝2DE であること（**中点連結定理**）を証明せよ。

（＊）問 の解答は $p.330$ にある。

## 基本例題 124 三角形の垂心を表す複素数 ①①①①①

単位円上の異なる 3 点 A($\alpha$), B($\beta$), C($\gamma$) と，この円上にない点 H($z$) について，等式 $z=\alpha+\beta+\gamma$ が成り立つとき，H は △ABC の垂心であることを証明せよ。

〔類 九州大〕 基本 123　重要 125，基本 127

**△ABC の垂心が H ⟺ AH⊥BC，BH⊥CA**

例えば，AH⊥BC を次のように，複素数を利用して示す。

$$\text{AH}\perp\text{BC} \iff \frac{\gamma-\beta}{z-\alpha} \text{ が純虚数} \iff \frac{\gamma-\beta}{z-\alpha}+\overline{\left(\frac{\gamma-\beta}{z-\alpha}\right)}=0 \quad \cdots\cdots ★$$

[$w$ が純虚数 ⟺ $w\neq 0$ かつ $w+\overline{w}=0$（$p.$154 参照）を利用している。]

また，3 点 A，B，C は単位円上にあるから

$$|\alpha|=|\beta|=|\gamma|=1 \iff \alpha\overline{\alpha}=\beta\overline{\beta}=\gamma\overline{\gamma}=1$$

これと $z=\alpha+\beta+\gamma$ から得られる $z-\alpha=\beta+\gamma$ を用いて，★ を $\beta$, $\gamma$ だけの等式に直して証明する。

**CHART** 垂直であることの証明 $\text{AB}\perp\text{CD} \iff \dfrac{\delta-\gamma}{\beta-\alpha}$ が純虚数

解答

3 点 A($\alpha$), B($\beta$), C($\gamma$) は単位円上にあるから

$$|\alpha|=|\beta|=|\gamma|=1$$

すなわち　$|\alpha|^2=|\beta|^2=|\gamma|^2=1$

よって　$\alpha\overline{\alpha}=\beta\overline{\beta}=\gamma\overline{\gamma}=1$

$\alpha\neq 0$, $\beta\neq 0$, $\gamma\neq 0$ であるから

$$\overline{\alpha}=\frac{1}{\alpha},\quad \overline{\beta}=\frac{1}{\beta},\quad \overline{\gamma}=\frac{1}{\gamma}$$

A，B，C，H はすべて異なる点であるから，$\dfrac{\gamma-\beta}{z-\alpha}\neq 0$ で

$$\frac{\gamma-\beta}{z-\alpha}+\overline{\left(\frac{\gamma-\beta}{z-\alpha}\right)}=\frac{\gamma-\beta}{\beta+\gamma}+\overline{\left(\frac{\gamma-\beta}{\beta+\gamma}\right)}=\frac{\gamma-\beta}{\beta+\gamma}+\frac{\overline{\gamma}-\overline{\beta}}{\overline{\beta}+\overline{\gamma}} \ (*)$$

$$=\frac{\gamma-\beta}{\beta+\gamma}+\frac{\frac{1}{\gamma}-\frac{1}{\beta}}{\frac{1}{\beta}+\frac{1}{\gamma}}=\frac{\gamma-\beta}{\beta+\gamma}+\frac{\beta-\gamma}{\gamma+\beta}$$

$$=0$$

よって，$\dfrac{\gamma-\beta}{z-\alpha}$ は純虚数である。

ゆえに　AH⊥BC

同様にして　BH⊥CA

したがって，H は △ABC の垂心である。

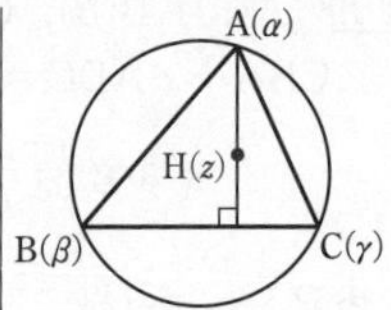


(＊) $\overline{\beta}=\dfrac{1}{\beta}$, $\overline{\gamma}=\dfrac{1}{\gamma}$

◀指針___……★ の方針。垂直であるという図形の条件を，純虚数であるという複素数の条件に言い換え，更に等式の条件に言い換えて示している。なお，$bi$ が純虚数であるためには，$b\neq 0$ であることに注意。

◀上の式で，$\alpha$ が $\beta$, $\beta$ が $\gamma$, $\gamma$ が $\alpha$ に入れ替わる。

**練習 ③124** 上の例題において，$w=-\overline{\alpha}\beta\gamma$ とおく。$w\neq\alpha$ のとき，点 D($w$) は単位円上にあり，AD⊥BC であることを示せ。〔類 九州大〕

## 重要例題 125 三角形の外心を表す複素数 ①①①①①

複素数平面上において，三角形の頂点をなす3点をO(0)，A($\alpha$)，B($\beta$)とする。

(1) 線分OAの垂直二等分線上の点を表す複素数 $z$ は，$\overline{\alpha}z+\alpha\overline{z}-\alpha\overline{\alpha}=0$ を満たすことを示せ。

(2) △OABの外心を表す複素数を $z_1$ とするとき，$z_1$ を $\alpha$，$\overline{\alpha}$，$\beta$，$\overline{\beta}$ で表せ。

〔類 山形大〕 基本 124

(1) 点 $z$ は線分OAの垂直二等分線上にあるから，2点O(0)，A($\alpha$)より等距離にある。

(2) 三角形の外心は，3辺の垂直二等分線の交点である。

① (1)は(2)のヒント　△OABの外心である点 $z_1$ は，辺OA，OBの垂直二等分線の交点であるから，$z_1$ は(1)の式を満たす。
また，辺OBの垂直二等分線上の点が満たす式も(1)よりすぐわかる。

(1) 点 $z$ は線分OAの垂直二等分線上にあるから

$$|z-0|=|z-\alpha| \quad \text{すなわち} \quad |z|^2=|z-\alpha|^2$$

よって　$z\overline{z}=(z-\alpha)(\overline{z}-\overline{\alpha})$

ゆえに　$\overline{\alpha}z+\alpha\overline{z}-\alpha\overline{\alpha}=0$

◀P($z$)とすると OP＝AP

◀$|z-\alpha|^2=(z-\alpha)(\overline{z-\alpha})=(z-\alpha)(\overline{z}-\overline{\alpha})$

(2) (1)と同様に考えて，線分OBの垂直二等分線上の点を表す複素数 $z$ は，$\overline{\beta}z+\beta\overline{z}-\beta\overline{\beta}=0$ を満たす。

◀(1)の等式から。

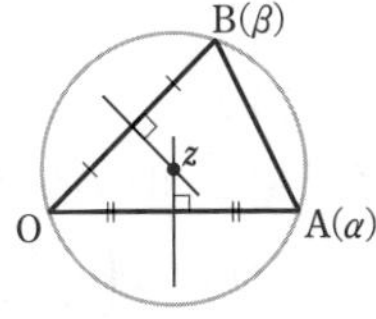


△OABの外心は，線分OAの垂直二等分線と線分OBの垂直二等分線の交点であるから，$z_1$ は

$$\overline{\alpha}z_1+\alpha\overline{z_1}-\alpha\overline{\alpha}=0 \quad \cdots\cdots ①,$$
$$\overline{\beta}z_1+\beta\overline{z_1}-\beta\overline{\beta}=0 \quad \cdots\cdots ②$$

をともに満たす。

◀①，②を $z_1$ について解くことを目指す。

①×$\beta$−②×$\alpha$ から　$(\overline{\alpha}\beta-\alpha\overline{\beta})z_1-\alpha\beta(\overline{\alpha}-\overline{\beta})=0$

◀$\overline{z_1}$ を消去する。

ここで，$\overline{\alpha}\beta-\alpha\overline{\beta}=0$ とすると

$$\frac{\overline{\beta}}{\overline{\alpha}}=\frac{\beta}{\alpha} \quad \text{すなわち} \quad \overline{\left(\frac{\beta}{\alpha}\right)}=\frac{\beta}{\alpha}$$

◀直ちに $\overline{\alpha}\beta-\alpha\overline{\beta}$ で割ってはいけない。

よって，$\dfrac{\beta}{\alpha}$ は実数となるから，3点O，A，Bが一直線上にあることになり，三角形をなさない。

◀3点0，$\alpha$，$\beta$ が一直線上にある ⟺ $\beta=k\alpha$ となる実数 $k$ がある

したがって，$\overline{\alpha}\beta-\alpha\overline{\beta}\neq0$ であるから

$$\boldsymbol{z_1=\frac{\alpha\beta(\overline{\alpha}-\overline{\beta})}{\overline{\alpha}\beta-\alpha\overline{\beta}}} \quad \left(z_1=\frac{\beta|\alpha|^2-\alpha|\beta|^2}{\overline{\alpha}\beta-\alpha\overline{\beta}} \text{ でもよい。}\right)$$

**練習 ③125** 複素数平面上に3点O，A，Bを頂点とする△OABがある。ただし，Oは原点とする。△OABの外心をPとする。3点A，B，Pが表す複素数をそれぞれ $\alpha$，$\beta$，$z$ とするとき，$\alpha\beta=z$ が成り立つとする。このとき，$\alpha$ の満たすべき条件を求め，点A($\alpha$)が描く図形を複素数平面上に図示せよ。 〔類 北海道大〕

## 重要例題 126 三角形の内心を表す複素数 ③③③③③

異なる 3 点 O(0), A($\alpha$), B($\beta$) を頂点とする △OAB の内心を P($z$) とする。このとき，$z$ は次の等式を満たすことを示せ。

$$z=\frac{|\beta|\alpha+|\alpha|\beta}{|\alpha|+|\beta|+|\beta-\alpha|}$$

基本 109

指針 三角形の内心は，3 つの内角の二等分線の交点である。
次の「角の二等分線の定理」……（＊）を利用し，∠O の二等分線と辺 AB の交点を D($w$) として，$w$ を $\alpha$, $\beta$ で表す。

（＊） 右の図で **OD が △OAB の ∠O の二等分線**

$\Longrightarrow$ **AD：DB＝OA：OB**

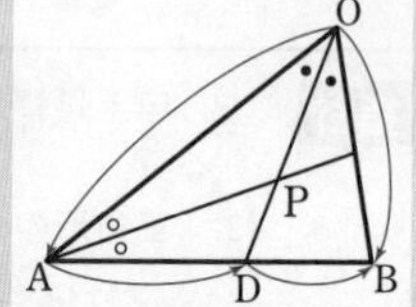


次に，△OAD において，∠A と二等分線 AP に注目する。
以上のことは，内心の位置ベクトルを求めるときの考え方とまったく同じである。

**解答** OA＝$|\alpha|=a$, OB＝$|\beta|=b$, AB＝$|\beta-\alpha|=c$ とおく。

◀絶対値が付いたままでは扱いにくいので，$a$, $b$, $c$ とおいた。

また，∠AOB の二等分線と辺 AB の交点を D($w$) とする。

AD：DB＝OA：OB＝$a:b$

◀角の二等分線の定理。

であるから　$w=\dfrac{b\alpha+a\beta}{a+b}$

P は ∠OAB の二等分線と OD の交点であるから

$$\mathrm{OP}:\mathrm{PD}=\mathrm{OA}:\mathrm{AD}=a:\left(\frac{a}{a+b}\cdot c\right)=(a+b):c$$

ゆえに　OP：OD＝$(a+b):(a+b+c)$

◀これより，P は線分 OD を $(a+b):c$ に内分する点であるから $z=\dfrac{c\cdot 0+(a+b)w}{a+b+c}$ としてもよい。

よって

$$z=\frac{a+b}{a+b+c}w=\frac{a+b}{a+b+c}\cdot\frac{b\alpha+a\beta}{a+b}=\frac{b\alpha+a\beta}{a+b+c}$$

すなわち　$z=\dfrac{|\beta|\alpha+|\alpha|\beta}{|\alpha|+|\beta|+|\beta-\alpha|}$

**検討** **△ABC の内心を表す複素数**

A($\alpha$), B($\beta$), C($\gamma$) を頂点とする △ABC の内心を P($z$) とする。C($\gamma$) を原点 O(0) にくるように平行移動すると，A($\alpha$) $\longrightarrow$ A′($\alpha-\gamma$), B($\beta$) $\longrightarrow$ B′($\beta-\gamma$) のように移動するから，

△OA′B′ の内心 $z'$ は，$z'=\dfrac{|\beta-\gamma|(\alpha-\gamma)+|\alpha-\gamma|(\beta-\gamma)}{|\alpha-\gamma|+|\beta-\gamma|+|\beta-\alpha|}$ と表される。

これを $\gamma$ だけ平行移動すると　$z=z'+\gamma=\dfrac{|\beta-\gamma|\alpha+|\gamma-\alpha|\beta+|\alpha-\beta|\gamma}{|\alpha-\gamma|+|\beta-\gamma|+|\beta-\alpha|}$

**練習 ③126** 異なる 3 点 O(0), A($\alpha$), B($\beta$) を頂点とする △OAB の頂角 O 内の傍心を P($z$) とするとき，$z$ は次の等式を満たすことを示せ。

$$z=\frac{|\beta|\alpha+|\alpha|\beta}{|\alpha|+|\beta|-|\beta-\alpha|}$$

# 振り返り 複素数の扱い方

これまで，複素数に関する問題を通じてさまざまな解法を学んだ。ここでは，以下の 3 つの考え方について長所・短所を整理しておこう。

① 複素数 $z$ のまま扱う … 図形的に考える

この扱い方の長所として，**計算が簡潔に済む場合が多い** ことがあげられる。また，方程式の形から，その方程式が表す図形を判断できることも多い。

一方，次のような，**複素数特有の式変形や条件の言い換えに慣れておく必要** がある。

- **複素数 $\alpha$ が実数** $\iff \overline{\alpha}=\alpha$
  **複素数 $\alpha$ が純虚数** $\iff \overline{\alpha}=-\alpha$ かつ $\alpha\neq 0$
- 方程式 $|z-\alpha|=|z-\beta|$ を満たす点 $z$ 全体は，
  **2 点 $\alpha$，$\beta$ を結ぶ線分の垂直二等分線** である。
- 方程式 $|z-\alpha|=r\ (r>0)$ を満たす点 $z$ 全体は，
  **点 $\alpha$ を中心とする半径 $r$ の円** である。
  ⟶ $|z-\alpha|=r$ の形にするために，$(z-\alpha)(\overline{z-\alpha})=r^2$ の形を作る必要がある（基本例題 **110**，**111** を参照）。
- **3 点 A$(\alpha)$，B$(\beta)$，C$(\gamma)$ が一直線上にある**
  $\iff \dfrac{\gamma-\alpha}{\beta-\alpha}$ **が実数**（基本例題 **120**）
  ⟶ 図形の条件を，数式の条件に言い換える。

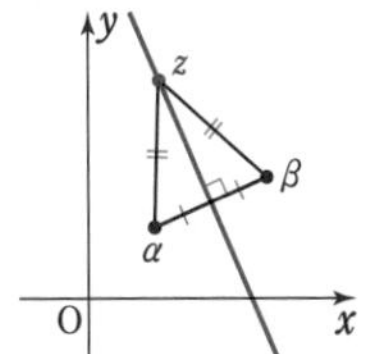


直線を「ある 2 点を結ぶ線分の垂直二等分線」と捉えることは，複素数の問題では頻出である（基本例題 **114** を参照）。

② $z=r(\cos\theta+i\sin\theta)$ とおく … 極形式を利用する

極形式を用いると，**複素数の積・商や累乗の計算がしやすくなる** ことがある。例えば，基本例題 **104** などでは，次の性質を利用している。

- $\{r_1(\cos\theta_1+i\sin\theta_1)\}\times\{r_2(\cos\theta_2+i\sin\theta_2)\}=r_1r_2\{\cos(\theta_1+\theta_2)+i\sin(\theta_1+\theta_2)\}$
- $\{r(\cos\theta+i\sin\theta)\}^n=r^n(\cos n\theta+i\sin n\theta)$ （ド・モアブルの定理）

一方，極形式は **三角関数を用いるためにその知識が必要** である。重要例題 **99** のように，和や差（図形においては平行移動）が入ってくると，計算は煩雑になりやすい。

③ $z=x+yi$（$x$，$y$ は実数）とおく … $x$，$y$ の関係式で扱う

この表し方の長所としては，扱いに慣れている実数の計算に持ち込むことにより，**方針が定めやすくなる** ことがあげられる。例えば，基本例題 **110** (4) における，方程式 $(1+i)z+(1-i)\overline{z}+2=0$ に対し「**$z=x+yi$ を代入して，$x$，$y$ の関係式を導く**」は，とても簡潔で，考えやすい解法であろう。

方針が定めやすいという利点はあるが，その一方で **計算が煩雑になることが多い**。基本例題 **110** (1)～(3) も，$z=x+yi$ とおくことでどのような図形か調べることもできるが，① の複素数 $z$ のまま扱う方法と比べて，計算量が格段に多くなる。

ここであげた性質や方法がすべてではないが，それぞれの方法の長所・短所を理解し，適切な複素数の扱い方を選択できるようになることが大切である。

## 基本例題 127 複素数平面上の直線の方程式

(1) 点 $\mathrm{P}(z)$ が，異なる 2 点 $\mathrm{A}(\alpha)$，$\mathrm{B}(\beta)$ を通る直線上にあるとき，$(\overline{\beta}-\overline{\alpha})z-(\beta-\alpha)\overline{z}=\alpha\overline{\beta}-\overline{\alpha}\beta$ が成り立つことを示せ。

(2) 点 $\mathrm{P}(z)$ が，原点 O を中心とする半径 $r$ の円周上の点 $\mathrm{A}(\alpha)$ における接線上にあるとき，$\overline{\alpha}z+\alpha\overline{z}=2r^2$ が成り立つことを示せ。

基本 124

**指針**

(1) **3 点 $\mathrm{A}(\alpha)$，$\mathrm{B}(\beta)$，$\mathrm{P}(z)$ が一直線上にある**

$\iff \arg\dfrac{z-\alpha}{\beta-\alpha}=0,\ \pi \iff \dfrac{z-\alpha}{\beta-\alpha}$ **が実数** $\quad (*)$

ここで　● **が実数** $\iff \overline{●}=●$　を適用。

(1)

A($\alpha$)　P($z$)　B($\beta$)

(2) $\mathrm{OA}\perp\mathrm{AP}$ であるか，点 P は点 A と一致する

$\iff \arg\dfrac{z-\alpha}{0-\alpha}=\pm\dfrac{\pi}{2}$ または $z=\alpha$

$\iff \dfrac{z-\alpha}{0-\alpha}$ が純虚数 または 0

ここで　● **が純虚数 または 0** $\iff$ ●$+\overline{●}=0$　を適用。

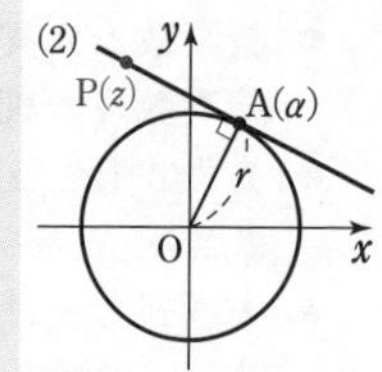


**解答**

(1) 3 点 $\alpha$，$\beta$，$z$ は一直線上にあるから，$\dfrac{z-\alpha}{\beta-\alpha}$ は実数である。

ゆえに　$\overline{\left(\dfrac{z-\alpha}{\beta-\alpha}\right)}=\dfrac{z-\alpha}{\beta-\alpha}$　すなわち　$\dfrac{\overline{z}-\overline{\alpha}}{\overline{\beta}-\overline{\alpha}}=\dfrac{z-\alpha}{\beta-\alpha}$

両辺に $(\beta-\alpha)(\overline{\beta}-\overline{\alpha})$ を掛けて

$$(\beta-\alpha)(\overline{z}-\overline{\alpha})=(\overline{\beta}-\overline{\alpha})(z-\alpha)$$

よって　$(\overline{\beta}-\overline{\alpha})z-(\beta-\alpha)\overline{z}=\alpha\overline{\beta}-\overline{\alpha}\beta$ ……㋐

◀分母を払う。

(2) $\mathrm{OA}\perp\mathrm{AP}$ であるか，点 P は点 A と一致するから，$\dfrac{z-\alpha}{0-\alpha}$ は純虚数または 0 である。

よって　$\dfrac{z-\alpha}{-\alpha}+\overline{\left(\dfrac{z-\alpha}{-\alpha}\right)}=0$　すなわち　$\dfrac{z-\alpha}{\alpha}+\dfrac{\overline{z}-\overline{\alpha}}{\overline{\alpha}}=0$

ゆえに　$\overline{\alpha}(z-\alpha)+\alpha(\overline{z}-\overline{\alpha})=0$　　よって　$\overline{\alpha}z+\alpha\overline{z}=2|\alpha|^2$

$|\alpha|=\mathrm{OA}=r$ であるから　$\overline{\alpha}z+\alpha\overline{z}=2r^2$

**注意**　$\overline{\beta}-\overline{\alpha}=\overline{\beta-\alpha}$，$\alpha\overline{\beta}-\overline{\alpha}\beta$ は純虚数または 0 であるから［$p.158$ 基本例題 **91** (1)(イ) 参照］，㋐ は **$\overline{\beta}z-\beta\overline{z}+\gamma=0$ ($\beta$ は 0 でない複素数，$\gamma$ は純虚数または 0)** という形である。

**検討**

**平行条件・一直線上の条件は，ベクトルのイメージで**

指針の $(*)$ は，3 点 $\mathrm{A}(\alpha)$，$\mathrm{B}(\beta)$，$\mathrm{P}(z)$ を，点 A が原点にくるように平行移動した 3 点 0，$\beta-\alpha$，$z-\alpha$ が一直線上にある条件を考え

$\boldsymbol{z-\alpha=k(\beta-\alpha)}$ ($k$ は実数)　　$\leftarrow \overrightarrow{\mathrm{AP}}=k\overrightarrow{\mathrm{AB}}$ ($k$ は実数)

これから　$\dfrac{z-\alpha}{\beta-\alpha}$ が実数　と導いてもよい。　　$\iff \overrightarrow{\mathrm{OP}}-\overrightarrow{\mathrm{OA}}=k(\overrightarrow{\mathrm{OB}}-\overrightarrow{\mathrm{OA}})$ のイメージ。

**練習 ③127**　点 $\mathrm{P}(z)$ が次の直線上にあるとき，$z$ が満たす関係式を求めよ。

p.229 EX83

(1) 2 点 $2+i$，3 を通る直線

(2) 点 $-4+4i$ を中心とする半径 $\sqrt{13}$ の円上の点 $-2+i$ における接線

# 参考事項　複素数平面上の直線・円の方程式

## 1　直線の方程式

前ページの基本例題 **127** (1) で求めた，複素数平面上の（2 点 A，B を通る）直線の方程式は　$\overline{\beta}z-\beta\overline{z}+\gamma=0$（$\beta$ は 0 でない複素数，$\gamma$ は純虚数または 0）…… Ⓐ　の形をしている。ここで，$\beta=a+bi$（$a$，$b$ は実数）とすると，$\overline{\beta}i=b+ai$，$-\beta i=b-ai$，$\gamma i=$（実数）であるから，Ⓐ は　$\boldsymbol{\overline{\beta}z+\beta\overline{z}+c=0}$　**（$\boldsymbol{\beta}$ は 0 でない複素数，$\boldsymbol{c}$ は実数）**…… Ⓑ
と表される。この式を複素数平面における直線の方程式として扱うことも多い。

例　異なる 2 点 $\alpha$，$\beta$ を結ぶ線分の垂直二等分線の方程式 $|z-\alpha|=|z-\beta|$ も Ⓑ の形に変形できる。 実際，$|z-\alpha|^2=|z-\beta|^2$ から　$(z-\alpha)(\overline{z}-\overline{\alpha})=(z-\beta)(\overline{z}-\overline{\beta})$
整理すると　$\boldsymbol{(\overline{\beta}-\overline{\alpha})z+(\beta-\alpha)\overline{z}+|\alpha|^2-|\beta|^2=0}$　◀$\beta-\alpha\neq0$，$|\alpha|^2-|\beta|^2$ は実数。
これは Ⓑ の形になっている。

## 2　円の方程式

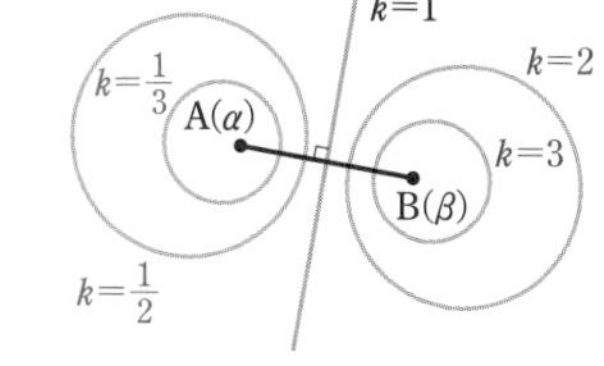


$k$ は 1 でない正の実数とする。異なる 2 点 A($\alpha$)，B($\beta$) からの距離の比が $k:1$ である点 P($z$) の軌跡は，（アポロニウスの）円である。
このことを式で表すと　$\boldsymbol{|z-\alpha|=k|z-\beta|}$
両辺を平方して　$(z-\alpha)(\overline{z}-\overline{\alpha})=k^2(z-\beta)(\overline{z}-\overline{\beta})$
整理すると　$(1-k^2)z\overline{z}+(k^2\overline{\beta}-\overline{\alpha})z+(k^2\beta-\alpha)\overline{z}+|\alpha|^2-k^2|\beta|^2=0$ …… Ⓒ
$a=1-k^2$，$c=|\alpha|^2-k^2|\beta|^2$ とすると，$a$，$c$ は実数で，$k^2\beta-\alpha$ を改めて $\beta$ とおくと，
Ⓒ は　$\boldsymbol{az\overline{z}+\overline{\beta}z+\beta\overline{z}+c=0}$　**（$\boldsymbol{a}$，$\boldsymbol{c}$ は実数，$\boldsymbol{a\neq0}$，$\boldsymbol{\beta}$ は複素数）**　と表される。
これが複素数平面における円の方程式である。

逆に，方程式 $az\overline{z}+\overline{\beta}z+\beta\overline{z}+c=0$（$a$，$c$ は実数，$\beta$ は複素数）…… ㋐ がどのような図形を表すか，ということを考えてみよう。

[1]　$a=0$ のとき，$\beta\neq0$ ならば，1 で考えたことから，㋐ は直線を表す。

[2]　$a\neq0$ のとき，㋐ の両辺を $a$ で割ると　$z\overline{z}+\dfrac{\overline{\beta}}{a}z+\dfrac{\beta}{a}\overline{z}+\dfrac{c}{a}=0$

ゆえに　$\left(z+\dfrac{\beta}{a}\right)\left(\overline{z}+\dfrac{\overline{\beta}}{a}\right)-\dfrac{\beta\overline{\beta}}{a^2}+\dfrac{c}{a}=0$　　よって　$\left|z+\dfrac{\beta}{a}\right|^2=\dfrac{|\beta|^2-ac}{a^2}$

ゆえに，㋐ は $|\beta|^2>ac$ のとき，点 $-\dfrac{\beta}{a}$ を中心とする半径 $\dfrac{\sqrt{|\beta|^2-ac}}{|a|}$ の円を表し，
$|\beta|^2=ac$ のとき，点 $-\dfrac{\beta}{a}$ を表し，$|\beta|^2<ac$ のとき，何の図形も表さない。

以上をまとめると，次のようになる。ただし，$a$，$c$ は実数，$\beta$ は複素数とする。

> $a\neq0$，$|\beta|^2>ac$ のとき，
> 　　方程式 $\boldsymbol{az\overline{z}+\overline{\beta}z+\beta\overline{z}+c=0}$ **は点** $\boldsymbol{-\dfrac{\beta}{a}}$ **を中心とする半径** $\boldsymbol{\dfrac{\sqrt{|\beta|^2-ac}}{|a|}}$ **の円**，
> $a=0$，$\beta\neq0$ のとき，方程式 $\boldsymbol{\overline{\beta}z+\beta\overline{z}+c=0}$ **は直線**　を表す。

## 重要例題 128 直線に関する対称移動 ⓘⓘⓘⓘⓘ

複素数平面上の原点をOとし，Oと異なる定点を$A(\alpha)$とする。異なる2点$P(z)$と$Q(w)$が直線OAに関して対称であるとき，$\overline{\alpha}w=\alpha\overline{z}$が成り立つことを証明せよ。

基本 100, 127

**直線OAに関して点Pと点Qが対称**

$$\Longleftrightarrow \begin{cases} PQ\perp OA \\ \text{線分PQの中点が直線OA上} \end{cases} \quad (*)$$

が基本となる。(＊)の2つの条件を複素数で表す。

別解　複素数平面において，実軸に関する移動は，

点$z$ ⟶ 点$\overline{z}$　のように，共役な複素数として表される。

このことを利用する。すなわち，**対称軸（直線OA）が実軸に重なるように移動してまた戻す**，という要領で，回転移動と実軸に関する対称移動の組み合わせで考える。

具体的には，次の順番で移動を考える。ただし，$\theta$は$\alpha$の偏角である。

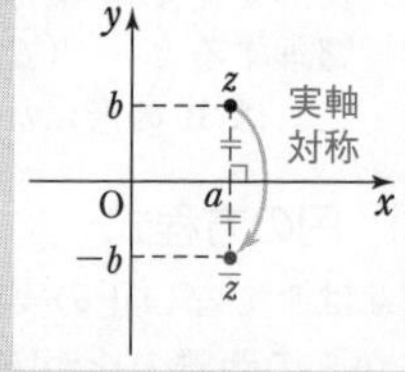


$$P \xrightarrow[\text{OAに関して対称}]{} Q \text{ は}$$

$$P \xrightarrow[-\theta\text{回転}]{} P' \xrightarrow[\text{実軸対称}]{} Q' \xrightarrow[\theta\text{回転}]{} Q$$

**解答**

$PQ\perp OA$であるから，$\dfrac{z-w}{\alpha-0}$は純虚数である。

◀$z-w\neq 0$

よって，$\dfrac{z-w}{\alpha}+\overline{\left(\dfrac{z-w}{\alpha}\right)}=0$から

$$\frac{z-w}{\alpha}+\frac{\overline{z}-\overline{w}}{\overline{\alpha}}=0$$

◀●が純虚数 $\Longleftrightarrow$ ●$+\overline{●}=0$，●$\neq 0$

ゆえに　$\overline{\alpha}(z-w)+\alpha(\overline{z}-\overline{w})=0$

◀分母を払う。

よって　$\overline{\alpha}z+\alpha\overline{z}-\overline{\alpha}w-\alpha\overline{w}=0$ …… ①

また，線分PQの中点$\dfrac{z+w}{2}$が直線OA上にあるから，

$$\frac{\frac{z+w}{2}-0}{\alpha-0}=\frac{z+w}{2\alpha}\text{ は実数である。}$$

◀3点0，$\alpha$，$\dfrac{z+w}{2}$が一直線上にある条件。

なお，直線OAの方程式は　$z=k\alpha$（$k$は実数）

よって，$\dfrac{z}{\alpha}$は実数であるから　$\overline{\left(\dfrac{z}{\alpha}\right)}=\dfrac{z}{\alpha}$

ゆえに　$\overline{\alpha}z-\alpha\overline{z}=0$

この式の$z$に$\dfrac{z+w}{2}$を代入して，②を導いてもよい。

ゆえに，$\overline{\left(\dfrac{z+w}{2\alpha}\right)}=\dfrac{z+w}{2\alpha}$から　$\dfrac{\overline{z}+\overline{w}}{2\overline{\alpha}}=\dfrac{z+w}{2\alpha}$

よって　$\alpha(\overline{z}+\overline{w})=\overline{\alpha}(z+w)$

ゆえに　$\overline{\alpha}z-\alpha\overline{z}+\overline{\alpha}w-\alpha\overline{w}=0$ …… ②

①−②から　$2\alpha\overline{z}-2\overline{\alpha}w=0$　すなわち　$\overline{\alpha}w=\alpha\overline{z}$

参考　点$z$と点$\dfrac{\alpha}{\overline{\alpha}}\overline{z}$は，原点と点$\alpha$（$\alpha\neq 0$）を通る直線に関して互いに対称であることがわかる。

別解　$\alpha$ の偏角を $\theta$ とすると

$$\alpha=|\alpha|(\cos\theta+i\sin\theta)\ \cdots\cdots\ ③$$

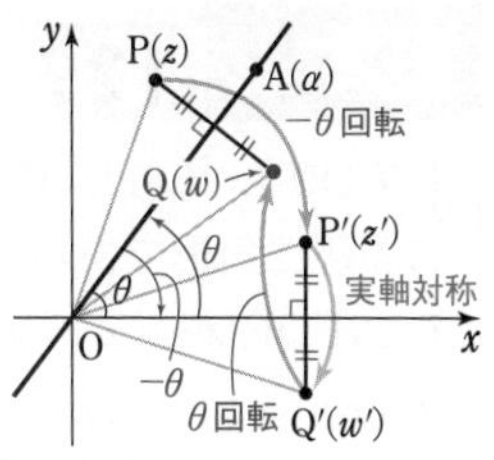


右の図のように，原点を中心とする $-\theta$ の回転により $\mathrm{P}(z)$ が $\mathrm{P}'(z')$ に，実軸に関する対称移動により $\mathrm{P}'(z')$ が $\mathrm{Q}'(w')$ にそれぞれ移るとすると，原点を中心とする $\theta$ の回転により $\mathrm{Q}'(w')$ が $\mathrm{Q}(w)$ に移るから

$$z'=\{\cos(-\theta)+i\sin(-\theta)\}z=(\cos\theta-i\sin\theta)z$$
$$w'=\overline{z'}=\overline{(\cos\theta-i\sin\theta)z}=(\cos\theta+i\sin\theta)\overline{z}$$
$$w=(\cos\theta+i\sin\theta)w'=(\cos\theta+i\sin\theta)^2\overline{z}$$

$w=(\cos\theta+i\sin\theta)^2\overline{z}$ の両辺に $|\alpha|^2$ を掛けると，③ から

$$|\alpha|^2w=\alpha^2\overline{z}\quad すなわち\quad \alpha\overline{\alpha}w=\alpha^2\overline{z}$$

◀ $|\alpha|(\cos\theta+i\sin\theta)=\alpha$

$\alpha\neq0$ であるから，両辺を $\alpha$ で割って　　$\overline{\alpha}w=\alpha\overline{z}$

検討

**回転移動を利用した別の考え方**

直線 OA に関して点 $\mathrm{P}(z)$ と対称な点 $\mathrm{Q}(w)$ は，次のように回転移動することによっても求められる（この求め方の場合，回転移動は1回ですむ）。

$\alpha$ の偏角を $\theta$ とすると
**点 P を実軸に関して対称移動し，その後**
**原点を中心とする $2\theta$ の回転を行う**

（＿＿の理由）　点 P を実軸に関して対称移動した点を $\mathrm{P}'(z_1)$ とし，図で $\angle\mathrm{POA}=\angle\mathrm{QOA}=a$ とすると

$$\angle\mathrm{P'O}x=\angle\mathrm{PO}x=\theta+a,\quad \angle\mathrm{QO}x=\theta-a$$

よって　　$\angle\mathrm{P'OQ}=\angle\mathrm{P'O}x+\angle\mathrm{QO}x=(\theta+a)+(\theta-a)=2\theta$

この移動の場合は，$z_1=\overline{z}$ であり，$w=(\cos2\theta+i\sin2\theta)\overline{z}\ \cdots\cdots\ ④$ となる。

④ の両辺に $\overline{\alpha}$ を掛けて

$$\begin{aligned}\overline{\alpha}w&=\overline{z}\,\overline{\alpha}(\cos2\theta+i\sin2\theta)\\&=\overline{z}|\alpha|(\cos\theta-i\sin\theta)(\cos2\theta+i\sin2\theta)\\&=\overline{z}|\alpha|\{\cos(-\theta)+i\sin(-\theta)\}(\cos2\theta+i\sin2\theta)\\&=\overline{z}|\alpha|(\cos\theta+i\sin\theta)=\alpha\overline{z}\end{aligned}$$

◀ $\alpha=|\alpha|(\cos\theta+i\sin\theta)$ から $\overline{\alpha}=|\alpha|(\cos\theta-i\sin\theta)$

このようにして，$\overline{\alpha}w=\alpha\overline{z}$ が示される。

参考　$\alpha=|\alpha|(\cos\theta+i\sin\theta)$ から　　$\cos2\theta+i\sin2\theta=\dfrac{\alpha^2}{|\alpha|^2}=\dfrac{\alpha^2}{\alpha\overline{\alpha}}=\dfrac{\alpha}{\overline{\alpha}}$

ゆえに，$w=\overline{z}\cdot\dfrac{\alpha}{\overline{\alpha}}$ であるから　　$\overline{\alpha}w=\alpha\overline{z}$　　このように示してもよい。

**練習 ③128**　$\alpha$ を絶対値が1の複素数とし，等式 $z=\alpha^2\overline{z}$ を満たす複素数 $z$ の表す複素数平面上の図形を $S$ とする。

(1)　$z=\alpha^2\overline{z}$ が成り立つことと，$\dfrac{z}{\alpha}$ が実数であることは同値であることを証明せよ。また，このことを用いて，図形 $S$ は原点を通る直線であることを示せ。

(2)　複素数平面上の点 $\mathrm{P}(w)$ を直線 $S$ に関して対称移動した点を $\mathrm{Q}(w')$ とする。このとき，$w'$ を $w$ と $\alpha$ を用いて表せ。ただし，点 P は直線 $S$ 上にないものとする。　〔類　静岡大〕

## 基本例題 129 三角形の相似と複素数

3点 O(0), A(1), B($i$) を頂点とする △OAB は，∠O を直角の頂点とする直角二等辺三角形である。このことを用いて，3点 P($\alpha$)，Q($\beta$)，R($\gamma$) によってできる △PQR が，∠P を直角の頂点とする直角二等辺三角形であるとき，等式 $2\alpha^2+\beta^2+\gamma^2-2\alpha\beta-2\alpha\gamma=0$ が成り立つことを示せ。

基本 121

**指針** 複素数平面での **三角形の相似** に関する，以下のことを利用するとよい。

P($z_1$)，Q($z_2$)，R($z_3$)，P′($w_1$)，Q′($w_2$)，R′($w_3$) に対し

$$\triangle \mathbf{PQR} \backsim \triangle \mathbf{P'Q'R'} \text{（同じ向き）} \iff \frac{z_3-z_1}{z_2-z_1}=\frac{w_3-w_1}{w_2-w_1} \quad \cdots\cdots (*)$$

△OAB∽△PQR の場合と △OAB∽△PRQ の場合があるから，各場合について(＊)を用いる。計算は $i$ を消す方針で進める。

**注意** △PQR を平行移動，回転移動，拡大・縮小することによって △P′Q′R′ に重ねることができるとき，△PQR と △P′Q′R′ は **同じ向きに相似** であるという。

**解答**

[1] △OAB∽△PQR のとき

$$\frac{i-0}{1-0}=\frac{\gamma-\alpha}{\beta-\alpha}$$

ゆえに　$\gamma-\alpha=i(\beta-\alpha)$

両辺を平方すると

$$(\gamma-\alpha)^2=-(\beta-\alpha)^2$$

よって　$(\gamma-\alpha)^2+(\beta-\alpha)^2=0$ …… ①

展開して整理すると

$$2\alpha^2+\beta^2+\gamma^2-2\alpha\beta-2\alpha\gamma=0 \quad \cdots\cdots ②$$

[2] △OAB∽△PRQ のとき　$\dfrac{i-0}{1-0}=\dfrac{\beta-\alpha}{\gamma-\alpha}$

ゆえに　$\beta-\alpha=i(\gamma-\alpha)$

両辺を平方すると　$(\beta-\alpha)^2=-(\gamma-\alpha)^2$

よって，① が成り立つから，② も成り立つ。

以上から，$2\alpha^2+\beta^2+\gamma^2-2\alpha\beta-2\alpha\gamma=0$ が成り立つ。

**参考** 相似を利用しない解法

点Q を，点P を中心として $\pm\dfrac{\pi}{2}$ だけ回転した点が R であるから

$$\gamma=\pm i(\beta-\alpha)+\alpha$$

よって

$$\gamma-\alpha=\pm i(\beta-\alpha)$$

両辺を平方すると

$$(\gamma-\alpha)^2=-(\beta-\alpha)^2$$

ゆえに，① が成り立つから，② が導かれる。

**検討** 指針の(＊)の証明

複素数平面上で，△PQR∽△P′Q′R′（同じ向き）とすると，$\dfrac{\text{PR}}{\text{PQ}}=\dfrac{\text{P'R'}}{\text{P'Q'}}$

から　$\dfrac{|z_3-z_1|}{|z_2-z_1|}=\dfrac{|w_3-w_1|}{|w_2-w_1|}$　∴　$\left|\dfrac{z_3-z_1}{z_2-z_1}\right|=\left|\dfrac{w_3-w_1}{w_2-w_1}\right|$ …… ①

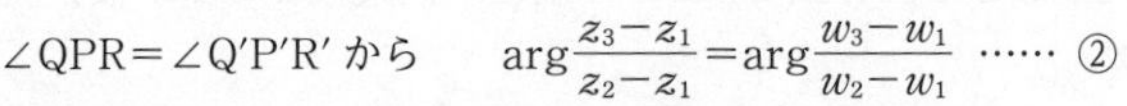

∠QPR＝∠Q′P′R′ から　$\arg\dfrac{z_3-z_1}{z_2-z_1}=\arg\dfrac{w_3-w_1}{w_2-w_1}$ …… ②

ゆえに，①，② から　$\dfrac{z_3-z_1}{z_2-z_1}=\dfrac{w_3-w_1}{w_2-w_1}$　また，逆も成り立つ。

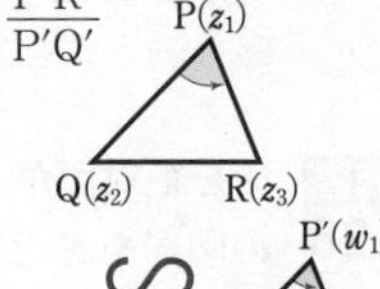

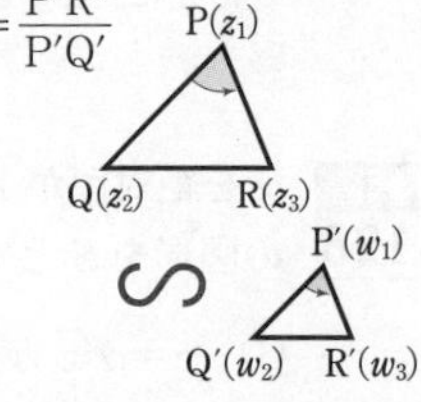


**練習 ③129** 3点 A($-1$)，B(1)，C($\sqrt{3}\,i$) を頂点とする △ABC が正三角形であることを用いて，3点 P($\alpha$)，Q($\beta$)，R($\gamma$) を頂点とする △PQR が正三角形であるとき，等式 $\alpha^2+\beta^2+\gamma^2-\alpha\beta-\beta\gamma-\gamma\alpha=0$ が成り立つことを証明せよ。

# 16 関連発展問題

## 演習 例題 130 方程式の解と複素数平面 ④

$a>1$ のとき，$x$ の方程式 $ax^2-2x+a=0$ …… ① の2つの解を $\alpha$，$\beta$ とし，$x$ の方程式 $x^2-2ax+1=0$ …… ② の2つの解を $\gamma$，$\delta$ とする。A$(\alpha)$，B$(\beta)$，C$(\gamma)$，D$(\delta)$ とするとき，4点A，B，C，Dは1つの円周上にあることを証明せよ。

**指針** ①，② の判別式をそれぞれ $D_1$，$D_2$ とすると，$a>1$ から $D_1<0$，$D_2>0$ となる。よって，$\alpha$，$\beta$ は互いに共役な複素数であり，$\gamma$，$\delta$ は実数である。

このことに注意して **図をかく** と右のようになり，2点A，Bは実軸に関して対称である。よって，円の中心は実軸上にあると考えられ，2点C，Dも実軸上にあるから，線分CDの中点Mが円の中心ではないか，と予想できる。そこで，MA=MB=MC=MD を示すことを目指す。

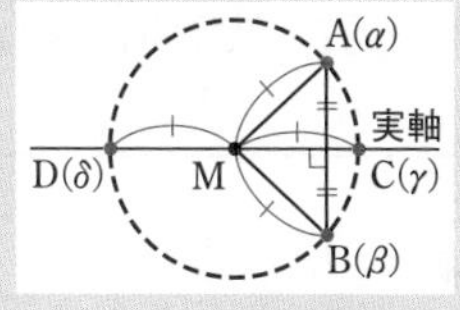


**解答** ①，② の判別式をそれぞれ $D_1$，$D_2$ とすると，$a>1$ から

$$\frac{D_1}{4}=(-1)^2-a\cdot a=1-a^2<0,\quad \frac{D_2}{4}=(-a)^2-1\cdot 1=a^2-1>0$$

◀① は異なる2つの虚数解，② は異なる2つの実数解をもつ。

よって，$\alpha$，$\beta$ は互いに共役な複素数であり，$\gamma$，$\delta$ は実数である。ゆえに，点C，Dは実軸上にあり，線分CDの中点Mを表す複素数は $\quad \dfrac{\gamma+\delta}{2}=\dfrac{2a}{2}=a$

◀② において，解と係数の関係。

$\beta=\overline{\alpha}$ とすると，解と係数の関係から $\quad \alpha+\overline{\alpha}=\dfrac{2}{a}$，$\alpha\overline{\alpha}=1$

よって $\quad \mathrm{MA}^2=|\alpha-a|^2=(\alpha-a)(\overline{\alpha}-a)=\alpha\overline{\alpha}-a(\alpha+\overline{\alpha})+a^2$

$$=1-a\cdot\frac{2}{a}+a^2=a^2-1$$

ゆえに $\quad \mathrm{MA}=\sqrt{a^2-1}$ $\quad$ 同様に $\quad \mathrm{MB}=|\overline{\alpha}-a|=\sqrt{a^2-1}$

また $\quad \mathrm{CD}^2=(\delta-\gamma)^2=(\gamma+\delta)^2-4\gamma\delta$

$$=(2a)^2-4\cdot 1=4(a^2-1)$$

◀② において，解と係数の関係。

よって $\quad \mathrm{CD}=2\sqrt{a^2-1}$ $\quad$ ゆえに $\quad \mathrm{MC}=\mathrm{MD}=\sqrt{a^2-1}$

したがって，4点A，B，C，Dは点 $a$ を中心とする半径 $\sqrt{a^2-1}$ の円周上にある。

◀点 M$(a)$ が円の中心。

**検討**

①，② を解いて，$\dfrac{\beta-\gamma}{\alpha-\gamma}\div\dfrac{\beta-\delta}{\alpha-\delta}$ が実数になることを示してもよい（$p.223$ の（＊）を利用）。

**練習 ④130** 実数 $a$，$b$，$c$ に対して，$F(x)=x^4+ax^3+bx^2+ax+1$，$f(x)=x^2+cx+1$ とおく。また，複素数平面内の単位円から2点1，$-1$ を除いたものを $T$ とする。

(1) $f(x)=0$ の解がすべて $T$ 上にあるための必要十分条件を $c$ を用いて表せ。

(2) $F(x)=0$ の解がすべて $T$ 上にあるならば，$F(x)=(x^2+c_1x+1)(x^2+c_2x+1)$ を満たす実数 $c_1$，$c_2$ が存在することを示せ。 〔類 東京工大〕

## 演習 例題 131 図形の条件を満たす点の値

(1) 複素数平面上の3点 $z$, $z^2$, $z^3$ が三角形の頂点となるための条件を求めよ。

(2) 複素数平面上の3点 $z$, $z^2$, $z^3$ が，二等辺三角形の頂点になるような点 $z$ の全体を複素数平面上に図示せよ。また，正三角形の頂点になるような $z$ の値を求めよ。

〔類 一橋大〕 基本 110

**指針** (1) 3点が三角形の頂点となるための条件は，**3点がすべて互いに異なり，かつ 3点が一直線上にない** ことである。

(2) △ABC が二等辺三角形 ⟺ AB=BC または BC=CA または CA=AB

AB=BC, BC=CA, CA=AB からそれぞれ得られる $z$ の方程式が表す3つの図形の和集合を図示する。(1) で求めた条件にも注意。

**解答**

(1) 3点 $z$, $z^2$, $z^3$ がすべて互いに異なるための条件は

$z \neq z^2$ から $z \neq 0$, $z \neq 1$ 　$z^2 \neq z^3$ から $z \neq 0$, $z \neq 1$

$z \neq z^3$ から $z \neq 0$, $z \neq \pm 1$ 　∴ $z \neq 0$, $z \neq \pm 1$ … ①

また，① のとき $\dfrac{z^3-z}{z^2-z}=\dfrac{z(z+1)(z-1)}{z(z-1)}=z+1$ … ②

3点 $z$, $z^2$, $z^3$ が一直線上にないための条件は，② が実数とならないこと，すなわち，**$z$ が虚数であること** である。

(2) (前半) $z$ が虚数のとき，3点 $z$, $z^2$, $z^3$ が二等辺三角形の頂点になる場合には，次の [1], [2], [3] がある。

[1] $|z^2-z|=|z^3-z^2|$

[2] $|z^3-z^2|=|z-z^3|$

[3] $|z-z^3|=|z^2-z|$

$z \neq 0$, $z \pm 1 \neq 0$ から，[1], [2], [3] はそれぞれ次の [1]′, [2]′, [3]′ と同値である。

[1]′ $|z|=1$

[2]′ $|z|=|z+1|$

[3]′ $|z+1|=1$

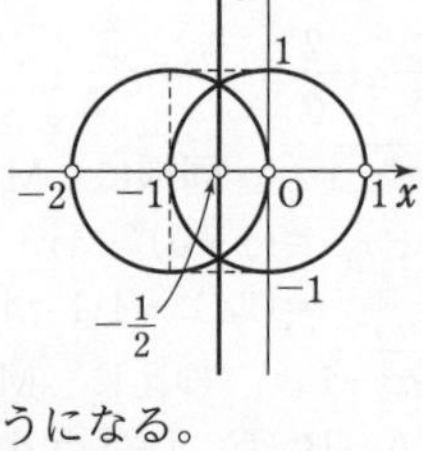

よって，点 $z$ の全体は，[1]′, [2]′, [3]′ の方程式が表す図形の和集合から，実軸上の点を除いた図形であり，**右図** のようになる。



(後半) 3点 $z$, $z^2$, $z^3$ が正三角形の頂点になるのは，(前半) の [1], [2] が同時に成り立つときである。

円 $|z|=1$ と直線 $|z|=|z+1|$ の交点を表す複素数を求めて 　$z=-\dfrac{1}{2}\pm\dfrac{\sqrt{3}}{2}i$

◀ $z \neq z^3$ から $z(z+1)(z-1) \neq 0$

◀ この条件は ① を含む。

◀ A($z$), B($z^2$), C($z^3$) とすると [1] AB=BC, [2] BC=CA, [3] CA=AB

◀ [1] $|z||z-1|=|z|^2|z-1|$ で，$|z| \neq 0$, $|z-1| \neq 0$ から $|z|=1$
[2], [3] も同様に変形。

◀ [1]′ は単位円，[2]′ は2点 0, −1 を結ぶ線分の垂直二等分線（すなわち直線 $x=-\dfrac{1}{2}$），[3]′ は点 −1 を中心とする半径1の円をそれぞれ表す。

◀ $x=-\dfrac{1}{2}$ を $x^2+y^2=1$ に代入した $y$ の方程式を解くと $y=\pm\dfrac{\sqrt{3}}{2}$

**練習 ④131** 複素数平面上で，相異なる3点 1, $\alpha$, $\alpha^2$ は実軸上に中心をもつ1つの円周上にある。このような点 $\alpha$ の存在する範囲を複素数平面上に図示せよ。更に，この円の半径を $|\alpha|$ を用いて表せ。

〔東北大〕 p.229 EX85

## 演習 例題 132 四角形が円に内接する条件

(1) 4 点 A($\alpha$), B($\beta$), C($\gamma$), D($\delta$) を頂点とする四角形 ABCD について，次のことを証明せよ。

$$\text{四角形 ABCD が円に内接する} \iff \frac{\beta-\gamma}{\alpha-\gamma} \div \frac{\beta-\delta}{\alpha-\delta} > 0$$

(2) 4 点 A($7+i$), B($1+i$), C($-6i$), D($8$) を頂点とする四角形 ABCD は，円に内接することを示せ。

基本 120

**指針** (1) 四角形 ABCD が円に内接する $\iff$ $\angle$ACB$=\angle$ADB …… ①
（円周角の定理とその逆）

を利用。① から，偏角 arg の等式にもち込むが，解答の図からわかるように，頂点 A, B, C, D のとり方が時計回りか，反時計回りかに関係なく，

$\arg\dfrac{\beta-\gamma}{\alpha-\gamma}=\arg\dfrac{\beta-\delta}{\alpha-\delta}$ が成り立つことに注意。

**解答** (1) 四角形 ABCD が円に内接する

$\iff \angle$ACB$=\angle$ADB

$\iff \arg\dfrac{\beta-\gamma}{\alpha-\gamma}=\arg\dfrac{\beta-\delta}{\alpha-\delta}$

$\iff \arg\dfrac{\beta-\gamma}{\alpha-\gamma}-\arg\dfrac{\beta-\delta}{\alpha-\delta}=0$

$\iff \arg\left(\dfrac{\beta-\gamma}{\alpha-\gamma}\div\dfrac{\beta-\delta}{\alpha-\delta}\right)=0$

$\iff \dfrac{\beta-\gamma}{\alpha-\gamma}\div\dfrac{\beta-\delta}{\alpha-\delta}>0$

したがって，題意は示された。

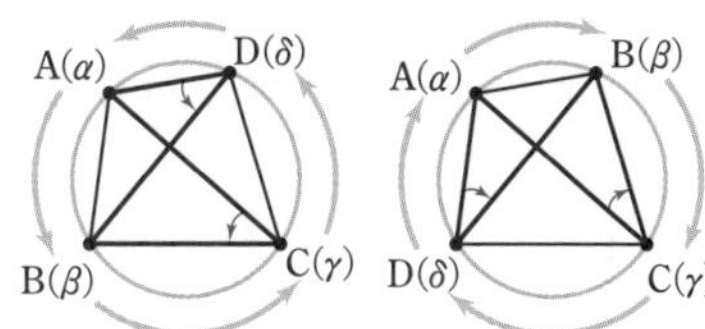


頂点は反時計回り　　頂点は時計回り

◀ $\arg z=0 \iff z=r(\cos 0+i\sin 0)=r>0$

(2) $\alpha=7+i$, $\beta=1+i$, $\gamma=-6i$, $\delta=8$ とすると

$\dfrac{\beta-\gamma}{\alpha-\gamma}\div\dfrac{\beta-\delta}{\alpha-\delta}=\dfrac{(1+i)-(-6i)}{(7+i)-(-6i)}\div\dfrac{(1+i)-8}{(7+i)-8}$

$=\dfrac{1+7i}{7+7i}\cdot\dfrac{-1+i}{-7+i}=\dfrac{-8-6i}{-56-42i}=\dfrac{-2(4+3i)}{-14(4+3i)}=\dfrac{1}{7}>0$

したがって，(1) から，四角形 ABCD は円に内接する。

◀ (1)，(2) の問題 結果を利用

◀ 正の実数。

**検討** **4 点 A，B，C，D が 1 つの円周上にあるための条件**

異なる 4 点 A($\alpha$), B($\beta$), C($\gamma$), D($\delta$) のうち，どの 3 点も一直線上にないとき，次のことが成り立つ。

（＊） **4 点 A，B，C，D が 1 つの円周上にある $\iff$ $\dfrac{\beta-\gamma}{\alpha-\gamma}\div\dfrac{\beta-\delta}{\alpha-\delta}$ が実数**

証明は解答編 $p.133$ を参照。上の解答 (1) は，4 点 A，B，C，D がこの順序で 1 つの円周上にある場合の，（＊）の証明である。

**練習 ④132** 4 点 O($0$)，A($4i$)，B($5-i$)，C($1-i$) は 1 つの円周上にあることを示せ。

## 演習 例題 133 1の $n$ 乗根と方程式 ④

(1) $\dfrac{1+z}{1-z}=\cos\theta+i\sin\theta$ が成り立つとき，$z=i\tan\dfrac{\theta}{2}$ と表されることを示せ。

(2) 方程式 $(z+1)^7+(z-1)^7=0$ を解け。

基本 105

**指針** (1) まず，与えられた式を $z$ について解く。倍角・半角の公式を利用。

(2) **(1)，(2)の問題 (1)は(2)のヒント** $(z+1)^7+(z-1)^7=0$ は $\left(\dfrac{1+z}{1-z}\right)^7=1$ と変形できるから，$\dfrac{1+z}{1-z}$ は1の7乗根として求められる。

**解答**

(1) $\dfrac{1+z}{1-z}=\cos\theta+i\sin\theta$ を $z$ について解くと

$$z=\frac{(\cos\theta-1)+i\sin\theta}{(\cos\theta+1)+i\sin\theta}$$

ここで

$$(\cos\theta-1)+i\sin\theta=-2\sin^2\frac{\theta}{2}+i\cdot2\sin\frac{\theta}{2}\cos\frac{\theta}{2}$$

$$=2i\sin\frac{\theta}{2}\left(\cos\frac{\theta}{2}+i\sin\frac{\theta}{2}\right)$$

$$(\cos\theta+1)+i\sin\theta=2\cos^2\frac{\theta}{2}+i\cdot2\sin\frac{\theta}{2}\cos\frac{\theta}{2}$$

$$=2\cos\frac{\theta}{2}\left(\cos\frac{\theta}{2}+i\sin\frac{\theta}{2}\right)$$

したがって $z=\dfrac{i\sin\dfrac{\theta}{2}}{\cos\dfrac{\theta}{2}}=i\tan\dfrac{\theta}{2}$

(2) $(z+1)^7+(z-1)^7=0$ から $(1+z)^7=(1-z)^7$

$z=1$ は解ではないから $\left(\dfrac{1+z}{1-z}\right)^7=1$

ゆえに

$$\frac{1+z}{1-z}=\cos\frac{2k\pi}{7}+i\sin\frac{2k\pi}{7}\ (k=0,\ 1,\ \cdots\cdots,\ 6)$$

よって，(1)から $z=i\tan\dfrac{k\pi}{7}\ (k=0,\ 1,\ \cdots\cdots,\ 6)$

$\tan(\pi-\theta)=-\tan\theta$ であるから

$$\boldsymbol{z=0,\ \pm i\tan\frac{\pi}{7},\ \pm i\tan\frac{2}{7}\pi,\ \pm i\tan\frac{3}{7}\pi}$$

◀ $\dfrac{1+z}{1-z}=w$ とおくと $1+z=w(1-z)$
よって $(w+1)z=w-1$
$w\neq-1$ から $z=\dfrac{w-1}{w+1}$

◀ $\sin^2\dfrac{\theta}{2}=\dfrac{1-\cos\theta}{2}$，$\cos^2\dfrac{\theta}{2}=\dfrac{1+\cos\theta}{2}$，$\sin\theta=2\sin\dfrac{\theta}{2}\cos\dfrac{\theta}{2}$
$-1=i^2$ にも注意。

◀ $\dfrac{1+z}{1-z}\neq-1$ から $\cos\theta+i\sin\theta\neq-1$
よって $\theta\neq\pi+2k\pi$
ゆえに $\dfrac{\theta}{2}\neq\dfrac{\pi}{2}+k\pi$ （$k$ は整数）

◀1の7乗根。

◀(1)の結果を利用。

◀ $\dfrac{4}{7}\pi=\pi-\dfrac{3}{7}\pi$，$\dfrac{5}{7}\pi=\pi-\dfrac{2}{7}\pi$，$\dfrac{6}{7}\pi=\pi-\dfrac{\pi}{7}$

**練習 ④133** (1) $n$ を自然数とするとき，$(1+z)^{2n}$，$(1-z)^{2n}$ をそれぞれ展開せよ。

(2) $n$ は自然数とする。$f(z)={}_{2n}C_1z+{}_{2n}C_3z^3+\cdots\cdots+{}_{2n}C_{2n-1}z^{2n-1}$ とするとき，方程式 $f(z)=0$ の解は $z=\pm i\tan\dfrac{k\pi}{2n}\ (k=0,1,\cdots\cdots,n-1)$ と表されることを示せ。

## 演習 例題 134 複素数平面と数列（点列）の問題 (1)

$z_1=3$, $z_{n+1}=(1+i)z_n+i\ (n\geqq 1)$ によって定まる複素数の数列 $\{z_n\}$ について

(1) $z_n$ を求めよ。

(2) $z_n$ が表す複素数平面の点を $\mathrm{P}_n$ とする。$\mathrm{P}_n$, $\mathrm{P}_{n+1}$, $\mathrm{P}_{n+2}$ を 3 頂点とする三角形の面積を求めよ。 〔類 名古屋大〕 基本 121

**指針** (1) 関係式は $z_{n+1}=pz_n+q$ の形

⟶ **特性方程式 $\alpha=p\alpha+q$ の解 $\alpha$ を用いて**，関係式を $z_{n+1}-\alpha=p(z_n-\alpha)$ と変形。

$$\begin{array}{rl} & z_{n+1}=pz_n+q \\ -) & \alpha=p\alpha+q \\ \hline & z_{n+1}-\alpha=p(z_n-\alpha) \end{array}$$

(2) $\triangle \mathrm{P}_n\mathrm{P}_{n+1}\mathrm{P}_{n+2}$ について，2 辺 $\mathrm{P}_n\mathrm{P}_{n+1}$, $\mathrm{P}_{n+1}\mathrm{P}_{n+2}$ の長さと，$\angle \mathrm{P}_{n+2}\mathrm{P}_{n+1}\mathrm{P}_n$ の大きさを求める。

**解答**

(1) $z_{n+1}=(1+i)z_n+i$ から　$z_{n+1}+1=(1+i)(z_n+1)$

よって，数列 $\{z_n+1\}$ は初項 $z_1+1=4$, 公比 $1+i$ の等比数列であるから　$z_n+1=4\cdot(1+i)^{n-1}$

ゆえに　$\boldsymbol{z_n=4(1+i)^{n-1}-1}$

(2) (1)から　$z_{n+1}-z_n=4(1+i)^n-4(1+i)^{n-1}$

$=4(1+i)^{n-1}\{(1+i)-1\}=4i(1+i)^{n-1}$ ❶

よって　$\mathrm{P}_n\mathrm{P}_{n+1}=|z_{n+1}-z_n|=|4i(1+i)^{n-1}|$

$=4|i||1+i|^{n-1}=4(\sqrt{2})^{n-1}$ ❷

ゆえに　$\mathrm{P}_{n+1}\mathrm{P}_{n+2}=4(\sqrt{2})^{(n+1)-1}=4(\sqrt{2})^n$

また　$\dfrac{z_n-z_{n+1}}{z_{n+2}-z_{n+1}}=\dfrac{-4i(1+i)^{n-1}}{4i(1+i)^n}=-\dfrac{1}{1+i}$

$=\dfrac{-1+i}{2}=\dfrac{1}{\sqrt{2}}\left(\cos\dfrac{3}{4}\pi+i\sin\dfrac{3}{4}\pi\right)$

よって，$\arg\dfrac{z_n-z_{n+1}}{z_{n+2}-z_{n+1}}=\dfrac{3}{4}\pi$ から

$\angle \mathrm{P}_{n+2}\mathrm{P}_{n+1}\mathrm{P}_n=\dfrac{3}{4}\pi$

したがって，$\triangle \mathrm{P}_n\mathrm{P}_{n+1}\mathrm{P}_{n+2}$ の面積は

$\dfrac{1}{2}\cdot 4(\sqrt{2})^{n-1}\cdot 4(\sqrt{2})^n\sin\dfrac{3}{4}\pi=8\cdot 2^{\frac{n-1}{2}}\cdot 2^{\frac{n}{2}}\cdot\dfrac{1}{\sqrt{2}}$

$=4\sqrt{2}\cdot 2^{n-\frac{1}{2}}=\boldsymbol{2^{n+2}}$

◀特性方程式 $\alpha=(1+i)\alpha+i$ の解は $\alpha=-1$

［項に複素数を含む数列であっても，数学Bの数列，漸化式で学んだことと同様に考えることができる。］

◀ $|1+i|=\sqrt{1^2+1^2}=\sqrt{2}$

◀❷ を利用。

◀ 〰〰 は ❶ を利用。

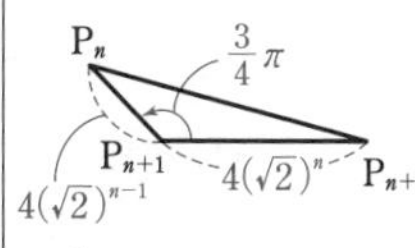


◀ $\dfrac{1}{2}\mathrm{P}_n\mathrm{P}_{n+1}\cdot\mathrm{P}_{n+1}\mathrm{P}_{n+2}\times\sin\angle \mathrm{P}_{n+2}\mathrm{P}_{n+1}\mathrm{P}_n$

**練習 ④134** 偏角 $\theta$ が 0 より大きく $\dfrac{\pi}{2}$ より小さい複素数 $\alpha=\cos\theta+i\sin\theta$ を考える。

$z_0=0$, $z_1=1$ とし，$z_k-z_{k-1}=\alpha(z_{k-1}-z_{k-2})\ (k=2,\ 3,\ 4,\ \cdots)$ により数列 $\{z_k\}$ を定義するとき，複素数平面上で $z_k\ (k=0,\ 1,\ 2,\ \cdots)$ の表す点を $\mathrm{P}_k$ とする。

(1) $z_k$ を $\alpha$ を用いて表せ。

(2) $\mathrm{A}\left(\dfrac{1}{1-\alpha}\right)$ とするとき，点 $\mathrm{P}_k\ (k=0,\ 1,\ 2,\ \cdots)$ は点 A を中心とする 1 つの円周上にあることを示せ。 〔類 名古屋市大〕 p.229 EX86

# 演習 例題 135 複素数平面と数列（点列）の問題 (2)

数列 $\{a_n\}$ と $\{b_n\}$ は $a_1=b_1=2$，$a_{n+1}=\dfrac{\sqrt{2}}{4}a_n-\dfrac{\sqrt{6}}{4}b_n$，$b_{n+1}=\dfrac{\sqrt{6}}{4}a_n+\dfrac{\sqrt{2}}{4}b_n$ $(n=1,\ 2,\ \cdots\cdots)$ を満たすものとする。$a_n$ を実部，$b_n$ を虚部とする複素数を $z_n$ で表すとき

(1) $z_{n+1}=wz_n$ を満たす複素数 $w$ と，その絶対値 $|w|$ を求めよ。

(2) 複素数平面上で，点 $z_{n+1}$ は点 $z_n$ をどのように移動した点であるかを答えよ。

(3) 数列 $\{a_n\}$ と $\{b_n\}$ の一般項を求めよ。

(4) 複素数平面上の 3 点 0，$z_n$，$z_{n+1}$ を頂点とする三角形の周と内部を塗りつぶしてできる図形を $T_n$ とする。このとき，複素数平面上で $T_1$，$T_2$，……，$T_n$，…… によって塗りつぶされる領域の面積を求めよ。 ［金沢大］ 演習 134

**指針**
(1) $z_{n+1}=a_{n+1}+b_{n+1}i$ である。これに与えられた関係式を代入。
(2) (1) で求めた $w$ を極形式で表す。
(3) 数列 $\{z_n\}$ は初項 $z_1$，公比 $w$ の等比数列と考えられるから　$z_n=z_1w^{n-1}$
$z_1$ を極形式で表し，$z_1w^{n-1}$ をド・モアブルの定理を用いて変形。
(4) (2) の結果を利用して，$T_1$，$T_2$，…… を図示してみると，規則性がみえてくる。

**解答**

(1) 自然数 $n$ に対し，$z_n=a_n+b_ni$ であるから

$$z_{n+1}=a_{n+1}+b_{n+1}i=\left(\frac{\sqrt{2}}{4}a_n-\frac{\sqrt{6}}{4}b_n\right)+\left(\frac{\sqrt{6}}{4}a_n+\frac{\sqrt{2}}{4}b_n\right)i$$
$$=\left(\frac{\sqrt{2}}{4}+\frac{\sqrt{6}}{4}i\right)a_n+\left(\frac{\sqrt{2}}{4}+\frac{\sqrt{6}}{4}i\right)b_ni$$
$$=\left(\frac{\sqrt{2}}{4}+\frac{\sqrt{6}}{4}i\right)(a_n+b_ni)=\left(\frac{\sqrt{2}}{4}+\frac{\sqrt{6}}{4}i\right)z_n$$

◀ $a_{n+1}=\dfrac{\sqrt{2}}{4}a_n-\dfrac{\sqrt{6}}{4}b_n$，$b_{n+1}=\dfrac{\sqrt{6}}{4}a_n+\dfrac{\sqrt{2}}{4}b_n$ を代入。

ゆえに　$\boldsymbol{w=\dfrac{\sqrt{2}}{4}+\dfrac{\sqrt{6}}{4}i}$，$|w|=\sqrt{\left(\dfrac{\sqrt{2}}{4}\right)^2+\left(\dfrac{\sqrt{6}}{4}\right)^2}=\boldsymbol{\dfrac{\sqrt{2}}{2}}$

◀ $|w|=\sqrt{\dfrac{2}{16}+\dfrac{6}{16}}=\sqrt{\dfrac{2}{4}}$

(2) (1) から

$$w=\frac{\sqrt{2}}{2}\left(\frac{1}{2}+\frac{\sqrt{3}}{2}i\right)=\frac{\sqrt{2}}{2}\left(\cos\frac{\pi}{3}+i\sin\frac{\pi}{3}\right)$$

◀ $w$ を極形式で表す。

よって，点 $z_{n+1}$ は **点 $z_n$ を原点を中心として $\dfrac{\pi}{3}$ だけ回転し，原点からの距離を $\dfrac{\sqrt{2}}{2}$ 倍した点** である。

◀ $z_{n+1}=\dfrac{\sqrt{2}}{2}\left(\cos\dfrac{\pi}{3}+i\sin\dfrac{\pi}{3}\right)\times z_n$

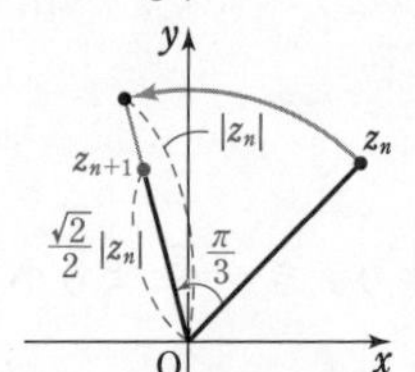


(3) $z_{n+1}=wz_n$ から　　$z_n=z_1w^{n-1}$

ここで　　$z_1=2+2i=2\sqrt{2}\left(\cos\dfrac{\pi}{4}+i\sin\dfrac{\pi}{4}\right)$ …… ㋐

◀ $z_1=a_1+b_1i$

また，ド・モアブルの定理から

$$w^{n-1}=\left(\frac{\sqrt{2}}{2}\right)^{n-1}\left(\cos\frac{\pi}{3}+i\sin\frac{\pi}{3}\right)^{n-1}=\left(\frac{\sqrt{2}}{2}\right)^{n-1}\left\{\cos\frac{(n-1)\pi}{3}+i\sin\frac{(n-1)\pi}{3}\right\}$$

ゆえに　$z_n=2\sqrt{2}\left(\cos\dfrac{\pi}{4}+i\sin\dfrac{\pi}{4}\right)\cdot\left(\dfrac{\sqrt{2}}{2}\right)^{n-1}\left\{\cos\dfrac{(n-1)\pi}{3}+i\sin\dfrac{(n-1)\pi}{3}\right\}$

$=4\left(\dfrac{\sqrt{2}}{2}\right)^{n}\left\{\cos\left(\dfrac{n}{3}-\dfrac{1}{12}\right)\pi+i\sin\left(\dfrac{n}{3}-\dfrac{1}{12}\right)\pi\right\}$　　◀$2\sqrt{2}=4\cdot\dfrac{\sqrt{2}}{2}$

よって　$\boldsymbol{a_n=4\left(\dfrac{\sqrt{2}}{2}\right)^{n}\cos\left(\dfrac{n}{3}-\dfrac{1}{12}\right)\pi,\ b_n=4\left(\dfrac{\sqrt{2}}{2}\right)^{n}\sin\left(\dfrac{n}{3}-\dfrac{1}{12}\right)\pi}$

(4)　(2)の結果に注意して，$T_1$, $T_2$, ……, $T_6$ を図示すると，右の図のようになり，$T_7$, $T_8$, …… は右の図の赤く塗った部分に含まれる。よって，求める面積は，$T_1$, $T_2$, ……, $T_6$ の面積の総和である。

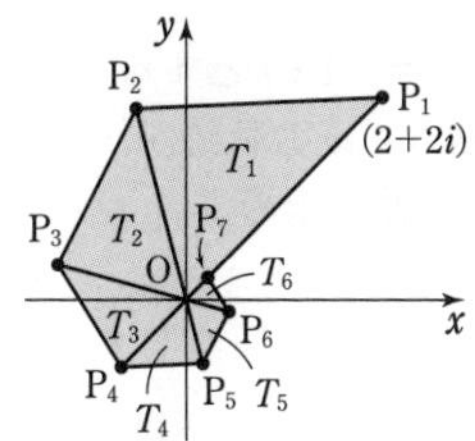


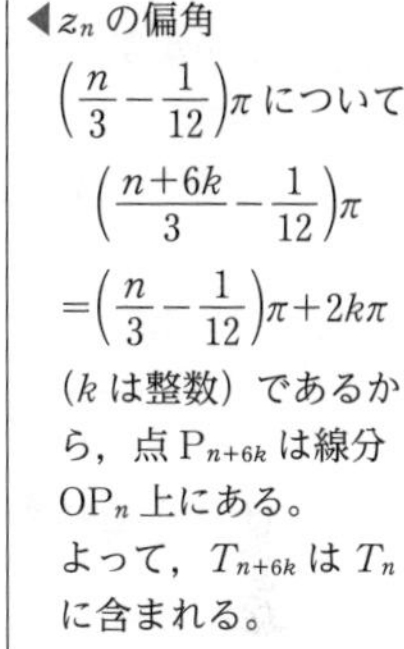
◀$z_n$ の偏角 $\left(\dfrac{n}{3}-\dfrac{1}{12}\right)\pi$ について，

$\left(\dfrac{n+6k}{3}-\dfrac{1}{12}\right)\pi$

$=\left(\dfrac{n}{3}-\dfrac{1}{12}\right)\pi+2k\pi$

（$k$ は整数）であるから，点 $P_{n+6k}$ は線分 $OP_n$ 上にある。

よって，$T_{n+6k}$ は $T_n$ に含まれる。

O を原点，$P_n(z_n)$ とすると，(2) から

$OP_n : OP_{n+1}=OP_{n+1} : OP_{n+2}=|z_n| : |z_{n+1}|=2 : \sqrt{2}$,

$\angle P_nOP_{n+1}=\angle P_{n+1}OP_{n+2}=\dfrac{\pi}{3}$

ゆえに，$T_n \backsim T_{n+1}$ で，$T_n$ と $T_{n+1}$ の面積比は

$$2^2 : (\sqrt{2})^2=2 : 1$$

◐ 面積比は（相似比）$^2$

$T_1$ の面積は $\dfrac{1}{2}|z_1||z_2|\sin\dfrac{\pi}{3}=\dfrac{1}{2}\cdot2\sqrt{2}\cdot2\cdot\dfrac{\sqrt{3}}{2}=\sqrt{6}$

◀㋐ から　$|z_1|=2\sqrt{2}$
$|z_2|=\dfrac{\sqrt{2}}{2}|z_1|=2$

であるから，$T_n$ の面積は　$\sqrt{6}\left(\dfrac{1}{2}\right)^{n-1}$

したがって，求める面積は

$$\sum_{k=1}^{6}\sqrt{6}\left(\frac{1}{2}\right)^{k-1}=\sqrt{6}\cdot\frac{1-\left(\frac{1}{2}\right)^6}{1-\frac{1}{2}}=\boldsymbol{\frac{63\sqrt{6}}{32}}$$

◀初項 $\sqrt{6}$，公比 $\dfrac{1}{2}$ の等比数列の初項から第 6 項までの和。

**練習 ⑤135**　複素数平面上を，点 P が次のように移動する。ただし，$n$ は自然数である。

1.　時刻 0 では，P は原点にいる。時刻 1 まで，P は実軸の正の方向に速さ 1 で移動する。移動後の P の位置を $Q_1(z_1)$ とすると $z_1=1$ である。

2.　時刻 1 に P は $Q_1(z_1)$ において進行方向を $\dfrac{\pi}{4}$ 回転し，時刻 2 までその方向に速さ $\dfrac{1}{\sqrt{2}}$ で移動する。移動後の P の位置を $Q_2(z_2)$ とすると $z_2=\dfrac{3+i}{2}$ である。

3.　以下同様に，時刻 $n$ に P は $Q_n(z_n)$ において進行方向を $\dfrac{\pi}{4}$ 回転し，時刻 $n+1$ までその方向に速さ $\left(\dfrac{1}{\sqrt{2}}\right)^n$ で移動する。移動後の P の位置を $Q_{n+1}(z_{n+1})$ とする。

$\alpha=\dfrac{1+i}{2}$ として，次の問いに答えよ。

(1)　$z_3$, $z_4$ を求めよ。　　(2)　$z_n$ を $\alpha$, $n$ を用いて表せ。

(3)　$z_n$ の実部が 1 より大きくなるようなすべての $n$ を求めよ。　〔類 広島大〕

②76　$c$ を実数とする。$x$ についての 2 次方程式 $x^2+(3-2c)x+c^2+5=0$ が 2 つの解 $\alpha$，$\beta$ をもつとする。複素数平面上の 3 点 $\alpha$，$\beta$，$c^2$ が三角形の 3 頂点になり，その三角形の重心が 0 であるとき，$c$ の値を求めよ。〔京都大〕 →109

③77　$k$ を実数とし，$\alpha=-1+i$ とする。点 $w$ は複素数平面上で等式 $w\overline{\alpha}-\overline{w}\alpha+ki=0$ を満たしながら動く。$w$ の軌跡が，点 $1+i$ を中心とする半径 1 の円と共有点をもつときの，$k$ の最大値を求めよ。〔類 鳥取大〕 →110

④78　複素数平面上で，点 $z$ が原点 O を中心とする半径 1 の円上を動くとき，$w=\dfrac{4z+5}{z+2}$ で表される点 $w$ の描く図形を $C$ とする。

(1)　$C$ を複素数平面上に図示せよ。

(2)　$a=\dfrac{1+\sqrt{3}\,i}{2}$，$b=\dfrac{1+i}{\sqrt{2}}$ とする。$a^n=\dfrac{4b^n+5}{b^n+2}$ を満たす自然数 $n$ のうち，最小のものを求めよ。〔類 群馬大〕 →111

④79　$z$ を複素数とする。

(1)　$\dfrac{1}{z+i}+\dfrac{1}{z-i}$ が実数となる点 $z$ の描く図形 $P$ を複素数平面上に図示せよ。

(2)　点 $z$ が (1) で求めた図形 $P$ 上を動くとき，点 $w=\dfrac{z+i}{z-i}$ の描く図形を複素数平面上に図示せよ。

(3)　点 $z$ が (1) で求めた図形 $P$ 上を動き，かつ $|z-1|\leqq 2$ であるとき，$|z-1-2i|$ の最大値を求めよ。〔(1)，(2) 北海道大〕 →112,115,117

④80　複素数平面上において，点 P$(z)$ が原点 O と 2 点 A$(1)$，B$(i)$ を頂点とする三角形の周上を動くとき，$w=z^2$ を満たす点 Q$(w)$ が描く図形を図示せよ。

②81　$z^6+27=0$ を満たす複素数 $z$ を，偏角が小さい方から順に $z_1$，$z_2$，…… とするとき，$z_1$，$z_2$ と積 $z_1z_2$ を表す 3 点は複素数平面上で一直線上にあることを示せ。ただし，偏角は 0 以上 $2\pi$ 未満とする。〔類 金沢大〕 →120

**HINT**

76　解と係数の関係を利用して，$c$ の 2 次方程式を導く。

77　$w=x+yi$ ($x$，$y$ は実数) とおいて等式に代入し，$x$，$y$ の関係式を導く。

78　(2)　点 $a^n$ と点 $b^n$ がどのような図形上の点かを調べる。

79　(2)　まずは，$z=$($w$ の式) に直す。(1) の結果 ($z$ の条件式) に応じた場合分けが必要。
　(3)　点 $z$ と点 $1+2i$ の距離が最大となる場合について，図をかいて調べる。

80　$z=x+yi$，$w=X+Yi$ ($x$，$y$，$X$，$Y$ は実数) とする。点 P が線分 OA 上，線分 OB 上，線分 AB 上のどこを動くかで場合分けし，$X$，$Y$ の関係式を導く。

81　まず，$z^6+27=0$ を解く。
また，**3 点 $\alpha$，$\beta$，$\gamma$ が一直線上にある $\iff$ $\dfrac{\gamma-\alpha}{\beta-\alpha}$ が実数** も利用。

③82 複素数平面上の5点 O(0), A($\alpha$), B($\beta$), C($\gamma$), D($2-\sqrt{3}i$) は
$\dfrac{\beta}{\alpha}=\dfrac{2-\sqrt{3}i}{\gamma}=\dfrac{\overline{\alpha}}{2+\sqrt{3}i}$ を満たしている。ただし, $|\alpha|=\sqrt{3}$ であり, 3点 O, A, D は一直線上にない。

(1) 3点 O, B, D は一直線上にあることを示せ。

(2) $\dfrac{\mathrm{CD}}{\mathrm{AB}}$ の値を求めよ。

(3) $\angle\mathrm{AOB}=90^\circ$ のとき, $\dfrac{\alpha}{2-\sqrt{3}i}$ の実部を求めよ。〔兵庫県大〕 →120

④83 $\alpha$ を実数でない複素数とし, $\beta$ を正の実数とする。

(1) 複素数平面上で, 関係式 $\alpha\overline{z}+\overline{\alpha}z=|z|^2$ を満たす複素数 $z$ の描く図形を $C$ とする。このとき, $C$ は原点を通る円であることを示せ。

(2) 複素数平面上で, $(z-\alpha)(\beta-\overline{\alpha})$ が純虚数となる複素数 $z$ の描く図形を $L$ とする。$L$ は(1)で定めた $C$ と2つの共有点をもつことを示せ。また, その2点を P, Q とするとき, 線分 PQ の長さを $\alpha$ と $\overline{\alpha}$ を用いて表せ。

(3) $\beta$ の表す複素数平面上の点を R とする。(2)で定めた点 P, Q と点 R を頂点とする三角形が正三角形であるとき, $\beta$ を $\alpha$ と $\overline{\alpha}$ を用いて表せ。〔筑波大〕
→124, 127

④84 $z$ を複素数とする。0 でない複素数 $d$ に対して, 方程式 $dz(\overline{z}+1)=\overline{d}\,\overline{z}(z+1)$ を満たす点 $z$ は, 複素数平面上でどのような図形を描くか。〔類 九州大〕 →p.217

④85 $z$ を複素数とする。複素数平面上の3点 A(1), B($z$), C($z^2$) が鋭角三角形をなすような点 $z$ の範囲を求め, 図示せよ。〔東京大〕 →118, 131

⑤86 $a$ を正の実数, $w=a\left(\cos\dfrac{\pi}{36}+i\sin\dfrac{\pi}{36}\right)$ とする。複素数の列 $\{z_n\}$ を
$z_1=w$, $z_{n+1}=z_nw^{2n+1}$ ($n=1$, 2, ……) で定めるとき

(1) $z_n$ の偏角を1つ求めよ。

(2) 複素数平面で, 原点を O とし, $z_n$ を表す点を $\mathrm{P}_n$ とする。$1\leqq n\leqq 17$ とするとき, $\triangle\mathrm{OP}_n\mathrm{P}_{n+1}$ が直角二等辺三角形となるような $n$ と $a$ の値を求めよ。
〔大阪大 改題〕 →134

HINT

82 (1) $\beta=k(2-\sqrt{3}i)$ となる実数 $k$ が存在することを示す。
83 (2) まず, $(z-\alpha)(\beta-\overline{\alpha})$ が純虚数であることを, $z$, $\overline{z}$, $\alpha$, $\overline{\alpha}$, $\beta$ を用いた式で表す。
84 方程式を $(d-\overline{d})z\overline{z}+\cdots\cdots=0$ の形に変形。$d=\overline{d}$, $d\neq\overline{d}$ で場合分け。
85 △ABC が 鋭角三角形 $\iff$ $\mathrm{AB}^2+\mathrm{BC}^2>\mathrm{CA}^2$, $\mathrm{BC}^2+\mathrm{CA}^2>\mathrm{AB}^2$, $\mathrm{CA}^2+\mathrm{AB}^2>\mathrm{BC}^2$
86 (1) 関係式から $\arg z_{n+1}=\arg z_n+(2n+1)\arg w$
$\longrightarrow$ 数列 $\{\arg z_n\}$ の階差数列がわかる。

## 参考事項　ジューコフスキー変換の応用例

$p.200$ の **検討** で説明したように，$w=z+\dfrac{a^2}{z}$ $(a>0)$ で表される変換を **ジューコフスキー変換** という。

ここで，点 $(p,\ q)$ [$p,\ q$ は実数] を中心とし，点 $(1,\ 0)$ を通る円 $C$ が，ジューコフスキー変換 $w=z+\dfrac{1}{z}$ によりどのような図形に移されるかを考えてみよう。

$\alpha=p+qi,\ r=\sqrt{(p-1)^2+q^2}$ とすると，円 $C$ の方程式は $|z-\alpha|=r$ と表され，$z-\alpha=r(\cos\theta+i\sin\theta)$　と書ける。

よって　$z=\alpha+r(\cos\theta+i\sin\theta)=p+r\cos\theta+(q+r\sin\theta)i$

ゆえに　$w=p+r\cos\theta+(q+r\sin\theta)i+\dfrac{1}{p+r\cos\theta+(q+r\sin\theta)i}$

$$=p+r\cos\theta+(q+r\sin\theta)i+\frac{p+r\cos\theta-(q+r\sin\theta)i}{(p+r\cos\theta)^2+(q+r\sin\theta)^2}$$

よって，$w=x+yi$ とすると，$x,\ y$ は次のように表される。

$$x=p+r\cos\theta+\frac{p+r\cos\theta}{(p+r\cos\theta)^2+(q+r\sin\theta)^2},$$

$$y=q+r\sin\theta-\frac{q+r\sin\theta}{(p+r\cos\theta)^2+(q+r\sin\theta)^2}$$

◀複素数の相等。

$0\leqq\theta<2\pi$ の範囲における各 $\theta$ の値に対する $x,\ y$ の値に応じて決まる点 $w$ をとっていくと，円 $C$ が移される図形も調べられる。

例えば，$p=-0.1,\ q=0.2$ のとき，円 $C$ の移される図形は図 1 のようになり，これは飛行機の翼に近い形である。

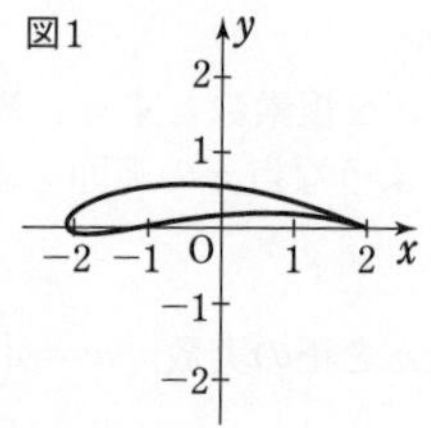

図1

また，円 $C$ の周りの空気の流れは，ジューコフスキー変換によって，図 1 の図形の周りの空気の流れになる（図 2)。

このことを用いて，飛行機の翼にかかる揚力（空気の流れに垂直な力）を流体力学の理論に基づいて計算することができる。

実際の揚力の計算には，追加すべき条件などがあるが，ジューコフスキー変換は，飛行機の翼の理論の最も基本的なものとなっている。

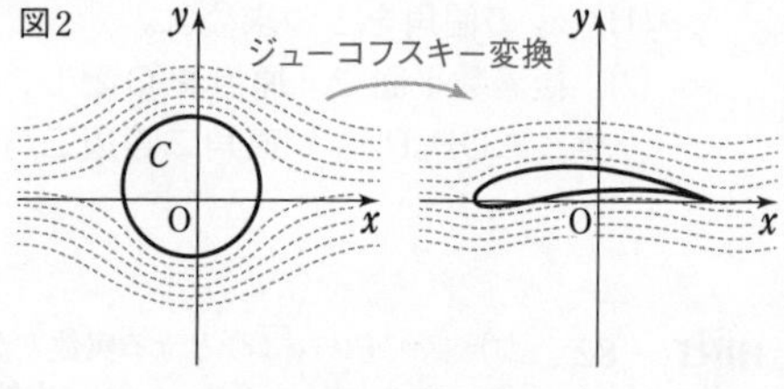

図2

数学C 第4章

# 式と曲線



4

SELECT STUDY

—●— 基本定着コース……教科書の基本事項を確認したいきみに
—●— 精選速習コース……入試の基礎を短期間で身につけたいきみに
—●— 実力練成コース……入試に向け実力を高めたいきみに

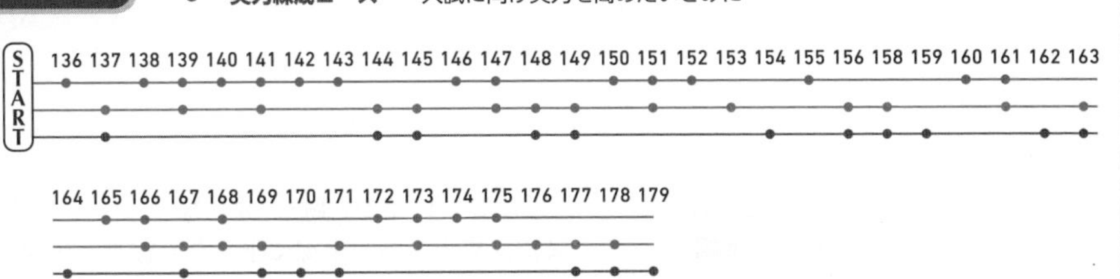


## 例題一覧

| | | 番号 | 例題 | 難易度 |
|---|---|---|---|---|
| 17 | 基本 | 136 | 放物線とその概形 | ② |
| | 基本 | 137 | 円の中心の軌跡 | ③ |
| | 基本 | 138 | 楕円とその概形 | ① |
| | 基本 | 139 | 楕円の方程式の決定 | ② |
| | 基本 | 140 | 円と楕円 | ① |
| | 基本 | 141 | 軌跡と楕円 | ② |
| | 基本 | 142 | 双曲線とその概形 | ① |
| | 基本 | 143 | 双曲線の方程式の決定 | ② |
| | 基本 | 144 | 双曲線と軌跡 | ③ |
| | 基本 | 145 | 放物線上の点と定点の距離の最小 | ③ |
| | 基本 | 146 | 2次曲線の平行移動 | ② |
| | 基本 | 147 | 平行移動した2次曲線の方程式 | ② |
| | 重要 | 148 | 2次曲線の回転移動 | ③ |
| | 重要 | 149 | 方程式の表す図形 (3) | ③ |
| 18 | 基本 | 150 | 2次曲線と直線の共有点の座標 | ① |
| | 基本 | 151 | 2次曲線と直線の共有点の個数 | ② |
| | 基本 | 152 | 弦の中点・長さ | ② |
| | 基本 | 153 | 弦の中点の軌跡 | ③ |
| | 重要 | 154 | 楕円と放物線が4点を共有する条件 | ④ |
| 19 | 基本 | 155 | 楕円の外部から引いた接線 | ② |
| | 基本 | 156 | 2次曲線の接線と証明 | ③ |
| | 基本 | 157 | 双曲線上の点と直線の距離の最大・最小 | ③ |
| | 重要 | 158 | 直交する2接線の交点の軌跡 | ④ |
| | 重要 | 159 | 楕円の2接点を通る直線 | ④ |
| 20 | 基本 | 160 | 2次曲線と軌跡 | ② |
| | 基本 | 161 | 2次曲線の性質の証明 | ③ |
| | 重要 | 162 | 領域と $x$，$y$ の1次式の最大・最小 | ④ |
| | 重要 | 163 | 領域と $x$，$y$ の2次式の最大・最小 | ④ |
| | 重要 | 164 | 共有点をもつ点全体の領域図示 | ④ |
| 21 | 基本 | 165 | 曲線の媒介変数表示 | ① |
| | 基本 | 166 | 放物線の頂点が描く曲線など | ② |
| | 基本 | 167 | 媒介変数表示と最大・最小 | ③ |
| | 基本 | 168 | 直線群と媒介変数表示 | ② |
| | 重要 | 169 | エピサイクロイドの媒介変数表示 | ④ |
| | 重要 | 170 | 半直線上の点の軌跡 | ④ |
| | 重要 | 171 | $w=z+\dfrac{a^2}{z}$ の表す図形 (2) | ④ |
| 22 | 基本 | 172 | 極座標と点，極座標と直交座標 | ① |
| | 基本 | 173 | 2点間の距離，三角形の面積 | ② |
| | 基本 | 174 | 円・直線の極方程式 | ② |
| | 基本 | 175 | 極方程式と直交座標 | ② |
| | 基本 | 176 | 極方程式と軌跡 | ③ |
| | 基本 | 177 | 2次曲線の極方程式 | ③ |
| | 基本 | 178 | 極座標の利用（2次曲線の性質の証明） | ③ |
| | 基本 | 179 | レムニスケートの極方程式 | ③ |

# 17 放物線，楕円，双曲線

## 基本事項

**1** **放物線 $y^2=4px$** $(p\neq0)$ ［標準形］

① 頂点は **原点**，
焦点は **点 $(p,\ 0)$**，
準線は **直線 $x=-p$**

② 軸は $x$ 軸で，放物線は軸に関して対称。

③ 放物線上の任意の点から焦点，準線までの距離は等しい。

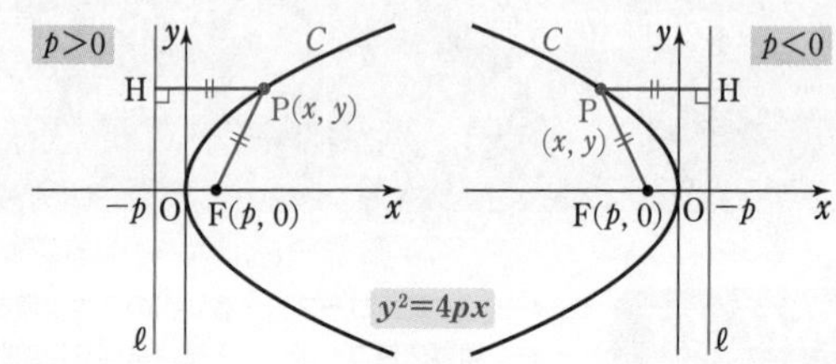


## 解　説

### ■ 放物線

定点 F と，F を通らない定直線 $\ell$ からの距離が等しい点の軌跡を **放物線** といい，点 F をその **焦点**，直線 $\ell$ をその **準線** という。また，焦点を通り準線に垂直な直線を，放物線の **軸** といい，軸と放物線の交点を，放物線の **頂点** という。

点 $F(p,\ 0)$ $[p\neq0]$ を焦点とし，直線 $\ell：x=-p$ を準線とする放物線を $C$ とする。

$C$ 上の点を $P(x,\ y)$，点 P から $\ell$ に下ろした垂線を PH とすると，

PF＝PH から　$\sqrt{(x-p)^2+y^2}=|x-(-p)|$

両辺を平方して整理すると　$y^2=4px$ …… Ⓐ　が導かれる。

逆に，Ⓐ を満たす点 $P(x,\ y)$ は PF＝PH を満たす。

Ⓐ を放物線の方程式の **標準形** という。放物線 Ⓐ の軸は $x$ 軸であり，これが $x$ 軸に関して対称であることは，下の 参考 からわかる。

◀基本事項の図参照。

◀線分 PH の長さは，2 点 P，H の $x$ 座標の差の絶対値である。

### ■ $y$ 軸を軸とする放物線

点 $F(0,\ p)$ $[p\neq0]$ を焦点とし，直線 $\ell：y=-p$ を準線とする放物線の方程式は，上と同様にして

$x^2=4py$　　⟵ Ⓐ で $x$ と $y$ が入れ替わる。

となる。これは数学 I で学習した放物線 $y=ax^2$ と同様の形であり，放物線 Ⓐ を直線 $y=x$ に関して対称移動したものである。

また，軸は $y$ 軸となる。なお，放物線 $y=ax^2$ $(a\neq0)$ の焦点と準線は，$x^2=4\cdot\dfrac{1}{4a}y$ から，それぞれ 点 $\left(0,\ \dfrac{1}{4a}\right)$，直線 $y=-\dfrac{1}{4a}$ となる。

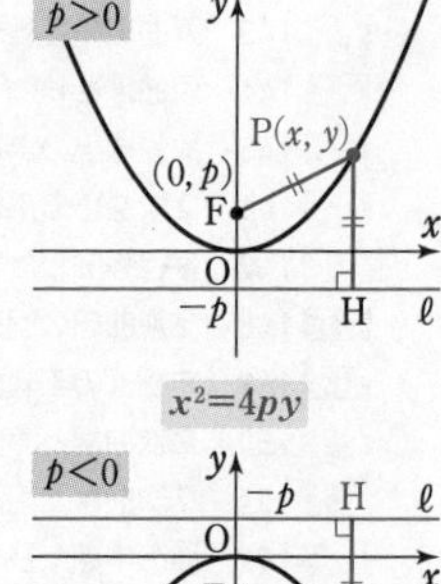


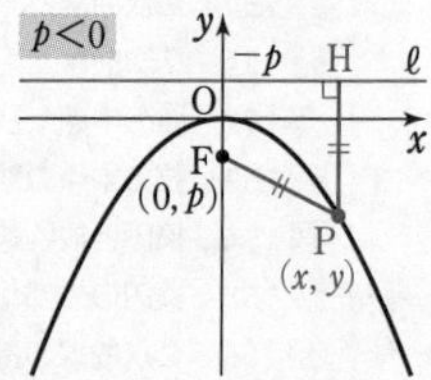


**参考**　曲線 $C：f(x,\ y)=0$ の対称性

$f(x,\ -y)=f(x,\ y)$　⟶　$C$ は **$x$ 軸** に関して対称。

$f(-x,\ y)=f(x,\ y)$　⟶　$C$ は **$y$ 軸** に関して対称。

$f(-x,\ -y)=f(x,\ y)$　⟶　$C$ は **原点** に関して対称。

$f(y,\ x)=f(x,\ y)$　⟶　$C$ は **直線 $y=x$** に関して対称。

## 基本例題 136 放物線とその概形

(1) 焦点が点 $(2,\ 0)$，準線が直線 $x=-2$ である放物線の方程式を求めよ。また，その概形をかけ。

(2) 次の放物線の焦点と準線を求め，その概形をかけ。

(ア) $y^2=-3x$　　　(イ) $y=2x^2$

(3) 点 $\mathrm{F}(4,\ 0)$ を通り，直線 $\ell$：$x=-4$ に接する円の中心 P の軌跡を求めよ。

p.232 基本事項 1

(1) 焦点が点 $(p,\ 0)$，準線が直線 $x=-p$ である放物線の方程式は　$y^2=4px$

(2) 方程式を $y^2=4●x$ または $x^2=4●y$ の形 に直す。

(3) 円の中心は **定点 F と定直線 $\ell$ から等距離** にあるから，中心の **軌跡は放物線**。

解答

(1) $y^2=4\cdot2\cdot x$　すなわち　$\boldsymbol{y^2=8x}$　概形は　図(1)

(2) (ア) $y^2=4\cdot\left(-\dfrac{3}{4}\right)x$　よって，**焦点** は **点** $\left(-\dfrac{3}{4},\ 0\right)$

**準線** は **直線** $x=\dfrac{3}{4}$　概形は　図(2)(ア)

(イ) $y=2x^2$ から　$x^2=\dfrac{1}{2}y=4\cdot\dfrac{1}{8}y$

よって，**焦点** は **点** $\left(0,\ \dfrac{1}{8}\right)$

**準線** は **直線** $y=-\dfrac{1}{8}$　概形は　図(2)(イ)

◀放物線 $y^2=4px$ の焦点は 点 $(p,\ 0)$，準線は 直線 $x=-p$

◀放物線 $x^2=4py$ の焦点は 点 $(0,\ p)$，準線は 直線 $y=-p$

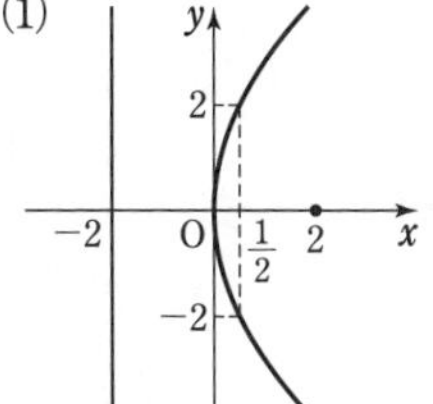


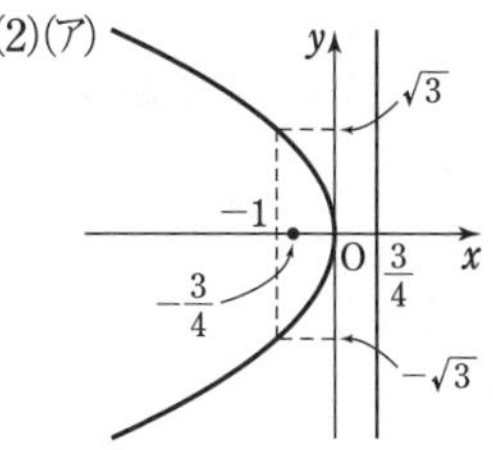


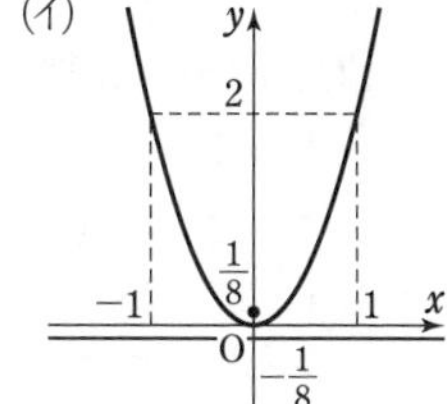


(3) 中心 P から直線 $\ell$ に垂線 PH を下ろすと

$$\mathrm{PH}=\mathrm{PF}$$

よって，点 P の軌跡は，点 F を焦点，直線 $\ell$ を準線とする **放物線** である。

その方程式は　$y^2=4\cdot4x$　すなわち　$\boldsymbol{y^2=16x}$

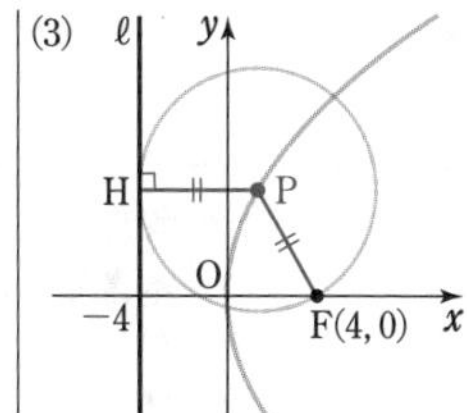


**練習 ② 136**

(1) 放物線 $x^2=-8y$ の焦点と準線を求め，その概形をかけ。

(2) 点 $(3,\ 0)$ を通り，直線 $x=-3$ に接する円の中心の軌跡を求めよ。

(3) 頂点が原点で，焦点が $x$ 軸上にあり，点 $(9,\ -6)$ を通る放物線の方程式を求めよ。

# 基本例題 137 円の中心の軌跡

円 $(x-4)^2+y^2=1$ と直線 $x=-3$ の両方に接する円の中心 P の軌跡を求めよ。

基本 136

**指針** 2円が接するには，**外接の場合と内接の場合がある** ことに注意。

> **半径が $r$，$r'$ である 2 つの円の中心間の距離を $d$ とすると**
> **2円が外接する $\Longleftrightarrow d=r+r'$**
> **2円が内接する $\Longleftrightarrow d=|r-r'|$，$r \neq r'$** （数学A）

外接　内接　$(r>r')$

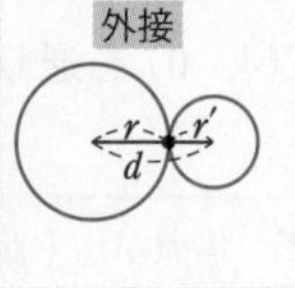

**P$(x, y)$** として，外接・内接の各場合について上のことを利用し，$x$，$y$ の関係式を導く。

**CHART** 軌跡　**軌跡上の動点 $(x, y)$ の関係式を導く**

**解答**

円 $(x-4)^2+y^2=1$ の半径は 1 であり，中心を A$(4, 0)$ とする。

P$(x, y)$ とし，点 P から直線 $x=-3$ に下ろした垂線を PH とする。

[1]　2円が外接する場合　PA＝PH＋1

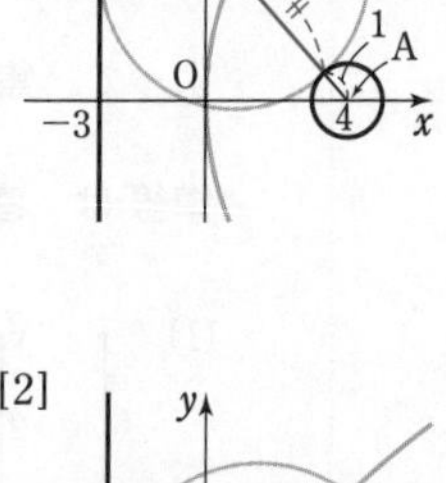

よって　$\sqrt{(x-4)^2+y^2}=\{x-(-3)\}+1$　← 点 P は直線 $x=-3$ の右側にある。

ゆえに　$\sqrt{(x-4)^2+y^2}=x+4$

よって　$(x-4)^2+y^2=(x+4)^2$

ゆえに　$y^2=16x$

[2]　2円が内接する場合，PH＞1 であるから　PA＝PH－1

よって　$\sqrt{(x-4)^2+y^2}=\{x-(-3)\}-1$　← 点 P は直線 $x=-3$ の右側にある。

ゆえに　$\sqrt{(x-4)^2+y^2}=x+2$

よって　$(x-4)^2+y^2=(x+2)^2$

ゆえに　$y^2=12(x-1)$

[1]，[2] から，求める軌跡は

**放物線 $y^2=16x$ および $y^2=12(x-1)$**

[1]

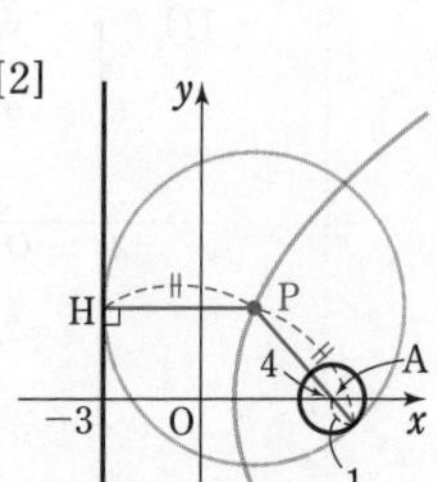


**検討**

1.　上の解答では，逆の確認（軌跡上の点が条件を満たすことの確認）は省略した。このように，本書では軌跡の問題における逆の確認を省略することがある。

2.　[1]（外接）の場合の別解：点 P と直線 $x=-4$ の距離は長さ AP と一致するから，点 P の軌跡は **点 A を焦点とし，直線 $x=-4$ を準線とする放物線** であることがわかる。

3.　[2] の場合の軌跡は，放物線 $y^2=12x$ を $x$ 軸方向に 1 だけ平行移動した放物線である（$p$.247 基本事項 **1** 参照）。

**練習 ③137**　半円 $x^2+y^2=36$，$x \geqq 0$ および $y$ 軸の $-6 \leqq y \leqq 6$ の部分の，両方に接する円の中心 P の軌跡を求めよ。

p.253 EX87

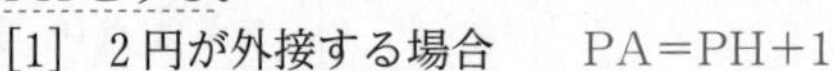

## 基本事項

**1** 楕円 $\dfrac{x^2}{a^2}+\dfrac{y^2}{b^2}=1\ (a>b>0)$ [標準形]

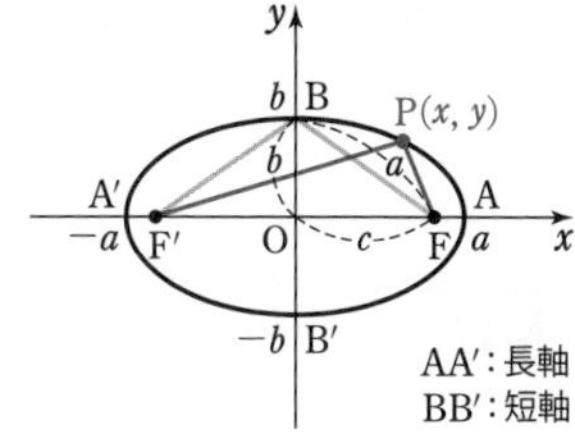


① 中心は **原点**, 長軸の長さ $2a$, 短軸の長さ $2b$

② 焦点は $\mathrm{F}(c,\ 0)$, $\mathrm{F}'(-c,\ 0)$ $(c=\sqrt{a^2-b^2})$

③ 楕円は $x$ 軸, $y$ 軸, 原点に関して対称。

④ 楕円上の任意の点から 2 つの焦点までの距離の和は $2a$ (一定)

**2** 焦点が $y$ 軸上にある楕円 $\dfrac{x^2}{a^2}+\dfrac{y^2}{b^2}=1\ (b>a>0)$

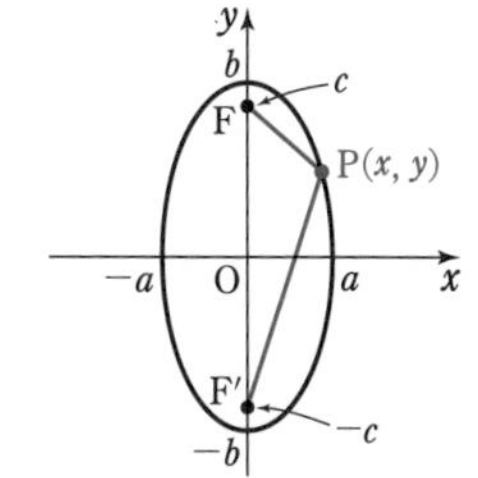

① 中心は **原点**, 長軸の長さ $2b$, 短軸の長さ $2a$

② 焦点は $\mathrm{F}(0,\ c)$, $\mathrm{F}'(0,\ -c)$ $(c=\sqrt{b^2-a^2})$

③ 楕円は $x$ 軸, $y$ 軸, 原点に関して対称。

④ 楕円上の任意の点から 2 つの焦点までの距離の和は $2b$ (一定)



## 解 説

### ■ 楕円

2 定点 F, F′ からの距離の和が一定 $(2a)$ である点 P の軌跡を **楕円**(だえん) といい, 点 F, F′ をその楕円の **焦点** という。

$\mathrm{P}(x,\ y)$, $\mathrm{F}(c,\ 0)$, $\mathrm{F}'(-c,\ 0)$ $[c>0]$ とすると, $\mathrm{PF}+\mathrm{PF}'=2a$ …… Ⓐ から

$\sqrt{(x-c)^2+y^2}+\sqrt{(x+c)^2+y^2}=2a$ よって $\sqrt{(x-c)^2+y^2}=2a-\sqrt{(x+c)^2+y^2}$

両辺を平方して整理すると $a\sqrt{(x+c)^2+y^2}=a^2+cx$

更に, 両辺を平方して整理すると $(a^2-c^2)x^2+a^2y^2=a^2(a^2-c^2)$

$\mathrm{PF}+\mathrm{PF}'>\mathrm{FF}'$ より $2a>2c$ すなわち $a>c$ であるから, $\sqrt{a^2-c^2}=b\ (b>0)$ とおき, 両辺を $a^2b^2$ で割ると $\dfrac{x^2}{a^2}+\dfrac{y^2}{b^2}=1$ …… Ⓑ が導かれる (このとき $c=\sqrt{a^2-b^2}$)。

逆に, Ⓑ を満たす点 $\mathrm{P}(x,\ y)$ は Ⓐ を満たす。

Ⓑ を楕円の方程式の **標準形** という。

また, 楕円 Ⓑ と座標軸の交点は, 基本事項 **1** の図のように, $\mathrm{A}(a,\ 0)$, $\mathrm{A}'(-a,\ 0)$, $\mathrm{B}(0,\ b)$, $\mathrm{B}'(0,\ -b)$ である。これらの点を楕円 Ⓑ の **頂点** という。

更に, $a>b$ から $\mathrm{AA}'>\mathrm{BB}'$ である。このことから, 線分 AA′, BB′ をそれぞれ楕円の **長軸**, **短軸** といい, 長軸と短軸の交点 (原点) を楕円の **中心** という。

なお, 基本事項 **1** ③ は, $p.232$ の 参考 からわかる。

### ■ 焦点が $y$ 軸上にある楕円

$b>c>0$ のとき, 2 定点 $\mathrm{F}(0,\ c)$, $\mathrm{F}'(0,\ -c)$ を焦点とし, この 2 点からの距離の和が一定 $(2b)$ である楕円の方程式は, 上と同様に考えて $\sqrt{b^2-c^2}=a$ とおくと, $b>a>0$ で,

$\dfrac{x^2}{a^2}+\dfrac{y^2}{b^2}=1$ …… Ⓒ となる (このとき $c=\sqrt{b^2-a^2}$)。Ⓒ は Ⓑ で $x$ と $y$, $a$ と $b$ を入れ替えたものであるから, 楕円 Ⓒ は楕円 Ⓑ を直線 $y=x$ に関して対称移動したものである。

このことから基本事項 **2** ①~④ がわかる。

## 基本例題 138 楕円とその概形 ①①①①①

次の楕円の長軸・短軸の長さ，焦点を求めよ。また，その概形をかけ。

(1) $\dfrac{x^2}{16}+\dfrac{y^2}{9}=1$ (2) $25x^2+16y^2=400$

p.235 基本事項 1，2

楕円 $\dfrac{x^2}{a^2}+\dfrac{y^2}{b^2}=1$ は，$a>0$，$b>0$ の大小関係によって焦点が $x$ 軸上，$y$ 軸上のどちらにあるかが分かれる。

| | $a>b$ | $a<b$ |
|---|---|---|
| 概形 | 短軸，焦点，長軸，$-a$，$-c$，O，$c$，$a$，$b$，$-b$，$x$，$y$<br>$c=\sqrt{a^2-b^2}$ | 長軸，焦点，短軸，$b$，$c$，$-a$，O，$a$，$-c$，$-b$，$x$，$y$<br>$c=\sqrt{b^2-a^2}$ |
| 長軸，短軸の長さ | 長軸：$2a$ 短軸：$2b$ | 長軸：$2b$ 短軸：$2a$ |
| 焦点 | 2 点 $(\sqrt{a^2-b^2},\ 0)$，$(-\sqrt{a^2-b^2},\ 0)$ …$x$ 軸上 | 2 点 $(0,\ \sqrt{b^2-a^2})$，$(0,\ -\sqrt{b^2-a^2})$ …$y$ 軸上 |

(2) 両辺を 400 で割って，$=1$ の形に直す。

**解答**

(1) $\dfrac{x^2}{4^2}+\dfrac{y^2}{3^2}=1$ から

**長軸の長さ** は $2\cdot4=8$ **短軸の長さ** は $2\cdot3=6$

**焦点** は，$\sqrt{16-9}=\sqrt{7}$ から

**2 点 $(\sqrt{7},\ 0)$，$(-\sqrt{7},\ 0)$**

また，概形は **図(1)**

◀ $\dfrac{x^2}{a^2}+\dfrac{y^2}{b^2}=1$ の形に表す。
そして，$a>b$ か $a<b$ かで区別する。⟶ 指針参照。
$a>b$ のときは横長の楕円，$a<b$ のときは縦長の楕円となる。

(2) $25x^2+16y^2=400$ から $\dfrac{x^2}{4^2}+\dfrac{y^2}{5^2}=1$

**長軸の長さ** は $2\cdot5=10$ **短軸の長さ** は $2\cdot4=8$

**焦点** は，$\sqrt{5^2-4^2}=3$ から **2 点 $(0,\ 3)$，$(0,\ -3)$** また，概形は **図(2)**

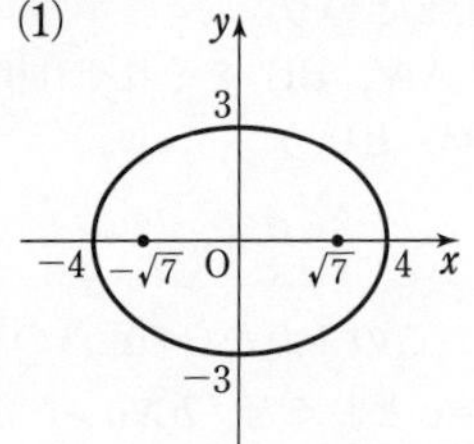


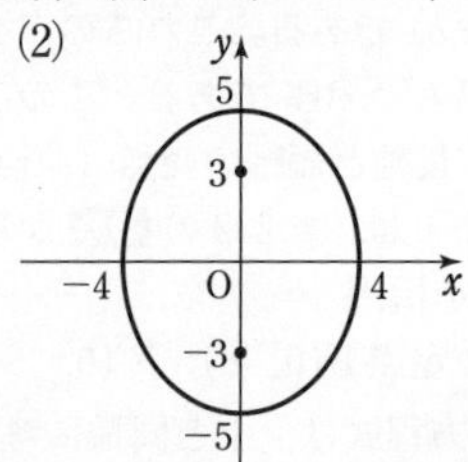


**練習 ① 138** 次の楕円の長軸・短軸の長さ，焦点を求めよ。また，その概形をかけ。

(1) $\dfrac{x^2}{25}+\dfrac{y^2}{18}=1$ (2) $56x^2+49y^2=784$

## 基本例題 139 楕円の方程式の決定 ①①①①①

焦点が F(3, 0), F′(−3, 0) で点 A(−4, 0) を通る楕円の方程式を求めよ。

p.235 基本事項 1　重要 149

**指針** 解法 1. 焦点の条件に注目。2 つの焦点は $x$ 軸上にあり，かつ原点に関して対称であるから，**求める楕円の方程式は** $\dfrac{x^2}{a^2}+\dfrac{y^2}{b^2}=1$ $(a>b>0)$ **とおける。**

**焦点や長軸・短軸についての条件** に注目し，$a$, $b$ の方程式を解く。

解法 2. 楕円上の点を **P(x, y)** として，楕円の定義 [PF+PF′=(一定)] に従い，**点 P の軌跡を導く方針** で求める。

**解答**

解法 1. 2 点 F(3, 0), F′(−3, 0) が焦点であるから，求める楕円の方程式は $\dfrac{x^2}{a^2}+\dfrac{y^2}{b^2}=1$ $(a>b>0)$ とおける。

◀焦点は 2 点 $(\sqrt{a^2-b^2},\ 0)$, $(-\sqrt{a^2-b^2},\ 0)$

ここで　$a^2-b^2=3^2$

◀焦点の $x$ 座標に注目。

A(−4, 0) は長軸の端点であるから　$a=|-4|=4$

◀$y$ 座標が 0 であるから，楕円の頂点。

よって　$b^2=a^2-3^2=4^2-9=7$

◀ここでは $b$ の値を求めなくても解決する。

ゆえに，求める楕円の方程式は

$$\frac{x^2}{4^2}+\frac{y^2}{7}=1$$

すなわち　$$\boldsymbol{\frac{x^2}{16}+\frac{y^2}{7}=1}$$

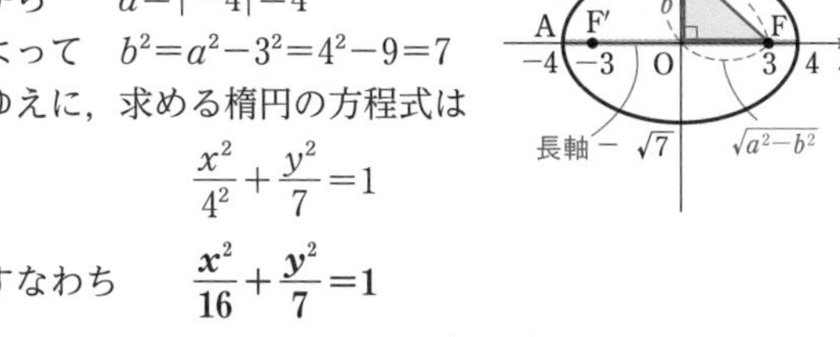


解法 2. 楕円上の任意の点を P(x, y) とすると

$PF+PF'=AF+AF'=|3-(-4)|+|-3-(-4)|=8$

◀F, F′, A は $x$ 軸上の点。

よって　$\sqrt{(x-3)^2+y^2}+\sqrt{(x+3)^2+y^2}=8$

◀PF+PF′=8

ゆえに　$\sqrt{(x-3)^2+y^2}=8-\sqrt{(x+3)^2+y^2}$

両辺を平方して整理すると

$$16\sqrt{(x+3)^2+y^2}=12x+64$$

両辺を 4 で割って，更に平方すると

$$16(x^2+6x+9+y^2)=9x^2+96x+256$$

◀ここで $\sqrt{\ }$ がなくなる。

整理して　$7x^2+16y^2=112$

よって，求める楕円の方程式は　$$\boldsymbol{\frac{x^2}{16}+\frac{y^2}{7}=1}$$

**練習 ② 139** 次のような楕円の方程式を求めよ。

(1) 2 点 (2, 0), (−2, 0) を焦点とし，この 2 点からの距離の和が 6

(2) 楕円 $\dfrac{x^2}{3}+\dfrac{y^2}{5}=1$ と焦点が一致し，短軸の長さが 4

(3) 長軸が $x$ 軸上，短軸が $y$ 軸上にあり，2 点 (−2, 0), $\left(1,\ \dfrac{\sqrt{3}}{2}\right)$ を通る。

p.253 EX88

## 基本例題 140 円と楕円

円 $x^2+y^2=25$ を $x$ 軸をもとにして $y$ 軸方向に $\frac{3}{5}$ 倍に縮小すると，どのような曲線になるか。

基本 139

**指針** 円を $y$ 軸方向に $\frac{3}{5}$ 倍に縮小した図をかいてみると，解答の図のようになり，楕円らしい。このことを **軌跡についての問題を解く要領**（以下）で調べる。

1. 円周上の点を $\mathrm{Q}(s,\ t)$ とし，点 Q が移された点を $\mathrm{P}(x,\ y)$ として，$s,\ t,\ x,\ y$ の関係式を作る。
2. **つなぎの文字 $s,\ t$ を消去して，$x,\ y$ の関係式を導く。**

**解答** 円周上の点 $\mathrm{Q}(s,\ t)$ が移された点を $\mathrm{P}(x,\ y)$ とすると

$$x=s,\ y=\frac{3}{5}t$$

よって $s=x,\ t=\frac{5}{3}y$

$s^2+t^2=25$ であるから

$$x^2+\left(\frac{5}{3}y\right)^2=25$$

ゆえに $\frac{x^2}{25}+\frac{y^2}{9}=1$　　すなわち，**楕円 $\frac{x^2}{25}+\frac{y^2}{9}=1$ になる。**

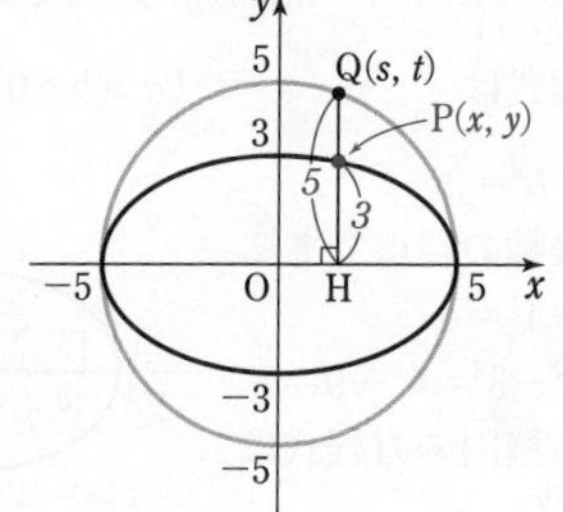

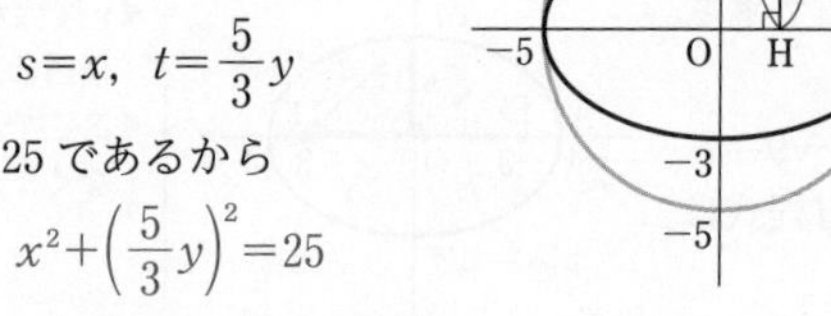

図で，点 H は点 P から $x$ 軸に下ろした垂線の足。

◀点 P の条件。
$\mathrm{PH}=\frac{3}{5}\mathrm{QH}$

◀点 Q の条件。

**検討** **円と楕円の関係**

円 $x^2+y^2=a^2$ …… ① と 楕円 $\frac{x^2}{a^2}+\frac{y^2}{b^2}=1$ …… ② $(a>0,\ b>0)$ について，

**楕円 ② は円 ① を $x$ 軸をもとにして $y$ 軸方向に $\frac{b}{a}$ 倍に拡大または縮小したもの** である。

これは　① から　$y=\pm\sqrt{a^2-x^2}$

　　　　② から　$y=\pm\frac{b}{a}\sqrt{a^2-x^2}$

となることからもわかる。右の図で

$$y_2=\frac{b}{a}y_1\ (\mathrm{AA'}:\mathrm{BB'}=a:b)$$

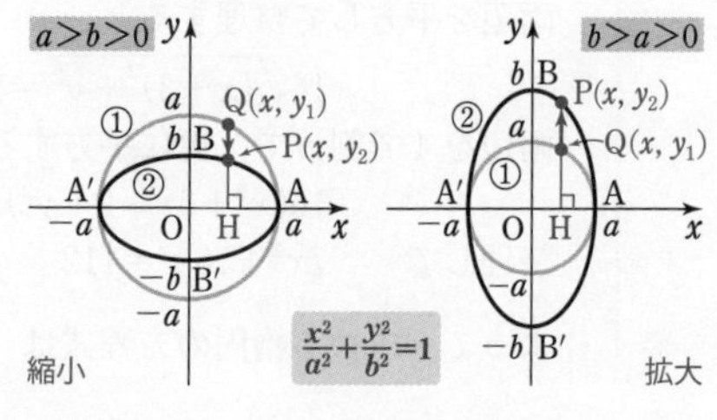


**注意** 円 ① を楕円 ② の **補助円** という。補助円を利用すると，楕円に関する問題の計算を簡潔にできる場合がある。⟶ $p.268$ 参考事項を参照。

**練習 ①140** 円 $x^2+y^2=9$ を次のように拡大または縮小した楕円の方程式と焦点を求めよ。

(1) $x$ 軸をもとにして $y$ 軸方向に 3 倍に拡大

(2) $y$ 軸をもとにして $x$ 軸方向に $\frac{2}{3}$ 倍に縮小

## 基本 例題 141 軌跡と楕円 ⑦⑦⑦⑦⑦

長さ 2 の線分の両端 A，B がそれぞれ $x$ 軸および $y$ 軸上を移動するとする。線分 AB の延長上に BP=1 となるように点 P をとるとき，点 P の軌跡を求めよ。〔学習院大〕

基本 140

**指針** 点 P の位置は点 A，B の位置によって決まるから，**連動形** の軌跡の問題。

1 軌跡上の動点を P$(x,\ y)$，他の動点を A$(s,\ 0)$，B$(0,\ t)$ として，問題から読みとれる条件

[1] 「AB=2 ⟺ $AB^2=2^2$」 ←$\sqrt{\ }$ を避ける。

[2] 「点 B は線分 AP を 2：1 に内分」

を式(解答の ①，②)に表す。

2 ①，② から つなぎの文字 $s$，$t$ を消去して，$x$，$y$ の関係式を導く。……★

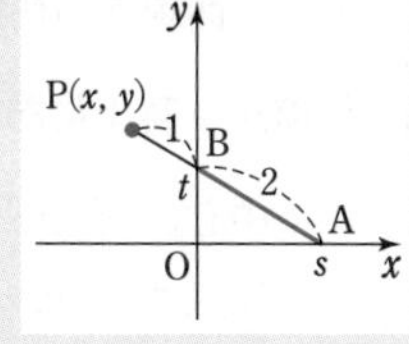


**CHART 軌跡**
1 軌跡上の動点 $(x,\ y)$ の関係式を導く
2 連動形なら　つなぎの文字を消去する

**解答**

A$(s,\ 0)$，B$(0,\ t)$，P$(x,\ y)$ とする。

AB=2 であるから　　$AB^2=2^2$

ゆえに　　$s^2+t^2=4$ …… ①

点 B は線分 AP を 2：1 に内分するから

$$0=\frac{1\cdot s+2\cdot x}{2+1},\quad t=\frac{1\cdot 0+2\cdot y}{2+1} \quad \cdots\cdots ②$$

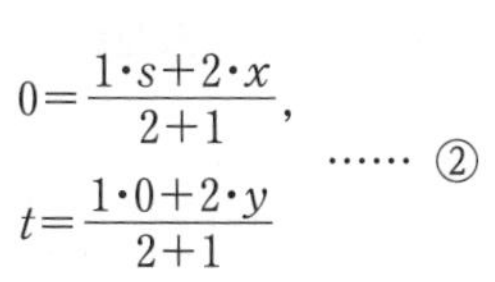

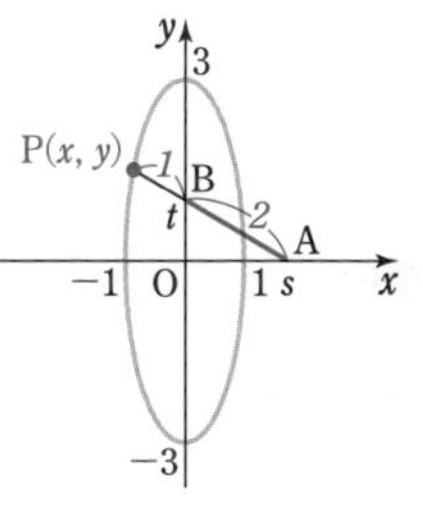

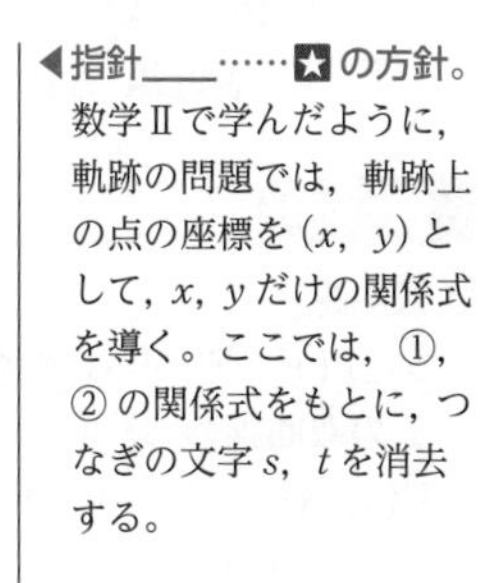

② から　　$s=-2x,\ t=\dfrac{2}{3}y$

これらを ① に代入して　　$4x^2+\dfrac{4}{9}y^2=4$

ゆえに　　$x^2+\dfrac{y^2}{9}=1$

よって，求める軌跡は　　**楕円 $x^2+\dfrac{y^2}{9}=1$**

◀指針___……★の方針。数学Ⅱで学んだように，軌跡の問題では，軌跡上の点の座標を $(x,\ y)$ として，$x$，$y$ だけの関係式を導く。ここでは，①，② の関係式をもとに，つなぎの文字 $s$，$t$ を消去する。

◀両辺を 4 で割って，=1 の形に直す。

◀求めるのは軌跡（図形）であるから，答えには“楕円”をつける。



**練習 ②141** $x$ 軸上の動点 P$(a,\ 0)$，$y$ 軸上の動点 Q$(0,\ b)$ が PQ=1 を満たしながら動くとき，線分 PQ を 1：2 に内分する点 T の軌跡の方程式を求め，その概形を図示せよ。

p.253 EX90

## 基本事項

**1 双曲線 $\dfrac{x^2}{a^2}-\dfrac{y^2}{b^2}=1\ (a>0,\ b>0)$** ［標準形］

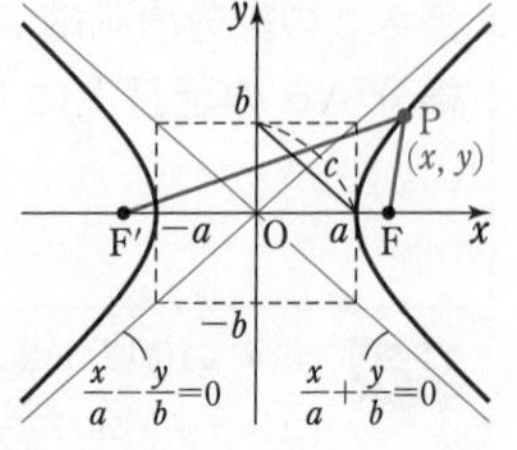


① 中心は **原点**，頂点は 2 点 $(a,\ 0)$，$(-a,\ 0)$

② 焦点は $\mathrm{F}(c,\ 0)$，$\mathrm{F}'(-c,\ 0)$ ただし $c=\sqrt{a^2+b^2}$

③ 双曲線は $x$ 軸，$y$ 軸，原点に関して対称。

④ 漸近線は 2 直線 $\dfrac{x}{a}-\dfrac{y}{b}=0$，$\dfrac{x}{a}+\dfrac{y}{b}=0$

⑤ 双曲線上の任意の点から 2 つの焦点までの距離の差は $2a$（一定）

**2 焦点が $y$ 軸上にある双曲線 $\dfrac{x^2}{a^2}-\dfrac{y^2}{b^2}=-1\ (a>0,\ b>0)$**

① 中心は **原点**，頂点は 2 点 $(0,\ b)$，$(0,\ -b)$

② 焦点は $\mathrm{F}(0,\ c)$，$\mathrm{F}'(0,\ -c)$ ただし $c=\sqrt{a^2+b^2}$

③ 双曲線は $x$ 軸，$y$ 軸，原点に関して対称。

④ 漸近線は 2 直線 $\dfrac{x}{a}-\dfrac{y}{b}=0$，$\dfrac{x}{a}+\dfrac{y}{b}=0$

⑤ 双曲線上の任意の点から 2 つの焦点までの距離の差は $2b$（一定）

注意 **漸近線** とは，曲線が一定の直線に限りなく近づくときのその直線のこと。

## 解　説

**■ 双曲線**

2 定点 F，F′ からの距離の差が一定 $(2a)$ である点 P の軌跡を **双曲線** といい，点 F，F′ をその双曲線の **焦点** という。

$\mathrm{P}(x,\ y)$，$\mathrm{F}(c,\ 0)$，$\mathrm{F}'(-c,\ 0)$ $[c>a>0]$ とする。

$|\mathrm{PF}-\mathrm{PF}'|=2a$ …… Ⓐ から　　$\sqrt{(x-c)^2+y^2}-\sqrt{(x+c)^2+y^2}=\pm 2a$

楕円の場合と同様に変形すると　　$(c^2-a^2)x^2-a^2y^2=a^2(c^2-a^2)$

$b=\sqrt{c^2-a^2}$ とおいて両辺を $a^2b^2$ で割ると　$\dfrac{x^2}{a^2}-\dfrac{y^2}{b^2}=1$ …… Ⓑ　が導かれる。

（このとき $c=\sqrt{a^2+b^2}$）　逆に，Ⓑ を満たす点 $\mathrm{P}(x,\ y)$ は Ⓐ を満たす。

Ⓑ を双曲線の方程式の **標準形** という。

また，2 点 F，F′ を焦点とする双曲線において，直線 FF′ を **主軸**，主軸と双曲線の 2 つの交点を **頂点**，線分 FF′ の中点（標準形の場合は原点）を **中心** という。

なお，基本事項 1 ③ は，$p.232$ の 参考 からわかる。

更に，双曲線 Ⓑ 上の点 $\mathrm{P}(u,\ v)$ と直線 Ⓒ：$y=\dfrac{b}{a}x$ 上の点 $\mathrm{Q}(u,\ v')$ について，$u>0$，$v>0$ のとき　$\mathrm{PQ}=v'-v=\dfrac{b}{a}(u-\sqrt{u^2-a^2})=\dfrac{b}{a}\cdot\dfrac{a^2}{u+\sqrt{u^2-a^2}}$

$u$ を限りなく大きくすると，PQ は限りなく 0 に近づき，双曲線 Ⓑ の第 1 象限の部分は，点 P が原点から限りなく遠ざかるに従って，直線 Ⓒ に限りなく近づく。双曲線 Ⓑ の対称性から，第 2，3，4 象限の場合も同様に考えられ，1 ④ が成り立つ。

**焦点が $y$ 軸上にある双曲線**（基本事項 2）については，次ページの 検討 参照。

## 基本例題 142 双曲線とその概形

次の双曲線の焦点と漸近線を求めよ。また，その概形をかけ。

(1) $x^2-\dfrac{y^2}{4}=1$　　(2) $9x^2-25y^2=-225$

p.240 基本事項 1, 2

**指針** 双曲線 $\dfrac{x^2}{a^2}-\dfrac{y^2}{b^2}=1$ …… ①，$\dfrac{x^2}{a^2}-\dfrac{y^2}{b^2}=-1$ …… ② $(a>0,\ b>0)$ の焦点，漸近線は次のようになる。また，双曲線 ① と双曲線 ② を **互いに共役な双曲線** といい，これらは漸近線を共有し，どの焦点も原点から等しい距離にある。 ←距離は $\sqrt{a^2+b^2}$

| 双曲線 | 焦　点 | 漸　近　線 |
|---|---|---|
| ① | 2 点 $(\sqrt{a^2+b^2},\ 0)$，$(-\sqrt{a^2+b^2},\ 0)$ … $x$ 軸上 | 2 直線 $\dfrac{x}{a}-\dfrac{y}{b}=0$，$\dfrac{x}{a}+\dfrac{y}{b}=0$ |
| ② | 2 点 $(0,\ \sqrt{a^2+b^2})$，$(0,\ -\sqrt{a^2+b^2})$ … $y$ 軸上 | |

① の $=1$，② の $=-1$ を $=0$ に替えたものと同値

また，概形をかくときは，解答の図のように，4 点 $(a,\ b)$，$(a,\ -b)$，$(-a,\ b)$，$(-a,\ -b)$ を頂点とする長方形を点線でかくと，かきやすくなる。

**解答**

(1) $x^2-\dfrac{y^2}{4}=1$ から　$\dfrac{x^2}{1^2}-\dfrac{y^2}{2^2}=1$　$\sqrt{1^2+2^2}=\sqrt{5}$

から，**焦点** は　**2 点 $(\sqrt{5},\ 0)$，$(-\sqrt{5},\ 0)$**

**漸近線** は **2 直線 $x-\dfrac{y}{2}=0$，$x+\dfrac{y}{2}=0$**　概形は **図 (1)**

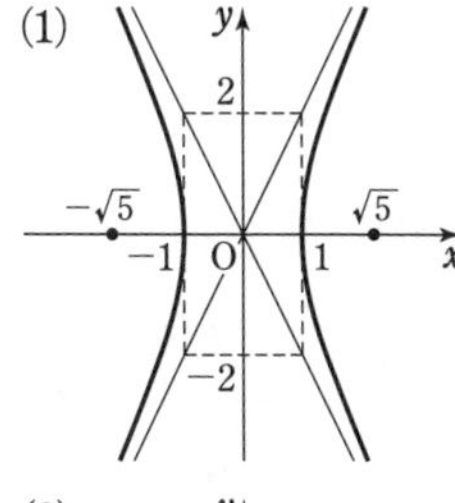


(2) $9x^2-25y^2=-225$ の両辺を 225 で割ると

$\dfrac{x^2}{5^2}-\dfrac{y^2}{3^2}=-1$　　← $=-1$ の形に直す。

$\sqrt{5^2+3^2}=\sqrt{34}$ から，**焦点** は

**2 点 $(0,\ \sqrt{34})$，$(0,\ -\sqrt{34})$**

**漸近線** は **2 直線 $\dfrac{x}{5}-\dfrac{y}{3}=0$，$\dfrac{x}{5}+\dfrac{y}{3}=0$**　概形は **図 (2)**

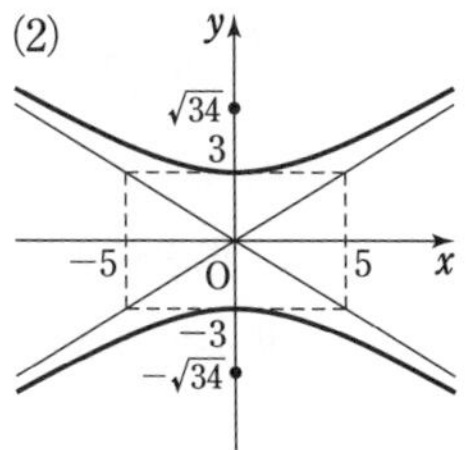


**注意** 漸近線を次のように答えてもよい。

(1) **2 直線 $x\pm\dfrac{y}{2}=0$**　(2) **2 直線 $\dfrac{x}{5}\pm\dfrac{y}{3}=0$**

**検討　焦点が $y$ 軸上にある双曲線の方程式**

$c>b>0$ のとき，2 定点 $\mathrm{F}(0,\ c)$，$\mathrm{F}'(0,\ -c)$ を焦点とし，この 2 定点からの距離の差が一定 $(2b)$ である双曲線の方程式は，前ページの解説と同様に考えて，$a=\sqrt{c^2-b^2}$ とおくと $a>0$ で，$\dfrac{x^2}{a^2}-\dfrac{y^2}{b^2}=-1$ となる（このとき $c=\sqrt{a^2+b^2}$）。

**練習 ① 142** 次の双曲線の焦点と漸近線を求めよ。また，その概形をかけ。

(1) $\dfrac{x^2}{6}-\dfrac{y^2}{6}=1$　　(2) $16x^2-9y^2+144=0$

# 基本例題 143 双曲線の方程式の決定

次のような双曲線の方程式を求めよ。

(1) 2点 $(5,\ 0)$，$(-5,\ 0)$ を焦点とし，焦点からの距離の差が 8 である。

(2) 焦点が2点 $(0,\ 4)$，$(0,\ -4)$ で，漸近線が直線 $y=\pm\dfrac{1}{\sqrt{3}}x$ である。

p.240 基本事項 1，2

**指針** 焦点の位置に注目すると，求める方程式は次のようにおける。

2つの **焦点が** 原点に関して対称で
- **$x$ 軸上** にある ⟶ $\dfrac{x^2}{a^2}-\dfrac{y^2}{b^2}=1$ $(a>0,\ b>0)$
- **$y$ 軸上** にある ⟶ $\dfrac{x^2}{a^2}-\dfrac{y^2}{b^2}=-1$ $(a>0,\ b>0)$

条件に注目して，$a$，$b$ の値を決定する。まず，焦点の位置から，双曲線の方程式は

(1) 右辺が $=1$，(2) 右辺が $=-1$ の形である。

(1) 双曲線上の点と2つの焦点との距離の差は $2a$

(2) 漸近線は 2直線 $\dfrac{x}{a}\pm\dfrac{y}{b}=0$ ⟵ $\dfrac{x^2}{a^2}-\dfrac{y^2}{b^2}=-1$ で $=-1$ を $=0$ に替えたものと同値。

すなわち 2直線 $y=\pm\dfrac{b}{a}x$

$p.244$ のまとめ [1] を通して，各曲線の性質を再度確認しておくようにしよう。

**解答**

(1) 2点 $(5,\ 0)$，$(-5,\ 0)$ が焦点であるから，求める双曲線の方程式は $\dfrac{x^2}{a^2}-\dfrac{y^2}{b^2}=1$ $(a>0,\ b>0)$ とおける。

ここで $a^2+b^2=5^2$

焦点からの距離の差が $2a$ であるから，$2a=8$ より

$a=4$ よって $b^2=5^2-a^2=25-4^2=9$

したがって $\dfrac{x^2}{16}-\dfrac{y^2}{9}=1$

(2) 焦点が2点 $(0,\ 4)$，$(0,\ -4)$ であるから，求める双曲線の方程式は $\dfrac{x^2}{a^2}-\dfrac{y^2}{b^2}=-1$ $(a>0,\ b>0)$ とおける。

ここで $a^2+b^2=4^2$

漸近線は直線 $y=\pm\dfrac{b}{a}x$ であるから $\dfrac{b}{a}=\dfrac{1}{\sqrt{3}}$

よって $a=\sqrt{3}\,b$ ゆえに $(\sqrt{3}\,b)^2+b^2=4^2$

よって $b^2=4$ ゆえに $a^2=4^2-b^2=12$

したがって $\dfrac{x^2}{12}-\dfrac{y^2}{4}=-1$

別解 (1) $\mathrm{F}(5,\ 0)$，$\mathrm{F'}(-5,\ 0)$ とする。求める双曲線上の点を $\mathrm{P}(x,\ y)$ とすると，$|\mathrm{PF}-\mathrm{PF'}|=8$ から
$\sqrt{(x-5)^2+y^2}-\sqrt{(x+5)^2+y^2}=\pm 8$
この等式の両辺を平方して考えていく。

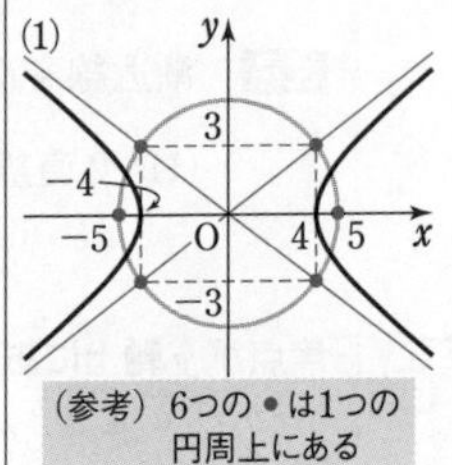


(参考) 6つの●は1つの円周上にある

**練習** ②**143** 次のような双曲線の方程式を求めよ。

(1) 2点 $(4,\ 0)$，$(-4,\ 0)$ を焦点とし，焦点からの距離の差が 6

(2) 漸近線が直線 $y=\pm 2x$ で，点 $(3,\ 0)$ を通る。 [(2) 類 愛知教育大]

(3) 中心が原点で，漸近線が直交し，焦点の1つが点 $(3,\ 0)$

p.254 EX91

## 基本 例題 144 双曲線と軌跡 ③

2 つの円 $C_1:(x+5)^2+y^2=36$ と円 $C_2:(x-5)^2+y^2=4$ に外接する円 $C$ の中心の軌跡を図示せよ。

基本 141，143

**指針** 円 $C$ の中心を $\mathrm{P}(x,\ y)$ とし，$C$ が $C_1$，$C_2$ に外接する条件を式に表してみる。

**2 円が外接する ⟺ (中心間の距離)＝(半径の和)**

円 $C$ の半径を $r$ とし，円 $C_1$，$C_2$ の中心をそれぞれ F，F′ とすると，

$C$ と $C_1$ が外接 ⟶ $\mathrm{PF}=r+6$，　$C$ と $C_2$ が外接する ⟶ $\mathrm{PF'}=r+2$

よって　$\mathrm{PF}-\mathrm{PF'}=4$ ⟶ 2 定点 F，F′ からの **距離の差が一定**

したがって，P は 2 点 F，F′ を焦点とする **双曲線** 上にあることがわかる。

**解答**

円 $C$ の中心を P，半径を $r$ とする。

円 $C_1$ の半径は 6 であり，中心 $(-5,\ 0)$ を F とする。

円 $C_2$ の半径は 2 であり，中心 $(5,\ 0)$ を F′ とする。

2 円 $C$，$C_1$ が外接するから　　$\mathrm{PF}=r+6$ …… ①

2 円 $C$，$C_2$ が外接するから　　$\mathrm{PF'}=r+2$ …… ②

よって，$\mathrm{PF}-\mathrm{PF'}=4$ であるから，点 P は 2 点 $\mathrm{F}(-5,\ 0)$，$\mathrm{F'}(5,\ 0)$ を焦点とし，焦点からの距離の差が 4 の双曲線上にある。

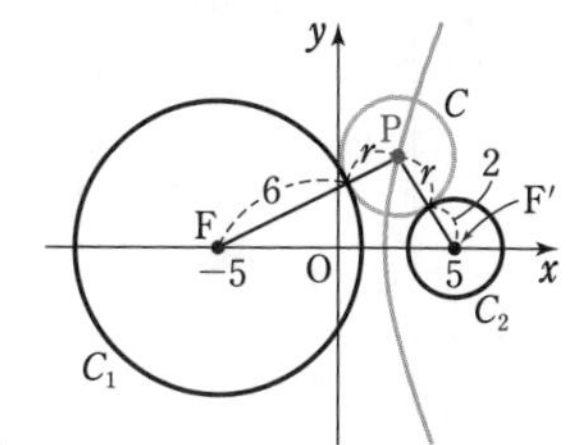


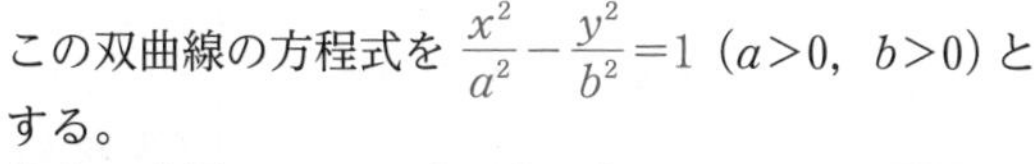

この双曲線の方程式を $\dfrac{x^2}{a^2}-\dfrac{y^2}{b^2}=1$ $(a>0,\ b>0)$ とする。

焦点の座標から　　$a^2+b^2=5^2$　　◀焦点 $(\sqrt{a^2+b^2},\ 0)$，$(-\sqrt{a^2+b^2},\ 0)$

焦点からの距離の差から　　$2a=4$

ゆえに　　$a=2$

よって　　$b^2=25-a^2=21$

したがって，点 P の軌跡は　　双曲線 $\dfrac{x^2}{4}-\dfrac{y^2}{21}=1$

ただし，$\mathrm{PF}>\mathrm{PF'}$ であるから　　$x>0$

これを図示すると，**右の図** のようになる。

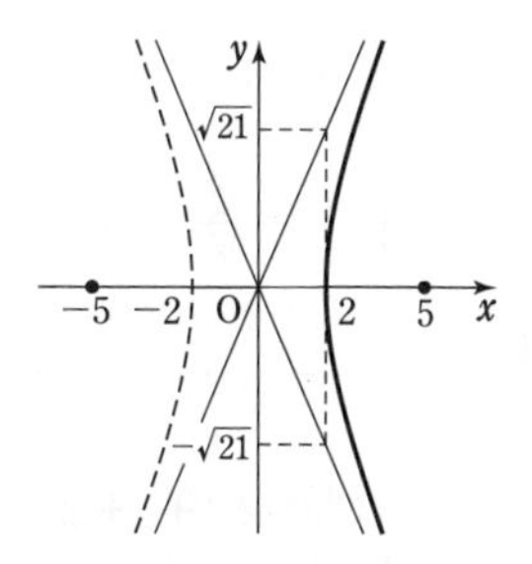

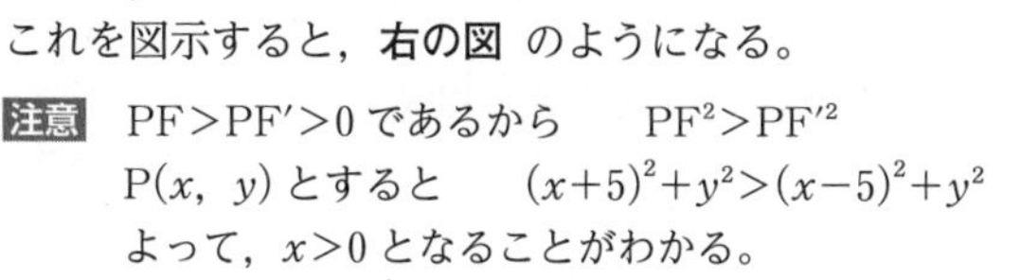

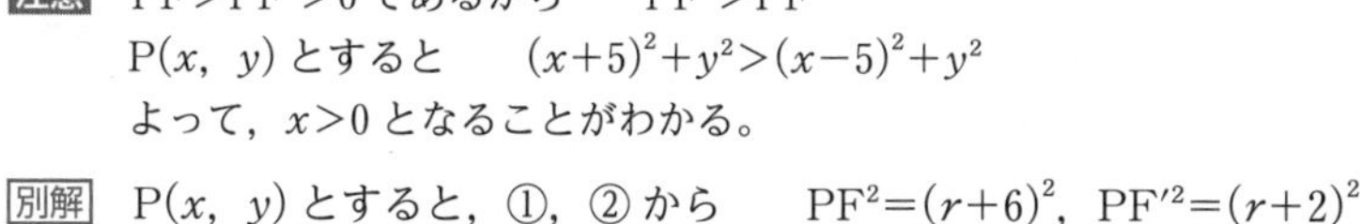

**注意** $\mathrm{PF}>\mathrm{PF'}>0$ であるから　　$\mathrm{PF}^2>\mathrm{PF'}^2$

$\mathrm{P}(x,\ y)$ とすると　　$(x+5)^2+y^2>(x-5)^2+y^2$

よって，$x>0$ となることがわかる。

**別解** $\mathrm{P}(x,\ y)$ とすると，①，② から　　$\mathrm{PF}^2=(r+6)^2$，$\mathrm{PF'}^2=(r+2)^2$

よって　　$(x+5)^2+y^2=(r+6)^2$，$(x-5)^2+y^2=(r+2)^2$ …… ③

辺々引いて　$r=\dfrac{5x-8}{2}$　　これを ③ に代入すると $\dfrac{x^2}{4}-\dfrac{y^2}{21}=1$ が得られる。

なお，$r>0$ から　　$5x-8>0$　　ゆえに　　$x>\dfrac{8}{5}$

**練習 ③144** 点 $(3,\ 0)$ を通り，円 $(x+3)^2+y^2=4$ と互いに外接する円 $C$ の中心の軌跡を求めよ。

p.254 EX93

# まとめ　2 次曲線の基本

## [1]　放物線・楕円・双曲線のまとめ

| | 方程式 | 焦点の座標 | 特　徴 | 対称性など | 曲線上の点 |
|---|---|---|---|---|---|
| 放物線 | $y^2=4px$<br>$(p\neq0)$ | $(p,\ 0)$ | 頂点：原点<br>準線：$x=-p$<br>軸：$x$ 軸 | $x$ 軸に関して対称。 | 焦点と準線までの距離が等しい。 |
| | $x^2=4py$<br>$(p\neq0)$ | $(0,\ p)$ | 頂点：原点<br>準線：$y=-p$<br>軸：$y$ 軸 | $y$ 軸に関して対称。 | |
| 楕円 | $\dfrac{x^2}{a^2}+\dfrac{y^2}{b^2}=1$<br>$(a>b>0)$ | $(\sqrt{a^2-b^2},\ 0)$<br>$(-\sqrt{a^2-b^2},\ 0)$ | 中心：原点<br>長軸の長さ：$2a$<br>短軸の長さ：$2b$ | $x$ 軸，$y$ 軸，原点に関して対称。 | 2 つの焦点までの距離の和が $2a$（一定） |
| | $\dfrac{x^2}{a^2}+\dfrac{y^2}{b^2}=1$<br>$(b>a>0)$ | $(0,\ \sqrt{b^2-a^2})$<br>$(0,\ -\sqrt{b^2-a^2})$ | 中心：原点<br>長軸の長さ：$2b$<br>短軸の長さ：$2a$ | | 2 つの焦点までの距離の和が $2b$（一定） |
| 双曲線 | $\dfrac{x^2}{a^2}-\dfrac{y^2}{b^2}=1$<br>$(a>0,\ b>0)$ | $(\sqrt{a^2+b^2},\ 0)$<br>$(-\sqrt{a^2+b^2},\ 0)$ | 中心：原点<br>頂点：$(a,\ 0)$, $(-a,\ 0)$ | $x$ 軸，$y$ 軸，原点に関して対称。<br>漸近線：2 直線<br>$\dfrac{x}{a}-\dfrac{y}{b}=0$,<br>$\dfrac{x}{a}+\dfrac{y}{b}=0$ | 2 つの焦点までの距離の差が $2a$（一定） |
| | $\dfrac{x^2}{a^2}-\dfrac{y^2}{b^2}=-1$<br>$(a>0,\ b>0)$ | $(0,\ \sqrt{a^2+b^2})$<br>$(0,\ -\sqrt{a^2+b^2})$ | 中心：原点<br>頂点：$(0,\ b)$, $(0,\ -b)$ | | 2 つの焦点までの距離の差が $2b$（一定） |

## [2]　2 次曲線と円錐曲線

円，楕円，双曲線，放物線は，それぞれ $x$，$y$ の 2 次方程式

$$x^2+y^2=r^2\ (r>0),$$

$$\frac{x^2}{a^2}+\frac{y^2}{b^2}=1\ (a>0,\ b>0,\ a\neq b),$$

$$\frac{x^2}{a^2}-\frac{y^2}{b^2}=\pm1\ (a>0,\ b>0),$$

$$y^2=4px\ (p\neq0),\quad x^2=4py\ (p\neq0)$$

などで表されるから，これらの曲線をまとめて **2 次曲線** という。
また，2 次曲線は，右の図のように円錐をその頂点を通らない平面で切った切り口の曲線として現れる。
このことから，2 次曲線を **円錐曲線** ともいう。更に，円と楕円は，直円柱をその軸と交わる平面で切った切り口の曲線である。

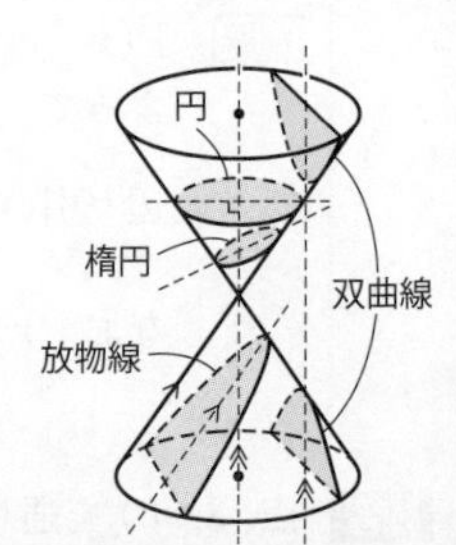

# 参考事項 円錐と２次曲線

前ページで述べたように，円錐を，その頂点を通らない平面 $\pi$ で切った切り口は２次曲線になるが，円錐に内接し，平面 $\pi$ にも接する球を考えると，その球と平面の接点が切り口の２次曲線の **焦点** になる。

## ❶ 楕　円

……円錐を，図１のように，円錐の母線と平行でないような平面 $\pi$ で切ったときに現れる。

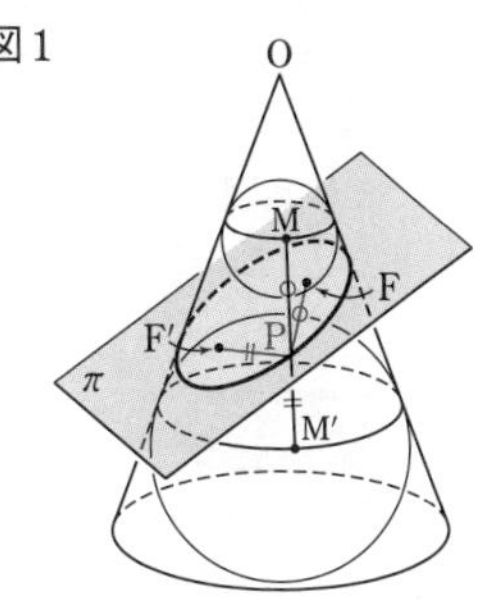

図１

円錐と平面 $\pi$ に接する２つの球を考えて，平面 $\pi$ との接点を F，F′ とする。
また，切り口の曲線上の点を P とし，母線 OP と２つの球の接点をそれぞれ M，M′ とする。
PF，PM はともに球の接線であるから　$\mathrm{PF}=\mathrm{PM}$
もう１つの球についても　$\mathrm{PF'}=\mathrm{PM'}$
２つの球は $\pi$ に関して反対側にあるから

$$\mathbf{PF+PF'}=\mathrm{PM+PM'}=\mathbf{MM'}\ (一定)$$

よって，P は F，F′ を焦点とする楕円上にある。

## ❷ 双曲線

……上下２つの円錐を，図２のように，円錐の母線と平行でないような平面 $\pi$ で切ったときに現れる。

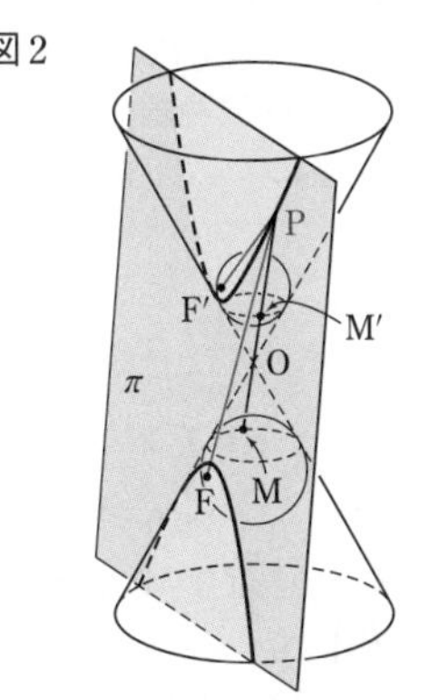

図２

楕円の場合と同じように考えると，２つの球は平面 $\pi$ に関して同じ側にあり

$$|\mathbf{PF-PF'}|=|\mathrm{PM-PM'}|=\mathbf{MM'}\ (一定)$$

よって，P は F，F′ を焦点とする双曲線上にある。

## ❸ 放物線

……円錐を，図３のように，円錐の１つの母線 $\ell$ に平行な平面 $\pi$ で切ったときに現れる。

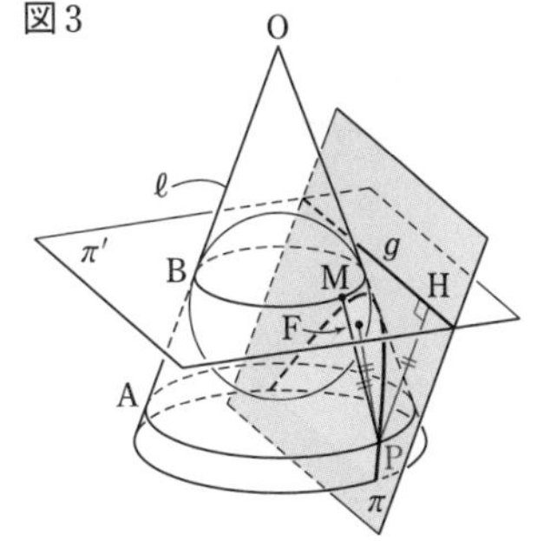

図３

円錐に内接し，平面 $\pi$ に接する球を考えて，平面 $\pi$ との接点を F とし，また，その球と円錐との接点をすべて含む平面を $\pi'$ とする。
切り口の曲線上の点を P とし，母線 OP と球の接点を M とする。
PF，PM はともに球の接線であるから　$\mathrm{PF}=\mathrm{PM}$
平面 $\pi'$ と $\pi$ の交線を $g$ とし，P から $g$ に引いた垂線を PH とする。また，P を通り平面 $\pi'$ に平行な平面と $\ell$ の交点を A，$\ell$ と平面 $\pi'$ の交点を B とする。
PH は $\ell$ と平行になり　$\mathrm{PH}=\mathrm{AB}$　　また　$\mathrm{PM}=\mathrm{AB}$
よって，$\mathrm{PM}=\mathrm{PH}$ であるから　　$\mathbf{PF=PH}$
したがって，P は F を焦点，$g$ を準線とする放物線上にある。

## 基本 例題 145 放物線上の点と定点の距離の最小 ①①①①①

放物線 $y^2=6x$ 上の点Pと，定点 $\mathrm{A}(a,\ 0)$ の距離の最小値を求めよ。ただし，$a$ は実数の定数とする。

**指針** ① **距離は2乗して扱う** に従い，$\mathrm{P}(s,\ t)$ として $\mathrm{PA}^2$ を計算。また，$t^2=6s$ …… ① より $\mathrm{PA}^2$ は $s$ の **2次式** で表されるから，**基本形に直す**。

⟶ ① からわかる，**かくれた条件 $s\geqq 0$** に注意。

$s$ の範囲が $s\geqq 0$ であることから，軸の位置について

[1] 軸 $\leqq 0$　[2] 軸 $>0$ で場合分けして最小値を求める。

なお，$a$ は任意の実数値をとりうる。

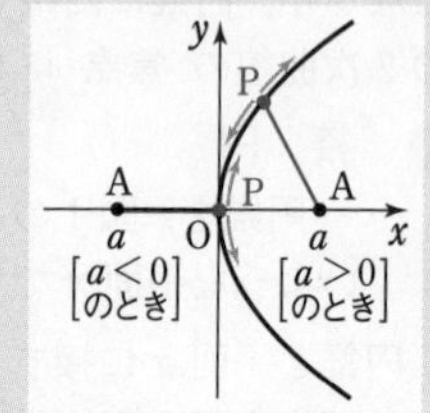


**CHART** 2次式は 基本形 $a(x-p)^2+q$ に直す

**解答**

$\mathrm{P}(s,\ t)$ とすると

$$\mathrm{PA}^2=(s-a)^2+t^2$$

点Pは放物線 $y^2=6x$ 上にあるから　$t^2=6s$

ゆえに　$\mathrm{PA}^2=(s-a)^2+6s$

$$=s^2-2(a-3)s+a^2$$
$$=\{s-(a-3)\}^2-(a-3)^2+a^2$$
$$=\{s-(a-3)\}^2+6a-9$$

$s=\dfrac{t^2}{6}\geqq 0$ であるから　$s\geqq 0$

[1] $a-3\leqq 0$ すなわち $a\leqq 3$ のとき

$\mathrm{PA}^2$ は $s=0$ のとき最小となり，最小値は　$a^2$

[2] $0<a-3$ すなわち $a>3$ のとき

$\mathrm{PA}^2$ は $s=a-3$ のとき最小となり，最小値は　$6a-9$

$\mathrm{PA}>0$ であるから，$\mathrm{PA}^2$ が最小となるとき PA も最小となる。

よって，[1]，[2] から

**$a\leqq 3$ のとき最小値 $\sqrt{a^2}=|a|$**　◀ $\sqrt{\mathrm{PA}^2}$ の最小値

**$a>3$ のとき最小値 $\sqrt{6a-9}$**　◀ $6a-9>0$

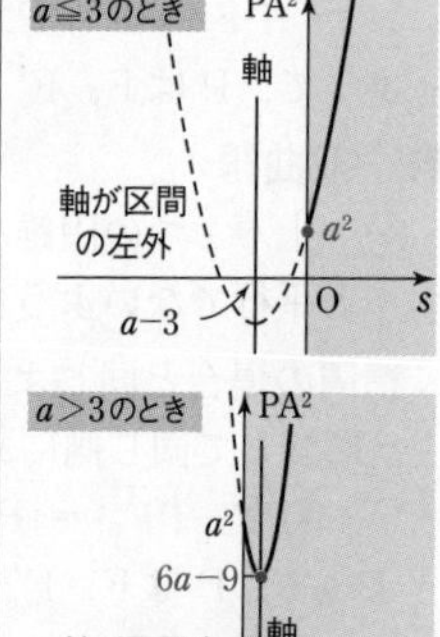


**練習 ③145**
(1) 双曲線 $x^2-\dfrac{y^2}{2}=1$ 上の点Pと点 $\mathrm{A}(0,\ 2)$ の距離を最小にするPの座標と，そのときの距離を求めよ。

(2) 楕円 $\dfrac{x^2}{4}+y^2=1$ 上の点Pと定点 $\mathrm{A}(a,\ 0)$ の距離の最小値を求めよ。ただし，$a$ は実数の定数とする。

## 基本事項

**1　曲線 $F(x,\ y)=0$ の平行移動**（数学Ⅰでも学習）

曲線 $F(x,\ y)=0$ を $x$ 軸方向に $p$，$y$ 軸方向に $q$ だけ平行移動して得られる曲線の方程式は　　$\boldsymbol{F(x-p,\ y-q)=0}$

**2　2次曲線の平行移動**

方程式が標準形で表される2次曲線を平行移動したときの曲線の方程式は

$$\boldsymbol{ax^2+by^2+cx+dy+e=0}$$　$\longleftarrow$ $xy$ の項がない。

## 解　説

### ■方程式 $F(x,\ y)=0$ の表す曲線

$x^2+y^2-1=0$ などのように，$x$, $y$ の方程式 $F(x,\ y)=0$ が与えられたとき，この方程式が曲線を表すならば，この曲線を **方程式 $F(x,\ y)=0$ の表す曲線**，または **曲線 $F(x,\ y)=0$** という。また，方程式 $F(x,\ y)=0$ を，この **曲線の方程式** という。

これまでに学習した，関数 $y=f(x)$ のグラフは，方程式 $f(x)-y=0$ の表す曲線といいかえることができる。逆に，$F(x,\ y)=0$ を $y$ について解いて，1つの等式 $y=f(x)$ が導かれるときは，曲線 $F(x,\ y)=0$ は関数 $y=f(x)$ のグラフに一致する。

しかし，一般には，方程式 $F(x,\ y)=0$ の表す曲線は，$x$ についての1つの関数 $y=f(x)$ のグラフになるとは限らない。例えば，曲線が2つ以上の関数のグラフに分解される場合もある。

例　$x^2+y^2=1$ は，$y^2=1-x^2$ から　$y=\sqrt{1-x^2}$，$y=-\sqrt{1-x^2}$

### ■曲線 $F(x,\ y)=0$ の平行移動

曲線 $C$：**$F(x,\ y)=0$ を，$x$ 軸方向に $p$，$y$ 軸方向に $q$ だけ平行移動**した曲線を $C'$ とする。

$C'$ 上の任意の点 $\mathrm{P}(x,\ y)$ をとり，上の平行移動によって，点 $\mathrm{P}(x,\ y)$ に移される $C$ 上の点を $\mathrm{Q}(s,\ t)$ とすると

$s+p=x$，$t+q=y$　　よって　　$s=x-p$，$t=y-q$

点 $\mathrm{Q}(s,\ t)$ は $C$ 上にあるから　　$F(s,\ t)=0$

すなわち　　$\boldsymbol{F(x-p,\ y-q)=0}$ …… Ⓐ

よって，曲線 $C'$ を表す方程式は Ⓐ である。

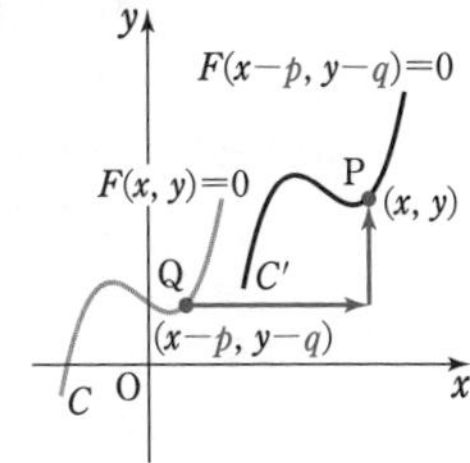


### ■方程式 $ax^2+by^2+cx+dy+e=0$ の表す図形

例　楕円 $\dfrac{x^2}{9}+\dfrac{y^2}{4}=1$ を $x$ 軸方向に1，$y$ 軸方向に2だけ平行移動した楕円の方程式は，基本事項 **1** から

$$\frac{(x-1)^2}{9}+\frac{(y-2)^2}{4}=1 \quad \cdots\cdots ①$$

◀$x$ を $x-1$，$y$ を $y-2$ とおく。

① の分母を払って整理すると　$4x^2+9y^2-8x-36y+4=0$ …… ②　となる。

逆に，方程式 ② が与えられたとき，これを ① の形に変形すると，② が表す図形について知ることができる。

**参考**　2次曲線は，一般には $ax^2+bxy+cy^2+dx+ey+f=0$ の形に表され，この方程式が2次曲線を表すとき，次のように分類されることが知られている。

$b^2-4ac<0 \Longleftrightarrow$ 楕円　　　特に　$a=c$，$b=0 \Longleftrightarrow$ 円

$b^2-4ac>0 \Longleftrightarrow$ 双曲線　　$b^2-4ac=0 \Longleftrightarrow$ 放物線

## 基本例題 146 2次曲線の平行移動

(1) 楕円 $4x^2+25y^2=100$ を $x$ 軸方向に $-2$，$y$ 軸方向に 3 だけ平行移動した楕円の方程式を求めよ。また，その焦点を求めよ。

(2) 曲線 $9x^2-4y^2-36x-24y-36=0$ の概形をかけ。

p.247 基本事項 1，2

**指針** (1) 曲線 $F(x,\ y)=0$ を $x$ 軸方向に $p$，$y$ 軸方向に $q$ だけ平行移動して得られる曲線の方程式は　$F(x-p,\ y-q)=0$

ここでは，与式で **$x$ を $x-(-2)$，$y$ を $y-3$ におき換える。**

また，求める焦点は，もとの楕円の焦点を $x$ 軸方向に $-2$，$y$ 軸方向に 3 だけ平行移動したもの。

(2) 2次の項が $9x^2$，$-4y^2$ で，$xy$ の項がないから，曲線は双曲線と考えられる。

それを確かめるには，$x^2+px=\left(x+\frac{p}{2}\right)^2-\left(\frac{p}{2}\right)^2$ などの変形を利用し，**平方完成の要領** で，曲線の方程式を $\frac{(x-p)^2}{A}-\frac{(y-q)^2}{B}=1$ の形に直す。

**解答**

(1) 求める楕円の方程式は

$4(x+2)^2+25(y-3)^2=100$

すなわち　$4x^2+25y^2+16x-150y+141=0$ [1)]

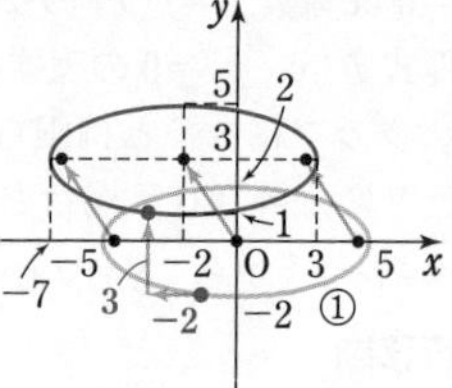


また，与えられた楕円の方程式は　$\frac{x^2}{5^2}+\frac{y^2}{2^2}=1$ …… ①

楕円 ① の焦点は，$\sqrt{5^2-2^2}=\sqrt{21}$ から

2点 $(\sqrt{21},\ 0)$，$(-\sqrt{21},\ 0)$

よって，求める **焦点** は

**2点 $(\sqrt{21}-2,\ 3)$，$(-\sqrt{21}-2,\ 3)$** [2)]

(2) 与えられた曲線の方程式を変形すると

$9(x^2-4x+4)-9\cdot4$
$-4(y^2+6y+9)+4\cdot9=36$

よって

$$\frac{(x-2)^2}{2^2}-\frac{(y+3)^2}{3^2}=1$$

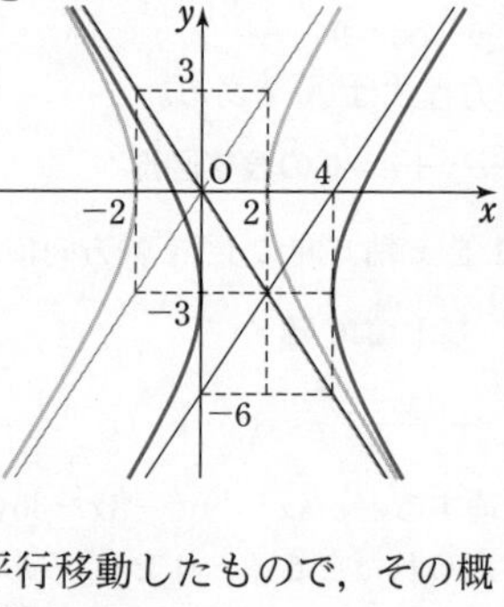

この曲線は，双曲線 $\frac{x^2}{2^2}-\frac{y^2}{3^2}=1$ を $x$ 軸方向に 2，$y$ 軸方向に $-3$ だけ平行移動したもので，その概形は **図の赤い実線** のようになる。

1) 標準形で表された2次曲線を平行移動した曲線の方程式には，$xy$ の項は現れない。

2) まずもとの楕円の焦点を調べ，それを平行移動した点が求める焦点である。

◀ $5>2$ から，焦点は $x$ 軸上。

$x$ 軸方向に $p$，$y$ 軸方向に $q$ だけ平行移動すると，
点 $(a,\ b)$ は
　点 $(a+p,\ b+q)$，
曲線 $F(x,\ y)=0$ は
　曲線 $F(x-p,\ y-q)=0$
に移る。

◀中心は点 $(0+2,\ 0-3)$，すなわち点 $(2,\ -3)$，漸近線は

2直線 $\frac{x-2}{2}-\frac{y+3}{3}=0$，$\frac{x-2}{2}+\frac{y+3}{3}=0$ となる。

**練習 ② 146** 次の方程式で表される曲線はどのような図形を表すか。また，焦点を求めよ。

(1) $x^2+4y^2+4x-24y+36=0$　(2) $2y^2-3x+8y+10=0$

(3) $2x^2-y^2+8x+2y+11=0$

［(3) 類 慶応大］

p.254 EX94

# 基本例題 147 平行移動した2次曲線の方程式

次のような2次曲線の方程式を求めよ。

(1) 2点 $(4,\ 2)$, $(-2,\ 2)$ を焦点とし，長軸の長さが10の楕円

(2) 2点 $(5,\ 2)$, $(5,\ -8)$ を焦点とし，焦点からの距離の差が6の双曲線

基本 139, 143, 146

**指針** (1), (2) とも中心（2つの焦点を結ぶ線分の中点）が原点ではない。そこで，**中心が原点にくるような平行移動を考え**，移動後の焦点をもとに，(1) 長軸の長さが10, (2) 焦点からの距離の差が6　という条件を満たす楕円・双曲線の方程式を求める。そして，この楕円・双曲線を逆に平行移動したものが，求める2次曲線となる。

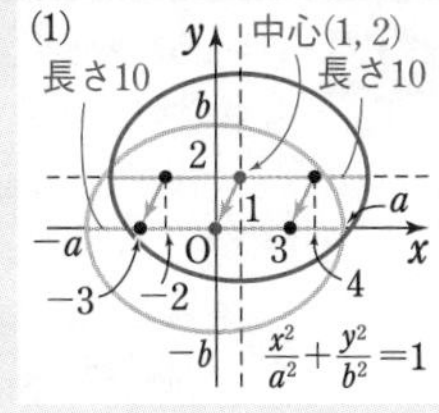


**解答**

(1) 2点 $(4,\ 2)$, $(-2,\ 2)$ を結ぶ線分の中点は　点 $(1,\ 2)$

求める楕円を $x$ 軸方向に $-1$, $y$ 軸方向に $-2$ だけ平行移動すると，焦点は2点 $(3,\ 0)$, $(-3,\ 0)$ に移る。

この2点を焦点とし，長軸の長さが10の楕円の方程式を，$\frac{x^2}{a^2}+\frac{y^2}{b^2}=1\ (a>b>0)$ とすると，$2a=10$ から　$a=5$

$a^2-b^2=3^2$ から　　$b^2=a^2-9=5^2-9=16$

求める楕円は，楕円 $\frac{x^2}{25}+\frac{y^2}{16}=1$ を $x$ 軸方向に1, $y$ 軸方向に2だけ平行移動したものであるから，その方程式は

$$\frac{(x-1)^2}{25}+\frac{(y-2)^2}{16}=1$$

(2) 2点 $(5,\ 2)$, $(5,\ -8)$ を結ぶ線分の中点は　点 $(5,\ -3)$

求める双曲線を $x$ 軸方向に $-5$, $y$ 軸方向に3だけ平行移動すると，焦点は2点 $(0,\ 5)$, $(0,\ -5)$ に移る。

この2点を焦点とし，焦点からの距離の差が6の双曲線の方程式を，$\frac{x^2}{a^2}-\frac{y^2}{b^2}=-1\ (a>0,\ b>0)$ とすると，

$2b=6$ から　　$b=3$

$a^2+b^2=5^2$ から　　$a^2=25-b^2=25-3^2=16$

求める双曲線は，双曲線 $\frac{x^2}{16}-\frac{y^2}{9}=-1$ を $x$ 軸方向に5, $y$ 軸方向に $-3$ だけ平行移動したものであるから，その方程式は　　$\frac{(x-5)^2}{16}-\frac{(y+3)^2}{9}=-1$

◀楕円の中心。

◀中心を原点に移す。

◀平行移動しても，「長軸の長さが10」という条件は不変。$p.237$ や $p.244$ も参照。

◀逆の平行移動を考えてもとに戻す。

◀双曲線の中心。

◀中心を原点に移す。

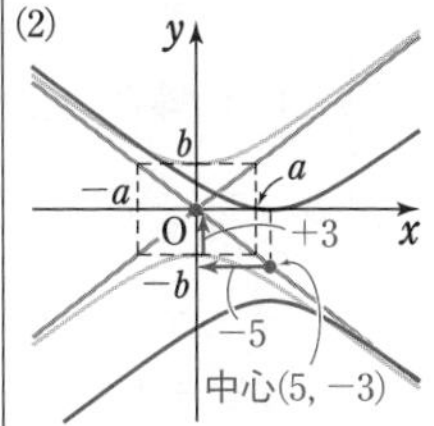


◀逆の平行移動を考えてもとに戻す。

**練習 ②147** 次のような2次曲線の方程式を求めよ。

(1) 焦点が点 $(6,\ 3)$, 準線が直線 $x=-2$ である放物線

(2) 漸近線が直線 $y=\frac{x}{\sqrt{2}}+3$, $y=-\frac{x}{\sqrt{2}}+3$ で，点 $(2,\ 4)$ を通る双曲線

## 重要例題 148 2次曲線の回転移動 ⊘⊘⊘⊘⊘

(1) 点 $\mathrm{P}(X,\ Y)$ を，原点 O を中心として角 $\theta$ だけ回転した点を $\mathrm{Q}(x,\ y)$ とするとき，$X$，$Y$ をそれぞれ $x$，$y$，$\theta$ で表せ。

(2) 曲線 $5x^2+2\sqrt{3}xy+7y^2=16$ …… ① を，原点 O を中心として $\dfrac{\pi}{6}$ だけ回転して得られる曲線の方程式を求めよ。

p.171 ズーム UP　p.251 参考事項

**指針** (1) 座標平面上の点の回転移動については，次の2通りの方法がある。

方法1 **複素数平面** 上で考え，次のことを利用する。

複素数平面上で，点 $z$ を原点を中心として角 $\theta$ だけ回転した点は

点 $(\cos\theta+i\sin\theta)z$

方法2 **三角関数の加法定理** を利用する（数学Ⅱ）。

(2) 回転前の曲線上の点を $\mathrm{P}(X,\ Y)$ とすると　$5X^2+2\sqrt{3}XY+7Y^2=16$

この $X$，$Y$ に，(1)で求めた $X$，$Y$ の式を代入し，$x$ と $y$ の関係式を導く。

**解答**

(1) 方法1 複素数平面上で，点 $\mathrm{Q}(x+yi)$ を，原点 O を中心として $-\theta$ だけ回転した点が $\mathrm{P}(X+Yi)$ であるから　$X+Yi=\{\cos(-\theta)+i\sin(-\theta)\}(x+yi)$

$=(\cos\theta-i\sin\theta)(x+yi)$

$=x\cos\theta+y\sin\theta+(-x\sin\theta+y\cos\theta)i$

よって　$\boldsymbol{X=x\cos\theta+y\sin\theta,\ Y=-x\sin\theta+y\cos\theta}$

◀座標平面上の点 (●，■) を，複素数平面上の点 ●+■$i$ とみる。

$(X,\ Y)$ $\underset{-\theta\text{回転}}{\overset{\theta\text{回転}}{\rightleftarrows}}$ $(x,\ y)$

方法2 動径 OQ が $x$ 軸の正の向きとなす角を $\alpha$ とすると，動径 OP が $x$ 軸の正の向きとなす角は $\alpha-\theta$ である。

また，$\mathrm{OP}=\mathrm{OQ}=r$ とすると　$x=r\cos\alpha$，$y=r\sin\alpha$

よって　$X=r\cos(\alpha-\theta)=r\cos\alpha\cos\theta+r\sin\alpha\sin\theta$

$\boldsymbol{=x\cos\theta+y\sin\theta}$

$Y=r\sin(\alpha-\theta)=r\sin\alpha\cos\theta-r\cos\alpha\sin\theta$

$\boldsymbol{=-x\sin\theta+y\cos\theta}$

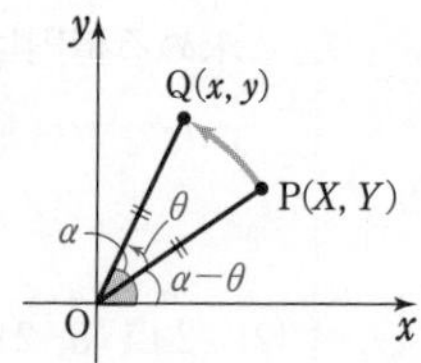


(2) 曲線①上の点 $\mathrm{P}(X,\ Y)$ を，原点 O を中心として $\dfrac{\pi}{6}$ だけ回転した点を $\mathrm{Q}(x,\ y)$ とすると，(1)の結果から　$X=x\cos\dfrac{\pi}{6}+y\sin\dfrac{\pi}{6}$，$Y=-x\sin\dfrac{\pi}{6}+y\cos\dfrac{\pi}{6}$

よって　$2X=\sqrt{3}x+y$，$2Y=-x+\sqrt{3}y$ …… ②

$5X^2+2\sqrt{3}XY+7Y^2=16$ であり，この等式の両辺に4を掛けると

$$5(2X)^2+2\sqrt{3}\cdot2X\cdot2Y+7(2Y)^2=64$$

②を代入して　$5(\sqrt{3}x+y)^2+2\sqrt{3}(\sqrt{3}x+y)(-x+\sqrt{3}y)+7(-x+\sqrt{3}y)^2=64$

整理すると　$16x^2+32y^2=64$　　よって，求める曲線の方程式は　$\boldsymbol{\dfrac{x^2}{4}+\dfrac{y^2}{2}=1}$

**練習 ③148** 曲線 $C$：$x^2+6xy+y^2=4$ を，原点を中心として $\dfrac{\pi}{4}$ だけ回転して得られる曲線の方程式を求めることにより，曲線 $C$ が双曲線であることを示せ。　〔類 秋田大〕

p.254 EX95

# 参考事項 2次曲線の方程式を標準形に直す

前ページの重要例題 **148** (2) の結果から，曲線 ① ($5x^2+2\sqrt{3}\,xy+7y^2=16$) は楕円であることがわかった。

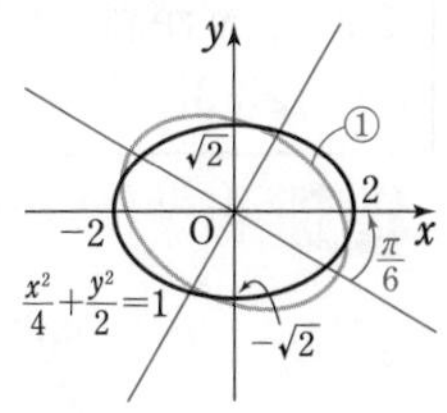


一般に，方程式 $\boldsymbol{ax^2+bxy+cy^2+dx+ey+f=0}$ …… (＊) が 2 次曲線を表すとき，(＊) は，平行移動，対称移動，原点を中心とする回転移動を組み合わせることにより，標準形で表される 2 次曲線に直すことができることが知られている。

まず，(＊) で $b=0$ ($xy$ の項が 0) の場合は，$a(x-●)^2+c(y-■)^2=▲$ の形に変形できるから，平行移動により標準形に直すことができる ($p.248$ の基本例題 **146** 参照)。

次に，(＊) で $b\neq0$ の場合のうち，$d=e=0$ (1 次の項が 0) のときについて考えてみよう。曲線 $\boldsymbol{C}$：$\boldsymbol{ax^2+bxy+cy^2=h}$ ($b\neq0$) を，原点を中心として $\theta$ だけ回転移動したとき，$C$ 上の点 $\mathrm{P}(X,\ Y)$ が点 $\mathrm{Q}(x,\ y)$ に移るとすると，重要例題 **148** (1) から

$$X=x\cos\theta+y\sin\theta,\quad Y=-x\sin\theta+y\cos\theta \quad \cdots\cdots \text{Ⓐ}$$

点 P は $C$ 上にあるから　　$aX^2+bXY+cY^2=h$

これに Ⓐ を代入して

$$a(x\cos\theta+y\sin\theta)^2+b(x\cos\theta+y\sin\theta)(-x\sin\theta+y\cos\theta)+c(-x\sin\theta+y\cos\theta)^2=h$$

整理すると

$$(a\cos^2\theta-b\sin\theta\cos\theta+c\sin^2\theta)x^2$$
$$+\{2(a-c)\sin\theta\cos\theta+b(\cos^2\theta-\sin^2\theta)\}xy$$
$$+(a\sin^2\theta+b\sin\theta\cos\theta+c\cos^2\theta)y^2=h$$

$xy$ の項の係数が 0 になるための条件は　　$2(a-c)\sin\theta\cos\theta+b(\cos^2\theta-\sin^2\theta)=0$

すなわち　　$(a-c)\sin2\theta+b\cos2\theta=0$　　⟵ 2 倍角の公式を利用。

$b\neq0$ から　$a=c$ のとき　$\cos2\theta=0$　　$-\pi<2\theta\leqq\pi$ とすると，$2\theta=\pm\dfrac{\pi}{2}$ から　$\theta=\pm\dfrac{\pi}{4}$

　　　$a\neq c$ のとき　$\tan2\theta=\dfrac{b}{c-a}$

よって　　[1]　$a=c$，$b\neq0$ のとき　　$\theta=\pm\dfrac{\pi}{4}$

　　　　　[2]　$a\neq c$，$b\neq0$ のとき　　$\tan2\theta=\dfrac{b}{c-a}$ を満たす角 $\theta$

のように $\theta$ をとると，原点を中心とする角 $\theta$ の回転移動により，曲線 $C$ の $xy$ の項を消すことができる。

例えば，重要例題 **148** の $5x^2+2\sqrt{3}\,xy+7y^2=16$ については，上の [2] の場合であり

$$\tan2\theta=\frac{2\sqrt{3}}{7-5}=\sqrt{3}\qquad \text{ゆえに，}2\theta=\frac{\pi}{3},\ -\frac{2}{3}\pi \text{ とすると}\quad \theta=\frac{\pi}{6},\ -\frac{\pi}{3}$$

よって，原点を中心として $\dfrac{\pi}{6}$ だけ回転すると標準形 $\left(\dfrac{x^2}{4}+\dfrac{y^2}{2}=1\right)$ になることがわかる。

なお，$\theta=-\dfrac{\pi}{3}$ の回転の場合は，$\dfrac{x^2}{2}+\dfrac{y^2}{4}=1$ が得られる (各自確かめてみよ)。

## 重要例題 149 方程式の表す図形 (3) … 2 次曲線

複素数平面上の点 $z=x+yi$ ($x$, $y$ は実数, $i$ は虚数単位) が次の条件を満たすとき, $x$, $y$ が満たす関係式を求め, その関係式が表す図形の概形を図示せよ。

(1) $|z+3|+|z-3|=12$　　(2) $|2z|=|z+\overline{z}+4|$

基本 136, 139

(1) P($z$), A($-3$), B(3) とすると $|z+3|+|z-3|=12 \Longleftrightarrow \mathrm{PA}+\mathrm{PB}=12$
2 点 A, B からの距離の和が一定 であるから, 点 P の軌跡は 楕円 である。
更に, 焦点 A, B は実軸上にあって互いに原点対称であることから, **楕円の方程式 $\dfrac{x^2}{a^2}+\dfrac{y^2}{b^2}=1$ $(a>b>0)$ を利用** して考えていく。

(2) (1) とは異なり, 条件式の図形的な意味はつかみにくいから, **$z=x+yi$ を利用** して $|2z|^2=|z+\overline{z}+4|^2$ から **$x$, $y$ の関係式を導く** 方針で進めるとよい。

**解答**

(1) P($z$), A($-3$), B(3) とすると
$$|z+3|+|z-3|=12 \Longleftrightarrow \mathrm{PA}+\mathrm{PB}=12$$
よって, 点 P の軌跡は 2 点 A, B を焦点とする楕円である。ゆえに, $xy$ 平面上では $\dfrac{x^2}{a^2}+\dfrac{y^2}{b^2}=1$ $(a>b>0)$ と表され, PA+PB=12 から　$2a=12$　よって　$a=6$
焦点の座標に注目して　$a^2-b^2=3^2$
ゆえに　$b^2=a^2-9=6^2-9=27$
よって, 求める関係式は　$\dfrac{x^2}{36}+\dfrac{y^2}{27}=1$　概形は **図 (1)**

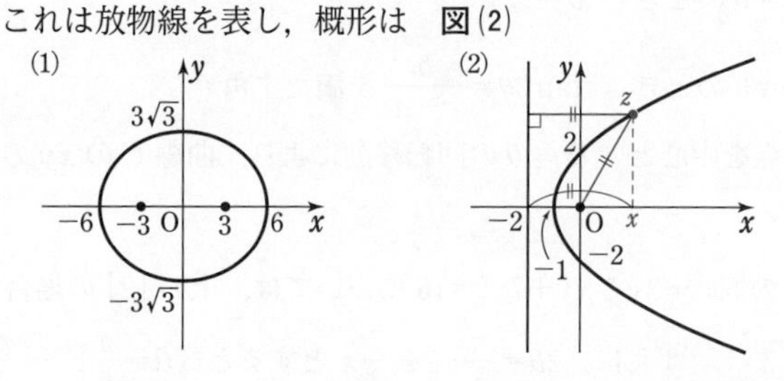

◀点 A, B を座標で表すと A($-3$, 0), B(3, 0)

◀PA+PB$=2a$
焦点は 2 点 $(\sqrt{a^2-b^2},\ 0)$, $(-\sqrt{a^2-b^2},\ 0)$

(2) $z=x+yi$ から　$\overline{z}=x-yi$
ゆえに　$z+\overline{z}=2x$
$|2z|=|z+\overline{z}+4|$ の両辺を平方して
$$4|z|^2=|z+\overline{z}+4|^2$$
$x$, $y$ で表すと　$4(x^2+y^2)=(2x+4)^2$
よって, 求める関係式は　$y^2=4(x+1)$ …… Ⓐ
これは放物線を表し, 概形は **図 (2)**

◀$|2z|=|2x+4|$ から $|z|=|x+2|$　よって (点 $z$ と原点の距離)=(点 $z$ と直線 $x=-2$ の距離)
このことから, 点 $z$ が放物線を描くことがわかる。

Ⓐ 放物線 $y^2=4x$ … Ⓑ を $x$ 軸方向に $-1$ だけ平行移動したもの。ここで, 放物線 Ⓑ の焦点は点 (1, 0), 準線は直線 $x=-1$ であるから, 放物線 Ⓐ の焦点は点 (0, 0), 準線は直線 $x=-2$ である。

(1)


(2)
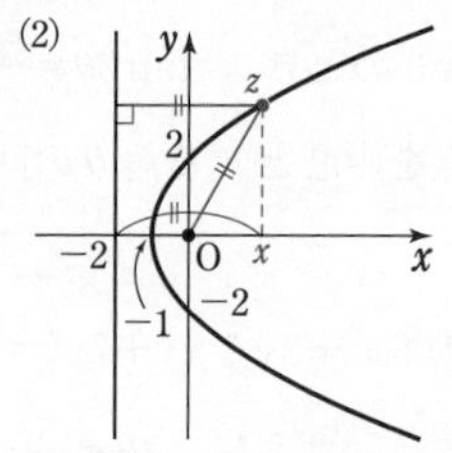


**練習 ③149** 複素数平面上の点 $z=x+yi$ ($x$, $y$ は実数, $i$ は虚数単位) が次の条件を満たすとき, $x$, $y$ が満たす関係式を求め, その関係式が表す図形の概形を図示せよ。

(1) $|z-4i|+|z+4i|=10$　　(2) $|z+3|=|z-3|+4$　　〔(1) 類 芝浦工大〕

②87　$a$，$b$ を実数とし，$b<a$ とする。焦点が点 $(0,\ a)$，準線が直線 $y=b$ である放物線を $P$ で表すことにする。すなわち，$P$ は点 $(0,\ a)$ からの距離と直線 $y=b$ からの距離が等しい点の軌跡である。

(1)　放物線 $P$ の方程式を求めよ。

(2)　焦点 $(0,\ a)$ を中心とする半径 $a-b$ の円を $C$ とする。このとき，円 $C$ と放物線 $P$ の交点の座標を求めよ。〔類　愛知教育大〕

→137

③88　$d$ を正の定数とする。2 点 $\mathrm{A}(-d,\ 0)$，$\mathrm{B}(d,\ 0)$ からの距離の和が $4d$ である点 P の軌跡として定まる楕円 $E$ を考える。

(1)　楕円 $E$ の長軸と短軸の長さを求めよ。

(2)　$\mathrm{AP}^2+\mathrm{BP}^2$ および $\mathrm{AP}\cdot\mathrm{BP}$ を，OP と $d$ を用いて表せ（O は原点）。

(3)　点 P が楕円 $E$ 全体を動くとき，$\mathrm{AP}^3+\mathrm{BP}^3$ の最大値と最小値を $d$ を用いて表せ。〔筑波大〕

→139

③89　楕円 $\dfrac{x^2}{9}+\dfrac{y^2}{4}=1$ に内接する正方形の 1 辺の長さは ア□ である。また，この楕円に内接する長方形の面積の最大値は イ□ である。〔成蹊大〕

→p.235 1

③90　2 つの直線 $y=x$，$y=-x$ 上にそれぞれ点 A，B がある。△OAB の面積が $k$（$k$ は定数）のとき，線分 AB を 2：1 に内分する点 P の軌跡を求めよ。ただし，O は原点とする。

→141

**HINT**

88　(1)　長軸の長さを $2a$，短軸の長さを $2b$ とすると，楕円 $E$ の方程式が決まる。

(2)　$\mathrm{P}(x,\ y)$ として，$\mathrm{AP}^2+\mathrm{BP}^2$ を $x$，$y$，$d$ で表してみる。

(3)　$\mathrm{AP}^3+\mathrm{BP}^3$ を OP，$d$ で表す。OP の値の範囲は長軸，短軸の長さで決まる。

89　楕円 $\dfrac{x^2}{9}+\dfrac{y^2}{4}=1$ に内接する長方形の 4 辺は，座標軸と平行である。

(イ)　第 1 象限にある長方形の頂点の座標を $(s,\ t)$ $(s>0,\ t>0)$ とすると，長方形の面積は　$2s\times2t=4st$　　（相加平均）≧（相乗平均）を利用。

90　$\mathrm{P}(x,\ y)$，$\mathrm{A}(s,\ s)$，$\mathrm{B}(t,\ -t)$ とする。まず，△OAB の面積についての条件から $s$，$t$ の関係式を作る。

④**91** $xy$ 座標平面上に 4 点 $A_1(0,\ 5)$，$A_2(0,\ -5)$，$B_1(c,\ 0)$，$B_2(-c,\ 0)$ をとる。ただし，$c>0$ とする。このとき，次の問いに答えよ。

(1) 2 点 $A_1$，$A_2$ からの距離の差が 6 であるような点 $P(x,\ y)$ の軌跡を求め，その軌跡を $xy$ 座標平面上に図示せよ。

(2) 2 点 $B_1$，$B_2$ からの距離の差が $2a$ であるような点が，(1) で求めた軌跡上に存在するための必要十分条件を $a$ と $c$ の関係式で表し，それを $ac$ 座標平面上に図示せよ。ただし，$c>a>0$ とする。　〔大阪教育大〕 →143

④**92** $t\neq1$，$t\neq2$ とする。方程式 $\dfrac{x^2}{2-t}+\dfrac{y^2}{1-t}=1$ で表される 2 次曲線について

(1) 2 次曲線 $\dfrac{x^2}{2-t}+\dfrac{y^2}{1-t}=1$ が点 $(1,\ 1)$ を通るとき，$t$ の値を求めよ。また，そのときの焦点を求めよ。

(2) 定点 $(a,\ a)$ $(a\neq0)$ を通る 2 次曲線 $\dfrac{x^2}{2-t}+\dfrac{y^2}{1-t}=1$ は 2 つあり，1 つは楕円，もう 1 つは双曲線であることを示せ。　〔類 宇都宮大〕 →p.244

⑤**93** 座標空間において，$xy$ 平面上にある双曲線 $x^2-y^2=1$ のうち $x\geqq1$ を満たす部分を $C$ とする。また，$z$ 軸上の点 $A(0,\ 0,\ 1)$ を考える。点 P が $C$ 上を動くとき，直線 AP と平面 $x=d$ との交点の軌跡を求めよ。ただし，$d$ は正の定数とする。

〔九州大〕 →144

②**94** 方程式 $2x^2-8x+y^2-6y+11=0$ が表す 2 次曲線を $C_1$ とする。また，$a$，$b$，$c$ $(c>0)$ を定数とし，方程式 $(x-a)^2-\dfrac{(y-b)^2}{c^2}=1$ が表す双曲線を $C_2$ とする。$C_1$ の 2 つの焦点と $C_2$ の 2 つの焦点が正方形の 4 つの頂点となるとき，$a$，$b$，$c$ の値を求めよ。　〔類 名城大〕 →146

③**95** 楕円 $\dfrac{x^2}{7}+\dfrac{y^2}{3}=1$ を，原点を中心として角 $\dfrac{\pi}{6}$ だけ回転して得られる曲線を $C$ とする。　〔類 名古屋工大〕

(1) 曲線 $C$ の方程式を求めよ。

(2) 直線 $y=t$ が $C$ と共有点をもつような実数 $t$ の値の範囲を求めよ。 →148

**HINT**

91　(1) 点 P の軌跡の方程式は $\dfrac{x^2}{m^2}-\dfrac{y^2}{n^2}=-1$ とおける。
(2) 2 点 $B_1$，$B_2$ からの距離の差が $2a$ であるような点を Q とし，点 P の軌跡と点 Q の軌跡が共有点をもつ条件を求める。

92　(1) 通る点の座標を曲線の方程式に代入。 (2) (1) と同様にして導かれる $t$ の 2 次方程式 $f(t)=0$ について，放物線 $y=f(t)$ と $t$ 軸の交点の座標に注目。

93　$P(s,\ t,\ 0)(s\geqq1)$ とする。直線 AP 上の任意の点を Q とすると
$\overrightarrow{OQ}=\overrightarrow{OA}+k\overrightarrow{AP}$ (O は原点，$k$ は実数)

94　まず，2 曲線 $C_1$，$C_2$ の焦点をそれぞれ求める。

95　(2) $y=t$ を曲線 $C$ の方程式に代入し，判別式 $D\geqq0$ を利用。

# 18 2次曲線と直線

## 基本事項

### 1 2次曲線と直線の共有点

2次曲線 $F(x,\ y)=0$ …… Ⓐ と直線 $ax+by+c=0$ …… Ⓑ について，これらの**共有点の座標は，連立方程式 Ⓐ，Ⓑ の実数解で与えられる。**

[1] Ⓐ，Ⓑ から1変数を消去して得られる方程式が2次方程式の場合，その判別式を $D$ とすると

① $D>0$（異なる2つの実数解をもつ） $\iff$ **共有点は2つ**（2点で交わる）

② $D=0$（1つの実数解［重解］をもつ） $\iff$ **共有点は1つ**（1点で接する）

③ $D<0$（実数解をもたない） $\iff$ **共有点はない**

[2] Ⓐ，Ⓑ から1変数を消去して得られる方程式が1次方程式の場合

④（1つの実数解［重解でない］をもつ） $\iff$ **共有点は1つ**（1点で交わる）



## 解　説

### ■ 2次曲線と直線の共有点

数学Ⅱで，円と直線の共有点について学んだが，2次曲線と直線の場合も要領は同じである。上の [1] ② において，2次方程式が重解をもつとき共有点はただ1つとなるが，このとき，直線は2次曲線に **接する** といい，その直線を2次曲線の **接線**，共有点を **接点** という。なお，上の [2] ④ の例としては，放物線 $y=x^2$ と直線 $x=1$ が考えられる(右図参照)。この場合，点 $(1,\ 1)$ は共有点(交点)であるが，接点ではない。

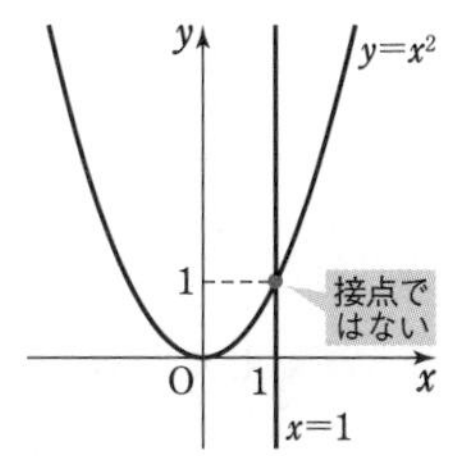


### ■ 2次曲線の弦に関する問題

直線が曲線によって切り取られる線分を **弦** という。

直線 $y=px+q$ …… Ⓐ′ と2次曲線 $F(x,\ y)=0$ …… Ⓑ′ について，Ⓐ′，Ⓑ′ から $y$ を消去して得られる2次方程式を $ax^2+bx+c=0$ …… Ⓒ とする。直線 Ⓐ′ と2次曲線 Ⓑ′ が異なる2点で交わるとき，その交点の座標を $(\alpha,\ p\alpha+q)$，$(\beta,\ p\beta+q)$ とすると，この2点間の距離が弦の長さで，それは

$$\sqrt{(\beta-\alpha)^2+(p\beta-p\alpha)^2}=\sqrt{\mathbf{1+p^2}}\,|\boldsymbol{\beta-\alpha}| \quad \cdots\cdots \text{Ⓓ}$$

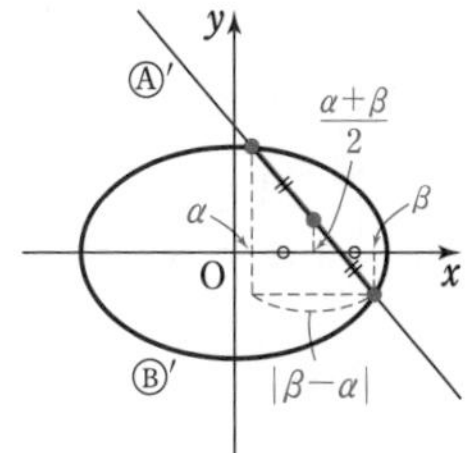


ここで，$\alpha$，$\beta$ は Ⓒ の実数解であるから，**解と係数の関係** により

より　　$\boldsymbol{\alpha+\beta=-\dfrac{b}{a}}$，$\boldsymbol{\alpha\beta=\dfrac{c}{a}}$

よって　　$(\beta-\alpha)^2=(\alpha+\beta)^2-4\alpha\beta$

$$=\left(-\frac{b}{a}\right)^2-4\cdot\frac{c}{a}=\frac{b^2-4ac}{a^2}$$

$b^2-4ac>0$ であるから　　$|\beta-\alpha|=\dfrac{\sqrt{b^2-4ac}}{|a|}$

したがって，弦の長さ Ⓓ は　$\dfrac{\sqrt{(1+p^2)(b^2-4ac)}}{|a|}$　と表される。

## 基本例題 150 2 次曲線と直線の共有点の座標 ①①①①①

次の 2 次曲線と直線は共有点をもつか。共有点をもつ場合には，その点の座標を求めよ。

(1) $4x^2+9y^2=36$，$2x+3y=6$　　(2) $9x^2-4y^2=36$，$2x-y=1$

p.255 基本事項 1

**指針** 2 次曲線と直線の共有点の座標を求めるには，次の手順による。

1 直線の式 (1 次式) を 2 次曲線の式に代入し，**1 変数を消去** する。

2 1 の方程式を解き，$x$ (または $y$) の値を求める。

3 直線の式を用いて，$x$ に対応する $y$ の値 (または $y$ に対応する $x$ の値) を求める。

**CHART 共有点 ⟺ 実数解**

**解答**

(1) $\begin{cases} 4x^2+9y^2=36 & \cdots\cdots ① \\ 2x+3y=6 & \cdots\cdots ② \end{cases}$ とする。

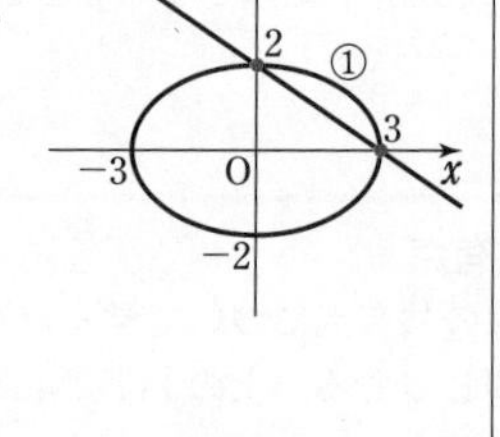

② から　$3y=2(3-x)$ …… ③

③ を ① に代入すると

$4x^2+2^2(3-x)^2=36$

整理すると　$x^2-3x=0$

よって　$x(x-3)=0$

ゆえに　$x=0,\ 3$

③ から　$x=0$ のとき　$y=2$，

$x=3$ のとき　$y=0$

したがって，**2 つの共有点 (0, 2)，(3, 0) をもつ。**

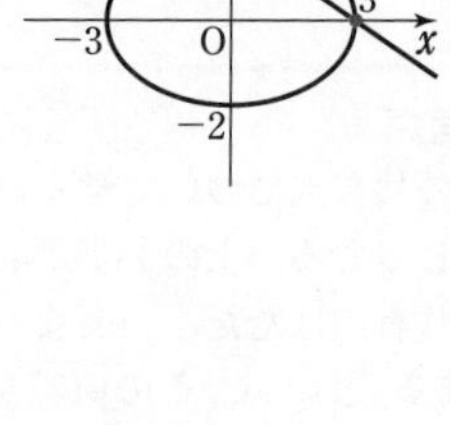



③ の代わりに，$2x=3(2-y)$ として，$x$ を消去してもよい。

参考 (1) 楕円，直線の方程式を変形すると

$\dfrac{x^2}{3^2}+\dfrac{y^2}{2^2}=1$，

$\dfrac{x}{3}+\dfrac{y}{2}=1$

よって，楕円と直線はともに点 (3, 0)，(0, 2) を通る。

◀楕円 ① と直線 ② は異なる 2 点で交わる。

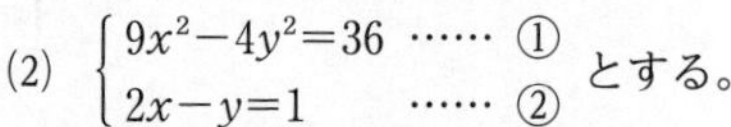

(2) $\begin{cases} 9x^2-4y^2=36 & \cdots\cdots ① \\ 2x-y=1 & \cdots\cdots ② \end{cases}$ とする。

② から　$y=2x-1$ …… ③

③ を ① に代入すると

$9x^2-4(2x-1)^2=36$

整理すると　$7x^2-16x+40=0$

この 2 次方程式の判別式を $D$ とすると　$\dfrac{D}{4}=(-8)^2-7\cdot 40=-216$

すなわち　$D<0$

したがって，**共有点をもたない。**

◀計算しやすいように，$y$ を消去する。

◀$D<0$ であるから，実数解をもたない。

**練習 ① 150** 次の 2 次曲線と直線は共有点をもつか。共有点をもつ場合には，交点・接点の別とその点の座標を求めよ。

(1) $4x^2-y^2=4$，$2x-3y+2=0$　　(2) $y^2=-4x$，$y=2x-3$

(3) $3x^2+y^2=12$，$x+2y=2\sqrt{13}$

## 基本 例題 151 2次曲線と直線の共有点の個数 ①①①①①

次の曲線と直線の共有点の個数を求めよ。ただし，$k$，$m$ は定数とする。

(1) $x^2+4y^2=20$，$y=x+k$　　(2) $4x^2-y^2=4$，$y=mx$

p.255 基本事項 1

**指針** (1) 2次曲線の方程式，直線の方程式から $y$ を消去して得られる $x$ の2次方程式について，その **判別式 $D$ の符号** で場合を分ける。

共有点の個数は　$D>0$ のとき2個　$D=0$ のとき1個　$D<0$ のとき0個

(2) (1)の場合と異なり，$y$ を消去して得られる $x$ の方程式は $x^2$ の係数が0となる場合があることに注意。この場合，原点を通る直線 $y=mx$ は双曲線の漸近線となる。**図を利用する解法** も考えられる。

**CHART** 共有点 ⟺ 実数解　接点 ⟺ 重解

**解答**

(1) $y=x+k$ を $x^2+4y^2=20$ に代入すると

$$x^2+4(x+k)^2=20$$

整理して　$5x^2+8kx+4k^2-20=0$

この2次方程式の判別式を $D$ とすると

$$\frac{D}{4}=(4k)^2-5\cdot(4k^2-20)=-4(k+5)(k-5)$$

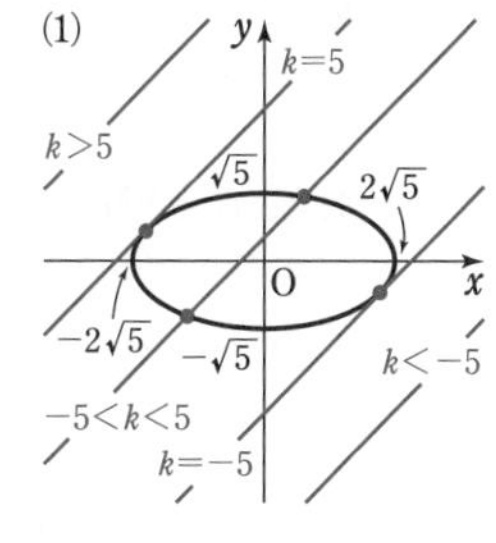


よって，求める共有点の個数は

$D>0$ すなわち **$-5<k<5$ のとき　2個**

$D=0$ すなわち **$k=\pm5$ のとき　1個**

$D<0$ すなわち **$k<-5$，$5<k$ のとき　0個**

(2) $y=mx$ を $4x^2-y^2=4$ に代入して整理すると

$$(4-m^2)x^2=4 \quad \cdots\cdots ①$$

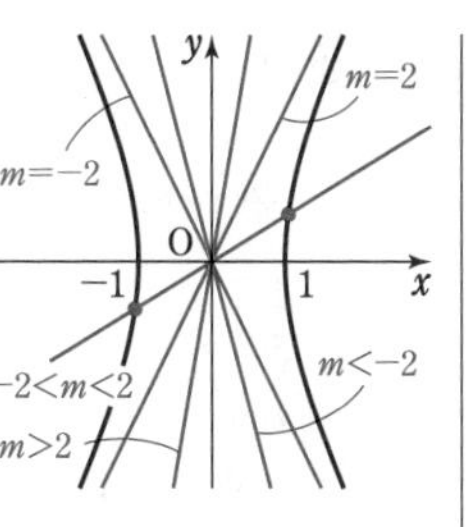


$4-m^2>0$ ($\Leftrightarrow -2<m<2$) のとき，① は異なる2つの実数解をもつ。

$4-m^2=0$ ($\Leftrightarrow m=\pm2$) のとき，① は $0\cdot x^2=4$ となり，解をもたない。

$4-m^2<0$ ($\Leftrightarrow m<-2$，$2<m$) のとき，① は実数解をもたない。

したがって，求める共有点の個数は

**$-2<m<2$ のとき 2個；$m\leqq-2$，$2\leqq m$ のとき 0個**

◀ $y=mx$ は原点を通る傾き $m$ の直線を表す。この直線と双曲線の漸近線との位置関係から，グラフを利用して，共有点の個数を求めることもできる（左の図参照）。

◀ 虚数解をもつ。

**練習 ② 151** (1) $m$ を定数とする。放物線 $y^2=-8x$ と直線 $x+my=2$ の共有点の個数を求めよ。

(2) 双曲線 $\dfrac{x^2}{5}-\dfrac{y^2}{4}=1$ が直線 $y=kx+4$ とただ1つの共有点をもつとき，定数 $k$ の値を求めよ。　［(2) 東京電機大］

p.270 EX96

# 基本例題 152 弦の中点・長さ ②②②②②

直線 $y=4x+1$ と楕円 $4x^2+y^2=4$ が交わってできる弦の中点の座標，および長さを求めよ。

p.255 基本事項

**指針** 連立方程式 $\begin{cases} y=4x+1 \\ 4x^2+y^2=4 \end{cases}$ を解いて，直線と楕円の 2 つの交点の座標を求める解法も考えられるが，計算が面倒になることが多い。よって，ここでは 2 式から $y$ を消去して得られる $x$ の 2 次方程式の 解と係数の関係 を用いて解く。……★

**解と係数の関係**
$ax^2+bx+c=0$ の 2 つの解を $\alpha$，$\beta$ とすると $\alpha+\beta=-\dfrac{b}{a}$，$\alpha\beta=\dfrac{c}{a}$

**CHART** 弦の中点・長さ　解と係数の関係が効く

**解答**

$y=4x+1$ …… ①，$4x^2+y^2=4$ …… ② とする。
① を ② に代入して整理すると

$$20x^2+8x-3=0 \quad \cdots\cdots ③$$

直線 ① と楕円 ② の 2 つの交点を $P(x_1,\ y_1)$，$Q(x_2,\ y_2)$ とすると，$x_1$，$x_2$ は 2 次方程式 ③ の異なる 2 つの実数解である。よって，解と係数の関係から

$$x_1+x_2=-\frac{2}{5},\quad x_1x_2=-\frac{3}{20} \quad \cdots\cdots ④$$

ここで，弦 PQ の中点は線分 PQ の中点，弦 PQ の長さは線分 PQ の長さである。

線分 PQ の中点の座標は $\left(\dfrac{x_1+x_2}{2},\ 4\cdot\dfrac{x_1+x_2}{2}+1\right)$

すなわち $\left(\dfrac{x_1+x_2}{2},\ 2(x_1+x_2)+1\right)$

④ から $\left(-\dfrac{1}{5},\ \dfrac{1}{5}\right)$

また $y_2-y_1=4x_2+1-(4x_1+1)=4(x_2-x_1)$

よって
$$\begin{aligned} PQ^2&=(x_2-x_1)^2+(y_2-y_1)^2 \\ &=(x_2-x_1)^2+\{4(x_2-x_1)\}^2 \\ &=17(x_2-x_1)^2=17\{(x_1+x_2)^2-4x_1x_2\} \\ &=17\left\{\left(-\frac{2}{5}\right)^2-4\cdot\left(-\frac{3}{20}\right)\right\}=\frac{17\cdot19}{5^2} \end{aligned}$$

ゆえに $PQ=\sqrt{\dfrac{17\cdot19}{5^2}}=\dfrac{\sqrt{323}}{5}$

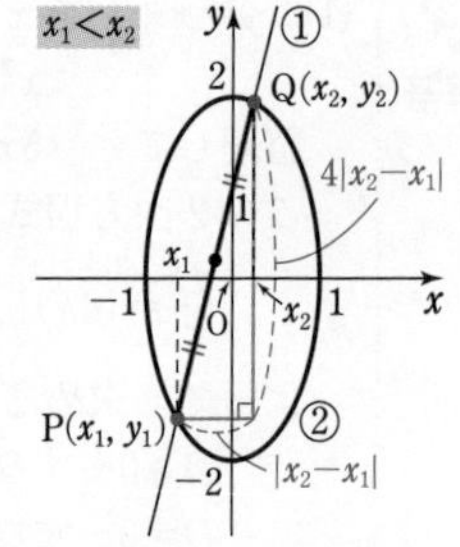


◀中点は直線 ① 上。

◀指針＿＿……★ の方針。
方程式 ③ の解が複雑なときは，解と係数の関係の利用も有効。なお，連立方程式 ①，② を実際に解くと
$(x,\ y)$
$=\left(\dfrac{-2\pm\sqrt{19}}{10},\ \dfrac{1\pm2\sqrt{19}}{5}\right)$
（複号同順）
これから，弦の中点の座標，長さを求めることもできる。

**練習 ② 152** 次の直線と曲線が交わってできる弦の中点の座標と長さを求めよ。
(1) $y=3-2x$，$x^2+4y^2=4$　　(2) $x+2y=3$，$x^2-y^2=-1$

# 基本例題 153 弦の中点の軌跡

双曲線 $x^2-2y^2=4$ と直線 $y=-x+k$ が異なる2点P，Qで交わるとき

(1) 定数 $k$ のとりうる値の範囲を求めよ。

(2) (1)の範囲で $k$ を動かしたとき，線分PQの中点Mの軌跡を求めよ。

基本 151，152

**指針** (1) **共有点 ⟺ 実数解** 双曲線と直線の方程式から導かれる $x$ の2次方程式が異なる2つの実数解をもつ条件，つまり **判別式 $D>0$** から $k$ の値の範囲を求める。

(2) 2点P，Qの $x$ 座標を $x_1$，$x_2$ とすると，$x_1$，$x_2$ は(1)の2次方程式の実数解である。

M$(x,\ y)$ とすると　$x=\dfrac{x_1+x_2}{2}$，$y=-x+k$　← 点Mは直線 $y=-x+k$ 上。

**解と係数の関係** を用いて $x_1+x_2$ を $k$ の式で表し，**つなぎの文字 $k$ を消去** することにより $x$，$y$ の関係式を導く。

なお，(1)の結果により，**$x$ の範囲に制限がつく** ことに注意。

**CHART 弦の中点の軌跡　解と係数の関係が効く**

**解答**

$x^2-2y^2=4$ …… ①，$y=-x+k$ …… ② とする。

② を ① に代入して整理すると　$x^2-4kx+2k^2+4=0$ …… ③

(1) 2次方程式 ③ の判別式を $D$ とすると　$D>0$

ここで　$\dfrac{D}{4}=(-2k)^2-1\cdot(2k^2+4)=2(k^2-2)$

よって，$k^2-2>0$ から　$(k+\sqrt{2})(k-\sqrt{2})>0$

したがって　$\boldsymbol{k<-\sqrt{2},\ \sqrt{2}<k}$

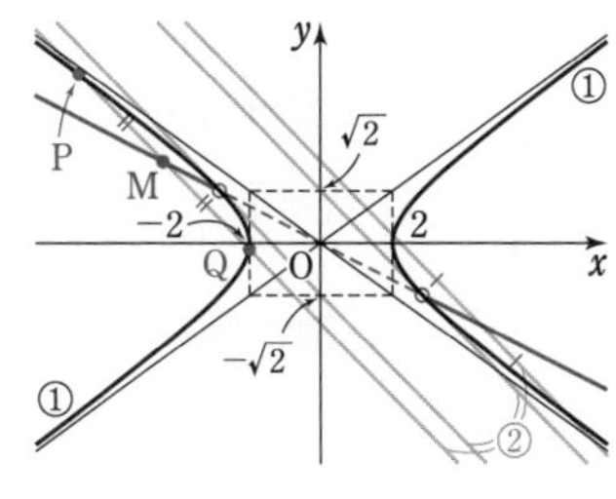


(2) 点P，Qの $x$ 座標を $x_1$，$x_2$ とすると，これは2次方程式 ③ の解であるから，解と係数の関係より　$x_1+x_2=4k$

M$(x,\ y)$ とすると

$$x=\frac{x_1+x_2}{2}=\frac{4k}{2}=2k \quad \cdots\cdots ④$$

このとき　$y=-x+k=-2k+k=-k$ …… ⑤

◀点Mは直線 ② 上にある。

④，⑤ から $k$ を消去すると　$y=-\dfrac{x}{2}$

また，(1)の結果と ④ から　$x<-2\sqrt{2}$，$2\sqrt{2}<x$ (*)

◀$k=\dfrac{x}{2}$ から $\dfrac{x}{2}<-\sqrt{2}$，$\sqrt{2}<\dfrac{x}{2}$

(*)この条件を落とさないように。

よって，求める軌跡は

**直線 $\boldsymbol{y=-\dfrac{x}{2}}$ の $\boldsymbol{x<-2\sqrt{2},\ 2\sqrt{2}<x}$ の部分**

**練習 ③153** 楕円 $E$：$\dfrac{x^2}{9}+\dfrac{y^2}{4}=1$ と直線 $\ell$：$x-y=k$ が異なる2個の共有点をもつとき

(1) 定数 $k$ のとりうる値の範囲を求めよ。

(2) $k$ が(1)で求めた範囲を動くとき，直線 $\ell$ と楕円 $E$ の2個の共有点を結ぶ線分の中点Pの軌跡を求めよ。

p.270 EX97

# 重要例題 154 楕円と放物線が 4 点を共有する条件

楕円 $x^2+2y^2=1$ と放物線 $4y=2x^2+a$ が異なる 4 点を共有するための，定数 $a$ の値の範囲を求めよ。

数学 I 基本 128

**指針** 2 次曲線どうしの共有点の座標も，その 2 つの方程式を連立させて解いたときの実数解であることに，変わりはない。
楕円 $x^2+2y^2=1$，放物線 $4y=2x^2+a$ はどちらも y 軸に関して対称である。よって，2 つの曲線の方程式から $x$ を消去して得られる $y$ の 2 次方程式の実数解で，$-\frac{\sqrt{2}}{2}<y<\frac{\sqrt{2}}{2}$ の範囲にある **1 つの $y$ の値に対して，$x$ の値が 2 つ，すなわち 2 つの共有点が対応** することに注目。

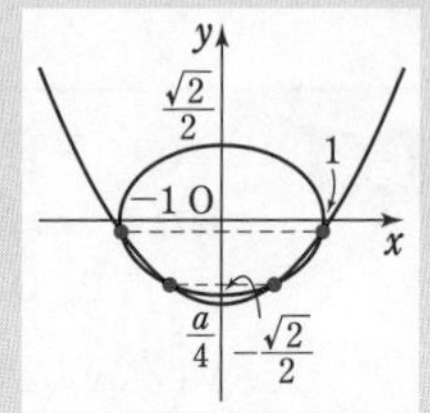


**解答**

$x^2+2y^2=1$，$4y=2x^2+a$ から $x$ を消去して整理すると

$$4y^2+4y-(a+2)=0 \quad \cdots\cdots ①$$

$x^2=1-2y^2\geqq 0$ から $\quad -\frac{\sqrt{2}}{2}\leqq y\leqq\frac{\sqrt{2}}{2}$

与えられた楕円と放物線は $y$ 軸に関して対称であるから，2 つの曲線が異なる 4 つの共有点をもつための条件は，① が $-\frac{\sqrt{2}}{2}<y<\frac{\sqrt{2}}{2}$ で異なる 2 つの実数解をもつことである。

よって，① の判別式を $D$ とし，$f(y)=4y^2+4y-(a+2)$ とすると，次の [1]～[4] が同時に成り立つ。

[1] $D>0$ [2] $f\left(-\frac{\sqrt{2}}{2}\right)>0$ [3] $f\left(\frac{\sqrt{2}}{2}\right)>0$

[4] 放物線 $Y=f(y)$ の軸について $-\frac{\sqrt{2}}{2}<$軸$<\frac{\sqrt{2}}{2}$

[1] $\frac{D}{4}=2^2-4\cdot\{-(a+2)\}=4(a+3)$
$D>0$ から $\quad a+3>0 \quad$ よって $\quad a>-3 \quad\cdots\cdots ②$

[2] $f\left(-\frac{\sqrt{2}}{2}\right)>0$ から $\quad -a-2\sqrt{2}>0$
ゆえに $\quad a<-2\sqrt{2} \quad\cdots\cdots ③$

[3] $f\left(\frac{\sqrt{2}}{2}\right)>0$ から $\quad -a+2\sqrt{2}>0 \quad \therefore\ a<2\sqrt{2} \quad\cdots ④$

[4] 軸 $y=-\frac{1}{2}$ は $-\frac{\sqrt{2}}{2}<-\frac{1}{2}<\frac{\sqrt{2}}{2}$ を満たす。

②～④ の共通範囲を求めて $\quad \boldsymbol{-3<a<-2\sqrt{2}}$

◀ $x^2=1-2y^2$ を $4y=2x^2+a$ に代入する。

◀ 左の解答では，＿＿を 2 次関数 $Y=f(y)$ のグラフが $-\frac{\sqrt{2}}{2}<y<\frac{\sqrt{2}}{2}$ で $y$ 軸と，異なる 2 つの共有点をもつ条件と読み換えて解いている（このような考え方は数学 I で学んだ）。

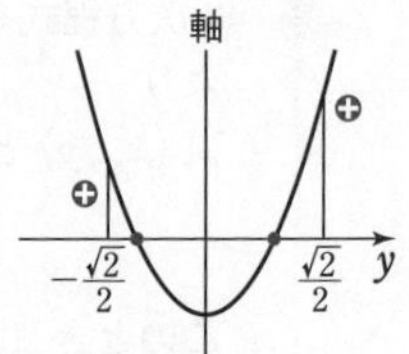


**検討**

① を $4y^2+4y-2=a$ と変形し，放物線 $Y=4y^2+4y-2$ と直線 $Y=a$ が異なる 2 つの共有点をもつ $a$ の値の範囲を求めてもよい。

**練習 ④154** 2 つの曲線 $C_1:\left(x-\frac{3}{2}\right)^2+y^2=1$ と $C_2:x^2-y^2=k$ が少なくとも 3 点を共有するのは，正の定数 $k$ がどんな値の範囲にあるときか。〔浜松医大〕

p.270 EX98

# 19 2次曲線の接線

## 基本事項

**1** **2次曲線の接線**　$p \neq 0$, $a>0$, $b>0$ とする。

**曲線上の点 $(x_1,\ y_1)$ における接線の方程式**

[1]　**放物線** $\boldsymbol{y^2=4px}$　$\longrightarrow$　$\boldsymbol{y_1y=2p(x+x_1)}$

[2]　**楕　円** $\boldsymbol{\dfrac{x^2}{a^2}+\dfrac{y^2}{b^2}=1}$　$\longrightarrow$　$\boldsymbol{\dfrac{x_1x}{a^2}+\dfrac{y_1y}{b^2}=1}$

[3]　Ⓐ　**双曲線** $\boldsymbol{\dfrac{x^2}{a^2}-\dfrac{y^2}{b^2}=1}$　$\longrightarrow$　$\boldsymbol{\dfrac{x_1x}{a^2}-\dfrac{y_1y}{b^2}=1}$

Ⓑ　**双曲線** $\boldsymbol{\dfrac{x^2}{a^2}-\dfrac{y^2}{b^2}=-1}$　$\longrightarrow$　$\boldsymbol{\dfrac{x_1x}{a^2}-\dfrac{y_1y}{b^2}=-1}$

## 解　説

### ■ [1] の証明

**放物線 $\boldsymbol{y^2=4px}$** …… ① の傾き $m$ の接線の方程式を $y=mx+n$ $(m \neq 0)$ …… ② とし，接点の座標を $(x_1,\ y_1)$ とする。② を ① に代入して，$x$ について整理すると

$$m^2x^2+2(mn-2p)x+n^2=0 \ \cdots\cdots \ ③$$

**② が ① に接するための条件** は，2次方程式 ③ の判別式を $D$ とすると　$\boldsymbol{D=0}$

ゆえに　$\dfrac{D}{4}=(mn-2p)^2-m^2 \cdot n^2=0$　　よって　$n=\dfrac{p}{m}$

このとき，③ の重解は　$x_1=-\dfrac{mn-2p}{m^2}=\dfrac{p}{m^2}$

ゆえに　$y_1=mx_1+n=\dfrac{p}{m}+\dfrac{p}{m}=\dfrac{2p}{m}$

$y_1 \neq 0$ のとき $m=\dfrac{2p}{y_1}$，$n=\dfrac{y_1}{2}$ を ② に代入して　$y=\dfrac{2p}{y_1}x+\dfrac{y_1}{2}$

◀ $m \neq 0$ であるから，③ の $x^2$ の係数は $m^2 \neq 0$

◀ 2次方程式 $ax^2+2b'x+c=0$ が重解をもつとき，その重解は $x=-\dfrac{b'}{a}$

したがって，$y_1y=2px+\dfrac{y_1^2}{2}$ であり，$y_1^2=4px_1$ であるから　$\boldsymbol{y_1y=2p(x+x_1)}$

これは $y_1=0$ のときも成り立つ（$x_1=0$ であり，接線の方程式は $x=0$）。

### ■ [2] の証明

**楕円 $\boldsymbol{\dfrac{x^2}{a^2}+\dfrac{y^2}{b^2}=1}$** …… ④ の傾き $m$ の接線の方程式を $y=mx+n$ …… ⑤，接点の座標を $(x_1,\ y_1)$ とする。⑤ を ④ に代入して，$x$ について整理すると

$$(b^2+a^2m^2)x^2+2a^2mnx+a^2n^2-a^2b^2=0 \ \cdots\cdots \ ⑥$$

ここで，$b>0$ であるから　$b^2+a^2m^2>0$

**⑤ が ④ に接するための条件** は，2次方程式 ⑥ の判別式を $D$ とすると　$\boldsymbol{D=0}$

よって　$\dfrac{D}{4}=(a^2mn)^2-(b^2+a^2m^2) \cdot (a^2n^2-a^2b^2)=0$

ゆえに　$a^2b^4+a^4b^2m^2=a^2b^2n^2$

$a>0$，$b>0$ であるから　$b^2+a^2m^2=n^2$ …… ⑦

このとき，⑥ の重解は $x_1=-\dfrac{a^2mn}{b^2+a^2m^2}$ であり，⑦ から

$$x_1=-\frac{a^2mn}{n^2}=-\frac{a^2m}{n} \quad \cdots\cdots ⑧$$

$y_1=mx_1+n=-\dfrac{a^2m^2}{n}+n=\dfrac{n^2-a^2m^2}{n}$ となり，⑦ から　$y_1=\dfrac{b^2}{n}$

◀2 次方程式 $ax^2+2b'x+c=0$ が重解をもつとき，その重解は $x=-\dfrac{b'}{a}$

$y_1 \neq 0$ のとき　$n=\dfrac{b^2}{y_1}$

これを ⑧ に代入して　$x_1=-\dfrac{a^2my_1}{b^2}$　　よって　$m=-\dfrac{b^2x_1}{a^2y_1}$

$m=-\dfrac{b^2x_1}{a^2y_1}$，$n=\dfrac{b^2}{y_1}$ を ⑤ に代入して　$y=-\dfrac{b^2x_1}{a^2y_1}x+\dfrac{b^2}{y_1}$

分母を払って整理すると $b^2x_1x+a^2y_1y=a^2b^2$ となり，接線の方程式は　$\boldsymbol{\dfrac{x_1x}{a^2}+\dfrac{y_1y}{b^2}=1}$

これは $y_1=0$ のときも成り立つ（$x_1=\pm a$ であり，接線の方程式は $x=\pm a$ [複号同順]）。
[3] の場合も同様にして証明できる。

**参考**　接線の方程式は，各曲線の方程式において，次のようにおき換えた形になっている。

**放物線：$2x \longrightarrow x+x_1$，$y^2 \longrightarrow y_1y$　　楕円・双曲線：$x^2 \longrightarrow x_1x$，$y^2 \longrightarrow y_1y$**

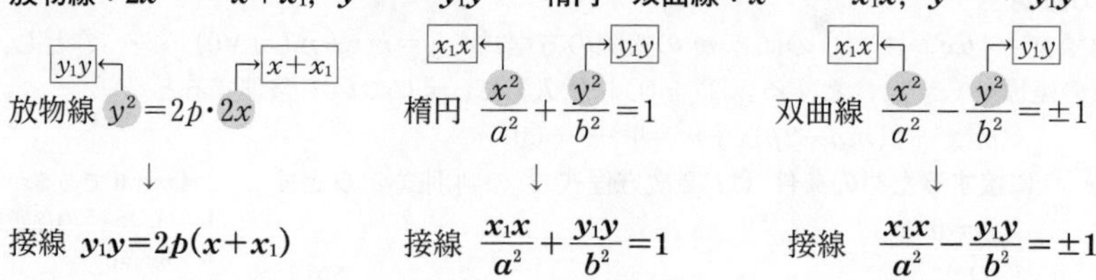


**参考**　接線の方程式の公式は，数学Ⅲで学ぶ微分法の知識を利用して証明することもできる。例えば，[3] の Ⓐ の場合は，次のようにして証明できる。

$\dfrac{x^2}{a^2}-\dfrac{y^2}{b^2}=1$ の両辺を $x$ について微分すると　$\dfrac{2x}{a^2}-\dfrac{2y}{b^2}\cdot y'=0$

ゆえに，$y \neq 0$ のとき $y'=\dfrac{b^2x}{a^2y}$ であり，点 P$(x_1,\ y_1)$ $(y_1 \neq 0)$ における接線の方程式は

$$y-y_1=\frac{b^2x_1}{a^2y_1}(x-x_1) \quad すなわち \quad \frac{x_1x}{a^2}-\frac{y_1y}{b^2}=\frac{x_1{}^2}{a^2}-\frac{y_1{}^2}{b^2}$$

点 P は双曲線上の点であるから　$\dfrac{x_1{}^2}{a^2}-\dfrac{y_1{}^2}{b^2}=1$

よって，接線の方程式は　$\dfrac{x_1x}{a^2}-\dfrac{y_1y}{b^2}=1$　　これは $y_1=0$ のときも成り立つ。

**問**　前ページの基本事項の公式を利用して，次の 2 次曲線上の，与えられた点における接線の方程式を求めよ。

(1) $y^2=4x$，点 $(1,\ 2)$　　(2) $\dfrac{x^2}{18}+\dfrac{y^2}{8}=1$，点 $(3,\ 2)$

(3) $\dfrac{x^2}{16}-\dfrac{y^2}{4}=1$，点 $(-2\sqrt{5},\ 1)$　　[(2) 九州産大]

(＊) 問 の解答は $p.330$ にある。

# 基本例題 155 楕円の外部から引いた接線

①①①①①

点 $(-1,\ 3)$ から楕円 $\dfrac{x^2}{12}+\dfrac{y^2}{4}=1$ に引いた接線の方程式を求めよ。

p.261 基本事項 1　重要 158

**指針** 点 $(-1,\ 3)$ は与えられた楕円上にない。その場合，次の 2 つの解法がある。

解法 1. **楕円上の点 $(x_1,\ y_1)$ における接線 $\dfrac{x_1x}{12}+\dfrac{y_1y}{4}=1$ すなわち $x_1x+3y_1y=12$ が点 $(-1,\ 3)$ を通る** と考えて $x_1$，$y_1$ の値を求める。

解法 2. 点 $(-1,\ 3)$ を通る直線 $y=m\{x-(-1)\}+3$ が楕円に接する，と考える。

① **接点 ⟺ 重解** の方針で，直線，楕円の方程式から $y$ を消去して得られる $x$ の 2 次方程式について，**判別式 $D=0$** から $m$ の値を決定する。

ここでは，解法 1. の方針で解いてみよう。

参考 $p.268$ では，楕円の補助円を利用する解法も紹介している。

**CHART 2 次曲線の接線**　1 判別式の利用　接点 ⟺ 重解　2 公式利用　$Ax_1x+By_1y=1$

**解答**

接点の座標を $(x_1,\ y_1)$ とすると，接線の方程式は

$x_1x+3y_1y=12$ …… ①

これが点 $(-1,\ 3)$ を通るから

$-x_1+9y_1=12$

よって　$x_1=9y_1-12$ …… ②

また，接点は楕円上にあるから

$x_1^2+3y_1^2=12$ …… ③

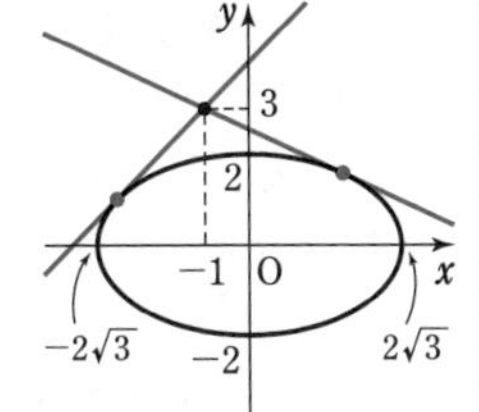


◀ $p.261$ で学んだ接線の公式に当てはめる。なお，$\dfrac{x^2}{12}+\dfrac{y^2}{4}=1$ は $x^2+3y^2=12$ とした方が扱いやすい。

② を ③ に代入して整理すると　$7y_1^2-18y_1+11=0$

ゆえに　$(y_1-1)(7y_1-11)=0$

よって　$y_1=1,\ \dfrac{11}{7}$

② から　$y_1=1$ のとき　$x_1=-3$

$y_1=\dfrac{11}{7}$ のとき　$x_1=\dfrac{15}{7}$

◀接点の座標は $(-3,\ 1)$，$\left(\dfrac{15}{7},\ \dfrac{11}{7}\right)$

求める接線の方程式は，$(x_1,\ y_1)=(-3,\ 1)$，$\left(\dfrac{15}{7},\ \dfrac{11}{7}\right)$ を ① に代入して　$\boldsymbol{x-y=-4,\ 5x+11y=28}$

◀ $-3x+3y=12$，$\dfrac{15}{7}x+\dfrac{33}{7}y=12$

**練習 ② 155**
(1) 上の例題を，指針の 解法 2. の方針で解け。
(2) 次の 2 次曲線の，与えられた点から引いた接線の方程式を求めよ。
(ア) $x^2-4y^2=4$，点 $(2,\ 3)$　(イ) $y^2=8x$，点 $(3,\ 5)$

## 基本例題 156 2次曲線の接線と証明

放物線 $y^2=4px\ (p>0)$ 上の点 $P(x_1,\ y_1)$ における接線と $x$ 軸との交点を T，放物線の焦点を F とすると，∠PTF＝∠TPF であることを証明せよ。ただし，$x_1>0,\ y_1>0$ とする。

p.261 基本事項 1

**指針** 放物線 $y^2=4px$ 上の点 $(x_1,\ y_1)$ における接線の方程式は，$p.261$ 基本事項から　$\boldsymbol{y_1y=2p(x+x_1)}$ …… Ⓐ
点 T の $x$ 座標は，Ⓐ で $y=0$ として求められる。
また　**∠PTF＝∠TPF ⟺ FP＝FT**　に着目。
長さ FP，FT をそれぞれ $x_1,\ y_1,\ p$ で表し，それらが一致することを示す。

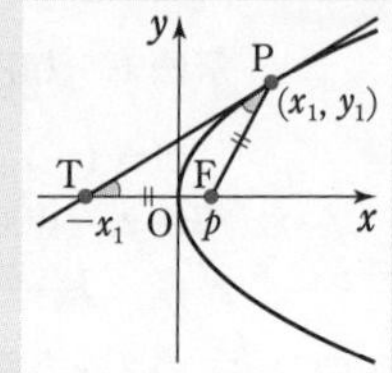


**解答**

$y^2=4px\ (p>0)$ …… ① とする。
放物線 ① 上の点 $P(x_1,\ y_1)$ における接線の方程式は
$$y_1y=2p(x+x_1) \quad \cdots\cdots ②$$
② で $y=0$ とすると　$x=-x_1$　よって　$T(-x_1,\ 0)$
また，$F(p,\ 0)$ であるから　$FP=\sqrt{(x_1-p)^2+y_1^2}$
ここで，点 $P(x_1,\ y_1)$ は放物線 ① 上にあるから　$y_1^2=4px_1$
$x_1>0,\ p>0$ であるから
$$FP=\sqrt{(x_1-p)^2+4px_1}=\sqrt{(x_1+p)^2}=x_1+p$$
また，$FT=p-(-x_1)=x_1+p$ であるから　FP＝FT
したがって　∠PTF＝∠TPF

◀3点 F，P，T について，線分 FP，FT の長さをそれぞれ $x_1$，$p$ で表す。そのために，まず点 F，T の座標を調べる。
◀$\sqrt{A^2}=|A|$
◀二等辺三角形の底角は等しい。

**別解**　直線の傾きに注目し，**正接 (tan) を利用** する。
∠PTF＝$\alpha$，∠TPF＝$\beta$ とする。

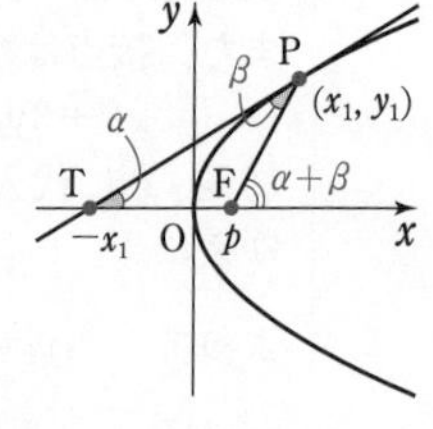


接線の傾きに注目して　$\tan\alpha=\dfrac{2p}{y_1}$ …… Ⓐ

$x_1 \neq p$ のとき　$\tan(\alpha+\beta)=(\text{直線 PF の傾き})=\dfrac{y_1}{x_1-p}$ …… Ⓑ

よって　$\tan\beta=\tan\{(\alpha+\beta)-\alpha\}=\dfrac{\tan(\alpha+\beta)-\tan\alpha}{1+\tan(\alpha+\beta)\tan\alpha}$

Ⓐ，Ⓑ を代入し，更に $y_1^2=4px_1$ を利用して変形すると　$\tan\beta=\dfrac{2p}{y_1}$ …… Ⓒ

Ⓐ，Ⓒ から　$\tan\alpha=\tan\beta$　$\alpha$，$\beta$ は鋭角であるから　$\alpha=\beta$
$x_1=p$ のとき，$P(p,\ 2p)$ となり，FP＝FT から　$\alpha=\beta$

**検討**　**放物線の焦点の性質**

右の図で，点 P における接線を ST とし，点 P を通り $x$ 軸に平行に半直線 PQ を引くと，上の例題の結果から
$$\angle SPQ=\angle PTF=\angle TPF$$
すなわち，QP と FP は，P における接線 ST と等しい角をなす。このことから，図のように，内側が放物線状の鏡に，軸に平行に進む光線が当たって反射すると，すべて放物線の焦点 F に集まることがわかる。

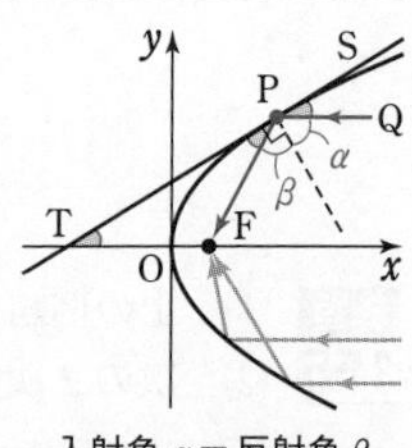

入射角 $\alpha$＝反射角 $\beta$

検討

**楕円・双曲線の焦点の性質**

楕円・双曲線の焦点についても，前ページの 検討 と似た性質がある。

**楕円**：楕円の 1 つの焦点から発した光線が楕円に当たって反射すると，他の焦点に向かう。…… (＊)

**双曲線**：双曲線の 1 つの焦点から発した光線が双曲線に当たって反射すると，他の焦点から発したように進む。

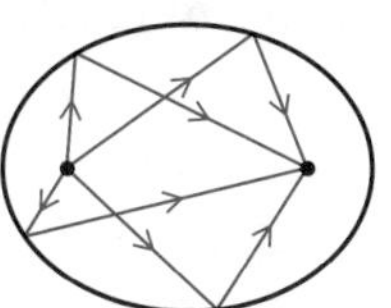


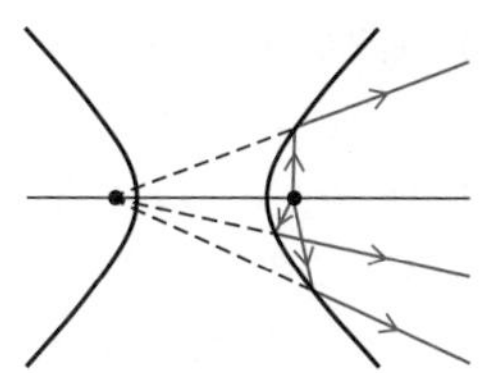


楕円 $\dfrac{x^2}{4}+y^2=1$ の場合について，上の性質(＊)が成り立つことを確かめてみよう。

ここでは，ベクトルの **内積（余弦）を利用** する方法で考えてみる。

楕円上の点 $\mathrm{P}(x_1,\ y_1)$ $(x_1>0,\ y_1>0)$ をとり，点 P における接線を $\ell$，焦点を $\mathrm{F}(\sqrt{3},\ 0)$，$\mathrm{F}'(-\sqrt{3},\ 0)$ とする。

接線 $\ell$ の方程式は

$$\frac{x_1x}{4}+y_1y=1 \quad \text{すなわち} \quad x_1x+4y_1y=4$$

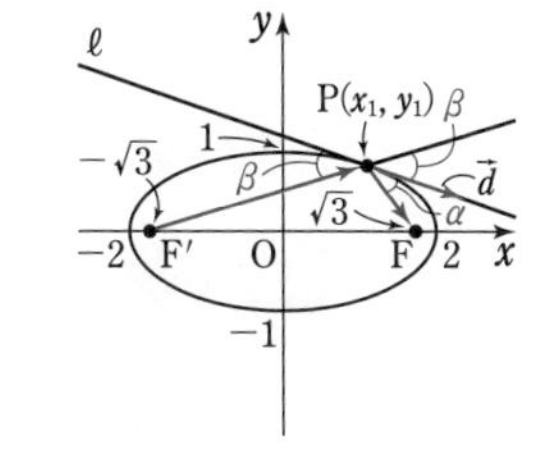


直線 $\ell$ の方向ベクトルとして，$\vec{d}=(4y_1,\ -x_1)$ をとると，図の角 $\alpha$，$\beta$ に対して

$$\cos\alpha=\frac{\overrightarrow{\mathrm{PF}}\cdot\vec{d}}{|\overrightarrow{\mathrm{PF}}||\vec{d}|},\quad \cos\beta=\frac{\overrightarrow{\mathrm{F'P}}\cdot\vec{d}}{|\overrightarrow{\mathrm{F'P}}||\vec{d}|}$$

$\overrightarrow{\mathrm{PF}}=(\sqrt{3}-x_1,\ -y_1)$，$\overrightarrow{\mathrm{F'P}}=(x_1+\sqrt{3},\ y_1)$ であることと，$\dfrac{x_1{}^2}{4}+y_1{}^2=1$ から

$$\overrightarrow{\mathrm{PF}}\cdot\vec{d}=4y_1(\sqrt{3}-x_1)+x_1y_1=y_1(4\sqrt{3}-3x_1)=\sqrt{3}\,y_1(4-\sqrt{3}\,x_1)$$

$$|\overrightarrow{\mathrm{PF}}|^2=(\sqrt{3}-x_1)^2+y_1{}^2=x_1{}^2-2\sqrt{3}\,x_1+3+\left(1-\frac{x_1{}^2}{4}\right)=\left(\frac{4-\sqrt{3}\,x_1}{2}\right)^2$$

同様にして　$\overrightarrow{\mathrm{F'P}}\cdot\vec{d}=\sqrt{3}\,y_1(4+\sqrt{3}\,x_1)$，$|\overrightarrow{\mathrm{F'P}}|^2=\left(\dfrac{4+\sqrt{3}\,x_1}{2}\right)^2$

よって　$\cos\alpha=\dfrac{\sqrt{3}\,y_1(4-\sqrt{3}\,x_1)}{\dfrac{4-\sqrt{3}\,x_1}{2}\cdot|\vec{d}|}=\dfrac{2\sqrt{3}\,y_1}{|\vec{d}|}$，$\cos\beta=\dfrac{\sqrt{3}\,y_1(4+\sqrt{3}\,x_1)}{\dfrac{4+\sqrt{3}\,x_1}{2}\cdot|\vec{d}|}=\dfrac{2\sqrt{3}\,y_1}{|\vec{d}|}$

└ $x_1<2$ から　$-\sqrt{3}\,x_1>-2\sqrt{3}$　よって　$4-\sqrt{3}\,x_1>4-2\sqrt{3}>0$

ゆえに　$\cos\alpha=\cos\beta$　$0<\alpha<\pi$，$0<\beta<\pi$ であるから　$\alpha=\beta$

したがって，楕円の焦点の性質(＊)が成り立つことがわかる。

双曲線で，焦点の性質が成り立つことについては，次の練習 156 で確かめてみよう。

**POINT**　角の一致 は　傾きに注目して正接 (tan) の一致　か　ベクトルを利用して余弦 (cos) の一致　**を示す**

**練習 ③156**　双曲線 $\dfrac{x^2}{9}-\dfrac{y^2}{16}=1$ 上の点 $\mathrm{P}(x_1,\ y_1)$ における接線は，点 P と 2 つの焦点 F，F′ とを結んでできる ∠FPF′ を 2 等分することを証明せよ。ただし，$x_1>0$，$y_1>0$ とする。

p.270 EX100

# 基本例題 157 双曲線上の点と直線の距離の最大・最小

双曲線 $x^2-4y^2=4$ 上の点 $(a,\ b)$ における接線の傾きが $m$ のとき，次の問いに答えよ。ただし，$b\neq0$ とする。

(1) $a$，$b$，$m$ の間の関係式を求めよ。

(2) この双曲線上の点と直線 $y=2x$ の間の距離を $d$ とする。$d$ の最小値を求めよ。また，$d$ の最小値を与える曲線上の点の座標を求めよ。 〔神奈川大〕

p.261 基本事項 1

**指針** (1) **接線の公式** を利用して，点 $(a,\ b)$ における接線の傾きを調べる。

(2) 直線 $y=2x$ を上下に移動していくと，この直線と双曲線が初めて共有点をもつのは直線が双曲線と接するときである（解答の図参照）。つまり，(1) の接線の傾き $m$ が $m=2$ となるような接点を $(x_1,\ y_1)$ とすると，$x=x_1$，$y=y_1$ のとき $d$ は最小となる。このとき，最小値は接点と直線 $2x-y=0$ の距離である。

**CHART** 2 次曲線上の点と直線の距離　直線と平行な接線に注目

**解答**

(1) 点 $(a,\ b)$ における接線の方程式は　$ax-4by=4$

$b\neq0$ であるから　$y=\dfrac{a}{4b}x-\dfrac{1}{b}$　よって　$\boldsymbol{m=\dfrac{a}{4b}}$

◀ $y=px+q$ の形に直すと傾きがわかる。

(2) $d$ を最小とする曲線上の点は，直線 $y=2x$ に平行な直線が双曲線と接するときの接点である。

(1) の結果の式で $m=2$ とすると　$\dfrac{a}{4b}=2$

ゆえに　$a=8b$ ……①

また，点 $(a,\ b)$ は双曲線上にあるから　$a^2-4b^2=4$

① を代入して整理すると　$b^2=\dfrac{1}{15}$

よって　$b=\pm\dfrac{1}{\sqrt{15}}$

① から　$a=\pm\dfrac{8}{\sqrt{15}}$（複号同順）

したがって，$d$ の最小値を与える双曲線上の点の座標は

$$\left(\frac{8}{\sqrt{15}},\ \frac{1}{\sqrt{15}}\right),\ \left(-\frac{8}{\sqrt{15}},\ -\frac{1}{\sqrt{15}}\right)$$

ゆえに，$d$ の **最小値** は

$$d=\frac{\left|\pm\frac{2\cdot8}{\sqrt{15}}\mp\frac{1}{\sqrt{15}}\right|}{\sqrt{2^2+(-1)^2}}=\sqrt{3}\ \text{（複号同順）}$$

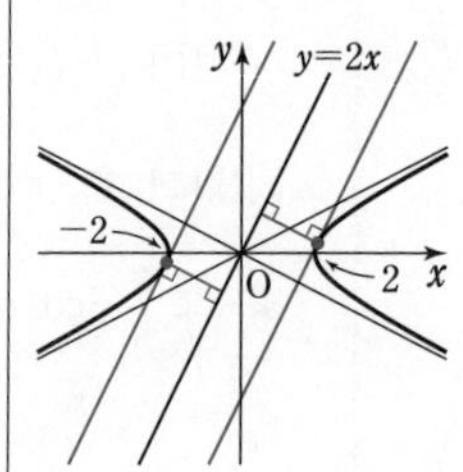


◀ 点 $(x_1,\ y_1)$ と直線 $px+qy+r=0$ の距離は $\dfrac{|px_1+qy_1+r|}{\sqrt{p^2+q^2}}$

**練習 ③157** 楕円 $C:\dfrac{x^2}{3}+y^2=1$ と 2 定点 $\mathrm{A}(0,\ -1)$，$\mathrm{P}\left(\dfrac{3}{2},\ \dfrac{1}{2}\right)$ がある。楕円 $C$ 上を動く点 Q に対し，△APQ の面積が最大となるとき，点 Q の座標および △APQ の面積を求めよ。 〔類 筑波大〕

p.271 EX101

# 重要例題 158 直交する2接線の交点の軌跡

④④④④④

楕円 $x^2+4y^2=4$ について，楕円の外部の点 $\mathrm{P}(a,\ b)$ から，この楕円に引いた2本の接線が直交するような点Pの軌跡を求めよ。　〔類　お茶の水大〕

基本 155

**指針**　点Pを通る直線 $y=m(x-a)+b$ が，楕円 $x^2+4y^2=4$ に接するための条件は，$x^2+4\{m(x-a)+b\}^2=4$ の判別式 $D$ について，$D=0$ が成り立つことである。
また，$D=0$ の解が接線の傾きを与えるから，直交 ⟺ 傾きの積が $-1$ と **解と係数の関係** を利用する。　なお，接線が $x$ 軸に垂直な場合は別に調べる。
参考　次ページでは，楕円の補助円を利用する解法も紹介している。

**CHART** 直交する接線　$D=0$，(傾きの積)$=-1$ の活用

**解答**

[1]　$a\neq\pm2$ のとき，点Pを通る接線の方程式は
$y=m(x-a)+b$　とおける。
これを楕円の方程式に代入して整理すると
$(4m^2+1)x^2+8m(b-ma)x+4(b-ma)^2-4=0$ (*)
この $x$ の2次方程式の判別式を $D$ とすると　$D=0$

ここで　$\dfrac{D}{4}=16m^2(b-ma)^2-(4m^2+1)\{4(b-ma)^2-4\}$
$=-4(b-ma)^2+4(4m^2+1)$
$=4\{(4-a^2)m^2+2abm-b^2+1\}$

ゆえに　$(4-a^2)m^2+2abm-b^2+1=0$ …… ①
$m$ の2次方程式①の2つの解を $\alpha$，$\beta$ とすると
$\alpha\beta=-1$

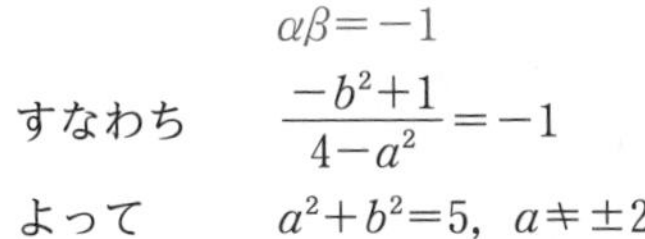

すなわち　$\dfrac{-b^2+1}{4-a^2}=-1$

よって　$a^2+b^2=5$，$a\neq\pm2$

[2]　$a=\pm2$ のとき，直交する2本の接線は
$x=\pm2$，$y=\pm1$（複号任意）の組で，その交点の座標は
$(2,\ 1)$，$(2,\ -1)$，$(-2,\ 1)$，$(-2,\ -1)$
これらの点は円 $x^2+y^2=5$ 上にある。

[1]，[2] から，求める軌跡は　**円 $x^2+y^2=5$**

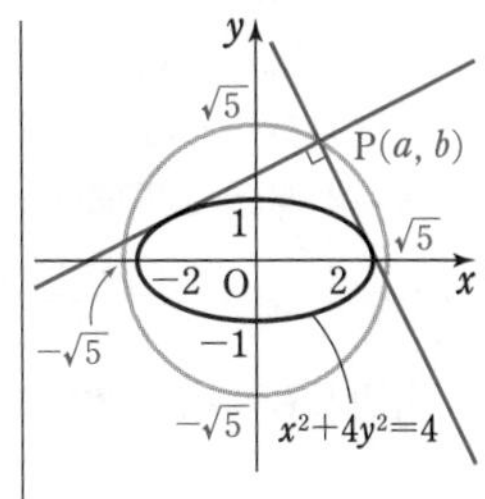


(*) $(b-ma)$ のまま扱うと，計算がしやすい。

◀直交 ⟺ 傾きの積が $-1$

◀解と係数の関係

◀2次方程式 $px^2+qx+r=0$ について，$\dfrac{r}{p}=-1$ が成り立つとき，判別式は $q^2-4pr=q^2+4p^2>0$ となり，異なる2つの実数解をもつ。

参考　$m$ の2次方程式①が異なる2つの実数解をもつことは，楕円の外部の点から2本の接線が引けることから明らかであるが（解答の図参照），これは次のようにして示される。
$m$ の2次方程式①の判別式を $D'$ とすると　$\dfrac{D'}{4}=(ab)^2-(4-a^2)(-b^2+1)=a^2+4b^2-4$
点Pは楕円の外部にあるから　$a^2+4b^2>4$（$>$ が成り立つ理由は $p.275$ 参照。）　ゆえに　$D'>0$
なお，一般に楕円の直交する接線の交点の軌跡は円になる。この円を **準円** という。

**練習 ④158**　$a$ は正の定数とする。点 $(1,\ a)$ を通り，双曲線 $x^2-4y^2=2$ に接する2本の直線が直交するとき，$a$ の値を求めよ。　〔福島県医大〕

p.271 EX 102~103

# 参考事項 楕円の補助円の利用

楕円は円を拡大または縮小したものと考えられ，楕円 $\dfrac{x^2}{a^2}+\dfrac{y^2}{b^2}=1\ (a>0,\ b>0)$ に対して円 $x^2+y^2=a^2$ を **補助円** という（$p.238$ 参照）。楕円に関する問題の中には，補助円を利用し，円の問題ととらえることが有効なものもある。そのような例を 2 つ紹介しておこう。

基本例題 155　与えられた楕円などを $y$ 軸方向に $\sqrt{3}$ 倍に拡大すると，次のようになる。

楕円 $x^2+3y^2=12$ は円 $x^2+y^2=12$ に移り，点 $(-1,\ 3)$ は点 $(-1,\ 3\sqrt{3})$ に移る。

⟶「点 $(-1,\ 3)$ を通る楕円 $x^2+3y^2=12$ の接線」は，「点 $(-1,\ 3\sqrt{3})$ を通る円 $x^2+y^2=12$ の接線 …… ①」に移る。

接線 ① は $x$ 軸に垂直でないから，その方程式は

$$y=m(x+1)+3\sqrt{3}$$

すなわち　$mx-y+m+3\sqrt{3}=0$ …… ①′

原点と直線 ① の距離が $2\sqrt{3}$ であるから

$$\frac{|m+3\sqrt{3}|}{\sqrt{m^2+(-1)^2}}=2\sqrt{3}$$

◀点と直線の距離の公式。

両辺とも 0 以上であるから，平方して整理すると

$$11m^2-6\sqrt{3}m-15=0$$

これを解くと　$m=\sqrt{3},\ -\dfrac{5\sqrt{3}}{11}$

$m$ の値を ①′ に代入し，整理すると

$$\sqrt{3}x-y+4\sqrt{3}=0,\ 5\sqrt{3}x+11y-28\sqrt{3}=0 \ \cdots\cdots \text{Ⓐ}$$

これらにおいて，$y$ に $\sqrt{3}y$ を代入して整理すると，求める接線の方程式は　$\boldsymbol{x-y+4=0,\ 5x+11y-28=0}$

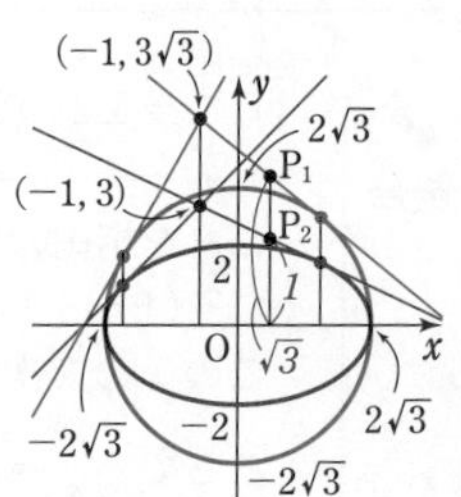


図の点 $P_1$，$P_2$ の $y$ 座標をそれぞれ $y_1$，$y_2$ とすると

$$y_1=\sqrt{3}y_2$$

よって，Ⓐ で $y$ に $\sqrt{3}y$ を代入すると，楕円の接線の方程式となる。

重要例題 158　$a=\pm 2$ のとき，求める軌跡上の点は前ページの解答 [2] のように求められる。ここでは，$a\neq\pm 2$ の場合について考える。

点 P を通る楕円の接線の方程式を $y=m(x-a)+b$ …… ② とする。

$y$ 軸方向への 2 倍の拡大により，楕円 $x^2+4y^2=4$ は円 $x^2+y^2=4$ …… ③ に，点 $P(a,\ b)$ は点 $(a,\ 2b)$ に，接線 ② は

直線 $y=2m(x-a)+2b$　◀傾きは 2 倍。

すなわち　直線 $2mx-y+2(b-am)=0$ …… ④　に移る。

直線 ④ は円 ③ に接するから　$\dfrac{|2(b-am)|}{\sqrt{(2m)^2+(-1)^2}}=2$

両辺とも 0 以上であるから，平方して整理すると

$$(a^2-4)m^2-2abm+b^2-1=0$$

この $m$ の 2 次方程式の 2 つの解を $\alpha$，$\beta$ とすると，$\alpha\beta=-1$ から

$$\frac{b^2-1}{a^2-4}=-1 \quad \text{すなわち} \quad a^2+b^2=5,\ a\neq\pm 2$$

したがって，求める軌跡は　**円 $\boldsymbol{x^2+y^2=5}$**　◀$a=\pm 2$ のときも含めた。

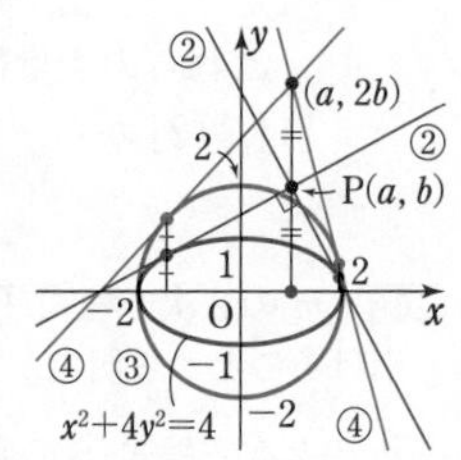

## 重要例題 159 楕円の 2 接点を通る直線

楕円 $Ax^2+By^2=1$ に，この楕円の外部にある点 $\mathrm{P}(x_0,\ y_0)$ から引いた 2 本の接線の 2 つの接点を Q，R とする。次のことを示せ。

(1) 直線 QR の方程式は $Ax_0x+By_0y=1$ である。

(2) 楕円 $Ax^2+By^2=1$ の外部にあって，直線 QR 上にある点 S からこの楕円に引いた 2 本の接線の 2 つの接点を通る直線 $\ell$ は，点 P を通る。

p.261 基本事項 1

**指針** (1) $Ax_0x+By_0y=1$ は 2 次曲線の接線の公式に似ている。

**似た問題 結果を利用** の方針で，$\mathrm{Q}(x_1,\ y_1)$，$\mathrm{R}(x_2,\ y_2)$ として，まず 2 本の接線の方程式を求める。

次に，これらが点 P を通ると考える。**異なる 2 点を通る直線はただ 1 つ** であることを利用する。

(2) (1) を利用。$\mathrm{S}(x_3,\ y_3)$ として，$Ax_3x+By_3y=1$ が点 P を通ることを示す。

**解答**

(1) $\mathrm{Q}(x_1,\ y_1)$，$\mathrm{R}(x_2,\ y_2)$ とすると，点 Q，R における接線の方程式はそれぞれ

$$Ax_1x+By_1y=1,\quad Ax_2x+By_2y=1$$

これらの 2 本の接線が点 $\mathrm{P}(x_0,\ y_0)$ を通るとすると

$$Ax_0x_1+By_0y_1=1,\quad Ax_0x_2+By_0y_2=1$$

これは直線 $Ax_0x+By_0y=1$ が 2 点 $\mathrm{Q}(x_1,\ y_1)$，$\mathrm{R}(x_2,\ y_2)$ を通ることを示している。

ここで，Q と R は異なる 2 点であるから，2 点 Q，R を通る直線の方程式は $Ax_0x+By_0y=1$ である。

(2) $\mathrm{S}(x_3,\ y_3)$ とすると，(1) により直線 $\ell$ の方程式は

$$Ax_3x+By_3y=1$$

一方，点 S は直線 QR 上にあるから，(1) により

$$Ax_0x_3+By_0y_3=1 \quad すなわち \quad Ax_3x_0+By_3y_0=1$$

これは直線 $\ell$ が点 P を通ることを示している。

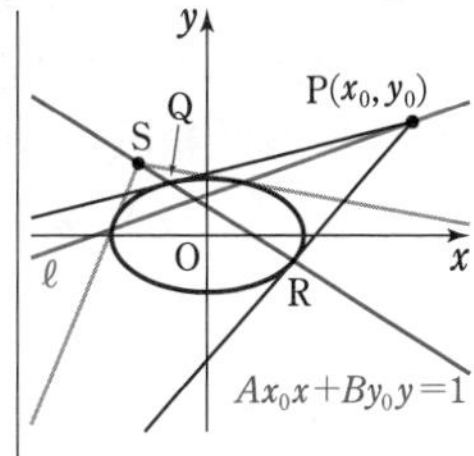


◀2 点 $\mathrm{A}(a_1,\ b_1)$，$\mathrm{B}(a_2,\ b_2)$ を通る直線が $px+qy=r$
$\iff pa_1+qb_1=r$ かつ $pa_2+qb_2=r$

**検討** **極と極線**

円・双曲線についても，上の例題の (1) と同じことが成り立つ。一般に，このような直線 $Ax_0x+By_0y=1$ を 2 次曲線 $Ax^2+By^2=1$ に関する **極線** といい，点 $(x_0,\ y_0)$ を **極** という。なお，円の場合については，「チャート式基礎からの数学Ⅱ」の $p.163$ 重要例題 **103** 参照。

**練習 ④159** 双曲線 $x^2-y^2=1$ 上の 1 点 $\mathrm{P}(x_0,\ y_0)$ から円 $x^2+y^2=1$ に引いた 2 本の接線の両接点を通る直線を $\ell$ とする。ただし，$y_0 \neq 0$ とする。

(1) 直線 $\ell$ は，方程式 $x_0x+y_0y=1$ で与えられることを示せ。

(2) 直線 $\ell$ は，双曲線 $x^2-y^2=1$ に接することを証明せよ。 〔名古屋市大〕

4章 ⑲ 2次曲線の接線

③**96** $x$ 軸を準線とし，直線 $y=x$ に点 $(3,\ 3)$ で接している放物線がある。この放物線の焦点の座標は $^{ア}\boxed{\phantom{00}}$ であり，方程式は $^{イ}\boxed{\phantom{00}}$ である。　〔順天堂大〕 →151

③**97** $p$ を実数とし，$C:4x^2-y^2=1$，$\ell:y=px+1$ によって与えられる双曲線 $C$ と直線 $\ell$ を考える。$C$ と $\ell$ が異なる2つの共有点をもつとき

(1) $p$ の値の範囲を求めよ。

$C$ と $\ell$ の共有点を，その $x$ 座標が小さい方から順に $P_1$，$P_2$ とし，$C$ の2つの漸近線と $\ell$ の交点を，その $x$ 座標が小さい方から順に $Q_1$，$Q_2$ とする。

(2) 線分 $P_1P_2$ の中点，線分 $Q_1Q_2$ の中点の座標をそれぞれ求めよ。

(3) $P_1Q_1=P_2Q_2$ が成り立つことを示せ。　〔類 東京都立大〕 →152,153

④**98** 楕円 $E:\dfrac{x^2}{a}+y^2=1$ 上の点 $A(0,\ 1)$ を中心とする円 $C$ が，次の2つの条件を満たしているとき，正の定数 $a$ の値を求めよ。

(i) 楕円 $E$ は円 $C$ とその内部に含まれ，$E$ と $C$ は2点P，Qで接する。

(ii) $\triangle APQ$ は正三角形である。　〔早稲田大〕 →154

④**99** $0<\theta<\dfrac{\pi}{2}$ とする。2つの曲線 $C_1:x^2+3y^2=3$，$C_2:\dfrac{x^2}{\cos^2\theta}-\dfrac{y^2}{\sin^2\theta}=2$ の交点のうち，$x$ 座標と $y$ 座標がともに正であるものをPとする。点Pにおける $C_1$，$C_2$ の接線をそれぞれ $\ell_1$，$\ell_2$ とし，$y$ 軸と $\ell_1$，$\ell_2$ の交点をそれぞれQ，Rとする。

(1) 点P，Q，Rの座標を求めよ。

(2) 線分QRの長さの最小値を求めよ。　〔大阪大 改題〕 →p.261 1

④**100** 双曲線 $C:\dfrac{x^2}{a^2}-\dfrac{y^2}{b^2}=1\ (a>0,\ b>0)$ の上に点 $P(x_1,\ y_1)$ をとる。ただし，$x_1>a$ とする。点Pにおける $C$ の接線と2直線 $x=a$ および $x=-a$ の交点をそれぞれQ，Rとする。線分QRを直径とする円は $C$ の2つの焦点を通ることを示せ。　〔弘前大〕 →156

96　頂点の座標を $(q,\ p)$ とすると，準線の条件から，放物線の方程式は $(x-q)^2=4p(y-p)\ (p\neq0)$ とおける。

97　(2) 点 $P_1$，$P_2$ の $x$ 座標をそれぞれ $x_1$，$x_2$ として，解と係数の関係を利用。
(3) (2)の結果を利用。

98　円 $C$ の半径を $r$ とすると，円 $C$ の方程式は　$x^2+(y-1)^2=r^2$
楕円 $E$ と円 $C$ の方程式から $x$ を消去して得られる $y$ の2次方程式に注目。

99　(1) まず，交点Pの座標を求める。(2) (相加平均)≧(相乗平均) を利用。

100　まず，2点Q，Rの座標を $x_1$，$y_1$，$a$，$b$ で表し，題意の円の方程式を求める。

## EXERCISES



③**101**　O を原点とする座標平面における曲線 $C$：$\dfrac{x^2}{4}+y^2=1$ 上に，点 $\mathrm{P}\left(1,\ \dfrac{\sqrt{3}}{2}\right)$ をとる。

(1)　$C$ の接線で，直線 OP に平行なものの方程式を求めよ。

(2)　点 Q が $C$ 上を動くとき，△OPQ の面積の最大値と，最大値を与える点 Q の座標をすべて求めよ。　〔岡山大〕　→157

④**102**　放物線 $y=\dfrac{3}{4}x^2$ と楕円 $x^2+\dfrac{y^2}{4}=1$ の共通接線の方程式を求めよ。　〔群馬大〕
→158

⑤**103**　$C_1$ は $3x^2+2\sqrt{3}\,xy+5y^2=24$ で表される曲線である。

(1)　$C_1$ を，原点を中心に反時計回りに $\dfrac{\pi}{6}$ だけ回転して得られる曲線 $C_2$ の方程式を求めよ。

(2)　$C_2$ の外部の点 P から引いた 2 本の接線が直交する場合の点 P の軌跡を求めよ。

(3)　$C_1$ の外部の点 Q から引いた 2 本の接線が直交する場合の点 Q の軌跡を求めよ。　→148，158

④**104**　定数 $k$ を $k>1$ として，楕円 $C$：$\dfrac{k^2}{2}x^2+\dfrac{1}{2k^2}y^2=1$ と $C$ 上の点 $\mathrm{D}\left(\dfrac{1}{k},\ k\right)$ を考える。

(1)　点 D における楕円 $C$ の接線が，$x$ 軸および $y$ 軸と交わる点をそれぞれ E，F とする。点 E，F の座標を $k$ で表せ。

(2)　点 D における楕円 $C$ の法線が，直線 $y=-x$ と交わる点を G とする。点 G の座標を $k$ で表せ。更に，∠EGF の大きさを求めよ。　〔類　同志社大〕　→158

⑤**105**　直線 $x=4$ 上の点 $\mathrm{P}(4,\ t)\ (t\geqq 0)$ から楕円 $E$：$x^2+4y^2=4$ に引いた 2 本の接線のなす鋭角を $\theta$ とするとき

(1)　$\tan\theta$ を $t$ を用いて表せ。

(2)　$\theta$ が最大となるときの $t$ の値を求めよ。　〔類　東京理科大〕

101　(1)　接点の座標を $(a,\ b)$ として進める。 ! 平行 ⟺ 傾きが一致
　　(2)　線分 OP を △OPQ の底辺として考える。
102　接点の座標を $(x_1,\ y_1)$ とし，楕円の接線の方程式を求める。そして，その接線が放物線に接するための条件について考える。
103　(3)　(2) の結果と曲線 $C_1$，$C_2$ の関係に注目。
104　(2)　点 D における法線とは，点 D を通り，点 D における接線と直交する直線のこと。
　　∠EGF の大きさについては，直線 GE，GF の傾きに注目。
105　(1)　点 P を通る接線の方程式を $y=m(x-4)+t$ とおく。正接の加法定理を利用。
　　(2)　$0<\theta<\dfrac{\pi}{2}$ のとき　**$\theta$ が最大 ⟺ $\tan\theta$ が最大**

# 20 2次曲線の性質, 2次曲線と領域

## 基本事項

### 1 2次曲線の離心率と準線

楕円・双曲線も, 放物線と同じように **定点Fと, Fを通らない定直線 $\ell$ からの距離の比が一定である点の軌跡** として定義できる。すなわち, 点Pから $\ell$ に引いた垂線をPHとするとき **PF : PH $=e$ : 1 ($e$ は正の定数)** を満足する点Pの軌跡は, Fを1つの焦点とする2次曲線で, $\ell$ を **準線**, $e$ を2次曲線の **離心率** という。

このとき, $e$ の値によって, 2次曲線は次のように分類される。

**$0<e<1$ のとき　楕円, $e=1$ のとき　放物線, $e>1$ のとき　双曲線** ……（＊）

## 解　説

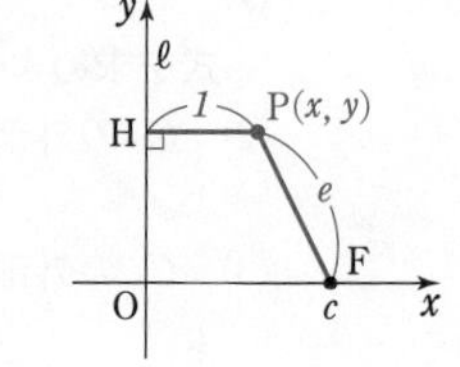


上の（＊）を確かめてみよう。座標平面上で, $\ell$ を $y$ 軸 ($x=0$), F($c$, 0) ($c>0$), P($x$, $y$) とし, Pから $y$ 軸に引いた垂線をPHとすると　$\dfrac{\mathrm{PF}}{\mathrm{PH}}=\dfrac{\sqrt{(x-c)^2+y^2}}{|x|}=e$　　ゆえに　$\sqrt{(x-c)^2+y^2}=e|x|$

両辺を平方して整理すると　$(1-e^2)x^2-2cx+y^2+c^2=0$ …… Ⓐ

[1]　**$e=1$ のとき**　Ⓐから　$y^2=2c\left(x-\dfrac{c}{2}\right)$ …… ①

曲線①, 焦点F($c$, 0), $\ell$ : $x=0$ を $x$ 軸方向にそれぞれ $-\dfrac{c}{2}$ だけ平行移動して $c=2p$ とおくと　$\boldsymbol{y^2=4px}$, **F($\boldsymbol{p}$, 0)**, $\boldsymbol{\ell : x=-p}$　となる。

[2]　**$e\neq1$ のとき**　Ⓐから　$(1-e^2)\left(x-\dfrac{c}{1-e^2}\right)^2+y^2=\dfrac{(ce)^2}{1-e^2}$ …… ②

曲線②, 焦点F($c$, 0), $\ell$ : $x=0$ を $x$ 軸方向にそれぞれ $-\dfrac{c}{1-e^2}$ だけ平行移動すると

$(1-e^2)x^2+y^2=\dfrac{(ce)^2}{1-e^2}$, $\mathrm{F}\left(\dfrac{-ce^2}{1-e^2},\ 0\right)$, $\ell : x=-\dfrac{c}{1-e^2}$ …… ③

(i)　**$0<e<1$ のとき**　$a=\dfrac{ce}{1-e^2}$ …… ④, $b=\dfrac{ce}{\sqrt{1-e^2}}$ …… ⑤ とおくと, ③から

$\boldsymbol{\dfrac{x^2}{a^2}+\dfrac{y^2}{b^2}=1\ (a>b>0)}$, **F($\boldsymbol{-ae}$, 0)**, $\boldsymbol{\ell : x=-\dfrac{a}{e}}$

このとき, ④, ⑤から $c$ を消去すると　$\boldsymbol{e=\dfrac{\sqrt{a^2-b^2}}{a}}$

(ii)　**$e>1$ のとき**　$a=\dfrac{ce}{e^2-1}$, $b=\dfrac{ce}{\sqrt{e^2-1}}$ とおくと, ③から

$\boldsymbol{\dfrac{x^2}{a^2}-\dfrac{y^2}{b^2}=1\ (a>0,\ b>0)}$, **F($\boldsymbol{ae}$, 0)**, $\boldsymbol{\ell : x=\dfrac{a}{e}}$

また, このとき　$\boldsymbol{e=\dfrac{\sqrt{a^2+b^2}}{a}}$

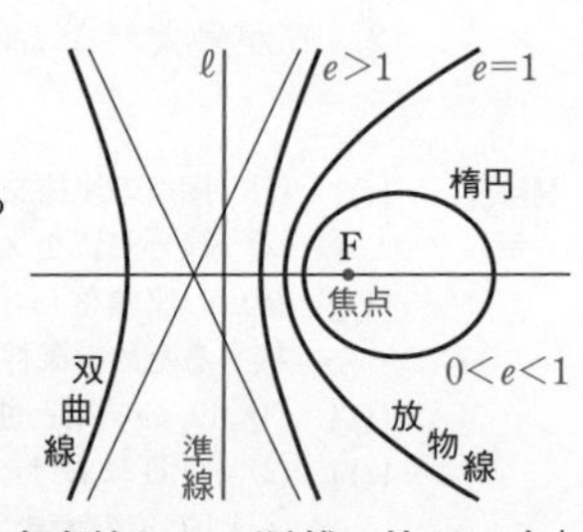


なお, 円も2次曲線であるが, 他の2次曲線のように,「定点と定直線からの距離の比が一定」という定め方はできない。しかし, 例えば便宜上, 円の離心率を0とすると, 太陽系の惑星についての楕円軌道を考察するときなどに都合がいい。

## 基本 例題 160 2次曲線と軌跡

$a>0$，$a \neq 1$ とする。点 $A(a,\ 0)$ からの距離と直線 $x=\dfrac{1}{a}$ からの距離の比が $a:1$ である点 P の軌跡を求めよ。〔類 慶応大〕

p.272 基本事項 1

前ページの基本事項で，**離心率が $a$，準線が $x=\dfrac{1}{a}$** の場合にあたる。
点 $P(x,\ y)$ から直線 $x=\dfrac{1}{a}$ に垂線 PH を下ろすと，$PA:PH=a:1$ すなわち **$PA^2=a^2PH^2$** となり，これから **$x$，$y$ の関係式を導く**。
なお，離心率 $a$ と 1 の大小により，軌跡がどのような曲線になるかは異なる。

**CHART 軌跡 軌跡上の動点 $(x,\ y)$ の関係式を導く**

**解答**

点 $P(x,\ y)$ から直線 $x=\dfrac{1}{a}$ に下ろした垂線を PH とする。

$PA:PH=a:1$ から　$PA^2=a^2PH^2$

よって　$(x-a)^2+y^2=a^2\left(\dfrac{1}{a}-x\right)^2$

ゆえに　$x^2-2ax+a^2+y^2=1-2ax+a^2x^2$

したがって　$(1-a^2)x^2+y^2=1-a^2$ …… ①

よって，点 P の軌跡は

**$0<a<1$ のとき**，① から　**楕円 $x^2+\dfrac{y^2}{1-a^2}=1$**

**$1<a$ のとき**，① から　$(a^2-1)x^2-y^2=a^2-1$

すなわち　**双曲線 $x^2-\dfrac{y^2}{a^2-1}=1$**

◀ $PH=\left|\dfrac{1}{a}-x\right|$

◀ $PA=aPH$
$\sqrt{\ }$ や絶対値を避けるために，平方した形で扱う。

◀ $1-a^2>0$，$1-a^2<0$ の場合に分けて答える。

◀ $a^2-1>0$

$0<a<1$

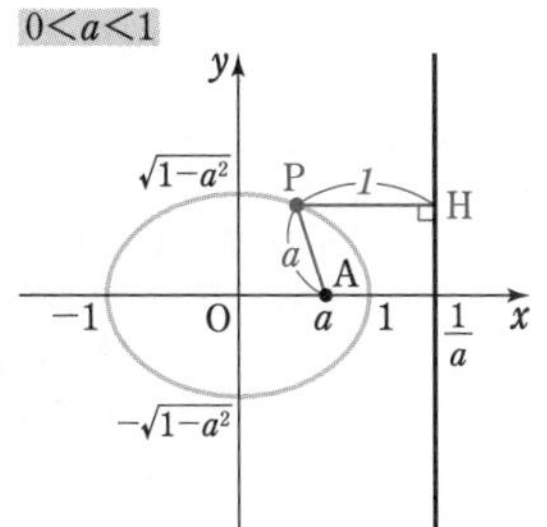


$1<a$

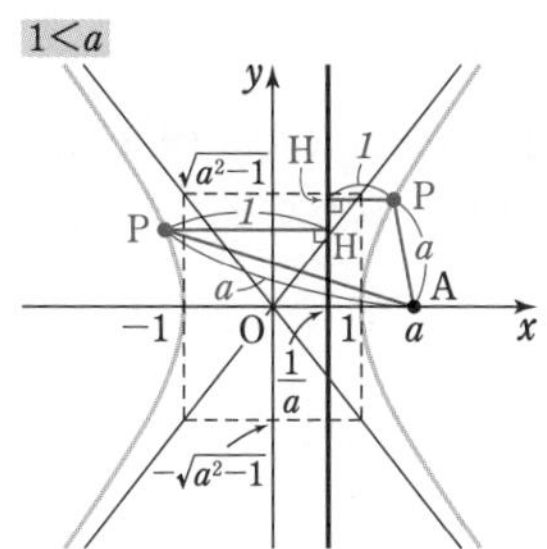


参考

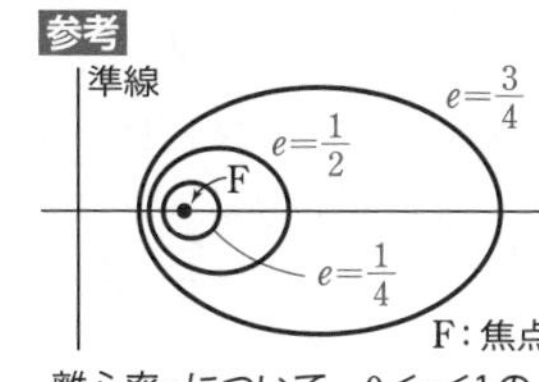


離心率 $e$ について，$0<e<1$ のときは楕円で，$e$ が 0 に近いほど円の形に近づき，1 に近いほど偏平な形になる。

**練習 ②160** 次の条件を満たす点 P の軌跡を求めよ。

(1) 点 $F(1,\ 0)$ と直線 $x=3$ からの距離の比が $1:\sqrt{3}$ であるような点 P

(2) 点 $F(3,\ 1)$ と直線 $x=\dfrac{4}{3}$ からの距離の比が $3:2$ であるような点 P

p.279 EX 106

## 基本 例題 161　2次曲線の性質の証明　①①①①①

楕円上にあって長軸，短軸上にない点Pと短軸の両端を結ぶ2つの直線が，長軸またはその延長と交わる点をそれぞれQ，Rとする。楕円の中心をOとすると，線分OQ，ORの長さの積は一定であることを証明せよ。

**指針** 2次曲線に関する図形的な性質の証明は，**座標を利用** して計算で示すとよい。
その際，ポイントとなるのは ① 0を多くとる ② 対称性を利用する という
ことであるが，それには **標準形** $\boldsymbol{\dfrac{x^2}{a^2}+\dfrac{y^2}{b^2}=1\ (a>b>0)}$ を用いるとよい。
$P(x_1,\ y_1)$ として，点Q，Rの座標をそれぞれ $a$，$b$，$x_1$，$y_1$ で表す。次に，積OQ・ORを計算し，その結果が $x_1$，$y_1$ を含まない $a$，$b$ の式で表されることを導く。

**CHART** **座標の選定　標準形を利用し，計算をらくに**

**解答**

楕円の方程式を $\dfrac{x^2}{a^2}+\dfrac{y^2}{b^2}=1$ $(a>b>0)$ とすると，短軸の両端は $B(0,\ b)$，$B'(0,\ -b)$ である。

◀原点が楕円の中心。

また，$P(x_1,\ y_1)$ とすると

$$\frac{x_1^{\,2}}{a^2}+\frac{y_1^{\,2}}{b^2}=1 \quad \cdots\cdots ①$$

◀点Pは楕円上にある。

直線BPの方程式は

$$(y_1-b)(x-0)-(x_1-0)(y-b)=0$$

◀2点 $(X_1,\ Y_1)$，$(X_2,\ Y_2)$ を通る直線の方程式は
$\boldsymbol{(Y_2-Y_1)(x-X_1)}$
$\boldsymbol{-(X_2-X_1)(y-Y_1)=0}$

$y=0$ とすると，$y_1 \neq b$ であるから　$x=-\dfrac{bx_1}{y_1-b}$

よって　$Q\left(-\dfrac{bx_1}{y_1-b},\ 0\right)$

また，直線B'Pと $x$ 軸との交点Rの座標は，Qの座標で $b$ の代わりに $-b$ とおくと得られるから，その座標は

$$R\left(\frac{bx_1}{y_1+b},\ 0\right)$$

ゆえに　$OQ\cdot OR=\left|-\dfrac{bx_1}{y_1-b}\right|\cdot\left|\dfrac{bx_1}{y_1+b}\right|=\left|\dfrac{b^2x_1^{\,2}}{b^2-y_1^{\,2}}\right|$

① から　$b^2x_1^{\,2}=a^2(b^2-y_1^{\,2})$

よって　$OQ\cdot OR=\left|\dfrac{a^2(b^2-y_1^{\,2})}{b^2-y_1^{\,2}}\right|=a^2$ （一定）

**検討**
$p.251$ で示したように，2次曲線の方程式は回転移動などによって標準形に直すことができ，移動によって図形の性質は保たれるから，この例題のような問題では**標準形の場合についてのみ**示せばよい。

**練習 ③161** 双曲線上の任意の点Pから2つの漸近線に垂線PQ，PRを下ろすと，線分の長さの積PQ・PRは一定であることを証明せよ。

p.279 EX107, 108

## 基本事項

### 1　2次曲線と領域

次の不等式で表される領域は，それぞれ図の赤く塗った部分である。ただし，境界線を含まない。 **注意**　不等式が等号を含む場合は，境界線を含む。

[1]　$p>0$ とする。

①　$y^2<4px$

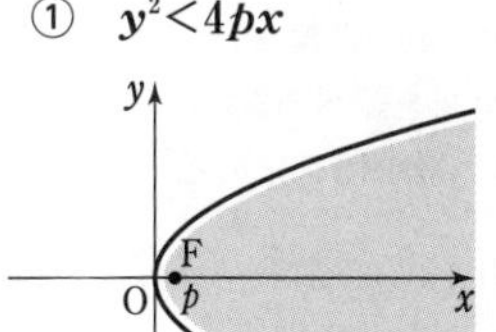


②　$y^2>4px$

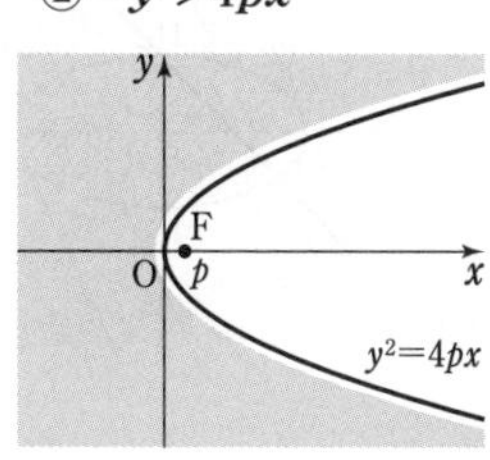


[2]　$a>b>0$ とする。

①　$\dfrac{x^2}{a^2}+\dfrac{y^2}{b^2}<1$

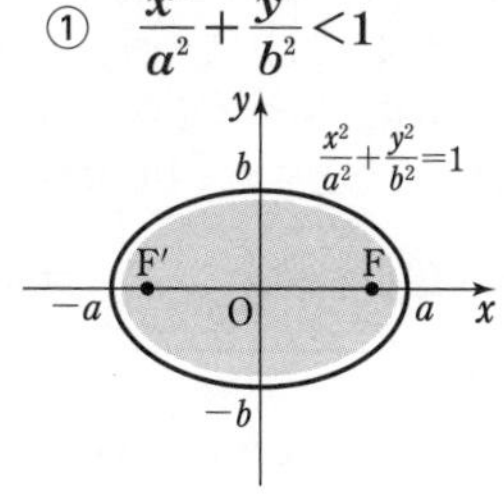


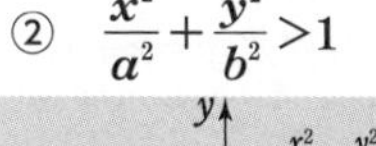

②　$\dfrac{x^2}{a^2}+\dfrac{y^2}{b^2}>1$

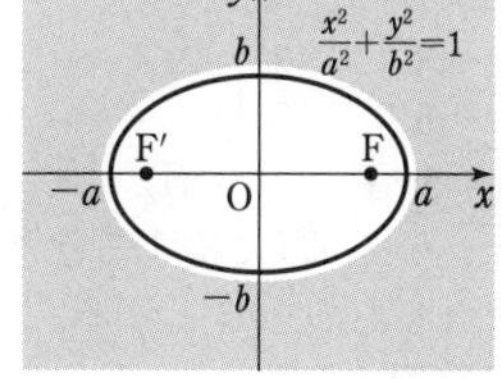


[3]　$a>0$，$b>0$ とする。

①　$\dfrac{x^2}{a^2}-\dfrac{y^2}{b^2}<1$

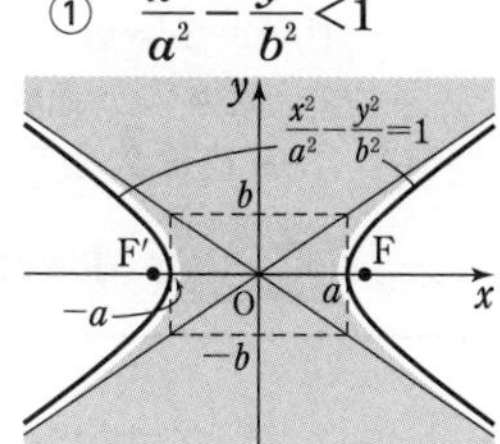


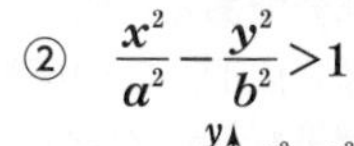

②　$\dfrac{x^2}{a^2}-\dfrac{y^2}{b^2}>1$

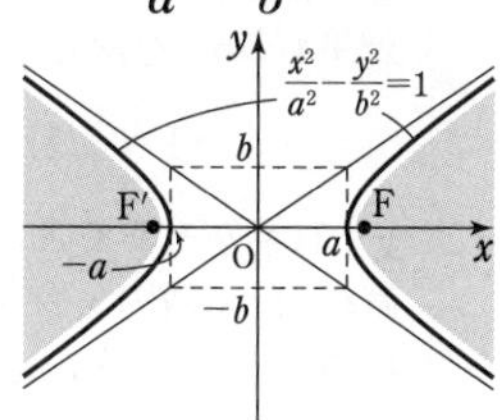


## 解　説

[1] は，数学Ⅱ（不等式の表す領域）で学習したことと同様。

[2]　①　楕円 $\dfrac{x^2}{a^2}+\dfrac{y^2}{b^2}=1\ (a>b>0)$ …… Ⓐ の内部にある点を $\mathrm{P}(x_1,\ y_1)$，直線 $x=x_1$ と楕円 Ⓐ との交点を $\mathrm{Q}(x_1,\ y_2)$ とすると，$|y_1|<|y_2|$ から　　$\dfrac{{x_1}^2}{a^2}+\dfrac{{y_1}^2}{b^2}<\dfrac{{x_1}^2}{a^2}+\dfrac{{y_2}^2}{b^2}=1$

よって，楕円の内部にある点は不等式を満たす。

また，この逆も成り立つ。

②　楕円 Ⓐ の外部にある点を $(x_1,\ y_1)$ とすると，$|x_1|\leqq a$ のときは上と同様に考えることで，$|x_1|>a$ のときは ${x_1}^2>a^2$ であることから，$\dfrac{{x_1}^2}{a^2}+\dfrac{{y_1}^2}{b^2}>1$ を満たすことがわかる。

[3]　①　双曲線 $\dfrac{x^2}{a^2}-\dfrac{y^2}{b^2}=1\ (a>0,\ b>0)$ …… Ⓑ に対し，上の基本事項 [3] ① の赤い部分にある点 $\mathrm{P}(x_1,\ y_1)$ をとる。直線 $y=y_1$ と双曲線 Ⓑ との交点を $\mathrm{Q}(x_2,\ y_1)$ とすると，$|x_1|<|x_2|$ から，上の [2] ① の場合と同様にしてわかる。

**問**　次の不等式の表す領域を図示せよ。

(1)　$\dfrac{x^2}{9}+\dfrac{y^2}{4}<1$　　(2)　$\dfrac{x^2}{9}-\dfrac{y^2}{4}\geqq 1$

（＊）問 の解答は $p.330$ にある。

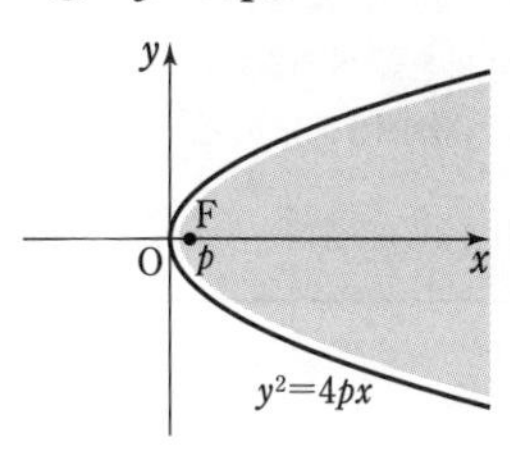

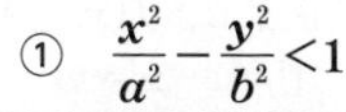

## 重要例題 162 領域と $x$，$y$ の1次式の最大・最小

④

実数 $x$，$y$ が2つの不等式 $y \leqq x+1$，$x^2+4y^2 \leqq 4$ を満たすとき，$y-2x$ の最大値，最小値を求めよ。

p.275 基本事項 1

**指針** 連立不等式を考えるときは，**図示が有効** である。まず，条件の不等式の表す領域 $F$ を図示し，$\boldsymbol{f(x,\ y)=k}$ とおいて，図形的に考える。

1 $y-2x=k$ …… Ⓐ とおく。これは，傾き2，$y$ 切片 $k$ の直線。

2 直線 Ⓐ が領域 $F$ と共有点をもつような $k$ の値の範囲を調べる。

⟶ 直線 Ⓐ を平行移動させたときの $y$ 切片の最大値・最小値を求める。

**CHART 領域と最大・最小　図示して，$=k$ の直線（曲線）の動きを追う**

**解答**

$y \leqq x+1$，$x^2+4y^2 \leqq 4$ を満たす領域 $F$ は，右の図の斜線部分である。ただし，境界線を含む。

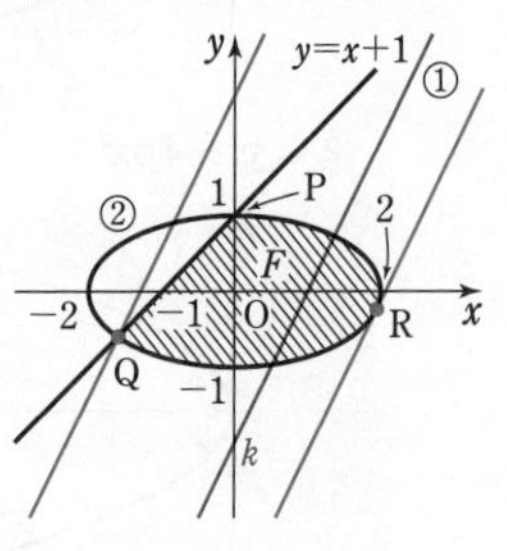


図の点P，Qの座標は，連立方程式 $y=x+1$，$x^2+4y^2=4$ を解くことにより

$$\mathrm{P}(0,\ 1),\ \mathrm{Q}\left(-\frac{8}{5},\ -\frac{3}{5}\right)$$

$y-2x=k$ とおくと　　$y=2x+k$ …… ①

直線①が楕円 $x^2+4y^2=4$ …… ② に接するとき，その接点のうち領域 $F$ に含まれるものをRとする。

①，② から $y$ を消去して整理すると

$$17x^2+16kx+4(k^2-1)=0 \quad \cdots\cdots ③$$

◀ $x^2+4(2x+k)^2=4$

③ の判別式を $D$ とすると

$$\frac{D}{4}=(8k)^2-17\cdot4(k^2-1)=-4(k^2-17)$$

$D=0$ とすると，$k^2-17=0$ から　　$k=\pm\sqrt{17}$

図から，$k=-\sqrt{17}$ のとき，直線①は点Rで楕円②に接する。このとき，$\mathrm{R}(x_1,\ y_1)$ とすると

◀図から，($y$ 切片 $k$)$<0$ となるものが適する。

$$x_1=-\frac{8}{17}\cdot(-\sqrt{17})=\frac{8\sqrt{17}}{17}$$

◀ $x_1$ は ③ の重解で $x_1=-\frac{8}{17}k$　また $y_1=2x_1+k$ $(k=-\sqrt{17})$

よって　　$y_1=2\cdot\frac{8\sqrt{17}}{17}-\sqrt{17}=-\frac{\sqrt{17}}{17}$

2直線①，$y=x+1$ の傾きについて，$2>1$ であるから，図より $k$ は直線①が，点Qを通るとき最大となり，点Rを通るとき最小となる。

よって　　$\boldsymbol{x=-\frac{8}{5},\ y=-\frac{3}{5}}$ **のとき最大値** $\boldsymbol{\frac{13}{5}}$，

$\boldsymbol{x=\frac{8\sqrt{17}}{17},\ y=-\frac{\sqrt{17}}{17}}$ **のとき最小値** $\boldsymbol{-\sqrt{17}}$

◀ $-\frac{3}{5}-2\left(-\frac{8}{5}\right)=\frac{13}{5}$

**練習 ④162** 実数 $x$，$y$ が2つの不等式 $x^2+9y^2 \leqq 9$，$y \geqq x$ を満たすとき，$x+3y$ の最大値，最小値を求めよ。

## 重要例題 163 領域と $x$, $y$ の2次式の最大・最小

連立不等式 $x-2y+3\geqq 0$, $2x-y\leqq 0$, $x+y\geqq 0$ の表す領域を $A$ とする。点 $(x,\ y)$ が領域 $A$ を動くとき，$y^2-4x$ の最大値と最小値を求めよ。

重要 162

**指針** 領域と最大・最小　図示して，$=k$ の曲線の動きを追う

$y^2-4x=k$ とおくと　$x=\dfrac{y^2}{4}-\dfrac{k}{4}$

これは，頂点が $x$ 軸上にある放物線を表す。この放物線が領域 $A$ と共有点をもつような頂点の $x$ 座標 $-\dfrac{k}{4}$ のとりうる値の範囲を考える。

**解答**

領域 $A$ は，3点 $(0,\ 0)$, $(1,\ 2)$, $(-1,\ 1)$ を頂点とする三角形の周および内部を表す。

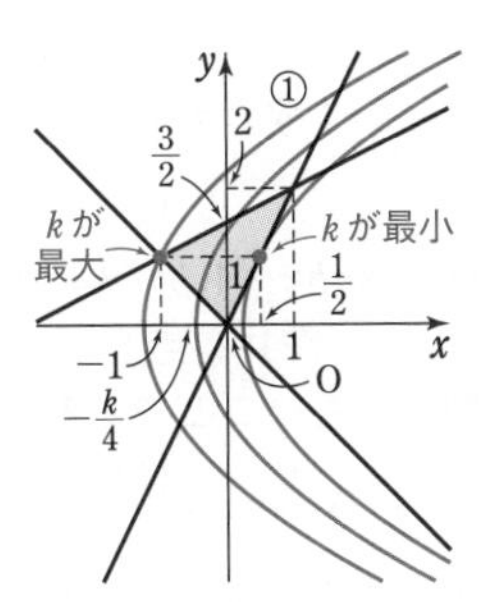


$y^2-4x=k$ とおくと

$$x=\frac{y^2}{4}-\frac{k}{4}\ \cdots\cdots\ ①$$

$k$ が最大となるのは $-\dfrac{k}{4}$ が最小となるときである。それは図から，放物線①が点 $(-1,\ 1)$ を通るときである。

このとき　$k=1^2-4(-1)=5$

また，$k$ が最小となるのは $-\dfrac{k}{4}$ が最大となるときである。それは図から，放物線①が直線 $y=2x$ と $0\leqq x\leqq 1$ の範囲で接するときである。

$y=2x$ を①に代入して整理すると

$$4x^2-4x-k=0\ \cdots\cdots\ ②$$

この2次方程式の判別式を $D$ とすると

$$\frac{D}{4}=(-2)^2-4\cdot(-k)=4+4k$$

$D=0$ とすると，$4+4k=0$ から　$k=-1$

このとき，②の重解は

$$x=-\frac{-2}{4}=\frac{1}{2}\ (0\leqq x\leqq 1\ を満たす。)$$

これを $y=2x$ に代入して　$y=1$

したがって　**$x=-1$, $y=1$ のとき最大値 5；**

**$x=\dfrac{1}{2}$, $y=1$ のとき最小値 $-1$**

◀ $x-2y+3\geqq 0$ から
$y\leqq\dfrac{1}{2}x+\dfrac{3}{2}$
$2x-y\leqq 0$ から
$y\geqq 2x$
$x+y\geqq 0$ から
$y\geqq -x$

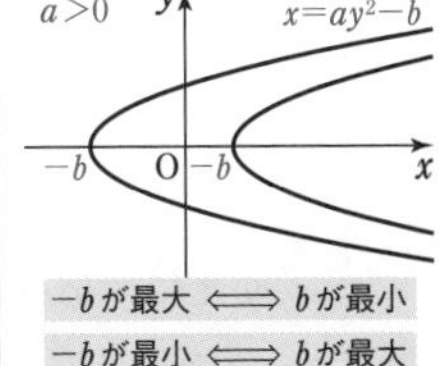


$-b$ が最大 ⟺ $b$ が最小
$-b$ が最小 ⟺ $b$ が最大

◀接点の $x$ 座標が $0\leqq x\leqq 1$ の範囲にあることを確認する。



**練習 ④163** 連立不等式 $x+3y-5\leqq 0$, $x+y-3\geqq 0$, $y\geqq 0$ の表す領域を $A$ とする。点 $(x,\ y)$ が領域 $A$ を動くとき，$x^2-y^2$ の最大値と最小値を求めよ。

## 重要例題 164 共有点をもつ点全体の領域図示 ④

双曲線 $\frac{x^2}{4}-\frac{y^2}{9}=1$ と直線 $y=ax+b$ が共有点をもつような点 $(a,\ b)$ 全体からなる領域 $E$ を $ab$ 平面上に図示せよ。 〔類 北海道大〕 p.275 基本事項 1

**指針** 双曲線 $\frac{x^2}{4}-\frac{y^2}{9}=1$ …… Ⓐ と直線 $y=ax+b$ …… Ⓑ が共有点をもつ

$\Longleftrightarrow$ Ⓐ と Ⓑ から $y$ を消去して得られる $x$ の方程式が実数解をもつ

このように，実数解条件におき換えて考える。$x^2$ の項の係数が 0 か 0 でないかで場合分けが必要となる。

なお，2 次方程式の場合は，**実数解 $\Longleftrightarrow$ 判別式 $D\geqq 0$** を利用する。

**解答**

$y=ax+b$ を $\frac{x^2}{4}-\frac{y^2}{9}=1$ すなわち $9x^2-4y^2=36$ に代入して整理すると

$$(4a^2-9)x^2+8abx+4(b^2+9)=0 \quad \cdots\cdots ①$$

双曲線と直線 $y=ax+b$ が共有点をもつための条件は，$x$ の方程式 ① が実数解をもつことである。

[1] $4a^2-9\neq 0$ すなわち $a\neq\pm\frac{3}{2}$ のとき

2 次方程式 ① の判別式を $D$ とすると $D\geqq 0$

$$\frac{D}{4}=(4ab)^2-(4a^2-9)\cdot 4(b^2+9)=36(b^2-4a^2+9)$$

ゆえに，$b^2-4a^2+9\geqq 0$ から $4a^2-b^2\leqq 9$

すなわち $$\frac{a^2}{\left(\frac{3}{2}\right)^2}-\frac{b^2}{3^2}\leqq 1$$

[2] $4a^2-9=0$ すなわち $a=\pm\frac{3}{2}$ のとき

① は $\pm 12bx+4(b^2+9)=0$

これが実数解をもつための条件は $b\neq 0$

[1]，[2] から，求める領域 $E$ は，**右の図の斜線部分。ただし，境界線は，2 点 $\left(\frac{3}{2},\ 0\right)$，$\left(-\frac{3}{2},\ 0\right)$ を除き，他はすべて含む。**

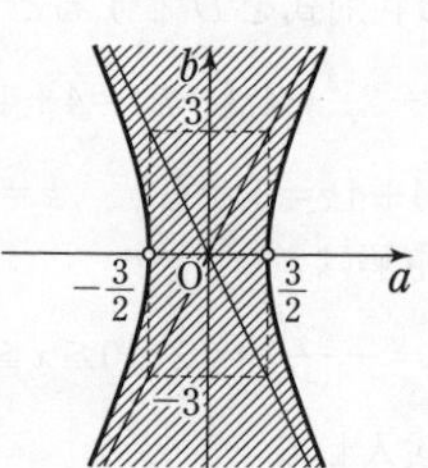


◀ 共有点 $\Longleftrightarrow$ 実数解

◀ $x^2$ の係数が 0 でないとき。

◀ この不等式は，双曲線 $\frac{a^2}{\left(\frac{3}{2}\right)^2}-\frac{b^2}{3^2}=1$ で分けられる 3 つの部分のうち，原点を含む部分を表す。

◀ $4(b^2+9)>0$

[2] の結果が表す図形は，2 直線 $a=\pm\frac{3}{2}$ から点 $\left(\frac{3}{2},\ 0\right)$，$\left(-\frac{3}{2},\ 0\right)$ を除いたもの。

**練習 ④164** $xy$ 平面上に定点 A$(0,\ 1)$ がある。$x$ 軸上に点 P$(t,\ 0)$ をとり，P を中心とし，半径 $\frac{1}{2}$AP の円 $C$ を考える。$t$ が実数のとき，円 $C$ の通過する領域を $xy$ 平面上に図示せよ。 〔類 横浜国大〕 p.279 EX 109, 110

# EXERCISES



②**106** 点 P$(x,\ y)$ と定点 $(2,\ 0)$ の距離を $a$，点 P と $y$ 軸との距離を $b$ とする。点 P が $\dfrac{a}{b}=\sqrt{2}$ という関係を満たしつつ移動するとき，$x$，$y$ は $\boxed{\phantom{xx}}=1$ を満たし，点 P の軌跡は双曲線となる。この双曲線の漸近線を求めよ。〔北里大〕 →160

④**107** 楕円 $\dfrac{x^2}{a^2}+\dfrac{y^2}{b^2}=1\ (a>0,\ b>0)$ 上に 2 点 A，B がある。原点 O と直線 AB の距離を $h$ とする。$\angle\mathrm{AOB}=90^\circ$ のとき，次の問いに答えよ。

(1) $\dfrac{1}{h^2}=\dfrac{1}{\mathrm{OA}^2}+\dfrac{1}{\mathrm{OB}^2}$ であることを示せ。

(2) $h$ は点 A のとり方に関係なく一定であることを示せ。〔類 東京学芸大〕

→161

③**108** $p$ を正の実数とする。放物線 $y^2=4px$ 上の点 Q における接線 $\ell$ が準線 $x=-p$ と交わる点を A とし，点 Q から準線 $x=-p$ に下ろした垂線と準線 $x=-p$ との交点を H とする。ただし，点 Q の $y$ 座標は正とする。

(1) 点 Q の $x$ 座標を $\alpha$ とするとき，$\triangle\mathrm{AQH}$ の面積を，$\alpha$ と $p$ を用いて表せ。

(2) 点 Q における法線が準線 $x=-p$ と交わる点を B とするとき，$\triangle\mathrm{AQH}$ の面積は線分 AB の長さの $\dfrac{p}{2}$ 倍に等しいことを示せ。〔弘前大〕 →161

④**109** 実数 $a$ に対して，曲線 $C_a$ を方程式 $(x-a)^2+ay^2=a^2+3a+1$ によって定める。

(1) $C_a$ は $a$ の値と無関係に 4 つの定点を通ることを示し，その 4 定点の座標を求めよ。

(2) $a$ が正の実数全体を動くとき，$C_a$ が通過する範囲を図示せよ。〔筑波大〕

→164

④**110** $a$，$b$ を実数とする。直線 $y=ax+b$ と楕円 $\dfrac{x^2}{9}+\dfrac{y^2}{4}=1$ が，$y$ 座標が正の相異なる 2 点で交わるとする。このような点 $(a,\ b)$ 全体からなる領域 $D$ を $ab$ 平面上に図示せよ。〔香川大〕 →164

106 距離の条件を式に表す。また $a^2=2b^2$

107 (1) $\triangle\mathrm{OAB}$ の面積を 2 通りに表す。
(2) $\mathrm{OA}=r_1$，$\mathrm{OB}=r_2$，動径 OA の表す角を $\theta$ とし，2 点 A，B の座標を $r_1$，$r_2$，$\theta$ で表す。

108 (1) 点 A，H の座標を求める。
(2) 法線の方程式は接線 $\ell$ との **(傾きの積)$=-1$** を利用して求める。

109 (1) $a$ の **恒等式** の問題として解く。
(2) $C_a$ の方程式から $a=f(x,\ y)$ の形を導き，$a>0$ とする。

110 $a=0$，$a\neq0$ で場合分け。$a\neq0$ のときについては，直線と楕円の方程式から $x$ を消去して得られる $y$ の 2 次方程式の解の条件に注目する。

# 21 媒介変数表示

## 基本事項

### 1 媒介変数表示

平面上の曲線が 1 つの変数，例えば $t$ によって　　$\boldsymbol{x=f(t)}$，$\boldsymbol{y=g(t)}$
の形に表されたとき，これをその曲線の **媒介変数表示** または **パラメータ表示** といい，$t$ を **媒介変数** または **パラメータ** という。

### 2 2 次曲線の媒介変数表示

円　$x^2+y^2=a^2$　$\begin{cases} \boldsymbol{x=a\cos\theta} \\ \boldsymbol{y=a\sin\theta} \end{cases}$　　放物線　$y^2=4px$　$\begin{cases} \boldsymbol{x=pt^2} \\ \boldsymbol{y=2pt} \end{cases}$

楕　円　$\dfrac{x^2}{a^2}+\dfrac{y^2}{b^2}=1$　$\begin{cases} \boldsymbol{x=a\cos\theta} \\ \boldsymbol{y=b\sin\theta} \end{cases}$　　双曲線　$\dfrac{x^2}{a^2}-\dfrac{y^2}{b^2}=1$　$\begin{cases} \boldsymbol{x=\dfrac{a}{\cos\theta}} \\ \boldsymbol{y=b\tan\theta} \end{cases}$

### 3 媒介変数表示された曲線の平行移動

曲線 $x=f(t)$，$y=g(t)$ を，$x$ 軸方向に $p$，$y$ 軸方向に $q$ だけ平行移動した曲線は
$\boldsymbol{x=f(t)+p}$，$\boldsymbol{y=g(t)+q}$　で表される。

## 解　説

### ■媒介変数表示

点 P の座標 $x$，$y$ が変数 $t$ によって

$x=t+1$，$y=t^2-2t$ …… ①

と表されたとき，$t$ の値に対する点 P の座標は，例えば

$t=-1 \longrightarrow (0,\ 3)$，$t=0 \longrightarrow (1,\ 0)$，$t=1 \longrightarrow (2,\ -1)$，
$t=\ 2 \longrightarrow (3,\ 0)$，$t=3 \longrightarrow (4,\ 3)$　のようになる。

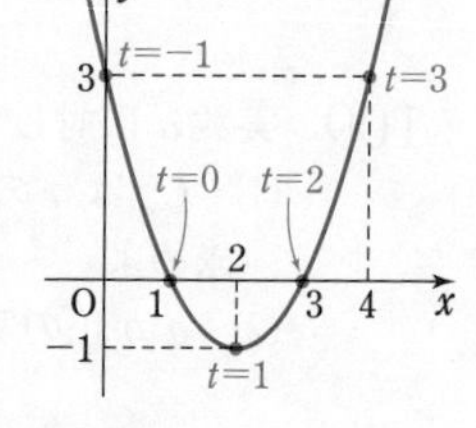


このように，いろいろな $t$ の値に対する点 P を座標平面上にとることによって，点 P の軌跡を描くことができる。
① から $t$ を消去 すると，$t=x-1$ より　　$y=(x-1)^2-2(x-1)=x^2-4x+3$
よって，上で描いた曲線は関数 $y=x^2-4x+3$ のグラフであることがわかる。
また，別の表現をすると，① は曲線 $y=x^2-4x+3$ の媒介変数表示である。
なお，媒介変数については，一般角 $\theta$ を用いるものもある。
例えば，**原点 O を中心とする半径 $\boldsymbol{a}$ の円** $x^2+y^2=a^2$ …… ②
上の点を $\mathrm{P}(x,\ y)$ とし，動径 OP の表す角を $\theta$ とすると
$\boldsymbol{x=a\cos\theta}$，$\boldsymbol{y=a\sin\theta}$　これは円 ② の媒介変数表示である。

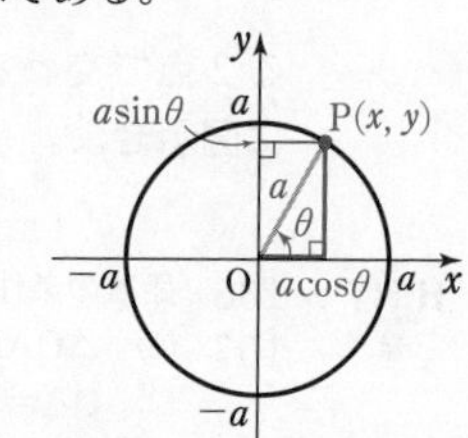


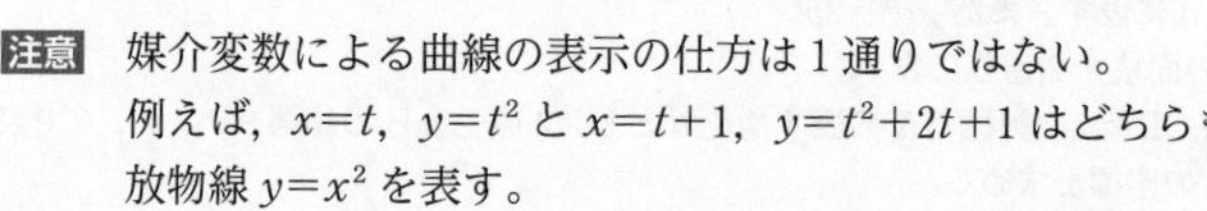

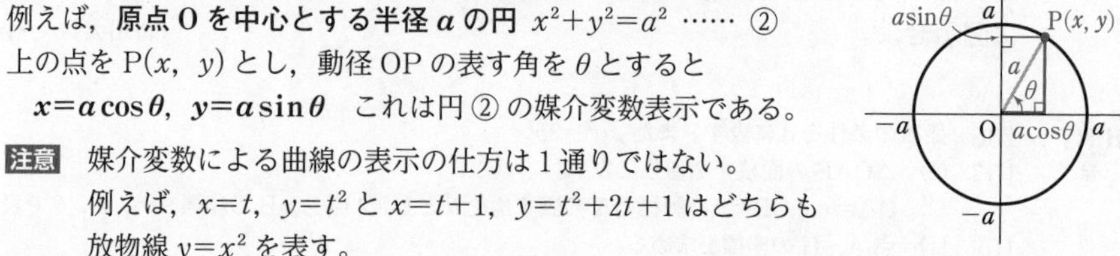

**注意**　媒介変数による曲線の表示の仕方は 1 通りではない。
例えば，$x=t$，$y=t^2$ と $x=t+1$，$y=t^2+2t+1$ はどちらも放物線 $y=x^2$ を表す。

**問**　次の式で表される点 $\mathrm{P}(x,\ y)$ は，どのような曲線を描くか。

(1)　$x=t-1$，$y=3t-2$　　　(2)　$x=t+2$，$y=t^2-4t+1$

(＊)　問 の解答は $p.330$ にある。

## 解　説

### ■ 放物線・楕円・双曲線の媒介変数表示

[1]　**放物線の媒介変数表示**

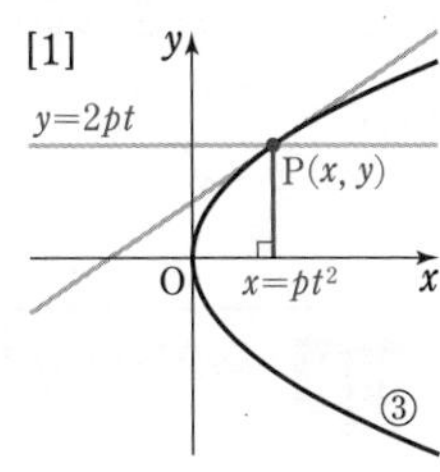


放物線 $y^2=4px$ …… ③ と，$x$ 軸に平行な直線群(*) $y=2pt$ との交点を $\mathrm{P}(x,\ y)$ とすると，$(2pt)^2=4px$ から

$x=pt^2$

よって　　$\boldsymbol{x=pt^2,\ y=2pt}$

(＊)　$y=2pt$ で，$t$ の値をいろいろ変えると，この方程式はそれに応じていろいろな直線を表す。それらをまとめて **直線群** という。なお，直線群との交点を考えることによる曲線の媒介変数表示は，$p.285$ でも扱っている。

[2]　**楕円の媒介変数表示**

円 $x^2+y^2=a^2$ …… ④，楕円 $\dfrac{x^2}{a^2}+\dfrac{y^2}{b^2}=1$ …… ⑤ について，

楕円 ⑤ は円 ④ を $x$ 軸をもとにして，$y$ 軸方向に $\dfrac{b}{a}$ 倍に拡大または縮小したものである（$p.238$ 参照）。

よって，円 ④ の周上の点 $\mathrm{Q}(a\cos\theta,\ a\sin\theta)$ に対し，それを $x$ 軸をもとにして，$y$ 軸方向に $\dfrac{b}{a}$ 倍した点を $\mathrm{P}(x,\ y)$ とすると　　$\boldsymbol{x=a\cos\theta,\ y=\dfrac{b}{a}\times a\sin\theta=b\sin\theta}$

なお，右の図で，$\angle\mathrm{PO}x=\theta$ ではないことに注意。

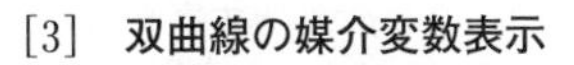

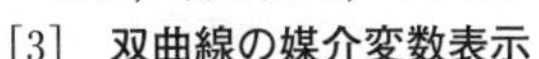
[3]　**双曲線の媒介変数表示**

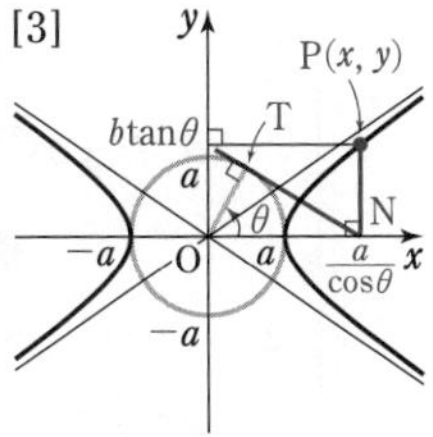


三角関数の相互関係から　　$\tan^2\theta+1=\dfrac{1}{\cos^2\theta}$

ゆえに，$\dfrac{1}{\cos^2\theta}-\tan^2\theta=1$ に注目して $\dfrac{x}{a}=\dfrac{1}{\cos\theta}$，$\dfrac{y}{b}=\tan\theta$

とおくと，点 $\mathrm{P}\left(\dfrac{a}{\cos\theta},\ b\tan\theta\right)$ は双曲線 $\dfrac{x^2}{a^2}-\dfrac{y^2}{b^2}=1$ 上を動くことがわかる。

　なお，図のように，双曲線上の点 $\mathrm{P}(x,\ y)$ から $x$ 軸に垂線 PN を下ろし，N から O を中心，半径を $a$ とする円に接線を引く。このとき，接点を T とすると，$\theta$ は動径 OT の表す角である。

◀△NTO において $\mathrm{ON}=\dfrac{a}{\cos\theta}$，$\mathrm{OT}=a$ であるから $\angle\mathrm{TON}=\theta$

**注意**　双曲線 $\dfrac{x^2}{a^2}-\dfrac{y^2}{b^2}=-1$ の媒介変数表示は

$$\boldsymbol{x=a\tan\theta,\ y=\frac{b}{\cos\theta}}$$

◀$\tan^2\theta-\dfrac{1}{\cos^2\theta}=-1$ に注目。

### ■ 曲線の平行移動

媒介変数 $t$ で表された曲線 $C$：$x=f(t)$，$y=g(t)$ の方程式が $F(x,\ y)=0$ であるとき，$x=f(t)+p$，$y=g(t)+q$ で表される曲線を $C'$ とする。

$f(t)=x-p$，$g(t)=y-q$ であるから　　$F(x-p,\ y-q)=0$

よって，$C'$ は $C$ を **$x$ 軸方向に $p$，$y$ 軸方向に $q$ だけ平行移動した曲線** であることがわかる。

◀$p.247$ 基本事項 **1** 参照。

## 基本例題 165 曲線の媒介変数表示

①①①①①

次の式で表される点 P$(x, y)$ は，どのような曲線を描くか。

(1) $\begin{cases} x=t+1 \\ y=\sqrt{t} \end{cases}$　(2) $\begin{cases} x=\cos\theta \\ y=\sin^2\theta+1 \end{cases}$　(3) $\begin{cases} x=3\cos\theta+2 \\ y=4\sin\theta+1 \end{cases}$　(4) $\begin{cases} x=2^t+2^{-t} \\ y=2^t-2^{-t} \end{cases}$

p.280 基本事項 2

**指針** 媒介変数（$t$ または $\theta$）を消去して，$x$，$y$ のみの関係式を導く。

└一般角 $\theta$ で表されたものについては，三角関数の相互関係 $\sin^2\theta+\cos^2\theta=1$ などを利用するとうまくいくことが多い。

(1)，(2)，(4)　**変数 $x$，$y$ の変域** にも注意。$\sqrt{●}\geqq0$，$-1\leqq\sin\theta\leqq1$，$-1\leqq\cos\theta\leqq1$，$2^{●}>0$ などの **かくれた条件** にも気をつける。

**解答**

(1) $y=\sqrt{t}$ から　$t=y^2$

$x=t+1$ に代入して　$x=y^2+1$

また，$y=\sqrt{t}$ で $\sqrt{t}\geqq0$ であるから　$y\geqq0$

よって　**放物線 $x=y^2+1$ の $y\geqq0$ の部分**

(2) $\sin^2\theta=1-\cos^2\theta$ から　$y=(1-\cos^2\theta)+1=2-\cos^2\theta$

$\cos\theta=x$ を代入して　$y=2-x^2$

また，$-1\leqq\cos\theta\leqq1$ であるから　$-1\leqq x\leqq1$

よって　**放物線 $y=2-x^2$ の $-1\leqq x\leqq1$ の部分**

(2)

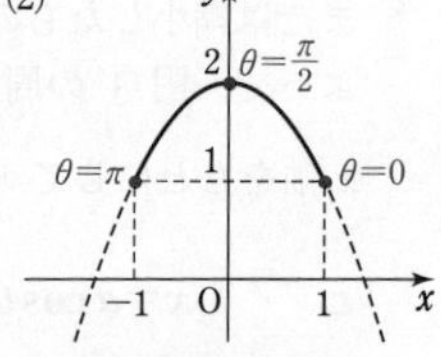


(3) $x=3\cos\theta+2$，$y=4\sin\theta+1$ から

$$\cos\theta=\frac{x-2}{3},\ \sin\theta=\frac{y-1}{4}$$

$\sin^2\theta+\cos^2\theta=1$ に代入して

**楕円 $\dfrac{(x-2)^2}{9}+\dfrac{(y-1)^2}{16}=1$**

(3) $\theta$ を消去しなくても，$p.280$ 基本事項で学んだことから結果はわかるが，答案では $\theta$ を消去する過程も述べておく。

(4) $x=2^t+2^{-t}$ から　$x^2=2^{2t}+2+2^{-2t}$ …… ①

$y=2^t-2^{-t}$ から　$y^2=2^{2t}-2+2^{-2t}$ …… ②

①−② から　$x^2-y^2=4$

また，$2^t>0$，$2^{-t}>0$ から　$2^t+2^{-t}\geqq2\sqrt{2^t\cdot2^{-t}}=2$

等号は，$2^t=2^{-t}$ すなわち $t=-t$ から $t=0$ のとき成り立つ。よって　**双曲線 $\dfrac{x^2}{4}-\dfrac{y^2}{4}=1$ の $x\geqq2$ の部分**

◀$(2^t)^2=2^{2t}$，$(2^{-t})^2=2^{-2t}$，$2^t\cdot2^{-t}=2^0=1$

◀**(相加平均)≧(相乗平均)**
正の式どうしの和については，この条件にも注意。

**練習 ① 165** 次の式で表される点 P$(x, y)$ は，どのような曲線を描くか。　[(6) 類 関西大]

(1) $\begin{cases} x=2\sqrt{t}+1 \\ y=4t+2\sqrt{t}+3 \end{cases}$　(2) $\begin{cases} x=\sin\theta\cos\theta \\ y=1-\sin2\theta \end{cases}$

(3) $\begin{cases} x=3t^2 \\ y=6t \end{cases}$　(4) $\begin{cases} x=5\cos\theta \\ y=2\sin\theta \end{cases}$

(5) $x=\dfrac{2}{\cos\theta}$，$y=\tan\theta$　(6) $\begin{cases} x=3^{t+1}+3^{-t+1}+1 \\ y=3^t-3^{-t} \end{cases}$

p.291 EX111

## 基本例題 166 放物線の頂点が描く曲線など ②②②②②

(1) 放物線 $y=x^2-2(t+1)x+2t^2-t$ の頂点は，$t$ の値が変化するとき，どんな曲線を描くか。

(2) 定円 $x^2+y^2=r^2$ の周上を点 $\mathrm{P}(x,\ y)$ が動くとき，座標が $(y^2-x^2,\ 2xy)$ で表される点Qはある円の周上を動く。その円の中心の座標と半径を求めよ。

p.280 基本事項 **2**

**指針** (1) まず，放物線の方程式を **基本形** $\boldsymbol{y=a(x-p)^2+q}$ に直す。頂点の座標を $(x,\ y)$ とすると，$x=(t$ の式$)$，$y=(t$ の式$)$ と表される。$x=(t$ の式$)$，$y=(t$ の式$)$ から **変数 $\boldsymbol{t}$ を消去して，$\boldsymbol{x}$，$\boldsymbol{y}$ の関係式を導く**。

(2) **円の媒介変数表示 $\boldsymbol{x=r\cos\theta}$，$\boldsymbol{y=r\sin\theta}$** を利用すると，点Qの座標 $(X,\ Y)$ も $\theta$ で表される。この媒介変数表示から $X$，$Y$ の関係式を導く。

**CHART** 媒介変数　消去して，$x$，$y$ だけの式へ

**解答**

(1) $y=x^2-2(t+1)x+2t^2-t$

$=\{x^2-2(t+1)x+(t+1)^2\}-(t+1)^2+2t^2-t$

$=\{x-(t+1)\}^2+t^2-3t-1$

よって，放物線の頂点の座標を $(x,\ y)$ とすると

$x=t+1$ …… ①，$y=t^2-3t-1$ …… ②

① から　$t=x-1$

これを ② に代入して　$y=(x-1)^2-3(x-1)-1$

よって　$y=x^2-5x+3$

したがって，頂点は **放物線 $\boldsymbol{y=x^2-5x+3}$** を描く。

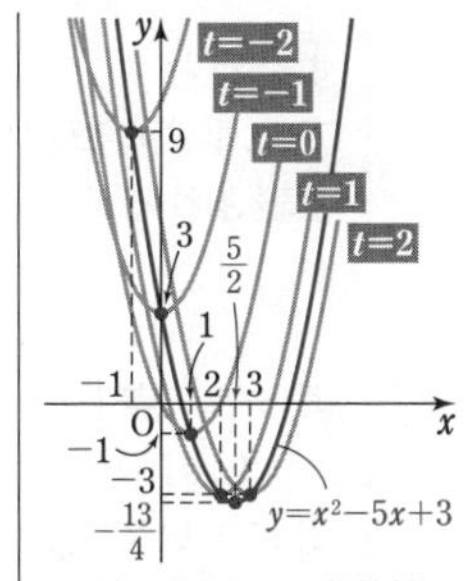


$t$ の値がすべての実数値をとると，① の $x$ の値もすべての実数値をとり，頂点は放物線 $y=x^2-5x+3$ 全体を動く。

(2) $x^2+y^2=r^2$ から，$\mathrm{P}(x,\ y)$ とすると $x=r\cos\theta$，$y=r\sin\theta$ と表される。$\mathrm{Q}(X,\ Y)$ とすると

$X=y^2-x^2=r^2(\sin^2\theta-\cos^2\theta)$

$=-r^2(\cos^2\theta-\sin^2\theta)=-r^2\cos 2\theta$

$Y=2xy=2r\cos\theta\cdot r\sin\theta=r^2\sin 2\theta$

よって　$X^2+Y^2=r^4(\cos^2 2\theta+\sin^2 2\theta)=r^4=(r^2)^2$

ゆえに，点Qは **点 $(0,\ 0)$ を中心** とする **半径 $\boldsymbol{r^2}$** の円の周上を動く。

◀$X$，$Y$ が $=\bigcirc\cos\triangle$，$=\square\sin\triangle$ の形 ⟶ $\boldsymbol{\sin^2\triangle+\cos^2\triangle=1}$ の活用を考えてみる。

**参考** $0\leqq\theta\leqq\pi$ のとき，点Pは円 $x^2+y^2=r^2$ 上を半周，点Qは円 $x^2+y^2=(r^2)^2$ 上を1周する。更に，$\pi\leqq\theta\leqq 2\pi$ のとき，点Pは残りの半円上を動き，点Qは円上をもう1周する。

**練習 ② 166** (1) 放物線 $y^2-4x+2ty+5t^2-4t=0$ の焦点Fは，$t$ の値が変化するとき，どんな曲線を描くか。

(2) 点 $\mathrm{P}(x,\ y)$ が，原点を中心とする半径1の円周上を反時計回りに1周するとき，点 $\mathrm{Q_1}(-y,\ x)$，点 $\mathrm{Q_2}(x^2+y^2,\ 0)$ は，原点の周りを反時計回りに何周するか。

〔(2) 類 鳥取大〕

## 基本例題 167 媒介変数表示と最大・最小

①①①①①

楕円 $\frac{x^2}{a^2}+\frac{y^2}{b^2}=1\ (0<b<a)$ の第1象限の部分上にある点Pにおける楕円の法線が，$x$ 軸，$y$ 軸と交わる点をそれぞれQ，Rとする。このとき，△OQR（Oは原点）の面積 $S$ のとりうる値の範囲を求めよ。 〔類 立命館大〕

p.280 基本事項 2

**指針** 点Pにおける法線は，点Pを通り，点Pにおける接線に垂直な直線である。そこで，まず **点Pの座標を媒介変数 $\theta$ で表し，点Pにおける接線の方程式** を求める。
また，点Pは第1象限の点であるから，**媒介変数 $\theta$ の値の範囲** に注意して△OQRの面積 $S$ のとりうる値の範囲を考える。

**解答**

条件から，$P(a\cos\theta,\ b\sin\theta)\ \left(0<\theta<\frac{\pi}{2}\right)$ と表される。

点Pにおける接線の方程式は $\frac{a\cos\theta}{a^2}x+\frac{b\sin\theta}{b^2}y=1$

すなわち $(b\cos\theta)x+(a\sin\theta)y=ab$ …… ①

① に垂直な直線は，$(a\sin\theta)x-(b\cos\theta)y=c$（$c$ は定数）と表される。(*) これが点Pを通るとき

$$c=a\sin\theta\cdot a\cos\theta-b\cos\theta\cdot b\sin\theta=(a^2-b^2)\sin\theta\cos\theta$$

よって，点Pにおける法線の方程式は

$$(a\sin\theta)x-(b\cos\theta)y=(a^2-b^2)\sin\theta\cos\theta \quad \cdots\cdots ②$$

② において，$y=0$，$x=0$ とそれぞれおくことにより

$$x=\frac{a^2-b^2}{a}\cos\theta,\quad y=-\frac{a^2-b^2}{b}\sin\theta$$

ゆえに $Q\left(\frac{a^2-b^2}{a}\cos\theta,\ 0\right)$，$R\left(0,\ -\frac{a^2-b^2}{b}\sin\theta\right)$

ここで，$0<b<a$，$\sin\theta>0$，$\cos\theta>0$ より，

$\frac{a^2-b^2}{a}\cos\theta>0$，$-\frac{a^2-b^2}{b}\sin\theta<0$ であるから

$$S=\frac{1}{2}\cdot OQ\cdot OR=\frac{1}{2}\cdot\frac{a^2-b^2}{a}\cos\theta\cdot\frac{a^2-b^2}{b}\sin\theta$$

$$=\frac{(a^2-b^2)^2}{2ab}\sin\theta\cos\theta=\frac{(a^2-b^2)^2}{4ab}\sin 2\theta$$

$0<\theta<\frac{\pi}{2}$ より，$0<2\theta<\pi$ であるから $0<\sin 2\theta\leqq 1$

したがって $\boldsymbol{0<S\leqq\frac{(a^2-b^2)^2}{4ab}}$

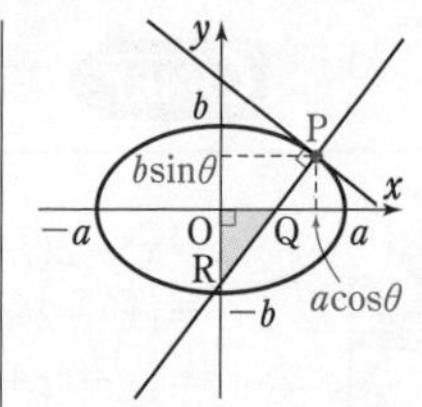


(*) 2直線 $px+qy+r=0$，$qx-py+r'=0$ は互いに垂直である。
なお，点 $(x_1,\ y_1)$ を通り，直線 $px+qy+r=0$ に垂直な直線の方程式は
$\boldsymbol{q(x-x_1)-p(y-y_1)=0}$
このことを用いて ② を導いてもよい。

◀ $b^2<a^2$

◀ $OR=\frac{a^2-b^2}{b}\sin\theta$

◀ $\boldsymbol{\sin\theta\cos\theta=\frac{\sin 2\theta}{2}}$

◀ $2\theta=\frac{\pi}{2}$ すなわち $\theta=\frac{\pi}{4}$ のとき $S$ は最大となる。

**練習 ③167** 実数 $x$，$y$ が $2x^2+3y^2=1$ を満たすとき，$x^2-y^2+xy$ の最大値と最小値を求めよ。 〔類 早稲田大〕

## 基本事項

**1 いろいろな媒介変数表示**　[1]～[3] では点 $(-a,\ 0)$ を除く。

[1] **円**　$x^2+y^2=a^2$　　$\boldsymbol{x=\dfrac{a(1-t^2)}{1+t^2},\ y=\dfrac{2at}{1+t^2}}$

[2] **楕円**　$\dfrac{x^2}{a^2}+\dfrac{y^2}{b^2}=1$　　$\boldsymbol{x=\dfrac{a(1-t^2)}{1+t^2},\ y=\dfrac{2bt}{1+t^2}}$

[3] **双曲線**　$\dfrac{x^2}{a^2}-\dfrac{y^2}{b^2}=1$　　$\boldsymbol{x=\dfrac{a(1+t^2)}{1-t^2},\ y=\dfrac{2bt}{1-t^2}}$　$\boldsymbol{(t^2\neq 1)}$

[4] **サイクロイド**　　$\boldsymbol{x=a(\theta-\sin\theta),\ y=a(1-\cos\theta)}$

## 解　説

円，楕円，双曲線の媒介変数表示には，$p.280$ で学んだもの以外にも，上のような表し方がある。

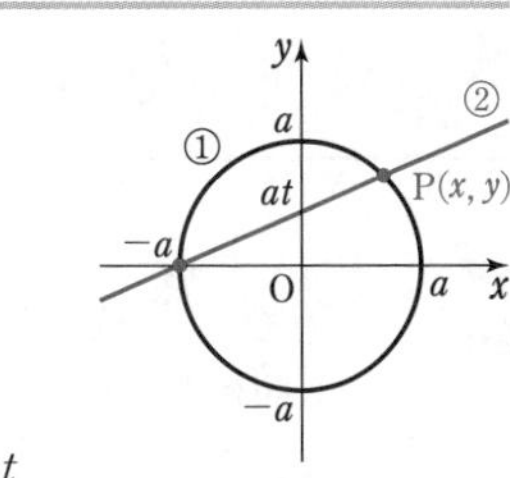


[1]　円 $x^2+y^2=a^2\ (a>0)$ …… ① と，点 $(-a,\ 0)$ を通る傾き $t$ の直線群 $y=t(x+a)$ …… ② との交点を $\mathrm{P}(x,\ y)$ とする。

② を ① に代入すると　　$x^2-a^2+t^2(x+a)^2=0$

ゆえに　　$(x+a)\{(1+t^2)x-a(1-t^2)\}=0$

$x\neq -a$ であるから　　$x=\dfrac{a(1-t^2)}{1+t^2}$　　このとき　　$y=\dfrac{2at}{1+t^2}$

これは円 ① から点 $(-a,\ 0)$ を除いた部分の媒介変数表示である。

なお，このことは，三角関数の公式　　$\boldsymbol{\tan\dfrac{\theta}{2}=t}$ **のとき**

$$\boldsymbol{\sin\theta=\frac{2t}{1+t^2},\ \cos\theta=\frac{1-t^2}{1+t^2},\ \tan\theta=\frac{2t}{1-t^2}}\quad (t\neq\pm 1)$$

を利用して，$p.280$ 基本事項の公式を変形することによっても導かれる。(各自，[1]～[3] の各場合について試してみよ。)

◀$\theta=2\cdot\dfrac{\theta}{2}$ として，2倍角の公式を利用。(「チャート式基礎からの数学Ⅱ」$p.248$ 基本例題 **154** (2))

### ■ サイクロイド

円(半径 $a$)が定直線($x$ 軸)に接しながら，滑ることなく回転するとき，円周上の定点 P が描く曲線を **サイクロイド** という。

点 P の最初の位置を原点 O とし，原点 O で $x$ 軸に接する半径 $a$ の円 $C$ が角 $\theta$ だけ回転して，右の図のように，$x$ 軸に点 A で接する位置にきたとき，$\mathrm{P}(x,\ y)$ とすると

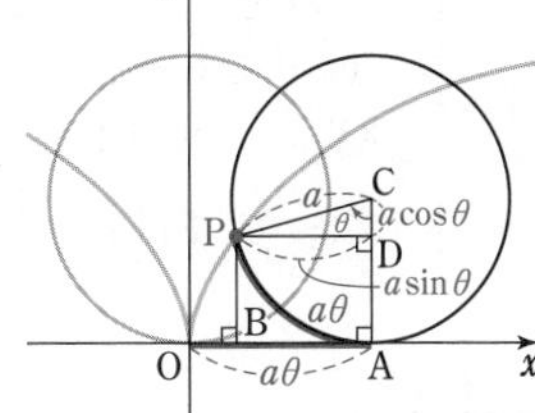


$\mathrm{OA}=\overset{\frown}{\mathrm{AP}}=a\theta$

$x=\mathrm{OB}=\mathrm{OA}-\mathrm{BA}=a\theta-a\sin\theta$

$y=\mathrm{BP}=\mathrm{AD}=\mathrm{AC}-\mathrm{DC}=a-a\cos\theta$

すなわち　　$\boldsymbol{x=a(\theta-\sin\theta),\ y=a(1-\cos\theta)}$　　← $\theta$ を消去することはできない。

これがサイクロイドの媒介変数表示である。

サイクロイドの概形は右図のようになり，

$0\leqq x\leqq 2\pi a,\ 2\pi a\leqq x\leqq 4\pi a,\ \cdots\cdots$

で同じ形が繰り返される。

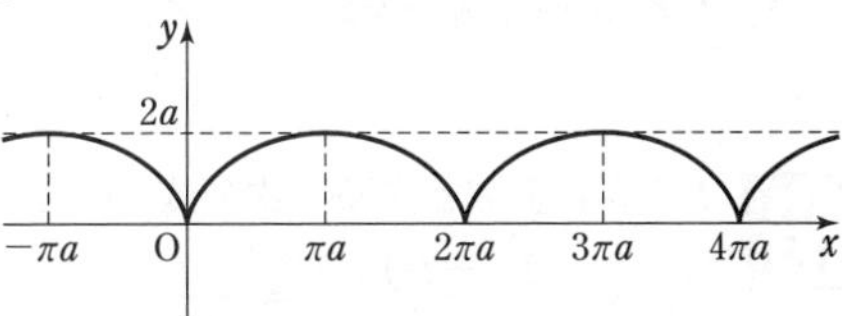


なお，例えば，自転車の車輪の一部に蛍光塗料を塗り，夜走っているのを見ると，サイクロイドが現れる。

4章 21 媒介変数表示

## 基本 例題 168 直線群と媒介変数表示

(1) 双曲線 $x^2-y^2=1$ と直線 $y=-x+t$ との交点を考えて，この双曲線を媒介変数 $t$ を用いて表せ。

(2) $t$ を媒介変数とする。$x=\dfrac{3}{1+t^2}$，$y=\dfrac{3t}{1+t^2}$ で表された曲線はどのような図形を表すか。

p.285 基本事項 1

**指針**

(1) $x$，$y$ を $t$ で表すために，2 つの方程式を $x$，$y$ の連立方程式とみる。
ここで，交点が存在するためには，双曲線の漸近線の 1 つが直線 $y=-x$ であることから，直線 $y=-x+t$ で $t\neq 0$ となることも必要。

(2) $x=\dfrac{3}{1+t^2}$ から $t$ を $x$ で表して，$y$ の式に代入するのでは大変。ここでは，

$\boldsymbol{y}=\dfrac{3t}{1+t^2}=t\cdot\dfrac{3}{1+t^2}=\boldsymbol{tx}$ とみることがポイント。

**解答**

(1) $x^2-y^2=1$ …… ①，$y=-x+t$ …… ② とする。
② を ① に代入して整理すると　$2tx=t^2+1$
双曲線と直線の交点が存在するためには　$t\neq 0$(*)

ゆえに　$x=\dfrac{t^2+1}{2t}$

これを ② に代入して　$y=-\dfrac{t^2+1}{2t}+t=\dfrac{t^2-1}{2t}$

したがって　$\boldsymbol{x=\dfrac{t^2+1}{2t}}$，$\boldsymbol{y=\dfrac{t^2-1}{2t}}$

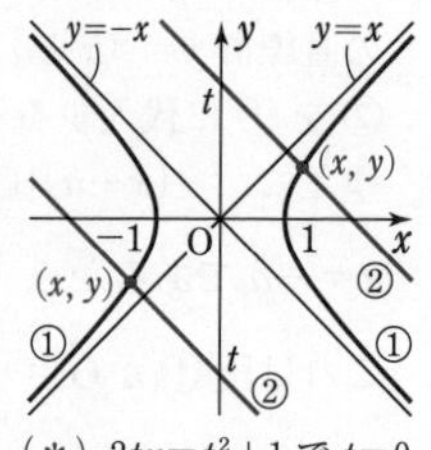


(＊) $2tx=t^2+1$ で $t=0$ とすると $0=1$ となり，矛盾が生じることから，$t\neq 0$ を導いてもよい。

(2) $x=\dfrac{3}{1+t^2}$ …… ①，$y=\dfrac{3t}{1+t^2}$ …… ② とする。
① を ② に代入して　$y=tx$

① より，$x\neq 0$ であるから　$t=\dfrac{y}{x}$

これを ① に代入して整理すると　$x(x^2+y^2-3x)=0$
$x\neq 0$ であるから　$x^2+y^2-3x=0$ …… ③
③ に $x=0$ を代入すると　$y=0$

よって，**円 $\boldsymbol{\left(x-\dfrac{3}{2}\right)^2+y^2=\dfrac{9}{4}}$ の点 (0, 0) を除いた部分**。

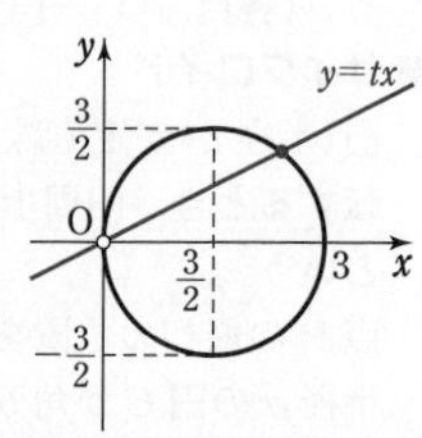


**注意** 例題 (1) では，双曲線の漸近線に平行な直線 $y=-x+t$ $(t\neq 0)$ と双曲線は交点を 1 つだけもつ。この性質を利用し，直線の $y$ 切片を媒介変数 $t$ として，双曲線を表している。
例題 (2) の ①，② は，円と原点を通る直線 $y=tx$ の交点に注目すると導かれる円の媒介変数表示で，直線の傾きを媒介変数 $t$ としている。$t\neq 0$ のとき，直線と円 ③ は交点を 1 つだけもつ。

**練習 ② 168** $t$ を媒介変数とする。次の式で表された曲線はどのような図形を表すか。

(1) $x=\dfrac{2(1+t^2)}{1-t^2}$，$y=\dfrac{6t}{1-t^2}$　　(2) $x\sin t=\sin^2 t+1$，$y\sin^2 t=\sin^4 t+1$

p.291 EX 112, 113

## 重要例題 169 エピサイクロイドの媒介変数表示 ⦶⦶⦶⦶⦶

半径 $b$ の円 $C$ が，原点Oを中心とする半径 $a$ の定円 $O$ に外接しながら滑ることなく回転するとき，円 $C$ 上の定点 $\mathrm{P}(x,\ y)$ が，初め定円 $O$ の周上の定点 $\mathrm{A}(a,\ 0)$ にあったものとして，点Pが描く曲線を媒介変数 $\theta$ で表せ。ただし，円 $C$ の中心Cと O を結ぶ線分の，$x$ 軸の正方向からの回転角を $\theta$ とする。

p.288 参考事項

**指針** まず，**図をかいてみる。ベクトルを利用** して，$\overrightarrow{\mathrm{OP}}=\overrightarrow{\mathrm{OC}}+\overrightarrow{\mathrm{CP}}$ と考えるとよい。
$\overrightarrow{\mathrm{CP}}$ の成分を求めるには，線分CPの，**$x$ 軸の正方向からの回転角を $\theta$ で表す** ことが必要となる。
与えられた条件から，2円 $O$，$C$ の接点をQとすると $\overset{\frown}{\mathrm{AQ}}=\overset{\frown}{\mathrm{PQ}}$ であることに注目。

**解答** 定円 $O$ と円 $C$ の接点をQとする。
与えられた条件より $\overset{\frown}{\mathrm{AQ}}=\overset{\frown}{\mathrm{PQ}}$
であるから

$$\overset{\frown}{\mathrm{PQ}}=a\theta \quad \cdots\cdots \text{①}$$

よって，線分CPの，線分CQからの回転角を $\angle\mathrm{QCP}=\theta'$ とすると $\overset{\frown}{\mathrm{PQ}}=b\theta' \quad \cdots\cdots$ ②

①，②から $\quad a\theta=b\theta'$

すなわち $\quad \theta'=\dfrac{a}{b}\theta$

よって，線分CPの，$x$ 軸の正方向からの回転角は

$$\theta+\pi+\frac{a}{b}\theta=\pi+\frac{a+b}{b}\theta$$

ゆえに

$$\overrightarrow{\mathrm{OP}}=(x,\ y),$$
$$\overrightarrow{\mathrm{OC}}=((a+b)\cos\theta,\ (a+b)\sin\theta),$$
$$\overrightarrow{\mathrm{CP}}=\left(b\cos\left(\pi+\frac{a+b}{b}\theta\right),\ b\sin\left(\pi+\frac{a+b}{b}\theta\right)\right)$$
$$=\left(-b\cos\frac{a+b}{b}\theta,\ -b\sin\frac{a+b}{b}\theta\right)$$

$\overrightarrow{\mathrm{OP}}=\overrightarrow{\mathrm{OC}}+\overrightarrow{\mathrm{CP}}$ から

$$\begin{cases} \boldsymbol{x=(a+b)\cos\theta-b\cos\dfrac{a+b}{b}\theta} \\ \boldsymbol{y=(a+b)\sin\theta-b\sin\dfrac{a+b}{b}\theta} \end{cases}$$

◀半径 $r$ の円の，中心角 $\theta$（ラジアン）に対する弧の長さは **$r\theta$**

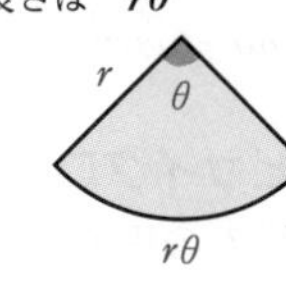


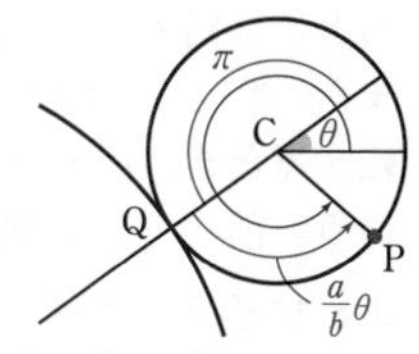


◀$\cos(\pi+\alpha)=-\cos\alpha$
$\sin(\pi+\alpha)=-\sin\alpha$

**注意** この例題で，点Pが描く図形を **エピサイクロイド** という。また，下の練習169で点Pの描く図形を **ハイポサイクロイド** という。
なお，これらの曲線については，次ページも参照。

**練習 ④169** $a>2b$ とする。半径 $b$ の円 $C$ が原点Oを中心とする半径 $a$ の定円 $O$ に内接しながら滑ることなく回転していく。円 $C$ 上の定点 $\mathrm{P}(x,\ y)$ が，初め定円 $O$ の周上の定点 $\mathrm{A}(a,\ 0)$ にあったものとして，円 $C$ の中心Cと原点Oを結ぶ線分の，$x$ 軸の正方向からの回転角を $\theta$ とするとき，点Pが描く曲線を媒介変数 $\theta$ で表せ。

p.291 EX 114

# 参考事項 サイクロイドの拡張

サイクロイド($p.285$)に関連した曲線には，次のようなものがある。

## ●トロコイド

半径 $a$ の円が定直線($x$ 軸)上を滑ることなく回転するとき，円の中心から距離 $b$ の位置にある定点Pが描く曲線を **トロコイド** という。特に，$a=b$ のとき，点Pは円の周上にあり，Pが描く曲線はサイクロイドである。

トロコイドの媒介変数表示は　$\boldsymbol{x=a\theta-b\sin\theta}$，$\boldsymbol{y=a-b\cos\theta}$　……（＊）　となる。

$a\neq b$ のとき，トロコイドの概形は，図の曲線 $C$ のようになる (周期はいずれも $2\pi a$)。

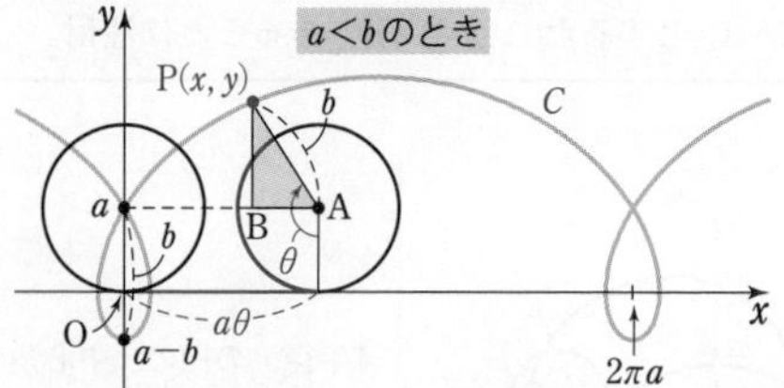


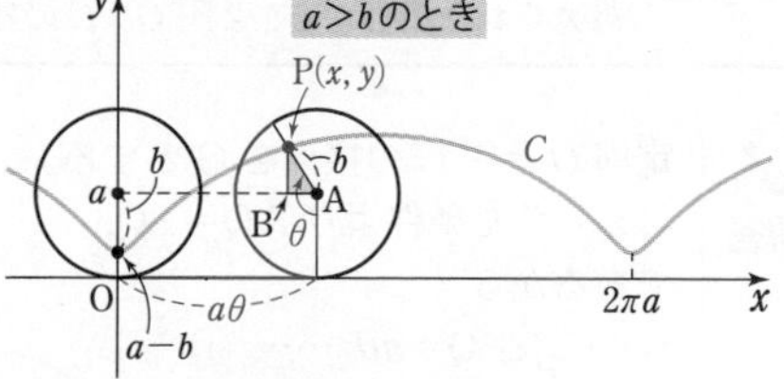


(＊)は，例えば上の図で，P($x$, $y$) として直角三角形 APB に注目すると，

$x=a\theta-b\cos\left(\theta-\dfrac{\pi}{2}\right)$，$y=a+b\sin\left(\theta-\dfrac{\pi}{2}\right)$ であることから，導くことができる。

## ●エピサイクロイド，ハイポサイクロイド

← 前ページの重要例題 169，練習 169 で学習。

半径 $b$ の円 $C$ が，原点を中心とする半径 $a$ の定円に外接しながら滑ることなく回転するとき，円 $C$ 上の定点Pが描く曲線を **エピサイクロイド**（外サイクロイド）という。

また，半径 $b$ の円 $C$ が，原点を中心とする半径 $a$ の定円に内接しながら滑ることなく回転するとき，円 $C$ 上の定点Pが描く曲線を **ハイポサイクロイド**（内サイクロイド）という。前ページで学んだように，これらの曲線の媒介変数表示は，次のようになる。

**・エピサイクロイド**

$$\begin{cases} x=(a+b)\cos\theta-b\cos\dfrac{a+b}{b}\theta \\ y=(a+b)\sin\theta-b\sin\dfrac{a+b}{b}\theta \end{cases}$$

例えば，$a=b$，$a=2b$ のときのエピサイクロイドの概形は次のようになる。

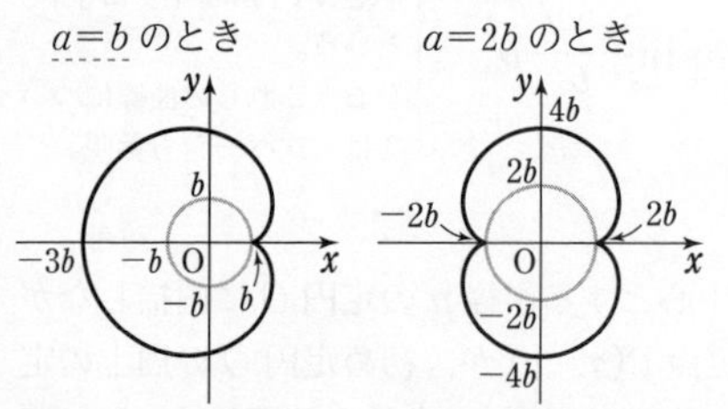


**注意** $a=b$ の場合，この曲線を **カージオイド** または **心臓形** という。

**・ハイポサイクロイド**

$$\begin{cases} x=(a-b)\cos\theta+b\cos\dfrac{a-b}{b}\theta \\ y=(a-b)\sin\theta-b\sin\dfrac{a-b}{b}\theta \end{cases}$$

例えば，$a=3b$，$a=4b$ のときのハイポサイクロイドの概形は次のようになる。

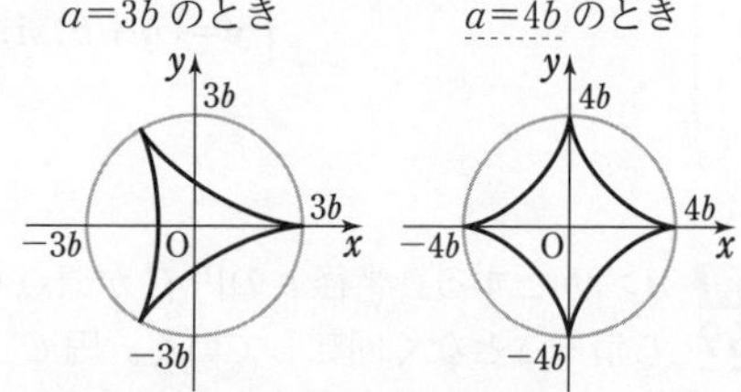


**注意** $a=4b$ の場合，この曲線を **アステロイド** または **星芒形**(せいぼう) という。

## 重要例題 170 半直線上の点の軌跡

O は原点とする。点 P が円 $x^2+y^2-2x+2y-2=0$ の周上を動くとき，半直線 OP 上にあって，OP・OQ=1 を満たす点 Q の軌跡を求めよ。

数学Ⅱ p.184，185

**指針** 2 点 P，Q は，原点 O を端点とする半直線上にあるから

$$\angle \mathrm{PO}x=\angle \mathrm{QO}x$$

そこで，OP$=p$，OQ$=q$ $(p>0,\ q>0)$ とすると，1つの媒介変数 $\theta$ を用いて　　P$(p\cos\theta,\ p\sin\theta)$，Q$(q\cos\theta,\ q\sin\theta)$
と表される。また，条件 OP・OQ=1 は $pq=1$ と同値である。

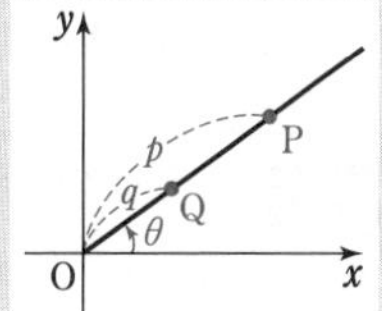


**解答** OP$=p$，OQ$=q$ とし，半直線 OP が $x$ 軸の正の向きとなす角を $\theta$ とすると　　P$(p\cos\theta,\ p\sin\theta)$
また　　Q$(q\cos\theta,\ q\sin\theta)$
OP・OQ=1 であるから　　$pq=1$ …… ①
点 P は円 $x^2+y^2-2x+2y-2=0$ …… Ⓐ の周上にあるから　　$p^2\cos^2\theta+p^2\sin^2\theta-2p\cos\theta+2p\sin\theta-2=0$
両辺に $q^2$ を掛けると
$p^2q^2\cos^2\theta+p^2q^2\sin^2\theta-2pq\cdot q\cos\theta+2pq\cdot q\sin\theta-2q^2=0$
① を代入して　$\cos^2\theta+\sin^2\theta-2q\cos\theta+2q\sin\theta-2q^2=0$
Q$(x,\ y)$ とすると，$q\cos\theta=x$，$q\sin\theta=y$，$q^2=x^2+y^2$ であるから　　$1-2x+2y-2(x^2+y^2)=0$
ゆえに，点 Q の軌跡は

**円 $2x^2+2y^2+2x-2y-1=0$** …… Ⓑ

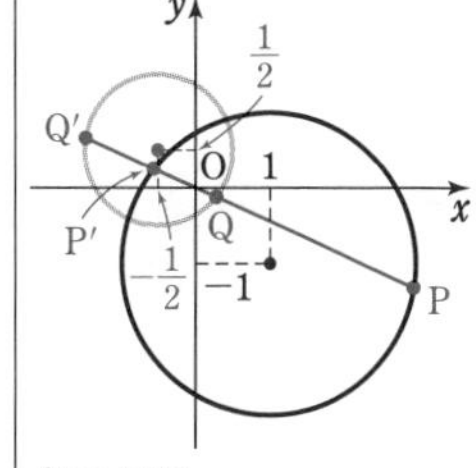


点 P が円 $(x-1)^2+(y+1)^2=4$ の周上を動くとき，点 Q は円 $\left(x+\frac{1}{2}\right)^2+\left(y-\frac{1}{2}\right)^2=1$ の周上を動く。

**検討** **複素数平面の利用**

$p.193$ の 検討 で学んだ **反転** の考えを利用すると，上の例題は，単位円に関する反転による円 Ⓐ の反形を求める問題である，といえる。$p.193$ で学んだことを利用すると，次のような複素数平面を利用した解答も考えられる。

別解　複素数平面上で考え，P$(z)$，Q$(w)$ とすると，

$w=\dfrac{1}{z}$　すなわち　$z=\dfrac{1}{w}$ …… ②　が成り立つ。　◀ $p.193$ 検討 と同様。

Ⓐ は $(x-1)^2+(y+1)^2=2^2$ と表されるから，複素数平面上における円 Ⓐ の方程式は　　$|z-(1-i)|=2$ …… ③

すなわち，$z$ は ③ を満たすから，③ に ② を代入して　　$\left|\dfrac{1}{w}-(1-i)\right|=2$

よって　　$|1-(1-i)\overline{w}|=2|\overline{w}|$　　ゆえに　　$|(1+i)w-1|=2|w|$ …… ④

④ の両辺を平方したものに，$w=x+yi$ を代入して整理すると，Ⓑ が導かれる。

**練習 ④170** $xy$ 平面上に円 $C_1$：$x^2+y^2-2x=0$，$C_2$：$x^2+y^2-x=0$ がある。原点 O を除いた円 $C_1$ 上を動く点 P に対して，直線 OP と円 $C_2$ の交点のうち O 以外の点を Q とし，点 Q と $x$ 軸に関して対称な点を Q′ とする。このとき，線分 PQ′ の中点 M の軌跡を表す方程式を求め，その概形を図示せよ。　〔大阪府大〕

p.291 EX115

## 重要例題 171 $w=z+\frac{a^2}{z}$ の表す図形 (2)

④④④④④

$z$ を 0 でない複素数とし，$x$，$y$ を $z+\frac{1}{z}=x+yi$ を満たす実数，$\alpha$ を $0<\alpha<\frac{\pi}{2}$ を満たす定数とする。$z$ が偏角 $\alpha$ の複素数全体を動くとき，$xy$ 平面上の点 $(x,\ y)$ の軌跡を求めよ。

〔類 京都大〕 重要 116

**指針** 偏角 $\alpha$ の範囲が条件であるから，**極形式 $z=r(\cos\alpha+i\sin\alpha)$** $(r>0)$ を利用。

1 $z+\frac{1}{z}$ を ●＋■$i$ の形に表すことにより，$x$，$y$ をそれぞれ $r$，$\alpha$ で表す。

2 **つなぎの文字 $r$ を消去** して，$x$，$y$ だけの関係式を導く。なお，$r>0$ や $0<\alpha<\frac{\pi}{2}$ により，$x$ の値の範囲に制限がつくことに注意。

**解答**

$z=r(\cos\alpha+i\sin\alpha)$ $\left(r>0,\ 0<\alpha<\frac{\pi}{2}\right)$ とすると

$$z+\frac{1}{z}=r(\cos\alpha+i\sin\alpha)+\frac{1}{r}(\cos\alpha-i\sin\alpha)$$

$$=\left(r+\frac{1}{r}\right)\cos\alpha+i\left(r-\frac{1}{r}\right)\sin\alpha$$

ゆえに　$x=\left(r+\frac{1}{r}\right)\cos\alpha,\ y=\left(r-\frac{1}{r}\right)\sin\alpha$

$0<\alpha<\frac{\pi}{2}$ であるから　　$\cos\alpha>0,\ \sin\alpha>0$

よって　$r+\frac{1}{r}=\frac{x}{\cos\alpha},\ r-\frac{1}{r}=\frac{y}{\sin\alpha}$

ゆえに　$r=\frac{1}{2}\left(\frac{x}{\cos\alpha}+\frac{y}{\sin\alpha}\right),\ \frac{1}{r}=\frac{1}{2}\left(\frac{x}{\cos\alpha}-\frac{y}{\sin\alpha}\right)$

$r\cdot\frac{1}{r}=1$ から　$\frac{1}{2}\left(\frac{x}{\cos\alpha}+\frac{y}{\sin\alpha}\right)\cdot\frac{1}{2}\left(\frac{x}{\cos\alpha}-\frac{y}{\sin\alpha}\right)=1$

したがって　　$\frac{x^2}{4\cos^2\alpha}-\frac{y^2}{4\sin^2\alpha}=1$

ここで，$r>0$ であるから，(相加平均)≧(相乗平均) により

$$\frac{x}{\cos\alpha}=r+\frac{1}{r}\geqq 2\sqrt{r\cdot\frac{1}{r}}=2$$

よって　$x\geqq 2\cos\alpha$　　　等号は $r=1$ のとき成り立つ。

また，$r>0$ から　　$\frac{x}{\cos\alpha}+\frac{y}{\sin\alpha}>0,\ \frac{x}{\cos\alpha}-\frac{y}{\sin\alpha}>0$

ゆえに　　$-(\tan\alpha)x<y<(\tan\alpha)x$

したがって，求める軌跡は

**双曲線 $\frac{x^2}{4\cos^2\alpha}-\frac{y^2}{4\sin^2\alpha}=1$ の $x\geqq 2\cos\alpha$ の部分**

◀絶対値 $r$ や偏角 $\alpha$ の範囲に注意。

◀$\frac{1}{z}=\frac{1}{r}\{\cos(-\alpha)+i\sin(-\alpha)\}$

◀$z+\frac{1}{z}=x+yi$

**検討** 数学Ⅲで学ぶ極限の知識を用いて，$y$ が実数値全体をとりうることを調べることもできる。

$\lim_{r\to\infty}\left(r-\frac{1}{r}\right)=\infty$，

$\lim_{r\to+0}\left(r-\frac{1}{r}\right)=-\infty$ であり，

$\sin\alpha>0$ から

$\lim_{r\to+0}y=-\infty$，$\lim_{r\to\infty}y=\infty$

点 $(x,\ y)$ の軌跡は次の図の実線部分。

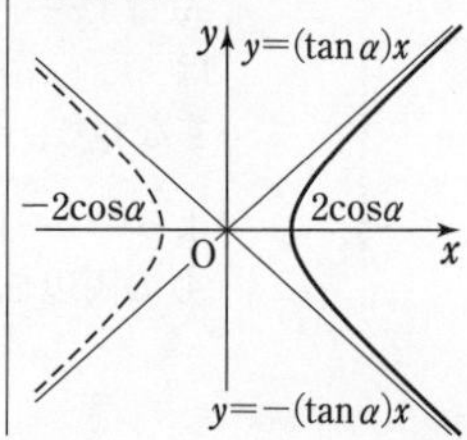


**練習 ④171** 0 でない複素数 $z$ が次の等式を満たしながら変化するとき，点 $z+\frac{1}{z}$ が複素数平面上で描く図形の概形をかけ。

(1) $|z|=3$　　　　(2) $|z-1|=|z-i|$

# EXERCISES



③111 $t$ を媒介変数として，$x=\dfrac{1}{\sqrt{1-t^2}}$，$y=\dfrac{t}{\sqrt{1-t^2}}$ $(-1<t<1)$ で表される曲線の概形をかけ。 〔類 滋賀医大〕 →165

③112 放物線 $y^2=4px$ 上の点 P（原点を除く）における接線とこの放物線の軸とのなす角を $\theta$ とするとき，この放物線の方程式を $\theta$ を媒介変数として表せ。 →168

③113 座標平面上に点 A$(-3,\ 1)$ をとる。実数 $t$ に対して，直線 $y=x$ 上の 2 点 B，C を B$(t-1,\ t-1)$，C$(t,\ t)$ で定める。2 点 A，B を通る直線を $\ell$ とする。点 C を通り，傾き $-1$ の直線を $m$ とする。
(1) 直線 $\ell$ と $m$ が交点をもつための $t$ の必要十分条件を求めよ。
(2) $t$ が (1) の条件を満たしながら動くとき，直線 $\ell$ と $m$ の交点の軌跡を求めよ。
〔大阪府大〕 →166，168



③114 半径 $2a$ の円板が $x$ 軸上を正の方向に滑らずに回転するとき，円板上の点 P の描く曲線 $C$ を考える。円板の中心の最初の位置を $(0,\ 2a)$，点 P の最初の位置を $(0,\ a)$ とし，円板がその中心の周りに回転した角を $\theta$ とするとき，点 P の座標を $\theta$ で表せ。 〔類 お茶の水大〕
→p.285，169

④115 円 $x^2+y^2=1$ の $y>0$ の部分を $C$ とする。$C$ 上の点 P と点 R$(-1,\ 0)$ を結ぶ直線 PR と $y$ 軸の交点を Q とし，その座標を $(0,\ t)$ とする。
(1) 点 P の座標を $(\cos\theta,\ \sin\theta)$ とする。$\cos\theta$ と $\sin\theta$ を $t$ を用いて表せ。
(2) 3 点 A，B，S の座標を A$(-3,\ 0)$，B$(3,\ 0)$，S$\left(0,\ \dfrac{1}{t}\right)$ とし，2 直線 AQ と BS の交点を T とする。点 P が $C$ 上を動くとき，点 T の描く図形を求めよ。
〔弘前大〕 →170

③116 双曲線上の 1 点 P における接線が，2 つの漸近線と交わる点を Q，R とするとき
(1) 点 P は線分 QR の中点であることを示せ。
(2) △OQR（O は原点）の面積は点 P の位置にかかわらず一定であることを示せ。

112 接線の方程式を $y=(\tan\theta)x+k$ とおき，**接点** $\Longleftrightarrow$ **重解** から $k$ を $\theta$ で表す。
113 (1) 2 直線 $\ell$ と $m$ が交点をもつ $\Longleftrightarrow$ $\ell$ と $m$ が平行でない
(2) 直線 $\ell$ が $x$ 軸に垂直な場合，垂直でない場合に分けて考える必要がある。
115 (1) 点 P から $x$ 軸に垂線 PH を下ろすと，△QRO∽△PRH であることに注目。
(2) 2 直線 AQ，BS の方程式を求め，交点 T の座標を $t$ で表す。
116 (2) **3 点 O(0, 0)，A$(x_1,\ y_1)$，B$(x_2,\ y_2)$ に対し　△OAB$=\dfrac{1}{2}|x_1y_2-x_2y_1|$**

# 22 極座標，極方程式

## 基本事項

**1 極座標**

極 O，始線 OX に対し，OP$=r$，OX から半直線 OP へ測った角を $\theta$ とすると

点 P の **極座標** は $(r,\ \theta)$ で表される。

極 O の極座標は，$\theta$ を任意の実数として $(0,\ \theta)$ と定める。また，極 O 以外の点に対して，例えば $0\leqq\theta<2\pi$ と制限すると，点 P の極座標は 1 通りに定まる。

**2 極座標と直交座標**

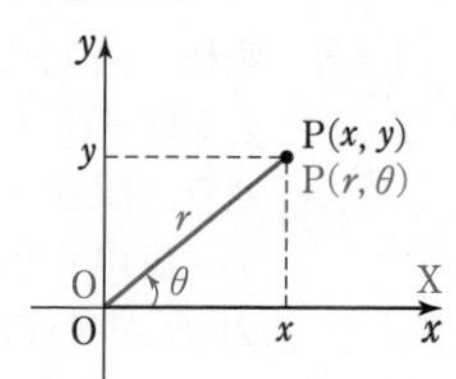


点 P の直交座標を $(x,\ y)$，極座標を $(r,\ \theta)$ とすると

① $\begin{cases} x=r\cos\theta \\ y=r\sin\theta \end{cases}$ ② $\begin{cases} r=\sqrt{x^2+y^2} \\ \cos\theta=\dfrac{x}{r},\ \sin\theta=\dfrac{y}{r}\ (r\neq0) \end{cases}$

**3 2 点間の距離，三角形の面積**

O を極とする極座標に関して 2 点 $A(r_1,\ \theta_1)$，$B(r_2,\ \theta_2)$ があるとき

① 2 点 A，B 間の距離 $\mathbf{AB}=\sqrt{r_1{}^2+r_2{}^2-2r_1r_2\cos(\theta_2-\theta_1)}$

② △OAB の面積 $S$ $S=\dfrac{1}{2}r_1r_2|\sin(\theta_2-\theta_1)|$

## 解 説

■ **極座標**

平面上に点 O と半直線 OX を定めると，平面上の任意の点 P の位置は，OP の長さ $r$ と，OX から半直線 OP へ測った角 $\theta$ で決まる。ただし，$\theta$ は弧度法で表した一般角である。

このとき，$(r,\ \theta)$ を点 P の **極座標** といい，角 $\theta$ を **偏角**，定点 O を **極**，半直線 OX を **始線** という。

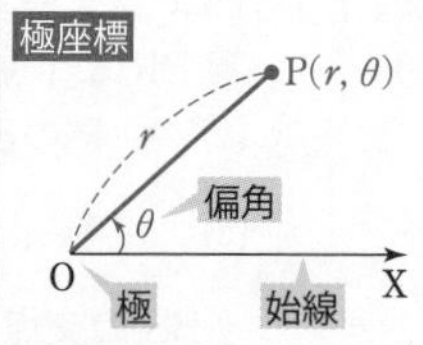


極座標では $(r,\ \theta)$ と $(r,\ \theta+2n\pi)$ [$n$ は整数] は同じ点を表すが，極座標による点の表し方を 1 通りにするため，偏角 $\theta$ を例えば $0\leqq\theta<2\pi$ とすることがある。

◀例えば，$\left(2,\ \dfrac{\pi}{3}\right)$ と $\left(2,\ \dfrac{7}{3}\pi\right)$ は同じ点を表す。

極座標に対し，これまで用いてきた $x$ 座標，$y$ 座標の組 $(x,\ y)$ で表した座標を **直交座標** という。座標平面において極座標を考える場合，普通，原点 O を極，$x$ 軸の正の部分を始線とする。このような見方をすると，基本事項 **2** ①，② が成り立つことは明らかである。これらの関係式は，極座標と直交座標を変換するのに利用される。

また，基本事項 **3** ①，② については，$p.294$ 検討 参照。

**注意** 基本事項 **1** のように極座標を定める場合，$r\geqq0$ となるが，後で学ぶ極方程式では $r<0$ の場合も考える。すなわち，$r>0$ のとき極座標が $(-r,\ \theta)$ である点は，極座標が $(r,\ \theta+\pi)$ である点と考えるのである。

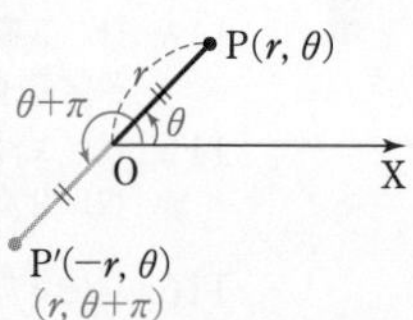

## 基本例題 172 極座標と点，極座標と直交座標

(1) 極座標が次のような点の位置を図示せよ。

$\mathrm{A}\left(3,\ \dfrac{2}{3}\pi\right)$,　　$\mathrm{B}\left(2,\ -\dfrac{3}{2}\pi\right)$

(2) 極座標が次のような点 P の直交座標を求めよ。また，直交座標が次のような点 Q の極座標 $(r,\ \theta)$ $(0\leqq\theta<2\pi)$ を求めよ。

$\mathrm{P}\left(2,\ -\dfrac{\pi}{3}\right)$,　　$\mathrm{Q}(\sqrt{3},\ -1)$

p.292 基本事項 1, 2

指針

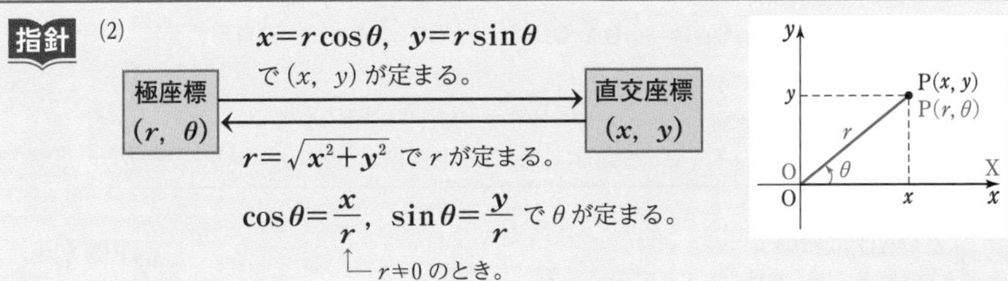

解答

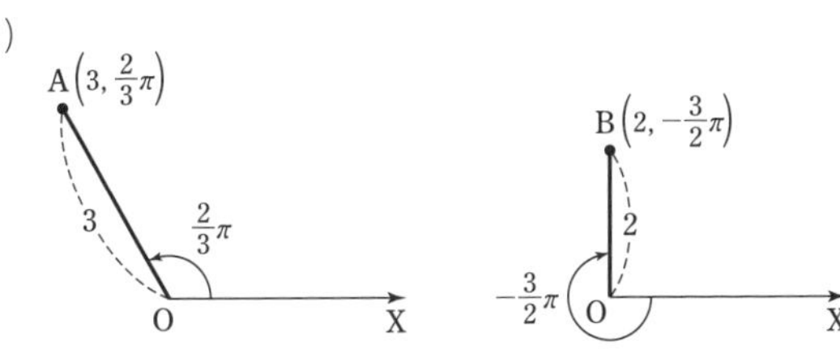


◀$\theta>0$ なら反時計回りに $\theta$，$\theta<0$ なら時計回りに $|\theta|$ だけそれぞれ回転。

◀例えば，極座標が $\left(3,\ \dfrac{8}{3}\pi\right)$, $\left(3,\ \dfrac{14}{3}\pi\right)$, $\left(3,\ -\dfrac{4}{3}\pi\right)$ である点は，A と同じ位置にある。

(2) P：$x=2\cos\left(-\dfrac{\pi}{3}\right)=2\cdot\dfrac{1}{2}=1$,

$y=2\sin\left(-\dfrac{\pi}{3}\right)=2\cdot\left(-\dfrac{\sqrt{3}}{2}\right)$

$=-\sqrt{3}$

よって，点 P の直交座標は　$(1,\ -\sqrt{3})$

Q：$r=\sqrt{(\sqrt{3})^2+(-1)^2}=2$

よって　$\cos\theta=\dfrac{\sqrt{3}}{2}$，$\sin\theta=\dfrac{-1}{2}=-\dfrac{1}{2}$

$0\leqq\theta<2\pi$ であるから　$\theta=\dfrac{11}{6}\pi$　ゆえに，点 Q の極座標は　$\left(2,\ \dfrac{11}{6}\pi\right)$

**練習 ① 172** (1) 極座標が次のような点の位置を図示せよ。また，直交座標を求めよ。

(ア) $\left(2,\ \dfrac{3}{4}\pi\right)$　(イ) $\left(3,\ -\dfrac{\pi}{2}\right)$　(ウ) $\left(2,\ \dfrac{17}{6}\pi\right)$　(エ) $\left(4,\ -\dfrac{10}{3}\pi\right)$

(2) 直交座標が次のような点の極座標 $(r,\ \theta)$ $(0\leqq\theta<2\pi)$ を求めよ。

(ア) $(1,\ \sqrt{3})$　(イ) $(-2,\ -2)$　(ウ) $(-3,\ \sqrt{3})$

## 基本例題 173 2点間の距離，三角形の面積 ①①①①①

Oを極とする極座標に関して，2点 $A\left(4,\ -\dfrac{\pi}{3}\right)$，$B\left(3,\ \dfrac{\pi}{3}\right)$ が与えられているとき，次のものを求めよ。

(1) 線分ABの長さ　　　(2) △OABの面積

p.292 基本事項 3

**指針** まず，2点A，Bを図示し，線分OA，OBの長さ，∠AOBの大きさを求める。次に，数学Ⅰで学んだ以下の公式を利用する。

△OABで　$AB^2=OA^2+OB^2-2OA\cdot OB\cos\angle AOB$　　余弦定理

$\triangle OAB=\dfrac{1}{2}OA\cdot OB\sin\angle AOB$　　三角形の面積

**CHART** 極座標　$r,\ \theta$ の特徴を活かす
極座標 $P(r,\ \theta) \iff OP=r,\ \angle POX=\theta$

**解答**

△OABにおいて

$OA=4,\ OB=3,\ \angle AOB=\dfrac{\pi}{3}-\left(-\dfrac{\pi}{3}\right)=\dfrac{2}{3}\pi$

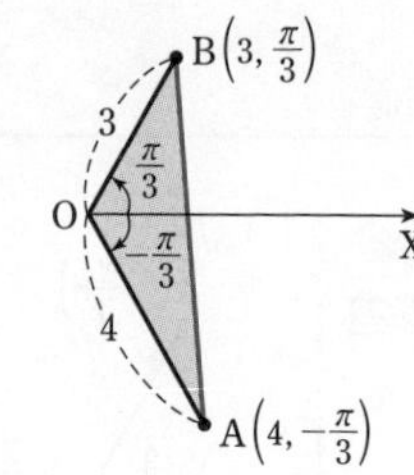


(1) 余弦定理から　$AB^2=4^2+3^2-2\cdot4\cdot3\cos\dfrac{2}{3}\pi=37$

よって　$AB=\boldsymbol{\sqrt{37}}$

(2) △OABの面積 $S$ は　$S=\dfrac{1}{2}\cdot4\cdot3\cdot\sin\dfrac{2}{3}\pi=\boldsymbol{3\sqrt{3}}$

**検討** ***p*.292 基本事項 3 について**

*p*.292 基本事項 3 については，例えば右の図のような場合，△OABにおいて $\angle AOB=\theta_2-\theta_1$，$OA=r_1$，$OB=r_2$ となる。

① は 余弦定理 $c^2=a^2+b^2-2ab\cos C$ から，② は三角形の面積 $S$ について $S=\dfrac{1}{2}ab\sin C$ であることからわかる。

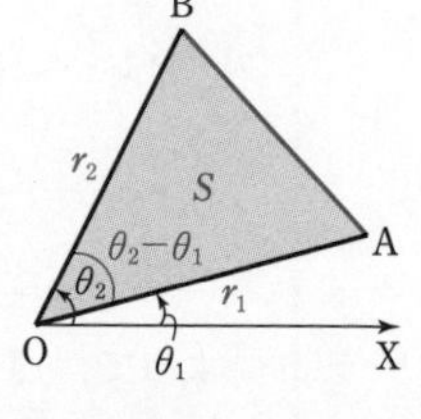


**注意**　$\cos(\theta_2-\theta_1)=\cos(\theta_1-\theta_2)$，$\sin(\theta_2-\theta_1)=-\sin(\theta_1-\theta_2)$ であるから，*p*.292 基本事項 3 ① の式には｜　｜がなく，② の式には｜　｜がある。

なお，線分ABを2：1に内分する点Pのように，線分OPの長さや∠POXがA，Bの極座標で表しにくいものについては，*p*.292 基本事項 3 のような公式はない。そのような場合，点A，Bの極座標を直交座標に直し，点Pの直交座標を求め，それを極座標に戻す方法が考えられる。

**練習 ②173** Oを極とする極座標に関して，3点 $A\left(6,\ \dfrac{\pi}{3}\right)$，$B\left(4,\ \dfrac{2}{3}\pi\right)$，$C\left(2,\ -\dfrac{3}{4}\pi\right)$ が与えられているとき，次のものを求めよ。

(1) 線分ABの長さ　　(2) △OABの面積　　(3) △ABCの面積

p.304 EX117

## 基本事項

### 1 円・直線の極方程式

① 中心が極 O，半径が $a$ の円　　$r=a$
② 中心が $(a,\ 0)$，半径が $a$ の円　　$r=2a\cos\theta$
③ 中心が $(r_0,\ \theta_0)$，半径が $a$ の円　　$r^2-2rr_0\cos(\theta-\theta_0)+r_0{}^2=a^2$
④ 極 O を通り，始線と $\alpha$ の角をなす直線　　$\theta=\alpha$
⑤ 点 $\mathrm{A}(a,\ \alpha)$ を通り，OA に垂直な直線　　$r\cos(\theta-\alpha)=a$　$(a>0)$

## 解説

ある曲線が極座標 $(r,\ \theta)$ に関する方程式 $r=f(\theta)$ や $F(r,\ \theta)=0$ で表されるとき，この方程式を曲線の **極方程式** という。

なお，$p.292$ の 注意 でも述べたように，極方程式では $r<0$ の場合も扱う。すなわち，$r>0$ のときの点 $(-r,\ \theta)$ は点 $(r,\ \theta+\pi)$ と同じものと考える。

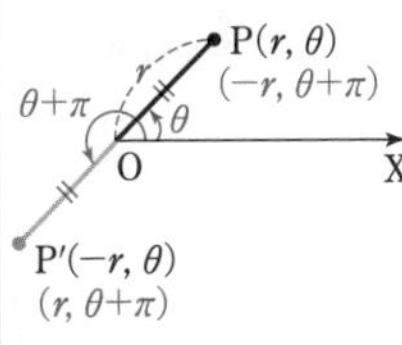


① **中心が極 O，半径が $a$ の円** 周上の点 P の極座標を $(r,\ \theta)$ とすると　$r=a$，$\theta$ は任意の値
よって，この円の極方程式は　$r=a$

② **中心 A の極座標が $(a,\ 0)$，半径が $a$ の円** 周上の点 P の極座標を $(r,\ \theta)$ とすると　$\mathrm{OP}=2\mathrm{OA}\cos\angle\mathrm{AOP}$　よって　$r=2a\cos\theta$

◀下図 ② において，三角形 POB は直角三角形。

注意　この極方程式では，$\cos\theta$ は負の値もとりうるから，その場合 $r<0$ となる。

③ **中心 C の極座標が $(r_0,\ \theta_0)$，半径 $a$ の円** 周上の点 P の極座標を $(r,\ \theta)$ とする。△OCP において，余弦定理により

$$\mathrm{PC}^2=\mathrm{OP}^2+\mathrm{OC}^2-2\mathrm{OP}\cdot\mathrm{OC}\cos\angle\mathrm{COP}$$

よって　$r^2-2rr_0\cos(\theta-\theta_0)+r_0{}^2=a^2$

◀$\mathrm{OP}=r$，$\mathrm{OC}=r_0$，$\mathrm{CP}=a$

④ **極 O を通り，始線と $\alpha$ の角をなす直線** 上の点 P の極座標を $(r,\ \theta)$ とすると　$r$ は任意の値，$\theta=\alpha$
よって，この直線の極方程式は　$\theta=\alpha$

①
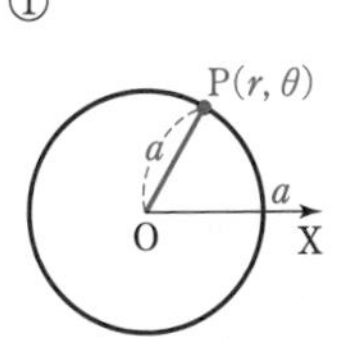


②
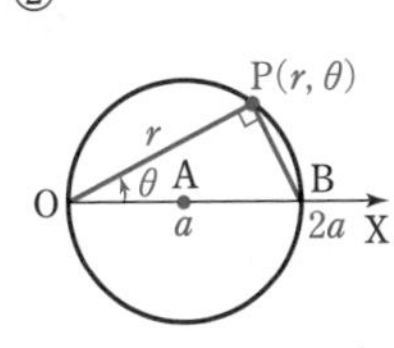


③
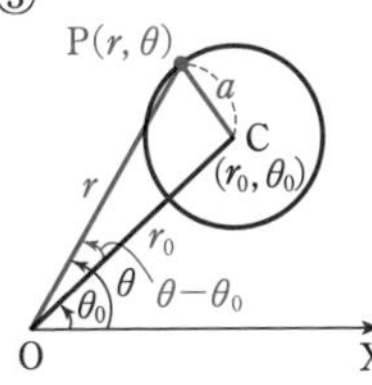


④
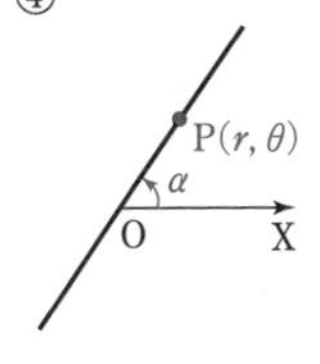


⑤ **点 $\mathrm{A}(a,\ \alpha)$ $(a>0)$ を通り，OA に垂直な直線** 上の点 P の極座標を $(r,\ \theta)$ とすると，極 O と直線との距離が $a$ であるから

$$\mathrm{OA}=\mathrm{OP}\cos\angle\mathrm{POA}$$

よって　$r\cos(\theta-\alpha)=a$ $(a>0)$

⑤
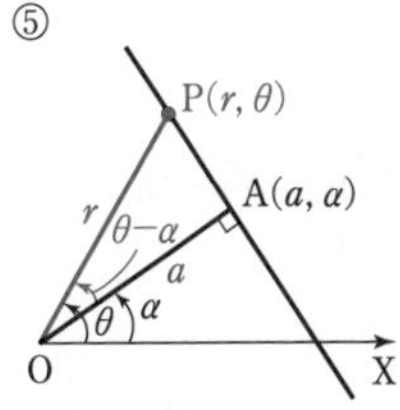


**POINT**　**極方程式では $r<0$ の場合も考える。**
**点 $(r,\ \theta)$ と点 $(-r,\ \theta+\pi)$ は同じ点。**

## 基本例題 174 円・直線の極方程式 ⓪⓪⓪⓪⓪

極座標に関して，次の円・直線の極方程式を求めよ。ただし，$a>0$ とする。

(1) 中心が点 $(a,\ \alpha)$ $(0<\alpha<\pi)$ で，極 O を通る円

(2) 点 $\mathrm{A}(a,\ 0)$ を通り，始線 OX とのなす角が $\alpha\left(\dfrac{\pi}{2}<\alpha<\pi\right)$ である直線

p.295 基本事項 1

図形上の点 P の極座標を $(r,\ \theta)$ として，$r$，$\theta$ の関係式を作る。
このとき，**三角形の辺や角の関係**，特に **直角三角形に注目** するとよい。
(2) 極 O から直線に垂線 OH を下ろす。点 H の極座標が $(p,\ \beta)$ ならば
$\mathrm{OP}\cos(\theta-\beta)=p$　　ここで，$p$，$\beta$ を $a$，$\alpha$ で表すことを考える。

**CHART** 極座標　**$r$，$\theta$ の特徴を活かす**
**極座標 $\mathrm{P}(r,\ \theta) \iff \mathrm{OP}=r,\ \angle\mathrm{POX}=\theta$**

**解答**

O を極とし，図形上の点 P の極座標を $(r,\ \theta)$ とする。[1]

(1) $\mathrm{A}(2a,\ \alpha)$ とすると，直角三角形 OAP において

$\mathrm{OP}=\mathrm{OA}\cos(\theta-\alpha)$ [2]

よって　$\boldsymbol{r=2a\cos(\theta-\alpha)}$

(2) 極 O から直線に垂線 OH を下ろし，$\mathrm{H}(p,\ \beta)$，$p>0$ とすると

$r\cos(\theta-\beta)=p$ …… ①

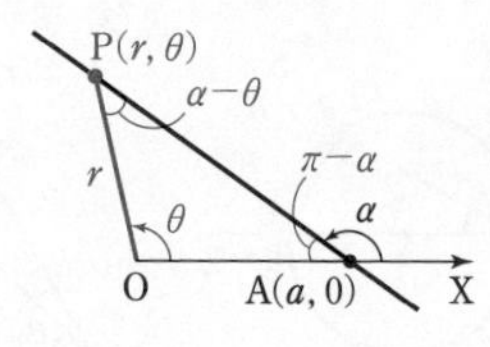


ここで，直角三角形 OHA において　$\beta=\alpha-\dfrac{\pi}{2}$ …… ②

また　$p=a\cos\beta$ …… ③

① に ②，③ を代入して

$\boldsymbol{r\sin(\theta-\alpha)=-a\sin\alpha}$ [3]

**参考** (2) △OAP において，正弦定理により

$$\frac{r}{\sin(\pi-\alpha)}=\frac{a}{\sin(\alpha-\theta)}$$

よって

$r\sin(\theta-\alpha)=-a\sin\alpha$

1) 極方程式を求める問題では，まず，**図形上の点 P の極座標を $(r,\ \theta)$ とおく**ことからスタート。

2) ∠POA の大きさは，$\theta-\alpha$ ではなく $\alpha-\theta$ や $2\pi+\alpha-\theta$ の場合もあるが，
$\cos(\theta-\alpha)=\cos(\alpha-\theta)$
$=\cos(2\pi+\alpha-\theta)$
であるから，このように書いている。

3) $\cos(\theta-\beta)$
$=\cos\left\{\dfrac{\pi}{2}+(\theta-\alpha)\right\}$
$=-\sin(\theta-\alpha)$
$\cos\beta=\cos\left(\alpha-\dfrac{\pi}{2}\right)=\sin\alpha$

**注意** **参考** で，$\dfrac{3}{2}\pi<\theta<2\pi$ のときは，$\angle\mathrm{OAP}=\alpha$，
$\angle\mathrm{OPA}=\pi-(2\pi-\theta)-\alpha$
$=(\theta-\alpha)-\pi$
となるが，3) と同じ結果が得られる。

**練習 ② 174** 極座標に関して，次の円・直線の方程式を求めよ。

(1) 中心が点 $\mathrm{A}\left(3,\ \dfrac{\pi}{3}\right)$，半径が 2 の円

(2) 点 $\mathrm{A}\left(2,\ \dfrac{\pi}{4}\right)$ を通り，OA (O は極) に垂直な直線

## 基本例題 175 極方程式と直交座標

(1) 円 $(x-1)^2+y^2=1$ を極方程式で表せ。 〔防衛大〕

(2) 次の極方程式はどのような曲線を表すか。直交座標の方程式で答えよ。

(ア) $r=\sqrt{3}\cos\theta+\sin\theta$ (イ) $r^2\sin 2\theta=4$

基本 172

**指針** 直交座標 $(x, y)$ ⇄ 極座標 $(r, \theta)$ の変換には，関係式

$r^2=x^2+y^2$，$x=r\cos\theta$，$y=r\sin\theta$ を用いて考えていく。

(1) $x=r\cos\theta$，$y=r\sin\theta$ を円の方程式に代入し，$r$，$\theta$ だけの関係式を導く。

(2) (ア) $r^2(=x^2+y^2)$，$r\cos\theta(=x)$，$r\sin\theta(=y)$ の形を導き出すために，**両辺に $r$ を掛ける。**

(イ) **2 倍角の公式 $\sin 2\theta=2\sin\theta\cos\theta$ を利用する。**

**解答**

(1) $(x-1)^2+y^2=1$ に $x=r\cos\theta$，$y=r\sin\theta$ を代入すると $(r\cos\theta-1)^2+r^2\sin^2\theta=1$

整理すると $r^2-2r\cos\theta=0$ ◀ $\sin^2\theta+\cos^2\theta=1$

ゆえに $r(r-2\cos\theta)=0$

よって $r=0$ または $r=2\cos\theta$

$r=0$ は極を表す。また，曲線 $r=2\cos\theta$ は極を通る。 ◀ $0=2\cos\dfrac{\pi}{2}$

したがって，求める極方程式は $\boldsymbol{r=2\cos\theta}$

（$r=2\cos\theta$ は，$p.295$ 基本事項 **1** ② の形の極方程式。）

(2) (ア) 両辺に $r$ を掛けると

$$r^2=\sqrt{3}\cdot r\cos\theta+r\sin\theta$$

$r^2=x^2+y^2$，$r\cos\theta=x$，$r\sin\theta=y$ を代入すると

$$x^2+y^2=\sqrt{3}x+y$$

よって，**円 $\left(x-\dfrac{\sqrt{3}}{2}\right)^2+\left(y-\dfrac{1}{2}\right)^2=1$** を表す。

(2)(ア)

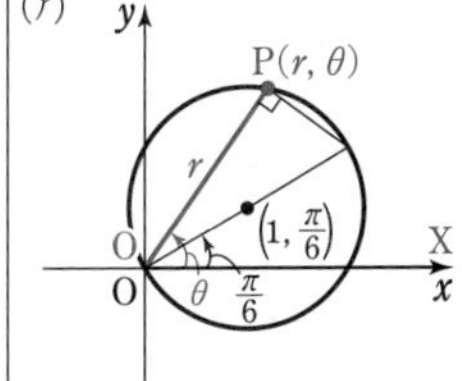


(イ) $r^2\sin 2\theta=4$ から $r^2\cdot 2\sin\theta\cos\theta=4$

よって $r\cos\theta\cdot r\sin\theta=2$

したがって，**双曲線 $xy=2$** を表す。

**検討** **極方程式のままで考えてみる**

上の例題 (2)(ア) について，$r=\sqrt{3}\cos\theta+\sin\theta$ から $r=2\left(\cos\theta\cos\dfrac{\pi}{6}+\sin\theta\sin\dfrac{\pi}{6}\right)$

ゆえに $r=2\cdot 1\cos\left(\theta-\dfrac{\pi}{6}\right)$

よって，前ページの例題 (1) より，この極方程式が表す曲線は，極座標が $\left(1, \dfrac{\pi}{6}\right)$ である点を中心とし，極 O を通る円であることがわかる (半径は 1)。

**練習 ② 175**

(1) 楕円 $2x^2+3y^2=1$ を極方程式で表せ。

(2) 次の極方程式はどのような曲線を表すか。直交座標の方程式で答えよ。

(ア) $\dfrac{1}{r}=\dfrac{1}{2}\cos\theta+\dfrac{1}{3}\sin\theta$ (イ) $r=\cos\theta+\sin\theta$ (ウ) $r^2(1+3\cos^2\theta)=4$

(エ) $r^2\cos 2\theta=r\sin\theta(1-r\sin\theta)+1$

p.304 EX 118~120

## 基本例題 176 極方程式と軌跡 ①①①①①

点Aの極座標を$(10,\ 0)$，極Oと点Aを結ぶ線分を直径とする円$C$の周上の任意の点をQとする。点Qにおける円$C$の接線に極Oから垂線OPを下ろし，点Pの極座標を$(r,\ \theta)$とするとき，その軌跡の極方程式を求めよ。ただし，$0 \leqq \theta < \pi$とする。

〔類 岡山理科大〕

基本 174

**指針** 点$\mathrm{P}(r,\ \theta)$について，$r$，$\theta$の関係式を導く ために，円$C$の中心Cから直線OPに垂線CHを下ろし，OPとHP，OHの長さの関係に注目する。

まず，**$0<\theta<\frac{\pi}{2}$，$\frac{\pi}{2}<\theta<\pi$で場合分け** をして$r$，$\theta$の関係式を求め，次に，$\theta=0$，$\frac{\pi}{2}$の各場合について吟味する。

**CHART 軌跡 軌跡上の動点$(r,\ \theta)$の関係式を導く**

**解答**

円$C$の中心をCとし，Cから直線OPに垂線CHを下ろすと　$\mathrm{OP}=r$，$\mathrm{HP}=5$

[1]

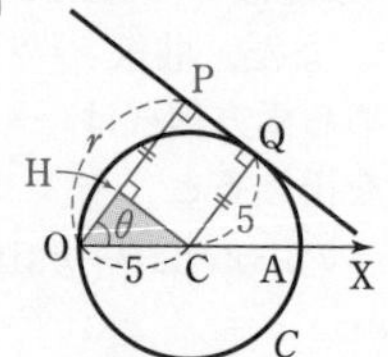


[1] $0<\theta<\frac{\pi}{2}$のとき

$\mathrm{OP}=\mathrm{HP}+\mathrm{OH}$

$\mathrm{OH}=5\cos\theta$であるから

$r=5+5\cos\theta$

[2]

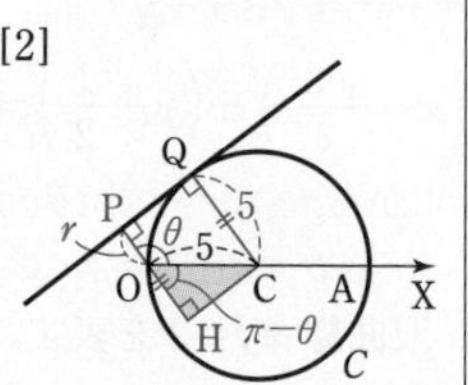


[2] $\frac{\pi}{2}<\theta<\pi$のとき

$\mathrm{OP}=\mathrm{HP}-\mathrm{OH}$

ここで　$\mathrm{OH}=5\cos(\pi-\theta)$

$=-5\cos\theta$

よって　$r=5+5\cos\theta$

[3] $\theta=0$のとき，PはAに一致し，$\mathrm{OP}=5+5\cos 0$を満たす。(*)

[4] $\theta=\frac{\pi}{2}$のとき，$\mathrm{OP}=5$で，

$\mathrm{OP}=5+5\cos\frac{\pi}{2}$を満たす。(*)

以上から，求める軌跡の極方程式は　$\boldsymbol{r=5+5\cos\theta}$

◀$\theta=\frac{\pi}{2}$を境目として，点Hが線分OP上にあるときと，線分OPの延長上にあるときに分かれる。

◀直角三角形COHに注目。

◀直角三角形COHに注目。

(＊)[1]，[2]で導かれた$r=5+5\cos\theta$が$\theta=0$，$\frac{\pi}{2}$のときも成り立つかどうかをチェックする。

**参考** $r=5(1+\cos\theta)$で表される曲線を **カージオイド** という($p.303$も参照)。

**練習 ③176** 点Cを中心とする半径$a$の円$C$の定直径をOAとする。点Pは円$C$上の動点で，点Pにおける接線にOから垂線OQを引き，OQの延長上に点RをとってQR$=a$とする。Oを極，始線をOAとする極座標上において，点Rの極座標を$(r,\ \theta)$（ただし，$0 \leqq \theta < \pi$）とするとき

(1) 点Rの軌跡の極方程式を求めよ。

(2) 直線ORの点Rにおける垂線RQ′は，点Cを中心とする定円に接することを示せ。

p.304 EX121

## 基本 例題 177 2次曲線の極方程式

$a$, $e$ を正の定数，点Aの極座標を $(a,\ 0)$ とし，Aを通り始線OXに垂直な直線を $\ell$ とする。点Pから $\ell$ に下ろした垂線をPHとするとき，$e=\dfrac{\mathrm{OP}}{\mathrm{PH}}$ であるような点Pの軌跡の極方程式を求めよ。ただし，極をOとする。

基本 174，176

点Pの極座標を $(r,\ \theta)$ とする。点Pが直線 $\ell$ の右側にある場合と左側にある場合に分けて **図をかき**，長さPHを $r$, $\theta$, $a$ で表す。そして，$\mathrm{OP}=e\mathrm{PH}$ を利用して $r=(\theta$ の式$)$ を導くが，$r<0$ を考慮すると各場合の結果の式をまとめられる。

**解答**

点Pの極座標を $(r,\ \theta)$ とする。

点Pが直線 $\ell$ の左側にあるとき

$$\mathrm{PH}=a-r\cos\theta \quad \cdots\cdots (*)$$

点Pが直線 $\ell$ の右側にあるとき

$$\mathrm{PH}=r\cos\theta-a$$

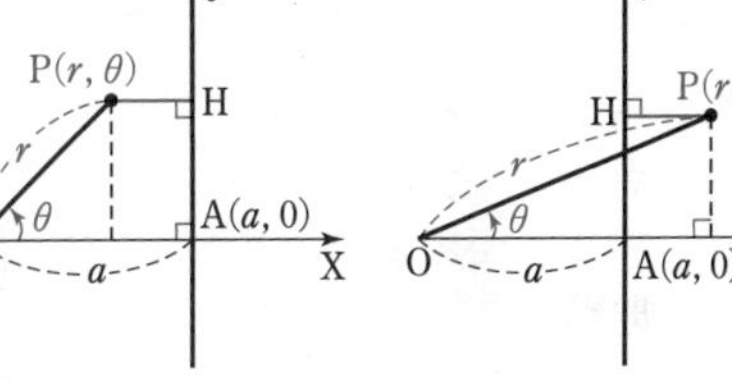


$\mathrm{OP}=e\mathrm{PH}$ から　$r=\pm e(a-r\cos\theta)$

よって　$r(1\pm e\cos\theta)=\pm ea$ (複号同順)

$1\pm e\cos\theta\neq 0$ であるから

$$r=\frac{ea}{1+e\cos\theta} \quad \cdots\cdots ① \quad \text{または}$$

$$-r=\frac{ea}{1-e\cos\theta} \quad \cdots\cdots ②$$

② から　$-r=\dfrac{ea}{1+e\cos(\theta+\pi)}$ ……②′

点 $(r,\ \theta)$ と点 $(-r,\ \theta+\pi)$ は同じ点を表すから，① と ②′ は同値である。

よって，点Pの軌跡の極方程式は　$\boldsymbol{r=\dfrac{ea}{1+e\cos\theta}}$

◀ $\pm ea\neq 0$ から $r(1\pm e\cos\theta)\neq 0$

注意　$\dfrac{\pi}{2}<\theta<\dfrac{3}{2}\pi$ のとき，図は次のようになるが，$(*)$ は成り立つ。

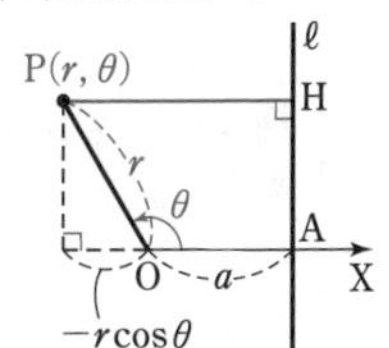


**検討**

**2次曲線と離心率**

1. 上の例題の点Pの軌跡は，$p.272$ 基本事項から，焦点O，準線 $\ell$，離心率 $e$ の2次曲線を表し，　**$0<e<1$ のとき楕円，　$e=1$ のとき放物線，　$1<e$ のとき双曲線**
である。このように，曲線の種類に関係なく1つの方程式で表されることが，2次曲線の極方程式の利点である。

2. 例題で，点Aの極座標を $(a,\ \pi)$ [準線 $\ell$ が焦点Oの左側] とすると，上と同様にして，点Pの軌跡の極方程式は $\boldsymbol{r=\dfrac{ea}{1-e\cos\theta}}$ となる(各自確かめよ)。

**練習 ③177**

(1) 極座標において，点 $\mathrm{A}(3,\ \pi)$ を通り始線に垂直な直線を $g$ とする。極Oと直線 $g$ からの距離の比が次のように一定である点Pの軌跡の極方程式を求めよ。

(ア) 1：2　　　　(イ) 1：1

(2) 次の極方程式の表す曲線を，直交座標の方程式で表せ。　［(ウ) 類 琉球大］

(ア) $r=\dfrac{4}{1-\cos\theta}$　　(イ) $r=\dfrac{\sqrt{6}}{2+\sqrt{6}\cos\theta}$　　(ウ) $r=\dfrac{1}{2+\sqrt{3}\cos\theta}$

# 基本 例題 178 極座標の利用（2 次曲線の性質の証明）

①①①①①

2 次曲線の 1 つの焦点 F を通る弦の両端を P，Q とするとき，$\dfrac{1}{\text{FP}}+\dfrac{1}{\text{FQ}}$ は，弦の方向に関係なく一定であることを証明せよ。

基本 177

**指針** 本問では，2 次曲線の種類がわからないから，焦点 F を極とする **2 次曲線の極方程式 $r(1+e\cos\theta)=l$（検討 参照）を利用** するとよい。……★
点 P の極座標を $(r_1,\ \alpha)$ とすると，点 Q は極 F を通る線分 PF の，点 F を越える延長上にあるから，その極座標は $(r_2,\ \alpha+\pi)$ とおける。

**CHART** 座標の選定　2 次曲線では極座標も有効

**解答**

焦点 F を極とし，極に近い頂点を通る半直線 FX を始線とする極座標を考えると，2 次曲線の極方程式は
$r(1+e\cos\theta)=l$ $(e>0,\ l>0)$
とおける。

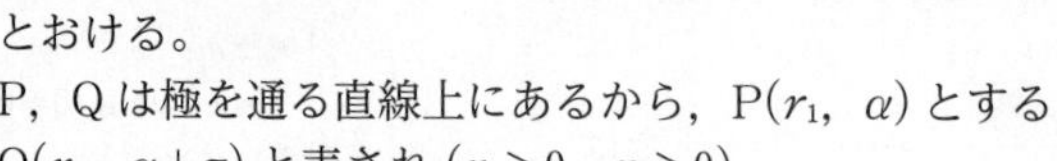

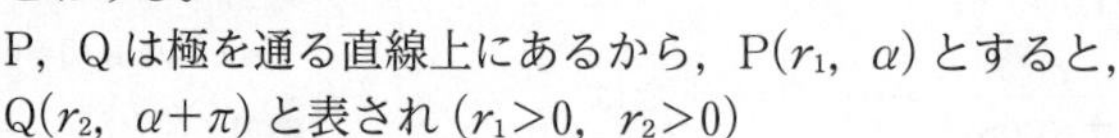

P，Q は極を通る直線上にあるから，$\text{P}(r_1,\ \alpha)$ とすると，$\text{Q}(r_2,\ \alpha+\pi)$ と表され $(r_1>0,\ r_2>0)$

$$\text{FP}=r_1,\ \text{FQ}=r_2$$

また　$\cos(\alpha+\pi)=-\cos\alpha$

よって　$r_1(1+e\cos\alpha)=l,\quad r_2(1-e\cos\alpha)=l$

ゆえに　$\dfrac{1}{\text{FP}}+\dfrac{1}{\text{FQ}}=\dfrac{1}{r_1}+\dfrac{1}{r_2}=\dfrac{1+e\cos\alpha}{l}+\dfrac{1-e\cos\alpha}{l}$

$$=\frac{2}{l}\ (\text{一定})$$

◀指針____……★ の方針。種類がわからない 2 次曲線に関する証明問題では極座標の利用が有効。焦点を極にとることがポイントである。

◀弦 PQ 上に点 F があるから，点 P と点 Q の偏角の差は $\pi$

◀$l$ は $r_1$，$r_2$，$\theta$ に無関係。

**検討** **焦点 F を極とする 2 次曲線の極方程式**

前ページで学んだように，焦点 F を極とする 2 次曲線の極方程式は，$l>0$ として

$$r(1+e\cos\theta)=l \quad \longleftarrow \text{放物線・楕円・双曲線が 1 つの式で表される。}$$

とおける。このとき，$e>0$ は離心率で，**$0<e<1$ のとき楕円，$e=1$ のとき放物線，$1<e$ のとき双曲線** を表す。一般に，**ある定点からの距離が問題になるときは，定点を極とする極座標の利用** も便利である。

**練習 ③178** 放物線 $y^2=4px\ (p>0)$ を $C$ とし，原点を O とする。

(1) $C$ の焦点 F を極とし，OF に平行で O を通らない半直線 FX を始線とする極座標において，曲線 $C$ の極方程式を求めよ。

(2) $C$ 上に 4 点があり，それらを $y$ 座標が大きい順に A, B, C, D とすると，線分 AC, BD は焦点 F で垂直に交わっている。ベクトル $\overrightarrow{\text{FA}}$ が $x$ 軸の正の方向となす角を $\alpha$ とするとき，$\dfrac{1}{\text{AF}\cdot\text{CF}}+\dfrac{1}{\text{BF}\cdot\text{DF}}$ は $\alpha$ によらず一定であることを示し，その値を $p$ で表せ。

［類 名古屋工大］

# 振り返り 極座標と直交座標

この項目で学んできた極座標について振り返り，直交座標との違いについて考えよう。

まず，直交座標，極座標とも，平面上の点の位置を表す表現（座標系）の１つである。
平面上の点をＰとするとき，**直交座標** では原点Ｏから点Ｐまでの横方向（$x$ 軸方向）の移動量 $x$ と，縦方向（$y$ 軸方向）の移動量 $y$ を用いて座標 $(\boldsymbol{x},\ \boldsymbol{y})$ を表す。
一方，**極座標** では，極Ｏと始線（極から延びた半直線）があるとき，極Ｏと点Ｐの距離 $r$ と，始線から半直線 OP へ測った角 $\theta$ を用いて座標 $(\boldsymbol{r},\ \boldsymbol{\theta})$ を表す。

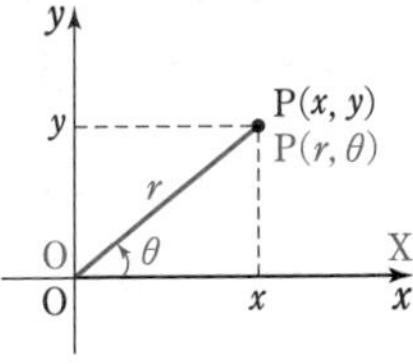


そして，極を原点に，始線を $x$ 軸の正の部分にそれぞれ一致させると

$$x=r\cos\theta,\ \ y=r\sin\theta,\ \ r^2=x^2+y^2$$

の関係式を利用することで，点の座標や方程式について，直交座標 ⇄ 極座標 の表現変更が可能となる（⟶ 基本例題 **172**，**175**）。

ここで，直交座標は「１つの点はただ１通りに表される（点と座標が１対１に対応）」ということが大きな特徴であるが，極座標については次のような特徴（メリット）がある。

① **距離と角を使った表現であるため，図形的な意味がつかみやすい。**

② **直交座標で表すより，表現が簡潔になることがある。**

② については，例えば，極Ｏを中心とする円が $r=a$ と表されたり，極Ｏを通る直線が $\theta=\alpha$ と表されることがその最たる例である（$p$.295 基本事項）。
また，$p$.303 参考事項の 2 の各種の曲線も，極方程式のままの方が扱いやすい。
他にも，極方程式では，２次曲線が放物線・楕円・双曲線の種類に関係なく１つの式で表される（基本例題 **177**，**178**）というのも，② の特徴の１つといえる。

更に，複素数平面も重ね合わせて考えてみよう。
例えば，右図の点Ａの座標などは，次のように表される。

直交座標 $(1,\ 1)$　　極座標 $\left(\sqrt{2},\ \dfrac{\pi}{4}\right)$

複素数平面　$z=1+i=\sqrt{2}\left(\cos\dfrac{\pi}{4}+i\sin\dfrac{\pi}{4}\right)$

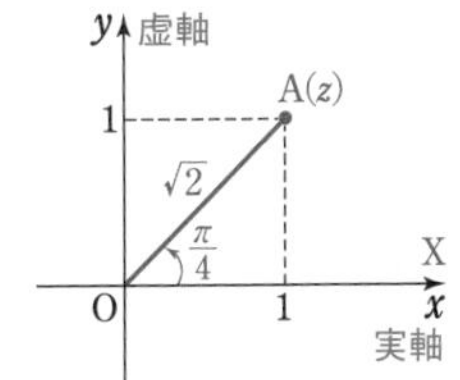


ここで，極座標における $r=\sqrt{2}$ と始線から測った角 $\theta=\dfrac{\pi}{4}$ が，複素数平面での $|z|=\sqrt{2}$ と偏角 $\arg z=\dfrac{\pi}{4}$ にそれぞれ一致している。
このように，複素数の極形式は，極座標と共通部分が多い。他にも，極座標における円 $r=a$ も複素数平面上の円 $|z|=a$ と似た表現になっている。

平面上の点や図形に関しては，座標系（直交座標，極座標）を変更したり，複素数平面を利用すると処理しやすくなることもある。さまざまな問題に取り組み，直交座標，極座標，複素数平面のうち，どれが有効であるかを判断できるようにしておきたい。

# 基本例題 179 レムニスケートの極方程式

曲線 $(x^2+y^2)^2=x^2-y^2$ の極方程式を求めよ。また，この曲線の概形をかけ。ただし，原点Oを極，$x$ 軸の正の部分を始線とする。

基本 175

**指針** $x$，$y$ の方程式のままでは概形がつかみにくい。そこで，**極座標に直して** 考える。
…… 関係式 $\boldsymbol{x=r\cos\theta}$，$\boldsymbol{y=r\sin\theta}$，$\boldsymbol{x^2+y^2=r^2}$ を使う。
また，概形をかくためには，図形の **対称性** に注目するとよい。……★
…… 対称性は，$x$，$y$ の方程式のまま考えた方がわかりやすい(下の POINT 参照)。
極方程式をもとに，$r$ を求めやすい $\theta$ の値をいくつか選んで下の解答のような表を作り，曲線の概形をつかむ。なお，この曲線を **レムニスケート** という。

**解答**

$x=r\cos\theta$，$y=r\sin\theta$，$x^2+y^2=r^2$ を方程式に代入すると

$$(r^2)^2=r^2(\cos^2\theta-\sin^2\theta)$$

◀ $r^2(r^2-\cos 2\theta)=0$

よって　$r=0$ または $r^2=\cos 2\theta$

曲線 $r^2=\cos 2\theta$ は極を通る。

◀ $\theta=\dfrac{\pi}{4}$ のとき $r=0$

したがって，求める極方程式は　$\boldsymbol{r^2=\cos 2\theta}$

次に，$f(x, y)=(x^2+y^2)^2-(x^2-y^2)$ とすると，曲線の方程式は

$$f(x, y)=0 \quad \cdots\cdots \text{①}$$

$f(x, -y)=f(-x, y)=f(-x, -y)=f(x, y)$ であるから，曲線①は，$x$ 軸，$y$ 軸，原点に関してそれぞれ対称である。

◀**指針**＿＿……★の方針。
$(-x)^2=x^2$，
$(-y)^2=y^2$
2次の項に注目すると，対称性が見えてくる。

まず，$r\geqq 0$，$0\leqq\theta\leqq\dfrac{\pi}{2}$ とすると，$r^2\geqq 0$ であるから

$$\cos 2\theta\geqq 0$$

この不等式を $0\leqq\theta\leqq\dfrac{\pi}{2}$ の範囲で解くと，$0\leqq 2\theta\leqq\dfrac{\pi}{2}$ から

$$0\leqq\theta\leqq\frac{\pi}{4}$$

ゆえに，いくつかの $\theta$ の値とそれに対応する $r^2$ の値を求めると，次のようになる。

| $\theta$ | $0$ | $\dfrac{\pi}{12}$ | $\dfrac{\pi}{8}$ | $\dfrac{\pi}{6}$ | $\dfrac{\pi}{4}$ |
|---|---|---|---|---|---|
| $r^2$ | $1$ | $\dfrac{\sqrt{3}}{2}$ | $\dfrac{\sqrt{2}}{2}$ | $\dfrac{1}{2}$ | $0$ |

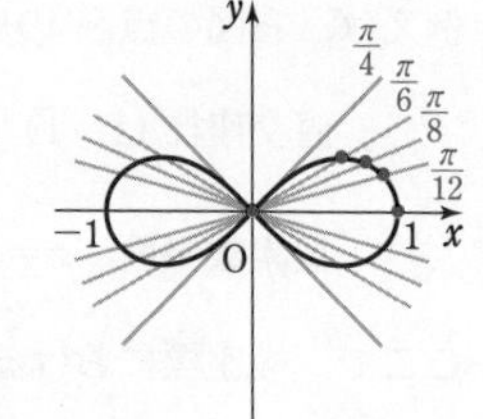


これをもとにして，第1象限における①の曲線をかき，それと $x$ 軸，$y$ 軸，原点に関して対称な曲線もかき加えると，曲線の概形は **右図** のようになる。

**POINT** 座標平面上の曲線 $f(x, y)=0$ の対称性

$f(x, -y)=f(x, y) \longrightarrow x$ 軸に関して対称
$f(-x, y)=f(x, y) \longrightarrow y$ 軸に関して対称
$f(-x, -y)=f(x, y) \longrightarrow$ 原点に関して対称

**練習 ③179** 曲線 $(x^2+y^2)^3=4x^2y^2$ の極方程式を求めよ。また，この曲線の概形をかけ。ただし，原点Oを極，$x$ 軸の正の部分を始線とする。

## 参考事項　コンピュータといろいろな曲線

媒介変数や極方程式で表された曲線には，次のようなものもある。これらの曲線は，式の形から概形をつかむことは難しいが，グラフ機能をもった数式処理ソフトを用いると，概形を知ることができる。また，コンピュータを使うと，各方程式の定数を適当に変えることにより，概形の変化をみることも容易である。

**1　媒介変数で表された曲線**

**①　リサージュ曲線**

$x=\sin at$，$y=\sin bt$　←縦，横に単振動が行われたときに描かれる曲線。

（$a$，$b$ は有理数）

例　$a=3$，$b=4$ のときの概形は右の ①。

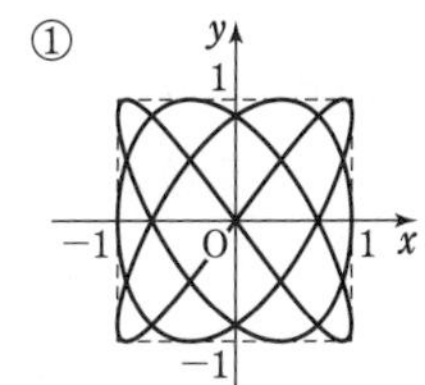


**2　極方程式で表された曲線**

**②　アルキメデスの渦巻線（正渦線（せいかせん））**

$r=a\theta$　（$a>0$，$\theta \geqq 0$）

例　$a=2$ のときの概形は右の ②。

**③　正葉曲線（バラ曲線）**

$r=\sin a\theta$　（$a$ は有理数）

例　$a=6$ のときの概形は右の ③。

**④　リマソン（蝸牛形（かぎゅうけい））**

$r=a+b\cos\theta$　（$b>0$）

例　$a=2$，$b=4$ のときの概形は右の ④。

**⑤　カージオイド（心臓形）**

$r=a(1+\cos\theta)$　（$a>0$）

↑④で $a=b$ の場合。

例　$a=2$ のときの概形は右の ⑤。

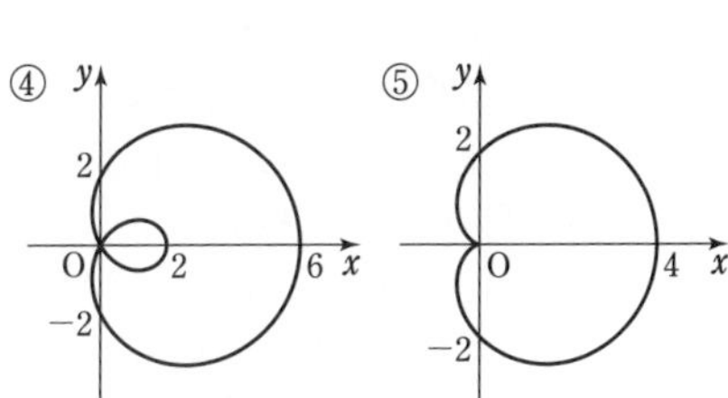


**参考**　極座標による入力が行えない場合は，媒介変数表示に直してから入力するとよい。極方程式 $r=f(\theta)$ は，$x=f(\theta)\cos\theta$，$y=f(\theta)\sin\theta$ と媒介変数表示される。

**問**　(1)　次の媒介変数で表された曲線を，コンピュータを用いて描け。

(ア)　$\begin{cases} x=\sin 2t \\ y=\sin 5t \end{cases}$　　(イ)　$\begin{cases} x=t-\sin t \\ y=1-\cos t \end{cases}$

(2)　次の極方程式で表された曲線を，コンピュータを用いて描け。

(ア)　$r=\sin 1.5\theta$　　(イ)　$r=3+2\cos\theta$

（＊）問 の解答は $p.330$ にある。

## EXERCISES



②117 直交座標の原点Oを極とし，$x$ 軸の正の部分を始線とする極座標 $(r,\ \theta)$ を考える。この極座標で表された3点を $\mathrm{A}\left(1,\ \dfrac{\pi}{3}\right)$，$\mathrm{B}\left(2,\ \dfrac{2}{3}\pi\right)$，$\mathrm{C}\left(3,\ \dfrac{4}{3}\pi\right)$ とする。

(1) $\angle\mathrm{OAB}$ を求めよ。　(2) $\triangle\mathrm{OBC}$ の面積を求めよ。

(3) $\triangle\mathrm{ABC}$ の外接円の中心と半径を求めよ。ただし，中心は直交座標で表せ。

〔類 徳島大〕 →173

③118 極方程式 $r=\dfrac{2}{2+\cos\theta}$ で与えられる図形と，等式 $|z|+\left|z+\dfrac{4}{3}\right|=\dfrac{8}{3}$ を満たす複素数 $z$ で与えられる図形は同じであることを示し，この図形の概形をかけ。

〔山形大〕 →149,175

③119 直交座標で表された2つの方程式 $|x|+|y|=c_1$ …… ①，$\sqrt{x^2+y^2}=c_2$ …… ② を定義する。ただし $c_1$，$c_2$ は正の定数である。

(1) $xy$ 平面上に ① を満たす点 $(x,\ y)$ を図示せよ。

(2) 極座標 $(r,\ \theta)$ を用いて，①，② をそれぞれ極方程式で表せ。

(3) 原点を除く点 $(x,\ y)$ に対して，$\dfrac{|x|+|y|}{\sqrt{x^2+y^2}}$ の最大値および最小値を求めよ。

〔九州大〕 →175

③120 $xy$ 平面において，2点 $\mathrm{F_1}(a,\ a)$，$\mathrm{F_2}(-a,\ -a)$ からの距離の積が一定値 $2a^2$ となるような点Pの軌跡を $C$ とする。ただし，$a>0$ である。

(1) 直交座標 $(x,\ y)$ に関しての $C$ の方程式を求めよ。

(2) 原点を極とし，$x$ 軸の正の部分を始線とする極座標 $(r,\ \theta)$ に関しての $C$ の極方程式を求めよ。

(3) $C$ から原点を除いた部分は，平面上の第1象限と第3象限を合わせた範囲に含まれることを示せ。

〔鹿児島大〕 →175

⑤121 半径 $a$ の定円の周上に2つの動点P，Qがある。P，Qはこの円周上の定点Aを同時に出発して時計の針と反対の向きに回っている。円の中心をOとするとき，動径OP，OQの回転角の速度(角速度という)の比が $1:k$ $(k>0,\ k\neq1)$ で一定であるとき，線分PQの中点Mの，軌跡の極方程式を求めよ。ただし，点Pと点Qが重なるとき，点Mは点P(Q)を表すものとする。

→176

**HINT**

117 (3) 3点O，A，Cの位置関係に注目。

118 極方程式を直交座標の方程式に表してみる。また，等式については，式の図形的な意味に注目。

119 (1)，(3) 対称性を利用。

120 (1) $\mathrm{F_1P}\cdot\mathrm{F_2P}=2a^2$ から　$\mathrm{F_1P}^2\cdot\mathrm{F_2P}^2=(2a^2)^2$

(3) 原点を除いた部分にある点は，$r\neq0$ を満たす。

121 $\mathrm{OM}=r$ と $\angle\mathrm{MOX}=\theta$ の関係を調べる。$\triangle\mathrm{OPQ}$ は二等辺三角形であることに注目。

# 総合演習

学習の総仕上げのための問題を２部構成で掲載しています。数学Cのひととおりの学習を終えた後に取り組んでください。

●第１部

第１部では，大学入学共通テスト対策に役立つものや，思考力を鍛えることができるテーマを取り上げ，それに関連する問題や解説を掲載しています。
各テーマは次のような流れで構成されています。

CHECK → 問題 → 指針 → 解答 → 検討

CHECK では，例題で学んだ問題の類題を取り上げています。その後に続く問題の準備となるような解説も書かれていますので，例題で学んだ内容を思い出しながら読み進めてみましょう。必要に応じて，例題の内容を復習するとよいでしょう。

問題 では，そのテーマで主となる問題を掲載しています。あまり解いたことのない形式のものや，思考力を要する問題も含まれています。CHECK で確認したことや，これまで学んできた内容を活用しながらチャレンジしてください。
解答の方針がつかみづらい場合は，指針も読んで考えてみましょう。

更に，解答と検討が続きますが，問題が解けた場合も解けなかった場合も，解答や検討の内容もきちんと確認してみてください。検討の内容まで理解することで，より思考力を高められます。

●第２部

第２部では，基本～標準レベルの入試問題を中心に取り上げました。中には難しい問題もあります（◇印をつけました）。解法の手がかりとなる HINT も設けていますから，難しい場合は HINT も参考にしながら挑戦してください。

# ベクトルの終点の存在範囲

## 3つの文字が動くときの存在範囲を考察する

数学C例題 **38〜40** では，$\overrightarrow{\mathrm{OP}}=s\overrightarrow{\mathrm{OA}}+t\overrightarrow{\mathrm{OB}}$ と表された点Pの存在範囲について学習しました。ここでは，そのような「ベクトルの終点の存在範囲」の考え方を振り返り，図形の応用問題に取り組みます。

まず，ベクトルの終点の存在範囲について，次の問題を考えてみましょう。

**CHECK 1－A**　平面上に右の図のような四角形OABCがある。点Pが次の条件を満たしながら動くとき，点Pの存在範囲を求めよ。

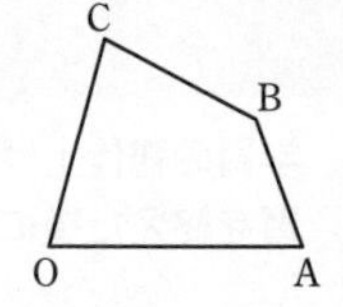


(1)　$\overrightarrow{\mathrm{OP}}=s\overrightarrow{\mathrm{OA}}+t\overrightarrow{\mathrm{OB}}$，$0\leqq s\leqq 1$，$0\leqq t\leqq 1$

(2)　$\overrightarrow{\mathrm{OP}}=s\overrightarrow{\mathrm{OA}}+t\overrightarrow{\mathrm{OB}}+\overrightarrow{\mathrm{OC}}$，$0\leqq s\leqq 1$，$0\leqq t\leqq 1$

(3)　$\overrightarrow{\mathrm{OP}}=s\overrightarrow{\mathrm{OA}}+t\overrightarrow{\mathrm{OB}}+u\overrightarrow{\mathrm{OC}}$，$0\leqq s\leqq 1$，$0\leqq t\leqq 1$，$0\leqq u\leqq 1$

最初に，(1)について考えてみましょう。(1)の条件には文字 $s$，$t$ がありますが，$s+t=1$ のような $s$ と $t$ についての関係式はなく，$s$ と $t$ は互いに無関係に動きます。よって，数学C例題 **39** (2)で学習したように，**まず一方を固定し，もう一方だけを動かして考えます。**
$t$ を固定して $s$ だけを動かすと，点Pはある線分上を動くことがわかります。次に $t$ を動かすと，その線分が動くことから，その線分の通過領域が求める点Pの存在範囲となります。

**解答**

(1)　$t\ (0\leqq t\leqq 1)$ を固定して，$\overrightarrow{\mathrm{OB'}}=t\overrightarrow{\mathrm{OB}}$ とすると

$$\overrightarrow{\mathrm{OP}}=s\overrightarrow{\mathrm{OA}}+\overrightarrow{\mathrm{OB'}}$$

ここで，$s$ を $0\leqq s\leqq 1$ の範囲で変化させると，点Pは図1の線分A′B′上を動く。

ただし　$\overrightarrow{\mathrm{OA'}}=\overrightarrow{\mathrm{OA}}+\overrightarrow{\mathrm{OB'}}$

次に，$t$ を $0\leqq t\leqq 1$ の範囲で変化させると，線分A′B′は図2の線分OAからBDまで平行に動く。

ただし　$\overrightarrow{\mathrm{OD}}=\overrightarrow{\mathrm{OA}}+\overrightarrow{\mathrm{OB}}$

よって，点Pの存在範囲は

**$\overrightarrow{\mathrm{OD}}=\overrightarrow{\mathrm{OA}}+\overrightarrow{\mathrm{OB}}$ とすると，**

**平行四辺形OADBの周および内部**

である。

図1

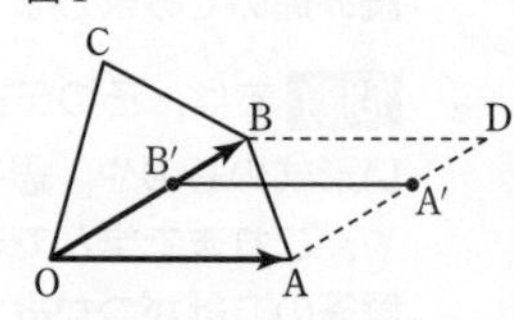


図2

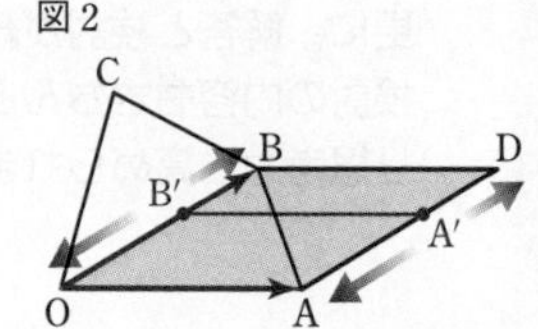


次に，(2)について考えてみましょう。(2)の条件式は，(1)の条件式に「$+\overrightarrow{\mathrm{OC}}$」が加わった形になっています。$s$，$t$ をともに固定して，$\overrightarrow{\mathrm{OP'}}=s\overrightarrow{\mathrm{OA}}+t\overrightarrow{\mathrm{OB}}$ とすると，$\overrightarrow{\mathrm{OP}}=\overrightarrow{\mathrm{OP'}}+\overrightarrow{\mathrm{OC}}$ となり，点Pは点P′を $\overrightarrow{\mathrm{OC}}$ だけ平行移動した点となります。$s$，$t$ を変化させると点P′が動くことから，点Pの存在範囲は点P′の存在範囲を $\overrightarrow{\mathrm{OC}}$ だけ平行移動した範囲になります。

**解答** (2)　$s$, $t$ $(0\leqq s\leqq 1,\ 0\leqq t\leqq 1)$ を固定して,
$\overrightarrow{\mathrm{OP'}}=s\overrightarrow{\mathrm{OA}}+t\overrightarrow{\mathrm{OB}}$ とすると，点 P′ は (1) で求めた存在範囲の点であり，$\overrightarrow{\mathrm{OP}}=\overrightarrow{\mathrm{OP'}}+\overrightarrow{\mathrm{OC}}$ から，点 P は点 P′ を $\overrightarrow{\mathrm{OC}}$ だけ平行移動した点である（図 3)。

図 3

次に，$s$, $t$ を $0\leqq s\leqq 1$, $0\leqq t\leqq 1$ の範囲で変化させると，(1) から，点 P′ は平行四辺形 OADB の周および内部を動く。

よって，点 P の存在範囲は
**$\overrightarrow{\mathrm{OE}}=\overrightarrow{\mathrm{OA}}+\overrightarrow{\mathrm{OC}}$, $\overrightarrow{\mathrm{OF}}=\overrightarrow{\mathrm{OD}}+\overrightarrow{\mathrm{OC}}$,**
**$\overrightarrow{\mathrm{OG}}=\overrightarrow{\mathrm{OB}}+\overrightarrow{\mathrm{OC}}$ とすると,**
**平行四辺形 CEFG の周および内部**
である（図 4)。

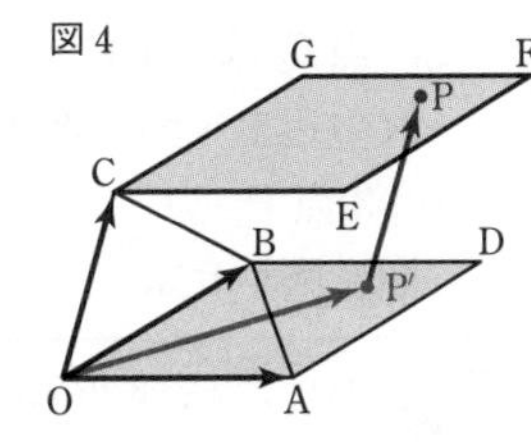

図 4

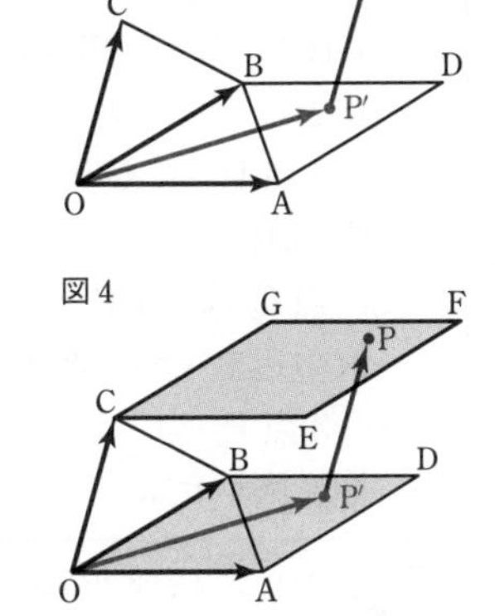

**参考** (2) の条件式を変形すると $\overrightarrow{\mathrm{CP}}=s\overrightarrow{\mathrm{OA}}+t\overrightarrow{\mathrm{OB}}$,
$0\leqq s\leqq 1$, $0\leqq t\leqq 1$ となるから，点 C を始点としたときの終点 P の存在範囲に言い換えることができる。(1) の平行四辺形 OADB を，点 O が点 C に重なるように平行移動，すなわち $\overrightarrow{\mathrm{OC}}$ だけ平行移動したものが，点 P の存在範囲である。このように考えてもよい。

最後に，(3) について考えます。(3) は，$s$, $t$, $u$ の 3 つの文字が互いに無関係に動きます。ここでも，(1), (2) と同様に文字を固定して考えてみましょう。$u$ を固定して $\overrightarrow{\mathrm{OC'}}=u\overrightarrow{\mathrm{OC}}$ とすると，$\overrightarrow{\mathrm{OP}}=s\overrightarrow{\mathrm{OA}}+t\overrightarrow{\mathrm{OB}}+\overrightarrow{\mathrm{OC'}}$ となりますから，(2) と同じように考えることができます。その後 $u$ を動かすと，$u$ を固定したときの存在範囲が動くことから，点 P の存在範囲を求めることができます。

**解答** (3)　$u$ $(0\leqq u\leqq 1)$ を固定して，$\overrightarrow{\mathrm{OC'}}=u\overrightarrow{\mathrm{OC}}$ とすると　$\overrightarrow{\mathrm{OP}}=s\overrightarrow{\mathrm{OA}}+t\overrightarrow{\mathrm{OB}}+\overrightarrow{\mathrm{OC'}}$
ここで，$s$, $t$ を $0\leqq s\leqq 1$, $0\leqq t\leqq 1$ の範囲で変化させると，点 P は図 5 の平行四辺形 C′E′F′G′ の周および内部を動く。
ただし　$\overrightarrow{\mathrm{OE'}}=\overrightarrow{\mathrm{OA}}+\overrightarrow{\mathrm{OC'}}$, $\overrightarrow{\mathrm{OF'}}=\overrightarrow{\mathrm{OD}}+\overrightarrow{\mathrm{OC'}}$,
$\overrightarrow{\mathrm{OG'}}=\overrightarrow{\mathrm{OB}}+\overrightarrow{\mathrm{OC'}}$

図 5

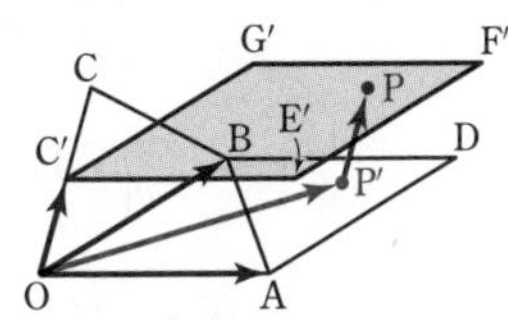


次に，$u$ を $0\leqq u\leqq 1$ の範囲で変化させると，点 C′ は線分 OC 上を動くから，平行四辺形 C′E′F′G′ は図 6 の平行四辺形 OADB から CEFG まで平行に動く。
よって，点 P の存在範囲は
**六角形 OADFGC の周および内部**
である。

図 6

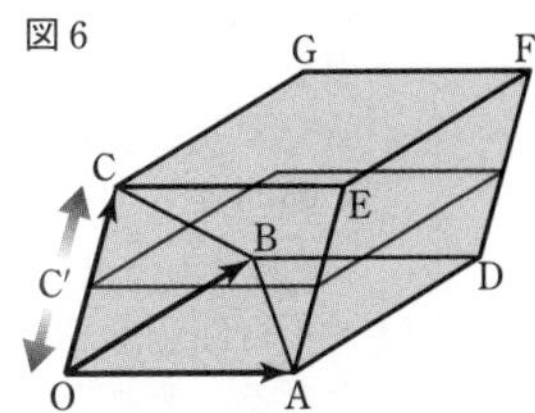


複数の文字が独立して動くとき，それらを同時に考えるのは難しい場合があります。そのようなときは，CHECK 1−A のように，**まず動くものを固定し，1 つずつ動かす** ことを試みるとよいでしょう。
このことを意識して，次の問題に挑戦してみましょう。

## 問題1　三角形の重心の存在範囲

△ABC に対し，辺 AB 上に点 P を，辺 BC 上に点 Q を，辺 CA 上に点 R を，頂点とは異なるようにとる。

(1) 2 点 P，R がそれぞれの辺上を動くとき，△APR の重心 K の動く範囲を図示せよ。

(2) 点 Q は辺 BC を 1：2 に内分する点であるとする。2 点 P，R がそれぞれの辺上を動くとき，△PQR の重心 G の動く範囲を図示せよ。

(3) 3 点 P，Q，R がそれぞれの辺上を動くとき，△PQR の重心 G の動く範囲を図示せよ。　〔類　京都大〕

(1) 点 P，R の条件から，$\overrightarrow{\mathrm{AP}}=p\overrightarrow{\mathrm{AB}}$，$\overrightarrow{\mathrm{AR}}=r\overrightarrow{\mathrm{AC}}$ $(0<p<1,\ 0<r<1)$ とおける。これを用いて $\overrightarrow{\mathrm{AK}}$ を $p$，$r$ で表し，$p$，$r$ が $0<p<1$，$0<r<1$ の範囲を動くときに，点 K が動く範囲を調べる。

(2) $\overrightarrow{\mathrm{AG}}=p\vec{a}+r\vec{b}+\vec{c}$ と表されるとすると，点 G は $p\vec{a}+r\vec{b}$ によって表される範囲を $\vec{c}$ だけ平行移動した範囲を動く。……★

(3) まず，点 Q を固定したときに重心 G が動く範囲を考え，その後，点 Q を動かして，点 Q を固定したときに重心 G が動く範囲が，どのように動くかを考える。

辺 AB，AC，BC をそれぞれ 3 等分する点を，図のように $B_1$，$B_2$，$C_1$，$C_2$，$D_1$，$D_2$ とする。

(1) 点 P，R はそれぞれ辺 AB，CA 上の点であるから，

$$\overrightarrow{\mathrm{AP}}=p\overrightarrow{\mathrm{AB}},\ \overrightarrow{\mathrm{AR}}=r\overrightarrow{\mathrm{AC}}\ (0<p<1,\ 0<r<1)$$

とおける。

$$\overrightarrow{\mathrm{AK}}=\frac{\overrightarrow{\mathrm{AA}}+\overrightarrow{\mathrm{AP}}+\overrightarrow{\mathrm{AR}}}{3}=\frac{p\overrightarrow{\mathrm{AB}}+r\overrightarrow{\mathrm{AC}}}{3}$$

$$=p\left(\frac{\overrightarrow{\mathrm{AB}}}{3}\right)+r\left(\frac{\overrightarrow{\mathrm{AC}}}{3}\right),$$

$$\overrightarrow{\mathrm{AB_1}}=\frac{\overrightarrow{\mathrm{AB}}}{3},\ \overrightarrow{\mathrm{AC_1}}=\frac{\overrightarrow{\mathrm{AC}}}{3}$$

よって　$\overrightarrow{\mathrm{AK}}=p\overrightarrow{\mathrm{AB_1}}+r\overrightarrow{\mathrm{AC_1}}$

点 P，R がそれぞれ辺 AB，CA 上を動くとき，$p$，$r$ は $0<p<1$，$0<r<1$ の範囲で変化するから，重心 K の動く範囲は

$\overrightarrow{\mathrm{AE}}=\overrightarrow{\mathrm{AB_1}}+\overrightarrow{\mathrm{AC_1}}$ とすると，平行四辺形 $\mathrm{AB_1EC_1}$ の内部となる。それを図示すると，**図の斜線部分。ただし，境界線を含まない。**

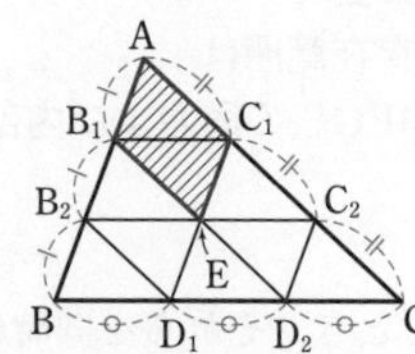


(1)の点 E の位置について，

$\overrightarrow{\mathrm{AB_2}}=\frac{2}{3}\overrightarrow{\mathrm{AB}}$，

$\overrightarrow{\mathrm{AC_2}}=\frac{2}{3}\overrightarrow{\mathrm{AC}}$ から

$\overrightarrow{\mathrm{AE}}=\overrightarrow{\mathrm{AB_1}}+\overrightarrow{\mathrm{AC_1}}$

$=\frac{1}{3}\overrightarrow{\mathrm{AB}}+\frac{1}{3}\overrightarrow{\mathrm{AC}}$

$=\frac{1}{2}\left(\frac{2}{3}\overrightarrow{\mathrm{AB}}+\frac{2}{3}\overrightarrow{\mathrm{AC}}\right)$

$=\frac{1}{2}(\overrightarrow{\mathrm{AB_2}}+\overrightarrow{\mathrm{AC_2}})$

よって，点 E は線分 $\mathrm{B_2C_2}$ の中点である。

(2) 点 Q は辺 BC を 1：2 に内分する点であるから

$$\overrightarrow{\mathrm{AQ}}=\frac{2\overrightarrow{\mathrm{AB}}+\overrightarrow{\mathrm{AC}}}{1+2}=\frac{2}{3}\overrightarrow{\mathrm{AB}}+\frac{1}{3}\overrightarrow{\mathrm{AC}},$$

$$\overrightarrow{AG}=\frac{\overrightarrow{AP}+\overrightarrow{AQ}+\overrightarrow{AR}}{3}$$
$$=\frac{1}{3}\left\{p\overrightarrow{AB}+\left(\frac{2}{3}\overrightarrow{AB}+\frac{1}{3}\overrightarrow{AC}\right)+r\overrightarrow{AC}\right\}$$
$$=p\left(\frac{\overrightarrow{AB}}{3}\right)+r\left(\frac{\overrightarrow{AC}}{3}\right)+\underline{\frac{2}{9}\overrightarrow{AB}+\frac{1}{9}\overrightarrow{AC}}$$

$\underline{\overrightarrow{AQ'}=\frac{2}{9}\overrightarrow{AB}+\frac{1}{9}\overrightarrow{AC}}$ とすると

$$\overrightarrow{AG}=p\overrightarrow{AB_1}+r\overrightarrow{AC_1}+\underline{\overrightarrow{AQ'}}$$

点P，R がそれぞれ辺 AB，CA 上を動くとき，$p$，$r$ は $0<p<1$，$0<r<1$ の範囲で変化するから，重心 G は平行四辺形 $AB_1EC_1$ を $\overrightarrow{AQ'}$ だけ平行移動した範囲を動く。

よって，重心 G が動く範囲は，

$\overrightarrow{AB'}=\overrightarrow{AB_1}+\overrightarrow{AQ'}$，
$\overrightarrow{AC'}=\overrightarrow{AC_1}+\overrightarrow{AQ'}$，
$\overrightarrow{AE'}=\overrightarrow{AE}+\overrightarrow{AQ'}$

とすると，平行四辺形 $Q'B'E'C'$ の内部となる。

それを図示すると，**図の斜線部分。ただし，境界線を含まない。**

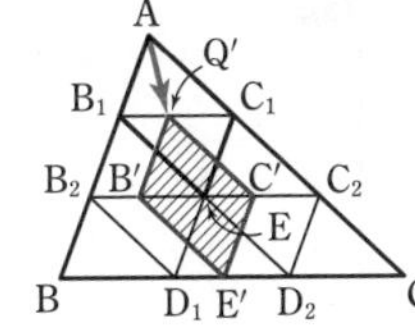


◀指針____……★ の方針。$\overrightarrow{AB}$，$\overrightarrow{AC}$ でまとめるのではなく，$p$，$r$ を含まない部分を $\underline{\overrightarrow{AQ'}}$ としてまとめる。なお，

$$\overrightarrow{AQ'}=\frac{2}{9}\overrightarrow{AB}+\frac{1}{9}\overrightarrow{AC}=\frac{2}{3}\overrightarrow{AB_1}+\frac{1}{3}\overrightarrow{AC_1}=\frac{2\overrightarrow{AB_1}+\overrightarrow{AC_1}}{1+2}$$

であるから，点 $Q'$ は線分 $B_1C_1$ を 1：2 に内分する点である。

◀$\overrightarrow{AE'}=\overrightarrow{AE}+\overrightarrow{AQ'}$

$$=\left(\frac{1}{3}\overrightarrow{AB}+\frac{1}{3}\overrightarrow{AC}\right)+\left(\frac{2}{9}\overrightarrow{AB}+\frac{1}{9}\overrightarrow{AC}\right)=\frac{5}{9}\overrightarrow{AB}+\frac{4}{9}\overrightarrow{AC}=\frac{5\overrightarrow{AB}+4\overrightarrow{AC}}{4+5}$$

であるから，点 $E'$ は辺 BC を 4：5 に内分する点である。

(3)　点 Q は辺 BC 上の点であるから，

$$\overrightarrow{AQ}=(1-q)\overrightarrow{AB}+q\overrightarrow{AC}\ (0<q<1)$$

とおける。

ゆえに　$$\overrightarrow{AG}=\frac{\overrightarrow{AP}+\overrightarrow{AQ}+\overrightarrow{AR}}{3}$$
$$=\frac{1}{3}\{p\overrightarrow{AB}+(1-q)\overrightarrow{AB}+q\overrightarrow{AC}+r\overrightarrow{AC}\}$$
$$=p\overrightarrow{AB_1}+r\overrightarrow{AC_1}+\underline{(1-q)\overrightarrow{AB_1}+q\overrightarrow{AC_1}}$$

$q$ を固定して，$\underline{\overrightarrow{AQ''}=(1-q)\overrightarrow{AB_1}+q\overrightarrow{AC_1}}$ とすると

$$\overrightarrow{AG}=p\overrightarrow{AB_1}+r\overrightarrow{AC_1}+\underline{\overrightarrow{AQ''}}$$

◀点 Q を固定すると，(2) と同じように考えることができる。

点P，R がそれぞれ辺 AB，CA 上を動くとき，$p$，$r$ は $0<p<1$，$0<r<1$ の範囲で変化するから，重心 G が動く範囲は，

$\overrightarrow{AB''}=\overrightarrow{AB_1}+\overrightarrow{AQ''}$，$\overrightarrow{AC''}=\overrightarrow{AC_1}+\overrightarrow{AQ''}$，
$\overrightarrow{AE''}=\overrightarrow{AE}+\overrightarrow{AQ''}$

とすると，平行四辺形 $Q''B''E''C''$ の内部となる。

更に，点 Q が辺 BC 上を動くとき，$q$ は $0<q<1$ の範囲で変化し，このとき点 $Q''$ は線分 $B_1C_1$ 上を動くから，平行四辺形 $Q''B''E''C''$ は平行四辺形 $B_1B_2D_1E$ から $C_1ED_2C_2$ まで平行に動く。

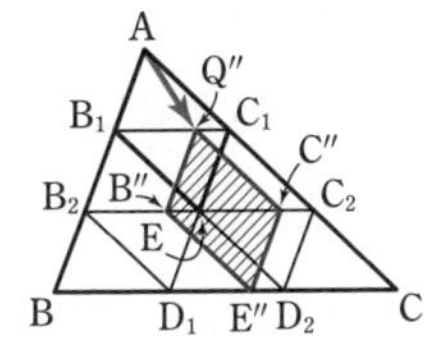

よって，重心 G の動く範囲は，

　　六角形 $B_1B_2D_1D_2C_2C_1$ の内部

である。それを図示すると，**図の斜線部分。**

**ただし，境界線を含まない。**

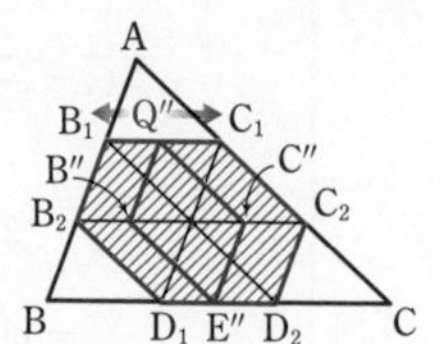


**△PQR の重心 G の動くようすをコンピュータソフトで確かめる**

検討

3 点 P，Q，R が △ABC のそれぞれの辺上を動くとき，連動して △PQR の重心 G も動くが，そのようすをコンピュータソフトを用いて考察してみよう。右の二次元コードから，問題 **1** の図形を動かすことのできる図形ソフトにアクセスできる。

なお，アクセスすると，問題 **1** の (2) の設定，すなわち，点 Q が辺 BC を 1：2 に内分する位置にあるが，点 Q も辺 BC 上を動かすことができる。また，点 G が動いた軌跡がソフト上で表示される。

図形描画ソフト

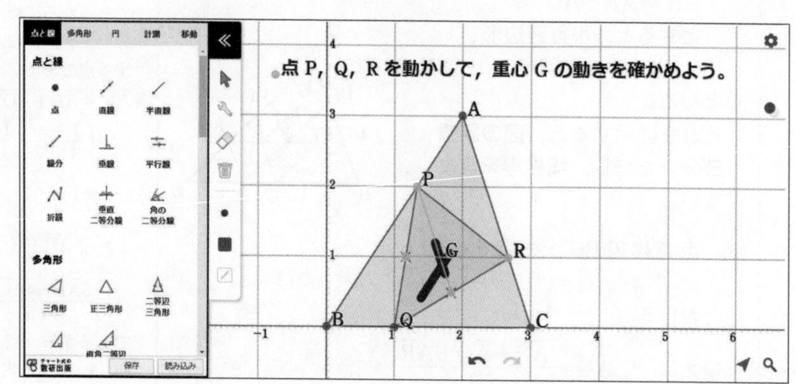


このソフトを用いることで，点 G の動きを確かめることができるが，点 G の位置を表す式と合わせて考えてみよう。

例えば，$\overrightarrow{AP}=p\overrightarrow{AB}\ (0<p<1)$ であることから，点 P を辺 AB 上で動かすことは係数 $p$ を変化させることに対応している。また，

$$\overrightarrow{AG}=p\left(\frac{1}{3}\overrightarrow{AB}\right)+\frac{1}{3}\{(1-q)\overrightarrow{AB}+q\overrightarrow{AC}\}+r\left(\frac{1}{3}\overrightarrow{AC}\right)$$

であることから，点 P を辺 AB 上で動かすと点 G は辺 AB と平行に動く。

同様に，点 Q を辺 BC 上で動かすと点 G は辺 BC と平行に動き，点 R を辺 CA 上で動かすと点 G は辺 CA と平行に動くことがわかる。

このように，コンピュータソフトを用いることで，3 点 P，Q，R の動きが重心 G にどのように影響しているのかを，視覚的に確かめることができる。

テーマ **2**

# 空間図形上にある点の位置ベクトル  

数学 C

## 空間における直線と平面の交点について考察する

空間における直線と平面の交点の位置ベクトルについては，数学 C 例題 **69**，**70** で学習しました。ここでは，例題で学んだ内容を踏まえ，複数の方針で解くことのできる問題に取り組みます。

まずは，空間における 2 直線の交点や，直線と平面の交点の位置ベクトルについて，次の問題で復習しましょう。

**CHECK 2－A**　四面体 OABC を考える。辺 OA の中点を D，辺 BC を 1：2 に内分する点を E，線分 OE の中点を F とする。

(1)　線分 AF と線分 DE の交点を P とするとき，$\overrightarrow{\mathrm{OP}}$ を $\overrightarrow{\mathrm{OA}}$，$\overrightarrow{\mathrm{OB}}$，$\overrightarrow{\mathrm{OC}}$ を用いて表せ。

(2)　直線 OP と平面 ABC の交点を Q とするとき，$\overrightarrow{\mathrm{OQ}}$ を $\overrightarrow{\mathrm{OA}}$，$\overrightarrow{\mathrm{OB}}$，$\overrightarrow{\mathrm{OC}}$ を用いて表せ。

空間内で 4 点 O，A，B，C が同じ平面上にないとき（3 つのベクトル $\overrightarrow{\mathrm{OA}}$，$\overrightarrow{\mathrm{OB}}$，$\overrightarrow{\mathrm{OC}}$ が **1 次独立** であるとき），次のことが成り立ちます。

**[1]**　$s\overrightarrow{\mathrm{OA}}+t\overrightarrow{\mathrm{OB}}+u\overrightarrow{\mathrm{OC}}=s'\overrightarrow{\mathrm{OA}}+t'\overrightarrow{\mathrm{OB}}+u'\overrightarrow{\mathrm{OC}} \iff s=s',\ t=t',\ u=u'$

**[2]**　$\overrightarrow{\mathrm{OP}}=s\overrightarrow{\mathrm{OA}}+t\overrightarrow{\mathrm{OB}}+u\overrightarrow{\mathrm{OC}}$ **のとき，点 P が平面 ABC 上にある** $\iff s+t+u=1$

このことを利用して解いてみましょう。

**解答**

(1)　条件から

$$\overrightarrow{\mathrm{OD}}=\frac{1}{2}\overrightarrow{\mathrm{OA}},\quad \overrightarrow{\mathrm{OE}}=\frac{2\overrightarrow{\mathrm{OB}}+\overrightarrow{\mathrm{OC}}}{1+2}=\frac{2}{3}\overrightarrow{\mathrm{OB}}+\frac{1}{3}\overrightarrow{\mathrm{OC}},$$

$$\overrightarrow{\mathrm{OF}}=\frac{1}{2}\overrightarrow{\mathrm{OE}}=\frac{1}{3}\overrightarrow{\mathrm{OB}}+\frac{1}{6}\overrightarrow{\mathrm{OC}}$$

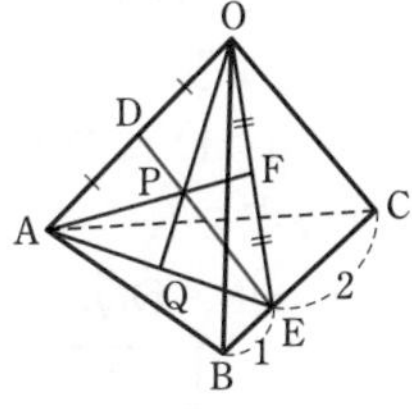


点 P は線分 AF 上の点であるから，$s$ を実数として

$$\begin{aligned}\overrightarrow{\mathrm{OP}}&=(1-s)\overrightarrow{\mathrm{OA}}+s\overrightarrow{\mathrm{OF}}\\&=(1-s)\overrightarrow{\mathrm{OA}}+s\left(\frac{1}{3}\overrightarrow{\mathrm{OB}}+\frac{1}{6}\overrightarrow{\mathrm{OC}}\right)\\&=\underline{(1-s)\overrightarrow{\mathrm{OA}}+\frac{s}{3}\overrightarrow{\mathrm{OB}}+\frac{s}{6}\overrightarrow{\mathrm{OC}}}\quad\cdots\cdots ①\end{aligned}$$

と表される。

◀点 P が直線 AB 上にある $\iff$ $\overrightarrow{\mathrm{OP}}=(1-t)\overrightarrow{\mathrm{OA}}+t\overrightarrow{\mathrm{OB}}$ となる実数 $t$ がある（$p.104$ 基本事項参照）。

また，点 P は線分 DE 上の点でもあるから，$t$ を実数として

$$\overrightarrow{\mathrm{OP}}=(1-t)\overrightarrow{\mathrm{OD}}+t\overrightarrow{\mathrm{OE}}=\frac{1-t}{2}\overrightarrow{\mathrm{OA}}+t\left(\frac{2}{3}\overrightarrow{\mathrm{OB}}+\frac{1}{3}\overrightarrow{\mathrm{OC}}\right)$$

$$=\underline{\frac{1-t}{2}\overrightarrow{\mathrm{OA}}+\frac{2}{3}t\overrightarrow{\mathrm{OB}}+\frac{t}{3}\overrightarrow{\mathrm{OC}}}\quad\cdots\cdots ②$$

と表される。

4 点 O, A, B, C は同じ平面上にないから, ①, ② より

$$1-s=\frac{1-t}{2},\ \frac{s}{3}=\frac{2}{3}t,\ \frac{s}{6}=\frac{t}{3}$$

第 1 式と第 2 式から　$s=\frac{2}{3},\ t=\frac{1}{3}$

これは第 3 式を満たす。

よって　$\overrightarrow{\mathbf{OP}}=\frac{\mathbf{1}}{\mathbf{3}}\overrightarrow{\mathbf{OA}}+\frac{\mathbf{2}}{\mathbf{9}}\overrightarrow{\mathbf{OB}}+\frac{\mathbf{1}}{\mathbf{9}}\overrightarrow{\mathbf{OC}}$

(2) 点 Q は直線 OP 上にあるから, $k$ を実数として

$$\overrightarrow{OQ}=k\overrightarrow{OP}=k\left(\frac{1}{3}\overrightarrow{OA}+\frac{2}{9}\overrightarrow{OB}+\frac{1}{9}\overrightarrow{OC}\right)$$

$$=\frac{k}{3}\overrightarrow{OA}+\frac{2}{9}k\overrightarrow{OB}+\frac{k}{9}\overrightarrow{OC}$$

と表される。

4 点 O, A, B, C は同じ平面上になく, 点 Q は 3 点 A, B, C を通る平面上にあるから　$\frac{k}{3}+\frac{2}{9}k+\frac{k}{9}=1$

よって　$k=\frac{3}{2}$

ゆえに　$\overrightarrow{\mathbf{OQ}}=\frac{\mathbf{1}}{\mathbf{2}}\overrightarrow{\mathbf{OA}}+\frac{\mathbf{1}}{\mathbf{3}}\overrightarrow{\mathbf{OB}}+\frac{\mathbf{1}}{\mathbf{6}}\overrightarrow{\mathbf{OC}}$

◀ ＿＿＿の断りは重要。4 点 O, A, B, C が同じ平面上にないとき, ①, ② の $\overrightarrow{OA}$, $\overrightarrow{OB}$, $\overrightarrow{OC}$ の係数は等しい。
→＿＿と＿＿の係数を比較。

◀(係数の和)=1

この内容を確認した上で, 次の問題に挑戦してみましょう。

## 問題 2　空間図形における平面と直線の交点

正方形 ABCD を底面とする 正四角錐 O-ABCD において, $\overrightarrow{OA}=\vec{a}$, $\overrightarrow{OB}=\vec{b}$, $\overrightarrow{OC}=\vec{c}$, $\overrightarrow{OD}=\vec{d}$ とする。また, 辺 OA の中点を P, 辺 OB を $q:(1-q)$ $(0<q<1)$ に内分する点を Q, 辺 OC を 1 : 2 に内分する点を R とする。

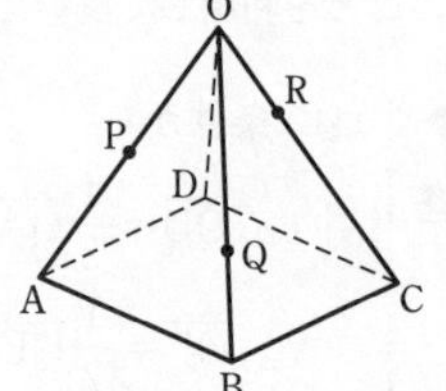


(1) $\overrightarrow{OP}$, $\overrightarrow{OQ}$, $\overrightarrow{OR}$ はそれぞれ $\vec{a}$, $\vec{b}$, $\vec{c}$ を用いて

$\overrightarrow{OP}=\frac{\boxed{ア}}{\boxed{イ}}\vec{a}$, $\overrightarrow{OQ}=\boxed{ウ}\vec{b}$, $\overrightarrow{OR}=\frac{\boxed{エ}}{\boxed{オ}}\vec{c}$ と表される。

また, $\vec{d}$ を $\vec{a}$, $\vec{b}$, $\vec{c}$ を用いて表すと, $\vec{d}=\boxed{カ}$ となる。

$\boxed{ア}$, $\boxed{イ}$, $\boxed{エ}$, $\boxed{オ}$ に当てはまる数を求めよ。また, $\boxed{ウ}$, $\boxed{カ}$ に当てはまるものを, 次の解答群から 1 つずつ選べ。

$\boxed{ウ}$ の解答群 :

⓪ $q$　① $-q$　② $(1-q)$　③ $(q-1)$　④ $\frac{q}{1+q}$　⑤ $\frac{1-q}{1+q}$

$\boxed{カ}$ の解答群 :

⓪ $\vec{a}+\vec{b}+\vec{c}$　① $\vec{a}+\vec{b}-\vec{c}$　② $\vec{a}-\vec{b}+\vec{c}$　③ $-\vec{a}+\vec{b}+\vec{c}$
④ $\vec{a}-\vec{b}-\vec{c}$　⑤ $-\vec{a}+\vec{b}-\vec{c}$　⑥ $-\vec{a}-\vec{b}+\vec{c}$　⑦ $-\vec{a}-\vec{b}-\vec{c}$

(2) 平面 PQR と直線 OD が交わるとき，その交点を X とする。

$q=\frac{2}{3}$ のとき，点 X が辺 OD に対してどのような位置にあるのかを調べよう。

(i) $\overrightarrow{OX}=k\vec{d}$ ($k$ は実数) とおき，次の **方針 1** または **方針 2** を用いて $k$ の値を求める。

**方針 1**

点 X は平面 PQR 上にあることから，実数 $\alpha$，$\beta$ を用いて

$$\overrightarrow{PX}=\alpha\overrightarrow{PQ}+\beta\overrightarrow{PR}$$

と表される。

よって，$\overrightarrow{OX}$ を $\vec{a}$，$\vec{b}$，$\vec{c}$ と実数 $\alpha$，$\beta$ を用いて表すと，

$\overrightarrow{OX}=$ [キ] $\vec{a}+$ [ク] $\vec{b}+$ [ケ] $\vec{c}$ となる。

また，$\overrightarrow{OX}=k\vec{d}=k($ [カ] $)$ であることから，$\overrightarrow{OX}$ は $\vec{a}$，$\vec{b}$，$\vec{c}$ と実数 $k$ を用いて表すこともできる。

この 2 通りの表現を用いて，$k$ の値を求める。

**方針 2**

$\overrightarrow{OX}=k\vec{d}=k($ [カ] $)$ であることから，$\overrightarrow{OX}$ を $\overrightarrow{OP}$，$\overrightarrow{OQ}$，$\overrightarrow{OR}$ と実数 $\alpha'$，$\beta'$，$\gamma'$ を用いて $\overrightarrow{OX}=\alpha'\overrightarrow{OP}+\beta'\overrightarrow{OQ}+\gamma'\overrightarrow{OR}$ と表すと

$\alpha'=$ [コ] $k$，$\beta'=\frac{[サシ]}{[ス]}k$，$\gamma'=$ [セ] $k$ となる。

点 X は平面 PQR 上にあるから，$\alpha'+\beta'+\gamma'=$ [ソ] が成り立つ。

この等式を用いて $k$ の値を求める。

**方針 1** について，[キ] ～ [ケ] に当てはまるものを，次の解答群から 1 つずつ選べ。ただし，同じものを繰り返し選んでもよい。

また，**方針 2** について，[コ] ～ [ソ] に当てはまる数を求めよ。

[キ] ～ [ケ] **の解答群：**

⓪ $\frac{1}{2}\alpha$　① $\frac{1}{3}\alpha$　② $\frac{2}{3}\alpha$　③ $\frac{1}{2}\beta$　④ $\frac{1}{3}\beta$　⑤ $\frac{2}{3}\beta$

⑥ $\frac{1-\alpha-\beta}{2}$　⑦ $\frac{1-\alpha-\beta}{3}$　⑧ $\frac{2(1-\alpha-\beta)}{3}$

(ii) **方針 1** または **方針 2** を用いて，$k$ の値を求めると，$k=\frac{[タ]}{[チ]}$ である。

よって，点 X は辺 OD を [ツ] : [テ] に内分する位置にあることがわかる。

[タ] ～ [テ] に当てはまる数を求めよ。

(3) 平面PQRが直線ODと交わるとき，$\overrightarrow{OX}=x\vec{d}$ ($x$は実数) とおくと，$x$は$q$を用いて $x=\dfrac{q}{\boxed{\text{ト}}\,q-\boxed{\text{ナ}}}$ と表される。

$\boxed{\text{ト}}$，$\boxed{\text{ナ}}$ に当てはまる数を求めよ。

(4) 平面PQRと辺ODについて，次のようになる。

$q=\dfrac{1}{4}$ のとき，平面PQRは $\boxed{\text{ニ}}$。$q=\dfrac{1}{5}$ のとき，平面PQRは $\boxed{\text{ヌ}}$。

$q=\dfrac{1}{6}$ のとき，平面PQRは $\boxed{\text{ネ}}$。

$\boxed{\text{ニ}}$ ～ $\boxed{\text{ネ}}$ に当てはまるものを，次の⓪～⑤のうちから1つずつ選べ。ただし，同じものを繰り返し選んでもよい。

⓪ 辺ODと点Oで交わる
① 辺ODと点Dで交わる
② 辺OD（両端を除く）と交わる
③ 辺ODのOを越える延長と交わる
④ 辺ODのDを越える延長と交わる
⑤ 直線ODと平行である

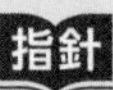

**指針**

(1) (カ) 四角形ABCDは正方形であるから，$\overrightarrow{AD}=\overrightarrow{BC}$ が成り立つ。

(2) (ii) 4点O, A, B, Cが同じ平面上にないことから，**方針1**，**方針2**ではそれぞれ次のことが成り立つことを利用する。

**方針1**：$s\vec{a}+t\vec{b}+u\vec{c}=s'\vec{a}+t'\vec{b}+u'\vec{c} \iff s=s',\ t=t',\ u=u'$

**方針2**：$\overrightarrow{OP}=s\overrightarrow{OA}+t\overrightarrow{OB}+u\overrightarrow{OC}$ と表されるとき

**点Pが平面ABC上にある** $\iff$ $s+t+u=1$

(3), (4) 平面PQRと直線ODが交わるとき，$\overrightarrow{OX}=x\vec{d}$ を満たす実数$x$が存在する。その$x$の値によって，直線ODのどの部分と交わるかを判断する。
平面PQRと直線ODが交わらない，すなわち平行であるとき，$\overrightarrow{OX}=x\vec{d}$ を満たす実数$x$は存在しない。

**解答**

(1) 点Pは辺OAの中点，点Qは辺OBを $q:(1-q)$ $(0<q<1)$ に内分する点，点Rは辺OCを1：2に内分する点であるから

$\overrightarrow{OP}={}^{ア}_{イ}\dfrac{\mathbf{1}}{\mathbf{2}}\vec{a}$，$\overrightarrow{OQ}=\dfrac{q}{q+(1-q)}\vec{b}=q\vec{b}$ (ウ ⓪)，

$\overrightarrow{OR}={}^{エ}_{オ}\dfrac{\mathbf{1}}{\mathbf{3}}\vec{c}$

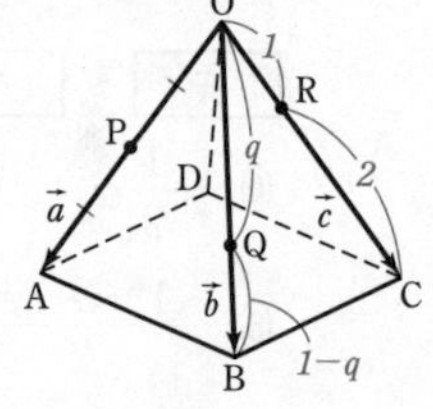


また，四角錐O-ABCDは正四角錐であるから，底面ABCDは正方形である。

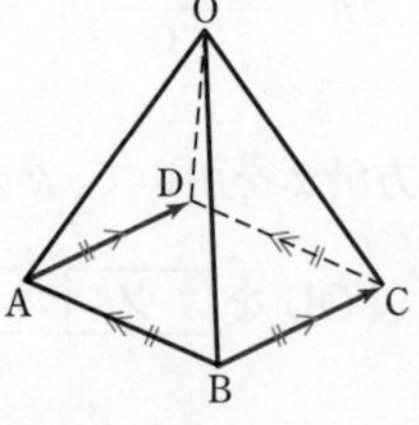


よって $\overrightarrow{AD}=\overrightarrow{BC}$

ゆえに $\vec{d}-\vec{a}=\vec{c}-\vec{b}$

したがって $\vec{d}=\vec{a}-\vec{b}+\vec{c}$ (カ ②)

◀四角形ABCDが平行四辺形 $\iff$ $\overrightarrow{AD}=\overrightarrow{BC}$

(2) $q=\dfrac{2}{3}$ のとき　　$\overrightarrow{OQ}=\dfrac{2}{3}\vec{b}$

(i) 点 X は直線 OD 上にあるから，$\overrightarrow{OX}=k\vec{d}$（$k$ は実数）とおく。

**方針 1** について

点 X は平面 PQR 上にあることから，実数 $\alpha$，$\beta$ を用いて，$\overrightarrow{PX}=\alpha\overrightarrow{PQ}+\beta\overrightarrow{PR}$ と表される。

よって　　$\overrightarrow{OX}-\overrightarrow{OP}=\alpha(\overrightarrow{OQ}-\overrightarrow{OP})+\beta(\overrightarrow{OR}-\overrightarrow{OP})$

ゆえに

$$\begin{aligned}\overrightarrow{OX}&=(1-\alpha-\beta)\overrightarrow{OP}+\alpha\overrightarrow{OQ}+\beta\overrightarrow{OR}\\&=(1-\alpha-\beta)\cdot\frac{1}{2}\vec{a}+\alpha\cdot\frac{2}{3}\vec{b}+\beta\cdot\frac{1}{3}\vec{c}\\&=\frac{1-\alpha-\beta}{2}\vec{a}+\frac{2}{3}\alpha\vec{b}+\frac{1}{3}\beta\vec{c}\ \cdots\cdots\ ①\end{aligned}$$

よって　（キ）⑥　（ク）②　（ケ）④

**方針 2** について

$\overrightarrow{OP}=\dfrac{1}{2}\vec{a}$，$\overrightarrow{OQ}=\dfrac{2}{3}\vec{b}$，$\overrightarrow{OR}=\dfrac{1}{3}\vec{c}$ から

$$\vec{a}=2\overrightarrow{OP},\ \vec{b}=\frac{3}{2}\overrightarrow{OQ},\ \vec{c}=3\overrightarrow{OR}$$

ゆえに　　$\overrightarrow{OX}=k\vec{d}=k(\vec{a}-\vec{b}+\vec{c})=k\vec{a}-k\vec{b}+k\vec{c}$

$$=2k\overrightarrow{OP}-\frac{3}{2}k\overrightarrow{OQ}+3k\overrightarrow{OR}$$

よって　　$\alpha'=$ ${}^{コ}\mathbf{2}k$，$\beta'=\dfrac{{}^{サシ}\mathbf{-3}}{{}^{ス}\mathbf{2}}k$，$\gamma'=$ ${}^{セ}\mathbf{3}k$ …… ②

点 X は平面 PQR 上にあるから，
$\overrightarrow{OX}=\alpha'\overrightarrow{OP}+\beta'\overrightarrow{OQ}+\gamma'\overrightarrow{OR}$ と表されるとき，
$\alpha'+\beta'+\gamma'=$ ${}^{ソ}\mathbf{1}$ …… ③ が成り立つ。

(ii) **方針 1** による解法。

$$\overrightarrow{OX}=k\vec{d}=k(\vec{a}-\vec{b}+\vec{c})=k\vec{a}-k\vec{b}+k\vec{c}\ \cdots\cdots\ ④$$

4 点 O，A，B，C は同じ平面上にないから，①，④ より　　$\dfrac{1-\alpha-\beta}{2}=k$，$\dfrac{2}{3}\alpha=-k$，$\dfrac{1}{3}\beta=k$

これを解くと　　$k=\dfrac{{}^{タ}\mathbf{2}}{{}^{チ}\mathbf{7}}$ $\left(\alpha=-\dfrac{3}{7},\ \beta=\dfrac{6}{7}\right)^{(*)}$

**方針 2** による解法。② を ③ に代入して

$2k-\dfrac{3}{2}k+3k=1$　　よって　　$k=\dfrac{{}^{タ}\mathbf{2}}{{}^{チ}\mathbf{7}}$

$\left(このとき，② から\quad \alpha'=\dfrac{4}{7},\ \beta'=-\dfrac{3}{7},\ \gamma'=\dfrac{6}{7}\right)$

ゆえに　　$\overrightarrow{OX}=\dfrac{2}{7}\vec{d}$

よって，点 X は辺 OD を ${}^{ツ}\mathbf{2}$ : ${}^{テ}\mathbf{5}$ に内分する位置にある。

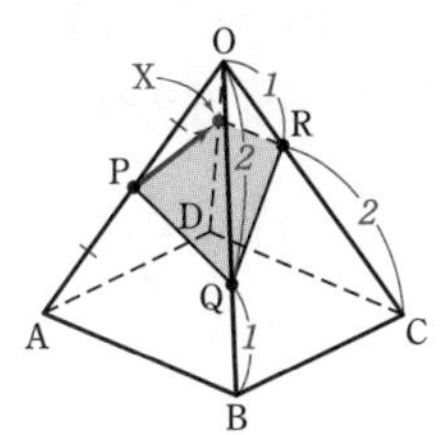


3 点 A，B，C が一直線上にないとき
点 P が平面 ABC 上にある
⟺ $\overrightarrow{CP}=s\overrightarrow{CA}+t\overrightarrow{CB}$ となる実数 $s$，$t$ がある
⟺ $\overrightarrow{OP}=s\overrightarrow{OA}+t\overrightarrow{OB}+u\overrightarrow{OC}$，$s+t+u=1$ となる実数 $s$，$t$，$u$ がある
（$p.104$ 基本事項参照。）

◀(1) から $\vec{d}=\vec{a}-\vec{b}+\vec{c}$

◀(係数の和)$=1$

(＊) 問われているのは $k$ の値だけであるが，求めた $k$ の値に対して実数 $\alpha$，$\beta$ が確かに定まることも確認しておくとよい。

◀ここでは，**方針 1** より **方針 2** の方がらくに解ける。

(3) (2)と同様にして $x$ を $q$ で表す。

(2)の **方針 2** を用いると，$\overrightarrow{\mathrm{OP}}=\dfrac{1}{2}\vec{a}$，$\overrightarrow{\mathrm{OQ}}=q\vec{b}$，

$\overrightarrow{\mathrm{OR}}=\dfrac{1}{3}\vec{c}$ より，$\vec{a}=2\overrightarrow{\mathrm{OP}}$，$\vec{b}=\dfrac{1}{q}\overrightarrow{\mathrm{OQ}}$，$\vec{c}=3\overrightarrow{\mathrm{OR}}$ であるから

$$\begin{aligned}\overrightarrow{\mathrm{OX}}&=x\vec{d}=x(\vec{a}-\vec{b}+\vec{c})\\&=x\vec{a}-x\vec{b}+x\vec{c}\\&=2x\overrightarrow{\mathrm{OP}}-\frac{1}{q}x\overrightarrow{\mathrm{OQ}}+3x\overrightarrow{\mathrm{OR}}\end{aligned}$$

点 X は平面 PQR 上にあるから

$$2x-\frac{1}{q}x+3x=1$$

よって　$\dfrac{5q-1}{q}x=1$ …… ⑤

$q=\dfrac{1}{5}$ とすると，$0\cdot x=1$ となり，⑤ を満たす $x$ は存在しない。

ゆえに，$q\fallingdotseq\dfrac{1}{5}$ であるから

$$x=\frac{q}{{}^{ト}\mathbf{5}q-{}^{ナ}\mathbf{1}} \quad\cdots\cdots ⑥$$

◀(2)(i)の **方針 2** とまったく同様。$q=\dfrac{2}{3}$ としていた部分を文字 $q$ のまま進める。

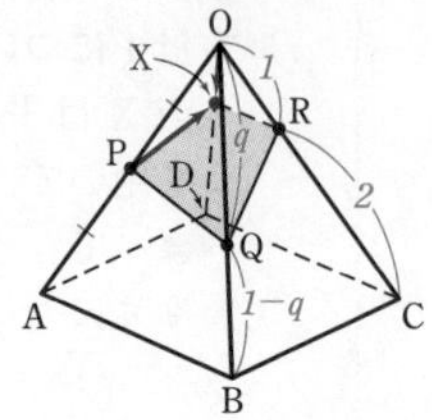


◀$q=\dfrac{1}{5}$ のときは，平面 PQR と直線 OD の交点が存在しないことになる。⟶ (4)の ヌ に関連。

別解　(2)の **方針 1** を用いると，次のようになる。

点 X は平面 PQR 上にあることから，実数 $\alpha$，$\beta$ を用いて　$\overrightarrow{\mathrm{PX}}=\alpha\overrightarrow{\mathrm{PQ}}+\beta\overrightarrow{\mathrm{PR}}$

と表される。

よって　$\overrightarrow{\mathrm{OX}}-\overrightarrow{\mathrm{OP}}=\alpha(\overrightarrow{\mathrm{OQ}}-\overrightarrow{\mathrm{OP}})+\beta(\overrightarrow{\mathrm{OR}}-\overrightarrow{\mathrm{OP}})$

ゆえに　
$$\begin{aligned}\overrightarrow{\mathrm{OX}}&=(1-\alpha-\beta)\overrightarrow{\mathrm{OP}}+\alpha\overrightarrow{\mathrm{OQ}}+\beta\overrightarrow{\mathrm{OR}}\\&=(1-\alpha-\beta)\cdot\frac{1}{2}\vec{a}+\alpha q\vec{b}+\beta\cdot\frac{1}{3}\vec{c}\\&=\frac{1-\alpha-\beta}{2}\vec{a}+q\alpha\vec{b}+\frac{1}{3}\beta\vec{c}\end{aligned}$$

また　$\overrightarrow{\mathrm{OX}}=x\vec{d}=x(\vec{a}-\vec{b}+\vec{c})=x\vec{a}-x\vec{b}+x\vec{c}$

4 点 O，A，B，C は同じ平面上にないから

$$\frac{1-\alpha-\beta}{2}=x,\quad q\alpha=-x,\quad \frac{1}{3}\beta=x$$

$q\alpha=-x$ から　$\alpha=-\dfrac{x}{q}$　　$\dfrac{1}{3}\beta=x$ から　$\beta=3x$

これらを $\dfrac{1-\alpha-\beta}{2}=x$ に代入して整理すると

$$\frac{5q-1}{q}x=1 \quad\cdots\cdots ⑦$$

$q=\dfrac{1}{5}$ とすると，$0\cdot x=1$ となり，⑦ を満たす $x$ は存在しない。

◀(2)(i)の **方針 1** とまったく同様。$q=\dfrac{2}{3}$ としていた部分を文字 $q$ のまま進める。

◀$\overrightarrow{\mathrm{OX}}$ が $\vec{a}$，$\vec{b}$，$\vec{c}$ で 2 通りに表されたので，係数を比較。

◀$1+\dfrac{x}{q}-3x=2x$

ゆえに，$q \neq \frac{1}{5}$ であるから

$$x=\frac{q}{{}^{ト}\mathbf{5}q-{}^{ナ}\mathbf{1}}$$

このとき　$\alpha=-\frac{1}{5q-1}$，$\beta=\frac{3q}{5q-1}$

(4)　$q=\frac{1}{4}$ のとき，⑥ から　$x=\dfrac{\frac{1}{4}}{5\cdot\frac{1}{4}-1}=1$

よって　$\overrightarrow{OX}=\vec{d}$　すなわち　$\overrightarrow{OX}=\overrightarrow{OD}$

ゆえに，点 X は点 D と一致するから　(ニ)　①

(平面 PQR は辺 OD と点 D で交わる。)

$q=\frac{1}{5}$ のとき，(3) より $2x-\frac{1}{q}x+3x=1$ を満たす $x$ は存在しない。

よって，直線 OD と平面 PQR の交点 X は存在しない。

ゆえに，平面 PQR は直線 OD と平行である。(*)

(ヌ)　⑤

$q=\frac{1}{6}$ のとき，⑥ から　$x=\dfrac{\frac{1}{6}}{5\cdot\frac{1}{6}-1}=-1$

よって　$\overrightarrow{OX}=-\vec{d}=-\overrightarrow{OD}$

ゆえに，点 X は辺 OD の O を越える延長上にあるから　(ネ)　③

(平面 PQR は辺 OD の O を越える延長と交わる。)

(*) 平面と直線の位置関係は，次の [1]~[3] のいずれかである。
[1]　直線が平面に含まれる
[2]　1 点で交わる
[3]　平行
(「チャート式基礎からの数学 I＋A」 $p.505$ 参照。)
[1]，[2] は起こらないから，[3] の関係となる。

点 X は辺 OD を 1：2 に外分する位置にある。



検討

**平面 PQR と辺 OD が交わるような $q$ の値の範囲**

平面 PQR が辺 OD（両端を除く）と交わるような $q$ の値の範囲を求めてみよう。

$\overrightarrow{OX}=x\vec{d}$ とおくと，平面 PQR が両端を除く辺 OD と交わるとき，$0<x<1$ が成り立つ。

(3) より，$x=\frac{q}{5q-1}$ であるから，$0<x<1$ のとき　$0<\frac{q}{5q-1}<1$

$0<q<1$ から，$\frac{q}{5q-1}>0$ のとき　$5q-1>0$　よって　$q>\frac{1}{5}$

このとき，$\frac{q}{5q-1}<1$，$5q-1>0$ から　$q<5q-1$　よって　$q>\frac{1}{4}$

したがって，求める $q$ の値の範囲は　$\boldsymbol{\frac{1}{4}<q<1}$

テーマ 3

# 複素数の方程式で表される２次曲線

複素数の方程式で表された２次曲線と回転移動を考察する

数学Ｃの第３章では複素数平面における図形について学習し，第４章では２次曲線の性質を学習しました。ここでは，複素数 $z$ の方程式で表される図形が２次曲線となる場合を考察します。

まず，次の問題で２次曲線の基本事項を確認しましょう。

**CHECK 3－A**　２点 $\mathrm{F}(\sqrt{5},\ 0)$，$\mathrm{F'}(-\sqrt{5},\ 0)$ からの距離の和が６である点Ｐの軌跡の方程式を求めよ。

$p.235$ 基本事項で学習したように，２定点Ｆ，Ｆ′ からの距離の和が一定である点Ｐの軌跡を **楕円** といいます。楕円 $\dfrac{x^2}{a^2}+\dfrac{y^2}{b^2}=1$ $(a>b>0)$ の２つの焦点Ｆ，Ｆ′ の座標は $\mathrm{F}(\sqrt{a^2-b^2},\ 0)$，$\mathrm{F'}(-\sqrt{a^2-b^2},\ 0)$ であり，$\mathrm{PF}+\mathrm{PF'}=2a$ が成り立ちます。

**解答**

２定点からの距離の和が一定である点の軌跡は楕円であり，２定点Ｆ，Ｆ′ は $x$ 軸上にあって原点に関して対称であるから，求める楕円の方程式は

$$\frac{x^2}{a^2}+\frac{y^2}{b^2}=1\ (a>b>0)$$

とおける。

ここで　$a^2-b^2=(\sqrt{5})^2$

また　$\mathrm{PF}+\mathrm{PF'}=2a$

よって　$2a=6$　　ゆえに　$a=3$

よって　$b^2=a^2-(\sqrt{5})^2=3^2-5=4$

したがって，求める軌跡の方程式は　$\boldsymbol{\dfrac{x^2}{9}+\dfrac{y^2}{4}=1}$

◀２点Ｆ，Ｆ′ はこの楕円の焦点

◀２焦点の座標は $(\sqrt{a^2-b^2},\ 0)$，$(-\sqrt{a^2-b^2},\ 0)$
これが $(\sqrt{5},\ 0)$，$(-\sqrt{5},\ 0)$ と一致する。

上の解答では，楕円の性質に基づいて点Ｐの軌跡の方程式を求めましたが，次のように，一般的な軌跡の考え方で求めることもできます。

**解答**

別解　点 $\mathrm{P}(x,\ y)$ とすると，$\mathrm{PF}+\mathrm{PF'}=6$ から

$$\sqrt{(x-\sqrt{5})^2+y^2}+\sqrt{(x+\sqrt{5})^2+y^2}=6$$

よって　$\sqrt{(x-\sqrt{5})^2+y^2}=6-\sqrt{(x+\sqrt{5})^2+y^2}$

両辺を平方して整理すると

$$3\sqrt{(x+\sqrt{5})^2+y^2}=9+\sqrt{5}x$$

更に，両辺を平方して整理すると　$\boldsymbol{\dfrac{x^2}{9}+\dfrac{y^2}{4}=1}$

◀「２点Ｆ，Ｆ′ からの距離の和が６」を式で表す。

楕円については，数学Ｃ例題 **138**，**139** で学習しているので，復習しておきましょう。

次に，点の回転移動について確認しましょう。

**CHECK 3−B**　$xy$ 平面上の点Pを，原点Oを中心として $\frac{2}{3}\pi$ だけ回転すると，点 $(-2,\ 4)$ に一致するという。点Pの座標を求めよ。

数学C 例題 **100** では，複素数平面上の点の回転移動について学習しました。$xy$ 平面上の点の回転移動についても，複素数平面上の点と同一視することによって同じように考えることができます。

**解答**

$xy$ 平面上の点 $(-2,\ 4)$ は，複素数平面上では，複素数 $-2+4i$ で表される点である。

点Pを，原点Oを中心として $\frac{2}{3}\pi$ だけ回転した点が点 $-2+4i$ であるから，点Pは点 $-2+4i$ を原点Oを中心として $-\frac{2}{3}\pi$ だけ回転した点である。(＊)

ゆえに，点Pを表す複素数は

$$\left\{\cos\left(-\frac{2}{3}\pi\right)+i\sin\left(-\frac{2}{3}\pi\right)\right\}(-2+4i)$$
$$=\left(-\frac{1}{2}-\frac{\sqrt{3}}{2}i\right)(-2+4i)$$
$$=(1+2\sqrt{3})+(-2+\sqrt{3})i$$

したがって，求める点Pの座標は

$$\boldsymbol{(1+2\sqrt{3},\ -2+\sqrt{3})}$$

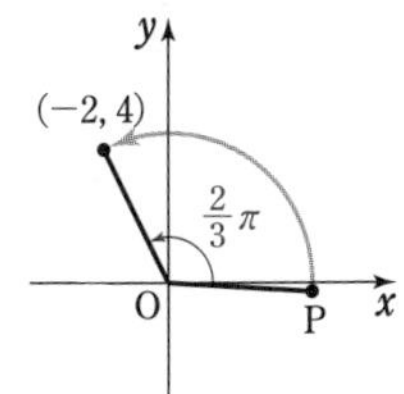


◀点 $a+bi$ を原点Oを中心として $\theta$ だけ回転した点は $(\cos\theta+i\sin\theta)(a+bi)$

(＊) *p*.174 EXERCISES 69 も参照。

CHECK 3−A では楕円の基本事項を，CHECK 3−B では回転移動についての基本事項を確認しました。次の問題は「複素数平面」と「式と曲線」の融合問題です。やや難しい内容ですが，確認した基本事項を踏まえ，挑戦してみましょう。

## 問題 3　複素数の方程式で表された２次曲線

(1)　楕円 $K$：$\frac{x^2}{4}+y^2=1$ の焦点の座標を求めよ。また，この楕円で囲まれた図形の面積を求めよ。ただし，長軸の長さが $2a$，短軸の長さが $2b$ である楕円の面積は $\pi ab$ であることを用いてもよい。

(2)　複素数平面上で，方程式 $\left|z-\frac{\sqrt{3}+3i}{2}\right|+\left|z+\frac{\sqrt{3}+3i}{2}\right|=4$ を満たす点 $z$ 全体が表す図形を $C$ とする。このとき，$C$ で囲まれる部分の面積を求めよ。

(3)　(2) について，$z=x+yi$（$x$，$y$ は実数）と表すとき，$C$ の方程式を $x$，$y$ の多項式で表せ。

(1) 楕円 $\dfrac{x^2}{a^2}+\dfrac{y^2}{b^2}=1\ (a>b>0)$ について

**焦点の座標は　$(\sqrt{a^2-b^2},\ 0)$, $(-\sqrt{a^2-b^2},\ 0)$** …… 焦点は $x$ 軸上にある

**長軸の長さは　$2a$,　短軸の長さは　$2b$**

(2) 点 $z$ と2点 $\dfrac{\sqrt{3}+3i}{2}$, $-\dfrac{\sqrt{3}+3i}{2}$ までの距離の和は4で一定であることから，図形 $C$ は2点 $\dfrac{\sqrt{3}+3i}{2}$, $-\dfrac{\sqrt{3}+3i}{2}$ を焦点とする楕円である。

この楕円の中心である原点から焦点までの距離を $c$ とすると，この楕円は，$xy$ 平面で焦点の座標が $(c,\ 0)$, $(-c,\ 0)$ で楕円上の点と2焦点までの距離の和が4である楕円と合同である。

(3) (2)の等式に $z=x+yi$ を代入し直接計算して求めることもできるが，計算が非常に煩雑になる（解答の後の1つ目の 検討 を参照)。

そこで，まず図形 $C$ と合同な楕円で $x$ 軸上に焦点をもつ楕円の方程式を考え，それを回転させて $C$ の方程式を求めることを考える。

解答

(1) $K:\dfrac{x^2}{2^2}+\dfrac{y^2}{1^2}=1$

**焦点の座標は，** $\sqrt{2^2-1^2}=\sqrt{3}$ から

**$(\sqrt{3},\ 0)$, $(-\sqrt{3},\ 0)$**

長軸の長さは $2\cdot2$，短軸の長さは $2\cdot1$ であるから，求める **面積は**　$\pi\cdot2\cdot1=\boldsymbol{2\pi}$

◀楕円 $\dfrac{x^2}{a^2}+\dfrac{y^2}{b^2}=1$ $(a>b>0)$ の焦点の座標は $(\sqrt{a^2-b^2},\ 0)$, $(-\sqrt{a^2-b^2},\ 0)$
長軸の長さは $2a$,
短軸の長さは $2b$
面積は　$\pi ab$
(問題文で与えられている)

(2) $\mathrm{P}(z)$, $\mathrm{F}\left(\dfrac{\sqrt{3}+3i}{2}\right)$, $\mathrm{F'}\left(-\dfrac{\sqrt{3}+3i}{2}\right)$ とすると，

$\left|z-\dfrac{\sqrt{3}+3i}{2}\right|+\left|z-\left(-\dfrac{\sqrt{3}+3i}{2}\right)\right|=4$ から

$$\mathrm{PF}+\mathrm{PF'}=4$$

よって，点Pの軌跡である図形 $C$ は2点F, F′ を焦点とする楕円である。

◀2定点F, F′ からの距離の和が一定である点の軌跡は楕円である（$p.235$ 参照)。

その中心は　$\dfrac{\left(\dfrac{\sqrt{3}+3i}{2}\right)+\left(-\dfrac{\sqrt{3}+3i}{2}\right)}{2}=0$

◀2つの焦点を結ぶ線分の中点が楕円の中心である。

すなわち，原点Oであり，中心から焦点Fまでの距離は

$$\mathrm{OF}=\left|\dfrac{\sqrt{3}+3i}{2}\right|=\sqrt{\left(\dfrac{\sqrt{3}}{2}\right)^2+\left(\dfrac{3}{2}\right)^2}=\sqrt{3}$$

ここで，楕円 $K:\dfrac{x^2}{4}+y^2=1$ の中心は原点Oであり，中心Oから2焦点 $(\sqrt{3},\ 0)$, $(-\sqrt{3},\ 0)$ までの距離は $\sqrt{3}$

また，$K$ 上の点と2焦点までの距離の和は，長軸の長さと一致するから　4

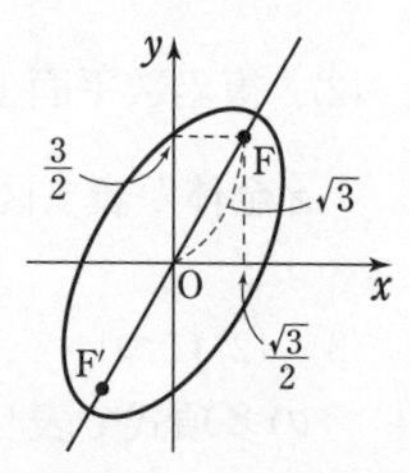

したがって，楕円 $K$ と図形 $C$ は，ともに中心から焦点までの距離が $\sqrt{3}$ で，2 焦点からの距離の和が 4 の楕円である。

よって，(1) から，求める面積は　　$\boldsymbol{2\pi}$

◀すなわち，図形 $C$ と楕円 $K$ は合同である。よって，図形 $C$ で囲まれる部分の面積は楕円 $K$ の面積に等しい。

(3)　図形 $C$ を $xy$ 平面上で考えると，2 焦点 F，F′ の座標はそれぞれ

$$\mathrm{F}\left(\frac{\sqrt{3}}{2},\ \frac{3}{2}\right),\ \mathrm{F}'\left(-\frac{\sqrt{3}}{2},\ -\frac{3}{2}\right)$$

である。

ここで，直線 OF と $x$ 軸の正の方向となす角を $\theta$ とすると，$\tan\theta=\dfrac{\frac{3}{2}}{\frac{\sqrt{3}}{2}}=\sqrt{3}$ から　　$\theta=\dfrac{\pi}{3}$

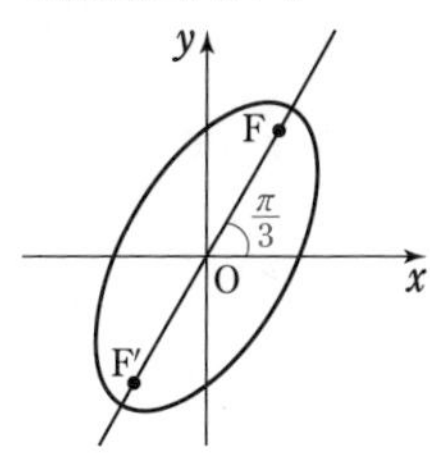


ゆえに，図形 $C$ は楕円 $K$ を原点 O を中心として $\dfrac{\pi}{3}$ だけ回転した図形である。

点 $(X,\ Y)$ を原点 O を中心として $\dfrac{\pi}{3}$ だけ回転した点の座標を $(x,\ y)$ とすると，複素数平面上において，点 $x+yi$ を原点 O を中心として $-\dfrac{\pi}{3}$ だけ回転した点が $X+Yi$ であるから

$$X+Yi=\left\{\cos\left(-\frac{\pi}{3}\right)+i\sin\left(-\frac{\pi}{3}\right)\right\}(x+yi)$$
$$=\left(\frac{1}{2}-\frac{\sqrt{3}}{2}i\right)(x+yi)$$
$$=\frac{x+\sqrt{3}\,y}{2}+\frac{-\sqrt{3}\,x+y}{2}i$$

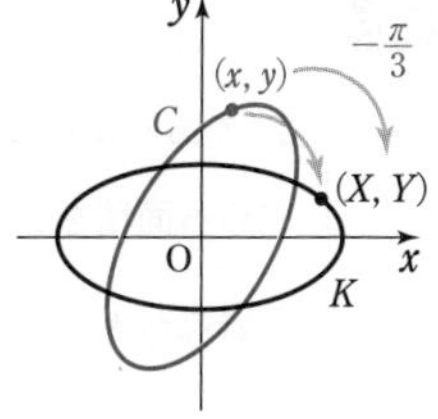


よって　　$X=\dfrac{x+\sqrt{3}\,y}{2}$，$Y=\dfrac{-\sqrt{3}\,x+y}{2}$　…… ①

点 $(X,\ Y)$ が楕円 $K$ 上を動くとき

$$\frac{X^2}{4}+Y^2=1 \quad \cdots\cdots ②$$

図形 $C$ 上の点 $(x,\ y)$ が満たす方程式は，① を ② に代入して　　$\dfrac{1}{4}\left(\dfrac{x+\sqrt{3}\,y}{2}\right)^2+\left(\dfrac{-\sqrt{3}\,x+y}{2}\right)^2=1$

◀$X$，$Y$ を つなぎの文字と考え，$X$，$Y$ を消去する。

これを整理すると

$$\boldsymbol{13x^2-6\sqrt{3}\,xy+7y^2=16}$$

検討

### 問題3の図形 $C$ の方程式を直接計算して求める

(3) の解答では，楕円 $K$ を回転移動することにより図形 $C$ の方程式を求めたが，ここでは (2) で与えられた方程式に $z=x+yi$（$x$，$y$ は実数）を代入することで図形 $C$ の方程式を求めてみよう。

$\left|z-\dfrac{\sqrt{3}+3i}{2}\right|+\left|z+\dfrac{\sqrt{3}+3i}{2}\right|=4$ において，$z=x+yi$ を代入すると

$$\left|(x+yi)-\frac{\sqrt{3}+3i}{2}\right|+\left|(x+yi)+\frac{\sqrt{3}+3i}{2}\right|=4$$

よって　$\left|\left(x-\dfrac{\sqrt{3}}{2}\right)+\left(y-\dfrac{3}{2}\right)i\right|+\left|\left(x+\dfrac{\sqrt{3}}{2}\right)+\left(y+\dfrac{3}{2}\right)i\right|=4$

ゆえに　$\sqrt{\left(x-\dfrac{\sqrt{3}}{2}\right)^2+\left(y-\dfrac{3}{2}\right)^2}+\sqrt{\left(x+\dfrac{\sqrt{3}}{2}\right)^2+\left(y+\dfrac{3}{2}\right)^2}=4$

よって　$\sqrt{\left(x-\dfrac{\sqrt{3}}{2}\right)^2+\left(y-\dfrac{3}{2}\right)^2}=4-\sqrt{\left(x+\dfrac{\sqrt{3}}{2}\right)^2+\left(y+\dfrac{3}{2}\right)^2}$

両辺を平方して整理すると　$4\sqrt{\left(x+\dfrac{\sqrt{3}}{2}\right)^2+\left(y+\dfrac{3}{2}\right)^2}=\sqrt{3}\,x+3y+8$

更に，両辺を平方して整理すると　$\boldsymbol{13x^2-6\sqrt{3}\,xy+7y^2=16}$

図形的解釈を用いず，直接代入して求めようとすると，$\sqrt{\quad}$ を含む煩雑な計算をする必要がある。この問題に限らず，特に図形の問題は，式の図形的な意味を捉えることで，計算量を減らすことができる場合が多い。

検討 PLUS ONE

### 楕円の面積の公式（数学Ⅲの内容を含む）

問題文で与えられている

**長軸の長さが $2a$，短軸の長さが $2b$ である楕円の面積は $\pi ab$ である**

について考えてみよう。楕円 $\dfrac{x^2}{a^2}+\dfrac{y^2}{b^2}=1$ $(a>b>0)$ の長軸の長さは $2a$，短軸の長さは $2b$ であるから，この楕円の面積を考える。

求める面積を $S$ とする。楕円 $\dfrac{x^2}{a^2}+\dfrac{y^2}{b^2}=1$ は $x$ 軸，$y$ 軸に関して対称であるから，$x\geqq 0$，$y\geqq 0$ の部分の面積は $\dfrac{S}{4}$ である。

$x\geqq 0$，$y\geqq 0$ において，$y=b\sqrt{1-\dfrac{x^2}{a^2}}$ であるから

$$\frac{S}{4}=\int_0^a b\sqrt{1-\frac{x^2}{a^2}}\,dx$$

ここで，$\displaystyle\int_0^a b\sqrt{1-\frac{x^2}{a^2}}\,dx=\frac{b}{a}\int_0^a\sqrt{a^2-x^2}\,dx$ であり，

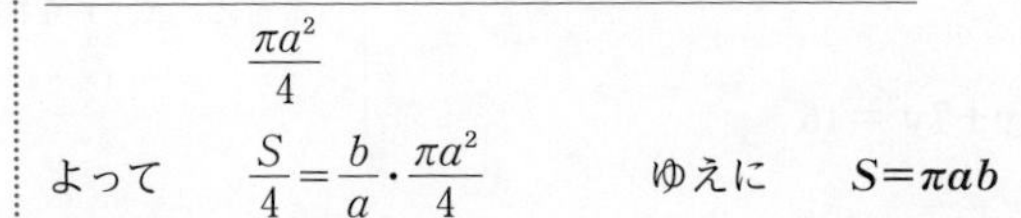

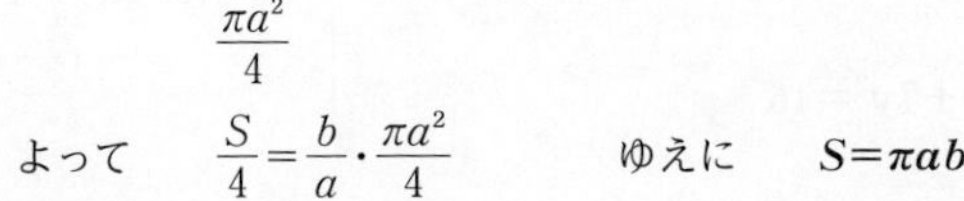

$\displaystyle\int_0^a\sqrt{a^2-x^2}\,dx$ は，半径 $a$ の四分円の面積であるから，その値は

$$\frac{\pi a^2}{4}$$

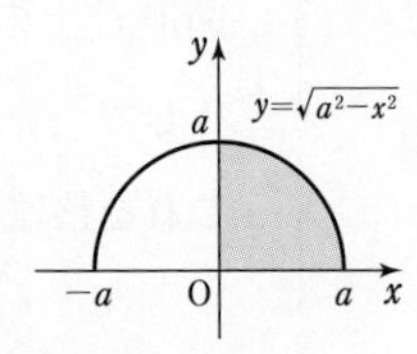


よって　$\dfrac{S}{4}=\dfrac{b}{a}\cdot\dfrac{\pi a^2}{4}$　　ゆえに　$\boldsymbol{S=\pi ab}$

補足　楕円 $\dfrac{x^2}{a^2}+\dfrac{y^2}{b^2}=1$ は，円 $x^2+y^2=r^2$ を原点に関して，$x$ 軸方向に $\dfrac{a}{r}$ 倍，$y$ 軸方向に $\dfrac{b}{r}$ 倍したものである（$p.238$ 検討も参照）。ここで，$\pi r^2\times\dfrac{a}{r}\times\dfrac{b}{r}=\pi ab$ である。すなわち，楕円の面積は円の面積を $\dfrac{a}{r}\times\dfrac{b}{r}$ 倍したものになっている。

# 総合演習　第2部　　数学C

## 第1章　平面上のベクトル

**1**　平面上に OA=2, OB=1, ∠AOB=$\theta$ となる △OAB がある。辺 AB を 2：1 に内分する点を C とするとき

(1)　$\overrightarrow{\mathrm{OA}}=\vec{a}$, $\overrightarrow{\mathrm{OB}}=\vec{b}$ とする。このとき，$\overrightarrow{\mathrm{OC}}$ および $\overrightarrow{\mathrm{AC}}$ を $\vec{a}$, $\vec{b}$ を用いて表せ。

(2)　$f(\theta)=|\overrightarrow{\mathrm{AC}}|+\sqrt{2}\,|\overrightarrow{\mathrm{OC}}|$ とするとき，$f(\theta)$ を $\theta$ を用いて表せ。

(3)　$0<\theta<\pi$ における $f(\theta)$ の最大値，およびそのときの $\cos\theta$ の値を求めよ。

〔佐賀大〕

**2**　半径 1 の円周上に 3 点 A, B, C がある。内積 $\overrightarrow{\mathrm{AB}}\cdot\overrightarrow{\mathrm{AC}}$ の最大値と最小値を求めよ。

〔一橋大〕

**3**　$s$ を正の実数とする。鋭角三角形 ABC において，辺 AB を $s:1$ に内分する点を D とし，辺 BC を $s:3$ に内分する点を E とする。線分 CD と線分 AE の交点を F とする。

(1)　$\overrightarrow{\mathrm{AF}}=\alpha\overrightarrow{\mathrm{AB}}+\beta\overrightarrow{\mathrm{AC}}$ とするとき，$\alpha$ と $\beta$ を $s$ を用いて表せ。

(2)　点 F から辺 AC に下ろした垂線を FG とする。線分 FG の長さが最大となるときの $s$ の値を求めよ。　〔類　東北大〕

**4**　平面上に 3 点 A, B, C があり，$|2\overrightarrow{\mathrm{AB}}+3\overrightarrow{\mathrm{AC}}|=15$, $|2\overrightarrow{\mathrm{AB}}+\overrightarrow{\mathrm{AC}}|=7$, $|\overrightarrow{\mathrm{AB}}-2\overrightarrow{\mathrm{AC}}|=11$ を満たしている。

(1)　$|\overrightarrow{\mathrm{AB}}|$, $|\overrightarrow{\mathrm{AC}}|$, 内積 $\overrightarrow{\mathrm{AB}}\cdot\overrightarrow{\mathrm{AC}}$ の値を求めよ。

(2)　実数 $s$, $t$ が $s\geqq 0$, $t\geqq 0$, $1\leqq s+t\leqq 2$ を満たしながら動くとき，$\overrightarrow{\mathrm{AP}}=2s\overrightarrow{\mathrm{AB}}-t\overrightarrow{\mathrm{AC}}$ で定められた点 P の動く部分の面積を求めよ。　〔横浜国大〕

**5**　1 辺の長さが 1 の正六角形 ABCDEF が与えられている。点 P が辺 AB 上を，点 Q が辺 CD 上をそれぞれ独立に動くとき，線分 PQ を 2：1 に内分する点 R が通りうる範囲の面積を求めよ。

〔東京大〕

**1**　(2)　**$|\vec{p}|$ は $|\vec{p}|^2$ として扱う**　(3)　$f(\theta)\geqq 0$ であるから，$\{f(\theta)\}^2$ の最大値を調べる。

**2**　O を始点とするベクトルで考えると　$\overrightarrow{\mathrm{AB}}\cdot\overrightarrow{\mathrm{AC}}=\underline{\overrightarrow{\mathrm{OB}}\cdot\overrightarrow{\mathrm{OC}}-(\overrightarrow{\mathrm{OB}}+\overrightarrow{\mathrm{OC}})}\cdot\overrightarrow{\mathrm{OA}}+\cdots$ となる。

―― に注目して，$\overrightarrow{\mathrm{OD}}=\dfrac{\overrightarrow{\mathrm{OB}}+\overrightarrow{\mathrm{OC}}}{2}$ とし，$|\overrightarrow{\mathrm{OD}}|^2$ を考えてみる。

**3**　(2)　相加平均・相乗平均の大小関係を利用する。

**4**　(1)　**$|\vec{p}|$ は $|\vec{p}|^2$ として扱う**　(2)　三角形の面積の計算では (1) の結果を利用。

**5**　$\overrightarrow{\mathrm{AB}}=\vec{a}$, $\overrightarrow{\mathrm{AF}}=\vec{b}$ とすると，$\overrightarrow{\mathrm{AP}}=s\vec{a}$ $(0\leqq s\leqq 1)$, $\overrightarrow{\mathrm{CQ}}=t\vec{b}$ $(0\leqq t\leqq 1)$ と表される。

**6**　平面上に1辺の長さが $\sqrt{3}r$ である正三角形ABCとその平面上を動く点Pがある。正三角形ABCの重心を始点としPを終点とするベクトルを $\vec{p}$ とする。

(1)　$s=\overrightarrow{PA}\cdot\overrightarrow{PA}+\overrightarrow{PB}\cdot\overrightarrow{PB}+\overrightarrow{PC}\cdot\overrightarrow{PC}$ とおくとき，$s$ をベクトル $\vec{p}$ の大きさ $|\vec{p}|$ と $r$ を用いて表せ。

(2)　$t=\overrightarrow{PA}\cdot\overrightarrow{PB}+\overrightarrow{PB}\cdot\overrightarrow{PC}+\overrightarrow{PC}\cdot\overrightarrow{PA}$ とおくとき，$t$ をベクトル $\vec{p}$ の大きさ $|\vec{p}|$ と $r$ を用いて表せ。

(3)　(1)の $s$ と(2)の $t$ に関して，点Pが2つの不等式 $s\geqq\dfrac{15}{4}r^2$，$t\leqq\dfrac{3}{2}r^2$ を同時に満たすとき，点Pが描く図形の領域を求めて正三角形ABCとともに図示せよ。

〔秋田大〕

## 第2章　空間のベクトル

**7**　1辺の長さが6の正四面体OABCを考える。頂点Oと頂点Aの座標をそれぞれO(0, 0, 0)，A(6, 0, 0)とする。頂点Bの $z$ 座標は0，頂点Cの $z$ 座標は正である。また，辺OC，ABの中点をそれぞれM，Nとする。

(1)　条件を満たすような正四面体はいくつあるか求めよ。

(2)　$\overrightarrow{OB}$ および $\overrightarrow{OC}$ を成分で表せ。　(3)　$\overrightarrow{MN}$ を成分で表せ。

(4)　OC⊥MNであることを示せ。

〔鳥取環境大〕

**8**　(1)　四面体ABCDと四面体ABCPの体積をそれぞれ $V$，$V_P$ とする。

(ア)　$\overrightarrow{AP}=t\overrightarrow{AD}$ が成り立つとき，体積比 $\dfrac{V_P}{V}$ を求めよ。

(イ)　$\overrightarrow{AP}=b\overrightarrow{AB}+c\overrightarrow{AC}+d\overrightarrow{AD}$ が成り立つとき，体積比 $\dfrac{V_P}{V}$ を求めよ。

(2)　四面体ABCDについて，点A，B，C，Dの対面の面積をそれぞれ $\alpha$，$\beta$，$\gamma$，$\delta$ とする。原点をOとして，$\overrightarrow{OI}=\dfrac{\alpha\overrightarrow{OA}+\beta\overrightarrow{OB}+\gamma\overrightarrow{OC}+\delta\overrightarrow{OD}}{\alpha+\beta+\gamma+\delta}$ となる点Iを考える。四面体ABCDの体積を $V$ とするとき，3点A，B，Cを通る平面と点Iの距離 $r$ を求めよ。

(3)　(2)の点Iは四面体ABCDに内接する球の中心であることを示せ。　〔早稲田大〕

HINT

**6**　(1)，(2)　△ABCの重心をGとし，$\overrightarrow{GA}=\vec{a}$，$\overrightarrow{GB}=\vec{b}$，$\overrightarrow{GC}=\vec{c}$ とすると　$\vec{a}+\vec{b}+\vec{c}=\vec{0}$

(3)　$|\vec{p}|$ に関する不等式を求める。

**7**　(1)　3点O，A，Bが $xy$ 平面上にあることと，△OABが正三角形であることに注目。

(2)　点Cから△ABCに垂線CGを下ろすと，点Gは△ABCの重心である。

**8**　(1)　底面を△ABCとして考える。

(2)　$\overrightarrow{OI}=\dfrac{\alpha\overrightarrow{OA}+\beta\overrightarrow{OB}+\gamma\overrightarrow{OC}+\delta\overrightarrow{OD}}{\alpha+\beta+\gamma+\delta}$ を点Aに関する位置ベクトルの式に直す。

# 総合演習　第2部　数学C

**9**　座標空間内の4点 O(0, 0, 0), A(1, 1, 0), B(1, 0, $p$), C($q$, $r$, $s$) を頂点とする四面体が正四面体であるとする。ただし，$p>0$, $s>0$ とする。

(1) $p$, $q$, $r$, $s$ の値を求めよ。

(2) $z$ 軸に垂直な平面で正四面体 OABC を切ったときの断面積の最大値を求めよ。

〔九州大〕

**10**◇　四面体 OABC において，4つの面はすべて合同であり，OA=3, OB=$\sqrt{7}$, AB=2 であるとする。また，3点 O, A, B を含む平面を $L$ とする。

(1) 点 C から平面 $L$ に下ろした垂線の足を H とおく。$\overrightarrow{\mathrm{OH}}$ を $\overrightarrow{\mathrm{OA}}$ と $\overrightarrow{\mathrm{OB}}$ を用いて表せ。

(2) $0<t<1$ を満たす実数 $t$ に対して，線分 OA, OB おのおのを $t:1-t$ に内分する点をそれぞれ $\mathrm{P}_t$, $\mathrm{Q}_t$ とおく。2点 $\mathrm{P}_t$, $\mathrm{Q}_t$ を通り，平面 $L$ に垂直な平面を $M$ とするとき，平面 $M$ による四面体 OABC の切り口の面積 $S(t)$ を求めよ。

(3) $t$ が $0<t<1$ の範囲を動くとき，$S(t)$ の最大値を求めよ。

〔東京大〕

**11**　(1) $xy$ 平面において，O(0, 0), $\mathrm{A}\left(\dfrac{1}{\sqrt{2}}, \dfrac{1}{\sqrt{2}}\right)$ とする。このとき，

$$(\overrightarrow{\mathrm{OP}}\cdot\overrightarrow{\mathrm{OA}})^2+|\overrightarrow{\mathrm{OP}}-(\overrightarrow{\mathrm{OP}}\cdot\overrightarrow{\mathrm{OA}})\overrightarrow{\mathrm{OA}}|^2\leqq 1$$

を満たす点 P 全体のなす図形の面積を求めよ。

(2) $xyz$ 空間において，O(0, 0, 0), $\mathrm{A}\left(\dfrac{1}{\sqrt{3}}, \dfrac{1}{\sqrt{3}}, \dfrac{1}{\sqrt{3}}\right)$ とする。このとき，

$$(\overrightarrow{\mathrm{OP}}\cdot\overrightarrow{\mathrm{OA}})^2+|\overrightarrow{\mathrm{OP}}-(\overrightarrow{\mathrm{OP}}\cdot\overrightarrow{\mathrm{OA}})\overrightarrow{\mathrm{OA}}|^2\leqq 1$$

を満たす点 P 全体のなす図形の体積を求めよ。

〔神戸大〕

**12**　座標空間内の点 A($x$, $y$, $z$) は原点 O を中心とする半径1の球面上の点とする。点 B(1, 1, 1) が直線 OA 上にないとき，点 B から直線 OA に下ろした垂線を BP とし，△OBP を OP を軸として1回転させてできる立体の体積を $V$ とする。

(1) $V$ を $x$, $y$, $z$ を用いて表せ。

(2) $V$ の最大値と，そのときに $x$, $y$, $z$ の満たす関係式を求めよ。

〔東北大〕

**9** (2) 平面 $z=t\,(0<t<1)$ と辺 OB, AB, AC, OC との交点をそれぞれ D, E, F, G とし，$\overrightarrow{\mathrm{OD}}$, $\overrightarrow{\mathrm{OE}}$, $\overrightarrow{\mathrm{OF}}$, $\overrightarrow{\mathrm{OG}}$ を成分表示する。四角形 DEFG の形状に注目。

**10** (1) $\overrightarrow{\mathrm{OH}}=p\overrightarrow{\mathrm{OA}}+q\overrightarrow{\mathrm{OB}}$ ($p$, $q$ は実数) として，$\overrightarrow{\mathrm{CH}}\cdot\overrightarrow{\mathrm{OA}}=0$, $\overrightarrow{\mathrm{CH}}\cdot\overrightarrow{\mathrm{OB}}=0$ を利用。

(2) (1) を利用。$0<t\leqq\dfrac{2}{9}$, $\dfrac{2}{9}<t<1$ で場合分け。

**11** (1), (2) まず $|\overrightarrow{\mathrm{OA}}|^2$ を求め，不等式の左辺に代入する。

**12** (1) $\overrightarrow{\mathrm{OP}}=k\overrightarrow{\mathrm{OA}}$ となる実数 $k$ がある。$\overrightarrow{\mathrm{OA}}\perp\overrightarrow{\mathrm{BP}}$ を利用。

(2) $x+y+z=t$ とおくと，$V$ は $t$ の関数となる。微分法（数学Ⅱ）を利用する。

# 総合演習 第2部 数学C

## 第3章 複素数平面

**13** $p$, $q$ を実数とし，$p \neq 0$, $q \neq 0$ とする。2次方程式 $x^2+2px+q=0$ の2つの解を $\alpha$, $\beta$ とする。ただし，重解の場合は $\alpha=\beta$ とする。

(1) $\alpha$, $\beta$ がともに実数のとき，$\alpha(z+i)$ と $\beta(z-i)$ がともに実数となる複素数 $z$ は存在しないことを示せ。

(2) $\alpha$, $\beta$ はともに虚数で，$\alpha$ の虚部が正であるとする。$\alpha(z+i)$ と $\beta(z-i)$ がともに実数となる複素数 $z$ を $p$, $q$ を用いて表せ。〔京都工繊大〕

**14** 複素数 $z$, $w$ が $|z|=|w|$, $z \neq 0$, $w \neq 0$, $z+w \neq 0$ を満たすとき，次の(1)～(3)を示せ。

(1) $\dfrac{w}{z}+\dfrac{z}{w}$ は実数である。　　(2) $\dfrac{(z+w)^2}{zw}$ は正の数である。

(3) 複素数 $z+w$ の偏角を $\theta$ とするとき　$w=\overline{z}(\cos 2\theta+i\sin 2\theta)$　〔静岡大〕

**15** 複素数 $z$ が $z^6+z^5+z^4+z^3+z^2+z+1=0$ を満たすとする。このとき，$z^7$ の値は ア□ であり，$(1+z)(2+2z^2)(3+3z^3)(4+4z^4)(5+5z^5)(6+6z^6)$ の値は イ□ である。更に，$-\dfrac{\pi}{2} \leqq \arg z \leqq \pi$ であるとき，$|2-z+\overline{z}|$ を最大とする $z$ の偏角 $\arg z$ は ウ□ である。〔北里大〕

**16** $\alpha=\sin\dfrac{\pi}{10}+i\cos\dfrac{\pi}{10}$ とする。

(1) 複素数 $\alpha$ を極形式で表せ。ただし，偏角 $\theta$ の範囲は $0 \leqq \theta < 2\pi$ とする。

(2) 2個のさいころを同時に投げて出た目を $k$, $l$ とするとき，$\alpha^{kl}=1$ となる確率を求めよ。

(3) 3個のさいころを同時に投げて出た目を $k$, $l$, $m$ とするとき，$\alpha^k$, $\alpha^l$, $\alpha^m$ が異なる3つの複素数である確率を求めよ。〔山口大〕

**17** 絶対値が1で偏角が $\theta$ の複素数を $z$ とし，$n$ を正の整数とする。

(1) $|1-z^2|$ を $\theta$ で表せ。

(2) $\displaystyle\sum_{k=1}^{n} z^{2k}$ を考えることにより，$\displaystyle\sum_{k=1}^{n} \sin 2k\theta$ を計算せよ。

**HINT**

**13** (1) 背理法を利用。複素数 $z$ に対し　**$z$ が実数 $\Longleftrightarrow z=\overline{z}$**

(2) $\beta=\overline{\alpha}$ となる。解と係数の関係を利用。

**14** (1) **$\alpha$ が実数 $\Longleftrightarrow \overline{\alpha}=\alpha$**　(3) (2)の結果を利用して，$zw$ の偏角を $\theta$ で表す。

**15** (ア) 条件式の両辺に $z-1$ を掛けて $z^7$ の値を求める。

(イ) 与式を [3つの(　)の積]×[3つの(　)の積] として変形。(ア)の結果を利用。

**16** (2) 積 $kl$ が満たす条件を求める。　(3) $\alpha^6=\alpha$ となることに注意。

**確率の基本　$N$ と $a$ を求めて　$\dfrac{a}{N}$**

**17** (2) $\displaystyle\sum_{k=1}^{n} \sin 2k\theta$ は $\displaystyle\sum_{k=1}^{n} z^{2k}$ の虚部に等しい。$z=\pm 1$, $z \neq \pm 1$ で場合分け。

# 総合演習 第2部



**18** 3 次方程式 $4z^3+4z^2+5z+26=0$ は 1 つの実数解 $z_1$ と 2 つの虚数解 $z_2$, $z_3$ ($z_2$ の虚部は正, $z_3$ の虚部は負) をもつ。複素数平面上において, $\mathrm{A}(z_1)$, $\mathrm{B}(z_2)$, $\mathrm{C}(z_3)$ とし, 点 B, C を通る直線上に点 P をとる。点 A を中心に, 点 P を反時計回りに $\dfrac{\pi}{3}$ だけ回転した点を $\mathrm{Q}(x+yi)$ ($x$, $y$ は実数) とする。

(1) $x$ を $y$ の式で表せ。

2 点 P, Q を通る直線に関して点 A と対称な点を R とする。以下では, 点 R を表す複素数の実部が 1 である場合を考える。

(2) $x$, $y$ の値を求めよ。

(3) 点 Q を中心とする半径 $\dfrac{3}{2}$ の円周上の点を S とする。$\mathrm{S}(w)$ とするとき, $w^{29}$ が実数となるような $w$ の個数を求めよ。〔類 東京理科大〕

**19** 複素数 $\alpha$ は $|\alpha|=1$ を満たしている。

(1) 条件 (∗) $|z|=c$ かつ $|z-\alpha|=1$ を満たす複素数 $z$ がちょうど 2 つ存在するような実数 $c$ の値の範囲を求めよ。

(2) 実数 $c$ は (1) で求めた範囲にあるとし, 条件 (∗) を満たす 2 つの複素数を $z_1$, $z_2$ とする。このとき, $\dfrac{z_1-z_2}{\alpha}$ は純虚数であることを示せ。〔学習院大〕

**20** (1) $z\overline{z}+(1-i+\overline{\alpha})z+(1+i+\alpha)\overline{z}=\alpha$ を満たす複素数 $z$ が存在するような複素数 $\alpha$ の範囲を, 複素数平面上に図示せよ。

(2) $|\alpha|\leqq 2$ とする。複素数 $z$ が $z\overline{z}+(1-i+\overline{\alpha})z+(1+i+\alpha)\overline{z}=\alpha$ を満たすとき, $|z|$ の最大値を求めよ。また, そのときの $\alpha$, $z$ を求めよ。〔類 新潟大〕

**21** $z$, $w$ は相異なる複素数で, $z$ の虚部は正, $w$ の虚部は負とする。

(1) 点 $1$, $z$, $-1$, $w$ が複素数平面の同一円周上にあるための必要十分条件は, $\dfrac{(1+w)(1-z)}{(1-w)(1+z)}$ が負の実数となることであることを示せ。

(2) $z=x+yi$ が $x<0$ と $y>0$ を満たすとする。点 $1$, $z$, $-1$, $\dfrac{1+z^2}{2}$ が複素数平面の同一円周上にあるとき, 点 $z$ の軌跡を求めよ。〔東北大〕

**18** (1) まずは 3 次方程式を解く。 (2) 四角形 QAPR はひし形。
(3) $w$ の偏角の範囲に注目。$\arg w^{29}=29\arg w$ である。

**19** (1) 円 $|z|=c$ の半径 $c$ の値を変化させて, 円 $|z-\alpha|=1$ との共有点が 2 つとなる条件を調べる。

**20** (1) $1+i+\alpha=\beta$ とおき, 左辺を $z$ と $\beta$ の式で表す。$\longrightarrow |\quad|^2-|\quad|^2$ の形にできる。
(2) まず, $\alpha$ の範囲を調べる。

**21** (1) 四角形の対角の和が $\pi$ (2) (1) の結果を利用し, $x$, $y$ の関係式を導く。

## 第4章 式と曲線

**22** 双曲線 $H: x^2-y^2=1$ 上の3点 A$(-1,\ 0)$, B$(1,\ 0)$, C$(s,\ t)$ $(t\neq 0)$ について，点Aにおける $H$ の接線と直線BCの交点をP，点Bにおける $H$ の接線と直線ACの交点をQ，点Cにおける $H$ の接線と直線ABの交点をRとするとき，3点P，Q，Rは一直線上にあることを証明せよ。〔大阪大 改題〕

**23** 実数 $a$, $r$ は $0<a<2$, $0<r$ を満たす。複素数平面上で，$|z-a|+|z+a|=4$ を満たす点 $z$ の描く図形を $C_a$, $|z|=r$ を満たす点 $z$ の描く図形を $C$ とする。

(1) $C_a$ と $C$ が共有点をもつような点 $(a,\ r)$ の存在範囲を，$ar$ 平面上に図示せよ。

(2) (1)の共有点が $z^4=-1$ を満たすとき，$a$, $r$ の値を求めよ。〔類 静岡大〕

**24** 楕円 $C: 7x^2+10y^2=2800$ の有理点とは，$C$ 上の点でその $x$ 座標，$y$ 座標がともに有理数であるものをいう。また，$C$ の整数点とは，$C$ 上の点でその $x$ 座標，$y$ 座標がともに整数であるものをいう。整数点はもちろん有理点でもある。点 P$(-20,\ 0)$, Q$(20,\ 0)$ は $C$ の整数点である。

(1) 実数 $a$ を傾きとする直線 $\ell_a: y=a(x+20)$ と $C$ の交点の座標を求めよ。

(2) (1)を用いて，$C$ の有理点は無数にあることを示せ。

(3) $C$ の整数点はPとQのみであることを示せ。〔中央大〕

**25** 3辺の長さが1, $x$, $y$ であるような鈍角三角形が存在するような点 $(x,\ y)$ からなる領域を，座標平面上に図示せよ。〔類 学習院大〕

**26** Oを原点とする $xyz$ 空間に点 A$(2,\ 0,\ -1)$，および，中心が点 B$(0,\ 0,\ 1)$ である半径 $\sqrt{2}$ の球面 $S$ がある。$a$, $b$ を実数とし，平面 $z=0$ 上の点 P$(a,\ b,\ 0)$ を考える。

(1) 直線AP上の点Qに対して $\overrightarrow{AQ}=t\overrightarrow{AP}$ と表すとき，$\overrightarrow{OQ}$ を $a$, $b$, $t$ を用いて表せ。ただし，$t$ は実数とする。

(2) 直線APが球面 $S$ と共有点をもつとき，点Pの存在範囲を $ab$ 平面上に図示せよ。

(3) 球面 $S$ と平面 $x=-1$ の共通部分を $T$ とする。直線APが $T$ と共有点をもつとき，点Pの存在範囲を $ab$ 平面上に図示せよ。〔横浜国大〕

**23** P$(z)$, A$(a)$, B$(-a)$ とすると　$|z-a|+|z+a|=4 \iff \mathrm{PA}+\mathrm{PB}=4$ (一定)

**24** (2) $a$ が有理数のとき，(1)の交点が有理点であることを利用する。

**25** $a$, $b$, $c$ が三角形の3辺の長さ $\iff |b-c|<a<b+c$　また，∠Aが鈍角 $\iff \cos\angle A<0$

**26** (2) 点Qの座標を球面 $S$ の方程式に代入し，$t$ の方程式が実数解をもつ条件を考える。

**27** 媒介変数 $\theta_1$ および $\theta_2$ で表される2つの曲線

$$C_1:\begin{cases}x=\cos\theta_1\\ y=\sin\theta_1\end{cases}\left(0<\theta_1<\frac{\pi}{2}\right)\qquad C_2:\begin{cases}x=\cos\theta_2\\ y=3\sin\theta_2\end{cases}\left(-\frac{\pi}{2}<\theta_2<0\right)$$ がある。

$C_1$ 上の点 $P_1$ と $C_2$ 上の点 $P_2$ が，$\theta_1=\theta_2+\dfrac{\pi}{2}$ の関係を保って移動する。

曲線 $C_1$ の点 $P_1$ における接線と，曲線 $C_2$ の点 $P_2$ における接線の交点をPとし，これら2つの接線のなす角 $\angle P_1PP_2$ を $\alpha$ とする。

(1) 直線 $P_1P$，$P_2P$ が $x$ 軸となす角をそれぞれ $\beta$，$\gamma$ $\left(0<\beta<\dfrac{\pi}{2},\ 0<\gamma<\dfrac{\pi}{2}\right)$ とする。$\tan\beta$ および $\tan\gamma$ を $\theta_1$ で表せ。

(2) $\tan\alpha$ を $\theta_1$ で表せ。

(3) $\tan\alpha$ の最大値と，最大値を与える $\theta_1$ の値を求めよ。〔名古屋大〕

**28** $\alpha$ を複素数とする。複素数 $z$ の方程式 $z^2-\alpha z+2i=0$ …… ① について，次の問いに答えよ。

(1) 方程式①が実数解をもつように $\alpha$ が動くとき，点 $\alpha$ が複素数平面上に描く図形を図示せよ。

(2) 方程式①が絶対値1の複素数を解にもつように $\alpha$ が動くとする。原点を中心に点 $\alpha$ を $\dfrac{\pi}{4}$ 回転させた点を表す複素数を $\beta$ とするとき，点 $\beta$ が複素数平面上に描く図形を図示せよ。〔東北大〕

**29**◇ 双曲線 $x^2-y^2=2$ の第4象限の部分を $C$ とし，点 $(\sqrt{2},\ 0)$ をA，原点をOとする。曲線 $C$ 上の点Qにおける接線 $\ell$ と，点Oを通り接線 $\ell$ に垂直な直線との交点をPとする。

(1) 点Qが曲線 $C$ 上を動くとき，点Pの軌跡は，点Oを極とする極方程式 $r^2=2\cos2\theta$ $\left(r>0,\ 0<\theta<\dfrac{\pi}{4}\right)$ で表されることを示せ。

(2) (1)のとき，△OAPの面積を最大にする点Pの直交座標を求めよ。〔静岡大〕

**30** 座標平面上の点 $(x,\ y)$ が $(x^2+y^2)^2-(3x^2-y^2)y=0$，$x\geqq0$，$y\geqq0$ で定まる集合上を動くとき，$x^2+y^2$ の最大値，およびその最大値を与える $x$，$y$ の値を求めよ。〔千葉大〕

**27** (1) まず，$C_1$，$C_2$ はどのような曲線かを見極め，図をかいてみる。
(2) 正接の加法定理　(3) (相加平均)≧(相乗平均) を利用。

**28** ①は $z=0$ を解にもたないから，①は $\alpha=z+\dfrac{2}{z}i$ と同値である。
(1) $z=t$ ($t$ は0でない実数)，$\alpha=x+yi$ ($x$，$y$ は実数)　(2) $z=\cos\theta+i\sin\theta$ とする。

**29** (1) $Q\left(\dfrac{\sqrt{2}}{\cos t},\ \sqrt{2}\tan t\right)$ $\left(-\dfrac{\pi}{2}<t<0\right)$ と表される。まず，点Pの直交座標を $t$ で表す。
(2) △OAPの面積を $S$ とすると　$S=\dfrac{1}{2}\cdot OA\cdot OP\sin\theta$

**30** 条件式を極座標 $(r,\ \theta)$ の式に直す。$x^2+y^2=r^2$ であるから，$r^2$ の最大値を求めることになる。

# 答 の 部

問，練習，EXERCISES，総合演習第 2 部の答の数値のみをあげ，図・証明は省略した。
問 については答に加え，略解等を［ ］内に付した場合もある。

## 数学 C

### ● 問 の解答

・$p$.154 の 問 図

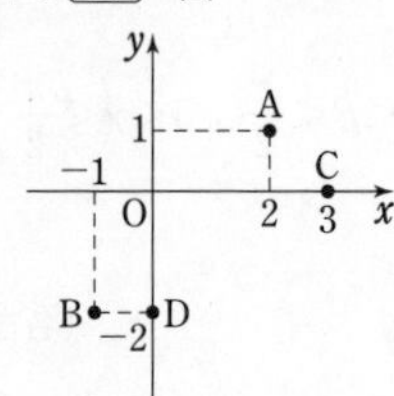


・$p$.211 の 問

［A(0)，B($\beta$)，C($\gamma$) とすると

$\mathrm{D}\left(\dfrac{\beta}{2}\right)$，$\mathrm{E}\left(\dfrac{\gamma}{2}\right)$

よって　$\dfrac{\frac{\gamma}{2}-\frac{\beta}{2}}{\gamma-\beta}=\dfrac{1}{2}$　ゆえに　BC∥DE

また　$\mathrm{DE}=\left|\dfrac{\gamma}{2}-\dfrac{\beta}{2}\right|=\dfrac{1}{2}|\gamma-\beta|$

よって　BC=2DE］

・$p$.262 の 問 (1) $y=x+1$ (2) $2x+3y=12$
(3) $\sqrt{5}\,x+2y+8=0$

・$p$.275 の 問 図
(1) は境界線を含まず，(2) は境界線を含む

(1)

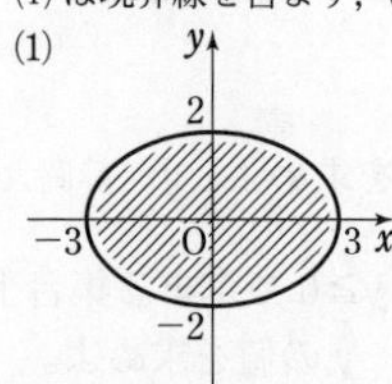


(2)

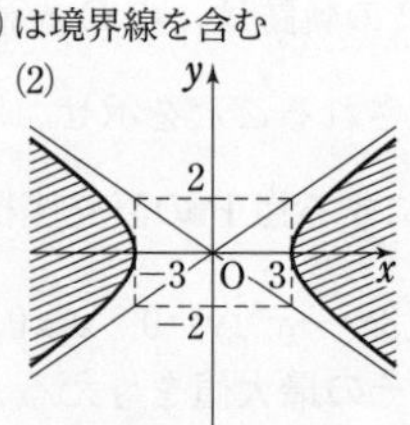


・$p$.280 の 問 (1) 直線 $y=3x+1$
(2) 放物線 $y=x^2-8x+13$

・$p$.303 の 問 図

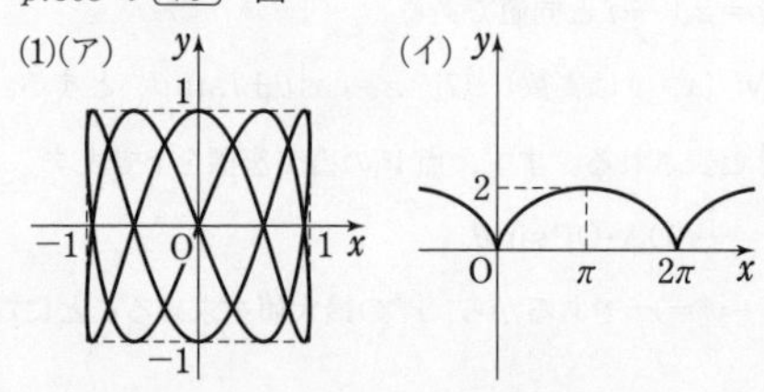


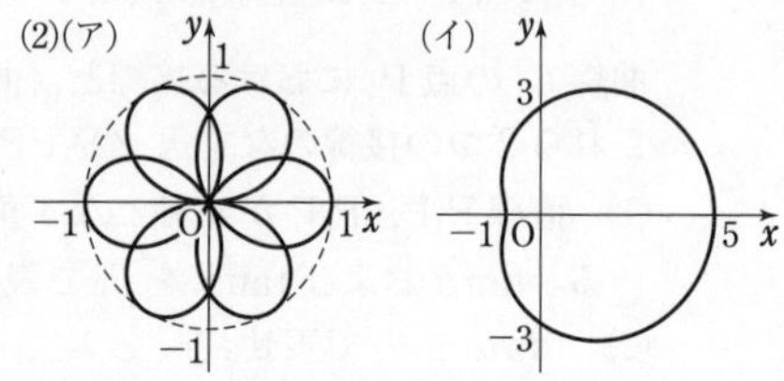


## <第 1 章> 平面上のベクトル

### ● 練習 の解答

**1** (1) $\overrightarrow{\mathrm{OC}}$，$\overrightarrow{\mathrm{FO}}$，$\overrightarrow{\mathrm{ED}}$
(2) $\overrightarrow{\mathrm{CB}}$，$\overrightarrow{\mathrm{DA}}$，$\overrightarrow{\mathrm{DO}}$，$\overrightarrow{\mathrm{EF}}$
(3) $\overrightarrow{\mathrm{CA}}$，$\overrightarrow{\mathrm{DF}}$
(4) $\overrightarrow{\mathrm{BE}}$，$\overrightarrow{\mathrm{EB}}$

**2** 略

**3** (1) 略 (2) $\vec{x}=\dfrac{1}{2}\vec{a}-\dfrac{7}{2}\vec{b}$
(3) $\vec{x}=\dfrac{5}{34}\vec{a}+\dfrac{3}{34}\vec{b}$，$\vec{y}=\dfrac{3}{34}\vec{a}-\dfrac{5}{34}\vec{b}$

**4** (1) 略
(2) $\dfrac{1}{\sqrt{13}}\vec{b}+\dfrac{1}{2\sqrt{13}}\vec{d}$，$-\dfrac{1}{\sqrt{13}}\vec{b}-\dfrac{1}{2\sqrt{13}}\vec{d}$

**5** (1) $\overrightarrow{\mathrm{DF}}=-2\vec{a}-\vec{b}$，$\overrightarrow{\mathrm{OP}}=\vec{a}+\dfrac{2}{3}\vec{b}$，
$\overrightarrow{\mathrm{BQ}}=-\dfrac{1}{2}\vec{a}+\dfrac{3}{2}\vec{b}$
(2) $\overrightarrow{\mathrm{AM}}=\dfrac{2}{5}\vec{b}+\dfrac{4}{5}\vec{d}$

**6** (1) 順に (−5，3)，$\sqrt{34}$
(2) $\vec{a}=(4,\ 0)$，$\vec{b}=(-3,\ -2)$
(3) $a=\dfrac{22}{7}$，$b=\dfrac{17}{7}$

**7** $\vec{p}=2\vec{a}+3\vec{b}$

**8** (1) $t=2$ (2) $p=1$，$-4$

**9** (1) 略 (2) (4，3)，(2，−3)，(−4，1)

**10** $t=7$ のとき最小値 $\sqrt{13}$

**11** (1) $1+\sqrt{3}$ (2) $3+\sqrt{3}$ (3) $-1-\sqrt{3}$
(4) $-3-\sqrt{3}$

**12** (1) $\vec{a}\cdot\vec{b}=-2\sqrt{3}$，$\theta=150°$ (2) −3

**13** (1) $a=-7$，$\dfrac{1}{7}$
(2) $(-2\sqrt{10},\ 0)$，$(\sqrt{10},\ \sqrt{30})$

**14** (1) $x=0,\ \frac{1}{2}$

(2) $\left(\frac{3}{\sqrt{10}},\ \frac{1}{\sqrt{10}}\right),\ \left(-\frac{3}{\sqrt{10}},\ -\frac{1}{\sqrt{10}}\right)$

**15** (1) 略 (2) 60°

**16** (1) $\theta=180°,\ |\vec{a}-2\vec{b}|=5$

(2) $\frac{4\sqrt{2}}{3}$

**17** (1) $|\vec{a}|=\sqrt{7},\ |\vec{b}|=\sqrt{3},\ \vec{a}\cdot\vec{b}=3$

(2) $k\leqq-\frac{\sqrt{7}}{2},\ \frac{\sqrt{7}}{2}\leqq k$

**18** (1) $S=5$ (2) $S=\frac{19}{2}$

**19** 略

**20** $\frac{6}{13}$

**21** (1) 最大値 $\sqrt{2}$，最小値 $-\sqrt{2}$

(2) 最大値 5，最小値 $-5$

**22** (1) 点 D の位置ベクトルは $\frac{3}{5}\vec{b}+\frac{2}{5}\vec{c}$

点 E の位置ベクトルは $2\vec{b}-\vec{c}$

点 G′ の位置ベクトルは $\frac{1}{3}\vec{a}+\frac{13}{15}\vec{b}-\frac{1}{5}\vec{c}$

(2) $\frac{8}{15}\vec{b}-\frac{8}{15}\vec{c}$

**23** (1) 辺 BC を 3：5 に内分する点を D とすると，点 P は線分 AD を 2：1 に内分する位置

(2) 3：4：5

**24** 略

**25** 証明略，PQ：QC＝2：5

**26** $\overrightarrow{OP}=\frac{1}{2}\overrightarrow{OA}+\frac{1}{4}\overrightarrow{OB},\ \overrightarrow{ON}=\frac{2}{3}\overrightarrow{OA}+\frac{1}{3}\overrightarrow{OB}$

**27** $\overrightarrow{OH}=(2\sqrt{2}-1)\vec{a}+\frac{\sqrt{2}-2}{2}\vec{b}$

**28** (1) $\overrightarrow{AP}=\frac{3}{8}\vec{b}+\frac{1}{3}\vec{c}$ (2) $\overrightarrow{OC}=\frac{3}{5}\vec{a}+\frac{9}{10}\vec{b}$

**29** $\overrightarrow{AO}=\frac{2}{9}\overrightarrow{AB}+\frac{5}{12}\overrightarrow{AC}$

**30** 略

**31** 略

**32** (1) 略

(2) $\cos\alpha=-\frac{12}{13},\ \cos\beta=-\frac{5}{13}$

**33** ∠C＝90° の直角三角形

**34** (1) $\vec{p}=-t\vec{a}+\frac{t+1}{2}\vec{b}+\frac{t+1}{2}\vec{c}$ ($t$ は媒介変数)

(2) (ア) $x=-4+3t,\ y=2-t$ ($t$ は媒介変数)；$x+3y-2=0$

(イ) $x=t-3,\ y=-4t+5$ ($t$ は媒介変数)；$4x+y+7=0$

**35** (1) 順に $3x-5y+11=0,\ 5x+3y+7=0$

(2) 45°

**36** 順に $\left(-\frac{22}{13},\ -\frac{7}{13}\right),\ \frac{16\sqrt{13}}{13}$

**37** (1) $\overrightarrow{AP}=\frac{19}{23}\vec{b}+\frac{13}{23}\vec{d}$

(2) $\overrightarrow{AQ}=\frac{19}{32}\vec{b}+\frac{13}{32}\vec{d}$

**38** (1) $3\overrightarrow{OA}=\overrightarrow{OA'},\ 3\overrightarrow{OB}=\overrightarrow{OB'}$ とすると，直線 A′B′

(2) $\frac{1}{2}\overrightarrow{OA}=\overrightarrow{OA'},\ \frac{1}{3}\overrightarrow{OB}=\overrightarrow{OB'}$ とすると，線分 A′B′

(3) $3\overrightarrow{OA}=\overrightarrow{OC},\ 2\overrightarrow{OB}=\overrightarrow{OD}$ とすると，△OCD の周および内部

**39** (1) $2\overrightarrow{OA}=\overrightarrow{OC},\ \frac{1}{2}\overrightarrow{OB}=\overrightarrow{OD}$ とすると，台形 ACBD の周および内部

(2) $-\overrightarrow{OA}+\frac{1}{2}\overrightarrow{OB}=\overrightarrow{OC},\ -\overrightarrow{OA}=\overrightarrow{OD},$

$\frac{1}{2}\overrightarrow{OB}=\overrightarrow{OE}$ とすると，平行四辺形 ODCE の周および内部

(3) $-\overrightarrow{OA}=\overrightarrow{OE},\ -\overrightarrow{OB}=\overrightarrow{OF},\ 2\overrightarrow{OA}=\overrightarrow{OG},$ $2\overrightarrow{OB}=\overrightarrow{OH}$ とすると，2 本の平行線 EF，GH で挟まれた部分。ただし，直線 EF，GH は除く

**40** (1) $2\overrightarrow{OA}=\overrightarrow{OC},\ \overrightarrow{OA}+\overrightarrow{OB}=\overrightarrow{OD}$ とすると，△OCD の周および内部

(2) $\overrightarrow{OA}+\overrightarrow{OB}=\overrightarrow{OC},\ \overrightarrow{OB}-\overrightarrow{OA}=\overrightarrow{OD}$ とすると，線分 OC，OD を隣り合う 2 辺とする平行四辺形の周および内部

**41** (1) 辺 BC の中点を中心とし，点 A を通る円

(2) 辺 BC を 3：2 に外分する点と点 A を直径の両端とする円

**42** 略

**43** (1) $\overrightarrow{OG}=\frac{\vec{a}+\vec{b}}{3}$ (2) $\overrightarrow{OD}=\frac{\vec{a}+\vec{b}}{3},\ r=\frac{|\vec{a}|}{3}$

## ● EXERCISES の解答

1 $s=-\frac{17}{11},\ t=-\frac{8}{11}$

2 略

3 (ア) $\frac{1}{\sqrt{10}}$ (イ) $\frac{3}{\sqrt{10}}$

4 $\vec{b}=-4\vec{p}+3\vec{q},\ \vec{d}=6\vec{p}-3\vec{q}$

5 平行四辺形

6 (1) 略 (2) $x=\frac{1+\sqrt{5}}{2}$

(3) $\overrightarrow{AC}=\frac{1+\sqrt{5}}{2}\overrightarrow{AB}+\overrightarrow{AE}$

7 $\vec{x}=(2,\ -1),\ \vec{y}=(0,\ 1)$

8 (1) $\left(-\frac{1}{\sqrt{2}},\ \frac{1}{\sqrt{2}}\right)$ (2) $t=-1,\ -\frac{1}{5}$

(3) $t=-8$

9　$2\vec{a}-3\vec{b}$

10　(1)　$\tan\alpha=\frac{1}{2}$

(2)　$(x,\ y)=(2,\ 7),\ (-2,\ -7)$

11　(1)　$k=-2$ で最大値 5，$k=\frac{1}{2}$ で最小値 $\frac{5}{\sqrt{2}}$

(2)　P(3, 0) のとき最小値 9

12　$-\frac{3}{2}$

13　(1)　$-\frac{2}{3}\vec{a}+\frac{1}{2}\vec{c}$　(2)　$\theta=90^\circ$　(3)　略

14　$\frac{23}{77}$

15　(1)　$\theta=120^\circ$

(2)　$t=\frac{1}{\sqrt{2}}$ のとき最小値 $\frac{1}{\sqrt{2}}$

16　$\theta=30^\circ,\ 150^\circ$

17　(1)　$\overrightarrow{AE}=\frac{n}{m+n}\vec{b}+\frac{m}{m+n}\vec{c}$,

$\overrightarrow{DF}=\frac{n}{m+n}\vec{c}-\frac{m}{m+n}\vec{b}$

(2)　略

18　(1)　$\overrightarrow{AF}=(t-1)\vec{a}+\vec{c}$,

$\overrightarrow{OG}=\frac{st}{1+st}\vec{a}+\frac{s}{1+st}\vec{c}$

(2)　$\frac{S'}{S}=\frac{(1-t)(1+st)}{s^2t}$

(3)　$s=\frac{2}{3}$，$t=\frac{1}{2}$ のとき最大値 3

19　$\vec{i_A}=\frac{-a\vec{a}+b\vec{b}+c\vec{c}}{-a+b+c}$

20　$\frac{5}{12}\vec{a}+\frac{1}{4}\vec{b}$，$\frac{5}{4}\vec{a}+\frac{3}{4}\vec{b}$

21　(1)　$-\frac{1}{2}$　(2)　$s=\frac{8}{5}$，$t=\frac{6}{5}$　(3)　$\frac{2\sqrt{10}}{7}$

22　求める直線上の任意の点を $P(\vec{p})$ とする。

(1)　$\vec{p}=\frac{1}{2}\vec{a}+\left(\frac{1}{2}-t\right)\vec{b}+t\vec{c}$（$t$ は媒介変数）

(2)　$2\vec{p}\cdot(\vec{c}-\vec{b})=|\vec{c}|^2-|\vec{b}|^2$

23　$x=\frac{2}{3}$，$y=\frac{4}{3}$ で最小値 $\frac{8}{9}$

24　(1)　$m=2$，$n=1$　(2)　$s=-\frac{14}{5}$，$t=\frac{7}{2}$

25　(1)　点 (−2, 3)　(2)　略

26　(1)　$\sqrt{2}$　(2)　$\frac{8\sqrt{2}}{3}$

27　(1)　略　(2)　略

(3)　P(−2, 1) のとき最大値 3

28　(1)　$\frac{1}{3}\overrightarrow{OB}=\overrightarrow{OD}$ とすると，中心が D，半径が 2 の円

(2)　$x^2+y^2-\frac{5}{2}bx+b^2=0$

29　(1)　略　(2)　$\overrightarrow{OC}=\frac{1}{4}\overrightarrow{OA}-\frac{1}{2}\overrightarrow{OB}$

(3)　$s=\frac{1}{6}$，$t=-\frac{1}{3}$

## ＜第2章＞　空間のベクトル

### ●　練習 の解答

**44**　(1)　Q(3, 0, 0)　(2)　R(3, −2, −1)

(3)　S(−3, 2, −1)

**45**　(1)　(ア)　$\sqrt{69}$　(イ)　3　(ウ)　$\sqrt{23}$

(2)　∠A=90° の直角二等辺三角形

(3)　$a=3$

**46**　(1)　P(1, −2, 0)，Q(−13, 0, −18)

(2)　$M\left(\frac{2}{3},\ 1,\ \frac{4}{3}\right)$

**47**　(1)　$\overrightarrow{AL}=\frac{1}{2}\vec{a}+\frac{1}{2}\vec{b}$，$\overrightarrow{DL}=\frac{1}{2}\vec{a}+\frac{1}{2}\vec{b}-\vec{c}$,

$\overrightarrow{LM}=-\frac{1}{2}\vec{a}-\frac{1}{2}\vec{b}+\frac{1}{2}\vec{c}$

(2)　略

**48**　(1)　順に　(−5, 5, 8)，$\sqrt{114}$

(2)　$\vec{d}=2\vec{a}+\vec{b}-2\vec{c}$

(3)　$s=\frac{4l+2m+3n}{7}$，$t=\frac{2l+m-2n}{7}$,

$u=\frac{l+4m-n}{7}$

**49**　(1)　$x=\pm\frac{2\sqrt{3}}{3}$，$y=\pm2\sqrt{3}+\frac{1}{2}$（複号同順）

(2)　C(2, 2, −4)

**50**　(−2, 4, 0)，(0, 2, 4)，(4, −4, −2)

**51**　(1)　$t=\frac{1}{2}$ のとき最小値 3

(2)　7

**52**　(ア)　$\left(-\frac{4}{3},\ \frac{1}{3}\right)$　(イ)　$\frac{\sqrt{6}}{3}$

**53**　(1)　$\overrightarrow{MB}=\vec{b}-\frac{1}{2}\vec{a}$，$\overrightarrow{MC}=\vec{c}-\frac{1}{2}\vec{a}$

(2)　$\vec{b}\cdot\vec{c}=\frac{1}{2}$，$\overrightarrow{MB}\cdot\overrightarrow{MC}=\frac{1}{2}$

**54**　(1)　(ア)　$\vec{a}\cdot\vec{b}=3$，$\theta=45^\circ$

(イ)　$\vec{a}\cdot\vec{b}=-\sqrt{6}$，$\theta=120^\circ$

(2)　$S=\frac{7}{2}$

**55**　(1, −2, 1)，(−1, 2, −1)

**56**　(1)　略　(2)　$t=\frac{1}{3}$

**57**　(1)　$\vec{t}=\left(0,\ \frac{1}{\sqrt{2}},\ \frac{1}{\sqrt{2}}\right)$　(2)　$P\left(0,\ \frac{5}{2},\ \frac{5}{2}\right)$

**58**　略

**59**　(1)　$\overrightarrow{OG}=\frac{1}{6}\vec{a}+\frac{1}{6}\vec{b}+\frac{2}{15}\vec{c}$　(2)　$\frac{\sqrt{131}}{30}$

**60**　略

**61** 線分 BD を 3：2 に外分する点を E，線分 CE を 1：7 に内分する点を F とすると，点 P は線分 AF を 8：1 に外分する位置

**62** (1) $\overrightarrow{PQ}=(1-a)\vec{x}+\vec{y}+a\vec{z}$,
$\overrightarrow{PR}=-a\vec{x}+(1-a)\vec{y}+\vec{z}$
(2) 1：1 (3) 60°

**63** (1) 略 (2) $x=0,\ y=\dfrac{1}{2}$

**64** 略

**65** (1) $(-1,\ 5,\ -2)$
(2) $(-3,\ 5,\ 0)$

**66** $\overrightarrow{ON}=\dfrac{1}{20}(9\vec{a}+3\vec{b}+8\vec{c})$,
$\overrightarrow{OP}=\dfrac{27}{68}\vec{a}+\dfrac{9}{68}\vec{b}+\dfrac{6}{17}\vec{c}$

**67** $a=3\pm\sqrt{10}$

**68** 略

**69** (1) $\overrightarrow{OQ}=\dfrac{2}{5}\vec{a}+\dfrac{1}{5}\vec{b}+\dfrac{2}{5}\vec{c}$
(2) $\overrightarrow{OR}=\dfrac{4}{23}\vec{a}+\dfrac{2}{23}\vec{b}+\dfrac{4}{23}\vec{c}$

**70** 6：1

**71** 略

**72** (1) $\left(\dfrac{72}{61},\ \dfrac{36}{61},\ \dfrac{48}{61}\right)$ (2) $\sqrt{61}$

**73** (1) $\vec{a}\cdot\vec{b}=\dfrac{1}{2},\ \vec{a}\cdot\vec{c}=\dfrac{1}{2},\ \vec{b}\cdot\vec{c}=\dfrac{1}{2}$
(2) $\overrightarrow{PH}=\dfrac{1}{3}\vec{b}+\dfrac{1}{3}\vec{c}$ (3) $\dfrac{\sqrt{2}}{12}$

**74** (1) (ア) P$(-1,\ 3,\ 2)$ (イ) Q$(15,\ 19,\ -6)$
(ウ) R$(-35,\ -34,\ 22)$
(2) $a=-\dfrac{1}{4},\ b=1$

**75** (1) $x=-1$ (2) $y=-2$ (3) $z=-3$

**76** (1) $(x-2)^2+(y+2)^2+(z-2)^2=6$
(2) $(x-3)^2+(y+3)^2+(z-3)^2=9$ または
$(x-5)^2+(y+5)^2+(z-5)^2=25$

**77** $x^2+y^2+z^2-x+z-3=0$,
中心の座標は $\left(\dfrac{1}{2},\ 0,\ -\dfrac{1}{2}\right)$，半径は $\dfrac{\sqrt{14}}{2}$

**78** (1) (ア) $(2,\ 3,\ 0)$ (イ) $2\sqrt{2}$
(2) (ウ) $(x+2)^2+(y-4)^2+(z+2)^2=4$
(エ) $-3,\ -1$

**79** 中心が A$(5,\ 4,\ -2)$，半径が 3 の球面；
方程式は $(x-5)^2+(y-4)^2+(z+2)^2=9$

**80** (1) $3x+7y+2z-7=0$
(2) $3x+2y+6z-6=0$

**81** (1) G$\left(\dfrac{4}{3},\ \dfrac{8}{3},\ \dfrac{4}{3}\right)$ (2) P$(1,\ 2,\ 1)$

**82** (1) (ア) $\theta=90°$ (イ) $\theta=45°$
(2) $2x+2y+z-11=0$

**83** $t$ を実数とする。
(1) (ア) $(x,\ y,\ z)=(2,\ -1,\ 3)+t(5,\ 2,\ -2)$
(イ) $(x,\ y,\ z)=(1,\ 2,\ 1)+t(-2,\ 0,\ 3)$
(2) $\dfrac{x-4}{3}=\dfrac{y+3}{7}=\dfrac{z-1}{-2}$
(3) $x=3,\ z=1$

**84** P$\left(\dfrac{1}{2},\ \dfrac{3}{2},\ 0\right)$，Q$(1,\ 2,\ 0)$ のとき
最小値 $\dfrac{1}{\sqrt{2}}$

**85** (1) $(3,\ 2,\ -1)$ (2) $0\leqq b\leqq 4$

**86** (1) $6-9\sqrt{5}\leqq a\leqq 6+9\sqrt{5}$
(2) $(x-2\sqrt{3})^2+(y-2\sqrt{3})^2+(z-6)^2=25$

**87** (1) P$\left(\dfrac{11}{6},\ \dfrac{8}{3},\ \dfrac{8}{3}\right)$，$r=\dfrac{\sqrt{3}}{2}$
(2) $2x+4y+4z-25=0$

**88** (1) 45° (2) $2x-2y+z-1=0$

**89** (1) $\dfrac{x-1}{3}=y-1=\dfrac{z}{-1}$
(2) $y+z-1=0$

## ● EXERCISES の解答

30 (1) $PQ=\sqrt{p^2+q^2}$，$QR=\sqrt{q^2+1}$,
$RP=\sqrt{p^2+1}$
(2) $\dfrac{1}{3}$
(3) $p=q=\sqrt{\dfrac{2\sqrt{3}-3}{3}}$ のとき最大値 $\dfrac{2\sqrt{3}-3}{18}$

31 $\dfrac{\sqrt{10}}{2}$

32 $\overrightarrow{OA}=\dfrac{1}{2}(\vec{p}-\vec{q}+\vec{r})$

33 B$(5,\ 4,\ 3)$，C$(-5,\ 4,\ 3)$

34 $(0,\ 0,\ 6)$，$(4,\ -1,\ 3)$，$(2,\ -2,\ 8)$,
$(1,\ -5,\ 4)$

35 $\sqrt{7+4\sqrt{2}}$

36 $t=\dfrac{9}{14}$

37 $t=\dfrac{3}{4}$

38 (ア) $\dfrac{\sqrt{6}}{3}a$ (イ) $-\dfrac{a^2}{3}$ (ウ) $-\dfrac{1}{2}$ (エ) 120

39 $-2\sqrt{6}<s<2\sqrt{6}$

40 $-\dfrac{1}{15}$

41 略

42 略

43 (1) $\cos\theta=\dfrac{-t^2+t+1}{2(t^2-t+1)}$
(2) 最大値 $\dfrac{5}{6}$，最小値 $\dfrac{1}{2}$

44 (1) $\overrightarrow{\mathrm{DG}}=\frac{1}{2t}\overrightarrow{\mathrm{DA}}+\frac{1}{2t}\overrightarrow{\mathrm{DB}}+\frac{t-2}{2t}\overrightarrow{\mathrm{DC}}$
(2) 略 (3) 略

45 (1) $\vec{a}\cdot\vec{b}=\frac{1}{2}$, $\vec{b}\cdot\vec{c}=\frac{1}{2}$, $\vec{c}\cdot\vec{a}=\frac{1}{2}$
(2) $\overrightarrow{\mathrm{PR}}=-\frac{3}{4}\vec{a}+\frac{2}{3}\vec{b}+\frac{1}{3}\vec{c}$,
$\overrightarrow{\mathrm{QS}}=-\frac{1}{3}\vec{a}-\frac{2}{3}\vec{b}+\frac{2}{3}\vec{c}$
(3) $\theta$は鈍角 (4) 交点をもたない

46 略

47 (1) 90° (2) 3

48 (1) $\overrightarrow{\mathrm{CH}}=\frac{3}{8}\overrightarrow{\mathrm{OA}}+\frac{3}{10}\overrightarrow{\mathrm{OB}}-\overrightarrow{\mathrm{OC}}$ (2) $5\sqrt{2}$

49 (1) $\left(\frac{4(k+3)}{3},\ \frac{k+3}{3},\ \frac{k+3}{3}\right)$
(2) $-3\leqq k\leqq -\frac{3}{2}$

50 (ア) $-\frac{9}{4}$ (イ) $\left(1,\ \frac{1}{2},\ 1\right)$ (ウ) $\sqrt{t+\frac{9}{4}}$

51 (1) $S=\frac{1}{2lmn}$
(2) $l=\frac{\sqrt{6}}{4}$, $m=\frac{\sqrt{6}}{4}$ のとき最小値 $\frac{8}{3}$

52 (2, −3, 4)

53 (1) (8, −8, 8) (2) 32
(3) $x+5y+7z-24=0$
(4) $\left(\frac{8}{25},\ \frac{8}{5},\ \frac{56}{25}\right)$

54 (1) $\mathrm{S}\left(-\frac{1}{6},\ 1,\ 1\right)$, $\mathrm{T}\left(0,\ \frac{2}{3},\ 1\right)$,
$\mathrm{U}\left(0,\ 1,\ \frac{3}{5}\right)$
(2) $\frac{1}{270}$ (3) $\frac{761}{1080}$

55 (1) 略 (2) $\mathrm{P}\left(0,\ \frac{55}{41},\ \frac{69}{41}\right)$,
$\mathrm{Q}\left(\frac{6}{41},\ \frac{53}{41},\ \frac{70}{41}\right)$, $\mathrm{PQ}=\frac{1}{\sqrt{41}}$

56 $\left(-\frac{3}{5},\ \frac{4}{5},\ -2\right)$

57 (1) 順に (0, 0, 2), 2 (2) (0, −1, 0)
(3) (2, 0, 2), $\left(\frac{2}{9},\ \frac{8}{9},\ \frac{34}{9}\right)$ (4) 略

## ＜第3章＞ 複素数平面

### ● 練習 の解答

**90** (1) $a=1$, $b=6$ (2) 略

**91** 略

**92** (1) $\frac{1}{\sqrt{2}}$ (2) $\mathrm{AB}=\sqrt{2}$, C(0)

**93** (1) 略 (2) 0

**94** $z=\pm 1$, $\frac{\sqrt{2}\pm\sqrt{2}\,i}{2}$, $\frac{-\sqrt{2}\pm\sqrt{2}\,i}{2}$

**95** (1) $2\sqrt{2}\left(\cos\frac{7}{4}\pi+i\sin\frac{7}{4}\pi\right)$
(2) $3(\cos\pi+i\sin\pi)$ (3) $\cos\frac{4}{3}\pi+i\sin\frac{4}{3}\pi$

**96** (1) $\cos(\pi+\alpha)+i\sin(\pi+\alpha)$
(2) $0\leqq\alpha<\frac{\pi}{2}$ のとき
$\cos\left(\alpha+\frac{3}{2}\pi\right)+i\sin\left(\alpha+\frac{3}{2}\pi\right)$,
$\frac{\pi}{2}\leqq\alpha<2\pi$ のとき
$\cos\left(\alpha-\frac{\pi}{2}\right)+i\sin\left(\alpha-\frac{\pi}{2}\right)$

**97** (1) $\alpha\beta=2\sqrt{6}\left(\cos\frac{11}{12}\pi+i\sin\frac{11}{12}\pi\right)$,
$\frac{\alpha}{\beta}=\frac{\sqrt{6}}{6}\left(\cos\frac{7}{12}\pi+i\sin\frac{7}{12}\pi\right)$
(2) $\alpha\beta=4\sqrt{2}\left(\cos\frac{\pi}{12}+i\sin\frac{\pi}{12}\right)$,
$\frac{\alpha}{\beta}=\sqrt{2}\left(\cos\frac{17}{12}\pi+i\sin\frac{17}{12}\pi\right)$

**98** $\cos\frac{5}{12}\pi=\frac{\sqrt{6}-\sqrt{2}}{4}$, $\sin\frac{5}{12}\pi=\frac{\sqrt{6}+\sqrt{2}}{4}$

**99** (1) $2\cos\frac{5}{12}\pi\left(\cos\frac{7}{12}\pi+i\sin\frac{7}{12}\pi\right)$
(2) $\frac{\sqrt{6}-\sqrt{2}}{4}$

**100** (1) $-1+2\sqrt{3}-(2+\sqrt{3})i$
(2) (ア) 原点を中心として $\frac{3}{4}\pi$ だけ回転した点
(イ) 原点を中心として $\frac{\pi}{3}$ だけ回転し，原点からの距離を $\frac{1}{2}$ 倍した点
(ウ) 実軸に関して対称移動し，原点を中心として $-\frac{\pi}{2}$ だけ回転した点

**101** $z=-1+3i$, $\sqrt{3}-1$

**102** $4-2i$, $6+i$；または $-2+2i$, $5i$

**103** (1) $16-16\sqrt{3}\,i$ (2) $-64$ (3) $128i$

**104** (1) $n=-6$ (2) 2

**105** (1) $z=1$, $-\frac{1}{2}+\frac{\sqrt{3}}{2}i$, $-\frac{1}{2}-\frac{\sqrt{3}}{2}i$
(2) $z=\pm 1$, $\pm i$, $\pm\frac{1+i}{\sqrt{2}}$, $\pm\frac{1-i}{\sqrt{2}}$

**106** (1) $z=\sqrt{3}+i$, $-\sqrt{3}+i$, $-2i$
(2) $z=\pm\left(\frac{\sqrt{2}}{2}+\frac{\sqrt{6}}{2}i\right)$, $\pm\left(\frac{\sqrt{6}}{2}-\frac{\sqrt{2}}{2}i\right)$

**107** (1) (ア) −1 (イ) 1 (ウ) 7 (2) 1

**108** (1) $n=3$
(2) $(m,\ n)=(12,\ 24)$, $(24,\ 48)$

**109** (1) $-\frac{1}{3}+\frac{2}{3}i$ (2) $16-i$ (3) $\frac{3}{2}-\frac{1}{2}i$
(4) $-8-i$ (5) $\frac{14}{3}-\frac{i}{3}$

**110** (1) 2 点 $2i$, $-3$ を結ぶ線分の垂直二等分線
(2) 点 $1-2i$ を中心とする半径 $\frac{1}{2}$ の円
(3) 点 $-\frac{1}{2}-\frac{1}{2}i$ を中心とする半径 1 の円
(4) 点 $\frac{1}{4}$ を通り，実軸に垂直な直線
(5) 2 点 1, $2i$ を通る直線

**111** (1) 点 $-1$ を中心とする半径 3 の円
(2) 点 $5i$ を中心とする半径 6 の円

**112** $z=2-5i$ で最大値 $4\sqrt{5}$，$z=-i$ で最小値 $2\sqrt{5}$

**113** 点 $-2i$ を中心とする半径 $\sqrt{2}$ の円

**114** 2 点 0, $i$ を結ぶ線分の垂直二等分線

**115** (1) 2 点 0, $i$ を結ぶ線分の垂直二等分線
(2) 点 $\frac{1}{2}i$ を中心とする半径 $\frac{1}{2}$ の円。ただし，点 $i$ は除く
(3) 点 1 を中心とする半径 1 の円。ただし，点 2 は除く

**116** (1) $z=\pm\frac{7}{2}$ (2) $\frac{x^2}{9}+\frac{y^2}{16}=1$

**117** 図略；$1\leqq|w^4|\leqq 81$, $\frac{\pi}{3}\leqq\arg w^4\leqq\frac{5}{3}\pi$

**118** 略

**119** 略

**120** (1) $\frac{\pi}{4}$ (2) 順に $\frac{5}{6}\pi$, $\frac{\sqrt{3}+1}{2}$
(3) (ア) $-\frac{1}{2}$ (イ) $\frac{5}{3}$

**121** (1) 正三角形
(2) BA=BC の直角二等辺三角形

**122** (1) OA=OB, $\angle\mathrm{O}=\frac{2}{3}\pi$ の二等辺三角形
(2) (ア) $r=\beta\pm\sqrt{3}(\alpha-\beta)i$
(イ) $\angle\mathrm{A}=\frac{\pi}{3}, \angle\mathrm{B}=\frac{\pi}{2}, \angle\mathrm{C}=\frac{\pi}{6}$ の直角三角形

**123** 略

**124** 略

**125** $|\alpha|=|\alpha-1|$, 図略

**126** 略

**127** (1) $(1+i)z-(1-i)\overline{z}=6i$
(2) $(2+3i)z+(2-3i)\overline{z}+14=0$

**128** (1) 略 (2) $w'=\alpha^2\overline{w}$

**129** 略

**130** (1) $-2<c<2$ (2) 略

**131** 図略，半径は $\frac{|\alpha|^2+1}{2}$

**132** 略

**133** (1) $(1+z)^{2n}={}_{2n}\mathrm{C}_0+{}_{2n}\mathrm{C}_1z+{}_{2n}\mathrm{C}_2z^2+\cdots+{}_{2n}\mathrm{C}_{2n}z^{2n}$
$(1-z)^{2n}={}_{2n}\mathrm{C}_0-{}_{2n}\mathrm{C}_1z+{}_{2n}\mathrm{C}_2z^2-\cdots+{}_{2n}\mathrm{C}_{2n}z^{2n}$
(2) 略

**134** (1) $z_k=\frac{1-\alpha^k}{1-\alpha}$ (2) 略

**135** (1) $z_3=\frac{3}{2}+i$, $z_4=\frac{5}{4}+\frac{5}{4}i$
(2) $z_n=\frac{1-\alpha^n}{1-\alpha}$
(3) 8 で割った余りが 2, 3, 4 である自然数

## ● EXERCISES の解答

58 (1) $\frac{1}{2}z+\frac{1}{2}\overline{z}$ (2) $-\frac{1}{2}iz+\frac{1}{2}i\overline{z}$
(3) $\frac{1}{2}(1+i)z+\frac{1}{2}(1-i)\overline{z}$ (4) $\frac{1}{2}z^2+\frac{1}{2}(\overline{z})^2$

59 (1) $z=1+i$ (2) 略

60 証明略；$\beta=-\frac{1}{\alpha\overline{\alpha}}$, $a=\frac{1}{\alpha\overline{\alpha}}-(\alpha+\overline{\alpha})$,
$b=\alpha\overline{\alpha}-\frac{\alpha+\overline{\alpha}}{\alpha\overline{\alpha}}$

61 $|z|>1$ のとき $|z-\alpha|<|\overline{\alpha}z-1|$,
$|z|=1$ のとき $|z-\alpha|=|\overline{\alpha}z-1|$,
$|z|<1$ のとき $|z-\alpha|>|\overline{\alpha}z-1|$

62 $\sqrt{23}$

63 (1) $z=\frac{-r^3+ri}{\sqrt{r^4+1}}$ (2) $z=\frac{-1+i}{\sqrt{2}}$

64 (1) $\theta=\frac{7}{4}\pi$
(2) 証明略，$z=\frac{1\pm\sqrt{3}i}{2}$

65 $-1$

66 (1) 略
(2) $r=1$ のとき，$\beta$ は $|\beta|=1$ を満たす任意の複素数；
$0<r<1$, $1<r$ のとき，
$\beta=r\{\cos(\theta+\pi)+i\sin(\theta+\pi)\}$
または $\beta=\frac{1}{r}(\cos\theta+i\sin\theta)$

67 (1) $2\cos\frac{\theta_1}{2}\left(\cos\frac{\theta_1}{2}+i\sin\frac{\theta_1}{2}\right)$ (2) 略

68 (ア) 3 (イ) 3

69 (1) $\left(\frac{1}{\sqrt{2}}, \frac{3}{\sqrt{2}}\right)$ (2) $(1, -2)$

70 略

71 (ア) $\frac{\sqrt{3}}{2}-\frac{1}{2}i$ (イ) $-i$ (ウ) $-\frac{\sqrt{3}}{2}+\frac{1}{2}i$

72 (1) $(\alpha, \beta)=(\cos\theta\pm i\sin\theta, \cos\theta\mp i\sin\theta)$
(複号同順)
(2) $n$ が 3 の倍数のとき 2,
$n$ が 3 の倍数でないとき $-1$

答の部

73 (実部, 虚部) と表すと

(1) $(\sqrt{3},\ 1),\ (-\sqrt{3},\ -1)$

(2) $(1+\sqrt{3},\ 1+\sqrt{3}),\ (1-\sqrt{3},\ -1+\sqrt{3})$

(3) $\left(\dfrac{2+\sqrt{2}+\sqrt{6}}{2},\ \dfrac{-\sqrt{2}+2\sqrt{3}+\sqrt{6}}{2}\right)$,

$\left(\dfrac{2-\sqrt{2}-\sqrt{6}}{2},\ \dfrac{\sqrt{2}+2\sqrt{3}-\sqrt{6}}{2}\right)$

74 略

75 (1) $\beta+\gamma=-1,\ \beta\gamma=2$

(2) $\beta=\dfrac{-1+\sqrt{7}\,i}{2},\ \gamma=\dfrac{-1-\sqrt{7}\,i}{2}$

(3) $\sin\dfrac{2\pi}{7}+\sin\dfrac{4\pi}{7}+\sin\dfrac{8\pi}{7}=\dfrac{\sqrt{7}}{2}$,

$\sin\dfrac{\pi}{7}\sin\dfrac{2\pi}{7}\sin\dfrac{3\pi}{7}=\dfrac{\sqrt{7}}{8}$

76 $c=1$

77 $4+2\sqrt{2}$

78 (1) 略 (2) $n=12$

79 (1), (2) 略 (3) $1+\sqrt{5}$

80 略

81 略

82 (1) 略 (2) $\dfrac{7}{3}$ (3) 0

83 (1) 略 (2) 証明略, $\mathrm{PQ}=2\sqrt{\alpha\overline{\alpha}}$

(3) $\beta=\dfrac{\alpha+\overline{\alpha}+\sqrt{(\alpha+\overline{\alpha})^2+8\alpha\overline{\alpha}}}{2}$

84 $d$ が実数のとき 実軸；$d$ が虚数のとき

点 $\dfrac{\overline{d}}{d-\overline{d}}$ を中心とする半径 $\left|\dfrac{d}{d-\overline{d}}\right|$ の円

85 略

86 (1) $\dfrac{n^2}{36}\pi$ (2) $n=4$；$a=2^{\frac{1}{18}},\ 2^{-\frac{1}{18}}$

## ＜第4章＞ 式と曲線

### ● 練習 の解答

**136** (1) 焦点は点 $(0,\ -2)$, 準線は直線 $y=2$, 図略

(2) 放物線 $y^2=12x$ (3) $y^2=4x$

**137** 放物線 $y^2=-12(x-3)$ の $0<x\leqq 3$ の部分

**138** (1) 長軸の長さは 10, 短軸の長さは $6\sqrt{2}$, 焦点は 2 点 $(\sqrt{7},\ 0),\ (-\sqrt{7},\ 0)$, 図略

(2) 長軸の長さは 8, 短軸の長さは $2\sqrt{14}$, 焦点は 2 点 $(0,\ \sqrt{2}),\ (0,\ -\sqrt{2})$, 図略

**139** (1) $\dfrac{x^2}{9}+\dfrac{y^2}{5}=1$ (2) $\dfrac{x^2}{4}+\dfrac{y^2}{6}=1$

(3) $\dfrac{x^2}{4}+y^2=1$

**140** (1) $\dfrac{x^2}{9}+\dfrac{y^2}{81}=1$,

焦点は 2 点 $(0,\ 6\sqrt{2}),\ (0,\ -6\sqrt{2})$

(2) $\dfrac{x^2}{4}+\dfrac{y^2}{9}=1$,

焦点は 2 点 $(0,\ \sqrt{5}),\ (0,\ -\sqrt{5})$

**141** $9x^2+36y^2=4$, 図略

**142** (1) 焦点は 2 点 $(2\sqrt{3},\ 0),\ (-2\sqrt{3},\ 0)$, 漸近線は 2 直線 $x-y=0,\ x+y=0$, 図略

(2) 焦点は 2 点 $(0,\ 5),\ (0,\ -5)$,

漸近線は 2 直線 $\dfrac{x}{3}-\dfrac{y}{4}=0,\ \dfrac{x}{3}+\dfrac{y}{4}=0$, 図略

**143** (1) $\dfrac{x^2}{9}-\dfrac{y^2}{7}=1$ (2) $\dfrac{x^2}{9}-\dfrac{y^2}{36}=1$

(3) $\dfrac{2}{9}x^2-\dfrac{2}{9}y^2=1$

**144** 双曲線 $x^2-\dfrac{y^2}{8}=1$ の $x>0$ の部分

**145** (1) $\mathrm{P}\left(\pm\dfrac{\sqrt{17}}{3},\ \dfrac{4}{3}\right)$ のとき最小値 $\dfrac{\sqrt{21}}{3}$

(2) $a<-\dfrac{3}{2}$ のとき最小値 $|a+2|$,

$-\dfrac{3}{2}\leqq a\leqq\dfrac{3}{2}$ のとき最小値 $\sqrt{-\dfrac{1}{3}a^2+1}$,

$\dfrac{3}{2}<a$ のとき最小値 $|a-2|$

**146** (1) 楕円 $\dfrac{x^2}{4}+y^2=1$ を $x$ 軸方向に $-2$, $y$ 軸方向に 3 だけ平行移動した図形；

焦点は 2 点 $(\sqrt{3}-2,\ 3),\ (-\sqrt{3}-2,\ 3)$

(2) 放物線 $y^2=\dfrac{3}{2}x$ を $x$ 軸方向に $\dfrac{2}{3}$, $y$ 軸方向に $-2$ だけ平行移動した図形；

焦点は点 $\left(\dfrac{25}{24},\ -2\right)$

(3) 双曲線 $\dfrac{x^2}{2}-\dfrac{y^2}{4}=-1$ を $x$ 軸方向に $-2$, $y$ 軸方向に 1 だけ平行移動した図形；

焦点は 2 点 $(-2,\ \sqrt{6}+1),\ (-2,\ -\sqrt{6}+1)$

**147** (1) $(y-3)^2=16(x-2)$

(2) $\dfrac{x^2}{2}-(y-3)^2=1$

**148** 略

**149** (1) $\dfrac{x^2}{9}+\dfrac{y^2}{25}=1$, 図略

(2) $\dfrac{x^2}{4}-\dfrac{y^2}{5}=1,\ x>0$；図略

**150** (1) 2 つの交点 $(-1,\ 0),\ \left(\dfrac{5}{4},\ \dfrac{3}{2}\right)$ をもつ

(2) 共有点をもたない

(3) 接点 $\left(\dfrac{2}{\sqrt{13}},\ \dfrac{12}{\sqrt{13}}\right)$ をもつ

**151** (1) $m<-1,\ 1<m$ のとき 2 個；$m=\pm 1$ のとき 1 個；$-1<m<1$ のとき 0 個

(2) $k=\pm 2,\ \pm\dfrac{2}{\sqrt{5}}$

**152** 中点の座標，長さの順に

(1) $\left(\dfrac{24}{17},\ \dfrac{3}{17}\right)$，$\dfrac{8\sqrt{10}}{17}$　(2) $(-1,\ 2)$，$\dfrac{2\sqrt{30}}{3}$

**153** (1) $-\sqrt{13}<k<\sqrt{13}$

(2) 直線 $y=-\dfrac{4}{9}x$ の $-\dfrac{9\sqrt{13}}{13}<x<\dfrac{9\sqrt{13}}{13}$ の部分

**154** $\dfrac{1}{8}<k\leqq\dfrac{1}{4}$

**155** (1) $y=x+4$，$y=-\dfrac{5}{11}x+\dfrac{28}{11}$

(2) (ア) $x=2$，$5x-6y+8=0$

(イ) $y=x+2$，$y=\dfrac{2}{3}x+3$

**156** 略

**157** $Q\left(-\dfrac{3}{2},\ \dfrac{1}{2}\right)$，面積は $\dfrac{9}{4}$

**158** $a=\dfrac{1}{\sqrt{2}}$

**159** 略

**160** (1) 楕円 $\dfrac{x^2}{3}+\dfrac{y^2}{2}=1$

(2) 双曲線 $\dfrac{x^2}{4}-\dfrac{(y-1)^2}{5}=1$

**161** 略

**162** $x=\dfrac{3\sqrt{10}}{10}$，$y=\dfrac{3\sqrt{10}}{10}$ のとき

最大値 $\dfrac{6\sqrt{10}}{5}$；

$x=-\dfrac{3\sqrt{2}}{2}$，$y=-\dfrac{\sqrt{2}}{2}$ のとき

最小値 $-3\sqrt{2}$

**163** $x=5$，$y=0$ のとき最大値 25；

$x=2$，$y=1$ のとき最小値 3

**164** 略

**165** (1) 放物線 $y=x^2-x+3$ の $x\geqq1$ の部分

(2) 直線 $y=1-2x$ の $-\dfrac{1}{2}\leqq x\leqq\dfrac{1}{2}$ の部分

(3) 放物線 $y^2=12x$

(4) 楕円 $\dfrac{x^2}{25}+\dfrac{y^2}{4}=1$

(5) 双曲線 $\dfrac{x^2}{4}-y^2=1$

(6) 双曲線 $\dfrac{(x-1)^2}{36}-\dfrac{y^2}{4}=1$ の $x\geqq7$ の部分

**166** (1) 放物線 $x=y^2+y+1$

(2) $Q_1$：1 周，$Q_2$：0 周

**167** 最大値 $\dfrac{1+\sqrt{31}}{12}$，最小値 $\dfrac{1-\sqrt{31}}{12}$

**168** (1) 双曲線 $\dfrac{x^2}{4}-\dfrac{y^2}{9}=1$ の点 $(-2,\ 0)$ を除いた部分

(2) 放物線 $y=x^2-2$ の $x\leqq-2$，$2\leqq x$ の部分

**169** $\begin{cases} x=(a-b)\cos\theta+b\cos\dfrac{a-b}{b}\theta \\ y=(a-b)\sin\theta-b\sin\dfrac{a-b}{b}\theta \end{cases}$

**170** $\dfrac{\left(x-\dfrac{3}{4}\right)^2}{\left(\dfrac{3}{4}\right)^2}+\dfrac{y^2}{\left(\dfrac{1}{4}\right)^2}=1$，$x\neq0$；図略

**171** 略

**172** (1) 図略 (ア) $(-\sqrt{2},\ \sqrt{2})$ (イ) $(0,\ -3)$

(ウ) $(-\sqrt{3},\ 1)$ (エ) $(-2,\ 2\sqrt{3})$

(2) (ア) $\left(2,\ \dfrac{\pi}{3}\right)$ (イ) $\left(2\sqrt{2},\ \dfrac{5}{4}\pi\right)$

(ウ) $\left(2\sqrt{3},\ \dfrac{5}{6}\pi\right)$

**173** (1) $2\sqrt{7}$ (2) $6\sqrt{3}$

(3) $\dfrac{5\sqrt{2}+12\sqrt{3}-\sqrt{6}}{2}$

**174** (1) $r^2-6r\cos\left(\theta-\dfrac{\pi}{3}\right)+5=0$

(2) $r\cos\left(\theta-\dfrac{\pi}{4}\right)=2$

**175** (1) $r^2(2+\sin^2\theta)=1$

(2) (ア) 直線 $3x+2y=6$

(イ) 円 $\left(x-\dfrac{1}{2}\right)^2+\left(y-\dfrac{1}{2}\right)^2=\dfrac{1}{2}$

(ウ) 楕円 $x^2+\dfrac{y^2}{4}=1$ (エ) 放物線 $y=x^2-1$

**176** (1) $r=a(2+\cos\theta)$

(2) 略

**177** (1) (ア) $r=\dfrac{3}{2-\cos\theta}$ (イ) $r=\dfrac{3}{1-\cos\theta}$

(2) (ア) 放物線 $y^2=8(x+2)$

(イ) 双曲線 $\dfrac{(x-3)^2}{6}-\dfrac{y^2}{3}=1$

(ウ) 楕円 $\dfrac{(x+\sqrt{3})^2}{4}+y^2=1$

**178** (1) $r(1-\cos\theta)=2p$ (2) 証明略，$\dfrac{1}{4p^2}$

**179** $r=\sin2\theta$，図略

## ● EXERCISES の解答

87 (1) $y=\dfrac{1}{2(a-b)}x^2+\dfrac{a+b}{2}$

(2) $(a-b,\ a)$，$(b-a,\ a)$

88 (1) 長軸の長さ $4d$，短軸の長さ $2\sqrt{3}d$

(2) $AP^2+BP^2=2OP^2+2d^2$，$AP\cdot BP=7d^2-OP^2$

(3) $OP=2d$ のとき最大値 $28d^3$，

$OP=\sqrt{3}d$ のとき最小値 $16d^3$

89 (ア) $\dfrac{12}{\sqrt{13}}$ (イ) 12

90 双曲線 $x^2-y^2=\pm\dfrac{8}{9}k$

91　図略　(1)　双曲線 $\frac{x^2}{16}-\frac{y^2}{9}=-1$

(2)　$c>\frac{5}{4}a$ かつ $a>0$

92　(1)　$t=\frac{1\pm\sqrt{5}}{2}$；焦点は 2 点 $(1,\ 0)$，$(-1,\ 0)$

(2)　略

93　平面 $x=d$ 上の点 $(d,\ 0,\ 1)$ を中心とする半径 $d$ の円の $z<1$ の部分

94　$a=2,\ b=3,\ c=\sqrt{2}$

95　(1)　$4x^2-2\sqrt{3}\,xy+6y^2=21$　(2)　$-2\leqq t\leqq 2$

96　(ア)　$(0,\ 3)$　(イ)　$x^2=6\left(y-\frac{3}{2}\right)$

97　(1)　$-2\sqrt{2}<p<-2,\ -2<p<2,\ 2<p<2\sqrt{2}$

(2)　線分 $P_1P_2$ の中点は $\left(-\frac{p}{p^2-4},\ -\frac{4}{p^2-4}\right)$，

線分 $Q_1Q_2$ の中点は $\left(-\frac{p}{p^2-4},\ -\frac{4}{p^2-4}\right)$

(3)　略

98　$a=\frac{7}{3}$

99　(1)　$P(\sqrt{3}\cos\theta,\ \sin\theta)$，$Q\left(0,\ \frac{1}{\sin\theta}\right)$，$R(0,\ -2\sin\theta)$

(2)　$\theta=\frac{\pi}{4}$ のとき最小値 $2\sqrt{2}$

100　略

101　(1)　$\sqrt{3}\,x-2y=4,\ -\sqrt{3}\,x+2y=4$

(2)　$Q\left(\sqrt{3},\ -\frac{1}{2}\right)$ または $Q\left(-\sqrt{3},\ \frac{1}{2}\right)$ のとき最大値 1

102　$y=\pm 2\sqrt{3}\,x-4$

103　(1)　$\frac{x^2}{12}+\frac{y^2}{4}=1$　(2)　円 $x^2+y^2=16$

(3)　円 $x^2+y^2=16$

104　(1)　$E\left(\frac{2}{k},\ 0\right)$，$F(0,\ 2k)$

(2)　$G\left(-\frac{k^2-1}{k},\ \frac{k^2-1}{k}\right)$，$\angle EGF=90°$

105　(1)　$\frac{4\sqrt{t^2+3}}{t^2+11}$　(2)　$t=\sqrt{5}$

106　$\frac{(x+2)^2}{8}-\frac{y^2}{8}$，漸近線は 2 直線 $y=x+2$，$y=-x-2$

107　略

108　(1)　$\frac{(p+\alpha)^2}{2}\sqrt{\frac{p}{\alpha}}$　(2)　略

109　(1)　証明略；$(1,\ \sqrt{5})$，$(1,\ -\sqrt{5})$，$(-1,\ 1)$，$(-1,\ -1)$　(2)　略

110　略

111　略

112　$x=\frac{p}{\tan^2\theta}$，$y=\frac{2p}{\tan\theta}$

113　(1)　$t\neq 0$　(2)　双曲線 $\frac{x^2}{8}-\frac{y^2}{8}=1$

114　$(a(2\theta-\sin\theta),\ a(2-\cos\theta))$

115　(1)　$\cos\theta=\frac{1-t^2}{1+t^2}$，$\sin\theta=\frac{2t}{1+t^2}$

(2)　楕円 $\frac{x^2}{9}+y^2=1\ (y>0)$

116　略

117　(1)　$\frac{\pi}{2}$　(2)　$\frac{3\sqrt{3}}{2}$

(3)　中心は点 $\left(-\frac{5}{4},\ -\frac{\sqrt{3}}{4}\right)$，半径は $\frac{\sqrt{19}}{2}$

118　略

119　(1)　略

(2)　①：$r=\frac{c_1}{|\cos\theta|+|\sin\theta|}$，②：$r=c_2$

(3)　最大値は $\sqrt{2}$，最小値は 1

120　(1)　$(x^2+y^2)^2-8a^2xy=0$

(2)　$r^2=4a^2\sin 2\theta$　(3)　略

121　$r=a\cos\frac{k-1}{k+1}\theta$

## ● 総合演習第2部 の解答

**1** (1) $\overrightarrow{\mathrm{OC}}=\dfrac{\vec{a}+2\vec{b}}{3}$, $\overrightarrow{\mathrm{AC}}=\dfrac{-2\vec{a}+2\vec{b}}{3}$

(2) $f(\theta)=\dfrac{2}{3}\sqrt{5-4\cos\theta}+\dfrac{4}{3}\sqrt{1+\cos\theta}$

(3) $\cos\theta=\dfrac{1}{8}$ のとき最大値 $2\sqrt{2}$

**2** 最大値 4, 最小値 $-\dfrac{1}{2}$

**3** (1) $\alpha=\dfrac{3s}{s^2+3s+3}$, $\beta=\dfrac{s^2}{s^2+3s+3}$

(2) $s=\sqrt{3}$

**4** (1) $|\overrightarrow{\mathrm{AB}}|=3$, $|\overrightarrow{\mathrm{AC}}|=5$, $\overrightarrow{\mathrm{AB}}\cdot\overrightarrow{\mathrm{AC}}=-3$

(2) $18\sqrt{6}$

**5** $\dfrac{\sqrt{3}}{9}$

**6** (1) $s=3|\vec{p}|^2+3r^2$ (2) $t=3|\vec{p}|^2-\dfrac{3}{2}r^2$

(3) 略

**7** (1) 2つ

(2) $\overrightarrow{\mathrm{OB}}=(3,\ \pm3\sqrt{3},\ 0)$,
$\overrightarrow{\mathrm{OC}}=(3,\ \pm\sqrt{3},\ 2\sqrt{6})$ (複号同順)

(3) $\overrightarrow{\mathrm{MN}}=(3,\ \pm\sqrt{3},\ -\sqrt{6})$

(4) 略

**8** (1) (ア) $|t|$ (イ) $|d|$ (2) $r=\dfrac{3V}{\alpha+\beta+\gamma+\delta}$

(3) 略

**9** (1) $p=1$, $q=0$, $r=1$, $s=1$

(2) 最大値 $\dfrac{1}{2}$

**10** (1) $\overrightarrow{\mathrm{OH}}=\dfrac{5}{9}\overrightarrow{\mathrm{OA}}-\dfrac{1}{3}\overrightarrow{\mathrm{OB}}$

(2) $0<t\leqq\dfrac{2}{9}$ のとき $S(t)=3\sqrt{6}\,t^2$

$\dfrac{2}{9}<t<1$ のとき $S(t)=\dfrac{12\sqrt{6}}{49}(8t-1)(1-t)$

(3) $t=\dfrac{9}{16}$ で最大値 $\dfrac{3\sqrt{6}}{8}$

**11** (1) $\pi$ (2) $\dfrac{4}{3}\pi$

**12** (1) $V=\dfrac{\pi}{3}|x+y+z|\{3-(x+y+z)^2\}$

(2) 最大値は $\dfrac{2}{3}\pi$, $x+y+z=\pm1$

**13** (1) 略 (2) $z=\dfrac{p}{\sqrt{q-p^2}}$

**14** 略

**15** (ア) 1 (イ) 720 (ウ) $\dfrac{4}{7}\pi$

**16** (1) $\alpha=\cos\dfrac{2}{5}\pi+i\sin\dfrac{2}{5}\pi$ (2) $\dfrac{11}{36}$ (3) $\dfrac{4}{9}$

**17** (1) $2|\sin\theta|$

(2) $n$ を整数とすると, $\theta=n\pi$ のとき 0,

$\theta\neq n\pi$ のとき $\dfrac{\sin n\theta\sin(n+1)\theta}{\sin\theta}$

**18** (1) $x=3-\sqrt{3}\,y$ (2) $x=-\dfrac{3}{2}$, $y=\dfrac{3\sqrt{3}}{2}$

(3) 20

**19** (1) $0<c<2$ (2) 略

**20** (1) 略

(2) $\alpha=2$, $z=-3-\dfrac{3\sqrt{30}}{5}-\left(1+\dfrac{\sqrt{30}}{5}\right)i$ で

最大値 $\sqrt{10}+2\sqrt{3}$

**21** (1) 略 (2) 円 $(x-1)^2+y^2=4$ の $-1<x<0$, $y>0$ の部分

**22** 略

**23** (1) 略 (2) $a=\dfrac{2\sqrt{42}}{7}$, $r=1$

**24** (1) $(-20,\ 0)$, $\left(-\dfrac{200a^2-140}{10a^2+7},\ \dfrac{280a}{10a^2+7}\right)$

(2) 略 (3) 略

**25** 略

**26** (1) $(at-2t+2,\ bt,\ t-1)$

(2) 略 (3) 略

**27** (1) $\tan\beta=\dfrac{1}{\tan\theta_1}$, $\tan\gamma=3\tan\theta_1$

(2) $-\dfrac{1}{2}\left(3\tan\theta_1+\dfrac{1}{\tan\theta_1}\right)$

(3) $\theta_1=\dfrac{\pi}{6}$ のとき最大値 $-\sqrt{3}$

**28** 略

**29** (1) 略 (2) $\left(\dfrac{\sqrt{3}}{2},\ \dfrac{1}{2}\right)$

**30** $x=\dfrac{\sqrt{3}}{2}$, $y=\dfrac{1}{2}$ のとき最大値 1

# 索　引

1. 用語の掲載ページ(右側の数字)を示した。
2. 主に初出のページを示したが，関連するページも合わせて示したところもある。

## 【あ行】



## 【か行】



## 【さ行】

## 【た行】



## 【な行】



## 【は行】



## 【ま行】



## 【や行】



## 【ら行】



## 【わ行】



## 【記号】

**<特別付録：数学C「行列」>**

右のQRコードから，本書の姉妹本「チャート式数学Ⅲ＋C（赤チャート）」に掲載している「行列」の紙面を閲覧できます。

※ページ番号，問題番号等は「赤チャート」のものであり，本書のものとの関連はありませんのでご注意ください。

以下の問題の出典・出題年度は，次の通りである。

・$p.94$ EXERCISES 31 大阪大 2005年 改題
・$p.229$ EXERCISES 86 大阪大 2003年 改題
・$p.270$ EXERCISES 99 大阪大 2010年 改題
・$p.328$ 総合演習第2部 22 大阪大 2017年 改題

●編著者
チャート研究所

●表紙・カバーデザイン
有限会社アーク・ビジュアル・ワークス

●本文デザイン
株式会社加藤文明社

新　制　(数学C)
第1刷　1996年2月1日　発行
改訂新版
第1刷　1999年10月1日　発行
新課程
第1刷　2005年2月1日　発行
改訂版
第1刷　2008年11月1日　発行
新課程
第1刷　2023年4月1日　発行
第2刷　2023年5月1日　発行
第3刷　2023年6月1日　発行
第4刷　2023年8月1日　発行
第5刷　2023年10月1日　発行
第6刷　2023年10月10日　発行
第7刷　2024年2月1日　発行
第8刷　2024年3月1日　発行
第9刷　2024年3月10日　発行
第10刷　2024年11月1日　発行
第11刷　2024年11月10日　発行

編集・制作　チャート研究所
発行者　星野 泰也

ISBN978-4-410-10565-4

※解答・解説は数研出版株式会社が作成したものです。

チャート式® 基礎からの 数学C

発行所　数研出版株式会社

〒101-0052 東京都千代田区神田小川町2丁目3番地3
〔振替〕00140-4-118431
〒604-0861 京都市中京区烏丸通竹屋町上る大倉町205番地
〔電話〕代表 (075)231-0161
ホームページ　https://www.chart.co.jp
印刷　株式会社　加藤文明社
乱丁本・落丁本はお取り替えいたします　240911

# 3 複素数平面

## □ 複素数平面

▶複素数の加法・減法

① 点$\alpha+\beta$は，原点Oを点$\beta$に移す平行移動によって点$\alpha$が移る点である。

② 点$\alpha-\beta$は，点$\beta$を原点Oに移す平行移動によって点$\alpha$が移る点である。

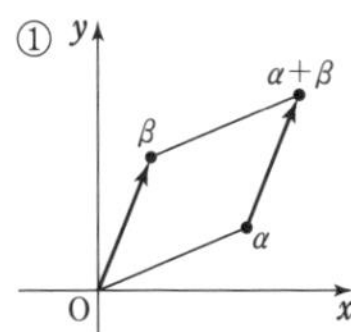


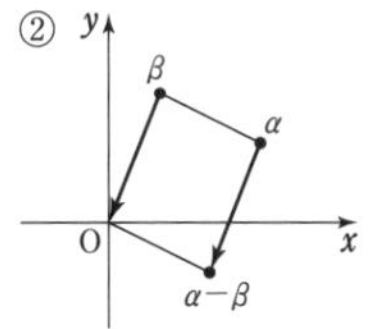


▶複素数の実数倍　$\alpha\neq0$のとき

3点0，$\alpha$，$\beta$が一直線上にある

$\iff \beta=k\alpha$となる実数$k$がある

▶共役な複素数の性質　$\alpha$，$\beta$は複素数とする。

① $\alpha$が実数　$\iff \overline{\alpha}=\alpha$

$\alpha$が純虚数 $\iff \overline{\alpha}=-\alpha$，$\alpha\neq0$

② $\alpha+\overline{\alpha}$，$\alpha\overline{\alpha}$は常に実数，　特に　$\alpha\overline{\alpha}\geqq0$

$\overline{\alpha+\beta}=\overline{\alpha}+\overline{\beta}$　　$\overline{\alpha-\beta}=\overline{\alpha}-\overline{\beta}$

$\overline{\alpha\beta}=\overline{\alpha}\,\overline{\beta}$　　$\overline{\left(\dfrac{\alpha}{\beta}\right)}=\dfrac{\overline{\alpha}}{\overline{\beta}}$　$(\beta\neq0)$

$\overline{\overline{\alpha}}=\alpha$　　$\overline{\alpha^n}=(\overline{\alpha})^n$　($n$は自然数)

▶絶対値と2点間の距離

① 定義　$z=a+bi$に対し　$|z|=\sqrt{a^2+b^2}$

② 絶対値の性質　$z$，$\alpha$，$\beta$は複素数とする。

$|z|=0 \iff z=0$

$|z|=|-z|=|\overline{z}|$，　$z\overline{z}=|z|^2$

$|\alpha\beta|=|\alpha||\beta|$　　$\left|\dfrac{\alpha}{\beta}\right|=\dfrac{|\alpha|}{|\beta|}$　$(\beta\neq0)$

③ 2点$\alpha$，$\beta$間の距離　$|\beta-\alpha|$

## □ 複素数の極形式

複素数平面上で，O(0)，P($z$)，$z=a+bi$ $(\neq0)$，OP$=r$，OPと実軸の正の部分とのなす角が$\theta$のとき　$z=r(\cos\theta+i\sin\theta)$ $(r>0)$

▶複素数の乗法，除法

$z_1=r_1(\cos\theta_1+i\sin\theta_1)$，$z_2=r_2(\cos\theta_2+i\sin\theta_2)$とする。

① 複素数$z_1$，$z_2$の乗法

$z_1z_2=r_1r_2\{\cos(\theta_1+\theta_2)+i\sin(\theta_1+\theta_2)\}$

$|z_1z_2|=|z_1||z_2|$，　$\arg z_1z_2=\arg z_1+\arg z_2$

② 複素数$z_1$，$z_2$の除法 ($z_2\neq0$とする)

$\dfrac{z_1}{z_2}=\dfrac{r_1}{r_2}\{\cos(\theta_1-\theta_2)+i\sin(\theta_1-\theta_2)\}$

$\left|\dfrac{z_1}{z_2}\right|=\dfrac{|z_1|}{|z_2|}$，　$\arg\dfrac{z_1}{z_2}=\arg z_1-\arg z_2$

▶複素数の乗法と回転　P($z$)，$r>0$とする。

点$r(\cos\theta+i\sin\theta)\cdot z$は，点Pを原点を中心として角$\theta$だけ回転し，原点からの距離を$r$倍した点である。

## □ ド・モアブルの定理

▶ド・モアブルの定理　$n$が整数のとき

$(\cos\theta+i\sin\theta)^n=\cos n\theta+i\sin n\theta$

▶1の$n$乗根　1の$n$乗根は$n$個あり，それらを$z_k$ $(k=0,\ 1,\ 2,\ \cdots\cdots,\ n-1)$とすると

$$z_k=\cos\frac{2k\pi}{n}+i\sin\frac{2k\pi}{n}$$

$n\geqq3$のとき，点$z_k$ $(k=0,\ 1,\ 2,\ \cdots\cdots,\ n-1)$は点1を1つの頂点として，単位円に内接する正$n$角形の頂点である。

## □ 複素数と図形

点A($\alpha$)，B($\beta$)，C($\gamma$)，D($\delta$)，P($z_1$)，Q($z_2$)，R($z_3$)，P′($w_1$)，Q′($w_2$)，R′($w_3$)は互いに異なる点とする。

▶線分ABの内分点，外分点

$m:n$に内分する点　$\dfrac{n\alpha+m\beta}{m+n}$　　中点　$\dfrac{\alpha+\beta}{2}$

$m:n$に外分する点　$\dfrac{-n\alpha+m\beta}{m-n}$

▶方程式の表す図形

・$|z-\alpha|=r$ $(r>0)$ は　中心A，半径$r$の円

・$n|z-\alpha|=m|z-\beta|$，$n>0$，$m>0$は

$m=n$なら　線分ABの垂直二等分線

$m\neq n$なら　線分ABを$m:n$に内分する点と外分する点を直径の両端とする円 (アポロニウスの円)

▶なす角，平行・垂直などの条件

・$\angle\beta\alpha\gamma=\arg\dfrac{\gamma-\alpha}{\beta-\alpha}$

・3点A，B，Cが一直線上にある $\iff \dfrac{\gamma-\alpha}{\beta-\alpha}$が実数

・AB⊥AC $\iff \dfrac{\gamma-\alpha}{\beta-\alpha}$が純虚数

・$\dfrac{\delta-\gamma}{\beta-\alpha}$が $\begin{cases}\text{実数} \iff \text{AB}/\!/\text{CD}\\ \text{純虚数} \iff \text{AB}\perp\text{CD}\end{cases}$

・△PQR∽△P′Q′R′ (同じ向き)

$$\iff \frac{z_3-z_1}{z_2-z_1}=\frac{w_3-w_1}{w_2-w_1}$$

# 練習，EXERCISES，総合演習の解答（数学C）

注意 ・章ごとに，練習，EXERCISES の解答をまとめて扱った。
・問題番号の左横の数字は，難易度を表したものである。

**練習 ①1** 1辺の長さが1である正六角形 ABCDEF の6頂点と，対角線 AD，BE の交点 O を使って表されるベクトルのうち，次のものをすべて求めよ。
(1) $\overrightarrow{AB}$ と等しいベクトル (2) $\overrightarrow{OA}$ と向きが同じベクトル
(3) $\overrightarrow{AC}$ の逆ベクトル (4) $\overrightarrow{AF}$ に平行で大きさが2のベクトル

(1) $\overrightarrow{OC}$，$\overrightarrow{FO}$，$\overrightarrow{ED}$

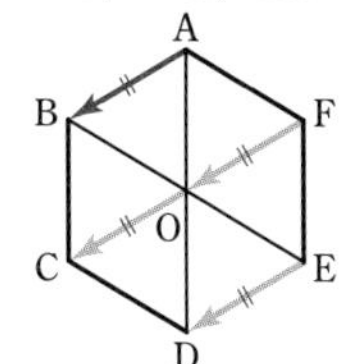


(2) $\overrightarrow{CB}$，$\overrightarrow{DA}$，$\overrightarrow{DO}$，$\overrightarrow{EF}$

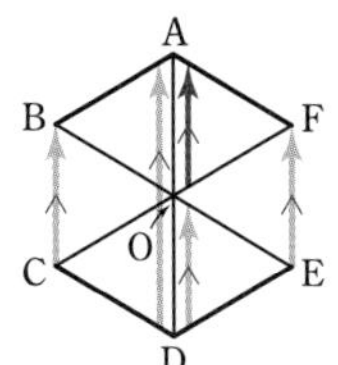


(1) AB∥FC∥ED に注意。
(2) BC∥AD∥FE に注意。大きさ2のベクトル $\overrightarrow{DA}$ を忘れずに。

(3) $\overrightarrow{CA}$，$\overrightarrow{DF}$

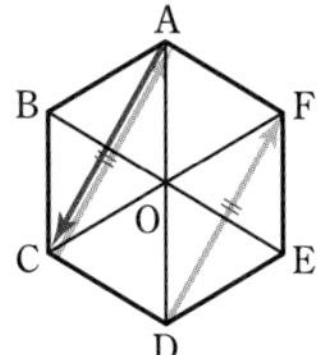


(4) $\overrightarrow{BE}$，$\overrightarrow{EB}$

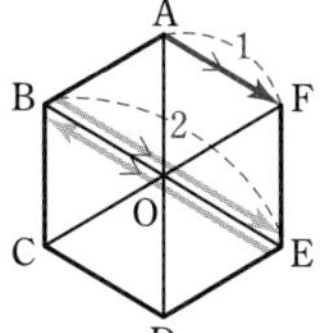


(3) OA＝OC＝OD＝OF から，四角形 ACDF は長方形である。$\overrightarrow{CA}$ を忘れずに。
(4) $\overrightarrow{AF}$ と反対向きの $\overrightarrow{EB}$ を忘れずに。

**練習 ①2** 右の図で与えられた3つのベクトル $\vec{a}$，$\vec{b}$，$\vec{c}$ について，ベクトル $\vec{a}+2\vec{b}$，$2\vec{a}-\vec{b}$，$2\vec{a}+\vec{b}-\vec{c}$ を図示せよ。

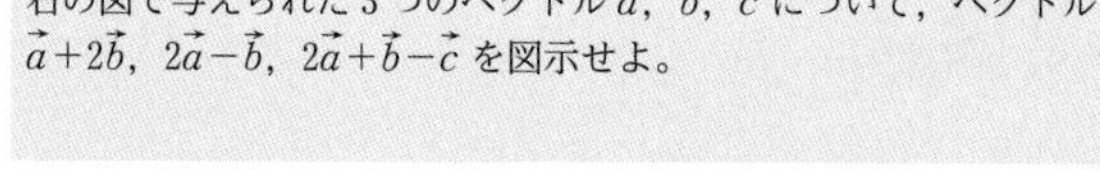

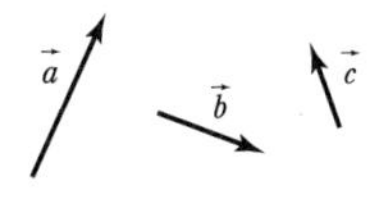


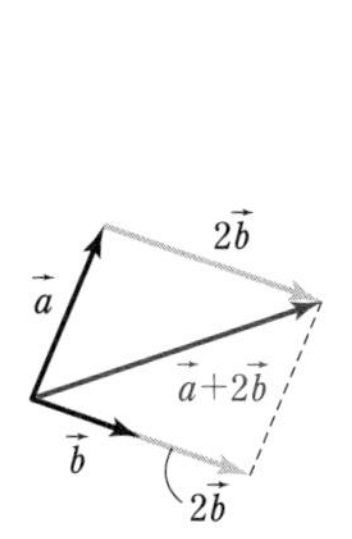


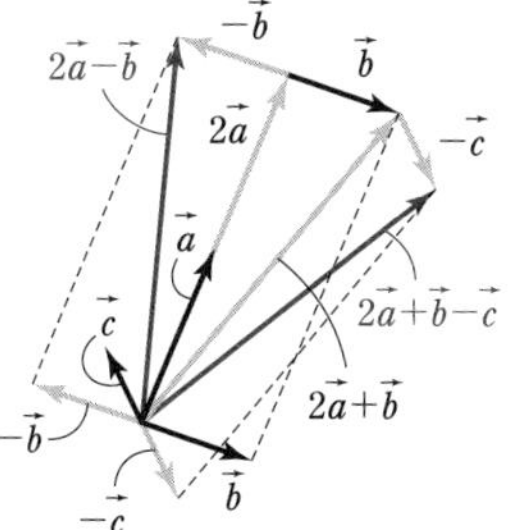


←$\vec{a}+2\vec{b}$ は $\vec{a}$ の終点と $2\vec{b}$ の始点を重ねる。
←$2\vec{a}-\vec{b}$ は $2\vec{a}$ と $-\vec{b}$ の和として扱う。
←$2\vec{a}+\vec{b}-\vec{c}$ $=(2\vec{a}+\vec{b})+(-\vec{c})$ とみて，$2\vec{a}+\vec{b}$ の終点と $-\vec{c}$ の始点を重ねる。

**練習 ②3** (1) 次の等式が成り立つことを証明せよ。

$$\overrightarrow{AC}+\overrightarrow{BP}+\overrightarrow{CQ}+\overrightarrow{RA}=\overrightarrow{BC}+\overrightarrow{CP}+\overrightarrow{DQ}+\overrightarrow{RD}$$

(2) $3\vec{x}+\vec{a}-2\vec{b}=5(\vec{x}+\vec{b})$ を満たす $\vec{x}$ を $\vec{a}$，$\vec{b}$ で表せ。
(3) $5\vec{x}+3\vec{y}=\vec{a}$，$3\vec{x}-5\vec{y}=\vec{b}$ を満たす $\vec{x}$，$\vec{y}$ を $\vec{a}$，$\vec{b}$ で表せ。

(1) $\overrightarrow{AC}+\overrightarrow{BP}+\overrightarrow{CQ}+\overrightarrow{RA}-(\overrightarrow{BC}+\overrightarrow{CP}+\overrightarrow{DQ}+\overrightarrow{RD})$
$=(\overrightarrow{AC}+\overrightarrow{CB})+(\overrightarrow{BP}+\overrightarrow{PC})+(\overrightarrow{CQ}+\overrightarrow{QD})+(\overrightarrow{DR}+\overrightarrow{RA})$
$=(\overrightarrow{AB}+\overrightarrow{BC})+(\overrightarrow{CD}+\overrightarrow{DA})$
$=\overrightarrow{AC}+\overrightarrow{CA}$
$=\overrightarrow{AA}=\vec{0}$
ゆえに　$\overrightarrow{AC}+\overrightarrow{BP}+\overrightarrow{CQ}+\overrightarrow{RA}=\overrightarrow{BC}+\overrightarrow{CP}+\overrightarrow{DQ}+\overrightarrow{RD}$

←(左辺)−(右辺)
←2 つのベクトルを組み合わせる。
$\overrightarrow{AC}-\overrightarrow{BC}=\overrightarrow{AC}+\overrightarrow{CB}$
$=\overrightarrow{AB}$　他も同様。
←$\vec{0}$ を 0 と書き間違えないように！

(2) $3\vec{x}+\vec{a}-2\vec{b}=5(\vec{x}+\vec{b})$ から　$3\vec{x}+\vec{a}-2\vec{b}=5\vec{x}+5\vec{b}$
よって　$2\vec{x}=\vec{a}-7\vec{b}$
ゆえに　$\boldsymbol{\vec{x}=\frac{1}{2}\vec{a}-\frac{7}{2}\vec{b}}$

←両辺を 2 で割る。

(3) $5\vec{x}+3\vec{y}=\vec{a}$ …… ①，$3\vec{x}-5\vec{y}=\vec{b}$ …… ② とする。
①×5+②×3 から　$\boldsymbol{\vec{x}=\frac{5}{34}\vec{a}+\frac{3}{34}\vec{b}}$
①×3−②×5 から　$\boldsymbol{\vec{y}=\frac{3}{34}\vec{a}-\frac{5}{34}\vec{b}}$

$$\begin{array}{rl} & 25\vec{x}+15\vec{y}=5\vec{a} \\ +) & 9\vec{x}-15\vec{y}=3\vec{b} \\ \hline & 34\vec{x}=5\vec{a}+3\vec{b} \end{array}$$

$$\begin{array}{rl} & 15\vec{x}+9\vec{y}=3\vec{a} \\ -) & 15\vec{x}-25\vec{y}=5\vec{b} \\ \hline & 34\vec{y}=3\vec{a}-5\vec{b} \end{array}$$

**練習 ②4**
(1) $\vec{a}\neq\vec{0}$，$\vec{b}\neq\vec{0}$，$\vec{a}\not\parallel\vec{b}$ のとき，$3\vec{p}=4\vec{a}-\vec{b}$，$5\vec{q}=-4\vec{a}+3\vec{b}$ とする。このとき，$(2\vec{a}+\vec{b})\parallel(\vec{p}+\vec{q})$ であることを示せ。
(2) AB=3，AD=4 の長方形 ABCD がある。$\overrightarrow{AB}=\vec{b}$，$\overrightarrow{AD}=\vec{d}$ とするとき，ベクトル $\overrightarrow{AB}+\overrightarrow{AC}$ と平行な単位ベクトルを $\vec{b}$，$\vec{d}$ で表せ。

(1) $\vec{p}+\vec{q}=\frac{1}{3}(4\vec{a}-\vec{b})+\frac{1}{5}(-4\vec{a}+3\vec{b})$
$=\frac{1}{15}\{5(4\vec{a}-\vec{b})+3(-4\vec{a}+3\vec{b})\}$　←通分する。
$=\frac{1}{15}(8\vec{a}+4\vec{b})=\frac{4}{15}(2\vec{a}+\vec{b})$　←$\vec{a}$，$\vec{b}$ について整理。
よって　$\vec{p}+\vec{q}=\frac{4}{15}(2\vec{a}+\vec{b})$　←$\overrightarrow{○}=k\overrightarrow{△}$ の形。
また，$\vec{a}\neq\vec{0}$，$\vec{b}\neq\vec{0}$，$\vec{a}\not\parallel\vec{b}$ のとき　$2\vec{a}+\vec{b}\neq\vec{0}$，$\vec{p}+\vec{q}\neq\vec{0}$　←この確認を忘れずに。
ゆえに　$(2\vec{a}+\vec{b})\parallel(\vec{p}+\vec{q})$

(2) $\overrightarrow{AB}+\overrightarrow{AC}=\vec{b}+(\vec{b}+\vec{d})$
$=2\vec{b}+\vec{d}$
$\overrightarrow{AB'}=2\vec{b}$ とすると
$|\overrightarrow{AB'}|=2|\overrightarrow{AB}|=2\cdot3=6$
$\overrightarrow{AB}+\overrightarrow{AC}=\overrightarrow{AE}$ とすると，線分 AE は長方形 AB′ED の対角線であるから
$|\overrightarrow{AE}|=\sqrt{6^2+4^2}=2\sqrt{13}$　←三平方の定理。
よって，$\overrightarrow{AB}+\overrightarrow{AC}$ と平行な単位ベクトルは
$$\frac{2\vec{b}+\vec{d}}{2\sqrt{13}} \text{ と } -\frac{2\vec{b}+\vec{d}}{2\sqrt{13}}$$
すなわち　$\boldsymbol{\frac{1}{\sqrt{13}}\vec{b}+\frac{1}{2\sqrt{13}}\vec{d}}$ と $\boldsymbol{-\frac{1}{\sqrt{13}}\vec{b}-\frac{1}{2\sqrt{13}}\vec{d}}$

**練習 ②5**

(1) 正六角形 ABCDEF において，中心を O，辺 CD を 2：1 に内分する点を P，辺 EF の中点を Q とする。$\overrightarrow{\mathrm{AB}}=\vec{a}$，$\overrightarrow{\mathrm{AF}}=\vec{b}$ とするとき，ベクトル $\overrightarrow{\mathrm{DF}}$，$\overrightarrow{\mathrm{OP}}$，$\overrightarrow{\mathrm{BQ}}$ をそれぞれ $\vec{a}$，$\vec{b}$ で表せ。

(2) 平行四辺形 ABCD において，辺 BC の中点を L，線分 DL を 2：3 に内分する点を M とする。$\overrightarrow{\mathrm{AB}}=\vec{b}$，$\overrightarrow{\mathrm{AD}}=\vec{d}$ とするとき，$\overrightarrow{\mathrm{AM}}$ を $\vec{b}$，$\vec{d}$ で表せ。

(1) $\overrightarrow{\mathbf{DF}}=\overrightarrow{\mathrm{DC}}+\overrightarrow{\mathrm{CF}}=-\vec{b}+(-2\vec{a})$

$=\boldsymbol{-2\vec{a}-\vec{b}}$

←$\overrightarrow{\mathrm{DC}}=\overrightarrow{\mathrm{FA}}$，$\overrightarrow{\mathrm{CF}}=2\overrightarrow{\mathrm{BA}}$

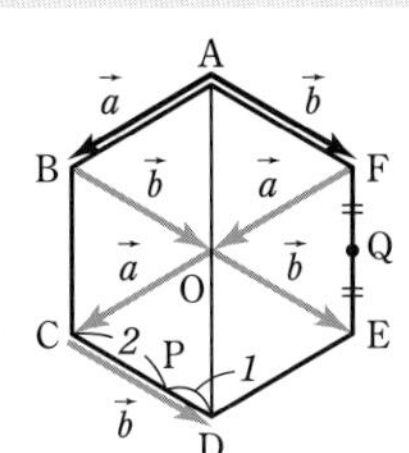


$\overrightarrow{\mathbf{OP}}=\overrightarrow{\mathrm{OC}}+\overrightarrow{\mathrm{CP}}=\vec{a}+\dfrac{2}{3}\overrightarrow{\mathrm{CD}}$

$=\boldsymbol{\vec{a}+\dfrac{2}{3}\vec{b}}$

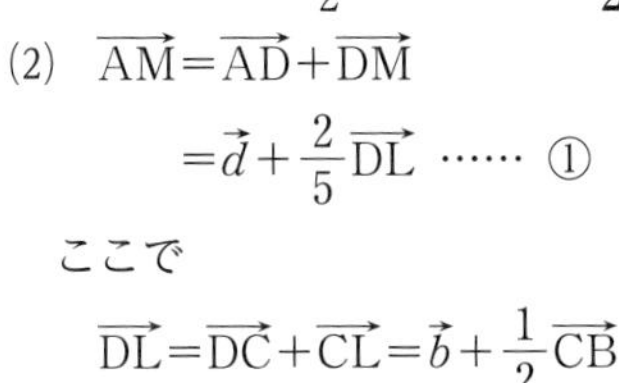

←CP：PD＝2：1

$\overrightarrow{\mathbf{BQ}}=\overrightarrow{\mathrm{BE}}+\overrightarrow{\mathrm{EQ}}=2\vec{b}+\dfrac{1}{2}\overrightarrow{\mathrm{EF}}$

$=2\vec{b}-\dfrac{1}{2}(\vec{a}+\vec{b})=\boldsymbol{-\dfrac{1}{2}\vec{a}+\dfrac{3}{2}\vec{b}}$

←$\overrightarrow{\mathrm{EF}}=-\overrightarrow{\mathrm{AO}}$ $=-(\vec{a}+\vec{b})$

(2) $\overrightarrow{\mathrm{AM}}=\overrightarrow{\mathrm{AD}}+\overrightarrow{\mathrm{DM}}$

$=\vec{d}+\dfrac{2}{5}\overrightarrow{\mathrm{DL}}$ …… ①

←$\overrightarrow{\mathrm{AM}}=\overrightarrow{\mathrm{AB}}+\overrightarrow{\mathrm{BL}}+\overrightarrow{\mathrm{LM}}$ と分割してもよい。

ここで

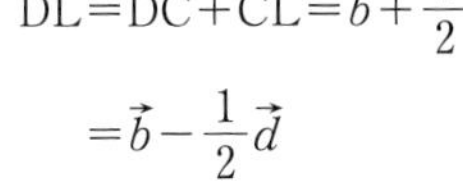

$\overrightarrow{\mathrm{DL}}=\overrightarrow{\mathrm{DC}}+\overrightarrow{\mathrm{CL}}=\vec{b}+\dfrac{1}{2}\overrightarrow{\mathrm{CB}}$

←$\overrightarrow{\mathrm{DC}}=\overrightarrow{\mathrm{AB}}$

$=\vec{b}-\dfrac{1}{2}\vec{d}$

←$\overrightarrow{\mathrm{CB}}=-\overrightarrow{\mathrm{AD}}$

これを ① に代入して

$$\overrightarrow{\mathbf{AM}}=\vec{d}+\frac{2}{5}\left(\vec{b}-\frac{1}{2}\vec{d}\right)=\boldsymbol{\frac{2}{5}\vec{b}+\frac{4}{5}\vec{d}}$$

**練習 ①6**

(1) $\vec{a}=(-3,\ 4)$，$\vec{b}=(1,\ -5)$ のとき，$2\vec{a}+\vec{b}$ の成分と大きさを求めよ。

(2) 2 つのベクトル $\vec{a}$，$\vec{b}$ において，$\vec{a}+2\vec{b}=(-2,\ -4)$，$2\vec{a}+\vec{b}=(5,\ -2)$ のとき，$\vec{a}$ と $\vec{b}$ を求めよ。

(3) $\vec{x}=(a,\ 2)$，$\vec{y}=(3,\ b)$，$\vec{p}=(b+1,\ a-2)$ とする。等式 $\vec{p}=3\vec{x}-2\vec{y}$ が成り立つとき，$a$，$b$ の値を求めよ。

(1) $2\vec{a}+\vec{b}=2(-3,\ 4)+(1,\ -5)$

$=(2\cdot(-3)+1,\ 2\cdot4+(-5))$

$=\boldsymbol{(-5,\ 3)}$

よって　$|2\vec{a}+\vec{b}|=\sqrt{(-5)^2+3^2}=\boldsymbol{\sqrt{34}}$

←$\sqrt{(x\text{ 成分})^2+(y\text{ 成分})^2}$

(2) $\vec{a}+2\vec{b}=(-2,\ -4)$ …… ①，$2\vec{a}+\vec{b}=(5,\ -2)$ …… ②

とする。②×2−① から

$3\vec{a}=2(5,\ -2)-(-2,\ -4)$

ゆえに　$3\vec{a}=(2\cdot5-(-2),\ 2\cdot(-2)-(-4))=(12,\ 0)$

よって　$\boldsymbol{\vec{a}=(4,\ 0)}$

ゆえに，② から

$\boldsymbol{\vec{b}}=(5,\ -2)-2\vec{a}=(5,\ -2)-2(4,\ 0)$

$=(5-2\cdot4,\ -2-2\cdot0)$

$=\boldsymbol{(-3,\ -2)}$

別解

[$\vec{a}$，$\vec{b}$ を求める別解]

①＋② から

$3(\vec{a}+\vec{b})=(3,\ -6)$

よって

$\vec{a}+\vec{b}=(1,\ -2)$ … ③

②−③ から

$\boldsymbol{\vec{a}=(4,\ 0)}$

①−③ から

$\boldsymbol{\vec{b}=(-3,\ -2)}$

(3)　$3\vec{x}-2\vec{y}=3(a,\ 2)-2(3,\ b)=(3a-6,\ 6-2b)$ であるから，
$\vec{p}=3\vec{x}-2\vec{y}$ より　$(b+1,\ a-2)=(3a-6,\ 6-2b)$
ゆえに　$b+1=3a-6,\ a-2=6-2b$
これを解いて　$\boldsymbol{a=\frac{22}{7},\ b=\frac{17}{7}}$

←両辺の $x$ 成分，$y$ 成分がそれぞれ等しい。

**練習 ②7**　$\vec{a}=(3,\ 2)$，$\vec{b}=(0,\ -1)$ のとき，$\vec{p}=(6,\ 1)$ を $s\vec{a}+t\vec{b}$ の形に表せ。　〔類 湘南工科大〕

$\vec{p}=s\vec{a}+t\vec{b}$ とおくと
$(6,\ 1)=s(3,\ 2)+t(0,\ -1)$
よって　$(6,\ 1)=(3s,\ 2s-t)$
ゆえに　$3s=6,\ 2s-t=1$
これを解いて　$s=2,\ t=3$
したがって　$\boldsymbol{\vec{p}=2\vec{a}+3\vec{b}}$

←両辺の $x$ 成分，$y$ 成分がそれぞれ等しい。

**練習 ②8**　(1)　2つのベクトル $\vec{a}=(14,\ -2)$，$\vec{b}=(3t+1,\ -4t+7)$ が平行になるように，$t$ の値を定めよ。
(2)　2つのベクトル $\vec{m}=(1,\ p)$，$\vec{n}=(p+3,\ 4)$ が平行になるように，$p$ の値を定めよ。
〔(1) 広島国際大，(2) 類 京都産大〕

(1)　$\vec{a}\neq\vec{0}$，$\vec{b}\neq\vec{0}$ であるから，$\vec{a}$ と $\vec{b}$ が平行になるための必要十分条件は，$\vec{b}=k\vec{a}$ を満たす実数 $k$ が存在することである。
$\vec{a}=(14,\ -2)$，$\vec{b}=(3t+1,\ -4t+7)$ から
$(3t+1,\ -4t+7)=k(14,\ -2)$
すなわち　$(3t+1,\ -4t+7)=(14k,\ -2k)$
ゆえに　$3t+1=14k$ …… ①，$-4t+7=-2k$ …… ②
①+②×7 から　$-25t+50=0$
これを解いて　$\boldsymbol{t=2}$　このとき　$k=\frac{1}{2}$

←$\vec{b}$ について，$3t+1=0$ かつ $-4t+7=0$ となる $t$ はない。

←両辺の $x$ 成分，$y$ 成分がそれぞれ等しい。

別解　$\vec{a}\neq\vec{0}$，$\vec{b}\neq\vec{0}$ であるから，$\vec{a}$ と $\vec{b}$ が平行になるための必要十分条件は　$14(-4t+7)-(-2)(3t+1)=0$
よって　$-50t+100=0$　これを解いて　$\boldsymbol{t=2}$

←$\vec{a}=(a_1,\ a_2)\neq\vec{0}$，$\vec{b}=(b_1,\ b_2)\neq\vec{0}$ のとき
$\boldsymbol{\vec{a}\parallel\vec{b}}$
$\Longleftrightarrow \boldsymbol{a_1b_2-a_2b_1=0}$

(2)　$\vec{m}\neq\vec{0}$，$\vec{n}\neq\vec{0}$ であるから，$\vec{m}$ と $\vec{n}$ が平行になるための必要十分条件は，$\vec{n}=k\vec{m}$ を満たす実数 $k$ が存在することである。
$\vec{m}=(1,\ p)$，$\vec{n}=(p+3,\ 4)$ から
$(p+3,\ 4)=k(1,\ p)$
すなわち　$(p+3,\ 4)=(k,\ kp)$
ゆえに　$p+3=k$ …… ①，$4=kp$ …… ②
① を ② に代入して　$4=(p+3)p$
よって　$p^2+3p-4=0$　ゆえに　$(p-1)(p+4)=0$
よって　$\boldsymbol{p=1,\ -4}$　このとき，それぞれ　$k=4,\ -1$

←両辺の $x$ 成分，$y$ 成分がそれぞれ等しい。

別解　$\vec{m}\neq\vec{0}$，$\vec{n}\neq\vec{0}$ であるから，$\vec{m}$ と $\vec{n}$ が平行になるための必要十分条件は　$1\cdot4-p(p+3)=0$
よって　$p^2+3p-4=0$　ゆえに　$(p-1)(p+4)=0$
これを解いて　$\boldsymbol{p=1,\ -4}$

←(1) の 別解 参照。

**練習 ②9** (1) 4点 A(2, 4), B(−3, 2), C(−1, −7), D(4, −5) を頂点とする四角形 ABCD は平行四辺形であることを証明せよ。
(2) 3点 A(0, 2), B(−1, −1), C(3, 0) と，もう1つの点 D を結んで平行四辺形を作る。第4の頂点 D の座標を求めよ。

HINT (1) $\overrightarrow{AB}=\overrightarrow{DC}$ を示す。 (2) 平行四辺形は3通り考えられる。

(1) $\overrightarrow{AB}=(-3-2,\ 2-4)=(-5,\ -2)$
$\overrightarrow{DC}=(-1-4,\ -7+5)=(-5,\ -2)$
よって　$\overrightarrow{AB}=\overrightarrow{DC}$
AB, DC は一直線上にないから，四角形 ABCD は平行四辺形である。

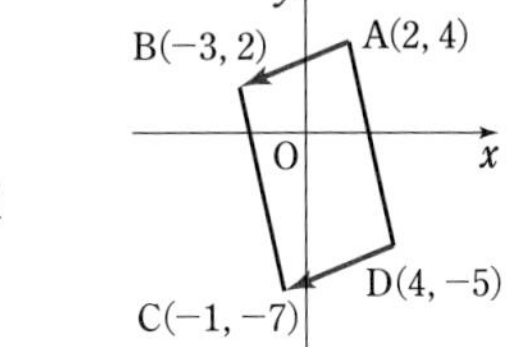


(2) 第4の頂点 D の座標を $(x,\ y)$ とする。
[1] 四角形 ABCD が平行四辺形となるとき
$\overrightarrow{AB}=\overrightarrow{DC}$ から　$(-1,\ -3)=(3-x,\ -y)$
よって　$x=4,\ y=3$　すなわち　D(4, 3)
[2] 四角形 ABDC が平行四辺形となるとき
$\overrightarrow{AB}=\overrightarrow{CD}$ から　$(-1,\ -3)=(x-3,\ y)$
よって　$x=2,\ y=-3$　すなわち　D(2, −3)
[3] 四角形 ADBC が平行四辺形となるとき
$\overrightarrow{AD}=\overrightarrow{CB}$ から　$(x,\ y-2)=(-4,\ -1)$
よって　$x=-4,\ y=1$　すなわち　D(−4, 1)
したがって，求める点 D の座標は　**(4, 3), (2, −3), (−4, 1)**

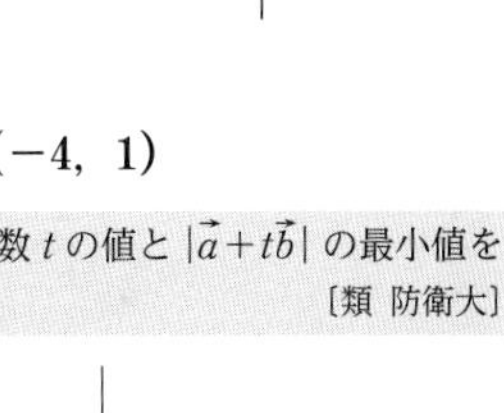


**練習 ③10** $\vec{a}=(11,\ 23)$, $\vec{b}=(-2,\ -3)$ に対して，$|\vec{a}+t\vec{b}|$ を最小にする実数 $t$ の値と $|\vec{a}+t\vec{b}|$ の最小値を求めよ。 [類 防衛大]

$\vec{a}+t\vec{b}=(11,\ 23)+t(-2,\ -3)=(11-2t,\ 23-3t)$
よって　$|\vec{a}+t\vec{b}|^2=(11-2t)^2+(23-3t)^2$
$=13t^2-182t+650=13(t^2-14t+50)$
$=13(t-7)^2+13$
ゆえに，$|\vec{a}+t\vec{b}|^2$ は $t=7$ のとき最小値 13 をとる。
$|\vec{a}+t\vec{b}|\geqq 0$ であるから，このとき $|\vec{a}+t\vec{b}|$ も最小になる。
したがって，$|\vec{a}+t\vec{b}|$ は **$t=7$ のとき最小値 $\sqrt{13}$** をとる。

⊕ $|\vec{p}|$ は $|\vec{p}|^2$ として扱う

← $13\{(t-7)^2-7^2+50\}$
$=13\{(t-7)^2+1\}$

**練習 ①11** △ABC において，AB$=\sqrt{2}$，CA$=2$，∠B$=45°$，∠C$=30°$ であるとき，次の内積を求めよ。
(1) $\overrightarrow{BA}\cdot\overrightarrow{BC}$　(2) $\overrightarrow{CA}\cdot\overrightarrow{CB}$　(3) $\overrightarrow{AB}\cdot\overrightarrow{BC}$　(4) $\overrightarrow{BC}\cdot\overrightarrow{CA}$

HINT まず，辺 BC の長さを求める。

頂点 A から辺 BC に下ろした垂線を AH とすると
BC＝BH＋HC
$=\mathrm{AB}\cos B+\mathrm{AC}\cos C$
$=\sqrt{2}\cos 45°+2\cos 30°=1+\sqrt{3}$

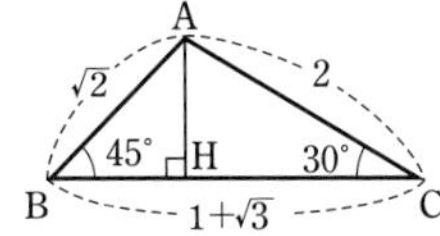


別解 BC$=x$ とすると余弦定理から
$2^2=(\sqrt{2})^2+x^2-2\sqrt{2}\,x\cos 45°$
よって　$x^2-2x-2=0$
ゆえに　$x=1\pm\sqrt{3}$
$x>0$ であるから
BC$=x=1+\sqrt{3}$

(1) $\overrightarrow{BA}$ と $\overrightarrow{BC}$ のなす角は 45° であるから
$\overrightarrow{BA}\cdot\overrightarrow{BC}=|\overrightarrow{BA}||\overrightarrow{BC}|\cos 45°$

$$=\sqrt{2}\times(1+\sqrt{3})\times\frac{1}{\sqrt{2}}=\mathbf{1+\sqrt{3}}$$

(2) $\overrightarrow{\mathrm{CA}}$ と $\overrightarrow{\mathrm{CB}}$ のなす角は 30° であるから

$$\overrightarrow{\mathrm{CA}}\cdot\overrightarrow{\mathrm{CB}}=|\overrightarrow{\mathrm{CA}}||\overrightarrow{\mathrm{CB}}|\cos 30^\circ$$
$$=2\times(1+\sqrt{3})\times\frac{\sqrt{3}}{2}=\mathbf{3+\sqrt{3}}$$

(3) $\overrightarrow{\mathrm{AB}}$ と $\overrightarrow{\mathrm{BC}}$ のなす角は，180°−45° すなわち 135° である。

したがって　$\overrightarrow{\mathrm{AB}}\cdot\overrightarrow{\mathrm{BC}}=|\overrightarrow{\mathrm{AB}}||\overrightarrow{\mathrm{BC}}|\cos 135^\circ$

$$=\sqrt{2}\times(1+\sqrt{3})\times\left(-\frac{1}{\sqrt{2}}\right)$$
$$=\mathbf{-1-\sqrt{3}}$$

(3) 始点を B にそろえる。

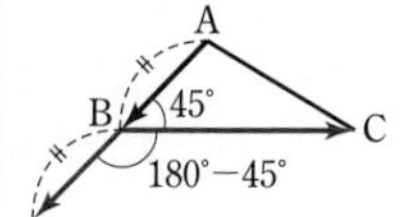


(4) $\overrightarrow{\mathrm{BC}}$ と $\overrightarrow{\mathrm{CA}}$ のなす角は，180°−30° すなわち 150° である。

したがって　$\overrightarrow{\mathrm{BC}}\cdot\overrightarrow{\mathrm{CA}}=|\overrightarrow{\mathrm{BC}}||\overrightarrow{\mathrm{CA}}|\cos 150^\circ$

$$=(1+\sqrt{3})\times 2\times\left(-\frac{\sqrt{3}}{2}\right)$$
$$=\mathbf{-3-\sqrt{3}}$$

(4) 始点を C にそろえる。

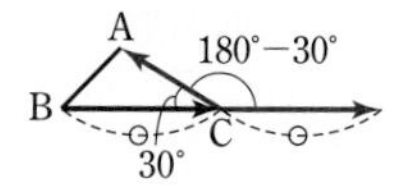


**練習 ②12**
(1) 2つのベクトル $\vec{a}=(\sqrt{3},\ 1)$，$\vec{b}=(-1,\ -\sqrt{3})$ に対して，その内積と，なす角 $\theta$ を求めよ。
(2) $\vec{a}$，$\vec{b}$ のなす角が 135°，$|\vec{a}|=\sqrt{6}$，$\vec{b}=(-1,\ \sqrt{2})$ のとき，内積 $\vec{a}\cdot\vec{b}$ を求めよ。

(1) $\boldsymbol{\vec{a}\cdot\vec{b}}=\sqrt{3}\times(-1)+1\times(-\sqrt{3})=\mathbf{-2\sqrt{3}}$

また　$|\vec{a}|=\sqrt{(\sqrt{3})^2+1^2}=2$，

$|\vec{b}|=\sqrt{(-1)^2+(-\sqrt{3})^2}=2$

よって　$\cos\theta=\dfrac{\vec{a}\cdot\vec{b}}{|\vec{a}||\vec{b}|}=\dfrac{-2\sqrt{3}}{2\cdot 2}=-\dfrac{\sqrt{3}}{2}$

$0^\circ\leqq\theta\leqq 180^\circ$ であるから　$\boldsymbol{\theta=150^\circ}$

(2) $|\vec{b}|=\sqrt{(-1)^2+(\sqrt{2})^2}=\sqrt{3}$

よって　$\vec{a}\cdot\vec{b}=|\vec{a}||\vec{b}|\cos 135^\circ=\sqrt{6}\times\sqrt{3}\times\left(-\dfrac{1}{\sqrt{2}}\right)=\mathbf{-3}$

←$\vec{a}=(a_1,\ a_2)$，$\vec{b}=(b_1,\ b_2)$ のとき $\boldsymbol{\vec{a}\cdot\vec{b}=a_1b_1+a_2b_2}$

←$-\dfrac{\sqrt{18}}{\sqrt{2}}=-\sqrt{9}=-3$

**練習 ②13**
(1) $\vec{p}=(-3,\ -4)$ と $\vec{q}=(a,\ -1)$ のなす角が 45° のとき，定数 $a$ の値を求めよ。
(2) $\vec{a}=(1,\ -\sqrt{3})$ とのなす角が 120°，大きさが $2\sqrt{10}$ であるベクトル $\vec{b}$ を求めよ。

(1) $\vec{p}\cdot\vec{q}=(-3)\times a+(-4)\times(-1)=-3a+4$ …… ①

また　$|\vec{p}|=\sqrt{(-3)^2+(-4)^2}=5$，$|\vec{q}|=\sqrt{a^2+1}$

よって　$\vec{p}\cdot\vec{q}=|\vec{p}||\vec{q}|\cos 45^\circ=5\sqrt{a^2+1}\times\dfrac{1}{\sqrt{2}}$ …… ②

①，② から　$-3a+4=\dfrac{5}{\sqrt{2}}\sqrt{a^2+1}$ …… ③

ここで，$-3a+4>0$ であるから　$a<\dfrac{4}{3}$

③ の両辺を 2 乗して整理すると　$7a^2+48a-7=0$

ゆえに，$(a+7)(7a-1)=0$ から　$\boldsymbol{a=-7,\ \dfrac{1}{7}}$

これらは $a<\dfrac{4}{3}$ を満たす。

←成分による表現。

←定義による表現。

←③ の右辺において $\sqrt{a^2+1}>0$ であるから，左辺について
$-3a+4>0$

(2) $\vec{b}=(x,\ y)$ とすると，$|\vec{b}|=2\sqrt{10}$ から　$|\vec{b}|^2=40$

ゆえに　$x^2+y^2=40$ …… ①

$|\vec{a}|=\sqrt{1^2+(-\sqrt{3})^2}=2$ であるから

$$\vec{a}\cdot\vec{b}=|\vec{a}||\vec{b}|\cos 120^\circ=2\cdot2\sqrt{10}\cdot\left(-\frac{1}{2}\right)=-2\sqrt{10}$$

また，$\vec{a}\cdot\vec{b}=1\cdot x+(-\sqrt{3})\cdot y=x-\sqrt{3}\,y$ であるから

←成分による表現。

$$x-\sqrt{3}\,y=-2\sqrt{10}$$

よって　$x=\sqrt{3}\,y-2\sqrt{10}$ …… ②

② を ① に代入して　$(\sqrt{3}\,y-2\sqrt{10})^2+y^2=40$

←$x$ を消去。

ゆえに　$y^2-\sqrt{30}\,y=0$

←$4y^2-4\sqrt{30}\,y=0$

よって　$y(y-\sqrt{30})=0$　　ゆえに　$y=0,\ \sqrt{30}$

$y=0$ のとき，② から　$x=-2\sqrt{10}$

$y=\sqrt{30}$ のとき，② から　$x=\sqrt{10}$

したがって　$\boldsymbol{\vec{b}=(-2\sqrt{10},\ 0),\ (\sqrt{10},\ \sqrt{30})}$

**練習 ②14**
(1) 2つのベクトル $\vec{a}=(x+1,\ x)$，$\vec{b}=(x,\ x-2)$ が垂直になるような $x$ の値を求めよ。
(2) ベクトル $\vec{a}=(1,\ -3)$ に垂直である単位ベクトルを求めよ。

(1) $\vec{a}\neq\vec{0}$，$\vec{b}\neq\vec{0}$ から，$\vec{a}\perp\vec{b}$ であるための条件は　$\vec{a}\cdot\vec{b}=0$

ここで　$\vec{a}\cdot\vec{b}=(x+1)\times x+x\times(x-2)=x(2x-1)$

よって　$x(2x-1)=0$　　ゆえに　$\boldsymbol{x=0,\ \frac{1}{2}}$

←$x+1$ と $x$ が同時に 0 になることはないから $(x+1,\ x)\neq\vec{0}$ 同様に，$(x,\ x-2)\neq\vec{0}$ である。

(2) $\vec{a}$ に垂直な単位ベクトルを $\vec{v}=(s,\ t)$ とすると，$\vec{a}\perp\vec{v}$ であるから　$\vec{a}\cdot\vec{v}=0$　　よって　$s-3t=0$ …… ①

また，$|\vec{v}|=1$ であるから　$s^2+t^2=1$ …… ②

①，② から　$10t^2=1$

←$(3t)^2+t^2=1$

よって　$t=\pm\dfrac{1}{\sqrt{10}}$，$s=\pm\dfrac{3}{\sqrt{10}}$（複号同順）

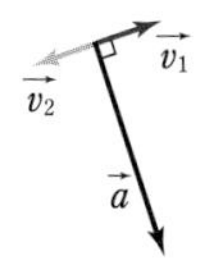


$\vec{v_1}=\left(\dfrac{3}{\sqrt{10}},\ \dfrac{1}{\sqrt{10}}\right)$
$\vec{v_2}=\left(-\dfrac{3}{\sqrt{10}},\ -\dfrac{1}{\sqrt{10}}\right)$

したがって，$\vec{a}$ に垂直な単位ベクトルは

$$\boldsymbol{\left(\frac{3}{\sqrt{10}},\ \frac{1}{\sqrt{10}}\right),\ \left(-\frac{3}{\sqrt{10}},\ -\frac{1}{\sqrt{10}}\right)}$$

参考　$\vec{0}$ でない $\vec{a}=(a,\ b)$ に垂直なベクトルは

$\boldsymbol{k(-b,\ a)}$　ただし，$k\neq0$

これを用いると，$\vec{a}=(1,\ -3)$ に垂直な単位ベクトルは

$$\frac{1}{|\vec{a}|}(3,\ 1),\ -\frac{1}{|\vec{a}|}(3,\ 1)$$

すなわち　$\left(\dfrac{3}{\sqrt{10}},\ \dfrac{1}{\sqrt{10}}\right),\ \left(-\dfrac{3}{\sqrt{10}},\ -\dfrac{1}{\sqrt{10}}\right)$

**練習 ③15**
(1) 次の等式を証明せよ。
(ア) $(\vec{p}-\vec{a})\cdot(\vec{p}+2\vec{b})=|\vec{p}|^2-(\vec{a}-2\vec{b})\cdot\vec{p}-2\vec{a}\cdot\vec{b}$
(イ) $|\vec{a}+\vec{b}+\vec{c}|^2+|\vec{a}|^2+|\vec{b}|^2+|\vec{c}|^2=|\vec{a}+\vec{b}|^2+|\vec{b}+\vec{c}|^2+|\vec{c}+\vec{a}|^2$
(2) $\vec{0}$ でない2つのベクトル $\vec{a}$，$\vec{b}$ がある。$2\vec{a}+\vec{b}$ と $2\vec{a}-\vec{b}$ が垂直で，かつ $\vec{a}$ と $\vec{a}-\vec{b}$ が垂直であるとき，$\vec{a}$ と $\vec{b}$ のなす角を求めよ。

(1) (ア) $(\vec{p}-\vec{a})\cdot(\vec{p}+2\vec{b})=\vec{p}\cdot\vec{p}+\vec{p}\cdot(2\vec{b})-\vec{a}\cdot\vec{p}-\vec{a}\cdot(2\vec{b})$
$=|\vec{p}|^2+2\vec{b}\cdot\vec{p}-\vec{a}\cdot\vec{p}-2\vec{a}\cdot\vec{b}$
$=|\vec{p}|^2-(\vec{a}-2\vec{b})\cdot\vec{p}-2\vec{a}\cdot\vec{b}$

←$(p-a)(p+2b)$ の展開と同じ要領。

(イ) $|\vec{a}+\vec{b}+\vec{c}|^2+|\vec{a}|^2+|\vec{b}|^2+|\vec{c}|^2$
$=(\vec{a}+\vec{b}+\vec{c})\cdot(\vec{a}+\vec{b}+\vec{c})+|\vec{a}|^2+|\vec{b}|^2+|\vec{c}|^2$
$=(|\vec{a}|^2+|\vec{b}|^2+|\vec{c}|^2+2\vec{a}\cdot\vec{b}+2\vec{b}\cdot\vec{c}+2\vec{c}\cdot\vec{a})$
$+|\vec{a}|^2+|\vec{b}|^2+|\vec{c}|^2$
$=2(|\vec{a}|^2+|\vec{b}|^2+|\vec{c}|^2+\vec{a}\cdot\vec{b}+\vec{b}\cdot\vec{c}+\vec{c}\cdot\vec{a})$ …… ①

←内積 $(\vec{a}+\vec{b}+\vec{c})\cdot(\vec{a}+\vec{b}+\vec{c})$ の計算は $(a+b+c)^2=a^2+b^2+c^2+2ab+2bc+2ca$ の展開と同じ要領。

また　$|\vec{a}+\vec{b}|^2+|\vec{b}+\vec{c}|^2+|\vec{c}+\vec{a}|^2$
$=(\vec{a}+\vec{b})\cdot(\vec{a}+\vec{b})+(\vec{b}+\vec{c})\cdot(\vec{b}+\vec{c})+(\vec{c}+\vec{a})\cdot(\vec{c}+\vec{a})$
$=|\vec{a}|^2+2\vec{a}\cdot\vec{b}+|\vec{b}|^2+|\vec{b}|^2+2\vec{b}\cdot\vec{c}+|\vec{c}|^2$
$+|\vec{c}|^2+2\vec{c}\cdot\vec{a}+|\vec{a}|^2$
$=2(|\vec{a}|^2+|\vec{b}|^2+|\vec{c}|^2+\vec{a}\cdot\vec{b}+\vec{b}\cdot\vec{c}+\vec{c}\cdot\vec{a})$ …… ②

①，② から　$|\vec{a}+\vec{b}+\vec{c}|^2+|\vec{a}|^2+|\vec{b}|^2+|\vec{c}|^2$
$=|\vec{a}+\vec{b}|^2+|\vec{b}+\vec{c}|^2+|\vec{c}+\vec{a}|^2$

←①，② は同じ式。

(2) $\vec{a}$ と $\vec{b}$ のなす角を $\theta\,(0^\circ\leqq\theta\leqq180^\circ)$ とする。
$(2\vec{a}+\vec{b})\perp(2\vec{a}-\vec{b})$ から　$(2\vec{a}+\vec{b})\cdot(2\vec{a}-\vec{b})=0$
ゆえに　$4|\vec{a}|^2-|\vec{b}|^2=0$
よって　$|\vec{b}|^2=4|\vec{a}|^2$
$|\vec{a}|>0$，$|\vec{b}|>0$ であるから　$|\vec{b}|=2|\vec{a}|$ …… ①
$\vec{a}\perp(\vec{a}-\vec{b})$ から　$\vec{a}\cdot(\vec{a}-\vec{b})=0$
ゆえに　$|\vec{a}|^2-\vec{a}\cdot\vec{b}=0$
よって　$\vec{a}\cdot\vec{b}=|\vec{a}|^2$ …… ②
①，②，$|\vec{a}|\neq0$ から　$\cos\theta=\dfrac{\vec{a}\cdot\vec{b}}{|\vec{a}||\vec{b}|}=\dfrac{|\vec{a}|^2}{2|\vec{a}|^2}=\dfrac{1}{2}$
$0^\circ\leqq\theta\leqq180^\circ$ であるから　$\boldsymbol{\theta=60^\circ}$

(2) $|\vec{a}|$，$|\vec{b}|$，$\vec{a}\cdot\vec{b}$ の値を求める必要はない。$|\vec{b}|$，$\vec{a}\cdot\vec{b}$ をそれぞれ $|\vec{a}|$ で表すと，$\cos\theta$ の値は求めることができる。
←$A>0$，$B>0$ のとき $A=B \Longleftrightarrow A^2=B^2$
←$|\vec{a}|>0$ である。

**練習 ③16**
(1) 2つのベクトル $\vec{a}$，$\vec{b}$ が，$|\vec{a}|=1$，$|\vec{b}|=2$，$|\vec{a}+2\vec{b}|=3$ を満たすとき，$\vec{a}$ と $\vec{b}$ のなす角 $\theta$ および $|\vec{a}-2\vec{b}|$ の値を求めよ。〔類　神奈川大〕
(2) ベクトル $\vec{a}$，$\vec{b}$ について，$|\vec{a}|=2$，$|\vec{b}|=1$，$|\vec{a}+3\vec{b}|=3$ とする。$t$ が実数全体を動くとき，$|\vec{a}+t\vec{b}|$ の最小値は □ である。〔類　慶応大〕

(1) $|\vec{a}+2\vec{b}|=3$ から　$|\vec{a}+2\vec{b}|^2=3^2$
ゆえに　$|\vec{a}|^2+4\vec{a}\cdot\vec{b}+4|\vec{b}|^2=9$
$|\vec{a}|=1$，$|\vec{b}|=2$ を代入して
$1+4\vec{a}\cdot\vec{b}+16=9$
よって　$\vec{a}\cdot\vec{b}=-2$
ゆえに　$\cos\theta=\dfrac{\vec{a}\cdot\vec{b}}{|\vec{a}||\vec{b}|}=\dfrac{-2}{1\times2}=-1$
$0^\circ\leqq\theta\leqq180^\circ$ であるから　$\boldsymbol{\theta=180^\circ}$
また　$|\vec{a}-2\vec{b}|^2=|\vec{a}|^2-4\vec{a}\cdot\vec{b}+4|\vec{b}|^2$
$=1-4\times(-2)+16=25$
$|\vec{a}-2\vec{b}|\geqq0$ であるから　$\boldsymbol{|\vec{a}-2\vec{b}|=5}$

**$|\vec{p}|$ は $|\vec{p}|^2$ として扱う**
←$\vec{a}\cdot\vec{b}$ の方程式とみて解く。$4\vec{a}\cdot\vec{b}=-8$

(2) $|\vec{a}+3\vec{b}|=3$ から $|\vec{a}+3\vec{b}|^2=3^2$

よって $|\vec{a}|^2+6\vec{a}\cdot\vec{b}+9|\vec{b}|^2=9$

ゆえに $2^2+6\vec{a}\cdot\vec{b}+9\times1^2=9$ よって $\vec{a}\cdot\vec{b}=-\dfrac{2}{3}$

←$|\vec{a}|=2$, $|\vec{b}|=1$ を代入。

ゆえに $|\vec{a}+t\vec{b}|^2=|\vec{a}|^2+2t\vec{a}\cdot\vec{b}+t^2|\vec{b}|^2$

$$=2^2+2t\times\left(-\frac{2}{3}\right)+t^2\times1^2=t^2-\frac{4}{3}t+4$$

$$=\left(t-\frac{2}{3}\right)^2+\frac{32}{9}$$

←$t^2-\dfrac{4}{3}t+4=\left(t-\dfrac{2}{3}\right)^2-\left(\dfrac{2}{3}\right)^2+4=\left(t-\dfrac{2}{3}\right)^2+\dfrac{32}{9}$

よって，$|\vec{a}+t\vec{b}|^2$ は $t=\dfrac{2}{3}$ のとき最小値 $\dfrac{32}{9}$ をとる。

$|\vec{a}+t\vec{b}|\geqq0$ であるから，このとき $|\vec{a}+t\vec{b}|$ も最小となる。

したがって，$|\vec{a}+t\vec{b}|$ は $t=\dfrac{2}{3}$ のとき最小値 $\boldsymbol{\dfrac{4\sqrt{2}}{3}}$ をとる。

←$\sqrt{\dfrac{32}{9}}=\dfrac{4\sqrt{2}}{3}$

**練習 ③17** ベクトル $\vec{p}=\vec{a}+\vec{b}$, $\vec{q}=\vec{a}-\vec{b}$ は，$|\vec{p}|=4$, $|\vec{q}|=2$ を満たし，$\vec{p}$ と $\vec{q}$ のなす角は $60^\circ$ である。
(1) 2つのベクトルの大きさ $|\vec{a}|$, $|\vec{b}|$, および内積 $\vec{a}\cdot\vec{b}$ を求めよ。
(2) $k$ は実数の定数とする。すべての実数 $t$ に対して $|t\vec{a}+k\vec{b}|\geqq|\vec{b}|$ が成り立つような $k$ の値の範囲を求めよ。

(1) $|\vec{a}+\vec{b}|^2=|\vec{p}|^2=4^2$ から $|\vec{a}|^2+2\vec{a}\cdot\vec{b}+|\vec{b}|^2=16$ …… ①

$|\vec{a}-\vec{b}|^2=|\vec{q}|^2=2^2$ から $|\vec{a}|^2-2\vec{a}\cdot\vec{b}+|\vec{b}|^2=4$ …… ②

← $|\vec{p}|$ は $|\vec{p}|^2$ として扱う

別解 まず，$\vec{p}\cdot\vec{q}$ の値を求める。次に，$\vec{a}$, $\vec{b}$ をそれぞれ $\vec{p}$, $\vec{q}$ で表し，それを利用してもよい。

① − ② から $4\vec{a}\cdot\vec{b}=12$ よって $\boldsymbol{\vec{a}\cdot\vec{b}=3}$

① ＋ ② から $2|\vec{a}|^2+2|\vec{b}|^2=20$

ゆえに $|\vec{a}|^2+|\vec{b}|^2=10$ …… ③

また $\vec{p}\cdot\vec{q}=(\vec{a}+\vec{b})\cdot(\vec{a}-\vec{b})=|\vec{a}|^2-|\vec{b}|^2$,

$\vec{p}\cdot\vec{q}=|\vec{p}||\vec{q}|\cos60^\circ=4\times2\times\dfrac{1}{2}=4$

よって $|\vec{a}|^2-|\vec{b}|^2=4$ …… ④

③, ④ から $|\vec{a}|^2=7$, $|\vec{b}|^2=3$

←③＋④：$2|\vec{a}|^2=14$
③−④：$2|\vec{b}|^2=6$

$|\vec{a}|\geqq0$, $|\vec{b}|\geqq0$ であるから $\boldsymbol{|\vec{a}|=\sqrt{7}}$, $\boldsymbol{|\vec{b}|=\sqrt{3}}$

(2) $|t\vec{a}+k\vec{b}|\geqq|\vec{b}|$ は $|t\vec{a}+k\vec{b}|^2\geqq|\vec{b}|^2$ …… ① と同値である。

←$A\geqq0$, $B\geqq0$ のとき
$A\geqq B \Longleftrightarrow A^2\geqq B^2$

① を変形すると $t^2|\vec{a}|^2+2kt\vec{a}\cdot\vec{b}+(k^2-1)|\vec{b}|^2\geqq0$

(1) から $7t^2+6kt+3(k^2-1)\geqq0$ …… ②

←(1) で求めた $|\vec{a}|$, $|\vec{b}|$, $\vec{a}\cdot\vec{b}$ の値を代入。

求める条件は，すべての実数 $t$ に対して ② が成り立つための条件であり，$t$ の 2 次方程式 $7t^2+6kt+3(k^2-1)=0$ の判別式を $D$ とすると，$t^2$ の係数が正であるから $D\leqq0$

←$a>0$ のとき
$at^2+bt+c\geqq0$
が常に成り立つための条件は $D\leqq0$

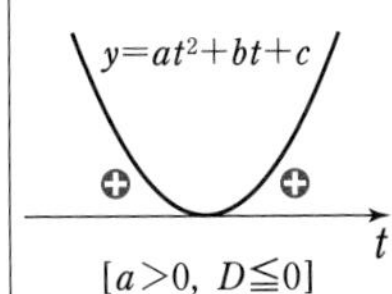

$[a>0,\ D\leqq0]$

ここで $\dfrac{D}{4}=(3k)^2-7\times3(k^2-1)=-12k^2+21=-3(4k^2-7)$

$D\leqq0$ であるから $4k^2-7\geqq0$

ゆえに $\left(k+\dfrac{\sqrt{7}}{2}\right)\left(k-\dfrac{\sqrt{7}}{2}\right)\geqq0$

したがって $\boldsymbol{k\leqq-\dfrac{\sqrt{7}}{2}}$, $\boldsymbol{\dfrac{\sqrt{7}}{2}\leqq k}$

**練習 ②18** 次の3点を頂点とする△ABCの面積$S$を求めよ。
(1) A(0, 0), B(3, 1), C(2, 4)　　(2) A(−2, 1), B(3, 0), C(2, 4)

HINT (2) B(3, 0) ⟶ O(0, 0) となるように，3点を平行移動する。

(1) $\boldsymbol{S}=\dfrac{1}{2}|3\cdot4-1\cdot2|=\dfrac{1}{2}\cdot10=\boldsymbol{5}$

(2) 3点A(−2, 1), B(3, 0), C(2, 4)を，点Bが原点Oにくるように平行移動するとき，A, CがそれぞれA′, C′に移るとすると，A′(−5, 1), C′(−1, 4)となる。

$S=\triangle$A′OC′であるから　$\boldsymbol{S}=\dfrac{1}{2}|(-5)\cdot4-1\cdot(-1)|=\boldsymbol{\dfrac{19}{2}}$

←本冊 $p.37$ 基本例題 **18** (2)の結果を利用する。3点O(0, 0), A($a_1$, $a_2$), B($b_1$, $b_2$)を頂点とする△OABの面積は $\dfrac{1}{2}|\boldsymbol{a}_1\boldsymbol{b}_2-\boldsymbol{a}_2\boldsymbol{b}_1|$

**練習 ③19** 次の不等式を証明せよ。
(1) $|\vec{a}|^2+|\vec{b}|^2+|\vec{c}|^2\geqq\vec{a}\cdot\vec{b}+\vec{b}\cdot\vec{c}+\vec{c}\cdot\vec{a}$　等号は$\vec{a}=\vec{b}=\vec{c}$のときのみ成立。
(2) $|\vec{a}+\vec{b}+\vec{c}|^2\geqq3(\vec{a}\cdot\vec{b}+\vec{b}\cdot\vec{c}+\vec{c}\cdot\vec{a})$　等号は$\vec{a}=\vec{b}=\vec{c}$のときのみ成立。

(1) $|\vec{a}|^2+|\vec{b}|^2+|\vec{c}|^2-(\vec{a}\cdot\vec{b}+\vec{b}\cdot\vec{c}+\vec{c}\cdot\vec{a})$

$=\dfrac{1}{2}\{2|\vec{a}|^2+2|\vec{b}|^2+2|\vec{c}|^2-2(\vec{a}\cdot\vec{b}+\vec{b}\cdot\vec{c}+\vec{c}\cdot\vec{a})\}$

$=\dfrac{1}{2}\{(|\vec{a}|^2-2\vec{a}\cdot\vec{b}+|\vec{b}|^2)+(|\vec{b}|^2-2\vec{b}\cdot\vec{c}+|\vec{c}|^2)$
$\qquad+(|\vec{c}|^2-2\vec{c}\cdot\vec{a}+|\vec{a}|^2)\}$

$=\dfrac{1}{2}(|\vec{a}-\vec{b}|^2+|\vec{b}-\vec{c}|^2+|\vec{c}-\vec{a}|^2)\geqq0$

よって　$|\vec{a}|^2+|\vec{b}|^2+|\vec{c}|^2\geqq\vec{a}\cdot\vec{b}+\vec{b}\cdot\vec{c}+\vec{c}\cdot\vec{a}$

等号は$\vec{a}-\vec{b}=\vec{0}$かつ$\vec{b}-\vec{c}=\vec{0}$かつ$\vec{c}-\vec{a}=\vec{0}$，すなわち$\vec{a}=\vec{b}=\vec{c}$のときのみ成り立つ。

(2) (1)の結果から

$|\vec{a}+\vec{b}+\vec{c}|^2=|\vec{a}|^2+|\vec{b}|^2+|\vec{c}|^2+2\vec{a}\cdot\vec{b}+2\vec{b}\cdot\vec{c}+2\vec{c}\cdot\vec{a}$
$\geqq\vec{a}\cdot\vec{b}+\vec{b}\cdot\vec{c}+\vec{c}\cdot\vec{a}+2\vec{a}\cdot\vec{b}+2\vec{b}\cdot\vec{c}+2\vec{c}\cdot\vec{a}$
$=3(\vec{a}\cdot\vec{b}+\vec{b}\cdot\vec{c}+\vec{c}\cdot\vec{a})$

等号は(1)と同様に，$\vec{a}=\vec{b}=\vec{c}$のときのみ成り立つ。

←$|\quad|^2$を作り出すために，工夫して計算。

←$|\vec{a}-\vec{b}|^2\geqq0$, $|\vec{b}-\vec{c}|^2\geqq0$, $|\vec{c}-\vec{a}|^2\geqq0$

←$|\vec{a}-\vec{b}|^2=0$ならば $\vec{a}-\vec{b}=\vec{0}$

←$(a+b+c)^2=a^2+b^2+c^2+2ab+2bc+2ca$と同じ要領。

**練習 ④20** $\vec{a}$, $\vec{b}$を平面上のベクトルとする。$3\vec{a}+2\vec{b}$と$2\vec{a}-3\vec{b}$がともに単位ベクトルであるとき，ベクトルの大きさ$|\vec{a}+\vec{b}|$の最大値を求めよ。〔横浜市大〕

$3\vec{a}+2\vec{b}=\vec{e_1}$ …… ①，$2\vec{a}-3\vec{b}=\vec{e_2}$ …… ② とする。

(①×3+②×2)÷13，(①×2−②×3)÷13から

$$\vec{a}=\frac{3}{13}\vec{e_1}+\frac{2}{13}\vec{e_2},\quad \vec{b}=\frac{2}{13}\vec{e_1}-\frac{3}{13}\vec{e_2}$$

よって　$\vec{a}+\vec{b}=\dfrac{5}{13}\vec{e_1}-\dfrac{1}{13}\vec{e_2}$

このとき　$|\vec{a}+\vec{b}|^2=\dfrac{1}{13^2}(5\vec{e_1}-\vec{e_2})\cdot(5\vec{e_1}-\vec{e_2})$

$=\dfrac{1}{13^2}(25|\vec{e_1}|^2-10\vec{e_1}\cdot\vec{e_2}+|\vec{e_2}|^2)$

←連立方程式 $\begin{cases}3a+2b=e_1\\2a-3b=e_2\end{cases}$ を解くのと同じ要領。

←$|\vec{a}+\vec{b}|^2=\left|\dfrac{1}{13}(5\vec{e_1}-\vec{e_2})\right|^2$

$|\vec{e_1}|=|\vec{e_2}|=1$ であるから　$|\vec{a}+\vec{b}|^2=\dfrac{1}{13^2}(26-10\vec{e_1}\cdot\vec{e_2})$

ここで，$-|\vec{e_1}||\vec{e_2}|\leqq\vec{e_1}\cdot\vec{e_2}\leqq|\vec{e_1}||\vec{e_2}|$ すなわち $-1\leqq\vec{e_1}\cdot\vec{e_2}\leqq1$

であるから　$26-10\cdot1\leqq26-10\vec{e_1}\cdot\vec{e_2}\leqq26+10\cdot1$

よって　$16\leqq26-10\vec{e_1}\cdot\vec{e_2}\leqq36$

ゆえに　$\left(\dfrac{4}{13}\right)^2\leqq|\vec{a}+\vec{b}|^2\leqq\left(\dfrac{6}{13}\right)^2$

よって　$\dfrac{4}{13}\leqq|\vec{a}+\vec{b}|\leqq\dfrac{6}{13}$

$|\vec{a}+\vec{b}|=\dfrac{6}{13}$ となるのは，$\vec{e_1}\cdot\vec{e_2}=-1$ から $\vec{e_1}=-\vec{e_2}$ のとき。

したがって，$|\vec{a}+\vec{b}|$ の最大値は　$\mathbf{\dfrac{6}{13}}$

←$\vec{e_1}$ と $\vec{e_2}$ のなす角を $\theta$ とすると $\vec{e_1}\cdot\vec{e_2}=|\vec{e_1}||\vec{e_2}|\cos\theta$, $-1\leqq\cos\theta\leqq1$ から $-|\vec{e_1}||\vec{e_2}|\leqq\vec{e_1}\cdot\vec{e_2}\leqq|\vec{e_1}||\vec{e_2}|$

←$\dfrac{16}{13^2}\leqq\dfrac{1}{13^2}(26-10\vec{e_1}\cdot\vec{e_2})\leqq\dfrac{36}{13^2}$

←このとき　$\theta=180^\circ$

## 練習 ④21

(1) 実数 $x$, $y$, $a$, $b$ が条件 $x^2+y^2=1$ および $a^2+b^2=2$ を満たすとき，$ax+by$ の最大値，最小値を求めよ。

(2) 実数 $x$, $y$, $a$, $b$ が条件 $x^2+y^2=1$ および $(a-2)^2+(b-2\sqrt{3})^2=1$ を満たすとき，$ax+by$ の最大値，最小値を求めよ。　〔愛知教育大〕

O(0, 0)，P($x$, $y$)，Q($a$, $b$) とする。

(1) 点Pは円 $x^2+y^2=1$ の周上を動き，点Qは円 $x^2+y^2=2$ の周上を動く。$\overrightarrow{\mathrm{OP}}$ と $\overrightarrow{\mathrm{OQ}}$ のなす角を $\alpha$ とすると

$$ax+by=\overrightarrow{\mathrm{OP}}\cdot\overrightarrow{\mathrm{OQ}}=|\overrightarrow{\mathrm{OP}}||\overrightarrow{\mathrm{OQ}}|\cos\alpha$$
$$=\sqrt{1}\sqrt{2}\cos\alpha=\sqrt{2}\cos\alpha$$

$0^\circ\leqq\alpha\leqq180^\circ$ より，$-1\leqq\cos\alpha\leqq1$ であるから

$$-\sqrt{2}\leqq ax+by\leqq\sqrt{2}$$

よって　**最大値 $\sqrt{2}$，最小値 $-\sqrt{2}$**

(2) 点Pは円 $x^2+y^2=1$ の周上を動き，点Qは円 $(x-2)^2+(y-2\sqrt{3})^2=1$ …… ① の周上を動く。

$\overrightarrow{\mathrm{OP}}$ と $\overrightarrow{\mathrm{OQ}}$ のなす角を $\beta$ とすると

$$ax+by=\overrightarrow{\mathrm{OP}}\cdot\overrightarrow{\mathrm{OQ}}=|\overrightarrow{\mathrm{OP}}||\overrightarrow{\mathrm{OQ}}|\cos\beta$$
$$=\sqrt{1}\times|\overrightarrow{\mathrm{OQ}}|\cos\beta=|\overrightarrow{\mathrm{OQ}}|\cos\beta$$

$0^\circ\leqq\beta\leqq180^\circ$ より，$-1\leqq\cos\beta\leqq1$ であるから，$ax+by$ が最大となるのは，$|\overrightarrow{\mathrm{OQ}}|$ が最大で $\cos\beta=1$ のときで，最小となるのは，$|\overrightarrow{\mathrm{OQ}}|$ が最大で $\cos\beta=-1$ のときである。

円 ① の中心は A(2, $2\sqrt{3}$) であり，直線 OA と円 ① の交点のうち原点から遠い距離にある点を $\mathrm{Q_1}$ とする。

$|\overrightarrow{\mathrm{OQ}}|$ の最大値は

$$\mathrm{OQ_1}=\mathrm{OA}+\mathrm{AQ_1}$$
$$=\sqrt{2^2+(2\sqrt{3})^2}+1=5$$

よって，$ax+by$ の

**最大値は 5，最小値は $-5$**

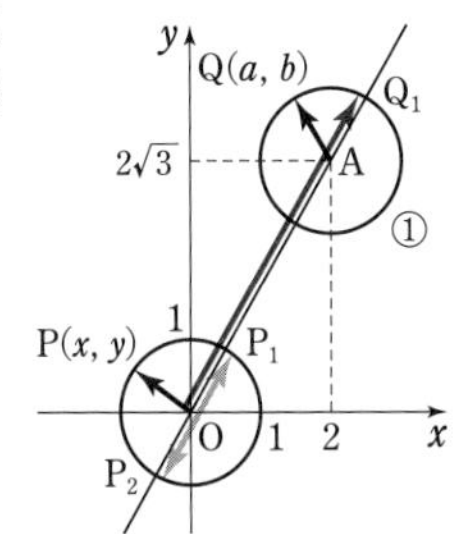


検討 (1) シュワルツの不等式 $(\boldsymbol{a^2+b^2})(\boldsymbol{x^2+y^2})\geqq(\boldsymbol{ax+by})^2$ (数学Ⅱ)を用いると，$a^2+b^2=2$, $x^2+y^2=1$ から　$2\times1\geqq(ax+by)^2$

よって　$-\sqrt{2}\leqq ax+by\leqq\sqrt{2}$

ゆえに　**最大値 $\sqrt{2}$，最小値 $-\sqrt{2}$**

←座標平面上で図をかいて考えていくのが早い。

検討　点P，Qの座標を考えてみよう。

(1)　$ax+by$ が最大値をとるとき，$\overrightarrow{OP}$ と $\overrightarrow{OQ}$ が同じ向き $(\alpha=0°)$ であるから，$\overrightarrow{OP}=k\overrightarrow{OQ}$ $(k>0)$ より $x=ka$，$y=kb$ と表される。

$x^2+y^2=1$ から　$k^2(a^2+b^2)=1$　よって　$2k^2=1$

$k>0$ であるから　$k=\dfrac{1}{\sqrt{2}}$　よって　$x=\dfrac{a}{\sqrt{2}}$，$y=\dfrac{b}{\sqrt{2}}$

ゆえに　$\mathrm{P}\left(\dfrac{a}{\sqrt{2}},\ \dfrac{b}{\sqrt{2}}\right)$，$\mathrm{Q}(a,\ b)$

また，$ax+by$ が最小値をとるとき，$\overrightarrow{OP}$ と $\overrightarrow{OQ}$ が反対向き $(\alpha=180°)$ であるから，$\overrightarrow{OP}=k\overrightarrow{OQ}$ $(k<0)$ と表され，同様にして　$k=-\dfrac{1}{\sqrt{2}}$　よって　$x=-\dfrac{a}{\sqrt{2}}$，$y=-\dfrac{b}{\sqrt{2}}$

ゆえに　$\mathrm{P}\left(-\dfrac{a}{\sqrt{2}},\ -\dfrac{b}{\sqrt{2}}\right)$，$\mathrm{Q}(a,\ b)$

←点Pの座標は $a$，$b$ で表され，点Qの座標に対応して定まる。例えば，Q(1, 1) のとき，$\mathrm{P}\left(\dfrac{1}{\sqrt{2}},\ \dfrac{1}{\sqrt{2}}\right)$ となる。

(2)　解答(2)の図のように，点 $\mathrm{P}_1$，$\mathrm{P}_2$ をとる。$ax+by=|\overrightarrow{OQ}|\cos\beta$ により

$ax+by$ が最大になるのは，点P，Qがそれぞれ $\mathrm{P}_1$，$\mathrm{Q}_1$ の位置にくるときで，

最小になるのは，点P，Qがそれぞれ $\mathrm{P}_2$，$\mathrm{Q}_1$ の位置にくるときである。

ここで，$\angle \mathrm{AO}x=60°$ であるから

$\mathrm{P}_1(\cos 60°,\ \sin 60°)$　すなわち　$\mathrm{P}_1\left(\dfrac{1}{2},\ \dfrac{\sqrt{3}}{2}\right)$　また　$\mathrm{P}_2\left(-\dfrac{1}{2},\ -\dfrac{\sqrt{3}}{2}\right)$

$\mathrm{Q}_1(2+\cos 60°,\ 2\sqrt{3}+\sin 60°)$　すなわち　$\mathrm{Q}_1\left(\dfrac{5}{2},\ \dfrac{5\sqrt{3}}{2}\right)$

## 練習 ①22

3点 $\mathrm{A}(\vec{a})$，$\mathrm{B}(\vec{b})$，$\mathrm{C}(\vec{c})$ を頂点とする△ABCにおいて，辺BCを2：3に内分する点をD，辺BCを1：2に外分する点をE，△ABCの重心をG，△AEDの重心をG′とする。次のベクトルを $\vec{a}$，$\vec{b}$，$\vec{c}$ で表せ。

(1)　点D，E，G′の位置ベクトル　　(2)　$\overrightarrow{GG'}$

$\mathrm{D}(\vec{d})$，$\mathrm{E}(\vec{e})$，$\mathrm{G}(\vec{g})$，$\mathrm{G'}(\vec{g'})$ とする。



(1)　$\vec{d}=\dfrac{3\vec{b}+2\vec{c}}{2+3}=\boldsymbol{\dfrac{3}{5}\vec{b}+\dfrac{2}{5}\vec{c}}$

$\vec{e}=\dfrac{2\vec{b}-\vec{c}}{-1+2}=\boldsymbol{2\vec{b}-\vec{c}}$

$\vec{g'}=\dfrac{\vec{a}+\vec{e}+\vec{d}}{3}$

$=\dfrac{1}{3}\left\{\vec{a}+(2\vec{b}-\vec{c})+\left(\dfrac{3}{5}\vec{b}+\dfrac{2}{5}\vec{c}\right)\right\}=\boldsymbol{\dfrac{1}{3}\vec{a}+\dfrac{13}{15}\vec{b}-\dfrac{1}{5}\vec{c}}$

(2)　$\vec{g}=\dfrac{\vec{a}+\vec{b}+\vec{c}}{3}$ であるから

$\overrightarrow{GG'}=\vec{g'}-\vec{g}=\left(\dfrac{1}{3}\vec{a}+\dfrac{13}{15}\vec{b}-\dfrac{1}{5}\vec{c}\right)-\left(\dfrac{1}{3}\vec{a}+\dfrac{1}{3}\vec{b}+\dfrac{1}{3}\vec{c}\right)$

$=\boldsymbol{\dfrac{8}{15}\vec{b}-\dfrac{8}{15}\vec{c}}$

←内分点　$\dfrac{n\vec{a}+m\vec{b}}{m+n}$

←外分点　$\dfrac{-n\vec{a}+m\vec{b}}{m-n}$
$=\dfrac{n\vec{a}-m\vec{b}}{-m+n}$

検討　(2)の結果から

$\overrightarrow{GG'}=\dfrac{8}{15}(\vec{b}-\vec{c})$

$=\dfrac{8}{15}\overrightarrow{CB}$

よって，GG′∥BC，GG′：BC＝8：15 であることがわかる。

**練習 ③23** △ABC の内部に点 P があり，$4\overrightarrow{\mathrm{PA}}+5\overrightarrow{\mathrm{PB}}+3\overrightarrow{\mathrm{PC}}=\vec{0}$ を満たしている。
(1) 点 P はどのような位置にあるか。
(2) 面積比 △PAB：△PBC：△PCA を求めよ。 〔類 神戸薬大〕

(1) 等式を変形すると

$$-4\overrightarrow{\mathrm{AP}}+5(\overrightarrow{\mathrm{AB}}-\overrightarrow{\mathrm{AP}})+3(\overrightarrow{\mathrm{AC}}-\overrightarrow{\mathrm{AP}})=\vec{0}$$

←差の形に **分割**。

よって $\overrightarrow{\mathrm{AP}}=\dfrac{5\overrightarrow{\mathrm{AB}}+3\overrightarrow{\mathrm{AC}}}{12}$

$$=\frac{2}{3}\cdot\frac{5\overrightarrow{\mathrm{AB}}+3\overrightarrow{\mathrm{AC}}}{3+5}$$

←$\dfrac{8}{12}\cdot\dfrac{5\overrightarrow{\mathrm{AB}}+3\overrightarrow{\mathrm{AC}}}{8}$

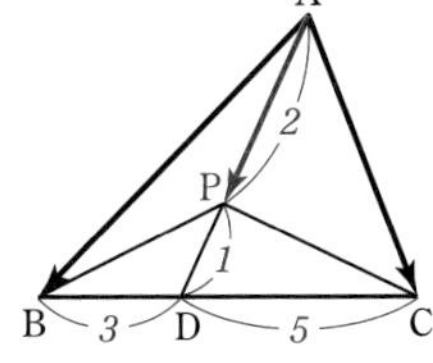


辺 BC を 3：5 に内分する点を D とすると $\overrightarrow{\mathrm{AP}}=\dfrac{2}{3}\overrightarrow{\mathrm{AD}}$

したがって，**辺 BC を 3：5 に内分する点を D とすると，点 P は線分 AD を 2：1 に内分する位置** にある。

参考 点 B に関する位置ベクトルで考えて，
$\overrightarrow{\mathrm{BP}}=\dfrac{7}{12}\cdot\dfrac{4\overrightarrow{\mathrm{BA}}+3\overrightarrow{\mathrm{BC}}}{7}$
として，点 B から見た点 P の位置を答えてもよい。

(2) △ABC の面積を $S$ とすると

$$\triangle\mathrm{PAB}=\frac{2}{3}\triangle\mathrm{ABD}=\frac{2}{3}\cdot\frac{3}{8}S=\frac{S}{4},$$

$$\triangle\mathrm{PBC}=\frac{S}{3},$$

$$\triangle\mathrm{PCA}=\frac{2}{3}\triangle\mathrm{ADC}=\frac{2}{3}\cdot\frac{5}{8}S=\frac{5}{12}S$$

したがって

$$\triangle\mathrm{PAB}:\triangle\mathrm{PBC}:\triangle\mathrm{PCA}=\frac{S}{4}:\frac{S}{3}:\frac{5}{12}S=\mathbf{3:4:5}$$

**三角形の面積比**
**等高なら底辺の比**
**等底なら高さの比**

**練習 ②24** △ABC の辺 BC，CA，AB をそれぞれ $m:n\ (m>0,\ n>0)$ に内分する点を P，Q，R とするとき，△ABC と △PQR の重心は一致することを示せ。

A$(\vec{a})$，B$(\vec{b})$，C$(\vec{c})$，P$(\vec{p})$，Q$(\vec{q})$，R$(\vec{r})$ とし，△ABC，△PQR の重心をそれぞれ G$(\vec{g})$，H$(\vec{h})$ とすると

$$\vec{g}=\frac{\vec{a}+\vec{b}+\vec{c}}{3}\ \cdots\cdots ①$$

HINT 点が一致 ⟺ 位置ベクトルが等しい

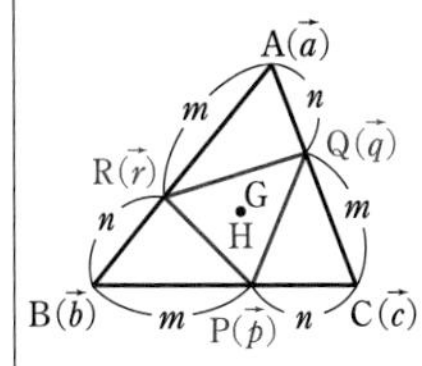


また $\vec{p}=\dfrac{n\vec{b}+m\vec{c}}{m+n}$，$\vec{q}=\dfrac{n\vec{c}+m\vec{a}}{m+n}$，$\vec{r}=\dfrac{n\vec{a}+m\vec{b}}{m+n}$

ゆえに $\vec{h}=\dfrac{\vec{p}+\vec{q}+\vec{r}}{3}$

$$=\frac{1}{3}\left(\frac{n\vec{b}+m\vec{c}}{m+n}+\frac{n\vec{c}+m\vec{a}}{m+n}+\frac{n\vec{a}+m\vec{b}}{m+n}\right)$$

$$=\frac{1}{3}\cdot\frac{(m+n)(\vec{a}+\vec{b}+\vec{c})}{m+n}=\frac{\vec{a}+\vec{b}+\vec{c}}{3}\ \cdots\cdots ②$$

①，② から $\vec{g}=\vec{h}$

よって，点 G と点 H は一致するから，△ABC と △PQR の重心は一致する。

**練習 ②25** 平行四辺形 ABCD において，辺 AB を 3：2 に内分する点を P，対角線 BD を 2：5 に内分する点を Q とするとき，3 点 P，Q，C は一直線上にあることを証明せよ。また，PQ：QC を求めよ。

$\overrightarrow{AB}=\vec{b}$，$\overrightarrow{AD}=\vec{d}$ とすると

$$\overrightarrow{PQ}=\overrightarrow{AQ}-\overrightarrow{AP}$$
$$=\frac{5\overrightarrow{AB}+2\overrightarrow{AD}}{2+5}-\frac{3}{5}\overrightarrow{AB}$$
$$=\frac{5\vec{b}+2\vec{d}}{7}-\frac{3}{5}\vec{b}$$
$$=\frac{2}{35}(2\vec{b}+5\vec{d}) \quad \cdots\cdots ①$$

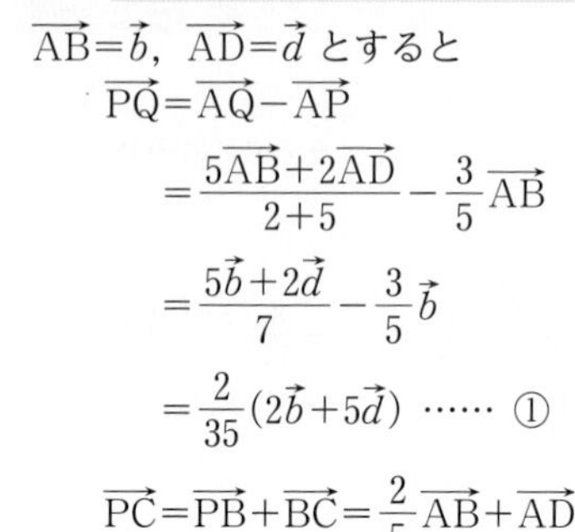


←$\overrightarrow{PC}=k\overrightarrow{PQ}$ となる実数 $k$ があることを示す。

←$\dfrac{5(5\vec{b}+2\vec{d})-7\cdot 3\vec{b}}{35}=\dfrac{4\vec{b}+10\vec{d}}{35}$

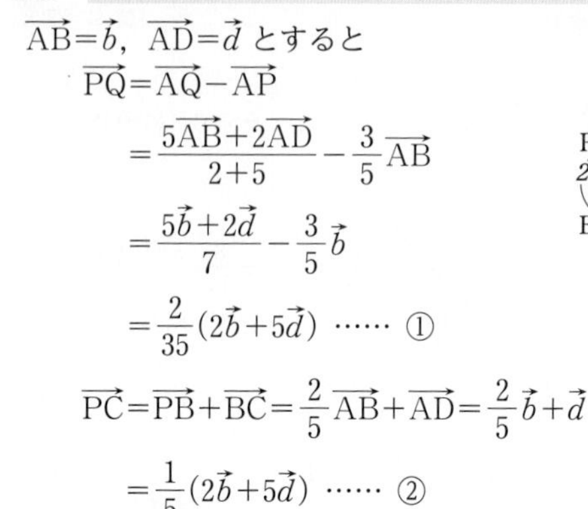

$$\overrightarrow{PC}=\overrightarrow{PB}+\overrightarrow{BC}=\frac{2}{5}\overrightarrow{AB}+\overrightarrow{AD}=\frac{2}{5}\vec{b}+\vec{d}$$
$$=\frac{1}{5}(2\vec{b}+5\vec{d}) \quad \cdots\cdots ②$$

←$\overrightarrow{BC}=\overrightarrow{AD}$

①，② から　　$\overrightarrow{PC}=\dfrac{7}{2}\overrightarrow{PQ}$ …… ③

←$\overrightarrow{PC}=\dfrac{7}{2}\cdot\dfrac{2}{35}(2\vec{b}+5\vec{d})=\dfrac{7}{2}\overrightarrow{PQ}$

したがって，3 点 P，Q，C は一直線上にある。
また，③ から　　**PQ：QC＝2：5**

←$|\overrightarrow{PC}|=\dfrac{2+5}{2}|\overrightarrow{PQ}|$

**練習 ②26** △OAB において，辺 OA を 2：1 に内分する点を L，辺 OB の中点を M，BL と AM の交点を P とし，直線 OP と辺 AB の交点を N とする。$\overrightarrow{OP}$，$\overrightarrow{ON}$ をそれぞれ $\overrightarrow{OA}$ と $\overrightarrow{OB}$ を用いて表せ。
〔類 神戸大〕

AP：PM＝$s$：$(1-s)$，
BP：PL＝$t$：$(1-t)$ とする。

$$\overrightarrow{OP}=(1-s)\overrightarrow{OA}+s\overrightarrow{OM}$$
$$=(1-s)\overrightarrow{OA}+\frac{s}{2}\overrightarrow{OB}$$

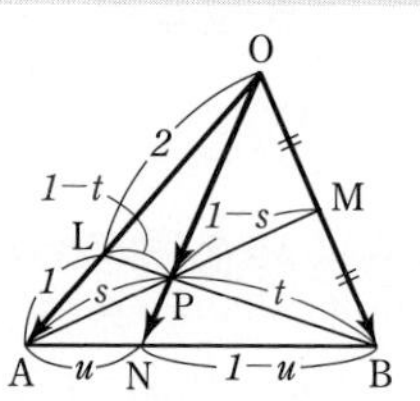


←$\overrightarrow{OP}$ を 2 通りに表す。

$$\overrightarrow{OP}=(1-t)\overrightarrow{OB}+t\overrightarrow{OL}$$
$$=\frac{2}{3}t\overrightarrow{OA}+(1-t)\overrightarrow{OB}$$

よって　　$(1-s)\overrightarrow{OA}+\dfrac{s}{2}\overrightarrow{OB}=\dfrac{2}{3}t\overrightarrow{OA}+(1-t)\overrightarrow{OB}$

$\overrightarrow{OA}\neq\vec{0}$，$\overrightarrow{OB}\neq\vec{0}$，$\overrightarrow{OA}\not\parallel\overrightarrow{OB}$ であるから

←＿＿ の断りは重要。

$$1-s=\frac{2}{3}t,\quad \frac{s}{2}=1-t$$

←$\overrightarrow{OA}$，$\overrightarrow{OB}$ の係数を比較。

これを解いて　　$s=\dfrac{1}{2}$，$t=\dfrac{3}{4}$

←$\overrightarrow{OP}$ を表す式のどちらかに代入する。

したがって　　$\boldsymbol{\overrightarrow{OP}=\dfrac{1}{2}\overrightarrow{OA}+\dfrac{1}{4}\overrightarrow{OB}}$

AN：NB＝$u$：$(1-u)$ とすると　　$\overrightarrow{ON}=(1-u)\overrightarrow{OA}+u\overrightarrow{OB}$

←$\overrightarrow{ON}$ を 2 通りに表す。

点 N は直線 OP 上にあるから，$\overrightarrow{ON}=k\overrightarrow{OP}$（$k$ は実数）とすると

$$\overrightarrow{ON}=\frac{1}{2}k\overrightarrow{OA}+\frac{1}{4}k\overrightarrow{OB}$$

←$\overrightarrow{OP}=\dfrac{1}{2}\overrightarrow{OA}+\dfrac{1}{4}\overrightarrow{OB}$

$\overrightarrow{\mathrm{OA}}\neq\vec{0}$, $\overrightarrow{\mathrm{OB}}\neq\vec{0}$, $\overrightarrow{\mathrm{OA}}\not\parallel\overrightarrow{\mathrm{OB}}$ であるから

$$1-u=\frac{1}{2}k,\ u=\frac{1}{4}k$$

これを解いて　$k=\frac{4}{3}$, $u=\frac{1}{3}$

したがって　$\boldsymbol{\overrightarrow{\mathrm{ON}}=\frac{2}{3}\overrightarrow{\mathrm{OA}}+\frac{1}{3}\overrightarrow{\mathrm{OB}}}$

←＿＿の断りは重要。

←$\overrightarrow{\mathrm{OA}}$, $\overrightarrow{\mathrm{OB}}$ の係数を比較。

←$\overrightarrow{\mathrm{ON}}$ を表す式のどちらかに代入する。

別解 **1.**　△OAM と直線 BL について，メネラウスの定理により

$$\frac{\mathrm{OL}}{\mathrm{LA}}\cdot\frac{\mathrm{AP}}{\mathrm{PM}}\cdot\frac{\mathrm{MB}}{\mathrm{BO}}=1 \qquad よって \qquad \frac{2}{1}\cdot\frac{\mathrm{AP}}{\mathrm{PM}}\cdot\frac{1}{2}=1$$

ゆえに　$\frac{\mathrm{AP}}{\mathrm{PM}}=1$　すなわち　AP：PM=1：1

したがって　$\boldsymbol{\overrightarrow{\mathrm{OP}}}=\frac{\overrightarrow{\mathrm{OA}}+\overrightarrow{\mathrm{OM}}}{2}=\frac{1}{2}\left(\overrightarrow{\mathrm{OA}}+\frac{1}{2}\overrightarrow{\mathrm{OB}}\right)$

$$=\boldsymbol{\frac{1}{2}\overrightarrow{\mathrm{OA}}+\frac{1}{4}\overrightarrow{\mathrm{OB}}}$$

△OAB において，チェバの定理により

$$\frac{\mathrm{OL}}{\mathrm{LA}}\cdot\frac{\mathrm{AN}}{\mathrm{NB}}\cdot\frac{\mathrm{BM}}{\mathrm{MO}}=1 \qquad よって \qquad \frac{2}{1}\cdot\frac{\mathrm{AN}}{\mathrm{NB}}\cdot\frac{1}{1}=1$$

ゆえに　$\frac{\mathrm{AN}}{\mathrm{NB}}=\frac{1}{2}$　すなわち　AN：NB=1：2

したがって　$\boldsymbol{\overrightarrow{\mathrm{ON}}}=\frac{2\overrightarrow{\mathrm{OA}}+\overrightarrow{\mathrm{OB}}}{1+2}=\boldsymbol{\frac{2}{3}\overrightarrow{\mathrm{OA}}+\frac{1}{3}\overrightarrow{\mathrm{OB}}}$

別解 **1.** は，チェバ，メネラウスの定理を利用した解法。

←点 P は線分 AM の中点。

←$\overrightarrow{\mathrm{OM}}=\frac{1}{2}\overrightarrow{\mathrm{OB}}$

←点 N は辺 AB を 1：2 に内分する。

別解 **2.**　$\overrightarrow{\mathrm{OP}}=x\overrightarrow{\mathrm{OA}}+y\overrightarrow{\mathrm{OB}}$ ($x$, $y$ は実数) とする。

$\overrightarrow{\mathrm{OA}}=\frac{3}{2}\overrightarrow{\mathrm{OL}}$ であるから　$\overrightarrow{\mathrm{OP}}=\frac{3}{2}x\overrightarrow{\mathrm{OL}}+y\overrightarrow{\mathrm{OB}}$

P は直線 BL 上にあるから　$\frac{3}{2}x+y=1$ …… ①

$\overrightarrow{\mathrm{OB}}=2\overrightarrow{\mathrm{OM}}$ であるから　$\overrightarrow{\mathrm{OP}}=x\overrightarrow{\mathrm{OA}}+2y\overrightarrow{\mathrm{OM}}$

P は直線 AM 上にあるから　$x+2y=1$ …… ②

①, ② を解いて　$x=\frac{1}{2}$, $y=\frac{1}{4}$

したがって　$\boldsymbol{\overrightarrow{\mathrm{OP}}=\frac{1}{2}\overrightarrow{\mathrm{OA}}+\frac{1}{4}\overrightarrow{\mathrm{OB}}}$

$\overrightarrow{\mathrm{ON}}=k\overrightarrow{\mathrm{OP}}$ ($k$ は実数) とすると　$\overrightarrow{\mathrm{ON}}=\frac{k}{2}\overrightarrow{\mathrm{OA}}+\frac{k}{4}\overrightarrow{\mathrm{OB}}$

N は直線 AB 上にあるから　$\frac{k}{2}+\frac{k}{4}=1$　よって　$k=\frac{4}{3}$

したがって　$\boldsymbol{\overrightarrow{\mathrm{ON}}=\frac{2}{3}\overrightarrow{\mathrm{OA}}+\frac{1}{3}\overrightarrow{\mathrm{OB}}}$

別解 **2.** は，直線のベクトル方程式（本冊 $p.65$ 参照）を利用した解法。

←(係数の和)=1

←(係数の和)=1

←(係数の和)=1

**練習 ③27**　平面上に △OAB があり，OA=1, OB=2, ∠AOB=45° とする。また，△OAB の垂心を H とする。$\overrightarrow{\mathrm{OA}}=\vec{a}$, $\overrightarrow{\mathrm{OB}}=\vec{b}$ とするとき，$\overrightarrow{\mathrm{OH}}$ を $\vec{a}$, $\vec{b}$ を用いて表せ。

△OAB は直角三角形でないから，垂心 H が 2 点 A, B と一致することはない。

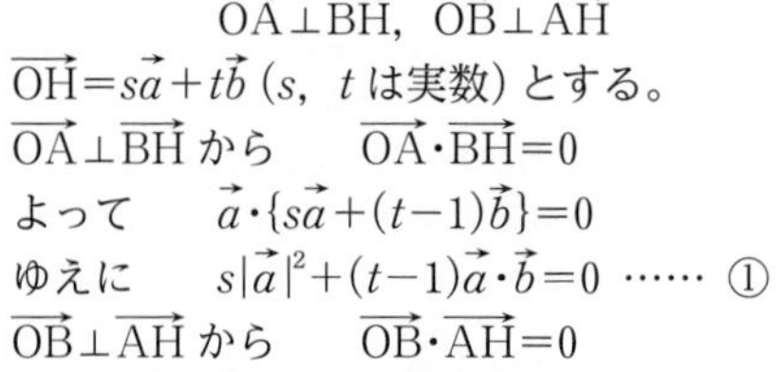

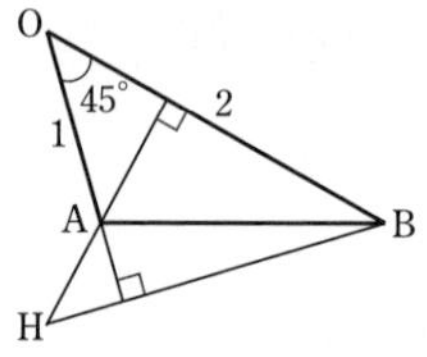


Hは垂心であるから

$\overrightarrow{OA}\perp\overrightarrow{BH}$, $\overrightarrow{OB}\perp\overrightarrow{AH}$

$\overrightarrow{OH}=s\vec{a}+t\vec{b}$ ($s$, $t$ は実数) とする。

$\overrightarrow{OA}\perp\overrightarrow{BH}$ から　　$\overrightarrow{OA}\cdot\overrightarrow{BH}=0$

よって　　$\vec{a}\cdot\{s\vec{a}+(t-1)\vec{b}\}=0$

ゆえに　　$s|\vec{a}|^2+(t-1)\vec{a}\cdot\vec{b}=0$ …… ①

$\overrightarrow{OB}\perp\overrightarrow{AH}$ から　　$\overrightarrow{OB}\cdot\overrightarrow{AH}=0$

よって　　$\vec{b}\cdot\{(s-1)\vec{a}+t\vec{b}\}=0$

ゆえに　　$(s-1)\vec{a}\cdot\vec{b}+t|\vec{b}|^2=0$ …… ②

ここで　　$|\vec{a}|=1$, $|\vec{b}|=2$,

$$\vec{a}\cdot\vec{b}=|\vec{a}||\vec{b}|\cos 45^\circ=1\cdot 2\cdot\frac{1}{\sqrt{2}}=\sqrt{2}$$

これらを①, ②にそれぞれ代入して整理すると

$$s+\sqrt{2}\,t=\sqrt{2},\ \ \sqrt{2}\,s+4t=\sqrt{2}$$

これを解いて　　$s=2\sqrt{2}-1$, $t=\dfrac{\sqrt{2}-2}{2}$

よって　　$\boldsymbol{\overrightarrow{OH}=(2\sqrt{2}-1)\vec{a}+\dfrac{\sqrt{2}-2}{2}\vec{b}}$

参考　三角形の垂心は, 必ずしも三角形の内部にあるわけではない。

◀ 垂直 ⟶ (内積)=0

◀ 垂直 ⟶ (内積)=0

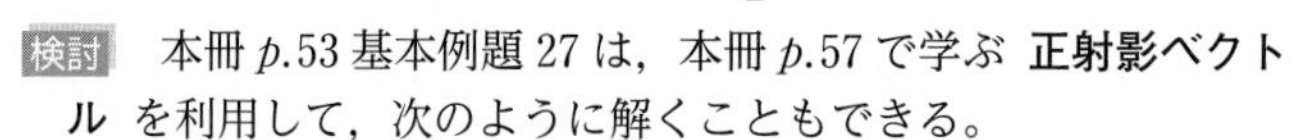

検討　本冊 $p.53$ 基本例題 27 は, 本冊 $p.57$ で学ぶ **正射影ベクトル** を利用して, 次のように解くこともできる。

$|\vec{a}|=5$, $|\vec{b}|=6$, $\vec{a}\cdot\vec{b}=6$ である。

点Aから辺OBに垂線APを, 点Bから辺OAに垂線BQを下ろすと

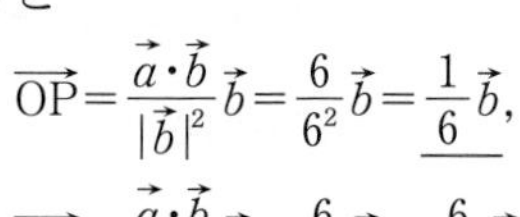

$$\overrightarrow{OP}=\frac{\vec{a}\cdot\vec{b}}{|\vec{b}|^2}\vec{b}=\frac{6}{6^2}\vec{b}=\frac{1}{6}\vec{b},$$

$$\overrightarrow{OQ}=\frac{\vec{a}\cdot\vec{b}}{|\vec{a}|^2}\vec{a}=\frac{6}{5^2}\vec{a}=\frac{6}{25}\vec{a}$$

AH : HP $=s:(1-s)$ とすると

$$\overrightarrow{OH}=(1-s)\vec{a}+s\cdot\frac{1}{6}\vec{b}=\frac{25}{6}(1-s)\cdot\frac{6}{25}\vec{a}+\frac{s}{6}\vec{b}$$

$$=\frac{25}{6}(1-s)\overrightarrow{OQ}+\frac{s}{6}\overrightarrow{OB}$$

点Hは直線QB上にあるから　　$\dfrac{25}{6}(1-s)+\dfrac{s}{6}=1$

よって　　$s=\dfrac{19}{24}$　　　したがって　　$\boldsymbol{\overrightarrow{OH}=\dfrac{5}{24}\vec{a}+\dfrac{19}{144}\vec{b}}$

$\overrightarrow{OA}=\vec{a}$, $\overrightarrow{OB}=\vec{b}$, $\vec{a}$ と $\vec{b}$ のなす角を $\theta$ とする。点Bから直線OAに垂線BB′を下ろしたとき

$$\overrightarrow{OB'}=\frac{|\vec{b}|\cos\theta}{|\vec{a}|}\vec{a}=\frac{\vec{a}\cdot\vec{b}}{|\vec{a}|^2}\vec{a}$$

(正射影ベクトル)

←(係数の和)=1 (本冊 $p.65$ 参照)

**練習 ③28**

(1) △ABCの3辺の長さをAB=8, BC=7, CA=9とする。$\overrightarrow{AB}=\vec{b}$, $\overrightarrow{AC}=\vec{c}$ とし, △ABCの内心をPとするとき, $\overrightarrow{AP}$ を $\vec{b}$, $\vec{c}$ で表せ。

(2) △OABにおいて, $|\overrightarrow{OA}|=3$, $|\overrightarrow{OB}|=2$, $\overrightarrow{OA}\cdot\overrightarrow{OB}=4$ とする。点Aで直線OAに接する円の中心Cが∠AOBの二等分線 $g$ 上にある。このとき, $\overrightarrow{OC}$ を $\overrightarrow{OA}=\vec{a}$, $\overrightarrow{OB}=\vec{b}$ で表せ。

[(2) 類 神戸商大]

(1) ∠A の二等分線と辺 BC の交点を D とすると

$BD : DC = AB : AC = 8 : 9$

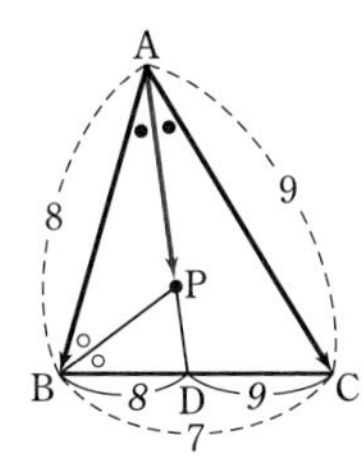


BC=7 であるから　　$BD = 7 \times \dfrac{8}{17} = \dfrac{56}{17}$

BP は ∠B の二等分線であるから

$AP : PD = BA : BD = 8 : \dfrac{56}{17} = 17 : 7$

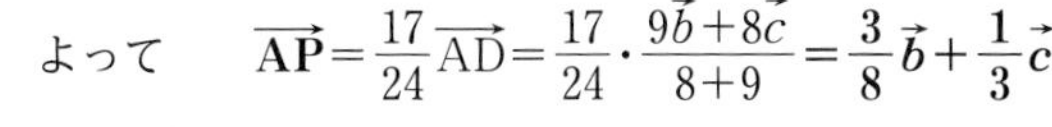

よって　　$\overrightarrow{\mathbf{AP}} = \dfrac{17}{24}\overrightarrow{AD} = \dfrac{17}{24} \cdot \dfrac{9\vec{b}+8\vec{c}}{8+9} = \boldsymbol{\dfrac{3}{8}\vec{b}+\dfrac{1}{3}\vec{c}}$

←∠C の二等分線と辺 AB の交点を E とすると
$AE : EB = CA : CB$
$= 9 : 7$
$EP : PC = AE : AC$
$= \dfrac{9}{2} : 9 = 1 : 2$
となる。このことを利用して考えてもよい。

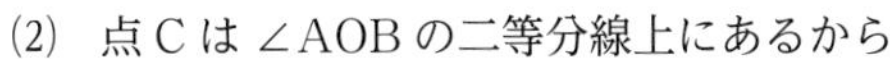

(2) 点 C は ∠AOB の二等分線上にあるから

$\overrightarrow{OC} = k\left(\dfrac{\vec{a}}{|\vec{a}|} + \dfrac{\vec{b}}{|\vec{b}|}\right) = k\left(\dfrac{\vec{a}}{3} + \dfrac{\vec{b}}{2}\right)$，$k$ は実数

と表される。

←本冊 $p.54$ 基本例題 **28** (2)(ア)の結果を利用。
$k=0$ のとき，点 C は点 O に一致する。

また，中心 C の円が点 A で直線 OA に接するから　　$CA \perp OA$

よって　　$\overrightarrow{CA} \cdot \overrightarrow{OA} = 0$ …… ①

⊘ 垂直 ⟶ (内積)=0

ここで　　$\overrightarrow{CA} \cdot \overrightarrow{OA} = (\overrightarrow{OA} - \overrightarrow{OC}) \cdot \overrightarrow{OA} = \left\{\left(1-\dfrac{k}{3}\right)\vec{a} - \dfrac{k}{2}\vec{b}\right\} \cdot \vec{a}$

$= \left(1-\dfrac{k}{3}\right)|\vec{a}|^2 - \dfrac{k}{2}\vec{a}\cdot\vec{b}$

$= \left(1-\dfrac{k}{3}\right) \times 3^2 - \dfrac{k}{2} \times 4 = 9 - 5k$

←$\overrightarrow{OC} = k\left(\dfrac{\vec{a}}{3} + \dfrac{\vec{b}}{2}\right)$ を代入。

←$|\vec{a}|=3$，$\vec{a}\cdot\vec{b}=4$ を代入。

① から　　$9-5k=0$　　ゆえに　　$k = \dfrac{9}{5}$

したがって　　$\overrightarrow{\mathbf{OC}} = \dfrac{9}{5}\left(\dfrac{\vec{a}}{3} + \dfrac{\vec{b}}{2}\right) = \boldsymbol{\dfrac{3}{5}\vec{a} + \dfrac{9}{10}\vec{b}}$

別解　直線 OC と辺 AB の交点を D とすると

$AD : DB = OA : OB = 3 : 2$

よって　　$\overrightarrow{OD} = \dfrac{2\vec{a}+3\vec{b}}{5}$

←△PQR の ∠P の二等分線と辺 QR の交点を X とすると
**QX : XR = PQ : PR**
(数学 A)

$\overrightarrow{OC} = k\overrightarrow{OD}$ ($k$ は実数) と表されるから，

$\dfrac{k}{5} = t$ とおくと

$\overrightarrow{OC} = t(2\vec{a}+3\vec{b})$，$t$ は実数

と表される。

←計算をらくにするためのおき換え。$k$ のままで計算してもよい。

また，中心 C の円が点 A で直線 OA に接するから

$CA \perp OA$

よって　　$\overrightarrow{CA} \cdot \overrightarrow{OA} = 0$ …… ①

ここで　　$\overrightarrow{CA} \cdot \overrightarrow{OA} = (\overrightarrow{OA} - \overrightarrow{OC}) \cdot \overrightarrow{OA} = \{(1-2t)\vec{a} - 3t\vec{b}\} \cdot \vec{a}$

$= (1-2t)|\vec{a}|^2 - 3t\vec{a}\cdot\vec{b}$

$= (1-2t) \times 3^2 - 3t \times 4 = 9 - 30t$

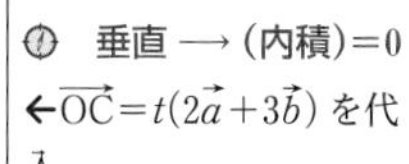

⊘ 垂直 ⟶ (内積)=0

←$\overrightarrow{OC} = t(2\vec{a}+3\vec{b})$ を代入。

←$|\vec{a}|=3$，$\vec{a}\cdot\vec{b}=4$ を代入。

①から　$9-30t=0$　ゆえに　$t=\dfrac{3}{10}$

したがって　$\overrightarrow{\mathbf{OC}}=\dfrac{\mathbf{3}}{\mathbf{5}}\vec{\boldsymbol{a}}+\dfrac{\mathbf{9}}{\mathbf{10}}\vec{\boldsymbol{b}}$

**練習 ③29**　△ABCにおいて，AB=3，AC=4，BC=$\sqrt{13}$ とし，外心をOとする。$\overrightarrow{AO}$ を $\overrightarrow{AB}$，$\overrightarrow{AC}$ を用いて表せ。

辺AB，辺ACの中点をそれぞれM，Nとする。ただし，△ABCは直角三角形ではないから，2点M，Nはともに点Oとは一致しない。

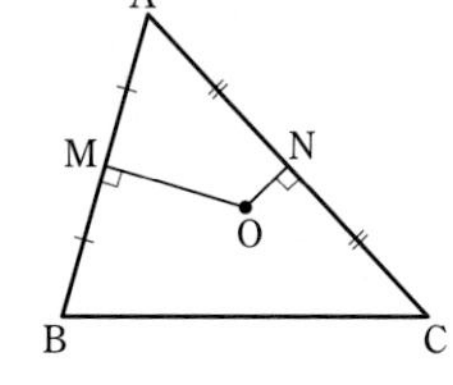


←最大辺はACであり $AC^2 \neq AB^2+BC^2$

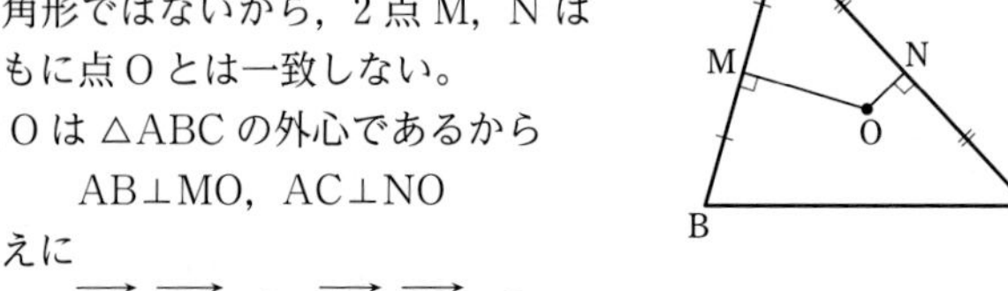

点Oは△ABCの外心であるから

$AB\perp MO,\ AC\perp NO$

←三角形の外心は，3辺の垂直二等分線の交点である。

ゆえに

$\overrightarrow{AB}\cdot\overrightarrow{MO}=0,\ \overrightarrow{AC}\cdot\overrightarrow{NO}=0$

$\overrightarrow{AO}=s\overrightarrow{AB}+t\overrightarrow{AC}$ ($s$，$t$ は実数) とすると，$\overrightarrow{AB}\cdot\overrightarrow{MO}=0$ から

$\overrightarrow{AB}\cdot(\overrightarrow{AO}-\overrightarrow{AM})=0$

よって　$\overrightarrow{AB}\cdot\left\{\left(s-\dfrac{1}{2}\right)\overrightarrow{AB}+t\overrightarrow{AC}\right\}=0$ ……①　←$\overrightarrow{AM}=\dfrac{1}{2}\overrightarrow{AB}$

また，$\overrightarrow{AC}\cdot\overrightarrow{NO}=0$ から　$\overrightarrow{AC}\cdot(\overrightarrow{AO}-\overrightarrow{AN})=0$

ゆえに　$\overrightarrow{AC}\cdot\left\{s\overrightarrow{AB}+\left(t-\dfrac{1}{2}\right)\overrightarrow{AC}\right\}=0$ ……②　←$\overrightarrow{AN}=\dfrac{1}{2}\overrightarrow{AC}$

ここで　$|\overrightarrow{BC}|^2=|\overrightarrow{AC}-\overrightarrow{AB}|^2=|\overrightarrow{AC}|^2-2\overrightarrow{AB}\cdot\overrightarrow{AC}+|\overrightarrow{AB}|^2$

よって　$(\sqrt{13})^2=4^2-2\overrightarrow{AB}\cdot\overrightarrow{AC}+3^2$　ゆえに　$\overrightarrow{AB}\cdot\overrightarrow{AC}=6$

よって，①から　$\left(s-\dfrac{1}{2}\right)\times3^2+t\times6=0$　すなわち　$6s+4t=3$ ……③

また，②から　$s\times6+\left(t-\dfrac{1}{2}\right)\times4^2=0$　すなわち　$3s+8t=4$ ……④

③，④から　$s=\dfrac{2}{9}$，$t=\dfrac{5}{12}$

したがって　$\overrightarrow{\mathbf{AO}}=\dfrac{\mathbf{2}}{\mathbf{9}}\overrightarrow{\mathbf{AB}}+\dfrac{\mathbf{5}}{\mathbf{12}}\overrightarrow{\mathbf{AC}}$

**練習 ②30**　次の等式が成り立つことを証明せよ。

(1)　△ABCにおいて，辺BCの中点をMとするとき

　　**$AB^2+AC^2=2(AM^2+BM^2)$　(中線定理)**

(2)　△ABCの重心をG，Oを任意の点とするとき

　　$AG^2+BG^2+CG^2=OA^2+OB^2+OC^2-3OG^2$

(1)　$\overrightarrow{MA}=\vec{a}$，$\overrightarrow{MB}=\vec{b}$ とすると，$\overrightarrow{MC}=-\vec{b}$ であるから

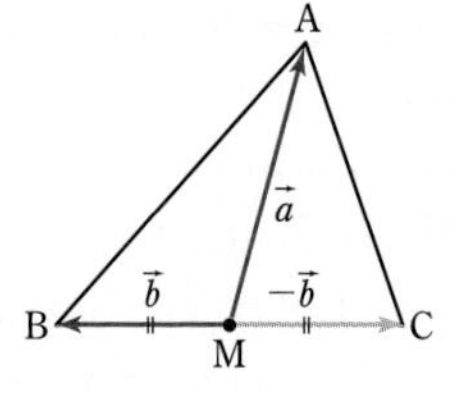


←点Mに関する位置ベクトルを利用すると，計算がらく。
なお，点Aに関する位置ベクトルを利用しても証明できる。

$AB^2+AC^2=|\overrightarrow{AB}|^2+|\overrightarrow{AC}|^2$

$=|\vec{b}-\vec{a}|^2+|-\vec{b}-\vec{a}|^2$

$=|\vec{b}|^2-2\vec{a}\cdot\vec{b}+|\vec{a}|^2$

$\quad+|\vec{b}|^2+2\vec{a}\cdot\vec{b}+|\vec{a}|^2$

$=2(|\vec{a}|^2+|\vec{b}|^2)$

$AM^2+BM^2=|\overrightarrow{AM}|^2+|\overrightarrow{BM}|^2=|\vec{a}|^2+|\vec{b}|^2$　←$|\overrightarrow{AM}|=|\overrightarrow{MA}|=|\vec{a}|$

ゆえに　$AB^2+AC^2=2(AM^2+BM^2)$

検討　$AB^2=|\vec{b}-\vec{a}|^2=|\vec{a}-\vec{b}|^2$，$AC^2=|-\vec{b}-\vec{a}|^2=|\vec{a}+\vec{b}|^2$

$AM^2=|\vec{a}|^2$，$BM^2=|\vec{b}|^2$

であるから，中線定理をベクトルで表すと

$$|\vec{a}+\vec{b}|^2+|\vec{a}-\vec{b}|^2=2(|\vec{a}|^2+|\vec{b}|^2)$$

これは，本冊 $p.34$ 基本例題 **15** (1) の等式そのものである。

(2) $\overrightarrow{OA}=\vec{a}$，$\overrightarrow{OB}=\vec{b}$，$\overrightarrow{OC}=\vec{c}$，$\overrightarrow{OG}=\vec{g}$ とすると

$$3\vec{g}=\vec{a}+\vec{b}+\vec{c}$$

←$\vec{g}=\dfrac{\vec{a}+\vec{b}+\vec{c}}{3}$

ゆえに　$AG^2+BG^2+CG^2-(OA^2+OB^2+OC^2-3OG^2)$

$=|\vec{g}-\vec{a}|^2+|\vec{g}-\vec{b}|^2+|\vec{g}-\vec{c}|^2-|\vec{a}|^2-|\vec{b}|^2-|\vec{c}|^2+3|\vec{g}|^2$　←$AG=|\overrightarrow{AG}|=|\vec{g}-\vec{a}|$

$=3|\vec{g}|^2-2(\vec{g}\cdot\vec{a}+\vec{g}\cdot\vec{b}+\vec{g}\cdot\vec{c})+3|\vec{g}|^2$

$=6|\vec{g}|^2-2\vec{g}\cdot(\vec{a}+\vec{b}+\vec{c})=6|\vec{g}|^2-2\vec{g}\cdot3\vec{g}=0$　←$6|\vec{g}|^2-6|\vec{g}|^2=0$

よって　$AG^2+BG^2+CG^2=OA^2+OB^2+OC^2-3OG^2$

**練習 ③31**　右の図のように，△ABC の外側に

$AP=AB$，$AQ=AC$，$\angle PAB=\angle QAC=90°$

となるように，2 点 P，Q をとる。

更に，四角形 AQRP が平行四辺形になるように点 R をとると，$AR\perp BC$ であることを証明せよ。

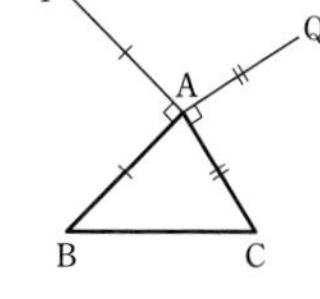

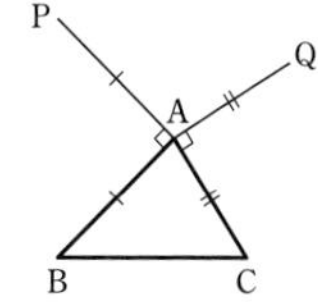

$\overrightarrow{AB}=\vec{b}$，$\overrightarrow{AC}=\vec{c}$，$\overrightarrow{AP}=\vec{p}$，$\overrightarrow{AQ}=\vec{q}$，$\overrightarrow{AR}=\vec{r}$ とし，$\angle BAC=\theta$ とすると　←点 A に関する位置ベクトルを利用。

$|\vec{p}|=|\vec{b}|$，$\vec{p}\cdot\vec{b}=0$，

$|\vec{q}|=|\vec{c}|$，$\vec{q}\cdot\vec{c}=0$　←$\vec{a}\neq\vec{0}$，$\vec{b}\neq\vec{0}$ のとき $\boldsymbol{\vec{a}\perp\vec{b}\Longleftrightarrow\vec{a}\cdot\vec{b}=0}$

また　$\vec{r}=\vec{p}+\vec{q}$

よって　$\overrightarrow{AR}\cdot\overrightarrow{BC}=\vec{r}\cdot(\vec{c}-\vec{b})$

$=(\vec{p}+\vec{q})\cdot(\vec{c}-\vec{b})$

$=\vec{p}\cdot\vec{c}-\vec{p}\cdot\vec{b}+\vec{q}\cdot\vec{c}-\vec{q}\cdot\vec{b}$　←$\vec{p}\cdot\vec{b}=0$，$\vec{q}\cdot\vec{c}=0$

$=\vec{p}\cdot\vec{c}-\vec{q}\cdot\vec{b}$

$=|\vec{p}||\vec{c}|\cos(90°+\theta)-|\vec{q}||\vec{b}|\cos(90°+\theta)=0$　←$|\vec{p}||\vec{c}|=|\vec{q}||\vec{b}|$

$\overrightarrow{AR}\neq\vec{0}$，$\overrightarrow{BC}\neq\vec{0}$ であるから　$\overrightarrow{AR}\perp\overrightarrow{BC}$

したがって　$AR\perp BC$

**練習 ③32**　3 点 A，B，C が点 O を中心とする半径 1 の円周上にあり，$13\overrightarrow{OA}+12\overrightarrow{OB}+5\overrightarrow{OC}=\vec{0}$ を満たす。$\angle AOB=\alpha$，$\angle AOC=\beta$ とするとき

(1) $\overrightarrow{OB}\perp\overrightarrow{OC}$ であることを示せ。　(2) $\cos\alpha$ および $\cos\beta$ を求めよ。　〔長崎大〕

(1) $13\overrightarrow{OA}+12\overrightarrow{OB}+5\overrightarrow{OC}=\vec{0}$ から　$12\overrightarrow{OB}+5\overrightarrow{OC}=-13\overrightarrow{OA}$

←(1) $\overrightarrow{OB}\cdot\overrightarrow{OC}=0$ を導きたい。$\overrightarrow{OB}\cdot\overrightarrow{OC}$ は $|k\overrightarrow{OB}+l\overrightarrow{OC}|^2$ から出てくる。

ゆえに　$|12\overrightarrow{OB}+5\overrightarrow{OC}|=|13\overrightarrow{OA}|$

両辺を 2 乗して

$$144|\overrightarrow{OB}|^2+120\overrightarrow{OB}\cdot\overrightarrow{OC}+25|\overrightarrow{OC}|^2=169|\overrightarrow{OA}|^2$$

$|\overrightarrow{OA}|=|\overrightarrow{OB}|=|\overrightarrow{OC}|=1$ から　$144+120\overrightarrow{OB}\cdot\overrightarrow{OC}+25=169$

←A，B，C は単位円周上にあるから $|\overrightarrow{OA}|=|\overrightarrow{OB}|=|\overrightarrow{OC}|=1$

よって　$\overrightarrow{OB}\cdot\overrightarrow{OC}=0$

$\overrightarrow{OB}\neq\vec{0}$，$\overrightarrow{OC}\neq\vec{0}$ であるから　$\overrightarrow{OB}\perp\overrightarrow{OC}$

(2) $|13\overrightarrow{\mathrm{OA}}+12\overrightarrow{\mathrm{OB}}|^2=|-5\overrightarrow{\mathrm{OC}}|^2$ を考えると，
$|\overrightarrow{\mathrm{OA}}|=|\overrightarrow{\mathrm{OB}}|=|\overrightarrow{\mathrm{OC}}|=1$ であるから

$$169+2\times13\times12\overrightarrow{\mathrm{OA}}\cdot\overrightarrow{\mathrm{OB}}+144=25$$

よって　$\overrightarrow{\mathrm{OA}}\cdot\overrightarrow{\mathrm{OB}}=\dfrac{-288}{2\times13\times12}=-\dfrac{12}{13}$

ゆえに　$\boldsymbol{\cos\alpha}=\dfrac{\overrightarrow{\mathrm{OA}}\cdot\overrightarrow{\mathrm{OB}}}{|\overrightarrow{\mathrm{OA}}||\overrightarrow{\mathrm{OB}}|}=\boldsymbol{-\dfrac{12}{13}}$

同様に $|13\overrightarrow{\mathrm{OA}}+5\overrightarrow{\mathrm{OC}}|^2=|-12\overrightarrow{\mathrm{OB}}|^2$ から　$\overrightarrow{\mathrm{OA}}\cdot\overrightarrow{\mathrm{OC}}=-\dfrac{5}{13}$

よって　$\boldsymbol{\cos\beta}=\dfrac{\overrightarrow{\mathrm{OA}}\cdot\overrightarrow{\mathrm{OC}}}{|\overrightarrow{\mathrm{OA}}||\overrightarrow{\mathrm{OC}}|}=\boldsymbol{-\dfrac{5}{13}}$

① $|\vec{p}|$ は $|\vec{p}|^2$ として扱う

## 練習 ③33

次の等式を満たす △ABC は，どのような形の三角形か。

$$\overrightarrow{\mathrm{AB}}\cdot\overrightarrow{\mathrm{AB}}=\overrightarrow{\mathrm{AB}}\cdot\overrightarrow{\mathrm{AC}}+\overrightarrow{\mathrm{BA}}\cdot\overrightarrow{\mathrm{BC}}+\overrightarrow{\mathrm{CA}}\cdot\overrightarrow{\mathrm{CB}}$$

等式から　$\overrightarrow{\mathrm{AB}}\cdot\overrightarrow{\mathrm{AB}}=\overrightarrow{\mathrm{AB}}\cdot\overrightarrow{\mathrm{AC}}-\overrightarrow{\mathrm{AB}}\cdot(\overrightarrow{\mathrm{AC}}-\overrightarrow{\mathrm{AB}})-\overrightarrow{\mathrm{AC}}\cdot(-\overrightarrow{\mathrm{BC}})$

ゆえに　$|\overrightarrow{\mathrm{AB}}|^2=|\overrightarrow{\mathrm{AB}}|^2+\overrightarrow{\mathrm{AC}}\cdot\overrightarrow{\mathrm{BC}}$

よって　$\overrightarrow{\mathrm{AC}}\cdot\overrightarrow{\mathrm{BC}}=0$

$\overrightarrow{\mathrm{AC}}\neq\vec{0}$，$\overrightarrow{\mathrm{BC}}\neq\vec{0}$ であるから　$\overrightarrow{\mathrm{AC}}\perp\overrightarrow{\mathrm{BC}}$

ゆえに　$\mathrm{AC}\perp\mathrm{BC}$

よって，△ABC は **∠C＝90° の直角三角形** である。

←等式の右辺を変形。

別解　$\overrightarrow{\mathrm{AB}}\cdot\overrightarrow{\mathrm{AB}}=\overrightarrow{\mathrm{AB}}\cdot(\overrightarrow{\mathrm{AC}}-\overrightarrow{\mathrm{BC}})+\overrightarrow{\mathrm{CA}}\cdot\overrightarrow{\mathrm{CB}}$
$=\overrightarrow{\mathrm{AB}}\cdot\overrightarrow{\mathrm{AB}}+\overrightarrow{\mathrm{CA}}\cdot\overrightarrow{\mathrm{CB}}$

ゆえに，$\overrightarrow{\mathrm{CA}}\cdot\overrightarrow{\mathrm{CB}}=0$ で $\overrightarrow{\mathrm{CA}}\neq\vec{0}$，$\overrightarrow{\mathrm{CB}}\neq\vec{0}$ から　$\mathrm{CA}\perp\mathrm{CB}$

よって，△ABC は **∠C＝90° の直角三角形** である。

←$\overrightarrow{\mathrm{AC}}-\overrightarrow{\mathrm{BC}}=\overrightarrow{\mathrm{AC}}+\overrightarrow{\mathrm{CB}}=\overrightarrow{\mathrm{AB}}$

## 練習 ②34

(1) △ABC において，$\mathrm{A}(\vec{a})$，$\mathrm{B}(\vec{b})$，$\mathrm{C}(\vec{c})$ とする。M を辺 BC の中点とするとき，直線 AM のベクトル方程式を求めよ。

(2) 次の直線の方程式を求めよ。ただし，媒介変数 $t$ で表された式，$t$ を消去した式の両方を答えよ。

(ア) 点 A(−4, 2) を通り，ベクトル $\vec{d}=(3,\ -1)$ に平行な直線

(イ) 2 点 A(−3, 5)，B(−2, 1) を通る直線

(1) 直線 AM 上の任意の点を $\mathrm{P}(\vec{p})$ とする。

直線 AM は，辺 BC の中点 $\mathrm{M}\left(\dfrac{\vec{b}+\vec{c}}{2}\right)$ を通り，$\overrightarrow{\mathrm{AM}}$ に平行であるから，そのベクトル方程式は $t$ を媒介変数とすると

$$\vec{p}=\frac{\vec{b}+\vec{c}}{2}+t\overrightarrow{\mathrm{AM}}=\frac{\vec{b}+\vec{c}}{2}+t\left(\frac{\vec{b}+\vec{c}}{2}-\vec{a}\right)$$

$$\boldsymbol{=-t\vec{a}+\frac{t+1}{2}\vec{b}+\frac{t+1}{2}\vec{c}}\ \textbf{（$t$ は媒介変数）}$$

HINT (1) 直線 AM は，点 M を通り $\overrightarrow{\mathrm{AM}}$ に平行。

別解 (1) 点 M を通る代わりに「点 A を通る」としてもよい。その場合

$\vec{p}=\vec{a}+t\left(\dfrac{\vec{b}+\vec{c}}{2}-\vec{a}\right)$

$\boldsymbol{=(1-t)\vec{a}+\dfrac{t}{2}\vec{b}+\dfrac{t}{2}\vec{c}}$

(2) 直線上の任意の点を $\mathrm{P}(\vec{p})$ とする。

(ア) 点 $\mathrm{A}(\vec{a})$ を通り，ベクトル $\vec{d}$ に平行な直線のベクトル方程式は　$\vec{p}=\vec{a}+t\vec{d}$

$\vec{p}=(x,\ y)$，$\vec{a}=(-4,\ 2)$，$\vec{d}=(3,\ -1)$ であるから

$$(x,\ y)=(-4,\ 2)+t(3,\ -1)=(-4+3t,\ 2-t)$$

←直線の方向ベクトルは $\vec{d}$ である。

ゆえに $\begin{cases} \boldsymbol{x=-4+3t} & \cdots\cdots ① \\ \boldsymbol{y=2-t} & \cdots\cdots ② \end{cases}$ ($\boldsymbol{t}$ **は媒介変数**)

←各成分を比較。

①+②×3 から　　$\boldsymbol{x+3y-2=0}$

←$t$ を消去。

(イ) 2 点 $\mathrm{A}(\vec{a})$, $\mathrm{B}(\vec{b})$ を通る直線のベクトル方程式は

$$\vec{p}=(1-t)\vec{a}+t\vec{b}$$

$\vec{p}=(x,\ y)$, $\vec{a}=(-3,\ 5)$, $\vec{b}=(-2,\ 1)$ であるから

$$(x,\ y)=(1-t)(-3,\ 5)+t(-2,\ 1)=(t-3,\ -4t+5)$$

ゆえに $\begin{cases} \boldsymbol{x=t-3} & \cdots\cdots ③ \\ \boldsymbol{y=-4t+5} & \cdots\cdots ④ \end{cases}$ ($\boldsymbol{t}$ **は媒介変数**)

←各成分を比較。

③×4+④ から　　$\boldsymbol{4x+y+7=0}$

←$t$ を消去。

**練習 ②35**

(1) 点 $\mathrm{A}(-2,\ 1)$ を通り，直線 $3x-5y+4=0$ に平行な直線，垂直な直線の方程式をそれぞれ求めよ。

(2) 2 直線 $x-3y+5=0$, $2x+4y+3=0$ のなす鋭角を求めよ。

(1) $3x-5y+4=0$ …… ① とする。

$\vec{n}=(3,\ -5)$ とすると，$\vec{n}$ は直線 ① の法線ベクトルであり，直線 ① の方向ベクトルを $\vec{m}=(a,\ b)$ とすると　　$\vec{m}\cdot\vec{n}=0$

←$\vec{m}\perp\vec{n}$

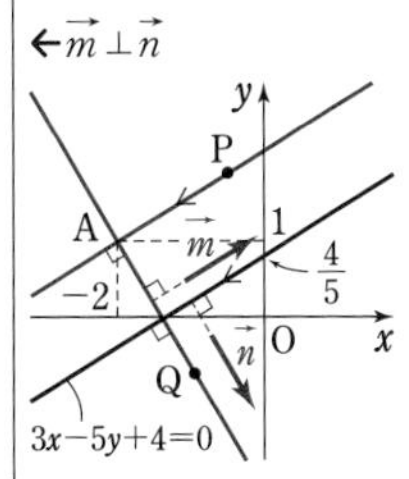


よって　　$3a-5b=0$　　　ゆえに　　$b=\dfrac{3}{5}a$

よって　　$\vec{m}=\left(a,\ \dfrac{3}{5}a\right)=\dfrac{a}{5}(5,\ 3)$

ゆえに，$\vec{m}=(5,\ 3)$ ととることができる。

直線 ① に平行な直線の法線ベクトルは $\vec{n}$ であるから，

点 $\mathrm{A}(-2,\ 1)$ を通り，直線 ① に平行な直線上の点を $\mathrm{P}(x,\ y)$ とすると　　$\vec{n}\cdot\overrightarrow{\mathrm{AP}}=0$

$\overrightarrow{\mathrm{AP}}=(x+2,\ y-1)$ であるから

$$3(x+2)-5(y-1)=0 \qquad \text{すなわち} \qquad \boldsymbol{3x-5y+11=0}$$

また，直線 ① に垂直な直線の法線ベクトルは $\vec{m}$ であるから，

点 $\mathrm{A}(-2,\ 1)$ を通り，直線 ① に垂直な直線上の点を $\mathrm{Q}(x,\ y)$ とすると　　$\vec{m}\cdot\overrightarrow{\mathrm{AQ}}=0$

$\overrightarrow{\mathrm{AQ}}=(x+2,\ y-1)$ であるから

$$5(x+2)+3(y-1)=0 \qquad \text{すなわち} \qquad \boldsymbol{5x+3y+7=0}$$

**検討**　点 $\mathrm{A}(x_1,\ y_1)$，直線 $\ell : ax+by+c=0$ について，

[1] 点 A を通り，直線 $\ell$ に平行な直線の方程式は

$$\boldsymbol{a(x-x_1)+b(y-y_1)=0}$$

←法線ベクトルが $\vec{n}=(a,\ b)$ である直線。

[2] 点 A を通り，直線 $\ell$ に垂直な直線の方程式は

$$\boldsymbol{b(x-x_1)-a(y-y_1)=0}$$

←法線ベクトルが $\ell$ の方向ベクトルである直線。

(2) 2 直線 $x-3y+5=0$, $2x+4y+3=0$ をそれぞれ $\ell_1$, $\ell_2$ とすると，$\ell_1$, $\ell_2$ の法線ベクトルはそれぞれ $\overrightarrow{n_1}=(1,\ -3)$, $\overrightarrow{n_2}=(2,\ 4)$ とおける。

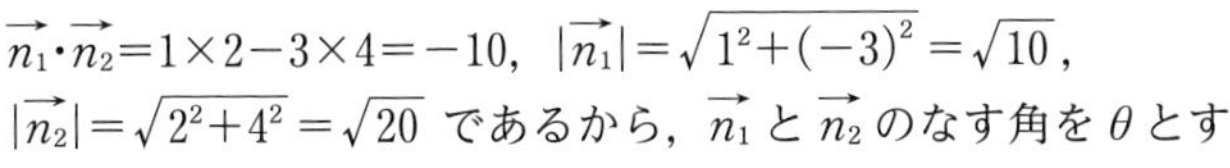

$\overrightarrow{n_1}\cdot\overrightarrow{n_2}=1\times2-3\times4=-10$, $|\overrightarrow{n_1}|=\sqrt{1^2+(-3)^2}=\sqrt{10}$,

$|\overrightarrow{n_2}|=\sqrt{2^2+4^2}=\sqrt{20}$ であるから，$\overrightarrow{n_1}$ と $\overrightarrow{n_2}$ のなす角を $\theta$ とす

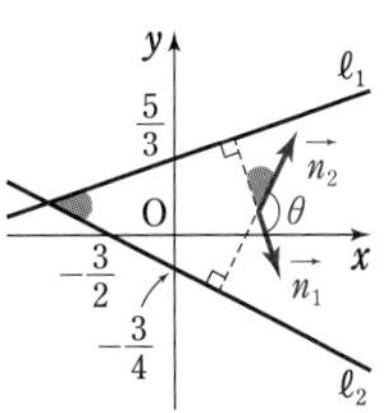

ると　　$\cos\theta=\dfrac{\vec{n_1}\cdot\vec{n_2}}{|\vec{n_1}||\vec{n_2}|}=\dfrac{-10}{\sqrt{10}\sqrt{20}}=-\dfrac{1}{\sqrt{2}}$

$0°\leqq\theta\leqq180°$ であるから　　$\theta=135°$

したがって，2 直線 $\ell_1$，$\ell_2$ のなす鋭角は　　$180°-135°=$ **45°**

←$180°-\theta$

## 練習 ②36

点 A$(2,\ -3)$ から直線 $\ell：3x-2y+4=0$ に下ろした垂線の足の座標を，ベクトルを用いて求めよ。また，点 A と直線 $\ell$ の距離を求めよ。

点 A から直線 $\ell$ に垂線 AH を下ろし，H$(s,\ t)$ とする。
$\vec{n}=(3,\ -2)$ とすると，$\vec{n}$ は直線 $\ell$ の法線ベクトルであり，
$\vec{n}\parallel\overrightarrow{\mathrm{AH}}$ であるから，$\overrightarrow{\mathrm{AH}}=k\vec{n}$ ($k$ は実数) とおける。
よって　　$(s-2,\ t+3)=k(3,\ -2)$
ゆえに　　$s-2=3k$ …… ①，$t+3=-2k$ …… ②
H は直線 $\ell$ 上の点であるから　　$3s-2t+4=0$
①，② を代入して　　$3(3k+2)-2(-2k-3)+4=0$
よって　　$k=-\dfrac{16}{13}$
ゆえに，①，② から　　$s=-\dfrac{22}{13}$，$t=-\dfrac{7}{13}$
したがって，垂線の足 H の座標は　　$\left(-\dfrac{22}{13},\ -\dfrac{7}{13}\right)$
また，点 A と直線 $\ell$ の距離は

$$\mathrm{AH}=|\overrightarrow{\mathrm{AH}}|=\left|-\frac{16}{13}\vec{n}\right|=\frac{16}{13}|\vec{n}|$$
$$=\frac{16}{13}\sqrt{3^2+(-2)^2}=\frac{16\sqrt{13}}{13}$$

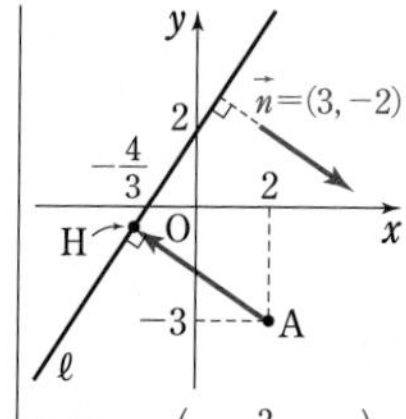


別解　H$\left(s,\ \dfrac{3}{2}s+2\right)$ とすると
$\overrightarrow{\mathrm{AH}}=\left(s-2,\ \dfrac{3}{2}s+5\right)$
$\vec{n}=(3,\ -2)$ とすると，
$\vec{n}\parallel\overrightarrow{\mathrm{AH}}$ であるから
$3\cdot\left(\dfrac{3}{2}s+5\right)-(-2)(s-2)$
$=0$　よって　$s=-\dfrac{22}{13}$
ゆえに　H$\left(-\dfrac{22}{13},\ -\dfrac{7}{13}\right)$

## 練習 ③37

平行四辺形 ABCD において，辺 AB を 3：2 に内分する点を E，辺 BC を 1：2 に内分する点を F，辺 CD の中点を M とし，$\overrightarrow{\mathrm{AB}}=\vec{b}$，$\overrightarrow{\mathrm{AD}}=\vec{d}$ とする。
(1)　線分 CE と FM の交点を P とするとき，$\overrightarrow{\mathrm{AP}}$ を $\vec{b}$，$\vec{d}$ で表せ。
(2)　直線 AP と対角線 BD の交点を Q とするとき，$\overrightarrow{\mathrm{AQ}}$ を $\vec{b}$，$\vec{d}$ で表せ。

(1)　CP：PE$=s：(1-s)$，MP：PF$=t：(1-t)$ とすると

$\overrightarrow{\mathrm{AP}}=s\overrightarrow{\mathrm{AE}}+(1-s)\overrightarrow{\mathrm{AC}}$

$=s\left(\dfrac{3}{5}\vec{b}\right)+(1-s)(\vec{b}+\vec{d})$

$=\left(1-\dfrac{2}{5}s\right)\vec{b}+(1-s)\vec{d}$

←$\overrightarrow{\mathrm{AP}}$ を 2 通りに表す。

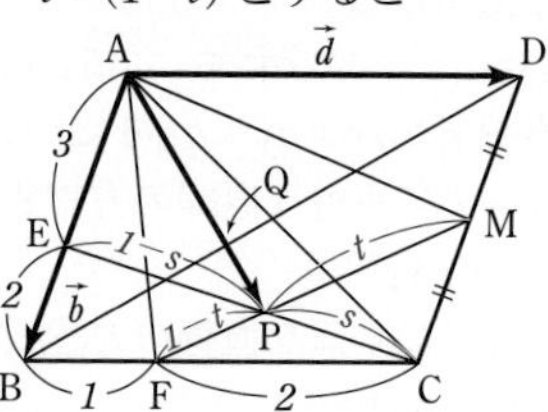


$\overrightarrow{\mathrm{AP}}=t\overrightarrow{\mathrm{AF}}+(1-t)\overrightarrow{\mathrm{AM}}$

$=t\left(\vec{b}+\dfrac{1}{3}\vec{d}\right)+(1-t)\left(\vec{d}+\dfrac{1}{2}\vec{b}\right)$

$=\dfrac{1+t}{2}\vec{b}+\dfrac{3-2t}{3}\vec{d}$

←$\overrightarrow{\mathrm{AF}}=\overrightarrow{\mathrm{AB}}+\overrightarrow{\mathrm{BF}}$，$\overrightarrow{\mathrm{AM}}=\overrightarrow{\mathrm{AD}}+\overrightarrow{\mathrm{DM}}$

$\vec{b}\neq\vec{0}$，$\vec{d}\neq\vec{0}$，$\vec{b}\not\parallel\vec{d}$ であるから

$1-\dfrac{2}{5}s=\dfrac{1+t}{2}$，$1-s=\dfrac{3-2t}{3}$

←$\vec{b}$，$\vec{d}$ の係数を比較。

これを解いて　　$s=\frac{10}{23}$，$t=\frac{15}{23}$

したがって　　$\boldsymbol{\overrightarrow{AP}=\frac{19}{23}\vec{b}+\frac{13}{23}\vec{d}}$

(2)　点Qは直線AP上にあるから，$\overrightarrow{AQ}=k\overrightarrow{AP}$ ($k$ は実数) とおける。

(1)から　　$\overrightarrow{AQ}=k\left(\frac{19}{23}\vec{b}+\frac{13}{23}\vec{d}\right)=\frac{19}{23}k\vec{b}+\frac{13}{23}k\vec{d}$

点Qは直線BD上にあるから　　$\frac{19}{23}k+\frac{13}{23}k=1$

←(係数の和)＝1

ゆえに　　$k=\frac{23}{32}$　　　したがって　　$\boldsymbol{\overrightarrow{AQ}=\frac{19}{32}\vec{b}+\frac{13}{32}\vec{d}}$

←BQ：QD＝13：19

**練習 ③38**　△OABに対し，$\overrightarrow{OP}=s\overrightarrow{OA}+t\overrightarrow{OB}$ とする。実数 $s$，$t$ が次の条件を満たしながら動くとき，点Pの存在範囲を求めよ。
(1)　$s+t=3$　　(2)　$2s+3t=1$，$s\geqq 0$，$t\geqq 0$　　(3)　$2s+3t\leqq 6$，$s\geqq 0$，$t\geqq 0$

(1)　$s+t=3$ から　　$\frac{s}{3}+\frac{t}{3}=1$

←＝1の形を導く。

また　　$\overrightarrow{OP}=\frac{s}{3}(3\overrightarrow{OA})+\frac{t}{3}(3\overrightarrow{OB})$

←$\frac{s}{3}=s'$，$\frac{t}{3}=t'$ とおくと，$s'+t'=1$ で $\overrightarrow{OP}=s'\overrightarrow{OA'}+t'\overrightarrow{OB'}$

よって，点Pの存在範囲は，
$\boldsymbol{3\overrightarrow{OA}=\overrightarrow{OA'}}$，$\boldsymbol{3\overrightarrow{OB}=\overrightarrow{OB'}}$ **とすると**
**直線 A′B′** である。

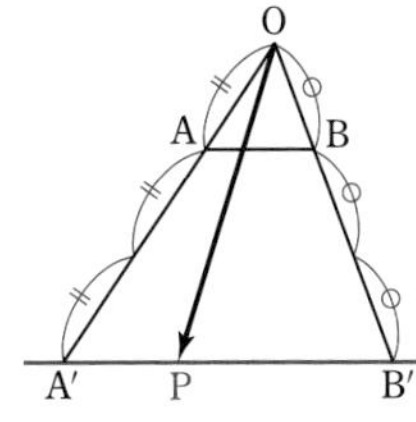


(2)　$2s+3t=1$

また　　$\overrightarrow{OP}=2s\left(\frac{1}{2}\overrightarrow{OA}\right)+3t\left(\frac{1}{3}\overrightarrow{OB}\right)$，
$2s\geqq 0$，$3t\geqq 0$

←$2s=s'$，$3t=t'$ とおくと，$s'+t'=1$，$s'\geqq 0$，$t'\geqq 0$ で $\overrightarrow{OP}=s'\overrightarrow{OA'}+t'\overrightarrow{OB'}$

よって，点Pの存在範囲は，
$\boldsymbol{\frac{1}{2}\overrightarrow{OA}=\overrightarrow{OA'}}$，$\boldsymbol{\frac{1}{3}\overrightarrow{OB}=\overrightarrow{OB'}}$ **とすると**
**線分 A′B′** である。

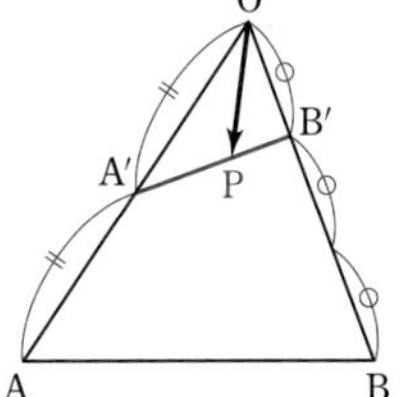


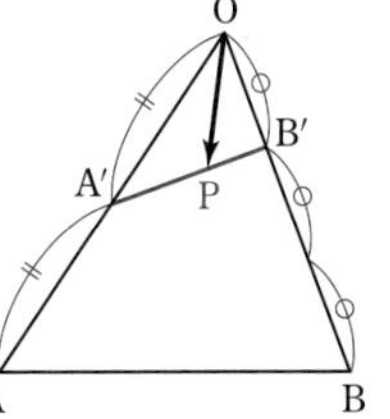

(3)　$2s+3t=k$ とおくと　　$0\leqq k\leqq 6$

←$0\leqq 2s+3t\leqq 6$

$k=0$ のときは，$s=t=0$ であるから，点Pは点Oに一致する。

←$\overrightarrow{OP}=\vec{0}$

$0<k\leqq 6$ のとき　　$\frac{2s}{k}+\frac{3t}{k}=1$，$\frac{2s}{k}\geqq 0$，$\frac{3t}{k}\geqq 0$

←$2s+3t=k$ の両辺を $k$ で割る。

また　$\overrightarrow{OP}=\frac{2s}{k}\left(\frac{k}{2}\overrightarrow{OA}\right)+\frac{3t}{k}\left(\frac{k}{3}\overrightarrow{OB}\right)$

←$\frac{2s}{k}=s'$，$\frac{3t}{k}=t'$ とおくと，$s'+t'=1$，$s'\geqq 0$，$t'\geqq 0$ で $\overrightarrow{OP}=s'\overrightarrow{OA'}+t'\overrightarrow{OB'}$

$\frac{k}{2}\overrightarrow{OA}=\overrightarrow{OA'}$，$\frac{k}{3}\overrightarrow{OB}=\overrightarrow{OB'}$ とすると，
$k$ が一定のとき点Pは線分 A′B′ 上を動く。
ここで，$0\leqq\frac{k}{2}\leqq 3$，$0\leqq\frac{k}{3}\leqq 2$ より，

$\boldsymbol{3\overrightarrow{OA}=\overrightarrow{OC}}$，$\boldsymbol{2\overrightarrow{OB}=\overrightarrow{OD}}$ **とすると**，$0\leqq k\leqq 6$ の範囲で $k$ が変わるとき，点Pの存在範囲は **△OCDの周および内部** である。

←線分 A′B′ は線分CDと平行に動く。

参考 斜交座標（本冊 $p.75$）の考えを利用する場合は，直交座標で O を原点，$\overrightarrow{OA}=(1,\ 0)$，$\overrightarrow{OB}=(0,\ 1)$，$\overrightarrow{OP}=(x,\ y)$ としたときの点 $(x,\ y)$ の存在範囲と比較するとよい。

ここで，$\overrightarrow{OP}=s\overrightarrow{OA}+t\overrightarrow{OB}$ から　$(x,\ y)=s(1,\ 0)+t(0,\ 1)=(s,\ t)$

したがって，$x=s$，$y=t$ となる。

(1) $x+y=3$　　(2) $2x+3y=1$，$x\geqq 0$，$y\geqq 0$　　(3) $2x+3y\leqq 6$，$x\geqq 0$，$y\geqq 0$

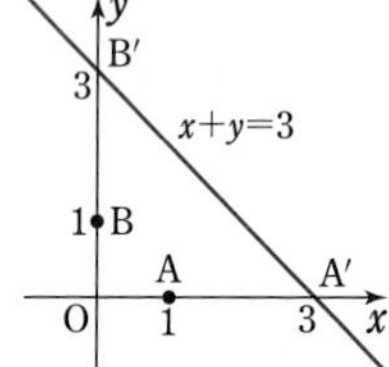

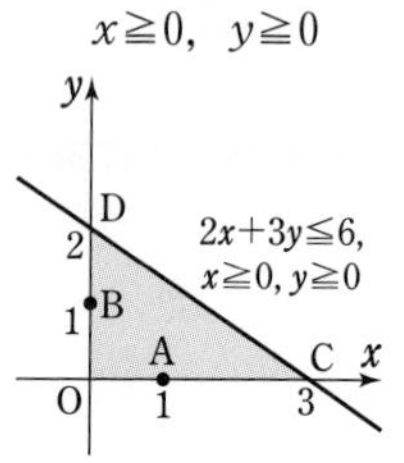


**練習 ③39** △OAB に対し，$\overrightarrow{OP}=s\overrightarrow{OA}+t\overrightarrow{OB}$ とする。実数 $s$，$t$ が次の条件を満たしながら動くとき，点 P の存在範囲を求めよ。

(1) $1\leqq s+2t\leqq 2$，$s\geqq 0$，$t\geqq 0$　　(2) $-1\leqq s\leqq 0$，$0\leqq 2t\leqq 1$　　(3) $-1<s+t<2$

(1) $s+2t=k\ (1\leqq k\leqq 2)$ とおくと

$$\frac{s}{k}+\frac{2t}{k}=1,\quad \frac{s}{k}\geqq 0,\quad \frac{2t}{k}\geqq 0$$

←$=1$ の形を導く。

また　$\overrightarrow{OP}=\dfrac{s}{k}(k\overrightarrow{OA})+\dfrac{2t}{k}\left(\dfrac{k}{2}\overrightarrow{OB}\right)$

←$\dfrac{s}{k}=s'$，$\dfrac{2t}{k}=t'$ とおくと $s'+t'=1$，$s'\geqq 0$，$t'\geqq 0$ で $\overrightarrow{OP}=s'\overrightarrow{OA'}+t'\overrightarrow{OB'}$

よって，$k\overrightarrow{OA}=\overrightarrow{OA'}$，$\dfrac{k}{2}\overrightarrow{OB}=\overrightarrow{OB'}$ とすると，$k$ が一定のとき点 P は線分 A′B′ 上を動く。

**ここで，$2\overrightarrow{OA}=\overrightarrow{OC}$，$\dfrac{1}{2}\overrightarrow{OB}=\overrightarrow{OD}$ とすると**，$1\leqq k\leqq 2$ の範囲で $k$ が変わるとき，点 P の存在範囲は

**台形 ACBD の周および内部**

である。

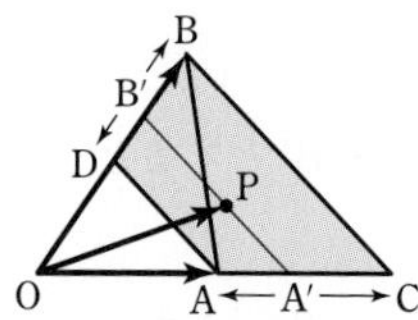


参考 斜交座標の考えを利用する場合は，次の直交座標の図と比較する。

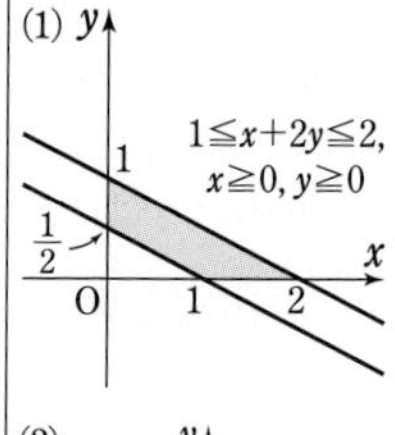


(2) $s$ を固定して，$\overrightarrow{OA'}=s\overrightarrow{OA}$ とすると

$$\overrightarrow{OP}=\overrightarrow{OA'}+t\overrightarrow{OB}$$

ここで，$0\leqq 2t\leqq 1$ すなわち $0\leqq t\leqq\dfrac{1}{2}$

の範囲で $t$ を変化させると，点 P は右の図の線分 A′C′ 上を動く。

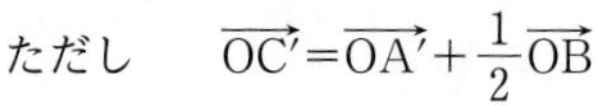

ただし　$\overrightarrow{OC'}=\overrightarrow{OA'}+\dfrac{1}{2}\overrightarrow{OB}$

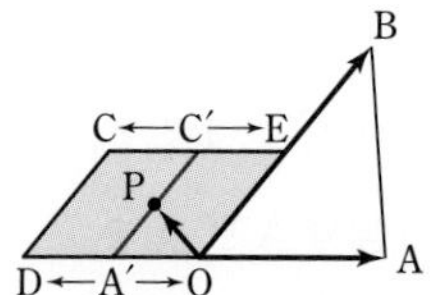


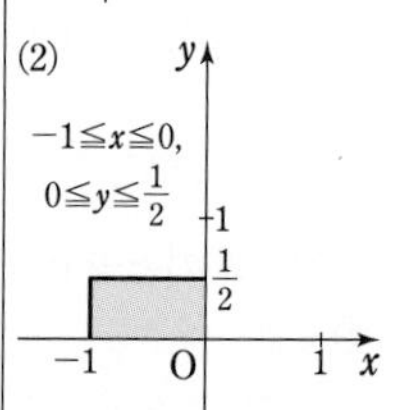


次に，$-1\leqq s\leqq 0$ の範囲で $s$ を変化させると，線分 A′C′ は図の線分 DC から OE まで平行に動く。

ただし　$\overrightarrow{OC}=-\overrightarrow{OA}+\dfrac{1}{2}\overrightarrow{OB}$，$\overrightarrow{OD}=-\overrightarrow{OA}$，$\overrightarrow{OE}=\dfrac{1}{2}\overrightarrow{OB}$

ゆえに，点Pの存在範囲は

$$-\overrightarrow{OA}+\frac{1}{2}\overrightarrow{OB}=\overrightarrow{OC},\ -\overrightarrow{OA}=\overrightarrow{OD},\ \frac{1}{2}\overrightarrow{OB}=\overrightarrow{OE}$$

**とすると，平行四辺形 ODCE の周および内部**

である。

別解　$0\leqq -s\leqq 1$，$0\leqq 2t\leqq 1$ から，$-s=s'$，$2t=t'$ とすると

$$\overrightarrow{OP}=s'(-\overrightarrow{OA})+t'\cdot\frac{1}{2}\overrightarrow{OB},\ 0\leqq s'\leqq 1,\ 0\leqq t'\leqq 1$$

よって，点Pの存在範囲は

**$-\overrightarrow{OA}=\overrightarrow{OD}$，$\frac{1}{2}\overrightarrow{OB}=\overrightarrow{OE}$ とすると，線分 OD，OE を隣り合う2辺とする平行四辺形の周および内部**

(3)　$s+t=k$ ($k\neq 0$，$-1<k<2$) とおくと

$$\frac{s}{k}+\frac{t}{k}=1,\ \overrightarrow{OP}=\frac{s}{k}(k\overrightarrow{OA})+\frac{t}{k}(k\overrightarrow{OB})$$

ゆえに，$k\overrightarrow{OA}=\overrightarrow{OC}$，$k\overrightarrow{OB}=\overrightarrow{OD}$，$\frac{s}{k}=s'$，$\frac{t}{k}=t'$ とおくと

$$\overrightarrow{OP}=s'\overrightarrow{OC}+t'\overrightarrow{OD},\ s'+t'=1$$

よって，点Pは辺ABに平行な直線CD上を動く。

また，$k=0$ のとき，$\overrightarrow{OP}=s\overrightarrow{BA}(=t\overrightarrow{AB})$ となり，点Pは点Oを通り，ABに平行な直線上を動く。

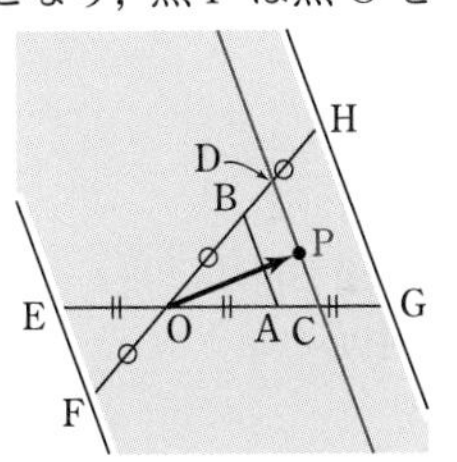


ここで，**$-\overrightarrow{OA}=\overrightarrow{OE}$，$-\overrightarrow{OB}=\overrightarrow{OF}$，$2\overrightarrow{OA}=\overrightarrow{OG}$，$2\overrightarrow{OB}=\overrightarrow{OH}$ とすると，**

$k$ が $-1$ から2まで変化すると，点Cは図の線分EG上をEからGまで，点Dは線分FH上をFからHまで動く。ゆえに，点Pの存在範囲は **2本の平行線 EF，GH で挟まれた部分。ただし，直線 EF，GH は除く。**

(3)

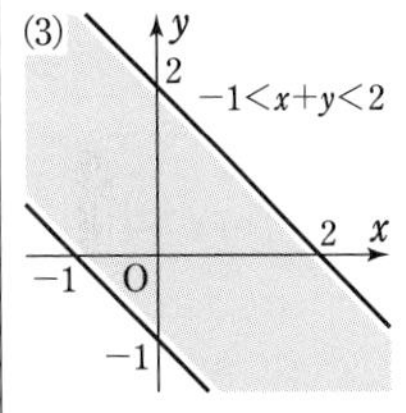


←$s+t=0$ から　$t=-s$，

$\overrightarrow{OP}=s\overrightarrow{OA}+(-s)\overrightarrow{OB}$

$=s(\overrightarrow{OA}-\overrightarrow{OB})$

$=s\overrightarrow{BA}$

## 練習 ③40

△OAB において，次の条件を満たす点Pの存在範囲を求めよ。

(1)　$\overrightarrow{OP}=(2s+t)\overrightarrow{OA}+t\overrightarrow{OB}$，$0\leqq s+t\leqq 1$，$s\geqq 0$，$t\geqq 0$

(2)　$\overrightarrow{OP}=(s-t)\overrightarrow{OA}+(s+t)\overrightarrow{OB}$，$0\leqq s\leqq 1$，$0\leqq t\leqq 1$

(1)　$\overrightarrow{OP}=(2s+t)\overrightarrow{OA}+t\overrightarrow{OB}$

$=s(2\overrightarrow{OA})+t(\overrightarrow{OA}+\overrightarrow{OB})$

**$2\overrightarrow{OA}=\overrightarrow{OC}$，$\overrightarrow{OA}+\overrightarrow{OB}=\overrightarrow{OD}$ とすると**

$\overrightarrow{OP}=s\overrightarrow{OC}+t\overrightarrow{OD}$，

$0\leqq s+t\leqq 1$，$s\geqq 0$，$t\geqq 0$

よって，点Pの存在範囲は

**△OCD の周および内部**

である。

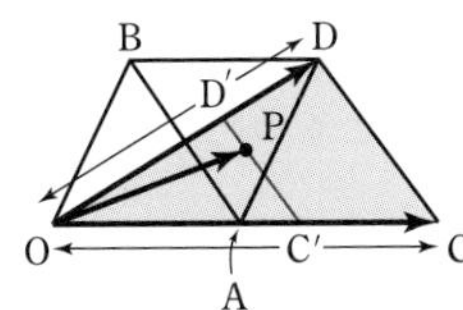


(1)　$s+t=k$ $(0\leqq k\leqq 1)$ とおくと，$k=0$ のとき，点Oに一致する。

$k\neq 0$ のとき

$\frac{s}{k}+\frac{t}{k}=1$，

$\overrightarrow{OP}=\frac{s}{k}(k\overrightarrow{OC})+\frac{t}{k}(k\overrightarrow{OD})$

$k\overrightarrow{OC}=\overrightarrow{OC'}$，$k\overrightarrow{OD}=\overrightarrow{OD'}$ とおいて $k$ を固定すると，点Pは線分C′D′上を動く。次に $k$ を動かす。

(2) $\overrightarrow{\mathrm{OP}}=(s-t)\overrightarrow{\mathrm{OA}}+(s+t)\overrightarrow{\mathrm{OB}}$
$=s(\overrightarrow{\mathrm{OA}}+\overrightarrow{\mathrm{OB}})+t(\overrightarrow{\mathrm{OB}}-\overrightarrow{\mathrm{OA}})$
**$\overrightarrow{\mathrm{OA}}+\overrightarrow{\mathrm{OB}}=\overrightarrow{\mathrm{OC}}$，$\overrightarrow{\mathrm{OB}}-\overrightarrow{\mathrm{OA}}=\overrightarrow{\mathrm{OD}}$ とすると**
$\overrightarrow{\mathrm{OP}}=s\overrightarrow{\mathrm{OC}}+t\overrightarrow{\mathrm{OD}}$,
$0\leqq s\leqq 1$，$0\leqq t\leqq 1$
よって，点Pの存在範囲は
**線分 OC，OD を隣り合う 2 辺とする平行四辺形の周および内部**
である。

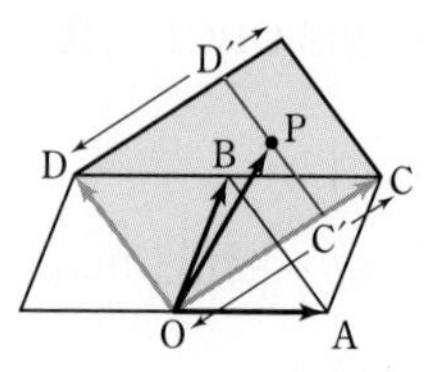


(2) $s(\overrightarrow{\mathrm{OA}}+\overrightarrow{\mathrm{OB}})=\overrightarrow{\mathrm{OC'}}$ とおいて $s$ を固定すると
$\overrightarrow{\mathrm{OP}}=\overrightarrow{\mathrm{OC'}}+t\overrightarrow{\mathrm{OD}}$
$t$ を $0\leqq t\leqq 1$ の範囲で動かすと点Pは図の線分 C′D′ 上を動く（ただし $\overrightarrow{\mathrm{OD'}}=\overrightarrow{\mathrm{OC'}}+\overrightarrow{\mathrm{OD}}$）。
次に $s$ を動かす。

**練習 ③41** 平面上の △ABC と任意の点Pに対し，次のベクトル方程式は円を表す。どのような円か。
(1) $|\overrightarrow{\mathrm{BP}}+\overrightarrow{\mathrm{CP}}|=|\overrightarrow{\mathrm{AB}}+\overrightarrow{\mathrm{AC}}|$　　(2) $2\overrightarrow{\mathrm{PA}}\cdot\overrightarrow{\mathrm{PB}}=3\overrightarrow{\mathrm{PA}}\cdot\overrightarrow{\mathrm{PC}}$

$\overrightarrow{\mathrm{AB}}=\vec{b}$，$\overrightarrow{\mathrm{AC}}=\vec{c}$，$\overrightarrow{\mathrm{AP}}=\vec{p}$ とする。

(1) $|\overrightarrow{\mathrm{BP}}+\overrightarrow{\mathrm{CP}}|=|(\vec{p}-\vec{b})+(\vec{p}-\vec{c})|$
$=2\left|\vec{p}-\dfrac{\vec{b}+\vec{c}}{2}\right|$
であるから，ベクトル方程式は
$$2\left|\vec{p}-\frac{\vec{b}+\vec{c}}{2}\right|=|\vec{b}+\vec{c}|$$
ゆえに　$\left|\vec{p}-\dfrac{\vec{b}+\vec{c}}{2}\right|=\left|\dfrac{\vec{b}+\vec{c}}{2}\right|$
よって，この方程式の表す図形は
**辺 BC の中点を中心とし，点 A を通る円**
である。

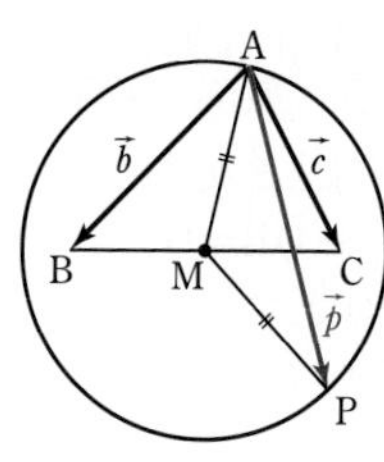


←点 A に関する位置ベクトル。
←$\overrightarrow{\mathrm{BP}}=\overrightarrow{\mathrm{AP}}-\overrightarrow{\mathrm{AB}}$

←辺 BC の中点を M とすると
$|\overrightarrow{\mathrm{AP}}-\overrightarrow{\mathrm{AM}}|=|\overrightarrow{\mathrm{AM}}|$
すなわち
$|\overrightarrow{\mathrm{MP}}|=|\overrightarrow{\mathrm{AM}}|$

(2) ベクトル方程式は
$$2(-\vec{p})\cdot(\vec{b}-\vec{p})=3(-\vec{p})\cdot(\vec{c}-\vec{p})$$
ゆえに　$\vec{p}\cdot\{2(\vec{p}-\vec{b})-3(\vec{p}-\vec{c})\}=0$
よって　$-\vec{p}\cdot(\vec{p}+2\vec{b}-3\vec{c})=0$
したがって
$$\vec{p}\cdot\left(\vec{p}-\frac{-2\vec{b}+3\vec{c}}{3-2}\right)=0$$
ゆえに，この方程式の表す図形は
**辺 BC を 3：2 に外分する点と点 A を直径の両端とする円**
である。

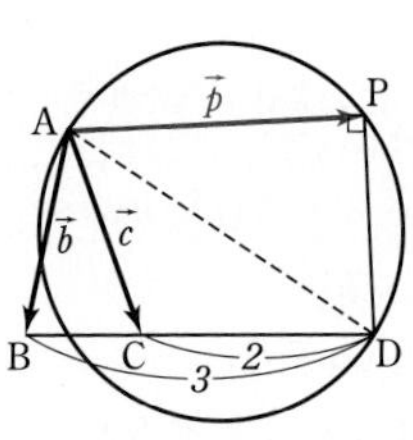


←$\overrightarrow{\mathrm{PA}}=-\overrightarrow{\mathrm{AP}}$,
$\overrightarrow{\mathrm{PB}}=\overrightarrow{\mathrm{AB}}-\overrightarrow{\mathrm{AP}}$

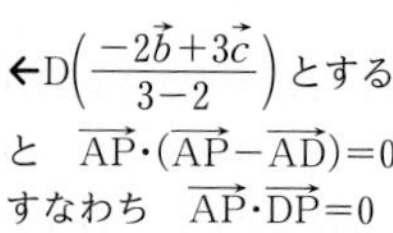
←$\mathrm{D}\left(\dfrac{-2\vec{b}+3\vec{c}}{3-2}\right)$ とすると $\overrightarrow{\mathrm{AP}}\cdot(\overrightarrow{\mathrm{AP}}-\overrightarrow{\mathrm{AD}})=0$
すなわち　$\overrightarrow{\mathrm{AP}}\cdot\overrightarrow{\mathrm{DP}}=0$

**練習 ②42** 円 $(x-a)^2+(y-b)^2=r^2\ (r>0)$ 上の点 $(x_0,\ y_0)$ における接線の方程式は $(x_0-a)(x-a)+(y_0-b)(y-b)=r^2$ であることを，ベクトルを用いて証明せよ。

円 $(x-a)^2+(y-b)^2=r^2\ (r>0)$ 上の点 $(x_0,\ y_0)$ における接線を $\ell$ とし，$\ell$ 上の任意の点の座標を $(x,\ y)$ とする。

$\vec{c}=(a,\ b)$，$\vec{p_0}=(x_0,\ y_0)$ とし，$\vec{p}=(x,\ y)$ とすると，接線のベクトル方程式は　$(\vec{p_0}-\vec{c})\cdot(\vec{p}-\vec{p_0})=0$

ゆえに　$(\vec{p_0}-\vec{c})\cdot\{\vec{p}-\vec{c}-(\vec{p_0}-\vec{c})\}=0$

よって　$(\vec{p_0}-\vec{c})\cdot(\vec{p}-\vec{c})=|\vec{p_0}-\vec{c}|^2$ …… ①

ここで　$\vec{p_0}-\vec{c}=(x_0,\ y_0)-(a,\ b)=(x_0-a,\ y_0-b)$，

$\vec{p}-\vec{c}=(x,\ y)-(a,\ b)=(x-a,\ y-b)$

$|\vec{p_0}-\vec{c}|=r$ であるから，① より接線の方程式は

$(x_0-a)(x-a)+(y_0-b)(y-b)=r^2$

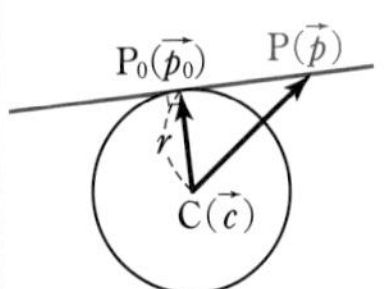


点 $P(\vec{p})$ が $\ell$ 上にあることは，$\overrightarrow{CP_0}\perp\overrightarrow{P_0P}$ または $\overrightarrow{P_0P}=\vec{0}$ が成り立つことと同値である。

**練習 ④43** 平面上に，異なる2定点O，Aと，線分OAを直径とする円 $C$ を考える。円 $C$ 上に点O，Aとは異なる点Bをとり，$\vec{a}=\overrightarrow{OA}$，$\vec{b}=\overrightarrow{OB}$ とする。
(1) △OABの重心をGとする。位置ベクトル $\overrightarrow{OG}$ を $\vec{a}$ と $\vec{b}$ で表せ。
(2) この平面上で，$\overrightarrow{OP}\cdot\overrightarrow{AP}+\overrightarrow{AP}\cdot\overrightarrow{BP}+\overrightarrow{BP}\cdot\overrightarrow{OP}=0$ を満たす点Pの全体からなる円の中心をD，半径を $r$ とする。位置ベクトル $\overrightarrow{OD}$ および $r$ を，$\vec{a}$ と $\vec{b}$ を用いて表せ。　〔類 岡山大〕

(1) $\overrightarrow{OG}=\dfrac{1}{3}(\overrightarrow{OO}+\overrightarrow{OA}+\overrightarrow{OB})=\boldsymbol{\dfrac{\vec{a}+\vec{b}}{3}}$

(2) $\overrightarrow{OP}=\vec{p}$ とすると，等式から

$\vec{p}\cdot(\vec{p}-\vec{a})+(\vec{p}-\vec{a})\cdot(\vec{p}-\vec{b})+(\vec{p}-\vec{b})\cdot\vec{p}=0$

よって　$|\vec{p}|^2-\vec{p}\cdot\vec{a}+|\vec{p}|^2-\vec{p}\cdot\vec{b}-\vec{p}\cdot\vec{a}+\vec{a}\cdot\vec{b}+|\vec{p}|^2-\vec{b}\cdot\vec{p}=0$

整理すると　$3|\vec{p}|^2-2(\vec{a}+\vec{b})\cdot\vec{p}+\vec{a}\cdot\vec{b}=0$

変形して　$|\vec{p}|^2-\dfrac{2}{3}(\vec{a}+\vec{b})\cdot\vec{p}=-\dfrac{1}{3}\vec{a}\cdot\vec{b}$

両辺に $\dfrac{1}{9}|\vec{a}+\vec{b}|^2$ を加えて

$\left|\vec{p}-\dfrac{\vec{a}+\vec{b}}{3}\right|^2=\dfrac{|\vec{a}|^2-\vec{a}\cdot\vec{b}+|\vec{b}|^2}{9}$

ここで，$\angle OBA=90°$ より $\overrightarrow{OB}\perp\overrightarrow{AB}$ であるから

$\vec{b}\cdot(\vec{b}-\vec{a})=0$　　よって　$|\vec{b}|^2-\vec{a}\cdot\vec{b}=0$

ゆえに　$\left|\vec{p}-\dfrac{\vec{a}+\vec{b}}{3}\right|^2=\dfrac{|\vec{a}|^2}{9}$

よって　$\left|\vec{p}-\dfrac{\vec{a}+\vec{b}}{3}\right|=\dfrac{|\vec{a}|}{3}$

これは，中心の位置ベクトルが $\dfrac{\vec{a}+\vec{b}}{3}$，半径が $\dfrac{|\vec{a}|}{3}$ の円のベクトル方程式であるから　$\boldsymbol{\overrightarrow{OD}=\dfrac{\vec{a}+\vec{b}}{3}}$，$\boldsymbol{r=\dfrac{|\vec{a}|}{3}}$

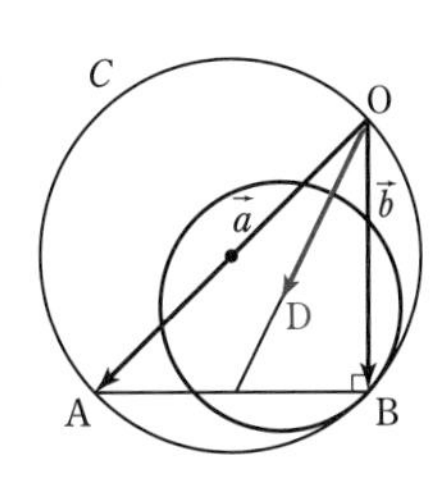

HINT　(2) $\overrightarrow{OP}=\vec{p}$ として等式を整理し，$|\vec{p}-\vec{c}|=r$ の形に変形する。線分OAは直径であるから，$\overrightarrow{OB}\perp\overrightarrow{AB}$ ⟶ $\vec{b}\cdot(\vec{b}-\vec{a})=0$ に注意。

←平方完成の要領で。

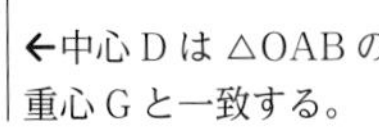

←中心Dは△OABの重心Gと一致する。

**EX ①1** $\vec{a}\neq\vec{0}$，$\vec{b}\neq\vec{0}$，$\vec{a}\not\parallel\vec{b}$ のとき，等式 $3s\vec{a}+2(t+1)\vec{b}=(5t-1)\vec{a}-(s+1)\vec{b}$ を満たす実数 $s$，$t$ の値を求めよ。

$\vec{a}\neq\vec{0}$，$\vec{b}\neq\vec{0}$，$\vec{a}\not\parallel\vec{b}$ であるから，
$3s\vec{a}+2(t+1)\vec{b}=(5t-1)\vec{a}-(s+1)\vec{b}$ のとき

$$3s=5t-1 \quad\cdots\cdots ①,\quad 2(t+1)=-(s+1) \quad\cdots\cdots ②$$

①，② を解いて　　$\boldsymbol{s=-\dfrac{17}{11},\ t=-\dfrac{8}{11}}$

HINT　$\vec{a}$，$\vec{b}$ が1次独立のとき
$s\vec{a}+t\vec{b}=s'\vec{a}+t'\vec{b}$
$\Longleftrightarrow s=s'$，$t=t'$

**EX ②2** $(2\vec{a}+3\vec{b})\parallel(\vec{a}-4\vec{b})$，$\vec{a}\neq\vec{0}$，$\vec{b}\neq\vec{0}$ のとき，$\vec{a}\parallel\vec{b}$ であることを示せ。

$(2\vec{a}+3\vec{b})\parallel(\vec{a}-4\vec{b})$ であるから，$2\vec{a}+3\vec{b}=k(\vec{a}-4\vec{b})$
($k$ は実数) と表される。
よって　　$(k-2)\vec{a}=(4k+3)\vec{b}$
$k-2=0$ とすると，$11\vec{b}=\vec{0}$ となり，$\vec{b}\neq\vec{0}$ に反する。
ゆえに，$k-2\neq0$ から　　$\vec{a}=\dfrac{4k+3}{k-2}\vec{b}$
$\vec{a}\neq\vec{0}$，$\vec{b}\neq\vec{0}$ であるから　　$\vec{a}\parallel\vec{b}$

HINT　$\vec{p}\neq\vec{0}$，$\vec{q}\neq\vec{0}$ のとき　$\vec{p}\parallel\vec{q}$
$\Longleftrightarrow \vec{p}=k\vec{q}$ ($k$ は実数)

←同様に $4k+3\neq0$ であるから，$\vec{b}=\dfrac{k-2}{4k+3}\vec{a}$ としてもよい。

**EX ③3** 1辺の長さが1の正方形OACBにおいて，辺CBを2：1に内分する点をDとする。また，∠AODの二等分線に関して点Aと対称な点をPとする。このとき，$\overrightarrow{OP}$ は $\overrightarrow{OA}$，$\overrightarrow{OB}$ を用いて $\overrightarrow{OP}=$ ア$\square\overrightarrow{OA}+$ イ$\square\overrightarrow{OB}$ と表される。　〔関西大〕

点Dは辺CBを2：1に内分するから

$$\overrightarrow{OD}=\overrightarrow{OB}+\overrightarrow{BD}=\frac{1}{3}\overrightarrow{OA}+\overrightarrow{OB}$$

また，$BD=\dfrac{1}{3}$ であるから

$$OD=\sqrt{OB^2+BD^2}=\sqrt{1^2+\left(\frac{1}{3}\right)^2}=\frac{\sqrt{10}}{3}$$

点Pは∠AODの二等分線に関して点Aと対称であるから

$$OP=OA=1$$

よって，$\overrightarrow{OP}$ は $\overrightarrow{OD}$ と同じ向きに平行な単位ベクトルであるから

$$\overrightarrow{OP}=\frac{\overrightarrow{OD}}{|\overrightarrow{OD}|}=\frac{3}{\sqrt{10}}\overrightarrow{OD}=\frac{3}{\sqrt{10}}\left(\frac{1}{3}\overrightarrow{OA}+\overrightarrow{OB}\right)$$

$$={}^{ア}\boldsymbol{\frac{1}{\sqrt{10}}}\overrightarrow{OA}+{}^{イ}\boldsymbol{\frac{3}{\sqrt{10}}}\overrightarrow{OB}$$

←$\overrightarrow{BD}=\dfrac{1}{1+2}\overrightarrow{BC}=\dfrac{1}{3}\overrightarrow{OA}$

←直角三角形OBDにおいて三平方の定理。

←$\vec{a}$ と平行な単位ベクトルは　$\pm\dfrac{\vec{a}}{|\vec{a}|}$

**EX ②4** 平行四辺形ABCDにおいて，対角線の交点をP，辺BCを2：1に内分する点をQとする。このとき，$\overrightarrow{AB}=\vec{b}$，$\overrightarrow{AD}=\vec{d}$ をそれぞれ $\overrightarrow{AP}=\vec{p}$，$\overrightarrow{AQ}=\vec{q}$ を用いて表せ。

$$\overrightarrow{AP}=\frac{1}{2}\overrightarrow{AC}=\frac{1}{2}(\overrightarrow{AB}+\overrightarrow{AD})$$

$$\overrightarrow{AQ}=\overrightarrow{AB}+\overrightarrow{BQ}=\overrightarrow{AB}+\frac{2}{3}\overrightarrow{BC}$$

$$=\overrightarrow{AB}+\frac{2}{3}\overrightarrow{AD}$$

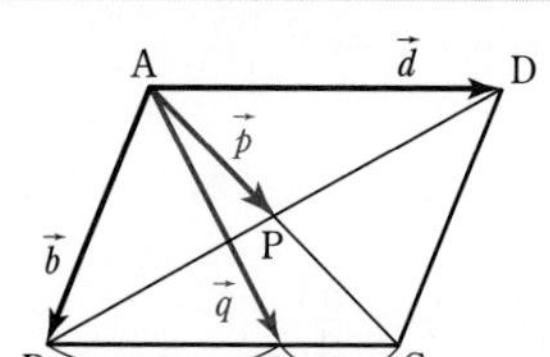


←BQ：BC＝2：3

よって　$2\vec{p}=\vec{b}+\vec{d}$ ...... ①

$3\vec{q}=3\vec{b}+2\vec{d}$ ...... ②

②−①×2 から　$\boldsymbol{\vec{b}=-4\vec{p}+3\vec{q}}$

①×3−② から　$\boldsymbol{\vec{d}=6\vec{p}-3\vec{q}}$

←$b$，$d$ の連立方程式 $\begin{cases} 2p=b+d \\ 3q=3b+2d \end{cases}$ を解くのと同じ要領。



## EX ②5

$\triangle$ABC において，$2\overrightarrow{BP}=\overrightarrow{BC}$，$2\overrightarrow{AQ}+\overrightarrow{AB}=\overrightarrow{AC}$ であるとき，四角形 ABPQ はどのような形か。

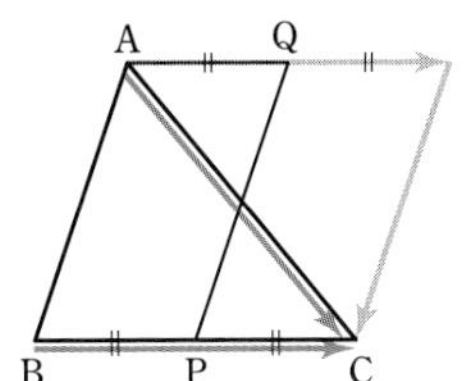


$2\overrightarrow{BP}=\overrightarrow{BC}$ から　$\overrightarrow{BP}=\frac{1}{2}\overrightarrow{BC}$ ...... ①

$2\overrightarrow{AQ}+\overrightarrow{AB}=\overrightarrow{AC}$ から

$2\overrightarrow{AQ}=\overrightarrow{AC}-\overrightarrow{AB}$

よって　$2\overrightarrow{AQ}=\overrightarrow{BC}$

ゆえに　$\overrightarrow{AQ}=\frac{1}{2}\overrightarrow{BC}$ ...... ②

①，② から　$\overrightarrow{BP}=\overrightarrow{AQ}$

よって　BP∥AQ，BP＝AQ

したがって，四角形 ABPQ は **平行四辺形** である。

HINT　条件式を変形して $\overrightarrow{BP}$ と $\overrightarrow{AQ}$ の関係式を導く。

←$\overrightarrow{AC}-\overrightarrow{AB}=\overrightarrow{BC}$

←1 組の対辺が平行で，その長さが等しい。

## EX ③6

1 辺の長さが 1 の正五角形 ABCDE において，対角線 AC と BE の交点を F，AD と BE の交点を G とする。また，AC＝$x$ とする。

(1)　FG＝$2-x$ であることを示せ。

(2)　$x$ の値を求めよ。

(3)　$\overrightarrow{AC}$ を $\overrightarrow{AB}$ と $\overrightarrow{AE}$ を用いて表せ。

〔類　中央大〕

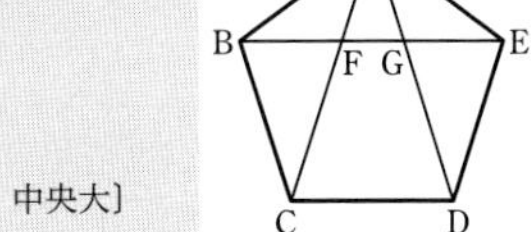


(1)　正五角形の 1 つの内角の大きさは 108° であることと，△ABC と △ABE と △AED は合同な二等辺三角形であることから　∠BAF＝∠ABF＝∠EAG＝∠AEG

＝(180°−108°)÷2＝36°

よって，∠BAG＝108°−36°＝72°，∠BGA＝2×36°＝72°

から　∠BAG＝∠BGA　ゆえに　BG＝AB＝1

同様に，∠EAF＝∠EFA から　FE＝AE＝1

また，BE＝AC＝$x$ であるから　BF＝BE−FE＝$x-1$

よって　FG＝BG−BF＝$1-(x-1)=2-x$

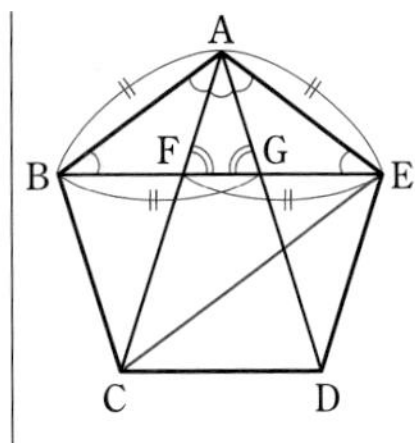

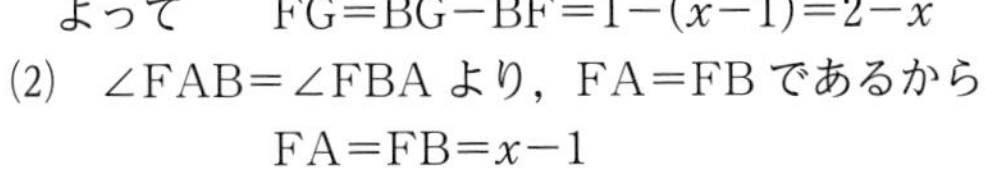

(2)　∠FAB＝∠FBA より，FA＝FB であるから

FA＝FB＝$x-1$

また，AC＝AD から　∠ADC＝(180°−36°)÷2＝72°

△ACD と △AFG において

∠CAD＝∠FAG（共通），∠ADC＝∠AGF＝72°

よって　△ACD∽△AFG

ゆえに，AC：AF＝CD：FG から　$x:(x-1)=1:(2-x)$

よって，$x(2-x)=x-1$ から　$x^2-x-1=0$

$x>0$ であるから　$\boldsymbol{x=\frac{1+\sqrt{5}}{2}}$

←∠FAG＝108°−2×36°＝36°

←∠AGF＝∠BGA

←2 組の角がそれぞれ等しい。

(3) $\overrightarrow{AC}=\overrightarrow{AE}+\overrightarrow{EC}$

$\angle ABE=\angle BEC=36^\circ$ であるから　$AB /\!/ EC$

また，(2) より，$EC=AC=\dfrac{1+\sqrt{5}}{2}$ であるから

$$\overrightarrow{EC}=\frac{1+\sqrt{5}}{2}\overrightarrow{AB}\qquad \text{よって}\quad \boldsymbol{\overrightarrow{AC}=\frac{1+\sqrt{5}}{2}\overrightarrow{AB}+\overrightarrow{AE}}$$

←錯角が等しい。

←$\overrightarrow{EC}=\dfrac{EC}{AB}\overrightarrow{AB}$

**EX ②7**

2つのベクトル $\vec{a}=(2,\ 1)$，$\vec{b}=(4,\ -3)$ に対して，$\vec{x}+2\vec{y}=\vec{a}$，$2\vec{x}-\vec{y}=\vec{b}$ を満たすベクトル $\vec{x}$，$\vec{y}$ の成分を求めよ。〔高知工科大〕

$\vec{x}+2\vec{y}=\vec{a}$ …… ①，$2\vec{x}-\vec{y}=\vec{b}$ …… ② とする。

①＋②×2 から　$5\vec{x}=\vec{a}+2\vec{b}$

よって　$\boldsymbol{\vec{x}}=\dfrac{1}{5}(\vec{a}+2\vec{b})=\dfrac{1}{5}\{(2,\ 1)+2(4,\ -3)\}=\boldsymbol{(2,\ -1)}$

①×2－② から　$5\vec{y}=2\vec{a}-\vec{b}$

よって　$\boldsymbol{\vec{y}}=\dfrac{1}{5}(2\vec{a}-\vec{b})=\dfrac{1}{5}\{2(2,\ 1)-(4,\ -3)\}=\boldsymbol{(0,\ 1)}$

←$x$，$y$ の連立方程式 $\begin{cases} x+2y=a \\ 2x-y=b \end{cases}$ を解くのと同じ要領。

**EX ②8**

(1) $\vec{a}=(-3,\ 4)$，$\vec{b}=(1,\ -2)$ のとき，$\vec{a}+\vec{b}$ と同じ向きの単位ベクトルを求めよ。

(2) ベクトル $\vec{a}=(1,\ 2)$，$\vec{b}=(1,\ 1)$ に対し，ベクトル $t\vec{a}+\vec{b}$ の大きさが1となる $t$ の値を求めよ。

(3) $\vec{a}=(-5,\ 4)$，$\vec{b}=(7,\ -5)$，$\vec{c}=(1,\ t)$ に対して $|\vec{a}-\vec{c}|=2|\vec{b}-\vec{c}|$ が成り立つとき，$t$ の値を求めよ。〔(1) 湘南工科大　(2) 京都産大　(3) 千葉工大〕

HINT　(2)，(3)　$|\vec{p}|$ は $|\vec{p}|^2$ として扱う
(2) では $|t\vec{a}+\vec{b}|^2$，(3) では $|\vec{a}-\vec{c}|^2$，$|\vec{b}-\vec{c}|^2$ を $t$ で表す。

(1) $\vec{a}+\vec{b}=(-3,\ 4)+(1,\ -2)=(-2,\ 2)$ であるから

$$|\vec{a}+\vec{b}|=\sqrt{(-2)^2+2^2}=2\sqrt{2}$$

よって，$\vec{a}+\vec{b}$ と同じ向きの単位ベクトルは

$$\frac{1}{2\sqrt{2}}(\vec{a}+\vec{b})=\frac{1}{2\sqrt{2}}(-2,\ 2)=\boldsymbol{\left(-\frac{1}{\sqrt{2}},\ \frac{1}{\sqrt{2}}\right)}$$

←$=(-3+1,\ 4-2)$

←$\vec{p}$ と同じ向きの単位ベクトルは $\dfrac{\vec{p}}{|\vec{p}|}$

(2) $t\vec{a}+\vec{b}=t(1,\ 2)+(1,\ 1)=(t+1,\ 2t+1)$

$|t\vec{a}+\vec{b}|=1$ となるための条件は　$|t\vec{a}+\vec{b}|^2=1$

よって　$(t+1)^2+(2t+1)^2=1$　すなわち　$5t^2+6t+1=0$

ゆえに　$(t+1)(5t+1)=0$　よって　$\boldsymbol{t=-1,\ -\dfrac{1}{5}}$

←$\vec{p}=(p_1,\ p_2)$ のとき $|\vec{p}|=1 \Longleftrightarrow |\vec{p}|^2=1 \Longleftrightarrow {p_1}^2+{p_2}^2=1$

(3) $\vec{a}-\vec{c}=(-6,\ 4-t)$，$\vec{b}-\vec{c}=(6,\ -(t+5))$

$|\vec{a}-\vec{c}|=2|\vec{b}-\vec{c}|$ であるから　$|\vec{a}-\vec{c}|^2=4|\vec{b}-\vec{c}|^2$

ゆえに　$(-6)^2+(4-t)^2=4\{6^2+(t+5)^2\}$

よって　$t^2+16t+64=0$　ゆえに　$(t+8)^2=0$

よって　$\boldsymbol{t=-8}$

←両辺を2乗する。

**EX ③9**

座標平面上で，始点が原点であるベクトル $\vec{a}=\left(\dfrac{2}{\sqrt{5}},\ \dfrac{1}{\sqrt{5}}\right)$ を，原点を中心として反時計回りに 90° 回転したベクトルを $\vec{b}$ とする。このとき，ベクトル $\left(\dfrac{7}{\sqrt{5}},\ -\dfrac{4}{\sqrt{5}}\right)$ を $s\vec{a}+t\vec{b}$ の形に表せ。〔関西大〕

$\vec{a}$ の成分について，$\left(\dfrac{2}{\sqrt{5}}\right)^2+\left(\dfrac{1}{\sqrt{5}}\right)^2=1$

であるから，右の図より

$\vec{b}=\left(-\dfrac{1}{\sqrt{5}},\ \dfrac{2}{\sqrt{5}}\right)$

ゆえに，$\left(\dfrac{7}{\sqrt{5}},\ -\dfrac{4}{\sqrt{5}}\right)=s\vec{a}+t\vec{b}$ とすると　$\left(\dfrac{7}{\sqrt{5}},\ -\dfrac{4}{\sqrt{5}}\right)=\left(\dfrac{2s-t}{\sqrt{5}},\ \dfrac{s+2t}{\sqrt{5}}\right)$

よって　$2s-t=7,\ s+2t=-4$

これを解いて　$s=2,\ t=-3$

したがって　$\left(\dfrac{7}{\sqrt{5}},\ -\dfrac{4}{\sqrt{5}}\right)=\boldsymbol{2\vec{a}-3\vec{b}}$

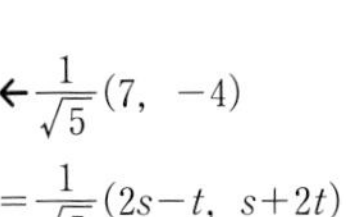


←$|\vec{a}|=1$

←合同な直角三角形に注目。

←$\dfrac{1}{\sqrt{5}}(7,\ -4)=\dfrac{1}{\sqrt{5}}(2s-t,\ s+2t)$

## EX ③10

(1)　$s\neq0$ とする。相異なる3点 O(0, 0)，P($s$, $t$)，Q($s+6t$, $s+2t$) について，点P，Qが同じ象限にあり，$\overrightarrow{\mathrm{OP}}/\!/\overrightarrow{\mathrm{OQ}}$ であるとき，直線OPと $x$ 軸の正の向きとのなす角を $\alpha$ とする。このとき，$\tan\alpha$ の値を求めよ。〔類 職能開発大〕

(2)　ベクトル $\vec{a}=(1,\ 3)$，$\vec{b}=(2,\ 8)$，$\vec{c}=(x,\ y)$ がある。$\vec{c}$ は $2\vec{a}+\vec{b}$ に平行で，$|\vec{c}|=\sqrt{53}$ である。このとき，$x$，$y$ の値を求めよ。〔岩手大〕

(1)　条件から，$\overrightarrow{\mathrm{OQ}}=k\overrightarrow{\mathrm{OP}}$ となる正の実数 $k$ がある。

よって，$(s+6t,\ s+2t)=k(s,\ t)$ から

$s+6t=ks,\ s+2t=kt$

ゆえに　$(1-k)s+6t=0$ …… ①，$s=(k-2)t$ …… ②

② を ① に代入すると　$(1-k)(k-2)t+6t=0$

よって　$\{(1-k)(k-2)+6\}t=0$ …… ③

点Pは座標軸上にないから　$t\neq0$

ゆえに，③ から　$(1-k)(k-2)+6=0$

ゆえに　$k^2-3k-4=0$　　よって　$(k+1)(k-4)=0$

$k>0$ から　$k=4$　　これを ② に代入すると　$s=2t$

したがって　$\tan\alpha=\dfrac{t}{s}=\dfrac{t}{2t}=\boldsymbol{\dfrac{1}{2}}$

←点P，Qは同じ象限にあるから　$k>0$

←両辺の $x$ 成分，$y$ 成分がそれぞれ等しい。

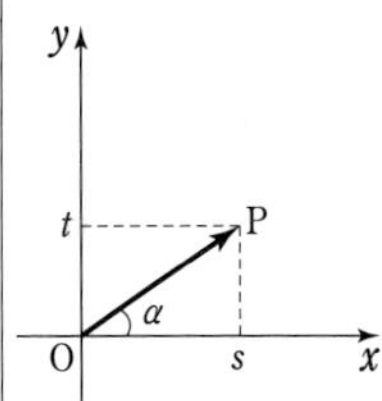


(2)　$\vec{c}$ は $2\vec{a}+\vec{b}$ に平行であるから，$\vec{c}=k(2\vec{a}+\vec{b})$ …… ① となる実数 $k$ がある。

$|\vec{c}|=\sqrt{53}$ であるから　$|k(2\vec{a}+\vec{b})|=\sqrt{53}$

よって　$|k||2\vec{a}+\vec{b}|=\sqrt{53}$

ここで，$2\vec{a}+\vec{b}=(2,\ 6)+(2,\ 8)=(4,\ 14)=2(2,\ 7)$ であるから　$|2\vec{a}+\vec{b}|=|2|\sqrt{2^2+7^2}=2\sqrt{53}$

ゆえに　$|k|\times2\sqrt{53}=\sqrt{53}$　　よって　$k=\pm\dfrac{1}{2}$

① から　$k=\dfrac{1}{2}$ のとき　$\vec{c}=\dfrac{1}{2}(4,\ 14)=(2,\ 7)$

$k=-\dfrac{1}{2}$ のとき　$\vec{c}=-\dfrac{1}{2}(4,\ 14)=(-2,\ -7)$

したがって　$\boldsymbol{(x,\ y)=(2,\ 7),\ (-2,\ -7)}$

←$\vec{p}=k(a_1,\ a_2)$ のとき $|\vec{p}|=|k|\sqrt{a_1^2+a_2^2}$

←$\vec{c}=k(2\vec{a}+\vec{b})$

1章
EX
〔平面上のベクトル〕

**EX ③11**

(1) $\vec{a}=(2,\ 3)$, $\vec{b}=(1,\ -1)$, $\vec{t}=\vec{a}+k\vec{b}$ とする。$-2\leqq k\leqq 2$ のとき，$|\vec{t}|$ の最大値および最小値を求めよ。〔東京電機大〕

(2) 2定点 A(5, 2), B(−1, 5) と $x$ 軸上の動点 P について，$2\overrightarrow{PA}+\overrightarrow{PB}$ の大きさの最小値とそのときの点 P の座標を求めよ。

HINT (2) $P(t,\ 0)$ として，$|2\overrightarrow{PA}+\overrightarrow{PB}|^2$ を $t$ で表す。

(1) $\vec{t}=(2,\ 3)+k(1,\ -1)=(k+2,\ -k+3)$

よって $|\vec{t}|^2=(k+2)^2+(-k+3)^2$

$=2k^2-2k+13$

$=2\left(k-\dfrac{1}{2}\right)^2+\dfrac{25}{2}$

$|\vec{t}|\geqq 0$ であるから，$|\vec{t}|^2$ が最大のとき $|\vec{t}|$ も最大となり，$|\vec{t}|^2$ が最小のとき $|\vec{t}|$ も最小となる。

ゆえに，$-2\leqq k\leqq 2$ のとき，$|\vec{t}|$ は

**$k=-2$ で最大値 $\sqrt{8+4+13}=\sqrt{25}=5$,**

**$k=\dfrac{1}{2}$ で最小値 $\sqrt{\dfrac{25}{2}}=\dfrac{5}{\sqrt{2}}$** をとる。

(1) $|\vec{t}|^2=y$ とすると，$y=2k^2-2k+13$ のグラフは，次の図のようになる。

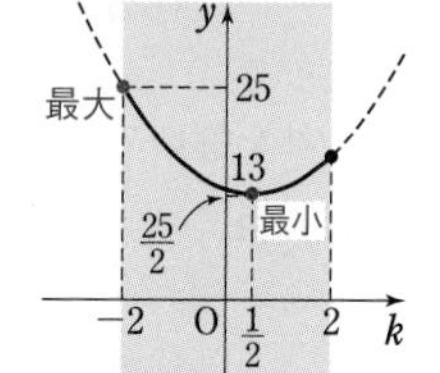


補足 最大値は $\sqrt{(-2+2)^2+(2+3)^2}$ から計算してもよい。

(2) $P(t,\ 0)$ とすると

←P は $x$ 軸上の点。

$2\overrightarrow{PA}+\overrightarrow{PB}=2(5-t,\ 2)+(-1-t,\ 5)$

$=(9-3t,\ 9)$

←$\overrightarrow{PA}=\overrightarrow{OA}-\overrightarrow{OP}$, $\overrightarrow{PB}=\overrightarrow{OB}-\overrightarrow{OP}$

よって $|2\overrightarrow{PA}+\overrightarrow{PB}|^2=(9-3t)^2+9^2$

$=9(t-3)^2+81$

←$\{3(3-t)\}^2+9^2$ $=9(3-t)^2+9^2$

ゆえに，$|2\overrightarrow{PA}+\overrightarrow{PB}|^2$ は $t=3$ のとき最小値 81 をとる。

$|2\overrightarrow{PA}+\overrightarrow{PB}|\geqq 0$ であるから，このとき $|2\overrightarrow{PA}+\overrightarrow{PB}|$ も最小となる。

←この断りは重要。

したがって，$|2\overrightarrow{PA}+\overrightarrow{PB}|$ は **P(3, 0) のとき最小値 9** をとる。

←$\sqrt{81}=9$

**EX ②12**

AD∥BC である等脚台形 ABCD において，辺 AB, CD, DA の長さは 1，辺 BC の長さは 2 である。このとき，ベクトル $\overrightarrow{AC}$, $\overrightarrow{DB}$ の内積の値を求めよ。〔防衛大〕

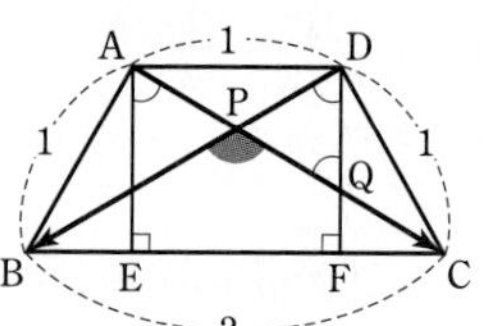


点 A と点 D から辺 BC にそれぞれ垂線 AE, DF をそれぞれ下ろすと

$BE=CF=\dfrac{1}{2}$

等脚台形とは，1つの底辺の両端の内角が等しい台形のこと。

←$BE=CF=\dfrac{2-1}{2}$

AB=CD=1 であるから，直角三角形 ABE, DCF について，辺の比から $AE=DF=\dfrac{\sqrt{3}}{2}$

←辺の長さの比が $1:\sqrt{3}:2$ の直角三角形になる。

また $EC=FB=1+\dfrac{1}{2}=\dfrac{3}{2}$

ゆえに，直角三角形 AEC, DFB について，辺の比から

$\angle EAC=\angle FDB=60^\circ$

←この直角三角形も辺の長さの比が $1:\sqrt{3}:2$

対角線 AC と対角線 BD，線分 DF の交点をそれぞれ P, Q とすると，$\overrightarrow{AC}$ と $\overrightarrow{DB}$ のなす角は $\angle BPC$ であり

$\angle BPC=\angle PDQ+\angle PQD=\angle FDB+\angle EAC=120°$　　←△PQD の外角とみる。

また　　$AC=2AE=\sqrt{3}$，$DB=2DF=\sqrt{3}$

したがって　　$\overrightarrow{AC}\cdot\overrightarrow{DB}=|\overrightarrow{AC}||\overrightarrow{DB}|\cos 120°$

$=\sqrt{3}\times\sqrt{3}\times\left(-\dfrac{1}{2}\right)=-\dfrac{3}{2}$

**EX ③13**

平行四辺形 OABC において，OA=3，OC=2，∠AOC=60° とし，また，辺 OA を 2：1 に内分する点を D，辺 OC の中点を E とする。$\overrightarrow{OA}=\vec{a}$，$\overrightarrow{OC}=\vec{c}$ とするとき，次の問いに答えよ。

(1) $\overrightarrow{DE}$ を $\vec{a}$ と $\vec{c}$ を用いて表せ。　　(2) $\overrightarrow{AB}$ と $\overrightarrow{DE}$ のなす角 $\theta$ を求めよ。

(3) 辺 AB 上の任意の点 P に対し，内積 $\overrightarrow{DE}\cdot\overrightarrow{DP}$ の値は常に $-\dfrac{3}{2}$ であることを示せ。

〔富山県大〕

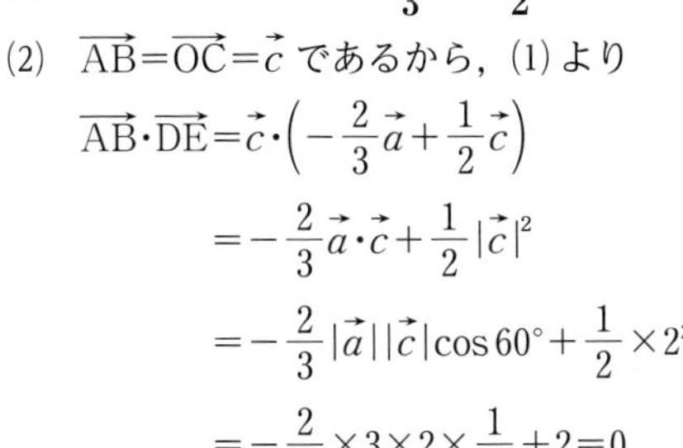


(1) $\overrightarrow{DE}=\overrightarrow{OE}-\overrightarrow{OD}=\boldsymbol{-\dfrac{2}{3}\vec{a}+\dfrac{1}{2}\vec{c}}$　　←$\overrightarrow{OE}=\dfrac{1}{2}\overrightarrow{OC}$，$\overrightarrow{OD}=\dfrac{2}{3}\overrightarrow{OA}$

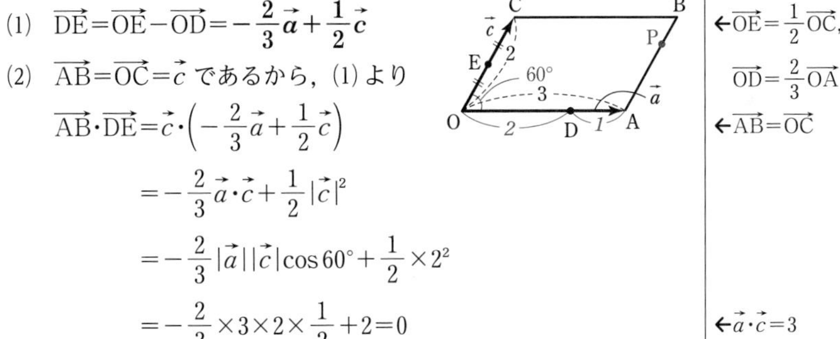

(2) $\overrightarrow{AB}=\overrightarrow{OC}=\vec{c}$ であるから，(1) より　　←$\overrightarrow{AB}=\overrightarrow{OC}$

$\overrightarrow{AB}\cdot\overrightarrow{DE}=\vec{c}\cdot\left(-\dfrac{2}{3}\vec{a}+\dfrac{1}{2}\vec{c}\right)$

$=-\dfrac{2}{3}\vec{a}\cdot\vec{c}+\dfrac{1}{2}|\vec{c}|^2$

$=-\dfrac{2}{3}|\vec{a}||\vec{c}|\cos 60°+\dfrac{1}{2}\times 2^2$

$=-\dfrac{2}{3}\times 3\times 2\times\dfrac{1}{2}+2=0$　　←$\vec{a}\cdot\vec{c}=3$

$\overrightarrow{AB}\neq\vec{0}$，$\overrightarrow{DE}\neq\vec{0}$ であるから　　$\overrightarrow{AB}\perp\overrightarrow{DE}$　　よって　　$\boldsymbol{\theta=90°}$

(3) 点 P は辺 AB 上にあるから，$\overrightarrow{AP}=k\overrightarrow{AB}=k\vec{c}$ となる実数 $k$ がある。　　←$\overrightarrow{AP}\parallel\overrightarrow{AB}$ となる。

このとき　　$\overrightarrow{DP}=\overrightarrow{AP}-\overrightarrow{AD}=k\vec{c}-\left(-\dfrac{1}{3}\vec{a}\right)=\dfrac{1}{3}\vec{a}+k\vec{c}$

ゆえに，(1) から

$\overrightarrow{DE}\cdot\overrightarrow{DP}=\left(-\dfrac{2}{3}\vec{a}+\dfrac{1}{2}\vec{c}\right)\cdot\left(\dfrac{1}{3}\vec{a}+k\vec{c}\right)$

$=-\dfrac{2}{9}|\vec{a}|^2-\dfrac{2}{3}k\vec{a}\cdot\vec{c}+\dfrac{1}{6}\vec{a}\cdot\vec{c}+\dfrac{1}{2}k|\vec{c}|^2$

$=-\dfrac{2}{9}\times 3^2-\dfrac{2}{3}k\times 3+\dfrac{1}{6}\times 3+\dfrac{1}{2}k\times 2^2$

$=-\dfrac{3}{2}$　　←$k$ に無関係な定数。

したがって，$\overrightarrow{DE}\cdot\overrightarrow{DP}$ の値は常に $-\dfrac{3}{2}$ である。

**EX ③14**

ベクトル $\vec{a}$，$\vec{b}$ が $|\vec{a}|=5$，$|\vec{b}|=3$，$|\vec{a}-2\vec{b}|=7$ を満たしている。$\vec{a}-2\vec{b}$ と $2\vec{a}+\vec{b}$ のなす角を $\theta$ とするとき，$\cos\theta$ の値を求めよ。

〔類 関西学院大〕

$|\vec{a}-2\vec{b}|=7$ から　　$|\vec{a}-2\vec{b}|^2=49$　　←まず，$\vec{a}\cdot\vec{b}$ の値を求めたい。そこで，$\vec{a}\cdot\vec{b}$ が現れる，$|\vec{a}-2\vec{b}|^2=49$ に注目する。

よって　　$|\vec{a}|^2-4\vec{a}\cdot\vec{b}+4|\vec{b}|^2=49$

$|\vec{a}|=5$，$|\vec{b}|=3$ であるから　　$5^2-4\vec{a}\cdot\vec{b}+4\times 3^2=49$

ゆえに　　$\vec{a}\cdot\vec{b}=3$

よって　$|2\vec{a}+\vec{b}|^2=4|\vec{a}|^2+4\vec{a}\cdot\vec{b}+|\vec{b}|^2$

$=4\times5^2+4\times3+3^2=121$

$|2\vec{a}+\vec{b}|\geqq0$ であるから　$|2\vec{a}+\vec{b}|=11$

したがって

$$\cos\theta=\frac{(\vec{a}-2\vec{b})\cdot(2\vec{a}+\vec{b})}{|\vec{a}-2\vec{b}||2\vec{a}+\vec{b}|}=\frac{2|\vec{a}|^2-3\vec{a}\cdot\vec{b}-2|\vec{b}|^2}{7\times11}$$

$$=\frac{2\times5^2-3\times3-2\times3^2}{77}=\mathbf{\frac{23}{77}}$$

←$\vec{p}$ と $\vec{q}$ のなす角 $\theta$ に対して　$\cos\theta=\dfrac{\vec{p}\cdot\vec{q}}{|\vec{p}||\vec{q}|}$

**EX ③15**

$\vec{0}$ でない2つのベクトル $\vec{a}$ と $\vec{b}$ について，$\vec{a}+2\vec{b}$ と $\vec{a}-2\vec{b}$ が垂直で，$|\vec{a}+2\vec{b}|=2|\vec{b}|$ とする。

(1) $\vec{a}$ と $\vec{b}$ のなす角 $\theta$ を求めよ。

(2) $|\vec{a}|=1$ のとき，$\left|t\vec{a}+\dfrac{1}{t}\vec{b}\right|$ $(t>0)$ の最小値を求めよ。　〔群馬大〕

(1) $(\vec{a}+2\vec{b})\perp(\vec{a}-2\vec{b})$ であるから　$(\vec{a}+2\vec{b})\cdot(\vec{a}-2\vec{b})=0$

よって　$|\vec{a}|^2-4|\vec{b}|^2=0$

$|\vec{a}|>0$，$|\vec{b}|>0$ であるから　$|\vec{a}|=2|\vec{b}|$ …… ①

また，$|\vec{a}+2\vec{b}|=2|\vec{b}|$ から　$|\vec{a}+2\vec{b}|^2=4|\vec{b}|^2$

よって　$|\vec{a}|^2+4\vec{a}\cdot\vec{b}+4|\vec{b}|^2=4|\vec{b}|^2$

ゆえに　$\vec{a}\cdot\vec{b}=-\dfrac{1}{4}|\vec{a}|^2$ …… ②

よって　$|\vec{a}||\vec{b}|\cos\theta=-\dfrac{1}{4}|\vec{a}|^2$

① を代入して　$2|\vec{b}|^2\cos\theta=-|\vec{b}|^2$

$|\vec{b}|>0$ であるから　$\cos\theta=-\dfrac{1}{2}$

$0^\circ\leqq\theta\leqq180^\circ$ であるから　$\boldsymbol{\theta=120^\circ}$

(2) $|\vec{a}|=1$ のとき，①，② から　$|\vec{b}|=\dfrac{1}{2}$，$\vec{a}\cdot\vec{b}=-\dfrac{1}{4}$

よって　$\left|t\vec{a}+\dfrac{1}{t}\vec{b}\right|^2=t^2|\vec{a}|^2+2\vec{a}\cdot\vec{b}+\dfrac{1}{t^2}|\vec{b}|^2$

$$=t^2\times1^2+2\times\left(-\frac{1}{4}\right)+\frac{1}{t^2}\left(\frac{1}{2}\right)^2$$

$$=\left(t^2+\frac{1}{4t^2}\right)-\frac{1}{2}$$

$$\geqq2\sqrt{t^2\times\frac{1}{4t^2}}-\frac{1}{2}=1-\frac{1}{2}=\frac{1}{2}$$

$t>0$ であるから，$\left|t\vec{a}+\dfrac{1}{t}\vec{b}\right|^2$ は $t^2=\dfrac{1}{4t^2}$ すなわち $t=\dfrac{1}{\sqrt{2}}$ のとき最小値 $\dfrac{1}{2}$ をとる。

$\left|t\vec{a}+\dfrac{1}{t}\vec{b}\right|\geqq0$ であるから，このとき $\left|t\vec{a}+\dfrac{1}{t}\vec{b}\right|$ も最小となる。

ゆえに，$\left|t\vec{a}+\dfrac{1}{t}\vec{b}\right|$ は $\boldsymbol{t=\dfrac{1}{\sqrt{2}}}$ **のとき最小値** $\boldsymbol{\dfrac{1}{\sqrt{2}}}$ をとる。

① 垂直 ⟶（内積）$=0$

←$\vec{a}\neq\vec{0}$，$\vec{b}\neq\vec{0}$

←$(a+2b)^2=a^2+4ab+4b^2$ の展開と同じ要領。

←$\vec{b}\neq\vec{0}$

←$A>0$，$B>0$ のとき $\dfrac{A+B}{2}\geqq\sqrt{AB}$（等号が成り立つのは $A=B$ のとき。）

←この断りは重要。

**EX ③16** 零ベクトルでない2つのベクトル $\vec{a}$, $\vec{b}$ に対して, $\vec{a}+t\vec{b}$ と $\vec{a}+3t\vec{b}$ が垂直であるような実数 $t$ がただ1つ存在するとき, $\vec{a}$ と $\vec{b}$ のなす角 $\theta$ を求めよ。〔関西大〕

HINT $\vec{p}\perp\vec{q}\Longrightarrow\vec{p}\cdot\vec{q}=0$ $t$ の2次方程式が重解をもつ条件に注目。

$(\vec{a}+t\vec{b})\perp(\vec{a}+3t\vec{b})$ であるから

$$(\vec{a}+t\vec{b})\cdot(\vec{a}+3t\vec{b})=0$$

よって $3|\vec{b}|^2t^2+4\vec{a}\cdot\vec{b}t+|\vec{a}|^2=0$ …… ①

$|\vec{b}|\neq0$ であるから, $(\vec{a}+t\vec{b})\perp(\vec{a}+3t\vec{b})$ であるような実数 $t$ がただ1つ存在するための条件は, $t$ についての2次方程式①の判別式を $D$ とすると $D=0$

←$|\vec{b}|\neq0$ から $3|\vec{b}|^2\neq0$

←2次方程式が重解をもつ $\Longleftrightarrow$（判別式）$=0$

ここで $\dfrac{D}{4}=(2\vec{a}\cdot\vec{b})^2-3|\vec{b}|^2\cdot|\vec{a}|^2$

$=|\vec{a}|^2|\vec{b}|^2(4\cos^2\theta-3)$

よって, $D=0$ から $|\vec{a}|^2|\vec{b}|^2(4\cos^2\theta-3)=0$

$|\vec{a}|\neq0$, $|\vec{b}|\neq0$ であるから, $\cos^2\theta=\dfrac{3}{4}$ より $\cos\theta=\pm\dfrac{\sqrt{3}}{2}$

$0^\circ\leqq\theta\leqq180^\circ$ であるから $\boldsymbol{\theta=30^\circ,\ 150^\circ}$

**EX ②17** $m$, $n$ を正の定数とし, AB=AC である二等辺三角形 ABC の辺 AB, BC, CA をそれぞれ $m:n\ (m\neq n)$ に内分する点を D, E, F とする。
(1) $\overrightarrow{AB}=\vec{b}$, $\overrightarrow{AC}=\vec{c}$ として, $\overrightarrow{AE}$, $\overrightarrow{DF}$ をそれぞれ $\vec{b}$, $\vec{c}$ で表せ。
(2) $\overrightarrow{AE}\perp\overrightarrow{DF}$ となるとき, $\overrightarrow{AB}\perp\overrightarrow{AC}$ であることを示せ。〔類 北海道教育大〕

(1) $\overrightarrow{AE}=\dfrac{n\vec{b}+m\vec{c}}{m+n}$

$=\boldsymbol{\dfrac{n}{m+n}\vec{b}+\dfrac{m}{m+n}\vec{c}}$

$\overrightarrow{DF}=\overrightarrow{AF}-\overrightarrow{AD}$

$=\boldsymbol{\dfrac{n}{m+n}\vec{c}-\dfrac{m}{m+n}\vec{b}}$

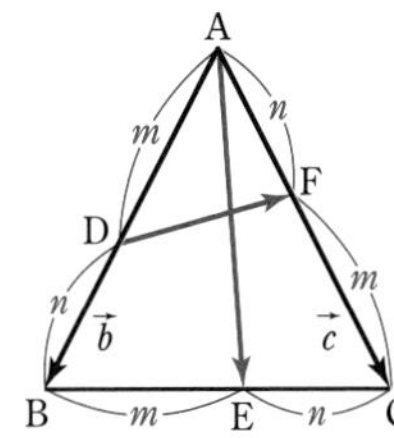


HINT (2) (1)の結果から $\overrightarrow{AE}\cdot\overrightarrow{DF}$ を $m$, $n$, $\vec{b}$, $\vec{c}$ で表し, $=0$ とおく。

(2) $\overrightarrow{AE}\perp\overrightarrow{DF}$ であるから $\overrightarrow{AE}\cdot\overrightarrow{DF}=0$

よって $(n\vec{b}+m\vec{c})\cdot(-m\vec{b}+n\vec{c})=0$

ゆえに $-mn|\vec{b}|^2-(m^2-n^2)\vec{b}\cdot\vec{c}+mn|\vec{c}|^2=0$

$|\vec{b}|=|\vec{c}|$ であるから $(m^2-n^2)\vec{b}\cdot\vec{c}=0$

$m>0$, $n>0$, $m\neq n$ であるから $\vec{b}\cdot\vec{c}=0$

$\vec{b}\neq\vec{0}$, $\vec{c}\neq\vec{0}$ であるから $\overrightarrow{AB}\perp\overrightarrow{AC}$

←$\overrightarrow{AE}\cdot\overrightarrow{DF}=\dfrac{1}{(m+n)^2}(n\vec{b}+m\vec{c})\cdot(n\vec{c}-m\vec{b})=0$ から $(n\vec{b}+m\vec{c})\cdot(-m\vec{b}+n\vec{c})=0$

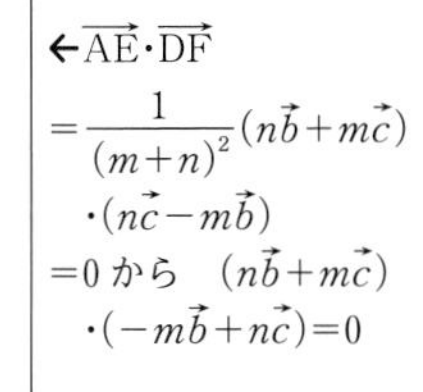

**EX ④18** $0<s<1$, $0<t<1$ とする。平行四辺形 OABC において, $\overrightarrow{OA}=\vec{a}$, $\overrightarrow{OC}=\vec{c}$ とし, 辺 OC を $s:(1-s)$ に内分する点を E, 辺 CB を $t:(1-t)$ に内分する点を F, OF と AE との交点を G とする。
(1) $\overrightarrow{AF}$, $\overrightarrow{OG}$ をそれぞれ $\vec{a}$, $\vec{c}$, $s$, $t$ で表せ。
(2) △OGE と △ABF の面積をそれぞれ $S$, $S'$ とするとき, $\dfrac{S'}{S}$ を $s$, $t$ で表せ。
(3) $s$, $t$ が $0<s<1$, $0<t<1$, $st=\dfrac{1}{3}$ を満たしながら動くとき, (2)で求めた $\dfrac{S'}{S}$ の最大値を求めよ。〔類 岐阜大〕

(1) $\overrightarrow{\mathrm{OF}}=\overrightarrow{\mathrm{OC}}+\overrightarrow{\mathrm{CF}}=\vec{c}+t\vec{a}$ であるから

$\overrightarrow{\mathrm{AF}}=\overrightarrow{\mathrm{OF}}-\overrightarrow{\mathrm{OA}}=\vec{c}+t\vec{a}-\vec{a}$

$\boldsymbol{=(t-1)\vec{a}+\vec{c}}$

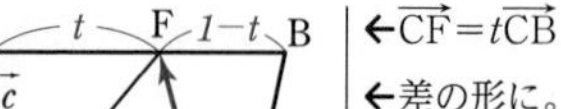

←$\overrightarrow{\mathrm{CF}}=t\overrightarrow{\mathrm{CB}}$

←差の形に。

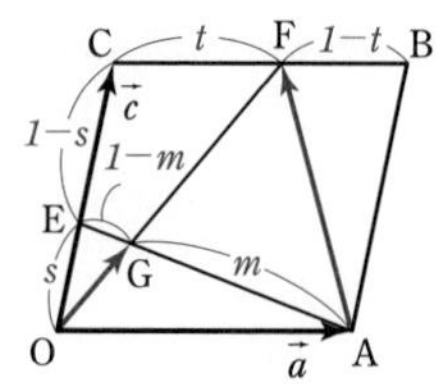


また，点 G は線分 OF 上にあるから，

$\overrightarrow{\mathrm{OG}}=k\overrightarrow{\mathrm{OF}}=kt\vec{a}+k\vec{c}$ …… ①

となる実数 $k$ がある。

←$\overrightarrow{\mathrm{OG}}$ を 2 通りに表す。

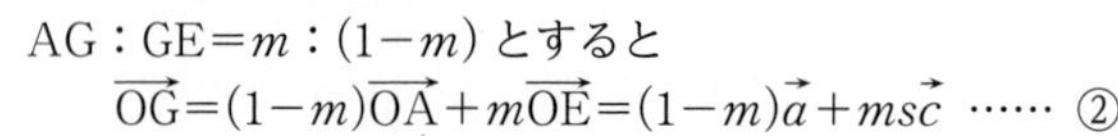

AG：GE$=m:(1-m)$ とすると

$\overrightarrow{\mathrm{OG}}=(1-m)\overrightarrow{\mathrm{OA}}+m\overrightarrow{\mathrm{OE}}=(1-m)\vec{a}+ms\vec{c}$ …… ②

$\vec{a}\neq\vec{0}$，$\vec{c}\neq\vec{0}$，$\vec{a}\not\parallel\vec{c}$ であるから，①，② より

$kt=1-m$ …… ③，$k=ms$ …… ④

←係数を比較。

④ を ③ に代入して整理すると　$(1+st)m=1$

←③，④ を $k$，$m$ の連立方程式とみて解く。

よって　$m=\dfrac{1}{1+st}$　ゆえに，④ から　$k=\dfrac{s}{1+st}$

$1+st>0$

したがって　$\boldsymbol{\overrightarrow{\mathrm{OG}}=\dfrac{st}{1+st}\vec{a}+\dfrac{s}{1+st}\vec{c}}$

←① に代入。

(2) (1) から　$\triangle\mathrm{OGE}=(1-m)\triangle\mathrm{OAE}=(1-m)\cdot s\triangle\mathrm{OAC}$

$=\dfrac{s^2t}{1+st}\triangle\mathrm{OAC}$

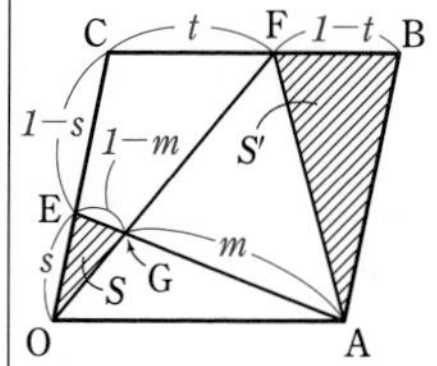


また　$\triangle\mathrm{ABF}=(1-t)\triangle\mathrm{ABC}=(1-t)\triangle\mathrm{OAC}$

したがって　$\dfrac{S'}{S}=\dfrac{1-t}{\dfrac{s^2t}{1+st}}=\boldsymbol{\dfrac{(1-t)(1+st)}{s^2t}}$

(3) $st=\dfrac{1}{3}$ から　$s=\dfrac{1}{3t}$　$0<s<1$ に代入して

$0<\dfrac{1}{3t}<1$　よって　$3t>1$　ゆえに　$t>\dfrac{1}{3}$

←$\dfrac{1}{3t}<1$ の両辺に $3t(>0)$ を掛ける。

$0<t<1$ であるから　$\dfrac{1}{3}<t<1$ …… ⑤

このとき，(2) の結果から

$$\frac{S'}{S}=\frac{(1-t)(1+st)}{s^2t}=\frac{(1-t)\left(1+\frac{1}{3}\right)}{s\cdot\frac{1}{3}}$$

←$st=\dfrac{1}{3}$ を代入。

$$=\frac{4(1-t)\cdot t}{s\cdot t}=12(1-t)t=-12\left(t-\frac{1}{2}\right)^2+3$$

←$t$ だけの 2 次式 $\longrightarrow a(t-p)^2+q$ の形に。

⑤ から，$\dfrac{S'}{S}$ は **$t=\dfrac{1}{2}$ のとき最大値 3** をとる。

このとき $\boldsymbol{s=\dfrac{2}{3}}$ である。

←$0<s<1$

**EX ③19** 鋭角三角形 ABC において，A($\vec{a}$)，B($\vec{b}$)，C($\vec{c}$)，BC$=a$，CA$=b$，AB$=c$ とする。頂角 A 内の傍心を $\mathrm{I_A}(\vec{i_A})$ とするとき，ベクトル $\vec{i_A}$ を $\vec{a}$，$\vec{b}$，$\vec{c}$ を用いて表せ。

$\mathrm{AI_A}$ は頂角 A の二等分線であるから，$\mathrm{AI_A}$ と辺 BC の交点を D とすると　BD：DC$=c:b$

HINT　A を始点とする位置ベクトルでまず考えてみる。

よって　$\overrightarrow{\mathrm{AD}}=\dfrac{b\overrightarrow{\mathrm{AB}}+c\overrightarrow{\mathrm{AC}}}{c+b}$

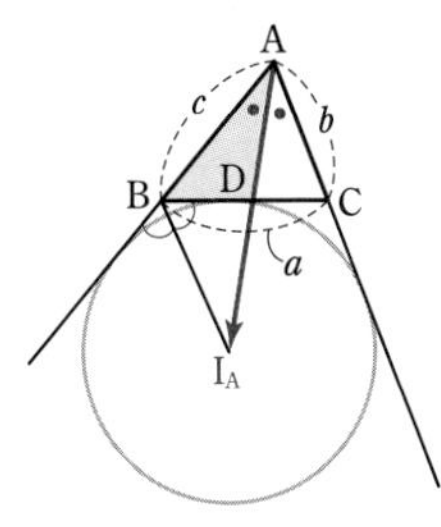


また　$\mathrm{BD}=\dfrac{c}{c+b}\mathrm{BC}=\dfrac{ac}{b+c}$

$\mathrm{BI_A}$ は頂角Bの外角の二等分線であるから

$$\mathrm{AI_A}:\mathrm{I_AD}=\mathrm{BA}:\mathrm{BD}=c:\frac{ac}{b+c}$$

$$=(b+c):a$$

←△ABD と $\mathrm{BI_A}$ に関し，外角の二等分線の定理。

ゆえに　$\overrightarrow{\mathrm{AI_A}}=\dfrac{b+c}{b+c-a}\overrightarrow{\mathrm{AD}}=\dfrac{b\overrightarrow{\mathrm{AB}}+c\overrightarrow{\mathrm{AC}}}{b+c-a}$

←$\mathrm{AD}:\mathrm{AI_A}=(b+c-a):(b+c)$

よって　$\vec{i}_{\mathrm{A}}-\vec{a}=\dfrac{b(\vec{b}-\vec{a})+c(\vec{c}-\vec{a})}{b+c-a}$

←$\overrightarrow{\mathrm{AI_A}}=\vec{i}_{\mathrm{A}}-\vec{a}$，$\overrightarrow{\mathrm{AB}}=\vec{b}-\vec{a}$，$\overrightarrow{\mathrm{AC}}=\vec{c}-\vec{a}$

したがって　$\boldsymbol{\vec{i}_{\mathrm{A}}=\dfrac{-a\vec{a}+b\vec{b}+c\vec{c}}{-a+b+c}}$

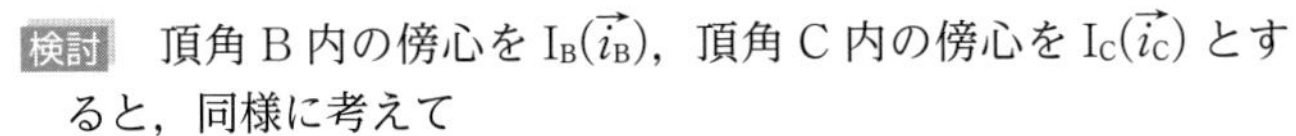
検討　頂角B内の傍心を $\mathrm{I_B}(\vec{i}_{\mathrm{B}})$，頂角C内の傍心を $\mathrm{I_C}(\vec{i}_{\mathrm{C}})$ とすると，同様に考えて

$$\vec{i}_{\mathrm{B}}=\frac{a\vec{a}-b\vec{b}+c\vec{c}}{a-b+c},\quad \vec{i}_{\mathrm{C}}=\frac{a\vec{a}+b\vec{b}-c\vec{c}}{a+b-c}$$

## EX ④20

△OAB において，$\vec{a}=\overrightarrow{\mathrm{OA}}$，$\vec{b}=\overrightarrow{\mathrm{OB}}$ とし，$|\vec{a}|=3$，$|\vec{b}|=5$，$\cos\angle\mathrm{AOB}=\dfrac{3}{5}$ とする。このとき，∠AOB の二等分線と点Bを中心とする半径 $\sqrt{10}$ の円との交点の，Oを原点とする位置ベクトルを，$\vec{a}$，$\vec{b}$ を用いて表せ。　〔京都大〕

円との交点をPとすると，点Pは∠AOB の二等分線上にあるから

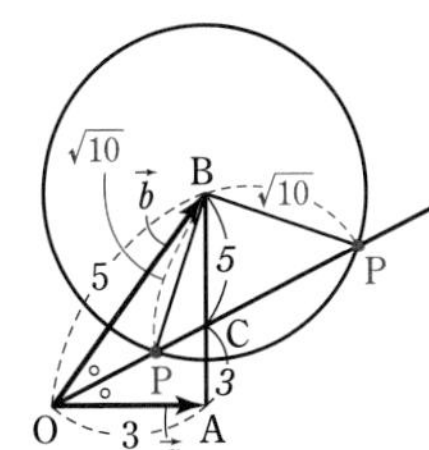


$$\overrightarrow{\mathrm{OP}}=k\left(\frac{\vec{a}}{|\vec{a}|}+\frac{\vec{b}}{|\vec{b}|}\right)$$

$$=k\left(\frac{\vec{a}}{3}+\frac{\vec{b}}{5}\right)\quad (k \text{ は実数})$$

と表される。

←本冊 $p.54$ 基本例題 **28** (2)(ア) の結果を利用。

よって　$\overrightarrow{\mathrm{BP}}=\overrightarrow{\mathrm{OP}}-\overrightarrow{\mathrm{OB}}=\dfrac{k}{3}\vec{a}+\left(\dfrac{k}{5}-1\right)\vec{b}$

$\mathrm{BP}=\sqrt{10}$ より $|\overrightarrow{\mathrm{BP}}|^2=10$ であるから

$$\frac{k^2}{9}|\vec{a}|^2+2\times\frac{k}{3}\left(\frac{k}{5}-1\right)\vec{a}\cdot\vec{b}+\left(\frac{k}{5}-1\right)^2|\vec{b}|^2=10$$

$|\vec{a}|=3$，$|\vec{b}|=5$，$\vec{a}\cdot\vec{b}=3\times5\times\dfrac{3}{5}=9$ を代入して

$$k^2+6k\left(\frac{k}{5}-1\right)+(k-5)^2=10$$

整理して　$16k^2-80k+75=0$

よって　$(4k-5)(4k-15)=0$

ゆえに　$k=\dfrac{5}{4},\ \dfrac{15}{4}$

別解　∠AOB の二等分線と AB の交点をCとすると，

$\mathrm{AC}:\mathrm{CB}=\mathrm{OA}:\mathrm{OB}=3:5$ であるから

$\overrightarrow{\mathrm{OP}}=k\overrightarrow{\mathrm{OC}}$

$=k\left(\dfrac{5\vec{a}+3\vec{b}}{3+5}\right)$

ただし，$k$ は実数。

$\dfrac{k}{8}=t$ とおくと

$\overrightarrow{\mathrm{OP}}=t(5\vec{a}+3\vec{b})$

と表される。このとき

$\overrightarrow{\mathrm{BP}}=5t\vec{a}+(3t-1)\vec{b}$

そこで，$|\overrightarrow{\mathrm{BP}}|^2=10$ から $|\vec{a}|=3$，$|\vec{b}|=5$，$\vec{a}\cdot\vec{b}=9$ を代入すると

$48t^2-16t+1=0$

これを解いて

$t=\dfrac{1}{4},\ \dfrac{1}{12}$

したがって，求める位置ベクトルは

$$\frac{5}{12}\vec{a}+\frac{1}{4}\vec{b},\ \frac{5}{4}\vec{a}+\frac{3}{4}\vec{b}$$

**EX**
③**21**

△ABC について，$|\overrightarrow{\mathrm{AB}}|=1$，$|\overrightarrow{\mathrm{AC}}|=2$，$|\overrightarrow{\mathrm{BC}}|=\sqrt{6}$ が成立しているとする。△ABC の外接円の中心を O とし，直線 AO と外接円との A 以外の交点を P とする。
(1) $\overrightarrow{\mathrm{AB}}$ と $\overrightarrow{\mathrm{AC}}$ の内積を求めよ。
(2) $\overrightarrow{\mathrm{AP}}=s\overrightarrow{\mathrm{AB}}+t\overrightarrow{\mathrm{AC}}$ が成り立つような実数 $s$，$t$ の値を求めよ。
(3) 直線 AP と直線 BC の交点を D とするとき，線分 AD の長さを求めよ。 〔北海道大〕

$\overrightarrow{\mathrm{AB}}=\vec{b}$，$\overrightarrow{\mathrm{AC}}=\vec{c}$ とする。

(1) $|\overrightarrow{\mathrm{AB}}|=1$，$|\overrightarrow{\mathrm{AC}}|=2$ から　$|\vec{b}|=1$，$|\vec{c}|=2$

$|\overrightarrow{\mathrm{BC}}|=\sqrt{6}$ から　$|\vec{c}-\vec{b}|=\sqrt{6}$

両辺を 2 乗して　$|\vec{c}|^2-2\vec{c}\cdot\vec{b}+|\vec{b}|^2=6$

よって　$2^2-2\vec{b}\cdot\vec{c}+1^2=6$

したがって，求める内積は　$\vec{b}\cdot\vec{c}=-\frac{1}{2}$

←2 乗して内積 $\vec{b}\cdot\vec{c}$ を作り出す。

(2) 線分 AP は △ABC の外接円の直径であるから

$$\overrightarrow{\mathrm{BA}}\perp\overrightarrow{\mathrm{BP}},\ \overrightarrow{\mathrm{CA}}\perp\overrightarrow{\mathrm{CP}}$$

$\overrightarrow{\mathrm{BA}}\perp\overrightarrow{\mathrm{BP}}$ から　$(-\overrightarrow{\mathrm{AB}})\cdot(\overrightarrow{\mathrm{AP}}-\overrightarrow{\mathrm{AB}})=0$

よって　$\vec{b}\cdot\{(s-1)\vec{b}+t\vec{c}\}=0$

ゆえに　$(s-1)|\vec{b}|^2+t\vec{b}\cdot\vec{c}=0$

(1) の結果から　$(s-1)\cdot1^2-\frac{1}{2}t=0$

よって　$2s-t=2$ …… ①

$\overrightarrow{\mathrm{CA}}\perp\overrightarrow{\mathrm{CP}}$ から　$(-\overrightarrow{\mathrm{AC}})\cdot(\overrightarrow{\mathrm{AP}}-\overrightarrow{\mathrm{AC}})=0$

ゆえに　$\vec{c}\cdot\{s\vec{b}+(t-1)\vec{c}\}=0$

よって　$s\vec{b}\cdot\vec{c}+(t-1)|\vec{c}|^2=0$

(1) の結果から　$-\frac{1}{2}s+(t-1)\cdot2^2=0$

ゆえに　$s-8t=-8$ …… ②

①，② を解いて　$\boldsymbol{s=\frac{8}{5}}$，$\boldsymbol{t=\frac{6}{5}}$

⊘ 垂直 ⟶ (内積)＝0

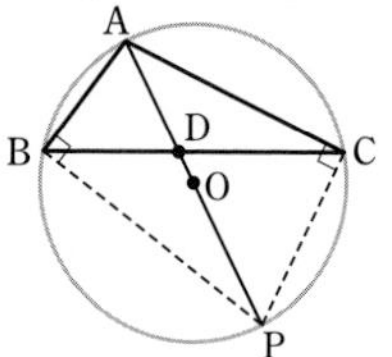


(3) (2) から

$$\overrightarrow{\mathrm{AP}}=\frac{8}{5}\overrightarrow{\mathrm{AB}}+\frac{6}{5}\overrightarrow{\mathrm{AC}}=\frac{2}{5}(4\overrightarrow{\mathrm{AB}}+3\overrightarrow{\mathrm{AC}})=\frac{14}{5}\cdot\frac{4\overrightarrow{\mathrm{AB}}+3\overrightarrow{\mathrm{AC}}}{7}$$

←$\frac{■\overrightarrow{\mathrm{AB}}+●\overrightarrow{\mathrm{AC}}}{●+■}$ の形を作り出す。

よって，辺 BC を 3：4 に内分する点を E とすると，

$\overrightarrow{\mathrm{AE}}=\frac{4\overrightarrow{\mathrm{AB}}+3\overrightarrow{\mathrm{AC}}}{3+4}$ で　$\overrightarrow{\mathrm{AP}}=\frac{14}{5}\overrightarrow{\mathrm{AE}}$

ゆえに，点 E は直線 AP 上にあり，かつ直線 BC 上にもある。交わる 2 直線の交点はただ 1 つであるから，点 E は点 D に一致する。よって　$\overrightarrow{\mathrm{AD}}=\frac{4}{7}\vec{b}+\frac{3}{7}\vec{c}$

ゆえに　$|\overrightarrow{\mathrm{AD}}|^2=\left(\frac{1}{7}\right)^2|4\vec{b}+3\vec{c}|^2$

$$=\left(\frac{1}{7}\right)^2\{16|\vec{b}|^2+24\vec{b}\cdot\vec{c}+9|\vec{c}|^2\}$$

$$=\frac{1}{7^2}\left\{16\cdot1^2+24\left(-\frac{1}{2}\right)+9\cdot2^2\right\}=\frac{40}{7^2}$$

$|\overrightarrow{AD}|\geqq0$ であるから　$|\overrightarrow{AD}|=\sqrt{\frac{40}{7^2}}=\frac{2\sqrt{10}}{7}$

したがって，線分ADの長さは　$\boldsymbol{\frac{2\sqrt{10}}{7}}$

**EX ②22**　△ABCにおいて，$A(\vec{a})$，$B(\vec{b})$，$C(\vec{c})$ とする。次の直線のベクトル方程式を求めよ。
(1) 辺ABの中点と辺ACの中点を通る直線　(2) 辺BCの垂直二等分線

求める直線上の任意の点を $P(\vec{p})$ とする。

(1) 辺AB，ACの中点を通る直線は $\overrightarrow{BC}$ に平行であるから，辺ABの中点を $D(\vec{d})$ とすると，求めるベクトル方程式は

$$\vec{p}=\vec{d}+t\overrightarrow{BC}$$

すなわち　$\vec{p}=\frac{\vec{a}+\vec{b}}{2}+t(\vec{c}-\vec{b})$

よって　$\boldsymbol{\vec{p}=\frac{1}{2}\vec{a}+\left(\frac{1}{2}-t\right)\vec{b}+t\vec{c}}$　**（$t$ は媒介変数）**

(2) 辺BCの中点を $E(\vec{e})$ とすると，BCの垂直二等分線は点Eを通り $\overrightarrow{BC}$ に垂直であるから，求めるベクトル方程式は

$$\overrightarrow{BC}\cdot(\vec{p}-\vec{e})=0$$

すなわち　$(\vec{c}-\vec{b})\cdot\left(\vec{p}-\frac{\vec{b}+\vec{c}}{2}\right)=0$

ゆえに　$(\vec{c}-\vec{b})\cdot\vec{p}-\frac{1}{2}(\vec{c}-\vec{b})\cdot(\vec{b}+\vec{c})=0$

よって　$\boldsymbol{2\vec{p}\cdot(\vec{c}-\vec{b})=|\vec{c}|^2-|\vec{b}|^2}$

←$\vec{d}=\frac{\vec{a}+\vec{b}}{2}$

←$\vec{e}=\frac{\vec{b}+\vec{c}}{2}$

←$(\vec{c}-\vec{b})\cdot(\vec{c}+\vec{b})=|\vec{c}|^2-|\vec{b}|^2$

**EX ③23**　座標平面上の $\vec{0}$ でないベクトル $\vec{a}$，$\vec{b}$ は平行でないとする。$\vec{a}$ と $\vec{b}$ を位置ベクトルとする点をそれぞれA，Bとする。また，正の実数 $x$，$y$ に対して，$x\vec{a}$ と $y\vec{b}$ を位置ベクトルとする点をそれぞれP，Qとする。線分PQが線分ABを2：1に内分する点を通るとき，$xy$ の最小値を求めよ。ただし，位置ベクトルはすべて原点Oを基準に考える。〔信州大〕

線分ABを2：1に内分する点をCとすると

$$\overrightarrow{OC}=\frac{1\cdot\overrightarrow{OA}+2\overrightarrow{OB}}{2+1}=\frac{1}{3}\vec{a}+\frac{2}{3}\vec{b}\ \cdots\cdots\ ①$$

また，点Cが線分PQ上にあるとき

$$\overrightarrow{OC}=s\overrightarrow{OP}+t\overrightarrow{OQ}=sx\vec{a}+ty\vec{b}\ \cdots\cdots\ ②$$

$$(s+t=1,\ s\geqq0,\ t\geqq0)$$

と表される。$\vec{a}\neq\vec{0}$，$\vec{b}\neq\vec{0}$，$\vec{a}\not\parallel\vec{b}$ であるから，①，② より

$$sx=\frac{1}{3},\ ty=\frac{2}{3}$$

$x>0$，$y>0$ であるから，$s>0$，$t>0$ で

$$x=\frac{1}{3s},\ y=\frac{2}{3t}\ \cdots\cdots\ ③$$

←(係数の和)=1 に注意。

よって　$xy=\frac{1}{3s}\cdot\frac{2}{3t}=\frac{2}{9st}$

$s>0$, $t>0$ であるから, (相加平均)≧(相乗平均) により

$$\frac{s+t}{2}\geqq\sqrt{st}$$

ゆえに　$st\leqq\left(\frac{1}{2}\right)^2=\frac{1}{4}$

よって　$\frac{1}{st}\geqq4$　　ゆえに　$xy\geqq\frac{2}{9}\cdot4=\frac{8}{9}$

等号が成り立つのは, $s=t$ のときである。このとき,

$s+t=1$ から　$s=t=\frac{1}{2}$　　③ から　$x=\frac{2}{3}$, $y=\frac{4}{3}$

したがって, $xy$ は $\boldsymbol{x=\frac{2}{3}}$, $\boldsymbol{y=\frac{4}{3}}$ **で最小値** $\boldsymbol{\frac{8}{9}}$ をとる。

←$s>0$, $t>0$, $s+t=1$ に注目して, 相加平均と相乗平均の大小関係 (数学Ⅱ) を利用。

←$s+t=1$

←$xy=\frac{2}{9st}$

**EX ④24**

平面上に1辺の長さが1の正三角形OABと, 辺AB上の点Cがあり, AC<BCとする。点Aを通り直線ABに直交する直線 $k$ と, 直線OCとの交点をDとする。△OCAと△ACDの面積の比が1:2であるとき, 次の問いに答えよ。

(1) $\overrightarrow{OD}=m\overrightarrow{OA}+n\overrightarrow{OB}$ となる $m$, $n$ の値を求めよ。

(2) 点Dを通り, 直線ODと直交する直線を $\ell$ とする。$\ell$ と直線OA, OBとの交点をそれぞれE, Fとするとき, $\overrightarrow{EF}=s\overrightarrow{OA}+t\overrightarrow{OB}$ となる $s$, $t$ の値を求めよ。　〔島根大〕

(1) 点Oから直線 $k$ に垂線OO′を引く。

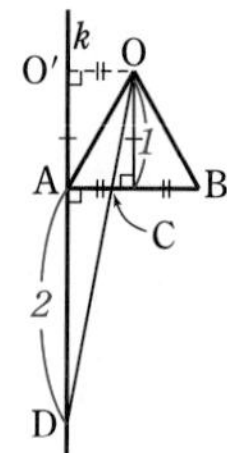


△OCA:△ACD=1:2であるから

$$\mathrm{O'A}:\mathrm{O'D}=1:3$$

また　$\overrightarrow{O'A}=\overrightarrow{OA}-\overrightarrow{OO'}$

$$=\overrightarrow{OA}-\frac{1}{2}\overrightarrow{BA}$$

$$=\frac{1}{2}\overrightarrow{OA}+\frac{1}{2}\overrightarrow{OB}$$

よって　$\overrightarrow{OD}=\overrightarrow{OO'}+\overrightarrow{O'D}=\frac{1}{2}\overrightarrow{BA}+3\overrightarrow{O'A}$

$$=\frac{1}{2}(\overrightarrow{OA}-\overrightarrow{OB})+\frac{3}{2}\overrightarrow{OA}+\frac{3}{2}\overrightarrow{OB}$$

$$=2\overrightarrow{OA}+\overrightarrow{OB}$$

$\overrightarrow{OA}\neq\vec{0}$, $\overrightarrow{OB}\neq\vec{0}$, $\overrightarrow{OA}\not\parallel\overrightarrow{OB}$ であるから

$$\boldsymbol{m=2,\ n=1}$$

(2) △OABは, 1辺の長さが1の正三角形であるから

$$|\overrightarrow{OA}|=|\overrightarrow{OB}|=1,$$

$$\overrightarrow{OA}\cdot\overrightarrow{OB}=|\overrightarrow{OA}||\overrightarrow{OB}|\cos60^\circ=\frac{1}{2}$$

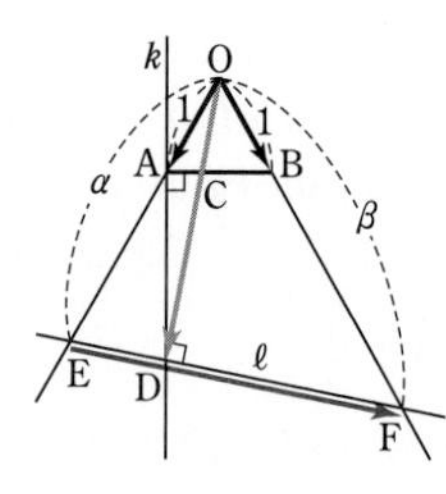


$\overrightarrow{OE}=\alpha\overrightarrow{OA}$, $\overrightarrow{OF}=\beta\overrightarrow{OB}$

($\alpha\neq0$, $\beta\neq0$) とすると

$$\overrightarrow{EF}=\overrightarrow{OF}-\overrightarrow{OE}=\beta\overrightarrow{OB}-\alpha\overrightarrow{OA}$$

$\overrightarrow{EF}\perp\overrightarrow{OD}$ から　$\overrightarrow{EF}\cdot\overrightarrow{OD}=0$

HINT (1) △OCAと△ACDの底辺をともに辺ACとしたとき, 高さの比は1:2になる。
(2) 点Dは直線EF上にあるから, $\overrightarrow{OD}=p\overrightarrow{OE}+q\overrightarrow{OF}$, $p+q=1$ で表される。

ここで

$\overrightarrow{EF}\cdot\overrightarrow{OD}=(\beta\overrightarrow{OB}-\alpha\overrightarrow{OA})\cdot(2\overrightarrow{OA}+\overrightarrow{OB})$

$=-2\alpha|\overrightarrow{OA}|^2+(2\beta-\alpha)\overrightarrow{OA}\cdot\overrightarrow{OB}+\beta|\overrightarrow{OB}|^2$

$=-2\alpha\cdot1^2+(2\beta-\alpha)\cdot\dfrac{1}{2}+\beta\cdot1^2=-\dfrac{5}{2}\alpha+2\beta$

よって　$-\dfrac{5}{2}\alpha+2\beta=0$ …… ①

また　$\overrightarrow{OD}=2\overrightarrow{OA}+\overrightarrow{OB}=\dfrac{2}{\alpha}\overrightarrow{OE}+\dfrac{1}{\beta}\overrightarrow{OF}$

点 D は直線 EF 上にあるから　$\dfrac{2}{\alpha}+\dfrac{1}{\beta}=1$ …… ②

←(係数の和)=1

① から　$\beta=\dfrac{5}{4}\alpha$

これを ② に代入して　$\dfrac{2}{\alpha}+\dfrac{4}{5\alpha}=1$

これを解くと　$\alpha=\dfrac{14}{5}$　このとき　$\beta=\dfrac{7}{2}$

ゆえに　$\overrightarrow{EF}=-\dfrac{14}{5}\overrightarrow{OA}+\dfrac{7}{2}\overrightarrow{OB}$

$\overrightarrow{OA}\neq\vec{0}$, $\overrightarrow{OB}\neq\vec{0}$, $\overrightarrow{OA}\not\parallel\overrightarrow{OB}$ であるから

$\boldsymbol{s=-\dfrac{14}{5},\ t=\dfrac{7}{2}}$

**EX ③25**　平面上に △ABC がある。実数 $x$, $y$ に対して，点 P が $3\overrightarrow{PA}+4\overrightarrow{PB}+5\overrightarrow{PC}=x\overrightarrow{AB}+y\overrightarrow{AC}$ を満たすものとする。

(1) 点 P が △ABC の周または内部にあるとき，△PAB, △PBC, △PCA の面積比が 1：2：3 となる点 $(x,\ y)$ を求めよ。

(2) 線分 BC を 2：1 に外分する点を D とする。点 P が線分 CD 上（両端を含む）にあるとき，点 $(x,\ y)$ が存在する範囲を $xy$ 平面上に図示せよ。〔類 静岡大〕

(1) 等式から

$-3\overrightarrow{AP}+4(\overrightarrow{AB}-\overrightarrow{AP})+5(\overrightarrow{AC}-\overrightarrow{AP})=x\overrightarrow{AB}+y\overrightarrow{AC}$

よって　$-12\overrightarrow{AP}=(x-4)\overrightarrow{AB}+(y-5)\overrightarrow{AC}$

ゆえに　$\overrightarrow{AP}=\dfrac{(4-x)\overrightarrow{AB}+(5-y)\overrightarrow{AC}}{12}$ …… ①

←等式から $\overrightarrow{AP}=●\overrightarrow{AB}+■\overrightarrow{AC}$ の式を導く。

直線 AP と辺 BC の交点を E とすると，条件から

BE：EC=△PAB：△PCA=1：3

また　PE：AE=△PBC：△ABC=2：(1+2+3)

=1：3

←面積比の条件から，線分の比がどうなるかを調べる。

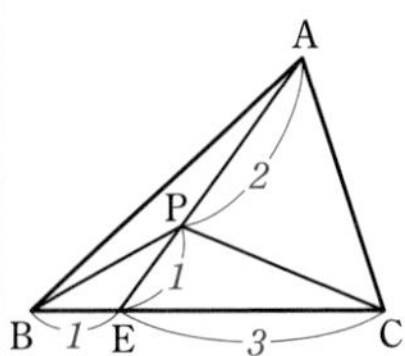


よって　$\overrightarrow{AP}=\dfrac{2}{3}\overrightarrow{AE}=\dfrac{2}{3}\cdot\dfrac{3\overrightarrow{AB}+1\cdot\overrightarrow{AC}}{1+3}$

$=\dfrac{1}{2}\overrightarrow{AB}+\dfrac{1}{6}\overrightarrow{AC}$ …… ②

$\overrightarrow{AB}\neq\vec{0}$, $\overrightarrow{AC}\neq\vec{0}$, $\overrightarrow{AB}\not\parallel\overrightarrow{AC}$ であるから，①，② より

$$\frac{4-x}{12}=\frac{1}{2},\quad \frac{5-y}{12}=\frac{1}{6}$$

これを解いて　　$x=-2,\ y=3$

したがって，求める点は　　**点 $(-2,\ 3)$**

(2)　$\overrightarrow{\mathrm{AD}}=\dfrac{-1\cdot\overrightarrow{\mathrm{AB}}+2\overrightarrow{\mathrm{AC}}}{2-1}=-\overrightarrow{\mathrm{AB}}+2\overrightarrow{\mathrm{AC}}$ …… ③

また，点 P が線分 CD 上（両端を含む）にあるとき，

$\overrightarrow{\mathrm{AP}}=(1-t)\overrightarrow{\mathrm{AC}}+t\overrightarrow{\mathrm{AD}}$ $(0\leqq t\leqq 1)$ と表される。

③ を代入して

$$\overrightarrow{\mathrm{AP}}=(1-t)\overrightarrow{\mathrm{AC}}+t(-\overrightarrow{\mathrm{AB}}+2\overrightarrow{\mathrm{AC}})$$
$$=-t\overrightarrow{\mathrm{AB}}+(t+1)\overrightarrow{\mathrm{AC}}\ \cdots\cdots\ ④$$

$\overrightarrow{\mathrm{AB}}\neq\vec{0}$，$\overrightarrow{\mathrm{AC}}\neq\vec{0}$，$\overrightarrow{\mathrm{AB}}\not\parallel\overrightarrow{\mathrm{AC}}$ であるから，①，④ より

$$\frac{4-x}{12}=-t\ \cdots\cdots\ ⑤,$$
$$\frac{5-y}{12}=t+1\ \cdots\cdots\ ⑥$$

⑤+⑥ から　　$y=-x-3$ …… ⑦

⑤ から　　$t=\dfrac{x-4}{12}$

これを $0\leqq t\leqq 1$ に代入することにより

$$4\leqq x\leqq 16\ \cdots\cdots\ ⑧$$

⑦，⑧ から，求める範囲は，**右の図の実線部分** のようになる。

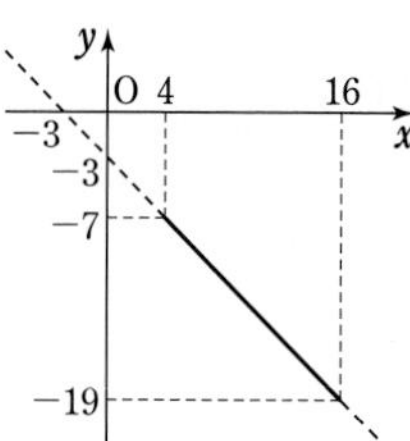


←$\overrightarrow{\mathrm{AP}}=s\overrightarrow{\mathrm{AC}}+t\overrightarrow{\mathrm{AD}}$，$s+t=1$，$s\geqq 0$，$t\geqq 0$ と表すこともできるが，この問題では変数 $t$ だけの式にすると扱いやすくなる。

←$t$ を消去して，$x$，$y$ のみの式を導く。

←$x$ の変域を調べる。

**EX ③26**

△OAB において，ベクトル $\overrightarrow{\mathrm{OA}}$，$\overrightarrow{\mathrm{OB}}$ は $|\overrightarrow{\mathrm{OA}}|=3$，$|\overrightarrow{\mathrm{OB}}|=2$，$\overrightarrow{\mathrm{OA}}\cdot\overrightarrow{\mathrm{OB}}=2$ を満たすとする。実数 $s$，$t$ が次の条件を満たすとき，$\overrightarrow{\mathrm{OP}}=s\overrightarrow{\mathrm{OA}}+t\overrightarrow{\mathrm{OB}}$ と表されるような点 P の存在する範囲の面積を求めよ。　［(1) 立教大］

(1)　$s\geqq 0$，$t\geqq 0$，$2s+t\leqq 1$　　(2)　$s\geqq 0$，$t\geqq 0$，$s+2t\leqq 2$，$2s+t\leqq 2$

(1)　$\overrightarrow{\mathrm{OP}}=s\overrightarrow{\mathrm{OA}}+t\overrightarrow{\mathrm{OB}}$ から　　$\overrightarrow{\mathrm{OP}}=2s\left(\dfrac{1}{2}\overrightarrow{\mathrm{OA}}\right)+t\overrightarrow{\mathrm{OB}}$

また　　$2s+t\leqq 1$，$2s\geqq 0$，$t\geqq 0$

よって，点 P の存在範囲は，$\dfrac{1}{2}\overrightarrow{\mathrm{OA}}=\overrightarrow{\mathrm{OC}}$ とすると，

△OCB の周および内部である。

ゆえに，求める面積は

$$\triangle\mathrm{OCB}=\frac{1}{2}\triangle\mathrm{OAB}=\frac{1}{2}\cdot\frac{1}{2}\sqrt{|\overrightarrow{\mathrm{OA}}|^2|\overrightarrow{\mathrm{OB}}|^2-(\overrightarrow{\mathrm{OA}}\cdot\overrightarrow{\mathrm{OB}})^2}$$
$$=\frac{1}{4}\sqrt{3^2\cdot 2^2-2^2}=\frac{1}{4}\cdot 2\sqrt{9-1}=\boldsymbol{\sqrt{2}}$$

←$2s=s'$ とおくと，$s'+t\leqq 1$，$s'\geqq 0$，$t\geqq 0$ で $\overrightarrow{\mathrm{OP}}=s'\overrightarrow{\mathrm{OC}}+t\overrightarrow{\mathrm{OB}}$

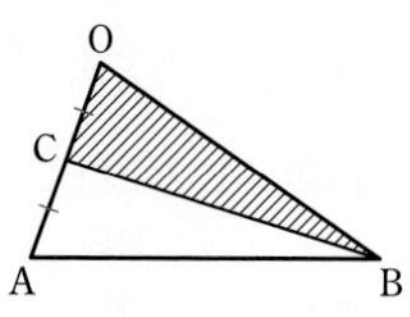


(2)　$s+2t\leqq 2$ から，$\dfrac{s}{2}+t\leqq 1$ で

$$\overrightarrow{\mathrm{OP}}=\frac{s}{2}(2\overrightarrow{\mathrm{OA}})+t\overrightarrow{\mathrm{OB}}\qquad また\quad \frac{s}{2}\geqq 0,\ t\geqq 0$$

←点 P の存在範囲は △ODB の周および内部 $(2\overrightarrow{\mathrm{OA}}=\overrightarrow{\mathrm{OD}})$。

$2s+t\leqq 2$ から，$s+\dfrac{t}{2}\leqq 1$ で

$$\overrightarrow{\mathrm{OP}}=s\overrightarrow{\mathrm{OA}}+\frac{t}{2}(2\overrightarrow{\mathrm{OB}}) \qquad \text{また} \quad s\geqq 0,\ \frac{t}{2}\geqq 0$$

←点 P の存在範囲は △OAE の周および内部 ($2\overrightarrow{\mathrm{OB}}=\overrightarrow{\mathrm{OE}}$)。

よって，$2\overrightarrow{\mathrm{OA}}=\overrightarrow{\mathrm{OD}}$，$2\overrightarrow{\mathrm{OB}}=\overrightarrow{\mathrm{OE}}$ とすると，点 P の存在範囲は，△ODB の周および内部と，△OAE の周および内部の共通部分，すなわち右の図の斜線部分である。

線分 BD と線分 AE の交点を F とする。

△ABF∽△EDF であるから

$$\mathrm{BF}:\mathrm{DF}=\mathrm{AB}:\mathrm{ED}=1:2$$

←中点連結定理により AB∥DE, AB：DE=1：2

また，A は線分 OD の中点であるから

$$\triangle\mathrm{ADB}=\triangle\mathrm{OAB}$$

よって　　$\triangle\mathrm{ABF}=\dfrac{1}{3}\triangle\mathrm{ADB}=\dfrac{1}{3}\triangle\mathrm{OAB}$

したがって，図の斜線部分の面積は

$$\triangle\mathrm{OAB}+\triangle\mathrm{ABF}=\triangle\mathrm{OAB}+\frac{1}{3}\triangle\mathrm{OAB}$$

$$=\frac{4}{3}\triangle\mathrm{OAB}=\frac{4}{3}\cdot 2\sqrt{2}=\boldsymbol{\frac{8\sqrt{2}}{3}}$$

←(1) から $\triangle\mathrm{OAB}=2\sqrt{2}$

**EX**
⑤**27**

平面上で原点 O と 3 点 A(3, 1), B(1, 2), C(−1, 1) を考える。実数 $s$, $t$ に対し，点 P を $\overrightarrow{\mathrm{OP}}=s\overrightarrow{\mathrm{OA}}+t\overrightarrow{\mathrm{OB}}$ により定める。

(1) $s$, $t$ が条件 $-1\leqq s\leqq 1$, $-1\leqq t\leqq 1$ を満たすとき，点 P$(x, y)$ が存在する範囲 $D_1$ を図示せよ。

(2) $s$, $t$ が条件 $-1\leqq s\leqq 1$, $-1\leqq t\leqq 1$, $-1\leqq s+t\leqq 1$ を満たすとき，点 P$(x, y)$ が存在する範囲 $D_2$ を図示せよ。

(3) 点 P が (2) で求めた範囲 $D_2$ を動くとき，内積 $\overrightarrow{\mathrm{OP}}\cdot\overrightarrow{\mathrm{OC}}$ の最大値を求め，そのときの点 P の座標を求めよ。　〔類　東北大〕

(1) $s$ を固定して，$\overrightarrow{\mathrm{OA'}}=s\overrightarrow{\mathrm{OA}}$ とすると

$$\overrightarrow{\mathrm{OP}}=\overrightarrow{\mathrm{OA'}}+t\overrightarrow{\mathrm{OB}}$$

←まずは，$s$ を固定して $t$ だけを動かして考える。

よって，$-1\leqq t\leqq 1$ の範囲で $t$ を動かすとき，

$$\overrightarrow{\mathrm{OP_1}}=\overrightarrow{\mathrm{OA'}}-\overrightarrow{\mathrm{OB}},\ \overrightarrow{\mathrm{OP_2}}=\overrightarrow{\mathrm{OA'}}+\overrightarrow{\mathrm{OB}}$$

とすると，点 P は線分 $\mathrm{P_1P_2}$ 上を動く。

そして，$s$ を $-1\leqq s\leqq 1$ の範囲で動かすと，線分 $\mathrm{P_1P_2}$ は図 1 の線分 GH から EF まで平行に動く。ただし

←次に，$s$ を動かす。

$\overrightarrow{\mathrm{OE}}=\overrightarrow{\mathrm{OA}}-\overrightarrow{\mathrm{OB}}$，$\overrightarrow{\mathrm{OF}}=\overrightarrow{\mathrm{OA}}+\overrightarrow{\mathrm{OB}}$，

$\overrightarrow{\mathrm{OG}}=-\overrightarrow{\mathrm{OA}}-\overrightarrow{\mathrm{OB}}$，

$\overrightarrow{\mathrm{OH}}=-\overrightarrow{\mathrm{OA}}+\overrightarrow{\mathrm{OB}}$

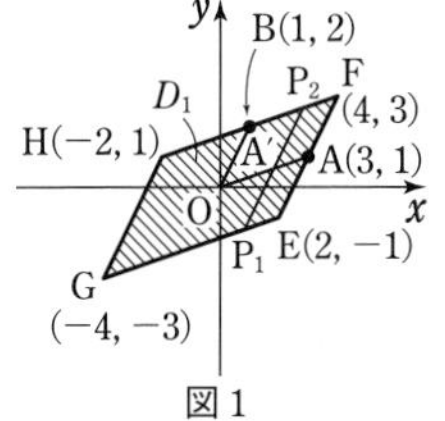

図 1

ゆえに，領域 $D_1$ は平行四辺形 EFHG の周および内部である。

すなわち **図 1 の斜線部分** である。**ただし，境界線を含む。**

(2) $-1 \leqq s+t \leqq 1$ を満たすとき，点 P の存在する範囲 $D_1'$ を調べる。

$s+t=k\ (-1 \leqq k \leqq 1)$ とおくと，$k \neq 0$ のとき

$$\frac{s}{k}+\frac{t}{k}=1,\ \overrightarrow{\mathrm{OP}}=\frac{s}{k}(k\overrightarrow{\mathrm{OA}})+\frac{t}{k}(k\overrightarrow{\mathrm{OB}})$$

←まずは，$k$ を固定して考える。

よって，$\overrightarrow{\mathrm{OA_1}}=k\overrightarrow{\mathrm{OA}}$，$\overrightarrow{\mathrm{OB_1}}=k\overrightarrow{\mathrm{OB}}$，

$s_1=\frac{s}{k}$，$t_1=\frac{t}{k}$ とすると

$$\overrightarrow{\mathrm{OP}}=s_1\overrightarrow{\mathrm{OA_1}}+t_1\overrightarrow{\mathrm{OB_1}},\ s_1+t_1=1$$

ゆえに，点 P は直線 $\mathrm{A_1B_1}$ 上を動く。

また，$k=0$ のとき，$\overrightarrow{\mathrm{OP}}=t\overrightarrow{\mathrm{AB}}$ となり，点 P は O を通り，直線 AB に平行な直線上を動く。

←$k=0$ のとき，$s=-t$ で　$\overrightarrow{\mathrm{OP}}=t(\overrightarrow{\mathrm{OB}}-\overrightarrow{\mathrm{OA}})$

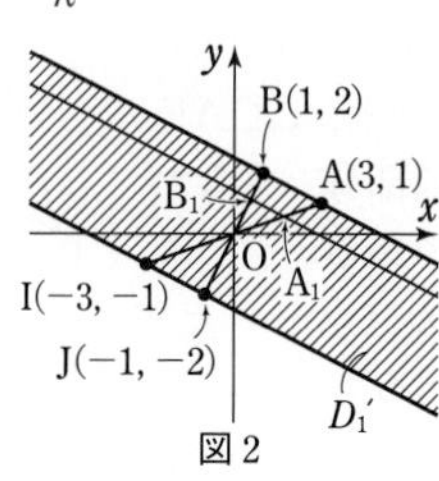

図 2

$k$ を $-1 \leqq k \leqq 1$ の範囲で動かすと，直線 $\mathrm{A_1B_1}$ は図 2 の直線 AB と IJ に挟まれた部分を動く（直線 AB 上，IJ 上をともに含む）。

←次に，$k$ を動かす。

ただし　$\overrightarrow{\mathrm{OI}}=-\overrightarrow{\mathrm{OA}}$，$\overrightarrow{\mathrm{OJ}}=-\overrightarrow{\mathrm{OB}}$

すなわち，領域 $D_1'$ は図 2 の斜線部分（境界線を含む）である。

以上から，求める範囲 $D_2$ は領域 $D_1$ と $D_1'$ の共通部分，すなわち **図 3 の斜線部分** である。

**ただし，境界線を含む。**

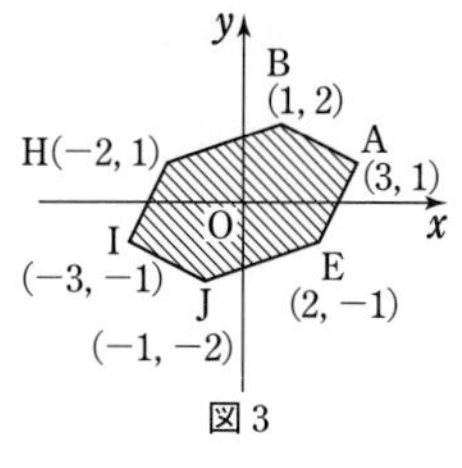

図 3

別解 **1.** $-1 \leqq s \leqq 1$，$-1 \leqq t \leqq 1$，
$-1 \leqq s+t \leqq 1$ を満たす点 $\mathrm{P}(s,\ t)$ は，直交座標平面上において，領域
$K$：$-1 \leqq x \leqq 1$，$-1 \leqq y \leqq 1$，
$-1 \leqq x+y \leqq 1$ 上にある。

領域 $K$ を図示すると，右の図の斜線部分のようになる。ただし，境界線を含む。

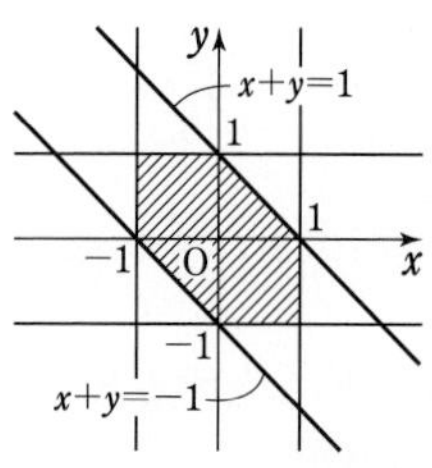


ここで，斜交座標平面上の点 $(1,\ 0)$，$(0,\ 1)$ に対し，直交座標平面上の点 $(3,\ 1)$，$(1,\ 2)$ をそれぞれ対応させる。

斜交座標平面上の 4 点 $(-1,\ 1)$，$(-1,\ 0)$，$(0,\ -1)$，$(1,\ -1)$ に対し，直交座標平面における座標はそれぞれ

$$(-3+1,\ -1+2),\ (-3,\ -1),$$
$$(-1,\ -2),\ (3-1,\ 1-2)$$

←$\overrightarrow{\mathrm{OA}}$ の延長，$\overrightarrow{\mathrm{OB}}$ の延長をそれぞれ軸としてとらえる。

すなわち，$(-2,\ 1)$，$(-3,\ -1)$，$(-1,\ -2)$，$(2,\ -1)$ である。

よって，求める範囲 $D_2$ は **右の図の斜線部分** である。**ただし，境界線を含む。**

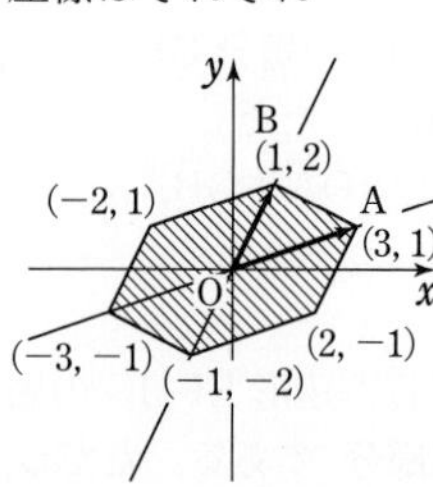

別解 2. $\overrightarrow{OP}=s\overrightarrow{OA}+t\overrightarrow{OB}$ から

$(x,\ y)=s(3,\ 1)+t(1,\ 2)$

よって　$x=3s+t,\ y=s+2t$

ゆえに　$s=\dfrac{2x-y}{5},\ t=\dfrac{-x+3y}{5}$

$-1\leqq s\leqq 1$ から　$-1\leqq \dfrac{2x-y}{5}\leqq 1$

よって　$2x-5\leqq y\leqq 2x+5$ …… Ⓐ

$-1\leqq t\leqq 1$ から　$-1\leqq \dfrac{-x+3y}{5}\leqq 1$

ゆえに　$\dfrac{1}{3}x-\dfrac{5}{3}\leqq y\leqq \dfrac{1}{3}x+\dfrac{5}{3}$ …… Ⓑ

また，$s+t=\dfrac{x+2y}{5}$，$-1\leqq s+t\leqq 1$ から

$-1\leqq \dfrac{x+2y}{5}\leqq 1$

よって　$-\dfrac{1}{2}x-\dfrac{5}{2}\leqq y\leqq -\dfrac{1}{2}x+\dfrac{5}{2}$ …… Ⓒ

不等式 Ⓐ，Ⓑ，Ⓒ それぞれの表す領域の共通部分を求めると，$D_2$ は **図3の斜線部分** のようになる。**ただし，境界線を含む。**

(3) $P(x,\ y)$ とすると

$\overrightarrow{OP}\cdot\overrightarrow{OC}=x\times(-1)+y\times 1$
$=-x+y$

←$\overrightarrow{OP}=(x,\ y)$，$\overrightarrow{OC}=(-1,\ 1)$

$-x+y=l$ とすると　$y=x+l$ …… ①

直線 ① の傾きは 1 であり，(2) の図 3 において，直線 IH の傾きは 2，直線 HB の傾きは $\dfrac{1}{3}$ である。

←(2) の図 3 の $D_2$ と直線 ① が共有点をもつような $l$ の最大値について考える。

よって，直線 ① が点 H$(-2,\ 1)$ を通るとき，$l$ は最大となる。
ゆえに，内積 $\overrightarrow{OP}\cdot\overrightarrow{OC}$ は，**P$(-2,\ 1)$ のとき最大値** $-(-2)+1=$**3** をとる。

**EX ③28**

(1) 平面上に 4 点 O，A，B，C があり，$\overrightarrow{CA}+2\overrightarrow{CB}+3\overrightarrow{CO}=\vec{0}$ を満たす。点 A が点 O を中心とする半径 12 の円上を動くとき，点 C はどのような図形を描くか。ただし，点 O，B は定点とする。〔類　中央大〕

(2) $xy$ 平面上の点 A$(0,\ 0)$，B$(b,\ 0)$ に対して，$(\overrightarrow{AP}+\overrightarrow{BP})\cdot(\overrightarrow{AP}-2\overrightarrow{BP})=0$ を満たす $xy$ 平面上の点 P$(x,\ y)$ の描く図形の方程式を求めよ。〔東北学院大〕

(1) 点 O に関する位置ベクトルを考えて，A$(\vec{a})$，B$(\vec{b})$，C$(\vec{c})$ とすると，等式から　$\vec{a}-\vec{c}+2(\vec{b}-\vec{c})-3\vec{c}=\vec{0}$

HINT (1) A$(\vec{a})$，B$(\vec{b})$，C$(\vec{c})$ として，$\vec{c}$ を $\vec{a}$，$\vec{b}$ で表す。$|\vec{a}|=12$ に着目する。
(2) 条件を成分で表す。

ゆえに　$\vec{c}=\dfrac{1}{6}\vec{a}+\dfrac{1}{3}\vec{b}$

$\vec{c}-\dfrac{1}{3}\vec{b}=\dfrac{1}{6}\vec{a}$ であるから

$\left|\vec{c}-\dfrac{1}{3}\vec{b}\right|=\dfrac{1}{6}|\vec{a}|=2$

←$|\vec{a}|=12$

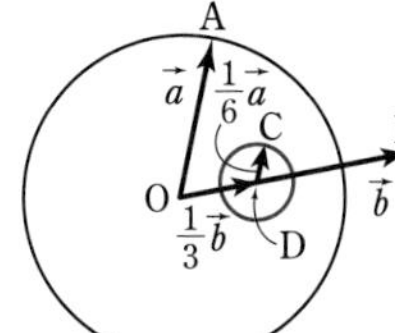

よって，$\frac{1}{3}\overrightarrow{\mathrm{OB}}=\overrightarrow{\mathrm{OD}}$ とすると $|\overrightarrow{\mathrm{DC}}|=2$ であり，

点Cは **中心がD，半径が2の円** を描く。

←O，Bは定点であるから，Dも定点である。

(2) $\overrightarrow{\mathrm{AP}}+\overrightarrow{\mathrm{BP}}=(x,\ y)+(x-b,\ y)=(2x-b,\ 2y)$

$\overrightarrow{\mathrm{AP}}-2\overrightarrow{\mathrm{BP}}=(x,\ y)-2(x-b,\ y)=(-x+2b,\ -y)$

$(\overrightarrow{\mathrm{AP}}+\overrightarrow{\mathrm{BP}})\cdot(\overrightarrow{\mathrm{AP}}-2\overrightarrow{\mathrm{BP}})=0$ であるから

$$(2x-b)(-x+2b)+2y(-y)=0$$

すなわち　$-2x^2+5bx-2b^2-2y^2=0$

したがって　$\boldsymbol{x^2+y^2-\frac{5}{2}bx+b^2=0}$ ……（＊）

検討 （＊）を変形すると $\left(x-\frac{5}{4}b\right)^2+y^2=\frac{9}{16}b^2$ よって，$b=0$ のときPはAに一致し，$b\neq0$ のときPは中心 $\left(\frac{5}{4}b,\ 0\right)$，半径 $\frac{3}{4}|b|$ の円を描く。

## EX ⑤29

平面上の異なる3点O，A，Bは同一直線上にないものとする。
この平面上の点Pが

$$2|\overrightarrow{\mathrm{OP}}|^2-\overrightarrow{\mathrm{OA}}\cdot\overrightarrow{\mathrm{OP}}+2\overrightarrow{\mathrm{OB}}\cdot\overrightarrow{\mathrm{OP}}-\overrightarrow{\mathrm{OA}}\cdot\overrightarrow{\mathrm{OB}}=0$$

を満たすとき，次の問いに答えよ。

(1) 点Pの軌跡は円となることを示せ。

(2) (1)の円の中心をCとするとき，$\overrightarrow{\mathrm{OC}}$ を $\overrightarrow{\mathrm{OA}}$ と $\overrightarrow{\mathrm{OB}}$ で表せ。

(3) 点Oとの距離が最小となる(1)の円周上の点を $\mathrm{P_0}$ とする。2点A，Bが条件

$$|\overrightarrow{\mathrm{OA}}|^2+5\overrightarrow{\mathrm{OA}}\cdot\overrightarrow{\mathrm{OB}}+4|\overrightarrow{\mathrm{OB}}|^2=0$$

を満たすとき，$\overrightarrow{\mathrm{OP_0}}=s\overrightarrow{\mathrm{OA}}+t\overrightarrow{\mathrm{OB}}$ となる $s$，$t$ の値を求めよ。〔岡山大〕

(1) $\overrightarrow{\mathrm{OP}}=\vec{p}$，$\overrightarrow{\mathrm{OA}}=\vec{a}$，$\overrightarrow{\mathrm{OB}}=\vec{b}$ とする。

与えられた等式から

$$2|\vec{p}|^2-(\vec{a}-2\vec{b})\cdot\vec{p}-\vec{a}\cdot\vec{b}=0$$

ゆえに　$|\vec{p}|^2-\left(\frac{\vec{a}-2\vec{b}}{2}\right)\cdot\vec{p}=\frac{\vec{a}\cdot\vec{b}}{2}$

$$\left|\vec{p}-\frac{\vec{a}-2\vec{b}}{4}\right|^2=\frac{\vec{a}\cdot\vec{b}}{2}+\left|\frac{\vec{a}-2\vec{b}}{4}\right|^2$$

$$\left|\vec{p}-\frac{\vec{a}-2\vec{b}}{4}\right|^2=\left|\frac{\vec{a}+2\vec{b}}{4}\right|^2$$

よって　$\left|\vec{p}-\frac{\vec{a}-2\vec{b}}{4}\right|=\left|\frac{\vec{a}+2\vec{b}}{4}\right|$

異なる3点O，A，Bは同一直線上にないから　$\left|\frac{\vec{a}+2\vec{b}}{4}\right|>0$

ゆえに，点Cを $\overrightarrow{\mathrm{OC}}=\frac{\vec{a}-2\vec{b}}{4}$ で定めると，点Pの軌跡は点Cを中心とする半径 $\left|\frac{\vec{a}+2\vec{b}}{4}\right|$ の円となる。

HINT (1) 平方完成の要領で $|\vec{p}-\vec{c}|=r$ の形に変形する。
(3) 与えられた条件から，(1)の円の半径と線分OCの長さとを比較し，3点O，$\mathrm{P_0}$，Cの位置関係を調べる。

←$\vec{a}\neq-2\vec{b}$

参考　与えられた等式を変形すると

$$(2\overrightarrow{\mathrm{OP}}-\overrightarrow{\mathrm{OA}})\cdot(\overrightarrow{\mathrm{OP}}+\overrightarrow{\mathrm{OB}})=0$$

よって　$\left(\overrightarrow{\mathrm{OP}}-\frac{1}{2}\overrightarrow{\mathrm{OA}}\right)\cdot(\overrightarrow{\mathrm{OP}}+\overrightarrow{\mathrm{OB}})=0$

ゆえに，線分OAの中点をM，$\overrightarrow{\mathrm{OQ}}=-\overrightarrow{\mathrm{OB}}$ を満たす点をQとすると，点Pの軌跡は，線分MQを直径とする円になる。

←$2x^2-ax+2bx-ab$ を $x$ の2次式とみて因数分解するのと同じ要領。

(2) (1) から　　$\overrightarrow{\mathbf{OC}}=\dfrac{\vec{a}-2\vec{b}}{4}=\dfrac{\mathbf{1}}{\mathbf{4}}\overrightarrow{\mathbf{OA}}-\dfrac{\mathbf{1}}{\mathbf{2}}\overrightarrow{\mathbf{OB}}$

(3)　$|\overrightarrow{OA}|^2+5\overrightarrow{OA}\cdot\overrightarrow{OB}+4|\overrightarrow{OB}|^2=0$ から

$$|\vec{a}|^2+4|\vec{b}|^2=-5\vec{a}\cdot\vec{b}$$

(1) の円の半径を $r$ とすると

$$r^2=\left|\frac{\vec{a}+2\vec{b}}{4}\right|^2=\frac{1}{16}(|\vec{a}|^2+4\vec{a}\cdot\vec{b}+4|\vec{b}|^2)$$

$$=\frac{1}{16}(-5\vec{a}\cdot\vec{b}+4\vec{a}\cdot\vec{b})=-\frac{1}{16}\vec{a}\cdot\vec{b}$$

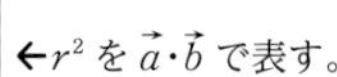
←$r^2$ を $\vec{a}\cdot\vec{b}$ で表す。

また　　$|\overrightarrow{OC}|^2=\left|\dfrac{\vec{a}-2\vec{b}}{4}\right|^2=\dfrac{1}{16}(|\vec{a}|^2-4\vec{a}\cdot\vec{b}+4|\vec{b}|^2)$

$$=\frac{1}{16}(-5\vec{a}\cdot\vec{b}-4\vec{a}\cdot\vec{b})=-\frac{9}{16}\vec{a}\cdot\vec{b}$$

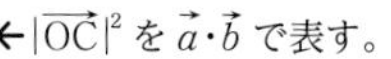
←$|\overrightarrow{OC}|^2$ を $\vec{a}\cdot\vec{b}$ で表す。

よって　　$|\overrightarrow{OC}|^2=9r^2$

ゆえに　　$|\overrightarrow{OC}|=3r$

$|\overrightarrow{OC}|>r$ であるから，点 O は (1) の円の外部にある。

また，この円上の点 $P_0$ は，点 O との距離が最小となる点であるから，円と線分 OC の交点である。

よって　　$OP_0:OC=(3r-r):3r=2:3$

←3 点 O，$P_0$，C はこの順に並ぶ。

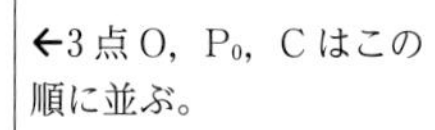

ゆえに　　$\overrightarrow{OP_0}=\dfrac{2}{3}\overrightarrow{OC}=\dfrac{2}{3}\left(\dfrac{1}{4}\overrightarrow{OA}-\dfrac{1}{2}\overrightarrow{OB}\right)$

$$=\frac{1}{6}\overrightarrow{OA}-\frac{1}{3}\overrightarrow{OB}$$

3 点 O，A，B は異なる点で同一直線上にないから，$\overrightarrow{OA}\neq\vec{0}$，$\overrightarrow{OB}\neq\vec{0}$，$\overrightarrow{OA}\not\parallel\overrightarrow{OB}$ である。

←3 点 O，A，B は異なるから
　$\overrightarrow{OA}\neq\vec{0}$，$\overrightarrow{OB}\neq\vec{0}$

よって，$\overrightarrow{OP_0}=s\overrightarrow{OA}+t\overrightarrow{OB}$ となる $s$，$t$ の値は

$$\boldsymbol{s=\frac{1}{6},\ t=-\frac{1}{3}}$$

**練習 ①44** 点 P$(3,\ -2,\ 1)$ に対して，次の点の座標を求めよ。
(1) 点 P から $x$ 軸に下ろした垂線と $x$ 軸の交点 Q
(2) $xy$ 平面に関して対称な点 R
(3) 原点 O に関して対称な点 S

図から
(1) **Q$(3,\ 0,\ 0)$**
(2) **R$(3,\ -2,\ -1)$**
(3) **S$(-3,\ 2,\ -1)$**

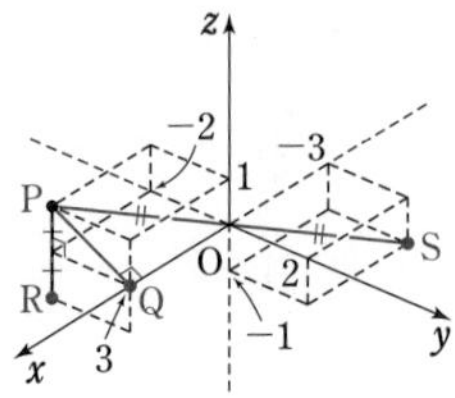


(2), (3) 本冊 $p.83$ の **検討** を利用すると，符号に注目するだけで求められる。

**練習 ①45** (1) 次の 2 点間の距離を求めよ。
(ア) O$(0,\ 0,\ 0)$，A$(2,\ 7,\ -4)$　　(イ) A$(1,\ 2,\ 3)$，B$(2,\ 4,\ 5)$
(ウ) A$(3,\ -\sqrt{3},\ 2)$，B$(\sqrt{3},\ 1,\ -\sqrt{3})$
(2) 3 点 A$(-1,\ 0,\ 1)$，B$(1,\ 1,\ 3)$，C$(0,\ 2,\ -1)$ を頂点とする $\triangle$ABC はどのような形か。
(3) $a$ は定数とする。3 点 A$(2,\ 2,\ 2)$，B$(3,\ -1,\ 6)$，C$(6,\ a,\ 5)$ を頂点とする三角形が正三角形であるとき，$a$ の値を求めよ。

(1) (ア) $\mathrm{OA}=\sqrt{2^2+7^2+(-4)^2}=\boldsymbol{\sqrt{69}}$

(イ) $\mathrm{AB}=\sqrt{(2-1)^2+(4-2)^2+(5-3)^2}=\sqrt{1+4+4}=\mathbf{3}$

(ウ) $\mathrm{AB}=\sqrt{(\sqrt{3}-3)^2+\{1-(-\sqrt{3})\}^2+(-\sqrt{3}-2)^2}$
$=\sqrt{3-6\sqrt{3}+9+1+2\sqrt{3}+3+3+4\sqrt{3}+4}$
$=\boldsymbol{\sqrt{23}}$

2 点 $\mathrm{P}(x_1,\ y_1,\ z_1)$，$\mathrm{Q}(x_2,\ y_2,\ z_2)$ に対し
$\mathrm{PQ}^2=(x_2-x_1)^2+(y_2-y_1)^2+(z_2-z_1)^2$

(2) $\mathrm{AB}^2=\{1-(-1)\}^2+(1-0)^2+(3-1)^2=9$
$\mathrm{BC}^2=(0-1)^2+(2-1)^2+(-1-3)^2=18$
$\mathrm{CA}^2=(-1-0)^2+(0-2)^2+\{1-(-1)\}^2=9$
よって　$\mathrm{AB}=\mathrm{CA}$，$\mathrm{CA}^2+\mathrm{AB}^2=\mathrm{BC}^2$
ゆえに，$\triangle$ABC は **$\angle \mathrm{A}=90^\circ$ の直角二等辺三角形** である。

←3 辺の長さの関係に注目する。
① 距離の条件　2 乗した形で扱う
←直角である角も記す。

(3) $\mathrm{AB}^2=(3-2)^2+(-1-2)^2+(6-2)^2=26$　…… ①
$\mathrm{BC}^2=(6-3)^2+\{a-(-1)\}^2+(5-6)^2=(a+1)^2+10$　…… ②
$\mathrm{CA}^2=(2-6)^2+(2-a)^2+(2-5)^2=(a-2)^2+25$　…… ③
$\mathrm{AB}=\mathrm{BC}=\mathrm{CA}$ であるから　$\mathrm{AB}^2=\mathrm{BC}^2=\mathrm{CA}^2$
① と ② から　$(a+1)^2+10=26$　よって　$a=-5,\ 3$
① と ③ から　$(a-2)^2+25=26$　よって　$a=1,\ 3$
ゆえに，求める $a$ の値は　$\boldsymbol{a=3}$

←$\{a-(-1)\}^2=(a+1)^2$
←$(a+1)^2=16$ から $a+1=\pm 4$

**練習 ②46** (1) 3 点 A$(2,\ 1,\ -2)$，B$(-2,\ 0,\ 1)$，C$(3,\ -1,\ -3)$ から等距離にある $xy$ 平面上の点 P，$zx$ 平面上の点 Q の座標をそれぞれ求めよ。〔類 武蔵大〕
(2) 4 点 O$(0,\ 0,\ 0)$，A$(0,\ 2,\ 0)$，B$(-1,\ 1,\ 2)$，C$(0,\ 1,\ 3)$ から等距離にある点 M の座標を求めよ。〔関西学院大〕

(1) $\mathrm{AP}=\mathrm{BP}=\mathrm{CP}$ から　$\mathrm{AP}^2=\mathrm{BP}^2=\mathrm{CP}^2$
P$(x,\ y,\ 0)$ とすると，$\mathrm{AP}^2=\mathrm{BP}^2$ であるから
$$(x-2)^2+(y-1)^2+4=(x+2)^2+y^2+1$$

① 距離の条件　2 乗した形で扱う

よって　$4x+y=2$ ……①

$BP^2=CP^2$ であるから

$$(x+2)^2+y^2+1=(x-3)^2+(y+1)^2+9$$

ゆえに　$5x-y=7$ ……②

①+② から　$9x=9$　よって　$x=1$

このとき，① から　$y=-2$

したがって　**P(1, −2, 0)**

また，AQ=BQ=CQ から　$AQ^2=BQ^2=CQ^2$

Q$(x, 0, z)$ とすると，$AQ^2=BQ^2$ であるから

$$(x-2)^2+1+(z+2)^2=(x+2)^2+(z-1)^2$$

よって　$4x-3z=2$ ……③

$BQ^2=CQ^2$ であるから

$$(x+2)^2+(z-1)^2=(x-3)^2+1+(z+3)^2$$

ゆえに　$5x-4z=7$ ……④

③×4−④×3 から　$x=-13$　このとき，③ から　$z=-18$

したがって　**Q(−13, 0, −18)**

(2) M$(x, y, z)$ とする。

OM=AM=BM=CM から　$OM^2=AM^2=BM^2=CM^2$

$OM^2=AM^2$ から　$x^2+y^2+z^2=x^2+(y-2)^2+z^2$

$OM^2=BM^2$ から　$x^2+y^2+z^2=(x+1)^2+(y-1)^2+(z-2)^2$

$OM^2=CM^2$ から　$x^2+y^2+z^2=x^2+(y-1)^2+(z-3)^2$

よって　$y=1,\ x-y-2z=-3,\ y+3z=5$

これを解いて　$x=\dfrac{2}{3},\ y=1,\ z=\dfrac{4}{3}$

したがって　$\mathbf{M}\left(\dfrac{2}{3},\ 1,\ \dfrac{4}{3}\right)$

←$BP^2=CP^2$ の代わりに $AP^2=CP^2$ を用いると
$(x-2)^2+(y-1)^2+4$
$=(x-3)^2+(y+1)^2+9$
から
$x-2y=5$ ……②′
①，②′ を解いて
$x=1,\ y=-2$

←$BQ^2=CQ^2$ の代わりに $AQ^2=CQ^2$ を用いてもよい。$x-z=5$ と ③ から
$x=-13,\ z=-18$

←$x, y, z$ の1次の項が出てこない $OM^2$ を有効利用する。

2章 練習 [空間のベクトル]

## 練習 ①47

四面体ABCDにおいて，$\overrightarrow{AB}=\vec{a}$，$\overrightarrow{AC}=\vec{b}$，$\overrightarrow{AD}=\vec{c}$ とし，辺BC，ADの中点をそれぞれL，Mとする。

(1) $\overrightarrow{AL}$，$\overrightarrow{DL}$，$\overrightarrow{LM}$ をそれぞれ $\vec{a}$，$\vec{b}$，$\vec{c}$ で表せ。

(2) 線分ALの中点をNとすると，$\overrightarrow{DL}=2\overrightarrow{MN}$ であることを示せ。

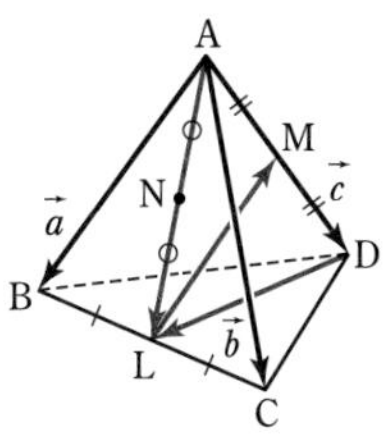


(1) $\overrightarrow{\mathbf{AL}}=\overrightarrow{AB}+\overrightarrow{BL}=\overrightarrow{AB}+\dfrac{1}{2}\overrightarrow{BC}$

$=\vec{a}+\dfrac{1}{2}(\vec{b}-\vec{a})=\dfrac{1}{2}\vec{a}+\dfrac{1}{2}\vec{b}$

$\overrightarrow{\mathbf{DL}}=\overrightarrow{AL}-\overrightarrow{AD}=\dfrac{1}{2}\vec{a}+\dfrac{1}{2}\vec{b}-\vec{c}$

$\overrightarrow{\mathbf{LM}}=\overrightarrow{AM}-\overrightarrow{AL}=\dfrac{1}{2}\overrightarrow{AD}-\overrightarrow{AL}$

$=\dfrac{1}{2}\vec{c}-\left(\dfrac{1}{2}\vec{a}+\dfrac{1}{2}\vec{b}\right)=-\dfrac{1}{2}\vec{a}-\dfrac{1}{2}\vec{b}+\dfrac{1}{2}\vec{c}$

(2) $\overrightarrow{DL}=\overrightarrow{AL}-\overrightarrow{AD}=2\overrightarrow{AN}-2\overrightarrow{AM}$

$=2(\overrightarrow{AN}-\overrightarrow{AM})=2\overrightarrow{MN}$

←分割(加法)

←分割(減法)

←分割(減法)

←$\overrightarrow{AL}=2\overrightarrow{AN}$，$\overrightarrow{AD}=2\overrightarrow{AM}$

別解 (1) から　$\overrightarrow{DL}=\frac{1}{2}(\vec{a}+\vec{b}-2\vec{c})$ …… ①

また　$\overrightarrow{AN}=\frac{1}{2}\overrightarrow{AL}=\frac{1}{4}\vec{a}+\frac{1}{4}\vec{b}$

よって　$\overrightarrow{MN}=\overrightarrow{AN}-\overrightarrow{AM}=\frac{1}{4}\vec{a}+\frac{1}{4}\vec{b}-\frac{1}{2}\vec{c}$

$=\frac{1}{4}(\vec{a}+\vec{b}-2\vec{c})$ …… ②

①, ② から　$\overrightarrow{DL}=2\overrightarrow{MN}$

←$\overrightarrow{DL}$, $\overrightarrow{MN}$ をそれぞれ $\vec{a}$, $\vec{b}$, $\vec{c}$ で表して比較する。

←$\overrightarrow{AM}=\frac{1}{2}\vec{c}$

**練習 ②48** $\vec{a}=(1,\ 0,\ 1)$, $\vec{b}=(2,\ -1,\ -2)$, $\vec{c}=(-1,\ 2,\ 0)$ とし，$s$, $t$, $u$ は実数とする。
(1) $2\vec{a}-3\vec{b}+\vec{c}$ を成分で表せ。また，その大きさを求めよ。
(2) $\vec{d}=(6,\ -5,\ 0)$ を $s\vec{a}+t\vec{b}+u\vec{c}$ の形に表せ。
(3) $l$, $m$, $n$ は実数とする。$\vec{d}=(l,\ m,\ n)$ を $s\vec{a}+t\vec{b}+u\vec{c}$ の形に表すとき，$s$, $t$, $u$ をそれぞれ $l$, $m$, $n$ で表せ。

(1) $2\vec{a}-3\vec{b}+\vec{c}=2(1,\ 0,\ 1)-3(2,\ -1,\ -2)+(-1,\ 2,\ 0)$
$=(2-6-1,\ 3+2,\ 2+6)=\mathbf{(-5,\ 5,\ 8)}$

よって　$|2\vec{a}-3\vec{b}+\vec{c}|=\sqrt{(-5)^2+5^2+8^2}=\mathbf{\sqrt{114}}$

(2) $s\vec{a}+t\vec{b}+u\vec{c}=(s+2t-u,\ -t+2u,\ s-2t)$
$\vec{d}=s\vec{a}+t\vec{b}+u\vec{c}$ とすると
$s+2t-u=6$ …… ①, $-t+2u=-5$ …… ②,
$s-2t=0$ …… ③
③ から　$s=2t$ …… ④
これを ① に代入して　$4t-u=6$ …… ⑤
②+⑤×2 から　$7t=7$　よって　$t=1$
②, ④ から　$u=-2$, $s=2$　ゆえに　$\boldsymbol{\vec{d}=2\vec{a}+\vec{b}-2\vec{c}}$

←ベクトルの相等

(3) $\vec{d}=s\vec{a}+t\vec{b}+u\vec{c}$ とすると
$l=s+2t-u$ …… ⑥, $m=-t+2u$ …… ⑦,
$n=s-2t$ …… ⑧
⑥×2+⑦ から　$2l+m=2s+3t$ …… ⑨
⑧×3+⑨×2 から　$7s=4l+2m+3n$
よって　$\boldsymbol{s=\frac{4l+2m+3n}{7}}$　⑧ から　$\boldsymbol{t=\frac{2l+m-2n}{7}}$
更に，⑦ から　$\boldsymbol{u=\frac{l+4m-n}{7}}$

←ベクトルの相等

←$l=6$, $m=-5$, $n=0$ を代入すると，(2) で求めた値になり，検算できる。

**練習 ②49** (1) $\vec{a}=(2,\ -3x,\ 8)$, $\vec{b}=(3x,\ -6,\ 4y-2)$ とする。$\vec{a}$ と $\vec{b}$ が平行であるとき，$x$, $y$ の値を求めよ。〔岩手大〕
(2) 4点 A(3, 3, 2), B(0, 4, 0), C, D(5, 1, −2) がある。四角形 ABCD が平行四辺形であるとき，点 C の座標を求めよ。

(1) $\vec{a}\parallel\vec{b}$ であるから，$\vec{b}=k\vec{a}$ となる実数 $k$ がある。
よって　$(3x,\ -6,\ 4y-2)=k(2,\ -3x,\ 8)$
ゆえに　$3x=2k$ …… ①, $-6=-3kx$ …… ②,
$4y-2=8k$ …… ③

←$\vec{a}$ の成分の方が文字が少ないから，$\vec{b}=k\vec{a}$ とおく。

① を ② に代入して　　$-6=-2k^2$

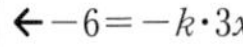


よって　　$k=\pm\sqrt{3}$

①, ③ から

$k=\sqrt{3}$ のとき　　$x=\dfrac{2\sqrt{3}}{3}$, $y=2\sqrt{3}+\dfrac{1}{2}$

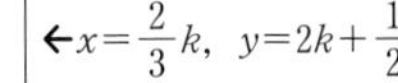


$k=-\sqrt{3}$ のとき　　$x=-\dfrac{2\sqrt{3}}{3}$, $y=-2\sqrt{3}+\dfrac{1}{2}$

ゆえに　　$\boldsymbol{x=\pm\dfrac{2\sqrt{3}}{3}}$, $\boldsymbol{y=\pm 2\sqrt{3}+\dfrac{1}{2}}$ **(複号同順)**

(2) 点 C の座標を $(x,\ y,\ z)$ とする。

四角形 ABCD が平行四辺形であるから　　$\overrightarrow{\mathrm{AB}}=\overrightarrow{\mathrm{DC}}$

$\overrightarrow{\mathrm{AB}}=(-3,\ 1,\ -2)$, $\overrightarrow{\mathrm{DC}}=(x-5,\ y-1,\ z+2)$ であるから

$$(-3,\ 1,\ -2)=(x-5,\ y-1,\ z+2)$$

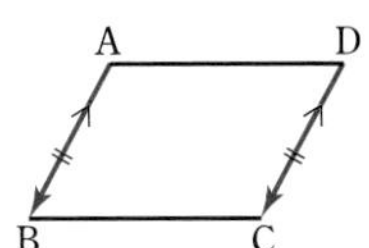


よって　　$-3=x-5$, $1=y-1$, $-2=z+2$

ゆえに　　$x=2$, $y=2$, $z=-4$

よって　　$\mathbf{C(2,\ 2,\ -4)}$

別解　四角形 ABCD は平行四辺形であるから

$$\overrightarrow{\mathrm{AC}}=\overrightarrow{\mathrm{AB}}+\overrightarrow{\mathrm{AD}}$$

よって　　$\overrightarrow{\mathrm{AC}}=(-3,\ 1,\ -2)+(2,\ -2,\ -4)$
$=(-1,\ -1,\ -6)$

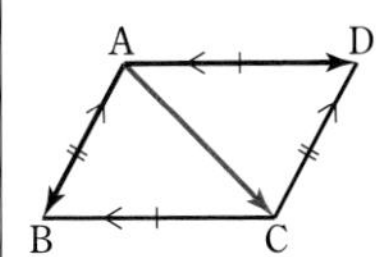


ゆえに，原点を O とすると

$\overrightarrow{\mathrm{OC}}=\overrightarrow{\mathrm{OA}}+\overrightarrow{\mathrm{AC}}=(3,\ 3,\ 2)+(-1,\ -1,\ -6)$
$=(2,\ 2,\ -4)$

よって　　$\mathbf{C(2,\ 2,\ -4)}$

**練習 ②50**　平行四辺形の 3 頂点が $\mathrm{A}(1,\ 0,\ -1)$, $\mathrm{B}(2,\ -1,\ 1)$, $\mathrm{C}(-1,\ 3,\ 2)$ であるとき，第 4 の頂点 D の座標を求めよ。

$\mathrm{D}(x,\ y,\ z)$ とする。

[1]　四角形 ABCD が平行四辺形の場合　　$\overrightarrow{\mathrm{AB}}=\overrightarrow{\mathrm{DC}}$

←4 頂点は同じ平面上にあるから，平面の場合と同じように考えてよい。

$\overrightarrow{\mathrm{AB}}=(1,\ -1,\ 2)$, $\overrightarrow{\mathrm{DC}}=(-1-x,\ 3-y,\ 2-z)$ であるから

$$1=-1-x,\ -1=3-y,\ 2=2-z$$

これを解くと　　$x=-2$, $y=4$, $z=0$

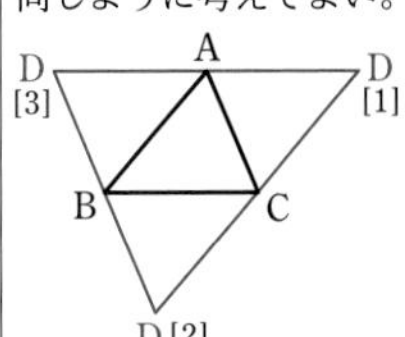


[2]　四角形 ABDC が平行四辺形の場合　　$\overrightarrow{\mathrm{AB}}=\overrightarrow{\mathrm{CD}}$

$\overrightarrow{\mathrm{AB}}=(1,\ -1,\ 2)$, $\overrightarrow{\mathrm{CD}}=(x+1,\ y-3,\ z-2)$ であるから

$$1=x+1,\ -1=y-3,\ 2=z-2$$

これを解くと　　$x=0$, $y=2$, $z=4$

[3]　四角形 ADBC が平行四辺形の場合　　$\overrightarrow{\mathrm{AC}}=\overrightarrow{\mathrm{DB}}$

$\overrightarrow{\mathrm{AC}}=(-2,\ 3,\ 3)$, $\overrightarrow{\mathrm{DB}}=(2-x,\ -1-y,\ 1-z)$ であるから

$$-2=2-x,\ 3=-1-y,\ 3=1-z$$

これを解くと　　$x=4$, $y=-4$, $z=-2$

以上から，点 D の座標は

$$\mathbf{(-2,\ 4,\ 0),\ (0,\ 2,\ 4),\ (4,\ -4,\ -2)}$$

別解　D$(x,\ y,\ z)$ とする。

[1]　四角形 ABCD が平行四辺形の場合

対角線 AC，BD の中点の座標はそれぞれ

$$\left(0,\ \frac{3}{2},\ \frac{1}{2}\right),\ \left(\frac{x+2}{2},\ \frac{y-1}{2},\ \frac{z+1}{2}\right)$$

これらが一致するから　　$x=-2,\ y=4,\ z=0$

[2]　四角形 ABDC が平行四辺形の場合

対角線 BC，AD の中点の座標はそれぞれ

$$\left(\frac{1}{2},\ 1,\ \frac{3}{2}\right),\ \left(\frac{x+1}{2},\ \frac{y}{2},\ \frac{z-1}{2}\right)$$

これらが一致するから　　$x=0,\ y=2,\ z=4$

[3]　四角形 ADBC が平行四辺形の場合

対角線 AB，CD の中点の座標はそれぞれ

$$\left(\frac{3}{2},\ -\frac{1}{2},\ 0\right),\ \left(\frac{x-1}{2},\ \frac{y+3}{2},\ \frac{z+2}{2}\right)$$

これらが一致するから　　$x=4,\ y=-4,\ z=-2$

以上から，点 D の座標は

$$\boldsymbol{(-2,\ 4,\ 0),\ (0,\ 2,\ 4),\ (4,\ -4,\ -2)}$$

←四角形が平行四辺形であるための条件は，2 本の対角線がそれぞれの中点で交わることである。2 点を結ぶ線分の中点の座標は，平面上の場合と同様に求められる。

**練習 ③51**

(1)　原点 O と 2 点 A$(-1,\ 2,\ -3)$，B$(-3,\ 2,\ 1)$ に対して，$\vec{p}=(1-t)\overrightarrow{\mathrm{OA}}+t\overrightarrow{\mathrm{OB}}$ とする。$|\vec{p}|$ の最小値とそのときの実数 $t$ の値を求めよ。

(2)　定点 A$(-1,\ -2,\ 1)$，B$(5,\ -1,\ 3)$ と，$zx$ 平面上の動点 P に対し，AP+PB の最小値を求めよ。

(1)　$\vec{p}=(1-t)(-1,\ 2,\ -3)+t(-3,\ 2,\ 1)$

$=(-2t-1,\ 2,\ 4t-3)$

ゆえに　　$|\vec{p}|^2=(-2t-1)^2+2^2+(4t-3)^2$

$=20t^2-20t+14$

$=20\left(t-\frac{1}{2}\right)^2+9$

よって，$|\vec{p}|^2$ は $t=\frac{1}{2}$ のとき最小となり，$|\vec{p}|\geqq 0$ であるから $|\vec{p}|$ もこのとき最小になる。

したがって　　$\boldsymbol{t=\frac{1}{2}}$ **のとき最小値** $\boldsymbol{\sqrt{9}=3}$

(2)　2 点 A，B の $y$ 座標はともに負であるから，$zx$ 平面に関して A と B は同じ側にある。

$zx$ 平面に関して点 B と対称な点を B′ とすると，B′$(5,\ 1,\ 3)$ であり，PB=PB′ であるから

AP+PB=AP+PB′≧AB′

よって，P として直線 AB′ と $zx$ 平面の交点 $\mathrm{P_0}$ をとると AP+PB は最小となり，最小値は

$$\mathrm{AB'}=\sqrt{(5+1)^2+(1+2)^2+(3-1)^2}$$

$$=\sqrt{49}=\boldsymbol{7}$$

検討　(1)　$\vec{p}=\overrightarrow{\mathrm{OP}}$ とすると，点 P は直線 AB 上の点であり（本冊 $p$.136），$|\vec{p}|$ すなわち線分 OP の長さが最小となるとき OP⊥AB である。

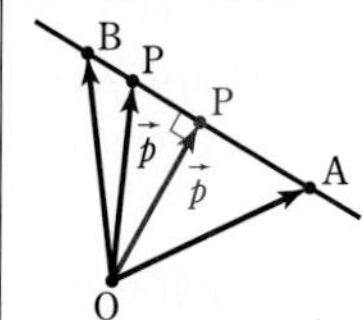


(2)

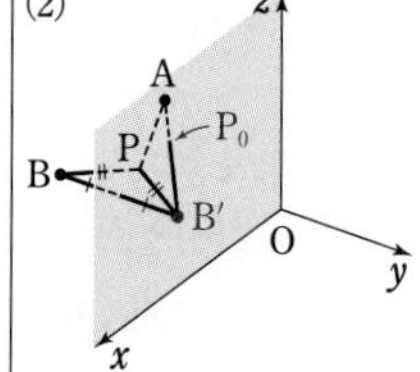

**練習 ③52** $\vec{a}=(1,\ -1,\ 1)$，$\vec{b}=(1,\ 0,\ 1)$，$\vec{c}=(2,\ 1,\ 0)$ とする。このとき，$|\vec{a}+x\vec{b}+y\vec{c}|$ は実数の組 $(x,\ y)=$ ア□ に対して，最小値 イ□ をとる。〔成蹊大〕

$$\vec{a}+x\vec{b}+y\vec{c}=(1,\ -1,\ 1)+x(1,\ 0,\ 1)+y(2,\ 1,\ 0)$$
$$=(x+2y+1,\ y-1,\ x+1)$$

←まず，成分で表す。

よって $|\vec{a}+x\vec{b}+y\vec{c}|^2=(x+2y+1)^2+(y-1)^2+(x+1)^2$
$$=2x^2+4(y+1)x+5y^2+2y+3$$
$$=2\{x+(y+1)\}^2-2(y+1)^2+5y^2+2y+3$$
$$=2(x+y+1)^2+3y^2-2y+1$$
$$=2(x+y+1)^2+3\left(y-\frac{1}{3}\right)^2+\frac{2}{3}$$

←$|\vec{p}|=(x,\ y,\ z)$ のとき $|\vec{p}|^2=x^2+y^2+z^2$

←まず，$x$ について平方完成。

←$y$ について平方完成。

ゆえに，$|\vec{a}+x\vec{b}+y\vec{c}|^2$ は $x+y+1=0$ かつ $y-\dfrac{1}{3}=0$，すなわち $x=-\dfrac{4}{3}$，$y=\dfrac{1}{3}$ のとき最小値 $\dfrac{2}{3}$ をとる。

←**(実数)$^2\geqq 0$**

$|\vec{a}+x\vec{b}+y\vec{c}|\geqq 0$ であるから，$|\vec{a}+x\vec{b}+y\vec{c}|^2$ が最小のとき $|\vec{a}+x\vec{b}+y\vec{c}|$ も最小となる。

よって，$|\vec{a}+x\vec{b}+y\vec{c}|$ は $(x,\ y)=$ ア$\boldsymbol{\left(-\frac{4}{3},\ \frac{1}{3}\right)}$ のとき最小値 $\sqrt{\dfrac{2}{3}}=$ イ$\boldsymbol{\dfrac{\sqrt{6}}{3}}$ をとる。

**練習 ②53** どの辺の長さも1である正四角錐 OABCD において，$\overrightarrow{OA}=\vec{a}$，$\overrightarrow{OB}=\vec{b}$，$\overrightarrow{OC}=\vec{c}$ とする。辺 OA の中点を M とするとき
(1) $\overrightarrow{MB}$，$\overrightarrow{MC}$ をそれぞれ $\vec{a}$，$\vec{b}$，$\vec{c}$ で表せ。
(2) 内積 $\vec{b}\cdot\vec{c}$，$\overrightarrow{MB}\cdot\overrightarrow{MC}$ をそれぞれ求めよ。〔類 宮崎大〕

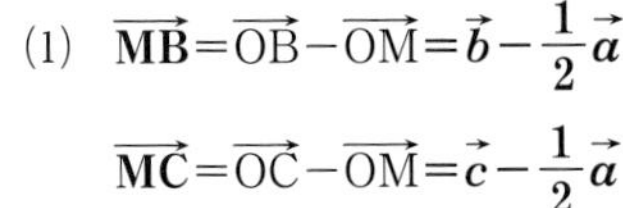

(1) $\overrightarrow{MB}=\overrightarrow{OB}-\overrightarrow{OM}=\boldsymbol{\vec{b}-\frac{1}{2}\vec{a}}$

$\overrightarrow{MC}=\overrightarrow{OC}-\overrightarrow{OM}=\boldsymbol{\vec{c}-\frac{1}{2}\vec{a}}$

←分割(減法)

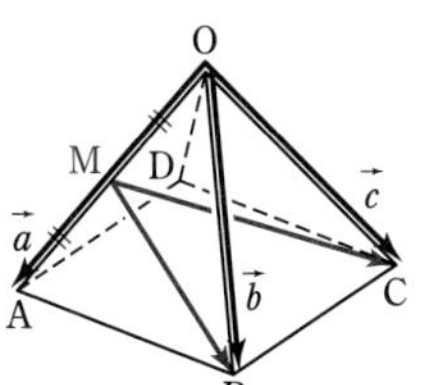


(2) △OBC は1辺の長さが1の正三角形であるから

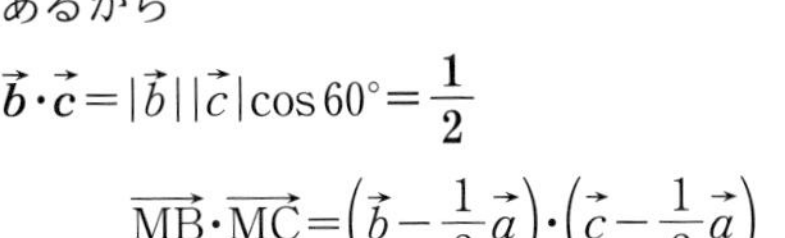

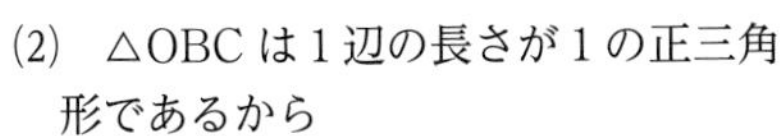

$$\vec{b}\cdot\vec{c}=|\vec{b}||\vec{c}|\cos 60^\circ=\boldsymbol{\frac{1}{2}}$$

←$|\vec{b}|=|\vec{c}|=1$

また $\overrightarrow{MB}\cdot\overrightarrow{MC}=\left(\vec{b}-\frac{1}{2}\vec{a}\right)\cdot\left(\vec{c}-\frac{1}{2}\vec{a}\right)$
$$=\vec{b}\cdot\vec{c}-\frac{1}{2}(\vec{a}\cdot\vec{b}+\vec{a}\cdot\vec{c})+\frac{1}{4}|\vec{a}|^2$$

←(1)の結果を利用。

ここで，$\vec{b}\cdot\vec{c}$ と同様にして $\vec{a}\cdot\vec{b}=\dfrac{1}{2}$

←$\vec{a}\cdot\vec{b}=1\times 1\times\cos 60^\circ$

更に，△OAC で OA＝OC＝1，AC＝$\sqrt{2}$ であるから
∠AOC＝90°　よって $\vec{a}\cdot\vec{c}=0$

←線分 AC は正方形 ABCD の対角線。△OAC は直角二等辺三角形。

また $|\vec{a}|=1$

ゆえに $\overrightarrow{MB}\cdot\overrightarrow{MC}=\dfrac{1}{2}-\dfrac{1}{2}\times\dfrac{1}{2}+\dfrac{1}{4}\times 1^2=\boldsymbol{\dfrac{1}{2}}$

**練習 ②54** (1) 次の2つのベクトル $\vec{a}$, $\vec{b}$ の内積とそのなす角 $\theta$ を，それぞれ求めよ。
(ア) $\vec{a}=(-2,\ 1,\ 2)$, $\vec{b}=(-1,\ 1,\ 0)$　　(イ) $\vec{a}=(1,\ -1,\ 1)$, $\vec{b}=(1,\ \sqrt{6},\ -1)$
(2) 3点 A(1, 0, 0), B(0, 3, 0), C(0, 0, 2) で定まる △ABC の面積 $S$ を求めよ。
〔(2) 類 湘南工科大〕

(1) (ア) $\boldsymbol{\vec{a}\cdot\vec{b}}=(-2)\times(-1)+1\times1+2\times0=\boldsymbol{3}$

また，$|\vec{a}|=\sqrt{(-2)^2+1^2+2^2}=3$,

$|\vec{b}|=\sqrt{(-1)^2+1^2+0^2}=\sqrt{2}$ であるから

$$\cos\theta=\frac{3}{3\times\sqrt{2}}=\frac{1}{\sqrt{2}}$$

←$\cos\theta=\dfrac{\vec{a}\cdot\vec{b}}{|\vec{a}||\vec{b}|}$

$0^\circ\leqq\theta\leqq180^\circ$ であるから　$\boldsymbol{\theta=45^\circ}$

(イ) $\boldsymbol{\vec{a}\cdot\vec{b}}=1\times1+(-1)\times\sqrt{6}+1\times(-1)=\boldsymbol{-\sqrt{6}}$

また，$|\vec{a}|=\sqrt{1^2+(-1)^2+1^2}=\sqrt{3}$,

$|\vec{b}|=\sqrt{1^2+(\sqrt{6})^2+(-1)^2}=2\sqrt{2}$ であるから

$$\cos\theta=\frac{-\sqrt{6}}{\sqrt{3}\times2\sqrt{2}}=-\frac{1}{2}$$

←$\cos\theta=\dfrac{\vec{a}\cdot\vec{b}}{|\vec{a}||\vec{b}|}$

$0^\circ\leqq\theta\leqq180^\circ$ であるから　$\boldsymbol{\theta=120^\circ}$

(2) $\overrightarrow{AB}=(-1,\ 3,\ 0)$, $\overrightarrow{AC}=(-1,\ 0,\ 2)$ であるから

$\overrightarrow{AB}\cdot\overrightarrow{AC}=1$, $|\overrightarrow{AB}|=\sqrt{10}$, $|\overrightarrow{AC}|=\sqrt{5}$

よって，$\angle BAC=\theta\ (0^\circ<\theta<180^\circ)$ とすると

$$\cos\theta=\frac{\overrightarrow{AB}\cdot\overrightarrow{AC}}{|\overrightarrow{AB}||\overrightarrow{AC}|}=\frac{1}{\sqrt{10}\sqrt{5}}=\frac{1}{\sqrt{50}}$$

(2) A, B, C は同じ平面上にあるから，△ABC の面積は平面の場合と同様に $S=\frac{1}{2}bc\sin A$ の公式を利用。

ゆえに　$\sin\theta=\sqrt{1-\cos^2\theta}=\sqrt{1-\left(\frac{1}{\sqrt{50}}\right)^2}=\frac{7}{\sqrt{50}}$

←$\sin\theta>0$

よって　$\boldsymbol{S}=\frac{1}{2}|\overrightarrow{AB}||\overrightarrow{AC}|\sin\theta=\frac{1}{2}\sqrt{10}\sqrt{5}\times\frac{7}{\sqrt{50}}=\boldsymbol{\frac{7}{2}}$

別解　$|\overrightarrow{AB}|^2=10$, $|\overrightarrow{AC}|^2=5$, $(\overrightarrow{AB}\cdot\overrightarrow{AC})^2=1$ であるから

$$\boldsymbol{S}=\frac{1}{2}\sqrt{|\overrightarrow{AB}|^2|\overrightarrow{AC}|^2-(\overrightarrow{AB}\cdot\overrightarrow{AC})^2}=\frac{1}{2}\sqrt{10\times5-1}=\boldsymbol{\frac{7}{2}}$$

←三角形の面積の公式（本冊 $p.97$ の **検討**）を用いる方法。

**練習 ②55** 4点 A(4, 1, 3), B(3, 0, 2), C(−3, 0, 14), D(7, −5, −6) について，$\overrightarrow{AB}$, $\overrightarrow{CD}$ のいずれにも垂直な大きさ $\sqrt{6}$ のベクトルを求めよ。〔名古屋市大〕

求めるベクトルを $\vec{a}=(x,\ y,\ z)$ とする。

$\overrightarrow{AB}\perp\vec{a}$, $\overrightarrow{CD}\perp\vec{a}$ であるから

$\overrightarrow{AB}\cdot\vec{a}=0$, $\overrightarrow{CD}\cdot\vec{a}=0$

$\overrightarrow{AB}=(-1,\ -1,\ -1)$, $\overrightarrow{CD}=(10,\ -5,\ -20)$ であるから

$-x-y-z=0$ …… ①，$2x-y-4z=0$ …… ②

←$\overrightarrow{CD}\cdot\vec{a}=5(2x-y-4z)$

また，$|\vec{a}|=\sqrt{6}$ であるから　$x^2+y^2+z^2=6$ …… ③

←$|\vec{a}|^2=x^2+y^2+z^2$

②−① から　$3x-3z=0$　すなわち　$z=x$ …… ④

④ を ① に代入して整理すると　$y=-2x$ …… ⑤

④, ⑤ を ③ に代入して　$6x^2=6$　ゆえに　$x=\pm1$

④, ⑤ から　$y=\mp2$, $z=\pm1$（複号同順）

したがって，求めるベクトルは

$$\vec{a}=(1,\ -2,\ 1),\ (-1,\ 2,\ -1)$$

←互いに逆ベクトル。



**練習 ③56** (1) 四面体OABCにおいて，$|\overrightarrow{\mathrm{OA}}|=|\overrightarrow{\mathrm{OB}}|$，$\overrightarrow{\mathrm{OC}}\perp\overrightarrow{\mathrm{AB}}$ とする。このとき，$|\overrightarrow{\mathrm{AC}}|=|\overrightarrow{\mathrm{BC}}|$ であることを証明せよ。

(2) 3点A(2, 3, 1)，B(1, 5, −2)，C(4, 4, 0) がある。$\overrightarrow{\mathrm{AB}}=\vec{b}$，$\overrightarrow{\mathrm{AC}}=\vec{c}$ のとき，$\vec{b}+t\vec{c}$ と $\vec{c}$ のなす角が60°となるような $t$ の値を求めよ。 [(2) 愛知教育大]

(1) $|\overrightarrow{\mathrm{AC}}|^2-|\overrightarrow{\mathrm{BC}}|^2=|\overrightarrow{\mathrm{OC}}-\overrightarrow{\mathrm{OA}}|^2-|\overrightarrow{\mathrm{OC}}-\overrightarrow{\mathrm{OB}}|^2$

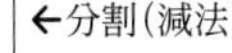

←分割(減法)

$=|\overrightarrow{\mathrm{OC}}|^2-2\overrightarrow{\mathrm{OC}}\cdot\overrightarrow{\mathrm{OA}}+|\overrightarrow{\mathrm{OA}}|^2-(|\overrightarrow{\mathrm{OC}}|^2-2\overrightarrow{\mathrm{OC}}\cdot\overrightarrow{\mathrm{OB}}+|\overrightarrow{\mathrm{OB}}|^2)$

$=2\overrightarrow{\mathrm{OC}}\cdot(\overrightarrow{\mathrm{OB}}-\overrightarrow{\mathrm{OA}})+|\overrightarrow{\mathrm{OA}}|^2-|\overrightarrow{\mathrm{OB}}|^2$

$=2\overrightarrow{\mathrm{OC}}\cdot\overrightarrow{\mathrm{AB}}+|\overrightarrow{\mathrm{OA}}|^2-|\overrightarrow{\mathrm{OB}}|^2$

←$\overrightarrow{\mathrm{OB}}-\overrightarrow{\mathrm{OA}}=\overrightarrow{\mathrm{AB}}$

ここで，条件より $\overrightarrow{\mathrm{OC}}\cdot\overrightarrow{\mathrm{AB}}=0$，$|\overrightarrow{\mathrm{OA}}|=|\overrightarrow{\mathrm{OB}}|$ であるから

← 垂直 ⟶ (内積)=0

$|\overrightarrow{\mathrm{AC}}|^2-|\overrightarrow{\mathrm{BC}}|^2=0$　　よって　$|\overrightarrow{\mathrm{AC}}|^2=|\overrightarrow{\mathrm{BC}}|^2$

したがって　$|\overrightarrow{\mathrm{AC}}|=|\overrightarrow{\mathrm{BC}}|$

(2) $\vec{b}=(-1,\ 2,\ -3)$，$\vec{c}=(2,\ 1,\ -1)$ であるから

←$\vec{b}=\overrightarrow{\mathrm{AB}}$，$\vec{c}=\overrightarrow{\mathrm{AC}}$

$$|\vec{b}|=\sqrt{(-1)^2+2^2+(-3)^2}=\sqrt{14},$$
$$|\vec{c}|=\sqrt{2^2+1^2+(-1)^2}=\sqrt{6},$$
$$\vec{b}\cdot\vec{c}=-1\times2+2\times1-3\times(-1)=3$$

ゆえに　$|\vec{b}+t\vec{c}|^2=|\vec{b}|^2+2t\vec{b}\cdot\vec{c}+t^2|\vec{c}|^2$
$=14+6t+6t^2$

また　$(\vec{b}+t\vec{c})\cdot\vec{c}=\vec{b}\cdot\vec{c}+t|\vec{c}|^2=3+6t$

$\vec{b}+t\vec{c}$ と $\vec{c}$ のなす角が60°となるための条件は

$$(\vec{b}+t\vec{c})\cdot\vec{c}=|\vec{b}+t\vec{c}||\vec{c}|\cos60^\circ$$

←内積の定義。

よって　$3+6t=\sqrt{14+6t+6t^2}\times\sqrt{6}\times\dfrac{1}{2}$ …… ①

① の右辺は正であるから　$3+6t>0$　すなわち　$t>-\dfrac{1}{2}$

←この条件に注意。

① の両辺を2乗して整理すると　$9t^2+9t-4=0$

←$9+36t+36t^2=\dfrac{3}{2}(14+6t+6t^2)$

左辺を因数分解して　$(3t-1)(3t+4)=0$

$t>-\dfrac{1}{2}$ であるから　$\boldsymbol{t=\dfrac{1}{3}}$

参考 [本冊 $p$.99 例題 **56** (2) について]

$\overrightarrow{\mathrm{OA}}=\vec{a}$，$\overrightarrow{\mathrm{OB}}=\vec{b}$，$\overrightarrow{\mathrm{OC}}=\vec{c}$ とすると，点Cは∠AOBの二等分線上にあり

$$\vec{c}=k\left(\frac{\vec{a}}{|\vec{a}|}+\frac{\vec{b}}{|\vec{b}|}\right)\ (k \text{ は実数})$$

参考 $\dfrac{\vec{a}}{|\vec{a}|}$，$\dfrac{\vec{b}}{|\vec{b}|}$ は $\vec{a}$，$\vec{b}$ とそれぞれ同じ向きの単位ベクトル。

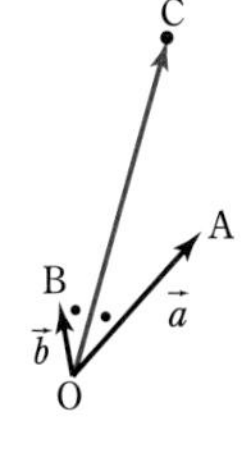

$|\vec{a}|=13$，$|\vec{b}|=5$ であるから

←$|\vec{a}|=\sqrt{3^2+(-4)^2+12^2}$
$|\vec{b}|=\sqrt{(-3)^2+0^2+4^2}$

$$\vec{c}=\frac{k}{13}\vec{a}+\frac{k}{5}\vec{b}$$

$\vec{a}\neq\vec{0}$，$\vec{b}\neq\vec{0}$，$\vec{a}\not\parallel\vec{b}$ であるから　$1=\dfrac{k}{13}$，$t=\dfrac{k}{5}$

←$\vec{a}+t\vec{b}=\dfrac{k}{13}\vec{a}+\dfrac{k}{5}\vec{b}$

これを解いて　$k=13$，$\boldsymbol{t=\dfrac{13}{5}}$

**練習 ③57**
(1) 空間において，$x$ 軸と直交し，$z$ 軸の正の向きとのなす角が 45° であり，$y$ 成分が正である単位ベクトル $\vec{t}$ を求めよ。
(2) (1)の空間内に点 A(1, 2, 3) がある。O を原点とし，$\vec{t}=\overrightarrow{\mathrm{OT}}$ となるように点 T を定め，直線 OT 上に O と異なる点 P をとる。$\overrightarrow{\mathrm{OP}}\perp\overrightarrow{\mathrm{AP}}$ であるとき，点 P の座標を求めよ。
〔類 東北学院大〕

(1) $\vec{e_1}=(1,\ 0,\ 0)$，$\vec{e_3}=(0,\ 0,\ 1)$ とする。　←$|\vec{e_1}|=1$，$|\vec{e_3}|=1$
$\vec{t}=(x,\ y,\ z)$ $(x^2+y^2+z^2=1,\ y>0)$ とすると　←$|\vec{t}|=1$
$$\vec{t}\cdot\vec{e_1}=x,\ \vec{t}\cdot\vec{e_3}=z$$
$\vec{t}$ は $x$ 軸と直交するから　$\vec{t}\cdot\vec{e_1}=0$　よって　$x=0$　← 垂直 ⟶ (内積)=0
$\vec{t}$ と $z$ 軸の正の向きとのなす角が 45° であるから　← 座標軸となす角の条件　基本ベクトルを利用
$$\vec{t}\cdot\vec{e_3}=|\vec{t}||\vec{e_3}|\cos 45^\circ=\frac{1}{\sqrt{2}}\qquad ゆえに\qquad z=\frac{1}{\sqrt{2}}$$
よって　$y^2=1-\left(\dfrac{1}{\sqrt{2}}\right)^2=\dfrac{1}{2}$　$y>0$ であるから　$y=\dfrac{1}{\sqrt{2}}$　←$y^2=1-x^2-z^2$
したがって　$\boldsymbol{\vec{t}=\left(0,\ \dfrac{1}{\sqrt{2}},\ \dfrac{1}{\sqrt{2}}\right)}$

(2) 条件から，$\overrightarrow{\mathrm{OP}}=k\overrightarrow{\mathrm{OT}}=k\vec{t}$ ($k$ は 0 でない実数) と表される。

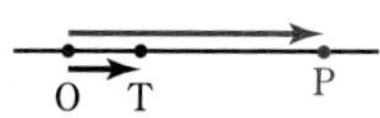


よって　$\overrightarrow{\mathrm{OP}}=\left(0,\ \dfrac{k}{\sqrt{2}},\ \dfrac{k}{\sqrt{2}}\right)$
また　$\overrightarrow{\mathrm{AP}}=\overrightarrow{\mathrm{OP}}-\overrightarrow{\mathrm{OA}}=\left(-1,\ \dfrac{k}{\sqrt{2}}-2,\ \dfrac{k}{\sqrt{2}}-3\right)$　←$\overrightarrow{\mathrm{OA}}=(1,\ 2,\ 3)$
$\overrightarrow{\mathrm{OP}}\perp\overrightarrow{\mathrm{AP}}$ であるから　$\overrightarrow{\mathrm{OP}}\cdot\overrightarrow{\mathrm{AP}}=0$　← 垂直 ⟶ (内積)=0
ゆえに　$\dfrac{k}{\sqrt{2}}\left(\dfrac{k}{\sqrt{2}}-2\right)+\dfrac{k}{\sqrt{2}}\left(\dfrac{k}{\sqrt{2}}-3\right)=0$
$k\neq 0$ であるから　$\dfrac{k}{\sqrt{2}}-2+\dfrac{k}{\sqrt{2}}-3=0$　←両辺を $\dfrac{k}{\sqrt{2}}$ で割った。
よって　$k=\dfrac{5}{\sqrt{2}}$　したがって　$\mathbf{P}\left(\mathbf{0},\ \dfrac{\mathbf{5}}{\mathbf{2}},\ \dfrac{\mathbf{5}}{\mathbf{2}}\right)$　←$\overrightarrow{\mathrm{OP}}=\left(0,\ \dfrac{5}{2},\ \dfrac{5}{2}\right)$

**練習 ④58**
$\vec{a}$，$\vec{b}$ を零ベクトルでない空間ベクトル，$s$，$t$ を負でない実数とし，$\vec{c}=s\vec{a}+t\vec{b}$ とおく。このとき，次のことを示せ。
(1) $s(\vec{c}\cdot\vec{a})+t(\vec{c}\cdot\vec{b})\geqq 0$　(2) $\vec{c}\cdot\vec{a}\geqq 0$ または $\vec{c}\cdot\vec{b}\geqq 0$
(3) $|\vec{c}|\geqq|\vec{a}|$ かつ $|\vec{c}|\geqq|\vec{b}|$ ならば $s+t\geqq 1$
〔神戸大〕

HINT (2) 背理法を利用。
(3) $\vec{a}$ と $\vec{b}$ のなす角を $\theta$ とし，$|\vec{c}|^2$ を考える。

(1) $s(\vec{c}\cdot\vec{a})+t(\vec{c}\cdot\vec{b})=\vec{c}\cdot(s\vec{a}+t\vec{b})=\vec{c}\cdot\vec{c}=|\vec{c}|^2\geqq 0$
したがって　$s(\vec{c}\cdot\vec{a})+t(\vec{c}\cdot\vec{b})\geqq 0$

(2) $\vec{c}\cdot\vec{a}<0$ かつ $\vec{c}\cdot\vec{b}<0$ であると仮定する。　←($A\geqq 0$ または $B\geqq 0$) の否定は　$A<0$ かつ $B<0$
$s\geqq 0$，$t\geqq 0$ であるから　$s(\vec{c}\cdot\vec{a})+t(\vec{c}\cdot\vec{b})\leqq 0$
これと(1)から　$s(\vec{c}\cdot\vec{a})+t(\vec{c}\cdot\vec{b})=0$　←$P\leqq 0$ かつ $P\geqq 0$ $\Longleftrightarrow P=0$
よって，$|\vec{c}|^2=0$ から　$\vec{c}=\vec{0}$
ゆえに　$\vec{c}\cdot\vec{a}=0$　これは $\vec{c}\cdot\vec{a}<0$ に反する。
したがって，$\vec{c}\cdot\vec{a}\geqq 0$ または $\vec{c}\cdot\vec{b}\geqq 0$ である。

(3) $\vec{a}$ と $\vec{b}$ のなす角を $\theta$ とすると　　$\cos\theta \leqq 1$

また，$s \geqq 0$，$t \geqq 0$ および $|\vec{a}| \leqq |\vec{c}|$，$|\vec{b}| \leqq |\vec{c}|$ から

$$|\vec{c}|^2 = |s\vec{a}+t\vec{b}|^2 = s^2|\vec{a}|^2 + 2st\vec{a}\cdot\vec{b} + t^2|\vec{b}|^2$$
$$= s^2|\vec{a}|^2 + 2st|\vec{a}||\vec{b}|\cos\theta + t^2|\vec{b}|^2$$
$$\leqq s^2|\vec{c}|^2 + 2st|\vec{c}|^2 + t^2|\vec{c}|^2 = (s+t)^2|\vec{c}|^2$$

$|\vec{c}|^2 \geqq 0$ であるから　　$1 \leqq (s+t)^2$

$s \geqq 0$，$t \geqq 0$ より，$s+t \geqq 0$ であるから　　$s+t \geqq 1$

別解　一般に，$|\vec{a}+\vec{b}| \leqq |\vec{a}| + |\vec{b}|$ が成り立つことを利用する。

$s \geqq 0$，$t \geqq 0$ および $|\vec{a}| \leqq |\vec{c}|$，$|\vec{b}| \leqq |\vec{c}|$ から

$$|\vec{c}| = |s\vec{a}+t\vec{b}| \leqq s|\vec{a}| + t|\vec{b}|$$
$$\leqq s|\vec{c}| + t|\vec{c}| = (s+t)|\vec{c}|$$

$0 < |\vec{a}| \leqq |\vec{c}|$ であるから，$|\vec{c}| \leqq (s+t)|\vec{c}|$ の両辺を $|\vec{c}|$ で割って　　$s+t \geqq 1$

←$0° \leqq \theta \leqq 180°$

←$\vec{a}\cdot\vec{b} = |\vec{a}||\vec{b}|\cos\theta \leqq |\vec{c}||\vec{c}|\cdot 1 = |\vec{c}|^2$

←$|\vec{c}|^2 \leqq (s+t)^2|\vec{c}|^2$ の両辺を $|\vec{c}|^2$ で割る。

←本冊 $p.38$，39 参照。
$|s\vec{a}+t\vec{b}| \leqq |s\vec{a}| + |t\vec{b}| = |s||\vec{a}| + |t||\vec{b}| = s|\vec{a}| + t|\vec{b}|$

2章
練習
［空間のベクトル］

**練習 ①59**　1 辺の長さが 1 の正四面体 OABC を考える。辺 OA，OB の中点をそれぞれ P，Q とし，辺 OC を 2：3 に内分する点を R とする。また，△PQR の重心を G とする。
(1) $\overrightarrow{OA} = \vec{a}$，$\overrightarrow{OB} = \vec{b}$，$\overrightarrow{OC} = \vec{c}$ とするとき，$\overrightarrow{OG}$ を $\vec{a}$，$\vec{b}$，$\vec{c}$ を用いて表せ。
(2) $\overrightarrow{OG}$ の大きさ $|\overrightarrow{OG}|$ を求めよ。

(1) $\overrightarrow{OP} = \dfrac{\vec{a}}{2}$，$\overrightarrow{OQ} = \dfrac{\vec{b}}{2}$，$\overrightarrow{OR} = \dfrac{2}{5}\vec{c}$

であるから

$$\overrightarrow{OG} = \frac{1}{3}(\overrightarrow{OP} + \overrightarrow{OQ} + \overrightarrow{OR})$$
$$= \boldsymbol{\frac{1}{6}\vec{a} + \frac{1}{6}\vec{b} + \frac{2}{15}\vec{c}}$$

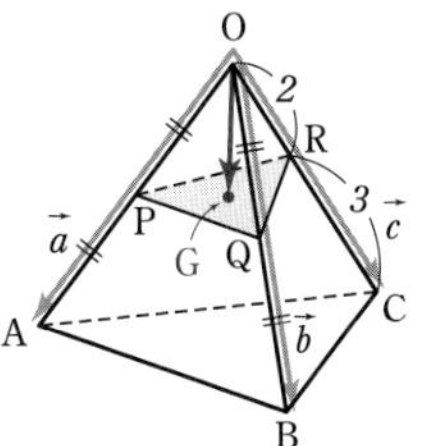


←A($\vec{a}$)，B($\vec{b}$)，C($\vec{c}$) のとき，△ABC の重心の位置ベクトルは $\dfrac{\vec{a}+\vec{b}+\vec{c}}{3}$

(2) $|\vec{a}| = |\vec{b}| = |\vec{c}| = 1$，

$$\vec{a}\cdot\vec{b} = \vec{b}\cdot\vec{c} = \vec{c}\cdot\vec{a} = 1\times1\times\cos60° = \frac{1}{2}$$

←△OAB，△OBC，△OCA は 1 辺の長さが 1 の正三角形。

よって

$$|\overrightarrow{OG}|^2 = \frac{1}{30^2}(5\vec{a}+5\vec{b}+4\vec{c})\cdot(5\vec{a}+5\vec{b}+4\vec{c})$$
$$= \frac{1}{30^2}(25|\vec{a}|^2 + 25|\vec{b}|^2 + 16|\vec{c}|^2 + 50\vec{a}\cdot\vec{b} + 40\vec{b}\cdot\vec{c} + 40\vec{c}\cdot\vec{a})$$
$$= \frac{1}{30^2}\left(25+25+16+50\times\frac{1}{2}+40\times\frac{1}{2}+40\times\frac{1}{2}\right)$$
$$= \frac{131}{30^2}$$

ゆえに　　$|\overrightarrow{OG}| = \boldsymbol{\dfrac{\sqrt{131}}{30}}$

←$\overrightarrow{OG} = \dfrac{1}{30}(5\vec{a}+5\vec{b}+4\vec{c})$

←$(a+b+c)^2 = a^2+b^2+c^2+2ab+2bc+2ca$ の展開の要領。

**練習 ②60**　四面体 ABCD の重心を G とするとき，次のことを示せ。
(1) 四面体 ABCD の辺 AB，BC，CD，DA，AC，BD の中点をそれぞれ P，Q，R，S，T，U とすると，3 つの線分 PR，QS，TU の中点は 1 点 G で交わる。
(2) △BCD，△ACD，△ABD，△ABC の重心をそれぞれ $G_A$，$G_B$，$G_C$，$G_D$ とすると，四面体 $G_AG_BG_CG_D$ の重心は点 G と一致する。

点A，B，C，D，Gの位置ベクトルをそれぞれ $\vec{a}$，$\vec{b}$，$\vec{c}$，$\vec{d}$，$\vec{g}$ とすると　$\vec{g}=\dfrac{\vec{a}+\vec{b}+\vec{c}+\vec{d}}{4}$

←本冊 $p.106$ 基本例題 **60** の **検討** 参照。

(1) 点P，Q，R，S，T，Uの位置ベクトルをそれぞれ $\vec{p}$，$\vec{q}$，$\vec{r}$，$\vec{s}$，$\vec{t}$，$\vec{u}$ とすると

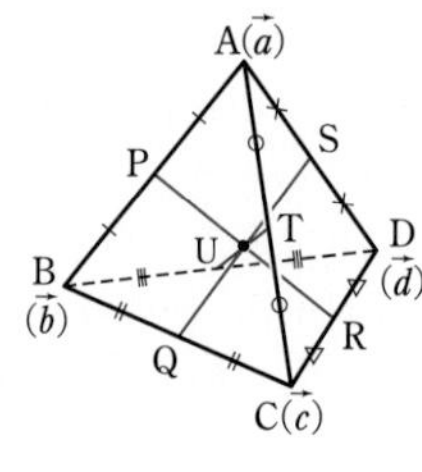


$$\vec{p}=\frac{\vec{a}+\vec{b}}{2},\ \vec{q}=\frac{\vec{b}+\vec{c}}{2},\ \vec{r}=\frac{\vec{c}+\vec{d}}{2},$$

$$\vec{s}=\frac{\vec{a}+\vec{d}}{2},\ \vec{t}=\frac{\vec{a}+\vec{c}}{2},\ \vec{u}=\frac{\vec{b}+\vec{d}}{2}$$

←A($\vec{a}$)，B($\vec{b}$) のとき，線分ABの中点の位置ベクトルは　$\dfrac{\vec{a}+\vec{b}}{2}$

線分PR，QS，TUの中点の位置ベクトルはそれぞれ

$$\frac{\vec{p}+\vec{r}}{2}=\frac{1}{2}\left(\frac{\vec{a}+\vec{b}}{2}+\frac{\vec{c}+\vec{d}}{2}\right)=\frac{\vec{a}+\vec{b}+\vec{c}+\vec{d}}{4},$$

$$\frac{\vec{q}+\vec{s}}{2}=\frac{1}{2}\left(\frac{\vec{b}+\vec{c}}{2}+\frac{\vec{a}+\vec{d}}{2}\right)=\frac{\vec{a}+\vec{b}+\vec{c}+\vec{d}}{4},$$

$$\frac{\vec{t}+\vec{u}}{2}=\frac{1}{2}\left(\frac{\vec{a}+\vec{c}}{2}+\frac{\vec{b}+\vec{d}}{2}\right)=\frac{\vec{a}+\vec{b}+\vec{c}+\vec{d}}{4}$$

となり，いずれも $\vec{g}$ に一致する。

よって，線分PR，QS，TUの中点は1点Gで交わる。

(2) 点 $G_A$，$G_B$，$G_C$，$G_D$ の位置ベクトルをそれぞれ $\overrightarrow{g_A}$，$\overrightarrow{g_B}$，$\overrightarrow{g_C}$，$\overrightarrow{g_D}$ とすると

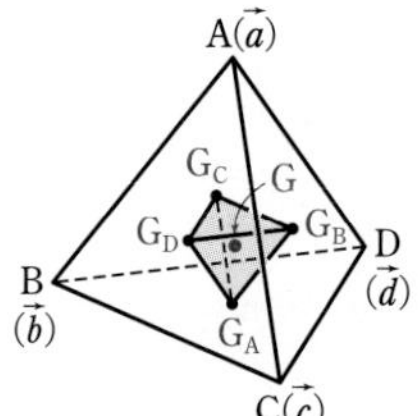


$$\overrightarrow{g_A}=\frac{\vec{b}+\vec{c}+\vec{d}}{3},\ \overrightarrow{g_B}=\frac{\vec{a}+\vec{c}+\vec{d}}{3},$$

$$\overrightarrow{g_C}=\frac{\vec{a}+\vec{b}+\vec{d}}{3},\ \overrightarrow{g_D}=\frac{\vec{a}+\vec{b}+\vec{c}}{3}$$

←三角形の重心の位置ベクトルの公式から。

四面体 $G_AG_BG_CG_D$ の重心の位置ベクトルを $\vec{g'}$ とすると

$$\vec{g'}=\frac{\overrightarrow{g_A}+\overrightarrow{g_B}+\overrightarrow{g_C}+\overrightarrow{g_D}}{4}$$

$$=\frac{1}{4}\left(\frac{\vec{b}+\vec{c}+\vec{d}}{3}+\frac{\vec{a}+\vec{c}+\vec{d}}{3}+\frac{\vec{a}+\vec{b}+\vec{d}}{3}+\frac{\vec{a}+\vec{b}+\vec{c}}{3}\right)$$

$$=\frac{\vec{a}+\vec{b}+\vec{c}+\vec{d}}{4}=\vec{g}$$

よって，四面体 $G_AG_BG_CG_D$ の重心は点Gと一致する。

**練習 ③61** 四面体ABCDに関し，次の等式を満たす点Pはどのような位置にある点か。

$$\overrightarrow{AP}+2\overrightarrow{BP}-7\overrightarrow{CP}-3\overrightarrow{DP}=\vec{0}$$

点Aに関する位置ベクトルをB($\vec{b}$)，C($\vec{c}$)，D($\vec{d}$)，P($\vec{p}$) とすると，等式から

$$\vec{p}+2(\vec{p}-\vec{b})-7(\vec{p}-\vec{c})-3(\vec{p}-\vec{d})=\vec{0}$$

←分割(減法)

よって　$\vec{p}=\dfrac{-2\vec{b}+3\vec{d}+7\vec{c}}{7}=\dfrac{1}{7}\left(\dfrac{-2\vec{b}+3\vec{d}}{3-2}+7\vec{c}\right)$

ここで，$\dfrac{-2\vec{b}+3\vec{d}}{3-2}=\vec{e}$ とすると

$$\vec{p}=\frac{1}{7}(\vec{e}+7\vec{c})$$

$$=\frac{8}{7}\cdot\frac{7\vec{c}+\vec{e}}{1+7}$$

←点 $E(\vec{e})$ は線分 BD を $3:2$ に外分する。

更に，$\dfrac{7\vec{c}+\vec{e}}{1+7}=\vec{f}$ とすると

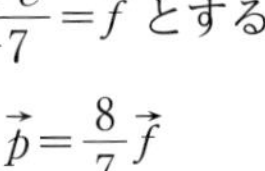

$$\vec{p}=\frac{8}{7}\vec{f}$$

←点 $F(\vec{f})$ は線分 CE を $1:7$ に内分する。

←点 $P(\vec{p})$ は線分 AF を $8:1$ に外分する。

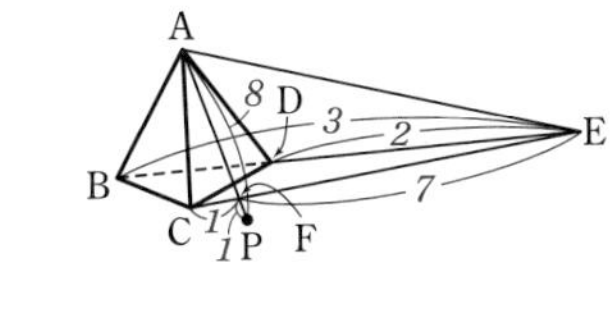

したがって，**線分 BD を 3：2 に外分する点を E，線分 CE を 1：7 に内分する点を F とすると，点 P は線分 AF を 8：1 に外分する位置** にある。

## 練習 ③62

1辺の長さが1の立方体 ABCD-A′B′C′D′ において，辺 AB，CC′，D′A′ を $a:(1-a)$ に内分する点をそれぞれ P，Q，R とし，$\overrightarrow{AB}=\vec{x}$，$\overrightarrow{AD}=\vec{y}$，$\overrightarrow{AA'}=\vec{z}$ とする。ただし，$0<a<1$ とする。

(1) $\overrightarrow{PQ}$，$\overrightarrow{PR}$ をそれぞれ $\vec{x}$，$\vec{y}$，$\vec{z}$ を用いて表せ。

(2) $|\overrightarrow{PQ}|:|\overrightarrow{PR}|$ を求めよ。

(3) $\overrightarrow{PQ}$ と $\overrightarrow{PR}$ のなす角を求めよ。

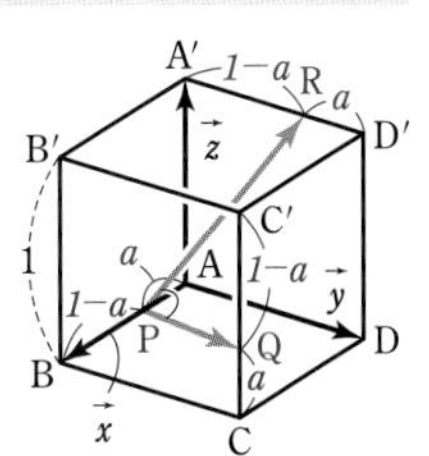


(1) $\overrightarrow{\mathbf{PQ}}=\overrightarrow{AQ}-\overrightarrow{AP}=(1-a)\overrightarrow{AC}+a\overrightarrow{AC'}-a\overrightarrow{AB}$

$=(1-a)(\vec{x}+\vec{y})+a(\vec{x}+\vec{y}+\vec{z})-a\vec{x}$

$\boldsymbol{=(1-a)\vec{x}+\vec{y}+a\vec{z}}$

$\overrightarrow{\mathbf{PR}}=\overrightarrow{AR}-\overrightarrow{AP}=(1-a)\overrightarrow{AD'}+a\overrightarrow{AA'}-a\overrightarrow{AB}$

$=(1-a)(\vec{y}+\vec{z})+a\vec{z}-a\vec{x}$

$\boldsymbol{=-a\vec{x}+(1-a)\vec{y}+\vec{z}}$

(2) $|\vec{x}|=|\vec{y}|=|\vec{z}|=1$，$\vec{x}\cdot\vec{y}=\vec{y}\cdot\vec{z}=\vec{z}\cdot\vec{x}=0$ であるから

$|\overrightarrow{PQ}|^2=\{(1-a)\vec{x}+\vec{y}+a\vec{z}\}\cdot\{(1-a)\vec{x}+\vec{y}+a\vec{z}\}$

$=(1-a)^2+1^2+a^2$

$=2a^2-2a+2$

$|\overrightarrow{PR}|^2=\{-a\vec{x}+(1-a)\vec{y}+\vec{z}\}\cdot\{-a\vec{x}+(1-a)\vec{y}+\vec{z}\}$

$=a^2+(1-a)^2+1^2$

$=2a^2-2a+2$

ゆえに　$|\overrightarrow{PQ}|^2:|\overrightarrow{PR}|^2=1:1$

よって　$|\overrightarrow{PQ}|:|\overrightarrow{PR}|=\mathbf{1:1}$

(3) (2)から　$|\overrightarrow{PQ}|=|\overrightarrow{PR}|=\sqrt{2(a^2-a+1)}$

←$a^2-a+1=\left(a-\dfrac{1}{2}\right)^2+\dfrac{3}{4}>0$

また　$\overrightarrow{PQ}\cdot\overrightarrow{PR}=\{(1-a)\vec{x}+\vec{y}+a\vec{z}\}\cdot\{-a\vec{x}+(1-a)\vec{y}+\vec{z}\}$

$=(1-a)\times(-a)+1\times(1-a)+a\times1$

$=a^2-a+1$

←$|\vec{x}|=|\vec{y}|=|\vec{z}|=1$，$\vec{x}\cdot\vec{y}=\vec{y}\cdot\vec{z}=\vec{z}\cdot\vec{x}=0$

よって，$\overrightarrow{PQ}$ と $\overrightarrow{PR}$ のなす角を $\theta$ とすると

$$\cos\theta=\frac{\overrightarrow{PQ}\cdot\overrightarrow{PR}}{|\overrightarrow{PQ}||\overrightarrow{PR}|}=\frac{a^2-a+1}{\{\sqrt{2(a^2-a+1)}\}^2}=\frac{1}{2}$$

$0^\circ\leqq\theta\leqq180^\circ$ であるから　$\theta=\mathbf{60^\circ}$

**練習 ②63**
(1) 四面体 ABCD において，△ABC の重心を E，△ABD の重心を F とするとき，EF∥CD であることを証明せよ。
(2) 3 点 A(−1, −1, −1)，B(1, 2, 3)，C($x$, $y$, 1) が一直線上にあるとき，$x$, $y$ の値を求めよ。 〔(2) 立教大〕

(1) $\overrightarrow{AB}=\vec{b}$，$\overrightarrow{AC}=\vec{c}$，$\overrightarrow{AD}=\vec{d}$ とする。

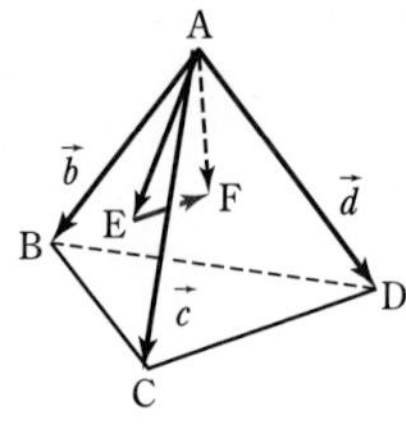


$\overrightarrow{AE}=\dfrac{1}{3}(\vec{b}+\vec{c})$，$\overrightarrow{AF}=\dfrac{1}{3}(\vec{b}+\vec{d})$ であるから

$$\begin{aligned}\overrightarrow{EF}&=\overrightarrow{AF}-\overrightarrow{AE}\\&=\frac{1}{3}\{(\vec{b}+\vec{d})-(\vec{b}+\vec{c})\}\\&=\frac{1}{3}(\vec{d}-\vec{c})=\frac{1}{3}\overrightarrow{CD}\end{aligned}$$

したがって　　EF∥CD

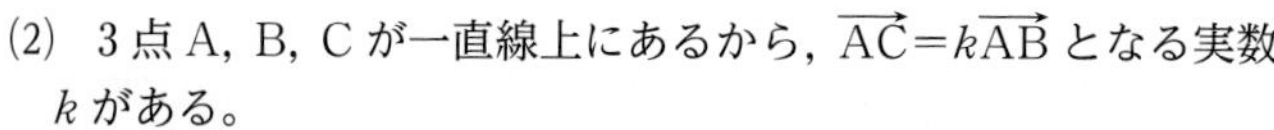
(2) 3 点 A, B, C が一直線上にあるから，$\overrightarrow{AC}=k\overrightarrow{AB}$ となる実数 $k$ がある。

$\overrightarrow{AC}=(x+1,\ y+1,\ 2)$，$\overrightarrow{AB}=(2,\ 3,\ 4)$ であるから

$$(x+1,\ y+1,\ 2)=k(2,\ 3,\ 4)$$

よって　　$x+1=2k$ … ①，$y+1=3k$ … ②，$2=4k$ … ③

③ から　　$k=\dfrac{1}{2}$

したがって，①，② から　　$\boldsymbol{x=0,\ y=\dfrac{1}{2}}$

(1) 異なる 4 点 C, D, E, F に対し，**EF∥CD ⟺ $\overrightarrow{EF}=k\overrightarrow{CD}$ となる実数 $k$ がある。**

←EF : CD=1 : 3

←ベクトルの相等

←$k=\dfrac{1}{2}$ であるから，点 C は線分 AB の中点。

**練習 ②64**
平行六面体 ABCD-EFGH で △BDE，△CHF の重心をそれぞれ P，Q とするとき，4 点 A，P，Q，G は一直線上にあることを証明せよ。

$\overrightarrow{AB}=\vec{b}$，$\overrightarrow{AD}=\vec{d}$，$\overrightarrow{AE}=\vec{e}$ とする。

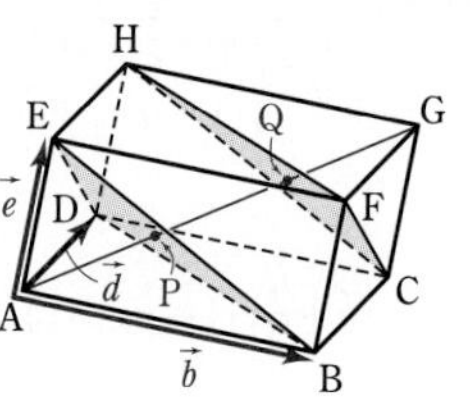


点 P は △BDE の重心であるから

$$\overrightarrow{AP}=\frac{\overrightarrow{AB}+\overrightarrow{AD}+\overrightarrow{AE}}{3}=\frac{\vec{b}+\vec{d}+\vec{e}}{3}$$

また　　$\overrightarrow{AC}=\overrightarrow{AB}+\overrightarrow{BC}=\vec{b}+\vec{d}$，
$\overrightarrow{AH}=\overrightarrow{AD}+\overrightarrow{DH}=\vec{d}+\vec{e}$，
$\overrightarrow{AF}=\overrightarrow{AB}+\overrightarrow{BF}=\vec{b}+\vec{e}$

点 Q は △CHF の重心であるから

$$\overrightarrow{AQ}=\frac{\overrightarrow{AC}+\overrightarrow{AH}+\overrightarrow{AF}}{3}=\frac{2\vec{b}+2\vec{d}+2\vec{e}}{3}$$

更に　　$\overrightarrow{AG}=\overrightarrow{AB}+\overrightarrow{BC}+\overrightarrow{CG}=\vec{b}+\vec{d}+\vec{e}$

よって　　$\overrightarrow{AP}=\dfrac{1}{3}\overrightarrow{AG}$，$\overrightarrow{AQ}=\dfrac{2}{3}\overrightarrow{AG}$

したがって，4 点 A，P，Q，G は一直線上にある。

←$\vec{b}$，$\vec{d}$，$\vec{e}$ は 1 次独立。

←点 P，Q は線分 AG 上にある。

**練習 ③65**
2 点 A(1, 3, 0)，B(0, 4, −1) を通る直線を $\ell$ とする。
(1) 点 C(1, 5, −4) から直線 $\ell$ に下ろした垂線の足 H の座標を求めよ。
(2) 直線 $\ell$ に関して，点 C と対称な点 D の座標を求めよ。

(1) 点Hは直線AB上にあるから，$\overrightarrow{AH}=k\overrightarrow{AB}$ となる実数 $k$ がある。

よって　$\overrightarrow{CH}=\overrightarrow{CA}+\overrightarrow{AH}=\overrightarrow{CA}+k\overrightarrow{AB}$

$=(0,\ -2,\ 4)+k(-1,\ 1,\ -1)$

$=(-k,\ k-2,\ -k+4)$

$\overrightarrow{AB}\perp\overrightarrow{CH}$ より $\overrightarrow{AB}\cdot\overrightarrow{CH}=0$ であるから

$-1\cdot(-k)+1\cdot(k-2)-1\cdot(-k+4)=0$

これを解いて　$k=2$

このとき，Oを原点とすると

$\overrightarrow{OH}=\overrightarrow{OC}+\overrightarrow{CH}=(1,\ 5,\ -4)+(-2,\ 0,\ 2)$

$=(-1,\ 5,\ -2)$

したがって，点Hの座標は　$\boldsymbol{(-1,\ 5,\ -2)}$

(2) $\overrightarrow{OD}=\overrightarrow{OC}+\overrightarrow{CD}=\overrightarrow{OC}+2\overrightarrow{CH}$

$=(1,\ 5,\ -4)+2(-2,\ 0,\ 2)=(-3,\ 5,\ 0)$

したがって，点Dの座標は　$\boldsymbol{(-3,\ 5,\ 0)}$

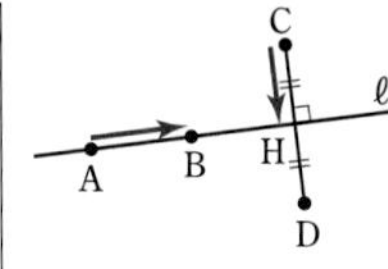


参考 (1) $\overrightarrow{AH}$ は，$\overrightarrow{AC}$ の $\overrightarrow{AB}$ への正射影ベクトルであるから

$\overrightarrow{AH}=\dfrac{\overrightarrow{AB}\cdot\overrightarrow{AC}}{|\overrightarrow{AB}|^2}\overrightarrow{AB}$

$=2\overrightarrow{AB}$

よって

$\overrightarrow{OH}=\overrightarrow{OA}+\overrightarrow{AH}$

$=(-1,\ 5,\ -2)$

←$\overrightarrow{OD}=\overrightarrow{OH}+\overrightarrow{HD}$

$=\overrightarrow{OH}+\overrightarrow{CH}$

から求めてもよい。

**練習 ②66**

四面体OABCにおいて，辺ABを1：3に内分する点をL，辺OCを3：1に内分する点をM，線分CLを3：2に内分する点をN，線分LM，ONの交点をPとし，$\overrightarrow{OA}=\vec{a}$，$\overrightarrow{OB}=\vec{b}$，$\overrightarrow{OC}=\vec{c}$ とするとき，$\overrightarrow{ON}$，$\overrightarrow{OP}$ をそれぞれ $\vec{a}$，$\vec{b}$，$\vec{c}$ で表せ。

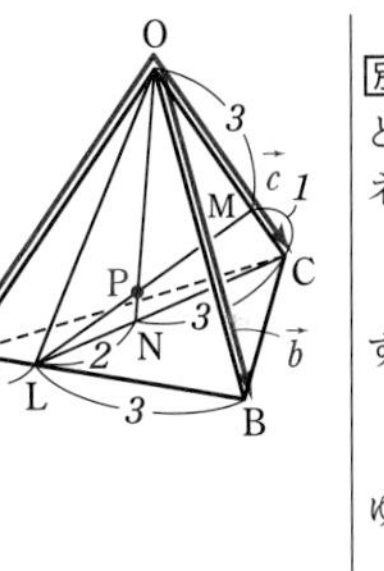


条件から　$\overrightarrow{OL}=\dfrac{3\vec{a}+\vec{b}}{4}$，

$\boldsymbol{\overrightarrow{ON}}=\dfrac{2\overrightarrow{OC}+3\overrightarrow{OL}}{5}=\dfrac{1}{5}\left(2\vec{c}+3\cdot\dfrac{3\vec{a}+\vec{b}}{4}\right)$

$\boldsymbol{=\dfrac{1}{20}(9\vec{a}+3\vec{b}+8\vec{c})}$

$\overrightarrow{OP}=s\overrightarrow{ON}$（$s$ は実数）とおけるから

$\overrightarrow{OP}=\dfrac{s}{20}(9\vec{a}+3\vec{b}+8\vec{c})$ …… ①

また，LP：PM$=t:(1-t)$ とすると

$\overrightarrow{OP}=(1-t)\overrightarrow{OL}+t\overrightarrow{OM}=(1-t)\cdot\dfrac{3\vec{a}+\vec{b}}{4}+t\cdot\dfrac{3}{4}\vec{c}$

$=\dfrac{1}{4}\{3(1-t)\vec{a}+(1-t)\vec{b}+3t\vec{c}\}$ …… ②

4点O，A，B，Cは同じ平面上にないから，①，② より

$\dfrac{9}{20}s=\dfrac{3}{4}(1-t)$，$\dfrac{3}{20}s=\dfrac{1}{4}(1-t)$，$\dfrac{8}{20}s=\dfrac{3}{4}t$

ゆえに　$3s=5-5t$，$8s=15t$

これを解いて　$s=\dfrac{15}{17}$，$t=\dfrac{8}{17}$

よって，① から

$\boldsymbol{\overrightarrow{OP}}=\dfrac{1}{20}\cdot\dfrac{15}{17}(9\vec{a}+3\vec{b}+8\vec{c})$

$\boldsymbol{=\dfrac{27}{68}\vec{a}+\dfrac{9}{68}\vec{b}+\dfrac{6}{17}\vec{c}}$

別解 （$\overrightarrow{OP}$）△ONCと直線LMについて，メネラウスの定理により

$\dfrac{OP}{PN}\cdot\dfrac{NL}{LC}\cdot\dfrac{CM}{MO}=1$

すなわち

$\dfrac{OP}{PN}\cdot\dfrac{2}{5}\cdot\dfrac{1}{3}=1$

ゆえに

OP：PN$=15:2$

よって　$\overrightarrow{OP}=\dfrac{15}{17}\overrightarrow{ON}$

ゆえに

$\boldsymbol{\overrightarrow{OP}=\dfrac{3}{68}(9\vec{a}+3\vec{b}+8\vec{c})}$

←＿＿の断りは重要。

**練習 ②67** 4点 A(0, 0, 2), B(2, −2, 3), C($a$, −1, 4), D(1, $a$, 1) が同じ平面上にあるように，定数 $a$ の値を定めよ。〔弘前大〕

$\overrightarrow{AD}=(1,\ a,\ -1)$, $\overrightarrow{AB}=(2,\ -2,\ 1)$, $\overrightarrow{AC}=(a,\ -1,\ 2)$

3点 A, B, C は一直線上にないから，点 D が平面 ABC 上にあるための条件は，$\overrightarrow{AD}=s\overrightarrow{AB}+t\overrightarrow{AC}$ となる実数 $s$, $t$ があることである。

←$\overrightarrow{AB}=k\overrightarrow{AC}$ を満たす実数 $k$ は存在しない。

ゆえに　$(1,\ a,\ -1)=s(2,\ -2,\ 1)+t(a,\ -1,\ 2)$

よって　$2s+ta=1$ …… ①,
$-2s-t=a$ …… ②,
$s+2t=-1$ …… ③

←ベクトルの相等

②×2+③ から　$-3s=2a-1$

←
$$\begin{array}{rr} & -4s-2t=2a \\ +) & s+2t=-1 \\ \hline & -3s\quad =2a-1 \end{array}$$

ゆえに　$s=\dfrac{1-2a}{3}$ …… ④

② から　$t=-2s-a=-2\cdot\dfrac{1-2a}{3}-a=\dfrac{a-2}{3}$ …… ⑤

④, ⑤ を ① に代入すると　$\dfrac{2-4a}{3}+\dfrac{a^2-2a}{3}=1$

整理して　$a^2-6a-1=0$

これを解いて　$\boldsymbol{a=3\pm\sqrt{10}}$

[別解] **1.** 3点 A, B, C は一直線上にないから，点 D が平面 ABC 上にあるための条件は
$(1,\ a,\ 1)=s(0,\ 0,\ 2)+t(2,\ -2,\ 3)+u(a,\ -1,\ 4)$,
$s+t+u=1$ となる実数 $s$, $t$, $u$ があることである。

←原点を O とすると $\overrightarrow{OD}=s\overrightarrow{OA}+t\overrightarrow{OB}+u\overrightarrow{OC}$, $s+t+u=1$

よって　$1=2t+au$ …… ①,
$a=-2t-u$ …… ②,
$1=2s+3t+4u$ …… ③

また　$s+t+u=1$ …… ④

①+② から　$a+1=(a-1)u$

ここで，$a=1$ とすると　$2=0\cdot u$

これを満たす $u$ は存在しないから　$a\neq1$

←$a-1\neq0$ であることを確認する。

よって　$u=\dfrac{a+1}{a-1}$ …… ⑤

また，①+②×$a$ から　$a^2+1=2(1-a)t$

ゆえに　$t=\dfrac{a^2+1}{2(1-a)}$ …… ⑥

また，③, ④ から　$t+2u=-1$ …… ⑦

←$s$ を消去。

⑤, ⑥ を ⑦ に代入して整理すると
$a^2-6a-1=0$

よって　$\boldsymbol{a=3\pm\sqrt{10}}$

これは $a\neq1$ を満たす。

[別解] **2.** まず，3点 A, B, C を通る平面の方程式を求める。
平面 ABC の法線ベクトルを $\vec{n}=(l,\ m,\ n)$ とすると，

←本冊 p.137 演習例題 **80** 参照。

$\vec{n}\perp\overrightarrow{AB}$, $\vec{n}\perp\overrightarrow{AC}$ より，$\vec{n}\cdot\overrightarrow{AB}=0$, $\vec{n}\cdot\overrightarrow{AC}=0$ であるから

$$2l-2m+n=0,\ al-m+2n=0$$

これらから　$m=\dfrac{4-a}{3}l,\ n=\dfrac{2}{3}(1-a)l$

よって，$\vec{n}=(3,\ 4-a,\ 2(1-a))$ とする。平面 ABC 上の点を P$(x,\ y,\ z)$ とすると，$\vec{n}\cdot\overrightarrow{AP}=0$ であるから

$$3x+(4-a)y+2(1-a)(z-2)=0$$

ゆえに，平面 ABC の方程式は

$$3x+(4-a)y+2(1-a)z=4(1-a)\ \cdots\cdots\ (*)$$

この平面上に点 D があるための条件は

$$3\times1+(4-a)a+2(1-a)\times1=4(1-a)$$

整理すると　$a^2-6a-1=0$　　よって　$\boldsymbol{a=3\pm\sqrt{10}}$

検討　平面 ABC の方程式を $lx+my+nz+p=0$ とすると，3 点 A，B，C を通ることから

$2n+p=0$,
$2l-2m+3n+p=0$,
$al-m+4n+p=0$

よって　$m=\dfrac{4-a}{3}l$,
$n=\dfrac{2}{3}(1-a)l$,
$p=\dfrac{4}{3}(a-1)l$

これらから左の(＊)を導くこともできる。



**練習 ③68**　平行六面体 ABCD-EFGH において，辺 BF を 2：1 に内分する点を P，辺 FG を 2：1 に内分する点を Q，辺 DH の中点を R とする。4 点 A，P，Q，R は同じ平面上にあることを示せ。

点 R が 3 点 A，P，Q の定める平面上にあるための条件は，$\overrightarrow{AR}=s\overrightarrow{AP}+t\overrightarrow{AQ}$ となる実数 $s$，$t$ が存在することである。

←3 点 A，P，Q は一直線上にはない。

$\overrightarrow{AB}=\vec{a}$, $\overrightarrow{AD}=\vec{b}$, $\overrightarrow{AE}=\vec{c}$ とすると

$$\overrightarrow{AP}=\overrightarrow{AB}+\overrightarrow{BP}=\vec{a}+\frac{2}{3}\vec{c},$$

$$\overrightarrow{AQ}=\overrightarrow{AB}+\overrightarrow{BF}+\overrightarrow{FQ}=\vec{a}+\vec{c}+\frac{2}{3}\vec{b},$$

$$\overrightarrow{AR}=\overrightarrow{AD}+\overrightarrow{DR}=\vec{b}+\frac{1}{2}\vec{c}$$

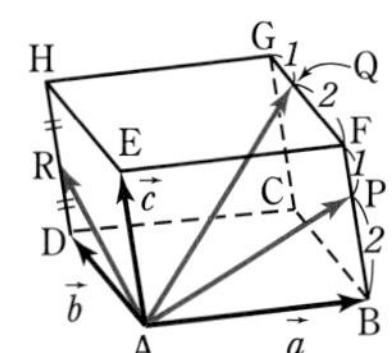


$\overrightarrow{AR}=s\overrightarrow{AP}+t\overrightarrow{AQ}$ とすると

$$\vec{b}+\frac{1}{2}\vec{c}=s\left(\vec{a}+\frac{2}{3}\vec{c}\right)+t\left(\vec{a}+\frac{2}{3}\vec{b}+\vec{c}\right)$$

よって　$\vec{b}+\dfrac{1}{2}\vec{c}=(s+t)\vec{a}+\dfrac{2}{3}t\vec{b}+\left(\dfrac{2}{3}s+t\right)\vec{c}\ \cdots\cdots\ (*)$

4 点 A，B，D，E は同じ平面上にないから

$$0=s+t\ \cdots\ ①,\ 1=\frac{2}{3}t\ \cdots\ ②,\ \frac{1}{2}=\frac{2}{3}s+t\ \cdots\ ③$$

←(＊)の両辺の係数を比較する。

①，② から　$s=-\dfrac{3}{2},\ t=\dfrac{3}{2}$　　これは ③ を満たす。

ゆえに，$\overrightarrow{AR}=s\overrightarrow{AP}+t\overrightarrow{AQ}$ となる実数 $s$，$t$ が存在するから，4 点 A，P，Q，R は同じ平面上にある。

**練習 ②69**　四面体 OABC において，$\vec{a}=\overrightarrow{OA}$, $\vec{b}=\overrightarrow{OB}$, $\vec{c}=\overrightarrow{OC}$ とする。

(1)　線分 AB を 1：2 に内分する点を P とし，線分 PC を 2：3 に内分する点を Q とする。$\overrightarrow{OQ}$ を $\vec{a}$，$\vec{b}$，$\vec{c}$ を用いて表せ。

(2)　D，E，F はそれぞれ線分 OA，OB，OC 上の点で，OD$=\dfrac{1}{2}$OA，OE$=\dfrac{2}{3}$OB，OF$=\dfrac{1}{3}$OC とする。3 点 D，E，F を含む平面と直線 OQ の交点を R とするとき，$\overrightarrow{OR}$ を $\vec{a}$，$\vec{b}$，$\vec{c}$ を用いて表せ。　〔大阪電通大〕

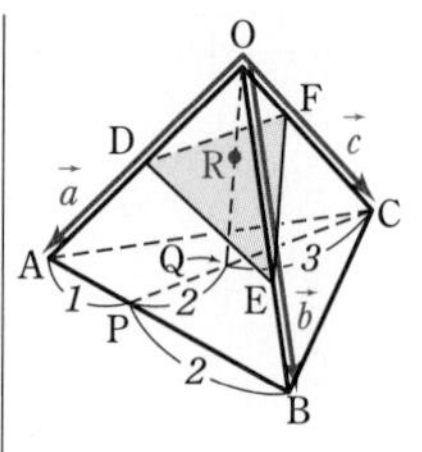


(1) $\overrightarrow{\mathbf{OQ}}=\dfrac{3\overrightarrow{OP}+2\overrightarrow{OC}}{2+3}=\dfrac{3}{5}\left(\dfrac{2\overrightarrow{OA}+\overrightarrow{OB}}{1+2}\right)+\dfrac{2}{5}\overrightarrow{OC}$

$=\boldsymbol{\dfrac{2}{5}\vec{a}+\dfrac{1}{5}\vec{b}+\dfrac{2}{5}\vec{c}}$

(2) 点Rは3点D，E，Fを含む平面上にあるから，実数 $s$，$t$，$u$ を用いて

$$\overrightarrow{OR}=s\overrightarrow{OD}+t\overrightarrow{OE}+u\overrightarrow{OF},\ s+t+u=1$$

と表される。

ここで，$\overrightarrow{OD}=\dfrac{1}{2}\vec{a}$，$\overrightarrow{OE}=\dfrac{2}{3}\vec{b}$，$\overrightarrow{OF}=\dfrac{1}{3}\vec{c}$ であるから

$$\overrightarrow{OR}=\frac{s}{2}\vec{a}+\frac{2}{3}t\vec{b}+\frac{u}{3}\vec{c}\ \cdots\cdots\ ①$$

←$\overrightarrow{OR}$ を $\vec{a}$，$\vec{b}$，$\vec{c}$ を用いて，①，②の2通りに表す。

また，点Rは直線OQ上にあるから，$\overrightarrow{OR}=k\overrightarrow{OQ}$（$k$ は実数）と表される。

よって，(1)から　　$\overrightarrow{OR}=\dfrac{2}{5}k\vec{a}+\dfrac{k}{5}\vec{b}+\dfrac{2}{5}k\vec{c}\ \cdots\cdots\ ②$

4点O，A，B，Cは同じ平面上にないから，①，②より

$$\frac{s}{2}=\frac{2}{5}k,\ \frac{2}{3}t=\frac{k}{5},\ \frac{u}{3}=\frac{2}{5}k$$

←①，②の右辺について，係数比較をする。

ゆえに　　$s=\dfrac{4}{5}k$，$t=\dfrac{3}{10}k$，$u=\dfrac{6}{5}k$

これらを $s+t+u=1$ に代入して　　$\dfrac{4}{5}k+\dfrac{3}{10}k+\dfrac{6}{5}k=1$

よって　　$k=\dfrac{10}{23}$

これを②に代入して　　$\overrightarrow{\mathbf{OR}}=\boldsymbol{\dfrac{4}{23}\vec{a}+\dfrac{2}{23}\vec{b}+\dfrac{4}{23}\vec{c}}$

別解　点Rは直線OQ上にあるから，$\overrightarrow{OR}=k\overrightarrow{OQ}$（$k$ は実数）と表される。

ゆえに，(1)から

$$\overrightarrow{OR}=\frac{2}{5}k\vec{a}+\frac{k}{5}\vec{b}+\frac{2}{5}k\vec{c}\ \cdots\cdots\ (*)$$

←ここで，$\dfrac{2}{5}k+\dfrac{k}{5}+\dfrac{2}{5}k=1$ としたら，誤り。なぜなら，Rは平面ABC上にはないからである。

ここで，$\overrightarrow{OD}=\dfrac{1}{2}\vec{a}$，$\overrightarrow{OE}=\dfrac{2}{3}\vec{b}$，$\overrightarrow{OF}=\dfrac{1}{3}\vec{c}$ であるから

$$\vec{a}=2\overrightarrow{OD},\ \vec{b}=\frac{3}{2}\overrightarrow{OE},\ \vec{c}=3\overrightarrow{OF}$$

よって　　$\overrightarrow{OR}=\dfrac{2}{5}k(2\overrightarrow{OD})+\dfrac{k}{5}\left(\dfrac{3}{2}\overrightarrow{OE}\right)+\dfrac{2}{5}k(3\overrightarrow{OF})$

$=\dfrac{4}{5}k\overrightarrow{OD}+\dfrac{3}{10}k\overrightarrow{OE}+\dfrac{6}{5}k\overrightarrow{OF}$

←(∗)を $\overrightarrow{OD}$，$\overrightarrow{OE}$，$\overrightarrow{OF}$ の条件に直す。

点Rは3点D，E，Fを含む平面上にあるから

$\dfrac{4}{5}k+\dfrac{3}{10}k+\dfrac{6}{5}k=1$　　ゆえに　　$k=\dfrac{10}{23}$

←(係数の和)=1

これを(∗)に代入して　　$\overrightarrow{\mathbf{OR}}=\boldsymbol{\dfrac{4}{23}\vec{a}+\dfrac{2}{23}\vec{b}+\dfrac{4}{23}\vec{c}}$

**練習 ③70** 四面体OABCにおいて，線分OAを2:1に内分する点をP，線分OBを3:1に内分する点をQ，線分BCを4:1に内分する点をRとする。この四面体を3点P，Q，Rを通る平面で切り，この平面が線分ACと交わる点をSとするとき，線分の長さの比AS:SCを求めよ。 〔類 早稲田大〕

AS:SC$=k:(1-k)$とすると

$$\overrightarrow{OS}=(1-k)\overrightarrow{OA}+k\overrightarrow{OC} \quad \cdots\cdots ①$$

また，点Sは3点P，Q，Rを通る平面上にあるから，実数$s$，$t$，$u$を用いて，

$$\overrightarrow{OS}=s\overrightarrow{OP}+t\overrightarrow{OQ}+u\overrightarrow{OR},\ s+t+u=1 \quad \cdots\cdots (*)$$

と表される。ここで，BR:RC=4:1であるから

$$\overrightarrow{OR}=\frac{\overrightarrow{OB}+4\overrightarrow{OC}}{4+1}=\frac{1}{5}\overrightarrow{OB}+\frac{4}{5}\overrightarrow{OC}$$

また，$\overrightarrow{OP}=\frac{2}{3}\overrightarrow{OA}$，$\overrightarrow{OQ}=\frac{3}{4}\overrightarrow{OB}$であるから

$$\overrightarrow{OS}=\frac{2}{3}s\overrightarrow{OA}+\frac{3}{4}t\overrightarrow{OB}+u\left(\frac{1}{5}\overrightarrow{OB}+\frac{4}{5}\overrightarrow{OC}\right)$$
$$=\frac{2}{3}s\overrightarrow{OA}+\left(\frac{3}{4}t+\frac{u}{5}\right)\overrightarrow{OB}+\frac{4}{5}u\overrightarrow{OC} \quad \cdots\cdots ②$$

4点O，A，B，Cは同じ平面上にないから，①，②より

$$1-k=\frac{2}{3}s,\ 0=\frac{3}{4}t+\frac{u}{5},\ k=\frac{4}{5}u$$

ゆえに　$s=\frac{3}{2}-\frac{3}{2}k,\ t=-\frac{k}{3},\ u=\frac{5}{4}k$

これらを$s+t+u=1$に代入して

$$\frac{3}{2}-\frac{3}{2}k-\frac{k}{3}+\frac{5}{4}k=1 \qquad よって \qquad k=\frac{6}{7}$$

したがって　AS:SC$=\frac{6}{7}:\left(1-\frac{6}{7}\right)=$**6:1**

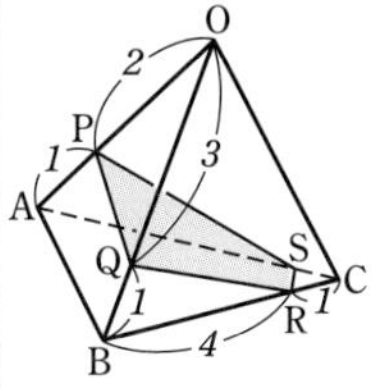


(＊)　$\overrightarrow{PS}=l\overrightarrow{PQ}+m\overrightarrow{PR}$ ($l$，$m$は実数)として考えてもよい。

←$\overrightarrow{OS}=●\overrightarrow{OP}+■\overrightarrow{OQ}+▲\overrightarrow{OR}$を$\overrightarrow{OA}$，$\overrightarrow{OB}$，$\overrightarrow{OC}$の式に直す。

**練習 ③71** 四面体ABCDを考える。△ABCと△ABDは正三角形であり，ACとBDとは垂直である。
(1) BCとADも垂直であることを示せ。
(2) 四面体ABCDは正四面体であることを示せ。 〔岩手大〕

$\overrightarrow{AB}=\vec{b}$，$\overrightarrow{AC}=\vec{c}$，$\overrightarrow{AD}=\vec{d}$とする。

(1)　△ABCと△ABDは正三角形であるから

$$|\vec{b}|=|\vec{c}|=|\vec{d}|,\ \vec{b}\cdot\vec{c}=\vec{b}\cdot\vec{d} \quad \cdots\cdots ①$$

AC⊥BDから　$\overrightarrow{AC}\cdot\overrightarrow{BD}=0$

よって　$\vec{c}\cdot(\vec{d}-\vec{b})=0$

ゆえに　$\vec{c}\cdot\vec{d}=\vec{b}\cdot\vec{c} \quad \cdots\cdots ②$

①，②より，$\vec{c}\cdot\vec{d}=\vec{b}\cdot\vec{d}$であるから

$$\overrightarrow{BC}\cdot\overrightarrow{AD}=(\vec{c}-\vec{b})\cdot\vec{d}=\vec{c}\cdot\vec{d}-\vec{b}\cdot\vec{d}=0$$

$\overrightarrow{BC}\neq\vec{0}$，$\overrightarrow{AD}\neq\vec{0}$であるから　BC⊥AD

(2)　$|\overrightarrow{CD}|^2=|\vec{d}-\vec{c}|^2=|\vec{d}|^2-2\vec{c}\cdot\vec{d}+|\vec{c}|^2=|\vec{d}|^2-2\vec{b}\cdot\vec{c}+|\vec{c}|^2$
$=|\vec{d}|^2-2|\vec{b}||\vec{c}|\cos 60^\circ+|\vec{c}|^2=|\vec{c}|^2-|\vec{c}|^2+|\vec{c}|^2$
$=|\vec{c}|^2=|\overrightarrow{AC}|^2$

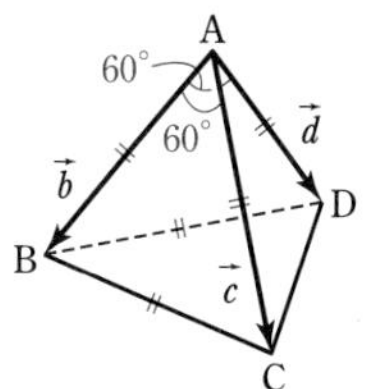


←$\vec{c}\cdot\vec{d}=\vec{b}\cdot\vec{c}$ [(1)の②]

←$|\vec{b}|=|\vec{c}|=|\vec{d}|$

よって　　CD＝AC

ゆえに，四面体 ABCD のすべての辺の長さは等しいから，四面体 ABCD は正四面体である。

←すべての面が正三角形。

**練習 ③72** 原点を O とし，3 点 A(2, 0, 0)，B(0, 4, 0)，C(0, 0, 3) をとる。原点 O から 3 点 A，B，C を含む平面に下ろした垂線の足を H とするとき
(1) 点 H の座標を求めよ。　(2) △ABC の面積を求めよ。〔類 宮城大〕

(1) 点 H は平面 ABC 上にあるから，$s$，$t$，$u$ を実数として

$$\overrightarrow{OH}=s\overrightarrow{OA}+t\overrightarrow{OB}+u\overrightarrow{OC},\ s+t+u=1 \cdots\cdots ①$$

と表される。

←4 点 O，A，B，C は同じ平面上にない。

よって　$\overrightarrow{OH}=s(2,\ 0,\ 0)+t(0,\ 4,\ 0)+u(0,\ 0,\ 3)$
$=(2s,\ 4t,\ 3u) \cdots\cdots (*)$

また，OH⊥(平面 ABC) であるから

$$\overrightarrow{OH}\perp\overrightarrow{AB},\ \overrightarrow{OH}\perp\overrightarrow{AC}$$

←OH は平面 ABC 上の交わる 2 直線 AB，AC に垂直である。

ゆえに　$\overrightarrow{OH}\cdot\overrightarrow{AB}=0,\ \overrightarrow{OH}\cdot\overrightarrow{AC}=0 \cdots\cdots ②$

$\overrightarrow{AB}=(-2,\ 4,\ 0)$，$\overrightarrow{AC}=(-2,\ 0,\ 3)$ であるから，② より

$$2s\times(-2)+4t\times4+3u\times0=0,$$
$$2s\times(-2)+4t\times0+3u\times3=0$$

よって　$t=\dfrac{1}{4}s,\ u=\dfrac{4}{9}s \cdots\cdots ③$

③ を ① に代入して　$s+\dfrac{1}{4}s+\dfrac{4}{9}s=1$

←両辺に 36 を掛けて $36s+9s+16s=36$

これを解いて　$s=\dfrac{36}{61}$　　③ に代入して　$t=\dfrac{9}{61},\ u=\dfrac{16}{61}$

ゆえに　$\overrightarrow{OH}=\left(\dfrac{72}{61},\ \dfrac{36}{61},\ \dfrac{48}{61}\right)$

したがって，点 H の座標は

$$\left(\boldsymbol{\frac{72}{61}},\ \boldsymbol{\frac{36}{61}},\ \boldsymbol{\frac{48}{61}}\right)$$

(2) 四面体 OABC の体積を $V$ とすると

$$V=\frac{1}{3}\triangle OAB\times OC=\frac{1}{3}\cdot\frac{1}{2}\cdot2\cdot4\cdot3=4 \cdots\cdots ④$$

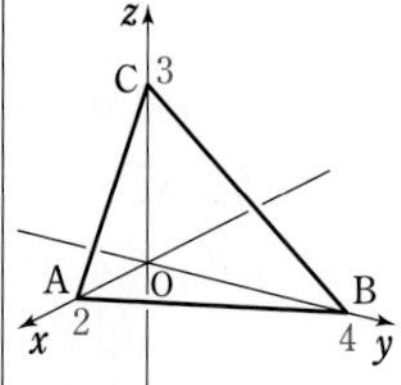


また　$V=\dfrac{1}{3}\triangle ABC\times OH \cdots\cdots ⑤$

ここで，(1) から

$$OH=\frac{12}{61}\sqrt{6^2+3^2+4^2}=\frac{12}{\sqrt{61}}$$

←$\overrightarrow{OH}=\dfrac{12}{61}(6,\ 3,\ 4)$
$\vec{a}=k(a_1,\ a_2,\ a_3)$ のとき $|\vec{a}|=|k|\sqrt{a_1{}^2+a_2{}^2+a_3{}^2}$

よって，④，⑤ から　$4=\dfrac{1}{3}\triangle ABC\times\dfrac{12}{\sqrt{61}}$

したがって　$\triangle ABC=\boldsymbol{\sqrt{61}}$

別解 (1) 平面 ABC の方程式は　$\dfrac{x}{2}+\dfrac{y}{4}+\dfrac{z}{3}=1$

←本冊 $p.135$ 以降で学ぶ，空間の平面の方程式を利用。

すなわち　$6x+3y+4z=12 \cdots\cdots ①$

$\vec{n}=(6,\ 3,\ 4)$ は平面 ABC の法線ベクトルである。

$\overrightarrow{\mathrm{OH}}/\!/\vec{n}$ であるから，$\overrightarrow{\mathrm{OH}}=k\vec{n}$ となる実数 $k$ がある。

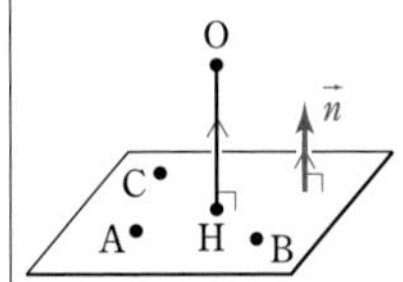


$\mathrm{H}(x,\ y,\ z)$ とすると　　$(x,\ y,\ z)=k(6,\ 3,\ 4)$

よって　　$x=6k,\ y=3k,\ z=4k$ …… ②

これらを ① に代入して　　$6\cdot6k+3\cdot3k+4\cdot4k=12$

これを解くと　　$k=\dfrac{12}{61}$

よって，② から，点 H の座標は　　$\boldsymbol{\left(\dfrac{72}{61},\ \dfrac{36}{61},\ \dfrac{48}{61}\right)}$

(2)　$\overrightarrow{\mathrm{AB}}=(-2,\ 4,\ 0)$，$\overrightarrow{\mathrm{AC}}=(-2,\ 0,\ 3)$ であるから

$$\overrightarrow{\mathrm{AB}}\cdot\overrightarrow{\mathrm{AC}}=(-2)\times(-2)+4\times0+0\times3=4$$
$$|\overrightarrow{\mathrm{AB}}|^2=(-2)^2+4^2+0^2=20$$
$$|\overrightarrow{\mathrm{AC}}|^2=(-2)^2+0^2+3^2=13$$

よって　　$\triangle\mathrm{ABC}=\dfrac{1}{2}\sqrt{|\overrightarrow{\mathrm{AB}}|^2|\overrightarrow{\mathrm{AC}}|^2-(\overrightarrow{\mathrm{AB}}\cdot\overrightarrow{\mathrm{AC}})^2}$

$$=\frac{1}{2}\sqrt{20\cdot13-4^2}$$
$$=\frac{1}{2}\sqrt{244}=\boldsymbol{\sqrt{61}}$$

参考　四面体 OABC の ∠AOB，∠BOC，∠COA がすべて直角であるとき，面積について

$$\boldsymbol{(\triangle\mathrm{OAB})^2+(\triangle\mathrm{OBC})^2+(\triangle\mathrm{OCA})^2=(\triangle\mathrm{ABC})^2}\ \cdots\cdots\ Ⓐ$$

が成り立つ。

←本冊 $p.122$ の **検討** で紹介した等式。

証明　点 C から AB に垂線 CH を下ろすと

$$(\triangle\mathrm{ABC})^2=\left(\frac{1}{2}\mathrm{AB}\cdot\mathrm{CH}\right)^2$$
$$=\frac{1}{4}\mathrm{AB}^2\cdot\mathrm{CH}^2$$
$$=\frac{1}{4}\mathrm{AB}^2(\mathrm{OH}^2+\mathrm{OC}^2)$$

←直角三角形 COH で三平方の定理。

$$=\frac{1}{4}\mathrm{AB}^2\cdot\mathrm{OH}^2+\frac{1}{4}\mathrm{AB}^2\cdot\mathrm{OC}^2$$
$$=\left(\frac{1}{2}\mathrm{AB}\cdot\mathrm{OH}\right)^2+\frac{1}{4}\left(\mathrm{OA}^2+\mathrm{OB}^2\right)\mathrm{OC}^2$$

←直角三角形 OAB で三平方の定理。

$$=\left(\frac{1}{2}\mathrm{AB}\cdot\mathrm{OH}\right)^2+\left(\frac{1}{2}\mathrm{OB}\cdot\mathrm{OC}\right)^2+\left(\frac{1}{2}\mathrm{OA}\cdot\mathrm{OC}\right)^2$$
$$=(\triangle\mathrm{OAB})^2+(\triangle\mathrm{OBC})^2+(\triangle\mathrm{OCA})^2$$

したがって，Ⓐ が成り立つ。

練習 72 (2) を等式 Ⓐ を利用して解くと

$$(\triangle\mathrm{ABC})^2=\left(\frac{1}{2}\cdot2\cdot4\right)^2+\left(\frac{1}{2}\cdot4\cdot3\right)^2+\left(\frac{1}{2}\cdot3\cdot2\right)^2$$
$$=16+36+9=61$$

したがって　　$\triangle\mathrm{ABC}=\boldsymbol{\sqrt{61}}$

**練習 ③73** 各辺の長さが1の正四面体PABCにおいて，点Aから平面PBCに下ろした垂線の足をHとし，$\overrightarrow{PA}=\vec{a}$，$\overrightarrow{PB}=\vec{b}$，$\overrightarrow{PC}=\vec{c}$ とする。
(1) 内積 $\vec{a}\cdot\vec{b}$，$\vec{a}\cdot\vec{c}$，$\vec{b}\cdot\vec{c}$ を求めよ。　(2) $\overrightarrow{PH}$ を $\vec{b}$ と $\vec{c}$ を用いて表せ。
(3) 正四面体PABCの体積を求めよ。〔佐賀大〕

HINT (2) $\overrightarrow{PH}=s\vec{b}+t\vec{c}$ ($s$，$t$ は実数) と表される。(3) (正四面体PABC) $=\dfrac{1}{3}\times\triangle\text{PBC}\times|\overrightarrow{AH}|$

(1) $\boldsymbol{\vec{a}\cdot\vec{b}}=|\vec{a}||\vec{b}|\cos\angle\text{APB}=1\times1\times\cos60^\circ=\boldsymbol{\dfrac{1}{2}}$

同様にして　$\boldsymbol{\vec{a}\cdot\vec{c}=\dfrac{1}{2}}$，$\boldsymbol{\vec{b}\cdot\vec{c}=\dfrac{1}{2}}$

←△PAB，△PCA，△PBCは1辺の長さが1の正三角形。

(2) 平面PBCにおいて，$\vec{b}\neq\vec{0}$，$\vec{c}\neq\vec{0}$，$\vec{b}\not\parallel\vec{c}$ であるから，$s$，$t$ を実数として，$\overrightarrow{PH}=s\vec{b}+t\vec{c}$ と表される。

ゆえに　$\overrightarrow{AH}=\overrightarrow{PH}-\overrightarrow{PA}=s\vec{b}+t\vec{c}-\vec{a}$

AH⊥(平面PBC) であるから　$\overrightarrow{AH}\perp\overrightarrow{PB}$，$\overrightarrow{AH}\perp\overrightarrow{PC}$

よって　$\overrightarrow{AH}\cdot\overrightarrow{PB}=0$，$\overrightarrow{AH}\cdot\overrightarrow{PC}=0$

ここで　$\overrightarrow{AH}\cdot\overrightarrow{PB}=(-\vec{a}+s\vec{b}+t\vec{c})\cdot\vec{b}$

$$=-\vec{a}\cdot\vec{b}+s|\vec{b}|^2+t\vec{b}\cdot\vec{c}=-\frac{1}{2}+s+\frac{1}{2}t$$

$$\overrightarrow{AH}\cdot\overrightarrow{PC}=(-\vec{a}+s\vec{b}+t\vec{c})\cdot\vec{c}$$

$$=-\vec{a}\cdot\vec{c}+s\vec{b}\cdot\vec{c}+t|\vec{c}|^2=-\frac{1}{2}+\frac{1}{2}s+t$$

ゆえに　$2s+t-1=0$，$s+2t-1=0$

これを解いて　$s=t=\dfrac{1}{3}$　よって　$\boldsymbol{\overrightarrow{PH}=\dfrac{1}{3}\vec{b}+\dfrac{1}{3}\vec{c}}$

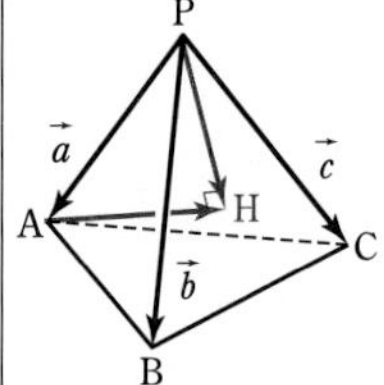


検討　$\overrightarrow{PH}=\dfrac{\overrightarrow{PB}+\overrightarrow{PC}}{3}$
よって，正四面体PABCにおいて，Hは正三角形PBCの重心である。

(3) 三平方の定理により

$$|\overrightarrow{AH}|^2=|\overrightarrow{PA}|^2-|\overrightarrow{PH}|^2=1^2-\left|\frac{1}{3}(\vec{b}+\vec{c})\right|^2$$

$$=1-\frac{1}{9}(|\vec{b}|^2+2\vec{b}\cdot\vec{c}+|\vec{c}|^2)$$

$$=1-\frac{1}{9}\left(1^2+2\times\frac{1}{2}+1^2\right)=\frac{2}{3}$$

←$\overrightarrow{AH}=\overrightarrow{PH}-\overrightarrow{PA}$ $=-\dfrac{1}{3}(3\vec{a}-\vec{b}-\vec{c})$ から，$|\overrightarrow{AH}|^2=\dfrac{1}{9}|3\vec{a}-\vec{b}-\vec{c}|^2$ として求めてもよい。

ゆえに　$|\overrightarrow{AH}|=\dfrac{\sqrt{6}}{3}$

また　$\triangle\text{PBC}=\dfrac{1}{2}\times1\times1\times\sin60^\circ=\dfrac{\sqrt{3}}{4}$

したがって，求める体積は

$$\frac{1}{3}\times\triangle\text{PBC}\times|\overrightarrow{AH}|=\frac{1}{3}\times\frac{\sqrt{3}}{4}\times\frac{\sqrt{6}}{3}=\boldsymbol{\frac{\sqrt{2}}{12}}$$

検討　$\overrightarrow{OA}=\vec{a}=(a_1,\ a_2,\ a_3)$，$\overrightarrow{OB}=\vec{b}=(b_1,\ b_2,\ b_3)$，$\vec{a}$ と $\vec{b}$ のなす角を $\theta$，AからBに向かって右ねじを回すときのねじの進む方向を向きとする単位ベクトルを $\vec{e}$ とする。
このとき，**外積の定義** $\boldsymbol{\vec{a}\times\vec{b}=(|\vec{a}||\vec{b}|\sin\theta)\vec{e}}$ (本冊 $p.124$) から
**外積の成分表示** $\boldsymbol{\vec{a}\times\vec{b}=(a_2b_3-a_3b_2,\ a_3b_1-a_1b_3,\ a_1b_2-a_2b_1)}$ (本冊 $p.98$) を導く。

$\vec{a}=(a_1,\ a_2,\ a_3)$，$\vec{b}=(b_1,\ b_2,\ b_3)$ とする。ただし，
$(a_2b_3-a_3b_2,\ a_3b_1-a_1b_3,\ a_1b_2-a_2b_1)\neq\vec{0}$ とする。
$\vec{a}\times\vec{b}=(p,\ q,\ r)$ とすると，定義から　$\vec{a}\perp(\vec{a}\times\vec{b})$，$\vec{b}\perp(\vec{a}\times\vec{b})$　←本冊 $p.124$ ①
よって　$\vec{a}\cdot(\vec{a}\times\vec{b})=0$，$\vec{b}\cdot(\vec{a}\times\vec{b})=0$
$\vec{a}\cdot(\vec{a}\times\vec{b})=0$ から　$a_1p+a_2q+a_3r=0$ …… ①
$\vec{b}\cdot(\vec{a}\times\vec{b})=0$ から　$b_1p+b_2q+b_3r=0$ …… ②
①$\times b_1-$②$\times a_1$ から　$(a_2b_1-a_1b_2)q+(a_3b_1-a_1b_3)r=0$
ゆえに　$q:r=(a_3b_1-a_1b_3):\{-(a_2b_1-a_1b_2)\}=(a_3b_1-a_1b_3):(a_1b_2-a_2b_1)$
同様に，①$\times b_2-$②$\times a_2$ から　$p:r=(a_2b_3-a_3b_2):(a_1b_2-a_2b_1)$
よって，実数 $s$ に対して　$p=(a_2b_3-a_3b_2)s$，$q=(a_3b_1-a_1b_3)s$，$r=(a_1b_2-a_2b_1)s$
このとき　$|\vec{a}\times\vec{b}|^2=(a_2b_3-a_3b_2)^2s^2+(a_3b_1-a_1b_3)^2s^2+(a_1b_2-a_2b_1)^2s^2$ …… ③
また，定義から

$$\begin{aligned}|\vec{a}\times\vec{b}|^2&=|\vec{a}|^2|\vec{b}|^2\sin^2\theta=|\vec{a}|^2|\vec{b}|^2(1-\cos^2\theta)=|\vec{a}|^2|\vec{b}|^2-(\vec{a}\cdot\vec{b})^2\\&=(a_1^2+a_2^2+a_3^2)(b_1^2+b_2^2+b_3^2)-(a_1b_1+a_2b_2+a_3b_3)^2\\&=a_1^2b_2^2+a_1^2b_3^2+a_2^2b_1^2+a_2^2b_3^2+a_3^2b_1^2+a_3^2b_2^2\\&\quad-2(a_1b_1a_2b_2+a_2b_2a_3b_3+a_3b_3a_1b_1)\\&=(a_2b_3-a_3b_2)^2+(a_3b_1-a_1b_3)^2+(a_1b_2-a_2b_1)^2\ \cdots\cdots\ ④\end{aligned}$$

③－④ から　$\{(a_2b_3-a_3b_2)^2+(a_3b_1-a_1b_3)^2+(a_1b_2-a_2b_1)^2\}(s^2-1)=0$
ゆえに　$s^2-1=0$　　よって　$s=\pm1$
ここで，$\vec{a}=(1,\ 0,\ 0)$，$\vec{b}=(0,\ 1,\ 0)$ としたとき，外積 $\vec{a}\times\vec{b}$ の向きは，$z$ 軸の正の向きであり，$a_1b_2-a_2b_1=1$ であるから　$s=1$
したがって　$\vec{a}\times\vec{b}=(a_2b_3-a_3b_2,\ a_3b_1-a_1b_3,\ a_1b_2-a_2b_1)$

←$s=\pm1$ のうち，右ねじを回す向きは $s=1$ のとき。

**練習 ①74**
(1) 3点 A(3, 7, 0)，B(−3, 1, 3)，G(−7, −4, 6) について
(ア) 線分 AB を 2：1 に内分する点 P の座標を求めよ。
(イ) 線分 AB を 2：3 に外分する点 Q の座標を求めよ。
(ウ) △PQR の重心が点 G となるような点 R の座標を求めよ。
(2) 点 A(0, 1, 2) と点 B(−1, 1, 6) を結ぶ線分 AB 上に点 C($a$, $b$, 3) がある。このとき，$a$，$b$ の値を求めよ。

(1) (ア) $\left(\dfrac{1\cdot3+2\cdot(-3)}{2+1},\ \dfrac{1\cdot7+2\cdot1}{2+1},\ \dfrac{1\cdot0+2\cdot3}{2+1}\right)$

ゆえに　**P(−1, 3, 2)**

(イ) $\left(\dfrac{3\cdot3-2\cdot(-3)}{-2+3},\ \dfrac{3\cdot7-2\cdot1}{-2+3},\ \dfrac{3\cdot0-2\cdot3}{-2+3}\right)$

ゆえに　**Q(15, 19, −6)**

←「2：3 に外分」は，内分の公式で，$m=-2$，$n=3$ とする［(分母)$>0$ となるように］。

(ウ) R($a$, $b$, $c$) とすると，△PQR の重心の座標は

$$\left(\frac{-1+15+a}{3},\ \frac{3+19+b}{3},\ \frac{2-6+c}{3}\right)$$

すなわち　$\left(\dfrac{a+14}{3},\ \dfrac{b+22}{3},\ \dfrac{c-4}{3}\right)$

これが点 G(−7, −4, 6) と一致するから

$$\frac{a+14}{3}=-7,\quad \frac{b+22}{3}=-4,\quad \frac{c-4}{3}=6$$

←重心と点 G の座標を比較。

2章 練習［空間のベクトル］

よって　$a=-35,\ b=-34,\ c=22$

ゆえに　$\mathbf{R(-35,\ -34,\ 22)}$

(2)　線分ABを $t:(1-t)$ に内分する点の座標は

$$((1-t)\cdot 0+t\cdot(-1),\ (1-t)\cdot 1+t\cdot 1,\ (1-t)\cdot 2+t\cdot 6)$$

すなわち　$(-t,\ 1,\ 4t+2)$

これが点 $\mathrm{C}(a,\ b,\ 3)$ に一致するとき

$$-t=a,\ 1=b,\ 4t+2=3$$

これを解いて　$t=\dfrac{1}{4},\ \boldsymbol{a=-\dfrac{1}{4},\ b=1}$

別解　$\overrightarrow{\mathrm{AC}}=k\overrightarrow{\mathrm{AB}}$ となる実数 $k$ $(0\leqq k\leqq 1)$ があるから

$$(a,\ b-1,\ 1)=k(-1,\ 0,\ 4)$$

ゆえに　$a=-k,\ b-1=0,\ 1=4k$

これを解いて　$k=\dfrac{1}{4},\ \boldsymbol{a=-\dfrac{1}{4},\ b=1}$

**練習 ①75**

(1)　$\mathrm{A}(-1,\ 2,\ 3)$ を通り，$x$ 軸に垂直な平面の方程式を求めよ。
(2)　$\mathrm{B}(3,\ -2,\ 4)$ を通り，$y$ 軸に垂直な平面の方程式を求めよ。
(3)　$\mathrm{C}(0,\ 2,\ -3)$ を通り，$xy$ 平面に平行な平面の方程式を求めよ。

(1)　$\boldsymbol{x=-1}$

(2)　$\boldsymbol{y=-2}$

(3)　$xy$ 平面に平行な平面は $z$ 軸に垂直な平面であるから，求める平面の方程式は　$\boldsymbol{z=-3}$

**練習 ②76**

次の条件を満たす球面の方程式を求めよ。
(1)　直径の両端が2点 $(1,\ -4,\ 3)$，$(3,\ 0,\ 1)$ である。
(2)　点 $(1,\ -2,\ 5)$ を通り，3つの座標平面に接する。

(1)　球面の中心は2点を結ぶ線分の中点であるから

$$\left(\frac{1+3}{2},\ \frac{-4+0}{2},\ \frac{3+1}{2}\right)\ \text{すなわち}\ (2,\ -2,\ 2)$$

また，球面の半径を $r$ とすると

$$r^2=(2-1)^2+(-2+4)^2+(2-3)^2=6$$

←半径は　$r=\sqrt{6}$

よって　$\boldsymbol{(x-2)^2+(y+2)^2+(z-2)^2=6}$

←標準形

検討　求める球面の方程式は

$$(x-1)(x-3)+(y+4)(y-0)+(z-3)(z-1)=0$$

←本冊 $p.131$ 検討 参照。

整理して　$\boldsymbol{x^2+y^2+z^2-4x+4y-4z+6=0}$

←一般形

(2)　球面が3つの座標平面に接し，かつ点 $(1,\ -2,\ 5)$ を通ることから，半径を $r$ とすると，中心の座標は　$(r,\ -r,\ r)$

←$x>0,\ y<0,\ z>0$ の部分にある点を通ることから，中心も $x>0,\ y<0,\ z>0$ の部分にある。

ゆえに，球面の方程式は

$$(x-r)^2+(y+r)^2+(z-r)^2=r^2$$

点 $(1,\ -2,\ 5)$ を通るから

$$(1-r)^2+(-2+r)^2+(5-r)^2=r^2$$

よって　$r^2-8r+15=0$

ゆえに　$(r-3)(r-5)=0$

したがって　$r=3,\ 5$

よって，求める球面の方程式は

$$(x-3)^2+(y+3)^2+(z-3)^2=9 \quad \text{または}$$
$$(x-5)^2+(y+5)^2+(z-5)^2=25$$

←答えは2通り。



**練習 ②77** 4点 (1, 1, 1), (−1, 1, −1), (−1, −1, 0), (2, 1, 0) を通る球面の方程式を求めよ。また，その中心の座標と半径を求めよ。

球面の方程式を $x^2+y^2+z^2+Ax+By+Cz+D=0$ とすると，
点 (1, 1, 1) を通るから

$$A+B+C+D+3=0 \quad \cdots\cdots ①$$

点 (−1, 1, −1) を通るから

$$-A+B-C+D+3=0 \quad \cdots\cdots ②$$

点 (−1, −1, 0) を通るから

$$-A-B+D+2=0 \quad \cdots\cdots ③$$

点 (2, 1, 0) を通るから

$$2A+B+D+5=0 \quad \cdots\cdots ④$$

①−② から　$A+C=0$
①+② から　$B+D+3=0$　……⑤
④ に代入して　$2A+2=0$　　よって　$A=-1,\ C=1$
③ から　$-B+D+3=0$　……⑥
⑤, ⑥ から　$B=0,\ D=-3$
求める方程式は　$\boldsymbol{x^2+y^2+z^2-x+z-3=0}$
これを変形すると　$\left(x-\frac{1}{2}\right)^2+y^2+\left(z+\frac{1}{2}\right)^2=\frac{7}{2}$
よって，この球面の **中心の座標は** $\left(\frac{1}{2},\ 0,\ -\frac{1}{2}\right)$，
**半径は** $\sqrt{\frac{7}{2}}=\frac{\sqrt{14}}{2}$

←一般形
←通る点の座標を代入。
←$C=-A$
←⑤+⑥：$2D+6=0$
　⑤−⑥：$2B=0$
←中心の座標と半径が必要な場合は，標準形に変形して調べる。

別解　球面の中心の座標を $(a,\ b,\ c)$ とすると，中心と与えられた4点の距離がすべて等しいことから

$$(a-1)^2+(b-1)^2+(c-1)^2=(a+1)^2+(b-1)^2+(c+1)^2$$
$$=(a+1)^2+(b+1)^2+c^2=(a-2)^2+(b-1)^2+c^2$$

よって

$$-2a-2b-2c+3=2a-2b+2c+3$$
$$=2a+2b+2=-4a-2b+5$$

これから　$a+c=0,\ 4a+4b+2c=1,\ a-c=1$
これを解いて　$a=\frac{1}{2},\ b=0,\ c=-\frac{1}{2}$
よって，**中心の座標は** $\left(\frac{1}{2},\ 0,\ -\frac{1}{2}\right)$
また，半径を $r$ とすると

$$r^2=\left(\frac{1}{2}-1\right)^2+(0-1)^2+\left(-\frac{1}{2}-1\right)^2=\frac{14}{4}=\frac{7}{2}$$

←与えられた4点をA, B, C, D, 中心をPとすると，
　PA=PB=PC=PD
から
　$PA^2=PB^2=PC^2=PD^2$
←各辺の $a^2,\ b^2,\ c^2$ を消去。
←$A=B=C=D$
　$\Leftrightarrow A=B$ かつ $A=C$ かつ $A=D$
←中心と点 (1, 1, 1) の距離の2乗。

$r>0$ であるから，**半径は**　$r=\dfrac{\sqrt{14}}{2}$

ゆえに，球面の方程式は　$\left(\boldsymbol{x}-\dfrac{1}{2}\right)^2+\boldsymbol{y}^2+\left(\boldsymbol{z}+\dfrac{1}{2}\right)^2=\dfrac{7}{2}$

**練習 ②78**　(1) 球面 $x^2+y^2+z^2-4x-6y+2z+5=0$ と $xy$ 平面の交わりは，中心が点 ア□，半径が イ□ の円である。
(2) 中心が点 $(-2,\ 4,\ -2)$ で，2 つの座標平面に接する球面 $S$ の方程式は ウ□ である。また，$S$ と平面 $x=k$ の交わりが半径 $\sqrt{3}$ の円であるとき，$k=$ エ□ である。

(1) $x^2+y^2+z^2-4x-6y+2z+5=0$ …… ① とする。
球面 ① と $xy$ 平面の交わりの図形の方程式は

$$x^2+y^2+0^2-4x-6y+2\cdot0+5=0,\ z=0$$

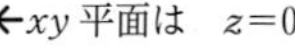

←$xy$ 平面は　$z=0$

よって　$(x-2)^2+(y-3)^2=(2\sqrt{2})^2,\ z=0$

←標準形にする。

ゆえに，中心が点 ア$\boldsymbol{(2,\ 3,\ 0)}$，半径が イ$\boldsymbol{2\sqrt{2}}$ の円を表す。

(2) 中心が点 $(-2,\ 4,\ -2)$ であるから，球面 $S$ は $xy$ 平面および $yz$ 平面に接し，その半径は 2 である。

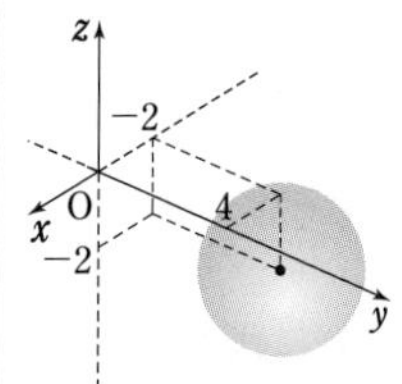


ゆえに，$S$ の方程式は

$$^{ウ}\boldsymbol{(x+2)^2+(y-4)^2+(z+2)^2=4}$$

また，球面 $S$ と平面 $x=k$ の交わりの図形の方程式は

$$(k+2)^2+(y-4)^2+(z+2)^2=4,\ x=k$$

よって　$(y-4)^2+(z+2)^2=4-(k+2)^2,\ x=k$

これは平面 $x=k$ 上で，中心 $(k,\ 4,\ -2)$，半径 $\sqrt{4-(k+2)^2}$ の円を表す。……（＊）

ゆえに，$4-(k+2)^2=(\sqrt{3})^2$ であるから　$(k+2)^2=1$

よって　$k+2=\pm1$　　ゆえに　$k=$ エ$\boldsymbol{-3,\ -1}$

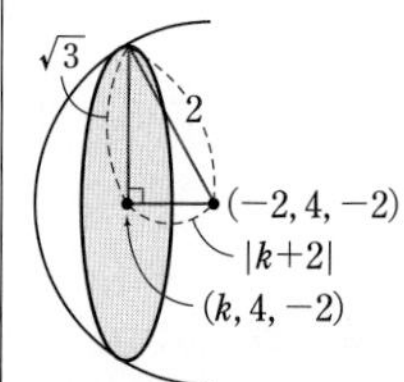


別解　(エ)（＊）までは同じ。
球面の中心と平面 $x=k$ の距離は $|k+2|$ である。
よって，三平方の定理から　$|k+2|^2+(\sqrt{3})^2=2^2$
ゆえに　$(k+2)^2=1$　　したがって　$k=$ エ$\boldsymbol{-3,\ -1}$

**練習 ③79**　点 O を原点とする座標空間において，$\mathrm{A}(5,\ 4,\ -2)$ とする。$|\overrightarrow{\mathrm{OP}}|^2-2\overrightarrow{\mathrm{OA}}\cdot\overrightarrow{\mathrm{OP}}+36=0$ を満たす点 $\mathrm{P}(x,\ y,\ z)$ の集合はどのような図形を表すか。また，その方程式を $x,\ y,\ z$ を用いて表せ。〔類　静岡大〕

$|\overrightarrow{\mathrm{OP}}|^2-2\overrightarrow{\mathrm{OA}}\cdot\overrightarrow{\mathrm{OP}}+36=0$ から

$$|\overrightarrow{\mathrm{OP}}|^2-2\overrightarrow{\mathrm{OA}}\cdot\overrightarrow{\mathrm{OP}}+|\overrightarrow{\mathrm{OA}}|^2-|\overrightarrow{\mathrm{OA}}|^2+36=0$$

←$|\overrightarrow{\mathrm{OA}}|^2$ を加えて引く。

ゆえに　$|\overrightarrow{\mathrm{OP}}-\overrightarrow{\mathrm{OA}}|^2=|\overrightarrow{\mathrm{OA}}|^2-36$

$|\overrightarrow{\mathrm{OA}}|^2=5^2+4^2+(-2)^2=45$ であるから

$$|\overrightarrow{\mathrm{OP}}-\overrightarrow{\mathrm{OA}}|^2=9$$

←$|\overrightarrow{\mathrm{OA}}|^2-36=45-36=9$

よって　$|\overrightarrow{\mathrm{OP}}-\overrightarrow{\mathrm{OA}}|=3$　すなわち　$|\overrightarrow{\mathrm{AP}}|=3$

←$|\vec{p}-\vec{c}|=r$ の形を導く。

したがって，点 P の集合は

**中心が A$(5,\ 4,\ -2)$，半径が 3 の球面**

を表す。ゆえに，その **方程式は**

$$\boldsymbol{(x-5)^2+(y-4)^2+(z+2)^2=9}$$

別解　P$(x,\ y,\ z)$ とすると　←成分で表して考える。

$$|\overrightarrow{OP}|^2=x^2+y^2+z^2,\ \overrightarrow{OA}\cdot\overrightarrow{OP}=5x+4y-2z$$

よって，$|\overrightarrow{OP}|^2-2\overrightarrow{OA}\cdot\overrightarrow{OP}+36=0$ から

$$x^2+y^2+z^2-2(5x+4y-2z)+36=0$$

ゆえに　$x^2-2\times5x+5^2+y^2-2\times4y+4^2+z^2+2\times2z+2^2=-36+5^2+4^2+2^2$

変形して　$\boldsymbol{(x-5)^2+(y-4)^2+(z+2)^2=9}$

したがって，点 P の集合は **中心が A(5, 4, −2)，半径が 3 の球面** を表す。

## 練習 ③80

次の 3 点を通る平面の方程式を求めよ。

(1) A(1, 0, 2), B(0, 1, 0), C(2, 1, −3)　(2) A(2, 0, 0), B(0, 3, 0), C(0, 0, 1)

(1) **解答 1.**　平面の法線ベクトルを $\vec{n}=(a,\ b,\ c)\ (\vec{n}\neq\vec{0})$ とする。

$\overrightarrow{AB}=(-1,\ 1,\ -2)$，$\overrightarrow{AC}=(1,\ 1,\ -5)$ であるから，

$\vec{n}\perp\overrightarrow{AB}$ より　$\vec{n}\cdot\overrightarrow{AB}=0$

よって　$-a+b-2c=0$ …… ①

$\vec{n}\perp\overrightarrow{AC}$ より　$\vec{n}\cdot\overrightarrow{AC}=0$

よって　$a+b-5c=0$ …… ②

①, ② から　$a=\dfrac{3}{2}c,\ b=\dfrac{7}{2}c$

ゆえに　$\vec{n}=\dfrac{c}{2}(3,\ 7,\ 2)$

$\vec{n}\neq\vec{0}$ より，$c\neq0$ であるから，$\vec{n}=(3,\ 7,\ 2)$ とする。　←分数を避けるために，$c=2$ とした。

よって，求める平面は，点 A(1, 0, 2) を通り $\vec{n}=(3,\ 7,\ 2)$ に垂直であるから，その方程式は

$$3(x-1)+7y+2(z-2)=0$$

←平面上の点を P$(x,\ y,\ z)$ とすると $\boldsymbol{\vec{n}\cdot\overrightarrow{AP}=0}$

すなわち　$\boldsymbol{3x+7y+2z-7=0}$

**解答 2.**　求める平面の方程式を $ax+by+cz+d=0$ とすると，3 点 A, B, C を通ることから

$$a+2c+d=0\ \cdots\cdots\ ①,\ b+d=0\ \cdots\cdots\ ②,$$
$$2a+b-3c+d=0\ \cdots\cdots\ ③$$

①〜③ から　$a=-\dfrac{3}{7}d,\ b=-d,\ c=-\dfrac{2}{7}d$

←② から　$b=-d$
③−② から
$2a-3c=0$ …… ④
①, ④ から，$a$, $c$ を $d$ で表す。

よって，求める平面の方程式は

$$-\frac{3}{7}dx-dy-\frac{2}{7}dz+d=0$$

←$d\neq0$ であるから，両辺に $-\dfrac{7}{d}$ を掛ける。

$d\neq0$ であるから　$\boldsymbol{3x+7y+2z-7=0}$

(2) 求める平面の方程式を $ax+by+cz+d=0$ とすると，3 点 A, B, C を通ることから

←3 点 A, B, C の座標には 0 が多いから，一般形を利用する解法の方がらく。

$$2a+d=0,\ 3b+d=0,\ c+d=0$$

ゆえに　$a=-\dfrac{d}{2},\ b=-\dfrac{d}{3},\ c=-d$

よって，求める平面の方程式は　$-\dfrac{d}{2}x-\dfrac{d}{3}y-dz+d=0$

←$d\neq0$ であるから，両辺に $-\dfrac{6}{d}$ を掛ける。

$d\neq0$ であるから　$\boldsymbol{3x+2y+6z-6=0}$

検討　3点 $A(a,\ 0,\ 0)$，$B(0,\ b,\ 0)$，$C(0,\ 0,\ c)$ $(abc \neq 0)$ を通る平面の方程式は $\boldsymbol{\dfrac{x}{a}+\dfrac{y}{b}+\dfrac{z}{c}=1}$ である。

(2) は，この公式を用いて $\boldsymbol{\dfrac{x}{2}+\dfrac{y}{3}+z=1}$ と求めてもよい。

なお，これは $\boldsymbol{3x+2y+6z-6=0}$ と変形でき，(2) の答えと一致している。

←(2) の解答と同様にして証明できる。

**練習 ④81**　Oを原点とする座標空間に，4点 $A(4,\ 0,\ 0)$，$B(0,\ 8,\ 0)$，$C(0,\ 0,\ 4)$，$D(0,\ 0,\ 2)$ がある。
(1)　△ABC の重心 G の座標を求めよ。
(2)　直線 OG と平面 ABD との交点 P の座標を求めよ。

(1)　$\left(\dfrac{4+0+0}{3},\ \dfrac{0+8+0}{3},\ \dfrac{0+0+4}{3}\right)$

すなわち　　$\mathbf{G}\left(\dfrac{4}{3},\ \dfrac{8}{3},\ \dfrac{4}{3}\right)$

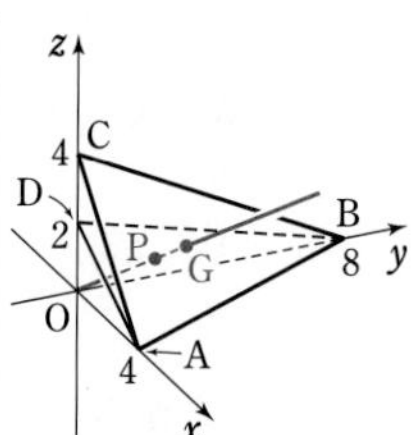


(2)　平面 ABD の方程式を $ax+by+cz+d=0$ とすると，3点 A，B，D を通ることから

$$4a+d=0,\ 8b+d=0,\ 2c+d=0$$

ゆえに　　$a=-\dfrac{d}{4}$，$b=-\dfrac{d}{8}$，$c=-\dfrac{d}{2}$

したがって，平面 ABD の方程式は

$$-\frac{d}{4}x-\frac{d}{8}y-\frac{d}{2}z+d=0$$

$d \neq 0$ であるから　　$2x+y+4z-8=0$ ……①

検討　平面 ABD の方程式を $\dfrac{x}{4}+\dfrac{y}{8}+\dfrac{z}{2}=1$ から，$2x+y+4z-8=0$ として求めてもよい。

また，$P(x,\ y,\ z)$ とすると，点 P は直線 OG 上にあるから，$\overrightarrow{OP}=k\overrightarrow{OG}$ ($k$ は実数) と表される。

よって　　$(x,\ y,\ z)=k\left(\dfrac{4}{3},\ \dfrac{8}{3},\ \dfrac{4}{3}\right)$

ゆえに　　$x=\dfrac{4}{3}k$，$y=\dfrac{8}{3}k$，$z=\dfrac{4}{3}k$ ……②

② を ① に代入して　　$2\cdot\dfrac{4}{3}k+\dfrac{8}{3}k+4\cdot\dfrac{4}{3}k-8=0$

←点 P の座標を平面 ABD の方程式 ① に代入。

これを解いて　　$k=\dfrac{3}{4}$

これを ② に代入して　　$x=1$，$y=2$，$z=1$

よって　　$\mathbf{P(1,\ 2,\ 1)}$

別解　点 P は直線 OG 上にあるから，$\overrightarrow{OP}=k\overrightarrow{OG}$ ($k$ は実数) と表され

←本冊 $p.104$ 基本事項 **3** ①，③ を利用した解法。

$$\overrightarrow{OP}=k\left(\frac{4}{3},\ \frac{8}{3},\ \frac{4}{3}\right)=\frac{k}{3}(4,\ 8,\ 4)$$

$$=\frac{k}{3}(4,\ 0,\ 0)+\frac{k}{3}(0,\ 8,\ 0)+\frac{2}{3}k(0,\ 0,\ 2)$$

$$=\frac{k}{3}\overrightarrow{OA}+\frac{k}{3}\overrightarrow{OB}+\frac{2}{3}k\overrightarrow{OD}$$

点Pは平面ABD上にあるから　$\frac{k}{3}+\frac{k}{3}+\frac{2}{3}k=1$

←(係数の和)=1

これを解いて　$k=\frac{3}{4}$

したがって　**P(1, 2, 1)**



**練習 ③82**

(1) 平面 $\alpha$, $\beta$ が次のようなとき，2平面 $\alpha$, $\beta$ のなす角 $\theta$ を求めよ。ただし，$0°\leqq\theta\leqq 90°$ とする。
(ア) $\alpha: 4x-3y+z=2$, $\beta: x+3y+5z=0$
(イ) $\alpha: -2x+y+2z=3$, $\beta: x-y=5$
(2) (1)(イ)の2平面 $\alpha$, $\beta$ のどちらにも垂直で，点 $(4,\ 2,\ -1)$ を通る平面 $\gamma$ の方程式を求めよ。

(1) (ア) 平面 $4x-3y+z=2$ の法線ベクトルを $\vec{m}=(4,\ -3,\ 1)$ とし，平面 $x+3y+5z=0$ の法線ベクトルを $\vec{n}=(1,\ 3,\ 5)$ とする。
$\vec{m}\cdot\vec{n}=4\times1-3\times3+1\times5=0$ であるから　$\vec{m}\perp\vec{n}$

←$\vec{m}\neq\vec{0}$, $\vec{n}\neq\vec{0}$

よって，2平面のなす角 $\theta$ は　$\boldsymbol{\theta=90°}$

(イ) 平面 $-2x+y+2z=3$ の法線ベクトルを $\vec{m}=(-2,\ 1,\ 2)$ とし，平面 $x-y=5$ の法線ベクトルを $\vec{n}=(1,\ -1,\ 0)$ とする。
$\vec{m}$, $\vec{n}$ のなす角を $\theta_1$ $(0°\leqq\theta_1\leqq180°)$ とすると

$$\cos\theta_1=\frac{\vec{m}\cdot\vec{n}}{|\vec{m}||\vec{n}|}=\frac{-2\times1+1\times(-1)+2\times0}{\sqrt{(-2)^2+1^2+2^2}\sqrt{1^2+(-1)^2+0^2}}$$
$$=\frac{-3}{3\sqrt{2}}=-\frac{1}{\sqrt{2}}$$

$0°\leqq\theta_1\leqq180°$ であるから　$\theta_1=135°$
よって，2平面のなす角 $\theta$ は　$\theta=180°-135°=\boldsymbol{45°}$

←$0°\leqq\theta\leqq90°$ であるから，$\theta=180°-\theta_1$ が答えとなる。

(2) 平面 $\gamma$ の法線ベクトルを $\vec{l}=(a,\ b,\ c)$ $(\vec{l}\neq\vec{0})$ とする。
$\vec{l}\perp\vec{m}$ であるから　$\vec{l}\cdot\vec{m}=0$
よって　$-2a+b+2c=0$ …… ①

←$\vec{m}=(-2,\ 1,\ 2)$

$\vec{l}\perp\vec{n}$ であるから　$\vec{l}\cdot\vec{n}=0$
ゆえに　$a-b=0$ …… ②

←$\vec{n}=(1,\ -1,\ 0)$

②から　$b=a$　①から　$c=\frac{1}{2}(2a-a)=\frac{1}{2}a$

←$c=\frac{1}{2}(2a-b)$

よって　$\vec{l}=\left(a,\ a,\ \frac{1}{2}a\right)=\frac{1}{2}a(2,\ 2,\ 1)$

←$\vec{l}$ の1つとして，簡単な $(2,\ 2,\ 1)$ を利用する。

平面 $\gamma$ は点 $(4,\ 2,\ -1)$ を通るから，その方程式は
$$2\times(x-4)+2\times(y-2)+1\times(z+1)=0$$
すなわち　$\boldsymbol{2x+2y+z-11=0}$

**練習 ③83**

(1) 次の直線のベクトル方程式を求めよ。
(ア) 点A$(2,\ -1,\ 3)$ を通り，$\vec{d}=(5,\ 2,\ -2)$ に平行。
(イ) 2点A$(1,\ 2,\ 1)$，B$(-1,\ 2,\ 4)$ を通る。
(2) 点 $(4,\ -3,\ 1)$ を通り，$\vec{d}=(3,\ 7,\ -2)$ に平行な直線の方程式を求めよ。
(3) 点A$(3,\ -1,\ 1)$ を通り，$y$ 軸に平行な直線の方程式を求めよ。

O を原点，$P(x,\ y,\ z)$ を直線上の点とする。

(1) (ア) $\overrightarrow{OP}=\overrightarrow{OA}+t\vec{d}$ であるから

$$(x,\ y,\ z)=(2,\ -1,\ 3)+t(5,\ 2,\ -2)\quad (t\text{ は実数})$$

(イ) $\overrightarrow{OP}=(1-t)\overrightarrow{OA}+t\overrightarrow{OB}$ であるから

$$(x,\ y,\ z)=(1-t)(1,\ 2,\ 1)+t(-1,\ 2,\ 4)$$
$$=(1,\ 2,\ 1)+t(-2,\ 0,\ 3)\quad (t\text{ は実数})$$

(2) 求める直線の方程式は

$$\frac{x-4}{3}=\frac{y+3}{7}=\frac{z-1}{-2}$$

(3) 方向ベクトルの 1 つは $\vec{d}=(0,\ 1,\ 0)$ である。

←$\vec{d}$ は $y$ 軸に平行なベクトル。

$\overrightarrow{OP}=\overrightarrow{OA}+t\vec{d}$ であるから

$$(x,\ y,\ z)=(3,\ -1,\ 1)+t(0,\ 1,\ 0)\quad (t\text{ は実数})$$

よって　$x=3,\ y=-1+t,\ z=1$

ゆえに　$\boldsymbol{x=3,\ z=1}$

←$y$ は任意の値をとる。

**練習 ④84**　2 点 $A(1,\ 1,\ -1)$，$B(0,\ 2,\ 1)$ を通る直線を $\ell$，2 点 $C(2,\ 1,\ 1)$，$D(3,\ 0,\ 2)$ を通る直線を $m$ とし，$\ell$ 上に点 P，$m$ 上に点 Q をとる。距離 PQ の最小値と，そのときの 2 点 P，Q の座標を求めよ。　〔類　東京理科大〕

$s,\ t$ を実数とする。

$\ell$ の方程式は $(x,\ y,\ z)=(1-s)(1,\ 1,\ -1)+s(0,\ 2,\ 1)$ から

←$\vec{p}=(1-s)\overrightarrow{OA}+s\overrightarrow{OB}$ (O は原点)

$$x=1-s,\ y=1+s,\ z=-1+2s$$

$m$ の方程式は $(x,\ y,\ z)=(1-t)(2,\ 1,\ 1)+t(3,\ 0,\ 2)$ から

←$\vec{q}=(1-t)\overrightarrow{OC}+t\overrightarrow{OD}$ (O は原点)

$$x=2+t,\ y=1-t,\ z=1+t$$

よって，$P(1-s,\ 1+s,\ -1+2s)$，$Q(2+t,\ 1-t,\ 1+t)$ とすると

$$PQ^2=(1+t+s)^2+(-t-s)^2+(2+t-2s)^2$$
$$=6s^2-6s+3t^2+6t+5$$
$$=6\left(s-\frac{1}{2}\right)^2+3(t+1)^2+\frac{1}{2}$$

←$6(s^2-s)+3(t^2+2t)+5$
$=6\left\{s^2-s+\left(\frac{1}{2}\right)^2-\left(\frac{1}{2}\right)^2\right\}$
$+3(t^2+2t+1^2-1^2)+5$

よって，$PQ^2$ は $s=\frac{1}{2}$ かつ $t=-1$，すなわち　$\boldsymbol{P\left(\frac{1}{2},\ \frac{3}{2},\ 0\right)}$，

$\boldsymbol{Q(1,\ 2,\ 0)}$ **のとき** 最小値 $\frac{1}{2}$ をとる。

$PQ>0$ であるから，PQ はこのとき **最小値** $\boldsymbol{\frac{1}{\sqrt{2}}}$ をとる。

別解　$P(1-s,\ 1+s,\ -1+2s)$，$Q(2+t,\ 1-t,\ 1+t)$ とするところまでは同じ。

$\overrightarrow{AB}=(-1,\ 1,\ 2)$，$\overrightarrow{CD}=(1,\ -1,\ 1)$ である。

長さ PQ が最小となるのは $\overrightarrow{AB}\perp\overrightarrow{PQ}$ かつ $\overrightarrow{CD}\perp\overrightarrow{PQ}$ のときであるから，$\overrightarrow{AB}\cdot\overrightarrow{PQ}=0$，$\overrightarrow{CD}\cdot\overrightarrow{PQ}=0$ より

←長さが最小となるときの直線 PQ は，2 直線 $\ell$，$m$ の両方に垂直。
$\overrightarrow{PQ}=(1+s+t,\ -s-t,\ 2-2s+t)$

$$-1\times(1+s+t)+1\times(-s-t)+2\times(2-2s+t)=0,$$
$$1\times(1+s+t)-1\times(-s-t)+1\times(2-2s+t)=0$$

ゆえに，$-6s+3=0$，$3t+3=0$ から　$s=\frac{1}{2}$，$t=-1$

このとき　$\mathbf{P}\left(\frac{1}{2},\ \frac{3}{2},\ 0\right)$，$\mathbf{Q}(1,\ 2,\ 0)$，

**最小値** は　$\sqrt{\left(1-\frac{1}{2}\right)^2+\left(2-\frac{3}{2}\right)^2+0^2}=\frac{\mathbf{1}}{\sqrt{\mathbf{2}}}$



**練習 ④85**

(1) 点 $(1,\ 1,\ -4)$ を通り，ベクトル $(2,\ 1,\ 3)$ に平行な直線 $\ell$ と，平面 $\alpha：x+y+2z=3$ との交点の座標を求めよ。

(2) 2 点 $\mathrm{A}(1,\ 0,\ 0)$，$\mathrm{B}(-1,\ b,\ b)$ に対し，直線 AB が球面 $x^2+(y-1)^2+z^2=1$ と共有点をもつような定数 $b$ の値の範囲を求めよ。　〔(2) 類　鹿児島大〕

(1) $\ell$ の方程式は $(x,\ y,\ z)=(1,\ 1,\ -4)+t(2,\ 1,\ 3)$ から

$x=1+2t,\ y=1+t,\ z=-4+3t$　($t$ は実数)

←直線 $\ell$ 上の点を媒介変数 $t$ を用いて表す。

これらを $x+y+2z=3$ に代入して

$(1+2t)+(1+t)+2(-4+3t)=3$

よって　　$t=1$

ゆえに，求める交点の座標は　　$\mathbf{(3,\ 2,\ -1)}$

←$x=1+2\cdot1,\ y=1+1,\ z=-4+3\cdot1$

(2) $\overrightarrow{\mathrm{AB}}=(-1-1,\ b-0,\ b-0)$

$=(-2,\ b,\ b)$

←直線 AB の方向ベクトル。

よって，直線 AB の方程式は

$(x,\ y,\ z)=(1,\ 0,\ 0)+t(-2,\ b,\ b)$

$=(1-2t,\ bt,\ bt)$

←$\overrightarrow{\mathrm{OP}}=\overrightarrow{\mathrm{OA}}+t\overrightarrow{\mathrm{AB}}$
(O は原点)

ゆえに　　$x=1-2t,\ y=bt,\ z=bt$

これを球面の方程式に代入して　$(1-2t)^2+(bt-1)^2+(bt)^2=1$

よって　　$(2b^2+4)t^2-2(b+2)t+1=0$ …… ①

←$2b^2+4>0$

直線 AB と球面が共有点をもつ条件は，$t$ の 2 次方程式 ① の判別式 $D$ について　　$D\geqq0$

ここで　　$\frac{D}{4}=\{-(b+2)\}^2-(2b^2+4)\cdot1=-b(b-4)$

$D\geqq0$ から　　$b(b-4)\leqq0$　　　したがって　　$\mathbf{0\leqq b\leqq4}$

**練習 ③86**

(1) 球面 $S：x^2+y^2+z^2-2y-4z-40=0$ と平面 $\alpha：x+2y+2z=a$ がある。球面 $S$ と平面 $\alpha$ が共有点をもつとき，定数 $a$ の値の範囲を求めよ。

(2) 点 $\mathrm{A}(2\sqrt{3},\ 2\sqrt{3},\ 6)$ を中心とする球面 $S$ が平面 $x+y+z-6=0$ と交わってできる円の面積が $9\pi$ であるとき，$S$ の方程式を求めよ。

(1) 球面 $S：x^2+(y-1)^2+(z-2)^2=(3\sqrt{5})^2$ の中心 $(0,\ 1,\ 2)$ と

平面 $\alpha$ との距離は　　$\frac{|0+2\cdot1+2\cdot2-a|}{\sqrt{1^2+2^2+2^2}}=\frac{|a-6|}{3}$

←平面
$\alpha：x+2y+2z-a=0$

球面 $S$ と平面 $\alpha$ が共有点をもつから　　$\frac{|a-6|}{3}\leqq3\sqrt{5}$

←球面 $S$ の半径を $r$ とし，$S$ の中心と平面 $\alpha$ の距離を $d$ とすると，$S$ と $\alpha$ が共有点をもつ条件は
$d\leqq r$

よって　　$-9\sqrt{5}\leqq a-6\leqq9\sqrt{5}$

ゆえに，求める $a$ の値の範囲は　　$\mathbf{6-9\sqrt{5}\leqq a\leqq6+9\sqrt{5}}$

(2) 点 $\mathrm{A}(2\sqrt{3},\ 2\sqrt{3},\ 6)$ と平面 $x+y+z-6=0$ の距離は

$\frac{|2\sqrt{3}+2\sqrt{3}+6-6|}{\sqrt{1^2+1^2+1^2}}=4$

円の面積が $9\pi$ であるから，円の半径は 3 である。

球面 $S$ の半径を $r$ とすると　　$r=\sqrt{4^2+3^2}=5$

よって，球面 $S$ の方程式は

$$(x-2\sqrt{3})^2+(y-2\sqrt{3})^2+(z-6)^2=25$$

**練習 ④87** 2 つの球面 $S_1$：$(x-1)^2+(y-1)^2+(z-1)^2=7$，$S_2$：$(x-2)^2+(y-3)^2+(z-3)^2=1$ がある。球面 $S_1$，$S_2$ の交わりの円を $C$ とするとき，次のものを求めよ。
(1) 円 $C$ の中心 P の座標と半径 $r$　　(2) 円 $C$ を含む平面 $\alpha$ の方程式

(1) $S_1$ の中心を $O_1(1,\ 1,\ 1)$，半径を $r_1=\sqrt{7}$，
　$S_2$ の中心を $O_2(2,\ 3,\ 3)$，半径を $r_2=1$

とすると，中心間の距離は

$$O_1O_2=\sqrt{(2-1)^2+(3-1)^2+(3-1)^2}=3$$

$\sqrt{7}-1<3<\sqrt{7}+1$ すなわち $|r_1-r_2|<O_1O_2<r_1+r_2$ が成り立つから，2 つの球面 $S_1$，$S_2$ の交わりは円である。

←2 つの球面の半径を $r$，$R$ とし，中心間の距離を $d$ とすると
2 つの球面の交わりが円
$\Leftrightarrow |r-R|<d<r+R$

点 P は円 $C$ を含む平面 $\alpha$ と直線 $O_1O_2$ の交点に一致し，円 $C$ 上の点を A とすると，半径 $r$ について

$$r=AP$$

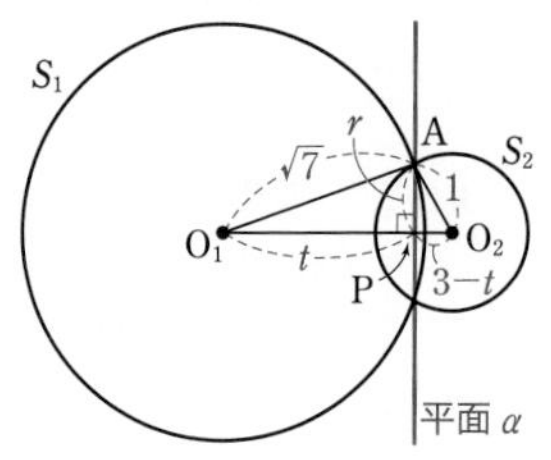


$O_1P=t$ とおくと　　$O_2P=O_1O_2-O_1P=3-t$

$\triangle O_1PA$，$\triangle O_2PA$ について，三平方の定理より

$$AP^2=O_1A^2-O_1P^2=(\sqrt{7})^2-t^2$$
$$AP^2=O_2A^2-O_2P^2=1^2-(3-t)^2$$

よって　　$7-t^2=-t^2+6t-8$

ゆえに　　$t=\dfrac{5}{2}$

よって，円 $C$ の半径 $r$ は　　$\boldsymbol{r}=AP=\sqrt{7-\left(\dfrac{5}{2}\right)^2}=\boldsymbol{\dfrac{\sqrt{3}}{2}}$

←$AP^2=(\sqrt{7})^2-t^2$

また，$O_1P:PO_2=\dfrac{5}{2}:\left(3-\dfrac{5}{2}\right)=5:1$ であるから，中心 **P の座標** は　$\left(\dfrac{1\cdot1+5\cdot2}{5+1},\ \dfrac{1\cdot1+5\cdot3}{5+1},\ \dfrac{1\cdot1+5\cdot3}{5+1}\right)$

←点 P は線分 $O_1O_2$ を 5：1 に内分する。

すなわち　　$\left(\boldsymbol{\dfrac{11}{6}},\ \boldsymbol{\dfrac{8}{3}},\ \boldsymbol{\dfrac{8}{3}}\right)$

(2) 平面 $\alpha$ の法線ベクトルは

$$\overrightarrow{O_1O_2}=(2-1,\ 3-1,\ 3-1)=(1,\ 2,\ 2)$$

平面 $\alpha$ は点 P を通るから，平面 $\alpha$ の方程式は

$$1\cdot\left(x-\frac{11}{6}\right)+2\cdot\left(y-\frac{8}{3}\right)+2\cdot\left(z-\frac{8}{3}\right)=0$$

すなわち　　$\boldsymbol{2x+4y+4z-25=0}$

←平面 $\alpha$ 上の点を $Q(x,\ y,\ z)$ とすると
$\overrightarrow{PQ}=\left(x-\dfrac{11}{6},\ y-\dfrac{8}{3},\ z-\dfrac{8}{3}\right)$
$\overrightarrow{PQ}\perp\overrightarrow{O_1O_2}$ または $\overrightarrow{PQ}=\vec{0}$ から
$\overrightarrow{O_1O_2}\cdot\overrightarrow{PQ}=0$

別解　2 つの球面 $S_1$，$S_2$ の共通部分が円になることを確認することまでは同じ。

(2) 球面 $S_1$，$S_2$ の共有点は，$k$ を定数として次の方程式を満たす。

←(2)→(1) の順に解く。

$$(x-1)^2+(y-1)^2+(z-1)^2-7$$
$$+k\{(x-2)^2+(y-3)^2+(z-3)^2-1\}=0 \quad \cdots\cdots ①$$

この方程式の表す図形が平面となるのは，$k=-1$ のときである。$k=-1$ を ① に代入して

$$(x-1)^2+(y-1)^2+(z-1)^2-7$$
$$-\{(x-2)^2+(y-3)^2+(z-3)^2-1\}=0$$

整理して　　$\boldsymbol{2x+4y+4z-25=0}$

これが求める平面 $\alpha$ の方程式である。

←$k=-1$ のとき，① は2次の項がなくなり，平面を表す。

(1)　円 $C$ の中心 P は，直線 $O_1O_2$ と平面 $\alpha$ の交点である。

$\overrightarrow{O_1O_2}=(1,\ 2,\ 2)$ から，直線 $O_1O_2$ 上の点 $(x,\ y,\ z)$ は，$t$ を実数として

$$(x,\ y,\ z)=(1,\ 1,\ 1)+t(1,\ 2,\ 2)$$
$$=(t+1,\ 2t+1,\ 2t+1)$$

を満たす。この点は平面 $\alpha$ 上にあるから，平面 $\alpha$ の方程式に代入して　　$2(t+1)+4(2t+1)+4(2t+1)-25=0$

←直線 $O_1O_2$ の方程式を媒介変数 $t$ を用いて表し，$x=(t$ の式$)$，$y=(t$ の式$)$，$z=(t$ の式$)$ を (2) で求めた平面 $\alpha$ の方程式に代入する方針。

これを解いて　　$t=\dfrac{5}{6}$　　　よって　　$\mathbf{P}\left(\dfrac{\mathbf{11}}{\mathbf{6}},\ \dfrac{\mathbf{8}}{\mathbf{3}},\ \dfrac{\mathbf{8}}{\mathbf{3}}\right)$

←$x=t+1$，$y=2t+1$，$z=2t+1$ で　$t=\dfrac{5}{6}$

円 $C$ 上の点を A とすると，$PA\perp O_1O_2$ であるから

$$r^2=O_1A^2-O_1P^2$$
$$=(\sqrt{7})^2-\left\{\left(\frac{11}{6}-1\right)^2+\left(\frac{8}{3}-1\right)^2+\left(\frac{8}{3}-1\right)^2\right\}$$
$$=\frac{3}{4}$$

←直角三角形 $O_1PA$ に注目し，**三平方の定理**。

したがって　　$\boldsymbol{r}=\sqrt{\dfrac{3}{4}}=\dfrac{\sqrt{\mathbf{3}}}{\mathbf{2}}$

**練習 ③88**

(1)　直線 $\ell : x+1=\dfrac{y+2}{4}=z-3$ と平面 $\alpha : 2x+2y-z-5=0$ のなす角を求めよ。

(2)　点 $(1,\ 2,\ 3)$ を通り，直線 $\dfrac{x-1}{2}=\dfrac{y+2}{-2}=z+3$ に垂直な平面の方程式を求めよ。

(1)　直線 $\ell$ の方向ベクトル $\vec{d}$ を $\vec{d}=(1,\ 4,\ 1)$ とし，平面 $\alpha$ の法線ベクトル $\vec{n}$ を $\vec{n}=(2,\ 2,\ -1)$ とする。

$\vec{d}$ と $\vec{n}$ のなす角を $\theta_1$ $(0^\circ\leqq\theta_1\leqq180^\circ)$ とすると

$$\cos\theta_1=\frac{\vec{d}\cdot\vec{n}}{|\vec{d}||\vec{n}|}=\frac{1\cdot2+4\cdot2+1\cdot(-1)}{\sqrt{1^2+4^2+1^2}\sqrt{2^2+2^2+(-1)^2}}=\frac{1}{\sqrt{2}}$$

$0^\circ\leqq\theta_1\leqq180^\circ$ であるから　　$\theta_1=45^\circ$

よって，直線 $\ell$ と平面 $\alpha$ のなす角は　　$90^\circ-45^\circ=\mathbf{45^\circ}$

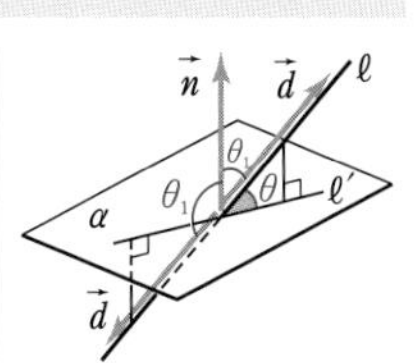


(2)　直線 $\dfrac{x-1}{2}=\dfrac{y+2}{-2}=z+3$ の方向ベクトル $\vec{d}$ を $\vec{d}=(2,\ -2,\ 1)$ とする。

求める平面は点 $(1,\ 2,\ 3)$ を通り，$\vec{d}$ を法線ベクトルとする平面であるから，その方程式は

$$2\cdot(x-1)+(-2)\cdot(y-2)+1\cdot(z-3)=0$$

ゆえに　　$\boldsymbol{2x-2y+z-1=0}$

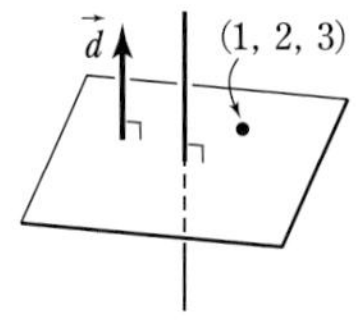

**練習 ④89** 2平面 $\alpha: x-2y+z+1=0$ …… ①, $\beta: 3x-2y+7z-1=0$ …… ② の交線を $\ell$ とする。

(1) 交線 $\ell$ の方程式を $\dfrac{x-x_1}{l}=\dfrac{y-y_1}{m}=\dfrac{z-z_1}{n}$ の形で表せ。

(2) 交線 $\ell$ を含み，点 P(1, 2, −1) を通る平面 $\gamma$ の方程式を求めよ。

(1) ② − ① から　　$2x+6z-2=0$ …… ③

②−①×3 から　　$4y+4z-4=0$ …… ④

③, ④ から　　$z=\dfrac{-x+1}{3}$, $z=-y+1$

よって，交線 $\ell$ の方程式は　　$\boldsymbol{\dfrac{x-1}{3}=y-1=\dfrac{z}{-1}}$

←$y$ を消去。

←$x$ を消去。

(2) 交線 $\ell$ 上に2点 A(1, 1, 0), B(4, 2, −1) があるから，

$\gamma$ は3点 A, B, P を通る平面である。

平面 $\gamma$ の法線ベクトルを $\vec{n}=(a, b, c)$ $(\vec{n}\neq\vec{0})$ とする。

$\overrightarrow{AB}=(3, 1, -1)$, $\overrightarrow{AP}=(0, 1, -1)$ であるから，

$\vec{n}\perp\overrightarrow{AB}$ より　　$\vec{n}\cdot\overrightarrow{AB}=0$

よって　　$3a+b-c=0$ …… ⑤

$\vec{n}\perp\overrightarrow{AP}$ より　　$\vec{n}\cdot\overrightarrow{AP}=0$

よって　　$b-c=0$ …… ⑥

⑤, ⑥ から　　$a=0$, $c=b$

ゆえに　　$\vec{n}=b(0, 1, 1)$

$\vec{n}\neq\vec{0}$ より，$b\neq0$ であるから，$\vec{n}=(0, 1, 1)$ とする。

よって，平面 $\gamma$ は点 A(1, 1, 0) を通り，$\vec{n}=(0, 1, 1)$ に垂直であるから，その方程式は

$$1\cdot(y-1)+1\cdot z=0 \quad \text{すなわち} \quad \boldsymbol{y+z-1=0}$$

参考　交線 $\ell$ を含む平面の方程式は

$k(x-2y+z+1)$
$+3x-2y+7z-1=0$

で表され，この平面が点 (1, 2, −1) を通るとすると　$-3k-9=0$

すなわち　$k=-3$

よって，平面 $\gamma$ の方程式は

$-3(x-2y+z+1)$
$+3x-2y+7z-1=0$

すなわち　$\boldsymbol{y+z-1=0}$

**EX ③30** $p$, $q$ を正の実数とする。O を原点とする座標空間内の 3 点 P$(p,\ 0,\ 0)$, Q$(0,\ q,\ 0)$, R$(0,\ 0,\ 1)$ が $\angle \mathrm{PRQ}=\dfrac{\pi}{6}$ を満たすとき

(1) 線分 PQ, QR, RP の長さをそれぞれ $p$, $q$ を用いて表せ。

(2) $p^2q^2+p^2+q^2$ の値を求めよ。

(3) 四面体 OPQR の体積 $V$ の最大値を求めよ。 〔類 一橋大〕



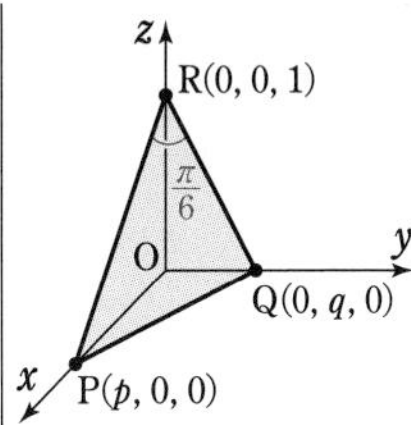


(1) $\mathbf{PQ}=\sqrt{(0-p)^2+(q-0)^2+(0-0)^2}=\boldsymbol{\sqrt{p^2+q^2}}$

$\mathbf{QR}=\sqrt{(0-0)^2+(0-q)^2+(1-0)^2}=\boldsymbol{\sqrt{q^2+1}}$

$\mathbf{RP}=\sqrt{(p-0)^2+(0-0)^2+(0-1)^2}=\boldsymbol{\sqrt{p^2+1}}$

(2) △PQR において，余弦定理から

$$\mathrm{PQ}^2=\mathrm{RP}^2+\mathrm{RQ}^2-2\mathrm{RP}\cdot\mathrm{RQ}\cos\frac{\pi}{6}$$

よって　$p^2+q^2=p^2+1+q^2+1-2\sqrt{p^2+1}\sqrt{q^2+1}\cdot\dfrac{\sqrt{3}}{2}$

←(1) の結果を代入。

ゆえに　$\sqrt{3(p^2+1)(q^2+1)}=2$

両辺を 2 乗して　$3(p^2+1)(q^2+1)=4$

よって　$p^2q^2+p^2+q^2=\boldsymbol{\dfrac{1}{3}}$ …… ①

←両辺を 3 で割り，その等式の左辺を展開すると $p^2q^2+p^2+q^2+1=\dfrac{4}{3}$

(3) 四面体 OPQR の体積 $V$ は

$$V=\frac{1}{3}\triangle\mathrm{OPQ}\cdot\mathrm{OR}=\frac{1}{3}\cdot\frac{1}{2}pq\cdot1=\frac{1}{6}pq \quad\cdots\cdots ②$$

$p>0$, $q>0$ であるから　$p^2>0$, $q^2>0$

(相加平均)≧(相乗平均) から

$$p^2+q^2\geqq2\sqrt{p^2q^2}=2pq$$

←$a>0$, $b>0$ のとき $\dfrac{a+b}{2}\geqq\sqrt{ab}$

等号が成り立つのは，$p^2=q^2$ すなわち $p=q$ のときである。

ゆえに　$p^2q^2+p^2+q^2\geqq p^2q^2+2pq$

←$\dfrac{1}{3}\geqq p^2q^2+2pq$

よって，① から　$(pq)^2+2pq-\dfrac{1}{3}\leqq0$

すなわち　$3(pq)^2+6pq-1\leqq0$

ゆえに　$\dfrac{-3-2\sqrt{3}}{3}\leqq pq\leqq\dfrac{-3+2\sqrt{3}}{3}$

←$pq$ の 2 次不等式を解く。$3x^2+6x-1=0$ の解は $x=\dfrac{-3\pm2\sqrt{3}}{3}$

$pq>0$ であるから　$0<pq\leqq\dfrac{-3+2\sqrt{3}}{3}$

よって，② から　$0<V\leqq\dfrac{2\sqrt{3}-3}{18}$

$pq=\dfrac{2\sqrt{3}-3}{3}$ かつ $p=q$ のとき　$p^2=\dfrac{2\sqrt{3}-3}{3}$

$p>0$, $q>0$ であるから　$p=q=\sqrt{\dfrac{2\sqrt{3}-3}{3}}$

←この 2 重根号は外すことができない。

したがって，$V$ は

$\boldsymbol{p=q=\sqrt{\dfrac{2\sqrt{3}-3}{3}}}$ **のとき最大値** $\boldsymbol{\dfrac{2\sqrt{3}-3}{18}}$ をとる。

**EX**
④**31**

空間内の 4 点 A，B，C，D が AB=1，AC=2，AD=3，∠BAC=∠CAD=60°，∠DAB=90° を満たしている。この 4 点から等距離にある点を E とするとき，線分 AE の長さを求めよ。
〔大阪大 改題〕

HINT　A を原点とする座標軸を導入し，まず条件から点 B，C，D の座標を定める。

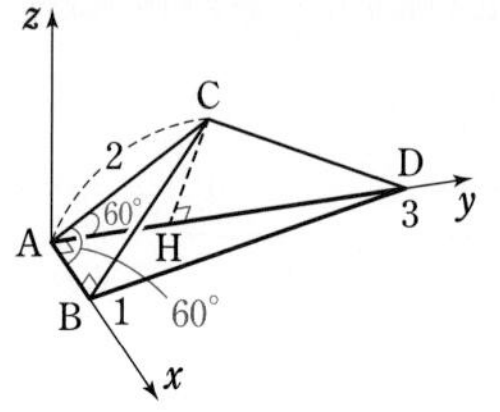


AB=1，AD=3，∠DAB=90° であるから，A(0，0，0)，B(1，0，0)，D(0，3，0) となるように座標軸をとることができる。

←∠DAB=90° に着目する。

C$(x,\ y,\ z)$ とすると，∠BAC=60°，AB=1，AC=2 から

∠ABC=90°

よって　$x=1$

←(点 C の $x$ 座標)=(点 B の $x$ 座標)

点 C から $y$ 軸に垂線 CH を下ろすと，

∠CHA=90°，∠CAD=60°，AC=2 から　$y=1$

←AH=1

また，AC=2 であるから　$x^2+y^2+z^2=2^2$

よって　$1^2+1^2+z^2=4$

ゆえに　$z=\pm\sqrt{2}$

したがって　C$(1,\ 1,\ \sqrt{2})$　または　C$(1,\ 1,\ -\sqrt{2})$

[1]　C$(1,\ 1,\ \sqrt{2})$ のとき

E$(p,\ q,\ r)$ とすると，AE=BE=CE=DE から

$$AE^2=BE^2=CE^2=DE^2$$

$AE^2=BE^2$ から　$p^2+q^2+r^2=(p-1)^2+q^2+r^2$

$AE^2=CE^2$ から　$p^2+q^2+r^2=(p-1)^2+(q-1)^2+(r-\sqrt{2})^2$

$AE^2=DE^2$ から　$p^2+q^2+r^2=p^2+(q-3)^2+r^2$

整理すると　$-2p+1=0,\ -2p-2q-2\sqrt{2}\,r+4=0,$
$-6q+9=0$

これを解いて　$p=\dfrac{1}{2},\ q=\dfrac{3}{2},\ r=0$

←第 1 式と第 3 式から得られる $p=\dfrac{1}{2},\ q=\dfrac{3}{2}$ を第 2 式に代入する。

よって　E$\left(\dfrac{1}{2},\ \dfrac{3}{2},\ 0\right)$

[2]　C$(1,\ 1,\ -\sqrt{2})$ のとき

E$(p,\ q,\ r)$ とすると，[1] と同様にして

$$p=\frac{1}{2},\ q=\frac{3}{2},\ r=0$$

よって　E$\left(\dfrac{1}{2},\ \dfrac{3}{2},\ 0\right)$

したがって　$AE=\sqrt{\left(\dfrac{1}{2}\right)^2+\left(\dfrac{3}{2}\right)^2+0^2}=\boldsymbol{\dfrac{\sqrt{10}}{2}}$

**EX**
②**32**

立方体 OAPB-CRSQ において，$\vec{p}=\overrightarrow{OP}$，$\vec{q}=\overrightarrow{OQ}$，$\vec{r}=\overrightarrow{OR}$ とする。$\vec{p}$，$\vec{q}$，$\vec{r}$ を用いて $\overrightarrow{OA}$ を表せ。
〔類 立教大〕

$\vec{p}=\overrightarrow{OA}+\overrightarrow{OB}$ …… ①
$\vec{q}=\overrightarrow{OB}+\overrightarrow{OC}$ …… ②
$\vec{r}=\overrightarrow{OC}+\overrightarrow{OA}$ …… ③

①+③−② から

$2\overrightarrow{OA}=\vec{p}-\vec{q}+\vec{r}$

ゆえに　$\boldsymbol{\overrightarrow{OA}=\frac{1}{2}(\vec{p}-\vec{q}+\vec{r})}$

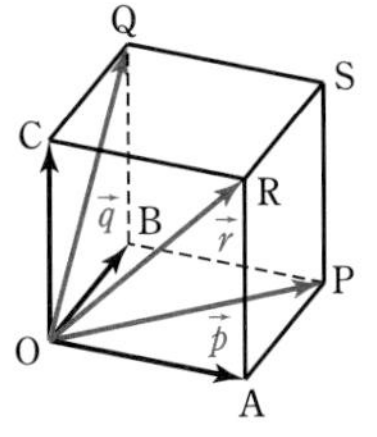


←①+②+③ から
$\vec{p}+\vec{q}+\vec{r}$
$=2(\overrightarrow{OA}+\overrightarrow{OB}+\overrightarrow{OC})$
これと ② から
$\overrightarrow{OA}=\frac{1}{2}(\vec{p}-\vec{q}+\vec{r})$
としてもよい。



**EX ②33**　空間における長方形 ABCD について，点 A の座標は (5, 0, 0)，点 D の座標は (−5, 0, 0) であり，辺 AB の長さは 5 であるとする。更に，点 B の $y$ 座標と $z$ 座標はいずれも正であり，点 B から $xy$ 平面に下ろした垂線の長さは 3 であるとする。このとき，点 B および点 C の座標を求めよ。　〔類　法政大〕

HINT　簡単な図をかいて，点の位置関係をつかむ。

四角形 ABCD は長方形であり，辺 AD は $x$ 軸上にあるから，点 B の $x$ 座標は 5 である。
更に，点 B から $xy$ 平面に下ろした垂線の長さは 3 であるから，点 B の $z$ 座標は 3 である。
よって，B(5, $a$, 3) ($a>0$) と表される。

このとき　$AB^2=(5-5)^2+(a-0)^2+(3-0)^2$
$=a^2+9$

$AB=5$ すなわち $AB^2=5^2$ から　$a^2+9=25$

よって　$a^2=16$　$a>0$ から　$a=4$

ゆえに　**B(5, 4, 3)**

また，$\overrightarrow{AB}=(5-5,\ 4-0,\ 3-0)=(0,\ 4,\ 3)$ であり，$\overrightarrow{DC}=\overrightarrow{AB}$ であるから，O を原点とすると

$\overrightarrow{OC}=\overrightarrow{OD}+\overrightarrow{DC}=(-5,\ 0,\ 0)+(0,\ 4,\ 3)$
$=(-5,\ 4,\ 3)$

よって　**C(−5, 4, 3)**

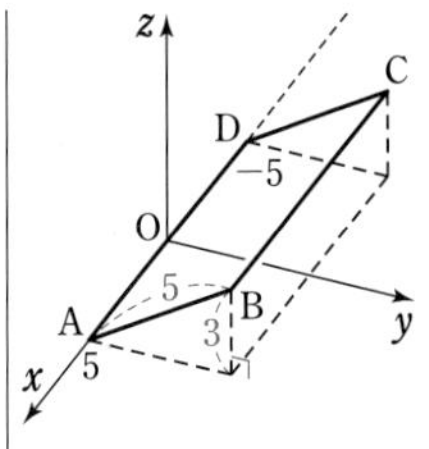


←点 C は点 B の $yz$ 平面に関して対称な点であることから求めてもよい。

**EX ②34**　4 点 A(1, −2, −3)，B(2, 1, 1)，C(−1, −3, 2)，D(3, −4, −1) がある。線分 AB，AC，AD を 3 辺とする平行六面体の他の頂点の座標を求めよ。　〔類　防衛大〕

$\overrightarrow{AB}=(1,\ 3,\ 4)$，$\overrightarrow{AC}=(-2,\ -1,\ 5)$，$\overrightarrow{AD}=(2,\ -2,\ 2)$ であり，線分 AB，AC，AD を 3 辺とする平行六面体を，右の図のように ABFD-CEGH とすると，原点を O として

$\overrightarrow{OE}=\overrightarrow{OA}+\overrightarrow{AE}=\overrightarrow{OA}+\overrightarrow{AB}+\overrightarrow{AC}$
$=(1+1-2,\ -2+3-1,\ -3+4+5)$
$=(0,\ 0,\ 6)$

$\overrightarrow{OF}=\overrightarrow{OA}+\overrightarrow{AF}=\overrightarrow{OA}+\overrightarrow{AB}+\overrightarrow{AD}=(4,\ -1,\ 3)$

$\overrightarrow{OG}=\overrightarrow{OE}+\overrightarrow{EG}=\overrightarrow{OE}+\overrightarrow{AD}=(2,\ -2,\ 8)$

$\overrightarrow{OH}=\overrightarrow{OD}+\overrightarrow{DH}=\overrightarrow{OD}+\overrightarrow{AC}=(1,\ -5,\ 4)$

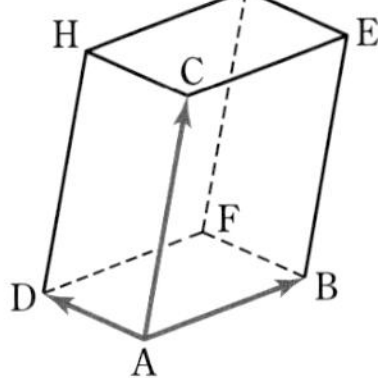


よって，他の頂点の座標は　**(0, 0, 6)，(4, −1, 3)，(2, −2, 8)，(1, −5, 4)**

**EX**
④**35** 座標空間において，点 A(1, 0, 2)，B(0, 1, 1) とする。点 P が $x$ 軸上を動くとき，AP+PB の最小値を求めよ。〔早稲田大〕

HINT 折れ線が空間にあるため，考えにくい。点 A は $zx$ 平面上にあり，点 P は $x$ 軸上にあるから，点 B の代わりに PB=PC となる $zx$ 平面上の点 C について考える。
→ $x$ 軸と $yz$ 平面の交点の原点 O を中心，点 B を通る円を底面とし，点 P を頂点とする円錐において，底面の円周上の動点を Q とすると　PB=PQ
$zx$ 平面上にあるような点 Q を C とする。

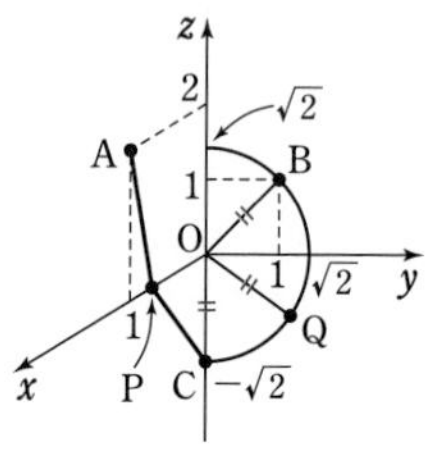


$yz$ 平面上において，原点 O を中心とし半径 $\sqrt{2}$ の円上の動点を Q とすると

OB=OQ

$PB=\sqrt{PO^2+OB^2}$，$PQ=\sqrt{PO^2+OQ^2}$

であるから　PB=PQ

よって，$C(0,\ 0,\ -\sqrt{2})$ とすると

AP+PB=AP+PC≧AC

←動点 Q として，点 C をとると　PB=PC

3 点 A, P, C は $zx$ 平面上にあるから，AP+PC が最小になるのは，点 P が直線 AC 上にあるときである。

したがって，AP+PB の最小値は

$$AC=\sqrt{(0-1)^2+(0-0)^2+(-\sqrt{2}-2)^2}$$
$$=\boldsymbol{\sqrt{7+4\sqrt{2}}}$$

⓪ 折れ線の最小
1 本の線分にのばす

別解 原点を O，点 C(1, 0, 0)，D(0, 0, 2)，E(1, 1, 1) とする。

ここで，2 点 A, P を含む長方形 OCAD，2 点 B, P を含む長方形 OCEB を考える。

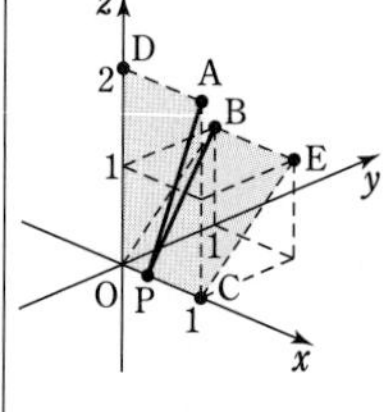


2 つの長方形を取り出して，右の図のように 3 点 D, O, B が一直線上になるように並べる。

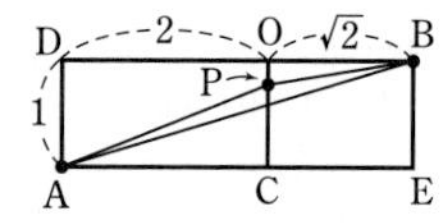


このとき，3 点 A，P，B は同じ平面上にあるから，AP+PB が最小になるのは，点 P が直線 AB 上にあるときである。

$OB=\sqrt{2}$ であるから，AP+PB の最小値は

$$AB=\sqrt{1^2+(2+\sqrt{2})^2}=\boldsymbol{\sqrt{7+4\sqrt{2}}}$$

**EX**
②**36** O(0, 0, 0)，A(1, 2, −3)，B(3, 1, 0)，$\overrightarrow{OA}=\vec{a}$，$\overrightarrow{AB}=\vec{d}$ とするとき，$\vec{a}+t\vec{d}$ と $\vec{d}$ が垂直になるような $t$ の値を求めよ。〔東京電機大〕

$\vec{a}=\overrightarrow{OA}=(1,\ 2,\ -3)$，$\vec{d}=\overrightarrow{AB}=(2,\ -1,\ 3)$ であるから

$\vec{a}+t\vec{d}=(1+2t,\ 2-t,\ -3+3t)$

$\vec{a}+t\vec{d}\neq\vec{0}$ であるから，$(\vec{a}+t\vec{d})\perp\vec{d}$ となるための条件は

$(\vec{a}+t\vec{d})\cdot\vec{d}=0$

よって　$(1+2t)\times2+(2-t)\times(-1)+(-3+3t)\times3=0$

整理すると　$14t=9$　ゆえに　$\boldsymbol{t=\dfrac{9}{14}}$

別解 $(\vec{a}+t\vec{d})\cdot\vec{d}=0$
から　$\vec{a}\cdot\vec{d}+t|\vec{d}|^2=0$
ここで　$\vec{a}\cdot\vec{d}=-9$，
$|\vec{d}|^2=14$
よって　$-9+14t=0$
ゆえに　$t=\dfrac{9}{14}$
このとき　$\vec{a}+t\vec{d}\neq\vec{0}$

**EX ③37** Oを原点とする座標空間内において，定点A(1, 1, −1)，動点P(−2t+2, 2t−1, −2)がある。∠AOPの大きさが最小となるときの$t$の値を求めよ。

$|\overrightarrow{OA}|=\sqrt{1^2+1^2+(-1)^2}=\sqrt{3}$,

$|\overrightarrow{OP}|=\sqrt{(-2t+2)^2+(2t-1)^2+(-2)^2}=\sqrt{8t^2-12t+9}$,

$\overrightarrow{OA}\cdot\overrightarrow{OP}=1\times(-2t+2)+1\times(2t-1)-1\times(-2)=3$

よって　$\cos\angle AOP=\dfrac{\overrightarrow{OA}\cdot\overrightarrow{OP}}{|\overrightarrow{OA}||\overrightarrow{OP}|}=\dfrac{\sqrt{3}}{\sqrt{8t^2-12t+9}}$

ここで，0°≦∠AOP≦180°であるから，cos∠AOPが最大となるとき，∠AOPの大きさは最小となる。

←0°≦θ≦180°において，θの値が大きくなると，cosθの値は小さくなる。(cosθは単調に減少する)

$f(t)=8t^2-12t+9$ とすると

$$f(t)=8\left(t-\frac{3}{4}\right)^2-8\times\left(\frac{3}{4}\right)^2+9=8\left(t-\frac{3}{4}\right)^2+\frac{9}{2}$$

$t=\dfrac{3}{4}$ のとき $f(t)$ は最小となり，$\dfrac{\sqrt{3}}{\sqrt{f(t)}}$ は最大となる。

ゆえに，∠AOPの大きさが最小となる$t$の値は　$\boldsymbol{t=\dfrac{3}{4}}$

**EX ④38** 図のような1辺の長さが$a>0$の立方体がある。この立方体をAGを軸として回転させる。静止(0°の回転)以外でもとの立方体に重なるときの正で最小の回転の角度を求めよう。この正で最小の角度の回転により，点D, E, Bがそれぞれ点E, B, Dの位置にきたとする。ここで，点Eと点DからAGに垂線を引くと，その足は一致する。その足をMとすると，線分EMの長さは$^{ア}$□である。また，$\overrightarrow{EM}\cdot\overrightarrow{DM}=^{イ}$□であるから，$\overrightarrow{EM}$と$\overrightarrow{DM}$のなす角度を$\alpha$とすると，$\cos\alpha=^{ウ}$□となり，求める角度は$^{エ}$□°であることがわかる。　［類　金沢医大］

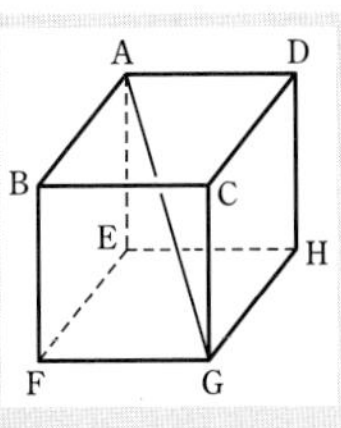


$EG=\sqrt{2}a$，$AG=\sqrt{a^2+(\sqrt{2}a)^2}=\sqrt{3}a$ であるから

$$EM=AE\sin\angle EAG=a\times\frac{\sqrt{2}a}{\sqrt{3}a}=^{ア}\boldsymbol{\frac{\sqrt{6}}{3}a}$$

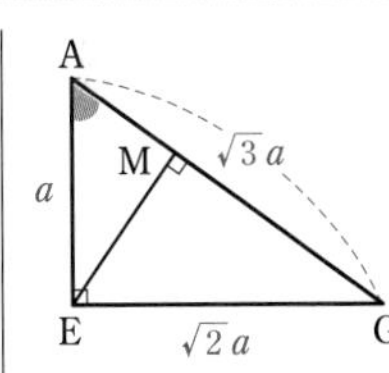


また，$\overrightarrow{EM}\cdot\overrightarrow{MA}=0$，$\overrightarrow{DM}\cdot\overrightarrow{MA}=0$ であるから

$$\overrightarrow{EA}\cdot\overrightarrow{DA}=(\overrightarrow{EM}+\overrightarrow{MA})\cdot(\overrightarrow{DM}+\overrightarrow{MA})=\overrightarrow{EM}\cdot\overrightarrow{DM}+|\overrightarrow{MA}|^2$$

ここで　$\overrightarrow{EA}\cdot\overrightarrow{DA}=0$,

←$\overrightarrow{EA}\perp\overrightarrow{DA}$

$$MA=a\cos\angle EAG=a\times\frac{a}{\sqrt{3}a}=\frac{a}{\sqrt{3}}$$

ゆえに　$0=\overrightarrow{EM}\cdot\overrightarrow{DM}+\left(\dfrac{a}{\sqrt{3}}\right)^2$

よって　$\overrightarrow{EM}\cdot\overrightarrow{DM}=^{イ}\boldsymbol{-\dfrac{a^2}{3}}$

また　$\cos\alpha=\dfrac{\overrightarrow{EM}\cdot\overrightarrow{DM}}{|\overrightarrow{EM}||\overrightarrow{DM}|}=\dfrac{\overrightarrow{EM}\cdot\overrightarrow{DM}}{|\overrightarrow{EM}|^2}=\dfrac{-\frac{a^2}{3}}{\frac{2}{3}a^2}=^{ウ}\boldsymbol{-\dfrac{1}{2}}$

←$|\overrightarrow{EM}|=|\overrightarrow{DM}|=\dfrac{\sqrt{6}}{3}a$
[(ア)の結果を利用。]

0°≦$\alpha$≦180°であるから　$\alpha=^{エ}\boldsymbol{120°}$

**EX ③39** $s$, $t$ を実数とする。2 つのベクトル $\vec{u}=(s,\ t,\ 3)$, $\vec{v}=(t,\ t,\ 2)$ のなす角が，どのような $t$ に対しても鋭角となるための必要十分条件を $s$ を用いて表せ。〔愛媛大〕

$\vec{u}$ と $\vec{v}$ のなす角を $\theta$ とすると　$\cos\theta=\dfrac{\vec{u}\cdot\vec{v}}{|\vec{u}||\vec{v}|}$

$\theta$ が鋭角，すなわち $0^\circ<\theta<90^\circ$ となるための条件は　$\cos\theta>0$

すなわち　$\dfrac{\vec{u}\cdot\vec{v}}{|\vec{u}||\vec{v}|}>0$

ここで，$\vec{u}\neq\vec{0}$, $\vec{v}\neq\vec{0}$ より $|\vec{u}|>0$, $|\vec{v}|>0$ であるから　$\vec{u}\cdot\vec{v}>0$

$\vec{u}\cdot\vec{v}=st+t^2+6$ であるから　$t^2+st+6>0$ …… ①

ゆえに，① がすべての実数 $t$ に対して成り立つことが条件である。よって，$t$ の 2 次方程式 ① の判別式を $D$ とすると

$D<0$

ここで　$D=s^2-4\cdot1\cdot6=(s+2\sqrt{6})(s-2\sqrt{6})$

$D<0$ から　$(s+2\sqrt{6})(s-2\sqrt{6})<0$

よって，求める必要十分条件は　$\boldsymbol{-2\sqrt{6}<s<2\sqrt{6}}$

←$\vec{u}\neq\vec{0}$, $\vec{v}\neq\vec{0}$

←① が $t$ についての絶対不等式。

**EX ③40** 四面体 OABC において，$\cos\angle\mathrm{AOB}=\dfrac{1}{5}$, $\cos\angle\mathrm{AOC}=-\dfrac{1}{3}$ であり，面 OAB と面 OAC のなす角は $\dfrac{\pi}{2}$ である。このとき，$\cos\angle\mathrm{BOC}$ の値を求めよ。〔早稲田大〕

面 OAB と面 OAC のなす角が $\dfrac{\pi}{2}$ であるから，原点を O とする座標空間において，点 A の座標を $(1,\ 0,\ 0)$，点 B の座標を $(p,\ q,\ 0)$，点 C の座標を $(s,\ 0,\ t)$ として考える。



このとき，$\overrightarrow{\mathrm{OA}}=(1,\ 0,\ 0)$,
$\overrightarrow{\mathrm{OB}}=(p,\ q,\ 0)$, $\overrightarrow{\mathrm{OC}}=(s,\ 0,\ t)$ であるから

$|\overrightarrow{\mathrm{OA}}|=1$, $|\overrightarrow{\mathrm{OB}}|=\sqrt{p^2+q^2}$, $|\overrightarrow{\mathrm{OC}}|=\sqrt{s^2+t^2}$

$\overrightarrow{\mathrm{OA}}\cdot\overrightarrow{\mathrm{OB}}=p$, $\overrightarrow{\mathrm{OB}}\cdot\overrightarrow{\mathrm{OC}}=ps$, $\overrightarrow{\mathrm{OC}}\cdot\overrightarrow{\mathrm{OA}}=s$

また，$\cos\angle\mathrm{AOB}=\dfrac{1}{5}$, $\cos\angle\mathrm{AOC}=-\dfrac{1}{3}$ であるから

$$\overrightarrow{\mathrm{OA}}\cdot\overrightarrow{\mathrm{OB}}=|\overrightarrow{\mathrm{OA}}||\overrightarrow{\mathrm{OB}}|\cos\angle\mathrm{AOB}=\frac{1}{5}\sqrt{p^2+q^2}$$

$$\overrightarrow{\mathrm{OC}}\cdot\overrightarrow{\mathrm{OA}}=|\overrightarrow{\mathrm{OC}}||\overrightarrow{\mathrm{OA}}|\cos\angle\mathrm{AOC}=-\frac{1}{3}\sqrt{s^2+t^2}$$

ゆえに　$p=\dfrac{1}{5}\sqrt{p^2+q^2}$, $s=-\dfrac{1}{3}\sqrt{s^2+t^2}$

よって　$\sqrt{p^2+q^2}=5p$, $\sqrt{s^2+t^2}=-3s$

すなわち　$|\overrightarrow{\mathrm{OB}}|=5p$, $|\overrightarrow{\mathrm{OC}}|=-3s$

したがって　$\cos\angle\mathrm{BOC}=\dfrac{\overrightarrow{\mathrm{OB}}\cdot\overrightarrow{\mathrm{OC}}}{|\overrightarrow{\mathrm{OB}}||\overrightarrow{\mathrm{OC}}|}=\dfrac{ps}{-15ps}=\boldsymbol{-\dfrac{1}{15}}$

←(面 OAB)⊥(面 OAC) から，面 OAB を $xy$ 平面，面 OAC を $zx$ 平面として考える。

←点 A の座標をこのようにおくことがカギ。

←$\overrightarrow{\mathrm{OB}}\neq\vec{0}$, $\overrightarrow{\mathrm{OC}}\neq\vec{0}$ から $ps\neq0$

**EX ①41**

4 点 $A(\vec{a})$，$B(\vec{b})$，$C(\vec{c})$，$D(\vec{d})$ を頂点とする四面体 ABCD において，辺 AC，BD の中点をそれぞれ M，N とするとき，次の等式を証明せよ。

$$\overrightarrow{AB}-\overrightarrow{DA}-\overrightarrow{BC}+\overrightarrow{CD}=4\overrightarrow{MN}$$

$\overrightarrow{AB}-\overrightarrow{DA}-\overrightarrow{BC}+\overrightarrow{CD}=(\vec{b}-\vec{a})-(\vec{a}-\vec{d})-(\vec{c}-\vec{b})+(\vec{d}-\vec{c})$

$=2(-\vec{a}+\vec{b}-\vec{c}+\vec{d})$ …… ①

また，$M(\vec{m})$，$N(\vec{n})$ とすると　$\vec{m}=\dfrac{\vec{a}+\vec{c}}{2}$，$\vec{n}=\dfrac{\vec{b}+\vec{d}}{2}$

よって　$4\overrightarrow{MN}=4(\vec{n}-\vec{m})=4\left(\dfrac{\vec{b}+\vec{d}}{2}-\dfrac{\vec{a}+\vec{c}}{2}\right)$

$=2(-\vec{a}+\vec{b}-\vec{c}+\vec{d})$ …… ②

①，② から　$\overrightarrow{AB}-\overrightarrow{DA}-\overrightarrow{BC}+\overrightarrow{CD}=4\overrightarrow{MN}$

←$A(\vec{a})$，$B(\vec{b})$ のとき，線分 AB の中点の位置ベクトルは　$\dfrac{\vec{a}+\vec{b}}{2}$

**EX ③42**

空間の 3 点 A，B，C は同一直線上にはないものとし，原点を O とする。空間の点 P の位置ベクトル $\overrightarrow{OP}$ が，$x+y+z=1$ を満たす正の実数 $x$，$y$，$z$ を用いて，$\overrightarrow{OP}=x\overrightarrow{OA}+y\overrightarrow{OB}+z\overrightarrow{OC}$ と表されているとする。〔大阪府大〕

(1) 直線 AP と直線 BC は交わり，その交点を D とすれば，点 D は線分 BC を $z:y$ に内分し，点 P は線分 AD を $(1-x):x$ に内分することを示せ。

(2) △PAB，△PBC の面積をそれぞれ $S_1$，$S_2$ とすれば，$\dfrac{S_1}{z}=\dfrac{S_2}{x}$ が成り立つことを示せ。

(1) $\overrightarrow{OP}=x\overrightarrow{OA}+y\overrightarrow{OB}+z\overrightarrow{OC}=x\overrightarrow{OA}+(y+z)\cdot\dfrac{y\overrightarrow{OB}+z\overrightarrow{OC}}{z+y}$

$\overrightarrow{OD}=\dfrac{y\overrightarrow{OB}+z\overrightarrow{OC}}{z+y}$ とすると，$y$，$z$ は正の実数であるから，点 D は線分 BC を $z:y$ に内分する点である。

また，$y+z=1-x$ であるから

$\overrightarrow{OP}=x\overrightarrow{OA}+(y+z)\overrightarrow{OD}=x\overrightarrow{OA}+(1-x)\overrightarrow{OD}$

$x>0$，$1-x=y+z>0$ であるから，点 P は線分 AD を $(1-x):x$ に内分する。

以上から，直線 AP と直線 BC は交わり，その交点を D とすれば，点 D は線分 BC を $z:y$ に内分し，点 P は線分 AD を $(1-x):x$ に内分する。

(2) △ABC の面積を $S$ とすると AD：PD＝1：$x$ であるから

$S:S_2=\triangle ABC:\triangle PBC=1:x$

よって　$S_2=xS$ …… ①

BD：BC＝$z:(y+z)$ であるから，△ABD の面積は

$\dfrac{z}{y+z}S$　すなわち　$\dfrac{z}{1-x}S$

AP：AD＝$(1-x):1$ であるから

$S_1=(1-x)\triangle ABD=(1-x)\cdot\dfrac{z}{1-x}S=zS$ …… ②

①，② から　$\dfrac{S_1}{z}=\dfrac{S_2}{x}$

HINT (1) 分点の位置ベクトルの形が現れるように変形する。例えば，

$y\overrightarrow{OB}+z\overrightarrow{OC}$
$=(y+z)\cdot\dfrac{y\overrightarrow{OB}+z\overrightarrow{OC}}{z+y}$

などと変形する。

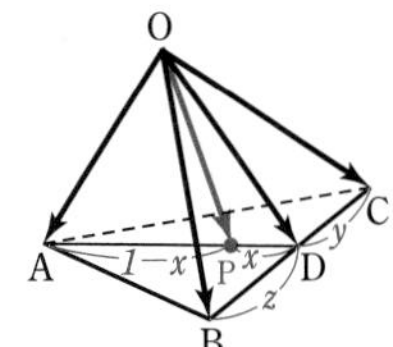


←底辺 BC が一致で高さの比が　1：$x$

参考 点 P の位置ベクトルを，点 P に関する位置ベクトルで表すと

$\overrightarrow{PP}=x\overrightarrow{PA}+y\overrightarrow{PB}+z\overrightarrow{PC}$

よって

$x\overrightarrow{PA}+y\overrightarrow{PB}+z\overrightarrow{PC}=\vec{0}$

点 P は平面 ABC 上にあるから，本冊 $p.47$ 参考 より

△PBC：△PCA：△PAB
$=x:y:z$

**EX ④43** 辺の長さが1である正四面体ABCDがある。線分ABを$t:(1-t)$に内分する点をEとし，線分ACを$(1-t):t$に内分する点をFとする（$0 \leqq t \leqq 1$，ただし$t=0$のとき$\mathrm{E=A}$，$\mathrm{F=C}$，$t=1$のとき$\mathrm{E=B}$，$\mathrm{F=A}$とする）。$\angle \mathrm{EDF}$を$\theta$とするとき

(1) $\cos\theta$を$t$で表せ。　(2) $\cos\theta$の最大値と最小値を求めよ。　〔名古屋市大〕

HINT (1) まず，$|\overrightarrow{\mathrm{DE}}|^2$，$|\overrightarrow{\mathrm{DF}}|^2$，$\overrightarrow{\mathrm{DE}}\cdot\overrightarrow{\mathrm{DF}}$を$t$で表す。
(2) (1)で求めた$\cos\theta$［$t$の式］を変形。

(1) $\overrightarrow{\mathrm{DE}}=\overrightarrow{\mathrm{AE}}-\overrightarrow{\mathrm{AD}}$，$\overrightarrow{\mathrm{DF}}=\overrightarrow{\mathrm{AF}}-\overrightarrow{\mathrm{AD}}$

であるから

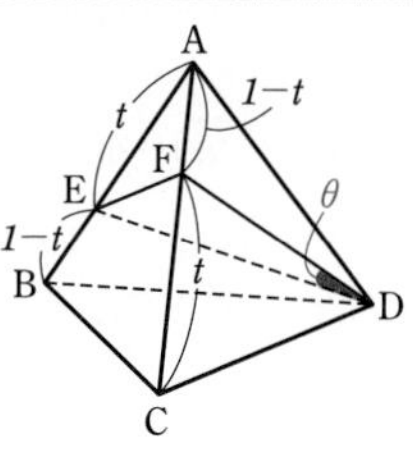


$$|\overrightarrow{\mathrm{DE}}|^2=|\overrightarrow{\mathrm{AE}}|^2-2\overrightarrow{\mathrm{AE}}\cdot\overrightarrow{\mathrm{AD}}+|\overrightarrow{\mathrm{AD}}|^2$$
$$=t^2-2\times t\times 1\times\cos 60^\circ+1^2$$
$$=t^2-t+1$$

←$|\overrightarrow{\mathrm{AB}}|=1$から $|\overrightarrow{\mathrm{AE}}|=t|\overrightarrow{\mathrm{AB}}|=t$

$$|\overrightarrow{\mathrm{DF}}|^2=|\overrightarrow{\mathrm{AF}}|^2-2\overrightarrow{\mathrm{AF}}\cdot\overrightarrow{\mathrm{AD}}+|\overrightarrow{\mathrm{AD}}|^2$$
$$=(1-t)^2-2(1-t)\times 1\times\cos 60^\circ+1^2$$
$$=t^2-t+1$$

←$|\overrightarrow{\mathrm{AC}}|=1$から $|\overrightarrow{\mathrm{AF}}|=(1-t)|\overrightarrow{\mathrm{AC}}|=1-t$

$$\overrightarrow{\mathrm{DE}}\cdot\overrightarrow{\mathrm{DF}}=(\overrightarrow{\mathrm{AE}}-\overrightarrow{\mathrm{AD}})\cdot(\overrightarrow{\mathrm{AF}}-\overrightarrow{\mathrm{AD}})$$
$$=\overrightarrow{\mathrm{AE}}\cdot\overrightarrow{\mathrm{AF}}-\overrightarrow{\mathrm{AE}}\cdot\overrightarrow{\mathrm{AD}}-\overrightarrow{\mathrm{AD}}\cdot\overrightarrow{\mathrm{AF}}+|\overrightarrow{\mathrm{AD}}|^2$$
$$=t(1-t)\cos 60^\circ-t\times 1\times\cos 60^\circ-1\times(1-t)\cos 60^\circ+1^2$$
$$=\frac{-t^2+t+1}{2}$$

ゆえに　$\boldsymbol{\cos\theta}=\dfrac{\overrightarrow{\mathrm{DE}}\cdot\overrightarrow{\mathrm{DF}}}{|\overrightarrow{\mathrm{DE}}||\overrightarrow{\mathrm{DF}}|}=\boldsymbol{\dfrac{-t^2+t+1}{2(t^2-t+1)}}$

←$t^2-t+1>0$

別解 $\mathrm{DE}^2=t^2+1-2t\cos 60^\circ=t^2-t+1$
$\mathrm{DF}^2=t^2+1-2t\cos 60^\circ=t^2-t+1$
$\mathrm{EF}^2=t^2+(1-t)^2-2t(1-t)\cos 60^\circ=3t^2-3t+1$

←余弦定理（数学Ⅰ）を用いる。

ゆえに　$\boldsymbol{\cos\theta}=\dfrac{\mathrm{DE}^2+\mathrm{DF}^2-\mathrm{EF}^2}{2\mathrm{DE}\times\mathrm{DF}}=\boldsymbol{\dfrac{-t^2+t+1}{2(t^2-t+1)}}$

←$2\mathrm{DE}\times\mathrm{DF}=2\mathrm{DE}^2$

(2) (1)から　$\cos\theta=\dfrac{-t^2+t+1}{2(t^2-t+1)}=\dfrac{1}{2}\times\dfrac{-(t^2-t+1)+2}{t^2-t+1}$
$$=\frac{1}{2}\left(-1+\frac{2}{t^2-t+1}\right)$$

ここで，$f(t)=t^2-t+1$とすると
$$f(t)=\left(t-\frac{1}{2}\right)^2+\frac{3}{4}$$

$0\leqq t\leqq 1$のとき，$\dfrac{3}{4}\leqq f(t)\leqq 1$であり
$$\cos\theta=\frac{1}{2}\left\{-1+\frac{2}{f(t)}\right\}$$

よって，$f(t)$が最小値$\dfrac{3}{4}$をとるとき$\cos\theta$は **最大値** $\dfrac{1}{2}\left(-1+2\times\dfrac{4}{3}\right)=\boldsymbol{\dfrac{5}{6}}$をとり，$f(t)$が最大値1をとるとき$\cos\theta$は **最小値** $\dfrac{1}{2}(-1+2)=\boldsymbol{\dfrac{1}{2}}$をとる。

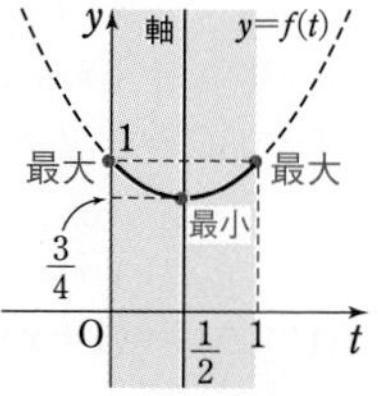


$0\leqq t\leqq 1$において，$f(t)$は$t=\dfrac{1}{2}$で最小値$\dfrac{3}{4}$をとり，$t=0$，1で最大値1をとる。

**EX ③44** 空間内に四面体 ABCD がある。辺 AB の中点を M，辺 CD の中点を N とする。$t$ を 0 でない実数とし，点 G を $\overrightarrow{GA}+\overrightarrow{GB}+(t-2)\overrightarrow{GC}+t\overrightarrow{GD}=\vec{0}$ を満たす点とする。
(1) $\overrightarrow{DG}$ を $\overrightarrow{DA}$，$\overrightarrow{DB}$，$\overrightarrow{DC}$ で表せ。
(2) 点 G は点 N と一致しないことを示せ。
(3) 直線 NG と直線 MC は平行であることを示せ。 〔東北大〕

(1) $\overrightarrow{GA}+\overrightarrow{GB}+(t-2)\overrightarrow{GC}+t\overrightarrow{GD}=\vec{0}$ から

$$(\overrightarrow{DA}-\overrightarrow{DG})+(\overrightarrow{DB}-\overrightarrow{DG})+(t-2)(\overrightarrow{DC}-\overrightarrow{DG})-t\overrightarrow{DG}=\vec{0}$$

←点 D を始点とする位置ベクトルで表す。

よって　$2t\overrightarrow{DG}=\overrightarrow{DA}+\overrightarrow{DB}+(t-2)\overrightarrow{DC}$

$t \neq 0$ であるから

$$\overrightarrow{DG}=\frac{1}{2t}\overrightarrow{DA}+\frac{1}{2t}\overrightarrow{DB}+\frac{t-2}{2t}\overrightarrow{DC} \quad \cdots\cdots ①$$

(2) 辺 CD の中点が N であるから

$$\overrightarrow{DN}=\frac{1}{2}\overrightarrow{DC} \quad \cdots\cdots ②$$

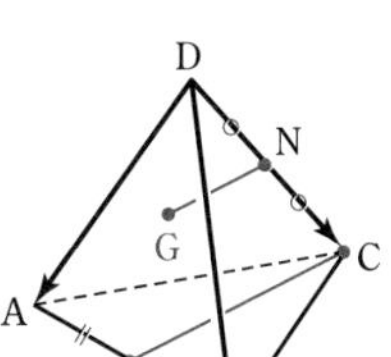

4 点 A，B，C，D は同じ平面上にないから，点 G が点 N と一致するための条件は，①，② より

←2 点 G，N が一致 $\Longleftrightarrow \overrightarrow{DG}=\overrightarrow{DN}$

$$\frac{1}{2t}=0,\quad \frac{t-2}{2t}=\frac{1}{2}$$

←各等式の両辺に $2t$ を掛けると
$1=0,\ t-2=t$
どちらの等式も成り立たない。

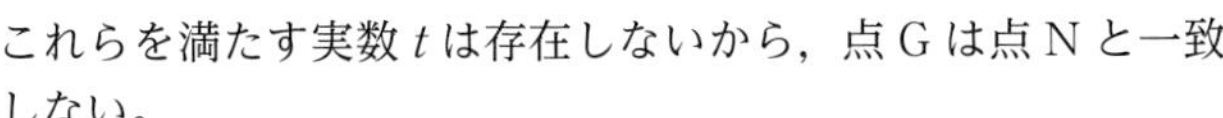

これらを満たす実数 $t$ は存在しないから，点 G は点 N と一致しない。

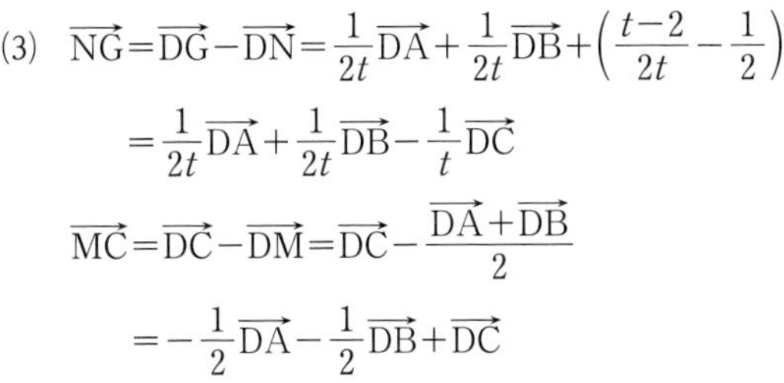

(3) $\overrightarrow{NG}=\overrightarrow{DG}-\overrightarrow{DN}=\frac{1}{2t}\overrightarrow{DA}+\frac{1}{2t}\overrightarrow{DB}+\left(\frac{t-2}{2t}-\frac{1}{2}\right)\overrightarrow{DC}$

$$=\frac{1}{2t}\overrightarrow{DA}+\frac{1}{2t}\overrightarrow{DB}-\frac{1}{t}\overrightarrow{DC}$$

$\overrightarrow{MC}=\overrightarrow{DC}-\overrightarrow{DM}=\overrightarrow{DC}-\frac{\overrightarrow{DA}+\overrightarrow{DB}}{2}$

$$=-\frac{1}{2}\overrightarrow{DA}-\frac{1}{2}\overrightarrow{DB}+\overrightarrow{DC}$$

ゆえに　$\overrightarrow{MC}=-t\overrightarrow{NG}$

$\overrightarrow{MC} \neq \vec{0}$ であり，(2) より $\overrightarrow{NG} \neq \vec{0}$ であるから　$\overrightarrow{MC} /\!/ \overrightarrow{NG}$

よって，直線 NG と直線 MC は平行である。

←$\vec{a} \neq \vec{0}$，$\vec{b} \neq \vec{0}$ のとき $\vec{a} /\!/ \vec{b} \Longleftrightarrow \vec{b}=k\vec{a}$ を満たす実数 $k$ がある。

**EX ③45** 1 辺の長さが 1 である正四面体 OABC において，OA を 3：1 に内分する点を P，AB を 2：1 に内分する点を Q，BC を 1：2 に内分する点を R，OC を 2：1 に内分する点を S とする。$\overrightarrow{OA}=\vec{a}$，$\overrightarrow{OB}=\vec{b}$，$\overrightarrow{OC}=\vec{c}$ とおくとき，次の問いに答えよ。
(1) 内積 $\vec{a}\cdot\vec{b}$，$\vec{b}\cdot\vec{c}$，$\vec{c}\cdot\vec{a}$ をそれぞれ求めよ。
(2) $\overrightarrow{PR}$ および $\overrightarrow{QS}$ を $\vec{a}$，$\vec{b}$，$\vec{c}$ を用いて表せ。
(3) $\overrightarrow{PR}$ と $\overrightarrow{QS}$ のなす角を $\theta$ とするとき，$\theta$ は鋭角，直角，鈍角のいずれであるかを調べよ。
(4) 線分 PR と線分 QS は交点をもつかどうかを調べよ。 〔広島市大〕

(1) 正四面体 OABC のすべての面は 1 辺の長さが 1 の正三角形であるから

$$\vec{a}\cdot\vec{b}=|\vec{a}||\vec{b}|\cos 60^\circ=1\times1\times\frac{1}{2}=\frac{1}{2}$$

同様にして　　$\vec{\boldsymbol{b}}\cdot\vec{\boldsymbol{c}}=\vec{\boldsymbol{c}}\cdot\vec{\boldsymbol{a}}=\frac{1}{2}$

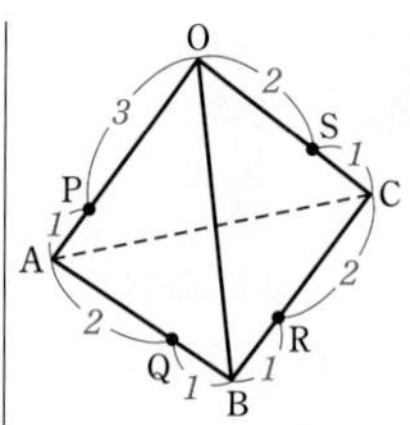


(2)　$\overrightarrow{\mathbf{PR}}=\overrightarrow{\mathrm{OR}}-\overrightarrow{\mathrm{OP}}=\frac{2\vec{b}+\vec{c}}{1+2}-\frac{3}{4}\vec{a}=-\frac{3}{4}\vec{\boldsymbol{a}}+\frac{2}{3}\vec{\boldsymbol{b}}+\frac{1}{3}\vec{\boldsymbol{c}}$

$\overrightarrow{\mathbf{QS}}=\overrightarrow{\mathrm{OS}}-\overrightarrow{\mathrm{OQ}}=\frac{2}{3}\vec{c}-\frac{\vec{a}+2\vec{b}}{2+1}=-\frac{1}{3}\vec{\boldsymbol{a}}-\frac{2}{3}\vec{\boldsymbol{b}}+\frac{2}{3}\vec{\boldsymbol{c}}$

(3)　(2) から

$\overrightarrow{\mathrm{PR}}\cdot\overrightarrow{\mathrm{QS}}$

$=\left(-\frac{3}{4}\vec{a}+\frac{2}{3}\vec{b}+\frac{1}{3}\vec{c}\right)\cdot\left(-\frac{1}{3}\vec{a}-\frac{2}{3}\vec{b}+\frac{2}{3}\vec{c}\right)$

$=\frac{1}{4}|\vec{a}|^2+\frac{1}{2}\vec{a}\cdot\vec{b}-\frac{1}{2}\vec{a}\cdot\vec{c}-\frac{2}{9}\vec{a}\cdot\vec{b}-\frac{4}{9}|\vec{b}|^2+\frac{4}{9}\vec{b}\cdot\vec{c}$

$-\frac{1}{9}\vec{a}\cdot\vec{c}-\frac{2}{9}\vec{b}\cdot\vec{c}+\frac{2}{9}|\vec{c}|^2$

$|\vec{a}|^2=|\vec{b}|^2=|\vec{c}|^2=1$，$\vec{a}\cdot\vec{b}=\vec{b}\cdot\vec{c}=\vec{c}\cdot\vec{a}=\frac{1}{2}$ であるから

$\overrightarrow{\mathrm{PR}}\cdot\overrightarrow{\mathrm{QS}}=-\frac{1}{36}$

$|\overrightarrow{\mathrm{PR}}|>0$，$|\overrightarrow{\mathrm{QS}}|>0$ であるから　　$\cos\theta=\frac{\overrightarrow{\mathrm{PR}}\cdot\overrightarrow{\mathrm{QS}}}{|\overrightarrow{\mathrm{PR}}||\overrightarrow{\mathrm{QS}}|}<0$

よって，**$\boldsymbol{\theta}$ は鈍角** である。

(3)　$\cos\theta=\frac{\overrightarrow{\mathrm{PR}}\cdot\overrightarrow{\mathrm{QS}}}{|\overrightarrow{\mathrm{PR}}||\overrightarrow{\mathrm{QS}}|}$ であるから，$\overrightarrow{\mathrm{PR}}\cdot\overrightarrow{\mathrm{QS}}$ の符号について調べる。

(4)　線分 PR と線分 QS が交点 T をもつと仮定する。

このとき，T は直線 PR 上にあるから

$\overrightarrow{\mathrm{PT}}=u\overrightarrow{\mathrm{PR}}$ （$u$ は実数）

ゆえに，(2) から

$\overrightarrow{\mathrm{OT}}=\overrightarrow{\mathrm{OP}}+u\overrightarrow{\mathrm{PR}}$

$=\frac{3}{4}(1-u)\vec{a}+\frac{2}{3}u\vec{b}+\frac{u}{3}\vec{c}$ ……　①

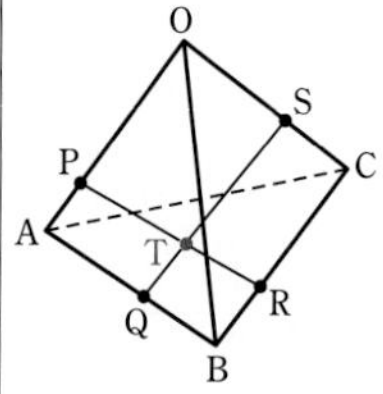


また，T は直線 QS 上にあるから

$\overrightarrow{\mathrm{QT}}=v\overrightarrow{\mathrm{QS}}$ （$v$ は実数）

よって，(2) から

$\overrightarrow{\mathrm{OT}}=\overrightarrow{\mathrm{OQ}}+v\overrightarrow{\mathrm{QS}}$

$=\frac{1}{3}(1-v)\vec{a}+\frac{2}{3}(1-v)\vec{b}+\frac{2}{3}v\vec{c}$ ……　②

4 点 O，A，B，C は同じ平面上にないから，①，② より

$\frac{3}{4}(1-u)=\frac{1}{3}(1-v)$ ……　③，

$\frac{2}{3}u=\frac{2}{3}(1-v)$ ……　④，　$\frac{u}{3}=\frac{2}{3}v$ ……　⑤

④，⑤ から　　$u=\frac{2}{3}$，$v=\frac{1}{3}$

これは ③ を満たさない。

← $\frac{3}{4}\left(1-\frac{2}{3}\right)=\frac{1}{4}$，$\frac{1}{3}\left(1-\frac{1}{3}\right)=\frac{2}{9}$

ゆえに，③～⑤ を同時に満たす実数 $u$，$v$ は存在しない。

したがって，線分 PR と線分 QS は **交点をもたない**。

**EX ③46** 四角形ABCDを底面とする四角錐OABCDは$\overrightarrow{OA}+\overrightarrow{OC}=\overrightarrow{OB}+\overrightarrow{OD}$を満たしており，0と異なる4つの実数$p$，$q$，$r$，$s$に対して4点P，Q，R，Sを$\overrightarrow{OP}=p\overrightarrow{OA}$，$\overrightarrow{OQ}=q\overrightarrow{OB}$，$\overrightarrow{OR}=r\overrightarrow{OC}$，$\overrightarrow{OS}=s\overrightarrow{OD}$によって定める。このとき，4点P，Q，R，Sが同じ平面上にあれば，

$\dfrac{1}{p}+\dfrac{1}{r}=\dfrac{1}{q}+\dfrac{1}{s}$が成り立つことを示せ。〔京都大〕

HINT $\overrightarrow{OS}$を$\overrightarrow{OP}$，$\overrightarrow{OQ}$，$\overrightarrow{OR}$で表す。点P，Q，Rは同じ直線上にないから，4点P，Q，R，Sが同じ平面上にある$\Leftrightarrow \overrightarrow{OS}=x\overrightarrow{OP}+y\overrightarrow{OQ}+z\overrightarrow{OR}$，$x+y+z=1$　これを利用。

$p$，$q$，$r$，$s$は0と異なるから，$\overrightarrow{OA}+\overrightarrow{OC}=\overrightarrow{OB}+\overrightarrow{OD}$より

$$\frac{1}{p}\overrightarrow{OP}+\frac{1}{r}\overrightarrow{OR}=\frac{1}{q}\overrightarrow{OQ}+\frac{1}{s}\overrightarrow{OS}$$

ゆえに　$\overrightarrow{OS}=\dfrac{s}{p}\overrightarrow{OP}-\dfrac{s}{q}\overrightarrow{OQ}+\dfrac{s}{r}\overrightarrow{OR}$ …… ①

点A，B，Cは一直線上にないから，条件より点P，Q，Rも一直線上にない。

←点P，Q，Rはいずれも O と一致しない。

よって，4点P，Q，R，Sが同じ平面上にあれば，①において

$\dfrac{s}{p}+\left(-\dfrac{s}{q}\right)+\dfrac{s}{r}=1$が成り立つ。

すなわち　$\dfrac{s}{p}+\dfrac{s}{r}=\dfrac{s}{q}+1$

この両辺を$s$で割って　$\dfrac{1}{p}+\dfrac{1}{r}=\dfrac{1}{q}+\dfrac{1}{s}$

**EX ③47** 四面体ABCDにおいて，$AB^2+CD^2=BC^2+AD^2=AC^2+BD^2$，$\angle ADB=90^\circ$が成り立っている。三角形ABCの重心をGとする。

(1) $\angle BDC$を求めよ。　(2) $\dfrac{\sqrt{AB^2+CD^2}}{DG}$の値を求めよ。〔千葉大〕

$\overrightarrow{DA}=\vec{a}$，$\overrightarrow{DB}=\vec{b}$，$\overrightarrow{DC}=\vec{c}$とする。

←頂点Dを始点とするベクトルで表す。

(1) 条件から　$|\overrightarrow{AB}|^2+|\overrightarrow{CD}|^2=|\overrightarrow{BC}|^2+|\overrightarrow{AD}|^2=|\overrightarrow{AC}|^2+|\overrightarrow{BD}|^2$

すなわち　$|\vec{b}-\vec{a}|^2+|-\vec{c}|^2=|\vec{c}-\vec{b}|^2+|-\vec{a}|^2=|\vec{c}-\vec{a}|^2+|-\vec{b}|^2$

よって　$|\vec{b}|^2-2\vec{a}\cdot\vec{b}+|\vec{a}|^2+|\vec{c}|^2=|\vec{c}|^2-2\vec{b}\cdot\vec{c}+|\vec{b}|^2+|\vec{a}|^2$
$=|\vec{c}|^2-2\vec{c}\cdot\vec{a}+|\vec{a}|^2+|\vec{b}|^2$

←各辺から$|\vec{a}|^2$，$|\vec{b}|^2$，$|\vec{c}|^2$を引くと
$-2\vec{a}\cdot\vec{b}=-2\vec{b}\cdot\vec{c}$
$=-2\vec{c}\cdot\vec{a}$

ゆえに　$\vec{a}\cdot\vec{b}=\vec{b}\cdot\vec{c}=\vec{c}\cdot\vec{a}$ …… ①

ここで，$\angle ADB=90^\circ$であるから　$\vec{a}\cdot\vec{b}=0$

よって　$\vec{b}\cdot\vec{c}=0$

$\vec{b}\neq\vec{0}$，$\vec{c}\neq\vec{0}$であるから　$\angle BDC=$**90°**

(2) $\overrightarrow{DG}=\vec{g}$とすると　$\vec{g}=\dfrac{\vec{a}+\vec{b}+\vec{c}}{3}$

①から　$|\vec{g}|^2=\left|\dfrac{\vec{a}+\vec{b}+\vec{c}}{3}\right|^2$

$$=\frac{1}{9}\{|\vec{a}|^2+|\vec{b}|^2+|\vec{c}|^2+2(\vec{a}\cdot\vec{b}+\vec{b}\cdot\vec{c}+\vec{c}\cdot\vec{a})\}$$

←$\vec{a}\cdot\vec{b}=\vec{b}\cdot\vec{c}=\vec{c}\cdot\vec{a}=0$

$$=\frac{|\vec{a}|^2+|\vec{b}|^2+|\vec{c}|^2}{9}$$

また，(1)から

$$|\overrightarrow{AB}|^2+|\overrightarrow{CD}|^2=|\vec{b}|^2-2\vec{a}\cdot\vec{b}+|\vec{a}|^2+|\vec{c}|^2$$
$$=|\vec{a}|^2+|\vec{b}|^2+|\vec{c}|^2$$

←$\vec{a}\cdot\vec{b}=0$

したがって

$$\frac{\sqrt{AB^2+CD^2}}{DG}=\frac{\sqrt{|\overrightarrow{AB}|^2+|\overrightarrow{CD}|^2}}{|\overrightarrow{DG}|}$$
$$=\sqrt{|\vec{a}|^2+|\vec{b}|^2+|\vec{c}|^2}\times\frac{3}{\sqrt{|\vec{a}|^2+|\vec{b}|^2+|\vec{c}|^2}}$$
$$=\mathbf{3}$$

**EX ③48**

四面体OABCは，OA=4，OB=5，OC=3，∠AOB=90°，∠AOC=∠BOC=60°を満たしている。

(1) 点Cから△OABに下ろした垂線と△OABとの交点をHとする。ベクトル$\overrightarrow{CH}$を$\overrightarrow{OA}$，$\overrightarrow{OB}$，$\overrightarrow{OC}$を用いて表せ。

(2) 四面体OABCの体積を求めよ。　〔類 東京理科大〕

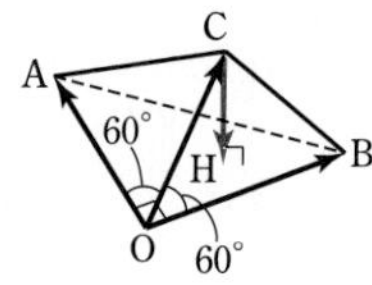


(1) ∠AOB=90°から　$\overrightarrow{OA}\cdot\overrightarrow{OB}=0$

また　$\overrightarrow{OB}\cdot\overrightarrow{OC}=5\cdot3\cos60°=\frac{15}{2}$，$\overrightarrow{OC}\cdot\overrightarrow{OA}=3\cdot4\cos60°=6$

点Hは平面OAB上にあるから，

$$\overrightarrow{OH}=s\overrightarrow{OA}+t\overrightarrow{OB}\quad(s,\ t\text{は実数})$$

と表される。

よって　$\overrightarrow{CH}=\overrightarrow{OH}-\overrightarrow{OC}=s\overrightarrow{OA}+t\overrightarrow{OB}-\overrightarrow{OC}$

$\overrightarrow{CH}$は平面OABに垂直であるから　$\overrightarrow{CH}\perp\overrightarrow{OA}$，$\overrightarrow{CH}\perp\overrightarrow{OB}$

ゆえに，$\overrightarrow{CH}\cdot\overrightarrow{OA}=0$，$\overrightarrow{CH}\cdot\overrightarrow{OB}=0$であるから

← 垂直 ⟶ (内積)=0

$$(s\overrightarrow{OA}+t\overrightarrow{OB}-\overrightarrow{OC})\cdot\overrightarrow{OA}=0,\ (s\overrightarrow{OA}+t\overrightarrow{OB}-\overrightarrow{OC})\cdot\overrightarrow{OB}=0$$

よって　$s\cdot4^2+t\cdot0-6=0$，$s\cdot0+t\cdot5^2-\frac{15}{2}=0$

すなわち　$16s-6=0$，$25t-\frac{15}{2}=0$

これを解いて　$s=\frac{3}{8}$，$t=\frac{3}{10}$

したがって　$\boldsymbol{\overrightarrow{CH}=\frac{3}{8}\overrightarrow{OA}+\frac{3}{10}\overrightarrow{OB}-\overrightarrow{OC}}$

(2) $\triangle OAB=\frac{1}{2}OA\cdot OB=\frac{1}{2}\cdot4\cdot5=10$

←△OABは，∠AOB=90°の直角三角形である。

また　$|\overrightarrow{CH}|^2=\left|\frac{3}{8}\overrightarrow{OA}+\frac{3}{10}\overrightarrow{OB}-\overrightarrow{OC}\right|^2$

$$=\frac{9}{64}|\overrightarrow{OA}|^2+\frac{9}{100}|\overrightarrow{OB}|^2+|\overrightarrow{OC}|^2$$
$$+\frac{9}{40}\overrightarrow{OA}\cdot\overrightarrow{OB}-\frac{3}{5}\overrightarrow{OB}\cdot\overrightarrow{OC}-\frac{3}{4}\overrightarrow{OC}\cdot\overrightarrow{OA}$$
$$=\frac{9}{64}\cdot16+\frac{9}{100}\cdot25+9+0-\frac{3}{5}\cdot\frac{15}{2}-\frac{3}{4}\cdot6$$
$$=\frac{9}{4}+\frac{9}{4}+9-\frac{9}{2}-\frac{9}{2}=\frac{9}{2}$$

←$\left(\frac{3}{8}a+\frac{3}{10}b-c\right)^2$を展開する要領。

$|\overrightarrow{\mathrm{CH}}|>0$ であるから　　$|\overrightarrow{\mathrm{CH}}|=\sqrt{\dfrac{9}{2}}=\dfrac{3\sqrt{2}}{2}$

よって，四面体 OABC の体積は

$$\frac{1}{3}\cdot\triangle \mathrm{OAB}\cdot\mathrm{CH}=\frac{1}{3}\cdot 10\cdot\frac{3\sqrt{2}}{2}=\mathbf{5\sqrt{2}}$$



## EX ③49

O を原点とする座標空間において，3 点 A$(-2,\ 0,\ 0)$，B$(0,\ 1,\ 0)$，C$(0,\ 0,\ 1)$ を通る平面を $\alpha$ とする。2 点 P$(0,\ 5,\ 5)$，Q$(1,\ 1,\ 1)$ をとる。点 P を通り $\overrightarrow{\mathrm{OQ}}$ に平行な直線を $\ell$ とする。直線 $\ell$ 上の点 R から平面 $\alpha$ に下ろした垂線と $\alpha$ の交点を S とする。$\overrightarrow{\mathrm{OR}}=\overrightarrow{\mathrm{OP}}+k\overrightarrow{\mathrm{OQ}}$（ただし $k$ は実数）とおくとき，次の問いに答えよ。

(1) $k$ を用いて，$\overrightarrow{\mathrm{AS}}$ を成分で表せ。

(2) 点 S が △ABC の内部または周にあるような $k$ の値の範囲を求めよ。　〔筑波大〕

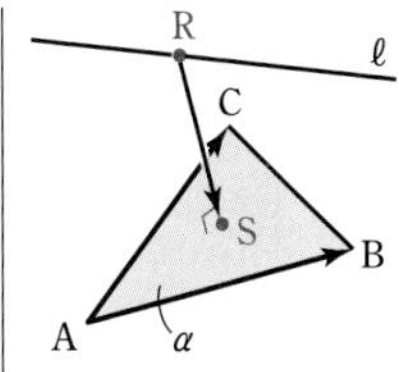


(1) $\overrightarrow{\mathrm{OR}}=(0,\ 5,\ 5)+k(1,\ 1,\ 1)=(k,\ k+5,\ k+5)$

点 S は平面 $\alpha$ 上にあるから，

$\overrightarrow{\mathrm{AS}}=p\overrightarrow{\mathrm{AB}}+q\overrightarrow{\mathrm{AC}}$（$p,\ q$ は実数）…… ①

と表される。

$\overrightarrow{\mathrm{AB}}=(2,\ 1,\ 0)$，$\overrightarrow{\mathrm{AC}}=(2,\ 0,\ 1)$ であるから

$\overrightarrow{\mathrm{AS}}=p(2,\ 1,\ 0)+q(2,\ 0,\ 1)$

$=(2p+2q,\ p,\ q)$

また　$\overrightarrow{\mathrm{AR}}=\overrightarrow{\mathrm{OR}}-\overrightarrow{\mathrm{OA}}=(k+2,\ k+5,\ k+5)$

よって　$\overrightarrow{\mathrm{RS}}=\overrightarrow{\mathrm{AS}}-\overrightarrow{\mathrm{AR}}$

$=(2p+2q-k-2,\ p-k-5,\ q-k-5)$

$\overrightarrow{\mathrm{RS}}$ は平面 $\alpha$ に垂直であるから

$\overrightarrow{\mathrm{RS}}\cdot\overrightarrow{\mathrm{AB}}=0$ かつ $\overrightarrow{\mathrm{RS}}\cdot\overrightarrow{\mathrm{AC}}=0$

←本冊 $p.121$ 補足事項を参照。

ここで　$\overrightarrow{\mathrm{RS}}\cdot\overrightarrow{\mathrm{AB}}=2(2p+2q-k-2)+(p-k-5)$

$\overrightarrow{\mathrm{RS}}\cdot\overrightarrow{\mathrm{AC}}=2(2p+2q-k-2)+(q-k-5)$

ゆえに　$2(2p+2q-k-2)+(p-k-5)=0$ …… ②

$2(2p+2q-k-2)+(q-k-5)=0$

辺々引いて　$p-q=0$　すなわち　$p=q$

これを ② に代入して　$9q-3k-9=0$

←$2(4q-k-2)+q-k-5=0$

これから　$p=q=\dfrac{k+3}{3}$ …… ③

したがって　$\overrightarrow{\mathrm{AS}}=\left(\dfrac{\mathbf{4(k+3)}}{\mathbf{3}},\ \dfrac{\mathbf{k+3}}{\mathbf{3}},\ \dfrac{\mathbf{k+3}}{\mathbf{3}}\right)$

←$2p+2q=4p=\dfrac{4(k+3)}{3}$

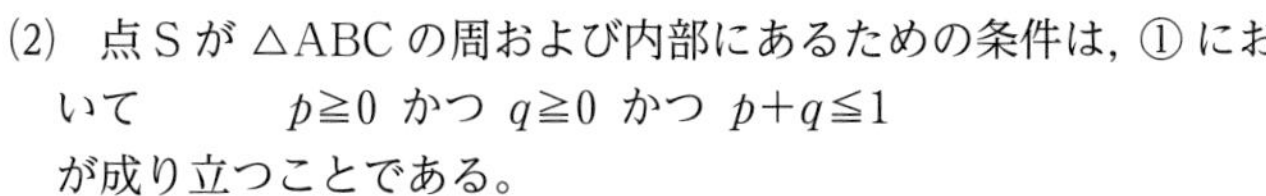

(2) 点 S が △ABC の周および内部にあるための条件は，① において　$p\geqq 0$ かつ $q\geqq 0$ かつ $p+q\leqq 1$

が成り立つことである。

←本冊 $p.66$ 基本事項 **2** の ② を参照。

③ から　$\dfrac{k+3}{3}\geqq 0$ …… ④　かつ　$\dfrac{k+3}{3}+\dfrac{k+3}{3}\leqq 1$ …… ⑤

④ から　$k\geqq -3$　　⑤ から　$k\leqq -\dfrac{3}{2}$

したがって　$\mathbf{-3\leqq k\leqq -\dfrac{3}{2}}$

参考 (1)で③を導くのに，平面の方程式を利用することもできる。

平面$\alpha$の方程式は　$\dfrac{x}{-2}+\dfrac{y}{1}+\dfrac{z}{1}=1$

すなわち　$x-2y-2z=-2$

よって，平面$\alpha$の法線ベクトルの1つは　$\vec{n}=(1,\ -2,\ -2)$

$\vec{n}$と$\overrightarrow{\mathrm{RS}}$が平行であるから，$\overrightarrow{\mathrm{RS}}=t\vec{n}$（$t$は実数）が成り立つ。

ゆえに　$(2p+2q-k-2,\ p-k-5,\ q-k-5)=t(1,\ -2,\ -2)$

よって　$2p+2q-k-2=t$ …… ①，

$p-k-5=-2t$ …… ②，$q-k-5=-2t$ …… ③

①×2+②から　$5p+4q-3k-9=0$ …… ④

②−③から　$p-q=0$　すなわち　$p=q$ …… ⑤

④，⑤から　$p=q=\dfrac{k+3}{3}$

←本冊$p.135$，137，138参照。3点$(a,\ 0,\ 0)$，$(0,\ b,\ 0)$，$(0,\ 0,\ c)$を通る平面の方程式は
$\dfrac{x}{a}+\dfrac{y}{b}+\dfrac{z}{c}=1$
$(abc\neq 0)$

←$\vec{n}\perp$(平面$\alpha$)

**EX ②50**

座標空間に点O(0, 0, 0)，A(2, 0, 0)，B(0, 1, 2)がある。$t$を実数とし，動点Pが$\overrightarrow{\mathrm{AP}}\cdot\overrightarrow{\mathrm{BP}}=t$を満たしながら動くとき，$t$のとりうる値の範囲は$t\geqq$ ア□ である。特に，$t>$ ア□ のとき，点Pの軌跡は，中心の座標が イ□，半径が ウ□ の球面となる。〔類 立命館大〕

P$(x,\ y,\ z)$とすると

$\overrightarrow{\mathrm{AP}}=(x-2,\ y,\ z)$，$\overrightarrow{\mathrm{BP}}=(x,\ y-1,\ z-2)$

$\overrightarrow{\mathrm{AP}}\cdot\overrightarrow{\mathrm{BP}}=t$から　$(x-2)x+y(y-1)+z(z-2)=t$

変形すると　$(x-1)^2+\left(y-\dfrac{1}{2}\right)^2+(z-1)^2=t+\dfrac{9}{4}$

よって，$t$のとりうる値の範囲は，$t+\dfrac{9}{4}\geqq 0$から　$t\geqq$ ア $\boldsymbol{-\dfrac{9}{4}}$

特に，$t>-\dfrac{9}{4}$のとき，点Pの軌跡は，中心の座標が

イ$\boldsymbol{\left(1,\ \dfrac{1}{2},\ 1\right)}$，半径 ウ$\boldsymbol{\sqrt{t+\dfrac{9}{4}}}$ の球面となる。

←$(x-1)^2-1^2+\left(y-\dfrac{1}{2}\right)^2-\left(\dfrac{1}{2}\right)^2+(z-1)^2-1^2=t$

←(左辺)$\geqq 0$から。

**EX ④51**

原点Oを中心とする半径1の球面を$Q$とする。$Q$上の点P$(l,\ m,\ n)$を通り$\overrightarrow{\mathrm{OP}}$に垂直な平面が，$x$軸，$y$軸，$z$軸と交わる点を順にA$(a,\ 0,\ 0)$，B$(0,\ b,\ 0)$，C$(0,\ 0,\ c)$とおく。ただし，$l>0$，$m>0$，$n>0$とする。〔名古屋市大〕

(1) △ABCの面積$S$を$l$，$m$，$n$を用いて表せ。

(2) 点Pが$l>0$，$m>0$，$n=\dfrac{1}{2}$の条件を満たしながら$Q$上を動くとき，$S$の最小値を求めよ。

HINT (1) 四面体の体積に注目し，まず，$S$を$a$，$b$，$c$で表す。

(2) (1)の結果を利用。$S=\dfrac{1}{●}$（●$>0$）の形 ⟶ ●が最大のとき$S$は最小。

(1) 四面体OABCの体積について，

$$\frac{1}{3}|\overrightarrow{\mathrm{OP}}|S=\frac{1}{3}\times\frac{1}{2}ab\times c$$

が成り立つ。

点Pは球面$Q$上にあるから　$|\overrightarrow{\mathrm{OP}}|=1$

別解 (1)（①を導くまでは同じ。）
点P$(l,\ m,\ n)$を通り，$\overrightarrow{\mathrm{OP}}=(l,\ m,\ n)$に垂直な平面の方程式は

よって　$S=\dfrac{abc}{2}$ ……①

また，$\overrightarrow{\mathrm{OP}}=(l,\ m,\ n)$，$\overrightarrow{\mathrm{AP}}=(l-a,\ m,\ n)$ であるから

$$\overrightarrow{\mathrm{OP}}\cdot\overrightarrow{\mathrm{AP}}=l(l-a)+m^2+n^2=1-la$$

$\overrightarrow{\mathrm{OP}}\perp\overrightarrow{\mathrm{AP}}$ より，$\overrightarrow{\mathrm{OP}}\cdot\overrightarrow{\mathrm{AP}}=0$ であるから

$$1-la=0$$

ゆえに　$a=\dfrac{1}{l}$

$\overrightarrow{\mathrm{OP}}\perp\overrightarrow{\mathrm{BP}}$，$\overrightarrow{\mathrm{OP}}\perp\overrightarrow{\mathrm{CP}}$ から，同様にして

$$b=\frac{1}{m},\ c=\frac{1}{n}$$

よって，①から　$\boldsymbol{S=\dfrac{1}{2lmn}}$

$l(x-l)+m(y-m)+n(z-n)=0$
すなわち $lx+my+nz=l^2+m^2+n^2$
よって $lx+my+nz=1$
$y=z=0$ とすると $x=\dfrac{1}{l}$
ゆえに　$a=\dfrac{1}{l}$
同様にして
$b=\dfrac{1}{m}$，$c=\dfrac{1}{n}$
よって　$\boldsymbol{S=\dfrac{1}{2lmn}}$

(2)　$n=\dfrac{1}{2}$ のとき　$S=\dfrac{1}{lm}$

$l>0$，$m>0$ であるから，$lm$ が最大のとき，すなわち $l^2m^2$ が最大のとき $S$ は最小となる。

$l^2+m^2+n^2=1$ であるから　$l^2=\dfrac{3}{4}-m^2$ ……②　　←$n=\dfrac{1}{2}$

ゆえに　$l^2m^2=\left(\dfrac{3}{4}-m^2\right)m^2=-m^4+\dfrac{3}{4}m^2$

$$=-\left(m^2-\frac{3}{8}\right)^2+\frac{9}{64}$$

←$m^2$ の 2 次式。

よって，$m^2=\dfrac{3}{8}$ のとき $l^2m^2$ は最大値 $\dfrac{9}{64}$ をとる。　←$lm$ の最大値は $\sqrt{\dfrac{9}{64}}=\dfrac{3}{8}$

このとき，②から　$l^2=\dfrac{3}{8}$

$l>0$，$m>0$ であるから　$l=m=\dfrac{\sqrt{6}}{4}$

したがって，$S$ は

$$\boldsymbol{l=\frac{\sqrt{6}}{4},\ m=\frac{\sqrt{6}}{4}} \textbf{ のとき最小値 } \sqrt{\frac{64}{9}}=\boldsymbol{\frac{8}{3}}$$

をとる。

別解　$n=\dfrac{1}{2}$ のとき　$S=\dfrac{1}{lm}$

$l>0$，$m>0$ であるから，$lm$ が最大のとき $S$ は最小となる。

(相加平均)≧(相乗平均) により　　←$A>0$，$B>0$ のとき $\dfrac{A+B}{2}\geqq\sqrt{AB}$ 等号は $A=B$ のとき成り立つ。

$$\frac{l^2+m^2}{2}\geqq\sqrt{l^2m^2}=lm$$

$l^2+m^2=\dfrac{3}{4}$ であるから　$lm\leqq\dfrac{1}{2}\cdot\dfrac{3}{4}=\dfrac{3}{8}$

等号は $l^2=m^2$ すなわち $l=m=\sqrt{\dfrac{3}{8}}=\dfrac{\sqrt{6}}{4}$ のとき成り立つ。

よって，$\boldsymbol{l=m=\dfrac{\sqrt{6}}{4}}$ **のとき** $S$ は **最小値** $\boldsymbol{\dfrac{8}{3}}$ をとる。　←$lm$ の最大値は $\dfrac{3}{8}$

**EX ③52** 座標空間内に $xy$ 平面と交わる半径5の球がある。その球の中心の $z$ 座標が正であり，その球と $xy$ 平面の交わりが作る円の方程式が $x^2+y^2-4x+6y+4=0$, $z=0$ であるとき，その球の中心の座標を求めよ。〔早稲田大〕

円の方程式を変形すると

$$(x-2)^2+(y+3)^2=9,\ z=0 \ \cdots\cdots \ ①$$

←$x$, $y$ について平方完成する。

これは $xy$ 平面上で中心 $(2,\ -3,\ 0)$ の円を表す。

ゆえに，球の中心の座標は $(2,\ -3,\ p)$ $(p>0)$ と表され，半径が5であるから，その方程式は

$$(x-2)^2+(y+3)^2+(z-p)^2=5^2$$

この球面と $xy$ 平面の交わりの図形の方程式は

$$(x-2)^2+(y+3)^2+(0-p)^2=25,\ z=0$$

よって　$(x-2)^2+(y+3)^2=25-p^2,\ z=0$

条件より，この方程式が ① と一致するから　$25-p^2=9$

ゆえに　$p^2=16$

$p>0$ であるから　$p=4$

したがって，求める球の中心の座標は　**(2, −3, 4)**

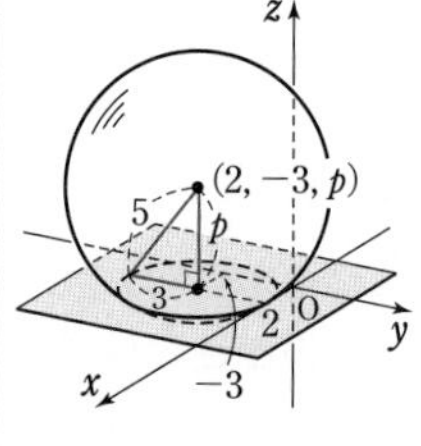


別解　球の中心の座標を $(2,\ -3,\ p)$ $(p>0)$ と表すまでは同じ。球の半径は5，円 ① の半径は3であるから，三平方の定理により　$p^2+3^2=5^2$　$p>0$ であるから　$p=4$

したがって，求める球の中心の座標は　**(2, −3, 4)**

←上の図の直角三角形に注目。

**EX ③53** 点Oを原点とする座標空間に，2点 A(2, 3, 1), B(−2, 1, 3) をとる。また，$x$ 座標が正の点Cを，$\overrightarrow{OC}$ が $\overrightarrow{OA}$ と $\overrightarrow{OB}$ に垂直で，$|\overrightarrow{OC}|=8\sqrt{3}$ となるように定める。

(1) 点Cの座標を求めよ。　(2) 四面体OABCの体積を求めよ。

(3) 平面ABCの方程式を求めよ。

(4) 原点Oから平面ABCに垂線OHを下ろす。このとき，点Hの座標を求めよ。〔類 慶応大〕

(1) $C(a,\ b,\ c)$ $(a>0)$ とする。

$\overrightarrow{OA}\perp\overrightarrow{OC}$, $\overrightarrow{OB}\perp\overrightarrow{OC}$ から　$\overrightarrow{OA}\cdot\overrightarrow{OC}=0$, $\overrightarrow{OB}\cdot\overrightarrow{OC}=0$

←$\overrightarrow{OA}=(2,\ 3,\ 1)$, $\overrightarrow{OB}=(-2,\ 1,\ 3)$, $\overrightarrow{OC}=(a,\ b,\ c)$

よって　$2a+3b+c=0 \ \cdots\cdots \ ①$, $-2a+b+3c=0 \ \cdots\cdots \ ②$

①, ② から　$b=-a$, $c=a \ \cdots\cdots \ ③$

$|\overrightarrow{OC}|=8\sqrt{3}$ から　$\sqrt{a^2+b^2+c^2}=8\sqrt{3}$

③ を代入して整理すると　$\sqrt{a^2}=8$

←$\sqrt{3a^2}=8\sqrt{3}$

$a>0$ であるから　$a=8$

③ から　$b=-8$, $c=8$

したがって，点Cの座標は　**(8, −8, 8)**

(2) $\overrightarrow{OA}=(2,\ 3,\ 1)$, $\overrightarrow{OB}=(-2,\ 1,\ 3)$ であるから

$|\overrightarrow{OA}|^2=2^2+3^2+1^2=14$, $|\overrightarrow{OB}|^2=(-2)^2+1^2+3^2=14$,

$\overrightarrow{OA}\cdot\overrightarrow{OB}=2\times(-2)+3\times1+1\times3=2$

ゆえに　$\triangle OAB=\dfrac{1}{2}\sqrt{|\overrightarrow{OA}|^2|\overrightarrow{OB}|^2-(\overrightarrow{OA}\cdot\overrightarrow{OB})^2}$

$$=\frac{1}{2}\sqrt{14\times14-2^2}=4\sqrt{3}$$

$\overrightarrow{OC}$ が $\overrightarrow{OA}$ と $\overrightarrow{OB}$ に垂直であるから，$\overrightarrow{OC}$ は平面 OAB に垂直である。したがって，四面体 OABC の体積は

$$\frac{1}{3}\times\triangle OAB\times|\overrightarrow{OC}|=\frac{1}{3}\times4\sqrt{3}\times8\sqrt{1^2+1^2+1^2}=\mathbf{32}$$

(3) 平面 ABC の法線ベクトルを $\vec{n}=(l,\ m,\ n)$ $(\vec{n}\neq\vec{0})$ とする。
$\vec{n}\perp\overrightarrow{AB}$，$\vec{n}\perp\overrightarrow{AC}$ から　$\vec{n}\cdot\overrightarrow{AB}=0$，$\vec{n}\cdot\overrightarrow{AC}=0$
$\overrightarrow{AB}=(-4,\ -2,\ 2)=-2(2,\ 1,\ -1)$，$\overrightarrow{AC}=(6,\ -11,\ 7)$ であるから　$2l+m-n=0$，$6l-11m+7n=0$
これから　$m=5l$，$n=7l$
よって　$\vec{n}=(l,\ 5l,\ 7l)=l(1,\ 5,\ 7)$
$\vec{n}\neq\vec{0}$ より，$l\neq0$ であるから，$\vec{n}=(1,\ 5,\ 7)$ とする。
平面 ABC は，点 A を通り，$\vec{n}$ に垂直であるから，その方程式は　$1\cdot(x-2)+5(y-3)+7(z-1)=0$
すなわち　$\boldsymbol{x+5y+7z-24=0}$

(4) $\vec{n}\parallel\overrightarrow{OH}$ であるから，$\overrightarrow{OH}=k(1,\ 5,\ 7)$ ($k$ は実数) とおける。
よって，点 H の座標は　$(k,\ 5k,\ 7k)$
点 H は平面 ABC 上にあるから　$k+5\cdot5k+7\cdot7k-24=0$
これを解くと　$k=\dfrac{8}{25}$
したがって，点 H の座標は　$\left(\boldsymbol{\dfrac{8}{25},\ \dfrac{8}{5},\ \dfrac{56}{25}}\right)$

←直線 $h$ が，平面 $\alpha$ 上の交わる 2 直線 $\ell$，$m$ に垂直ならば，直線 $h$ は平面 $\alpha$ に垂直である。

別解 (3) 平面 ABC の方程式を $px+qy+rz+s=0$ とすると，3 点 A, B, C を通ることから
$2p+3q+r+s=0$,
$-2p+q+3r+s=0$,
$8p-8q+8r+s=0$
これから
$q=5p$，$r=7p$，$s=-24p$
よって，求める方程式は
$px+5py+7pz-24p=0$
$\therefore\ x+5y+7z-24=0$

←$\vec{n}$，$\overrightarrow{OH}$ はともに平面 ABC に垂直。

2章
EX
〔空間のベクトル〕

**EX ⑤54**

座標空間内の 8 点 O(0, 0, 0)，A(1, 0, 0)，B(0, 1, 0)，C(0, 0, 1)，D(0, 1, 1)，E(1, 0, 1)，F(1, 1, 0)，G(1, 1, 1) を頂点とする立方体を考える。辺 OA を 3：1 に内分する点を P，辺 CE を 1：2 に内分する点を Q，辺 BF を 1：3 に内分する点を R とする。3 点 P，Q，R を通る平面を $\alpha$ とする。
(1) 平面 $\alpha$ が直線 DG，CD，BD と交わる点を，それぞれ S，T，U とする。点 S，T，U の座標を求めよ。
(2) 四面体 SDTU の体積を求めよ。
(3) 立方体を平面 $\alpha$ で切ってできる立体のうち，点 A を含む側の体積を求めよ。〔日本女子大〕

HINT (1) まず，点 P，Q，R の座標を求める。平面 $\alpha$ の方程式を求め，それを利用。
(3) (立方体の体積)−(点 A を含まない側の立体の体積) で計算。

(1) $P\left(\dfrac{3}{4},\ 0,\ 0\right)$，$Q\left(\dfrac{1}{3},\ 0,\ 1\right)$，$R\left(\dfrac{1}{4},\ 1,\ 0\right)$ である。
平面 $\alpha$ の方程式を $ax+by+cz+d=0$ とすると，3 点 P，Q，R を通ることから

$$\frac{3}{4}a+d=0\ \cdots\cdots\ ①,\quad \frac{1}{3}a+c+d=0\ \cdots\cdots\ ②,$$
$$\frac{1}{4}a+b+d=0\ \cdots\cdots\ ③$$

① から　$a=-\dfrac{4}{3}d$

②，③ から　$b=-\dfrac{2}{3}d$，$c=-\dfrac{5}{9}d$

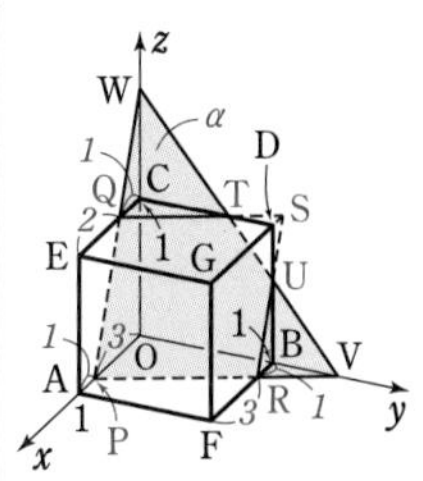

よって，平面 $\alpha$ の方程式は　$-\frac{4}{3}dx-\frac{2}{3}dy-\frac{5}{9}dz+d=0$

←$d\neq 0$

すなわち　$12x+6y+5z-9=0$ …… ④

④ で $y=1$，$z=1$ とすると　$12x+6+5-9=0$

ゆえに　$x=-\frac{1}{6}$　　よって　$\mathbf{S}\left(-\frac{1}{6},\ 1,\ 1\right)$

←S(●，1，1) の形。この点が平面 $\alpha$ 上にある。

④ で $x=0$，$z=1$ とすると　$6y+5-9=0$

ゆえに　$y=\frac{2}{3}$　　よって　$\mathbf{T}\left(0,\ \frac{2}{3},\ 1\right)$

←T(0，●，1) の形。この点が平面 $\alpha$ 上にある。

④ で $x=0$，$y=1$ とすると　$6+5z-9=0$

ゆえに　$z=\frac{3}{5}$　　よって　$\mathbf{U}\left(0,\ 1,\ \frac{3}{5}\right)$

←U(0，1，●) の形。この点が平面 $\alpha$ 上にある。

(2)　求める体積は

$$\frac{1}{3}\triangle\text{DTU}\times\text{SD}=\frac{1}{3}\times\frac{1}{2}\cdot\left(1-\frac{2}{3}\right)\cdot\left(1-\frac{3}{5}\right)\times\frac{1}{6}$$

$$=\mathbf{\frac{1}{270}}$$

(3)　平面 $\alpha$ の $y$ 軸，$z$ 軸との交点をそれぞれ V，W とする。

④ で $x=z=0$ とすると　$y=\frac{3}{2}$　　よって　$\text{V}\left(0,\ \frac{3}{2},\ 0\right)$

←V(0，●，0) の形。

④ で $x=y=0$ とすると　$z=\frac{9}{5}$　　よって　$\text{W}\left(0,\ 0,\ \frac{9}{5}\right)$

←W(0，0，●) の形。

ゆえに，点 A を含まない側の立体の体積は

(四面体 WOPV の体積)−(四面体 UBRV の体積)
−(四面体 WCQT の体積)

$$=\frac{1}{3}\cdot\triangle\text{OPV}\cdot\text{WO}-\frac{1}{3}\cdot\triangle\text{BRV}\cdot\text{UB}-\frac{1}{3}\cdot\triangle\text{CQT}\cdot\text{WC}$$

$$=\frac{1}{3}\times\frac{1}{2}\cdot\frac{3}{4}\cdot\frac{3}{2}\times\frac{9}{5}-\frac{1}{3}\times\frac{1}{2}\cdot\frac{1}{4}\cdot\frac{1}{2}\times\frac{3}{5}$$

$$-\frac{1}{3}\times\frac{1}{2}\cdot\frac{1}{3}\cdot\frac{2}{3}\times\frac{4}{5}$$

$$=\frac{27}{80}-\frac{1}{80}-\frac{4}{135}=\frac{13}{40}-\frac{4}{135}=\frac{319}{1080}$$

←$=\frac{351-32}{1080}$

よって，点 A を含む側の立体の体積は　$1^3-\frac{319}{1080}=\mathbf{\frac{761}{1080}}$

←立方体の体積は $1^3$

**EX ④55**

空間に 4 個の点 A(0，1，1)，B(0，2，3)，C(1，3，0)，D(0，1，2) をとる。点 A と点 B を通る直線を $\ell$ とし，点 C と点 D を通る直線を $m$ とする。

(1)　直線 $\ell$ と直線 $m$ は交わらないことを証明せよ。

(2)　直線 $\ell$ と直線 $m$ のどちらに対しても直交する直線を $n$ とし，直線 $\ell$ と直線 $n$ の交点を P とし，直線 $m$ と直線 $n$ の交点を Q とする。このとき，点 P と点 Q の座標を求め，線分 PQ の長さを求めよ。　〔埼玉大〕

(1)　直線 $\ell$ の方程式は

$$(x,\ y,\ z)=(1-s)(0,\ 1,\ 1)+s(0,\ 2,\ 3)$$

よって　$x=0$，$y=1+s$，$z=1+2s$（$s$ は実数）

←$(1-s)\overrightarrow{\text{OA}}+s\overrightarrow{\text{OB}}$
［O は原点］

直線 $m$ の方程式は

$$(x,\ y,\ z)=(1-t)(1,\ 3,\ 0)+t(0,\ 1,\ 2)$$

ゆえに　$x=1-t,\ y=3-2t,\ z=2t$ ($t$ は実数)

$0=1-t$ …… ①，$1+s=3-2t$ …… ②，$1+2s=2t$ …… ③

とすると，① から　$t=1$　ゆえに，② から　$s=0$

しかし，$s=0,\ t=1$ は ③ を満たさない。

ゆえに，①～③ を同時に満たす実数 $s,\ t$ は存在しない。

したがって，直線 $\ell,\ m$ は交わらない。

←$(1-t)\overrightarrow{OC}+t\overrightarrow{OD}$ [O は原点]

←$s=0,\ t=1$ のとき，③ は $1=2$ となる。

(2) 点 P は直線 $\ell$ 上，点 Q は直線 $m$ 上にあるから，(1) より

$$P(0,\ s+1,\ 2s+1),\ Q(-t+1,\ -2t+3,\ 2t)$$

を満たす実数 $s,\ t$ が存在する。

(1) より，点 P，Q は異なるから，条件より　$\overrightarrow{PQ}\perp\ell,\ \overrightarrow{PQ}\perp m$

ここで，点 A，B は直線 $\ell$ 上，点 C，D は直線 $m$ 上にあるから

$\overrightarrow{PQ}\perp\overrightarrow{AB},\ \overrightarrow{PQ}\perp\overrightarrow{CD}$　すなわち　$\overrightarrow{PQ}\cdot\overrightarrow{AB}=0,\ \overrightarrow{PQ}\cdot\overrightarrow{CD}=0$

$\overrightarrow{PQ}=(-t+1,\ -s-2t+2,\ -2s+2t-1),\ \overrightarrow{AB}=(0,\ 1,\ 2)$,

$\overrightarrow{CD}=(-1,\ -2,\ 2)$ であるから，$\overrightarrow{PQ}\cdot\overrightarrow{AB}=0$ より

$$(-t+1)\times0+(-s-2t+2)\times1+(-2s+2t-1)\times2=0$$

すなわち　$5s-2t=0$ …… ①

$\overrightarrow{PQ}\cdot\overrightarrow{CD}=0$ より

$$(-t+1)\times(-1)+(-s-2t+2)\times(-2)+(-2s+2t-1)\times2=0$$

すなわち　$2s-9t=-7$ …… ②

①，② を解いて　$s=\dfrac{14}{41},\ t=\dfrac{35}{41}$

よって

$$P\left(0,\ \frac{14}{41}+1,\ 2\cdot\frac{14}{41}+1\right),\ Q\left(-\frac{35}{41}+1,\ -2\cdot\frac{35}{41}+3,\ 2\cdot\frac{35}{41}\right)$$

すなわち　$\mathbf{P\left(0,\ \dfrac{55}{41},\ \dfrac{69}{41}\right),\ Q\left(\dfrac{6}{41},\ \dfrac{53}{41},\ \dfrac{70}{41}\right)}$

また　$\overrightarrow{PQ}=\left(\dfrac{6}{41},\ -\dfrac{2}{41},\ \dfrac{1}{41}\right)=\dfrac{1}{41}(6,\ -2,\ 1)$

ゆえに　$\mathbf{PQ}=|\overrightarrow{PQ}|=\dfrac{1}{41}\sqrt{6^2+(-2)^2+1^2}=\mathbf{\dfrac{1}{\sqrt{41}}}$

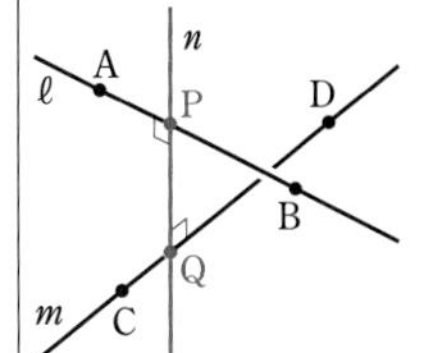


←$\vec{a}=k\vec{b}$ のとき $|\vec{a}|=|k||\vec{b}|$ ($k$ は実数)



**EX** 
**④56**

座標空間において，原点 O を中心とし半径が $\sqrt{5}$ の球面を $S$ とする。点 A(1, 1, 1) からベクトル $\vec{u}=(0,\ 1,\ -1)$ と同じ向きに出た光線が球面 $S$ に点 B で当たり，反射して球面 $S$ の点 C に到達したとする。ただし，反射光は点 O，A，B が定める平面上を，直線 OB が ∠ABC を二等分するように進むものとする。点 C の座標を求めよ。　[早稲田大]

球面 $S$ の方程式は　$x^2+y^2+z^2=5$

与えられた条件から，正の実数 $k$ を用いて，

$$\overrightarrow{OB}=\overrightarrow{OA}+\overrightarrow{AB}=\overrightarrow{OA}+k\vec{u}=(1,\ 1+k,\ 1-k)$$

と表される。

よって，点 B の座標は　$(1,\ 1+k,\ 1-k)$

点 B は球面 $S$ 上にあるから　$1^2+(1+k)^2+(1-k)^2=5$

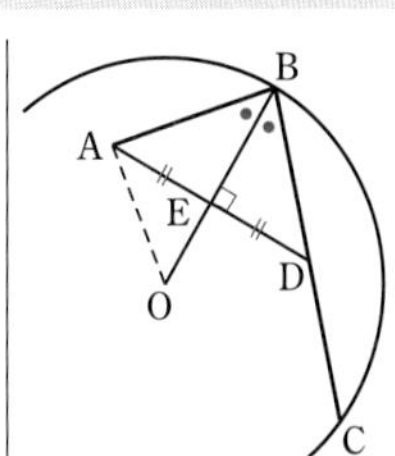

整理して　$k^2=1$　　$k>0$ であるから　$k=1$

したがって，点Bの座標は　(1, 2, 0)

次に，線分ADと線分OBが直交するように，線分BC上に点Dをとる。また，線分ADと線分OBの交点をEとする。

このとき　$|\overrightarrow{BE}|=|\overrightarrow{BA}|\cos\angle ABO$

$$=|\overrightarrow{BA}|\times\frac{\overrightarrow{BA}\cdot\overrightarrow{BO}}{|\overrightarrow{BA}||\overrightarrow{BO}|}=\frac{\overrightarrow{BA}\cdot\overrightarrow{BO}}{|\overrightarrow{BO}|}$$

ゆえに　$\overrightarrow{BE}=\dfrac{|\overrightarrow{BE}|}{|\overrightarrow{BO}|}\overrightarrow{BO}=\dfrac{\overrightarrow{BA}\cdot\overrightarrow{BO}}{|\overrightarrow{BO}|^2}\overrightarrow{BO}$

$|\overrightarrow{BO}|=\sqrt{5}$，$\overrightarrow{BA}=(0,\ -1,\ 1)$，$\overrightarrow{BO}=(-1,\ -2,\ 0)$ より，
$\overrightarrow{BA}\cdot\overrightarrow{BO}=2$ であるから

$$\overrightarrow{BE}=\frac{2}{5}\overrightarrow{BO}=\left(-\frac{2}{5},\ -\frac{4}{5},\ 0\right)$$

Dは線分AEを2：1に外分する点であるから

$$\overrightarrow{BD}=\frac{-\overrightarrow{BA}+2\overrightarrow{BE}}{2-1}=(0,\ 1,\ -1)+\left(-\frac{4}{5},\ -\frac{8}{5},\ 0\right)$$
$$=\left(-\frac{4}{5},\ -\frac{3}{5},\ -1\right)$$

よって，正の実数 $m$ を用いて，

$$\overrightarrow{OC}=\overrightarrow{OB}+m\overrightarrow{BD}=\left(1-\frac{4}{5}m,\ 2-\frac{3}{5}m,\ -m\right)$$

と表される。

ゆえに，点Cの座標は　$\left(1-\dfrac{4}{5}m,\ 2-\dfrac{3}{5}m,\ -m\right)$

点Cは球面 $S$ 上にあるから

$$\left(1-\frac{4}{5}m\right)^2+\left(2-\frac{3}{5}m\right)^2+(-m)^2=5$$

よって　$m(m-2)=0$　　$m>0$ であるから　$m=2$

したがって，点Cの座標は　$\left(-\dfrac{3}{5},\ \dfrac{4}{5},\ -2\right)$

←$\overrightarrow{BE}$ は $\overrightarrow{BA}$ の $\overrightarrow{BO}$ 上への正射影ベクトルであるから
$\overrightarrow{BE}=\dfrac{\overrightarrow{BA}\cdot\overrightarrow{BO}}{|\overrightarrow{BO}|^2}\overrightarrow{BO}$
(本冊 $p.57$ 参考事項を参照。)

←$|\overrightarrow{BO}|$
=(球面 $S$ の半径)

←球面 $S$ の方程式に代入。

**EX ⑤57**

空間に球面 $S$：$x^2+y^2+z^2-4z=0$ と定点A(0, 1, 4)がある。
(1) 球面 $S$ の中心Cの座標と半径を求めよ。
(2) 直線ACと $xy$ 平面との交点Pの座標を求めよ。
(3) $xy$ 平面上に点B(4, −1, 0)をとるとき，直線ABと球面 $S$ の共有点の座標を求めよ。
(4) 直線AQと球面 $S$ が共有点をもつように点Qが $xy$ 平面上を動く。このとき，点Qの動く範囲を求めて，それを $xy$ 平面上に図示せよ。〔立命館大〕

(1) 球面 $S$ の方程式を変形すると

$$x^2+y^2+(z-2)^2=2^2 \quad \cdots\cdots \text{①}$$

よって，球面 $S$ の中心Cの座標は **(0, 0, 2)**，半径は **2** である。

(2) 原点をOとする。

点Pは直線AC上にあるから，$k$ を実数として，次のように表される。

$$\overrightarrow{\mathrm{OP}}=(1-k)\overrightarrow{\mathrm{OA}}+k\overrightarrow{\mathrm{OC}}$$
$$=(0,\ 1-k,\ 4-2k)$$

点Pは $xy$ 平面上にあるから　　$4-2k=0$

ゆえに　　$k=2$

よって，点Pの座標は　　$\mathbf{(0,\ -1,\ 0)}$

←$\overrightarrow{\mathrm{OP}}=\overrightarrow{\mathrm{OA}}+k\overrightarrow{\mathrm{AC}}$ でもよい。

←$z$ 座標は0である。

参考　(2)　2点A，Cは $yz$ 平面にあるから，点Pも $yz$ 平面にある。
よって　　P$(0,\ -1,\ 0)$

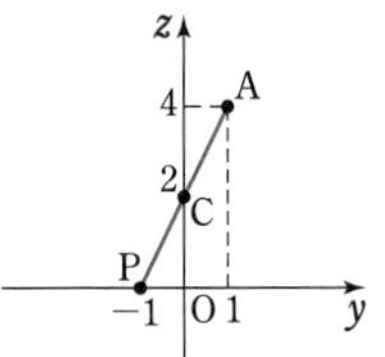


(3)　直線AB上の点をRとすると，$l$ を実数として，次のように表される。

$$\overrightarrow{\mathrm{OR}}=(1-l)\overrightarrow{\mathrm{OA}}+l\overrightarrow{\mathrm{OB}}$$
$$=(4l,\ 1-2l,\ 4-4l)$$

ゆえに　　R$(4l,\ 1-2l,\ 4-4l)$

点Rの座標を①に代入して

$$(4l)^2+(1-2l)^2+(2-4l)^2=4$$

よって　　$36l^2-20l+1=0$

ゆえに　　$(2l-1)(18l-1)=0$

よって　　$l=\dfrac{1}{2},\ \dfrac{1}{18}$

ゆえに，求める共有点の座標は

$$\mathbf{(2,\ 0,\ 2),\ \left(\frac{2}{9},\ \frac{8}{9},\ \frac{34}{9}\right)}$$

(4)　点Qは $xy$ 平面上を動くから，Q$(X,\ Y,\ 0)$ とする。

←$z$ 座標は0である。

直線AQ上の点をTとすると，$t$ を実数として，次のように表される。

$$\overrightarrow{\mathrm{OT}}=(1-t)\overrightarrow{\mathrm{OA}}+t\overrightarrow{\mathrm{OQ}}$$
$$=(tX,\ 1-t+tY,\ 4-4t)$$

よって　　T$(tX,\ 1+t(Y-1),\ 4-4t)$

←$y$ 成分は $t$ について整理しておくと，以後の計算がらく。

点Tの座標を①に代入して

$$(tX)^2+\{1+t(Y-1)\}^2+(2-4t)^2=4$$

$t$ について整理すると

$$\{X^2+(Y-1)^2+16\}t^2+2(Y-9)t+1=0 \quad \cdots\cdots \text{②}$$

直線AQと球面 $S$ が共有点をもつから，$t$ の2次方程式②は実数解をもつ。

←$X^2+(Y-1)^2+16>0$ であるから，②は $t$ の2次方程式である。

ゆえに，②の判別式を $D$ とすると　　$D\geqq 0$

ここで

$$\frac{D}{4}=(Y-9)^2-\{X^2+(Y-1)^2+16\}\cdot 1$$
$$=-X^2-16Y+64$$

$D\geqq 0$ から　　$Y\leqq -\dfrac{1}{16}X^2+4$

よって，点Qの動く範囲を $xy$ 平面上に図示すると，**右の図の斜線部分。ただし，境界線を含む。**

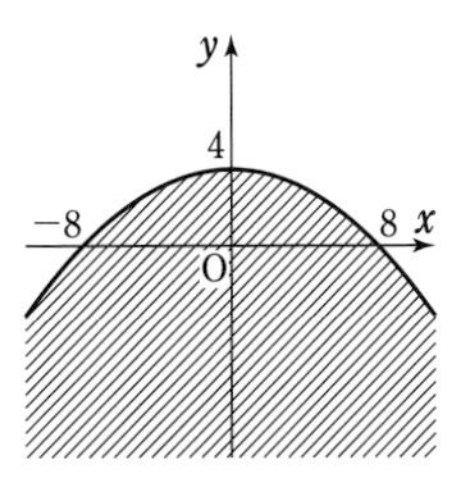


2章
EX
[空間のベクトル]

**練習**
**①90**

(1) $\alpha=a+3i$, $\beta=2+bi$, $\gamma=3a+(b+3)i$ とする。4点 0, $\alpha$, $\beta$, $\gamma$ が一直線上にあるとき，実数 $a$, $b$ の値を求めよ。
(2) 右図の複素数平面上の点 $\alpha$, $\beta$ について，点 $\alpha+\beta$, $\alpha-\beta$, $3\alpha+2\beta$, $\frac{1}{2}(\alpha-4\beta)$ を図に示せ。

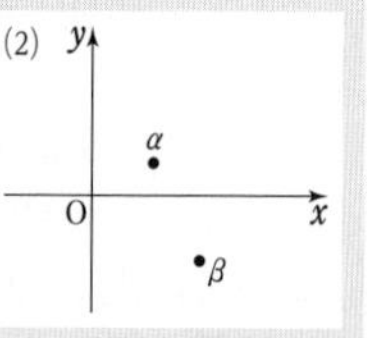


(1) $\alpha\neq0$ であるから，条件より $\beta=k\alpha$ …… ①, $\gamma=l\alpha$ …… ② となる実数 $k$, $l$ がある。

① から　$2+bi=ka+3ki$
よって　$2=ka$ …… ③, $b=3k$ …… ④
② から　$3a+(b+3)i=la+3li$
ゆえに　$3a=la$ …… ⑤, $b+3=3l$ …… ⑥
③ から　$a\neq0$
よって，⑤ から　$l=3$
$l=3$ を ⑥ に代入して　$b+3=9$　ゆえに　$\boldsymbol{b=6}$
$b=6$ を ④ に代入して　$6=3k$　よって　$k=2$
$k=2$ を ③ に代入して　$2=2a$　ゆえに　$\boldsymbol{a=1}$

←3点 0, ●, ▲ が一直線上にある (●$\neq$0) $\iff$ ▲$=k$● となる実数 $k$ がある

(2) 下の図で，線分で囲まれた四角形はすべて平行四辺形である。このとき，$\alpha+\beta$, $\alpha-\beta$, $3\alpha+2\beta$, $\frac{1}{2}(\alpha-4\beta)$ の各点は，図 のようになる。

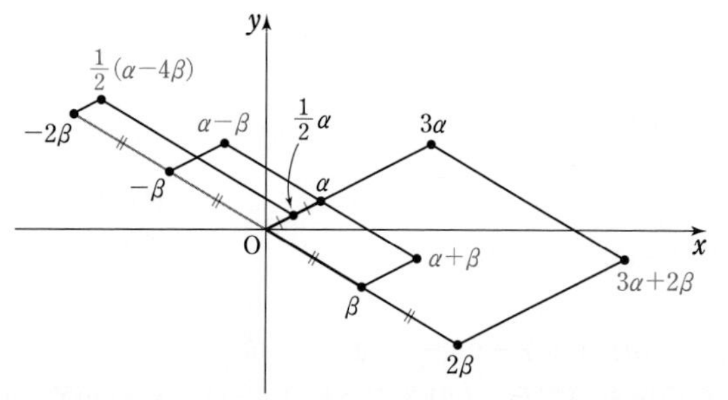


(2) **複素数の和・差は平行四辺形を作る**
ベクトルの図示と同じように考えればよい。
$\alpha-\beta=\alpha+(-\beta)$
$\frac{1}{2}(\alpha-4\beta)$
$=\frac{1}{2}\alpha+(-2\beta)$
と考えている。

**練習**
**②91**

$\alpha$, $\beta$ は虚数とする。
(1) 任意の複素数 $z$ に対して，$z\overline{z}+\alpha\overline{z}+\overline{\alpha}z$ は実数であることを示せ。
(2) $\alpha+\beta$, $\alpha\beta$ がともに実数ならば，$\alpha=\overline{\beta}$ であることを示せ。　〔(1) 類 岡山大〕

(1) $w=z\overline{z}+\alpha\overline{z}+\overline{\alpha}z$ とすると

$$\overline{w}=\overline{z\overline{z}+\alpha\overline{z}+\overline{\alpha}z}=\overline{z\overline{z}}+\overline{\alpha\overline{z}}+\overline{\overline{\alpha}z}=\overline{z}\,\overline{\overline{z}}+\overline{\alpha}\,\overline{\overline{z}}+\overline{\overline{\alpha}}\,\overline{z}$$
$$=\overline{z}z+\overline{\alpha}z+\alpha\overline{z}=w$$

したがって，$w$ は実数である。

←$\overline{\alpha+\beta}=\overline{\alpha}+\overline{\beta}$, $\overline{\alpha\beta}=\overline{\alpha}\,\overline{\beta}$, $\overline{\overline{\alpha}}=\alpha$

←$\overline{w}=w \iff w$ は実数

(2) $\alpha+\beta$ は実数であるから　$\overline{\alpha+\beta}=\alpha+\beta$

よって　$\overline{\alpha}+\overline{\beta}=\alpha+\beta$　ゆえに　$\beta=\overline{\alpha}+\overline{\beta}-\alpha$ …… ①

また，$\alpha\beta$ も実数であるから　$\overline{\alpha\beta}=\alpha\beta$

① を代入すると　$\overline{\alpha}\,\overline{\beta}=\alpha(\overline{\alpha}+\overline{\beta}-\alpha)$

よって　$\overline{\alpha}\,\overline{\beta}-\alpha\overline{\alpha}-\alpha\overline{\beta}+\alpha^2=0$

$\overline{\beta}$ について整理すると　$(\overline{\alpha}-\alpha)\overline{\beta}-\alpha(\overline{\alpha}-\alpha)=0$

したがって　$(\overline{\alpha}-\alpha)(\overline{\beta}-\alpha)=0$

$\alpha$ は虚数であるから，$\overline{\alpha}\neq\alpha$ より　$\overline{\alpha}-\alpha\neq 0$

ゆえに　$\overline{\beta}-\alpha=0$　すなわち　$\alpha=\overline{\beta}$

←$\overline{\alpha\beta}=\overline{\alpha}\,\overline{\beta}$

←「$\overline{\alpha}=\alpha \Longrightarrow \alpha$ は実数」の対偶は「$\alpha$ は虚数 $\Longrightarrow \overline{\alpha}\neq\alpha$」

3章 練習 〔複素数平面〕

**練習 ①92**

(1) $z=1-i$ のとき，$\left|\overline{z}-\dfrac{1}{z}\right|$ の値を求めよ。

(2) 2 点 A$(3-4i)$，B$(4-3i)$ 間の距離を求めよ。また，この 2 点から等距離にある実軸上の点 C を表す複素数を求めよ。

(1) $\left|\overline{z}-\dfrac{1}{z}\right|^2=\left(\overline{z}-\dfrac{1}{z}\right)\overline{\left(\overline{z}-\dfrac{1}{z}\right)}=\left(\overline{z}-\dfrac{1}{z}\right)\left(z-\dfrac{1}{\overline{z}}\right)$

$=\overline{z}z+\dfrac{1}{z\overline{z}}-2=|z|^2+\dfrac{1}{|z|^2}-2$

ここで，$|z|^2=|1-i|^2=1^2+(-1)^2=2$ であるから

$\left|\overline{z}-\dfrac{1}{z}\right|^2=2+\dfrac{1}{2}-2=\dfrac{1}{2}$　よって　$\left|\overline{z}-\dfrac{1}{z}\right|=\boldsymbol{\dfrac{1}{\sqrt{2}}}$

別解　$|z|^2=2$ であるから　$z\overline{z}=2$　よって　$\dfrac{1}{z}=\dfrac{\overline{z}}{2}$

ゆえに　$\left|\overline{z}-\dfrac{1}{z}\right|=\left|\overline{z}-\dfrac{\overline{z}}{2}\right|=\left|\dfrac{\overline{z}}{2}\right|=\dfrac{1}{2}|1+i|=\boldsymbol{\dfrac{\sqrt{2}}{2}}$

(2) $\mathrm{AB}^2=|(4-3i)-(3-4i)|^2=|1+i|^2=1^2+1^2=2$

AB>0 であるから　$\mathrm{AB}=\boldsymbol{\sqrt{2}}$

また，求める実軸上の点を C$(a)$ ($a$ は実数) とすると，

AC=BC であるから　$\mathrm{AC}^2=\mathrm{BC}^2$

$\mathrm{AC}^2=|a-3+4i|^2=(a-3)^2+4^2=a^2-6a+25$

$\mathrm{BC}^2=|a-4+3i|^2=(a-4)^2+3^2=a^2-8a+25$

よって　$a^2-6a+25=a^2-8a+25$

これを解いて　$a=0$　ゆえに，点 C を表す複素数は　**0**

←$\overline{\overline{z}-\dfrac{1}{z}}=\overline{\overline{z}}-\overline{\left(\dfrac{1}{z}\right)}=z-\dfrac{\overline{1}}{\overline{z}}=z-\dfrac{1}{\overline{z}}$

←$\alpha=a+bi$ に対し $|\alpha|=|a+bi|=\sqrt{a^2+b^2}$

←$|z|^2=z\overline{z}$

←$|1+i|=\sqrt{1^2+1^2}=\sqrt{2}$

←2 点 A$(\alpha)$，B$(\beta)$ 間の距離は　$|\beta-\alpha|$

←実軸上の点 ⟺ 虚部が 0

**距離の条件 平方して扱う**

**練習 ③93**

$z$，$\alpha$，$\beta$ を複素数とする。

(1) $|z-2i|=|1+2iz|$ のとき，$|z|=1$ であることを示せ。　〔類 東北学院大〕

(2) $|\alpha|=|\beta|=|\alpha+\beta|=2$ のとき，$\alpha^2+\alpha\beta+\beta^2$ の値を求めよ。

(1) $|z-2i|=|1+2iz|$ から　$|z-2i|^2=|1+2iz|^2$

ゆえに　$(z-2i)(\overline{z-2i})=(1+2iz)(\overline{1+2iz})$

よって　$(z-2i)(\overline{z}+2i)=(1+2iz)(1-2i\overline{z})$

展開すると　$z\overline{z}+2iz-2i\overline{z}+4=1-2i\overline{z}+2iz+4z\overline{z}$

整理すると　$3z\overline{z}-3=0$　よって　$z\overline{z}=1$

したがって，$|z|^2=1$ であるから　$|z|=1$

HINT **$|\alpha|$ は $|\alpha|^2$ として扱う　$|\alpha|^2=\alpha\overline{\alpha}$**

←$\overline{z-2i}=\overline{z}+(\overline{-2i})=\overline{z}+2i$

$\overline{1+2iz}=\overline{1}+\overline{2iz}=1+\overline{2i}\,\overline{z}=1-2i\overline{z}$

(2) $|\alpha|=|\beta|=2$ から　$|\alpha|^2=|\beta|^2=4$　ゆえに　$\alpha\overline{\alpha}=\beta\overline{\beta}=4$

よって　$\overline{\alpha}=\dfrac{4}{\alpha}$, $\overline{\beta}=\dfrac{4}{\beta}$ …… ①

←$\alpha\neq0$, $\beta\neq0$

また, $|\alpha+\beta|=2$ から　$|\alpha+\beta|^2=4$

ゆえに　$(\alpha+\beta)(\overline{\alpha}+\overline{\beta})=4$

←$|\alpha+\beta|^2=(\alpha+\beta)(\overline{\alpha+\beta})$

① を代入して　$(\alpha+\beta)\left(\dfrac{4}{\alpha}+\dfrac{4}{\beta}\right)=4$

よって　$(\alpha+\beta)\cdot\dfrac{4(\alpha+\beta)}{\alpha\beta}=4$

ゆえに　$(\alpha+\beta)^2=\alpha\beta$　したがって　$\alpha^2+\alpha\beta+\beta^2=\mathbf{0}$

**練習 ④94**　絶対値が 1 で, $z^3-z$ が実数であるような複素数 $z$ を求めよ。　〔類　関西大〕

$|z|=1$ から　$|z|^2=1$　ゆえに　$z\overline{z}=1$

また, $z^3-z$ は実数であるから　$z^3-z=\overline{z^3-z}$

←**複素数 $\alpha$ が実数 $\Leftrightarrow$ $\overline{\alpha}=\alpha$**

よって　$z^3-z-\{(\overline{z})^3-\overline{z}\}=0$

ゆえに　$z^3-(\overline{z})^3-(z-\overline{z})=0$

←$\alpha^3-\beta^3=(\alpha-\beta)(\alpha^2+\alpha\beta+\beta^2)$

よって　$(z-\overline{z})[\{z^2+z\overline{z}+(\overline{z})^2\}-1]=0$

したがって　$(z-\overline{z})\{z^2+(\overline{z})^2\}=0$

←$z\overline{z}=1$

ゆえに　$z-\overline{z}=0$ または $z^2+(\overline{z})^2=0$

←$\alpha$, $\beta$ が複素数のとき $\alpha\beta=0 \Leftrightarrow \alpha=0$ または $\beta=0$

[1]　$z-\overline{z}=0$ のとき　$\overline{z}=z$　よって, $z$ は実数である。

ゆえに, $|z|=1$ から　$z=\pm1$

[2]　$z^2+(\overline{z})^2=0$ のとき　$(z+\overline{z})^2-2z\overline{z}=0$

←$a^2+b^2=(a+b)^2-2ab$

よって　$(z+\overline{z})^2=2$　ゆえに　$z+\overline{z}=\pm\sqrt{2}$

←$z\overline{z}=1$

$z+\overline{z}=\sqrt{2}$ のとき, $z\overline{z}=1$ から, 和が $\sqrt{2}$, 積が 1 である 2 数を, 2 次方程式 $x^2-\sqrt{2}x+1=0$ を解いて求めると

←$x^2-(和)x+(積)=0$

$$x=\frac{\sqrt{2}\pm\sqrt{(-\sqrt{2})^2-4\cdot1\cdot1}}{2\cdot1}=\frac{\sqrt{2}\pm\sqrt{2}i}{2}$$

この 2 数は互いに共役であるから, 適する。

←2 数は $z$ と $\overline{z}$ であるから, 求めた 2 数が互いに共役かどうか確認する。

$z+\overline{z}=-\sqrt{2}$ のとき, 同様に, 和が $-\sqrt{2}$, 積が 1 である 2 数を, 2 次方程式 $x^2+\sqrt{2}x+1=0$ を解いて求めると

$$x=\frac{-\sqrt{2}\pm\sqrt{(\sqrt{2})^2-4\cdot1\cdot1}}{2\cdot1}=\frac{-\sqrt{2}\pm\sqrt{2}i}{2}$$

この 2 数は互いに共役であるから, 適する。

[1], [2] から　$\boldsymbol{z=\pm1,\ \dfrac{\sqrt{2}\pm\sqrt{2}i}{2},\ \dfrac{-\sqrt{2}\pm\sqrt{2}i}{2}}$

**練習 ①95**　次の複素数を極形式で表せ。ただし, 偏角 $\theta$ は $0\leqq\theta<2\pi$ とする。

(1)　$2-2i$　(2)　$-3$　(3)　$\cos\dfrac{2}{3}\pi-i\sin\dfrac{2}{3}\pi$

HINT　(3)　既に極形式で表されていると勘違いしてはいけない（$i$ の前の符号は + である必要がある）。まず, $\cos\dfrac{2}{3}\pi$, $\sin\dfrac{2}{3}\pi$ を数値に直して考える。

(1) 絶対値は　$\sqrt{2^2+(-2)^2}=\sqrt{8}=2\sqrt{2}$

偏角 $\theta$ は　$\cos\theta=\dfrac{2}{2\sqrt{2}}=\dfrac{1}{\sqrt{2}}$，$\sin\theta=\dfrac{-2}{2\sqrt{2}}=-\dfrac{1}{\sqrt{2}}$

$0\leqq\theta<2\pi$ であるから　$\theta=\dfrac{7}{4}\pi$

したがって　$2-2i=\boldsymbol{2\sqrt{2}\left(\cos\dfrac{7}{4}\pi+i\sin\dfrac{7}{4}\pi\right)}$

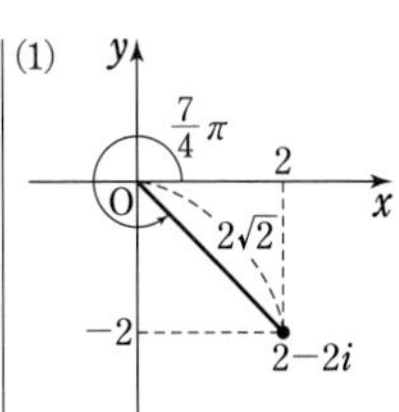


(2) 絶対値は　$\sqrt{(-3)^2}=3$

偏角 $\theta$ は　$\cos\theta=\dfrac{-3}{3}=-1$，$\sin\theta=\dfrac{0}{3}=0$

$0\leqq\theta<2\pi$ であるから　$\theta=\pi$

したがって　$-3=\boldsymbol{3(\cos\pi+i\sin\pi)}$

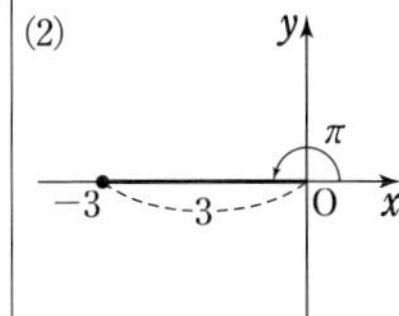


(3) $\cos\dfrac{2}{3}\pi-i\sin\dfrac{2}{3}\pi=-\dfrac{1}{2}-\dfrac{\sqrt{3}}{2}i$

絶対値は　$\sqrt{\left(-\dfrac{1}{2}\right)^2+\left(-\dfrac{\sqrt{3}}{2}\right)^2}=1$

偏角 $\theta$ は　$\cos\theta=-\dfrac{1}{2}$，$\sin\theta=-\dfrac{\sqrt{3}}{2}$

$0\leqq\theta<2\pi$ であるから　$\theta=\dfrac{4}{3}\pi$

したがって　$\cos\dfrac{2}{3}\pi-i\sin\dfrac{2}{3}\pi=\boldsymbol{\cos\dfrac{4}{3}\pi+i\sin\dfrac{4}{3}\pi}$

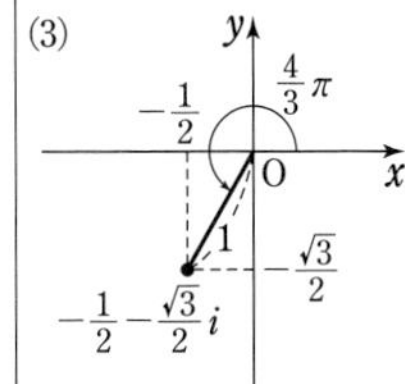


別解　等式 $\cos(\pi-\theta)=\cos(\pi+\theta)$，$\sin(\pi-\theta)=-\sin(\pi+\theta)$

において，$\theta=\dfrac{\pi}{3}$ とすると

$$\cos\frac{2}{3}\pi=\cos\frac{4}{3}\pi,\ \sin\frac{2}{3}\pi=-\sin\frac{4}{3}\pi$$

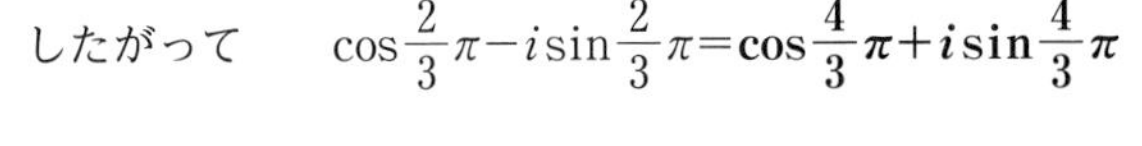

したがって　$\cos\dfrac{2}{3}\pi-i\sin\dfrac{2}{3}\pi=\boldsymbol{\cos\dfrac{4}{3}\pi+i\sin\dfrac{4}{3}\pi}$

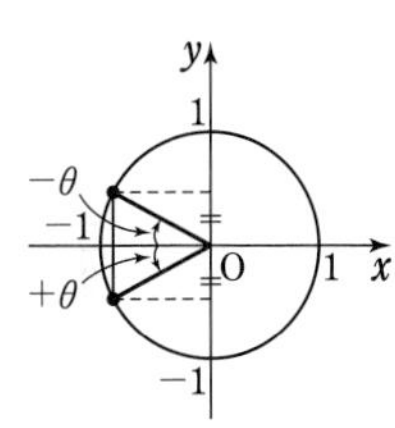


**練習 ③96**　次の複素数を極形式で表せ。ただし，偏角 $\theta$ は $0\leqq\theta<2\pi$ とする。
(1) $-\cos\alpha-i\sin\alpha$ $(0<\alpha<\pi)$　　(2) $\sin\alpha-i\cos\alpha$ $(0\leqq\alpha<2\pi)$

HINT　既に極形式で表されていると勘違いしてはいけない。次の式を利用して，$r(\cos●+i\sin●)$ の形に変形する。
(1) $\cos(\pi+\theta)=-\cos\theta$，$\sin(\pi+\theta)=-\sin\theta$
(2) $\cos\left(\theta-\dfrac{\pi}{2}\right)=\sin\theta$，$\sin\left(\theta-\dfrac{\pi}{2}\right)=-\cos\theta$

(1) 絶対値は　$\sqrt{(-\cos\alpha)^2+(-\sin\alpha)^2}=1$

また　$-\cos\alpha-i\sin\alpha=\boldsymbol{\cos(\pi+\alpha)+i\sin(\pi+\alpha)}$　…… ①

$0<\alpha<\pi$ より，$\pi<\pi+\alpha<2\pi$ であるから，① は求める極形式である。

←$\cos(\pi+\theta)=-\cos\theta$
　$\sin(\pi+\theta)=-\sin\theta$

←偏角の条件を満たすかどうか確認する。

3章 練習 [複素数平面]

(2) 絶対値は　$\sqrt{(\sin\alpha)^2+(-\cos\alpha)^2}=1$

また　$\sin\alpha-i\cos\alpha=\cos\left(\alpha-\dfrac{\pi}{2}\right)+i\sin\left(\alpha-\dfrac{\pi}{2}\right)$

ここで

**$\dfrac{\pi}{2}\leqq\alpha<2\pi$ のとき**，$0\leqq\alpha-\dfrac{\pi}{2}<\dfrac{3}{2}\pi$ であるから，求める極形式は

$$\sin\alpha-i\cos\alpha=\boldsymbol{\cos\left(\alpha-\frac{\pi}{2}\right)+i\sin\left(\alpha-\frac{\pi}{2}\right)}$$

**$0\leqq\alpha<\dfrac{\pi}{2}$ のとき**　$-\dfrac{\pi}{2}\leqq\alpha-\dfrac{\pi}{2}<0$

各辺に $2\pi$ を加えると，$\dfrac{3}{2}\pi\leqq\alpha+\dfrac{3}{2}\pi<2\pi$ であり

$$\cos\left(\alpha-\frac{\pi}{2}\right)=\cos\left(\alpha+\frac{3}{2}\pi\right),\ \sin\left(\alpha-\frac{\pi}{2}\right)=\sin\left(\alpha+\frac{3}{2}\pi\right)$$

よって，求める極形式は

$$\sin\alpha-i\cos\alpha=\boldsymbol{\cos\left(\alpha+\frac{3}{2}\pi\right)+i\sin\left(\alpha+\frac{3}{2}\pi\right)}$$

←$\cos\left(\theta-\dfrac{\pi}{2}\right)=\sin\theta$，$\sin\left(\theta-\dfrac{\pi}{2}\right)=-\cos\theta$

←$0\leqq\alpha<2\pi$ から $-\dfrac{\pi}{2}\leqq\alpha-\dfrac{\pi}{2}<\dfrac{3}{2}\pi$
最初に，式変形せずに偏角の条件を満たす場合を考えている。

←$0\leqq\alpha<\dfrac{\pi}{2}$ のとき，偏角が 0 以上 $2\pi$ 未満の範囲に含まれていないから，偏角に $2\pi$ を加えて調整する。なお
$\cos(●+2n\pi)=\cos●$
$\sin(●+2n\pi)=\sin●$
［$n$ は整数］

**練習 ①97**

次の 2 つの複素数 $\alpha$，$\beta$ について，積 $\alpha\beta$ と商 $\dfrac{\alpha}{\beta}$ を極形式で表せ。ただし，偏角 $\theta$ は $0\leqq\theta<2\pi$ とする。
(1) $\alpha=-1+i$，$\beta=3+\sqrt{3}i$　　(2) $\alpha=-2+2i$，$\beta=-1-\sqrt{3}i$

(1) $\alpha$，$\beta$ をそれぞれ極形式で表すと

$$\alpha=\sqrt{2}\left(-\frac{1}{\sqrt{2}}+\frac{1}{\sqrt{2}}i\right)=\sqrt{2}\left(\cos\frac{3}{4}\pi+i\sin\frac{3}{4}\pi\right),$$

$$\beta=2\sqrt{3}\left(\frac{\sqrt{3}}{2}+\frac{1}{2}i\right)=2\sqrt{3}\left(\cos\frac{\pi}{6}+i\sin\frac{\pi}{6}\right)$$

よって　$\boldsymbol{\alpha\beta}=\sqrt{2}\cdot2\sqrt{3}\left\{\cos\left(\dfrac{3}{4}\pi+\dfrac{\pi}{6}\right)+i\sin\left(\dfrac{3}{4}\pi+\dfrac{\pi}{6}\right)\right\}$

$$=\boldsymbol{2\sqrt{6}\left(\cos\frac{11}{12}\pi+i\sin\frac{11}{12}\pi\right)}$$

$$\boldsymbol{\frac{\alpha}{\beta}}=\frac{\sqrt{2}}{2\sqrt{3}}\left\{\cos\left(\frac{3}{4}\pi-\frac{\pi}{6}\right)+i\sin\left(\frac{3}{4}\pi-\frac{\pi}{6}\right)\right\}$$

$$=\boldsymbol{\frac{\sqrt{6}}{6}\left(\cos\frac{7}{12}\pi+i\sin\frac{7}{12}\pi\right)}$$

(1)
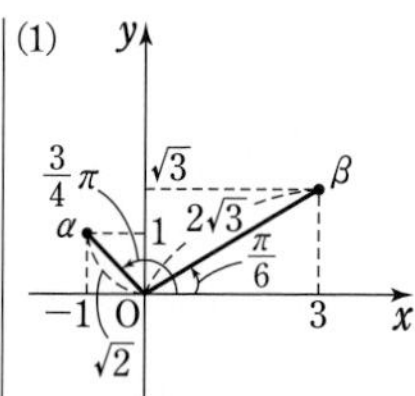


① 複素数の積と商
積の絶対値　は　掛ける
　　偏角　　は　加える
商の絶対値　は　割る
　　偏角　　は　引く

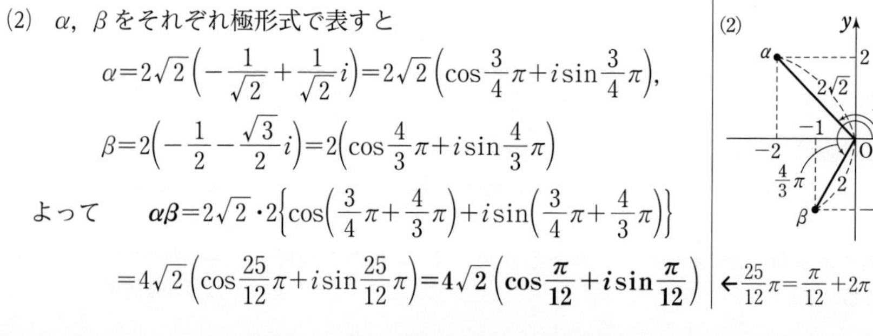

(2) $\alpha$，$\beta$ をそれぞれ極形式で表すと

$$\alpha=2\sqrt{2}\left(-\frac{1}{\sqrt{2}}+\frac{1}{\sqrt{2}}i\right)=2\sqrt{2}\left(\cos\frac{3}{4}\pi+i\sin\frac{3}{4}\pi\right),$$

$$\beta=2\left(-\frac{1}{2}-\frac{\sqrt{3}}{2}i\right)=2\left(\cos\frac{4}{3}\pi+i\sin\frac{4}{3}\pi\right)$$

よって　$\boldsymbol{\alpha\beta}=2\sqrt{2}\cdot2\left\{\cos\left(\dfrac{3}{4}\pi+\dfrac{4}{3}\pi\right)+i\sin\left(\dfrac{3}{4}\pi+\dfrac{4}{3}\pi\right)\right\}$

$$=4\sqrt{2}\left(\cos\frac{25}{12}\pi+i\sin\frac{25}{12}\pi\right)=\boldsymbol{4\sqrt{2}\left(\cos\frac{\pi}{12}+i\sin\frac{\pi}{12}\right)}$$

(2)
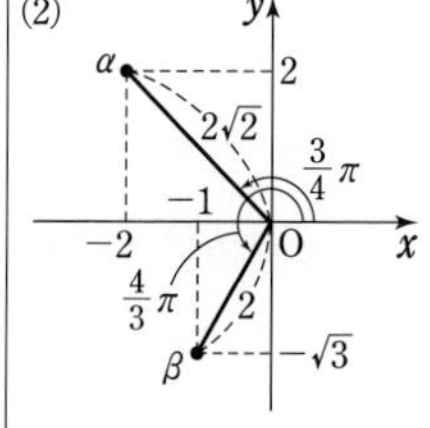


←$\dfrac{25}{12}\pi=\dfrac{\pi}{12}+2\pi$

$$\frac{\alpha}{\beta}=\frac{2\sqrt{2}}{2}\left\{\cos\left(\frac{3}{4}\pi-\frac{4}{3}\pi\right)+i\sin\left(\frac{3}{4}\pi-\frac{4}{3}\pi\right)\right\}$$

$$=\sqrt{2}\left\{\cos\left(-\frac{7}{12}\pi\right)+i\sin\left(-\frac{7}{12}\pi\right)\right\}$$

$$=\sqrt{2}\left(\cos\frac{17}{12}\pi+i\sin\frac{17}{12}\pi\right)$$

←$-\frac{7}{12}\pi=\frac{17}{12}\pi+2\pi\times(-1)$
$\sqrt{2}\left(\cos\frac{7}{12}\pi-i\sin\frac{7}{12}\pi\right)$ を答としてはダメ。



**練習 ②98** $1+i$, $\sqrt{3}+i$ を極形式で表すことにより, $\cos\frac{5}{12}\pi$, $\sin\frac{5}{12}\pi$ の値をそれぞれ求めよ。

$1+i$, $\sqrt{3}+i$ をそれぞれ極形式で表すと

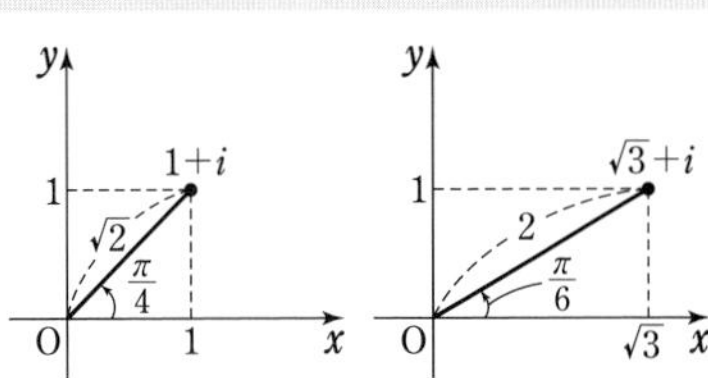


$$1+i=\sqrt{2}\left(\frac{1}{\sqrt{2}}+\frac{1}{\sqrt{2}}i\right)$$

$$=\sqrt{2}\left(\cos\frac{\pi}{4}+i\sin\frac{\pi}{4}\right)$$

$$\sqrt{3}+i=2\left(\frac{\sqrt{3}}{2}+\frac{1}{2}i\right)$$

$$=2\left(\cos\frac{\pi}{6}+i\sin\frac{\pi}{6}\right)$$

ゆえに　$(1+i)(\sqrt{3}+i)=\sqrt{2}\cdot2\left\{\cos\left(\frac{\pi}{4}+\frac{\pi}{6}\right)+i\sin\left(\frac{\pi}{4}+\frac{\pi}{6}\right)\right\}$

$$=2\sqrt{2}\left(\cos\frac{5}{12}\pi+i\sin\frac{5}{12}\pi\right)\ \cdots\cdots\ ①$$

←極形式の形。

また　$(1+i)(\sqrt{3}+i)=\sqrt{3}-1+(\sqrt{3}+1)i$ …… ②

←$a+bi$ の形。

よって, ①, ② から

$$2\sqrt{2}\cos\frac{5}{12}\pi=\sqrt{3}-1,\ 2\sqrt{2}\sin\frac{5}{12}\pi=\sqrt{3}+1$$

←①, ② の実部どうし, 虚部どうしがそれぞれ等しい。

したがって　$\boldsymbol{\cos\frac{5}{12}\pi}=\frac{\sqrt{3}-1}{2\sqrt{2}}=\boldsymbol{\frac{\sqrt{6}-\sqrt{2}}{4}}$,

$$\boldsymbol{\sin\frac{5}{12}\pi}=\frac{\sqrt{3}+1}{2\sqrt{2}}=\boldsymbol{\frac{\sqrt{6}+\sqrt{2}}{4}}$$

**練習 ③99** (1) $\alpha=\frac{1}{2}(\sqrt{3}+i)$ とするとき, $\alpha-1$ を極形式で表せ。
(2) (1)の結果を利用して, $\cos\frac{5}{12}\pi$ の値を求めよ。

(1) $\alpha=\cos\frac{\pi}{6}+i\sin\frac{\pi}{6}$, $-1=\cos\pi+i\sin\pi$ であるから

←$\alpha$, $-1$ をそれぞれ極形式で表す。

$$\alpha-1=\left(\cos\pi+\cos\frac{\pi}{6}\right)+i\left(\sin\pi+\sin\frac{\pi}{6}\right)$$

$$=2\cos\left\{\frac{1}{2}\left(\pi+\frac{\pi}{6}\right)\right\}\cos\left\{\frac{1}{2}\left(\pi-\frac{\pi}{6}\right)\right\}$$

$$+i\cdot2\sin\left\{\frac{1}{2}\left(\pi+\frac{\pi}{6}\right)\right\}\cos\left\{\frac{1}{2}\left(\pi-\frac{\pi}{6}\right)\right\}$$

$$=2\cos\frac{7}{12}\pi\cos\frac{5}{12}\pi+2i\sin\frac{7}{12}\pi\cos\frac{5}{12}\pi$$

←和 ⟶ 積の公式
$\cos A+\cos B=2\cos\frac{A+B}{2}\cos\frac{A-B}{2}$,
$\sin A+\sin B=2\sin\frac{A+B}{2}\cos\frac{A-B}{2}$

$$=\mathbf{2\cos\frac{5}{12}\pi\left(\cos\frac{7}{12}\pi+i\sin\frac{7}{12}\pi\right)} \cdots\cdots ①$$

$2\cos\frac{5}{12}\pi>0$ であるから，① が $\alpha-1$ の極形式である。

別解　図のように，$A\left(\frac{\sqrt{3}}{2}\right)$，$B(\alpha)$，$C(\alpha-1)$ とすると　$BO=BC=1$，

$$\angle OBC=\angle AOB=\frac{\pi}{6}$$

よって　$\angle BOC=\frac{1}{2}\left(\pi-\frac{\pi}{6}\right)=\frac{5}{12}\pi$

ゆえに　$\angle AOC=\frac{\pi}{6}+\frac{5}{12}\pi=\frac{7}{12}\pi$

また　$OC=2\cdot OB\cos\angle BOC=2\cos\frac{5}{12}\pi$

よって　$\alpha-1=\mathbf{2\cos\frac{5}{12}\pi\left(\cos\frac{7}{12}\pi+i\sin\frac{7}{12}\pi\right)}$

←図を用いる解法。

←OA // BC

←△BOC は二等辺三角形。

←$OC(\cos\angle AOC+i\sin\angle AOC)$

(2)　$\alpha-1=\frac{1}{2}(\sqrt{3}+i)-1=\frac{\sqrt{3}-2}{2}+\frac{1}{2}i$

よって　$|\alpha-1|=\sqrt{\left(\frac{\sqrt{3}-2}{2}\right)^2+\left(\frac{1}{2}\right)^2}$

$$=\sqrt{\frac{8-4\sqrt{3}}{4}}$$

$$=\frac{\sqrt{(6+2)-2\sqrt{6\cdot 2}}}{2}=\frac{\sqrt{6}-\sqrt{2}}{2}$$

←2重根号ははずせる。
$\sqrt{a+b-2\sqrt{ab}}=\sqrt{a}-\sqrt{b}$ $(a>b>0)$

(1) より，$|\alpha-1|=2\cos\frac{5}{12}\pi$ であるから

$$2\cos\frac{5}{12}\pi=\frac{\sqrt{6}-\sqrt{2}}{2}$$

したがって　$\mathbf{\cos\frac{5}{12}\pi=\frac{\sqrt{6}-\sqrt{2}}{4}}$

**練習 ①100**

(1)　$z=2+4i$ とする。点 $z$ を，原点を中心として $-\frac{2}{3}\pi$ だけ回転した点を表す複素数を求めよ。

(2)　次の複素数で表される点は，点 $z$ をどのように移動した点であるか。

(ア)　$\frac{-1+i}{\sqrt{2}}z$　　(イ)　$\frac{z}{1-\sqrt{3}i}$　　(ウ)　$-i\bar{z}$

(1)　求める点を表す複素数は

$$\left\{\cos\left(-\frac{2}{3}\pi\right)+i\sin\left(-\frac{2}{3}\pi\right)\right\}z=-\frac{1+\sqrt{3}i}{2}\cdot(2+4i)$$

$$=\mathbf{-1+2\sqrt{3}-(2+\sqrt{3})i}$$

**原点を中心とする角 $\theta$ の回転**
**$r(\cos\theta+i\sin\theta)$ を掛ける**
**回転だけなら　$r=1$**

(2) (ア) $\dfrac{-1+i}{\sqrt{2}}z=\left(\cos\dfrac{3}{4}\pi+i\sin\dfrac{3}{4}\pi\right)z$

よって，点 $\dfrac{-1+i}{\sqrt{2}}z$ は，点 $z$ を **原点を中心として $\dfrac{3}{4}\pi$ だけ回転した点** である。

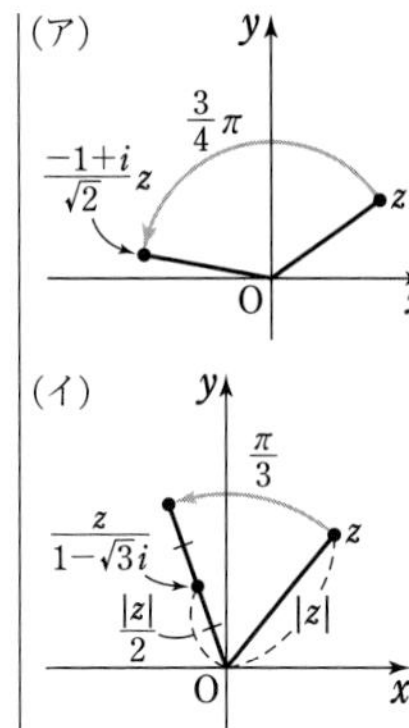


(イ) $\dfrac{z}{1-\sqrt{3}\,i}=\dfrac{1+\sqrt{3}\,i}{4}z=\dfrac{1}{2}\left(\dfrac{1}{2}+\dfrac{\sqrt{3}}{2}i\right)z$

$=\dfrac{1}{2}\left(\cos\dfrac{\pi}{3}+i\sin\dfrac{\pi}{3}\right)z$

よって，点 $\dfrac{z}{1-\sqrt{3}\,i}$ は，点 $z$ を **原点を中心として $\dfrac{\pi}{3}$ だけ回転し，原点からの距離を $\dfrac{1}{2}$ 倍した点** である。

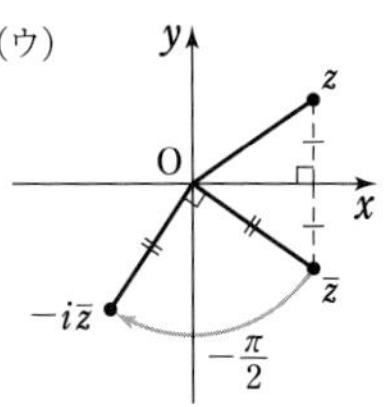


(ウ) 点 $z$ と点 $\overline{z}$ は実軸に関して対称である。

また　　$-i\overline{z}=(0-i)\overline{z}=\left\{\cos\left(-\dfrac{\pi}{2}\right)+i\sin\left(-\dfrac{\pi}{2}\right)\right\}\overline{z}$

よって，点 $-i\overline{z}$ は，点 $z$ を **実軸に関して対称移動し，原点を中心として $-\dfrac{\pi}{2}$ だけ回転した点** である。

## 練習 ③101

複素数平面上の2点 A$(-1+i)$，B$(\sqrt{3}-1+2i)$ について，線分 AB を1辺とする正三角形 ABC の頂点 C を表す複素数 $z$ を求めよ。　〔類 慶応大〕

点 C は，点 A を中心として点 B を $\dfrac{\pi}{3}$ または $-\dfrac{\pi}{3}$ だけ回転した点である。

> 点 $\beta$ を，点 $\alpha$ を中心として $\theta$ だけ回転した点を表す複素数 $\gamma$ は
> $\gamma=(\cos\theta+i\sin\theta)(\beta-\alpha)+\alpha$
> このことを利用。図をかいて考えるとよい。

回転角が $\dfrac{\pi}{3}$ のとき

$z=\left(\cos\dfrac{\pi}{3}+i\sin\dfrac{\pi}{3}\right)\times\{(\sqrt{3}-1+2i)-(-1+i)\}-1+i$

$=\dfrac{1}{2}(1+\sqrt{3}\,i)(\sqrt{3}+i)-1+i$

$=2i-1+i=-1+3i$

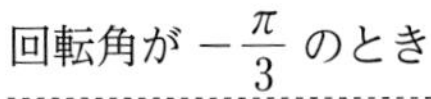
回転角が $-\dfrac{\pi}{3}$ のとき

> ←この場合もあることに注意。

$z=\left\{\cos\left(-\dfrac{\pi}{3}\right)+i\sin\left(-\dfrac{\pi}{3}\right)\right\}\{(\sqrt{3}-1+2i)-(-1+i)\}-1+i$

$=\dfrac{1}{2}(1-\sqrt{3}\,i)(\sqrt{3}+i)-1+i=\sqrt{3}-i-1+i=\sqrt{3}-1$

したがって　　$\boldsymbol{z=-1+3i,\ \sqrt{3}-1}$

## 練習 ③102

複素数平面上の正方形において，1組の隣り合った2頂点が点1と点 $3+3i$ であるとき，他の2頂点を表す複素数を求めよ。

A(1)，B(3+3$i$) とし，正方形を ABCD とすると，点 D は，点 A を中心として点 B を $\frac{\pi}{2}$ または $-\frac{\pi}{2}$ だけ回転した点である。

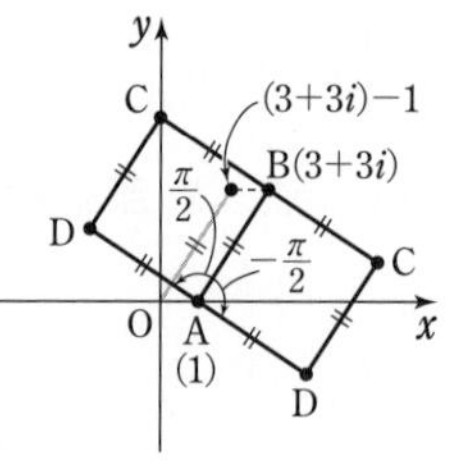


よって，点 D を表す複素数を $z$ とすると　$z=\pm i\{(3+3i)-1\}+1$

ゆえに　$z=4-2i,\ -2+2i$

D(4−2$i$) のとき，点 C を表す複素数は

$$(4-2i)+\{(3+3i)-1\}=6+i$$

D(−2+2$i$) のとき，点 C を表す複素数は

$$(-2+2i)+\{(3+3i)-1\}=5i$$

したがって　**$4-2i,\ 6+i$；または $-2+2i,\ 5i$**

HINT　他の 2 頂点のうち，1 つは点 1 を中心とする $\pm\frac{\pi}{2}$ の回転を利用すると求められる。残りの 1 つは複素数の加法を利用して求めるとよい。

**←$\pm\frac{\pi}{2}$ の回転は $\pm i$ を掛ける。**

←辺 AB を，点 A が原点にくるように，平行移動すると，点 B は点 (3+3$i$)−1 に移る。

## 練習 ②103

次の式を計算せよ。

(1) $\left\{2\left(\cos\frac{\pi}{3}+i\sin\frac{\pi}{3}\right)\right\}^5$　(2) $(-\sqrt{3}+i)^6$　(3) $\left(\frac{1+i}{2}\right)^{-14}$

(1) $$\left\{2\left(\cos\frac{\pi}{3}+i\sin\frac{\pi}{3}\right)\right\}^5=2^5\left\{\cos\left(5\times\frac{\pi}{3}\right)+i\sin\left(5\times\frac{\pi}{3}\right)\right\}$$
$$=32\left(\cos\frac{5}{3}\pi+i\sin\frac{5}{3}\pi\right)$$
$$=32\left(\frac{1}{2}-\frac{\sqrt{3}}{2}i\right)=\mathbf{16-16\sqrt{3}\,i}$$

**ド・モアブルの定理**
$\{r(\cos\theta+i\sin\theta)\}^n$
$=r^n(\cos n\theta+i\sin n\theta)$

(2) $$-\sqrt{3}+i=2\left(-\frac{\sqrt{3}}{2}+\frac{1}{2}i\right)=2\left(\cos\frac{5}{6}\pi+i\sin\frac{5}{6}\pi\right)$$

よって $$(-\sqrt{3}+i)^6=\left\{2\left(\cos\frac{5}{6}\pi+i\sin\frac{5}{6}\pi\right)\right\}^6$$
$$=2^6\left\{\cos\left(6\times\frac{5}{6}\pi\right)+i\sin\left(6\times\frac{5}{6}\pi\right)\right\}$$
$$=64(\cos 5\pi+i\sin 5\pi)$$
$$=64(-1)=\mathbf{-64}$$

(2)
y
$-\sqrt{3}+i$
1
2
$\frac{5}{6}\pi$
$-\sqrt{3}$　O　x

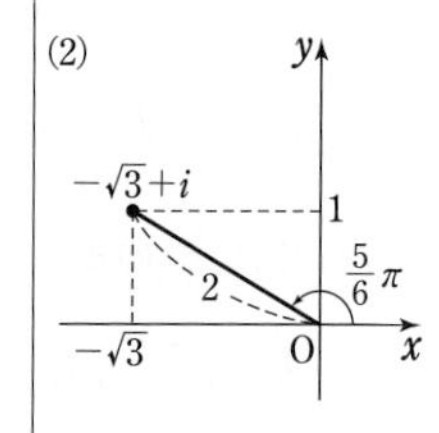

(3) $$\frac{1+i}{2}=\frac{1}{\sqrt{2}}\left(\frac{1}{\sqrt{2}}+\frac{1}{\sqrt{2}}i\right)=\frac{1}{\sqrt{2}}\left(\cos\frac{\pi}{4}+i\sin\frac{\pi}{4}\right)$$

よって
$$\left(\frac{1+i}{2}\right)^{-14}=\left\{\frac{1}{\sqrt{2}}\left(\cos\frac{\pi}{4}+i\sin\frac{\pi}{4}\right)\right\}^{-14}$$
$$=(\sqrt{2})^{14}\left[\cos\left\{(-14)\times\frac{\pi}{4}\right\}+i\sin\left\{(-14)\times\frac{\pi}{4}\right\}\right]$$
$$=2^7\left\{\cos\left(-\frac{7}{2}\pi\right)+i\sin\left(-\frac{7}{2}\pi\right)\right\}=\mathbf{128i}$$

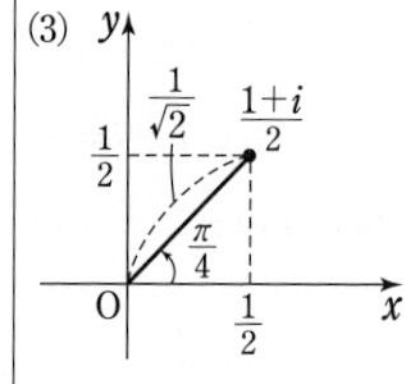


←$-\frac{7}{2}\pi=\frac{\pi}{2}-4\pi$

## 練習 ③104

(1) $\left(\frac{\sqrt{3}+3i}{\sqrt{3}+i}\right)^n$ が実数となる最大の負の整数 $n$ の値を求めよ。

(2) 複素数 $z$ が $z+\frac{1}{z}=\sqrt{3}$ を満たすとき　$z^{12}+\frac{1}{z^{12}}=$□

(1) $\dfrac{\sqrt{3}+3i}{\sqrt{3}+i}=\dfrac{2\sqrt{3}\left(\cos\dfrac{\pi}{3}+i\sin\dfrac{\pi}{3}\right)}{2\left(\cos\dfrac{\pi}{6}+i\sin\dfrac{\pi}{6}\right)}$

$=\sqrt{3}\left\{\cos\left(\dfrac{\pi}{3}-\dfrac{\pi}{6}\right)+i\sin\left(\dfrac{\pi}{3}-\dfrac{\pi}{6}\right)\right\}$

$=\sqrt{3}\left(\cos\dfrac{\pi}{6}+i\sin\dfrac{\pi}{6}\right)$

←分母を実数化すると $\dfrac{\sqrt{3}+3i}{\sqrt{3}+i}=\dfrac{3+\sqrt{3}i}{2}$ これを極形式に表してもよい。

よって　$\left(\dfrac{\sqrt{3}+3i}{\sqrt{3}+i}\right)^n=(\sqrt{3})^n\left(\cos\dfrac{\pi}{6}+i\sin\dfrac{\pi}{6}\right)^n$

$=(\sqrt{3})^n\left(\cos\dfrac{n\pi}{6}+i\sin\dfrac{n\pi}{6}\right)$

$\left(\dfrac{\sqrt{3}+3i}{\sqrt{3}+i}\right)^n$ が実数となるための条件は　$\sin\dfrac{n\pi}{6}=0$

←虚部が 0

ゆえに　$\dfrac{n\pi}{6}=k\pi$ （$k$ は整数）

よって　$n=6k$

ゆえに，求める $n$ の値は $k=-1$ のときで　$\boldsymbol{n=-6}$

(2) $z+\dfrac{1}{z}=\sqrt{3}$ の両辺に $z$ を掛けて整理すると

$$z^2-\sqrt{3}z+1=0$$

←$z^2+1=\sqrt{3}z$

これを解くと

$$z=\frac{-(-\sqrt{3})\pm\sqrt{(-\sqrt{3})^2-4\cdot1\cdot1}}{2\cdot1}=\frac{\sqrt{3}\pm i}{2}$$

よって　$z=\cos\left(\pm\dfrac{\pi}{6}\right)+i\sin\left(\pm\dfrac{\pi}{6}\right)$ （複号同順，以下同様）

←極形式で表す。

$\theta=\pm\dfrac{\pi}{6}$ とおくと

$z^{12}+\dfrac{1}{z^{12}}=(\cos\theta+i\sin\theta)^{12}+(\cos\theta+i\sin\theta)^{-12}$

←ド・モアブルの定理。

$=(\cos12\theta+i\sin12\theta)+\{\cos(-12\theta)+i\sin(-12\theta)\}$

←$\cos(-12\theta)=\cos12\theta$, $\sin(-12\theta)=-\sin12\theta$

$=2\cos12\theta=2\cos\left\{12\times\left(\pm\dfrac{\pi}{6}\right)\right\}=2\cos(\pm2\pi)=2\cdot1=\boldsymbol{2}$

別解　$z^3+\dfrac{1}{z^3}=\left(z+\dfrac{1}{z}\right)^3-3z\cdot\dfrac{1}{z}\left(z+\dfrac{1}{z}\right)=(\sqrt{3})^3-3\sqrt{3}=0$

←$a^3+b^3=(a+b)^3-3ab(a+b)$, $a^2+b^2=(a+b)^2-2ab$

よって　$z^6+\dfrac{1}{z^6}=\left(z^3+\dfrac{1}{z^3}\right)^2-2=0^2-2=-2$

ゆえに　$z^{12}+\dfrac{1}{z^{12}}=\left(z^6+\dfrac{1}{z^6}\right)^2-2=(-2)^2-2=\boldsymbol{2}$

**練習 ②105**　極形式を用いて，次の方程式を解け。

(1) $z^3=1$　　(2) $z^8=1$

(1) 解を $z=r(\cos\theta+i\sin\theta)$ …… ① $[r>0]$ とすると

$$z^3=r^3(\cos3\theta+i\sin3\theta)$$

←ド・モアブルの定理。

また　$1=\cos0+i\sin0$

ゆえに　$r^3(\cos 3\theta+i\sin 3\theta)=\cos 0+i\sin 0$
両辺の絶対値と偏角を比較すると

$r^3=1,\quad 3\theta=2k\pi$　($k$ は整数)

$r>0$ であるから　$r=1$ …… ②　また　$\theta=\dfrac{2}{3}k\pi$

$0\leqq\theta<2\pi$ の範囲で考えると，$k=0,\ 1,\ 2$ であるから

$\theta=0,\ \dfrac{2}{3}\pi,\ \dfrac{4}{3}\pi$ …… ③

②，③ を ① に代入すると，求める解は

$$\boldsymbol{z=1,\ -\frac{1}{2}+\frac{\sqrt{3}}{2}i,\ -\frac{1}{2}-\frac{\sqrt{3}}{2}i}$$

$k=0,\ 1,\ 2$ のときの $z$ をそれぞれ $z_0,\ z_1,\ z_2$ とすると，点 $z_0,\ z_1,\ z_2$ は，単位円に内接する正三角形の頂点である。

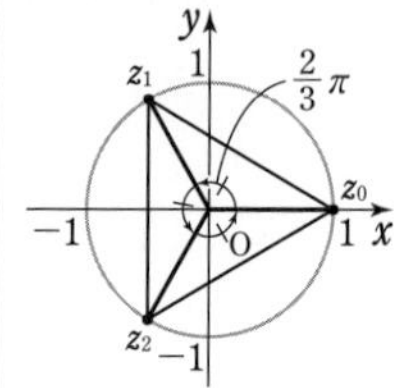


(2)　解を $z=r(\cos\theta+i\sin\theta)$ …… ① $[r>0]$ とすると

$z^8=r^8(\cos 8\theta+i\sin 8\theta)$

←ド・モアブルの定理。

また　$1=\cos 0+i\sin 0$
ゆえに　$r^8(\cos 8\theta+i\sin 8\theta)=\cos 0+i\sin 0$
両辺の絶対値と偏角を比較すると

$r^8=1,\quad 8\theta=2k\pi$　($k$ は整数)

$r>0$ であるから　$r=1$ …… ②　また　$\theta=\dfrac{k}{4}\pi$

$0\leqq\theta<2\pi$ の範囲で考えると，$k=0,\ 1,\ 2,\ 3,\ 4,\ 5,\ 6,\ 7$ であるから　$\theta=0,\ \dfrac{\pi}{4},\ \dfrac{\pi}{2},\ \dfrac{3}{4}\pi,\ \pi,\ \dfrac{5}{4}\pi,\ \dfrac{3}{2}\pi,\ \dfrac{7}{4}\pi$ …… ③

②，③ を ① に代入すると，求める解は

$$\boldsymbol{z=\pm 1,\ \pm i,\ \pm\frac{1+i}{\sqrt{2}},\ \pm\frac{1-i}{\sqrt{2}}}$$

$k=0,\ 1,\ \cdots\cdots,\ 7$ のときの $z$ をそれぞれ $z_0,\ z_1,\ \cdots\cdots,\ z_7$ とすると，点 $z_0,\ z_1,\ \cdots\cdots,\ z_7$ は，単位円に内接する正八角形の頂点である。

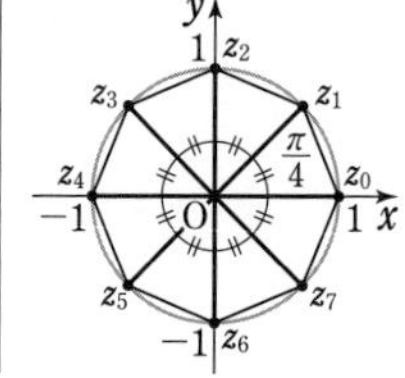


**練習**
②**106**　次の方程式を解け。
(1)　$z^3=8i$　(2)　$z^4=-2-2\sqrt{3}i$　〔(1) 東北学院大〕

(1)　解を $z=r(\cos\theta+i\sin\theta)$ …… ① $[r>0]$ とすると

$z^3=r^3(\cos 3\theta+i\sin 3\theta)$

←ド・モアブルの定理。

また　$8i=8\left(\cos\dfrac{\pi}{2}+i\sin\dfrac{\pi}{2}\right)$

←$i=\cos\dfrac{\pi}{2}+i\sin\dfrac{\pi}{2}$

ゆえに　$r^3(\cos 3\theta+i\sin 3\theta)=8\left(\cos\dfrac{\pi}{2}+i\sin\dfrac{\pi}{2}\right)$

両辺の絶対値と偏角を比較すると

$r^3=8,\quad 3\theta=\dfrac{\pi}{2}+2k\pi$　($k$ は整数)

$r>0$ であるから　$r=2$ …… ②　また　$\theta=\dfrac{\pi}{6}+\dfrac{2}{3}k\pi$

$0\leqq\theta<2\pi$ の範囲で考えると，$k=0,\ 1,\ 2$ であるから

$\theta=\dfrac{\pi}{6},\ \dfrac{5}{6}\pi,\ \dfrac{3}{2}\pi$ …… ③

②，③ を ① に代入すると，求める解は

$$\boldsymbol{z=\sqrt{3}+i,\ -\sqrt{3}+i,\ -2i}$$

$k=0,\ 1,\ 2$ のときの $z$ をそれぞれ $z_0,\ z_1,\ z_2$ とすると，点 $z_0,\ z_1,\ z_2$ は，原点 O を中心とする半径 2 の円に内接する正三角形の頂点である。

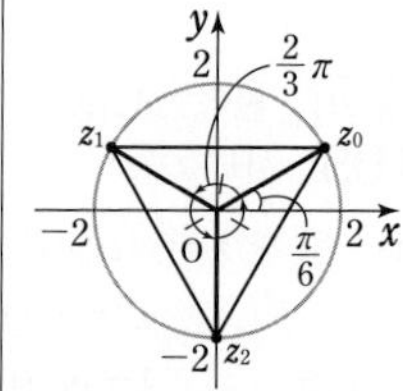

(2) 解を $z=r(\cos\theta+i\sin\theta)$ …… ① $[r>0]$ とすると

$$z^4=r^4(\cos 4\theta+i\sin 4\theta)$$

←ド・モアブルの定理。

また　$-2-2\sqrt{3}\,i=4\left(-\frac{1}{2}-\frac{\sqrt{3}}{2}i\right)=4\left(\cos\frac{4}{3}\pi+i\sin\frac{4}{3}\pi\right)$

ゆえに　$r^4(\cos 4\theta+i\sin 4\theta)=4\left(\cos\frac{4}{3}\pi+i\sin\frac{4}{3}\pi\right)$

両辺の絶対値と偏角を比較すると

$$r^4=4,\quad 4\theta=\frac{4}{3}\pi+2k\pi\quad(k\text{ は整数})$$

$r>0$ であるから　$r=\sqrt[4]{4}=\sqrt{2}$ … ②　また　$\theta=\frac{\pi}{3}+\frac{k}{2}\pi$

$0\leqq\theta<2\pi$ の範囲で考えると，$k=0$，1，2，3 であるから

$$\theta=\frac{\pi}{3},\ \frac{5}{6}\pi,\ \frac{4}{3}\pi,\ \frac{11}{6}\pi\ \cdots\cdots\ ③$$

②，③ を ① に代入すると，求める解は

$$\boldsymbol{z=\pm\left(\frac{\sqrt{2}}{2}+\frac{\sqrt{6}}{2}i\right),\ \pm\left(\frac{\sqrt{6}}{2}-\frac{\sqrt{2}}{2}i\right)}$$

$k=0$, 1, 2, 3 のときの $z$ をそれぞれ $z_0$，$z_1$，$z_2$，$z_3$ とすると，点 $z_0$，$z_1$，$z_2$，$z_3$ は，原点 O を中心とする半径 $\sqrt{2}$ の円に内接する正方形の頂点である。

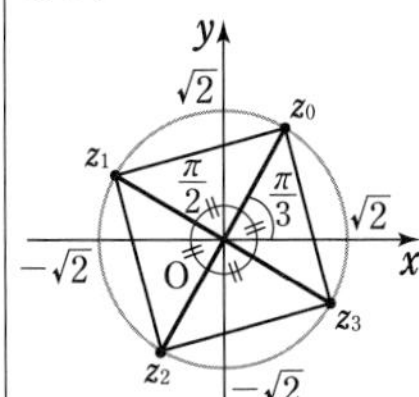




## 練習 ④107

複素数 $\alpha=\cos\frac{2}{7}\pi+i\sin\frac{2}{7}\pi$ に対して

(1) (ア) $\alpha+\alpha^2+\alpha^3+\alpha^4+\alpha^5+\alpha^6$　(イ) $\frac{1}{1-\alpha}+\frac{1}{1-\alpha^6}$

(ウ) $(1-\alpha)(1-\alpha^2)(1-\alpha^3)(1-\alpha^4)(1-\alpha^5)(1-\alpha^6)$　の値を求めよ。

(2) $t=\alpha+\overline{\alpha}$ とするとき，$t^3+t^2-2t$ の値を求めよ。

(1) (ア) $\alpha^7=\left(\cos\frac{2}{7}\pi+i\sin\frac{2}{7}\pi\right)^7=\cos 2\pi+i\sin 2\pi=1$

←ド・モアブルの定理。

ゆえに　$\alpha^7-1=0$

よって　$(\alpha-1)(\alpha^6+\alpha^5+\alpha^4+\alpha^3+\alpha^2+\alpha+1)=0$

$\alpha\neq1$ であるから　$\alpha^6+\alpha^5+\alpha^4+\alpha^3+\alpha^2+\alpha+1=0$ …… ①

したがって　$\alpha+\alpha^2+\alpha^3+\alpha^4+\alpha^5+\alpha^6=\boldsymbol{-1}$

←$\alpha^n-1$
$=(\alpha-1)$
$\times(\alpha^{n-1}+\alpha^{n-2}+\cdots\cdots+\alpha+1)$
[$n$ は自然数]

(イ) $\frac{1}{1-\alpha}+\frac{1}{1-\alpha^6}=\frac{1}{1-\alpha}+\frac{\alpha}{\alpha-\alpha^7}$

$$=\frac{1}{1-\alpha}+\frac{\alpha}{\alpha-1}=\frac{1-\alpha}{1-\alpha}=\boldsymbol{1}$$

←$\alpha^7=1$ を利用するために，$\frac{1}{1-\alpha^6}$ の分母・分子に $\alpha$ を掛ける。

(ウ) $\alpha^7=1$ であるから，$k=1$, 2, ……, 7 に対して

$(\alpha^k)^7=(\alpha^7)^k=1^k=1$　が成り立つ。

よって，$\alpha^k$ ($k=1$, 2, ……, 7) は方程式 $z^7=1$ の解である。
ここで，$\alpha$，$\alpha^2$，$\alpha^3$，$\alpha^4$，$\alpha^5$，$\alpha^6$，$\alpha^7$ (=1) は互いに異なるから，7 次方程式 $z^7-1=0$ の異なる 7 個の解である。
$z^7-1=(z-1)(z^6+z^5+z^4+z^3+z^2+z+1)$ から，$\alpha$，$\alpha^2$，$\alpha^3$，$\alpha^4$，$\alpha^5$，$\alpha^6$ は $z^6+z^5+z^4+z^3+z^2+z+1=0$ の解である。

よって　$z^6+z^5+z^4+z^3+z^2+z+1$

$$=(z-\alpha)(z-\alpha^2)(z-\alpha^3)(z-\alpha^4)(z-\alpha^5)(z-\alpha^6)$$

と因数分解できる。両辺に $z=1$ を代入して

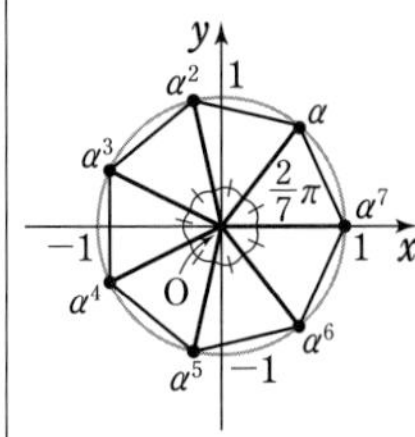

$$(1-\alpha)(1-\alpha^2)(1-\alpha^3)(1-\alpha^4)(1-\alpha^5)(1-\alpha^6)=1\times7=\mathbf{7}$$

(2) $|\alpha|=1$ であるから　$\alpha\overline{\alpha}=1$

よって　$\overline{\alpha}=\dfrac{1}{\alpha}$　ゆえに　$t=\alpha+\dfrac{1}{\alpha}$

←$t=\alpha+\overline{\alpha}$

① の両辺を $\alpha^3$ ($\neq0$) で割ると

$$\alpha^3+\alpha^2+\alpha+1+\frac{1}{\alpha}+\frac{1}{\alpha^2}+\frac{1}{\alpha^3}=0 \quad \cdots\cdots ②$$

ここで　$\alpha^3+\dfrac{1}{\alpha^3}=\left(\alpha+\dfrac{1}{\alpha}\right)^3-3\left(\alpha+\dfrac{1}{\alpha}\right)=t^3-3t$,

$\alpha^2+\dfrac{1}{\alpha^2}=\left(\alpha+\dfrac{1}{\alpha}\right)^2-2=t^2-2$

←$a^3+b^3=(a+b)^3-3ab(a+b)$, $a^2+b^2=(a+b)^2-2ab$

ゆえに，② から　$(t^3-3t)+(t^2-2)+t+1=0$

したがって　$t^3+t^2-2t=\mathbf{1}$

**練習 ④108**

(1) $\left(\dfrac{1-\sqrt{3}\,i}{2}\right)^n+1=0$ を満たす最小の自然数 $n$ の値を求めよ。

(2) 正の整数 $m$, $n$ で，$(1+i)^n=(1+\sqrt{3}\,i)^m$ かつ $m+n\leqq100$ を満たす組 $(m,\ n)$ をすべて求めよ。　〔(2) 類 神戸大〕

(1) $\dfrac{1-\sqrt{3}\,i}{2}=\cos\left(-\dfrac{\pi}{3}\right)+i\sin\left(-\dfrac{\pi}{3}\right)$ であるから，等式は

←極形式で表す。

$$\left\{\cos\left(-\frac{\pi}{3}\right)+i\sin\left(-\frac{\pi}{3}\right)\right\}^n+1=0$$

ゆえに　$\cos\left(-\dfrac{n\pi}{3}\right)+i\sin\left(-\dfrac{n\pi}{3}\right)=-1$

←ド・モアブルの定理。

よって　$\cos\left(-\dfrac{n\pi}{3}\right)=-1$, $\sin\left(-\dfrac{n\pi}{3}\right)=0$

←複素数の相等。

ゆえに　$-\dfrac{n\pi}{3}=-(2k+1)\pi$ ($k$ は整数)

←$=(2k+1)\pi$ とおいてもよいが，$=-(2k+1)\pi$ とおくと答が求めやすい。

したがって　$n=3(2k+1)$

求める最小の自然数 $n$ は，$k=0$ のときで　$\boldsymbol{n=3}$

(2) $1+i=\sqrt{2}\left(\dfrac{1}{\sqrt{2}}+\dfrac{1}{\sqrt{2}}i\right)=\sqrt{2}\left(\cos\dfrac{\pi}{4}+i\sin\dfrac{\pi}{4}\right)$,

←極形式で表す。

$1+\sqrt{3}\,i=2\left(\dfrac{1}{2}+\dfrac{\sqrt{3}}{2}i\right)=2\left(\cos\dfrac{\pi}{3}+i\sin\dfrac{\pi}{3}\right)$ であるから，

等式は　$\left\{\sqrt{2}\left(\cos\dfrac{\pi}{4}+i\sin\dfrac{\pi}{4}\right)\right\}^n=\left\{2\left(\cos\dfrac{\pi}{3}+i\sin\dfrac{\pi}{3}\right)\right\}^m$

よって　$(\sqrt{2})^n\left(\cos\dfrac{n\pi}{4}+i\sin\dfrac{n\pi}{4}\right)=2^m\left(\cos\dfrac{m\pi}{3}+i\sin\dfrac{m\pi}{3}\right)$

←ド・モアブルの定理。

両辺の絶対値と偏角を比較すると

$$(\sqrt{2})^n=2^m \cdots\cdots ①,\quad \frac{n\pi}{4}=\frac{m\pi}{3}+2k\pi \ (k \text{ は整数}) \cdots\cdots ②$$

① から　$2^{\frac{n}{2}}=2^m$　ゆえに，$\dfrac{n}{2}=m$ から　$n=2m$

←① の底を 2 に統一。

$n=2m$ を ② に代入して整理すると　$m=12k$ …… ③

←$\dfrac{m}{2}=\dfrac{m}{3}+2k$

よって　$n=24k$ …… ④

←$n=2m$

$m>0$, $n>0$ であるから，③，④ より $k$ は自然数である。
また，③，④ を $m+n\leqq 100$ に代入すると

$$12k+24k\leqq 100$$

ゆえに　$k\leqq \dfrac{25}{9}=2.7\cdots$

この不等式を満たす自然数 $k$ は　$k=1,\ 2$

したがって　$\boldsymbol{(m,\ n)=(12,\ 24),\ (24,\ 48)}$



**練習 ①109**　3点 $\mathrm{A}(1+2i)$, $\mathrm{B}(-3-2i)$, $\mathrm{C}(6+i)$ について，次の点を表す複素数を求めよ。
(1) 線分 AB を 1：2 に内分する点 P　(2) 線分 CA を 2：3 に外分する点 Q
(3) 線分 BC の中点 M　(4) 平行四辺形 ADBC の頂点 D
(5) △ABQ の重心 G

(1) 点 P を表す複素数は　$\dfrac{2(1+2i)+1\cdot(-3-2i)}{1+2}=\boldsymbol{-\dfrac{1}{3}+\dfrac{2}{3}i}$

(2) 点 Q を表す複素数は　$\dfrac{-3(6+i)+2(1+2i)}{2-3}=\boldsymbol{16-i}$

←2：3 に外分 ⟶ 2：(−3) に内分 と考えるとよい。

(3) 点 M を表す複素数は　$\dfrac{(-3-2i)+(6+i)}{2}=\boldsymbol{\dfrac{3}{2}-\dfrac{1}{2}i}$

(4) 点 $\mathrm{D}(\alpha)$ とすると，線分 AB の中点と線分 CD の中点は一致するから　$\dfrac{(1+2i)+(-3-2i)}{2}=\dfrac{(6+i)+\alpha}{2}$

ゆえに　$-2=6+i+\alpha$　よって　$\alpha=\boldsymbol{-8-i}$

←2 本の対角線が互いに他を 2 等分する。

(5) 点 G を表す複素数は

$$\frac{(1+2i)+(-3-2i)+(16-i)}{3}=\boldsymbol{\frac{14}{3}-\frac{i}{3}}$$

←3点 $\mathrm{A}(\alpha)$, $\mathrm{B}(\beta)$, $\mathrm{C}(\gamma)$ を頂点とする △ABC の重心は　点 $\dfrac{\alpha+\beta+\gamma}{3}$

**練習 ①110**　次の方程式を満たす点 $z$ の全体は，どのような図形か。
(1) $|z-2i|=|z+3|$　(2) $2|z-1+2i|=1$　(3) $(2z+1+i)(2\overline{z}+1-i)=4$
(4) $2z+2\overline{z}=1$　(5) $(1+2i)z-(1-2i)\overline{z}=4i$

(1) 方程式を変形すると　$|z-2i|=|z-(-3)|$
よって，点 $z$ の全体は，**2点 $2i$, $-3$ を結ぶ線分の垂直二等分線**である。

←$|z-\alpha|$ は 2 点 $z$, $\alpha$ 間の距離を表す。

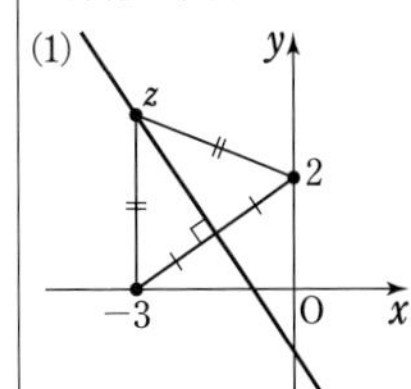


(2) 方程式を変形すると　$|z-(1-2i)|=\dfrac{1}{2}$

よって，点 $z$ の全体は，**点 $1-2i$ を中心とする半径 $\dfrac{1}{2}$ の円** である。

(3) 方程式から　$(2z+1+i)(\overline{2z+1+i})=4$
よって　$|2z+1+i|^2=4$
ゆえに　$|2z+1+i|=2$
したがって　$\left|z-\left(-\dfrac{1+i}{2}\right)\right|=1$

よって，点 $z$ の全体は，**点 $-\dfrac{1}{2}-\dfrac{1}{2}i$ を中心とする半径 1 の円**である。

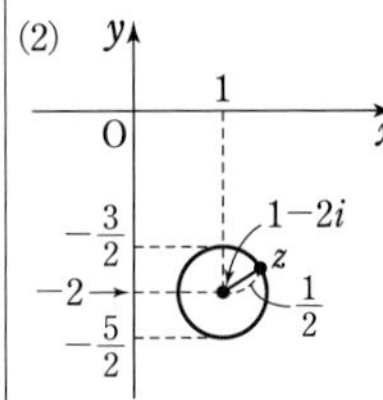

(4) $z=x+yi$ ($x$, $y$ は実数) とおくと　$\overline{z}=x-yi$

これらを方程式に代入して　$2(x+yi)+2(x-yi)=1$

よって，$4x=1$ から　$x=\dfrac{1}{4}$　ゆえに　$z=\dfrac{1}{4}+yi$

$z$ の実部は常に $\dfrac{1}{4}$ であるから，点 $z$ の全体は，**点 $\dfrac{1}{4}$ を通り，実軸に垂直な直線** である。

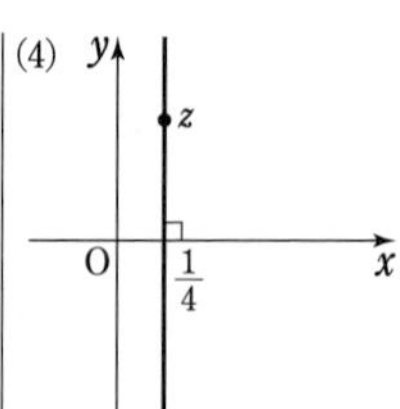


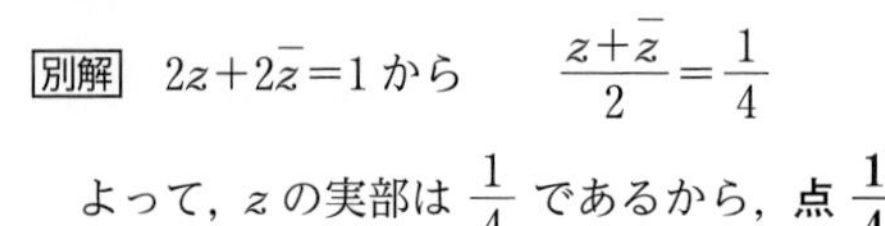

別解　$2z+2\overline{z}=1$ から　$\dfrac{z+\overline{z}}{2}=\dfrac{1}{4}$

よって，$z$ の実部は $\dfrac{1}{4}$ であるから，**点 $\dfrac{1}{4}$ を通り，実軸に垂直な直線** である。

(5) $z=x+yi$ ($x$, $y$ は実数) とおくと　$\overline{z}=x-yi$

これらを方程式に代入して

$$(1+2i)(x+yi)-(1-2i)(x-yi)=4i$$

よって　$(4x+2y)i=4i$

ゆえに　$2x+y=2$　すなわち　$y=-2x+2$

座標平面上の直線 $y=-2x+2$ は 2 点 $(1,\ 0)$，$(0,\ 2)$ を通るから，点 $z$ の全体は，**2 点 1，$2i$ を通る直線** である。

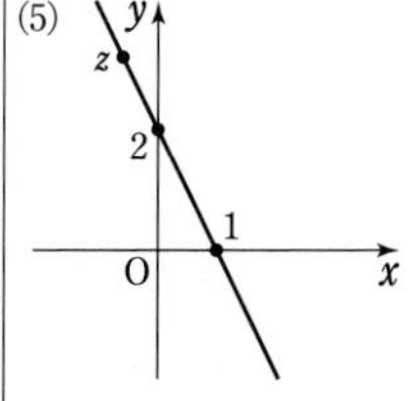


**練習 ②111**　次の方程式を満たす点 $z$ の全体は，どのような図形か。
(1) $3|z|=|z-8|$　(2) $2|z+4i|=3|z-i|$

(1) 方程式の両辺を平方すると　$9|z|^2=|z-8|^2$

ゆえに　$9z\overline{z}=(z-8)(\overline{z-8})$

よって　$9z\overline{z}=(z-8)(\overline{z}-8)$

両辺を展開して整理すると　$z\overline{z}+z+\overline{z}=8$

ゆえに　$(z+1)(\overline{z}+1)-1=8$　よって　$(z+1)(\overline{z+1})=9$

すなわち　$|z+1|^2=3^2$　よって　$|z+1|=3$

ゆえに，点 $z$ の全体は，**点 $-1$ を中心とする半径 3 の円** である。

◐ $|z|$ は $|z|^2$ として扱う　$|z|^2=z\overline{z}$

←$z\overline{z}+z+\overline{z}=(z+1)(\overline{z}+1)-1$

別解 1. A(0)，B(8)，P($z$) とすると，方程式は　3AP=BP

ゆえに　AP : BP=1 : 3

線分 AB を 1 : 3 に内分する点を C($\alpha$)，外分する点を D($\beta$) とすると　$\alpha=\dfrac{3\cdot0+1\cdot8}{1+3}=2$，$\beta=\dfrac{-3\cdot0+1\cdot8}{1-3}=-4$

よって，**点 $z$ の全体は，2 点 2，$-4$ を直径の両端とする円。**

←アポロニウスの円

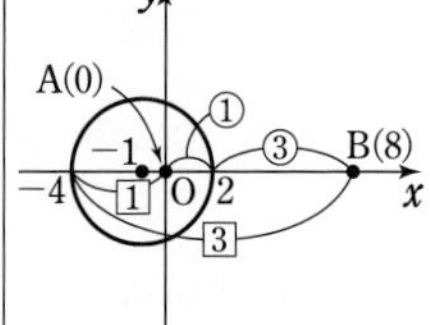


別解 2. $z=x+yi$ ($x$, $y$ は実数) とおくと，$9|z|^2=|z-8|^2$ から

$$9(x^2+y^2)=(x-8)^2+y^2$$

展開して整理すると　$x^2+2x+y^2-8=0$

変形すると　$(x+1)^2+y^2=3^2$

よって，点 $z$ の全体は，**点 $-1$ を中心とする半径 3 の円。**

←$z-8=x-8+yi$

←点 $(-1,\ 0)$ を中心とする半径 3 の円。

(2) 方程式の両辺を平方すると　$4|z+4i|^2=9|z-i|^2$

ゆえに　$4(z+4i)(\overline{z+4i})=9(z-i)(\overline{z-i})$

よって　　$4(z+4i)(\overline{z}-4i)=9(z-i)(\overline{z}+i)$

両辺を展開して整理すると　　$z\overline{z}+5iz-5i\overline{z}=11$

ゆえに　　$(z-5i)(\overline{z}+5i)-25=11$

よって　　$(z-5i)(\overline{z-5i})=36$

すなわち　　$|z-5i|^2=6^2$　　よって　　$|z-5i|=6$

ゆえに，点 $z$ の全体は，**点 $5i$ を中心とする半径 6 の円** である。

←$z\overline{z}+aiz+bi\overline{z}$
$=(z+bi)(\overline{z}+ai)+ab$

別解 **1.** A$(-4i)$, B$(i)$, P$(z)$ とすると，方程式は　2AP＝3BP

ゆえに　　AP：BP＝3：2

線分 AB を 3：2 に内分する点を C$(\alpha)$，外分する点を D$(\beta)$ とすると

$$\alpha=\frac{2\cdot(-4i)+3\cdot i}{3+2}=-i,\quad \beta=\frac{-2\cdot(-4i)+3\cdot i}{3-2}=11i$$

よって，点 $z$ の全体は，**2 点 $-i$，$11i$ を直径の両端とする円。**

←アポロニウスの円

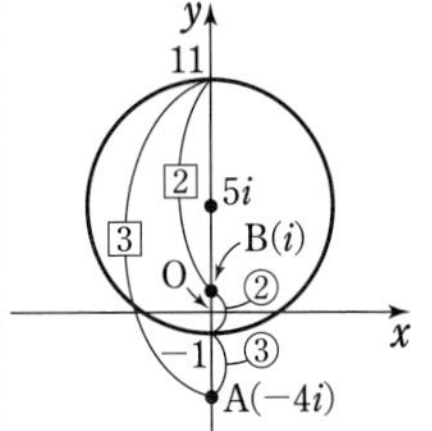


別解 **2.** $z=x+yi$（$x$，$y$ は実数）とおくと，$4|z+4i|^2=9|z-i|^2$

から　　$4\{x^2+(y+4)^2\}=9\{x^2+(y-1)^2\}$

展開して整理すると　　$x^2+y^2-10y-11=0$

変形すると　　$x^2+(y-5)^2=6^2$

よって，点 $z$ の全体は，**点 $5i$ を中心とする半径 6 の円。**

←$z+4i=x+(y+4)i$,
$z-i=x+(y-1)i$

←点 (0, 5) を中心とする半径 6 の円。



## 練習 ③ 112

複素数 $z$ が $|z-1+3i|=\sqrt{5}$ を満たすとき，$|z+2-3i|$ の最大値および最小値と，そのときの $z$ の値を求めよ。

方程式を変形すると　　$|z-(1-3i)|=\sqrt{5}$

←$|z-\alpha|=r$ の形にする。

よって，点 P$(z)$ は点 C$(1-3i)$ を中心とする半径 $\sqrt{5}$ の円周上の点である。

$|z+2-3i|=|z-(-2+3i)|$ から，点 A$(-2+3i)$ とすると，$|z+2-3i|$ が最大となるのは，右図から，3 点 A, C, P がこの順で一直線上にあるときである。

←点 P を円周上の点とすると　AC＋CP≧AP
等号が成り立つとき，AP は最大となる。

よって，求める最大値は

$$\begin{aligned}AC+CP&=|(1-3i)-(-2+3i)|+\sqrt{5}=|3-6i|+\sqrt{5}\\&=\sqrt{3^2+(-6)^2}+\sqrt{5}=3\sqrt{5}+\sqrt{5}=4\sqrt{5}\end{aligned}$$

←(線分 AC の長さ)
＋(円の半径)

また，このとき点 P は，線分 AC を $4\sqrt{5}:\sqrt{5}=4:1$ に外分する点であるから，最大となるときの $z$ の値は

$$z=\frac{-1\cdot(-2+3i)+4(1-3i)}{4-1}=2-5i$$

←2 点 A$(\alpha)$，B$(\beta)$ について，線分 AB を $m:n$ に外分する点を表す複素数は　$\dfrac{-n\alpha+m\beta}{m-n}$

また，$|z+2-3i|$ が最小となるのは，図から，3 点 A，P，C がこの順で一直線上にあるときである。

よって，求める最小値は

$$\begin{aligned}AC-CP&=|(1-3i)-(-2+3i)|-\sqrt{5}\\&=3\sqrt{5}-\sqrt{5}=2\sqrt{5}\end{aligned}$$

←(線分 AC の長さ)
−(円の半径)

また，このとき点Pは，線分ACを $2\sqrt{5}:\sqrt{5}=2:1$ に内分する点であるから，最小となるときの $z$ の値は

$$z=\frac{1\cdot(-2+3i)+2(1-3i)}{2+1}=-i$$

以上から　**$z=2-5i$ で最大値 $4\sqrt{5}$，$z=-i$ で最小値 $2\sqrt{5}$**

←2点A($\alpha$)，B($\beta$)について，線分ABを $m:n$ に内分する点を表す複素数は　$\dfrac{n\alpha+m\beta}{m+n}$

**練習 ③113**　点 $z$ が原点Oを中心とする半径1の円上を動くとき，$w=(1-i)z-2i$ で表される点 $w$ はどのような図形を描くか。〔琉球大〕

点 $z$ は単位円上を動くから　$|z|=1$ …… ①

$w=(1-i)z-2i$ から　$z=\dfrac{w+2i}{1-i}$

これを①に代入すると

$$\left|\frac{w+2i}{1-i}\right|=1 \quad すなわち \quad \frac{|w+2i|}{|1-i|}=1$$

$|1-i|=\sqrt{2}$ であるから　$|w+2i|=\sqrt{2}$

よって，点 $w$ は **点 $-2i$ を中心とする半径 $\sqrt{2}$ の円** を描く。

検討　$w=\sqrt{2}\left\{\cos\left(-\dfrac{\pi}{4}\right)+i\sin\left(-\dfrac{\pi}{4}\right)\right\}z-2i$ であるから，求める図形は，円 $|z|=1$ を，次の㋐，㋑，㋒の順に回転・拡大・平行移動したものである。

㋐　原点を中心として $-\dfrac{\pi}{4}$ 回転　→円 $|z|=1$ のまま。

㋑　原点を中心として $\sqrt{2}$ 倍に拡大　→円 $|z|=\sqrt{2}$ に移る。

㋒　虚軸方向に $-2$ だけ平行移動　→円 $|z+2i|=\sqrt{2}$ に移る。

**①　$w=f(z)$ の表す図形**
**$z=$($w$ の式)で表し，$z$ の条件式に代入**

←$|1-i|=\sqrt{1^2+(-1)^2}=\sqrt{2}$

←$1-i=\sqrt{2}\left(\dfrac{1}{\sqrt{2}}-\dfrac{1}{\sqrt{2}}i\right)=\sqrt{2}\left\{\cos\left(-\dfrac{\pi}{4}\right)+i\sin\left(-\dfrac{\pi}{4}\right)\right\}$

**練習 ③114**　点P($z$)が点 $-i$ を中心とする半径1の円から原点を除いた円周上を動くとき，$w=\dfrac{1}{z}$ で表される点Q($w$)はどのような図形を描くか。

点 $z$ が満たす方程式は　$|z+i|=1$　$(z\neq 0)$

$w=\dfrac{1}{z}$ から，$w\neq 0$ で　$z=\dfrac{1}{w}$

$|z+i|=1$ に代入して　$\left|\dfrac{1}{w}+i\right|=1$

ゆえに　$|1+iw|=|w|$ …… ①

$|1+iw|=|-i^2+iw|=|i(w-i)|$
$=|i||w-i|=|w-i|$

であるから，①は

$$|w-i|=|w|$$

よって，点Q($w$)は **2点0，$i$ を結ぶ線分の垂直二等分線** を描く。

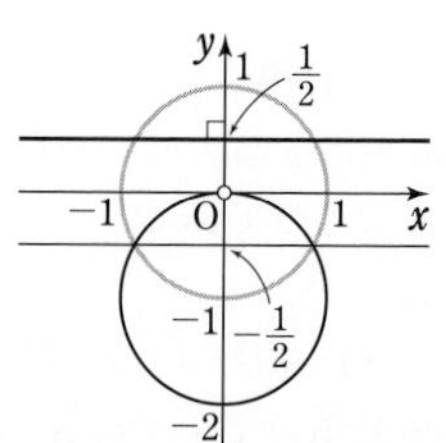


←円 $|z+i|=1$ は原点を通る。原点を除くから　$z\neq 0$

←図については，本冊 $p.194$，195の参考事項の解説を参照。

**練習 ④115** 2つの複素数 $w$, $z$ $(z \neq 2)$ が $w=\dfrac{iz}{z-2}$ を満たしているとする。
(1) 点 $z$ が原点を中心とする半径2の円周上を動くとき，点 $w$ はどのような図形を描くか。
(2) 点 $z$ が虚軸上を動くとき，点 $w$ はどのような図形を描くか。
(3) 点 $w$ が実軸上を動くとき，点 $z$ はどのような図形を描くか。 〔弘前大〕



$w=\dfrac{iz}{z-2}$ から　$w(z-2)=iz$　　よって　$(w-i)z=2w$

$w=i$ とすると，$0=2i$ となり，不合理。ゆえに　$w \neq i$

よって　$z=\dfrac{2w}{w-i}$ …… ①

←$w-i=0$ の場合も考えられるから，直ちに $w-i$ で割ってはダメ。

(1) 点 $z$ は $|z|=2$ を満たすから　$\left|\dfrac{2w}{w-i}\right|=2$

ゆえに　$|w|=|w-i|$

よって，点 $w$ は **2点0，$i$ を結ぶ線分の垂直二等分線** を描く。

←$|2w|=2|w-i|$
ゆえに　$2|w|=2|w-i|$

←この直線は点 $i$ を通らない。

(2) 点 $z$ は虚軸上を動くから　$z+\overline{z}=0$

① を代入して　$\dfrac{2w}{w-i}+\overline{\left(\dfrac{2w}{w-i}\right)}=0$

ゆえに　$\dfrac{2w}{w-i}+\dfrac{2\overline{w}}{\overline{w}+i}=0$

よって　$w(\overline{w}+i)+\overline{w}(w-i)=0$

ゆえに　$w\overline{w}+\dfrac{1}{2}iw-\dfrac{1}{2}i\overline{w}=0$

よって　$\left(w-\dfrac{1}{2}i\right)\left(\overline{w}+\dfrac{1}{2}i\right)-\left(\dfrac{1}{2}\right)^2=0$

ゆえに　$\left(w-\dfrac{1}{2}i\right)\overline{\left(w-\dfrac{1}{2}i\right)}=\left(\dfrac{1}{2}\right)^2$

すなわち　$\left|w-\dfrac{1}{2}i\right|^2=\left(\dfrac{1}{2}\right)^2$　　よって　$\left|w-\dfrac{1}{2}i\right|=\dfrac{1}{2}$

ゆえに，点 $w$ は **点 $\dfrac{1}{2}i$ を中心とする半径 $\dfrac{1}{2}$ の円** を描く。

**ただし，点 $i$ は除く。**

←**点 $z$ が虚軸上にある**
$\iff$ ($z$ の実部)$=0$
$\iff$ $z+\overline{z}=0$

←$\overline{-i}=i$

←$2w\overline{w}+iw-i\overline{w}=0$

←$w\overline{w}+aw+b\overline{w}$
$=(w+b)(\overline{w}+a)-ab$

←$\alpha\overline{\alpha}=|\alpha|^2$

←この円は点 $i$ を通るから点 $i$ を除く必要がある。

(3) 点 $w$ は実軸上を動くから　$w-\overline{w}=0$

$w=\dfrac{iz}{z-2}$ を代入して　$\dfrac{iz}{z-2}-\overline{\left(\dfrac{iz}{z-2}\right)}=0$

ゆえに　$\dfrac{iz}{z-2}+\dfrac{i\overline{z}}{\overline{z}-2}=0$

よって　$z(\overline{z}-2)+\overline{z}(z-2)=0$

ゆえに　$z\overline{z}-z-\overline{z}=0$

よって　$(z-1)(\overline{z}-1)-1=0$

ゆえに　$(z-1)(\overline{z-1})=1$

すなわち　$|z-1|^2=1$　　よって　$|z-1|=1$

$z \neq 2$ であるから，点 $z$ は **点1を中心とする半径1の円** を描く。
**ただし，点2は除く。**

←**点 $w$ が実軸上にある**
$\iff$ ($w$ の虚部)$=0$
$\iff$ $w-\overline{w}=0$

←$\overline{i}=-i$

←$z \neq 2$ は問題文で与えられた条件。

**練習 ④116** 2つの複素数 $w$, $z$ $(z\neq 0)$ の間に $w=z-\dfrac{7}{4z}$ という関係がある。点 $z$ が原点を中心とする半径 $\dfrac{7}{2}$ の円周上を動くとき　〔類 早稲田大〕

(1) $w$ が実数になるような $z$ の値を求めよ。

(2) $w=x+yi$ ($x$, $y$ は実数) とおくとき，点 $w$ が描く図形の式を $x$, $y$ で表せ。

点 $z$ が原点を中心とする半径 $\dfrac{7}{2}$ の円周上を動くから，

$z=\dfrac{7}{2}(\cos\theta+i\sin\theta)$ $(0\leqq\theta<2\pi)$　と表される。

よって　$w=z-\dfrac{7}{4z}$

$=\dfrac{7}{2}(\cos\theta+i\sin\theta)-\dfrac{7}{4}\cdot\dfrac{2}{7}(\cos\theta-i\sin\theta)$

$=3\cos\theta+4i\sin\theta$

(1)　$w$ が実数になるための条件は　$4\sin\theta=0$

$0\leqq\theta<2\pi$ であるから　$\theta=0$, $\pi$

$\theta=0$ のとき　$z=\dfrac{7}{2}(1+i\cdot 0)=\dfrac{7}{2}$

$\theta=\pi$ のとき　$z=\dfrac{7}{2}(-1+i\cdot 0)=-\dfrac{7}{2}$

したがって　$\boldsymbol{z=\pm\dfrac{7}{2}}$

(2)　$w=x+yi$ とおくと　$x+yi=3\cos\theta+4i\sin\theta$

$x$, $y$ は実数であるから　$x=3\cos\theta$, $y=4\sin\theta$

ゆえに　$\cos\theta=\dfrac{x}{3}$, $\sin\theta=\dfrac{y}{4}$

$\cos^2\theta+\sin^2\theta=1$ に代入して　$\left(\dfrac{x}{3}\right)^2+\left(\dfrac{y}{4}\right)^2=1$

したがって，点 $w$ が描く図形の式は　$\boldsymbol{\dfrac{x^2}{9}+\dfrac{y^2}{16}=1}$

←$|z|=\dfrac{7}{2}$

←$\dfrac{1}{z}=\dfrac{2}{7}\{\cos(-\theta)+i\sin(-\theta)\}$

別解　(1)　$\overline{w}=w$ から

$\overline{z}-\dfrac{7}{4\overline{z}}=z-\dfrac{7}{4z}$

よって　$4z(\overline{z})^2-7z$
$=4z^2\overline{z}-7\overline{z}$

$\therefore$　$(z-\overline{z})(4|z|^2+7)=0$

ゆえに　$z=\overline{z}$

よって，$z$ は実数であるから，円 $|z|=\dfrac{7}{2}$ と実軸の交点を考えて

$\boldsymbol{z=\pm\dfrac{7}{2}}$

検討　(2)　点 $w$ の描く図形は次の図のような楕円である。

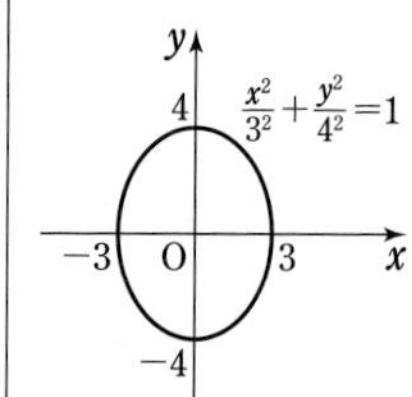


**練習 ④117** $|z-\sqrt{2}|\leqq 1$ を満たす複素数 $z$ に対し，$w=z+\sqrt{2}\,i$ とする。点 $w$ の存在範囲を複素数平面上に図示せよ。また，$w^4$ の絶対値と偏角の値の範囲を求めよ。ただし，偏角 $\theta$ は $0\leqq\theta<2\pi$ の範囲で考えよ。

(前半)　$w=z+\sqrt{2}\,i$ から　$z=w-\sqrt{2}\,i$

これを $|z-\sqrt{2}|\leqq 1$ に代入して

$|w-(\sqrt{2}+\sqrt{2}\,i)|\leqq 1$

ゆえに，点 $w$ の全体は，点 $\sqrt{2}+\sqrt{2}\,i$ を中心とする半径1の円の周および内部である。よって，点 $w$ の存在範囲は

**右図の斜線部分。ただし，境界線を含む。**

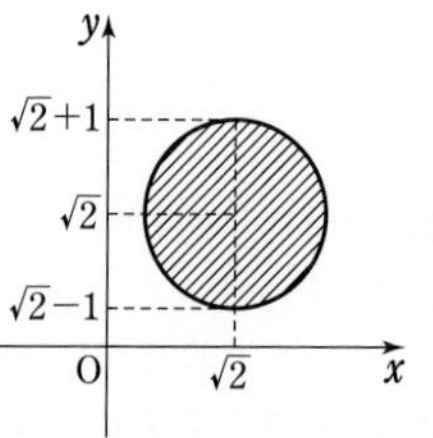


(後半)　まず，$w$ の絶対値 $|w|$，偏角 $\arg w$ $(0\leqq\arg w<2\pi)$ のとりうる値の範囲を調べる。

不等式 $|\boldsymbol{z-\alpha}|\leqq\boldsymbol{r}$ $(r>0)$ を満たす点 $z$ の全体は，**点 $\mathrm{A}(\alpha)$ を中心とする半径 $r$ の円の周および内部** である。

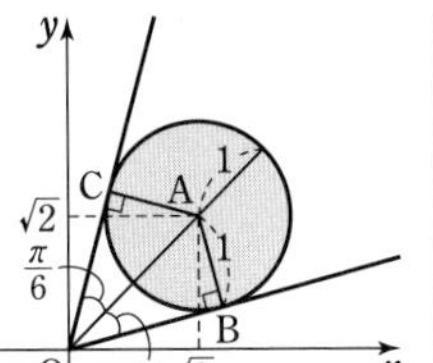


右の図で　$OA=|\sqrt{2}+\sqrt{2}i|=2$

よって　$2-1\leqq|w|\leqq2+1$

すなわち　$1\leqq|w|\leqq3$ …… ①

また，$OA=2$，$AB=1$，$\angle ABO=\frac{\pi}{2}$

であるから　$\angle AOB=\frac{\pi}{6}$

同様にして　$\angle AOC=\frac{\pi}{6}$

$\angle AOx=\frac{\pi}{4}$ であるから　$\frac{\pi}{4}-\frac{\pi}{6}\leqq\arg w\leqq\frac{\pi}{4}+\frac{\pi}{6}$

すなわち　$\frac{\pi}{12}\leqq\arg w\leqq\frac{5}{12}\pi$ …… ②

$w^4$ の絶対値は $|w^4|$，偏角は $\arg w^4$ であり，

① から　$1^4\leqq|w|^4\leqq3^4$　ゆえに　$\boldsymbol{1\leqq|w^4|\leqq81}$

② から　$4\cdot\frac{\pi}{12}\leqq4\arg w\leqq4\cdot\frac{5}{12}\pi$

すなわち　$\boldsymbol{\frac{\pi}{3}\leqq\arg w^4\leqq\frac{5}{3}\pi}$

これは $0\leqq\arg w^4<2\pi$ を満たす。

←$OA=\sqrt{(\sqrt{2})^2+(\sqrt{2})^2}=2$

←点 $w$ が直線 OA 上にくるときの絶対値に注目。

←△ABO は，3 つの内角が $\frac{\pi}{6}$，$\frac{\pi}{3}$，$\frac{\pi}{2}$ の直角三角形。

←点 $w$ が点 B，C の位置にくるときの偏角に注目。

←$|z^n|=|z|^n$

←$\arg z^n=n\arg z$



**練習 ④118**

複素数 $z$ の実部を $\mathrm{Re}z$ で表す。このとき，次の領域を複素数平面上に図示せよ。

(1)　$|z|>1$ かつ $\mathrm{Re}z<\frac{1}{2}$ を満たす点 $z$ の領域

(2)　$w=\frac{1}{z}$ とする。点 $z$ が (1) で求めた領域を動くとき，点 $w$ が動く領域

(1)　$|z|>1$ の表す領域は，原点を中心とする半径 1 の円の外部である。

また，$\mathrm{Re}z<\frac{1}{2}$ の表す領域は，点 $\frac{1}{2}$ を通り実軸に垂直な直線 $\ell$ の左側である。

よって，求める領域は **右図の斜線部分** のようになる。

**ただし，境界線を含まない。**

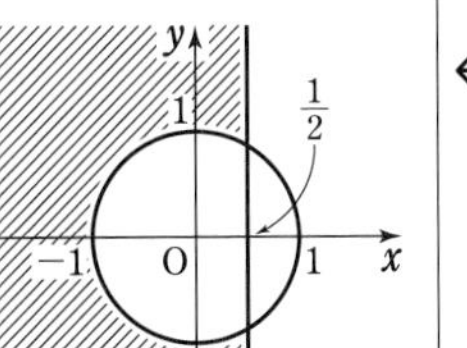

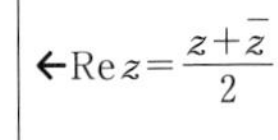

←$\mathrm{Re}z=\frac{z+\overline{z}}{2}$

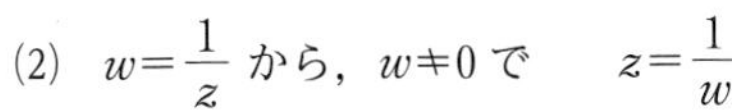

(2)　$w=\frac{1}{z}$ から，$w\neq0$ で　$z=\frac{1}{w}$

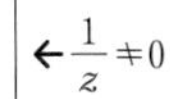

←$\frac{1}{z}\neq0$

直線 $\ell$ は 2 点 O(0)，A(1) を結ぶ線分の垂直二等分線であり，直線 $\ell$ の左側の部分にある点を P($z$) とすると，OP<AP すなわち $|z|<|z-1|$ が成り立つ。

よって，(1) で求めた領域は，$|z|>1$ かつ $|z|<|z-1|$ と表される。

$z=\frac{1}{w}$ を $|z|>1$ に代入すると　$\left|\frac{1}{w}\right|>1$

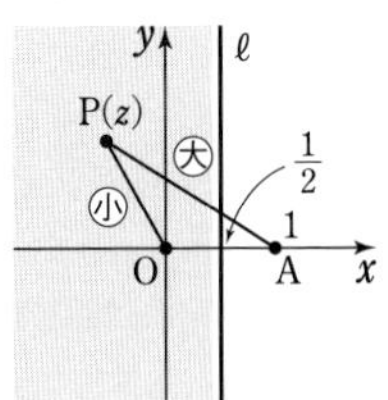

ゆえに　$|w|<1$ …… ①

$z=\dfrac{1}{w}$ を $|z|<|z-1|$ に代入すると　$\left|\dfrac{1}{w}\right|<\left|\dfrac{1}{w}-1\right|$

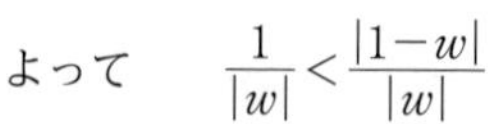

よって　$\dfrac{1}{|w|}<\dfrac{|1-w|}{|w|}$

ゆえに　$|w-1|>1$ …… ②

よって，求める領域は ①，② それぞれが表す領域の共通部分で，**右図の斜線部分** のようになる。

**ただし，境界線を含まない。**



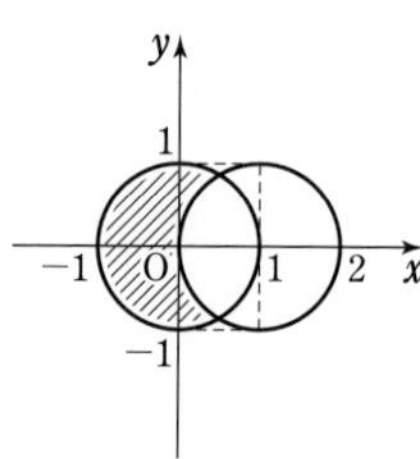

検討　② は次のように導くこともできる。

$\mathrm{Re}\,z<\dfrac{1}{2}$ から

$\dfrac{z+\overline{z}}{2}<\dfrac{1}{2}$

すなわち　$z+\overline{z}<1$

よって　$\dfrac{1}{w}+\dfrac{1}{\overline{w}}<1$

ゆえに　$\overline{w}+w<w\overline{w}$

よって　$w\overline{w}-w-\overline{w}>0$

これから　$|w-1|>1$

別解　(1)　$z=x+yi$（$x$，$y$ は実数）とすると

$|z|^2>1^2$ から　$x^2+y^2>1$ …… ①

$\mathrm{Re}\,z<\dfrac{1}{2}$ から　$x<\dfrac{1}{2}$ …… ②　　←$\mathrm{Re}\,z=x$

①，② それぞれが表す領域の共通部分を図示する。

(2)　$w=x+yi$（$x$，$y$ は実数）とする。

$w=\dfrac{1}{z}$ から，$w\neq0$ で　$(x,\ y)\neq(0,\ 0)$

このとき　$z=\dfrac{1}{w}=\dfrac{1}{x+yi}=\dfrac{x-yi}{x^2+y^2}$　　←分母の実数化。

$|z|^2>1^2$ から　$\dfrac{x^2+y^2}{(x^2+y^2)^2}>1$　ゆえに　$x^2+y^2<1$ …… ③

$\mathrm{Re}\,z<\dfrac{1}{2}$ から　$z+\overline{z}<1$　　←$\dfrac{z+\overline{z}}{2}<\dfrac{1}{2}$

よって　$\dfrac{x-yi}{x^2+y^2}+\dfrac{x+yi}{x^2+y^2}<1$　すなわち　$\dfrac{2x}{x^2+y^2}<1$

ゆえに　$x^2+y^2>2x$　すなわち　$(x-1)^2+y^2>1$ …… ④

③，④ それぞれが表す領域の共通部分を図示する。

## 練習 ④119

$z$ を 0 でない複素数とする。点 $z-\dfrac{1}{z}$ が 2 点 $i$，$\dfrac{10}{3}i$ を結ぶ線分上を動くとき，点 $z$ の存在する範囲を複素数平面上に図示せよ。

点 $z-\dfrac{1}{z}$ が虚軸上にあるから　$z-\dfrac{1}{z}+\overline{\left(z-\dfrac{1}{z}\right)}=0$

←**点 $\alpha$ が虚軸上**
$\Longleftrightarrow$ ($\alpha$ の実部)$=0$
$\Longleftrightarrow$ $\boldsymbol{\alpha+\overline{\alpha}=0}$

よって　$z-\dfrac{1}{z}+\overline{z}-\dfrac{1}{\overline{z}}=0$ ……（＊）

ゆえに　$z|z|^2-\overline{z}+\overline{z}\,|z|^2-z=0$

よって　$(z+\overline{z})|z|^2-(z+\overline{z})=0$

ゆえに　$(z+\overline{z})(|z|+1)(|z|-1)=0$

したがって　$z+\overline{z}=0$　または　$|z|=1$

(＊)から

$z+\overline{z}-\dfrac{z+\overline{z}}{z\overline{z}}=0$

よって

$(z+\overline{z})\left(1-\dfrac{1}{|z|^2}\right)=0$

ゆえに　$z+\overline{z}=0$

または　$|z|=1$

としてもよい。

[1]　$z+\overline{z}=0$ のとき，点 $z$ は虚軸上にあり，$z\neq0$ であるから，

$z=yi$（$y$ は実数，$y\neq0$）とすると

$$z-\frac{1}{z}=yi-\frac{1}{yi}=\left(y+\frac{1}{y}\right)i$$

このとき，条件から　$1 \leqq y+\dfrac{1}{y} \leqq \dfrac{10}{3}$

$1 \leqq y+\dfrac{1}{y}$ が成り立つための条件は $y>0$ であり，このとき

(相加平均)≧(相乗平均) により　$y+\dfrac{1}{y} \geqq 2\sqrt{y \cdot \dfrac{1}{y}}=2$

(等号は $y=1$ のとき成り立つ。)

すなわち，$1 \leqq y+\dfrac{1}{y}$ は常に成り立つ。

$y>0$ のとき，$y+\dfrac{1}{y} \leqq \dfrac{10}{3}$ を解くと，$3y^2-10y+3 \leqq 0$ から

$(y-3)(3y-1) \leqq 0$　　ゆえに　$\dfrac{1}{3} \leqq y \leqq 3$

[2]　$|z|=1$ のとき，点 $z$ は原点を中心とする半径 1 の円上にある。

$z\overline{z}=1$ であるから　$\dfrac{1}{z}=\overline{z}$

よって，$z=x+yi$ ($x$, $y$ は実数) とすると　$z-\dfrac{1}{z}=z-\overline{z}=2yi$

条件から　$1 \leqq 2y \leqq \dfrac{10}{3}$

ゆえに　$\dfrac{1}{2} \leqq y \leqq \dfrac{5}{3}$

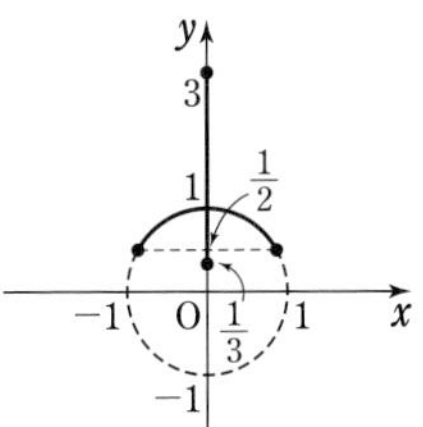


[1]，[2] から，点 $z$ の存在する範囲は，**上の図の太線部分**。

別解　$z=r(\cos\theta+i\sin\theta)$ $(r>0,\ 0 \leqq \theta < 2\pi)$ とすると

$$z-\frac{1}{z}=r(\cos\theta+i\sin\theta)-\frac{1}{r}(\cos\theta-i\sin\theta)$$
$$=\left(r-\frac{1}{r}\right)\cos\theta+i\left(r+\frac{1}{r}\right)\sin\theta$$

点 $z-\dfrac{1}{z}$ は虚軸上にあるから　$\left(r-\dfrac{1}{r}\right)\cos\theta=0$

よって　$r-\dfrac{1}{r}=0$　または　$\cos\theta=0$

すなわち　$r=1$　または　$\theta=\dfrac{\pi}{2}$　または　$\theta=\dfrac{3}{2}\pi$

[1]　$r=1$ のとき　$z-\dfrac{1}{z}=2i\sin\theta$

条件から　$1 \leqq 2\sin\theta \leqq \dfrac{10}{3}$

$-1 \leqq \sin\theta \leqq 1$ であるから　$\dfrac{1}{2} \leqq \sin\theta \leqq 1$

$0 \leqq \theta < 2\pi$ であるから　$\dfrac{\pi}{6} \leqq \theta \leqq \dfrac{5}{6}\pi$

←点 $z-\dfrac{1}{z}$ が 2 点 $i$, $\dfrac{10}{3}i$ を結ぶ線分上にある。

←$3y\ (>0)$ を $y+\dfrac{1}{y} \leqq \dfrac{10}{3}$ の両辺に掛けて　$3y^2+3 \leqq 10y$

←$z-\overline{z}$ $=x+yi-(x-yi)$ $=2yi$

←極形式を利用。

←$\dfrac{1}{z}$ $=\dfrac{1}{r}\{\cos(-\theta)+i\sin(-\theta)\}$

←実部が 0

←$r-\dfrac{1}{r}=0$ から　$r^2=1$

←$r>0,\ 0 \leqq \theta < 2\pi$

←$\dfrac{1}{2} \leqq \sin\theta \leqq \dfrac{5}{3}$

3章　練習　[複素数平面]

[2]　$\theta=\dfrac{\pi}{2}$ のとき　　$z-\dfrac{1}{z}=\left(r+\dfrac{1}{r}\right)i$

条件から　　$1\leqq r+\dfrac{1}{r}\leqq\dfrac{10}{3}$

$r>0$ であるから，(相加平均)≧(相乗平均) により

$$r+\frac{1}{r}\geqq 2\quad(\text{等号は } r=1 \text{ のとき成り立つ。})$$

すなわち，$1\leqq r+\dfrac{1}{r}$ は常に成り立つ。

$r+\dfrac{1}{r}\leqq\dfrac{10}{3}$ から　　$3r^2-10r+3\leqq 0$

ゆえに，$(r-3)(3r-1)\leqq 0$ から　　$\dfrac{1}{3}\leqq r\leqq 3$

[3]　$\theta=\dfrac{3}{2}\pi$ のとき　　$z-\dfrac{1}{z}=-\left(r+\dfrac{1}{r}\right)i$

$-\left(r+\dfrac{1}{r}\right)<0$ であるから，点 $z-\dfrac{1}{z}$ が2点 $i$，$\dfrac{10}{3}i$ を結ぶ線分上を動くことはない。

以上から，点 $z$ の存在する範囲は，**右図の太線部分。**

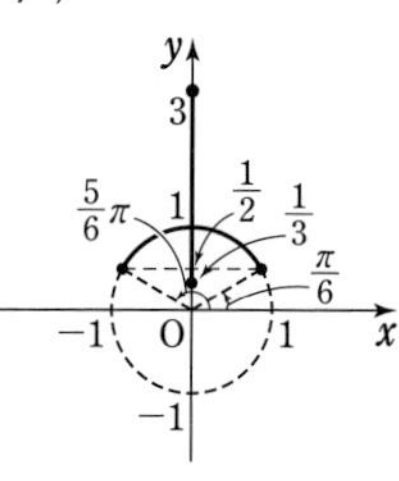


[1]　$r=1$ かつ $\dfrac{\pi}{6}\leqq\theta\leqq\dfrac{5}{6}\pi$
⟶ 単位円上の点で，$\dfrac{\pi}{6}\leqq$(偏角)$\leqq\dfrac{5}{6}\pi$ であるもの。

[2]　$\theta=\dfrac{\pi}{2}$ かつ $\dfrac{1}{3}\leqq r\leqq 3$
⟶ 原点より上側にある虚軸上の点で，原点からの距離が $\dfrac{1}{3}$ 以上3以下であるもの。

**練習 ②120**　複素数平面上の3点 A($\alpha$)，B($\beta$)，C($\gamma$) について

(1)　$\alpha=-i$，$\beta=-1-3i$，$\gamma=1-4i$ のとき，∠BAC の大きさを求めよ。

(2)　$\alpha=2$，$\beta=1+i$，$\gamma=(3+\sqrt{3})i$ のとき，∠ABC の大きさと △ABC の面積を求めよ。

(3)　$\alpha=1+i$，$\beta=3+4i$，$\gamma=ai$ ($a$ は実数) のとき，$a=$ ア□ ならば3点 A，B，C は一直線上にあり，$a=$ イ□ ならば AB⊥AC となる。

(1)　$$\frac{\gamma-\alpha}{\beta-\alpha}=\frac{1-4i-(-i)}{-1-3i-(-i)}=\frac{1-3i}{-1-2i}$$
$$=\frac{(1-3i)(-1+2i)}{(-1-2i)(-1+2i)}=\frac{5+5i}{5}$$
$$=1+i=\sqrt{2}\left(\cos\frac{\pi}{4}+i\sin\frac{\pi}{4}\right)$$

したがって，∠BAC の大きさは　　$\boldsymbol{\dfrac{\pi}{4}}$

←分母の実数化。
←偏角は　$\dfrac{\pi}{4}$
←$\angle\beta\alpha\gamma=\arg\dfrac{\gamma-\alpha}{\beta-\alpha}$

(2)　$$\frac{\gamma-\beta}{\alpha-\beta}=\frac{(3+\sqrt{3})i-(1+i)}{2-(1+i)}=\frac{-1+(2+\sqrt{3})i}{1-i}$$
$$=\frac{\{-1+(2+\sqrt{3})i\}(1+i)}{(1-i)(1+i)}$$
$$=\frac{-3-\sqrt{3}+(1+\sqrt{3})i}{2}=(\sqrt{3}+1)\left(-\frac{\sqrt{3}}{2}+\frac{1}{2}i\right)$$
$$=(\sqrt{3}+1)\left(\cos\frac{5}{6}\pi+i\sin\frac{5}{6}\pi\right)$$

したがって，∠ABC の大きさは　　$\boldsymbol{\dfrac{5}{6}\pi}$

←分母の実数化。
←$-3-\sqrt{3}=-\sqrt{3}(\sqrt{3}+1)$
←$\angle\alpha\beta\gamma=\arg\dfrac{\gamma-\beta}{\alpha-\beta}$

また　$\triangle ABC=\dfrac{1}{2}BA\cdot BC\sin\angle ABC$

$=\dfrac{1}{2}\sqrt{1^2+(-1)^2}\sqrt{(-1)^2+(2+\sqrt{3})^2}\sin\dfrac{5}{6}\pi$

$=\dfrac{\sqrt{2}}{2}\sqrt{8+4\sqrt{3}}\cdot\dfrac{1}{2}=\dfrac{\sqrt{2}}{4}\sqrt{8+2\sqrt{12}}$

$=\dfrac{\sqrt{2}}{4}(\sqrt{6}+\sqrt{2})=\boldsymbol{\dfrac{\sqrt{3}+1}{2}}$

←$BA=|\alpha-\beta|=|1-i|$
$BC=|\gamma-\beta|$
$=|-1+(2+\sqrt{3})i|$

←2 重根号ははずせる。

(3)　$\dfrac{\gamma-\alpha}{\beta-\alpha}=\dfrac{ai-(1+i)}{(3+4i)-(1+i)}=\dfrac{-1+(a-1)i}{2+3i}$

$=\dfrac{\{-1+(a-1)i\}(2-3i)}{(2+3i)(2-3i)}$

$=\dfrac{3a-5+(2a+1)i}{13}$ …… ①

←分母の実数化。

3 点 A，B，C が一直線上にあるための条件は，① が実数となることであるから　$2a+1=0$

よって　$a=$ ア $\boldsymbol{-\dfrac{1}{2}}$

←$z=x+yi$ において
$y=0 \Longrightarrow z$ は実数
$x=0$ かつ $y\neq 0$
$\Longrightarrow z$ は純虚数

また，$AB\perp AC$ となるための条件は，① が純虚数となることであるから　$3a-5=0$ かつ $2a+1\neq 0$

よって　$a=$ イ $\boldsymbol{\dfrac{5}{3}}$

←$a\neq-\dfrac{1}{2}$ を満たす。

**練習 ②121**　異なる 3 点 $A(\alpha)$，$B(\beta)$，$C(\gamma)$ が次の条件を満たすとき，$\triangle ABC$ はどんな形の三角形か。
(1)　$2(\alpha-\beta)=(1+\sqrt{3}i)(\gamma-\beta)$　　(2)　$\beta(1-i)=\alpha-\gamma i$

(1)　等式から　$\dfrac{\alpha-\beta}{\gamma-\beta}=\dfrac{1+\sqrt{3}i}{2}=\cos\dfrac{\pi}{3}+i\sin\dfrac{\pi}{3}$

ゆえに　$\left|\dfrac{\alpha-\beta}{\gamma-\beta}\right|=\dfrac{|\alpha-\beta|}{|\gamma-\beta|}=\dfrac{BA}{BC}=1$

よって　$BA=BC$

また，$\arg\dfrac{\alpha-\beta}{\gamma-\beta}=\dfrac{\pi}{3}$ であるから

$\angle CBA=\dfrac{\pi}{3}$

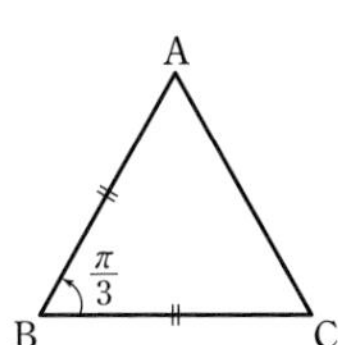


したがって，$\triangle ABC$ は **正三角形** である。

HINT　まず，等式を $\dfrac{\alpha-\beta}{\gamma-\beta}=a+bi$ の形に変形。

(1)　等式から
$\alpha=\left(\cos\dfrac{\pi}{3}+i\sin\dfrac{\pi}{3}\right)\times(\gamma-\beta)+\beta$
よって，点 A は，点 B を中心として点 C を $\dfrac{\pi}{3}$ だけ回転した点。

(2)　等式から　$\beta-\alpha=(\beta-\gamma)i$

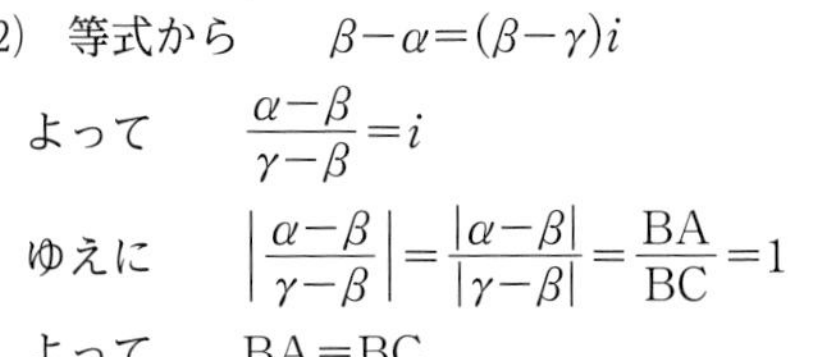

よって　$\dfrac{\alpha-\beta}{\gamma-\beta}=i$

ゆえに　$\left|\dfrac{\alpha-\beta}{\gamma-\beta}\right|=\dfrac{|\alpha-\beta|}{|\gamma-\beta|}=\dfrac{BA}{BC}=1$

よって　$BA=BC$

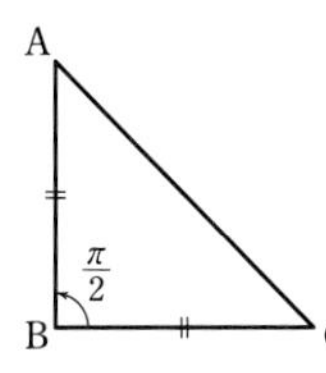


$\dfrac{\alpha-\beta}{\gamma-\beta}$ は純虚数であるから　$BC\perp BA$

したがって，$\triangle ABC$ は **BA=BC の直角二等辺三角形** である。

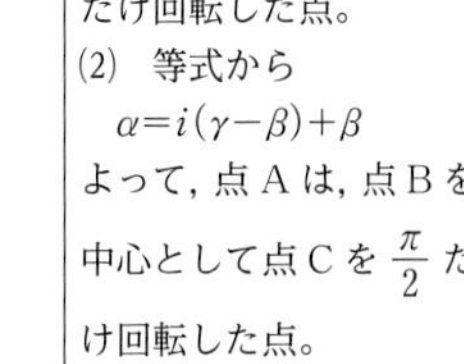

(2)　等式から
$\alpha=i(\gamma-\beta)+\beta$
よって，点 A は，点 B を中心として点 C を $\dfrac{\pi}{2}$ だけ回転した点。

**練習 ③122** 原点Oとは異なる3点A($\alpha$), B($\beta$), C($\gamma$)がある。
(1) $\alpha^2+\alpha\beta+\beta^2=0$ が成り立つとき，△OABはどんな形の三角形か。〔類 大分大〕
(2) $3\alpha^2+4\beta^2+\gamma^2-6\alpha\beta-2\beta\gamma=0$ が成り立つとき
(ア) $\gamma$ を $\alpha$, $\beta$ で表せ。 (イ) △ABCはどんな形の三角形か。〔類 関西大〕

(1) $\beta^2 \neq 0$ であるから，等式の両辺を $\beta^2$ で割ると

$$\left(\frac{\alpha}{\beta}\right)^2+\frac{\alpha}{\beta}+1=0$$

よって $\displaystyle\frac{\alpha}{\beta}=\frac{-1\pm\sqrt{1^2-4\cdot1\cdot1}}{2}=\frac{-1\pm\sqrt{3}\,i}{2}$

$\displaystyle=\cos\left(\pm\frac{2}{3}\pi\right)+i\sin\left(\pm\frac{2}{3}\pi\right)$ (複号同順)

ゆえに $\displaystyle\left|\frac{\alpha}{\beta}\right|=\frac{|\alpha|}{|\beta|}=\frac{\mathrm{OA}}{\mathrm{OB}}=1$

よって OA=OB

また，$\displaystyle\arg\frac{\alpha}{\beta}=\pm\frac{2}{3}\pi$ であるから $\displaystyle\angle\mathrm{BOA}=\frac{2}{3}\pi$

したがって，△OABは **OA=OB, $\angle$O$=\dfrac{2}{3}\pi$ の二等辺三角形** である。

HINT (1) $\dfrac{\alpha}{\beta}$ を極形式で表し，$\left|\dfrac{\alpha}{\beta}\right|$, $\arg\dfrac{\alpha}{\beta}$ について考える。
←解の公式を利用。

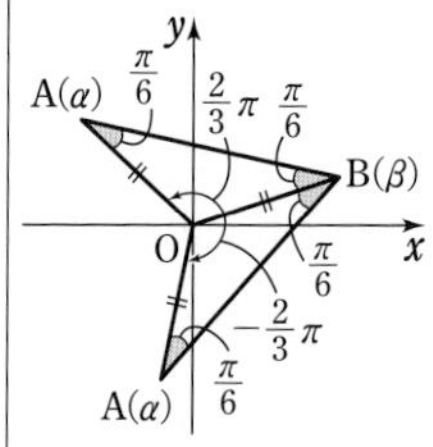


(2) (ア) $3\alpha^2+4\beta^2+\gamma^2-6\alpha\beta-2\beta\gamma=0$ から

$$3\alpha^2-6\alpha\beta+3\beta^2+\gamma^2-2\beta\gamma+\beta^2=0$$

←$4\beta^2=3\beta^2+\beta^2$ とする。

よって $3(\alpha-\beta)^2+(\gamma-\beta)^2=0$

←$(\gamma-\beta)^2=-3(\alpha-\beta)^2$

$\alpha\neq\beta$ であるから $\displaystyle\left(\frac{\gamma-\beta}{\alpha-\beta}\right)^2=-3$

ゆえに $\displaystyle\frac{\gamma-\beta}{\alpha-\beta}=\pm\sqrt{3}\,i$ …… ①

←$\gamma-\beta=\pm\sqrt{3}\,i(\alpha-\beta)$

したがって **$\gamma=\beta\pm\sqrt{3}(\alpha-\beta)i$**

(イ) ①から $\displaystyle\frac{\gamma-\beta}{\alpha-\beta}=\sqrt{3}\left\{\cos\left(\pm\frac{\pi}{2}\right)+i\sin\left(\pm\frac{\pi}{2}\right)\right\}$

(複号同順)

ゆえに $\displaystyle\left|\frac{\gamma-\beta}{\alpha-\beta}\right|=\frac{|\gamma-\beta|}{|\alpha-\beta|}=\frac{\mathrm{BC}}{\mathrm{BA}}=\sqrt{3}$

また，$\displaystyle\arg\frac{\gamma-\beta}{\alpha-\beta}=\pm\frac{\pi}{2}$ であるから $\displaystyle\angle\mathrm{ABC}=\frac{\pi}{2}$

したがって，△ABCは **$\angle$A$=\dfrac{\pi}{3}$, $\angle$B$=\dfrac{\pi}{2}$, $\angle$C$=\dfrac{\pi}{6}$ の直角三角形** である。

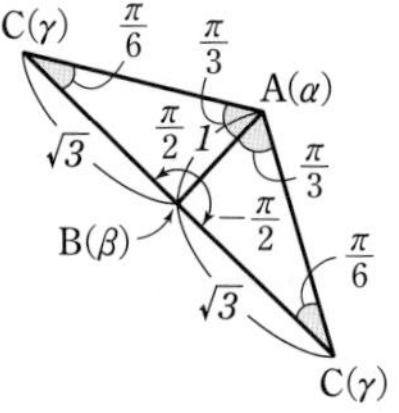


**練習 ③123** 右の図のように，△ABCの外側に，正方形ABDEおよび正方形ACFGを作るとき，BG=CE, BG⊥CEであることを証明せよ。

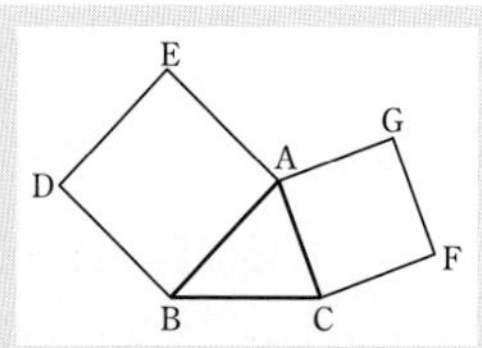

A(0), B($\beta$), C($\gamma$) とする。

点 E は，点 B を原点 A を中心として $-\dfrac{\pi}{2}$ だけ回転した点であるから　　E($-\beta i$)

点 G は，点 C を原点 A を中心として $\dfrac{\pi}{2}$ だけ回転した点であるから　　G($\gamma i$)

よって　　$\mathrm{BG}=|\gamma i-\beta|$, $\mathrm{CE}=|-\beta i-\gamma|$

ここで　　$-\beta i-\gamma=i(\gamma i-\beta)$ …… ①

ゆえに　　$|-\beta i-\gamma|=|i(\gamma i-\beta)|=|i||\gamma i-\beta|=|\gamma i-\beta|$

したがって　　BG=CE

また，① より，$\dfrac{-\beta i-\gamma}{\gamma i-\beta}=i$ (純虚数) であるから　BG⊥CE

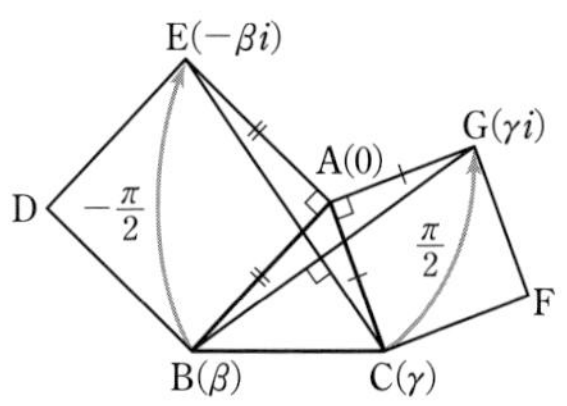


① $-\beta i-\gamma=i^2\gamma-\beta i$
$=i(\gamma i-\beta)$



**練習 ③124** 単位円上に異なる 3 点 A($\alpha$), B($\beta$), C($\gamma$) がある。$w=-\overline{\alpha}\beta\gamma$ とおくと，$w\neq\alpha$ のとき，点 D($w$) は単位円上にあり，AD⊥BC であることを示せ。〔類 九州大〕

3 点 A($\alpha$), B($\beta$), C($\gamma$) は単位円上にあるから

$|\alpha|=|\beta|=|\gamma|=1$　すなわち　$\alpha\overline{\alpha}=\beta\overline{\beta}=\gamma\overline{\gamma}=1$

ゆえに　　$\overline{\alpha}=\dfrac{1}{\alpha}$, $\overline{\beta}=\dfrac{1}{\beta}$, $\overline{\gamma}=\dfrac{1}{\gamma}$ …… ①

① から　　$|w|=|-\overline{\alpha}\beta\gamma|=\left|-\dfrac{1}{\alpha}\beta\gamma\right|=\dfrac{|\beta||\gamma|}{|\alpha|}=\dfrac{1\cdot 1}{1}=1$

よって，点 D($w$) は単位円上にある。

また，$\beta\neq\gamma$, $w\neq\alpha$ であるから　　$\dfrac{\gamma-\beta}{w-\alpha}\neq 0$

ゆえに，① から

$$\frac{\gamma-\beta}{w-\alpha}+\overline{\left(\frac{\gamma-\beta}{w-\alpha}\right)}=\frac{\gamma-\beta}{-\overline{\alpha}\beta\gamma-\alpha}+\frac{\overline{\gamma}-\overline{\beta}}{-\alpha\overline{\beta}\,\overline{\gamma}-\overline{\alpha}}$$

$$=\frac{\gamma-\beta}{-\dfrac{\beta\gamma}{\alpha}-\alpha}+\frac{\dfrac{1}{\gamma}-\dfrac{1}{\beta}}{-\dfrac{\alpha}{\beta\gamma}-\dfrac{1}{\alpha}}$$

$$=\frac{\alpha(\gamma-\beta)}{-\beta\gamma-\alpha^2}+\frac{\alpha\beta-\alpha\gamma}{-\alpha^2-\beta\gamma}=0$$

よって，$\dfrac{\gamma-\beta}{w-\alpha}$ は純虚数である。　ゆえに　　AD⊥BC

**検討** $w=-\overline{\alpha}\times\beta\times\gamma$ とみると，点 $w$ は，点 $\alpha$ を虚軸に関して対称移動し，更に原点の周りに $\arg\beta+\arg\gamma$ だけ回転移動した点である。3 点 $\alpha$, $\beta$, $\gamma$ が単位円上にあることから，点 $w$ も単位円上にある。

HINT　A($\alpha$), B($\beta$), C($\gamma$), D($w$) のとき
AD⊥BC
$\Longleftrightarrow z=\dfrac{\gamma-\beta}{w-\alpha}$ が純虚数
$\Longleftrightarrow z\neq 0$ かつ $z+\overline{z}=0$

←$\overline{w}=\overline{-\overline{\alpha}\beta\gamma}=-\overline{\overline{\alpha}}\,\overline{\beta}\,\overline{\gamma}$
$=-\alpha\overline{\beta}\,\overline{\gamma}$

←第 1 項の分母・分子に $\alpha$ を掛け，第 2 項の分母・分子に $\alpha\beta\gamma$ を掛ける。

←単位円は虚軸に関して対称。

**練習 ③125** 複素数平面上に 3 点 O, A, B を頂点とする △OAB がある。ただし，O は原点とする。△OAB の外心を P とする。3 点 A, B, P が表す複素数をそれぞれ $\alpha$, $\beta$, $z$ とするとき，$\alpha\beta=z$ が成り立つとする。このとき，$\alpha$ の満たすべき条件を求め，点 A($\alpha$) が描く図形を複素数平面上に図示せよ。〔類 北海道大〕

HINT　3 点 O，A，B が三角形をなす
　　$\iff$ 3 点 O，A，B は互いに異なり，かつ 3 点が一直線に並ばない　　この前提条件に注意。

3 点 O，A，B が三角形をなすから　　$\alpha \neq 0$，$\beta \neq 0$，$\alpha \neq \beta$

←3 点 O，A，B は異なる。

点 P が △OAB の外心であるとき

$$\mathrm{OP}=\mathrm{AP}=\mathrm{BP}$$

すなわち　　$|z|=|z-\alpha|=|z-\beta|$ …… ①　　が成り立つ。

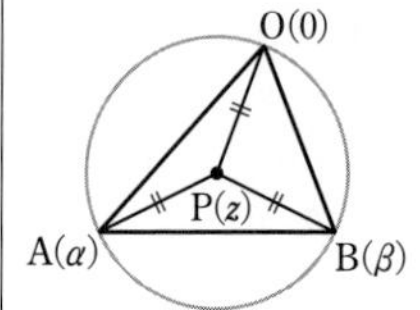


$\alpha\beta=z$ であるから　　$|\alpha\beta|=|\alpha\beta-\alpha|=|\alpha\beta-\beta|$

$|\alpha\beta|=|\alpha\beta-\alpha|$ から　$|\alpha||\beta|=|\alpha||\beta-1|$

$\alpha \neq 0$ から　　$|\beta|=|\beta-1|$　…… ②

$|\alpha\beta|=|\alpha\beta-\beta|$ から　$|\alpha||\beta|=|\beta||\alpha-1|$

$\beta \neq 0$ から　　$|\alpha|=|\alpha-1|$　…… ③

②，③ は，2 点 A，B が 2 点 0，1 を結ぶ線分の垂直二等分線 $|z|=|z-1|$ 上にあることを意味している。

←2 点 0, 1 から等距離にある点の軌跡。

このとき，3 点 O，A，B が一直線上に並ぶことはないから，△OAB が存在する。

←この条件の確認も大切。

逆に，②，③ が成り立つとき，$\alpha\beta=z$ より ① すなわち OP＝AP＝BP が成り立つから，点 P は △OAB の外心である。

←②, ③ の両辺にそれぞれ $|\alpha|$，$|\beta|$ を掛けることにより導かれる。

よって，求める条件は　　$|\boldsymbol{\alpha}|=|\boldsymbol{\alpha}-\mathbf{1}|$

また，点 A が描く図形は，**右図** のようになる。

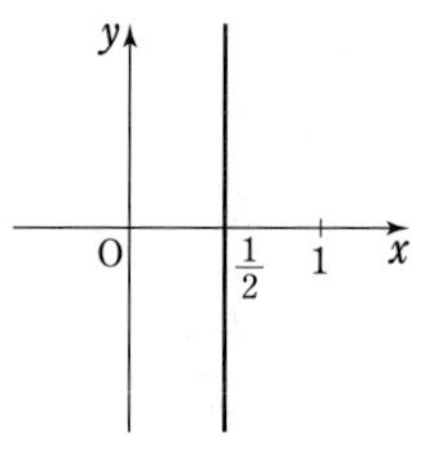


**練習 ③126**　異なる 3 点 O(0)，A($\alpha$)，B($\beta$) を頂点とする △OAB の頂角 O 内の傍心を P($z$) とするとき，$z$ は次の等式を満たすことを示せ。

$$z=\frac{|\beta|\alpha+|\alpha|\beta}{|\alpha|+|\beta|-|\beta-\alpha|}$$

$\mathrm{OA}=|\alpha|=a$，$\mathrm{OB}=|\beta|=b$，
$\mathrm{AB}=|\beta-\alpha|=c$ とおく。

傍心は 1 つの頂点の内角の二等分線と，他の 2 つの頂点の外角の二等分線の交点である。

また，∠AOB の二等分線と辺 AB の交点を D($w$) とすると

$$\mathrm{AD}:\mathrm{DB}=\mathrm{OA}:\mathrm{OB}=a:b$$

←角の二等分線の定理。

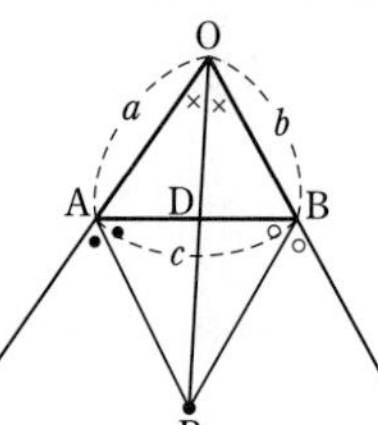


よって　　$w=\dfrac{b\alpha+a\beta}{a+b}$

次に，P は線分 OD を OA：AD に外分する点であるから

$$\mathrm{OP}:\mathrm{PD}=\mathrm{OA}:\mathrm{AD}=a:\left(\frac{a}{a+b}\cdot c\right)=(a+b):c$$

←これより，P は線分 OD を $(a+b):c$ に外分する点であるから $z=\dfrac{-c\cdot 0+(a+b)w}{a+b-c}$ としてもよい。

ゆえに　　$\mathrm{OP}:\mathrm{OD}=(a+b):(a+b-c)$

よって　　$z=\dfrac{a+b}{a+b-c}w=\dfrac{a+b}{a+b-c}\cdot\dfrac{b\alpha+a\beta}{a+b}=\dfrac{b\alpha+a\beta}{a+b-c}$

したがって　　$z=\dfrac{|\beta|\alpha+|\alpha|\beta}{|\alpha|+|\beta|-|\beta-\alpha|}$

**練習 ③127** 点 P($z$) が次の直線上にあるとき，$z$ が満たす関係式を求めよ。
(1) 2点 $2+i$，3 を通る直線
(2) 点 $-4+4i$ を中心とする半径 $\sqrt{13}$ の円上の点 $-2+i$ における接線

(1) 3点 $2+i$，3，$z$ は一直線上にあるから，$\dfrac{z-3}{(2+i)-3}=\dfrac{z-3}{-1+i}$ は実数である。

←$\arg\dfrac{z-3}{(2+i)-3}=0,\ \pi$

ゆえに $\overline{\left(\dfrac{z-3}{-1+i}\right)}=\dfrac{z-3}{-1+i}$ すなわち $\dfrac{\overline{z}-3}{-1-i}=\dfrac{z-3}{-1+i}$

←● が実数 ⟺ $\overline{●}$=●

よって $(1-i)(\overline{z}-3)=(1+i)(z-3)$

←分母を払う。

整理して，求める関係式は $\boldsymbol{(1+i)z-(1-i)\overline{z}=6i}$

(2) A($-4+4i$)，B($-2+i$) とすると，AB⊥BP であるか，点 P は点 B と一致するから，$\dfrac{z-(-2+i)}{-4+4i-(-2+i)}=\dfrac{z+2-i}{-2+3i}$ は純虚数または 0 である。

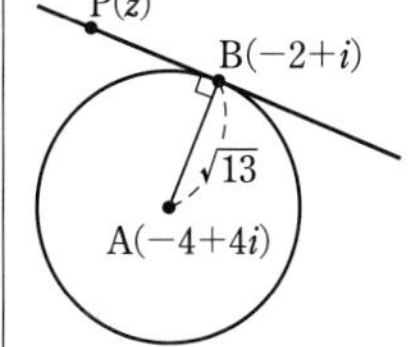


よって $\dfrac{z+2-i}{-2+3i}+\overline{\left(\dfrac{z+2-i}{-2+3i}\right)}=0$

←● が純虚数または 0 ⟺ ●+$\overline{●}$=0

ゆえに $\dfrac{z+2-i}{-2+3i}+\dfrac{\overline{z}+2+i}{-2-3i}=0$

よって $(2+3i)(z+2-i)+(2-3i)(\overline{z}+2+i)=0$

整理して，求める関係式は $\boldsymbol{(2+3i)z+(2-3i)\overline{z}+14=0}$

**練習 ③128** $\alpha$ を絶対値が 1 の複素数とし，等式 $z=\alpha^2\overline{z}$ を満たす複素数 $z$ の表す複素数平面上の図形を $S$ とする。
(1) $z=\alpha^2\overline{z}$ が成り立つことと，$\dfrac{z}{\alpha}$ が実数であることは同値であることを証明せよ。また，このことを用いて，図形 $S$ は原点を通る直線であることを示せ。
(2) 複素数平面上の点 P($w$) を直線 $S$ に関して対称移動した点を Q($w'$) とする。このとき，$w'$ を $w$ と $\alpha$ を用いて表せ。ただし，点 P は直線 $S$ 上にないものとする。 〔類 静岡大〕

(1) $|\alpha|=1$ であるから $\alpha\overline{\alpha}=1$

$z=\alpha^2\overline{z}$ が成り立つとき $\dfrac{z}{\alpha}=\alpha\overline{z}=\dfrac{\overline{z}}{\overline{\alpha}}=\overline{\left(\dfrac{z}{\alpha}\right)}$

←$\alpha\overline{\alpha}=1$ から $\alpha=\dfrac{1}{\overline{\alpha}}$

よって，$\dfrac{z}{\alpha}$ は実数である。

逆に，$\dfrac{z}{\alpha}$ が実数であるとき，$\overline{\left(\dfrac{z}{\alpha}\right)}=\dfrac{z}{\alpha}$ から $\alpha\overline{z}=\overline{\alpha}z$

両辺に $\alpha$ を掛けて $\alpha^2\overline{z}=\alpha\overline{\alpha}z$ ゆえに $z=\alpha^2\overline{z}$

←$\alpha\overline{\alpha}=1$

したがって，$z=\alpha^2\overline{z}$ が成り立つことと，$\dfrac{z}{\alpha}$ が実数であることは同値である。

よって，図形 $S$ 上の点は実数 $k$ を用いて $\dfrac{z}{\alpha}=k$ と表される。

ゆえに $z=k\alpha$ …… ①

A($\alpha$) とすると，① は図形 $S$ が原点と点 A を通る直線であることを示している。

(2) PQ⊥OA（O は原点）であるから，$\dfrac{w-w'}{\alpha-0}$ は純虚数である。

よって　$\dfrac{w-w'}{\alpha}+\overline{\left(\dfrac{w-w'}{\alpha}\right)}=0$

$\dfrac{1}{\overline{\alpha}}=\alpha$ であるから　$w-w'+\alpha^2(\overline{w}-\overline{w'})=0$　…… ②

また，線分 PQ の中点 $\dfrac{w+w'}{2}$ が直線 $S$ 上にあるから

$$\frac{w+w'}{2}=\alpha^2\overline{\left(\frac{w+w'}{2}\right)}$$

ゆえに　$w+w'-\alpha^2(\overline{w}+\overline{w'})=0$　…… ③

③−② から　$2w'-2\alpha^2\overline{w}=0$

したがって　$\boldsymbol{w'=\alpha^2\overline{w}}$

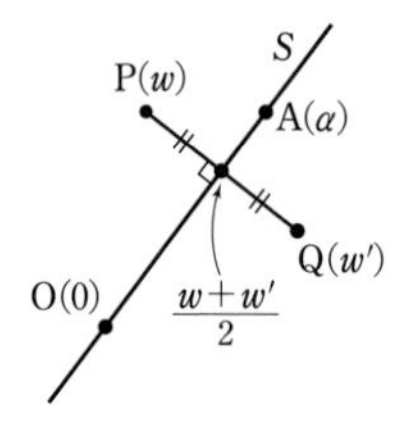


別解　$\alpha$ の偏角を $\theta$ とすると　$\alpha=\cos\theta+i\sin\theta$

原点を中心とする $-\theta$ の回転で P($w$) が P′($w_1$) に，実軸に関する対称移動で P′($w_1$) が Q′($w_2$) に，原点を中心とする $\theta$ の回転で Q′($w_2$) が Q($w'$) にそれぞれ移る。

$\overline{\alpha}=\cos\theta-i\sin\theta=\cos(-\theta)+i\sin(-\theta)$ であるから

$$w_1=\{\cos(-\theta)+i\sin(-\theta)\}w=\overline{\alpha}w$$

よって　$w_2=\overline{w_1}=\overline{\overline{\alpha}w}=\alpha\overline{w}$

ゆえに　$\boldsymbol{w'}=(\cos\theta+i\sin\theta)w_2=\alpha\cdot\alpha\overline{w}=\boldsymbol{\alpha^2\overline{w}}$

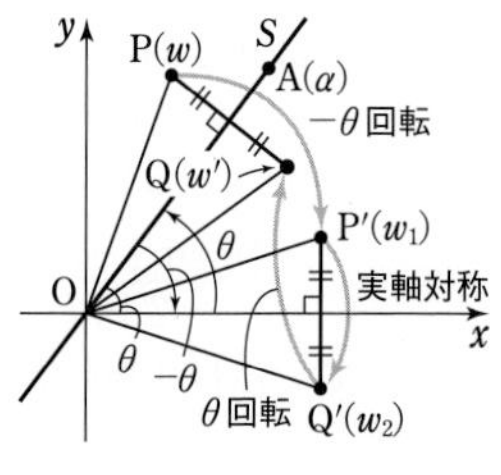


**練習 ③129**　3 点 A(−1)，B(1)，C($\sqrt{3}i$) を頂点とする △ABC が正三角形であることを用いて，3 点 P($\alpha$)，Q($\beta$)，R($\gamma$) を頂点とする △PQR が正三角形であるとき，等式 $\alpha^2+\beta^2+\gamma^2-\alpha\beta-\beta\gamma-\gamma\alpha=0$ が成り立つことを証明せよ。

[1]　△ABC∽△PQR のとき

$$\frac{\sqrt{3}i-(-1)}{1-(-1)}=\frac{\gamma-\alpha}{\beta-\alpha}\quad すなわち\quad \frac{\gamma-\alpha}{\beta-\alpha}=\frac{1+\sqrt{3}i}{2}$$

よって　$2(\gamma-\alpha)=(1+\sqrt{3}i)(\beta-\alpha)$

ゆえに　$2(\gamma-\alpha)-(\beta-\alpha)=\sqrt{3}(\beta-\alpha)i$

両辺を平方すると

$$4(\gamma-\alpha)^2-4(\gamma-\alpha)(\beta-\alpha)+(\beta-\alpha)^2=-3(\beta-\alpha)^2 \cdots Ⓐ$$

よって　$(\gamma-\alpha)^2-(\gamma-\alpha)(\beta-\alpha)+(\beta-\alpha)^2=0$　…… ①

展開して整理すると

$$\alpha^2+\beta^2+\gamma^2-\alpha\beta-\beta\gamma-\gamma\alpha=0 \cdots\cdots ②$$

P($z_1$)，Q($z_2$)，R($z_3$)，P′($w_1$)，Q′($w_2$)，R′($w_3$) に対し **△PQR∽△P′Q′R′**（同じ向き）$\Longleftrightarrow \dfrac{z_3-z_1}{z_2-z_1}=\dfrac{w_3-w_1}{w_2-w_1}$

[2]　△ABC∽△PRQ のとき

$$\frac{\sqrt{3}i-(-1)}{1-(-1)}=\frac{\beta-\alpha}{\gamma-\alpha}\quad すなわち\quad \frac{\beta-\alpha}{\gamma-\alpha}=\frac{1+\sqrt{3}i}{2}$$

←この場合もあることに注意。

これから　$2(\beta-\alpha)-(\gamma-\alpha)=\sqrt{3}(\gamma-\alpha)i$

両辺を平方すると

$$4(\beta-\alpha)^2-4(\beta-\alpha)(\gamma-\alpha)+(\gamma-\alpha)^2=-3(\gamma-\alpha)^2$$

これは ① と同値であり，② が導かれる。

[1]，[2] から，題意は示された。

**検討** **相似を利用しない解法**

点Qを，点Pを中心として $\pm\frac{\pi}{3}$ だけ回転した点がRであるから $\gamma=\left\{\cos\left(\pm\frac{\pi}{3}\right)+i\sin\left(\pm\frac{\pi}{3}\right)\right\}(\beta-\alpha)+\alpha$ （複号同順）

よって　　$\gamma-\alpha=\frac{1\pm\sqrt{3}\,i}{2}(\beta-\alpha)$

ゆえに　　$2(\gamma-\alpha)-(\beta-\alpha)=\pm\sqrt{3}(\beta-\alpha)i$

両辺を平方すると Ⓐ が成り立つから，① が導かれる。



**練習 ④130** 実数 $a$，$b$，$c$ に対して，$F(x)=x^4+ax^3+bx^2+ax+1$，$f(x)=x^2+cx+1$ とおく。また，複素数平面内の単位円から2点1，$-1$ を除いたものを $T$ とする。

(1) $f(x)=0$ の解がすべて $T$ 上にあるための必要十分条件を $c$ を用いて表せ。

(2) $F(x)=0$ の解がすべて $T$ 上にあるならば，$F(x)=(x^2+c_1x+1)(x^2+c_2x+1)$ を満たす実数 $c_1$，$c_2$ が存在することを示せ。〔類 東京工大〕

HINT　$n$ 次方程式に関する次の性質に注意する。

① **$n$ 次方程式は，ちょうど $n$ 個の解をもつ。**

② **実数係数の $n$ 次方程式が虚数解 $\alpha$ をもつとき，$\overline{\alpha}$ も解である。**

(1) $f(x)=0$ の解がすべて $T$ 上にあるならば，$f(x)=0$ の解はすべて虚数である。$c$ は実数であるから，$f(x)=0$ の判別式を $D$ とすると　　$D<0$

←$T$ は実軸上の点1，$-1$ を含まないから，$T$ 上の点を表す複素数は虚数である。

ここで，$D=c^2-4\cdot1\cdot1=(c+2)(c-2)$ であるから

$(c+2)(c-2)<0$　　　よって　　$-2<c<2$

逆に，$-2<c<2$ のとき，$D<0$ であるから，$f(x)=0$ は異なる2つの虚数解をもつ。

この2つの虚数解を $\alpha$，$\overline{\alpha}$ とすると，解と係数の関係により

←$n$ 次方程式の性質 ②

$\alpha\overline{\alpha}=1$　すなわち　$|\alpha|^2=1$　　　ゆえに　$|\alpha|=|\overline{\alpha}|=1$

よって，$f(x)=0$ の解はすべて $T$ 上にある。

以上から，求める条件は　　$\boldsymbol{-2<c<2}$

(2) $F(x)=0$ は実数係数の4次方程式であるから，解がすべて $T$ 上にあるならば，解はすべて虚数である。よって，

$z_1=\cos\theta_1+i\sin\theta_1$，$z_2=\cos\theta_2+i\sin\theta_2$ $(0<\theta_1<\pi,\ 0<\theta_2<\pi)$

とすると，$F(x)=0$ の解は $x=z_1$，$\overline{z_1}$，$z_2$，$\overline{z_2}$ と表される。

←$n$ 次方程式の性質 ①，②

ゆえに，$F(x)$ は $(x-z_1)(x-\overline{z_1})$，$(x-z_2)(x-\overline{z_2})$ を因数にもつ。

$(x-z_1)(x-\overline{z_1})=x^2-(z_1+\overline{z_1})x+z_1\overline{z_1}=x^2-2\cos\theta_1\cdot x+1$

←$\overline{z_1}=\cos\theta_1-i\sin\theta_1$

$(x-z_2)(x-\overline{z_2})=x^2-(z_2+\overline{z_2})x+z_2\overline{z_2}=x^2-2\cos\theta_2\cdot x+1$

←$\overline{z_2}=\cos\theta_2-i\sin\theta_2$

であり，$F(x)$ の $x^4$ の係数は1であるから

$$F(x)=(x^2-2\cos\theta_1\cdot x+1)(x^2-2\cos\theta_2\cdot x+1)$$

と表される。

$-2\cos\theta_1$，$-2\cos\theta_2$ は実数であるから，

$F(x)=(x^2+c_1x+1)(x^2+c_2x+1)$ を満たす実数 $c_1$，$c_2$ が存在する。

**練習 ④131** 複素数平面上で，相異なる3点1，$\alpha$，$\alpha^2$ は実軸上に中心をもつ1つの円周上にある。このような点 $\alpha$ の存在する範囲を複素数平面上に図示せよ。更に，この円の半径を $|\alpha|$ を用いて表せ。〔東北大〕

HINT 円の中心を表す実数を $t$ とし，$|t-1|=|t-\alpha|=|t-\alpha^2|$ から導かれる $\alpha$，$t$ の関係式について，$t$ を消去することを目指す。

3点1，$\alpha$，$\alpha^2$ はすべて互いに異なるから　$\alpha \neq 1$，$\alpha \neq \alpha^2$，$\alpha^2 \neq 1$

よって　$\alpha \neq 0$，$\alpha \neq \pm 1$ …… ①

←まず，この条件について調べる。

また，円の中心を表す実数を $t$ とすると，

$|t-1|=|t-\alpha|=|t-\alpha^2|$　が成り立つ。

$|t-1|^2=|t-\alpha|^2$ から　$(t-1)^2=(t-\alpha)(t-\overline{\alpha})$

←$t^2-2t+1=t^2-\overline{\alpha}t-\alpha t+\alpha\overline{\alpha}$

整理すると　$(\alpha+\overline{\alpha}-2)t=|\alpha|^2-1$ …… ②

$|t-1|^2=|t-\alpha^2|^2$ から　$(t-1)^2=(t-\alpha^2)(t-\overline{\alpha^2})$

←② で $\alpha$ を $\alpha^2$ におき換えた式。

整理すると　$(\alpha^2+\overline{\alpha^2}-2)t=|\alpha|^4-1$ …… ③

$\alpha+\overline{\alpha}-2=0$ …… ④ とすると，② から　$|\alpha|^2=1$

すなわち　$\alpha\overline{\alpha}=1$

④ から　$\overline{\alpha}=2-\alpha$　よって　$\alpha(2-\alpha)=1$

ゆえに　$(\alpha-1)^2=0$　よって　$\alpha=1$

これは $\alpha \neq 1$ に反する。ゆえに　$\alpha+\overline{\alpha}-2 \neq 0$

よって，② から　$t=\dfrac{|\alpha|^2-1}{\alpha+\overline{\alpha}-2}$ …… ②′

②′ を ③ に代入して

←$t$ を消去。

$$(\alpha^2+\overline{\alpha^2}-2)\times\frac{|\alpha|^2-1}{\alpha+\overline{\alpha}-2}=|\alpha|^4-1$$

←$|\alpha|^4-1=(|\alpha|^2+1)(|\alpha|^2-1)$

よって　$(|\alpha|^2-1)\{\alpha^2+\overline{\alpha^2}-2-(\alpha+\overline{\alpha}-2)(\alpha\overline{\alpha}+1)\}=0$

←{　} の中
$=\alpha^2+\overline{\alpha^2}-2-(\alpha+\overline{\alpha})\alpha\overline{\alpha}-(\alpha+\overline{\alpha})+2\alpha\overline{\alpha}+2$
$=\alpha^2+(\overline{\alpha})^2+2\alpha\overline{\alpha}-(\alpha+\overline{\alpha})\alpha\overline{\alpha}-(\alpha+\overline{\alpha})$
$=(\alpha+\overline{\alpha})^2-(\alpha+\overline{\alpha})\alpha\overline{\alpha}-(\alpha+\overline{\alpha})$
$=(\alpha+\overline{\alpha})(\alpha+\overline{\alpha}-\alpha\overline{\alpha}-1)$
$=-(\alpha+\overline{\alpha})(\alpha-1)(\overline{\alpha}-1)$

整理すると　$(|\alpha|+1)(|\alpha|-1)|\alpha-1|^2(\alpha+\overline{\alpha})=0$

$\alpha \neq 1$ から　$|\alpha|=1$ または $\alpha+\overline{\alpha}=0$

すなわち　$|\alpha|=1$ または $(\alpha$ の実部$)=0$ …… ⑤



①，⑤ から，求める図形は **右図の実線部分** のようになる。

**ただし，点 −1，0，1 を除く。**

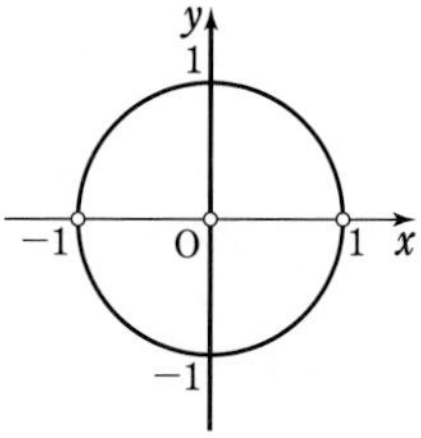

また，円の半径は $|t-1|$ に等しく

(i)　$|\alpha|=1$ のとき，②′ から　$t=0$

よって，半径は　1

(ii)　$\alpha+\overline{\alpha}=0$ のとき，②′ から　$t=-\dfrac{|\alpha|^2-1}{2}$

半径は　$\left|-\dfrac{|\alpha|^2-1}{2}-1\right|=\dfrac{|\alpha|^2+1}{2}$

←$|\alpha|=1$ のとき $\dfrac{|\alpha|^2+1}{2}=1$

(i)，(ii) をまとめて，**半径は　$\dfrac{|\alpha|^2+1}{2}$**

**練習 ④132** 4点O(0)，A(4$i$)，B(5−$i$)，C(1−$i$) は1つの円周上にあることを示せ。

$\alpha=4i$，$\beta=5-i$，$\gamma=1-i$ とすると

$$\frac{\alpha-\beta}{0-\beta}=\frac{4i-(5-i)}{-(5-i)}=\frac{5(1-i)}{5-i}$$
$$=\frac{5(1-i)(5+i)}{(5-i)(5+i)}=\frac{5(6-4i)}{26}=\frac{5}{13}(3-2i)$$
$$\frac{\alpha-\gamma}{0-\gamma}=\frac{4i-(1-i)}{-(1-i)}=\frac{1-5i}{1-i}$$
$$=\frac{(1-5i)(1+i)}{(1-i)(1+i)}=\frac{6-4i}{2}=3-2i$$

よって　　$\arg\dfrac{\alpha-\beta}{0-\beta}=\arg\dfrac{\alpha-\gamma}{0-\gamma}$

ゆえに，$\angle 0\beta\alpha=\angle 0\gamma\alpha$ から　　$\angle \mathrm{OBA}=\angle \mathrm{OCA}$

$\beta$，$\gamma$ の実部は正であるから，2点B，Cは直線OAに関して同じ側にある。

したがって，4点O，A，B，Cは1つの円周上にある。

HINT　円周角の定理の逆を利用。$\angle \mathrm{OBA}=\angle \mathrm{OCA}$ を示す。

検討　$\dfrac{\alpha-\beta}{0-\beta}\div\dfrac{\alpha-\gamma}{0-\gamma}=\dfrac{5(3-2i)}{13}\div(3-2i)=\dfrac{5}{13}$ (実数)

よって，本冊 $p.223$ 検討の (＊) により，4点O，A，B，Cは1つの円周上にあることがわかる。

ここで，本冊 $p.223$ 検討の (＊) を証明しておこう。

[1]　4点A，B，C，Dがこの順序で1つの円周上にある場合と，4点A，B，D，Cがこの順序で1つの円周上にある場合は，本冊 $p.223$ の演習例題 **132** (1)と同様にして示される。

[2]　4点A，C，B，Dがこの順序で1つの円周上にある

$\Longleftrightarrow \angle \mathrm{ACB}+\angle \mathrm{BDA}=\pi$

$\Longleftrightarrow \arg\dfrac{\beta-\gamma}{\alpha-\gamma}+\arg\dfrac{\alpha-\delta}{\beta-\delta}=\pm\pi$

$\Longleftrightarrow \arg\left(\dfrac{\beta-\gamma}{\alpha-\gamma}\times\dfrac{\alpha-\delta}{\beta-\delta}\right)=\pm\pi$

$\Longleftrightarrow \arg\left(\dfrac{\beta-\gamma}{\alpha-\gamma}\div\dfrac{\beta-\delta}{\alpha-\delta}\right)=\pm\pi$

$\Longleftrightarrow \dfrac{\beta-\gamma}{\alpha-\gamma}\div\dfrac{\beta-\delta}{\alpha-\delta}$ は負の実数。

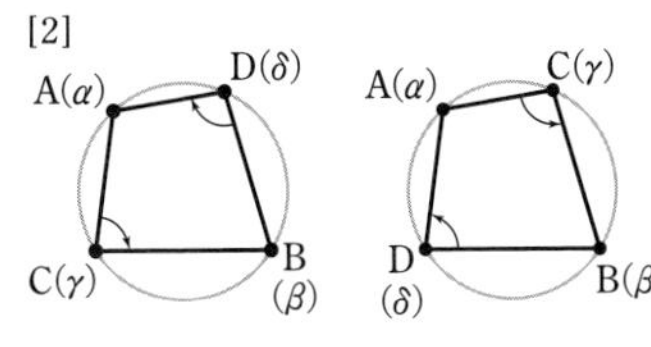


以上により，本冊 $p.223$ 検討の (＊) が示された。

**練習 ④133** (1)　$n$ を自然数とするとき，$(1+z)^{2n}$，$(1-z)^{2n}$ をそれぞれ展開せよ。

(2)　$n$ は自然数とする。$f(z)={}_{2n}\mathrm{C}_1z+{}_{2n}\mathrm{C}_3z^3+\cdots\cdots+{}_{2n}\mathrm{C}_{2n-1}z^{2n-1}$ とするとき，方程式 $f(z)=0$ の解は $z=\pm i\tan\dfrac{k\pi}{2n}$ $(k=0,\ 1,\ \cdots\cdots,\ n-1)$ と表されることを示せ。

(1)　二項定理により

$$(1+z)^{2n}={}_{2n}\mathrm{C}_0+{}_{2n}\mathrm{C}_1z+{}_{2n}\mathrm{C}_2z^2+\cdots\cdots+{}_{2n}\mathrm{C}_{2n}z^{2n}\ \cdots\cdots\ ①$$
$$(1-z)^{2n}={}_{2n}\mathrm{C}_0-{}_{2n}\mathrm{C}_1z+{}_{2n}\mathrm{C}_2z^2-\cdots\cdots+{}_{2n}\mathrm{C}_{2n}z^{2n}\ \cdots\cdots\ ②$$

←$(a+b)^n$
$={}_n\mathrm{C}_0a^n+{}_n\mathrm{C}_1a^{n-1}b+\cdots$
$\cdots+{}_n\mathrm{C}_ra^{n-r}b^r+\cdots$
$+{}_n\mathrm{C}_nb^n$

(2) ①−② から

$$(1+z)^{2n}-(1-z)^{2n}=2({}_{2n}\mathrm{C}_1z+{}_{2n}\mathrm{C}_3z^3+\cdots\cdots+{}_{2n}\mathrm{C}_{2n-1}z^{2n-1})$$

よって　$f(z)=\dfrac{1}{2}\{(1+z)^{2n}-(1-z)^{2n}\}$

ゆえに，$f(z)=0$ は $(1+z)^{2n}=(1-z)^{2n}$ …… ③ と同値であり，$z=1$ は ③ の解ではないから，③ は $\left(\dfrac{1+z}{1-z}\right)^{2n}=1$ …… ④ と同値である。

④ から　$\dfrac{1+z}{1-z}=\cos\dfrac{k\pi}{n}+i\sin\dfrac{k\pi}{n}$ $(k=0,\ 1,\ \cdots\cdots,\ 2n-1)$

よって　$\left(\cos\dfrac{k\pi}{n}+1+i\sin\dfrac{k\pi}{n}\right)z=\cos\dfrac{k\pi}{n}-1+i\sin\dfrac{k\pi}{n}$ … ⑤

ここで

$$\cos\frac{k\pi}{n}+1+i\sin\frac{k\pi}{n}=2\cos^2\frac{k\pi}{2n}+i\cdot 2\sin\frac{k\pi}{2n}\cos\frac{k\pi}{2n}$$
$$=2\cos\frac{k\pi}{2n}\left(\cos\frac{k\pi}{2n}+i\sin\frac{k\pi}{2n}\right)$$
$$\cos\frac{k\pi}{n}-1+i\sin\frac{k\pi}{n}=-2\sin^2\frac{k\pi}{2n}+i\cdot 2\sin\frac{k\pi}{2n}\cos\frac{k\pi}{2n}$$
$$=2i\sin\frac{k\pi}{2n}\left(\cos\frac{k\pi}{2n}+i\sin\frac{k\pi}{2n}\right)$$

ゆえに，⑤ から　$z\cos\dfrac{k\pi}{2n}=i\sin\dfrac{k\pi}{2n}$

$k=n$ のときは，$z\cdot 0=i$ となり，不合理が生じるから　$k\neq n$

$k\neq n$ のとき　$z=i\tan\dfrac{k\pi}{2n}$

また，$k=n+1,\ n+2,\ \cdots\cdots,\ 2n-1$ のとき，$l=2n-k$ とすると $l=1,\ 2,\ \cdots\cdots,\ n-1$ で

$$\tan\frac{k\pi}{2n}=\tan\frac{(2n-l)\pi}{2n}=\tan\left(\pi-\frac{l\pi}{2n}\right)=-\tan\frac{l\pi}{2n}$$

したがって，方程式 $f(z)=0$ の解は $z=\pm i\tan\dfrac{k\pi}{2n}$ $(k=0,\ 1,\ \cdots\cdots,\ n-1)$ と表される。

←(1) の結果の式に，$f(z)$ の式が現れることに注目。
①−② を計算すると，奇数次の項のみが残る。

← 1 の $N$ 乗根は $\cos\dfrac{2k\pi}{N}+i\sin\dfrac{2k\pi}{N}$ $(k=0,\ 1,\ \cdots\cdots,\ N-1)$

←$\sin^2\dfrac{\theta}{2}=\dfrac{1-\cos\theta}{2}$，$\cos^2\dfrac{\theta}{2}=\dfrac{1+\cos\theta}{2}$，$\sin\theta=2\sin\dfrac{\theta}{2}\cos\dfrac{\theta}{2}$，$-1=i^2$　など。

←$\cos\dfrac{k\pi}{2n}+i\sin\dfrac{k\pi}{2n}\neq 0$

←$\cos\dfrac{k\pi}{2n}\neq 0$ から。

←$\tan(\pi-\theta)=-\tan\theta$

←$0\leqq\dfrac{k\pi}{2n}<\dfrac{\pi}{2}$

**練習 ④134**　偏角 $\theta$ が 0 より大きく $\dfrac{\pi}{2}$ より小さい複素数 $\alpha=\cos\theta+i\sin\theta$ を考える。

$z_0=0$，$z_1=1$ とし，$z_k-z_{k-1}=\alpha(z_{k-1}-z_{k-2})$ $(k=2,\ 3,\ 4,\ \cdots\cdots)$ により数列 $\{z_k\}$ を定義するとき，複素数平面上で $z_k$ $(k=0,\ 1,\ 2,\ \cdots\cdots)$ の表す点を $\mathrm{P}_k$ とする。

(1) $z_k$ を $\alpha$ を用いて表せ。

(2) $\mathrm{A}\left(\dfrac{1}{1-\alpha}\right)$ とするとき，点 $\mathrm{P}_k$ $(k=0,\ 1,\ 2,\ \cdots\cdots)$ は点 A を中心とする 1 つの円周上にあることを示せ。　〔類　名古屋市大〕

HINT　(1)　まず，$z_k-z_{k-1}$ を $\alpha$ で表す。数列 $\{z_k-z_{k-1}\}$ は数列 $\{z_k\}$ の階差数列であるから，$k\geqq 1$ のとき，$z_k=z_0+\sum_{n=0}^{k-1}(z_{n+1}-z_n)$ として $z_k$ が求められる。

(1) $z_k-z_{k-1}=\alpha(z_{k-1}-z_{k-2})$ から

$$z_k-z_{k-1}=\alpha(z_{k-1}-z_{k-2})=\alpha\cdot\alpha(z_{k-2}-z_{k-3})=\alpha^2(z_{k-2}-z_{k-3})$$
$$=\cdots\cdots=\alpha^{k-1}(z_1-z_0)=\alpha^{k-1}$$

←漸化式を繰り返し利用。

←$z_1-z_0=1-0=1$

よって，$k\geqq1$ のとき，$\alpha\neq1$ であるから

←$\theta\neq0$ から　$\alpha\neq1$

$$z_k=z_0+\sum_{n=0}^{k-1}(z_{n+1}-z_n)=z_0+\sum_{n=0}^{k-1}\alpha^n$$
$$=0+\frac{1\cdot(1-\alpha^k)}{1-\alpha}$$
$$=\frac{1-\alpha^k}{1-\alpha}\ \cdots\cdots ①$$

←$\sum_{n=0}^{k-1}\alpha^n$ は初項1，公比 $\alpha$，項数 $k$ の等比数列の和。

① は $k=0$ のときも成り立つ。

←$\frac{1-\alpha^0}{1-\alpha}=0$

したがって　　$\boldsymbol{z_k=\frac{1-\alpha^k}{1-\alpha}}$

(2) $$\mathrm{AP}_k=\left|z_k-\frac{1}{1-\alpha}\right|=\left|\frac{1-\alpha^k}{1-\alpha}-\frac{1}{1-\alpha}\right|$$
$$=\frac{|-\alpha^k|}{|1-\alpha|}=\frac{|\alpha|^k}{|1-\alpha|}=\frac{1}{|1-\alpha|}\quad(k=0,\ 1,\ 2,\ \cdots\cdots)$$

←(1) の結果を代入。

←$|\alpha|=1$

ゆえに，点 $\mathrm{P}_k$ $(k=0,\ 1,\ 2,\ \cdots\cdots)$ は点 A を中心とする半径 $\frac{1}{|1-\alpha|}$ の円周上にある。



**練習 ⑤135**

複素数平面上を，点 P が次のように移動する。ただし，$n$ は自然数である。

1．時刻 0 では，P は原点にいる。時刻 1 まで，P は実軸の正の方向に速さ 1 で移動する。移動後の P の位置を $\mathrm{Q}_1(z_1)$ とすると $z_1=1$ である。

2．時刻 1 に P は $\mathrm{Q}_1(z_1)$ において進行方向を $\frac{\pi}{4}$ 回転し，時刻 2 までその方向に速さ $\frac{1}{\sqrt{2}}$ で移動する。移動後の P の位置を $\mathrm{Q}_2(z_2)$ とすると $z_2=\frac{3+i}{2}$ である。

3．以下同様に，時刻 $n$ に P は $\mathrm{Q}_n(z_n)$ において進行方向を $\frac{\pi}{4}$ 回転し，時刻 $n+1$ までその方向に速さ $\left(\frac{1}{\sqrt{2}}\right)^n$ で移動する。移動後の P の位置を $\mathrm{Q}_{n+1}(z_{n+1})$ とする。

$\alpha=\frac{1+i}{2}$ として，次の問いに答えよ。

(1) $z_3$，$z_4$ を求めよ。　　(2) $z_n$ を $\alpha$，$n$ を用いて表せ。

(3) $z_n$ の実部が 1 より大きくなるようなすべての $n$ を求めよ。　〔類 広島大〕

(1) P は時刻 2 に $\mathrm{Q}_2(z_2)$ で実軸の正の方向から，$\frac{\pi}{4}\cdot2=\frac{\pi}{2}$ 回転して，時刻 3 まで速さ $\left(\frac{1}{\sqrt{2}}\right)^2$ で移動するから

←(1) を通して，$z_n$ の規則性をつかむ。

$$\boldsymbol{z_3}=z_2+\left(\frac{1}{\sqrt{2}}\right)^2\left(\cos\frac{\pi}{2}+i\sin\frac{\pi}{2}\right)=\frac{3+i}{2}+\frac{i}{2}=\boldsymbol{\frac{3}{2}+i}$$

また，P は時刻 3 に $\mathrm{Q}_3(z_3)$ で実軸の正の方向から，$\frac{\pi}{4}\cdot3=\frac{3}{4}\pi$ 回転して，時刻 4 まで速さ $\left(\frac{1}{\sqrt{2}}\right)^3$ で移動するから

$$z_4=z_3+\left(\frac{1}{\sqrt{2}}\right)^3\left(\cos\frac{3}{4}\pi+i\sin\frac{3}{4}\pi\right)$$
$$=\frac{3}{2}+i+\frac{1}{2\sqrt{2}}\cdot\frac{-1+i}{\sqrt{2}}=\boldsymbol{\frac{5}{4}+\frac{5}{4}i}$$

(2) Pは時刻 $n$ に $Q_n(z_n)$ で実軸の正の方向から，

$\frac{\pi}{4}\cdot n=\frac{n}{4}\pi$ 回転して，時刻 $n+1$ まで速さ $\left(\frac{1}{\sqrt{2}}\right)^n$ で移動

するから　　$z_{n+1}=z_n+\left(\frac{1}{\sqrt{2}}\right)^n\left(\cos\frac{n}{4}\pi+i\sin\frac{n}{4}\pi\right)$

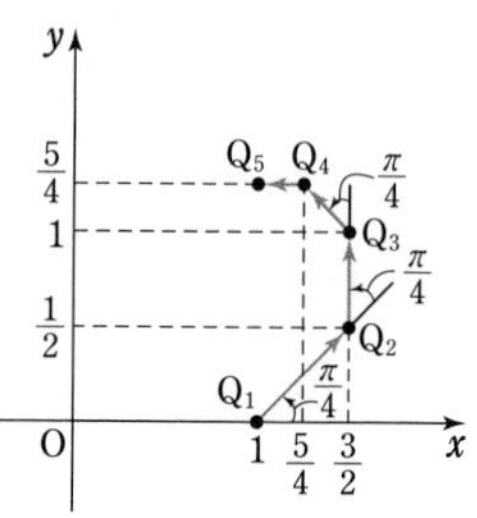


ここで　$\cos\frac{n}{4}\pi+i\sin\frac{n}{4}\pi=\left(\cos\frac{\pi}{4}+i\sin\frac{\pi}{4}\right)^n=\left(\frac{1+i}{\sqrt{2}}\right)^n$

よって　$z_{n+1}=z_n+\left(\frac{1}{\sqrt{2}}\cdot\frac{1+i}{\sqrt{2}}\right)^n=z_n+\left(\frac{1+i}{2}\right)^n=z_n+\alpha^n$

ゆえに，$n\geqq 2$ のとき，$\alpha\neq 1$ であるから

←数列 $\{z_n\}$ の階差数列が $\{\alpha^n\}$

$$z_n=z_1+\sum_{k=1}^{n-1}\alpha^k=1+\frac{\alpha(1-\alpha^{n-1})}{1-\alpha}=\frac{1-\alpha^n}{1-\alpha}\quad\cdots\cdots ①$$

① は $n=1$ のときも成り立つ。

したがって　$\boldsymbol{z_n=\frac{1-\alpha^n}{1-\alpha}}$

(3) $\frac{1}{1-\alpha}=\frac{2}{1-i}=\frac{2(1+i)}{(1-i)(1+i)}=1+i$

←$1-\alpha=\frac{1-i}{2}$

また　$\alpha^n=\left(\frac{1+i}{2}\right)^n=\left\{\frac{1}{\sqrt{2}}\left(\cos\frac{\pi}{4}+i\sin\frac{\pi}{4}\right)\right\}^n$

$$=\left(\frac{1}{\sqrt{2}}\right)^n\left(\cos\frac{n}{4}\pi+i\sin\frac{n}{4}\pi\right)$$

←ド・モアブルの定理。

よって　$z_n=(1+i)\left\{1-\left(\frac{1}{\sqrt{2}}\right)^n\left(\cos\frac{n}{4}\pi+i\sin\frac{n}{4}\pi\right)\right\}$

←$z_n=\frac{1-\alpha^n}{1-\alpha}$

ゆえに，$z_n$ の実部は　$1-\left(\frac{1}{\sqrt{2}}\right)^n\cos\frac{n}{4}\pi+\left(\frac{1}{\sqrt{2}}\right)^n\sin\frac{n}{4}\pi$

$1-\left(\frac{1}{\sqrt{2}}\right)^n\cos\frac{n}{4}\pi+\left(\frac{1}{\sqrt{2}}\right)^n\sin\frac{n}{4}\pi>1$ とすると

$$\sin\frac{n}{4}\pi-\cos\frac{n}{4}\pi>0$$

よって　$\sqrt{2}\sin\frac{n-1}{4}\pi>0$

←三角関数の合成。

$n$ は自然数より，$\frac{n-1}{4}\pi\geqq 0$ であるから，$m$ を 0 以上の整数として　$2m\pi<\frac{n-1}{4}\pi<(2m+1)\pi$　と表される。

←$8m<n-1<4(2m+1)$

ゆえに　$8m+1<n<8m+5$

よって，求める $n$ は **8 で割った余りが 2，3，4 である自然数**である。

**EX ②58**

$z=a+bi$ ($a$, $b$ は実数) とするとき，次の式を $z$ と $\overline{z}$ を用いて表せ。
(1) $a$　(2) $b$　(3) $a-b$　(4) $a^2-b^2$

$z=a+bi$ のとき　$\overline{z}=a-bi$

(1) $z+\overline{z}=2a$ であるから　$a=\boldsymbol{\frac{1}{2}z+\frac{1}{2}\overline{z}}$

(2) $z-\overline{z}=2bi$ であるから

$$b=\frac{z-\overline{z}}{2i}=-\frac{i(z-\overline{z})}{2}=\boldsymbol{-\frac{1}{2}iz+\frac{1}{2}i\overline{z}}$$

(3) (1), (2) から

$$a-b=\left(\frac{1}{2}z+\frac{1}{2}\overline{z}\right)-\left(-\frac{1}{2}iz+\frac{1}{2}i\overline{z}\right)$$
$$=\boldsymbol{\frac{1}{2}(1+i)z+\frac{1}{2}(1-i)\overline{z}}$$

(4) $z^2=a^2+2abi-b^2$ …… ①
$(\overline{z})^2=a^2-2abi-b^2$ …… ②
①+② から　$z^2+(\overline{z})^2=2(a^2-b^2)$
したがって　$a^2-b^2=\boldsymbol{\frac{1}{2}z^2+\frac{1}{2}(\overline{z})^2}$

HINT　$z=a+bi$, $\overline{z}=a-bi$ から，(1) では $b$ を消去，(2) では $a$ を消去。

←$\frac{1}{i}=\frac{i}{i^2}=-i$

(4) $a^2-b^2=(a+b)(a-b)$ としても導かれるが，計算が面倒である。

**EX ③59**

(1) 複素数平面上に 4 点 A$(2+4i)$, B$(z)$, C$(\overline{z})$, D$(2z)$ がある。四角形 ABCD が平行四辺形であるとき，複素数 $z$ の値を求めよ。
(2) 複素数平面上の平行四辺形の 4 つの頂点を O(0), A$(z)$, B$(\overline{z})$, C$(w)$ とするとき，$w$ は実数または純虚数であることを示せ。

HINT　(2) 頂点 C には，右図の $C_1$, $C_2$, $C_3$ のように，3 通りの場合がある。
⟶ 対角線が OC, OA, OB の各場合に分けて考える。
O(0), P$(\alpha)$, Q$(\beta)$, R$(\gamma)$ のとき，四角形 OPQR が平行四辺形 $\Longrightarrow \beta=\alpha+\gamma$　であることを利用。

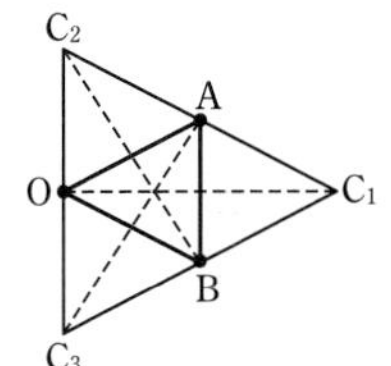


(1) 四角形 ABCD が平行四辺形であるとき

$$z-(2+4i)=\overline{z}-2z$$

よって　$\overline{z}=3z-2-4i$ …… ①
① の両辺の共役複素数をとると

$$z=3\overline{z}-2+4i \quad\cdots\cdots ②$$

① を ② に代入して

$$z=3(3z-2-4i)-2+4i$$

これを解いて　$\boldsymbol{z=1+i}$
このとき，4 点 A, B, C, D は四角形の頂点となるから，適する。

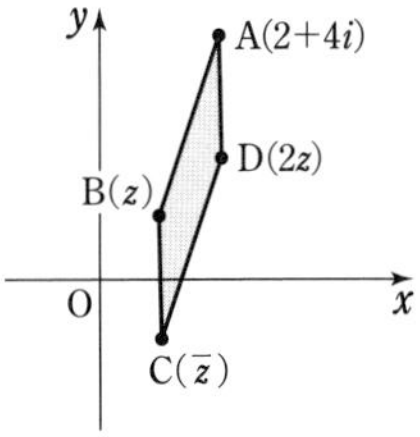

別解　① までは同じ。
$z=a+bi$ ($a$, $b$ は実数) とすると，$\overline{z}=a-bi$ であるから，
① は　$a-bi=3(a+bi)-2-4i$
よって　$a-bi=3a-2+(3b-4)i$

←ベクトルで考えると $\overrightarrow{AB}=\overrightarrow{DC}$ ということである。

←$\overline{(\overline{z})}=z$

←① と ② を，$z$ と $\overline{z}$ の連立方程式のように考えて，$z$ を求める。

$a$, $b$ は実数であるから, $-b$, $3a-2$, $3b-4$ も実数である。
ゆえに, 実部と虚部を比較すると　$a=3a-2$, $-b=3b-4$
これを解いて　$a=1$, $b=1$　よって　$\boldsymbol{z=1+i}$

←複素数の相等

(2) $z=a+bi$ ($a$, $b$ は実数) とする。

[1] 線分 OC が対角線となるとき　$w=z+\overline{z}$
よって　$w=2a$　ゆえに, $w$ は実数である。

←$\overline{z}=a-bi$

[2] 線分 OA が対角線となるとき　$z=\overline{z}+w$
よって　$w=z-\overline{z}=2bi$
$b=0$ とすると, 2 点 A, B が一致してしまうから　$b\neq 0$
ゆえに, $w$ は純虚数である。

←$b\neq 0$ の確認が必要。

[3] 線分 OB が対角線となるとき　$\overline{z}=z+w$
よって　$w=\overline{z}-z=-2bi$
ゆえに, $w$ は純虚数である。

←[2] から　$b\neq 0$

以上により, $w$ は実数または純虚数である。

別解　$z\neq\overline{z}$ であるから, $z$ は虚数であり, 2 点 A, B は実軸に関して対称である。

←A と B は異なる点。
別解 は〰を利用した解法である。

[1] 平行四辺形 OABC, OBAC の場合 (線分 AB が 1 辺となる場合)
AB∥OC であり, 辺 AB は虚軸と平行であるから, 辺 OC は虚軸上にある。
よって, 点 C は虚軸上にあり, O と異なるから, $w$ は純虚数である。

←対辺が平行。

[2] 平行四辺形 OACB の場合
対角線 AB の中点 M は実軸上にある。また, 点 C は直線 OM 上にあるから, 点 C は実軸上にある。
ゆえに, $w$ は実数である。

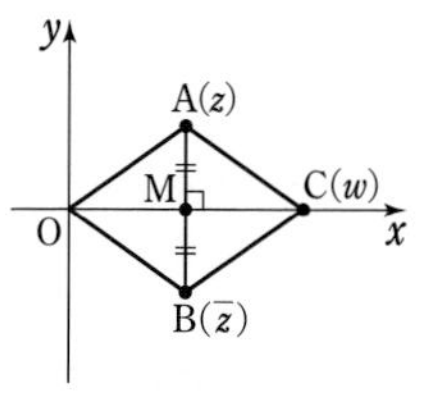


←対角線 OC の中点は, 対角線 AB の中点 M と一致する。

以上により, $w$ は実数または純虚数である。

**EX ②60**　$a$, $b$ を実数, 3 次方程式 $x^3+ax^2+bx+1=0$ が虚数解 $\alpha$ をもつとする。
このとき, $\alpha$ の共役複素数 $\overline{\alpha}$ もこの方程式の解になることを示せ。また, 3 つ目の解 $\beta$, および係数 $a$, $b$ を $\alpha$, $\overline{\alpha}$ を用いて表せ。〔類 防衛医大〕

3 次方程式 $x^3+ax^2+bx+1=0$ …… ① が $x=\alpha$ を解にもつから
$\alpha^3+a\alpha^2+b\alpha+1=0$　よって　$\overline{\alpha^3+a\alpha^2+b\alpha+1}=\overline{0}$
ゆえに　$\overline{\alpha^3}+a\overline{\alpha^2}+b\overline{\alpha}+1=0$
すなわち　$(\overline{\alpha})^3+a(\overline{\alpha})^2+b\overline{\alpha}+1=0$
したがって, ① は $x=\overline{\alpha}$ を解にもつ。

**←$x=\alpha$ が方程式 $f(x)=0$ の解 ⟺ $f(\alpha)=0$ が成り立つ**

←$(\overline{\alpha^n})=(\overline{\alpha})^n$ ($n$ は自然数)

また, ① の解は $\alpha$, $\overline{\alpha}$, $\beta$ であるから, 解と係数の関係より
$\alpha+\overline{\alpha}+\beta=-a$ …… ②, $\alpha\overline{\alpha}+\overline{\alpha}\beta+\beta\alpha=b$ …… ③,
$\alpha\overline{\alpha}\beta=-1$ …… ④

←3 次方程式 $px^3+qx^2+rx+s=0$ の解を $\alpha$, $\beta$, $\gamma$ とすると

$\alpha \neq 0$ であるから，④ より　　$\boldsymbol{\beta = -\dfrac{1}{\alpha\overline{\alpha}}}$

② から　　$\boldsymbol{a} = -\beta - (\alpha + \overline{\alpha}) = \boldsymbol{\dfrac{1}{\alpha\overline{\alpha}} - (\alpha + \overline{\alpha})}$

③ から　　$\boldsymbol{b} = \alpha\overline{\alpha} + \beta(\alpha + \overline{\alpha}) = \boldsymbol{\alpha\overline{\alpha} - \dfrac{\alpha + \overline{\alpha}}{\alpha\overline{\alpha}}}$

$\alpha + \beta + \gamma = -\dfrac{q}{p}$,

$\alpha\beta + \beta\gamma + \gamma\alpha = \dfrac{r}{p}$

$\alpha\beta\gamma = -\dfrac{s}{p}$

**EX ③61**　$\alpha$，$z$ は複素数で，$|\alpha|>1$ であるとする。このとき，$|z-\alpha|$ と $|\overline{\alpha}z-1|$ の大小を比較せよ。

$|z-\alpha|^2 - |\overline{\alpha}z-1|^2$

$= (z-\alpha)(\overline{z-\alpha}) - (\overline{\alpha}z-1)(\overline{\overline{\alpha}z-1})$

$= (z-\alpha)(\overline{z}-\overline{\alpha}) - (\overline{\alpha}z-1)(\alpha\overline{z}-1)$

$= |z|^2 - z\overline{\alpha} - \alpha\overline{z} + |\alpha|^2 - (|\alpha|^2|z|^2 - \overline{\alpha}z - \alpha\overline{z} + 1)$

$= |z|^2 + |\alpha|^2 - |\alpha|^2|z|^2 - 1$

$= |z|^2(1-|\alpha|^2) - (1-|\alpha|^2) = (1-|\alpha|^2)(|z|^2-1)$

$|\alpha|>1$ であるから　　$|\alpha|^2>1$　　ゆえに　　$1-|\alpha|^2<0$

よって，**$|z|>1$ のとき**　　$|z-\alpha|^2 - |\overline{\alpha}z-1|^2 < 0$

　　すなわち　　$\boldsymbol{|z-\alpha| < |\overline{\alpha}z-1|}$

　**$|z|=1$ のとき**　　$|z-\alpha|^2 - |\overline{\alpha}z-1|^2 = 0$

　　すなわち　　$\boldsymbol{|z-\alpha| = |\overline{\alpha}z-1|}$

　**$|z|<1$ のとき**　　$|z-\alpha|^2 - |\overline{\alpha}z-1|^2 > 0$

　　すなわち　　$\boldsymbol{|z-\alpha| > |\overline{\alpha}z-1|}$

**⊘ $|\alpha|$ は $|\alpha|^2$ として扱う　$|\alpha|^2 = \alpha\overline{\alpha}$**

$|z-\alpha|^2$ と $|\overline{\alpha}z-1|^2$ の大小を比較するため，差を計算する。

←$|z|^2-1>0$

←$|z|^2-1=0$

←$|z|^2-1<0$

3章

EX

［複素数平面］

**EX ③62**　$z$，$w$ を $|z|=2$，$|w|=5$ を満たす複素数とする。$z\overline{w}$ の実部が 3 であるとき，$|z-w|$ の値を求めよ。　〔愛媛大〕

$|z-w|^2 = (z-w)(\overline{z-w}) = (z-w)(\overline{z}-\overline{w})$

$= z\overline{z} - z\overline{w} - w\overline{z} + w\overline{w}$

$= |z|^2 - (z\overline{w} + \overline{z}w) + |w|^2$ …… ①

一般に，複素数 $u$ に対して $\dfrac{u+\overline{u}}{2} = (u$ の実部$)$ が成り立つから　　$z\overline{w} + \overline{z}w = z\overline{w} + (\overline{z\overline{w}}) = 2\times(z\overline{w}$ の実部$) = 2\times3 = 6$

よって，① から　　$|z-w|^2 = 2^2 - 6 + 5^2 = 23$

$|z-w| \geqq 0$ であるから　　$|z-w| = \boldsymbol{\sqrt{23}}$

**⊘ $|\alpha|$ は $|\alpha|^2$ として扱う　$|\alpha|^2 = \alpha\overline{\alpha}$**

←$\overline{z}w = \overline{z}\cdot(\overline{\overline{w}}) = (\overline{z\overline{w}})$

**EX ③63**　次の条件 (A)，(B) をともに満たす複素数 $z$ について考える。

　(A)　$z + \dfrac{i}{z}$ は実数である　　　　(B)　$z$ の虚部は正である

(1)　$|z|=r$ とおくとき，$z$ を $r$ を用いて表せ。

(2)　$z$ の虚部が最大となるときの $z$ を求めよ。　〔富山大〕

(1)　$z + \dfrac{i}{z}$ が実数であるから　　$\overline{z + \dfrac{i}{z}} = z + \dfrac{i}{z}$

よって　　$\overline{z} - \dfrac{i}{\overline{z}} = z + \dfrac{i}{z}$ …… ①

$|z|=r$ であるから　　$z\overline{z} = r^2$　　ゆえに　　$\overline{z} = \dfrac{r^2}{z}$

←条件 (A) に注目。

**●が実数 ⟺ $\overline{●}$＝●**

←$\overline{i} = -i$

←$|z|^2 = z\overline{z}$

① に代入して　$\dfrac{r^2}{z}-\dfrac{iz}{r^2}=z+\dfrac{i}{z}$

両辺に $z$ を掛けて変形すると

$$\left(1+\frac{i}{r^2}\right)z^2-(r^2-i)=0$$

両辺に $\dfrac{r^2}{r^2+i}$ を掛けて　$z^2-\dfrac{r^2(r^2-i)}{r^2+i}=0$

ゆえに　$z^2-\dfrac{r^2(r^2-i)^2}{r^4+1}=0$

よって　$\left\{z+\dfrac{r(r^2-i)}{\sqrt{r^4+1}}\right\}\left\{z-\dfrac{r(r^2-i)}{\sqrt{r^4+1}}\right\}=0$

ゆえに　$z=\dfrac{r(r^2-i)}{\sqrt{r^4+1}},\ -\dfrac{r(r^2-i)}{\sqrt{r^4+1}}$

$z$ の虚部は正であるから　$\boldsymbol{z=\dfrac{-r^3+ri}{\sqrt{r^4+1}}}$

別解　$z=x+yi$ （$x$, $y$ は実数，$y>0$）とおくと　$\overline{z}=x-yi$

$|z|=r$ であるから　$x^2+y^2=r^2$ …… ②

$$z+\frac{i}{z}=z+\frac{i\overline{z}}{z\overline{z}}=z+\frac{i\overline{z}}{r^2}=x+yi+\frac{i(x-yi)}{r^2}$$

$$=x+\frac{y}{r^2}+\left(y+\frac{x}{r^2}\right)i$$

$z+\dfrac{i}{z}$ が実数であるための条件は　$y+\dfrac{x}{r^2}=0$

よって　$x=-r^2y$ …… ③

③ を ② に代入して　$(-r^2y)^2+y^2=r^2$

ゆえに　$(r^4+1)y^2=r^2$

$r>0$, $y>0$ であるから　$y=\dfrac{r}{\sqrt{r^4+1}}$

これを ③ に代入して　$x=-\dfrac{r^3}{\sqrt{r^4+1}}$

したがって　$\boldsymbol{z=-\dfrac{r^3}{\sqrt{r^4+1}}+\dfrac{r}{\sqrt{r^4+1}}i}$

(2)　$z$ の虚部は　$\dfrac{r}{\sqrt{r^4+1}}=\dfrac{1}{\sqrt{r^2+\dfrac{1}{r^2}}}$

$r^2>0$ であるから，(相加平均)≧(相乗平均) により

$$r^2+\frac{1}{r^2}\geqq 2\sqrt{r^2\cdot\frac{1}{r^2}}=2\qquad よって\quad \frac{r}{\sqrt{r^4+1}}\leqq\frac{1}{\sqrt{2}}$$

等号は $r^2=\dfrac{1}{r^2}$ かつ $r>0$ から，$r=1$ のとき成り立つ。

したがって，$z$ の虚部は $r=1$ のとき最大となり，このとき

$$\boldsymbol{z=\frac{-1+i}{\sqrt{2}}}$$

←$r^2-\dfrac{i}{r^2}z^2=z^2+i$

←$1+\dfrac{i}{r^2}=\dfrac{r^2+i}{r^2}$

←$z^2$ の係数を 1 に。

←$\dfrac{r^2(r^2-i)}{r^2+i}$ の分母を実数化。

←$r>0$ に注意。

←条件 (B)

←条件 (B) から　$y>0$

←$|z|^2=r^2$

←$\dfrac{i}{z}=\dfrac{i}{x+yi}$
$=\dfrac{i(x-yi)}{(x+yi)(x-yi)}$
$=\dfrac{y+xi}{x^2+y^2}=\dfrac{y+xi}{r^2}$
としてもよい。

←分母・分子を $r$ で割る。

←**$a>0$, $b>0$ のとき**
$\boldsymbol{\dfrac{a+b}{2}\geqq\sqrt{ab}}$

←$r^4=1$

←(1) の答えに代入。

**EX ③64**

(1) 複素数 $\dfrac{5-2i}{7+3i}$ の偏角 $\theta$ を求めよ。ただし，$0\leqq\theta<2\pi$ とする。〔類 神奈川大〕

(2) $z$ を虚数とする。$z+\dfrac{1}{z}$ が実数となるとき，$|z|=1$ であることを示せ。また，$z+\dfrac{1}{z}$ が自然数となる $z$ をすべて求めよ。

(1) $\dfrac{5-2i}{7+3i}=\dfrac{(5-2i)(7-3i)}{(7+3i)(7-3i)}=\dfrac{35-15i-14i-6}{49+9}=\dfrac{29-29i}{58}$

$=\dfrac{1-i}{2}=\dfrac{\sqrt{2}}{2}\left(\cos\dfrac{7}{4}\pi+i\sin\dfrac{7}{4}\pi\right)$

よって，偏角 $\theta\ (0\leqq\theta<2\pi)$ は　$\boldsymbol{\theta=\dfrac{7}{4}\pi}$

←分母を実数化して整理する。

(2) $z+\dfrac{1}{z}$ が実数となるとき　$\overline{z+\dfrac{1}{z}}=z+\dfrac{1}{z}$

←●が実数 ⟺ $\overline{●}$=●

すなわち　$\overline{z}+\dfrac{1}{\overline{z}}=z+\dfrac{1}{z}$

両辺に $z\overline{z}$ を掛けて　$z(\overline{z})^2+z=z^2\overline{z}+\overline{z}$

←$z\overline{z}(z-\overline{z})-(z-\overline{z})=0$

したがって　$(z-\overline{z})(|z|^2-1)=0$

←$z\overline{z}=|z|^2$

$z$ は虚数であるから　$z\neq\overline{z}$

←$z$ は実数でない ⟺ $z\neq\overline{z}$

よって，$|z|^2-1=0$ から　$|z|^2=1$

$|z|>0$ であるから　$|z|=1$

また，$z+\dfrac{1}{z}$ が自然数となるとき，$|z|=1$ から，

$z=\cos\theta+i\sin\theta\ (0\leqq\theta<2\pi)$ と表される。

ここで，$z$ は虚数であるから　$\sin\theta\neq0$

←(虚部)$\neq0$

$\dfrac{1}{z}=\cos\theta-i\sin\theta$ であるから　$z+\dfrac{1}{z}=2\cos\theta$ …… ①

$-1\leqq\cos\theta\leqq1$ であるから，① が自然数となるための条件は，

←$-2\leqq2\cos\theta\leqq2$

$2\cos\theta=1,\ 2$ より　$\cos\theta=\dfrac{1}{2},\ 1$

$\cos\theta=\dfrac{1}{2}$ のとき　$\sin\theta=\pm\dfrac{\sqrt{3}}{2}$

←$\theta=\dfrac{\pi}{3},\ \dfrac{5}{3}\pi$

$\cos\theta=1$ のとき　$\sin\theta=0$　これは不適。

←$\theta=0$ このとき，$\sin\theta\neq0$ を満たさない。

したがって，求める $z$ の値は　$\boldsymbol{z=\dfrac{1\pm\sqrt{3}\,i}{2}}$



**EX ②65**

$\theta=\dfrac{\pi}{10}$ のとき，$\dfrac{(\cos4\theta+i\sin4\theta)(\cos5\theta+i\sin5\theta)}{\cos\theta-i\sin\theta}$ の値を求めよ。

$\dfrac{(\cos4\theta+i\sin4\theta)(\cos5\theta+i\sin5\theta)}{\cos\theta-i\sin\theta}$

$=\dfrac{\cos(4\theta+5\theta)+i\sin(4\theta+5\theta)}{\cos(-\theta)+i\sin(-\theta)}=\dfrac{\cos9\theta+i\sin9\theta}{\cos(-\theta)+i\sin(-\theta)}$

$=\cos\{9\theta-(-\theta)\}+i\sin\{9\theta-(-\theta)\}=\cos10\theta+i\sin10\theta$

$\theta=\dfrac{\pi}{10}$ を代入して　(与式)$=\cos\pi+i\sin\pi=\boldsymbol{-1}$

**複素数の積と商**
積の絶対値 は 掛ける
　　偏角 は 加える
商の絶対値 は 割る
　　偏角 は 引く

**EX ④66**

複素数 $\alpha$, $\beta$ についての等式 $\dfrac{1}{\alpha}+\dfrac{1}{\beta}=\overline{\alpha}+\overline{\beta}$ を考える。

(1) この等式を満たす $\alpha$, $\beta$ は，$\alpha+\beta=0$ または $|\alpha\beta|=1$ を満たすことを示せ。

(2) 極形式で $\alpha=r(\cos\theta+i\sin\theta)$ $(r>0)$ と表されているとき，この等式を満たす $\beta$ を求めよ。

〔類 和歌山県医大〕

(1) $\dfrac{1}{\alpha}+\dfrac{1}{\beta}=\overline{\alpha}+\overline{\beta}$ …… ① とする。

① の両辺に $\alpha\beta$ を掛けて　$\alpha+\beta=\alpha\beta(\overline{\alpha+\beta})$

この等式の両辺の絶対値をとると　$|\alpha+\beta|=|\alpha\beta||\alpha+\beta|$

よって　$|\alpha+\beta|(|\alpha\beta|-1)=0$

ゆえに　$|\alpha+\beta|=0$ または $|\alpha\beta|=1$

すなわち　$\alpha+\beta=0$　または $|\alpha\beta|=1$

(2) (1) から，等式 ① を満たすための必要条件は，

$\alpha+\beta=0$ または $|\alpha\beta|=1$　である。

(i) $\alpha+\beta=0$ のとき

$$\beta=-\alpha=-r(\cos\theta+i\sin\theta)$$
$$=r\{\cos(\theta+\pi)+i\sin(\theta+\pi)\}$$

これは等式 ① を満たす。

(ii) $|\alpha\beta|=1$ のとき

$$|\beta|=\frac{1}{|\alpha|}=\frac{1}{r}\quad\cdots\cdots ②$$

よって，実数 $\theta'$ を用いて $\beta=\dfrac{1}{r}(\cos\theta'+i\sin\theta')$ と表される。

等式 ① を変形すると　$\dfrac{1}{\alpha}-\overline{\alpha}=\overline{\beta}-\dfrac{1}{\beta}$

この等式に代入して

$$\left(\frac{1}{r}-r\right)\{\cos(-\theta)+i\sin(-\theta)\}$$
$$=\left(\frac{1}{r}-r\right)\{\cos(-\theta')+i\sin(-\theta')\}\quad\cdots\cdots ③$$

$\dfrac{1}{r}-r=0$　すなわち　$r^2=1$ のとき

$r>0$ から $r=1$ であり，このとき ③ は成り立つ。

よって，② から　$|\beta|=1$

$\dfrac{1}{r}-r\neq 0$　すなわち　$r^2\neq 1$ のとき

$r>0$ から $0<r<1$, $1<r$ であり，③ より　$\theta'=\theta$

(i), (ii) から

**$r=1$ のとき**

**$\beta$ は $|\beta|=1$ を満たす任意の複素数**

**$0<r<1$, $1<r$ のとき**

$$\boldsymbol{\beta=r\{\cos(\theta+\pi)+i\sin(\theta+\pi)\}\ \text{または}\ \beta=\frac{1}{r}(\cos\theta+i\sin\theta)}$$

←$|\overline{\alpha+\beta}|=|\alpha+\beta|$

←$|z|=0 \Longleftrightarrow z=0$

←等式 ① は $\alpha+\beta=\alpha\beta(\overline{\alpha+\beta})$ と変形できるから，$\alpha+\beta=0$ のときは明らかに成り立つ。

←$\dfrac{1}{\alpha}=\dfrac{1}{r}\{\cos(-\theta)+i\sin(-\theta)\}$
$\overline{\alpha}=r(\cos\theta-i\sin\theta)$
$=r\{\cos(-\theta)+i\sin(-\theta)\}$

←実際には $\theta'=\theta+2n\pi$ ($n$ は整数) であるが，$\beta$ の偏角として $\theta'=\theta$ としてよい。

**EX ③67** 2つの複素数 $\alpha=\cos\theta_1+i\sin\theta_1$, $\beta=\cos\theta_2+i\sin\theta_2$ の偏角 $\theta_1$, $\theta_2$ は，$0<\theta_1<\pi<\theta_2<2\pi$ を満たすものとする。
(1) $\alpha+1$ を極形式で表せ。ただし，偏角 $\theta$ は $0\leqq\theta<2\pi$ とする。
(2) $\dfrac{\alpha+1}{\beta+1}$ の実部が0に等しいとき，$\beta=-\alpha$ が成り立つことを示せ。

(1) $\alpha+1=(\cos\theta_1+i\sin\theta_1)+1$

$$=\left(2\cos^2\frac{\theta_1}{2}-1\right)+i\cdot 2\sin\frac{\theta_1}{2}\cos\frac{\theta_1}{2}+1$$

$$=\mathbf{2\cos\frac{\theta_1}{2}\left(\cos\frac{\theta_1}{2}+i\sin\frac{\theta_1}{2}\right)}\ \cdots\cdots\ ①$$

←2倍角の公式を利用。

ここで，$0<\dfrac{\theta_1}{2}<\dfrac{\pi}{2}$ より $2\cos\dfrac{\theta_1}{2}>0$ であるから，① は求める極形式である。

←絶対値が正の条件と，偏角 $\theta$ の条件 $0\leqq\theta<2\pi$ をチェック。

(2) (1) と同様にして　$\beta+1=2\cos\dfrac{\theta_2}{2}\left(\cos\dfrac{\theta_2}{2}+i\sin\dfrac{\theta_2}{2}\right)$

←$\dfrac{\pi}{2}<\dfrac{\theta_2}{2}<\pi$ より $2\cos\dfrac{\theta_2}{2}<0$ であるから，～～は極形式とはいえない！

よって　$$\frac{\alpha+1}{\beta+1}=\frac{2\cos\frac{\theta_1}{2}\left(\cos\frac{\theta_1}{2}+i\sin\frac{\theta_1}{2}\right)}{2\cos\frac{\theta_2}{2}\left(\cos\frac{\theta_2}{2}+i\sin\frac{\theta_2}{2}\right)}$$

$$=\frac{\cos\frac{\theta_1}{2}}{\cos\frac{\theta_2}{2}}\left(\cos\frac{\theta_1-\theta_2}{2}+i\sin\frac{\theta_1-\theta_2}{2}\right)$$

$\cos\dfrac{\theta_1}{2}>0$ であるから，$\dfrac{\alpha+1}{\beta+1}$ の実部が0に等しいとき

$$\cos\frac{\theta_1-\theta_2}{2}=0$$

ここで，$0<\theta_1<\pi<\theta_2<2\pi$ であるから　$-\pi<\dfrac{\theta_1-\theta_2}{2}<0$

←$0<\theta_2-\theta_1<2\pi$ から $-2\pi<\theta_1-\theta_2<0$

ゆえに　$\dfrac{\theta_1-\theta_2}{2}=-\dfrac{\pi}{2}$　すなわち　$\theta_2=\pi+\theta_1$

このとき　$\beta=\cos(\pi+\theta_1)+i\sin(\pi+\theta_1)=-\cos\theta_1-i\sin\theta_1=-\alpha$

**EX ③68** 複素数平面上で，3点 O(0), A($\alpha$), B($\beta$) を頂点とする三角形OABが $\angle\mathrm{AOB}=\dfrac{\pi}{6}$, $\dfrac{\mathrm{OA}}{\mathrm{OB}}=\dfrac{1}{\sqrt{3}}$ を満たすとき，ア$\boxed{\phantom{0}}\alpha^2-$イ$\boxed{\phantom{0}}\alpha\beta+\beta^2=0$ が成り立つ。　［類　秋田大］

$\dfrac{\mathrm{OA}}{\mathrm{OB}}=\dfrac{1}{\sqrt{3}}$ から　$\mathrm{OB}=\sqrt{3}\,\mathrm{OA}$

また，$\angle\mathrm{AOB}=\dfrac{\pi}{6}$ から，点Bは，原点Oを中心として点Aを $\dfrac{\pi}{6}$ または $-\dfrac{\pi}{6}$ だけ回転し，Oからの距離を $\sqrt{3}$ 倍した点である。

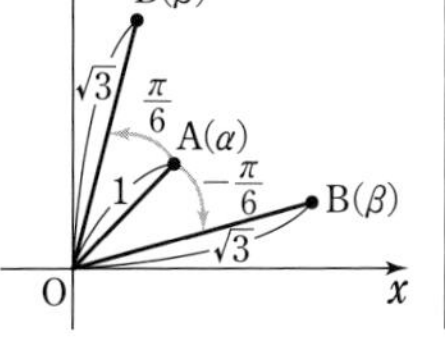


**❶ 原点を中心とする角 $\theta$ の回転 $r(\cos\theta+i\sin\theta)$ を掛ける**
図をかいて，点Bは点Aに対してどのような位置にあるかを見極める。

よって　$\beta=\sqrt{3}\left\{\cos\left(\pm\dfrac{\pi}{6}\right)+i\sin\left(\pm\dfrac{\pi}{6}\right)\right\}\alpha=\dfrac{\sqrt{3}\,(\sqrt{3}\pm i)}{2}\alpha$　（複号同順）

ゆえに　$2\beta-3\alpha=\pm\sqrt{3}\,\alpha i$ ……（＊）　両辺を平方すると

$(2\beta-3\alpha)^2=(\sqrt{3}\,\alpha i)^2$　よって　$4\beta^2-12\alpha\beta+9\alpha^2=-3\alpha^2$

整理すると　${}^{ア}3\alpha^2-{}^{イ}3\alpha\beta+\beta^2=0$

←± や $i$ を消すために，(＊)のような式に変形して扱う。

**EX ③69**

(1) 点 A(2, 1) を，原点 O を中心として $\frac{\pi}{4}$ だけ回転した点 B の座標を求めよ。

(2) 点 A(2, 1) を，点 P を中心として $\frac{\pi}{4}$ だけ回転した点の座標は $(1-\sqrt{2},\ -2+2\sqrt{2})$ であった。点 P の座標を求めよ。

(1) 座標平面上の点 A(2, 1) は，複素数平面上で $2+i$ と表される。点 $2+i$ を，原点 O を中心として $\frac{\pi}{4}$ だけ回転した点を表す複素数は　$\left(\cos\frac{\pi}{4}+i\sin\frac{\pi}{4}\right)(2+i)=\frac{1+i}{\sqrt{2}}(2+i)=\frac{1+3i}{\sqrt{2}}$

したがって　**B$\left(\frac{1}{\sqrt{2}},\ \frac{3}{\sqrt{2}}\right)$**

HINT　座標平面上の点の回転を，複素数平面上で考える。
$(a,\ b)\Longleftrightarrow a+bi$
の関係がある。

検討　座標平面上の点の回転については，三角関数の加法定理を利用する考え方（数学Ⅱ）もあるが，上の EX69 (1) の解答のように，複素数平面上の点の回転を利用した考え方も有効である。複素数平面を利用した考え方では，〰のように，1 つの式で回転を表すことができるという点が便利である。

(2) P$(x,\ y)$ として，複素数平面上で考えると，条件から

$$1-\sqrt{2}+(-2+2\sqrt{2})i=\frac{1+i}{\sqrt{2}}\{(2+i)-(x+yi)\}+(x+yi)$$

よって　$1-\sqrt{2}+(-2+2\sqrt{2})i=\frac{1+3i}{\sqrt{2}}+\left(1-\frac{1+i}{\sqrt{2}}\right)(x+yi)$

←点 P は，複素数平面上で $x+yi$ と表され，点 $(1-\sqrt{2},\ -2+2\sqrt{2})$ は $1-\sqrt{2}+(-2+2\sqrt{2})i$ と表される。
〰では，(1) の結果を利用。

両辺に $\sqrt{2}$ を掛けて

$$\sqrt{2}-2+(4-2\sqrt{2})i=1+3i+(\sqrt{2}-1-i)(x+yi)$$

ゆえに　$(\sqrt{2}-1-i)(x+yi)=\sqrt{2}-3+(1-2\sqrt{2})i$

よって

$$x+yi=\frac{\sqrt{2}-3+(1-2\sqrt{2})i}{\sqrt{2}-1-i}=\frac{\{\sqrt{2}-3+(1-2\sqrt{2})i\}(\sqrt{2}-1+i)}{(\sqrt{2}-1-i)(\sqrt{2}-1+i)}$$

←分母の実数化。

ここで

$$\begin{aligned}(\text{分子})&=(\sqrt{2}-3)(\sqrt{2}-1)\\&\quad+\{(\sqrt{2}-3)+(1-2\sqrt{2})(\sqrt{2}-1)\}i-(1-2\sqrt{2})\\&=4-2\sqrt{2}-2(4-2\sqrt{2})i=(4-2\sqrt{2})(1-2i)\end{aligned}$$

$$(\text{分母})=(\sqrt{2}-1)^2+1=4-2\sqrt{2}$$

ゆえに　$x+yi=\frac{(4-2\sqrt{2})(1-2i)}{4-2\sqrt{2}}=1-2i$

よって　$x=1,\ y=-2$　したがって　**P(1, −2)**

**EX ②70**

ド・モアブルの定理を用いて，次の等式を証明せよ。

(1) $\sin 2\theta=2\sin\theta\cos\theta,\ \cos 2\theta=\cos^2\theta-\sin^2\theta$

(2) $\sin 3\theta=3\sin\theta-4\sin^3\theta,\ \cos 3\theta=-3\cos\theta+4\cos^3\theta$

(1) ド・モアブルの定理により

$$(\cos\theta+i\sin\theta)^2=\cos 2\theta+i\sin 2\theta \quad \cdots\cdots ①$$

また $(\cos\theta+i\sin\theta)^2$

$$=\cos^2\theta+2i\sin\theta\cos\theta+i^2\sin^2\theta$$

$$=(\cos^2\theta-\sin^2\theta)+i\cdot 2\sin\theta\cos\theta \quad \cdots\cdots ②$$

①, ② から $\sin 2\theta=2\sin\theta\cos\theta$, $\cos 2\theta=\cos^2\theta-\sin^2\theta$

(2) ド・モアブルの定理により

$$(\cos\theta+i\sin\theta)^3=\cos 3\theta+i\sin 3\theta \quad \cdots\cdots ③$$

また $(\cos\theta+i\sin\theta)^3$

$$=\cos^3\theta+3\cos^2\theta\cdot i\sin\theta+3\cos\theta\cdot i^2\sin^2\theta+i^3\sin^3\theta$$

$$=(\cos^3\theta-3\cos\theta\sin^2\theta)+i(3\cos^2\theta\sin\theta-\sin^3\theta)$$

$$=(-3\cos\theta+4\cos^3\theta)+i(3\sin\theta-4\sin^3\theta) \quad \cdots\cdots ④$$

③, ④ から $\sin 3\theta=3\sin\theta-4\sin^3\theta$,

$\cos 3\theta=-3\cos\theta+4\cos^3\theta$

HINT ド・モアブルの定理を利用した展開式と乗法公式による展開式を比較する。

←① と ② の実部と虚部をそれぞれ比較する。

←$(a+b)^3=a^3+3a^2b+3ab^2+b^3$

←$\sin^2\theta=1-\cos^2\theta$, $\cos^2\theta=1-\sin^2\theta$

←③ と ④ の実部と虚部をそれぞれ比較する。

3章 EX [複素数平面]

## EX ③71

次の式を計算せよ。

$\dfrac{2+\sqrt{3}-i}{2+\sqrt{3}+i}=$ ア□, $\left(\dfrac{2+\sqrt{3}-i}{2+\sqrt{3}+i}\right)^3=$ イ□, $\left(\dfrac{2+\sqrt{3}-i}{2+\sqrt{3}+i}\right)^{2023}=$ ウ□

(ア) $\dfrac{2+\sqrt{3}-i}{2+\sqrt{3}+i}=\dfrac{(2+\sqrt{3}-i)^2}{(2+\sqrt{3}+i)(2+\sqrt{3}-i)}$

$$=\frac{(2+\sqrt{3})^2-2(2+\sqrt{3})i-1}{(2+\sqrt{3})^2+1}=\frac{6+4\sqrt{3}-2(2+\sqrt{3})i}{8+4\sqrt{3}}$$

$$=\frac{2\sqrt{3}(\sqrt{3}+2)-2(2+\sqrt{3})i}{4(2+\sqrt{3})}=\boldsymbol{\frac{\sqrt{3}}{2}-\frac{1}{2}i}$$

(イ) $\dfrac{2+\sqrt{3}-i}{2+\sqrt{3}+i}=\alpha$ とおくと, (ア) から $\alpha=\dfrac{\sqrt{3}}{2}-\dfrac{1}{2}i$

$\alpha$ を極形式で表すと $\alpha=\cos\left(-\dfrac{\pi}{6}\right)+i\sin\left(-\dfrac{\pi}{6}\right)$

よって $\alpha^3=\left\{\cos\left(-\dfrac{\pi}{6}\right)+i\sin\left(-\dfrac{\pi}{6}\right)\right\}^3$

$$=\cos\left(-\frac{\pi}{2}\right)+i\sin\left(-\frac{\pi}{2}\right)=\boldsymbol{-i}$$

(ウ) $\alpha^{12}=\left\{\cos\left(-\dfrac{\pi}{6}\right)+i\sin\left(-\dfrac{\pi}{6}\right)\right\}^{12}$

$$=\cos(-2\pi)+i\sin(-2\pi)=1$$

よって $\alpha^{2023}=\alpha^{12\times168+7}=(\alpha^{12})^{168}\cdot\alpha^7=\alpha^7$

$$=\left\{\cos\left(-\frac{\pi}{6}\right)+i\sin\left(-\frac{\pi}{6}\right)\right\}^7$$

$$=\cos\left(-\frac{7}{6}\pi\right)+i\sin\left(-\frac{7}{6}\pi\right)$$

$$=\cos\frac{5}{6}\pi+i\sin\frac{5}{6}\pi=\boldsymbol{-\frac{\sqrt{3}}{2}+\frac{1}{2}i}$$

HINT (イ), (ウ) (ア) の結果を極形式で表し, ド・モアブルの定理を利用する。

←$3\times\left(-\dfrac{\pi}{6}\right)=-\dfrac{\pi}{2}$

←$12\times\left(-\dfrac{\pi}{6}\right)=-2\pi$

←$\alpha^{12}=1$ であるから $(\alpha^{12})^{168}=1$

←$7\times\left(-\dfrac{\pi}{6}\right)=-\dfrac{7}{6}\pi$

←$\cos(\theta+2\pi)=\cos\theta$, $\sin(\theta+2\pi)=\sin\theta$

**EX ③72**

$z$ についての2次方程式 $z^2-2z\cos\theta+1=0$ (ただし, $0<\theta<\pi$) の複素数解を $\alpha$, $\beta$ とする。
(1) $\alpha$, $\beta$ を求めよ。
(2) $\theta=\frac{2}{3}\pi$ のとき, $\alpha^n+\beta^n$ の値を求めよ。ただし, $n$ は正の整数とする。

(1) $z=-(-\cos\theta)\pm\sqrt{(-\cos\theta)^2-1\cdot1}=\cos\theta\pm\sqrt{1-\cos^2\theta}\,i$
$=\cos\theta\pm\sqrt{\sin^2\theta}\,i=\cos\theta\pm i\sin\theta$

よって **$(\alpha,\ \beta)=(\cos\theta\pm i\sin\theta,\ \cos\theta\mp i\sin\theta)$ (複号同順)**

←$1-\cos^2\theta>0$ から $\sqrt{\cos^2\theta-1}=\sqrt{-(1-\cos^2\theta)}=\sqrt{1-\cos^2\theta}\,i$

(2) $\theta=\frac{2}{3}\pi$ のとき

$$\alpha^n+\beta^n=\left(\cos\frac{2}{3}\pi+i\sin\frac{2}{3}\pi\right)^n+\left(\cos\frac{2}{3}\pi-i\sin\frac{2}{3}\pi\right)^n$$
$$=\left(\cos\frac{2}{3}\pi+i\sin\frac{2}{3}\pi\right)^n+\left\{\cos\left(-\frac{2}{3}\pi\right)+i\sin\left(-\frac{2}{3}\pi\right)\right\}^n$$
$$=\cos\frac{2n\pi}{3}+i\sin\frac{2n\pi}{3}+\cos\left(-\frac{2n\pi}{3}\right)+i\sin\left(-\frac{2n\pi}{3}\right)$$
$$=2\cos\frac{2n\pi}{3}$$

←$(\alpha,\ \beta)$ の2通りの組に対して, $\alpha^n+\beta^n$ の値は同じ。

←ド・モアブルの定理。

←$\cos(-\theta)=\cos\theta$, $\sin(-\theta)=-\sin\theta$

$m$ を正の整数とすると

[1] $n=3m$ のとき　$\alpha^n+\beta^n=2\cos2m\pi=2\cdot1=2$

[2] $n=3m-1$ のとき

$$\alpha^n+\beta^n=2\cos\frac{2(3m-1)\pi}{3}=2\cos\left(2m\pi-\frac{2}{3}\pi\right)$$
$$=2\cos\left(-\frac{2}{3}\pi\right)=2\cdot\left(-\frac{1}{2}\right)=-1$$

←$\cos(2k\pi+\theta)=\cos\theta$ ($k$ は整数)

[3] $n=3m-2$ のとき

$$\alpha^n+\beta^n=2\cos\frac{2(3m-2)\pi}{3}=2\cos\left(2m\pi-\frac{4}{3}\pi\right)$$
$$=2\cos\left(-\frac{4}{3}\pi\right)=2\cdot\left(-\frac{1}{2}\right)=-1$$

以上から, $\alpha^n+\beta^n$ の値は　**$n$ が3の倍数のとき 2, $n$ が3の倍数でないとき $-1$**

**EX ③73**

虚数単位を $i$ とし, $\alpha=2+2\sqrt{3}\,i$ とする。
(1) $w^2=\alpha$ を満たす複素数 $w$ の実部と虚部の値を求めよ。
(2) $z^2-\alpha z-4=0$ を満たす複素数 $z$ の実部と虚部の値を求めよ。
(3) $z^2-\alpha z-2-2\sqrt{3}-(2-2\sqrt{3})i=0$ を満たす複素数 $z$ の実部と虚部の値を求めよ。
〔類 岐阜大〕

(1) $w$ の極形式を $w=r(\cos\theta+i\sin\theta)$ $(r>0)$ とすると

$$w^2=r^2(\cos2\theta+i\sin2\theta)$$

←ド・モアブルの定理。

また, $\alpha=2+2\sqrt{3}\,i$ を極形式で表すと　$\alpha=4\left(\cos\frac{\pi}{3}+i\sin\frac{\pi}{3}\right)$

←$\alpha=4\left(\frac{1}{2}+\frac{\sqrt{3}}{2}i\right)$

$w^2=\alpha$ に代入すると

$$r^2(\cos2\theta+i\sin2\theta)=4\left(\cos\frac{\pi}{3}+i\sin\frac{\pi}{3}\right)$$

両辺の絶対値と偏角を比較すると

$$r^2=4,\ 2\theta=\frac{\pi}{3}+2k\pi\ (k \text{ は整数})$$

←$+2k\pi$ を忘れないように。

$r>0$ であるから　　$r=2$　　また　　$\theta=\dfrac{\pi}{6}+k\pi$

よって　　$w=2\left\{\cos\left(\dfrac{\pi}{6}+k\pi\right)+i\sin\left(\dfrac{\pi}{6}+k\pi\right)\right\}$ …… ①

$0\leqq\theta<2\pi$ の範囲で考えると　　$k=0,\ 1$

① で $k=0,\ 1$ のときの $w$ をそれぞれ $w_0,\ w_1$ とすると

$$w_0=2\left(\cos\frac{\pi}{6}+i\sin\frac{\pi}{6}\right)=\sqrt{3}+i,$$

$$w_1=2\left(\cos\frac{7}{6}\pi+i\sin\frac{7}{6}\pi\right)=-\sqrt{3}-i$$

したがって，複素数 $w$ の実部と虚部の値の組は，(実部，虚部) と表すと　　$(\sqrt{3},\ 1),\ (-\sqrt{3},\ -1)$

(2)　$z^2-\alpha z-4=0$ を変形して　　$\left(z-\dfrac{\alpha}{2}\right)^2=\dfrac{\alpha^2}{4}+4$

←平方完成の要領で式変形する。

よって　　$(z-1-\sqrt{3}i)^2=2+2\sqrt{3}i$

すなわち　$(z-1-\sqrt{3}i)^2=\alpha$

(1) から　　$z-1-\sqrt{3}i=\pm(\sqrt{3}+i)$

ゆえに　　$z=1+\sqrt{3}+(1+\sqrt{3})i,\ 1-\sqrt{3}+(-1+\sqrt{3})i$

したがって，複素数 $z$ の実部と虚部の値の組は，(実部，虚部) と表すと　　$(1+\sqrt{3},\ 1+\sqrt{3}),\ (1-\sqrt{3},\ -1+\sqrt{3})$

(3)　$z^2-\alpha z-2-2\sqrt{3}-(2-2\sqrt{3})i=0$ を変形して

$$\left(z-\frac{\alpha}{2}\right)^2=\frac{\alpha^2}{4}+2+2\sqrt{3}+(2-2\sqrt{3})i$$

←(2) と同様に，平方完成の要領で式変形する。

よって　　$(z-1-\sqrt{3}i)^2=2\sqrt{3}+2i$

すなわち　$(z-1-\sqrt{3}i)^2=4\left(\cos\dfrac{\pi}{6}+i\sin\dfrac{\pi}{6}\right)$

←$2\sqrt{3}+2i$
$=4\left(\dfrac{\sqrt{3}}{2}+\dfrac{1}{2}i\right)$

$z-1-\sqrt{3}i$ の極形式を $r(\cos\theta+i\sin\theta)\ (r>0)$ とすると

$$r^2(\cos 2\theta+i\sin 2\theta)=4\left(\cos\frac{\pi}{6}+i\sin\frac{\pi}{6}\right)$$

両辺の絶対値と偏角を比較すると

$$r^2=4,\ 2\theta=\frac{\pi}{6}+2k\pi\ (k \text{ は整数})$$

←$+2k\pi$ を忘れないように。

$r>0$ であるから　　$r=2$　　また　　$\theta=\dfrac{\pi}{12}+k\pi$

よって

$$z-1-\sqrt{3}i=2\left\{\cos\left(\frac{\pi}{12}+k\pi\right)+i\sin\left(\frac{\pi}{12}+k\pi\right)\right\} \cdots\cdots ②$$

$0\leqq\theta<2\pi$ の範囲で考えると　　$k=0,\ 1$

② で $k=0,\ 1$ のときの $z$ をそれぞれ $z_0,\ z_1$ とすると

$$z_0-1-\sqrt{3}i=2\left(\cos\frac{\pi}{12}+i\sin\frac{\pi}{12}\right),$$

$$z_1-1-\sqrt{3}\,i=2\left(\cos\frac{13}{12}\pi+i\sin\frac{13}{12}\pi\right)$$
$$=-2\left(\cos\frac{\pi}{12}+i\sin\frac{\pi}{12}\right)$$

ここで　$\cos\frac{\pi}{12}+i\sin\frac{\pi}{12}=\cos\left(\frac{\pi}{3}-\frac{\pi}{4}\right)+i\sin\left(\frac{\pi}{3}-\frac{\pi}{4}\right)$

$$=\left(\cos\frac{\pi}{3}+i\sin\frac{\pi}{3}\right)\left\{\cos\left(-\frac{\pi}{4}\right)+i\sin\left(-\frac{\pi}{4}\right)\right\}$$
$$=\left(\frac{1}{2}+\frac{\sqrt{3}}{2}i\right)\left(\frac{\sqrt{2}}{2}-\frac{\sqrt{2}}{2}i\right)$$
$$=\frac{\sqrt{2}+\sqrt{6}}{4}+\frac{-\sqrt{2}+\sqrt{6}}{4}i$$

←偏角を $\frac{\pi}{12}=\frac{\pi}{3}-\frac{\pi}{4}$ と変形し，極形式の性質を用いることで計算できる。

ゆえに　$z_0=1+\sqrt{3}\,i+2\left(\frac{\sqrt{2}+\sqrt{6}}{4}+\frac{-\sqrt{2}+\sqrt{6}}{4}i\right)$

$$=\frac{2+\sqrt{2}+\sqrt{6}}{2}+\frac{-\sqrt{2}+2\sqrt{3}+\sqrt{6}}{2}i,$$

$$z_1=1+\sqrt{3}\,i-2\left(\frac{\sqrt{2}+\sqrt{6}}{4}+\frac{-\sqrt{2}+\sqrt{6}}{4}i\right)$$
$$=\frac{2-\sqrt{2}-\sqrt{6}}{2}+\frac{\sqrt{2}+2\sqrt{3}-\sqrt{6}}{2}i$$

したがって，複素数 $z$ の実部と虚部の値の組は，（実部，虚部）と表すと

$$\boldsymbol{\left(\frac{2+\sqrt{2}+\sqrt{6}}{2},\ \frac{-\sqrt{2}+2\sqrt{3}+\sqrt{6}}{2}\right),\ \left(\frac{2-\sqrt{2}-\sqrt{6}}{2},\ \frac{\sqrt{2}+2\sqrt{3}-\sqrt{6}}{2}\right)}$$

**EX ④74**

(1)　$\theta$ を $0\leqq\theta<2\pi$ を満たす実数，$i$ を虚数単位とし，$z$ を $z=\cos\theta+i\sin\theta$ で表される複素数とする。このとき，整数 $n$ に対して次の式を証明せよ。

$$\cos n\theta=\frac{1}{2}\left(z^n+\frac{1}{z^n}\right),\ \sin n\theta=-\frac{i}{2}\left(z^n-\frac{1}{z^n}\right)$$

(2)　$\sin^2 20°+\sin^2 40°+\sin^2 60°+\sin^2 80°=\frac{9}{4}$ を証明せよ。　〔類　九州大〕

(1)　ド・モアブルの定理から

$$z^n=\cos n\theta+i\sin n\theta\ \cdots\cdots\ ①$$
$$z^{-n}=(\cos\theta+i\sin\theta)^{-n}$$
$$=\cos(-n\theta)+i\sin(-n\theta)$$

ゆえに　$\frac{1}{z^n}=\cos n\theta-i\sin n\theta\ \cdots\cdots\ ②$

①+② から　$2\cos n\theta=z^n+\frac{1}{z^n}$　　←$\sin n\theta$ を消去。

よって　$\cos n\theta=\frac{1}{2}\left(z^n+\frac{1}{z^n}\right)\ \cdots\cdots\ ③$

①−② から　$2i\sin n\theta=z^n-\frac{1}{z^n}$　　←$\cos n\theta$ を消去。

ゆえに　$\sin n\theta=\frac{1}{2i}\left(z^n-\frac{1}{z^n}\right)=-\frac{i}{2}\left(z^n-\frac{1}{z^n}\right)$

(2) $\sin^2 20^\circ=\dfrac{1-\cos 40^\circ}{2}$, $\sin^2 40^\circ=\dfrac{1-\cos 80^\circ}{2}$,

$\sin^2 60^\circ=\dfrac{1-\cos 120^\circ}{2}$, $\sin^2 80^\circ=\dfrac{1-\cos 160^\circ}{2}$

よって，③で $\theta=40^\circ$ とすることにより

$$\sin^2 20^\circ+\sin^2 40^\circ+\sin^2 60^\circ+\sin^2 80^\circ$$

$$=\frac{1}{2}\cdot 4-\frac{1}{2}(\cos 40^\circ+\cos 80^\circ+\cos 120^\circ+\cos 160^\circ)$$

$$=2-\frac{1}{2}\cdot\frac{1}{2}\left(z+\frac{1}{z}+z^2+\frac{1}{z^2}+z^3+\frac{1}{z^3}+z^4+\frac{1}{z^4}\right)$$

ここで，$\theta=40^\circ$ のとき，$z^9=\cos 360^\circ+i\sin 360^\circ=1$ であるから

$$\sin^2 20^\circ+\sin^2 40^\circ+\sin^2 60^\circ+\sin^2 80^\circ$$

$$=2-\frac{1}{4}\left(z+\frac{z^9}{z}+z^2+\frac{z^9}{z^2}+z^3+\frac{z^9}{z^3}+z^4+\frac{z^9}{z^4}\right)$$

$$=2-\frac{1}{4}(z+z^2+z^3+z^4+z^5+z^6+z^7+z^8)$$

$z^9=1$ より，$(z-1)(z^8+z^7+\cdots\cdots+z+1)=0$ であり，$z\neq 1$ であるから　$z^8+z^7+\cdots\cdots+z+1=0$

ゆえに　$z+z^2+z^3+z^4+z^5+z^6+z^7+z^8=-1$

よって　$\sin^2 20^\circ+\sin^2 40^\circ+\sin^2 60^\circ+\sin^2 80^\circ$

$$=2-\frac{1}{4}(-1)=\frac{9}{4}$$

←半角の公式
$\sin^2\dfrac{\theta}{2}=\dfrac{1-\cos\theta}{2}$

←$n=1$ のとき
$\cos 40^\circ=\dfrac{1}{2}\left(z+\dfrac{1}{z}\right)$
$n=2$ のとき
$\cos 80^\circ=\dfrac{1}{2}\left(z^2+\dfrac{1}{z^2}\right)$
など。

3章
EX
[複素数平面]

**EX ④75**

複素数 $\alpha=\cos\dfrac{2\pi}{7}+i\sin\dfrac{2\pi}{7}$ に対して，複素数 $\beta$，$\gamma$ を $\beta=\alpha+\alpha^2+\alpha^4$，$\gamma=\alpha^3+\alpha^5+\alpha^6$ とする。

(1) $\beta+\gamma$，$\beta\gamma$ の値を求めよ。　(2) $\beta$，$\gamma$ の値を求めよ。

(3) $\sin\dfrac{2\pi}{7}+\sin\dfrac{4\pi}{7}+\sin\dfrac{8\pi}{7}$ および $\sin\dfrac{\pi}{7}\sin\dfrac{2\pi}{7}\sin\dfrac{3\pi}{7}$ の値を求めよ。〔横浜国大〕

(1) $\beta+\gamma=\alpha^6+\alpha^5+\alpha^4+\alpha^3+\alpha^2+\alpha$

$\alpha^7=1$ より $\alpha^7-1=0$ であるから，この左辺を因数分解すると

$$(\alpha-1)(\alpha^6+\alpha^5+\alpha^4+\alpha^3+\alpha^2+\alpha+1)=0$$

$\alpha\neq 1$ であるから　$\alpha^6+\alpha^5+\alpha^4+\alpha^3+\alpha^2+\alpha+1=0$

よって　$\boldsymbol{\beta+\gamma}=\alpha^6+\alpha^5+\alpha^4+\alpha^3+\alpha^2+\alpha=\mathbf{-1}$

また　$\boldsymbol{\beta\gamma}=\alpha^4+\alpha^5+\alpha^6+3\alpha^7+\alpha^8+\alpha^9+\alpha^{10}$

$=\alpha+\alpha^2+\alpha^3+\alpha^4+\alpha^5+\alpha^6+3=\mathbf{2}$

←$\alpha^7=1$ から
$\alpha^8=\alpha$，$\alpha^9=\alpha^2$，
$\alpha^{10}=\alpha^3$

(2) (1)より，$\beta$，$\gamma$ は $x$ の2次方程式 $x^2+x+2=0$ の2解である。

これを解くと　$x=\dfrac{-1\pm\sqrt{7}\,i}{2}$

ここで，$\alpha^2=\cos\dfrac{4\pi}{7}+i\sin\dfrac{4\pi}{7}$，$\alpha^4=\cos\dfrac{8\pi}{7}+i\sin\dfrac{8\pi}{7}$ であるから　$\beta=\left(\cos\dfrac{2\pi}{7}+\cos\dfrac{4\pi}{7}+\cos\dfrac{8\pi}{7}\right)$

$$+i\left(\sin\frac{2\pi}{7}+\sin\frac{4\pi}{7}+\sin\frac{8\pi}{7}\right)$$

←ド・モアブルの定理。

$\beta$ の虚部について考えると，$\sin\frac{2\pi}{7}>0$ であり

$$\sin\frac{4\pi}{7}+\sin\frac{8\pi}{7}=2\sin\frac{6\pi}{7}\cos\frac{2\pi}{7}$$

←和 ⟶ 積の公式。

$\sin\frac{6\pi}{7}>0$，$\cos\frac{2\pi}{7}>0$ であるから，$\beta$ の虚部は正の数である。

したがって　$\boldsymbol{\beta=\frac{-1+\sqrt{7}\,i}{2}}$，$\boldsymbol{\gamma=\frac{-1-\sqrt{7}\,i}{2}}$

(3)　$\sin\frac{2\pi}{7}+\sin\frac{4\pi}{7}+\sin\frac{8\pi}{7}$ は $\beta$ の虚部であるから

$$\boldsymbol{\sin\frac{2\pi}{7}+\sin\frac{4\pi}{7}+\sin\frac{8\pi}{7}=\frac{\sqrt{7}}{2}}$$

また　$\boldsymbol{\sin\frac{\pi}{7}\sin\frac{2\pi}{7}\sin\frac{3\pi}{7}}=\frac{1}{2}\left(\cos\frac{\pi}{7}-\cos\frac{3\pi}{7}\right)\sin\frac{3\pi}{7}$

←積 ⟶ 和の公式。

$$=\frac{1}{2}\sin\frac{3\pi}{7}\cos\frac{\pi}{7}-\underset{\sim\sim\sim}{\frac{1}{2}\sin\frac{3\pi}{7}\cos\frac{3\pi}{7}}$$

$$=\frac{1}{4}\left(\sin\frac{4\pi}{7}+\sin\frac{2\pi}{7}\right)-\underset{\sim\sim\sim}{\frac{1}{4}\sin\frac{6\pi}{7}}$$

←積 ⟶ 和の公式。
～～ は 2 倍角の公式。

$$=\frac{1}{4}\left(\sin\frac{2\pi}{7}+\sin\frac{4\pi}{7}-\sin\frac{6\pi}{7}\right)$$

$$=\frac{1}{4}\left(\sin\frac{2\pi}{7}+\sin\frac{4\pi}{7}+\sin\frac{8\pi}{7}\right)=\frac{1}{4}\cdot\frac{\sqrt{7}}{2}=\boldsymbol{\frac{\sqrt{7}}{8}}$$

←$\sin(\pi-\theta)$
$=-\sin(\pi+\theta)$

**EX ②76**

$c$ を実数とする。$x$ についての 2 次方程式 $x^2+(3-2c)x+c^2+5=0$ が 2 つの解 $\alpha$，$\beta$ をもつとする。複素数平面上の 3 点 $\alpha$，$\beta$，$c^2$ が三角形の 3 頂点になり，その三角形の重心が 0 であるとき，$c$ の値を求めよ。〔京都大〕

解と係数の関係から　$\alpha+\beta=2c-3$ …… ①

また，条件から　$\frac{\alpha+\beta+c^2}{3}=0$

←3 点 $\mathrm{A}(z_1)$，$\mathrm{B}(z_2)$，$\mathrm{C}(z_3)$ を頂点とする $\triangle\mathrm{ABC}$ の重心は点 $\frac{z_1+z_2+z_3}{3}$

① を代入して　$2c-3+c^2=0$　よって　$(c-1)(c+3)=0$

ゆえに　$c=1$，$-3$

$c=1$ のとき，2 次方程式は　$x^2+x+6=0$

←求めた $c$ の値に対して，3 点 $\alpha$，$\beta$，$c^2$ が三角形をなすかどうかを確認。

　これを解いて　$x=\frac{-1\pm\sqrt{1^2-4\cdot1\cdot6}}{2\cdot1}=\frac{-1\pm\sqrt{23}\,i}{2}$

　よって，$\alpha$，$\beta$ は互いに共役な異なる複素数である。

　ゆえに，3 点 $\alpha$，$\beta$，$c^2$ は三角形をなすから，適する。

←$c^2$ は実軸上の点で，2 点 $\alpha$，$\beta$ を結ぶ直線上にない。

$c=-3$ のとき，2 次方程式は　$x^2+9x+14=0$

　よって　$(x+2)(x+7)=0$　ゆえに　$x=-2$，$-7$

　よって，3 点 $\alpha$，$\beta$，$c^2$ は実軸上にあるから，不適。

←3 点 $\alpha$，$\beta$，$c^2$ は一直線上。

以上から　$\boldsymbol{c=1}$

**EX ③77**

$k$ を実数とし，$\alpha=-1+i$ とする。点 $w$ は複素数平面上で等式 $w\overline{\alpha}-\overline{w}\alpha+ki=0$ を満たしながら動く。$w$ の軌跡が，点 $1+i$ を中心とする半径 1 の円と共有点をもつときの，$k$ の最大値を求めよ。〔類　鳥取大〕

$w=x+yi$ ($x$, $y$ は実数) とおく。$w\overline{\alpha}-\overline{w}\alpha+ki=0$ に代入すると　$(x+yi)(-1-i)-(x-yi)(-1+i)+ki=0$

整理すると　$(2x+2y-k)i=0$　すなわち　$2x+2y-k=0$

よって，$xy$ 平面上で円 $(x-1)^2+(y-1)^2=1$ と直線 $2x+2y-k=0$ が共有点をもつような実数 $k$ の最大値を求めればよい。

←$w$ の軌跡は直線である。

共有点をもつ条件は　$\dfrac{|2\cdot1+2\cdot1-k|}{\sqrt{2^2+2^2}}\leqq1$

ゆえに　$|k-4|\leqq2\sqrt{2}$

すなわち　$-2\sqrt{2}\leqq k-4\leqq2\sqrt{2}$

よって　$4-2\sqrt{2}\leqq k\leqq4+2\sqrt{2}$

したがって，求める $k$ の最大値は　$\boldsymbol{4+2\sqrt{2}}$

←左辺は，点と直線の距離の公式。
直線 $2x+2y-k=0$ と円の中心 $(1,\ 1)$ との距離が半径以下，すなわち 1 以下であるとき，円と直線は共有点をもつ。

3章 EX [複素数平面]

**EX ④78**

複素数平面上で，点 $z$ が原点 O を中心とする半径 1 の円上を動くとき，$w=\dfrac{4z+5}{z+2}$ で表される点 $w$ の描く図形を $C$ とする。
(1) $C$ を複素数平面上に図示せよ。
(2) $a=\dfrac{1+\sqrt{3}i}{2}$，$b=\dfrac{1+i}{\sqrt{2}}$ とする。$a^n=\dfrac{4b^n+5}{b^n+2}$ を満たす自然数 $n$ のうち，最小のものを求めよ。 〔類 群馬大〕

(1) 点 $z$ は原点を中心とする半径 1 の円上を動くから　$|z|=1$

$w=\dfrac{4z+5}{z+2}$ から　$(w-4)z=-2w+5$

$w=4$ はこの等式を満たさないから　$w\neq4$

よって，$w-4\neq0$ であるから　$z=\dfrac{-2w+5}{w-4}$

←$w\neq4$ であることを確認してから，等式の両辺を $w-4$ で割る。

これを $|z|=1$ に代入して　$\left|\dfrac{-2w+5}{w-4}\right|=1$

ゆえに　$|2w-5|=|w-4|$　すなわち　$2\left|w-\dfrac{5}{2}\right|=|w-4|$

$\mathrm{A}\left(\dfrac{5}{2}\right)$，B(4)，P($w$) とすると　$2\mathrm{AP}=\mathrm{BP}$

すなわち，AP：BP＝1：2 であるから，点 P の描く図形は，線分 AB を 1：2 に内分する点 C と外分する点 D を直径の両端とする円である。
C(3)，D(1) であるから，点 $w$ が描く図形 $C$ は

点 2 を中心とする半径 1 の円であり，**右図** のようになる。

←アポロニウスの円。



←$\mathrm{C}\left(\dfrac{2\cdot\frac{5}{2}+1\cdot4}{1+2}\right)$，$\mathrm{D}\left(\dfrac{-2\cdot\frac{5}{2}+1\cdot4}{1-2}\right)$
求める円の中心は線分 CD の中点で，
点 $\dfrac{1}{2}(1+3)=2$
半径は　$|2-1|=1$

別解　$|2w-5|=|w-4|$ を導くまでは同じ。

この等式の両辺を平方すると　$|2w-5|^2=|w-4|^2$

よって　$(2w-5)(\overline{2w-5})=(w-4)(\overline{w-4})$

ゆえに　$(2w-5)(2\overline{w}-5)=(w-4)(\overline{w}-4)$

展開して整理すると　$w\overline{w}-2w-2\overline{w}+3=0$

よって　$(w-2)(\overline{w}-2)=1$

ゆえに　$(w-2)(\overline{w-2})=1$　　よって　$|w-2|^2=1$

$|w-2|\geqq 0$ であるから　$|w-2|=1$

したがって，点 $w$ が描く図形 $C$ は，点 2 を中心とする半径 1 の円であり，上の図のようになる。

(2)　$a=\dfrac{1+\sqrt{3}i}{2}=\cos\dfrac{\pi}{3}+i\sin\dfrac{\pi}{3}$ であるから　$|a|=1$

よって　$|a^n|=|a|^n=1$

ゆえに，点 $a^n$ は原点を中心とする半径 1 の円上にある。

また，$b=\dfrac{1+i}{\sqrt{2}}=\cos\dfrac{\pi}{4}+i\sin\dfrac{\pi}{4}$ であるから，同様に，

$|b^n|=1$ であり，点 $b^n$ は原点を中心とする半径 1 の円上にある。

よって，(1) の結果により，点 $\dfrac{4b^n+5}{b^n+2}$ は円 $C$ 上にあることがわかる。

この 2 つの円の共有点は点 1 のみであるから，$a^n=\dfrac{4b^n+5}{b^n+2}$ となるとき

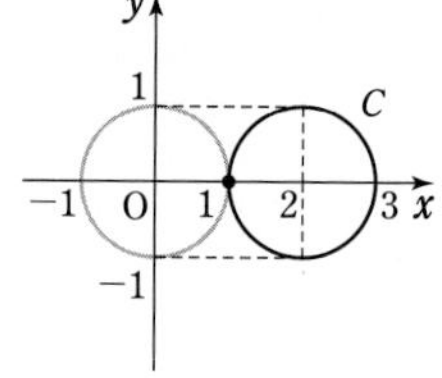


$$a^n=1 \text{ かつ } \frac{4b^n+5}{b^n+2}=1$$

$a^n=1$ から

$$\cos\frac{n\pi}{3}+i\sin\frac{n\pi}{3}=1$$

よって　$\dfrac{n\pi}{3}=2k\pi$　($k$ は整数)

すなわち　$n=6k$　($k$ は整数) …… ①

$\dfrac{4b^n+5}{b^n+2}=1$ から　$b^n=-1$

よって，$\cos\dfrac{n\pi}{4}+i\sin\dfrac{n\pi}{4}=-1$ から

$$\frac{n\pi}{4}=(2l+1)\pi \quad (l \text{ は整数})$$

すなわち　$n=8l+4$　($l$ は整数) …… ②

①, ② をともに満たす最小の自然数 $n$ は，$k=2$, $l=1$ のときで

**$n=12$**

参考　①, ② をともに満たす自然数 $n$ は，厳密には，①, ② から $n$ を消去した　$6k=8l+4$
すなわち　$3k=2(2l+1)$
を満たす整数 $k$, $l$ を求めることで求められる。
しかし，①, ② を満たす自然数 $n$ はそれぞれ
①：6, 12, 18, ……
②：4, 12, 20, ……
であるから，求める最小の自然数が $n=12$ であることはすぐわかる。

**EX ④79**

$z$ を複素数とする。

(1)　$\dfrac{1}{z+i}+\dfrac{1}{z-i}$ が実数となる点 $z$ の描く図形 $P$ を複素数平面上に図示せよ。

(2)　点 $z$ が (1) で求めた図形 $P$ 上を動くとき，点 $w=\dfrac{z+i}{z-i}$ の描く図形を複素数平面上に図示せよ。

(3)　点 $z$ が (1) で求めた図形 $P$ 上を動き，かつ $|z-1|\leqq 2$ であるとき，$|z-1-2i|$ の最大値を求めよ。

[(1), (2) 北海道大]

(1)　$z+i \neq 0$ かつ $z-i \neq 0$ から　　$z \neq \pm i$

また　　$\dfrac{1}{z+i}+\dfrac{1}{z-i}=\dfrac{(z-i)+(z+i)}{(z+i)(z-i)}=\dfrac{2z}{z^2+1}$

これが実数となるとき　　$\overline{\left(\dfrac{2z}{z^2+1}\right)}=\dfrac{2z}{z^2+1}$

よって　　$\dfrac{2\overline{z}}{(\overline{z})^2+1}=\dfrac{2z}{z^2+1}$

ゆえに　　$\overline{z}(z^2+1)=z\{(\overline{z})^2+1\}$

よって　　$z|z|^2+\overline{z}-\overline{z}|z|^2-z=0$

ゆえに　　$(z-\overline{z})(|z|^2-1)=0$

したがって　　$z=\overline{z}$　または　$|z|=1$

よって　　$z$ は実数　または　$|z|=1$

（ただし，$z \neq \pm i$）

ゆえに，図形 $P$ は **右図** のようになる。

**ただし，点 $i$，$-i$ を除く。**

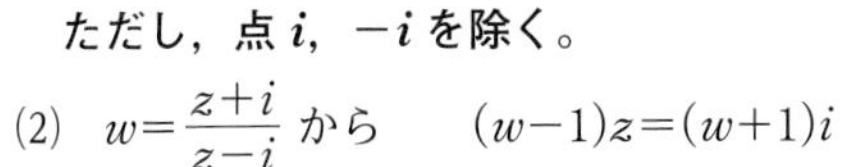

←(分母)$\neq 0$

←通分する。

←$\alpha$ が実数 $\Longleftrightarrow$ $\overline{\alpha}=\alpha$

←$\overline{z^2}=(\overline{z})^2$

←$|z|^2(z-\overline{z})-(z-\overline{z})=0$

←$|z|^2-1$
$=(|z|+1)(|z|-1)$

(2)　$w=\dfrac{z+i}{z-i}$ から　　$(w-1)z=(w+1)i$

ここで，$1=\dfrac{z+i}{z-i}$ を満たす $z$ は存在しないから

$w \neq 1$ ……（＊）

よって　　$z=\dfrac{w+1}{w-1}i$

[1]　$z=\overline{z}$ のとき

$\dfrac{w+1}{w-1}i=\overline{\left(\dfrac{w+1}{w-1}i\right)}$ から

$\dfrac{w+1}{w-1}i=\dfrac{\overline{w}+1}{\overline{w}-1}(-i)$

ゆえに　　$(w+1)(\overline{w}-1)+(\overline{w}+1)(w-1)=0$

よって　　$w\overline{w}-w+\overline{w}-1+w\overline{w}-\overline{w}+w-1=0$

ゆえに　　$|w|^2=1$

よって　　$|w|=1$（ただし $w \neq 1$）

[2]　$|z|=1$ のとき，$z \neq -i$ から　　$w \neq 0$

$\left|\dfrac{w+1}{w-1}i\right|=1$ から

$|w+1|=|w-1|$（ただし $w \neq 0$）

ゆえに，点 $w$ は 2 点 $-1$，$1$ を結ぶ線分の垂直二等分線，すなわち虚軸上にある。ただし，点 0 を除く。

[1]，[2] から，求める図形は **右図** のようになる。**ただし，点 0，1 を除く。**

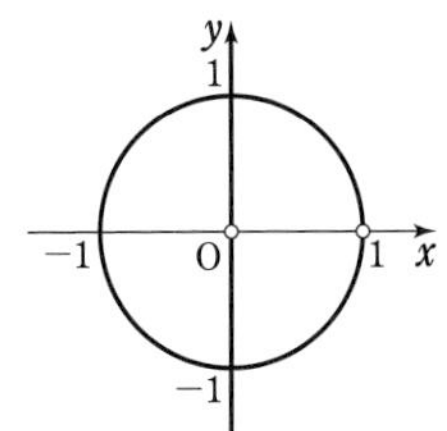


**$w=f(z)$ の表す図形**
**$z=(w$ の式$)$ で表し，**
**$z$ の条件式に代入**

（＊）$w=1$ とすると，$z-i=z+i$ で，不合理。

←(1) で求めた $z$ の条件式ごとに，$z=(w$ の式$)$ を代入。

←点 $w$ は点 0 を中心とする半径 1 の円上にある。（ただし，点 1 を除く。）

3章
EX
[複素数平面]

(3) $|z-1|\leqq 2$ を満たす点 $z$ は，点 1 を中心とする半径 2 の円の周および内部にある。

A$(1+2i)$ とし，点 Q$(z)$ は (1) で求めた図形 $P$ 上にあり，$|z-1|\leqq 2$ を満たす点 $z$ 全体を動くとする。

$|z-1-2i|=|z-(1+2i)|$ であるから，線分 AQ の長さの最大値を求める。

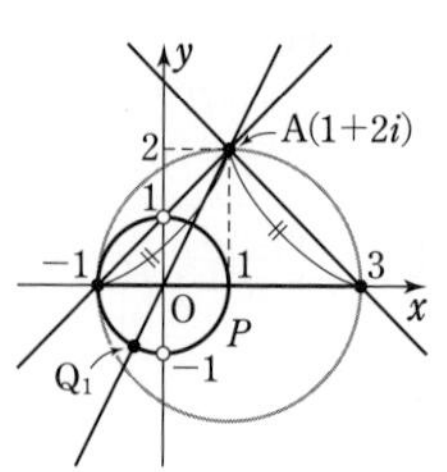


←$|z-\alpha|\leqq r$ を満たす点 $z$ は，点 $\alpha$ を中心とする半径 $r$ の円の周および内部にある。

←$|z-1-2i|=$AQ

←点 Q が円上を動く場合と，実軸上を動く場合に分けて最大値を調べる。

[1] 点 Q が円 $|z|=1$ 上を動くとき

直線 OA と円 $|z|=1$ の交点のうち，点 A に近くない方の点を $Q_1$ とすると，右上の図から，点 Q が $Q_1$ と一致するとき，線分 AQ の長さは最大になる。

このとき　$AQ=AO+OQ_1=\sqrt{1^2+2^2}+1=1+\sqrt{5}$

[2] 点 Q が実軸上を動くとき

点 Q が点 $-1$ または点 3 であるとき，線分 AQ の長さは最大になる。

このとき　$AQ=\sqrt{(-1-1)^2+(0-2)^2}=2\sqrt{2}$

$1+\sqrt{5}>2\sqrt{2}$ であるから，求める最大値は　$\mathbf{1+\sqrt{5}}$

## EX ④80

複素数平面上において，点 P$(z)$ が原点 O と 2 点 A$(1)$，B$(i)$ を頂点とする三角形の周上を動くとき，$w=z^2$ を満たす点 Q$(w)$ が描く図形を図示せよ。

HINT　$z=x+yi$，$w=X+Yi$（$x$，$y$，$X$，$Y$ は実数）とする。点 P が線分 OA 上，線分 OB 上，線分 AB 上のどこを動くかで場合分けし，$X$，$Y$ の関係式を導く。例えば，点 P が線分 AB 上のときは，$x+y=1$，$0\leqq x\leqq 1$ が成り立つ。これを $x$，$y$ の消去に利用する。

$z=x+yi$，$w=X+Yi$（$x$，$y$，$X$，$Y$ は実数）とする。

$w=z^2$ から　$X+Yi=(x+yi)^2$

よって　$X+Yi=x^2-y^2+2xyi$

ゆえに　$X=x^2-y^2$，$Y=2xy$ …… ①

←① から，$x$，$y$ を消去し，$X$，$Y$ のみの関係式を導くことが目標となる。

[1] 点 P が線分 OA 上を動くとき

$y=0$，$0\leqq x\leqq 1$

よって，① は　$X=x^2$，$Y=0$

ここで，$0\leqq x\leqq 1$ から　$0\leqq x^2\leqq 1$　すなわち　$0\leqq X\leqq 1$

ゆえに　$Y=0$，$0\leqq X\leqq 1$ …… (＊)

←(＊)が [1] の場合の，$X$，$Y$ の関係式。

[2] 点 P が線分 OB 上を動くとき　$x=0$，$0\leqq y\leqq 1$

よって，① は　$X=-y^2$，$Y=0$

ここで，$0\leqq y\leqq 1$ から　$-1\leqq -y^2\leqq 0$

すなわち　$-1\leqq X\leqq 0$

ゆえに　$Y=0$，$-1\leqq X\leqq 0$ …… (＊)

[3] 点 P が線分 AB 上を動くとき　$x+y=1$，$0\leqq x\leqq 1$

$x+y=1$ から　$y=1-x$

よって，① は　$X=x^2-(1-x)^2=2x-1$ …… ②

←座標平面上の，2 点 $(1,\ 0)$，$(0,\ 1)$ を通る直線の方程式は　$x+y=1$

$$Y=2x(1-x) \cdots\cdots ③$$

② から　$x=\dfrac{X+1}{2}$ ……④

④ を ③ に代入して整理すると

$$Y=-\frac{X^2}{2}+\frac{1}{2} \cdots\cdots (*)$$

また，$0\leqq x\leqq 1$ から　$-1\leqq 2x-1\leqq 1$

すなわち　$-1\leqq X\leqq 1$ ……(＊)

[1]～[3] から，点Qの描く図形は **右図の実線部分** のようになる。

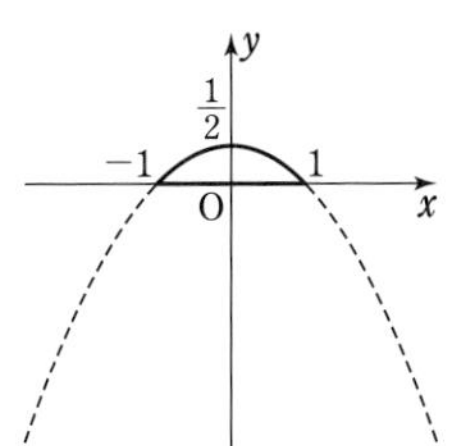


←$x$ を消去。

←$X$ の変域にも注意。

←[1]～[3] の(＊)で，$X$，$Y$ を $x$，$y$ にそれぞれおき換えた関係式の表す図形。

**EX**
②**81**

$z^6+27=0$ を満たす複素数 $z$ を，偏角が小さい方から順に $z_1$，$z_2$，…… とするとき，$z_1$，$z_2$ と積 $z_1z_2$ を表す3点は複素数平面上で一直線上にあることを示せ。ただし，偏角は0以上 $2\pi$ 未満とする。〔類 金沢大〕

$z^6+27=0$ から　$z^6=-27$

$z=r(\cos\theta+i\sin\theta)$ $[r>0]$ とすると

$$z^6=r^6(\cos 6\theta+i\sin 6\theta)$$

また　$-27=27(\cos\pi+i\sin\pi)$

よって　$r^6(\cos 6\theta+i\sin 6\theta)=27(\cos\pi+i\sin\pi)$

両辺の絶対値と偏角を比較すると

$$r^6=27,\ 6\theta=\pi+2k\pi \quad (k \text{ は整数})$$

$r^6=27$ から　$r=\sqrt[6]{27}=(3^3)^{\frac{1}{6}}=3^{\frac{1}{2}}=\sqrt{3}$

また，$6\theta=\pi+2k\pi$ から　$\theta=\dfrac{2k+1}{6}\pi$

ゆえに　$z=\sqrt{3}\left(\cos\dfrac{2k+1}{6}\pi+i\sin\dfrac{2k+1}{6}\pi\right)$

$0\leqq\theta<2\pi$ の範囲で考えると　$k=0,\ 1,\ \cdots\cdots,\ 5$

よって　$z_1=\sqrt{3}\left(\cos\dfrac{\pi}{6}+i\sin\dfrac{\pi}{6}\right)=\dfrac{3+\sqrt{3}\,i}{2}$

$$z_2=\sqrt{3}\left(\cos\frac{\pi}{2}+i\sin\frac{\pi}{2}\right)=\sqrt{3}\,i$$

ゆえに　$z_1z_2=\dfrac{3+\sqrt{3}\,i}{2}\cdot\sqrt{3}\,i=\dfrac{-3+3\sqrt{3}\,i}{2}$

よって　$z_1-z_2=\dfrac{3+\sqrt{3}\,i}{2}-\sqrt{3}\,i=\dfrac{3-\sqrt{3}\,i}{2}$

$$z_1z_2-z_2=\frac{-3+3\sqrt{3}\,i}{2}-\sqrt{3}\,i=\frac{-3+\sqrt{3}\,i}{2}$$

ゆえに　$\dfrac{z_1-z_2}{z_1z_2-z_2}=-1$

$\dfrac{z_1-z_2}{z_1z_2-z_2}$ が実数であるから，複素数 $z_1$，$z_2$，$z_1z_2$ が表す複素数平面上の3点は一直線上にある。

←まず，極形式を利用して，$z^6=-27$ を解く。

←$(r^2)^3-3^3=0$ として $(r^2-3)(r^4+3r^2+9)=0$ よって，$r^2=3$ から $r=\sqrt{3}$ としてもよい。

←$k=0$ の場合。

←$k=1$ の場合。

←$\dfrac{\gamma-\alpha}{\beta-\alpha}$ **が実数**
**⟺ 3点 $\alpha$，$\beta$，$\gamma$ が一直線上**

別解　$z_1z_2=(\sqrt{3})^2\left\{\cos\left(\frac{\pi}{6}+\frac{\pi}{2}\right)+i\sin\left(\frac{\pi}{6}+\frac{\pi}{2}\right)\right\}$

$=3\left(\cos\frac{2}{3}\pi+i\sin\frac{2}{3}\pi\right)$

O(0)，A($z_1$)，B($z_2$)，C($z_1z_2$) とすると，

$\angle\mathrm{AOC}=\frac{\pi}{2}$ であるから，△OAC は直角三角形である。

OA：OC$=\sqrt{3}：3=1：\sqrt{3}$ であるから　　$\angle\mathrm{OAC}=\frac{\pi}{3}$

一方，OA=OB，$\angle\mathrm{AOB}=\frac{\pi}{3}$ より，△OAB は正三角形であるから　　$\angle\mathrm{OAB}=\frac{\pi}{3}$

したがって，3 点 A，B，C は一直線上にある。

←図形的な解法。

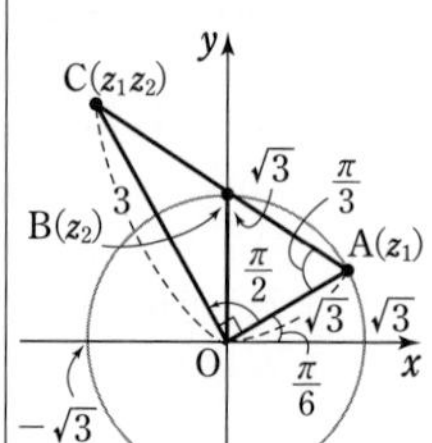


**EX ③82**

複素数平面上の 5 点 O(0)，A($\alpha$)，B($\beta$)，C($\gamma$)，D($2-\sqrt{3}i$) は $\frac{\beta}{\alpha}=\frac{2-\sqrt{3}i}{\gamma}=\frac{\overline{\alpha}}{2+\sqrt{3}i}$ を満たしている。ただし，$|\alpha|=\sqrt{3}$ であり，3 点 O，A，D は一直線上にない。
(1) 3 点 O，B，D は一直線上にあることを示せ。
(2) $\frac{\mathrm{CD}}{\mathrm{AB}}$ の値を求めよ。
(3) $\angle\mathrm{AOB}=90°$ のとき，$\frac{\alpha}{2-\sqrt{3}i}$ の実部を求めよ。　〔兵庫県大〕

(1) $\frac{\beta}{\alpha}=\frac{\overline{\alpha}}{2+\sqrt{3}i}$ から　　$\beta=\frac{|\alpha|^2}{2+\sqrt{3}i}$

$|\alpha|^2=3$ であるから　　$\beta=\frac{3}{2+\sqrt{3}i}=\frac{3}{7}(2-\sqrt{3}i)$

$2-\sqrt{3}i$ は点 D を表す複素数であるから，3 点 O，B，D は一直線上にある。

←$\alpha\overline{\alpha}=|\alpha|^2$

←3 点 0，●，▲ が一直線上にある (●≠0) ⇔ ▲$=k$● となる実数 $k$ がある

(2) $\frac{\mathrm{CD}}{\mathrm{AB}}=\frac{|(2-\sqrt{3}i)-\gamma|}{|\beta-\alpha|}=\frac{\left|\frac{2-\sqrt{3}i}{\gamma}-1\right||\gamma|}{\left|\frac{\beta}{\alpha}-1\right||\alpha|}$

←AB$=|\beta-\alpha|$ など。

$\frac{\beta}{\alpha}=\frac{2-\sqrt{3}i}{\gamma}$ から　　$\left|\frac{\beta}{\alpha}-1\right|=\left|\frac{2-\sqrt{3}i}{\gamma}-1\right|$

よって　　$\frac{\mathrm{CD}}{\mathrm{AB}}=\frac{|\gamma|}{|\alpha|}$

また，$\frac{\beta}{\alpha}=\frac{2-\sqrt{3}i}{\gamma}$ から　　$\frac{\gamma}{\alpha}=\frac{2-\sqrt{3}i}{\beta}$

(1) より，$\beta=\frac{3}{7}(2-\sqrt{3}i)$ であるから

$$\frac{\gamma}{\alpha}=\frac{2-\sqrt{3}i}{\frac{3}{7}(2-\sqrt{3}i)}=\frac{7}{3}$$

したがって　　$\frac{\mathrm{CD}}{\mathrm{AB}}=\boldsymbol{\frac{7}{3}}$

(3) $\angle \mathrm{AOB}=90^\circ$ のとき，$\dfrac{\beta}{\alpha}$ は純虚数である。

$\dfrac{\beta}{\alpha}=\dfrac{\overline{\alpha}}{2+\sqrt{3}\,i}=\overline{\left(\dfrac{\alpha}{2-\sqrt{3}\,i}\right)}$ であるから，$\overline{\left(\dfrac{\alpha}{2-\sqrt{3}\,i}\right)}$ は純虚数である。よって，$\dfrac{\alpha}{2-\sqrt{3}\,i}$ も純虚数である。

したがって，$\dfrac{\alpha}{2-\sqrt{3}\,i}$ の実部は　**0**

←$\mathrm{AO}\perp\mathrm{BO}$ から $\dfrac{\beta-0}{\alpha-0}$ は純虚数。

3章

EX［複素数平面］

**EX ④83**

$\alpha$ を実数でない複素数とし，$\beta$ を正の実数とする。

(1) 複素数平面上で，関係式 $\alpha\overline{z}+\overline{\alpha}z=|z|^2$ を満たす複素数 $z$ の描く図形を $C$ とする。このとき，$C$ は原点を通る円であることを示せ。

(2) 複素数平面上で，$(z-\alpha)(\beta-\overline{\alpha})$ が純虚数となる複素数 $z$ の描く図形を $L$ とする。$L$ は(1)で定めた $C$ と2つの共有点をもつことを示せ。また，その2点をP，Qとするとき，線分PQの長さを $\alpha$ と $\overline{\alpha}$ を用いて表せ。

(3) $\beta$ の表す複素数平面上の点をRとする。(2)で定めた点P，Qと点Rを頂点とする三角形が正三角形であるとき，$\beta$ を $\alpha$ と $\overline{\alpha}$ を用いて表せ。　［筑波大］

(1) $\alpha\overline{z}+\overline{\alpha}z=|z|^2$ から

$z\overline{z}-\overline{\alpha}z-\alpha\overline{z}=0$

ゆえに　$(z-\alpha)(\overline{z}-\overline{\alpha})=|\alpha|^2$

すなわち　$|z-\alpha|^2=|\alpha|^2$

よって　$|z-\alpha|=|\alpha|$

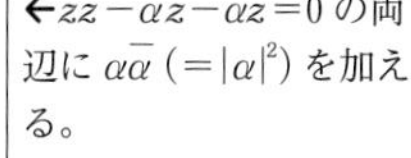
←$z\overline{z}-\overline{\alpha}z-\alpha\overline{z}=0$ の両辺に $\alpha\overline{\alpha}\ (=|\alpha|^2)$ を加える。

$\alpha\neq 0$ であるから，$C$ は点 $\alpha$ を中心とする半径 $|\alpha|$ の円を表す。

したがって，$C$ は原点を通る円である。

←左辺に $z=0$ を代入すると　$|-\alpha|=|\alpha|$

(2) $(z-\alpha)(\beta-\overline{\alpha})$ は純虚数であるから

$(z-\alpha)(\beta-\overline{\alpha})+\overline{(z-\alpha)(\beta-\overline{\alpha})}=0$

かつ　$(z-\alpha)(\beta-\overline{\alpha})\neq 0$

$\beta$ は実数であるから　$\overline{\beta}=\beta$

よって　$(z-\alpha)(\beta-\overline{\alpha})+(\overline{z}-\overline{\alpha})(\beta-\alpha)=0$ …… ①

$\alpha$ は実数でない複素数であるから　$\beta\neq\alpha$，$\beta\neq\overline{\alpha}$

ゆえに，① の両辺を $(\beta-\alpha)(\beta-\overline{\alpha})$ で割ると

←$(\beta-\alpha)(\beta-\overline{\alpha})\neq 0$

$$\frac{z-\alpha}{\beta-\alpha}+\frac{\overline{z}-\overline{\alpha}}{\beta-\overline{\alpha}}=0$$

すなわち　$\dfrac{z-\alpha}{\beta-\alpha}+\overline{\left(\dfrac{z-\alpha}{\beta-\alpha}\right)}=0$

←$\overline{\beta}=\beta$

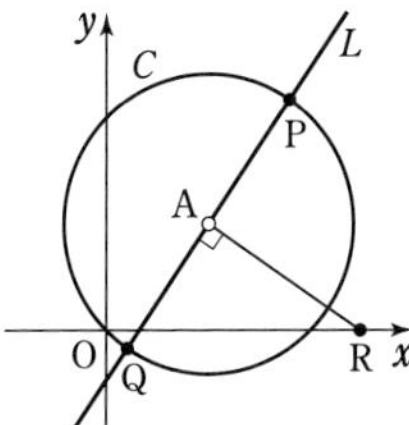


また，$z\neq\alpha$ であるから，$\dfrac{z-\alpha}{\beta-\alpha}$ は純虚数である。

←$z-\alpha\neq 0$ から　$z\neq\alpha$

よって，$\mathrm{A}(\alpha)$，$\mathrm{R}(\beta)$ とすると，点 $z$ は点Aを通り直線ARに垂直な直線上にある。

この直線から点Aを除いたものが $L$ であるから，$L$ は $C$ と2つの共有点をもつ。

線分PQは円 $C$ の直径であるから　**$PQ=2|\alpha|=2\sqrt{\alpha\overline{\alpha}}$**

←円 $C$ の中心は点 $A(\alpha)$ で，$L$ はAを通るから，円 $C$ と2つの共有点P，Qをもち，線分PQは円 $C$ の直径となる。

(3)　直線ARは線分PQの垂直二等分線であるから，△RPQは RP=RQの二等辺三角形である。

これが正三角形となるとき　$AR=\dfrac{\sqrt{3}}{2}PQ$

すなわち　$|\beta-\alpha|=\sqrt{3}\,|\alpha|$　←$PQ=2|\alpha|$

両辺を平方すると　$(\beta-\alpha)(\beta-\overline{\alpha})=3\alpha\overline{\alpha}$　←$\overline{\beta}=\beta$

すなわち　$\beta^2-(\alpha+\overline{\alpha})\beta-2\alpha\overline{\alpha}=0$

$\alpha+\overline{\alpha}$，$\alpha\overline{\alpha}$ はともに実数であるから，解の公式より

$$\beta=\frac{\alpha+\overline{\alpha}\pm\sqrt{(\alpha+\overline{\alpha})^2-4\cdot1\cdot(-2\alpha\overline{\alpha})}}{2\cdot1}$$

$\beta>0$ であるから　**$\beta=\dfrac{\alpha+\overline{\alpha}+\sqrt{(\alpha+\overline{\alpha})^2+8\alpha\overline{\alpha}}}{2}$**

←$\alpha+\overline{\alpha}>0$ のとき $\alpha+\overline{\alpha}<\sqrt{(\alpha+\overline{\alpha})^2+8\alpha\overline{\alpha}}$

**EX ④84**　$z$ を複素数とする。0でない複素数 $d$ に対して，方程式 $dz(\overline{z}+1)=\overline{d}\,\overline{z}(z+1)$ を満たす点 $z$ は，複素数平面上でどのような図形を描くか。〔類　九州大〕

$dz(\overline{z}+1)=\overline{d}\,\overline{z}(z+1)$ から

$$(d-\overline{d})z\overline{z}+dz-\overline{d}\,\overline{z}=0 \quad \cdots\cdots ①$$

[1]　$d=\overline{d}$，すなわち $d$ が実数のとき，① は

$$d(z-\overline{z})=0$$

←① の $z\overline{z}$ の係数が0か0でないかで場合分け。

$d\neq0$ であるから　$z=\overline{z}$　　よって，点 $z$ は実軸上にある。

[2]　$d\neq\overline{d}$，すなわち $d$ が虚数のとき，① の両辺を $d-\overline{d}$ で割ると

←「$d$ が実数でない」ことと同じ。

$$z\overline{z}+\frac{d}{d-\overline{d}}z-\frac{\overline{d}}{d-\overline{d}}\overline{z}=0$$

ゆえに　$\left(z-\dfrac{\overline{d}}{d-\overline{d}}\right)\left(\overline{z}+\dfrac{d}{d-\overline{d}}\right)+\dfrac{d}{d-\overline{d}}\cdot\dfrac{\overline{d}}{d-\overline{d}}=0$

←$z\overline{z}+\alpha z-\beta\overline{z}=(z-\beta)(\overline{z}+\alpha)+\alpha\beta$

よって　$\left(z-\dfrac{\overline{d}}{d-\overline{d}}\right)\overline{\left(z-\dfrac{\overline{d}}{d-\overline{d}}\right)}=\dfrac{d}{d-\overline{d}}\cdot\overline{\left(\dfrac{d}{d-\overline{d}}\right)}$

←$d-\overline{d}=-\overline{(d-\overline{d})}$

ゆえに　$\left|z-\dfrac{\overline{d}}{d-\overline{d}}\right|^2=\left|\dfrac{d}{d-\overline{d}}\right|^2$　←$z\overline{z}=|z|^2$

したがって　$\left|z-\dfrac{\overline{d}}{d-\overline{d}}\right|=\left|\dfrac{d}{d-\overline{d}}\right|$

←円の方程式 $|z-\alpha|=r$ の形。

[1]，[2] から，点 $z$ の描く図形は

**$d$ が実数のとき　実軸，**

**$d$ が虚数のとき　点 $\dfrac{\overline{d}}{d-\overline{d}}$ を中心とする半径 $\left|\dfrac{d}{d-\overline{d}}\right|$ の円**

**EX ④85**　$z$ を複素数とする。複素数平面上の3点A(1)，B($z$)，C($z^2$) が鋭角三角形をなすような点 $z$ の範囲を求め，図示せよ。〔東京大〕

3点A，B，Cが鋭角三角形をなすための条件は，次の(i)，(ii)，(iii)を同時に満たすことである。

(i)　3点A，B，Cがすべて互いに異なる。
(ii)　3点A，B，Cが一直線上にない。
(iii)　$AB^2+BC^2>CA^2$　かつ　$BC^2+CA^2>AB^2$　かつ
$CA^2+AB^2>BC^2$

←(i)，(ii)は3点A，B，Cが三角形をなすための条件。

(i)から　$z \neq 1$，$z^2 \neq 1$，$z^2 \neq z$　　ゆえに　$z \neq 0$，$z \neq \pm 1$ …… ①

←$z^2=1$ から $(z+1)(z-1)=0$
$z^2=z$ から　$z(z-1)=0$

また，$\dfrac{z^2-1}{z-1}=z+1$ であるから，(ii)より $z+1$ は実数ではない。
すなわち，$z$ は虚数である。
ここで，$z$ が虚数である，という条件は ① を含んでいる。

(iii)から
$$\begin{cases}|z-1|^2+|z^2-z|^2>|1-z^2|^2\\|z^2-z|^2+|1-z^2|^2>|z-1|^2\\|1-z^2|^2+|z-1|^2>|z^2-z|^2\end{cases}$$
ゆえに
$$\begin{cases}|z-1|^2+|z|^2|z-1|^2>|z+1|^2|z-1|^2\\|z|^2|z-1|^2+|z+1|^2|z-1|^2>|z-1|^2\\|z+1|^2|z-1|^2+|z-1|^2>|z|^2|z-1|^2\end{cases}$$

←$|\alpha\beta|=|\alpha||\beta|$

$z \neq 1$ であるから，各不等式の両辺を $|z-1|^2$ $(>0)$ で割ると
$$\begin{cases}1+|z|^2>|z+1|^2 \quad \cdots\cdots ②\\|z|^2+|z+1|^2>1 \quad \cdots\cdots ③\\|z+1|^2+1>|z|^2 \quad \cdots\cdots ④\end{cases}$$

② から　$1+z\bar{z}>z\bar{z}+z+\bar{z}+1$

←$|z+1|^2=(z+1)(\bar{z}+1)$

よって　$z+\bar{z}<0$　すなわち　($z$ の実部)$<0$ …… ⑤

←虚軸より左側の部分。

③ から　$z\bar{z}+z\bar{z}+z+\bar{z}+1>1$
よって　$z\bar{z}+\dfrac{z}{2}+\dfrac{\bar{z}}{2}>0$
ゆえに　$\left(z+\dfrac{1}{2}\right)\left(\bar{z}+\dfrac{1}{2}\right)-\left(\dfrac{1}{2}\right)^2>0$
よって　$\left|z+\dfrac{1}{2}\right|^2>\left(\dfrac{1}{2}\right)^2$　すなわち　$\left|z+\dfrac{1}{2}\right|>\dfrac{1}{2}$ …… ⑥

←点 $-\dfrac{1}{2}$ を中心とする半径 $\dfrac{1}{2}$ の円の外部。

④ から　$z\bar{z}+z+\bar{z}+1+1>z\bar{z}$
ゆえに　$z+\bar{z}>-2$
よって　$\dfrac{z+\bar{z}}{2}>-1$
すなわち　($z$ の実部)$>-1$ …… ⑦

←点 $-1$ を通り，実軸に垂直な直線より右側の部分。

求める $z$ の範囲は，⑤，⑥，⑦ の表す図形の共通部分から実軸上の点を除いたもので，**右図の斜線部分** のようになる。**ただし，境界線を含まない。**

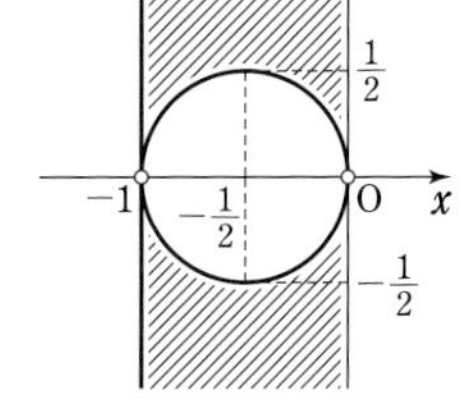


補足　⑤，⑥，⑦ から，条件 (iii) は，条件 (i)，(ii) を含んでいることがわかる。

参考　解答の (iii) は，次の (iii)′ のように角の条件に着目してもよい。
(iii)′　A($\alpha$)，B($\beta$)，C($\gamma$) とし，$w_1=\dfrac{\beta-\alpha}{\gamma-\alpha}$，$w_2=\dfrac{\gamma-\beta}{\alpha-\beta}$，
$w_3=\dfrac{\alpha-\gamma}{\beta-\gamma}$ とすると

$-\frac{\pi}{2}<\arg w_i<\frac{\pi}{2}$ ……（＊）かつ $\arg w_i \neq 0$

$(i=1,\ 2,\ 3)$

ここで，(ii) が満たされるとき，$\arg w_i \neq 0$ $(i=1,\ 2,\ 3)$ である。また，一般に複素数 $w$ に対し，

$$-\frac{\pi}{2}<\arg w<\frac{\pi}{2} \Longleftrightarrow w+\overline{w}>0$$

であり，$w_1=\frac{z-1}{z^2-1}=\frac{1}{z+1}$，$w_2=\frac{z^2-z}{1-z}=-z$，

$w_3=\frac{1-z^2}{z-z^2}=\frac{z+1}{z}$ であるから，（＊）は

$$\begin{cases}\frac{1}{z+1}+\overline{\left(\frac{1}{z+1}\right)}>0 & \cdots\cdots \text{Ⓐ}\\ (-z)+\overline{(-z)}>0 & \cdots\cdots \text{Ⓑ}\\ \frac{z+1}{z}+\overline{\left(\frac{z+1}{z}\right)}>0 & \cdots\cdots \text{Ⓒ}\end{cases}$$ となる。

Ⓐ の不等式の両辺に $(z+1)(\overline{z+1})(=|z+1|^2>0)$ を掛けて

$$\overline{z+1}+z+1>0 \qquad \text{よって} \qquad \frac{z+\overline{z}}{2}>-1$$

Ⓑ から　$z+\overline{z}<0$

Ⓒ の不等式の両辺に $z\overline{z}(=|z|^2>0)$ を掛けて

$$|z|^2+\overline{z}+|z|^2+z>0$$

よって　$|z|^2+\frac{1}{2}z+\frac{1}{2}\overline{z}>0$

ゆえに　$\left|z+\frac{1}{2}\right|^2>\left(\frac{1}{2}\right)^2$　すなわち　$\left|z+\frac{1}{2}\right|>\frac{1}{2}$

以上から，解答の ⑤，⑥，⑦ が得られる。以後は解答と同じ。

←3 つの角がすべて鋭角であるための条件。なお，偏角は負の値をとる場合もあることに注意。

←「実部が正」ということである。

←解答と同様に，
(z の実部)>−1
の形にする。

**EX ⑤86**

$a$ を正の実数，$w=a\left(\cos\frac{\pi}{36}+i\sin\frac{\pi}{36}\right)$ とする。複素数の列 $\{z_n\}$ を $z_1=w$，$z_{n+1}=z_nw^{2n+1}$ $(n=1,\ 2,\ \cdots\cdots)$ で定めるとき

(1) $z_n$ の偏角を 1 つ求めよ。

(2) 複素数平面で，原点を O とし，$z_n$ を表す点を $P_n$ とする。$1 \leqq n \leqq 17$ とするとき，$\triangle OP_nP_{n+1}$ が直角二等辺三角形となるような $n$ と $a$ の値を求めよ。　〔大阪大 改題〕

(1) $z_{n+1}=z_nw^{2n+1}$ から

$$\arg z_{n+1}=\arg z_n+(2n+1)\arg w$$

よって，$n \geqq 2$ のとき

$$\arg z_n=\arg z_1+\sum_{k=1}^{n-1}(\arg z_{k+1}-\arg z_k)$$

$$=\arg w+\left\{\sum_{k=1}^{n-1}(2k+1)\right\}\arg w$$

$$=\left\{1+2\cdot\frac{1}{2}n(n-1)+(n-1)\right\}\arg w$$

$$=n^2\arg w=n^2\cdot\frac{\pi}{36}=\frac{n^2}{36}\pi \ \cdots\cdots \text{①}$$

←$\arg\alpha\beta=\arg\alpha+\arg\beta$

←数列 $\{\arg z_n\}$ の階差数列の第 $n$ 項は $(2n+1)\arg w$

←$\sum_{k=1}^{n-1}k=\frac{1}{2}n(n-1)$，$\sum_{k=1}^{n-1}1=n-1$

① は $n=1$ のときも成り立つ。

したがって　$\arg z_n=\boldsymbol{\frac{n^2}{36}\pi}$

別解　$z_1=w$，$z_2=z_1w^3=w^4$，$z_3=z_2w^5=w^9$

よって，$z_n=w^{n^2}$ …… Ⓐ であると推測できる。

[1]　$n=1$ のとき，Ⓐ は成り立つ。

[2]　$n=k$ のとき，Ⓐ が成り立つと仮定すると　$z_k=w^{k^2}$

ゆえに　$z_{k+1}=z_kw^{2k+1}=w^{k^2}w^{2k+1}=w^{(k+1)^2}$

よって，Ⓐ は $n=k+1$ のときも成り立つ。

[1]，[2] から，Ⓐ はすべての自然数 $n$ について成り立つ。

したがって　$\arg z_n=\arg w^{n^2}=n^2\arg w=\boldsymbol{\frac{n^2}{36}\pi}$

←$\arg z_1=\arg w=\frac{\pi}{36}$

←$\arg z_n=\frac{n^2}{36}\pi+2k\pi$ ($k$ は整数) であるが，$k=0$ の場合を答とした。

**n の問題**
**$n=1$，2，3，…… で調べて，$n$ の式で一般化**

←$\arg\alpha^k=k\arg\alpha$

(2)　$\arg\frac{z_{n+1}-0}{z_n-0}=\arg w^{2n+1}=(2n+1)\arg w=\frac{(2n+1)\pi}{36}$

よって　$\angle \mathrm{P}_n\mathrm{OP}_{n+1}=\frac{(2n+1)\pi}{36}$

←$\mathrm{P}_n(z_n)$，$\mathrm{P}_{n+1}(z_{n+1})$

ここで，$1\leqq n\leqq 17$ であるから　$\frac{\pi}{12}\leqq\frac{(2n+1)\pi}{36}\leqq\frac{35}{36}\pi$

←$3\leqq 2n+1\leqq 35$

ゆえに，$\triangle \mathrm{OP}_n\mathrm{P}_{n+1}$ が直角二等辺三角形となるとき

$$\angle \mathrm{P}_n\mathrm{OP}_{n+1}=\frac{\pi}{4} \text{ または } \angle \mathrm{P}_n\mathrm{OP}_{n+1}=\frac{\pi}{2}$$

$\frac{(2n+1)\pi}{36}=\frac{\pi}{4}$ を解くと　$n=4$

$\frac{(2n+1)\pi}{36}=\frac{\pi}{2}$ を解くと　$n=\frac{17}{2}$

$n$ は整数であるから，$\boldsymbol{n=4}$ のみが適する。

このとき，$\angle \mathrm{P}_n\mathrm{OP}_{n+1}=\frac{\pi}{4}$ であるから

$$\mathrm{OP}_5=\sqrt{2}\,\mathrm{OP}_4 \text{ または } \mathrm{OP}_5=\frac{1}{\sqrt{2}}\mathrm{OP}_4$$

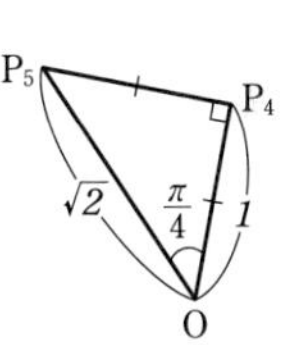


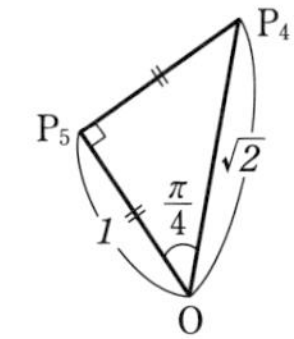


よって　$|z_5|=\sqrt{2}\,|z_4|$ または $|z_5|=\frac{1}{\sqrt{2}}|z_4|$ …… ②

$z_5=z_4w^9$ であるから，② より　$|w^9|=\sqrt{2}$，$\frac{1}{\sqrt{2}}$

←$|z_4||w^9|=\sqrt{2}\,|z_4|$，$|z_4||w^9|=\frac{1}{\sqrt{2}}|z_4|$

$|w|=a$ であるから　$a^9=\sqrt{2}$，$\frac{1}{\sqrt{2}}$

したがって　$\boldsymbol{a=2^{\frac{1}{18}},\ 2^{-\frac{1}{18}}}$

←$a^9=2^{\frac{1}{2}}$，$2^{-\frac{1}{2}}$

**練習 ②136**
(1) 放物線 $x^2=-8y$ の焦点と準線を求め，その概形をかけ。
(2) 点 (3, 0) を通り，直線 $x=-3$ に接する円の中心の軌跡を求めよ。
(3) 頂点が原点で，焦点が $x$ 軸上にあり，点 (9, −6) を通る放物線の方程式を求めよ。

(1) $x^2=4\cdot(-2)y$
よって，**焦点** は　**点 (0, −2)**
**準線** は　**直線 $y=2$**
概形は　**図 (1)**

(2) F(3, 0) とする。
円の中心を P とし，点 P から直線 $x=-3$ に垂線 PH を下ろすと
PH＝PF
よって，点 P の軌跡は，点 F を焦点，直線 $x=-3$ を準線とする **放物線** であるから，その方程式は　$y^2=4\cdot3x$
すなわち　$\boldsymbol{y^2=12x}$

(3) 求める放物線の方程式は，$y^2=ax$ とおける。
点 (9, −6) を通るから　$(-6)^2=a\cdot9$
よって　$a=4$　したがって　$\boldsymbol{y^2=4x}$

←**放物線 $x^2=4py$ の焦点は 点 (0, $p$)，準線は 直線 $y=-p$**

(2)
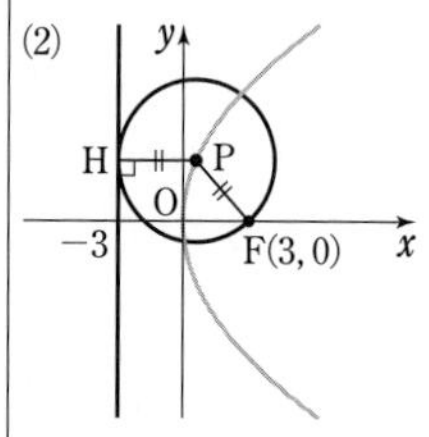


←**焦点が $x$ 軸上** にあるから　$\boldsymbol{y^2=4px}$
$4p=a$ とおく。

**練習 ③137**
半円 $x^2+y^2=36$，$x\geqq0$ および $y$ 軸の $-6\leqq y\leqq6$ の部分の，両方に接する円の中心 P の軌跡を求めよ。

P$(x,\ y)$ とすると，題意を満たす円は半円に内接し，$y$ 軸の $-6\leqq y\leqq6$ の部分に接する。
$0\leqq x\leqq6$ であるから　OP＝$6-x$
ゆえに　$\sqrt{x^2+y^2}=6-x$
よって　$x^2+y^2=(6-x)^2$
ゆえに　$y^2=-12(x-3)$
$x>0$ かつ $y^2=-12(x-3)\geqq0$ であるから
$0<x\leqq3$
したがって，求める軌跡は
**放物線 $\boldsymbol{y^2=-12(x-3)}$ の $\boldsymbol{0<x\leqq3}$ の部分**

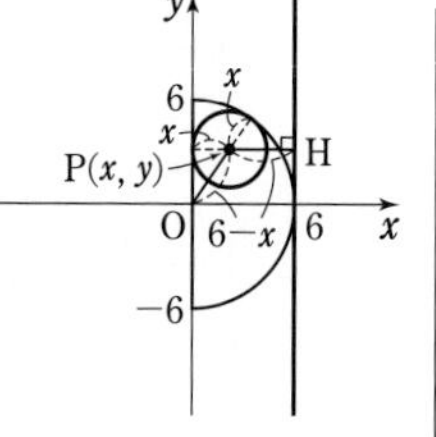


←$0\leqq x\leqq6$ のとき
$6-x\geqq0$

検討　図で，点 P から直線 $x=6$ に下ろした垂線を PH とすると
OP＝PH
よって，点 P は O を焦点，直線 $x=6$ を準線とする放物線上にある。

**練習 ①138**
次の楕円の長軸・短軸の長さ，焦点を求めよ。また，その概形をかけ。
(1) $\dfrac{x^2}{25}+\dfrac{y^2}{18}=1$　　(2) $56x^2+49y^2=784$

(1) $\dfrac{x^2}{5^2}+\dfrac{y^2}{(3\sqrt{2})^2}=1$ から
**長軸の長さ** は　$2\cdot5=\boldsymbol{10}$
**短軸の長さ** は　$2\cdot3\sqrt{2}=\boldsymbol{6\sqrt{2}}$
**焦点** は，$\sqrt{25-18}=\sqrt{7}$ から
**2 点 $(\sqrt{7},\ 0)$，$(-\sqrt{7},\ 0)$**
また，概形は　**図 (1)**

←$\dfrac{x^2}{a^2}+\dfrac{y^2}{b^2}=1$ で，$a>b>0$ の場合であるから，概形は横長。
→ 長軸の長さは $2a$，短軸の長さは $2b$，焦点は 2 点 $(\sqrt{a^2-b^2},\ 0)$，$(-\sqrt{a^2-b^2},\ 0)$

(2) $56x^2+49y^2=784$ から

$$\frac{x^2}{(\sqrt{14})^2}+\frac{y^2}{4^2}=1$$

**長軸の長さ** は　$2\cdot4=\mathbf{8}$

**短軸の長さ** は　$2\cdot\sqrt{14}=\mathbf{2\sqrt{14}}$

**焦点** は，$\sqrt{16-14}=\sqrt{2}$ から

**2点 $(0,\ \sqrt{2})$，$(0,\ -\sqrt{2})$**

また，概形は　**図** (2)

(2)
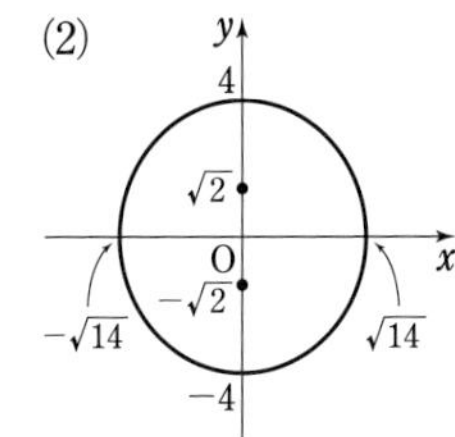


←両辺を 784 で割ると $\frac{x^2}{14}+\frac{y^2}{16}=1$
これは $\frac{x^2}{a^2}+\frac{y^2}{b^2}=1$ で，$b>a>0$ の場合であるから，概形は縦長。
⟶ 長軸の長さは $2b$，短軸の長さは $2a$，焦点は 2点 $(0,\ \sqrt{b^2-a^2})$，$(0,\ -\sqrt{b^2-a^2})$

**練習 ②139**　次のような楕円の方程式を求めよ。
(1) 2点 $(2,\ 0)$，$(-2,\ 0)$ を焦点とし，この2点からの距離の和が 6
(2) 楕円 $\frac{x^2}{3}+\frac{y^2}{5}=1$ と焦点が一致し，短軸の長さが 4
(3) 長軸が $x$ 軸上，短軸が $y$ 軸上にあり，2点 $(-2,\ 0)$，$\left(1,\ \frac{\sqrt{3}}{2}\right)$ を通る。



(1) 2点 $\mathrm{F}(2,\ 0)$，$\mathrm{F}'(-2,\ 0)$ を焦点とするから，求める楕円の方程式は $\frac{x^2}{a^2}+\frac{y^2}{b^2}=1$ $(a>b>0)$ とおける。

←2つの焦点は $x$ 軸上にあり，原点に関して対称。

ここで　$a^2-b^2=2^2$

←焦点は，2点 $(\sqrt{a^2-b^2},\ 0)$，$(-\sqrt{a^2-b^2},\ 0)$

また，楕円上の任意の点 P について　$\mathrm{PF}+\mathrm{PF}'=2a$

よって　$2a=6$　ゆえに　$a=3$

よって　$b^2=a^2-2^2=3^2-4=5$

←ここでは $b$ の値まで求める必要はない。

したがって　$\boldsymbol{\frac{x^2}{9}+\frac{y^2}{5}=1}$

別解　楕円上の任意の点を $\mathrm{P}(x,\ y)$ とする。

$\mathrm{F}(2,\ 0)$，$\mathrm{F}'(-2,\ 0)$ とすると，$\mathrm{PF}+\mathrm{PF}'=6$ であるから

←楕円の定義。

$$\sqrt{(x-2)^2+y^2}+\sqrt{(x+2)^2+y^2}=6$$

よって　$\sqrt{(x-2)^2+y^2}=6-\sqrt{(x+2)^2+y^2}$

両辺を平方して整理すると　$12\sqrt{(x+2)^2+y^2}=8x+36$

両辺を 4 で割り，更に平方すると

$$9(x^2+4x+4+y^2)=4x^2+36x+81$$

←ここで $\sqrt{\ }$ がなくなる。

整理して　$5x^2+9y^2=45$　したがって　$\boldsymbol{\frac{x^2}{9}+\frac{y^2}{5}=1}$

(2) 楕円 $\frac{x^2}{3}+\frac{y^2}{5}=1$ の焦点は，$\sqrt{5-3}=\sqrt{2}$ であることから

←$\sqrt{3}<\sqrt{5}$ から，焦点は $y$ 軸上にある。

2点 $(0,\ \sqrt{2})$，$(0,\ -\sqrt{2})$

ゆえに，求める楕円の方程式を $\frac{x^2}{a^2}+\frac{y^2}{b^2}=1$ $(b>a>0)$ とおくと，$\sqrt{b^2-a^2}=\sqrt{2}$ であるから　$b^2-a^2=2$

←2つの焦点は $y$ 軸上にあり，原点に関して対称。

また，短軸の長さは　$2a$　よって，$2a=4$ から　$a=2$

ゆえに　$b^2=a^2+2=2^2+2=6$

よって　$\boldsymbol{\frac{x^2}{4}+\frac{y^2}{6}=1}$

(3) 長軸が $x$ 軸上，短軸が $y$ 軸上にあるから，求める楕円の中心は原点であり，その方程式は $\dfrac{x^2}{a^2}+\dfrac{y^2}{b^2}=1\ (a>b>0)$ とおける。

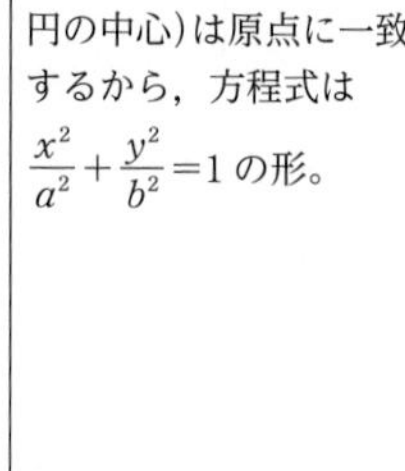

←長軸と短軸の交点(楕円の中心)は原点に一致するから，方程式は $\dfrac{x^2}{a^2}+\dfrac{y^2}{b^2}=1$ の形。

点 $(-2,\ 0)$ を通るから　　$\dfrac{(-2)^2}{a^2}=1$　　…… ①

点 $\left(1,\ \dfrac{\sqrt{3}}{2}\right)$ を通るから　　$\dfrac{1}{a^2}+\dfrac{1}{b^2}\left(\dfrac{\sqrt{3}}{2}\right)^2=1$ …… ②

① から　　$a^2=4$　　② に代入して　　$\dfrac{1}{4}+\dfrac{3}{4b^2}=1$

ゆえに　　$b^2=1$　　したがって　　$\boldsymbol{\dfrac{x^2}{4}+y^2=1}$

**練習 ①140** 円 $x^2+y^2=9$ を次のように拡大または縮小した楕円の方程式と焦点を求めよ。
(1) $x$ 軸をもとにして $y$ 軸方向に 3 倍に拡大
(2) $y$ 軸をもとにして $x$ 軸方向に $\dfrac{2}{3}$ 倍に縮小

円周上の点を $Q(s,\ t)$ とすると　　$s^2+t^2=9$ …… ①

(1) 点 Q が移された点を $P(x,\ y)$ とすると

$x=s,\ y=3t$　　よって　　$s=x,\ t=\dfrac{1}{3}y$

これらを ① に代入して　　$x^2+\dfrac{1}{9}y^2=9$

←つなぎの文字 $s$，$t$ を消去。

ゆえに，楕円 $\boldsymbol{\dfrac{x^2}{9}+\dfrac{y^2}{81}=1}$ になる。

また，この楕円の **焦点** は，$\sqrt{81-9}=6\sqrt{2}$ であることから
**2 点 $(0,\ 6\sqrt{2})$，$(0,\ -6\sqrt{2})$**

(2) 点 Q が移された点を $P(x,\ y)$ とすると

$x=\dfrac{2}{3}s,\ y=t$　　よって　　$s=\dfrac{3}{2}x,\ t=y$

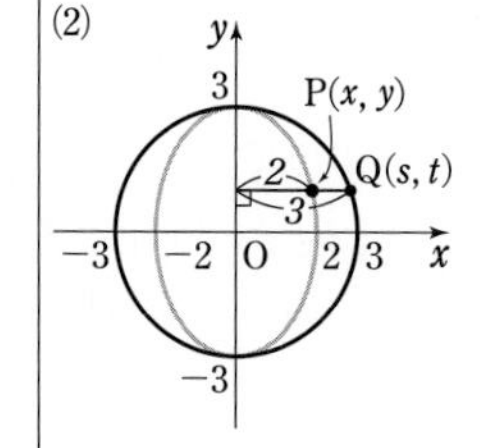

これらを ① に代入して　　$\dfrac{9}{4}x^2+y^2=9$

ゆえに，楕円 $\boldsymbol{\dfrac{x^2}{4}+\dfrac{y^2}{9}=1}$ になる。

また，この楕円の **焦点** は，$\sqrt{9-4}=\sqrt{5}$ であることから
**2 点 $(0,\ \sqrt{5})$，$(0,\ -\sqrt{5})$**

(2)
y, 3, P(x, y), Q(s, t), 2, 3, −3, −2, O, 2, 3, x, −3

検討　円 $x^2+y^2=b^2$ を $y$ 軸をもとにして $x$ 軸方向に $\dfrac{a}{b}$ 倍に拡大または縮小すると，楕円 $\dfrac{x^2}{a^2}+\dfrac{y^2}{b^2}=1$ が得られる。

**練習 ②141** $x$ 軸上の動点 $P(a,\ 0)$，$y$ 軸上の動点 $Q(0,\ b)$ が $PQ=1$ を満たしながら動くとき，線分 PQ を $1:2$ に内分する点 T の軌跡の方程式を求め，その概形を図示せよ。

$T(x,\ y)$ とする。$PQ=1$ であるから　　$PQ^2=1$

よって　　$a^2+b^2=1$ …… ①

点Tは線分PQを1：2に内分するから

$$x=\frac{2\cdot a+1\cdot 0}{1+2},\ y=\frac{2\cdot 0+1\cdot b}{1+2}$$

ゆえに　$a=\frac{3}{2}x,\ b=3y$

これらを①に代入して　$\frac{9}{4}x^2+9y^2=1$

よって　$9x^2+36y^2=4$

ゆえに，点Tの軌跡は 楕円

$\boldsymbol{9x^2+36y^2=4}$ で，その概形は **右図**。

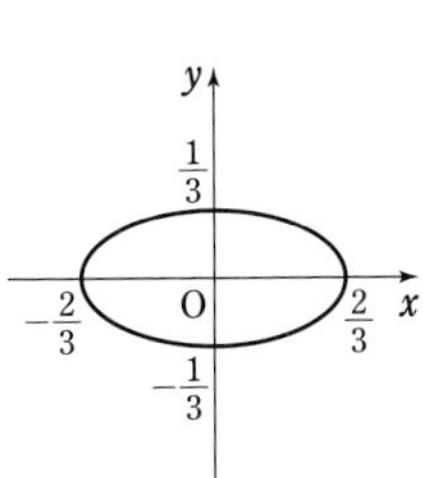


←A$(x_1,\ y_1)$，B$(x_2,\ y_2)$ とするとき，線分ABを $m：n$ に内分する点の座標は $\left(\frac{nx_1+mx_2}{m+n},\ \frac{ny_1+my_2}{m+n}\right)$

**←つなぎの文字 $a$，$b$ を消去。**

←$\frac{x^2}{\left(\frac{2}{3}\right)^2}+\frac{y^2}{\left(\frac{1}{3}\right)^2}=1$



**練習 ①142**　次の双曲線の焦点と漸近線を求めよ。また，その概形をかけ。

(1) $\frac{x^2}{6}-\frac{y^2}{6}=1$　　(2) $16x^2-9y^2+144=0$

(1) $\sqrt{6+6}=2\sqrt{3}$ から，**焦点** は

**2点 $(2\sqrt{3},\ 0)$，$(-2\sqrt{3},\ 0)$**

**漸近線** は　**2直線** $\frac{x}{\sqrt{6}}-\frac{y}{\sqrt{6}}=0$，

$\frac{x}{\sqrt{6}}+\frac{y}{\sqrt{6}}=0$

すなわち　$\boldsymbol{x-y=0}$，$\boldsymbol{x+y=0}$

また，概形は　**図(1)**

(2) $16x^2-9y^2=-144$ から

$$\frac{x^2}{9}-\frac{y^2}{16}=-1$$

$\sqrt{9+16}=5$ から，**焦点** は

**2点 (0，5)，(0，−5)**

**漸近線** は

**2直線** $\boldsymbol{\frac{x}{3}-\frac{y}{4}=0}$，$\boldsymbol{\frac{x}{3}+\frac{y}{4}=0}$

また，概形は　**図(2)**

(1)

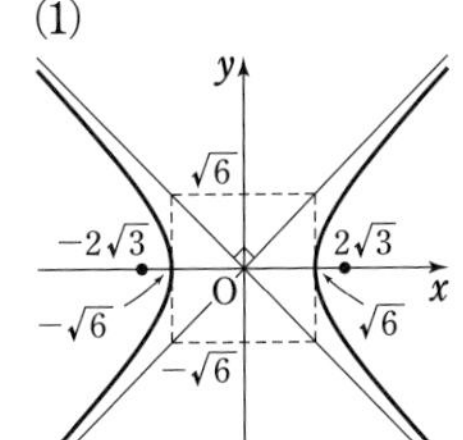


(2)

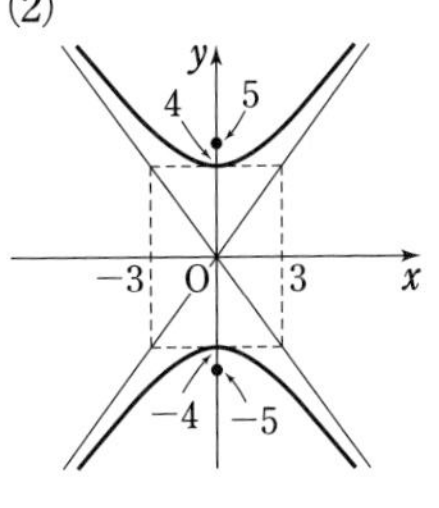


検討　双曲線 $\frac{x^2}{6}-\frac{y^2}{6}=1$ の漸近線 $y=x$，$y=-x$ は直交している。このように，直交する漸近線をもつ双曲線を **直角双曲線** という。

(2) まず，両辺を144で割って，**=−1の形に直す。**

**←2直線 $\frac{x}{3}\pm\frac{y}{4}=0$ でもよい。**

**練習 ②143**　次のような双曲線の方程式を求めよ。

(1) 2点 (4，0)，(−4，0) を焦点とし，焦点からの距離の差が6

(2) 漸近線が直線 $y=\pm 2x$ で，点 (3，0) を通る。　〔(2) 類 愛知教育大〕

(3) 中心が原点で，漸近線が直交し，焦点の1つが点 (3，0)

(1) 2点 (4，0)，(−4，0) を焦点とするから，求める双曲線の方程式は $\frac{x^2}{a^2}-\frac{y^2}{b^2}=1\ (a>0,\ b>0)$ とおける。

このとき，焦点からの距離の差は $2a$ であるから，$2a=6$ より

$a=3$

また　$a^2+b^2=4^2$　　よって　$b^2=4^2-a^2=16-3^2=7$

したがって　$\boldsymbol{\frac{x^2}{9}-\frac{y^2}{7}=1}$

←2つの焦点は $x$ 軸上にあり，原点に関して対称。→ **=1の形。**

←焦点は，2点 $(\sqrt{a^2+b^2},\ 0)$，$(-\sqrt{a^2+b^2},\ 0)$

別解　F(4, 0), F′(−4, 0) とし，双曲線上の点を P(x, y) とする。$|PF-PF'|=6$ であるから

$$\sqrt{(x-4)^2+y^2}-\sqrt{(x+4)^2+y^2}=\pm 6$$

ゆえに　$\sqrt{(x-4)^2+y^2}=\sqrt{(x+4)^2+y^2}\pm 6$

両辺を平方して整理すると

$$16x+36=\pm 12\sqrt{(x+4)^2+y^2}$$

両辺を 4 で割り，更に平方すると

$$16x^2+72x+81=9(x^2+8x+16+y^2)$$

よって　$7x^2-9y^2=63$ …… ①

逆に，① を満たす点 P(x, y) は，$|PF-PF'|=6$ を満たす。

したがって　$\boldsymbol{\dfrac{x^2}{9}-\dfrac{y^2}{7}=1}$

←絶対値をはずす。
$|X|=a \iff X=\pm a$
(ただし　$a>0$)

(2) 与えられた条件から，求める双曲線の方程式は

$\dfrac{x^2}{a^2}-\dfrac{y^2}{b^2}=1$ $(a>0,\ b>0)$ とおける。

←原点で交わる漸近線をもち，x 軸上の点を通る。⟶ =1 の形。

漸近線が直線 $y=\pm 2x$ であるから　$\dfrac{b}{a}=2$

ゆえに　$b=2a$ …… ①

また，点 (3, 0) を通るから　$\dfrac{9}{a^2}=1$

よって　$a^2=9$　　$a>0$ であるから　$a=3$

① から　$b=6$

したがって　$\boldsymbol{\dfrac{x^2}{9}-\dfrac{y^2}{36}=1}$

別解　漸近線が直線 $y=\pm 2x$ であるから，求める双曲線の方程式は $x^2-\dfrac{y^2}{2^2}=k$ $(k\neq 0)$ とおける。

点 (3, 0) を通るから　$k=9$

よって　$x^2-\dfrac{y^2}{4}=9$　　すなわち　$\boldsymbol{\dfrac{x^2}{9}-\dfrac{y^2}{36}=1}$

検討　直線 $y=\pm\dfrac{b}{a}x$ を漸近線にもつ双曲線の方程式は

$\boldsymbol{\dfrac{x^2}{a^2}-\dfrac{y^2}{b^2}=k\ (k\neq 0)}$

とおける。

(3) 与えられた条件から，求める双曲線の方程式は

$\dfrac{x^2}{a^2}-\dfrac{y^2}{b^2}=1$ $(a>0,\ b>0)$ とおける。

←中心が原点，焦点の 1 つが x 軸上 ⟶ =1 の形。

漸近線が直交するから　$\dfrac{b}{a}\cdot\left(-\dfrac{b}{a}\right)=-1$

←漸近線は，2 直線
$y=\pm\dfrac{b}{a}x$

よって　$a^2=b^2$ …… ①

焦点の 1 つが点 (3, 0) であるから　$a^2+b^2=3^2$

① を代入して　$2a^2=9$　　ゆえに　$a^2=\dfrac{9}{2}$

また　$b^2=\dfrac{9}{2}$

したがって　$\boldsymbol{\dfrac{2}{9}x^2-\dfrac{2}{9}y^2=1}$ …… (＊)

←2 つの漸近線が直交するから，双曲線(＊)は直角双曲線である。

検討　① より，漸近線が原点で直交するならば $(x^2$ の係数$)=(y^2$ の係数$)$ がわかるから，求める双曲線の方程式を $x^2-y^2=k\ (k\neq0)$ とおいてもよい。
なお，この問題では焦点が $x$ 軸上にあることから，更に $k>0$ としてもよい。

←$a>0$，$b>0$ から $a=b$

**練習 ③144** 点 $(3,\ 0)$ を通り，円 $(x+3)^2+y^2=4$ と互いに外接する円 $C$ の中心の軌跡を求めよ。

F$(3,\ 0)$ とし，円 $C$ の中心を P とする。
円 $(x+3)^2+y^2=4$ の半径は 2 であり，中心 $(-3,\ 0)$ を F′ とする。
円 $C$ の半径は PF であるから，2 円が外接するとき

$$\mathrm{PF'}=\mathrm{PF}+2$$

←(中心間の距離)＝(半径の和)



よって，PF′−PF＝2 であるから，
点 P は 2 点 F′$(-3,\ 0)$，F$(3,\ 0)$ を焦点とし，焦点からの距離の差が 2 の双曲線上にある。
この双曲線を $\dfrac{x^2}{a^2}-\dfrac{y^2}{b^2}=1\ (a>0,\ b>0)$ とする。

←2 つの焦点は $x$ 軸上にあり，原点に関して対称。

焦点の座標から　　$a^2+b^2=3^2$
焦点からの距離の差から　　$2a=2$
ゆえに　　$a=1$　　　よって　　$b^2=9-a^2=8$
したがって，点 P は双曲線 $x^2-\dfrac{y^2}{8}=1$ 上を動く。
ただし，PF′＞PF であるから　　$x>0$

←点 P は $y$ 軸より右側にある。

ゆえに，求める軌跡は　　**双曲線 $x^2-\dfrac{y^2}{8}=1$ の $x>0$ の部分**

**練習 ③145**
(1) 双曲線 $x^2-\dfrac{y^2}{2}=1$ 上の点 P と点 A$(0,\ 2)$ の距離を最小にする P の座標と，そのときの距離を求めよ。
(2) 楕円 $\dfrac{x^2}{4}+y^2=1$ 上の点 P と定点 A$(a,\ 0)$ の距離の最小値を求めよ。ただし，$a$ は実数の定数とする。

(1) P$(s,\ t)$ とすると　　$s\leqq-1,\ 1\leqq s$

←$s$ の値の範囲に注意。
$\dfrac{t^2}{2}=s^2-1\geqq0$

点 P は双曲線上にあるから，$s^2-\dfrac{t^2}{2}=1$ より

$$s^2=1+\frac{t^2}{2}\ \cdots\cdots\ ①$$

ゆえに　　$\mathrm{PA}^2=s^2+(t-2)^2=\left(1+\dfrac{t^2}{2}\right)+t^2-4t+4$

$$=\frac{3}{2}t^2-4t+5=\frac{3}{2}\left(t-\frac{4}{3}\right)^2+\frac{7}{3}$$

←**2 次式** であるから，**基本形に直す。**

よって，PA$^2$ は $t=\dfrac{4}{3}$ のとき最小値 $\dfrac{7}{3}$ をとる。

←$t$ は任意の実数値をとる。

このとき，① から　$s^2=\frac{17}{9}$　ゆえに　$s=\pm\frac{\sqrt{17}}{3}$

これは $s\leqq -1$，$1\leqq s$ を満たす。

PA>0 であるから，$PA^2$ が最小となるとき PA も最小となる。

よって，PA は $\mathbf{P\left(\pm\frac{\sqrt{17}}{3},\ \frac{4}{3}\right)}$ **のとき最小値** $\mathbf{\frac{\sqrt{21}}{3}}$ をとる。

←$\sqrt{\frac{7}{3}}=\frac{\sqrt{21}}{3}$

(2)　$P(s,\ t)$ とすると　$-2\leqq s\leqq 2$

←$s$ の値の範囲に注意。$t^2=1-\frac{s^2}{4}\geqq 0$

点 P は楕円上にあるから　$\frac{s^2}{4}+t^2=1$　よって　$t^2=1-\frac{s^2}{4}$

ゆえに　$PA^2=(s-a)^2+t^2=s^2-2as+a^2+\left(1-\frac{s^2}{4}\right)$

$=\frac{3}{4}s^2-2as+a^2+1$

$=\frac{3}{4}\left(s-\frac{4}{3}a\right)^2-\frac{1}{3}a^2+1\ (-2\leqq s\leqq 2)$

←グラフは下に凸。

[1]　$\frac{4}{3}a<-2$ すなわち $a<-\frac{3}{2}$ のとき

←軸は $-2\leqq s\leqq 2$ の左外。

$PA^2$ は $s=-2$ のとき最小値 $(a+2)^2$ をとる。

[2]　$-2\leqq\frac{4}{3}a\leqq 2$ すなわち $-\frac{3}{2}\leqq a\leqq\frac{3}{2}$ のとき

←軸は $-2\leqq s\leqq 2$ の内部。

$PA^2$ は $s=\frac{4}{3}a$ のとき最小値 $-\frac{1}{3}a^2+1$ をとる。

[3]　$2<\frac{4}{3}a$ すなわち $\frac{3}{2}<a$ のとき

←軸は $-2\leqq s\leqq 2$ の右外。

$PA^2$ は $s=2$ のとき最小値 $(a-2)^2$ をとる。

$PA\geqq 0$ より，$PA^2$ が最小となるとき PA は最小となるから

$\mathbf{a<-\frac{3}{2}}$ **のとき最小値** $\mathbf{|a+2|}$，

$\mathbf{-\frac{3}{2}\leqq a\leqq\frac{3}{2}}$ **のとき最小値** $\mathbf{\sqrt{-\frac{1}{3}a^2+1}}$，

$\mathbf{\frac{3}{2}<a}$ **のとき最小値** $\mathbf{|a-2|}$

←$\sqrt{A^2}=|A|$
この絶対値ははずさないでおく。

**練習 ②146**　次の方程式で表される曲線はどのような図形を表すか。また，焦点を求めよ。

(1)　$x^2+4y^2+4x-24y+36=0$　(2)　$2y^2-3x+8y+10=0$

(3)　$2x^2-y^2+8x+2y+11=0$　[(3) 類　慶応大]

(1)　$(x^2+4x+4)-4+4(y^2-6y+9)-4\cdot 9+36=0$

よって　$\frac{(x+2)^2}{4}+(y-3)^2=1$

ゆえに，**楕円** $\mathbf{\frac{x^2}{4}+y^2=1}$ **を** $\mathbf{x}$ **軸方向に** $\mathbf{-2}$，$\mathbf{y}$ **軸方向に 3 だけ平行移動した図形** を表す。

←楕円 $\frac{x^2}{4}+y^2=1$ の焦点は，$\sqrt{4-1}=\sqrt{3}$ から 2 点
$(\sqrt{3},\ 0)$，$(-\sqrt{3},\ 0)$

また，その **焦点** は

**2 点** $\mathbf{(\sqrt{3}-2,\ 3)}$，$\mathbf{(-\sqrt{3}-2,\ 3)}$

(2) $2(y^2+4y+4)-2\cdot4-3x+10=0$

よって　$2(y+2)^2=3x-2$

ゆえに　$(y+2)^2=\frac{3}{2}\left(x-\frac{2}{3}\right)$

よって，**放物線 $y^2=\frac{3}{2}x$ を $x$ 軸方向に $\frac{2}{3}$，$y$ 軸方向に $-2$ だけ平行移動した図形** を表す。

また，その **焦点** は　**点 $\left(\frac{3}{8}+\frac{2}{3},\ -2\right)$ すなわち $\left(\frac{25}{24},\ -2\right)$**

←放物線 $y^2=\frac{3}{2}x$ $\left(=4\cdot\frac{3}{8}x\right)$ の焦点は点 $\left(\frac{3}{8},\ 0\right)$

(3) $2(x^2+4x+4)-2\cdot4-(y^2-2y+1)+1+11=0$

よって　$\frac{(x+2)^2}{2}-\frac{(y-1)^2}{4}=-1$

ゆえに，**双曲線 $\frac{x^2}{2}-\frac{y^2}{4}=-1$ を $x$ 軸方向に $-2$，$y$ 軸方向に $1$ だけ平行移動した図形** を表す。

また，その **焦点** は　**2点 $(-2,\ \sqrt{6}+1)$，$(-2,\ -\sqrt{6}+1)$**

←双曲線 $\frac{x^2}{2}-\frac{y^2}{4}=-1$ の焦点は，$\sqrt{2+4}=\sqrt{6}$ から2点 $(0,\ \sqrt{6})$，$(0,\ -\sqrt{6})$



**練習 ②147** 次のような2次曲線の方程式を求めよ。
(1) 焦点が点 $(6,\ 3)$，準線が直線 $x=-2$ である放物線
(2) 漸近線が直線 $y=\frac{x}{\sqrt{2}}+3$，$y=-\frac{x}{\sqrt{2}}+3$ で，点 $(2,\ 4)$ を通る双曲線

HINT (1) 求める放物線の頂点が原点にくるような平行移動を利用する。放物線の頂点は，焦点から準線に下ろした垂線の足と焦点を結ぶ線分の中点である。

(1) 焦点をF$(6,\ 3)$ とし，点Fから直線 $x=-2$ に垂線FHを下ろすと，線分FHの中点は点 $(2,\ 3)$ であり，これが求める放物線の頂点である。

←H$(-2,\ 3)$

求める放物線を $x$ 軸方向に $-2$，$y$ 軸方向に $-3$ だけ平行移動すると，焦点Fは点 $(4,\ 0)$ に，直線 $x=-2$ は直線 $x=-4$ に移る。

点 $(4,\ 0)$ を焦点，直線 $x=-4$ を準線とする放物線の方程式は

$$y^2=4\cdot4\cdot x\quad すなわち\quad y^2=16x\ \cdots\cdots\ ①$$

求める放物線は，放物線①を $x$ 軸方向に2，$y$ 軸方向に3だけ平行移動したものであるから，その方程式は

$$\boldsymbol{(y-3)^2=16(x-2)}$$

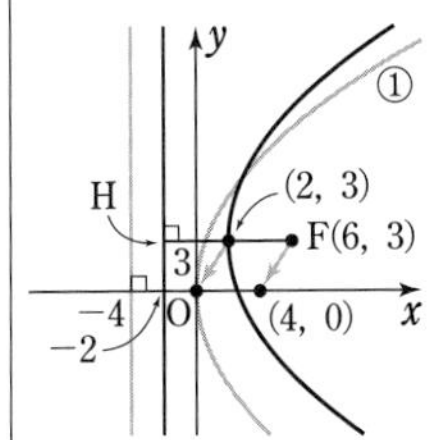


(2) 漸近線 $y=\frac{x}{\sqrt{2}}+3$，$y=-\frac{x}{\sqrt{2}}+3$ の交点は点 $(0,\ 3)$ であり，この点が求める双曲線の中心である。

求める双曲線を $y$ 軸方向に $-3$ だけ平行移動すると，直線 $y=\frac{x}{\sqrt{2}}+3$，$y=-\frac{x}{\sqrt{2}}+3$ はそれぞれ直線 $y=\frac{x}{\sqrt{2}}$，$y=-\frac{x}{\sqrt{2}}$ に移り，点 $(2,\ 4)$ は点 $(2,\ 1)$ に移る。

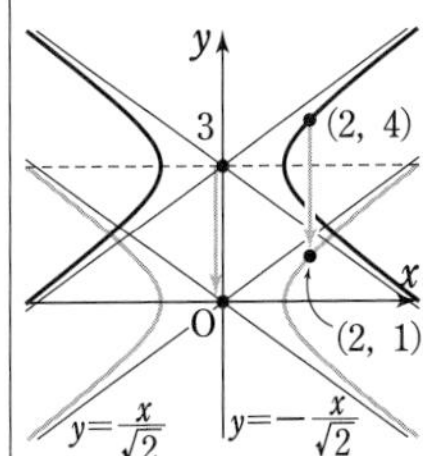

2 直線 $y=\frac{x}{\sqrt{2}}$，$y=-\frac{x}{\sqrt{2}}$ を漸近線とし，点 (2, 1) を通る双曲線の方程式を $\frac{x^2}{a^2}-\frac{y^2}{b^2}=1$ $(a>0,\ b>0)$とすると，

$\frac{b}{a}=\frac{1}{\sqrt{2}}$ から　$a=\sqrt{2}\,b$ … ②　　また　$\frac{2^2}{a^2}-\frac{1^2}{b^2}=1$ … ③

② を ③ に代入して整理すると　$b^2=1$　　$b>0$ から　$b=1$

よって，② から　　$a=\sqrt{2}$

求める双曲線は，双曲線 $\frac{x^2}{2}-y^2=1$ を $y$ 軸方向に 3 だけ平行移動したものであるから，その方程式は　　$\boldsymbol{\frac{x^2}{2}-(y-3)^2=1}$

←漸近線は 2 直線 $y=\pm\frac{b}{a}x$

←$\frac{4}{2b^2}-\frac{1}{b^2}=1$ から $\frac{1}{b^2}=1$

**練習 ③148**　曲線 $C$：$x^2+6xy+y^2=4$ を，原点を中心として $\frac{\pi}{4}$ だけ回転して得られる曲線の方程式を求めることにより，曲線 $C$ が双曲線であることを示せ。　〔類 秋田大〕

曲線 $C$ 上の点 $\mathrm{P}(X,\ Y)$ を，原点を中心として $\frac{\pi}{4}$ だけ回転した点を $\mathrm{Q}(x,\ y)$ とすると，複素数平面上の点の回転を考えることにより，次の等式が成り立つ。

$$X+Yi=\left\{\cos\left(-\frac{\pi}{4}\right)+i\sin\left(-\frac{\pi}{4}\right)\right\}(x+yi)\ \cdots\cdots\ ①$$

① から　　$X+Yi=\frac{1}{\sqrt{2}}(1-i)(x+yi)=\frac{x+y}{\sqrt{2}}+\frac{-x+y}{\sqrt{2}}i$

ゆえに　　$X=\frac{x+y}{\sqrt{2}}$，$Y=\frac{-x+y}{\sqrt{2}}$

よって　　$\sqrt{2}\,X=x+y$，$\sqrt{2}\,Y=-x+y$ …… ②

$X^2+6XY+Y^2=4$ であるから　$2X^2+12XY+2Y^2=8$ … (＊)

② を代入して　$(x+y)^2+6(x+y)(-x+y)+(-x+y)^2=8$

整理すると　　$\frac{x^2}{2}-y^2=-1$ …… ③

ゆえに，曲線 $C$ を原点を中心として $\frac{\pi}{4}$ だけ回転した図形は双曲線 ③ であるから，曲線 $C$ は双曲線である。

$X+Yi \underset{-\frac{\pi}{4}\text{ 回転}}{\overset{\frac{\pi}{4}\text{ 回転}}{\rightleftarrows}} x+yi$

**←座標平面上の点 $(x,\ y)$ と複素数 $x+yi$ を同一視する。**

←(＊)を $(\sqrt{2}\,X)^2+6(\sqrt{2}\,X)\times(\sqrt{2}\,Y)+(\sqrt{2}\,Y)^2=8$ とみる。

←曲線 $C$ は双曲線 ③ と合同である。

別解　動径 OQ が $x$ 軸の正の向きとなす角を $\alpha$ とすると，動径 OP が $x$ 軸の正の向きとなす角は $\alpha-\frac{\pi}{4}$ である。

また，$\mathrm{OP}=\mathrm{OQ}=r$ とすると　　$x=r\cos\alpha$，$y=r\sin\alpha$

よって　　$X=r\cos\left(\alpha-\frac{\pi}{4}\right)=r\cos\alpha\cos\frac{\pi}{4}+r\sin\alpha\sin\frac{\pi}{4}$

$=\frac{1}{\sqrt{2}}(x+y)$

$Y=r\sin\left(\alpha-\frac{\pi}{4}\right)=r\sin\alpha\cos\frac{\pi}{4}-r\cos\alpha\sin\frac{\pi}{4}=\frac{1}{\sqrt{2}}(-x+y)$

これから ② が導かれる。以後は同様。

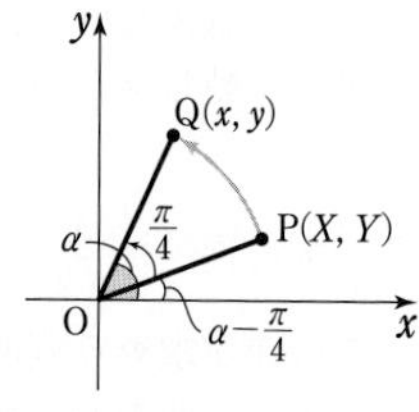

**練習 ③149** 複素数平面上の点 $z=x+yi$（$x$, $y$ は実数，$i$ は虚数単位）が次の条件を満たすとき，$x$, $y$ が満たす関係式を求め，その関係式が表す図形の概形を図示せよ。

(1) $|z-4i|+|z+4i|=10$　　(2) $|z+3|=|z-3|+4$　　〔(1) 類 芝浦工大〕

(1) P($z$), A($4i$), B($-4i$) とすると

$$|z-4i|+|z+4i|=10 \iff \mathrm{PA}+\mathrm{PB}=10$$

よって，点 P の軌跡は 2 点 A，B を焦点とする楕円である。

ゆえに，$xy$ 平面上では，$\dfrac{x^2}{a^2}+\dfrac{y^2}{b^2}=1$ ($b>a>0$) と表され，

PA+PB=10 から　$2b=10$　よって　$b=5$

焦点の座標から　$b^2-a^2=4^2$　ゆえに　$a^2=5^2-4^2=9$

よって，求める関係式は　$\boldsymbol{\dfrac{x^2}{9}+\dfrac{y^2}{25}=1}$　概形は **図 (1)**

(2) P($z$), A($-3$), B($3$) とすると

$$|z+3|=|z-3|+4 \iff |z+3|-|z-3|=4$$
$$\iff \mathrm{PA}-\mathrm{PB}=4$$

PA＞PB であるから，点 P の軌跡は，2 点 A，B を焦点とする双曲線のうち，虚軸より右側にある部分である。

ゆえに，$xy$ 平面上では，$\dfrac{x^2}{a^2}-\dfrac{y^2}{b^2}=1$ ($a>0$, $b>0$), $x>0$

と表され，PA−PB=4 から　$2a=4$　よって　$a=2$

焦点の座標から　$a^2+b^2=3^2$　ゆえに　$b^2=3^2-2^2=5$

よって，求める関係式は　$\boldsymbol{\dfrac{x^2}{4}-\dfrac{y^2}{5}=1,\ x>0}$

概形は　**図 (2) の実線部分**

(1)
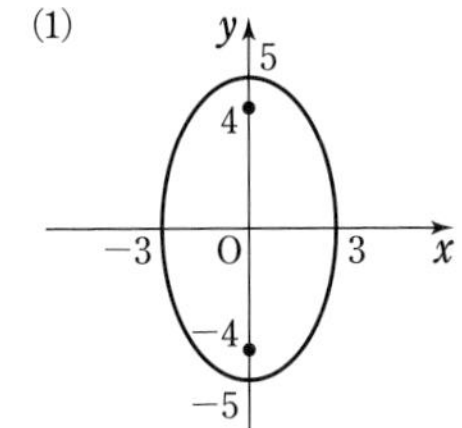


(2)
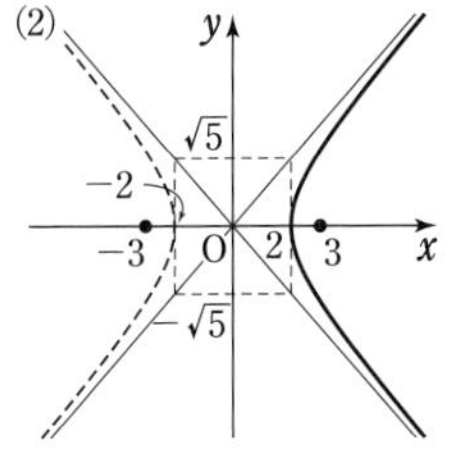


←点 A，B を座標で表すと　A(0, 4), B(0, −4)

←PA+PB=2$b$

別解 (2) 条件式から

$\sqrt{(x+3)^2+y^2}=\sqrt{(x-3)^2+y^2}+4$

両辺を平方して整理すると

$2\sqrt{(x-3)^2+y^2}=3x-4$　…… ①

ここで，$3x-4\geqq 0$ から　$x\geqq\dfrac{4}{3}$

このとき，① の両辺を平方して整理すると

$5x^2-4y^2=20$

よって　$\boldsymbol{\dfrac{x^2}{4}-\dfrac{y^2}{5}=1,\ x\geqq\dfrac{4}{3}}$

(2) の双曲線の漸近線は，2 直線

$y=\dfrac{\sqrt{5}}{2}x$, $y=-\dfrac{\sqrt{5}}{2}x$

**練習 ①150** 次の 2 次曲線と直線は共有点をもつか。共有点をもつ場合には，交点・接点の別とその点の座標を求めよ。

(1) $4x^2-y^2=4$, $2x-3y+2=0$　　(2) $y^2=-4x$, $y=2x-3$

(3) $3x^2+y^2=12$, $x+2y=2\sqrt{13}$

(1) $\begin{cases} 4x^2-y^2=4 & \cdots\cdots ① \\ 2x-3y+2=0 & \cdots\cdots ② \end{cases}$ とする。

② から　$2x=3y-2$ …… ③

③ を ① に代入すると

$$(3y-2)^2-y^2=4$$

整理すると　$2y^2-3y=0$

よって　$y(2y-3)=0$

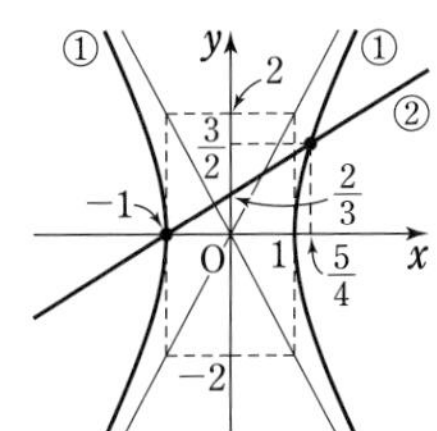


**共有点 ⟺ 実数解**

←1 変数を消去。

←① は　$(2x)^2-y^2=4$

ゆえに　$y=0,\ \dfrac{3}{2}$

③ から　$y=0$ のとき　$x=-1$，$y=\dfrac{3}{2}$ のとき　$x=\dfrac{5}{4}$

←$x=\dfrac{3y-2}{2}$

したがって，**2 つの交点 $(-1,\ 0)$，$\left(\dfrac{5}{4},\ \dfrac{3}{2}\right)$ をもつ。**

(2) 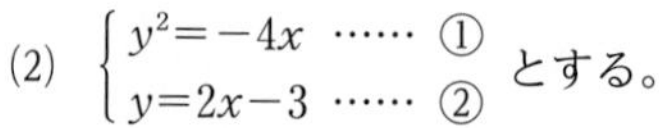

$\begin{cases} y^2=-4x & \cdots\cdots ① \\ y=2x-3 & \cdots\cdots ② \end{cases}$ とする。

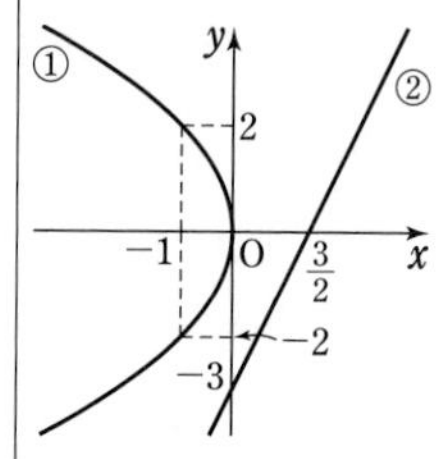


② を ① に代入すると　$(2x-3)^2=-4x$

整理すると　$4x^2-8x+9=0$

この 2 次方程式の判別式を $D$ とすると

$$\frac{D}{4}=(-4)^2-4\cdot 9=-20 \quad \text{すなわち} \quad D<0$$

したがって，**共有点をもたない。**

(3) $\begin{cases} 3x^2+y^2=12 & \cdots\cdots ① \\ x+2y=2\sqrt{13} & \cdots\cdots ② \end{cases}$ とする。

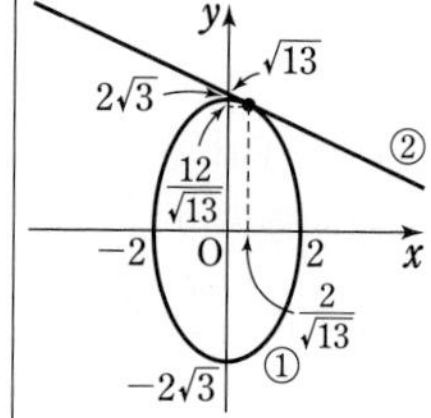


② から　$x=2(\sqrt{13}-y)$ ……③

③ を ① に代入すると　$3\cdot 4(\sqrt{13}-y)^2+y^2=12$

整理すると　$13y^2-24\sqrt{13}\,y+144=0$

よって　$(\sqrt{13}\,y-12)^2=0$　　ゆえに　$y=\dfrac{12}{\sqrt{13}}$

このとき，③ から　$x=\dfrac{2}{\sqrt{13}}$

したがって，**接点 $\left(\dfrac{2}{\sqrt{13}},\ \dfrac{12}{\sqrt{13}}\right)$ をもつ。**

←楕円 ① と直線 ② は接する。

**練習 ②151**

(1) $m$ を定数とする。放物線 $y^2=-8x$ と直線 $x+my=2$ の共有点の個数を求めよ。

(2) 双曲線 $\dfrac{x^2}{5}-\dfrac{y^2}{4}=1$ が直線 $y=kx+4$ とただ 1 つの共有点をもつとき，定数 $k$ の値を求めよ。

［(2) 東京電機大］

(1) $y^2=-8x$ ……①，$x+my=2$ ……② とする。

② から　$x=2-my$　　① に代入して　$y^2=-8(2-my)$

←計算を簡単にするため，$x$ を消去する。

整理して　$y^2-8my+16=0$

この 2 次方程式の判別式を $D$ とすると

$$\frac{D}{4}=(-4m)^2-1\cdot 16=16(m+1)(m-1)$$

よって，共有点の個数は

$D>0$ すなわち **$m<-1$，$1<m$ のとき 2 個；**

$D=0$ すなわち **$m=\pm 1$ のとき　1 個；**

←このとき，接する。

$D<0$ すなわち **$-1<m<1$ のとき　0 個**

(2) $y=kx+4$ を $\dfrac{x^2}{5}-\dfrac{y^2}{4}=1$ に代入して　$\dfrac{x^2}{5}-\dfrac{(kx+4)^2}{4}=1$

←$y$ を消去。

整理すると　$(5k^2-4)x^2+40kx+100=0$ ……③

←$x^2$ の係数に文字を含む。⟶ $x^2$ の係数が 0 か 0 でないかで場合分けが必要。

双曲線と直線がただ 1 つの共有点をもつための条件は，③ がただ 1 つの実数解をもつことである。

[1] $5k^2-4 \neq 0$ すなわち $k \neq \pm\dfrac{2}{\sqrt{5}}$ のとき

2次方程式③の判別式を $D$ とすると　$D=0$

ここで　$\dfrac{D}{4}=(20k)^2-(5k^2-4)\cdot 100=-100(k^2-4)$

よって，$D=0$ から　$k^2=4$　ゆえに　$k=\pm 2$

この $k$ の値は $k \neq \pm\dfrac{2}{\sqrt{5}}$ を満たす。

[2] $5k^2-4=0$ すなわち $k=\pm\dfrac{2}{\sqrt{5}}$ のとき

③の解は $x=-\dfrac{5}{2k}$ となり，$k=\dfrac{2}{\sqrt{5}}$，$k=-\dfrac{2}{\sqrt{5}}$ それぞれに対して実数解 $x$ がただ1つ定まる。

[1]，[2] から，求める $k$ の値は　$\boldsymbol{k=\pm 2,\ \pm\dfrac{2}{\sqrt{5}}}$

検討　直線 $y=kx+4$ は点 $(0,\ 4)$ を通る。
[1] は直線が双曲線と接するときで，[2] は直線が双曲線の漸近線と平行なときである。

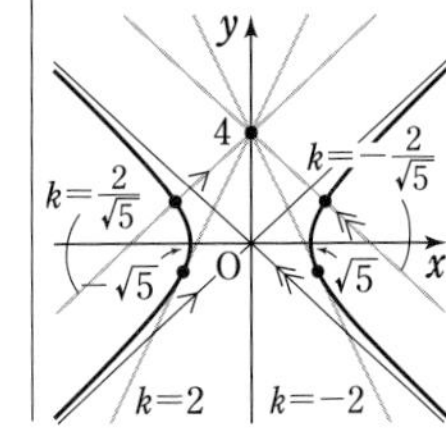


**練習 ②152**　次の直線と曲線が交わってできる弦の中点の座標と長さを求めよ。
(1) $y=3-2x$，$x^2+4y^2=4$　　(2) $x+2y=3$，$x^2-y^2=-1$

(1) $y=3-2x$ …… ①，$x^2+4y^2=4$ …… ② とする。

①を②に代入して整理すると

$$17x^2-48x+32=0 \ \cdots\cdots \ ③$$

直線①と楕円②の2つの交点を $\mathrm{P}(x_1,\ y_1)$，$\mathrm{Q}(x_2,\ y_2)$ とすると，$x_1$，$x_2$ は2次方程式③の異なる2つの実数解である。

よって，解と係数の関係から

$$x_1+x_2=\frac{48}{17},\ x_1x_2=\frac{32}{17}$$

線分PQの中点の座標は　$\left(\dfrac{x_1+x_2}{2},\ 3-2\cdot\dfrac{x_1+x_2}{2}\right)$

すなわち，$\left(\dfrac{x_1+x_2}{2},\ 3-(x_1+x_2)\right)$ から　$\boldsymbol{\left(\dfrac{24}{17},\ \dfrac{3}{17}\right)}$

また，$y_2-y_1=3-2x_2-(3-2x_1)=-2(x_2-x_1)$ であるから

$$\begin{aligned}\mathrm{PQ}^2&=(x_2-x_1)^2+(y_2-y_1)^2=(x_2-x_1)^2+\{-2(x_2-x_1)\}^2\\&=5(x_2-x_1)^2=5\{(x_1+x_2)^2-4x_1x_2\}\\&=5\left\{\left(\frac{48}{17}\right)^2-4\cdot\frac{32}{17}\right\}=\frac{8^2\cdot 10}{17^2}\end{aligned}$$

したがって　$\mathrm{PQ}=\sqrt{\dfrac{8^2\cdot 10}{17^2}}=\boldsymbol{\dfrac{8\sqrt{10}}{17}}$

←判別式を $D$ とすると
$D/4=(-24)^2-17\cdot 32$
$=32>0$
よって，直線①と楕円②は2点で交わる。

**弦の中点・長さ　解と係数の関係が効く**

←中点は直線①上。

←$x_1+x_2=\dfrac{48}{17}$ を代入。

←点P，Qは直線①上。

(2) $x+2y=3$ …… ①，$x^2-y^2=-1$ …… ② とする。

①，②から $x$ を消去すると

$$3y^2-12y+10=0 \ \cdots\cdots \ ③$$

直線①と双曲線②の2つの交点を $\mathrm{P}(x_1,\ y_1)$，$\mathrm{Q}(x_2,\ y_2)$ とすると，$y_1$，$y_2$ は2次方程式③の異なる2つの実数解である。

よって，解と係数の関係から　$y_1+y_2=4$，$y_1y_2=\dfrac{10}{3}$

←判別式を $D$ とすると
$D/4=(-6)^2-3\cdot 10$
$=6>0$
よって，直線①と双曲線②は2点で交わる。

4章 練習［式と曲線］

線分PQの中点の座標は　$\left(3-2\cdot\frac{y_1+y_2}{2},\ \frac{y_1+y_2}{2}\right)$

すなわち，$\left(3-(y_1+y_2),\ \frac{y_1+y_2}{2}\right)$ から　$(-1,\ 2)$

また，$x_2-x_1=3-2y_2-(3-2y_1)=-2(y_2-y_1)$ であるから

$$\begin{aligned}PQ^2&=(x_2-x_1)^2+(y_2-y_1)^2=\{-2(y_2-y_1)\}^2+(y_2-y_1)^2\\&=5(y_2-y_1)^2=5\{(y_1+y_2)^2-4y_1y_2\}\\&=5\left(4^2-4\cdot\frac{10}{3}\right)=\frac{40}{3}\end{aligned}$$

したがって　$PQ=\sqrt{\frac{40}{3}}=\boldsymbol{\frac{2\sqrt{30}}{3}}$

←中点は直線 ①（$x=3-2y$）上。

←$y_1+y_2=4$ を代入。

←点P，Qは直線 ① 上。

**練習 ③153**

楕円 $E$：$\frac{x^2}{9}+\frac{y^2}{4}=1$ と直線 $\ell$：$x-y=k$ が異なる2個の共有点をもつとき

(1)　定数 $k$ のとりうる値の範囲を求めよ。

(2)　$k$ が(1)で求めた範囲を動くとき，直線 $\ell$ と楕円 $E$ の2個の共有点を結ぶ線分の中点Pの軌跡を求めよ。

(1)　$\frac{x^2}{9}+\frac{y^2}{4}=1$ から　$4x^2+9y^2=36$ …… ①

$x-y=k$ から　$y=x-k$ …… ②

② を ① に代入して整理すると

$$13x^2-18kx+9k^2-36=0 \text{ …… ③}$$

2次方程式 ③ の判別式を $D$ とすると

$$\begin{aligned}\frac{D}{4}&=(-9k)^2-13\cdot(9k^2-36)\\&=-36(k^2-13)\end{aligned}$$

直線と楕円が異なる2個の共有点をもつための条件は　$D>0$

よって，$k^2-13<0$ から　$\boldsymbol{-\sqrt{13}<k<\sqrt{13}}$

←$y$ を消去。

←$(k+\sqrt{13})(k-\sqrt{13})<0$

(2)　③ の2つの実数解を $\alpha$，$\beta$ とすると，$\alpha$，$\beta$ は直線と楕円の共有点の $x$ 座標を表す。

解と係数の関係から　$\alpha+\beta=\frac{18}{13}k$

ゆえに，点Pの座標を $(x,\ y)$ とすると

$$x=\frac{\alpha+\beta}{2}=\frac{9}{13}k \text{ …… ④},\quad y=x-k=-\frac{4}{13}k \text{ …… ⑤}$$

④ から　$k=\frac{13}{9}x$

これを ⑤ に代入して　$y=-\frac{4}{9}x$

(1)より，$-\sqrt{13}<k<\sqrt{13}$ であるから　$-\frac{9\sqrt{13}}{13}<x<\frac{9\sqrt{13}}{13}$

よって，求める点Pの軌跡は

**直線 $y=-\frac{4}{9}x$ の $-\frac{9\sqrt{13}}{13}<x<\frac{9\sqrt{13}}{13}$ の部分**

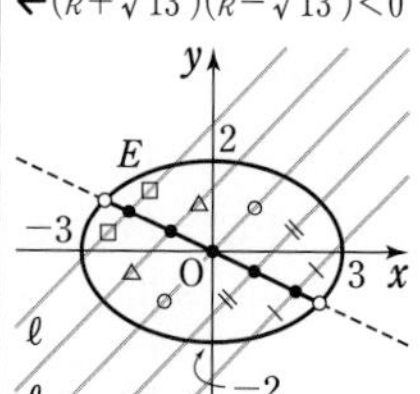


←$k$ を消去。

←$-\sqrt{13}<\frac{13}{9}x<\sqrt{13}$

**練習** ④**154** 2つの曲線 $C_1：\left(x-\frac{3}{2}\right)^2+y^2=1$ と $C_2：x^2-y^2=k$ が少なくとも3点を共有するのは，正の定数 $k$ がどんな値の範囲にあるときか。〔浜松医大〕

$\left(x-\frac{3}{2}\right)^2+y^2=1,\ x^2-y^2=k$ の辺々を加えて $y$ を消去すると

$$2x^2-3x+\frac{5}{4}-k=0 \quad \cdots\cdots ①$$

ここで，$y^2=1-\left(x-\frac{3}{2}\right)^2 \geqq 0$ であるから　$\left(x-\frac{3}{2}\right)^2-1\leqq 0$

よって　$-1\leqq x-\frac{3}{2}\leqq 1$　ゆえに　$\frac{1}{2}\leqq x\leqq\frac{5}{2}$

また，① の2つの解が $x=\frac{1}{2}$ かつ $\frac{5}{2}$ となることはない。

更に，円 $C_1$ と双曲線 $C_2$ はともに $x$ 軸に関して対称であるから，$C_1$ と $C_2$ が少なくとも3点を共有するための条件は，$\frac{1}{2}\leqq x\leqq\frac{5}{2}$ において ① が異なる2つの実数解をもつことである。よって，① の判別式を $D$ とし，$f(x)=2x^2-3x+\frac{5}{4}-k$ とすると，次の [1]～[4] が同時に成り立つ。

[1] $D>0$　[2] $f\left(\frac{1}{2}\right)\geqq 0$　[3] $f\left(\frac{5}{2}\right)\geqq 0$

[4] 放物線 $y=f(x)$ の軸について　$\frac{1}{2}<$軸$<\frac{5}{2}$

[1] $D=(-3)^2-4\cdot 2\cdot\left(\frac{5}{4}-k\right)=8k-1$

$D>0$ から　$8k-1>0$　ゆえに　$k>\frac{1}{8}$ …… ②

[2] $f\left(\frac{1}{2}\right)\geqq 0$ から　$\frac{1}{4}-k\geqq 0$　よって　$k\leqq\frac{1}{4}$ …… ③

[3] $f\left(\frac{5}{2}\right)\geqq 0$ から　$\frac{25}{4}-k\geqq 0$　ゆえに　$k\leqq\frac{25}{4}$ …… ④

[4] 軸 $x=-\frac{-3}{2\cdot 2}$ は $\frac{1}{2}<\frac{3}{4}<\frac{5}{2}$ を満たす。

②～④ の共通範囲を求めて　$\boldsymbol{\frac{1}{8}<k\leqq\frac{1}{4}}$

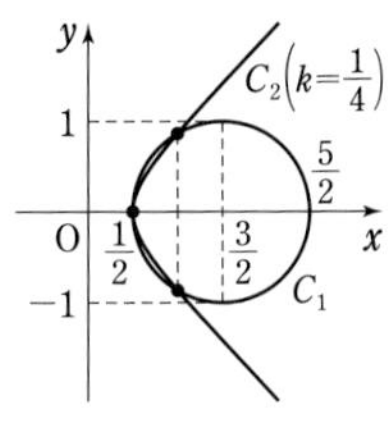


← $\frac{1}{2}<x<\frac{5}{2}$ における ① の実数解1つに対して，$C_1$ と $C_2$ の共有点が2つある。また，① の実数解が $x=\frac{1}{2}$ または $\frac{5}{2}$ となるとき，それぞれに対する共有点は1つある（上の図参照）。

4章 練習 [式と曲線]

**練習 ②155**

(1) 点 $(-1,\ 3)$ から楕円 $\dfrac{x^2}{12}+\dfrac{y^2}{4}=1$ に引いた接線の方程式を，2 次方程式の判別式を利用して求めよ。

(2) 次の 2 次曲線の，与えられた点から引いた接線の方程式を求めよ。

(ア) $x^2-4y^2=4$，点 $(2,\ 3)$　　(イ) $y^2=8x$，点 $(3,\ 5)$

(1) 直線 $x=-1$ は明らかに接線ではないから，求める接線の方程式を $y=m(x+1)+3$ …… ① とおく。

① を楕円の方程式 $x^2+3y^2=12$ …… ② に代入して整理すると

$$(3m^2+1)x^2+6m(m+3)x+3(m^2+6m+5)=0$$

←$3m^2+1\neq0$

この 2 次方程式の判別式を $D$ とすると

$$\frac{D}{4}=\{3m(m+3)\}^2-(3m^2+1)\cdot3(m^2+6m+5)$$
$$=3(m-1)(11m+5)$$

←3 でくくって整理。

直線 ① が楕円 ② に接するから　$D=0$

← 接点 ⟺ 重解

よって　$3(m-1)(11m+5)=0$　ゆえに　$m=1,\ -\dfrac{5}{11}$

① に代入して，求める接線の方程式は

$$\boldsymbol{y=x+4,\ y=-\frac{5}{11}x+\frac{28}{11}}$$

←$y=(x+1)+3$，$y=-\dfrac{5}{11}(x+1)+3$

(2) (ア) 接点の座標を $(x_1,\ y_1)$ とすると，接線の方程式は

$$x_1x-4y_1y=4\ \cdots\cdots\ ①$$

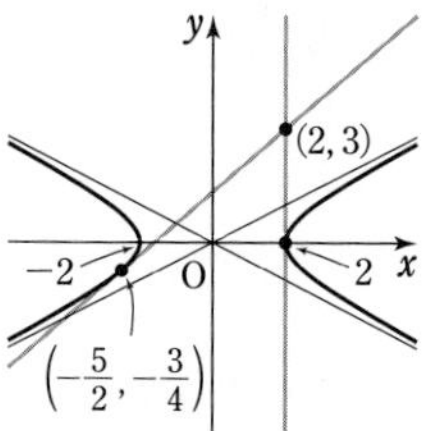


これが点 $(2,\ 3)$ を通るから

$$2x_1-12y_1=4$$

よって　$x_1=6y_1+2$

これを $x_1{}^2-4y_1{}^2=4$ に代入して整理すると　$y_1(4y_1+3)=0$　ゆえに　$y_1=0,\ -\dfrac{3}{4}$

←接点 $(x_1,\ y_1)$ は双曲線 $x^2-4y^2=4$ 上にある。

$y_1=0$ のとき　$x_1=2$，$y_1=-\dfrac{3}{4}$ のとき　$x_1=-\dfrac{5}{2}$

よって，① から　$\boldsymbol{x=2,\ 5x-6y+8=0}$

別解　双曲線 $x^2-4y^2=4$ の頂点の 1 つは点 $(2,\ 0)$ であるから，直線 $x=2$ は接線の 1 つである。

←点 $(2,\ 3)$ を通り，$x$ 軸に垂直な直線についてまず調べる。

もう 1 つの接線の方程式を $y=m(x-2)+3$ …… ① とおき，$x^2-4y^2=4$ …… ② に代入して整理すると

$$(1-4m^2)x^2+8(2m^2-3m)x-8(2m^2-6m+5)=0\ \cdots\cdots\ ③$$

直線 ① が双曲線 ② に接するとき，$1-4m^2\neq0$ で，このとき 2 次方程式 ③ の判別式を $D$ とすると　$D=0$

←直線 ① は漸近線と平行ではないから $m\neq\pm\dfrac{1}{2}$

ここで　$\dfrac{D}{4}=16(2m^2-3m)^2+8(1-4m^2)(2m^2-6m+5)$
$=8(5-6m)$

$D=0$ とすると　$m=\dfrac{5}{6}$

これは $1-4m^2\neq0$ を満たす。

$m=\dfrac{5}{6}$ を ① に代入して　　$y=\dfrac{5}{6}(x-2)+3$

すなわち　$5x-6y+8=0$

以上から，求める接線の方程式は　**$x=2$，$5x-6y+8=0$**

(イ)　接点の座標を $(x_1,\ y_1)$ とすると，接線の方程式は

$y_1y=4(x+x_1)$ …… ①

これが点 $(3,\ 5)$ を通るから　　$5y_1=4(3+x_1)$

よって　　$4x_1=5y_1-12$

これを $y_1{}^2=8x_1$ に代入して整理すると　$(y_1-4)(y_1-6)=0$

←接点は放物線 $y^2=8x$ 上にある。

ゆえに　　$y_1=4,\ 6$

$y_1=4$ のとき　$x_1=2$，$y_1=6$ のとき　$x_1=\dfrac{9}{2}$

よって，① から　　**$y=x+2$，$y=\dfrac{2}{3}x+3$**

別解　直線 $x=3$ は明らかに放物線 $y^2=8x$ の接線ではない。

求める接線の方程式を $y=m(x-3)+5$ …… ① とおき，

$y^2=8x$ …… ② に代入して整理すると

$m^2x^2-2(3m^2-5m+4)x+9m^2-30m+25=0$ …… ③

直線 ① が放物線 ② に接するとき，$m^2\neq 0$ で，このとき 2 次方程式 ③ の判別式を $D$ とすると　　$D=0$

←直線 $y=5$ は接線ではない。

ここで　$\dfrac{D}{4}=\{-(3m^2-5m+4)\}^2-m^2(9m^2-30m+25)$

$=8(3m^2-5m+2)=8(m-1)(3m-2)$

$D=0$ とすると　$m=1,\ \dfrac{2}{3}$　　これは $m^2\neq 0$ を満たす。

この $m$ の値を ① にそれぞれ代入して，求める接線の方程式は　　$y=(x-3)+5$，$y=\dfrac{2}{3}(x-3)+5$

すなわち　**$y=x+2$，$y=\dfrac{2}{3}x+3$**

検討　② を変形した $x=\dfrac{y^2}{8}$ を ① に代入して考えてもよい。その場合，$\dfrac{m}{8}y^2-y-3m+5=0$ の判別式を $D$ として $D=0$ から，$m=1,\ \dfrac{2}{3}$ が導かれる。



## 練習 ③156

双曲線 $\dfrac{x^2}{9}-\dfrac{y^2}{16}=1$ 上の点 $\mathrm{P}(x_1,\ y_1)$ における接線は，点 P と 2 つの焦点 F，F′ とを結んでできる ∠FPF′ を 2 等分することを証明せよ。ただし，$x_1>0$，$y_1>0$ とする。

$\sqrt{9+16}=5$ から，双曲線の焦点は　　$\mathrm{F}(5,\ 0)$，$\mathrm{F}'(-5,\ 0)$

点 $\mathrm{P}(x_1,\ y_1)$ における接線の方程式は　　$\dfrac{x_1x}{9}-\dfrac{y_1y}{16}=1$ … ①

① において，$y=0$ とすると，$x_1>0$ から　　$x=\dfrac{9}{x_1}$

よって，接線 ① と $x$ 軸の交点を T とすると　　$\mathrm{T}\left(\dfrac{9}{x_1},\ 0\right)$

ゆえに　　$\mathrm{FT}:\mathrm{F'T}=\left(5-\dfrac{9}{x_1}\right):\left(\dfrac{9}{x_1}+5\right)=\dfrac{5x_1-9}{x_1}:\dfrac{5x_1+9}{x_1}$

$=(5x_1-9):(5x_1+9)$　　…… ②

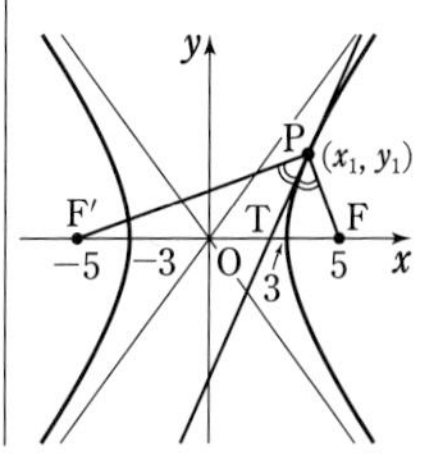

また，$\dfrac{x_1^2}{9}-\dfrac{y_1^2}{16}=1$ であるから　　$y_1^2=\dfrac{16(x_1^2-9)}{9}$

よって　　$PF=\sqrt{(x_1-5)^2+y_1^2}=\sqrt{(x_1-5)^2+\dfrac{16(x_1^2-9)}{9}}$

$$=\sqrt{\frac{(5x_1-9)^2}{9}}=\frac{5x_1-9}{3}$$

$$PF'=\sqrt{(x_1+5)^2+y_1^2}=\sqrt{(x_1+5)^2+\frac{16(x_1^2-9)}{9}}$$

$$=\sqrt{\frac{(5x_1+9)^2}{9}}=\frac{5x_1+9}{3}$$

ゆえに　　$PF:PF'=(5x_1-9):(5x_1+9)$ …… ③

②，③ から　$PF:PF'=FT:F'T$

したがって，接線 PT は $\angle FPF'$ を 2 等分する。

検討　$\cos\angle FPT=\dfrac{\overrightarrow{PF}\cdot\overrightarrow{PT}}{|\overrightarrow{PF}||\overrightarrow{PT}|}$，$\cos\angle F'PT=\dfrac{\overrightarrow{PF'}\cdot\overrightarrow{PT}}{|\overrightarrow{PF'}||\overrightarrow{PT}|}$ を

それぞれ計算して，

$\cos\angle FPT=\cos\angle F'PT=\dfrac{5(x_1^2-9)}{3x_1|\overrightarrow{PT}|}$ から

$\angle FPT=\angle F'PT$ を示す方法も考えられるが，計算は面倒。

←点 P は双曲線上にある。

←$x_1\geqq 3$ から　$5x_1-9>0$

←$PF'-PF=2\cdot 3$ から
$PF'=PF+6$
これを利用してもよい。

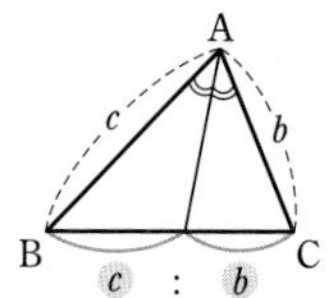


←本冊 $p.265$ の **検討** と同様の方針。

$y_1^2=\dfrac{16}{9}x_1^2-16$ も利用する。

## 練習 ③157

楕円 $C:\dfrac{x^2}{3}+y^2=1$ と 2 定点 A$(0,\ -1)$，P$\left(\dfrac{3}{2},\ \dfrac{1}{2}\right)$ がある。楕円 $C$ 上を動く点 Q に対し，△APQ の面積が最大となるとき，点 Q の座標および △APQ の面積を求めよ。　〔類　筑波大〕

2 点 A，P はともに楕円 $C$ 上にあり

AP=(一定)

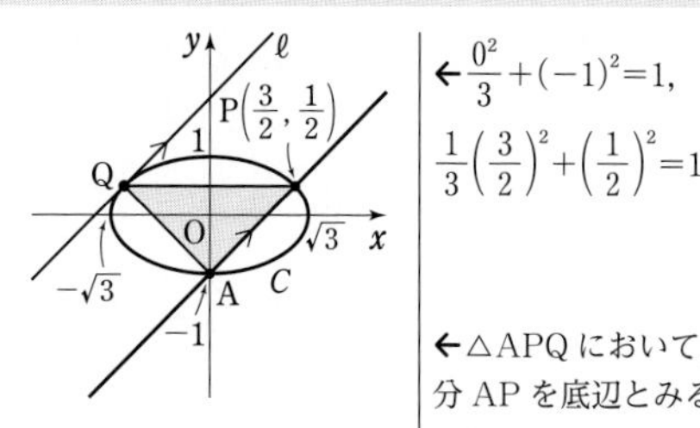

よって，△APQ の面積が最大となるのは，点 Q と直線 AP の距離が最大となるとき，すなわち，点 Q が第 2 象限にあり，かつ点 Q における接線 $\ell$ が直線 AP に平行となるときである。

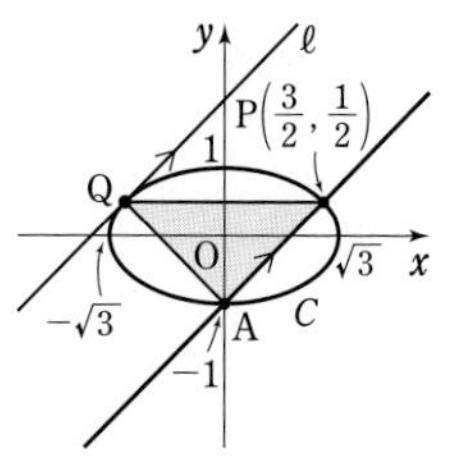


このとき，楕円 $C$ と直線 $\ell$ の接点の座標を $(p,\ q)$ $(p<0,\ q>0)$ とすると，直線 $\ell$ の方程式は

$$\frac{px}{3}+qy=1 \quad すなわち \quad y=-\frac{p}{3q}x+\frac{1}{q}$$

ここで，直線 AP の傾きは　　$\dfrac{\frac{1}{2}-(-1)}{\frac{3}{2}-0}=1$

よって，$-\dfrac{p}{3q}=1$ とすると　　$p=-3q$

これを $\dfrac{p^2}{3}+q^2=1$ に代入して整理すると　　$4q^2=1$

$q>0$ であるから　　$q=\dfrac{1}{2}$　　　ゆえに　　$p=-\dfrac{3}{2}$

←$\dfrac{0^2}{3}+(-1)^2=1$，
$\dfrac{1}{3}\left(\dfrac{3}{2}\right)^2+\left(\dfrac{1}{2}\right)^2=1$

←△APQ において，線分 AP を底辺とみる。

←接点は第 2 象限にあるから　$p<0$，$q>0$

←点 $(p,\ q)$ は楕円 $C$ 上。

←$p<0$ は満たされる。

よって，求める点Qの座標は　$\mathbf{Q}\left(-\frac{3}{2},\ \frac{1}{2}\right)$

また，このとき直線PQは$x$軸に平行であるから，△APQの

**面積は**　$\frac{1}{2}\cdot\left\{\frac{3}{2}-\left(-\frac{3}{2}\right)\right\}\cdot\left\{\frac{1}{2}-(-1)\right\}=\mathbf{\frac{9}{4}}$

←線分PQを底辺とみる。

別解　△APQの面積が最大となるのは，点Qと直線APの距離$d$が最大となるときである。

$\mathrm{Q}(\sqrt{3}\cos\theta,\ \sin\theta)$ $(0\leqq\theta<2\pi)$ ……（＊）とすると，直線APの方程式は$x-y-1=0$であるから

$$d=\frac{|\sqrt{3}\cos\theta-\sin\theta-1|}{\sqrt{1^2+(-1)^2}}=\frac{1}{\sqrt{2}}\left|2\sin\left(\theta+\frac{2}{3}\pi\right)-1\right|$$

よって，$\sin\left(\theta+\frac{2}{3}\pi\right)=-1$　すなわち　$\theta+\frac{2}{3}\pi=\frac{3}{2}\pi$から

$\theta=\frac{5}{6}\pi$のとき$d$は最大値$\frac{3}{\sqrt{2}}$をとる。

このとき　$\mathbf{Q}\left(-\frac{3}{2},\ \frac{1}{2}\right)$，$\triangle\mathrm{APQ}=\frac{1}{2}\cdot\mathrm{AP}\cdot\frac{3}{\sqrt{2}}=\frac{1}{2}\cdot\frac{3}{\sqrt{2}}\cdot\frac{3}{\sqrt{2}}=\mathbf{\frac{9}{4}}$

（＊）楕円の媒介変数表示（本冊 $p.280$）を利用。
楕円$\frac{x^2}{a^2}+\frac{y^2}{b^2}=1$上の点の座標は$(\boldsymbol{a}\cos\boldsymbol{\theta},\ \boldsymbol{b}\sin\boldsymbol{\theta})$と表される。
←点と直線の距離の公式，三角関数の合成（いずれも数学Ⅱ）。

**練習 ④158**　$a$は正の定数とする。点$(1,\ a)$を通り，双曲線$x^2-4y^2=2$に接する2本の直線が直交するとき，$a$の値を求めよ。〔福島県医大〕

条件を満たす接線は$x$軸に垂直でないから，その方程式を$y=mx+n$とおく。これを$x^2-4y^2=2$に代入して整理すると

$$(4m^2-1)x^2+8mnx+2(2n^2+1)=0$$

この方程式について，$4m^2-1\neq0$であり，直線$y=mx+n$が双曲線に接するための条件は，判別式を$D$とすると　$D=0$

←双曲線の漸近線$y=\pm\frac{1}{2}x$に平行な直線は，接線にならない。

ここで　$\frac{D}{4}=(4mn)^2-2(4m^2-1)(2n^2+1)=-2(4m^2-2n^2-1)$

よって，$-2(4m^2-2n^2-1)=0$から　$4m^2-2n^2=1$ …… ①

また，直線$y=mx+n$は点$(1,\ a)$を通るから　$a=m+n$

ゆえに　$n=a-m$ …… ②

②を①に代入して整理すると

$$2m^2+4am-(2a^2+1)=0 \text{ …… ③}$$

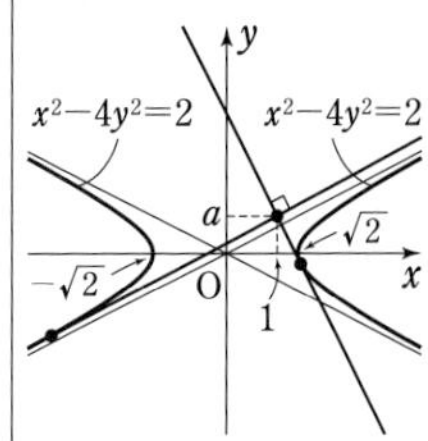


$m$の2次方程式③の判別式を$D'$とすると

$$\frac{D'}{4}=(2a)^2+2(2a^2+1)=8a^2+2$$

よって，$D'>0$であるから，③は異なる2つの実数解をもち，接線は2本存在する。

←点$(1,\ a)$を通る接線の傾きが2つあるから，接線は2本。

この2本の接線の傾きを$m_1$，$m_2$とすると，$m_1$，$m_2$は③の解であるから，解と係数の関係により　$m_1m_2=-\frac{2a^2+1}{2}$

2本の接線が直交するから　$m_1m_2=-1$

←2直線が直交 ⟺（傾きの積）$=-1$

よって　$-\frac{2a^2+1}{2}=-1$　　ゆえに　$a^2=\frac{1}{2}$

$a>0$ から　　$\boldsymbol{a=\frac{1}{\sqrt{2}}}$　　このとき，③ は $m^2+\sqrt{2}\,m-1=0$

となるが，これを満たす $m$ は $4m^2-1\neq0$ を満たす。

←$m=\frac{-\sqrt{2}\pm\sqrt{6}}{2}$

**練習 ④159**　双曲線 $x^2-y^2=1$ 上の 1 点 $\mathrm{P}(x_0,\ y_0)$ から円 $x^2+y^2=1$ に引いた 2 本の接線の両接点を通る直線を $\ell$ とする。ただし，$y_0\neq0$ とする。

(1) 直線 $\ell$ は，方程式 $x_0x+y_0y=1$ で与えられることを示せ。

(2) 直線 $\ell$ は，双曲線 $x^2-y^2=1$ に接することを証明せよ。　〔名古屋市大〕

(1) 点 P から引いた 2 本の接線の両接点を $\mathrm{Q}(x_1,\ y_1)$，$\mathrm{R}(x_2,\ y_2)$ とすると，Q，R における円 $x^2+y^2=1$ の接線の方程式は，それぞれ　　$x_1x+y_1y=1$，$x_2x+y_2y=1$

これら 2 本の接線は点 $\mathrm{P}(x_0,\ y_0)$ を通るから

$$x_1x_0+y_1y_0=1,\ x_2x_0+y_2y_0=1 \quad \cdots\cdots ①$$

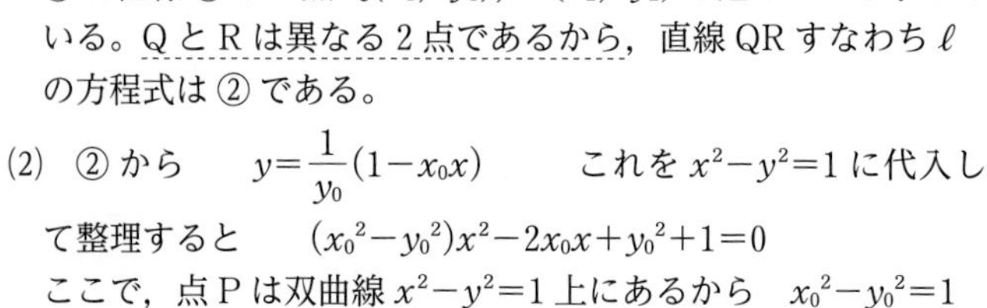

また，$y_0\neq0$ であるから，$x_0x+y_0y=1$ …… ② は直線を表し，① は直線 ② が 2 点 $\mathrm{Q}(x_1,\ y_1)$，$\mathrm{R}(x_2,\ y_2)$ を通ることを示している。Q と R は異なる 2 点であるから，直線 QR すなわち $\ell$ の方程式は ② である。

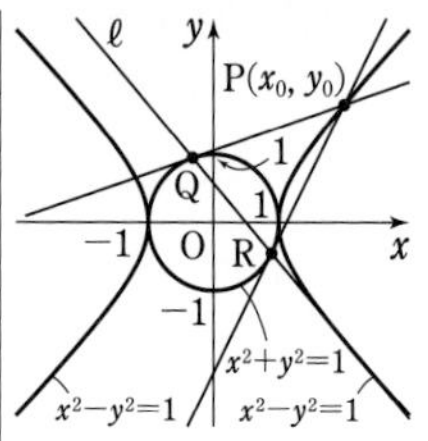


←直線 $\ell$ は円 $x^2+y^2=1$ に関する極線であり，点 P は極である。

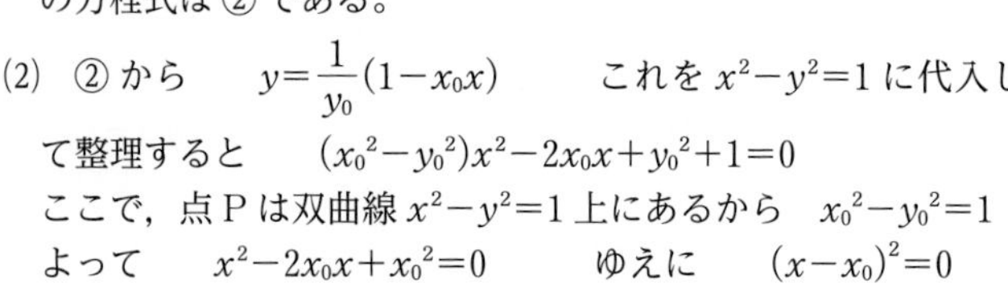

(2) ② から　　$y=\frac{1}{y_0}(1-x_0x)$　　これを $x^2-y^2=1$ に代入して整理すると　　$(x_0{}^2-y_0{}^2)x^2-2x_0x+y_0{}^2+1=0$

ここで，点 P は双曲線 $x^2-y^2=1$ 上にあるから　$x_0{}^2-y_0{}^2=1$

よって　　$x^2-2x_0x+x_0{}^2=0$　　ゆえに　　$(x-x_0)^2=0$

よって　　$x=x_0$（重解）

したがって，直線 $\ell$ は双曲線 $x^2-y^2=1$ に接する。

**接点 ⟺ 重解**

**練習 ②160**　次の条件を満たす点 P の軌跡を求めよ。

(1) 点 $\mathrm{F}(1,\ 0)$ と直線 $x=3$ からの距離の比が $1:\sqrt{3}$ であるような点 P

(2) 点 $\mathrm{F}(3,\ 1)$ と直線 $x=\frac{4}{3}$ からの距離の比が $3:2$ であるような点 P

$\mathrm{P}(x,\ y)$ とする。

(1) 点 P から直線 $x=3$ に垂線 PH を下ろすと

$$\mathrm{PF}:\mathrm{PH}=1:\sqrt{3}$$

よって　　$\sqrt{3}\,\mathrm{PF}=\mathrm{PH}$　　ゆえに　　$3\mathrm{PF}^2=\mathrm{PH}^2$

よって　　$3\{(x-1)^2+y^2\}=(x-3)^2$　　整理して　$2x^2+3y^2=6$

したがって，求める軌跡は　　**楕円 $\boldsymbol{\frac{x^2}{3}+\frac{y^2}{2}=1}$**

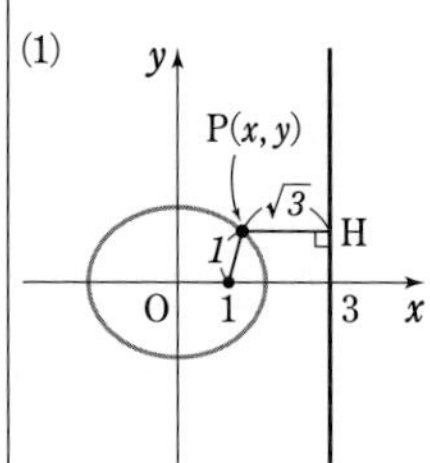


(2) 点 P から直線 $x=\frac{4}{3}$ に垂線 PH を下ろすと

$$\mathrm{PF}:\mathrm{PH}=3:2$$

よって　　$2\mathrm{PF}=3\mathrm{PH}$　　ゆえに　　$4\mathrm{PF}^2=9\mathrm{PH}^2$

よって　　$4\{(x-3)^2+(y-1)^2\}=9\left(x-\frac{4}{3}\right)^2$

整理して　$5x^2-4(y-1)^2=20$

したがって，求める軌跡は　　**双曲線 $\boldsymbol{\frac{x^2}{4}-\frac{(y-1)^2}{5}=1}$**

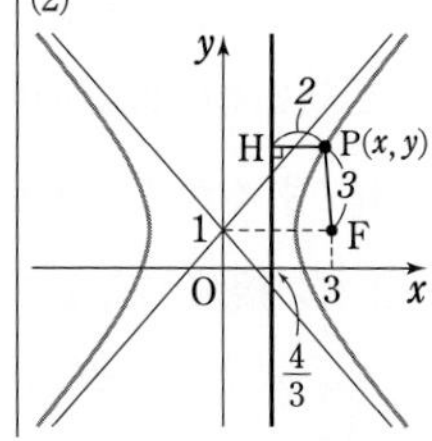

**練習 ③161** 双曲線上の任意の点Pから2つの漸近線に垂線PQ，PRを下ろすと，線分の長さの積PQ·PRは一定であることを証明せよ。

双曲線の方程式を $\dfrac{x^2}{a^2}-\dfrac{y^2}{b^2}=1$

$(a>0,\ b>0)$ とすると，漸近線の方程式は

$$\frac{x}{a}-\frac{y}{b}=0,\quad \frac{x}{a}+\frac{y}{b}=0$$

すなわち　$bx-ay=0,\ bx+ay=0$

$\mathrm{P}(x_1,\ y_1)$ とすると

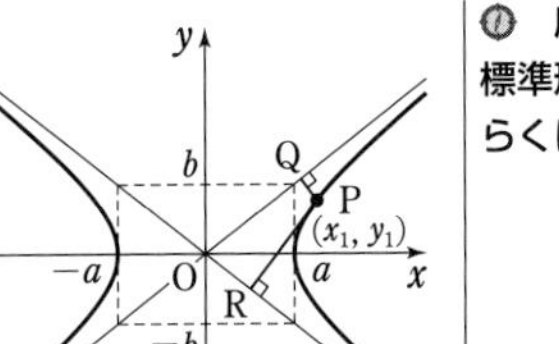

$$\mathrm{PQ}\cdot\mathrm{PR}=\frac{|bx_1-ay_1|}{\sqrt{b^2+a^2}}\cdot\frac{|bx_1+ay_1|}{\sqrt{b^2+a^2}}=\frac{|b^2x_1{}^2-a^2y_1{}^2|}{a^2+b^2}\ \cdots\cdots\ ①$$

点 $\mathrm{P}(x_1,\ y_1)$ は双曲線上にあるから　$\dfrac{x_1{}^2}{a^2}-\dfrac{y_1{}^2}{b^2}=1$

よって　$b^2x_1{}^2-a^2y_1{}^2=a^2b^2$

これを①に代入して　$\mathrm{PQ}\cdot\mathrm{PR}=\dfrac{a^2b^2}{a^2+b^2}$（一定）

座標の選定　標準形を利用し，計算をらくに

←$|A||B|=|AB|$

←$a$，$b$ は $x_1$，$y_1$ に無関係。

検討　双曲線の方程式を $\dfrac{x^2}{a^2}-\dfrac{y^2}{b^2}=-1$ $(a>0,\ b>0)$ とおいた場合について示す必要はない。なぜなら，双曲線 $\dfrac{x^2}{a^2}-\dfrac{y^2}{b^2}=-1$ $(a>0,\ b>0)$ を直線 $y=x$ に関して対称移動する（対称移動によって図形の性質は保たれる）と，

$$双曲線\ \frac{y^2}{a^2}-\frac{x^2}{b^2}=-1\ すなわち\ \frac{x^2}{b^2}-\frac{y^2}{a^2}=1$$

となり，解答で証明したことに帰着させることができるからである。

**練習 ④162** 実数 $x$，$y$ が2つの不等式 $x^2+9y^2\leqq 9$，$y\geqq x$ を満たすとき，$x+3y$ の最大値，最小値を求めよ。

不等式 $x^2+9y^2\leqq 9$，$y\geqq x$ の表す領域 $F$ は，右の図の黒く塗った部分である。ただし，境界線を含む。

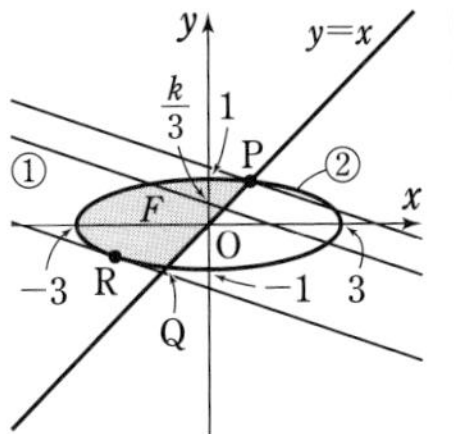

図の2点P，Qの座標は，連立方程式 $x^2+9y^2=9$，$y=x$ を解くことにより

$$\mathrm{P}\left(\frac{3\sqrt{10}}{10},\ \frac{3\sqrt{10}}{10}\right),$$

$$\mathrm{Q}\left(-\frac{3\sqrt{10}}{10},\ -\frac{3\sqrt{10}}{10}\right)$$

←$x^2+9x^2=9$ から $x=\pm\dfrac{3\sqrt{10}}{10}$　このとき　$y=\pm\dfrac{3\sqrt{10}}{10}$（複号同順）

$x+3y=k$ とおくと　$y=-\dfrac{1}{3}x+\dfrac{k}{3}$ …… ①

直線①が楕円 $x^2+9y^2=9$ …… ② に接するとき，その接点のうち領域 $F$ に含まれるものをRとする。

①を②に代入して整理すると　$2x^2-2kx+k^2-9=0$ …… ③

③の判別式を $D$ とすると　$\dfrac{D}{4}=(-k)^2-2(k^2-9)=18-k^2$

←①は，傾き $-\dfrac{1}{3}$，$y$ 切片 $\dfrac{k}{3}$ の直線を表す。$k$ が最大 $\Leftrightarrow$ $\dfrac{k}{3}$ が最大，$k$ が最小 $\Leftrightarrow$ $\dfrac{k}{3}$ が最小である。

$D=0$ とすると　$18-k^2=0$　ゆえに　$k=\pm 3\sqrt{2}$

図から，$k=-3\sqrt{2}$ のとき直線 ① は点 R で楕円 ② に接する。

このとき，$R(x_1,\ y_1)$ とすると　$x_1=\frac{k}{2}=-\frac{3\sqrt{2}}{2}$

よって　$y_1=-\frac{1}{3}\left(-\frac{3\sqrt{2}}{2}\right)+\frac{-3\sqrt{2}}{3}=-\frac{\sqrt{2}}{2}$

図から，$k$ は，直線 ① が点 P を通るとき最大，点 R を通るとき最小となる。

したがって　**$x=\frac{3\sqrt{10}}{10}$，$y=\frac{3\sqrt{10}}{10}$ のとき最大値 $\frac{6\sqrt{10}}{5}$；**

**$x=-\frac{3\sqrt{2}}{2}$，$y=-\frac{\sqrt{2}}{2}$ のとき最小値 $-3\sqrt{2}$**

←図から ($y$ 切片)<0 となるものが適する。
←$x_1$ は ③ の重解，$y_1$ は ① から。
←$\frac{3\sqrt{10}}{10}+3\cdot\frac{3\sqrt{10}}{10}=\frac{6\sqrt{10}}{5}$

**練習 ④163** 連立不等式 $x+3y-5\leqq 0$，$x+y-3\geqq 0$，$y\geqq 0$ の表す領域を $A$ とする。点 $(x,\ y)$ が領域 $A$ を動くとき，$x^2-y^2$ の最大値，最小値を求めよ。

領域 $A$ は，右の図の黒く塗った部分である。ただし，境界線を含む。

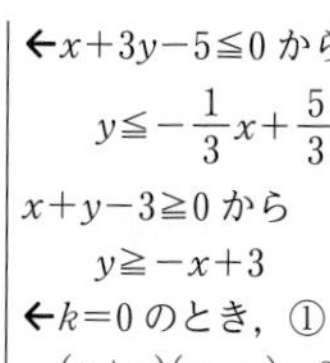


$x^2-y^2=k$ …… ① とおくと

$k\neq 0$ のとき，① は直線 $y=\pm x$ を漸近線とする双曲線を表し，$k=0$ のとき，① は 2 直線 $y=\pm x$ を表す。

$k$ が最大となるのは，$k>0$ で，双曲線 ① が点 $(5,\ 0)$ を通るときである。

このとき　$k=5^2-0^2=25$　これは $k>0$ を満たす。

$k$ が最小となるのは，$k>0$ で，双曲線 ① が点 $(2,\ 1)$ を通るときである。

このとき　$k=2^2-1^2=3$　これは $k>0$ を満たす。

したがって　**$x=5$，$y=0$ のとき最大値 25；**

**$x=2$，$y=1$ のとき最小値 3**

←$x+3y-5\leqq 0$ から $y\leqq -\frac{1}{3}x+\frac{5}{3}$
$x+y-3\geqq 0$ から $y\geqq -x+3$
←$k=0$ のとき，① は $(x+y)(x-y)=0$
←$k>0$ のとき，左右に開いた双曲線になる。図をもとに，**曲線の動きを追う。**

**練習 ④164** $xy$ 平面上に定点 $A(0,\ 1)$ がある。$x$ 軸上に点 $P(t,\ 0)$ をとり，P を中心とし，半径 $\frac{1}{2}AP$ の円 $C$ を考える。$t$ が実数のとき，円 $C$ の通過する領域を $xy$ 平面上に図示せよ。〔類　横浜国大〕

$AP=\sqrt{t^2+1}$ から，円 $C$ の方程式は

$$(x-t)^2+y^2=\left(\frac{\sqrt{t^2+1}}{2}\right)^2$$

よって　$4x^2-8tx+3t^2+4y^2-1=0$

ゆえに　$3t^2-8xt+4x^2+4y^2-1=0$ …… ①

円 $C$ が点 $(x,\ y)$ を通るための条件は，$t$ の 2 次方程式 ① が実数解をもつことである。

よって，2 次方程式 ① の判別式を $D$ とすると　$D\geqq 0$

ゆえに　$(-4x)^2-3(4x^2+4y^2-1)\geqq 0$

よって　$\frac{4}{3}x^2-4y^2\geqq -1$

HINT　円 $C$ の方程式を求め，それを $t$ についての方程式に直す。
⟶ それが実数解をもつことが条件となる。

すなわち　$\dfrac{x^2}{\left(\dfrac{\sqrt{3}}{2}\right)^2}-\dfrac{y^2}{\left(\dfrac{1}{2}\right)^2}\geqq -1$

ゆえに，求める領域は，**右の図の斜線部分。ただし，境界線を含む。**

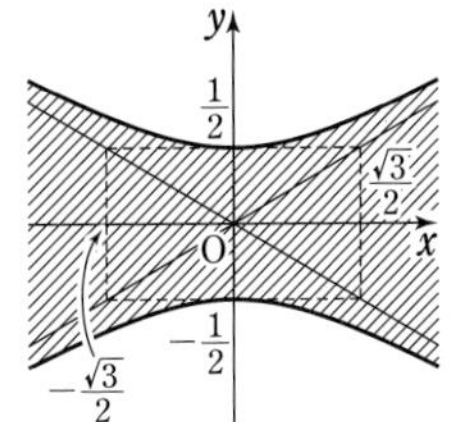


←この不等式は，双曲線 $\dfrac{x^2}{\left(\dfrac{\sqrt{3}}{2}\right)^2}-\dfrac{y^2}{\left(\dfrac{1}{2}\right)^2}=-1$ で分けられる3つの部分のうち原点を含む部分を表す。

検討　次の不等式で表される領域は，それぞれ図の黒く塗った部分である。ただし，境界線を含まない（不等式が等号を含む場合は，境界線を含む）。

① $\boldsymbol{\dfrac{x^2}{a^2}-\dfrac{y^2}{b^2}<-1}$　　② $\boldsymbol{\dfrac{x^2}{a^2}-\dfrac{y^2}{b^2}>-1}$

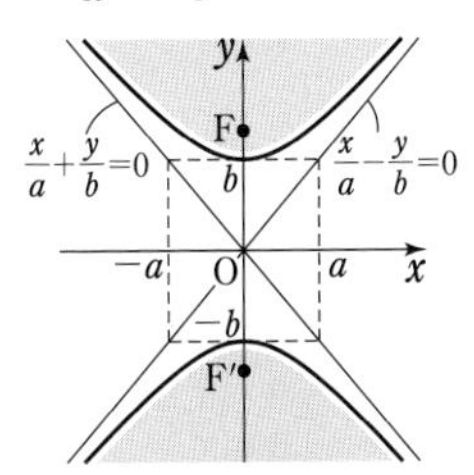


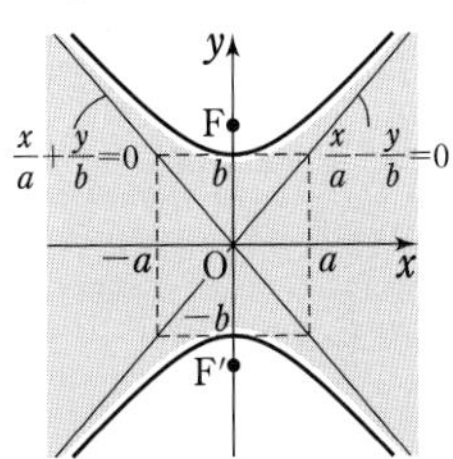


←1点代入の方法，つまり $x=y=0$ を代入して不等式が成り立つかどうかを調べることで，該当する領域を判断するとよい。

4章
練習
[式と曲線]

**練習 ①165**　次の式で表される点 $\mathrm{P}(x,\ y)$ はどのような曲線を描くか。　[(6) 類　関西大]

(1) $\begin{cases} x=2\sqrt{t}+1 \\ y=4t+2\sqrt{t}+3 \end{cases}$　(2) $\begin{cases} x=\sin\theta\cos\theta \\ y=1-\sin 2\theta \end{cases}$　(3) $\begin{cases} x=3t^2 \\ y=6t \end{cases}$

(4) $\begin{cases} x=5\cos\theta \\ y=2\sin\theta \end{cases}$　(5) $x=\dfrac{2}{\cos\theta},\ y=\tan\theta$　(6) $\begin{cases} x=3^{t+1}+3^{-t+1}+1 \\ y=3^t-3^{-t} \end{cases}$

(1) $x=2\sqrt{t}+1$ …… ①，$y=4t+2\sqrt{t}+3$ …… ② とする。

①から　$2\sqrt{t}=x-1$ …… ③

これを②に代入して　$y=(x-1)^2+(x-1)+3$

よって　$y=x^2-x+3$

また，③で $\sqrt{t}\geqq 0$ であるから　$x-1\geqq 0$　ゆえに　$x\geqq 1$

したがって　**放物線 $y=x^2-x+3$ の $x\geqq 1$ の部分**

←$y=(2\sqrt{t})^2+2\sqrt{t}+3$

**❶ 媒介変数　消去して $x$，$y$ だけの式へ**

(2) $\sin 2\theta=2\sin\theta\cos\theta$ であるから　$y=1-2\sin\theta\cos\theta$

$\sin\theta\cos\theta=x$ を代入して　$y=1-2x$

また，$-1\leqq\sin 2\theta\leqq 1$ であるから

$$-\frac{1}{2}\leqq\sin\theta\cos\theta\leqq\frac{1}{2}$$

よって　$-\dfrac{1}{2}\leqq x\leqq\dfrac{1}{2}$

したがって　**直線 $y=1-2x$ の $-\dfrac{1}{2}\leqq x\leqq\dfrac{1}{2}$ の部分**

←2倍角の公式。

←$-1\leqq 2\sin\theta\cos\theta\leqq 1$

(2)
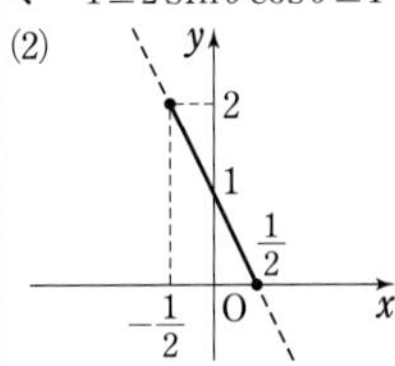


(3) $y=6t$ から　$y^2=36t^2$

$x=3t^2$ から　$12x=36t^2$

よって　**放物線 $y^2=12x$**

←$x=3t^2\geqq 0$ は満たされる。

(4) $x=5\cos\theta$, $y=2\sin\theta$ から　　$\cos\theta=\dfrac{x}{5}$, $\sin\theta=\dfrac{y}{2}$

これを $\sin^2\theta+\cos^2\theta=1$ に代入して　　**楕円** $\boldsymbol{\dfrac{x^2}{25}+\dfrac{y^2}{4}=1}$

←媒介変数が一般角 $\theta$ で表された場合，$\theta$ を消去するのに三角関数の相互関係が有効。

(5) $x=\dfrac{2}{\cos\theta}$, $y=\tan\theta$ から　　$\dfrac{1}{\cos\theta}=\dfrac{x}{2}$, $\tan\theta=y$

これを $1+\tan^2\theta=\dfrac{1}{\cos^2\theta}$ に代入して　　$1+y^2=\left(\dfrac{x}{2}\right)^2$

よって　　**双曲線** $\boldsymbol{\dfrac{x^2}{4}-y^2=1}$

(6) $x=3(3^t+3^{-t})+1$ であるから　　$\dfrac{x-1}{3}=3^t+3^{-t}$

よって　　$\left(\dfrac{x-1}{3}\right)^2=3^{2t}+2+3^{-2t}$ ……①

また，$y=3^t-3^{-t}$ から　　$y^2=3^{2t}-2+3^{-2t}$ ……②

←$(3^t)^2=3^{2t}$, $(3^{-t})^2=3^{-2t}$, $3^t\cdot 3^{-t}=3^0=1$

①−② から　　$\left(\dfrac{x-1}{3}\right)^2-y^2=4$

←$t$ を消去。

また，$3^t>0$, $3^{-t}>0$ であるから

$$x=3(3^t+3^{-t})+1\geqq 3\cdot 2\sqrt{3^t\cdot 3^{-t}}+1=6\cdot 1+1=7$$

←(相加平均)≧(相乗平均)を利用して，$x$ の変域を調べる。

等号は，$3^t=3^{-t}$ すなわち $t=-t$ から $t=0$ のとき成り立つ。

したがって　　**双曲線** $\boldsymbol{\dfrac{(x-1)^2}{36}-\dfrac{y^2}{4}=1}$ **の** $\boldsymbol{x\geqq 7}$ **の部分**

**練習 ②166**
(1) 放物線 $y^2-4x+2ty+5t^2-4t=0$ の焦点Fは，$t$ の値が変化するとき，どんな曲線を描くか。
(2) 点 $\mathrm{P}(x,\ y)$ が，原点を中心とする半径1の円周上を反時計回りに1周するとき，点 $\mathrm{Q_1}(-y,\ x)$，点 $\mathrm{Q_2}(x^2+y^2,\ 0)$ は，原点の周りを反時計回りに何周するか。　[(2) 類 鳥取大]

(1) 放物線の方程式を変形すると　　$y^2+2ty+t^2=4x-4t^2+4t$

よって　　$(y+t)^2=4(x-t^2+t)$

これは放物線 $y^2=4x$ を $x$ 軸方向に $t^2-t$, $y$ 軸方向に $-t$ だけ平行移動した図形を表すから，その焦点Fの座標を $(x,\ y)$ とすると　　$x=1+t^2-t$ ……①，$y=-t$ ……②

←放物線 $y^2=4x$ の焦点は　点 $(1,\ 0)$

② から　　$t=-y$

これを ① に代入して　　$x=y^2+y+1$

したがって，焦点Fは **放物線** $\boldsymbol{x=y^2+y+1}$ **を描く。**

← **媒介変数　消去して $x$, $y$ だけの式へ**

注意　① から　　$x=\left(t-\dfrac{1}{2}\right)^2+\dfrac{3}{4}$　　よって　　$x\geqq\dfrac{3}{4}$

また，② から　　$y$ の値は実数全体。

これらは $x=y^2+y+1$ で定まる点 $(x,\ y)$ がとりうる値の範囲と一致する。

(2) 条件から，点 $\mathrm{P}(x,\ y)$ について　$x=\cos\theta$, $y=\sin\theta$

と表される。また，$\theta$ が $0$ から $2\pi$ まで変化するとき，点Pは円 $x^2+y^2=1$ 上を点 $(1,\ 0)$ から反時計回りに1周する。

(点 $\mathrm{Q_1}$)　$\mathrm{Q_1}(X,\ Y)$ とすると　　$X=-y$, $Y=x$

よって　　$X^2+Y^2=x^2+y^2=\cos^2\theta+\sin^2\theta=1$

また　　$X=-\sin\theta=\cos\left(\theta+\dfrac{\pi}{2}\right)$,

$Y=\cos\theta=\sin\left(\theta+\dfrac{\pi}{2}\right)$

ここで，$\theta$ が $0$ から $2\pi$ まで変化するとき，$\theta+\dfrac{\pi}{2}$ は $\dfrac{\pi}{2}$ から $\dfrac{5}{2}\pi$ まで変化する。

以上から，**点 $\mathbf{Q_1}$** は円 $x^2+y^2=1$ 上を点 $(0,\ 1)$ から反時計回りに **1 周** する。

(点 $Q_2$)　$Q_2(X,\ Y)$ とすると

$X=x^2+y^2,\ Y=0$

ここで　　$X=\cos^2\theta+\sin^2\theta=1$

よって　　$Q_2(1,\ 0)$

すなわち，$\theta$ の値に関係なく **点 $\mathbf{Q_2}$** は定点であるから **0 周**

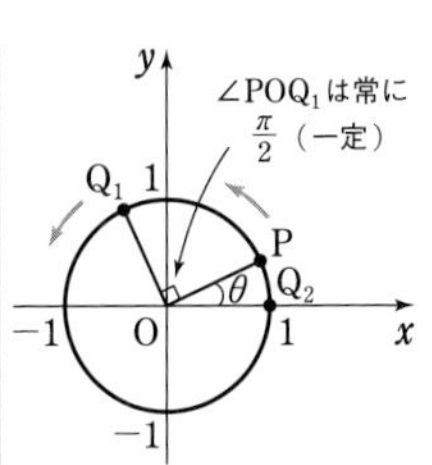


4章
練習
[式と曲線]

**練習 ③167**　実数 $x,\ y$ が $2x^2+3y^2=1$ を満たすとき，$x^2-y^2+xy$ の最大値と最小値を求めよ。〔類 早稲田大〕

条件から　　$x=\dfrac{1}{\sqrt{2}}\cos\theta,\ y=\dfrac{1}{\sqrt{3}}\sin\theta\ (0\leqq\theta<2\pi)$

と表される。

$$x^2-y^2+xy=\frac{1}{2}\cos^2\theta-\frac{1}{3}\sin^2\theta+\frac{1}{\sqrt{6}}\sin\theta\cos\theta$$

$$=\frac{1}{2}\cdot\frac{1+\cos 2\theta}{2}-\frac{1}{3}\cdot\frac{1-\cos 2\theta}{2}+\frac{1}{\sqrt{6}}\cdot\frac{\sin 2\theta}{2}$$

$$=\frac{1}{12}(\sqrt{6}\sin 2\theta+5\cos 2\theta)+\frac{1}{12}$$

$$=\frac{\sqrt{31}}{12}\sin(2\theta+\alpha)+\frac{1}{12}$$

ただし　$\sin\alpha=\dfrac{5}{\sqrt{31}},\ \cos\alpha=\sqrt{\dfrac{6}{31}}$

ここで，$-1\leqq\sin(2\theta+\alpha)\leqq 1$ であるから，$x^2-y^2+xy$ の

**最大値は　$\dfrac{1+\sqrt{31}}{12}$，最小値は　$\dfrac{1-\sqrt{31}}{12}$**

←点 $(x,\ y)$ は楕円 $\dfrac{x^2}{\left(\frac{1}{\sqrt{2}}\right)^2}+\dfrac{y^2}{\left(\frac{1}{\sqrt{3}}\right)^2}=1$ 上。

←$\sin^2\theta=\dfrac{1-\cos 2\theta}{2}$，$\sin\theta\cos\theta=\dfrac{\sin 2\theta}{2}$，$\cos^2\theta=\dfrac{1+\cos 2\theta}{2}$

$a\sin\theta+b\cos\theta=\sqrt{a^2+b^2}\sin(\theta+\alpha)$

ただし $\sin\alpha=\dfrac{b}{\sqrt{a^2+b^2}}$，$\cos\alpha=\dfrac{a}{\sqrt{a^2+b^2}}$

**練習 ②168**　$t$ を媒介変数とする。次の式で表された曲線はどのような図形を表すか。

(1) $x=\dfrac{2(1+t^2)}{1-t^2},\ y=\dfrac{6t}{1-t^2}$　　(2) $x\sin t=\sin^2 t+1,\ y\sin^2 t=\sin^4 t+1$

(1) $x=\dfrac{2(1+t^2)}{1-t^2}$ …… ①，$y=\dfrac{6t}{1-t^2}$ …… ② とする。

①から　　$x(1-t^2)=2(1+t^2)$

よって　　$(x+2)t^2=x-2$

$x=-2$ とすると，$0\cdot t^2=-4$ となり不合理。ゆえに　$x\neq -2$

よって　　$t^2=\dfrac{x-2}{x+2}$ …… ③

(1) まず，$t^2$ を $x$ で表してみる。

③ を ② に代入して　$y=6t\cdot\dfrac{x+2}{4}=\dfrac{3(x+2)}{2}t$

$x\neq-2$ であるから　$t=\dfrac{2y}{3(x+2)}$

③ から　$\dfrac{4y^2}{9(x+2)^2}=\dfrac{x-2}{x+2}$

よって　$4y^2=9(x+2)(x-2)$

整理すると　$9x^2-4y^2=36$ …… ④

④ に $x=-2$ を代入すると　$-4y^2=0$　ゆえに　$y=0$

したがって，**双曲線 $\dfrac{x^2}{4}-\dfrac{y^2}{9}=1$ の点 $(-2,\ 0)$ を除いた部分** を表す。

←$1-t^2=1-\dfrac{x-2}{x+2}=\dfrac{4}{x+2}$

検討　①，② で，$|t|$ を限りなく大きくすると，$x$ は $-2$ に，$y$ は $0$ に限りなく近づく。すなわち，点 $(-2,\ 0)$ に限りなく近づく。

(2)　$x\sin t=\sin^2 t+1$ で $\sin t=0$ とすると，$x\cdot 0=1$ となり不合理。よって，$\sin t\neq 0$ であり

$$x=\sin t+\frac{1}{\sin t},\quad y=\sin^2 t+\frac{1}{\sin^2 t}$$

$\sin^2 t+\dfrac{1}{\sin^2 t}=\left(\sin t+\dfrac{1}{\sin t}\right)^2-2$ であるから　$y=x^2-2$

ここで，$\sin t=u$ とおくと

$$x=u+\frac{1}{u}\ (-1\leqq u\leqq 1,\ u\neq 0)$$

(相加平均)≧(相乗平均) により

$u>0$ のとき　$u+\dfrac{1}{u}\geqq 2\sqrt{u\cdot\dfrac{1}{u}}=2$

（等号は $u=\dfrac{1}{u}$ かつ $u>0$，すなわち $u=1$ のとき成り立つ。）

$u<0$ のとき　$(-u)+\left(-\dfrac{1}{u}\right)\geqq 2\sqrt{(-u)\cdot\left(-\dfrac{1}{u}\right)}=2$

すなわち　$u+\dfrac{1}{u}\leqq -2$

（等号は $-u=-\dfrac{1}{u}$ かつ $u<0$，すなわち $u=-1$ のとき成り立つ。）

よって　$x\leqq-2,\ 2\leqq x$

ゆえに，**放物線 $y=x^2-2$ の $x\leqq-2,\ 2\leqq x$ の部分** を表す。

(2)　$\sin t\neq 0$ に着目して，$x$，$y$ を $\sin t$ の式に直す。

←$-u>0,\ -\dfrac{1}{u}>0$

検討　(2)　$x$ の変域は次のように求めてもよい。

$$y=\sin^2 t+\frac{1}{\sin^2 t}$$

(相加平均)≧(相乗平均) により　$y\geqq 2\sqrt{\sin^2 t\cdot\dfrac{1}{\sin^2 t}}=2$

よって　$x^2-2\geqq 2$

ゆえに　$(x+2)(x-2)\geqq 0$

したがって　$x\leqq-2,\ 2\leqq x$

←$\sin t\neq 0$ から $\sin^2 t>0,\ \dfrac{1}{\sin^2 t}>0$

←$y=x^2-2$

**練習 ④169** $a>2b$ とする。半径 $b$ の円 $C$ が原点Oを中心とする半径 $a$ の定円 $O$ に内接しながら滑ることなく回転していく。円 $C$ 上の定点 $\mathrm{P}(x,\ y)$ が，初め定円 $O$ の周上の定点 $\mathrm{A}(a,\ 0)$ にあったものとして，円 $C$ の中心Cと原点Oを結ぶ線分の，$x$ 軸の正方向からの回転角を $\theta$ とするとき，点Pが描く曲線を媒介変数 $\theta$ で表せ。

円 $O$ に内接する円 $C$ 上の定点 $\mathrm{P}(x,\ y)$ が，最初は点 $\mathrm{A}(a,\ 0)$ にあり，$\angle\mathrm{COA}=\theta$ のとき，図の位置にあるとする。
図のように2円 $O$, $C$ の接点Tをとると，$\overset{\frown}{\mathrm{AT}}=\overset{\frown}{\mathrm{PT}}$ であるから

$$a\theta=b\angle\mathrm{PCT}$$

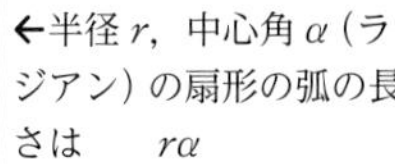
←半径 $r$，中心角 $\alpha$（ラジアン）の扇形の弧の長さは　$r\alpha$

ゆえに　$\angle\mathrm{PCT}=\dfrac{a}{b}\theta$

よって，線分CPの $x$ 軸の正方向からの回転角は

$$\theta-\angle\mathrm{PCT}=\frac{b-a}{b}\theta$$

ゆえに　$\overrightarrow{\mathrm{OP}}=(x,\ y)$，$\overrightarrow{\mathrm{OC}}=((a-b)\cos\theta,\ (a-b)\sin\theta)$,

$$\overrightarrow{\mathrm{CP}}=\left(b\cos\frac{b-a}{b}\theta,\ b\sin\frac{b-a}{b}\theta\right)$$

←点Cが原点にくるようにCPを平行移動して考える。

$\overrightarrow{\mathrm{OP}}=\overrightarrow{\mathrm{OC}}+\overrightarrow{\mathrm{CP}}$ から　$\begin{cases} \boldsymbol{x=(a-b)\cos\theta+b\cos\dfrac{a-b}{b}\theta} \\ \boldsymbol{y=(a-b)\sin\theta-b\sin\dfrac{a-b}{b}\theta} \end{cases}$

**練習 ④170** $xy$ 平面上に円 $C_1: x^2+y^2-2x=0$，$C_2: x^2+y^2-x=0$ がある。原点Oを除いた円 $C_1$ 上を動く点Pに対して，直線OPと円 $C_2$ の交点のうちO以外の点をQとし，点Qと $x$ 軸に関して対称な点をQ′とする。このとき，線分PQ′の中点Mの軌跡を表す方程式を求め，その概形を図示せよ。〔大阪府大〕

$C_1: (x-1)^2+y^2=1$，$C_2: \left(x-\dfrac{1}{2}\right)^2+y^2=\dfrac{1}{4}$ であるから，$C_1$ は中心 $(1,\ 0)$，半径1の円，$C_2$ は中心 $\left(\dfrac{1}{2},\ 0\right)$，半径 $\dfrac{1}{2}$ の円である。

←円 $C_2$ は円 $C_1$ に原点で内接する。

$\mathrm{A}(2,\ 0)$, $\mathrm{B}(1,\ 0)$ とし，半直線OPが $x$ 軸の正の向きとなす角を $\theta$ とすると $-\dfrac{\pi}{2}<\theta<\dfrac{\pi}{2}$ で

$$\mathrm{OP}=\mathrm{OA}\cos\theta=2\cos\theta,\ \mathrm{OQ}=\mathrm{OB}\cos\theta=\cos\theta$$

←直角三角形OAP, OBQに注目。
また　$\cos(-\theta)=\cos\theta$

よって　$\mathrm{P}(2\cos\theta\cdot\cos\theta,\ 2\cos\theta\cdot\sin\theta)$,
$\mathrm{Q}(\cos\theta\cdot\cos\theta,\ \cos\theta\cdot\sin\theta)$

←動径OP, OQとそれらが表す角 $\theta$ に注目。

ゆえに　$\mathrm{P}(1+\cos2\theta,\ \sin2\theta)$，$\mathrm{Q}\left(\dfrac{1+\cos2\theta}{2},\ \dfrac{\sin2\theta}{2}\right)$

←$\cos^2\theta=\dfrac{1+\cos2\theta}{2}$,
$\sin\theta\cos\theta=\dfrac{\sin2\theta}{2}$

したがって　$\mathrm{Q}'\left(\dfrac{1+\cos2\theta}{2},\ -\dfrac{\sin2\theta}{2}\right)$

4章 練習〔式と曲線〕

よって，線分 PQ′ の中点 M の座標を $(x,\ y)$ とすると

$$x=\frac{1}{2}\left\{(1+\cos 2\theta)+\frac{1+\cos 2\theta}{2}\right\}=\frac{3}{4}(1+\cos 2\theta) \quad \cdots\cdots ①$$

$$y=\frac{1}{2}\left(\sin 2\theta-\frac{\sin 2\theta}{2}\right)=\frac{1}{4}\sin 2\theta \quad \cdots\cdots ②$$

①，② から　$\cos 2\theta=\frac{4}{3}x-1,\ \sin 2\theta=4y$

よって　$\left(\frac{4}{3}x-1\right)^2+(4y)^2=1$　　また，$-\pi<2\theta<\pi$ であるから　$0<x\leqq\frac{3}{2}$

←$\sin^2 2\theta+\cos^2 2\theta=1$

←$-1<\cos 2\theta\leqq 1$ から $0<\frac{3}{4}(1+\cos 2\theta)\leqq\frac{3}{2}$

ゆえに，求める軌跡は，

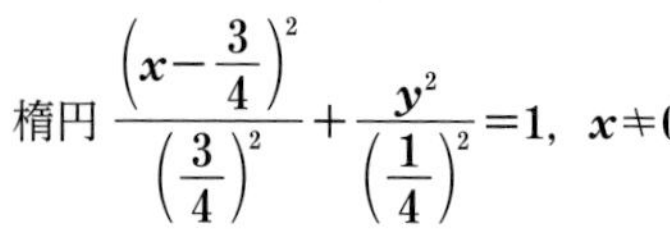

楕円 $\dfrac{\left(x-\frac{3}{4}\right)^2}{\left(\frac{3}{4}\right)^2}+\dfrac{y^2}{\left(\frac{1}{4}\right)^2}=1,\ x\neq 0$

その概形は **右図** のようになる。

別解　複素数平面上で考える。△OAP∽△OBQ で，OA：OB＝2：1 であるから　OP：OQ＝2：1

よって，P$(z)$ とすると　$\mathrm{Q}\left(\frac{1}{2}z\right)$　ゆえに　$\mathrm{Q'}\left(\frac{1}{2}\bar{z}\right)$

←3 点 O，P，Q は一直線上。また，点 $\alpha$ と実軸に関して対称な点は点 $\bar{\alpha}$

点 P は点 1 を中心とする半径 1 の円の原点 O を除いた部分を動くから　$|z-1|=1,\ z\neq 0$ …… ③

また，M$(w)$ とすると　$w=\frac{1}{2}\left(z+\frac{1}{2}\bar{z}\right)$

$z=X+Yi\ [(X,\ Y)\neq(0,\ 0)]$，$w=x+yi$ とすると

$$x+yi=\frac{1}{2}\left\{X+Yi+\frac{1}{2}(X-Yi)\right\}=\frac{3}{4}X+\frac{1}{4}Yi$$

←求めるのは点 $w$ の軌跡であるから，$w=x+yi$ とする。

よって　$x=\frac{3}{4}X,\ y=\frac{1}{4}Y$

ゆえに　$X=\frac{4}{3}x,\ Y=4y$

←この式と ③ から，$X$，$Y$ を消去して，$x$，$y$ の関係式を導く。

③ より，$(X-1)^2+Y^2=1,\ (X,\ Y)\neq(0,\ 0)$ であるから

$$\left(\frac{4}{3}x-1\right)^2+(4y)^2=1,\ (x,\ y)\neq(0,\ 0)$$

以後の解答は同じ。

**練習 ④171**　0 でない複素数 $z$ が次の等式を満たしながら変化するとき，点 $z+\frac{1}{z}$ が複素数平面上で描く図形の概形をかけ。

(1) $|z|=3$　　(2) $|z-1|=|z-i|$

(1) $|z|=3$ のとき，$z=3(\cos\theta+i\sin\theta)$ と表される。

←絶対値が一定であるから，極形式を利用する。

$$z+\frac{1}{z}=3(\cos\theta+i\sin\theta)+\frac{1}{3}(\cos\theta-i\sin\theta)$$

$$=\frac{10}{3}\cos\theta+\frac{8}{3}i\sin\theta$$

よって，$z+\dfrac{1}{z}=x+yi$（$x$，$y$ は実数）とすると

$$x=\frac{10}{3}\cos\theta,\ y=\frac{8}{3}\sin\theta$$

ゆえに　$\cos\theta=\dfrac{3}{10}x$，$\sin\theta=\dfrac{3}{8}y$

$\cos^2\theta+\sin^2\theta=1$ であるから

$$\left(\frac{3}{10}x\right)^2+\left(\frac{3}{8}y\right)^2=1$$

←$\theta$ を消去。

よって，点 $z+\dfrac{1}{z}$ が描く図形は，楕円

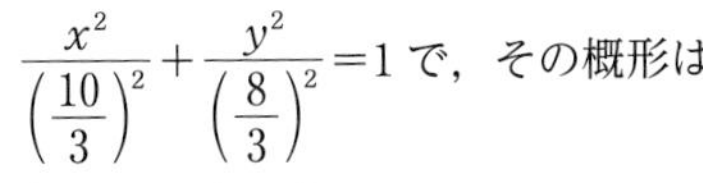

$\dfrac{x^2}{\left(\dfrac{10}{3}\right)^2}+\dfrac{y^2}{\left(\dfrac{8}{3}\right)^2}=1$ で，その概形は

**右図** のようになる。

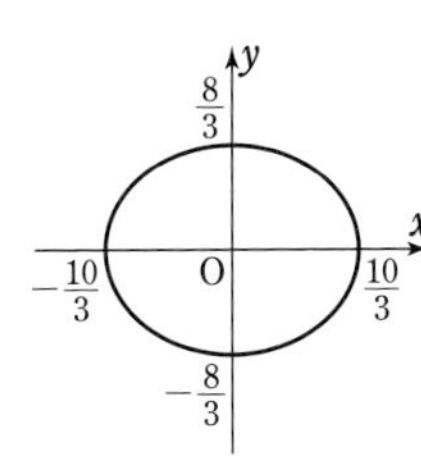




(2)　点 $z$ は複素数平面上の 2 点 A(1)，B($i$) を結ぶ線分の垂直二等分線上にあるから　$z=k(1+i)$（$k$ は実数）と表される。

ただし，$z\neq0$ であるから　$k\neq0$

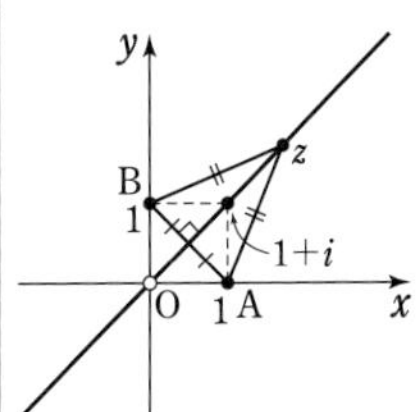


このとき　$z+\dfrac{1}{z}=k(1+i)+\dfrac{1}{k(1+i)}=k(1+i)+\dfrac{1}{2k}(1-i)$

$$=k+\frac{1}{2k}+\left(k-\frac{1}{2k}\right)i$$

よって，$z+\dfrac{1}{z}=x+yi$（$x$，$y$ は実数）とすると

$$x=k+\frac{1}{2k},\ y=k-\frac{1}{2k}$$

ゆえに，$x+y=2k$，$x-y=\dfrac{1}{k}$ であるから

$$(x+y)(x-y)=2\qquad すなわち\qquad x^2-y^2=2$$

←$k$ を消去。

ここで，(相加平均)≧(相乗平均) により

←$x$ のとりうる値の範囲を調べる。

$k>0$ のとき　$x=k+\dfrac{1}{2k}\geqq2\sqrt{k\cdot\dfrac{1}{2k}}=\sqrt{2}$　　$\therefore$　$x\geqq\sqrt{2}$

$\left(等号は\ k=\dfrac{1}{2k}\ かつ\ k>0，すなわち\ k=\dfrac{1}{\sqrt{2}}\ のとき成り立つ。\right)$

$k<0$ のとき　$-x=-k-\dfrac{1}{2k}\geqq2\sqrt{(-k)\cdot\left(-\dfrac{1}{2k}\right)}=\sqrt{2}$　　$\therefore$　$x\leqq-\sqrt{2}$

$\left(等号は\ -k=-\dfrac{1}{2k}\ かつ\ k<0，\right.$

$\left.すなわち\ k=-\dfrac{1}{\sqrt{2}}\ のとき成り立つ。\right)$

ゆえに　$x\leqq-\sqrt{2}$，$\sqrt{2}\leqq x$

よって，点 $z+\dfrac{1}{z}$ が描く図形は，双曲線 $x^2-y^2=2$ で，その概形は **右図** のようになる。

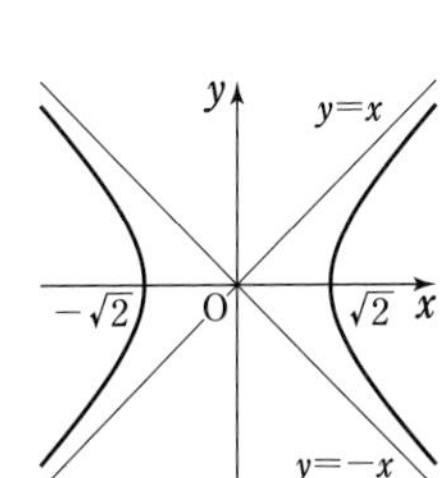


**検討**　$\displaystyle\lim_{k\to\infty}\left(k-\frac{1}{2k}\right)=\infty$，$\displaystyle\lim_{k\to-\infty}\left(k-\frac{1}{2k}\right)=-\infty$，$\displaystyle\lim_{k\to+0}\left(k-\frac{1}{2k}\right)=-\infty$，$\displaystyle\lim_{k\to-0}\left(k-\frac{1}{2k}\right)=\infty$ であるから，$y$ はすべての実数値をとりうる。

**練習**
①**172**

(1) 極座標が次のような点の位置を図示せよ。また，直交座標を求めよ。

(ア) $\left(2,\ \frac{3}{4}\pi\right)$　(イ) $\left(3,\ -\frac{\pi}{2}\right)$　(ウ) $\left(2,\ \frac{17}{6}\pi\right)$　(エ) $\left(4,\ -\frac{10}{3}\pi\right)$

(2) 直交座標が次のような点の極座標 $(r,\ \theta)$ $(0 \leqq \theta < 2\pi)$ を求めよ。

(ア) $(1,\ \sqrt{3})$　(イ) $(-2,\ -2)$　(ウ) $(-3,\ \sqrt{3})$

(1) (ア) **図(ア)** また $x=2\cos\frac{3}{4}\pi=-\sqrt{2}$，$y=2\sin\frac{3}{4}\pi=\sqrt{2}$

よって，直交座標は $\boldsymbol{(-\sqrt{2},\ \sqrt{2})}$

(イ) **図(イ)** また $x=3\cos\left(-\frac{\pi}{2}\right)=0$，$y=3\sin\left(-\frac{\pi}{2}\right)=-3$

←左の計算をしなくても直交座標は図からわかる。

よって，直交座標は $\boldsymbol{(0,\ -3)}$

(ウ) **図(ウ)** また $x=2\cos\frac{17}{6}\pi=-\sqrt{3}$，$y=2\sin\frac{17}{6}\pi=1$

←$\frac{17}{6}\pi=\frac{5}{6}\pi+2\pi$

よって，直交座標は $\boldsymbol{(-\sqrt{3},\ 1)}$

(エ) **図(エ)**

また $x=4\cos\left(-\frac{10}{3}\pi\right)=-2$，$y=4\sin\left(-\frac{10}{3}\pi\right)=2\sqrt{3}$

←$-\frac{10}{3}\pi=-\frac{4}{3}\pi-2\pi$

よって，直交座標は $\boldsymbol{(-2,\ 2\sqrt{3})}$

(ア)
$\left(2,\ \frac{3}{4}\pi\right)$　$\frac{3}{4}\pi$　2　O　X

(イ)
O　X　$-\frac{\pi}{2}$　3　$\left(3,\ -\frac{\pi}{2}\right)$

(ウ)
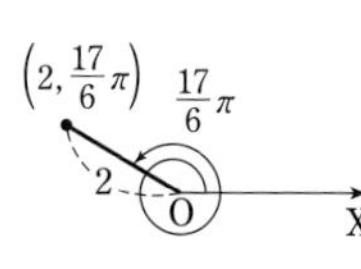


(エ)
$\left(4,\ -\frac{10}{3}\pi\right)$　4　$-\frac{10}{3}\pi$　O　X

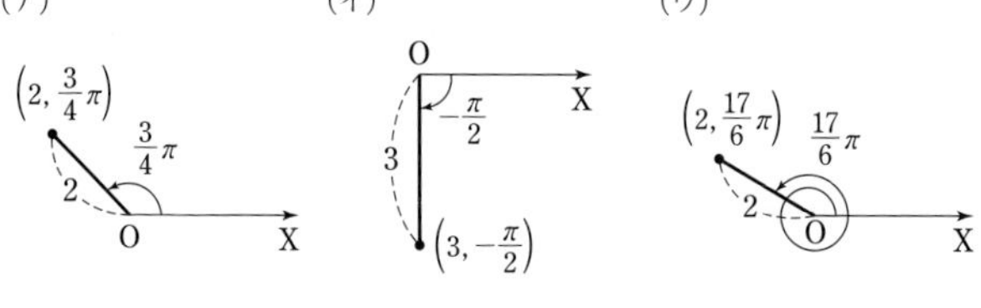

(2) (ア) $r=\sqrt{1^2+(\sqrt{3})^2}=2$ よって $\cos\theta=\frac{1}{2}$，$\sin\theta=\frac{\sqrt{3}}{2}$

$0 \leqq \theta < 2\pi$ であるから $\theta=\frac{\pi}{3}$ ゆえに $\boldsymbol{\left(2,\ \frac{\pi}{3}\right)}$

←(2) まず，$\boldsymbol{r=\sqrt{x^2+y^2}}$ から $r$ を定め，次に，$\boldsymbol{\cos\theta=\frac{x}{r}}$，$\boldsymbol{\sin\theta=\frac{y}{r}}$ から $\theta$ を定める $(r \neq 0)$。

(イ) $r=\sqrt{(-2)^2+(-2)^2}=2\sqrt{2}$

よって $\cos\theta=\frac{-2}{2\sqrt{2}}=-\frac{1}{\sqrt{2}}$，$\sin\theta=\frac{-2}{2\sqrt{2}}=-\frac{1}{\sqrt{2}}$

$0 \leqq \theta < 2\pi$ であるから $\theta=\frac{5}{4}\pi$ ゆえに $\boldsymbol{\left(2\sqrt{2},\ \frac{5}{4}\pi\right)}$

(ウ) $r=\sqrt{(-3)^2+(\sqrt{3})^2}=2\sqrt{3}$

よって $\cos\theta=\frac{-3}{2\sqrt{3}}=-\frac{\sqrt{3}}{2}$，$\sin\theta=\frac{\sqrt{3}}{2\sqrt{3}}=\frac{1}{2}$

$0 \leqq \theta < 2\pi$ であるから $\theta=\frac{5}{6}\pi$ ゆえに $\boldsymbol{\left(2\sqrt{3},\ \frac{5}{6}\pi\right)}$

**練習**
②**173**

O を極とする極座標に関して，3 点 $\mathrm{A}\left(6,\ \frac{\pi}{3}\right)$，$\mathrm{B}\left(4,\ \frac{2}{3}\pi\right)$，$\mathrm{C}\left(2,\ -\frac{3}{4}\pi\right)$ が与えられているとき，次のものを求めよ。

(1) 線分 AB の長さ　(2) △OAB の面積　(3) △ABC の面積

(1) △OAB において

OA=6，OB=4，

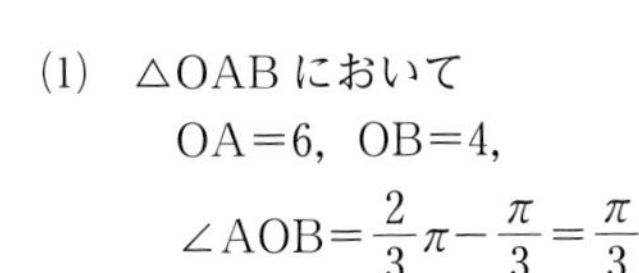

$\angle AOB=\frac{2}{3}\pi-\frac{\pi}{3}=\frac{\pi}{3}$

よって，余弦定理により

$AB^2=6^2+4^2-2\cdot6\cdot4\cos\frac{\pi}{3}=28$

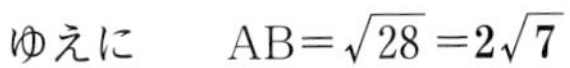

ゆえに　$AB=\sqrt{28}=\mathbf{2\sqrt{7}}$

(2) △OAB の面積を $S_1$ とすると

$S_1=\frac{1}{2}\cdot6\cdot4\sin\frac{\pi}{3}=\mathbf{6\sqrt{3}}$

(3) $\angle BOC=\frac{\pi}{3}+\frac{\pi}{4}$，$\angle COA=\frac{2}{3}\pi+\frac{\pi}{4}$ であるから，△OBC，△OAC の面積をそれぞれ $S_2$，$S_3$ とすると

$S_2=\frac{1}{2}\cdot4\cdot2\sin\left(\frac{\pi}{3}+\frac{\pi}{4}\right)$

$=4\left(\sin\frac{\pi}{3}\cos\frac{\pi}{4}+\cos\frac{\pi}{3}\sin\frac{\pi}{4}\right)=\sqrt{6}+\sqrt{2}$

$S_3=\frac{1}{2}\cdot6\cdot2\sin\left(\frac{2}{3}\pi+\frac{\pi}{4}\right)$

$=6\left(\sin\frac{2}{3}\pi\cos\frac{\pi}{4}+\cos\frac{2}{3}\pi\sin\frac{\pi}{4}\right)$

$=\frac{3(\sqrt{6}-\sqrt{2})}{2}$

よって，△ABC の面積を $S$ とすると

$S=S_1+S_2-S_3=6\sqrt{3}+(\sqrt{6}+\sqrt{2})-\frac{3(\sqrt{6}-\sqrt{2})}{2}$

$=\mathbf{\frac{5\sqrt{2}+12\sqrt{3}-\sqrt{6}}{2}}$

検討　(3) 直交座標を用いて解く。

3 点 A，B，C を直交座標で表すと

$A(3,\ 3\sqrt{3})$，$B(-2,\ 2\sqrt{3})$，$C(-\sqrt{2},\ -\sqrt{2})$

ゆえに

$\overrightarrow{AB}=(-5,\ -\sqrt{3})$，$\overrightarrow{AC}=(-\sqrt{2}-3,\ -\sqrt{2}-3\sqrt{3})$

よって　$S=\frac{1}{2}|-5(-\sqrt{2}-3\sqrt{3})-(-\sqrt{3})(-\sqrt{2}-3)|$

$=\mathbf{\frac{5\sqrt{2}+12\sqrt{3}-\sqrt{6}}{2}}$

◀ 極座標 $r$，$\theta$ の特徴を活かす

←$AB^2=OA^2+OB^2-2OA\cdot OB\cos\angle AOB$

←$S_1=\frac{1}{2}OA\cdot OB\sin\angle AOB$

←$\angle BOC=2\pi-\left(\frac{2}{3}\pi+\frac{3}{4}\pi\right)=\frac{\pi}{3}+\frac{\pi}{4}$

←OC=2

←加法定理 $\sin(\alpha+\beta)=\sin\alpha\cos\beta+\cos\alpha\sin\beta$

←$\overrightarrow{AB}=(a_1,\ a_2)$，$\overrightarrow{AC}=(b_1,\ b_2)$ のとき $\triangle ABC=\frac{1}{2}|a_1b_2-a_2b_1|$

4章 練習 [式と曲線]

**練習 ②174**　極座標に関して，次の円・直線の方程式を求めよ。

(1) 中心が点 $A\left(3,\ \frac{\pi}{3}\right)$，半径が 2 の円

(2) 点 $A\left(2,\ \frac{\pi}{4}\right)$ を通り，OA (O は極) に垂直な直線

O を極とし，図形上の点 P の極座標を $(r,\ \theta)$ とする。

(1) △OAP において，余弦定理から
$AP^2=OP^2+OA^2-2OP\cdot OA\cos\angle AOP$
ここで　$OP=r$，$OA=3$，$AP=2$，
$\angle AOP=\left|\theta-\dfrac{\pi}{3}\right|$
ゆえに　$r^2+9-2\cdot r\cdot 3\cdot\cos\left(\theta-\dfrac{\pi}{3}\right)=4$
よって　$\boldsymbol{r^2-6r\cos\left(\theta-\dfrac{\pi}{3}\right)+5=0}$

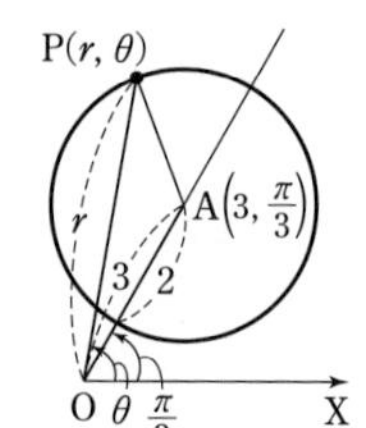


❶ **極座標**
**$r$，$\theta$ の特徴を活かす**

(2) △OAP は直角三角形であるから
$OP\cos\angle AOP=OA$
ここで　$OP=r$，$OA=2$，
$\angle AOP=\left|\theta-\dfrac{\pi}{4}\right|$
よって　$\boldsymbol{r\cos\left(\theta-\dfrac{\pi}{4}\right)=2}$

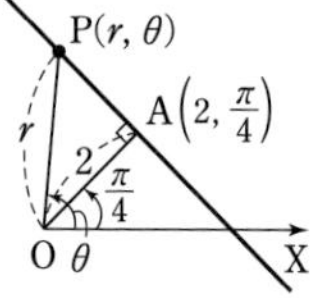


❶ **極座標**
**$r$，$\theta$ の特徴を活かす**

**練習 ②175**
(1) 楕円 $2x^2+3y^2=1$ を極方程式で表せ。
(2) 次の極方程式はどのような曲線を表すか。直交座標の方程式で答えよ。
(ア) $\dfrac{1}{r}=\dfrac{1}{2}\cos\theta+\dfrac{1}{3}\sin\theta$　　(イ) $r=\cos\theta+\sin\theta$
(ウ) $r^2(1+3\cos^2\theta)=4$　　(エ) $r^2\cos 2\theta=r\sin\theta(1-r\sin\theta)+1$

(1) $2x^2+3y^2=1$ に $x=r\cos\theta$，$y=r\sin\theta$ を代入すると
$2r^2\cos^2\theta+3r^2\sin^2\theta=1$
よって　$2r^2(1-\sin^2\theta)+3r^2\sin^2\theta=1$
ゆえに　$\boldsymbol{r^2(2+\sin^2\theta)=1}$

←$\sin^2\theta=1-\cos^2\theta$ を代入して，$r^2(3-\cos^2\theta)=1$ としてもよい。

(2) (ア) 両辺に $6r$ を掛けて　$6=3r\cos\theta+2r\sin\theta$
ゆえに　$6=3x+2y$　よって，**直線 $\boldsymbol{3x+2y=6}$** を表す。

←$r\cos\theta=x$，$r\sin\theta=y$

(イ) 両辺に $r$ を掛けて　$r^2=r\cos\theta+r\sin\theta$
ゆえに　$x^2+y^2=x+y$

←$r^2=x^2+y^2$

よって，**円 $\boldsymbol{\left(x-\dfrac{1}{2}\right)^2+\left(y-\dfrac{1}{2}\right)^2=\dfrac{1}{2}}$** を表す。

(ウ) 与式から　$r^2+3(r\cos\theta)^2=4$　ゆえに　$x^2+y^2+3x^2=4$
よって，**楕円 $\boldsymbol{x^2+\dfrac{y^2}{4}=1}$** を表す。

(エ) 与式から　$r^2(\cos^2\theta-\sin^2\theta)=r\sin\theta(1-r\sin\theta)+1$
よって　$(r\cos\theta)^2-(r\sin\theta)^2=r\sin\theta(1-r\sin\theta)+1$
ゆえに　$x^2-y^2=y(1-y)+1$
よって，**放物線 $\boldsymbol{y=x^2-1}$** を表す。

**←2 倍角の公式**
$\boldsymbol{\cos 2\theta=\cos^2\theta-\sin^2\theta}$

**練習 ③176**
点 C を中心とする半径 $a$ の円 $C$ の定直径を OA とする。点 P は円 $C$ 上の動点で，点 P における接線に O から垂線 OQ を引き，OQ の延長上に点 R をとって $QR=a$ とする。O を極，始線を OA とする極座標上において，点 R の極座標を $(r,\ \theta)$（ただし，$0\leqq\theta<\pi$）とするとき
(1) 点 R の軌跡の極方程式を求めよ。
(2) 直線 OR の点 R における垂線 RQ′ は，点 C を中心とする定円に接することを示せ。

(1) 点Kを$CK\perp OQ$となるように直線OQ上にとると，四角形PQKCは長方形であるから　$KQ=CP=a$

←線分CPは円$C$の半径。

また　$QR=a$

[1] $0<\theta<\dfrac{\pi}{2}$のとき

$$OR=RQ+QK+KO$$

よって　$r=a+a+a\cos\theta$

ゆえに　$r=a(2+\cos\theta)$

**軌跡**
**軌跡上の動点$(r,\ \theta)$の関係式を導く**

←直角三角形KOCに注目。

[2] $\dfrac{\pi}{2}<\theta<\pi$のとき

$$OR=RQ+QK-KO$$

よって　$r=a+a-a\cos(\pi-\theta)$

ゆえに　$r=a(2+\cos\theta)$

←直角三角形KOCに注目。

[3] $\theta=0$のとき，点Pと点Qは一致し，$OR=3a=a(2+\cos 0)$を満たす。

[4] $\theta=\dfrac{\pi}{2}$のとき，$OR=2a$で，

$OR=a\left(2+\cos\dfrac{\pi}{2}\right)$を満たす。

[3]，[4]では，[1]，[2]で導かれた$r=a(2+\cos\theta)$が$\theta=0$，$\dfrac{\pi}{2}$のときも成り立つかどうかをチェックしている。

以上から，求める軌跡の極方程式は　$\boldsymbol{r=a(2+\cos\theta)}$

(2) $\theta\neq 0$のとき，2直線CP，RQ′の交点をSとすると，四角形RQPSは長方形であるから　$SP=RQ=a$

ゆえに　$CS=CP+PS=2a$　また　$CS\perp RQ'$

$\theta=0$のとき，$R(3a,\ 0)$で，直線RQ′は点Rを通り始線OAに垂直な直線である。よって　$CS=2a$，$CS\perp RQ'$

←$\theta=0$のとき，長方形PQRSはできない。

したがって，直線RQ′は，点$C(a,\ 0)$を中心とする半径$2a$の定円に接する。

**練習 ③177**

(1) 極座標において，点$A(3,\ \pi)$を通り始線に垂直な直線を$g$とする。極Oと直線$g$からの距離の比が次のように一定である点Pの軌跡の極方程式を求めよ。

(ア) 1：2　　(イ) 1：1

(2) 次の極方程式の表す曲線を，直交座標の方程式で表せ。　［(ウ) 類 琉球大］

(ア) $r=\dfrac{4}{1-\cos\theta}$　(イ) $r=\dfrac{\sqrt{6}}{2+\sqrt{6}\cos\theta}$　(ウ) $r=\dfrac{1}{2+\sqrt{3}\cos\theta}$

(1) 点Pの極座標を$(r,\ \theta)$とし，Pから直線$g$に下ろした垂線をPHとすると

(ア) PO：PH＝1：2

(イ) PO：PH＝1：1

**軌跡**
**軌跡上の動点$(r,\ \theta)$の関係式を導く**

(ア)，(イ)を満たす点Pは直線$g$の右側にあり　$PO=r$，$PH=3+r\cos\theta$

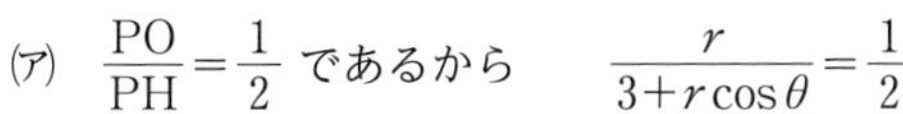

(ア) $\dfrac{PO}{PH}=\dfrac{1}{2}$であるから　$\dfrac{r}{3+r\cos\theta}=\dfrac{1}{2}$

よって　$2r=3+r\cos\theta$　ゆえに　$\boldsymbol{r=\dfrac{3}{2-\cos\theta}}$

←$2-\cos\theta\neq 0$

(イ) $\dfrac{\mathrm{PO}}{\mathrm{PH}}=1$ であるから　$\dfrac{r}{3+r\cos\theta}=1$

よって　$r=3+r\cos\theta$　ゆえに　$\boldsymbol{r=\dfrac{3}{1-\cos\theta}}$　←$\theta\neq 2n\pi$（$n$ は整数）

(2) (ア) 与式から　$r-r\cos\theta=4$　ゆえに　$r-x=4$　←$r\cos\theta=x$

よって　$r=x+4$　両辺を平方して　$r^2=(x+4)^2$

ゆえに　$x^2+y^2=(x+4)^2$　←$r^2=x^2+y^2$

したがって，**放物線 $\boldsymbol{y^2=8(x+2)}$** を表す。

(イ) 与式から　$2r+\sqrt{6}\,r\cos\theta=\sqrt{6}$

ゆえに　$2r+\sqrt{6}\,x=\sqrt{6}$　よって　$2r=\sqrt{6}\,(1-x)$　←$r\cos\theta=x$

両辺を平方して　$4r^2=6(1-x)^2$

ゆえに　$2(x^2+y^2)=3(1-x)^2$　∴　$x^2-6x-2y^2=-3$　←$r^2=x^2+y^2$

したがって，**双曲線 $\boldsymbol{\dfrac{(x-3)^2}{6}-\dfrac{y^2}{3}=1}$** を表す。　←$(x-3)^2-3^2-2y^2=-3$ などと変形。

(ウ) 与式から　$2r+\sqrt{3}\,r\cos\theta=1$　ゆえに　$2r+\sqrt{3}\,x=1$　←$r\cos\theta=x$

よって　$2r=1-\sqrt{3}\,x$　両辺を平方して　$4r^2=(1-\sqrt{3}\,x)^2$

ゆえに　$4(x^2+y^2)=(1-\sqrt{3}\,x)^2$　←$r^2=x^2+y^2$

よって　$x^2+2\sqrt{3}\,x+4y^2=1$

したがって，**楕円 $\boldsymbol{\dfrac{(x+\sqrt{3})^2}{4}+y^2=1}$** を表す。　←$(x+\sqrt{3})^2-(\sqrt{3})^2+4y^2=1$ などと変形。

## 練習 ③178

放物線 $y^2=4px$ $(p>0)$ を $C$ とし，原点を O とする。　〔類 名古屋工大〕

(1) $C$ の焦点 F を極とし，OF に平行で O を通らない半直線 FX を始線とする極座標において，曲線 $C$ の極方程式を求めよ。

(2) $C$ 上に 4 点があり，それらを $y$ 座標が大きい順に A，B，C，D とすると，線分 AC，BD は焦点 F で垂直に交わっている。ベクトル $\overrightarrow{\mathrm{FA}}$ が $x$ 軸の正の方向となす角を $\alpha$ とするとき，$\dfrac{1}{\mathrm{AF}\cdot\mathrm{CF}}+\dfrac{1}{\mathrm{BF}\cdot\mathrm{DF}}$ は $\alpha$ によらず一定であることを示し，その値を $p$ で表せ。

(1) 題意の極座標において，曲線 $C$ 上の点 P の極座標を $(r,\ \theta)$ とする。

点 P から $C$ の準線 $x=-p$ に垂線 PH を下ろすと　$\mathrm{PH}=\mathrm{PF}=r$　また

$\mathrm{PH}=2p+\mathrm{PF}\cos\theta=2p+r\cos\theta$　←放物線上の任意の点から焦点，準線までの距離は等しい。

よって　$r=2p+r\cos\theta$

ゆえに　$\boldsymbol{r(1-\cos\theta)=2p}$ …… ①

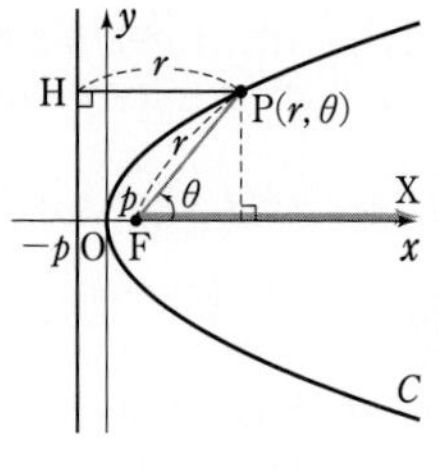


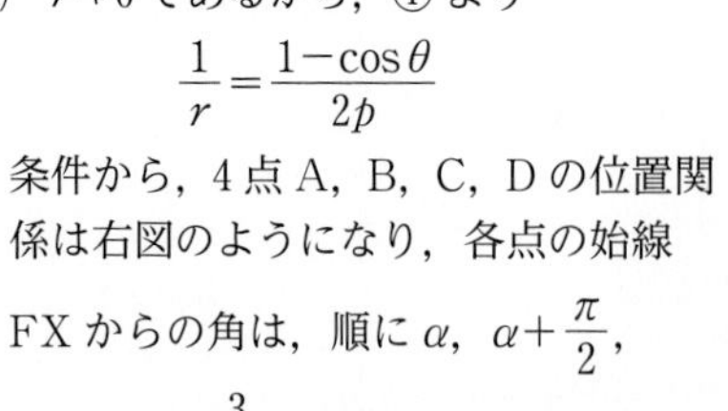

(2) $r\neq 0$ であるから，① より　←焦点 F は $C$ 上にないから　$r\neq 0$

$$\frac{1}{r}=\frac{1-\cos\theta}{2p}$$

条件から，4 点 A，B，C，D の位置関係は右図のようになり，各点の始線 FX からの角は，順に $\alpha$，$\alpha+\dfrac{\pi}{2}$，$\alpha+\pi$，$\alpha+\dfrac{3}{2}\pi$ と表される。

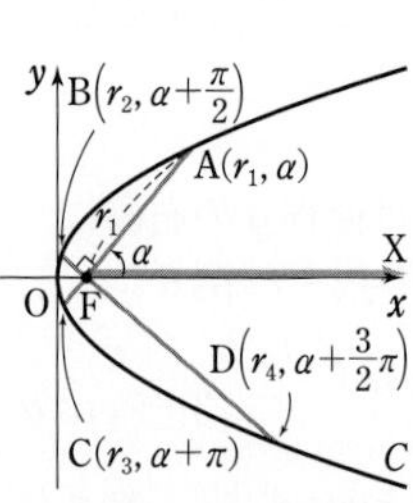

$$\frac{1}{\mathrm{AF}}=\frac{1-\cos\alpha}{2p},\quad \frac{1}{\mathrm{BF}}=\frac{1-\cos\left(\alpha+\frac{\pi}{2}\right)}{2p}=\frac{1+\sin\alpha}{2p},$$

$$\frac{1}{\mathrm{CF}}=\frac{1-\cos(\alpha+\pi)}{2p}=\frac{1+\cos\alpha}{2p},$$

$$\frac{1}{\mathrm{DF}}=\frac{1-\cos\left(\alpha+\frac{3}{2}\pi\right)}{2p}=\frac{1-\sin\alpha}{2p}$$

よって　$\dfrac{1}{\mathrm{AF}\cdot\mathrm{CF}}=\dfrac{1-\cos^2\alpha}{4p^2}$，$\dfrac{1}{\mathrm{BF}\cdot\mathrm{DF}}=\dfrac{1-\sin^2\alpha}{4p^2}$

ゆえに　$\dfrac{1}{\mathrm{AF}\cdot\mathrm{CF}}+\dfrac{1}{\mathrm{BF}\cdot\mathrm{DF}}=\dfrac{2-(\cos^2\alpha+\sin^2\alpha)}{4p^2}=\boldsymbol{\dfrac{1}{4p^2}}$ (一定)

←$\cos\left(\alpha+\frac{\pi}{2}\right)=-\sin\alpha$

←$\cos(\alpha+\pi)=-\cos\alpha$

←$\cos\left(\alpha+\frac{3}{2}\pi\right)$
$=\cos\left(\pi+\left(\alpha+\frac{\pi}{2}\right)\right)$
$=-\cos\left(\alpha+\frac{\pi}{2}\right)=\sin\alpha$

←$\alpha$ に無関係。

4章 練習 [式と曲線]

**練習 ③179** 曲線 $(x^2+y^2)^3=4x^2y^2$ の極方程式を求めよ。また，この曲線の概形をかけ。ただし，原点Oを極，$x$ 軸の正の部分を始線とする。

$x=r\cos\theta$，$y=r\sin\theta$，$x^2+y^2=r^2$ を方程式に代入すると

$$(r^2)^3=4(r\cos\theta)^2(r\sin\theta)^2$$

よって　$r^6-r^4\sin^2 2\theta=0$

ゆえに　$r^4(r+\sin 2\theta)(r-\sin 2\theta)=0$

よって　$r=0$ または $r=\sin 2\theta$ または $r=-\sin 2\theta$

ここで，$r=-\sin 2\theta$ から　$-r=\sin\{2(\theta+\pi)\}$

点 $(r,\ \theta)$ と点 $(-r,\ \theta+\pi)$ は同じ点を表すから，$r=\sin 2\theta$ と $r=-\sin 2\theta$ は同値である。

また，曲線 $r=\sin 2\theta$ は極を通る。

したがって，求める極方程式は　$\boldsymbol{r=\sin 2\theta}$

次に，$f(x,\ y)=(x^2+y^2)^3-4x^2y^2$ とすると，曲線の方程式は

$$f(x,\ y)=0 \quad \cdots\cdots \text{①}$$

$f(x,\ -y)=f(-x,\ y)=f(-x,\ -y)=f(x,\ y)$ であるから，曲線 ① は $x$ 軸，$y$ 軸，原点に関してそれぞれ対称である。

$r\geqq 0$，$0\leqq\theta\leqq\dfrac{\pi}{2}$ として，いくつかの $\theta$ の値とそれに対応する $r$ の値を求めると，次のようになる。

| $\theta$ | $0$ | $\frac{\pi}{12}$ | $\frac{\pi}{8}$ | $\frac{\pi}{6}$ | $\frac{\pi}{4}$ | $\frac{\pi}{3}$ | $\frac{3}{8}\pi$ | $\frac{5}{12}\pi$ | $\frac{\pi}{2}$ |
|---|---|---|---|---|---|---|---|---|---|
| $r$ | $0$ | $\frac{1}{2}$ | $\frac{\sqrt{2}}{2}$ | $\frac{\sqrt{3}}{2}$ | $1$ | $\frac{\sqrt{3}}{2}$ | $\frac{\sqrt{2}}{2}$ | $\frac{1}{2}$ | $0$ |

これをもとにして，第1象限における ① の曲線をかき，それと $x$ 軸，$y$ 軸，原点に関して対称な曲線もかき加えると，曲線の概形は **右図** のようになる。

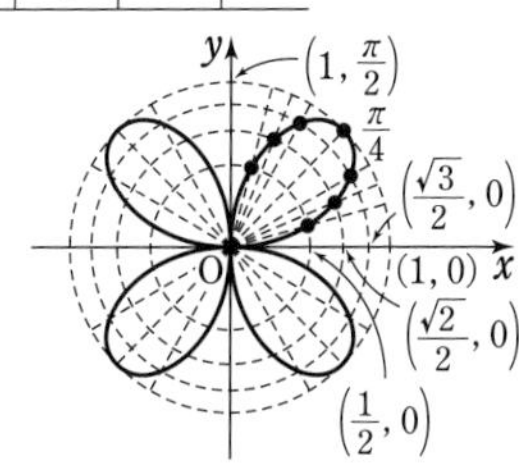


←$2\sin\theta\cos\theta=\sin 2\theta$

←$\theta=0$ のとき $\sin 2\theta=0$

←$(-x)^2=x^2$，$(-y)^2=y^2$

←$y=\sin 2\theta$ のグラフは直線 $\theta=\dfrac{\pi}{4}$ に関して対称でもある。

←図中の座標は，極座標である。

検討　$a$ を有理数とするとき，極方程式 $r=\sin a\theta$ で表される曲線を **正葉曲線**（バラ曲線）という。

**EX ②87** $a$, $b$ を実数とし, $b<a$ とする。焦点が点 $(0,\ a)$, 準線が直線 $y=b$ である放物線を $P$ で表すことにする。すなわち, $P$ は点 $(0,\ a)$ からの距離と直線 $y=b$ からの距離が等しい点の軌跡である。
(1) 放物線 $P$ の方程式を求めよ。
(2) 焦点 $(0,\ a)$ を中心とする半径 $a-b$ の円を $C$ とする。このとき, 円 $C$ と放物線 $P$ の交点の座標を求めよ。 〔類 愛知教育大〕

(1) 放物線 $P$ 上の点 $(x,\ y)$ は, 焦点 $(0,\ a)$ からの距離と直線 $y=b$ からの距離が等しい。

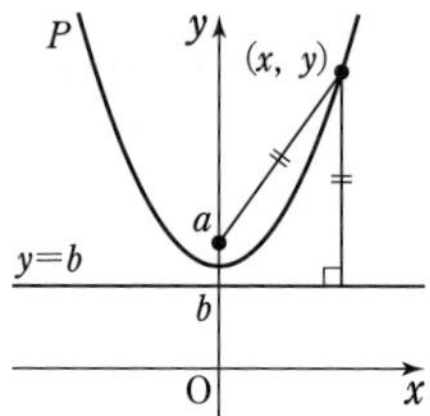


$a>b$ であるから

$y-b=\sqrt{x^2+(y-a)^2}$ …… ①

よって　$(y-b)^2=x^2+(y-a)^2$

整理すると　$2(a-b)y=x^2+a^2-b^2$

$a-b>0$ であるから, 放物線 $P$ の方程式は

$$\boldsymbol{y=\frac{1}{2(a-b)}x^2+\frac{a+b}{2}}$$

(2) 円 $C$ の方程式は　$x^2+(y-a)^2=(a-b)^2$ …… ②

これを ① に代入すると, $a-b>0$ から　$y-b=a-b$

よって　$y=a$

このとき, ② から　$x^2=(a-b)^2$　ゆえに　$x=\pm(a-b)$

よって, 求める交点の座標は　$\boldsymbol{(a-b,\ a),\ (b-a,\ a)}$

←放物線の定義を式に表すことで, 放物線 $P$ の方程式を求める。

←図をかいてみると, 放物線 $P$ 上の点は直線 $y=b$ の上側にあることがわかる。

←$a^2-b^2=(a+b)(a-b)$

←(1) の答えの式と ② を連立して解くのは大変。① と ② を連立して解くとよい。

**EX ③88** $d$ を正の定数とする。2 点 A$(-d,\ 0)$, B$(d,\ 0)$ からの距離の和が $4d$ である点 P の軌跡として定まる楕円 $E$ を考える。
(1) 楕円 $E$ の長軸と短軸の長さを求めよ。
(2) $\mathrm{AP}^2+\mathrm{BP}^2$ および $\mathrm{AP}\cdot\mathrm{BP}$ を, OP と $d$ を用いて表せ (O は原点)。
(3) 点 P が楕円 $E$ 全体を動くとき, $\mathrm{AP}^3+\mathrm{BP}^3$ の最大値と最小値を $d$ を用いて表せ。 〔筑波大〕

(1) 長軸の長さを $2a$, 短軸の長さを $2b$ とすると, $a>b>0$ であり, 条件から楕円 $E$ の方程式は　$\dfrac{x^2}{a^2}+\dfrac{y^2}{b^2}=1$　とおける。

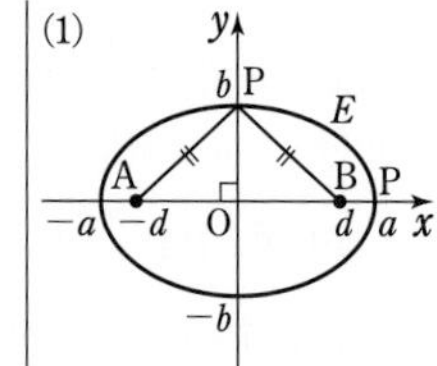


点 A, B は楕円 $E$ の焦点であるから　$\mathrm{AP}+\mathrm{BP}=2a$

よって　$2a=4d$　ゆえに　$a=2d$

また, $a^2-b^2=d^2$ から　$b^2=a^2-d^2=4d^2-d^2=3d^2$

$b>0$, $d>0$ から　$b=\sqrt{3}\,d$

したがって　**長軸の長さは $4d$, 短軸の長さは $2\sqrt{3}\,d$**

(2) P$(x,\ y)$ とすると

$\mathrm{AP}^2=(x+d)^2+y^2$, $\mathrm{BP}^2=(x-d)^2+y^2$

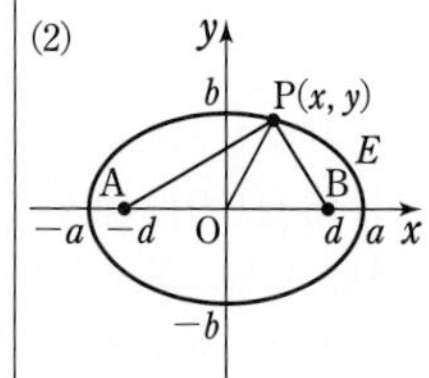


よって　$\boldsymbol{\mathrm{AP}^2+\mathrm{BP}^2}=2(x^2+y^2)+2d^2\boldsymbol{=2\mathrm{OP}^2+2d^2}$

また, $\mathrm{AP}+\mathrm{BP}=4d$ であるから

$$\boldsymbol{\mathrm{AP}\cdot\mathrm{BP}}=\frac{1}{2}\{(\mathrm{AP}+\mathrm{BP})^2-(\mathrm{AP}^2+\mathrm{BP}^2)\} \quad \cdots\cdots (*)$$

$$=\frac{1}{2}\{(4d)^2-(2\mathrm{OP}^2+2d^2)\}\boldsymbol{=7d^2-\mathrm{OP}^2}$$

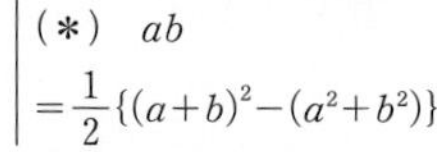

$(*)$　$ab=\dfrac{1}{2}\{(a+b)^2-(a^2+b^2)\}$

別解 $AP^2+BP^2$ の求め方。

原点Oは辺ABの中点であるから，△PABにおいて中線定理により　　$\mathbf{AP^2+BP^2}=2(OP^2+OA^2)\mathbf{=2OP^2+2d^2}$

(3)　$AP^3+BP^3=(AP+BP)^3-3AP\cdot BP(AP+BP)$

$=(4d)^3-3(7d^2-OP^2)\cdot 4d$

$=12dOP^2-20d^3$　　←OPの2次関数。

(1)より，$b\leqq OP\leqq a$ すなわち $\sqrt{3}d\leqq OP\leqq 2d$ であるから

$AP^3+BP^3$ は **$OP=2d$ のとき最大値** $12d\cdot 4d^2-20d^3=\mathbf{28d^3}$，

**$OP=\sqrt{3}d$ のとき最小値** $12d\cdot 3d^2-20d^3=\mathbf{16d^3}$ をとる。

**中線定理**

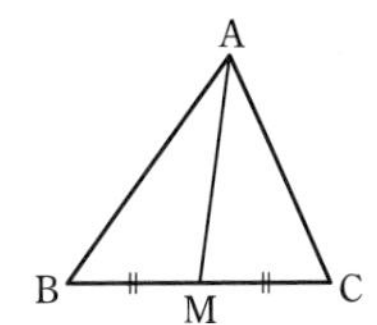


△ABCの辺BCの中点をMとすると

$AB^2+AC^2=2(AM^2+BM^2)$

## EX ③89

楕円 $\frac{x^2}{9}+\frac{y^2}{4}=1$ に内接する正方形の1辺の長さは ア□ である。また，この楕円に内接する長方形の面積の最大値は イ□ である。〔成蹊大〕



楕円に内接する正方形の1辺の長さを $2l$ とすると，第1象限にある正方形の頂点の座標は　　$(l,\ l)$

←楕円 $\frac{x^2}{a^2}+\frac{y^2}{b^2}=1$ は $x$ 軸，$y$ 軸に関して対称であるから，この楕円に内接する長方形の4辺は座標軸と平行である。

これが楕円 $\frac{x^2}{9}+\frac{y^2}{4}=1$ 上にあるから

$$\frac{l^2}{9}+\frac{l^2}{4}=1$$

よって　　$l^2=\frac{36}{13}$　　$l>0$ であるから　　$l=\frac{6}{\sqrt{13}}$

ゆえに，楕円に内接する正方形の1辺の長さは　　$2l=$ ア $\mathbf{\frac{12}{\sqrt{13}}}$

また，楕円に内接する長方形の第1象限にある頂点の座標を $(s,\ t)$ $(s>0,\ t>0)$ とすると，長方形の面積 $S$ は

$$S=2s\cdot 2t=4st$$

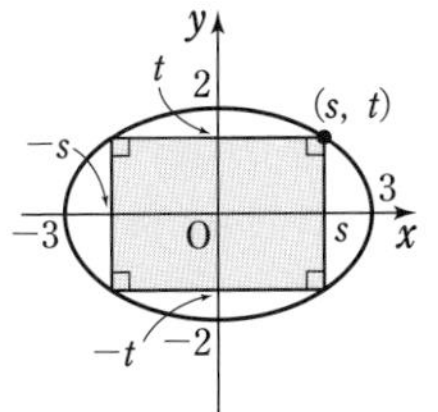


点 $(s,\ t)$ は楕円上にあるから

$$\frac{s^2}{9}+\frac{t^2}{4}=1 \quad \cdots\cdots ①$$

$\frac{s^2}{9}>0,\ \frac{t^2}{4}>0$ であるから，(相加平均)≧(相乗平均) により

$$\frac{s^2}{9}+\frac{t^2}{4}\geqq 2\sqrt{\frac{s^2}{9}\cdot\frac{t^2}{4}}=\frac{1}{3}st$$

←$a>0,\ b>0$ のとき $\frac{a+b}{2}\geqq\sqrt{ab}$ ($a=b$ のとき等号成立。)

よって，① から　　$1\geqq\frac{1}{3}st$

ゆえに　　$4st\leqq 12$　すなわち　$S\leqq 12$

等号は，$\frac{s^2}{9}=\frac{t^2}{4}=\frac{1}{2}$ のとき成り立つ。このとき，

←① から。

$s^2=\frac{9}{2}$，$t^2=2$ で，$s>0$，$t>0$ から　　$s=\frac{3}{\sqrt{2}}$，$t=\sqrt{2}$

したがって，面積 $S$ の最大値は　　イ **12**

**EX ③90** 2 つの直線 $y=x$, $y=-x$ 上にそれぞれ点 A，B がある。△OAB の面積が $k$（$k$ は定数）のとき，線分 AB を 2：1 に内分する点 P の軌跡を求めよ。ただし，O は原点とする。

点 A，B は，それぞれ直線 $y=x$，$y=-x$ 上にあるから，$st\neq0$ として，A$(s,\ s)$，B$(t,\ -t)$ とする。

△OAB の面積を $S$ とすると

$$S=\frac{1}{2}|s\cdot(-t)-s\cdot t|=|st|$$

$S=k$ であるから　$|st|=k$ …… ①

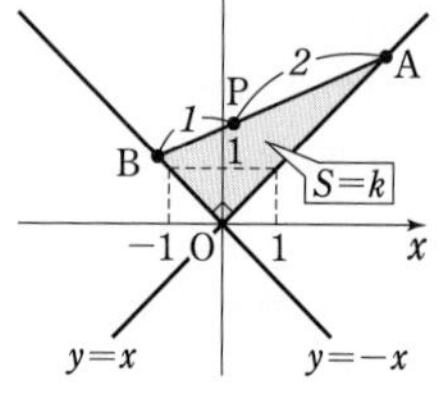


P$(x,\ y)$ とすると，点 P は線分 AB を 2：1 に内分するから

$$x=\frac{1\cdot s+2\cdot t}{2+1},\quad y=\frac{1\cdot s-2\cdot t}{2+1}$$

よって　　$s=\frac{3}{2}(x+y)$，$t=\frac{3}{4}(x-y)$ …… ②

② を ① に代入して　　$\frac{9}{8}|x^2-y^2|=k$

ゆえに，求める軌跡は　　**双曲線** $\boldsymbol{x^2-y^2=\pm\frac{8}{9}k}$

HINT　P$(x,\ y)$, A$(s,\ s)$, B$(t,\ -t)$ とする。まず，△OAB の面積に注目して $s$，$t$ の関係式を作る。

←OA$=\sqrt{2}\,|s|$，OB$=\sqrt{2}\,|t|$，∠AOB$=90°$ に注目すると　$S=\frac{1}{2}$OA・OB$=|st|$

←$s+2t=3x$ …… Ⓐ，$s-2t=3y$ …… Ⓑ

(Ⓐ+Ⓑ)÷2 から　$s=\frac{3}{2}(x+y)$

(Ⓐ−Ⓑ)÷4 から　$t=\frac{3}{4}(x-y)$

**EX ④91** $xy$ 座標平面上に 4 点 $A_1(0,\ 5)$，$A_2(0,\ -5)$，$B_1(c,\ 0)$，$B_2(-c,\ 0)$ をとる。ただし，$c>0$ とする。このとき，次の問いに答えよ。

(1) 2 点 $A_1$，$A_2$ からの距離の差が 6 であるような点 P$(x,\ y)$ の軌跡を求め，その軌跡を $xy$ 座標平面上に図示せよ。

(2) 2 点 $B_1$，$B_2$ からの距離の差が $2a$ であるような点が，(1) で求めた軌跡上に存在するための必要十分条件を $a$ と $c$ の関係式で表し，それを $ac$ 座標平面上に図示せよ。ただし，$c>a>0$ とする。

〔大阪教育大〕

HINT　焦点が $x$ 軸上にあるか $y$ 軸上にあるかに注意して，軌跡の方程式を求める。

(1) 点 P の軌跡は，$A_1$，$A_2$ を焦点とする双曲線であるから

$$\frac{x^2}{m^2}-\frac{y^2}{n^2}=-1\quad(m>0,\ n>0)$$ とおける。

焦点からの距離の差が 6 であるから　$2n=6$　　ゆえに　$n=3$

焦点の $y$ 座標について　$\sqrt{m^2+n^2}=5$

$n=3$ を代入すると　$\sqrt{m^2+3^2}=5$

両辺を平方すると　　$m^2=16$

よって，求める軌跡は，

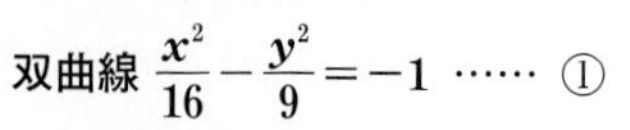

**双曲線** $\boldsymbol{\frac{x^2}{16}-\frac{y^2}{9}=-1}$ …… ①

で，その概形は **右図** のようになる。

(2) 2 点 $B_1$，$B_2$ からの距離の差が $2a$ である点を Q$(x,\ y)$ とすると，Q の軌跡は，$B_1$，$B_2$ を焦点とする双曲線であるから

$$\frac{x^2}{p^2}-\frac{y^2}{q^2}=1\quad(p>0,\ q>0)$$ とおける。

焦点からの距離の差が $2a$ であるから　　$2p=2a$

ゆえに　　$p=a$

←中心が原点 O で，$y$ 軸上に焦点がある双曲線。

←漸近線は 2 直線 $y=\pm\frac{3}{4}x$

←中心が原点 O で，$x$ 軸上に焦点がある双曲線。

焦点の $x$ 座標について　$\sqrt{p^2+q^2}=c$

$p=a$ を代入すると　$\sqrt{a^2+q^2}=c$

両辺を平方すると　$q^2=c^2-a^2$

ゆえに，Q の軌跡は，双曲線 $\dfrac{x^2}{a^2}-\dfrac{y^2}{c^2-a^2}=1$ …… ② である。

←$c>a>0$ であるから $c^2-a^2>0$

Q が ① 上に存在するための条件は，① と ② が共有点をもつことである。

①，② から $y$ を消去して整理すると

$$(16c^2-25a^2)x^2=16a^2(c^2-a^2+9) \quad \cdots\cdots ③$$

←① を変形した $y^2=\dfrac{9}{16}x^2+9$ を ② に代入して整理する。

$c>a>0$ であるから　$a^2(c^2-a^2+9)>0$

よって，③ が実数解をもつための条件は　$16c^2-25a^2>0$

←$sx^2=t$ $(t>0)$ が実数解をもつための条件は $s>0$

ゆえに　$(4c+5a)(4c-5a)>0$

$4c+5a>0$ であるから　$c>\dfrac{5}{4}a$

よって，求める条件は

$$c>\frac{5}{4}a \text{ かつ } c>a>0$$

すなわち　$\boldsymbol{c>\dfrac{5}{4}a}$ **かつ** $\boldsymbol{a>0}$

←$c>\dfrac{5}{4}a$ かつ $a>0$ のとき，$c>a$ は常に成り立つ。

この不等式の表す領域は，**右図の斜線部分。ただし，境界線を含まない。**

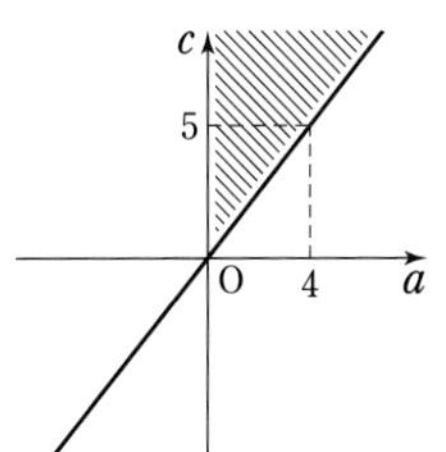


4章 EX〔式と曲線〕

## EX ④92

$t\neq1$，$t\neq2$ とする。方程式 $\dfrac{x^2}{2-t}+\dfrac{y^2}{1-t}=1$ で表される 2 次曲線について

(1) 2 次曲線 $\dfrac{x^2}{2-t}+\dfrac{y^2}{1-t}=1$ が点 $(1,\ 1)$ を通るとき，$t$ の値を求めよ。また，そのときの焦点を求めよ。

(2) 定点 $(a,\ a)$ $(a\neq0)$ を通る 2 次曲線 $\dfrac{x^2}{2-t}+\dfrac{y^2}{1-t}=1$ は 2 つあり，1 つは楕円，もう 1 つは双曲線であることを示せ。　〔類　宇都宮大〕

HINT　(2) 通る点の座標を代入してできる $t$ の 2 次方程式 $f(t)=0$ について，放物線 $y=f(t)$ と $t$ 軸の交点の座標に注目。

$\dfrac{x^2}{2-t}+\dfrac{y^2}{1-t}=1$ …… ① とする。

(1) 2 次曲線 ① が点 $(1,\ 1)$ を通るから　$\dfrac{1^2}{2-t}+\dfrac{1^2}{1-t}=1$

←通る点の座標を方程式に代入。

よって　$(1-t)+(2-t)=(2-t)(1-t)$

整理すると　$t^2-t-1=0$　これを解くと　$t=\dfrac{1\pm\sqrt{5}}{2}$

←$t=\dfrac{-(-1)\pm\sqrt{(-1)^2-4\cdot(-1)}}{2}$

$t=\dfrac{1+\sqrt{5}}{2}$ のとき　$2-t=2-\dfrac{1+\sqrt{5}}{2}=\dfrac{3-\sqrt{5}}{2}>0$,

$1-t=1-\dfrac{1+\sqrt{5}}{2}=\dfrac{1-\sqrt{5}}{2}<0$

←$2<\sqrt{5}<3$
**① の左辺の分母 $2-t$，$1-t$ の符号がわかれば 2 次曲線の種類が判別できる。**

よって，このとき ① は双曲線を表す。

また，$\sqrt{(2-t)+\{-(1-t)\}}=1$ であるから，焦点は

2 点 $(1,\ 0)$，$(-1,\ 0)$

$t=\dfrac{1-\sqrt{5}}{2}$ のとき

$$2-t=2-\frac{1-\sqrt{5}}{2}=\frac{3+\sqrt{5}}{2}>0,$$

$$1-t=1-\frac{1-\sqrt{5}}{2}=\frac{1+\sqrt{5}}{2}>0$$

よって，このとき ① は楕円を表す。

また，$\sqrt{(2-t)-(1-t)}=1$ であるから，焦点は

2 点 $(1,\ 0)$，$(-1,\ 0)$

したがって　　**$t=\dfrac{1\pm\sqrt{5}}{2}$，焦点は　2 点 $(1,\ 0)$，$(-1,\ 0)$**

←① は $\dfrac{x^2}{A}-\dfrac{y^2}{B}=1$ $(A>0,\ B>0)$ の形。このとき，焦点は 2 点 $(\sqrt{A+B},\ 0)$，$(-\sqrt{A+B},\ 0)$

←① は $\dfrac{x^2}{A}+\dfrac{y^2}{B}=1$ $(A>B>0)$ の形。このとき，焦点は 2 点 $(\sqrt{A-B},\ 0)$，$(-\sqrt{A-B},\ 0)$

(2)　2 次曲線 ① が点 $(a,\ a)$ を通るから

$$\frac{a^2}{2-t}+\frac{a^2}{1-t}=1$$

整理すると　　$t^2+(2a^2-3)t+2-3a^2=0$ ……　②

ここで，$f(t)=t^2+(2a^2-3)t+2-3a^2$ とすると，$a\neq 0$ であるから

$f(1)=-a^2<0$，$f(2)=a^2>0$

よって，放物線 $y=f(t)$ は $t$ 軸と異なる 2 点で交わり，その $t$ 座標を $\alpha$，$\beta$ $(\alpha<\beta)$ とすると

$\alpha<1<\beta<2$

ゆえに　　$2-\alpha>0$，$1-\alpha>0$，$2-\beta>0$，$1-\beta<0$

よって，② の解が $t=\alpha$ のとき ① は楕円を表し，② の解が $t=\beta$ のとき ① は双曲線を表す。

←② の解は簡単な形にならない。

←欲しいのは，② の解と 1，2 との大小関係。グラフを利用して考える。

←$\alpha$，$\beta$ は ② の 2 解。

**EX ⑤93**

座標空間において，$xy$ 平面上にある双曲線 $x^2-y^2=1$ のうち $x\geqq 1$ を満たす部分を $C$ とする。また，$z$ 軸上の点 $\mathrm{A}(0,\ 0,\ 1)$ を考える。点 P が $C$ 上を動くとき，直線 AP と平面 $x=d$ との交点の軌跡を求めよ。ただし，$d$ は正の定数とする。　〔九州大〕

HINT　$\mathrm{P}(s,\ t,\ 0)$ $(s\geqq 1)$ とし，まず $s$，$t$ の関係式を求める。
次に，直線 AP 上の任意の点を Q とすると，$\overrightarrow{\mathrm{OQ}}=\overrightarrow{\mathrm{OA}}+k\overrightarrow{\mathrm{AP}}$（O は原点，$k$ は実数）と表されることを利用して，直線 AP と平面 $x=d$ との交点の座標を $s$，$t$，$d$ の式で表す。

$\mathrm{P}(s,\ t,\ 0)$ $(s\geqq 1)$ とすると　　$s^2-t^2=1$ ……　①

直線 AP 上の任意の点を Q とすると

$$\begin{aligned}\overrightarrow{\mathrm{OQ}}&=\overrightarrow{\mathrm{OA}}+k\overrightarrow{\mathrm{AP}}\\&=(0,\ 0,\ 1)+k(s,\ t,\ -1)\\&=(ks,\ kt,\ 1-k)\end{aligned}$$

ここで，O は原点，$k$ は実数である。

点 Q が平面 $x=d$ 上にあるとき　　$ks=d$

$s\neq 0$ であるから　　$k=\dfrac{d}{s}$

←点 P は $xy$ 平面上の図形 $C$（双曲線の一部）上を動く。

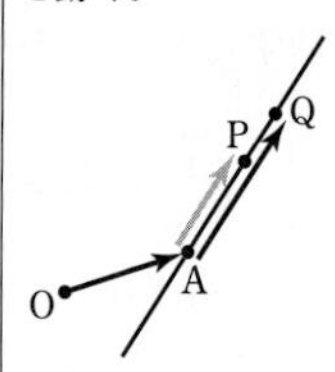

このとき　$\overrightarrow{\mathrm{OQ}}=\left(d,\ \dfrac{d}{s}t,\ 1-\dfrac{d}{s}\right)$

ゆえに，$Y=\dfrac{d}{s}t$ …… ②，$Z=1-\dfrac{d}{s}$ …… ③ とすると，

③ から　$s(1-Z)=d$

ここで，$d>0$，$s\geqq1$ から　$0<\dfrac{d}{s}\leqq d$

よって　$1-d\leqq Z<1$　ゆえに　$s=\dfrac{d}{1-Z}$ …… ④

また，② から　$t=\dfrac{s}{d}Y=\dfrac{1}{d}\cdot\dfrac{d}{1-Z}Y=\dfrac{Y}{1-Z}$ …… ⑤

④，⑤ を ① に代入して

$$\left(\frac{d}{1-Z}\right)^2-\left(\frac{Y}{1-Z}\right)^2=1$$

よって　$Y^2+(Z-1)^2=d^2$，
$1-d\leqq Z<1$

したがって，求める軌跡は，**平面 $x=d$ 上の点 $(d,\ 0,\ 1)$ を中心とする半径 $d$ の円の $z<1$ の部分** である。

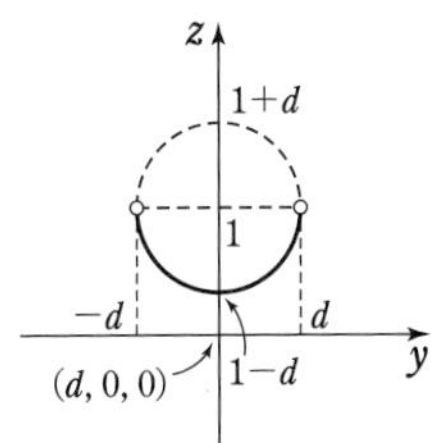


←〜〜〜が直線 AP と平面 $x=d$ の交点の座標。この交点は平面 $x=d$ 上を動くから，交点の $y$ 座標を $Y$，$z$ 座標を $Z$ として，$Y$，$Z$ の関係式を求めることを目指す。⟶ ①，②，③ から $s$，$t$ を消去する。$d>0$，$s\geqq1$ から，$Z$ の値の範囲が制限されることにも注意。

←両辺に $(Z-1)^2$ を掛けて，分母を払う。

4章
EX
[式と曲線]

**EX ②94**

方程式 $2x^2-8x+y^2-6y+11=0$ が表す 2 次曲線を $C_1$ とする。また，$a$，$b$，$c\,(c>0)$ を定数とし，方程式 $(x-a)^2-\dfrac{(y-b)^2}{c^2}=1$ が表す双曲線を $C_2$ とする。$C_1$ の 2 つの焦点と $C_2$ の 2 つの焦点が正方形の 4 つの頂点となるとき，$a$，$b$，$c$ の値を求めよ。〔類　名城大〕

$2x^2-8x+y^2-6y+11=0$ から

$$2(x-2)^2+(y-3)^2=6$$

よって　$\dfrac{(x-2)^2}{3}+\dfrac{(y-3)^2}{6}=1$

ゆえに，$C_1$ は楕円 $\dfrac{x^2}{3}+\dfrac{y^2}{6}=1$ …… ① を $x$ 軸方向に 2，$y$ 軸方向に 3 だけ平行移動したものである。

楕円 ① の焦点は 2 点 $(0,\ \sqrt{3})$，$(0,\ -\sqrt{3})$ であるから，楕円 $C_1$ の焦点は 2 点 $(2,\ 3+\sqrt{3})$，$(2,\ 3-\sqrt{3})$ である。

また，$C_2$ は双曲線 $x^2-\dfrac{y^2}{c^2}=1$ …… ② を $x$ 軸方向に $a$，$y$ 軸方向に $b$ だけ平行移動したものである。

双曲線 ② の焦点は 2 点 $(\sqrt{1+c^2},\ 0)$，$(-\sqrt{1+c^2},\ 0)$ であるから，双曲線 $C_2$ の焦点は

2 点 $(a+\sqrt{1+c^2},\ b)$，$(a-\sqrt{1+c^2},\ b)$

$\mathrm{F}_1(2,\ 3+\sqrt{3})$，$\mathrm{F}_2(2,\ 3-\sqrt{3})$，$\mathrm{G}_1(a+\sqrt{1+c^2},\ b)$，$\mathrm{G}_2(a-\sqrt{1+c^2},\ b)$ とすると，点 $\mathrm{F}_1$，$\mathrm{F}_2$ は直線 $x=2$ 上，点 $\mathrm{G}_1$，$\mathrm{G}_2$ は直線 $y=b$ 上にあるから　$\mathrm{F}_1\mathrm{F}_2\perp\mathrm{G}_1\mathrm{G}_2$

HINT　まず，2 曲線 $C_1$，$C_2$ の焦点をそれぞれ求める。

←$(0,\ \sqrt{6-3})$，$(0,\ -\sqrt{6-3})$

←直線 $x=2$，$y=b$ は直交。

よって，4点 $F_1$，$F_2$，$G_1$，$G_2$ が正方形の4つの頂点となるとき，対角線 $F_1F_2$，$G_1G_2$ は長さが等しく，それぞれの中点で交わる。

対角線 $F_1F_2$ の中点は点 $(2,\ 3)$，対角線 $G_1G_2$ の中点は点 $(a,\ b)$ であるから　　$a=2,\ b=3$

$F_1F_2=G_1G_2$ から　　$2\sqrt{3}=2\sqrt{1+c^2}$

ゆえに　　$\sqrt{1+c^2}=\sqrt{3}$　　　両辺を平方して　　$c^2=2$

$c>0$ であるから　　$c=\sqrt{2}$

したがって　　$\boldsymbol{a=2,\ b=3,\ c=\sqrt{2}}$

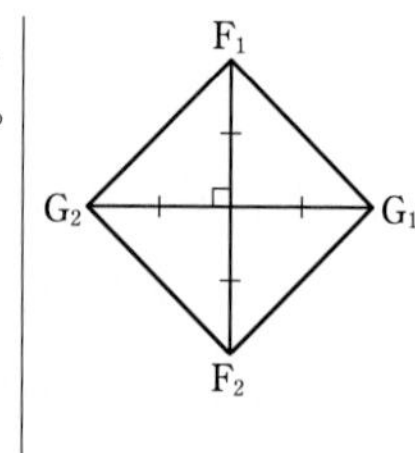


**EX ③95**

楕円 $\dfrac{x^2}{7}+\dfrac{y^2}{3}=1$ を，原点を中心として角 $\dfrac{\pi}{6}$ だけ回転して得られる曲線を $C$ とする。

(1) 曲線 $C$ の方程式を求めよ。

(2) 直線 $y=t$ が $C$ と共有点をもつような実数 $t$ の値の範囲を求めよ。　〔類 名古屋工大〕

(1) 楕円 $\dfrac{x^2}{7}+\dfrac{y^2}{3}=1$ 上の点 $P(X,\ Y)$ を，原点を中心として角 $\dfrac{\pi}{6}$ だけ回転した点を $Q(x,\ y)$ とすると，複素数平面上の点の回転を考えることにより，次の等式が成り立つ。

$$X+Yi=\left\{\cos\left(-\frac{\pi}{6}\right)+i\sin\left(-\frac{\pi}{6}\right)\right\}(x+yi)\ \cdots\cdots ①$$

$X+Yi \underset{-\frac{\pi}{6}\text{ 回転}}{\overset{\frac{\pi}{6}\text{ 回転}}{\rightleftarrows}} x+yi$

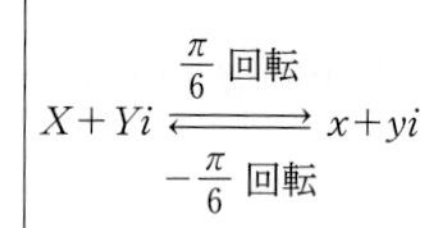

① から　　$X+Yi=\dfrac{\sqrt{3}-i}{2}(x+yi)=\dfrac{\sqrt{3}x+y}{2}+\dfrac{-x+\sqrt{3}y}{2}i$

よって　　$X=\dfrac{\sqrt{3}x+y}{2}$，$Y=\dfrac{-x+\sqrt{3}y}{2}$

ゆえに　　$2X=\sqrt{3}x+y$，$2Y=-x+\sqrt{3}y\ \cdots\cdots ②$

また，$\dfrac{X^2}{7}+\dfrac{Y^2}{3}=1$ すなわち，$12X^2+28Y^2=84$ であるから，② を代入して整理すると　　$\boldsymbol{4x^2-2\sqrt{3}xy+6y^2=21}\ \cdots\cdots ③$

これが求める曲線 $C$ の方程式である。

←$3(2X)^2+7(2Y)^2=84$ とみて，② を代入。

別解　動径 OQ が $x$ 軸の正の向きとなす角を $\alpha$ とすると，動径 OP が $x$ 軸の正の向きとなす角は $\alpha-\dfrac{\pi}{6}$ である。

また，$OP=OQ=r$ とすると

$$x=r\cos\alpha,\ y=r\sin\alpha$$

よって　　$X=r\cos\left(\alpha-\dfrac{\pi}{6}\right)=r\cos\alpha\cos\dfrac{\pi}{6}+r\sin\alpha\sin\dfrac{\pi}{6}$

$$=\frac{\sqrt{3}x+y}{2}$$

$$Y=r\sin\left(\alpha-\frac{\pi}{6}\right)=r\sin\alpha\cos\frac{\pi}{6}-r\cos\alpha\sin\frac{\pi}{6}=\frac{-x+\sqrt{3}y}{2}$$

これから ② が導かれる。以後は同様。

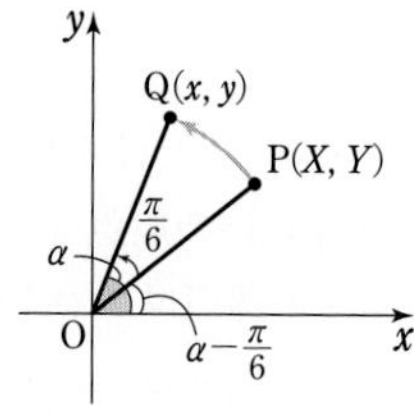


(2) ③ に $y=t$ を代入すると　　$4x^2-2\sqrt{3}tx+6t^2-21=0\ \cdots ④$

直線 $y=t$ が $C$ と共有点をもつための条件は，$x$ の2次方程式 ④ が実数解をもつことである。すなわち，④ の判別式を $D$ と

❶ **共有点 ⟺ 実数解**

すると　$D \geqq 0$

$\dfrac{D}{4}=(-\sqrt{3}\,t)^2-4(6t^2-21)=-21(t^2-4)=-21(t+2)(t-2)$

であるから　$(t+2)(t-2) \leqq 0$　　よって　$\boldsymbol{-2 \leqq t \leqq 2}$

**EX ③96**　$x$ 軸を準線とし，直線 $y=x$ に点 $(3,\ 3)$ で接している放物線がある。この放物線の焦点の座標は ${}^{ア}$□ であり，方程式は ${}^{イ}$□ である。〔順天堂大〕

放物線の頂点の座標を $(q,\ p)$ とすると，準線が $x$ 軸 $(y=0)$ であることから，放物線の焦点の座標は $(q,\ 2p)$ であり，方程式は　$(x-q)^2=4p(y-p)\ (p \neq 0)$ …… ①　とおける。

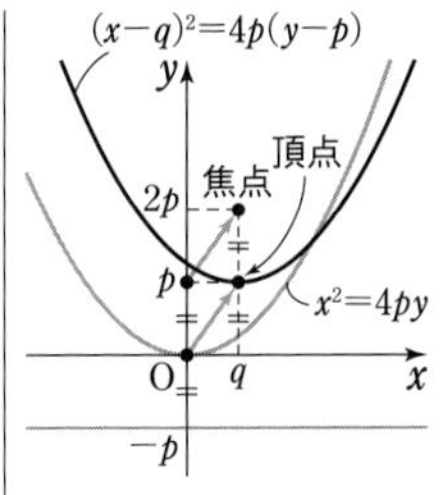


$y=x$ を ① に代入して　$(x-q)^2=4p(x-p)$

よって　$x^2-2(q+2p)x+q^2+4p^2=0$ …… ②

条件から，$x$ の 2 次方程式 ② は $x=3$ を重解にもつ。

ゆえに，② の判別式を $D$ とすると　$D=0$

ここで　$\dfrac{D}{4}=\{-(q+2p)\}^2-1\cdot(q^2+4p^2)=4pq$

ゆえに　$4pq=0$　　$p \neq 0$ であるから　$q=0$

このとき，② の重解は　$x=-\{-(q+2p)\}=2p$

よって　$2p=3$　　したがって　$p=\dfrac{3}{2}$

ゆえに，求める焦点の座標は $\left(0,\ 2\cdot\dfrac{3}{2}\right)$ すなわち ${}^{ア}\boldsymbol{(0,\ 3)}$

方程式は　$x^2=4\cdot\dfrac{3}{2}\left(y-\dfrac{3}{2}\right)$ すなわち ${}^{イ}\boldsymbol{x^2=6\left(y-\dfrac{3}{2}\right)}$

**接点 ⟺ 重解**
2 次方程式
$ax^2+2b'x+c=0$ が重解をもつとき，その重解は
$x=-\dfrac{b'}{a}$

**EX ③97**　$p$ を実数とし，$C: 4x^2-y^2=1$，$\ell: y=px+1$ によって与えられる双曲線 $C$ と直線 $\ell$ を考える。$C$ と $\ell$ が異なる 2 つの共有点をもつとき

(1)　$p$ の値の範囲を求めよ。

$C$ と $\ell$ の共有点を，その $x$ 座標が小さい方から順に $P_1$，$P_2$ とし，$C$ の 2 つの漸近線と $\ell$ の交点を，その $x$ 座標が小さい方から順に $Q_1$，$Q_2$ とする。

(2)　線分 $P_1P_2$ の中点，線分 $Q_1Q_2$ の中点の座標をそれぞれ求めよ。

(3)　$P_1Q_1=P_2Q_2$ が成り立つことを示せ。〔類 東京都立大〕

(1)　$y=px+1$ を $4x^2-y^2=1$ に代入して整理すると

$$(p^2-4)x^2+2px+2=0 \quad \cdots\cdots ①$$

←$y$ を消去。

$C$ と $\ell$ が異なる 2 つの共有点をもつから，$x$ の方程式 ① は異なる 2 つの実数解をもつ。

よって，$p^2-4 \neq 0$ から $p \neq \pm 2$ …… ② で，このとき 2 次方程式 ① の判別式を $D$ とすると　$D>0$

←① が 2 次方程式となって，異なる 2 つの実数解をもつ。

ここで　$\dfrac{D}{4}=p^2-(p^2-4)\cdot 2=-(p^2-8)$

$D>0$ から　$p^2-8<0$

よって　$-2\sqrt{2}<p<2\sqrt{2}$ …… ③

←$(p+2\sqrt{2})(p-2\sqrt{2})<0$

②，③ の共通範囲を求めて

$$\boldsymbol{-2\sqrt{2}<p<-2,\ -2<p<2,\ 2<p<2\sqrt{2}}$$

(2) 点 $P_1$，$P_2$ の $x$ 座標をそれぞれ $x_1$，$x_2\,(x_1<x_2)$ とすると，$x_1$，$x_2$ は ① の異なる実数解であるから，解と係数の関係により

$$x_1+x_2=-\frac{2p}{p^2-4}$$

よって，線分 $P_1P_2$ の中点の $x$ 座標は

$$\frac{x_1+x_2}{2}=-\frac{p}{p^2-4}$$

また，点 $P_1$，$P_2$ は $\ell$ 上にあるから，線分 $P_1P_2$ の中点の $y$ 座標は

$$p\left(-\frac{p}{p^2-4}\right)+1=-\frac{4}{p^2-4}\quad\cdots\cdots\ (*)$$

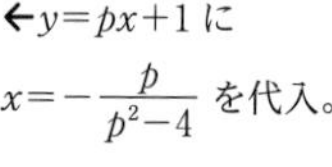


よって，**線分 $P_1P_2$ の中点** の座標は

$$\left(-\frac{p}{p^2-4},\ -\frac{4}{p^2-4}\right)$$

また，$C$ の漸近線は直線 $2x\pm y=0$　すなわち直線 $y=\pm 2x$ であるから，それぞれの漸近線と $\ell$ との交点の $x$ 座標は，

$\pm 2x=px+1$ を解いて　　$x=-\dfrac{1}{p\mp 2}$（複号同順）

ゆえに，線分 $Q_1Q_2$ の中点の $x$ 座標は

$$\frac{1}{2}\left\{\left(-\frac{1}{p-2}\right)+\left(-\frac{1}{p+2}\right)\right\}=-\frac{p}{p^2-4}$$

←(∗)と同じ結果。

また，点 $Q_1$，$Q_2$ は $\ell$ 上にあるから，線分 $Q_1Q_2$ の中点の $y$ 座標は

$$p\left(-\frac{p}{p^2-4}\right)+1=-\frac{4}{p^2-4}$$

←$y=px+1$ に $x=-\dfrac{p}{p^2-4}$ を代入。

よって，**線分 $Q_1Q_2$ の中点** の座標は

$$\left(-\frac{p}{p^2-4},\ -\frac{4}{p^2-4}\right)$$

(3) (2) の結果から，線分 $P_1P_2$ の中点と線分 $Q_1Q_2$ の中点は一致する。この点を M とすると

$$P_1M=P_2M,\ Q_1M=Q_2M$$

点 $P_1$，$P_2$，$Q_1$，$Q_2$，M はすべて $\ell$ 上にある。点 $Q_1$，$Q_2$ の $x$ 座標をそれぞれ $x_3$，$x_4\,(x_3<x_4)$ とすると

$$x_1<-\frac{p}{p^2-4}<x_2,\ x_3<-\frac{p}{p^2-4}<x_4$$

であるから，点 $P_1$ と点 $Q_1$，点 $P_2$ と点 $Q_2$ は点 M に関して同じ側にある。

したがって　　$P_1Q_1=|P_1M-Q_1M|=|P_2M-Q_2M|=P_2Q_2$

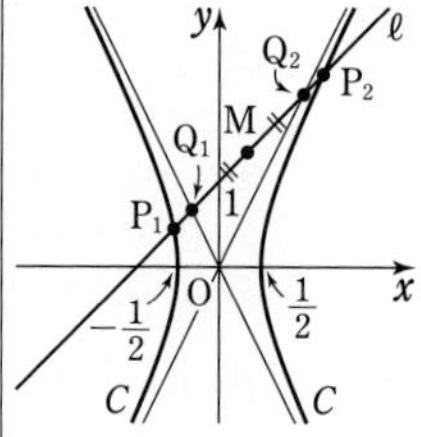


**EX ④98**　楕円 $E:\dfrac{x^2}{a}+y^2=1$ 上の点 A(0, 1) を中心とする円 $C$ が，次の 2 つの条件を満たしているとき，正の定数 $a$ の値を求めよ。

(i) 楕円 $E$ は円 $C$ とその内部に含まれ，$E$ と $C$ は 2 点 P，Q で接する。

(ii) △APQ は正三角形である。　　〔早稲田大〕

$a=1$ のとき，楕円 $E$ は円 $x^2+y^2=1$ となり，条件 (ii) を満たす円 $C$ は存在しないから，不適。よって，$a\neq1$ である。
円 $C$ の半径を $r$ $(r>0)$ とすると，円 $C$ の方程式は

$$x^2+(y-1)^2=r^2 \quad \cdots\cdots ①$$

また，$\dfrac{x^2}{a}+y^2=1$ から　　$x^2=a(1-y^2)$ ……②

② を ① に代入して整理すると

$$(a-1)y^2+2y+r^2-a-1=0 \quad \cdots\cdots ③$$

楕円 $E$ と円 $C$ はどちらも $y$ 軸に関して対称であるから，条件 (i) より，$y$ についての 2 次方程式 ③ は $-1<y<0$ の範囲に重解をもつ。

ゆえに，③ の判別式を $D$ とすると　　$D=0$

ここで　　$\dfrac{D}{4}=1^2-(a-1)\cdot(r^2-a-1)$

$\qquad\qquad =-(a-1)r^2+a^2$

$D=0$ から　　$r^2=\dfrac{a^2}{a-1}$ ……④

$r^2>0$ であるから　　$a-1>0$　すなわち　$a>1$

このとき，③ の重解は　　$y=-\dfrac{2}{2(a-1)}=-\dfrac{1}{a-1}$

ゆえに，$-1<-\dfrac{1}{a-1}<0$ から

$$0<\frac{1}{a-1}<1 \quad \cdots\cdots ⑤$$

条件 (ii) より，2 点 P，Q の $y$ 座標は $1-\dfrac{\sqrt{3}}{2}r$ と表されるから

$$1-\frac{\sqrt{3}}{2}r=-\frac{1}{a-1} \quad \text{すなわち} \quad r=\frac{2}{\sqrt{3}}\cdot\frac{a}{a-1}$$

ゆえに　　$r^2=\dfrac{4a^2}{3(a-1)^2}$ ……⑥

④，⑥ から　　$\dfrac{a^2}{a-1}=\dfrac{4a^2}{3(a-1)^2}$

両辺に $\dfrac{(a-1)^2}{a^2}$ を掛けて　　$a-1=\dfrac{4}{3}$

これは ⑤ を満たす。

したがって　　$\boldsymbol{a=\dfrac{7}{3}}$

←$E$ が $C$ に含まれるための条件は (円 $C$ の半径)$\geqq2$ であり，このとき $E$ と $C$ の共有点は 1 個以下。

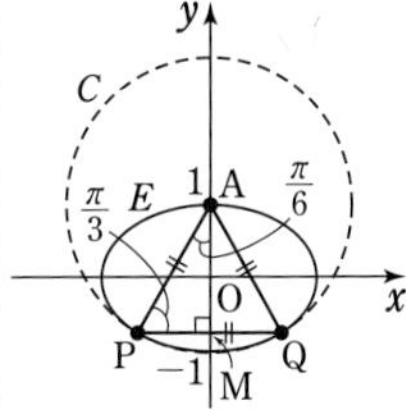


←図で考えると，$0<y<1$ のとき △APQ は正三角形にならない。

接する ⟺ 重解

←線分 PQ の中点を M とすると，△APM は 3 辺の長さの比が $1:2:\sqrt{3}$ の直角三角形であるから

$\mathrm{AM}=\dfrac{\sqrt{3}}{2}\mathrm{AP}=\dfrac{\sqrt{3}}{2}r$

よって　$\mathrm{OM}=\dfrac{\sqrt{3}}{2}r-1$

←$\dfrac{1}{a-1}=\dfrac{3}{4}$

4章 EX [式と曲線]

**EX ④99**

$0<\theta<\dfrac{\pi}{2}$ とする。2 つの曲線 $C_1$：$x^2+3y^2=3$，$C_2$：$\dfrac{x^2}{\cos^2\theta}-\dfrac{y^2}{\sin^2\theta}=2$ の交点のうち，$x$ 座標と $y$ 座標がともに正であるものを P とする。点 P における $C_1$，$C_2$ の接線をそれぞれ $\ell_1$，$\ell_2$ とし，$y$ 軸と $\ell_1$，$\ell_2$ の交点をそれぞれ Q，R とする。
(1)　点 P，Q，R の座標を求めよ。
(2)　線分 QR の長さの最小値を求めよ。　　〔大阪大 改題〕

(1)　$x^2+3y^2=3$ …… ①，$\dfrac{x^2}{\cos^2\theta}-\dfrac{y^2}{\sin^2\theta}=2$ …… ② とする。

①から　$x^2=3(1-y^2)$ …… ③

③を②に代入して　$\dfrac{3(1-y^2)}{\cos^2\theta}-\dfrac{y^2}{\sin^2\theta}=2$

分母を払って整理すると

$$(3\sin^2\theta+\cos^2\theta)y^2=(3-2\cos^2\theta)\sin^2\theta$$

$\cos^2\theta=1-\sin^2\theta$ を代入して，整理すると

$$(2\sin^2\theta+1)y^2=(2\sin^2\theta+1)\sin^2\theta$$

$2\sin^2\theta+1>0$ であるから　$y^2=\sin^2\theta$

また，$\sin\theta>0$ かつ点Pの $y$ 座標は正であるから

$$y=\sin\theta$$

このとき，③から　$x^2=3(1-\sin^2\theta)=3\cos^2\theta$

$\cos\theta>0$ で，点Pの $x$ 座標は正であるから

$$x=\sqrt{3}\cos\theta$$

よって　$\mathbf{P(\sqrt{3}\cos\theta,\ \sin\theta)}$

ゆえに，点Pにおける楕円 $C_1$ の接線 $\ell_1$ の方程式は

$$\sqrt{3}\cos\theta\cdot x+3\sin\theta\cdot y=3 \text{ …… ④}$$

④で，$x=0$ として $y$ について解くと　$y=\dfrac{1}{\sin\theta}$

点Pにおける双曲線 $C_2$ の接線 $\ell_2$ の方程式は

$$\frac{\sqrt{3}\cos\theta\cdot x}{\cos^2\theta}-\frac{\sin\theta\cdot y}{\sin^2\theta}=2 \text{ …… ⑤}$$

⑤で，$x=0$ として $y$ について解くと　$y=-2\sin\theta$

よって　$\mathbf{Q\left(0,\ \dfrac{1}{\sin\theta}\right),\ R(0,\ -2\sin\theta)}$

(2)　(1)の結果から

$$\mathrm{QR}=\frac{1}{\sin\theta}-(-2\sin\theta)=\frac{1}{\sin\theta}+2\sin\theta$$

$\dfrac{1}{\sin\theta}>0$，$2\sin\theta>0$ であるから，(相加平均)≧(相乗平均) により　$\mathrm{QR}\geqq 2\sqrt{\dfrac{1}{\sin\theta}\cdot 2\sin\theta}=2\sqrt{2}$

等号は，$\dfrac{1}{\sin\theta}=2\sin\theta$ すなわち $\sin\theta=\dfrac{1}{\sqrt{2}}$ から $\theta=\dfrac{\pi}{4}$ のとき成り立つ。

よって　$\boldsymbol{\theta=\dfrac{\pi}{4}}$ **のとき最小値** $\mathbf{2\sqrt{2}}$

◎ **共有点 ⟺ 実数解**

←まず，点Pの座標を求める。

←両辺に $\sin^2\theta\cos^2\theta$ を掛ける。

←$0<\theta<\dfrac{\pi}{2}$ から $\sin\theta>0$

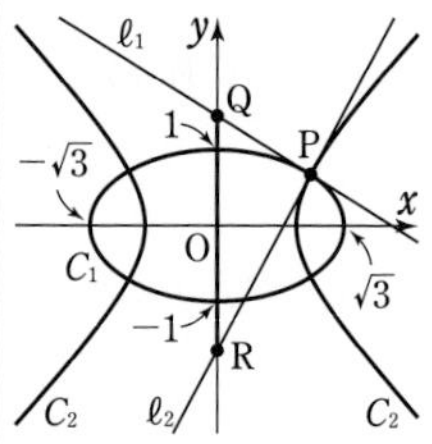


←$\dfrac{1}{\sin\theta}>0$，$-2\sin\theta<0$

←$a>0$，$b>0$ のとき $\dfrac{\boldsymbol{a+b}}{\mathbf{2}}\geqq\sqrt{\boldsymbol{ab}}$ 等号は $a=b$ のとき成り立つ。

←$0<\theta<\dfrac{\pi}{2}$ から $\sin\theta>0$

**EX**
④**100**

双曲線 $C$：$\dfrac{x^2}{a^2}-\dfrac{y^2}{b^2}=1$ $(a>0,\ b>0)$ の上に点 $\mathrm{P}(x_1,\ y_1)$ をとる。ただし，$x_1>a$ とする。点Pにおける $C$ の接線と2直線 $x=a$ および $x=-a$ の交点をそれぞれQ，Rとする。線分QRを直径とする円は $C$ の2つの焦点を通ることを示せ。〔弘前大〕

点 P$(x_1,\ y_1)$ $(x_1>a)$ における双曲線 $C$ の接線の方程式は

$$\frac{x_1x}{a^2}-\frac{y_1y}{b^2}=1 \ \cdots\cdots \ ①$$

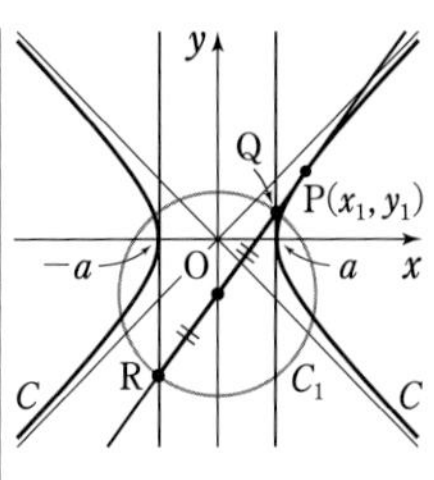


① において $x=a$ とすると，$y_1\neq 0$ から

$$y=\frac{b^2(x_1-a)}{ay_1}$$

ゆえに　　$Q\left(a,\ \frac{b^2(x_1-a)}{ay_1}\right)$

同様にして　$R\left(-a,\ -\frac{b^2(x_1+a)}{ay_1}\right)$

ここで，線分 QR の中点の座標は　　$\left(0,\ -\frac{b^2}{y_1}\right)$

また　　$QR=\sqrt{(2a)^2+\left(\frac{2b^2x_1}{ay_1}\right)^2}=2\sqrt{a^2+\frac{b^4x_1^2}{a^2y_1^2}}$

よって，線分 QR を直径とする円 $C_1$ の方程式は

$$x^2+\left(y+\frac{b^2}{y_1}\right)^2=a^2+\frac{b^4x_1^2}{a^2y_1^2} \ \cdots\cdots \ ②$$

←(半径)$=\frac{1}{2}$QR

また，双曲線 $C$ の焦点は　2 点 $(\sqrt{a^2+b^2},\ 0)$, $(-\sqrt{a^2+b^2},\ 0)$

② の左辺に $x=\pm\sqrt{a^2+b^2}$，$y=0$ を代入すると

←② が成り立つことを示す方針で進める。

$$(\text{左辺})=a^2+b^2+\frac{b^4}{y_1^2}=a^2+\frac{b^4}{y_1^2}\left(\frac{y_1^2}{b^2}+1\right)$$

ここで，$\frac{x_1^2}{a^2}-\frac{y_1^2}{b^2}=1$ であるから　　$\frac{y_1^2}{b^2}+1=\frac{x_1^2}{a^2}$

←点 P は $C$ 上にある。

よって　　$(\text{左辺})=a^2+\frac{b^4}{y_1^2}\cdot\frac{x_1^2}{a^2}=a^2+\frac{b^4x_1^2}{a^2y_1^2}$

←② の右辺と一致。

ゆえに，双曲線 $C$ の 2 つの焦点は円 $C_1$ 上にある。
すなわち，題意は示された。

**EX ③101**

O を原点とする座標平面における曲線 $C$：$\frac{x^2}{4}+y^2=1$ 上に，点 $P\left(1,\ \frac{\sqrt{3}}{2}\right)$ をとる。
(1) $C$ の接線で，直線 OP に平行なものの方程式を求めよ。
(2) 点 Q が $C$ 上を動くとき，△OPQ の面積の最大値と，最大値を与える点 Q の座標をすべて求めよ。　〔岡山大〕

(1) 求める接線と曲線 $C$ の接点の座標を $(a,\ b)$ とすると，

←曲線 $C$ は楕円。

接線の方程式は　　$\frac{ax}{4}+by=1 \ \cdots\cdots \ ①$

直線 ① は $y$ 軸に平行ではないから，その傾きは　$-\frac{a}{4b}$

←$y=-\frac{a}{4b}x+\frac{1}{b}$

一方，直線 OP の傾きは　　$\frac{\sqrt{3}}{2}$

直線 ① と直線 OP が平行であるから　$-\frac{a}{4b}=\frac{\sqrt{3}}{2}$

**平行 ⟺ 傾きが等しい**

よって　　$a=-2\sqrt{3}\,b \ \cdots\cdots \ ②$

また　　$\frac{a^2}{4}+b^2=1 \ \cdots\cdots \ ③$

←接点は曲線 $C$ 上。

② を ③ に代入して整理すると　$b^2=\frac{1}{4}$　　ゆえに　$b=\pm\frac{1}{2}$

② から　　$b=\frac{1}{2}$ のとき　　$a=-\sqrt{3}$,

$b=-\frac{1}{2}$ のとき　$a=\sqrt{3}$

←接点の座標は $\left(\sqrt{3},\ -\frac{1}{2}\right)$, $\left(-\sqrt{3},\ \frac{1}{2}\right)$

これらの値を ① に代入して，求める接線の方程式は

$$\boldsymbol{\sqrt{3}\,x-2y=4,\ -\sqrt{3}\,x+2y=4}$$

(2)　線分 OP を △OPQ の底辺と考えると，高さは点 Q と直線 OP の距離 $d$ に等しい。

よって，△OPQ の面積が最大になるのは，$d$ が最大のとき，すなわち，Q として (1) で求めた接線の接点をとったときである。

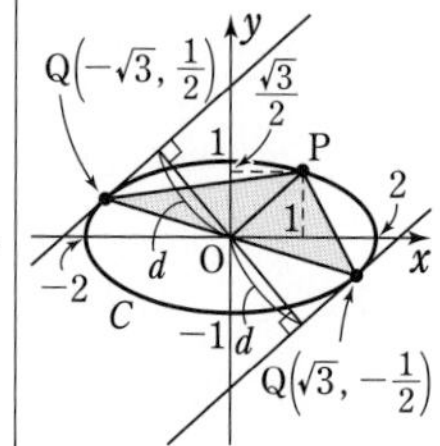


$Q\left(\sqrt{3},\ -\frac{1}{2}\right)$ のとき，△OPQ の面積は

$$\frac{1}{2}\left|1\cdot\left(-\frac{1}{2}\right)-\sqrt{3}\cdot\frac{\sqrt{3}}{2}\right|=1$$

←$O(0,\ 0)$，$A(x_1,\ y_1)$，$B(x_2,\ y_2)$ のとき，△OAB の面積は $\boldsymbol{\frac{1}{2}|x_1y_2-x_2y_1|}$

$Q\left(-\sqrt{3},\ \frac{1}{2}\right)$ のとき，△OPQ の面積は上で求めた面積と等しく　　1

よって，△OPQ の面積の **最大値は 1** である。

また，それを与える **点 Q の座標は**

$$\boldsymbol{\left(\sqrt{3},\ -\frac{1}{2}\right),\ \left(-\sqrt{3},\ \frac{1}{2}\right)}$$

**EX ④102**　放物線 $y=\frac{3}{4}x^2$ と楕円 $x^2+\frac{y^2}{4}=1$ の共通接線の方程式を求めよ。　〔群馬大〕

HINT　楕円上の点 $(x_1,\ y_1)$ における接線 $x_1x+\frac{y_1y}{4}=1$ が放物線にも接する，と考える。

共通接線と楕円の接点の座標を $(x_1,\ y_1)$ $(y_1\neq 0)$ とすると，共通接線の方程式は　　$x_1x+\frac{y_1y}{4}=1$

←点 $(1,\ 0)$，$(-1,\ 0)$ における楕円の接線は，$x$ 軸に垂直であり，放物線に接することはない。

$y=\frac{3}{4}x^2$ を代入して　　$x_1x+\frac{3}{16}y_1x^2=1$

←接線の方程式を放物線の方程式と連立させる。

すなわち　$3y_1x^2+16x_1x-16=0$

この $x$ の 2 次方程式の判別式を $D$ とすると　　$D=0$

←放物線にも接する。

ここで　　$\frac{D}{4}=(8x_1)^2-3y_1(-16)=16(4x_1^2+3y_1)$

ゆえに，$4x_1^2+3y_1=0$ から　　$x_1^2=-\frac{3}{4}y_1$ …… ①

また　　$x_1^2+\frac{y_1^2}{4}=1$

←点 $(x_1,\ y_1)$ は楕円上。

① を代入して整理すると　　$y_1^2-3y_1-4=0$

これを解いて　　$y_1=-1,\ 4$

←$(y_1+1)(y_1-4)=0$

① から　$y_1=-1$ のとき　$x_1^2=\frac{3}{4}$　　よって　$x_1=\pm\frac{\sqrt{3}}{2}$

$y_1=4$ のとき　$x_1{}^2=-3$　これを満たす実数 $x_1$ は存在しない。
したがって，求める共通接線の方程式は

$$\pm\frac{\sqrt{3}}{2}x-\frac{y}{4}=1 \quad すなわち \quad \boldsymbol{y=\pm2\sqrt{3}\,x-4}$$

←$x_1{}^2<0$ となっている。

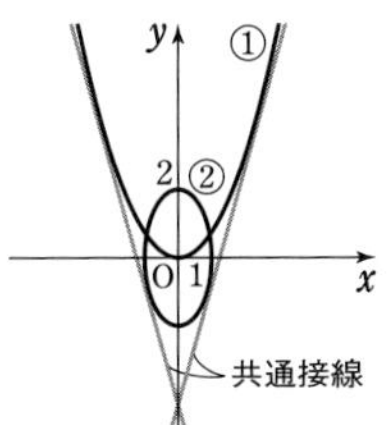


別解　$y=\frac{3}{4}x^2$ …… ①，$x^2+\frac{y^2}{4}=1$ …… ② とする。

放物線 ① と楕円 ② の共通接線は $x$ 軸に垂直でないから，
その方程式は　$y=mx+n$ …… ③　とおける。
③ を ① に代入して整理すると　　$3x^2-4mx-4n=0$
直線 ③ が放物線 ① に接するから，この 2 次方程式の判別式を $D$ とすると　　$D=0$

◀ 接点 ⟺ 重解

ここで　　$\frac{D}{4}=(-2m)^2-3\cdot(-4n)=4(m^2+3n)$
よって　　$m^2+3n=0$ …… ④
③ を ② に代入して整理すると

$$(m^2+4)x^2+2mnx+n^2-4=0$$

直線 ③ が楕円 ② に接するから，この 2 次方程式の判別式を $D'$ とすると　　$D'=0$

◀ 接点 ⟺ 重解

ここで　　$\frac{D'}{4}=(mn)^2-(m^2+4)(n^2-4)=4(m^2-n^2+4)$
よって　　$m^2-n^2+4=0$ …… ⑤
④−⑤ から　　$n^2+3n-4=0$
よって　　$(n-1)(n+4)=0$　　ゆえに　　$n=1,\ -4$
④ より，$n\leqq0$ であるから　　$n=-4$

←$3n=-m^2\leqq0$

よって，④ から　　$m^2=12$　　ゆえに　　$m=\pm2\sqrt{3}$
したがって，求める共通接線の方程式は　　$\boldsymbol{y=\pm2\sqrt{3}\,x-4}$

## EX ⑤103

$C_1$ は $3x^2+2\sqrt{3}\,xy+5y^2=24$ で表される曲線である。

(1) $C_1$ を，原点を中心に反時計回りに $\frac{\pi}{6}$ だけ回転して得られる曲線 $C_2$ の方程式を求めよ。

(2) $C_2$ の外部の点 P から引いた 2 本の接線が直交する場合の点 P の軌跡を求めよ。

(3) $C_1$ の外部の点 Q から引いた 2 本の接線が直交する場合の点 Q の軌跡を求めよ。

HINT　(1) 複素数平面上の点の回転を利用する。
(2) P$(p,\ q)$ として，点 P を通る接線の方程式を $C_2$ の方程式に代入。
(3) (2) の結果と曲線 $C_1$，$C_2$ の関係に注目。

(1) 曲線 $C_1$ 上の点 P$(X,\ Y)$ を，原点の周りに $\frac{\pi}{6}$ だけ回転した点を Q$(x,\ y)$ とすると，複素数平面上の点の回転を考えることにより，次の等式が成り立つ。

$$X+Yi=\left\{\cos\left(-\frac{\pi}{6}\right)+i\sin\left(-\frac{\pi}{6}\right)\right\}(x+yi) \quad \cdots\cdots ①$$

$X+Yi \underset{-\frac{\pi}{6}\ 回転}{\overset{\frac{\pi}{6}\ 回転}{\rightleftarrows}} x+yi$

① から　　$X+Yi=\frac{\sqrt{3}-i}{2}(x+yi)=\frac{\sqrt{3}\,x+y}{2}+\frac{-x+\sqrt{3}\,y}{2}i$

ゆえに　$X=\dfrac{\sqrt{3}\,x+y}{2}$，$Y=\dfrac{-x+\sqrt{3}\,y}{2}$

よって　$2X=\sqrt{3}\,x+y$，$2Y=-x+\sqrt{3}\,y$ …… ②

また　$3X^2+2\sqrt{3}\,XY+5Y^2=24$ …… ③

③ の両辺に 4 を掛けたものに ② を代入して

$3(\sqrt{3}\,x+y)^2+2\sqrt{3}\,(\sqrt{3}\,x+y)(-x+\sqrt{3}\,y)+5(-x+\sqrt{3}\,y)^2=96$

整理すると　$8x^2+24y^2=96$

よって，曲線 $C_2$ は楕円で，その方程式は　$\boldsymbol{\dfrac{x^2}{12}+\dfrac{y^2}{4}=1}$

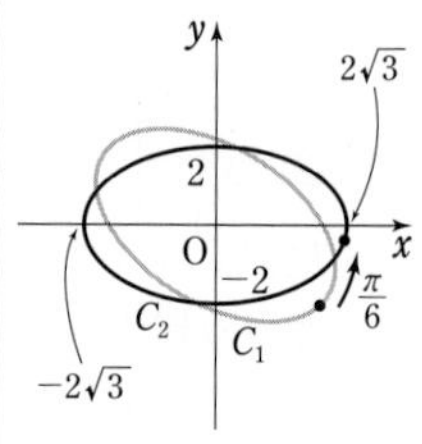


検討　$X$，$Y$ を $x$，$y$ で表すには，三角関数の加法定理を利用する方法も考えられる。

←本冊 $p.250$ 重要例題 148 参照。

(2)　$\mathrm{P}(p,\ q)$ とする。曲線 $C_2$ と $x$ 軸の交点の $x$ 座標は　$\pm2\sqrt{3}$

[1]　$p\neq\pm2\sqrt{3}$ のとき，点 $\mathrm{P}(p,\ q)$ を通る接線の方程式は

$y=m(x-p)+q$　とおける。

←$y$ 軸に平行でない。

これを曲線 $C_2$ の方程式に代入して整理すると

$(1+3m^2)x^2+6m(q-mp)x+3\{(mp-q)^2-4\}=0$

←$C_2$ の方程式を $x^2+3y^2=12$ と変形したものに代入するとよい。

この $x$ の 2 次方程式の判別式を $D$ とすると

$$\frac{D}{4}=\{3m(q-mp)\}^2-(1+3m^2)\cdot3\{(mp-q)^2-4\}$$
$$=3\{-(mp-q)^2+12m^2+4\}$$
$$=3\{(12-p^2)m^2+2pqm+4-q^2\}$$

←$p\neq\pm2\sqrt{3}$ から $12-p^2\neq0$

$D=0$ とすると　$(12-p^2)m^2+2pqm+4-q^2=0$ …… ④

この $m$ の 2 次方程式 ④ の 2 つの解を $m_1$，$m_2$ とすると，題意を満たすための条件は　$m_1m_2=-1$

←**垂直**
**⟺（傾きの積）$=-1$**

ゆえに，解と係数の関係から　$\dfrac{4-q^2}{12-p^2}=-1$

←$m_1m_2=\dfrac{4-q^2}{12-p^2}$

よって　$p^2+q^2=16$，$p\neq\pm2\sqrt{3}$

[2]　$p=\pm2\sqrt{3}$ のとき，直交する 2 本の接線は $x=\pm2\sqrt{3}$，$y=\pm2$（複号任意）の組で，その交点は

点 $(2\sqrt{3},\ 2)$，$(2\sqrt{3},\ -2)$，$(-2\sqrt{3},\ 2)$，$(-2\sqrt{3},\ -2)$

これらは円 $p^2+q^2=16$ 上にある。

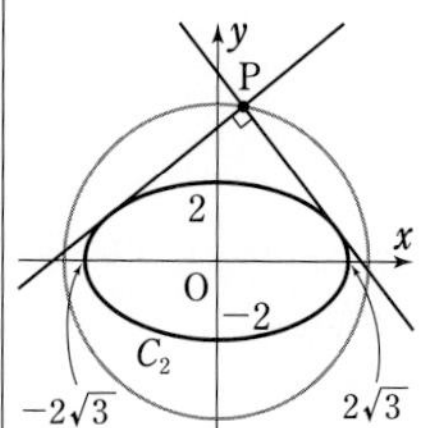


[1]，[2] から，求める軌跡は　**円 $\boldsymbol{x^2+y^2=16}$**

(3)　曲線 $C_2$ は曲線 $C_1$ を原点の周りに $\dfrac{\pi}{6}$ だけ回転したものであるから，求める軌跡は点 P の軌跡を，原点の周りに $-\dfrac{\pi}{6}$ だけ回転して得られる曲線である。

よって，点 Q の軌跡は　**円 $\boldsymbol{x^2+y^2=16}$**

**EX ④104**

定数 $k$ を $k>1$ として，楕円 $C$：$\frac{k^2}{2}x^2+\frac{1}{2k^2}y^2=1$ と $C$ 上の点 $\mathrm{D}\left(\frac{1}{k},\ k\right)$ を考える。

(1) 点Dにおける楕円 $C$ の接線が，$x$ 軸および $y$ 軸と交わる点をそれぞれE，Fとする。点E，Fの座標を $k$ で表せ。

(2) 点Dにおける楕円 $C$ の法線が，直線 $y=-x$ と交わる点をGとする。点Gの座標を $k$ で表せ。更に，∠EGFの大きさを求めよ。 〔類 同志社大〕

(1) 点Dにおける楕円 $C$ の接線の方程式は

$$\frac{k^2}{2}\cdot\frac{1}{k}x+\frac{1}{2k^2}\cdot ky=1 \quad すなわち \quad \frac{k}{2}x+\frac{1}{2k}y=1 \quad \cdots\cdots ①$$

① において，$y=0$ を代入することにより　$x=\frac{2}{k}$

$x=0$ を代入することにより　$y=2k$

よって　$\mathbf{E}\left(\frac{2}{k},\ 0\right)$，$\mathbf{F}(0,\ 2k)$

←楕円 $\frac{x^2}{a^2}+\frac{y^2}{b^2}=1$ 上の点 $(x_1,\ y_1)$ における接線の方程式は $\frac{x_1x}{a^2}+\frac{y_1y}{b^2}=1$

(2) 点Dにおける楕円 $C$ の接線の傾きは，① より $-k^2$ であるから，点Dにおける法線の傾きは　$\frac{1}{k^2}$

←直交 ⟺ (傾きの積)$=-1$ から。

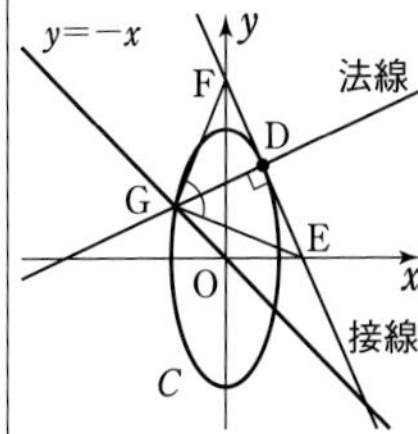


よって，法線の方程式は　$y-k=\frac{1}{k^2}\left(x-\frac{1}{k}\right)$

すなわち　$y=\frac{1}{k^2}x+k-\frac{1}{k^3}$

これと $y=-x$ から $y$ を消去すると

$$-x=\frac{1}{k^2}x+k-\frac{1}{k^3}$$

整理すると　$k(k^2+1)x=-(k^4-1)$

よって　$x=-\frac{k^4-1}{k(k^2+1)}=-\frac{(k^2+1)(k^2-1)}{k(k^2+1)}=-\frac{k^2-1}{k}$

ゆえに　$y=-\left(-\frac{k^2-1}{k}\right)=\frac{k^2-1}{k}$

←$y=-x$ に $x=-\frac{k^2-1}{k}$ を代入。

したがって　$\mathbf{G}\left(-\frac{k^2-1}{k},\ \frac{k^2-1}{k}\right)$

また，直線GEの傾きは　$\dfrac{0-\frac{k^2-1}{k}}{\frac{2}{k}-\left(-\frac{k^2-1}{k}\right)}=-\frac{k^2-1}{k^2+1}$

直線GFの傾きは　$\dfrac{2k-\frac{k^2-1}{k}}{0-\left(-\frac{k^2-1}{k}\right)}=\frac{k^2+1}{k^2-1}$

$-\frac{k^2-1}{k^2+1}\times\frac{k^2+1}{k^2-1}=-1$ であるから，直線GEとGFは直交する。したがって　$\angle\mathbf{EGF}=\mathbf{90°}$

別解 (2) $\overrightarrow{\mathrm{GE}}=\left(\frac{k^2+1}{k},\ -\frac{k^2-1}{k}\right)$，$\overrightarrow{\mathrm{GF}}=\left(\frac{k^2-1}{k},\ \frac{k^2+1}{k}\right)$ を求め，$\overrightarrow{\mathrm{GE}}\cdot\overrightarrow{\mathrm{GF}}=0$ となることから ∠EGF$=90°$ を示す。

4章 EX 〔式と曲線〕

**EX ⑤105**

直線 $x=4$ 上の点 $P(4,\ t)\ (t\geqq 0)$ から楕円 $E：x^2+4y^2=4$ に引いた 2 本の接線のなす鋭角を $\theta$ とするとき

(1) $\tan\theta$ を $t$ を用いて表せ。

(2) $\theta$ が最大となるときの $t$ の値を求めよ。〔類 東京理科大〕

HINT (1) 点Pを通る接線の方程式を $y=m(x-4)+t$ とおく。正接の加法定理を利用。

(2) $0<\theta<\dfrac{\pi}{2}$ のとき **$\theta$ が最大 ⟺ $\tan\theta$ が最大**

(1) 直線 $x=4$ は，楕円 $E$ の接線でないから，点Pを通る接線の方程式は

$y=m(x-4)+t$ …… ①

とおける。

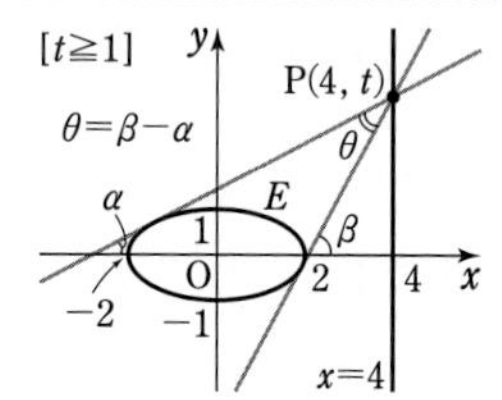


① を楕円 $E$ の方程式に代入して整理すると

$$(4m^2+1)x^2+8m(t-4m)x+4\{(t-4m)^2-1\}=0$$

この $x$ の 2 次方程式の判別式 $D$ について　$D=0$

← **接点 ⟺ 重解**

ここで

$$\frac{D}{4}=16m^2(t-4m)^2-4(4m^2+1)\{(t-4m)^2-1\}$$
$$=4[4m^2(t-4m)^2-(4m^2+1)\{(t-4m)^2-1\}]$$
$$=4\{-(t-4m)^2+(4m^2+1)\}$$
$$=-4(12m^2-8tm+t^2-1)$$

よって　$12m^2-8tm+t^2-1=0$ …… ②

$m$ の 2 次方程式 ② の異なる 2 つの実数解を $m_1,\ m_2\ (m_1<m_2)$ とすると，解と係数の関係から　$m_1+m_2=\dfrac{2}{3}t,\ m_1m_2=\dfrac{t^2-1}{12}$

←図より，点Pから接線が 2 本引けることがわかる。

ここで

$$(m_2-m_1)^2=(m_1+m_2)^2-4m_1m_2=\left(\frac{2}{3}t\right)^2-4\cdot\frac{t^2-1}{12}=\frac{t^2+3}{9}$$

よって　$m_2-m_1=\dfrac{\sqrt{t^2+3}}{3}$

ゆえに，点Pを通る 2 本の接線のなす鋭角を $\theta$ とすると

$$\tan\theta=\left|\frac{m_1-m_2}{1+m_1m_2}\right|=\frac{\dfrac{\sqrt{t^2+3}}{3}}{\left|1+\dfrac{t^2-1}{12}\right|}=\boldsymbol{\frac{4\sqrt{t^2+3}}{t^2+11}}$$

←垂直でなく，交点をもつ 2 直線 $y=m_1x+n_1$，$y=m_2x+n_2$ のなす鋭角を $\theta$ とすると $\boldsymbol{\tan\theta=\left|\dfrac{m_1-m_2}{1+m_1m_2}\right|}$

(2) $0<\theta<\dfrac{\pi}{2}$ であるから，$\theta$ が最大になるのは $\tan\theta$ が最大になるときである。$t^2+11=u$ とおくと，$u\geqq 11$ で

←**おき換え** を利用。$u$ の変域にも注意。

$$\tan\theta=\frac{4\sqrt{u-8}}{u}=4\sqrt{\frac{1}{u}-\frac{8}{u^2}}$$
$$=4\sqrt{-8\left\{\frac{1}{u^2}-\frac{1}{8u}+\left(-\frac{1}{16}\right)^2\right\}+\frac{8}{16^2}}$$
$$=4\sqrt{-8\left(\frac{1}{u}-\frac{1}{16}\right)^2+\frac{1}{32}}$$

←$\sqrt{\ }$ 内は $\dfrac{1}{u}$ の **2 次式**であるから，**基本形に直す**。

$0<\dfrac{1}{u}\leqq\dfrac{1}{11}$ であるから，$\dfrac{1}{u}=\dfrac{1}{16}$ すなわち $u=16$ のとき $\tan\theta$ は最大となる。

このとき　$t^2=16-11=5$　　$t\geqq0$ であるから　$\boldsymbol{t=\sqrt{5}}$

検討 微分法(数学Ⅲ)を利用して，$\dfrac{4\sqrt{u-8}}{u}$ の増減を調べることにより解くこともできる。

## EX ②106

点 $\mathrm{P}(x,\ y)$ と定点 $(2,\ 0)$ の距離を $a$，点Pと $y$ 軸との距離を $b$ とする。点Pが $\dfrac{a}{b}=\sqrt{2}$ という関係を満たしつつ移動するとき，$x,\ y$ は $\boxed{\phantom{xx}}=1$ を満たし，点Pの軌跡は双曲線となる。この双曲線の漸近線を求めよ。〔北里大〕

点 $\mathrm{P}(x,\ y)$ と点 $(2,\ 0)$ の距離が $a$ であるから

$$(x-2)^2+y^2=a^2 \quad \cdots\cdots \text{①}$$

点 $\mathrm{P}(x,\ y)$ と $y$ 軸との距離が $b$ であるから　$x^2=b^2$ …… ②

$\dfrac{a}{b}=\sqrt{2}$ から　　$a^2=2b^2$

①，② を代入すると　　$(x-2)^2+y^2=2x^2$

よって　　$x^2+4x-y^2-4=0$

変形すると　　$(x+2)^2-y^2=8$

ゆえに，$x,\ y$ は $\boldsymbol{\dfrac{(x+2)^2}{8}-\dfrac{y^2}{8}}=1$ を満たし，点Pの軌跡は双曲線となる。

また，この双曲線は，双曲線 $\dfrac{x^2}{8}-\dfrac{y^2}{8}=1$ を $x$ 軸方向に $-2$ だけ平行移動したものであるから，求める **漸近線は**

$$2\text{ 直線 } y=x+2,\ y=-(x+2) \quad \cdots\cdots (*)$$

すなわち　　**2 直線 $\boldsymbol{y=x+2,\ y=-x-2}$**

検討 $\dfrac{a}{b}=e$ とすると，$e$ は 2 次曲線の離心率を表す。
$e=\sqrt{2}>1$ であるから，点Pの軌跡は双曲線となる。

(＊) 双曲線 $\dfrac{x^2}{8}-\dfrac{y^2}{8}=1$ の漸近線は，2 直線 $x+y=0$，$x-y=0$

←**2 直線 $\boldsymbol{y=\pm(x+2)}$** でもよい。

4章 EX [式と曲線]

## EX ④107

楕円 $\dfrac{x^2}{a^2}+\dfrac{y^2}{b^2}=1\ (a>0,\ b>0)$ 上に 2 点 A，B がある。原点Oと直線 AB の距離を $h$ とする。$\angle\mathrm{AOB}=90^\circ$ のとき，次の問いに答えよ。

(1) $\dfrac{1}{h^2}=\dfrac{1}{\mathrm{OA}^2}+\dfrac{1}{\mathrm{OB}^2}$ であることを示せ。

(2) $h$ は点Aのとり方に関係なく一定であることを示せ。〔類 東京学芸大〕

HINT (1) △OAB の面積を 2 通りに表す。
(2) $\mathrm{OA}=r_1$，$\mathrm{OB}=r_2$，動径 OA の表す角を $\theta$ とし，2 点 A，B の座標を $r_1$，$r_2$，$\theta$ で表す。

(1) △OAB の面積を $S$ とする。

$\angle\mathrm{AOB}=90^\circ$ であるから

$$S=\frac{1}{2}\mathrm{OA}\cdot\mathrm{OB} \quad \cdots\cdots \text{①}$$

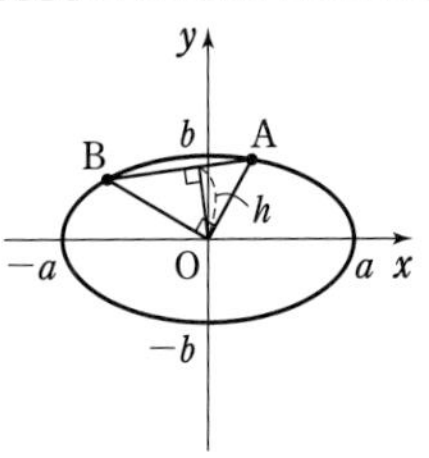


また，△OAB は直角三角形であるから　$S=\dfrac{1}{2}\mathrm{AB}\cdot h$

$$=\frac{1}{2}\sqrt{\mathrm{OA}^2+\mathrm{OB}^2}\cdot h \quad \cdots\cdots \text{②}$$

←三平方の定理

①，② から　　$\mathrm{OA}\cdot\mathrm{OB}=\sqrt{\mathrm{OA}^2+\mathrm{OB}^2}\cdot h$

←①，② の右辺に注目。

両辺を平方して　$\mathrm{OA}^2\cdot\mathrm{OB}^2=h^2(\mathrm{OA}^2+\mathrm{OB}^2)$

両辺を $h^2\cdot\mathrm{OA}^2\cdot\mathrm{OB}^2$ で割ると　$\dfrac{1}{h^2}=\dfrac{1}{\mathrm{OA}^2}+\dfrac{1}{\mathrm{OB}^2}$

←$h>0$, $\mathrm{OA}>0$, $\mathrm{OB}>0$

別解　$\mathrm{A}(x_1,\ y_1)$, $\mathrm{B}(x_2,\ y_2)$ とすると，$\overrightarrow{\mathrm{OA}}\perp\overrightarrow{\mathrm{OB}}$ から

$x_1x_2+y_1y_2=0$ ……③

←ベクトルが垂直のとき（内積）=0 を利用。$\overrightarrow{\mathrm{OA}}\cdot\overrightarrow{\mathrm{OB}}=0$

直線ABの方程式は　$(y_2-y_1)(x-x_1)-(x_2-x_1)(y-y_1)=0$

すなわち　$(y_2-y_1)x-(x_2-x_1)y-x_1y_2+x_2y_1=0$

よって　$h=\dfrac{|-x_1y_2+x_2y_1|}{\sqrt{(y_2-y_1)^2+(x_2-x_1)^2}}$

←点と直線の距離の公式（数学Ⅱ）を利用。

ゆえに　$\dfrac{1}{h^2}=\dfrac{(y_2-y_1)^2+(x_2-x_1)^2}{(-x_1y_2+x_2y_1)^2}$

$=\dfrac{x_1{}^2+x_2{}^2+y_1{}^2+y_2{}^2-2(x_1x_2+y_1y_2)}{x_1{}^2y_2{}^2-2x_1x_2y_1y_2+x_2{}^2y_1{}^2}$

←$x_1x_2+y_1y_2=0$

③から　$\dfrac{1}{h^2}=\dfrac{x_1{}^2+x_2{}^2+y_1{}^2+y_2{}^2}{x_1{}^2y_2{}^2+2x_1{}^2x_2{}^2+x_2{}^2y_1{}^2}$　　また

←$y_1y_2=-x_1x_2$

$\dfrac{1}{\mathrm{OA}^2}+\dfrac{1}{\mathrm{OB}^2}=\dfrac{1}{x_1{}^2+y_1{}^2}+\dfrac{1}{x_2{}^2+y_2{}^2}=\dfrac{x_2{}^2+y_2{}^2+x_1{}^2+y_1{}^2}{(x_1{}^2+y_1{}^2)(x_2{}^2+y_2{}^2)}$

$=\dfrac{x_1{}^2+x_2{}^2+y_1{}^2+y_2{}^2}{x_1{}^2x_2{}^2+x_1{}^2y_2{}^2+x_2{}^2y_1{}^2+y_1{}^2y_2{}^2}$

③から　$\dfrac{1}{\mathrm{OA}^2}+\dfrac{1}{\mathrm{OB}^2}=\dfrac{x_1{}^2+x_2{}^2+y_1{}^2+y_2{}^2}{x_1{}^2y_2{}^2+2x_1{}^2x_2{}^2+x_2{}^2y_1{}^2}$

←$y_1y_2=-x_1x_2$

したがって　$\dfrac{1}{h^2}=\dfrac{1}{\mathrm{OA}^2}+\dfrac{1}{\mathrm{OB}^2}$

(2)　$\mathrm{OA}=r_1$, $\mathrm{OB}=r_2$ とし，動径OAの表す角を $\theta$ とすると

$\mathrm{A}(r_1\cos\theta,\ r_1\sin\theta)$

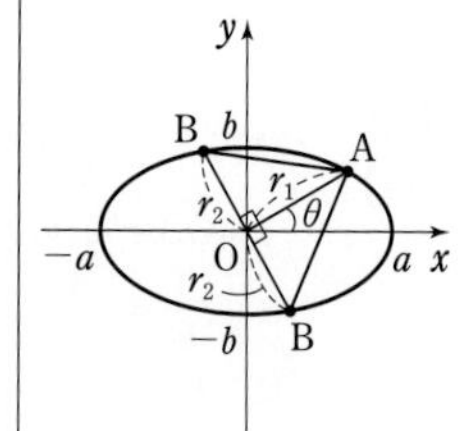


点Aは楕円上にあるから　$\dfrac{(r_1\cos\theta)^2}{a^2}+\dfrac{(r_1\sin\theta)^2}{b^2}=1$

ゆえに　$r_1{}^2(a^2\sin^2\theta+b^2\cos^2\theta)=a^2b^2$

$a^2\sin^2\theta+b^2\cos^2\theta\neq0$ から　$\mathrm{OA}^2=r_1{}^2=\dfrac{a^2b^2}{a^2\sin^2\theta+b^2\cos^2\theta}$

また，このとき $\mathrm{B}(r_2\cos(\theta\pm90^\circ),\ r_2\sin(\theta\pm90^\circ))$（複号同順）と表されるから，同様にして

$$\mathrm{OB}^2=r_2{}^2=\frac{a^2b^2}{a^2\sin^2(\theta\pm90^\circ)+b^2\cos^2(\theta\pm90^\circ)}$$

$$=\frac{a^2b^2}{a^2\cos^2\theta+b^2\sin^2\theta}$$

←$\sin(\theta\pm90^\circ)=\pm\cos\theta$
$\cos(\theta\pm90^\circ)=\mp\sin\theta$
（複号同順）

ゆえに，(1)の結果により

$$\frac{1}{h^2}=\frac{1}{r_1{}^2}+\frac{1}{r_2{}^2}=\frac{a^2(\sin^2\theta+\cos^2\theta)+b^2(\sin^2\theta+\cos^2\theta)}{a^2b^2}=\frac{a^2+b^2}{a^2b^2}$$

$a>0$, $b>0$, $h>0$ であるから　$h=\dfrac{ab}{\sqrt{a^2+b^2}}$

←$h$ は $\theta$, $r_1$, $r_2$ を含まない式で表された。

よって，$h$ は点Aのとり方に関係なく一定である。

**EX ③108** $p$ を正の実数とする。放物線 $y^2=4px$ 上の点Qにおける接線 $\ell$ が準線 $x=-p$ と交わる点をAとし，点Qから準線 $x=-p$ に下ろした垂線と準線 $x=-p$ との交点をHとする。ただし，点Qの $y$ 座標は正とする。

(1) 点Qの $x$ 座標を $\alpha$ とするとき，△AQHの面積を，$\alpha$ と $p$ を用いて表せ。

(2) 点Qにおける法線が準線 $x=-p$ と交わる点をBとするとき，△AQHの面積は線分ABの長さの $\dfrac{p}{2}$ 倍に等しいことを示せ。〔弘前大〕

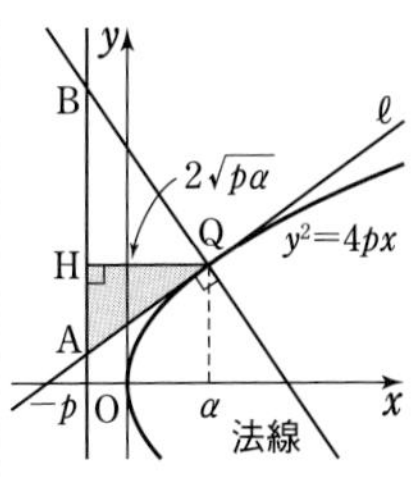


(1) $y^2=4px$ に $x=\alpha\,(\alpha>0)$ を代入して　$y^2=4p\alpha$

$y>0$ であるから　$y=2\sqrt{p\alpha}$

よって，点Qの座標は　$(\alpha,\ 2\sqrt{p\alpha})$

また，接線 $\ell$ の方程式は　$2\sqrt{p\alpha}\,y=2p(x+\alpha)$

すなわち　$y=\sqrt{\dfrac{p}{\alpha}}(x+\alpha)$ …… ①

ゆえに，点Aの座標は　$\left(-p,\ \sqrt{\dfrac{p}{\alpha}}(-p+\alpha)\right)$

また，点Hの座標は $(-p,\ 2\sqrt{p\alpha})$ であるから

$$\mathrm{AH}=2\sqrt{p\alpha}-\sqrt{\frac{p}{\alpha}}(-p+\alpha)=\sqrt{\frac{p}{\alpha}}\{2\alpha-(-p+\alpha)\}$$

←$\sqrt{p\alpha}=\alpha\sqrt{\dfrac{p}{\alpha}}$

$$=\sqrt{\frac{p}{\alpha}}(p+\alpha)$$

$$\mathrm{QH}=\alpha-(-p)=p+\alpha$$

したがって，△AQHの面積は

$$\frac{1}{2}\mathrm{AH}\cdot\mathrm{QH}=\frac{1}{2}\sqrt{\frac{p}{\alpha}}(p+\alpha)\cdot(p+\alpha)=\boldsymbol{\frac{(p+\alpha)^2}{2}\sqrt{\frac{p}{\alpha}}}$$

(2) ①から，点Qにおける法線の傾きは　$-\sqrt{\dfrac{\alpha}{p}}$

←点Pにおける **法線** とは，点Pを通り，点Pにおける接線と直交する直線のこと。ここで，接線 $\ell$ の傾きは $\sqrt{\dfrac{p}{\alpha}}$

よって，点Qにおける法線の方程式は

$$y-2\sqrt{p\alpha}=-\sqrt{\frac{\alpha}{p}}(x-\alpha)$$

すなわち　$y=-\sqrt{\dfrac{\alpha}{p}}x+\dfrac{2p+\alpha}{p}\sqrt{p\alpha}$

$x=-p$ を代入すると

←点Bの $y$ 座標を求める。

$$y=-\sqrt{\frac{\alpha}{p}}\cdot(-p)+\frac{2p+\alpha}{p}\sqrt{p\alpha}=\frac{3p+\alpha}{p}\sqrt{p\alpha}$$

ゆえに，点Bの座標は　$\left(-p,\ \dfrac{3p+\alpha}{p}\sqrt{p\alpha}\right)$

よって　$\mathrm{AB}\cdot\dfrac{p}{2}=\left\{\dfrac{3p+\alpha}{p}\sqrt{p\alpha}-\sqrt{\dfrac{p}{\alpha}}(-p+\alpha)\right\}\cdot\dfrac{p}{2}$

←$\mathrm{AB}\cdot\dfrac{p}{2}$ が(1)の結果と一致することを示す。

$$=\frac{1}{2}\sqrt{\frac{p}{\alpha}}\{\alpha(3p+\alpha)-p(-p+\alpha)\}$$

$$=\frac{1}{2}\sqrt{\frac{p}{\alpha}}(p+\alpha)^2=\triangle\mathrm{AQH}$$

したがって，△AQHの面積はABの長さの $\dfrac{p}{2}$ 倍である。

**EX ④109** 実数 $a$ に対して，曲線 $C_a$ を方程式 $(x-a)^2+ay^2=a^2+3a+1$ によって定める。
(1) $C_a$ は $a$ の値と無関係に 4 つの定点を通ることを示し，その 4 定点の座標を求めよ。
(2) $a$ が正の実数全体を動くとき，$C_a$ が通過する範囲を図示せよ。 〔筑波大〕

(1) 与えられた方程式を $a$ について整理すると

$$(y^2-2x-3)a+x^2-1=0 \quad \cdots\cdots ①$$

これが $a$ の値と無関係に成り立つための条件は

$$y^2-2x-3=0 \quad \cdots\cdots ②,\quad x^2-1=0 \quad \cdots\cdots ③$$

③ から　$x=\pm 1$

② から　$x=1$ のとき　$y=\pm\sqrt{5}$，$x=-1$ のとき　$y=\pm 1$

よって，曲線 $C_a$ は $a$ の値と無関係に 4 定点 $\boldsymbol{(1,\ \sqrt{5})}$，$\boldsymbol{(1,\ -\sqrt{5})}$，$\boldsymbol{(-1,\ 1)}$，$\boldsymbol{(-1,\ -1)}$ を通る。

(2) ① から　$(y^2-2x-3)a=-(x^2-1) \quad \cdots\cdots ④$

[1] $y^2-2x-3=0$ のとき，④ から　$x^2-1=0$

このとき，(1) と同様にして

$$(x,\ y)=(1,\ \sqrt{5}),\ (1,\ -\sqrt{5}),\ (-1,\ 1),\ (-1,\ -1)$$

[2] $y^2-2x-3\neq 0$ のとき，④ から　$a=-\dfrac{x^2-1}{y^2-2x-3}$

$a>0$ であるから　$\dfrac{x^2-1}{y^2-2x-3}<0$

両辺に $(y^2-2x-3)^2>0$ を掛けて

$$(x^2-1)(y^2-2x-3)<0$$

ゆえに　$(x^2-1>0$ かつ $y^2<2x+3)$

または $(x^2-1<0$ かつ $y^2>2x+3)$

[1]，[2] から，曲線 $C_a$ の通過する範囲は **右図の斜線部分。ただし，境界線は，4 点 $(1,\ \sqrt{5})$，$(1,\ -\sqrt{5})$，$(-1,\ 1)$，$(-1,\ -1)$ を含み，他は含まない。**

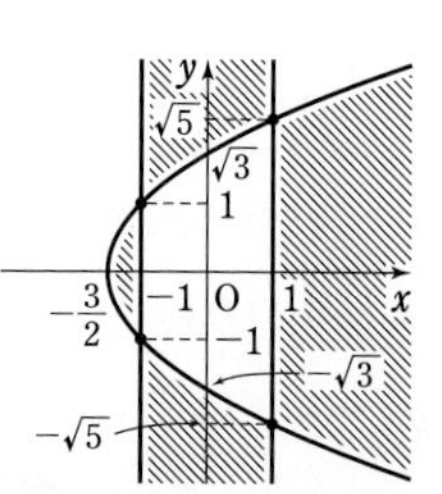


HINT (1) $C_a$ の方程式を $a$ の恒等式と考える。
(2) $C_a$ の方程式から $a=f(x,\ y)$ の形を導き，$a>0$ とする。

←④ は $0\cdot a=-(x^2-1)$

←$a=f(x,\ y)$ の形。

←- - - は次の (i) または (ii) を満たすことと同値。
(i) ($x<-1$ または $1<x$) かつ $y^2<4\cdot\dfrac{1}{2}\left(x+\dfrac{3}{2}\right)$
(ii) $-1<x<1$ かつ $y^2>4\cdot\dfrac{1}{2}\left(x+\dfrac{3}{2}\right)$

**EX ④110** $a$，$b$ を実数とする。直線 $y=ax+b$ と楕円 $\dfrac{x^2}{9}+\dfrac{y^2}{4}=1$ が，$y$ 座標が正の相異なる 2 点で交わるとする。このような点 $(a,\ b)$ 全体からなる領域 $D$ を $ab$ 平面上に図示せよ。 〔香川大〕

[1] $a=0$ のとき

直線 $y=b$ と楕円 $\dfrac{x^2}{9}+\dfrac{y^2}{4}=1$ が，$y$ 座標が正の相異なる 2 点で交わるための条件は　$0<b<2$

[2] $a\neq 0$ のとき

$y=ax+b$ から　$x=\dfrac{y-b}{a}$

これを $\dfrac{x^2}{9}+\dfrac{y^2}{4}=1$ に代入して　$\dfrac{(y-b)^2}{9a^2}+\dfrac{y^2}{4}=1$

両辺に $36a^2$ を掛けて整理すると

$$(9a^2+4)y^2-8by+4(b^2-9a^2)=0 \quad \cdots\cdots ①$$

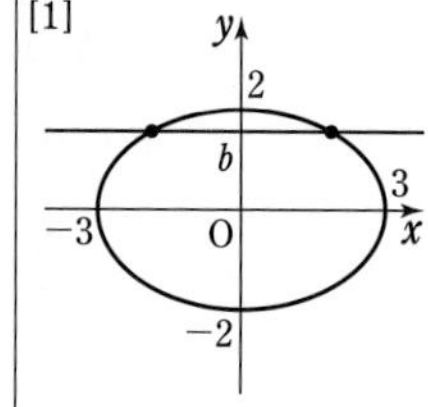

求める条件は，$y$ の 2 次方程式 ① が $0<y\leqq 2$ の範囲に異なる 2 つの実数解をもつことである。

←この $y$ の範囲に注意。

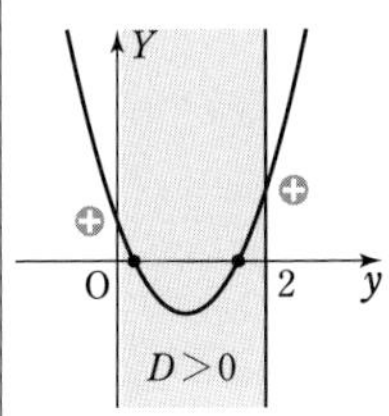


よって，① の判別式を $D$ とし，① の左辺を $f(y)$ とすると，求める条件は次の (i)〜(iv) を同時に満たすことである。

(i) $D>0$　(ii) $Y=f(y)$ の軸が $0<y<2$ の範囲にある

(iii) $f(0)>0$　(iv) $f(2)\geqq 0$

(i) $\dfrac{D}{4}=(-4b)^2-4(9a^2+4)(b^2-9a^2)=36a^2(9a^2-b^2+4)$

$D>0$ から　$a^2(9a^2-b^2+4)>0$

$a\neq 0$ より，$a^2>0$ であるから　$\dfrac{9}{4}a^2-\dfrac{b^2}{4}>-1$

すなわち　$\dfrac{a^2}{\left(\dfrac{2}{3}\right)^2}-\dfrac{b^2}{2^2}>-1$

(ii) $Y=f(y)$ の軸は $y=\dfrac{4b}{9a^2+4}$ であるから

$$0<\frac{4b}{9a^2+4}<2$$

←放物線 $Y=py^2+qy+r$ の軸は $y=-\dfrac{q}{2p}$

よって　$0<b<\dfrac{9}{2}a^2+2$

(iii) $f(0)=4(b^2-9a^2)$ から　$b^2-9a^2>0$

ゆえに　$(b+3a)(b-3a)>0$

よって　$\begin{cases} b>3a \\ b>-3a \end{cases}$

または　$\begin{cases} b<3a \\ b<-3a \end{cases}$

(iv) $f(2)=4(b-2)^2$ から

$(b-2)^2\geqq 0$

←$f(2)=4(9a^2+4)-16b+4(b^2-9a^2)$

これは常に成り立つ。

以上から，領域 $D$ は **右の図の斜線部分** のようになる。ただし，**境界線は含まない。**

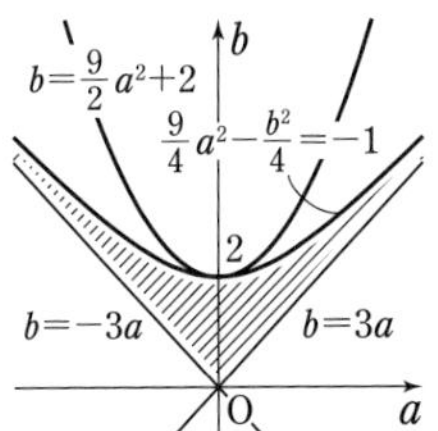


## EX ②111

$t$ を媒介変数として，$x=\dfrac{1}{\sqrt{1-t^2}}$，$y=\dfrac{t}{\sqrt{1-t^2}}$ $(-1<t<1)$ で表される曲線の概形をかけ。 〔類 滋賀医大〕

$x=\dfrac{1}{\sqrt{1-t^2}}$，$y=\dfrac{t}{\sqrt{1-t^2}}$ から　$x^2=\dfrac{1}{1-t^2}$，$y^2=\dfrac{t^2}{1-t^2}$

←両辺を平方した式に注目すると，$x^2-y^2$ を考えることによる $t$ の消去が思いつく。

よって　$x^2-y^2=\dfrac{1}{1-t^2}-\dfrac{t^2}{1-t^2}=\dfrac{1-t^2}{1-t^2}=1$

また，$-1<t<1$ であるから　$0<1-t^2\leqq 1$

←$0\leqq t^2<1$

ゆえに　$0<\sqrt{1-t^2}\leqq 1$　よって　$\dfrac{1}{\sqrt{1-t^2}}\geqq 1$

←$x$ のとりうる値の範囲を調べる。

すなわち　$x\geqq 1$

したがって，双曲線 $x^2-y^2=1$ の $x \geqq 1$ の部分を表す。
その概形は **右の図** のようになる。

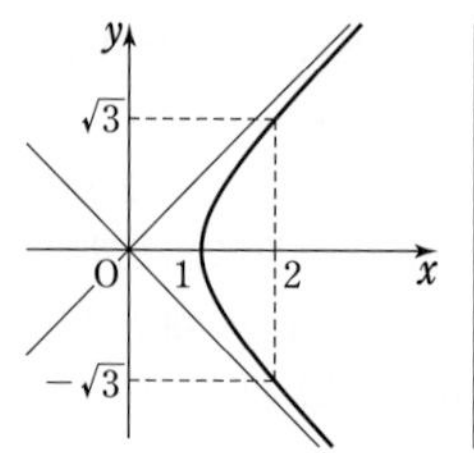


**EX ③112** 放物線 $y^2=4px$ 上の点 P（原点を除く）における接線とこの放物線の軸とのなす角を $\theta$ とするとき，この放物線の方程式を $\theta$ を媒介変数として表せ。

放物線 $y^2=4px$（原点を除く）の接線は座標軸に垂直でないから，その方程式は　$y=(\tan\theta)x+k$ …… ①　とおける。

ただし　$0<\theta<\pi$，$\theta \neq \dfrac{\pi}{2}$

① を $y^2=4px$ に代入して整理すると

$$(\tan^2\theta)x^2+2(k\tan\theta-2p)x+k^2=0 \quad \cdots\cdots \text{Ⓐ}$$

$\tan\theta \neq 0$ より，$x$ の 2 次方程式 ② の判別式を $D$ とすると，直線 ① が放物線 $y^2=4px$ に接するから　$D=0$

ここで　$\dfrac{D}{4}=(k\tan\theta-2p)^2-k^2\tan^2\theta=4p(p-k\tan\theta)$

ゆえに　$4p(p-k\tan\theta)=0$

$p \neq 0$，$\tan\theta \neq 0$ であるから　$k=\dfrac{p}{\tan\theta}$

このとき，接点の $x$ 座標は

$$\boldsymbol{x}=-\frac{k\tan\theta-2p}{\tan^2\theta}=\boldsymbol{\frac{p}{\tan^2\theta}}$$

←Ⓐ の重解。

接点の $y$ 座標は，① から

$$\boldsymbol{y}=\tan\theta\cdot\frac{p}{\tan^2\theta}+\frac{p}{\tan\theta}=\boldsymbol{\frac{2p}{\tan\theta}}$$

別解　放物線 $y^2=4px$（原点を除く）上の点 $\mathrm{P}(X,\ Y)$ における接線の方程式は　$Yy=2p(x+X)$

この接線の傾きは $\dfrac{2p}{Y}$ であるから　$\tan\theta=\dfrac{2p}{Y}$

←$Y \neq 0$

ゆえに　$Y=\dfrac{2p}{\tan\theta}$　ただし　$0<\theta<\pi$，$\theta \neq \dfrac{\pi}{2}$

よって　$X=\dfrac{Y^2}{4p}=\dfrac{1}{4p}\cdot\dfrac{4p^2}{\tan^2\theta}=\dfrac{p}{\tan^2\theta}$

←$Y^2=4pX$

したがって　$\boldsymbol{x=\dfrac{p}{\tan^2\theta}}$，$\boldsymbol{y=\dfrac{2p}{\tan\theta}}$

検討　$x=\dfrac{p}{\tan^2\theta}$，$y=\dfrac{2p}{\tan\theta}$ で，$\theta$ が $\dfrac{\pi}{2}$ に限りなく近づくとき，点 $(x,\ y)$ は点 $(0,\ 0)$ に限りなく近づく。

HINT　接線の方程式を $y=(\tan\theta)x+k$ とおき，**接点** $\Longleftrightarrow$ **重解** から $k$ を $\theta$ で表す。

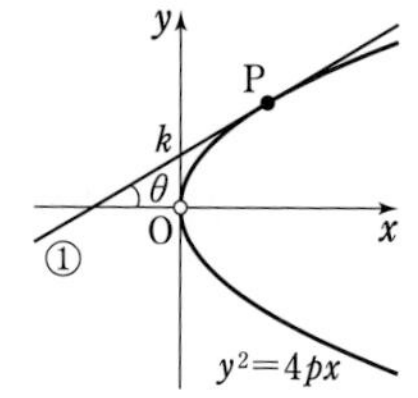

**EX ③113** 座標平面上に点 A$(-3,\ 1)$ をとる。実数 $t$ に対して，直線 $y=x$ 上の 2 点 B，C を B$(t-1,\ t-1)$，C$(t,\ t)$ で定める。2 点 A，B を通る直線を $\ell$ とする。点 C を通り，傾き $-1$ の直線を $m$ とする。
(1) 直線 $\ell$ と $m$ が交点をもつための $t$ の必要十分条件を求めよ。
(2) $t$ が (1) の条件を満たしながら動くとき，直線 $\ell$ と $m$ の交点の軌跡を求めよ。〔大阪府大〕

(1) 直線 $\ell$ と $m$ が交点をもつための条件は，直線 $\ell$ と $m$ が平行にならないことである。

←点B，C は一致しないから，$\ell$ と $m$ が一致することはない。

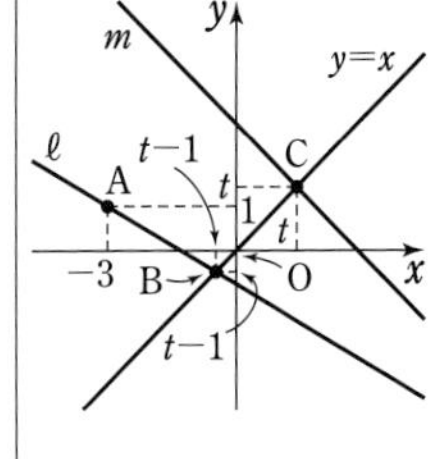


$t-1=-3$ すなわち $t=-2$ のとき，直線 $\ell$ の方程式は
$$x=-3$$
直線 $m$ は $x$ 軸に垂直な直線ではないから，このとき直線 $\ell$ と $m$ は平行にならない。

$t \neq -2$ のとき，直線 $\ell$ の傾きは $\quad \dfrac{t-1-1}{t-1-(-3)}=\dfrac{t-2}{t+2}$

直線 $\ell$ と $m$ が平行にならないための条件は $\quad \dfrac{t-2}{t+2} \neq -1$

すなわち $\quad t \neq 0$

以上から，求める必要十分条件は $\quad \boldsymbol{t \neq 0}$

←$t=-2$ はこの条件に含まれる。

(2) 直線 $m$ の方程式は $\quad y-t=-(x-t)$

すなわち $\quad y=-x+2t$ …… ①

[1] $t=-2$ のとき，直線 $m$ の方程式は $y=-x-4$ となり，
$x=-3$ のとき $\quad y=-1$
よって，直線 $\ell$，$m$ の交点は $\quad$ 点 $(-3,\ -1)$

←直線 $\ell$ が $x$ 軸に垂直な場合。

[2] $t \neq -2$ のとき，直線 $\ell$ の方程式は
$$y-1=\frac{t-2}{t+2}(x+3)$$
すなわち $\quad y=\dfrac{t-2}{t+2}x+\dfrac{4(t-1)}{t+2}$ …… ②

←直線 $\ell$ が $x$ 軸に垂直ではない場合。

①，② から，$-x+2t=\dfrac{t-2}{t+2}x+\dfrac{4(t-1)}{t+2}$ として整理すると
$$tx=t^2+2$$

←①，② を連立して解く。

$t \neq 0$ であるから $\quad x=t+\dfrac{2}{t}$

←$t \neq 0$ は $\ell$ と $m$ が交点をもつための条件。

よって，① から $\quad y=-\left(t+\dfrac{2}{t}\right)+2t=t-\dfrac{2}{t}$

$t=-2$ のとき，$x=t+\dfrac{2}{t}=-3$，$y=t-\dfrac{2}{t}=-1$ となる。

←$x=t+\dfrac{2}{t}$，$y=t-\dfrac{2}{t}$ は $t=-2$ の場合も成り立つ。

したがって，直線 $\ell$ と $m$ の交点の座標を $(X,\ Y)$ とすると
$$X=t+\frac{2}{t},\quad Y=t-\frac{2}{t}$$
ゆえに $\quad X^2-Y^2=\left(t+\dfrac{2}{t}\right)^2-\left(t-\dfrac{2}{t}\right)^2=8$

←$t$ が消える。

ここで，$t$ は $t \neq 0$ の範囲を動くから，$X=t+\dfrac{2}{t}$ となる実数 $t(\neq 0)$ が存在する。

よって，$t$ についての 2 次方程式 $t^2-Xt+2=0$ は実数解をもつから，この 2 次方程式の判別式を $D$ とすると　$D\geqq 0$

$D=(-X)^2-4\cdot1\cdot2=X^2-8$ であるから　$X^2-8\geqq 0$

ゆえに　$X\leqq -2\sqrt{2}$，$2\sqrt{2}\leqq X$

したがって，求める軌跡は

**双曲線 $\dfrac{x^2}{8}-\dfrac{y^2}{8}=1$**

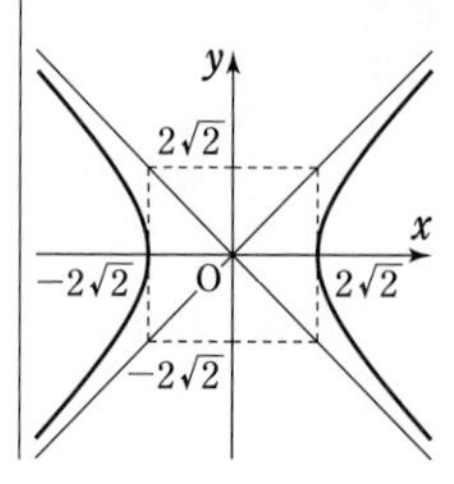


**EX ③114** 半径 $2a$ の円板が $x$ 軸上を正の方向に滑らずに回転するとき，円板上の点Pの描く曲線 $C$ を考える。円板の中心の最初の位置を $(0,\ 2a)$，点Pの最初の位置を $(0,\ a)$ とし，円板がその中心の周りに回転した角を $\theta$ とするとき，点Pの座標を $\theta$ で表せ。〔類 お茶の水大〕

HINT　ベクトルを利用。円板がその中心の周りに角 $\theta$ だけ回転したときの，円板の中心をAとすると　$\overrightarrow{\mathrm{OP}}=\overrightarrow{\mathrm{OA}}+\overrightarrow{\mathrm{AP}}$ (Oは原点)　図をかいて考える。

円板がその中心の周りに角 $\theta$ だけ回転したときの，円板の中心をAとする。

このとき，図のように点B，C，Dをとる。また，Oを原点とすると　$\mathrm{OB}=\overset{\frown}{\mathrm{BD}}=2a\theta$

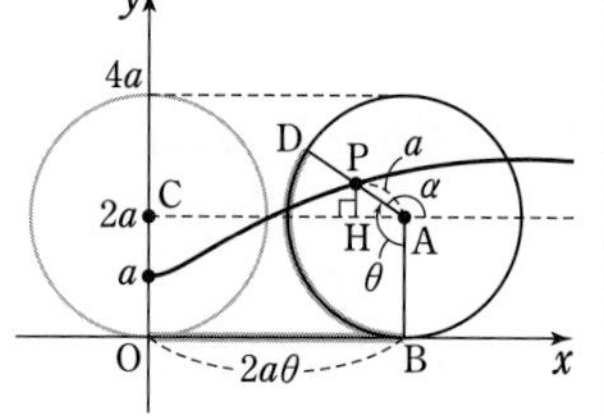


よって　$\mathrm{A}(2a\theta,\ 2a)$

$\overrightarrow{\mathrm{AP}}$ と $x$ 軸の正の向きとのなす角を $\alpha$ とすると

$$\alpha=\frac{3}{2}\pi-\theta$$

$\mathrm{AP}=a$ であるから

$$\overrightarrow{\mathrm{AP}}=a\left(\cos\left(\frac{3}{2}\pi-\theta\right),\ \sin\left(\frac{3}{2}\pi-\theta\right)\right)$$
$$=(-a\sin\theta,\ -a\cos\theta)$$

ゆえに　$\overrightarrow{\mathrm{OP}}=\overrightarrow{\mathrm{OA}}+\overrightarrow{\mathrm{AP}}$

$$=(2a\theta,\ 2a)+(-a\sin\theta,\ -a\cos\theta)$$
$$=(a(2\theta-\sin\theta),\ a(2-\cos\theta))$$

したがって，点Pの座標は

$$\boldsymbol{(a(2\theta-\sin\theta),\ a(2-\cos\theta))}$$

注意　点Pの軌跡はトロコイドである (本冊 $p.288$ 参照)。

検討　P$(x,\ y)$ とする。図の直角三角形APHで，$\angle\mathrm{PAH}=\theta-\dfrac{\pi}{2}$ であるから

$x=\mathrm{AC}-\mathrm{AH}$
$=2a\theta-a\cos\left(\theta-\dfrac{\pi}{2}\right)$
$=a(2\theta-\sin\theta)$，

$y=\mathrm{AB}+\mathrm{PH}$
$=2a+a\sin\left(\theta-\dfrac{\pi}{2}\right)$
$=a(2-\cos\theta)$

←$\cos\left(\dfrac{3}{2}\pi-\theta\right)$
$=\cos\left(\pi+\left(\dfrac{\pi}{2}-\theta\right)\right)$
$=-\cos\left(\dfrac{\pi}{2}-\theta\right)=-\sin\theta$

$\sin\left(\dfrac{3}{2}\pi-\theta\right)$
$=\sin\left(\pi+\left(\dfrac{\pi}{2}-\theta\right)\right)$
$=-\sin\left(\dfrac{\pi}{2}-\theta\right)=-\cos\theta$

**EX**
④**115**

円 $x^2+y^2=1$ の $y>0$ の部分を $C$ とする。$C$ 上の点Pと点R$(-1,\ 0)$ を結ぶ直線PRと $y$ 軸の交点をQとし，その座標を $(0,\ t)$ とする。

(1) 点Pの座標を $(\cos\theta,\ \sin\theta)$ とする。$\cos\theta$ と $\sin\theta$ を $t$ を用いて表せ。

(2) 3点A, B, Sの座標をA$(-3,\ 0)$，B$(3,\ 0)$，S$\left(0,\ \dfrac{1}{t}\right)$ とし，2直線AQとBSの交点をTとする。点Pが $C$ 上を動くとき，点Tの描く図形を求めよ。 〔弘前大〕

(1) 点Pは $y>0$ の範囲にあるから　$t>0$

また，$0<\theta<\pi$ として考える。

点Pから $x$ 軸に垂線PHを下ろすと，

△QRO∽△PRHであるから

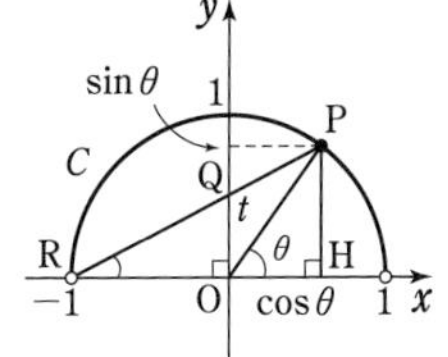


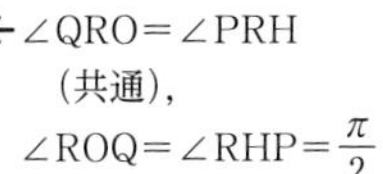

←∠QRO=∠PRH（共通），$\angle$ROQ=$\angle$RHP=$\dfrac{\pi}{2}$

$$\frac{\mathrm{OQ}}{\mathrm{RO}}=\frac{\mathrm{HP}}{\mathrm{RH}}$$

ゆえに　$\dfrac{t}{1}=\dfrac{\sin\theta}{1+\cos\theta}$ ……①

両辺を平方すると　$t^2=\dfrac{\sin^2\theta}{(1+\cos\theta)^2}$

$\sin^2\theta=1-\cos^2\theta$ から　$t^2=\dfrac{(1+\cos\theta)(1-\cos\theta)}{(1+\cos\theta)^2}$

よって　$t^2=\dfrac{1-\cos\theta}{1+\cos\theta}$

←$1+\cos\theta\neq0$

これを $\cos\theta$ について解くと　$\boldsymbol{\cos\theta=\dfrac{1-t^2}{1+t^2}}$

←$t^2+t^2\cos\theta=1-\cos\theta$
よって
$(1+t^2)\cos\theta=1-t^2$

① から　$\boldsymbol{\sin\theta}=t(1+\cos\theta)=t\left(1+\dfrac{1-t^2}{1+t^2}\right)=\boldsymbol{\dfrac{2t}{1+t^2}}$

(2) 直線AQ，BSの方程式はそれぞれ

$tx-3y=-3t$ …… ②，

$x+3ty=3$ …… ③

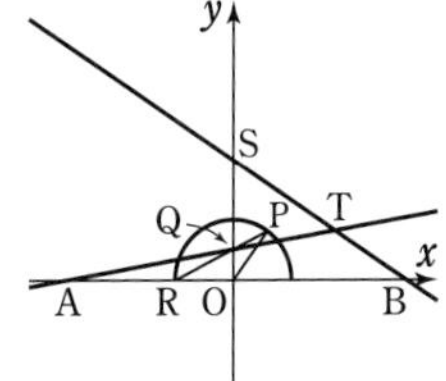


←$a\neq0$，$b\neq0$ のとき，2点 $(a,\ 0)$，$(0,\ b)$ を通る直線の方程式は
$\dfrac{x}{a}+\dfrac{y}{b}=1$
これを用いると
②：$\dfrac{x}{-3}+\dfrac{y}{t}=1$
③：$\dfrac{x}{3}+\dfrac{y}{\frac{1}{t}}=1$

③×$t$−② から　$(3t^2+3)y=6t$

よって　$y=\dfrac{2t}{1+t^2}$ …… ④

これを ③ に代入して　$x+\dfrac{6t^2}{1+t^2}=3$

ゆえに　$x=\dfrac{3(1-t^2)}{1+t^2}$ …… ⑤

(1) および ④，⑤ から

$$x=\frac{3(1-t^2)}{1+t^2}=3\cos\theta,\quad y=\frac{2t}{1+t^2}=\sin\theta$$

よって　$\cos\theta=\dfrac{x}{3}$，$\sin\theta=y$

ゆえに　$\left(\dfrac{x}{3}\right)^2+y^2=1$

$0<\theta<\pi$ であるから　$y=\sin\theta>0$

したがって，点Tの描く図形は　**楕円 $\boldsymbol{\dfrac{x^2}{9}+y^2=1}$ ($\boldsymbol{y>0}$)**

検討　左の解答から，2点P，Tの位置関係は次のようになる。

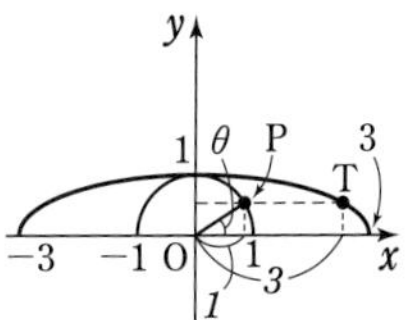


4章
EX
[式と曲線]

**EX ③116** 双曲線上の1点Pにおける接線が，2つの漸近線と交わる点をQ，Rとするとき
(1) 点Pは線分QRの中点であることを示せ。
(2) △OQR（Oは原点）の面積は点Pの位置にかかわらず一定であることを示せ。

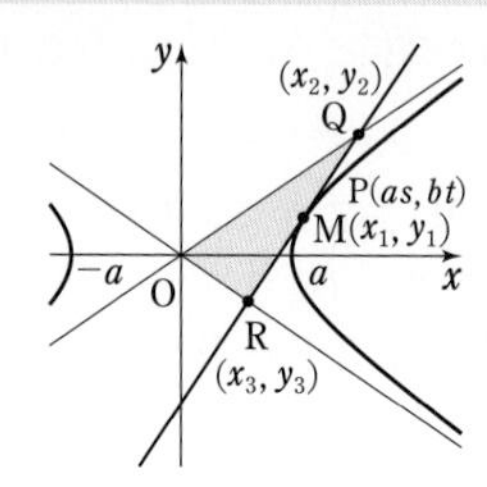


(1) 双曲線の方程式を $\dfrac{x^2}{a^2}-\dfrac{y^2}{b^2}=1$ $(a>0,\ b>0)$ とし，点Pの座標を $\left(\dfrac{a}{\cos\theta},\ b\tan\theta\right)$ とする。

**座標の利用** 標準形を利用し，計算をらくに

$\dfrac{1}{\cos\theta}=s$，$\tan\theta=t$ とおくと

$P(as,\ bt)$

←**おき換え** を利用して表記をらくに。

また　$s^2-t^2=1$ …… ①

←$\dfrac{1}{\cos^2\theta}=\tan^2\theta+1$

点Pにおける接線の方程式は　$\dfrac{as}{a^2}x-\dfrac{bt}{b^2}y=1$

←接線の公式を利用。

ゆえに　$\dfrac{s}{a}x-\dfrac{t}{b}y=1$ …… ②

また，双曲線 $\dfrac{x^2}{a^2}-\dfrac{y^2}{b^2}=1$ の漸近線は

2直線 $y=\dfrac{b}{a}x$ …… ③，$y=-\dfrac{b}{a}x$ …… ④

③を②に代入して整理すると　$\dfrac{s-t}{a}x=1$

よって　$x=\dfrac{a}{s-t}$　　このとき　$y=\dfrac{b}{a}\cdot\dfrac{a}{s-t}=\dfrac{b}{s-t}$

←①から　$s-t\neq 0$

同様に，②，④から　$x=\dfrac{a}{s+t}$，$y=-\dfrac{b}{s+t}$

←①から　$s+t\neq 0$

ゆえに　$Q\left(\dfrac{a}{s-t},\ \dfrac{b}{s-t}\right)$，$R\left(\dfrac{a}{s+t},\ -\dfrac{b}{s+t}\right)$

よって，線分QRの中点Mの座標を $(x_1,\ y_1)$ とすると

$$x_1=\frac{1}{2}\left(\frac{a}{s-t}+\frac{a}{s+t}\right)=\frac{1}{2}\cdot\frac{2as}{s^2-t^2}=\frac{as}{s^2-t^2}$$

$$y_1=\frac{1}{2}\left(\frac{b}{s-t}-\frac{b}{s+t}\right)=\frac{1}{2}\cdot\frac{2bt}{s^2-t^2}=\frac{bt}{s^2-t^2}$$

①を代入して　$x_1=as$，$y_1=bt$

ゆえに　$M(as,\ bt)$

したがって，点Pは点Mに一致する。

(2) $Q(x_2,\ y_2)$，$R(x_3,\ y_3)$ とすると

$$\triangle OQR=\frac{1}{2}|x_2y_3-x_3y_2|=\frac{1}{2}\left|-\frac{ab}{s^2-t^2}-\frac{ab}{s^2-t^2}\right|$$

$$=\frac{1}{2}\left|\frac{-2ab}{s^2-t^2}\right|=\left|\frac{ab}{s^2-t^2}\right|$$

←原点O，点 $A(x_1,\ y_1)$，点 $B(x_2,\ y_2)$ に対し，△OABの面積は $\dfrac{1}{2}|x_1y_2-x_2y_1|$

$a>0$，$b>0$，①から

$\triangle OQR=|ab|=ab$（一定）

別解 (1) [1] $y_1 \neq 0$ のとき，双曲線上の点 $P(x_1,\ y_1)$ における接線と漸近線の交点を $Q(x_2,\ y_2)$, $R(x_3,\ y_3)$ $(x_2 \neq x_3)$ とする。

$\dfrac{x_1 x}{a^2}-\dfrac{y_1 y}{b^2}=1$, $y=\pm\dfrac{b}{a}x$ から $y$ を消去して

$$\frac{x_1 x}{a^2}-\frac{y_1}{b^2}\left(\pm\frac{b}{a}x\right)=1$$

よって　$(bx_1 \mp ay_1)x=a^2b$ （上と複号同順。以下同じ）

ここで，点Pは漸近線上の点でないから　$y_1 \neq \pm\dfrac{b}{a}x_1$

ゆえに　$bx_1 \mp ay_1 \neq 0$　　よって　$x=\dfrac{a^2b}{bx_1 \mp ay_1}$

←点Q，Rの $x$ 座標。

ゆえに，線分QRの中点の $x$ 座標は

$$\frac{x_2+x_3}{2}=\frac{a^2b}{2}\left(\frac{1}{bx_1-ay_1}+\frac{1}{bx_1+ay_1}\right)$$
$$=\frac{a^2b}{2}\cdot\frac{2bx_1}{b^2x_1{}^2-a^2y_1{}^2}$$
$$=\frac{a^2b^2x_1}{b^2x_1{}^2-a^2y_1{}^2}$$

ここで，$\dfrac{x_1{}^2}{a^2}-\dfrac{y_1{}^2}{b^2}=1$ であるから　$b^2x_1{}^2-a^2y_1{}^2=a^2b^2$

←点Pは双曲線上にある。

よって　$\dfrac{x_2+x_3}{2}=\dfrac{a^2b^2x_1}{a^2b^2}=x_1$

同様にして　$\dfrac{y_2+y_3}{2}=y_1$

ゆえに，点Pは線分QRの中点である。

[2] $y_1=0$ のとき，接線は $x$ 軸に垂直で，点Q，Rの $y$ 座標は絶対値が等しく異符号である。よって，線分QRの中点の $y$ 座標は0であり，点Pの $y$ 座標と等しい。
すなわち，点Pは線分QRの中点である。

←$y_1=0$ のとき，2点Q，Rの $x$ 座標は，点Pの $x$ 座標 $x_1$ と等しい。

[1]，[2] から，線分QRの中点はPと一致する。

**EX ②117** 直交座標の原点Oを極とし，$x$ 軸の正の部分を始線とする極座標 $(r,\ \theta)$ を考える。この極座標で表された3点を $A\left(1,\ \dfrac{\pi}{3}\right)$, $B\left(2,\ \dfrac{2}{3}\pi\right)$, $C\left(3,\ \dfrac{4}{3}\pi\right)$ とする。

(1) ∠OAB を求めよ。　(2) △OBC の面積を求めよ。

(3) △ABC の外接円の中心と半径を求めよ。ただし，中心は直交座標で表せ。　〔類 徳島大〕

(1) $\angle AOB=\dfrac{2}{3}\pi-\dfrac{\pi}{3}=\dfrac{\pi}{3}$

また，OA : OB=1 : 2 であるから　$\angle OAB=\boldsymbol{\dfrac{\pi}{2}}$

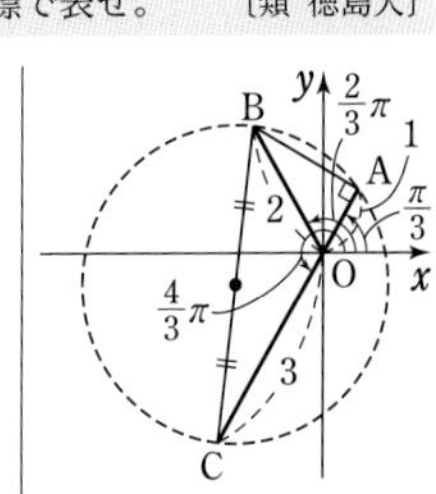


(2) $\angle BOC=\dfrac{4}{3}\pi-\dfrac{2}{3}\pi=\dfrac{2}{3}\pi$ であるから，△OBC の面積は

$$\frac{1}{2}OB\cdot OC\sin\angle BOC=\frac{1}{2}\cdot 2\cdot 3\sin\frac{2}{3}\pi=\boldsymbol{\frac{3\sqrt{3}}{2}}$$

(3) $\angle \mathrm{AOB}+\angle \mathrm{BOC}=\dfrac{\pi}{3}+\dfrac{2}{3}\pi=\pi$ であるから，3 点 A，O，C はこの順に一直線上にある。

また，(1) より，$\angle \mathrm{OAB}=\dfrac{\pi}{2}$ であるから，$\triangle \mathrm{ABC}$ は

$\angle \mathrm{BAC}=\dfrac{\pi}{2}$ の直角三角形であり，その外接円の中心は，線分 BC の中点である。

点 B，C の直交座標は，それぞれ

$$\mathrm{B}\left(2\cos\frac{2}{3}\pi,\ 2\sin\frac{2}{3}\pi\right),\quad \mathrm{C}\left(3\cos\frac{4}{3}\pi,\ 3\sin\frac{4}{3}\pi\right)$$

←直交座標に直してから外接円の中心，半径を求める。

すなわち　$\mathrm{B}(-1,\ \sqrt{3})$，$\mathrm{C}\left(-\dfrac{3}{2},\ -\dfrac{3\sqrt{3}}{2}\right)$

よって，外接円の **中心は**

$$点\left(\frac{1}{2}\left(-1-\frac{3}{2}\right),\ \frac{1}{2}\left(\sqrt{3}-\frac{3\sqrt{3}}{2}\right)\right)$$

すなわち　**点** $\boldsymbol{\left(-\dfrac{5}{4},\ -\dfrac{\sqrt{3}}{4}\right)}$　　また，外接円の **半径は**

$$\frac{1}{2}\mathrm{BC}=\frac{1}{2}\sqrt{\left\{-1-\left(-\frac{3}{2}\right)\right\}^2+\left\{\sqrt{3}-\left(-\frac{3\sqrt{3}}{2}\right)\right\}^2}=\boldsymbol{\frac{\sqrt{19}}{2}}$$

**EX ③118**

極方程式 $r=\dfrac{2}{2+\cos\theta}$ で与えられる図形と，等式 $|z|+\left|z+\dfrac{4}{3}\right|=\dfrac{8}{3}$ を満たす複素数 $z$ で与えられる図形は同じであることを示し，この図形の概形をかけ。〔山形大〕

まず，$r=\dfrac{2}{2+\cos\theta}$ …… ① を直交座標の方程式で表す。

① から　$2r+r\cos\theta=2$　ゆえに　$2r+x=2$

←$r\cos\theta=x$

よって　$2r=2-x$　両辺を平方して　$4r^2=(2-x)^2$

ゆえに　$4(x^2+y^2)=(2-x)^2$

←$r^2=x^2+y^2$

よって　$3x^2+4x+4y^2-4=0$

←$3\left(x+\dfrac{2}{3}\right)^2-3\left(\dfrac{2}{3}\right)^2+4y^2-4=0$

変形すると　$3\left(x+\dfrac{2}{3}\right)^2+4y^2=\dfrac{16}{3}$

したがって　$\dfrac{\left(x+\dfrac{2}{3}\right)^2}{\left(\dfrac{4}{3}\right)^2}+\dfrac{y^2}{\left(\dfrac{2}{\sqrt{3}}\right)^2}=1$ …… ②

② は楕円 $\dfrac{x^2}{\left(\dfrac{4}{3}\right)^2}+\dfrac{y^2}{\left(\dfrac{2}{\sqrt{3}}\right)^2}=1$ を $x$ 軸方向に $-\dfrac{2}{3}$ だけ平行移動した楕円を表す。

←楕円 $\dfrac{x^2}{a^2}+\dfrac{y^2}{b^2}=1$ $(a>b>0)$ の焦点は 2 点 $(\sqrt{a^2-b^2},\ 0)$，$(-\sqrt{a^2-b^2},\ 0)$
長軸の長さは $2a$，
短軸の長さは $2b$，
楕円上の点から焦点までの距離の和は $2a$

$\dfrac{4}{3}>\dfrac{2}{\sqrt{3}}$，$\sqrt{\left(\dfrac{4}{3}\right)^2-\left(\dfrac{2}{\sqrt{3}}\right)^2}=\dfrac{2}{3}$，$2\cdot\dfrac{4}{3}=\dfrac{8}{3}$ から，② は点 $\left(\dfrac{2}{3}-\dfrac{2}{3},\ 0\right)$，$\left(-\dfrac{2}{3}-\dfrac{2}{3},\ 0\right)$ すなわち点 $(0,\ 0)$，$\left(-\dfrac{4}{3},\ 0\right)$

を焦点とする楕円を表し，楕円上の各点について，焦点からの距離の和は $\frac{8}{3}$ である。…… ③

一方，$|z|+\left|z+\frac{4}{3}\right|=\frac{8}{3}$ …… ④ を変形すると

$$|z-0|+\left|z-\left(-\frac{4}{3}\right)\right|=\frac{8}{3}$$

←P($z$)，A(0)，B$\left(-\frac{4}{3}\right)$ とすると $\mathrm{AP}+\mathrm{BP}=\frac{8}{3}$（一定）

よって，④ は複素数平面上で，点 0，$-\frac{4}{3}$ を焦点とする楕円を表し，楕円上の各点について，焦点からの距離の和は $\frac{8}{3}$ である。…… ⑤

③，⑤ から，①，④ は同じ図形を表す。また，図形の概形は **右図** のようになる。

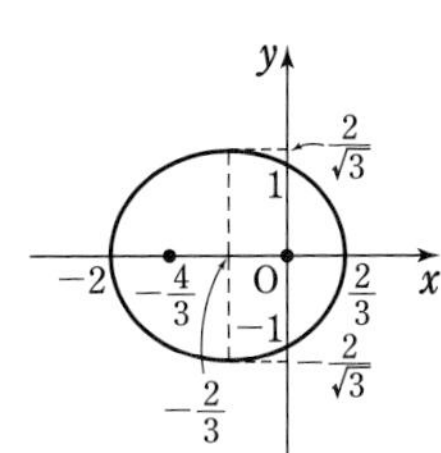


←楕円 ② の概形。

別解　$|z|+\left|z+\frac{4}{3}\right|=\frac{8}{3}$ …… Ⓐ とする。

複素数 $z$ が Ⓐ を満たすとき，$z\neq0$ であるから，$z=r(\cos\theta+i\sin\theta)$ $(r>0)$ とすると　$|z|=r$

また，$z+\frac{4}{3}=r\cos\theta+\frac{4}{3}+ir\sin\theta$ であるから

$$\left|z+\frac{4}{3}\right|=\sqrt{\left(r\cos\theta+\frac{4}{3}\right)^2+(r\sin\theta)^2}$$
$$=\sqrt{r^2+\frac{8}{3}r\cos\theta+\frac{16}{9}}$$

よって，Ⓐ から　$r+\sqrt{r^2+\frac{8}{3}r\cos\theta+\frac{16}{9}}=\frac{8}{3}$

ゆえに　$\sqrt{r^2+\frac{8}{3}r\cos\theta+\frac{16}{9}}=\frac{8}{3}-r$ …… Ⓑ

両辺を平方して整理すると　$r(2+\cos\theta)=2$

よって　$r=\frac{2}{2+\cos\theta}$

このとき，$2+\cos\theta\geqq1$ であるから　$\frac{2}{2+\cos\theta}\leqq2$

よって，$r<\frac{8}{3}$ となり，Ⓑ の右辺は正となる。

ゆえに，題意の 2 つの図形は同じである。

以後は，⑤ と同じように考えて，楕円 Ⓐ の概形をかく。…… (＊)

(＊) 楕円 Ⓐ の長軸の長さを $2a$，短軸の長さを $2b$ とする。
$2a=\frac{8}{3}$ から　$a=\frac{4}{3}$
また 2 点 0，$-\frac{4}{3}$ を結ぶ線分の中点は点 $-\frac{2}{3}$
よって，楕円 Ⓐ を実軸方向に $\frac{2}{3}$ だけ平行移動した楕円の焦点が点 $\frac{2}{3}$，$-\frac{2}{3}$ であることから
$$a^2-b^2=\left(\frac{2}{3}\right)^2$$
よって　$b=\frac{2}{\sqrt{3}}$
ゆえに，楕円 Ⓐ の中心は点 $-\frac{2}{3}$，長軸の長さは $\frac{8}{3}$，短軸の長さは $\frac{4}{\sqrt{3}}$

**EX ③119** 直交座標で表された 2 つの方程式 $|x|+|y|=c_1$ …… ①，$\sqrt{x^2+y^2}=c_2$ …… ② を定義する。ただし $c_1$，$c_2$ は正の定数である。
(1) $xy$ 平面上に ① を満たす点 $(x,\ y)$ を図示せよ。
(2) 極座標 $(r,\ \theta)$ を用いて，①，② をそれぞれ極方程式で表せ。
(3) 原点を除く点 $(x,\ y)$ に対して，$\dfrac{|x|+|y|}{\sqrt{x^2+y^2}}$ の最大値および最小値を求めよ。 〔九州大〕

(1) $x$，$y$ が $|x|+|y|=c_1$ を満たすとき，$|x|+|-y|=c_1$，$|-x|+|y|=c_1$，$|-x|+|-y|=c_1$ がすべて成り立つから，① が表す図形は $x$ 軸，$y$ 軸，原点に関して対称である。

←対称性に注目。

よって，$x\geqq 0$，$y\geqq 0$ の範囲で考えると　$x+y=c_1$
すなわち　$y=-x+c_1$
これは $x\geqq 0$，$y\geqq 0$ の範囲で，2 点 $(0,\ c_1)$，$(c_1,\ 0)$ を結ぶ線分を表すから，対称性を考えると方程式 ① が表す図形は **右の図** のようになる。

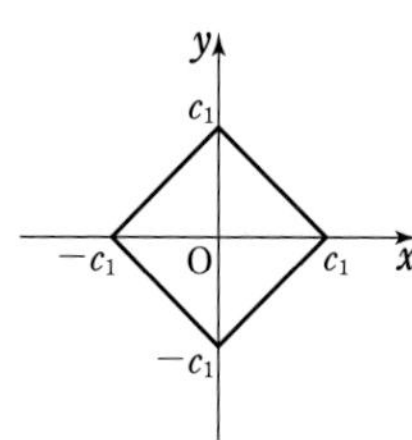


(2) $x=r\cos\theta$，$y=r\sin\theta\ (r\geqq 0)$ …… ③ とする。
③ を ① に代入すると　$|r\cos\theta|+|r\sin\theta|=c_1$
$r\geqq 0$ から　$r(|\cos\theta|+|\sin\theta|)=c_1$
よって，① を極方程式で表すと　$\boldsymbol{r=\dfrac{c_1}{|\cos\theta|+|\sin\theta|}}$

←$|\cos\theta|+|\sin\theta|>0$，$c_1>0$ から　$r>0$

また，③ を ② に代入すると　$\sqrt{(r\cos\theta)^2+(r\sin\theta)^2}=c_2$
$r\geqq 0$ から　$r\sqrt{\cos^2\theta+\sin^2\theta}=c_2$
ゆえに，② を極方程式で表すと　$\boldsymbol{r=c_2}$

←② から　$x^2+y^2=c_2{}^2$
これから ② は原点を中心とする半径 $c_2$ の円を表す。

(3) $f(x,\ y)=\dfrac{|x|+|y|}{\sqrt{x^2+y^2}}$ …… ④ とすると，
$f(x,\ y)=f(x,\ -y)=f(-x,\ y)=f(-x,\ -y)$ であるから，$x\geqq 0$，$y\geqq 0$ の範囲で考えてよい。
よって，$x=r\cos\theta$，$y=r\sin\theta$ $\left(r>0,\ 0\leqq\theta\leqq\dfrac{\pi}{2}\right)$ を ④ に代入すると，(2) から

$$f(x,\ y)=\frac{c_1}{c_2}=\frac{r(|\cos\theta|+|\sin\theta|)}{r}=\frac{r(\cos\theta+\sin\theta)}{r}$$

←(2) の結果を代入。

$$=\cos\theta+\sin\theta=\sqrt{2}\sin\left(\theta+\frac{\pi}{4}\right)$$

←三角関数の合成。

$0\leqq\theta\leqq\dfrac{\pi}{2}$ から　$\dfrac{\pi}{4}\leqq\theta+\dfrac{\pi}{4}\leqq\dfrac{3}{4}\pi$

ゆえに　$\dfrac{1}{\sqrt{2}}\leqq\sin\left(\theta+\dfrac{\pi}{4}\right)\leqq 1$

よって　$1\leqq\sqrt{2}\sin\left(\theta+\dfrac{\pi}{4}\right)\leqq\sqrt{2}$

したがって，$f(x,\ y)$ の **最大値は $\sqrt{2}$，最小値は 1**

**EX ③120**

$xy$ 平面において，2 点 $F_1(a,\ a)$，$F_2(-a,\ -a)$ からの距離の積が一定値 $2a^2$ となるような点 P の軌跡を $C$ とする。ただし，$a>0$ である。
(1) 直交座標 $(x,\ y)$ に関しての $C$ の方程式を求めよ。
(2) 原点を極とし，$x$ 軸の正の部分を始線とする極座標 $(r,\ \theta)$ に関しての $C$ の極方程式を求めよ。
(3) $C$ から原点を除いた部分は，平面上の第 1 象限と第 3 象限を合わせた範囲に含まれることを示せ。〔鹿児島大〕

HINT (1) $F_1P\cdot F_2P=2a^2$ の両辺を平方したものを利用。
(3) 原点を除いた部分にある点の極座標 $(r,\ \theta)$ について，$r\neq 0$ である。

(1) $F_1P\cdot F_2P=2a^2$ であるから　$F_1P^2\cdot F_2P^2=4a^4$
P$(x,\ y)$ とすると

$$\{(x-a)^2+(y-a)^2\}\{(x+a)^2+(y+a)^2\}=4a^4$$

よって

$$\{x^2+y^2+2a^2-2a(x+y)\}\{x^2+y^2+2a^2+2a(x+y)\}=4a^4$$

ゆえに　$(x^2+y^2+2a^2)^2-4a^2(x+y)^2=4a^4$

←$(x^2+y^2)^2+4a^2(x^2+y^2)+4a^4-4a^2(x^2+y^2+2xy)=4a^4$

したがって　$\boldsymbol{(x^2+y^2)^2-8a^2xy=0}$ …… ①

(2) $x^2+y^2=r^2$，$x=r\cos\theta$，$y=r\sin\theta$ を ① に代入して

$$(r^2)^2-8a^2r^2\cos\theta\sin\theta=0$$

ゆえに　$r^2(r^2-4a^2\sin 2\theta)=0$　←$2\sin\theta\cos\theta=\sin 2\theta$

よって　$r=0$ または $r^2=4a^2\sin 2\theta$

$r=0$ は極を表す。また，曲線 $r^2=4a^2\sin 2\theta$ は極を通る。←$0^2=4a^2\sin 0$

ゆえに，求める極方程式は　$\boldsymbol{r^2=4a^2\sin 2\theta}$ …… ②

(3) $r^2>0$ のとき，② から　$4a^2\sin 2\theta>0$

$4a^2>0$ であるから　$\sin 2\theta>0$

$0\leqq\theta<2\pi$ において，この不等式を解くと　←$0\leqq\theta<2\pi$ のとき $0\leqq 2\theta<4\pi$

$$0<2\theta<\pi,\ 2\pi<2\theta<3\pi$$

ゆえに　$0<\theta<\dfrac{\pi}{2}$，$\pi<\theta<\dfrac{3}{2}\pi$

よって，$C$ から原点を除いた部分は，平面上の第 1 象限と第 3 象限を合わせた範囲に含まれる。

←$0<\theta<\dfrac{\pi}{2}$，$\pi<\theta<\dfrac{3}{2}\pi$ であるから，線分 OP は第 1 象限か第 3 象限に含まれる。

別解　$C:(x^2+y^2)^2-8a^2xy=0$ …… ③ とする。

③ で，$y=0$ とすると　$x^4=0$　よって　$x=0$
$x=0$ とすると　$y^4=0$　よって　$y=0$

ゆえに，$C$ と $x$ 軸，$y$ 軸との交点は原点だけである。

←$C$ から原点を除いた部分は，$x$ 軸，$y$ 軸と交わらない。

$xy\neq 0$ のとき，③ から　$8a^2=\dfrac{(x^2+y^2)^2}{xy}$

$8a^2>0$ であるから　$\dfrac{(x^2+y^2)^2}{xy}>0$

$(x^2+y^2)^2>0$ であるから　$xy>0$

←$xy>0 \iff (x>0$ かつ $y>0)$ または $(x<0$ かつ $y<0)$

よって，$C$ から原点を除いた部分は，平面上の第 1 象限と第 3 象限を合わせた範囲に含まれる。

4章 EX［式と曲線］

**EX ⑤121** 半径 $a$ の定円の周上に 2 つの動点 P，Q がある。P，Q はこの円周上の定点 A を同時に出発して時計の針と反対の向きに回っている。円の中心を O とするとき，動径 OP，OQ の回転角の速度（角速度という）の比が $1:k$ ($k>0$，$k\neq1$) で一定であるとき，線分 PQ の中点 M の，軌跡の極方程式を求めよ。ただし，点 P と点 Q が重なるとき，点 M は点 P(Q) を表すものとする。

円の中心 O を極とし，半直線 OA を始線とする。

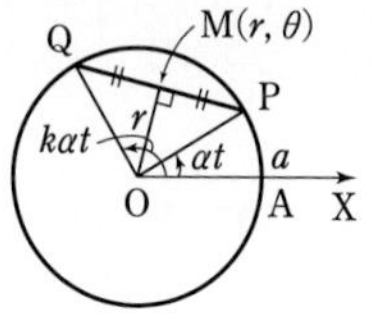


[1]　P，Q が異なる 2 点のとき

円 O の弦 PQ の中点 M の極座標を $(r,\ \theta)$ とする。点 P の角速度を $\alpha$ とすると，点 Q の角速度は $k\alpha$ である。

よって，時刻 $t$ において　　$\angle\mathrm{AOP}=\alpha t$，$\angle\mathrm{AOQ}=k\alpha t$

また，△OPQ は二等辺三角形であるから，OM は ∠POQ を 2 等分する。

よって　　$\angle\mathrm{AOM}=\dfrac{1}{2}(\alpha t+k\alpha t)=\dfrac{k+1}{2}\alpha t$

ゆえに　　$\theta=\dfrac{k+1}{2}\alpha t$ ……①

このとき　　$\angle\mathrm{POM}=\angle\mathrm{AOM}-\angle\mathrm{AOP}=\dfrac{k-1}{2}\alpha t$

$\mathrm{OM}\perp\mathrm{PQ}$，$\mathrm{OP}=a$ であるから

$$r=\mathrm{OM}=\mathrm{OP}\cos\angle\mathrm{POM}=a\cos\frac{k-1}{2}\alpha t$$

ここで，① から　　$\alpha t=\dfrac{2}{k+1}\theta$

よって　　$r=a\cos\dfrac{k-1}{k+1}\theta$ ……②

このとき，P，Q は異なる 2 点であるから

$k\alpha t-\alpha t\neq2n\pi$（$n$ は整数）

ゆえに　　$t\neq\dfrac{2n\pi}{(k-1)\alpha}$　　① から　　$\theta\neq\dfrac{k+1}{k-1}\cdot n\pi$

[2]　P，Q が一致するとき　$\theta=\dfrac{k+1}{k-1}\cdot n\pi$（$n$ は整数）……③

このとき　$|r|=a$　　これは ② に ③ を代入したものである。

[1]，[2] から，求める極方程式は　　$\boldsymbol{r=a\cos\dfrac{k-1}{k+1}\theta}$

HINT　OM$=r$ と ∠MOX$=\theta$ の関係を調べる。△OPQ は二等辺三角形であることに注目。

←時刻 0 に定点 A を同時に出発する。

←下図のように，∠A′OQ$=\alpha t$ となる点 A′ をとると

∠AOM

$=\dfrac{1}{2}$(∠AOQ＋∠A′OQ)

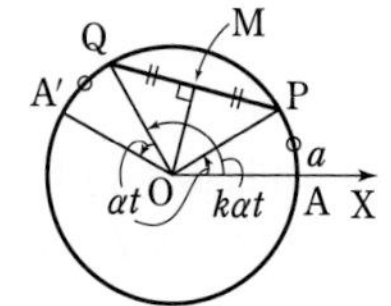

**総合 1** 平面上に OA=2, OB=1, ∠AOB=$\theta$ となる △OAB がある。辺 AB を 2:1 に内分する点を C とするとき

(1) $\overrightarrow{\mathrm{OA}}=\vec{a}$, $\overrightarrow{\mathrm{OB}}=\vec{b}$ とする。このとき, $\overrightarrow{\mathrm{OC}}$ および $\overrightarrow{\mathrm{AC}}$ を $\vec{a}$, $\vec{b}$ を用いて表せ。

(2) $f(\theta)=|\overrightarrow{\mathrm{AC}}|+\sqrt{2}\,|\overrightarrow{\mathrm{OC}}|$ とするとき, $f(\theta)$ を $\theta$ を用いて表せ。

(3) $0<\theta<\pi$ における $f(\theta)$ の最大値, およびそのときの $\cos\theta$ の値を求めよ。〔佐賀大〕

➡ 本冊 数学C 例題16

(1) $\overrightarrow{\mathbf{OC}}=\dfrac{1\cdot\vec{a}+2\vec{b}}{2+1}=\dfrac{\vec{a}+2\vec{b}}{3}$

$\overrightarrow{\mathbf{AC}}=\overrightarrow{\mathrm{OC}}-\overrightarrow{\mathrm{OA}}=\dfrac{\vec{a}+2\vec{b}}{3}-\vec{a}$

$=\dfrac{-2\vec{a}+2\vec{b}}{3}$

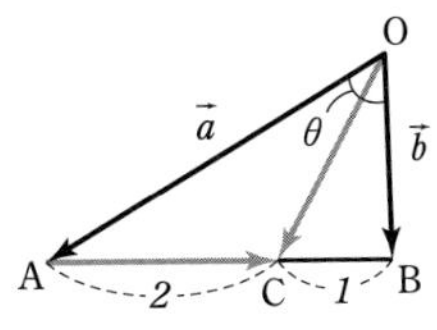


← $\overrightarrow{\mathrm{AC}}=\dfrac{2}{3}\overrightarrow{\mathrm{AB}}$
$=\dfrac{2}{3}(\vec{b}-\vec{a})$
でもよい。

(2) 条件から　$|\vec{a}|=2$, $|\vec{b}|=1$, $\vec{a}\cdot\vec{b}=|\vec{a}||\vec{b}|\cos\theta=2\cos\theta$

よって　$|\overrightarrow{\mathrm{AC}}|^2=\left|\dfrac{-2\vec{a}+2\vec{b}}{3}\right|^2=\dfrac{4(|\vec{a}|^2-2\vec{a}\cdot\vec{b}+|\vec{b}|^2)}{9}$

$=\dfrac{4(2^2-2\cdot2\cos\theta+1^2)}{9}=\dfrac{4(5-4\cos\theta)}{9}$

$|\overrightarrow{\mathrm{OC}}|^2=\left|\dfrac{\vec{a}+2\vec{b}}{3}\right|^2=\dfrac{|\vec{a}|^2+4\vec{a}\cdot\vec{b}+4|\vec{b}|^2}{9}$

$=\dfrac{2^2+4\cdot2\cos\theta+4\cdot1^2}{9}=\dfrac{8(1+\cos\theta)}{9}$

❶ $|\vec{p}|$ は $|\vec{p}|^2$ として扱う

$0<\theta<\pi$ より, $-1<\cos\theta<1$ であるから

$1+\cos\theta>0$, $5-4\cos\theta>0$

← $\theta$ は三角形の1つの内角であるから　$0<\theta<\pi$

ゆえに　$|\overrightarrow{\mathrm{AC}}|=\dfrac{2}{3}\sqrt{5-4\cos\theta}$, $|\overrightarrow{\mathrm{OC}}|=\dfrac{2\sqrt{2}}{3}\sqrt{1+\cos\theta}$

したがって　$\boldsymbol{f(\theta)=\dfrac{2}{3}\sqrt{5-4\cos\theta}+\dfrac{4}{3}\sqrt{1+\cos\theta}}$

(3) $\{f(\theta)\}^2=\dfrac{4}{9}(5-4\cos\theta)+\dfrac{16}{9}\sqrt{(5-4\cos\theta)(1+\cos\theta)}$

$+\dfrac{16}{9}(1+\cos\theta)$

← $A\geqq0$ のとき
$A$ が最大 ⟺ $A^2$ が最大

$=4+\dfrac{16}{9}\sqrt{-4\cos^2\theta+\cos\theta+5}$

$=4+\dfrac{16}{9}\sqrt{-4\left(\cos\theta-\dfrac{1}{8}\right)^2+\dfrac{81}{16}}$

← $\sqrt{\phantom{x}}$ 内は $\cos\theta$ の2次式 ⟶ 平方完成。

$-1<\dfrac{1}{8}<1$ であるから, $\cos\theta=\dfrac{1}{8}$ を満たす $\theta$ の値は存在する。

← $-1<\cos\theta<1$

よって, $\{f(\theta)\}^2$ は $\cos\theta=\dfrac{1}{8}$ を満たす $\theta$ で最大値

$4+\dfrac{16}{9}\sqrt{\dfrac{81}{16}}=8$ をとる。

$f(\theta)\geqq0$ であるから, このとき $f(\theta)$ も最大となる。

したがって, $f(\theta)$ は $\boldsymbol{\cos\theta=\dfrac{1}{8}}$ **のとき最大値** $\boldsymbol{2\sqrt{2}}$ をとる。

← $\sqrt{8}=2\sqrt{2}$

**総合 2** 半径1の円周上に3点A，B，Cがある。内積 $\overrightarrow{AB}\cdot\overrightarrow{AC}$ の最大値と最小値を求めよ。〔一橋大〕

➡ 本冊 数学C 例題20

3点A，B，Cが通る半径1の円の中心をOとすると

$$|\overrightarrow{OA}|=|\overrightarrow{OB}|=|\overrightarrow{OC}|=1$$

このとき $\overrightarrow{AB}\cdot\overrightarrow{AC}=(\overrightarrow{OB}-\overrightarrow{OA})\cdot(\overrightarrow{OC}-\overrightarrow{OA})$

$$=\overrightarrow{OB}\cdot\overrightarrow{OC}-(\overrightarrow{OB}+\overrightarrow{OC})\cdot\overrightarrow{OA}+|\overrightarrow{OA}|^2$$

$$=\overrightarrow{OB}\cdot\overrightarrow{OC}-(\overrightarrow{OB}+\overrightarrow{OC})\cdot\overrightarrow{OA}+1$$

←点Oを始点とするベクトルで考える。

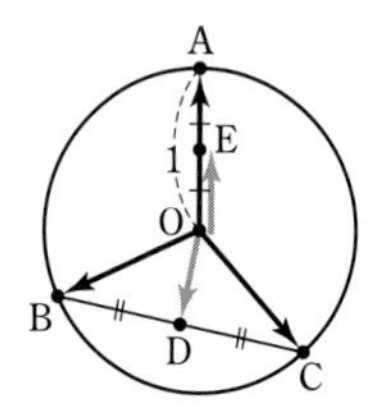


ここで，線分BCの中点をDとすると，$\overrightarrow{OD}=\dfrac{\overrightarrow{OB}+\overrightarrow{OC}}{2}$ で

$$|\overrightarrow{OD}|^2=\left|\frac{\overrightarrow{OB}+\overrightarrow{OC}}{2}\right|^2=\frac{1}{4}|\overrightarrow{OB}|^2+\frac{1}{2}\overrightarrow{OB}\cdot\overrightarrow{OC}+\frac{1}{4}|\overrightarrow{OC}|^2$$

$$=\frac{1}{4}+\frac{1}{2}\overrightarrow{OB}\cdot\overrightarrow{OC}+\frac{1}{4}=\frac{1}{2}\overrightarrow{OB}\cdot\overrightarrow{OC}+\frac{1}{2}$$

よって $\overrightarrow{OB}\cdot\overrightarrow{OC}=2|\overrightarrow{OD}|^2-1$

また，$\overrightarrow{OB}+\overrightarrow{OC}=2\overrightarrow{OD}$ であるから

←$\overrightarrow{OB}+\overrightarrow{OC}$ や $\overrightarrow{OB}\cdot\overrightarrow{OC}$ を $\overrightarrow{OD}$ に関する式に直すことができる。

$$\overrightarrow{AB}\cdot\overrightarrow{AC}=(2|\overrightarrow{OD}|^2-1)-2\overrightarrow{OD}\cdot\overrightarrow{OA}+1$$

$$=2|\overrightarrow{OD}|^2-2\overrightarrow{OA}\cdot\overrightarrow{OD}$$

$$=2\left|\overrightarrow{OD}-\frac{1}{2}\overrightarrow{OA}\right|^2-2\cdot\frac{1}{4}|\overrightarrow{OA}|^2$$

←平方完成の要領。

$$=2\left|\overrightarrow{OD}-\frac{1}{2}\overrightarrow{OA}\right|^2-\frac{1}{2}$$

更に，線分OAの中点をEとすると，$\overrightarrow{OE}=\dfrac{1}{2}\overrightarrow{OA}$ で

$$\overrightarrow{AB}\cdot\overrightarrow{AC}=2|\overrightarrow{OD}-\overrightarrow{OE}|^2-\frac{1}{2}=2|\overrightarrow{ED}|^2-\frac{1}{2}$$

ゆえに，$|\overrightarrow{ED}|$ が最大，最小になる点Dの位置について調べる。

$|\overrightarrow{ED}|$ が最大となるのは，$\overrightarrow{OD}=-\overrightarrow{OA}$ すなわち

$\dfrac{\overrightarrow{OB}+\overrightarrow{OC}}{2}=-\overrightarrow{OA}$ のときである。このとき $|\overrightarrow{ED}|=\dfrac{3}{2}$

$|\overrightarrow{ED}|$ が最大

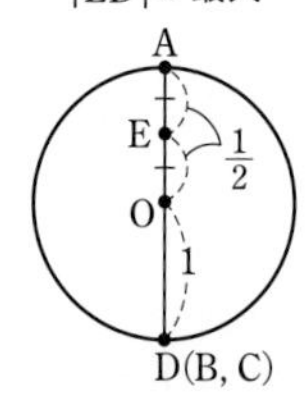


また，$|\overrightarrow{ED}|$ が最小となるのは，$\overrightarrow{OD}=\overrightarrow{OE}$ すなわち

$\dfrac{\overrightarrow{OB}+\overrightarrow{OC}}{2}=\dfrac{1}{2}\overrightarrow{OA}$ のときである。このとき $|\overrightarrow{ED}|=0$

$|\overrightarrow{ED}|$ が最小

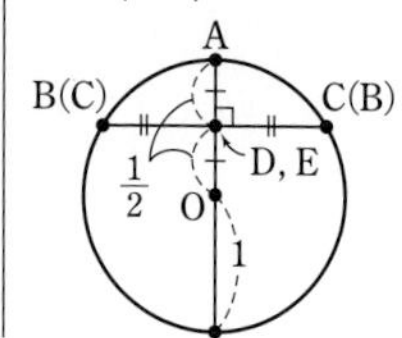


したがって，内積 $\overrightarrow{AB}\cdot\overrightarrow{AC}$ の

**最大値は** $2\left(\dfrac{3}{2}\right)^2-\dfrac{1}{2}=\mathbf{4}$，**最小値は** $2\cdot0^2-\dfrac{1}{2}=-\dfrac{\mathbf{1}}{\mathbf{2}}$

**総合 3** $s$ を正の実数とする。鋭角三角形ABCにおいて，辺ABを $s:1$ に内分する点をDとし，辺BCを $s:3$ に内分する点をEとする。線分CDと線分AEの交点をFとする。

(1) $\overrightarrow{AF}=\alpha\overrightarrow{AB}+\beta\overrightarrow{AC}$ とするとき，$\alpha$ と $\beta$ を $s$ を用いて表せ。

(2) 点Fから辺ACに下ろした垂線をFGとする。線分FGの長さが最大となるときの $s$ の値を求めよ。

〔類 東北大〕

➡ 本冊 数学C 例題37

(1) AF：FE$=t$：$(1-t)$ とすると

$$\overrightarrow{AF}=t\overrightarrow{AE}=\frac{3t}{s+3}\overrightarrow{AB}+\frac{st}{s+3}\overrightarrow{AC}$$

$\overrightarrow{AB}=\frac{s+1}{s}\overrightarrow{AD}$ であるから

$$\overrightarrow{AF}=\frac{3t(s+1)}{s(s+3)}\overrightarrow{AD}+\frac{st}{s+3}\overrightarrow{AC}$$

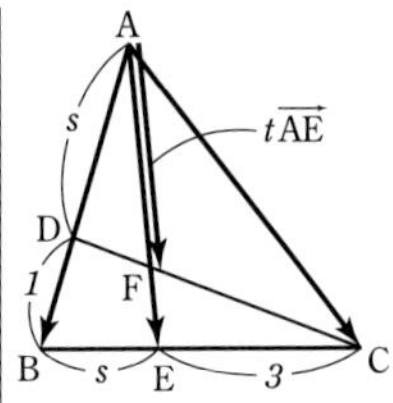


点Fは直線CD上にあるから

$$\frac{3t(s+1)}{s(s+3)}+\frac{st}{s+3}=1$$

←(係数の和)=1

よって　$t(s^2+3s+3)=s(s+3)$

ゆえに　$t=\frac{s(s+3)}{s^2+3s+3}$

←$s^2+3s+3=\left(s+\frac{3}{2}\right)^2+\frac{3}{4}>0$

よって　$\overrightarrow{AF}=\frac{3s}{s^2+3s+3}\overrightarrow{AB}+\frac{s^2}{s^2+3s+3}\overrightarrow{AC}$

ゆえに　$\boldsymbol{\alpha=\frac{3s}{s^2+3s+3}}$，$\boldsymbol{\beta=\frac{s^2}{s^2+3s+3}}$

総合

(2) (1)の $t$ を用いると，AF：AE$=t$：1，
BC：EC$=(s+3)$：3 であるから

$$\triangle AFC=t\triangle AEC=t\times\frac{3}{s+3}\triangle ABC$$
$$=\frac{3s}{s^2+3s+3}\triangle ABC$$

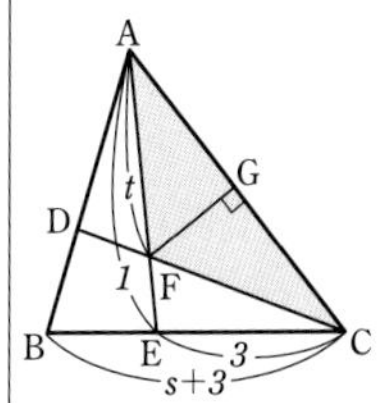


△ABCの面積は $s$ に無関係であるから，$\frac{3s}{s^2+3s+3}$ が最大となるとき，△AFCの面積は最大となり，線分FGの長さも最大となる。

$s>0$ であるから　$\frac{3s}{s^2+3s+3}=\frac{3}{s+\frac{3}{s}+3}$

$s>0$，$\frac{3}{s}>0$ であるから，(相加平均)≧(相乗平均) により

$$s+\frac{3}{s}+3\geqq 2\sqrt{s\cdot\frac{3}{s}}+3=2\sqrt{3}+3$$

等号が成り立つのは，$s=\frac{3}{s}$ すなわち $s=\sqrt{3}$ のときである。

←$s^2=3$ かつ $s>0$ から $s=\sqrt{3}$

$s=\sqrt{3}$ のとき，$s+\frac{3}{s}+3$ が最小となり，$\frac{3}{s+\frac{3}{s}+3}$ すなわち $\frac{3s}{s^2+3s+3}$ が最大となる。

したがって，求める $s$ の値は　$\boldsymbol{s=\sqrt{3}}$

**総合 4**

平面上に3点A，B，Cがあり，$|2\overrightarrow{AB}+3\overrightarrow{AC}|=15$，$|2\overrightarrow{AB}+\overrightarrow{AC}|=7$，$|\overrightarrow{AB}-2\overrightarrow{AC}|=11$ を満たしている。

(1) $|\overrightarrow{AB}|$，$|\overrightarrow{AC}|$，内積 $\overrightarrow{AB}\cdot\overrightarrow{AC}$ の値を求めよ。

(2) 実数 $s$，$t$ が $s\geqq 0$，$t\geqq 0$，$1\leqq s+t\leqq 2$ を満たしながら動くとき，$\overrightarrow{AP}=2s\overrightarrow{AB}-t\overrightarrow{AC}$ で定められた点Pの動く部分の面積を求めよ。 〔横浜国大〕

➡ 本冊 数学C 例題 39

(1) $|2\overrightarrow{AB}+3\overrightarrow{AC}|^2=15^2$，$|2\overrightarrow{AB}+\overrightarrow{AC}|^2=7^2$，$|\overrightarrow{AB}-2\overrightarrow{AC}|^2=11^2$ から

$$\begin{cases}4|\overrightarrow{AB}|^2+12\overrightarrow{AB}\cdot\overrightarrow{AC}+9|\overrightarrow{AC}|^2=225 & \cdots\cdots ㋐\\ 4|\overrightarrow{AB}|^2+4\overrightarrow{AB}\cdot\overrightarrow{AC}+|\overrightarrow{AC}|^2=49 & \cdots\cdots ㋑\\ |\overrightarrow{AB}|^2-4\overrightarrow{AB}\cdot\overrightarrow{AC}+4|\overrightarrow{AC}|^2=121 & \cdots\cdots ㋒\end{cases}$$

これらを解いて　$|\overrightarrow{AB}|^2=9$，$\overrightarrow{AB}\cdot\overrightarrow{AC}=-3$，$|\overrightarrow{AC}|^2=25$

$|\overrightarrow{AB}|\geqq 0$，$|\overrightarrow{AC}|\geqq 0$ であるから

$|\overrightarrow{AB}|=3$，$|\overrightarrow{AC}|=5$

したがって　$\boldsymbol{|\overrightarrow{AB}|=3,\ |\overrightarrow{AC}|=5,\ \overrightarrow{AB}\cdot\overrightarrow{AC}=-3}$

◀ $|\vec{p}|$ は $|\vec{p}|^2$ として扱う

←㋐$-3\times$㋑ から
$-4|\overrightarrow{AB}|^2+3|\overrightarrow{AC}|^2=39$
㋑＋㋒ から
$|\overrightarrow{AB}|^2+|\overrightarrow{AC}|^2=34$
よって
$|\overrightarrow{AB}|^2=9$，$|\overrightarrow{AC}|^2=25$

(2) $s+t=k$ とおくと　$1\leqq k\leqq 2$

このとき　$\dfrac{s}{k}+\dfrac{t}{k}=1$，$\dfrac{s}{k}\geqq 0$，$\dfrac{t}{k}\geqq 0$

また　$\overrightarrow{AP}=\dfrac{s}{k}(2k\overrightarrow{AB})+\dfrac{t}{k}(-k\overrightarrow{AC})$

$2k\overrightarrow{AB}=\overrightarrow{AB'}$，$-k\overrightarrow{AC}=\overrightarrow{AC'}$ とすると，$k$ が一定のとき点Pは線分B′C′上を動く。

←$\dfrac{s}{k}=s'$，$\dfrac{t}{k}=t'$ とおくと　$s'+t'=1$，$s'\geqq 0$，$t'\geqq 0$ で
$\overrightarrow{AP}=s'\overrightarrow{AB'}+t'\overrightarrow{AC'}$

ここで，$2\overrightarrow{AB}=\overrightarrow{AD}$，$4\overrightarrow{AB}=\overrightarrow{AE}$，$-\overrightarrow{AC}=\overrightarrow{AF}$，$-2\overrightarrow{AC}=\overrightarrow{AG}$ とすると

$$\overrightarrow{B'C'}=-k\overrightarrow{AC}-2k\overrightarrow{AB}=k(-\overrightarrow{AC}-2\overrightarrow{AB})$$
$$=k(\overrightarrow{AF}-\overrightarrow{AD})=k\overrightarrow{DF}$$

ゆえに　B′C′∥DF

よって，$1\leqq k\leqq 2$ の範囲で $k$ が変わるとき，点Pの動く部分は，台形DEGFの周および内部である。

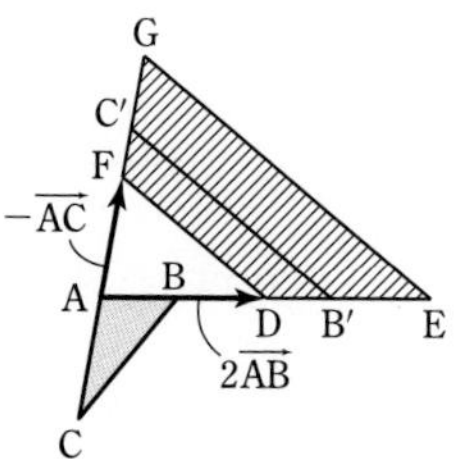


求める面積を $S$，△ADFの面積を $S_1$，△AEGの面積を $S_2$ とすると

$$S_1=\frac{1}{2}\sqrt{|\overrightarrow{AD}|^2|\overrightarrow{AF}|^2-(\overrightarrow{AD}\cdot\overrightarrow{AF})^2}$$
$$=\frac{1}{2}\sqrt{|2\overrightarrow{AB}|^2|-\overrightarrow{AC}|^2-\{(2\overrightarrow{AB})\cdot(-\overrightarrow{AC})\}^2}$$
$$=\sqrt{|\overrightarrow{AB}|^2|\overrightarrow{AC}|^2-(\overrightarrow{AB}\cdot\overrightarrow{AC})^2}$$
$$=\sqrt{3^2\times 5^2-(-3)^2}=6\sqrt{6}$$

←△PQRの面積は
$\dfrac{1}{2}\sqrt{|\overrightarrow{PQ}|^2|\overrightarrow{PR}|^2-(\overrightarrow{PQ}\cdot\overrightarrow{PR})^2}$

←$\sqrt{3^2(5^2-1)}=3\sqrt{24}$

また，△ADF∽△AEG，AD：AE＝1：2 から

$$S_2=2^2S_1=4S_1$$

したがって　$S=S_2-S_1=4S_1-S_1=3S_1$

$$=3\times 6\sqrt{6}=\boldsymbol{18\sqrt{6}}$$

←DF∥EG から。

◀ 面積比は（相似比）$^2$

**総合 5** 1辺の長さが1の正六角形ABCDEFが与えられている。点Pが辺AB上を，点Qが辺CD上をそれぞれ独立に動くとき，線分PQを2：1に内分する点Rが通りうる範囲の面積を求めよ。

〔東京大〕

➡ 本冊 数学C 例題39, 40

$\overrightarrow{AB}=\vec{a}$，$\overrightarrow{AF}=\vec{b}$ とする。

点Pは辺AB上を動くから，$\overrightarrow{AP}=s\vec{a}$ $(0\leqq s\leqq 1)$ と表される。

点Qは辺CD上を動くから，$\overrightarrow{CQ}=t\overrightarrow{CD}$ すなわち

$\overrightarrow{CQ}=t\vec{b}$ $(0\leqq t\leqq 1)$ と表される。

よって　　$\overrightarrow{AQ}=\overrightarrow{AC}+\overrightarrow{CQ}=\overrightarrow{AC}+t\vec{b}$

点Rは線分PQを2：1に内分するから

$$\overrightarrow{AR}=\frac{1\cdot\overrightarrow{AP}+2\overrightarrow{AQ}}{2+1}=\frac{2}{3}\overrightarrow{AC}+\frac{s}{3}\vec{a}+\frac{2}{3}t\vec{b}$$

ここで，$\overrightarrow{AG}=\frac{2}{3}\overrightarrow{AC}$ とし，$\overrightarrow{GH}=\frac{\vec{a}}{3}$，$\overrightarrow{GI}=\frac{2}{3}\vec{b}$ とすると

$$\overrightarrow{AR}=\overrightarrow{AG}+s\overrightarrow{GH}+t\overrightarrow{GI}$$

$0\leqq s\leqq 1$，$0\leqq t\leqq 1$ であるから，点Rが通りうる範囲は，線分GH，GIを隣り合う2辺とする平行四辺形の周および内部である。

$\angle IGH=\angle FAB=120°$ であるから，求める面積は

$$2\times\frac{1}{2}GH\times GI\sin 120°=\frac{1}{3}\times\frac{2}{3}\times\frac{\sqrt{3}}{2}=\boldsymbol{\frac{\sqrt{3}}{9}}$$

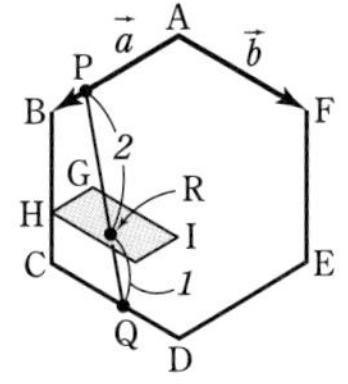


←これを変形し，
$\overrightarrow{AR}-\overrightarrow{AG}=s\overrightarrow{GH}+t\overrightarrow{GI}$
すなわち
$\overrightarrow{GR}=s\overrightarrow{GH}+t\overrightarrow{GI}$
として考えてもよい。

←2×△GHI

**総合 6** 平面上に1辺の長さが $\sqrt{3}r$ である正三角形ABCとその平面上を動く点Pがある。正三角形ABCの重心を始点としPを終点とするベクトルを $\vec{p}$ とする。

(1) $s=\overrightarrow{PA}\cdot\overrightarrow{PA}+\overrightarrow{PB}\cdot\overrightarrow{PB}+\overrightarrow{PC}\cdot\overrightarrow{PC}$ とおくとき，$s$ をベクトル $\vec{p}$ の大きさ $|\vec{p}|$ と $r$ を用いて表せ。

(2) $t=\overrightarrow{PA}\cdot\overrightarrow{PB}+\overrightarrow{PB}\cdot\overrightarrow{PC}+\overrightarrow{PC}\cdot\overrightarrow{PA}$ とおくとき，$t$ をベクトル $\vec{p}$ の大きさ $|\vec{p}|$ と $r$ を用いて表せ。

(3) (1)の $s$ と(2)の $t$ に関して，点Pが2つの不等式 $s\geqq\frac{15}{4}r^2$，$t\leqq\frac{3}{2}r^2$ を同時に満たすとき，点Pが描く図形の領域を求めて正三角形ABCとともに図示せよ。

〔秋田大〕

➡ 本冊 数学C 例題41

(1) 正三角形ABCの重心をGとすると

$\overrightarrow{GP}=\vec{p}$

$\overrightarrow{GA}=\vec{a}$，$\overrightarrow{GB}=\vec{b}$，$\overrightarrow{GC}=\vec{c}$ とする。

△ABCは正三角形であるから

$$|\vec{a}|=|\vec{b}|=|\vec{c}|$$
$$=\sqrt{3}r\sin 60°\times\frac{2}{3}$$
$$=\sqrt{3}r\times\frac{\sqrt{3}}{2}\times\frac{2}{3}=r$$

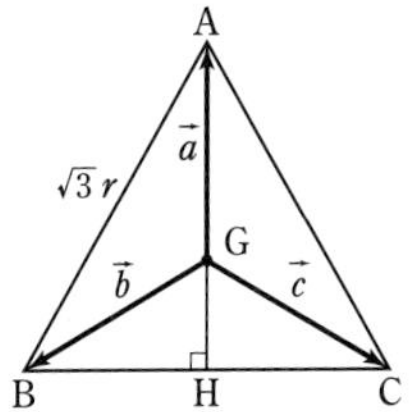


←直線AGと辺BCの交点をHとすると
AH＝ABsin∠ABH,
$AG=\frac{2}{3}AH$

よって　　$s=|\vec{a}-\vec{p}|^2+|\vec{b}-\vec{p}|^2+|\vec{c}-\vec{p}|^2$

$$=|\vec{a}|^2-2\vec{a}\cdot\vec{p}+|\vec{p}|^2+|\vec{b}|^2-2\vec{b}\cdot\vec{p}+|\vec{p}|^2$$
$$+|\vec{c}|^2-2\vec{c}\cdot\vec{p}+|\vec{p}|^2$$

$=3r^2-2(\vec{a}+\vec{b}+\vec{c})\cdot\vec{p}+3|\vec{p}|^2$

ここで，$\vec{a}+\vec{b}+\vec{c}=\vec{0}$ であるから　　$\boldsymbol{s=3|\vec{p}|^2+3r^2}$

←$\vec{b}+\vec{c}=2\overrightarrow{GH}=-\vec{a}$

(2)　$\vec{a}\cdot\vec{b}=\vec{b}\cdot\vec{c}=\vec{c}\cdot\vec{a}=r^2\cos 120°=-\dfrac{1}{2}r^2$

←∠AGB＝∠BGC＝∠CGA＝120°

よって

$$\begin{aligned}t&=(\vec{a}-\vec{p})\cdot(\vec{b}-\vec{p})+(\vec{b}-\vec{p})\cdot(\vec{c}-\vec{p})+(\vec{c}-\vec{p})\cdot(\vec{a}-\vec{p})\\&=\vec{a}\cdot\vec{b}-(\vec{a}+\vec{b})\cdot\vec{p}+|\vec{p}|^2+\vec{b}\cdot\vec{c}-(\vec{b}+\vec{c})\cdot\vec{p}+|\vec{p}|^2\\&\quad+\vec{c}\cdot\vec{a}-(\vec{c}+\vec{a})\cdot\vec{p}+|\vec{p}|^2\\&=\vec{a}\cdot\vec{b}+\vec{b}\cdot\vec{c}+\vec{c}\cdot\vec{a}-2(\vec{a}+\vec{b}+\vec{c})\cdot\vec{p}+3|\vec{p}|^2\\&=-\frac{1}{2}r^2\times 3+3|\vec{p}|^2=\boldsymbol{3|\vec{p}|^2-\frac{3}{2}r^2}\end{aligned}$$

←$\vec{a}+\vec{b}+\vec{c}=\vec{0}$

(3)　(1)の結果を $s\geqq\dfrac{15}{4}r^2$ に代入して　　$3|\vec{p}|^2+3r^2\geqq\dfrac{15}{4}r^2$

よって　　$|\vec{p}|^2\geqq\dfrac{1}{4}r^2$　　ゆえに　　$|\vec{p}|\geqq\dfrac{1}{2}r$ …… ①

←$|\vec{p}|\geqq 0,\ r>0$

(2)の結果を $t\leqq\dfrac{3}{2}r^2$ に代入して　　$3|\vec{p}|^2-\dfrac{3}{2}r^2\leqq\dfrac{3}{2}r^2$

よって　　$|\vec{p}|^2\leqq r^2$　　ゆえに　　$|\vec{p}|\leqq r$ …… ②

①，② から　　$\dfrac{1}{2}r\leqq|\vec{p}|\leqq r$

よって，点Pが描く領域は，点Gを中心とする半径 $\dfrac{1}{2}r$ と $r$ の同心円の間の部分で，**右の図の斜線部分** である。
**ただし，境界線を含む。**

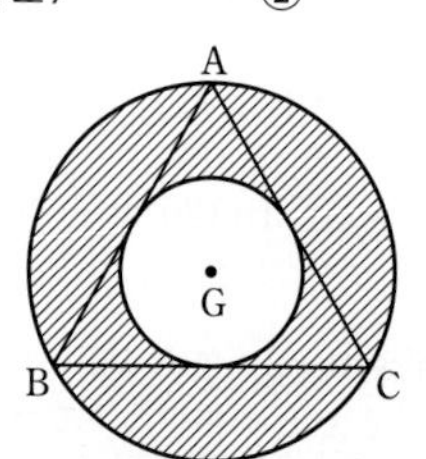


←$\dfrac{1}{2}r$＝GH は内接円の半径，$r$＝GA は外接円の半径。

**総合 7**

1辺の長さが6の正四面体OABCを考える。頂点Oと頂点Aの座標をそれぞれO(0, 0, 0)，A(6, 0, 0)とする。頂点Bの $z$ 座標は0，頂点Cの $z$ 座標は正である。また，辺OC，ABの中点をそれぞれM，Nとする。

(1)　条件を満たすような正四面体はいくつあるか求めよ。

(2)　$\overrightarrow{OB}$ および $\overrightarrow{OC}$ を成分で表せ。　　(3)　$\overrightarrow{MN}$ を成分で表せ。

(4)　OC⊥MN であることを示せ。　　〔鳥取環境大〕

➡ 本冊 数学C 例題 53, 54

(1)　正四面体の各面は正三角形である。
△OABの各頂点の $z$ 座標は0であるから，頂点Bは $xy$ 平面上にあり，その $x$ 座標は正の1通り，$y$ 座標は正，負の2通りある。
よって，△OABは2つある。
次に，頂点Cの $z$ 座標は正であるから，頂点Cは，△OAB 1つに対して1つ定まる。
したがって，条件を満たす正四面体は **2つ** ある。

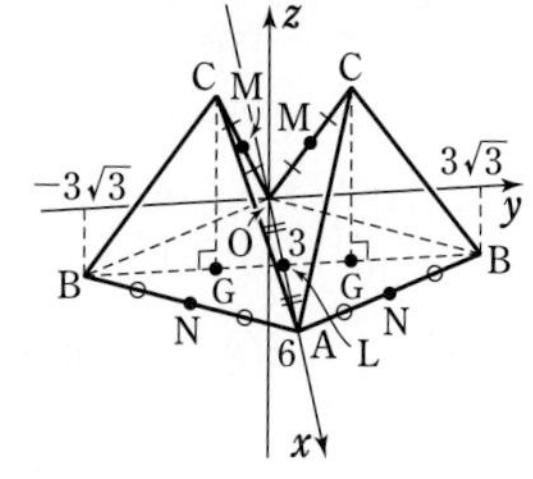


(2)　△OABは1辺の長さが6の正三角形であるから，点Bの $x$ 座標は3であり，$y$ 座標は $\pm 3\sqrt{3}$ である。(以下，複号同順)
よって　　$\boldsymbol{\overrightarrow{OB}=(3,\ \pm 3\sqrt{3},\ 0)}$

次に，辺OAの中点をL，頂点Cから△OABに下ろした垂線と△OABの交点をGとすると，Gは△OABの重心であり，線分BL上にある。

BLは△OABの中線であり　　$BL=3\sqrt{3}$

よって　　$BG=2\sqrt{3}$

△CBGは直角三角形であるから

$$CG=\sqrt{CB^2-BG^2}=\sqrt{6^2-(2\sqrt{3})^2}=2\sqrt{6}$$

したがって　　$\overrightarrow{\mathbf{OC}}=(\mathbf{3},\ \pm\sqrt{\mathbf{3}},\ \mathbf{2\sqrt{6}})$

(3)　点M，Nはそれぞれ辺OC，ABの中点であるから

$$\overrightarrow{OM}=\frac{1}{2}\overrightarrow{OC}=\left(\frac{3}{2},\ \pm\frac{\sqrt{3}}{2},\ \sqrt{6}\right)$$

$$\overrightarrow{ON}=\frac{\overrightarrow{OA}+\overrightarrow{OB}}{2}=\left(\frac{9}{2},\ \pm\frac{3\sqrt{3}}{2},\ 0\right)$$

したがって　　$\overrightarrow{\mathbf{MN}}=\overrightarrow{ON}-\overrightarrow{OM}=(\mathbf{3},\ \pm\sqrt{\mathbf{3}},\ -\sqrt{\mathbf{6}})$

(4)　$\overrightarrow{OC}\cdot\overrightarrow{MN}=3\times3+(\pm\sqrt{3})\times(\pm\sqrt{3})+2\sqrt{6}\times(-\sqrt{6})$

$=0$

$\overrightarrow{OC}\neq\vec{0}$，$\overrightarrow{MN}\neq\vec{0}$ であるから　　$\overrightarrow{OC}\perp\overrightarrow{MN}$

すなわち　　$OC\perp MN$

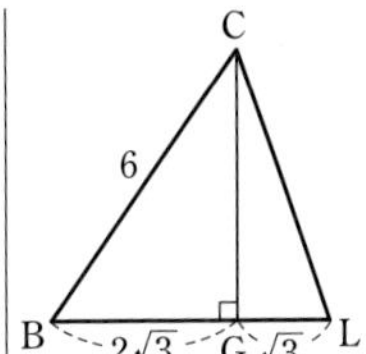


別解　(4)　$\overrightarrow{OA}=\vec{a}$，$\overrightarrow{OB}=\vec{b}$，$\overrightarrow{OC}=\vec{c}$ とすると　$\overrightarrow{OC}\cdot\overrightarrow{MN}$

$=\vec{c}\cdot\left(\frac{\vec{a}+\vec{b}}{2}-\frac{\vec{c}}{2}\right)$

$=\frac{1}{2}(\vec{c}\cdot\vec{a}+\vec{c}\cdot\vec{b}-|\vec{c}|^2)$

ここで，$\vec{c}\cdot\vec{a}=\vec{c}\cdot\vec{b}$

$=6\times6\times\cos60^\circ=18$，

$|\vec{c}|=6$ から

$\overrightarrow{OC}\cdot\overrightarrow{MN}$

$=\frac{1}{2}(18+18-6^2)=0$

$\overrightarrow{OC}\neq\vec{0}$，$\overrightarrow{MN}\neq\vec{0}$ であるから　　$OC\perp MN$

総合

## 総合 8

(1)　四面体ABCDと四面体ABCPの体積をそれぞれ $V$，$V_P$ とする。

(ア)　$\overrightarrow{AP}=t\overrightarrow{AD}$ が成り立つとき，体積比 $\frac{V_P}{V}$ を求めよ。

(イ)　$\overrightarrow{AP}=b\overrightarrow{AB}+c\overrightarrow{AC}+d\overrightarrow{AD}$ が成り立つとき，体積比 $\frac{V_P}{V}$ を求めよ。

(2)　四面体ABCDについて，点A，B，C，Dの対面の面積をそれぞれ $\alpha$，$\beta$，$\gamma$，$\delta$ とする。原点をOとして，$\overrightarrow{OI}=\frac{\alpha\overrightarrow{OA}+\beta\overrightarrow{OB}+\gamma\overrightarrow{OC}+\delta\overrightarrow{OD}}{\alpha+\beta+\gamma+\delta}$ となる点Iを考える。四面体ABCDの体積を $V$ とするとき，3点A，B，Cを通る平面と点Iの距離 $r$ を求めよ。

(3)　(2)の点Iは四面体ABCDに内接する球の中心であることを示せ。　〔早稲田大〕

➡ 本冊 数学C 例題61

(1)　(ア)　$\overrightarrow{AP}=t\overrightarrow{AD}$ のとき　　$AP=|t|AD$

よって　　$\frac{V_P}{V}=\frac{AP}{AD}=\frac{|t|AD}{AD}=|\boldsymbol{t}|$

(イ)　Qを $\overrightarrow{AQ}=d\overrightarrow{AD}$ を満たす点とすると

$$\overrightarrow{AP}-\overrightarrow{AQ}=b\overrightarrow{AB}+c\overrightarrow{AC}$$

すなわち　$\overrightarrow{QP}=b\overrightarrow{AB}+c\overrightarrow{AC}$

ゆえに，直線PQは平面ABCと平行である。

よって，$V_P$ は四面体ABCQの体積に等しい。

これと(ア)から　　$\frac{V_P}{V}=|\boldsymbol{d}|$

(2)　$\overrightarrow{AI}=\overrightarrow{OI}-\overrightarrow{OA}$

$$=\frac{\alpha\overrightarrow{OA}+\beta\overrightarrow{OB}+\gamma\overrightarrow{OC}+\delta\overrightarrow{OD}}{\alpha+\beta+\gamma+\delta}-\overrightarrow{OA}$$

(1)　$V$，$V_P$ について，底面を△ABCとしたときの高さについて考える。

(イ)

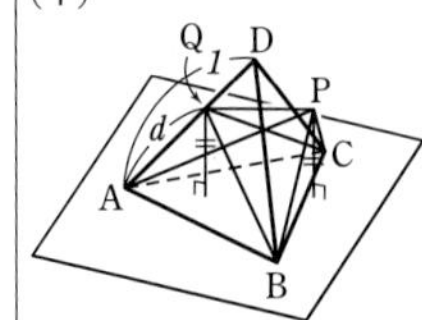

$$=\frac{\alpha(-\overrightarrow{AO})+\beta(\overrightarrow{AB}-\overrightarrow{AO})+\gamma(\overrightarrow{AC}-\overrightarrow{AO})+\delta(\overrightarrow{AD}-\overrightarrow{AO})}{\alpha+\beta+\gamma+\delta}+\overrightarrow{AO}$$

$$=\frac{\beta\overrightarrow{AB}+\gamma\overrightarrow{AC}+\delta\overrightarrow{AD}-(\alpha+\beta+\gamma+\delta)\overrightarrow{AO}}{\alpha+\beta+\gamma+\delta}+\overrightarrow{AO}$$

$$=\frac{\beta\overrightarrow{AB}+\gamma\overrightarrow{AC}+\delta\overrightarrow{AD}}{\alpha+\beta+\gamma+\delta}$$

ゆえに，(1)(イ)の結果から，四面体 ABCI の体積は

$$\left|\frac{\delta}{\alpha+\beta+\gamma+\delta}\right|V \quad すなわち \quad \frac{\delta}{\alpha+\beta+\gamma+\delta}V$$

また，四面体 ABCI について，△ABC を底面と見ると，底面積は $\delta$，高さは $r$ であるから

$$\frac{1}{3}\delta r=\frac{\delta}{\alpha+\beta+\gamma+\delta}V$$

よって　$\boldsymbol{r=\dfrac{3V}{\alpha+\beta+\gamma+\delta}}$

←点 A に関する位置ベクトルの式に直す。

←(1)(イ)が利用できるように，$\overrightarrow{AI}$ を $\overrightarrow{AB}$，$\overrightarrow{AC}$，$\overrightarrow{AD}$ を用いて表す。

←点 D の対面の面積は $\delta$ である。

(3)　(2)と同様にして考えると，平面 ABD，平面 ACD，平面 BCD と点 I の距離は，いずれも $\dfrac{3V}{\alpha+\beta+\gamma+\delta}$ となる。

ゆえに，点 I は平面 ABC，ABD，ACD，BCD から等距離にある。…… ①

ここで，$\overrightarrow{AI}=\dfrac{\beta+\gamma+\delta}{\alpha+\beta+\gamma+\delta}\cdot\dfrac{\beta\overrightarrow{AB}+\gamma\overrightarrow{AC}+\delta\overrightarrow{AD}}{\beta+\gamma+\delta}$ において，

$\overrightarrow{AE}=\dfrac{\beta\overrightarrow{AB}+\gamma\overrightarrow{AC}+\delta\overrightarrow{AD}}{\beta+\gamma+\delta}$ とすると

$$\overrightarrow{AI}=\frac{\beta+\gamma+\delta}{\alpha+\beta+\gamma+\delta}\overrightarrow{AE}$$

また　$\overrightarrow{AE}=\dfrac{1}{\beta+\gamma+\delta}\left\{\beta\overrightarrow{AB}+(\gamma+\delta)\dfrac{\gamma\overrightarrow{AC}+\delta\overrightarrow{AD}}{\gamma+\delta}\right\}$

辺 CD を $\delta:\gamma$ に内分する点を F とすると

$$\overrightarrow{AE}=\frac{\beta\overrightarrow{AB}+(\gamma+\delta)\overrightarrow{AF}}{\beta+\gamma+\delta}$$

よって，点 E は線分 BF を $(\gamma+\delta):\beta$ に内分する点であるから，△BCD の内部にある。……（＊）

更に，$\overrightarrow{AI}=\dfrac{\beta+\gamma+\delta}{\alpha+\beta+\gamma+\delta}\overrightarrow{AE}$，$0<\dfrac{\beta+\gamma+\delta}{\alpha+\beta+\gamma+\delta}<1$ であるから，点 I は四面体 ABCD の内部に存在する。…… ②

①，② から，点 I は四面体 ABCD に内接する球の中心である。

←$\beta\overrightarrow{AB}$，$\gamma\overrightarrow{AC}$，$\delta\overrightarrow{AD}$ に注目して，
$\dfrac{\beta\overrightarrow{AB}+\gamma\overrightarrow{AC}+\delta\overrightarrow{AD}}{\beta+\gamma+\delta}$
の形が現れるように変形する。

（＊）　一般に，一直線上にない 3 点 A，B，C に対して，
$\overrightarrow{OP}=s\overrightarrow{OA}+t\overrightarrow{OB}+u\overrightarrow{OC}$，
$s>0$，$t>0$，$u>0$，
$s+t+u=1$ を満たす点 P は △ABC の内部にある。

**総合 9**　座標空間内の 4 点 O(0, 0, 0)，A(1, 1, 0)，B(1, 0, $p$)，C($q$, $r$, $s$) を頂点とする四面体が正四面体であるとする。ただし，$p>0$，$s>0$ とする。

(1)　$p$，$q$，$r$，$s$ の値を求めよ。

(2)　$z$ 軸に垂直な平面で正四面体 OABC を切ったときの断面積の最大値を求めよ。　〔九州大〕

➡ 本冊 数学 C 例題 46, 63

(1) 四面体OABCが正四面体であるから，OA＝OBより

$OA^2=OB^2$

ゆえに　$1^2+1^2+0^2=1^2+0^2+p^2$

よって　$p^2=1$　　$p>0$ であるから　$\boldsymbol{p=1}$

同様に，$OA^2=OC^2$ であるから

$1^2+1^2+0^2=q^2+r^2+s^2$

すなわち　$q^2+r^2+s^2=2$ …… ①

また　$\overrightarrow{OA}\cdot\overrightarrow{OC}=1\times q+1\times r+0\times s=q+r$

$\overrightarrow{OB}\cdot\overrightarrow{OC}=1\times q+0\times r+1\times s=q+s$

更に，$|\overrightarrow{OA}|=|\overrightarrow{OB}|=|\overrightarrow{OC}|=\sqrt{2}$ であり，

$\angle AOC=\angle BOC=60°$ であるから

$\overrightarrow{OA}\cdot\overrightarrow{OC}=\overrightarrow{OB}\cdot\overrightarrow{OC}=\sqrt{2}\times\sqrt{2}\times\cos 60°=1$

ゆえに　$q+r=1,\ q+s=1$

よって　$r=1-q,\ s=1-q$ …… ②

② を ① に代入して整理すると　$3q^2-4q=0$

ゆえに　$q(3q-4)=0$　　よって　$q=0,\ \dfrac{4}{3}$

$s>0$ であるから，$1-q>0$ より　$q<1$

ゆえに　$\boldsymbol{q=0}$

よって，② から　$\boldsymbol{r=1,\ s=1}$

(1) 求めるのは $p$，$q$，$r$，$s$ の4つの値であるから，方程式を4つ作り，連立する。
なお，点Cの座標は文字が多いから，辺の長さの関係については OA＝OB＝OC のみの利用とし，他に内積 $\overrightarrow{OA}\cdot\overrightarrow{OC}$，$\overrightarrow{OB}\cdot\overrightarrow{OC}$ を成分と定義の2通りで表すことによって，方程式を作る。

←$q^2+(1-q)^2+(1-q)^2=2$

(2) (1)から，B(1, 0, 1)，C(0, 1, 1) であり，平面 $z=t\ (0<t<1)$ と辺OB，AB，AC，OCとの交点をそれぞれD，E，F，Gとすると

$\overrightarrow{OD}=t\overrightarrow{OB}=(t,\ 0,\ t)$

$\overrightarrow{OE}=(1-t)\overrightarrow{OA}+t\overrightarrow{OB}=(1,\ 1-t,\ t)$

$\overrightarrow{OF}=(1-t)\overrightarrow{OA}+t\overrightarrow{OC}=(1-t,\ 1,\ t)$

$\overrightarrow{OG}=t\overrightarrow{OC}=(0,\ t,\ t)$

よって　$\overrightarrow{DE}=\overrightarrow{OE}-\overrightarrow{OD}=(1-t,\ 1-t,\ 0)$

$\overrightarrow{DG}=\overrightarrow{OG}-\overrightarrow{OD}=(-t,\ t,\ 0)$

$\overrightarrow{GF}=\overrightarrow{OF}-\overrightarrow{OG}=(1-t,\ 1-t,\ 0)$

$0<t<1$ から，$\overrightarrow{DE}\neq\vec{0}$，$\overrightarrow{DG}\neq\vec{0}$，$\overrightarrow{GF}\neq\vec{0}$ であり

$\overrightarrow{DE}=\overrightarrow{GF}$

また，$\overrightarrow{DE}\cdot\overrightarrow{DG}=(1-t)\times(-t)+(1-t)\times t+0\times 0=0$ から

$\overrightarrow{DE}\perp\overrightarrow{DG}$

よって，四角形DEFGは長方形であり，その面積を $S$ とすると　$S=|\overrightarrow{DE}||\overrightarrow{DG}|$

$=(1-t)\sqrt{1^2+1^2+0^2}\times t\sqrt{(-1)^2+1^2+0^2}$

$=2(-t^2+t)$

$=-2\left(t-\dfrac{1}{2}\right)^2+\dfrac{1}{2}$

$0<t<1$ であるから，$S$ は $t=\dfrac{1}{2}$ で最大値 $\boldsymbol{\dfrac{1}{2}}$ をとる。

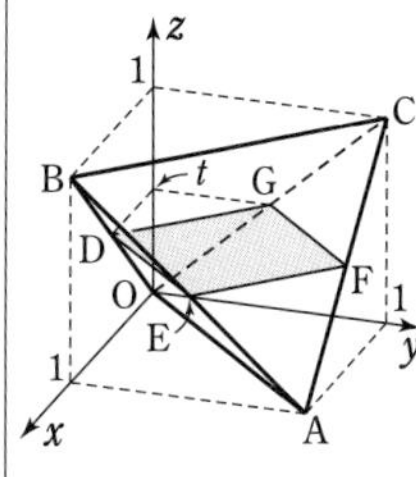


←DE∥GF，DE＝GF

←$\vec{p}=k(p,\ q,\ r)$ のとき $|\vec{p}|=|k|\sqrt{p^2+q^2+r^2}$

←$t$ の2次式 ⟶ 基本形に直す。

総合

**総合 10** 四面体OABCにおいて，4つの面はすべて合同であり，OA=3，OB=$\sqrt{7}$，AB=2であるとする。また，3点O，A，Bを含む平面を$L$とする。

(1) 点Cから平面$L$に下ろした垂線の足をHとおく。$\overrightarrow{\mathrm{OH}}$を$\overrightarrow{\mathrm{OA}}$と$\overrightarrow{\mathrm{OB}}$を用いて表せ。

(2) $0<t<1$を満たす実数$t$に対して，線分OA，OBおのおのを$t:1-t$に内分する点をそれぞれ$\mathrm{P}_t$，$\mathrm{Q}_t$とおく。2点$\mathrm{P}_t$，$\mathrm{Q}_t$を通り，平面$L$に垂直な平面を$M$とするとき，平面$M$による四面体OABCの切り口の面積$S(t)$を求めよ。

(3) $t$が$0<t<1$の範囲を動くとき，$S(t)$の最大値を求めよ。 〔東京大〕

➡ 本冊 数学C 例題 61,73

(1) 4つの面がすべて合同であるから，BC=3，CA=$\sqrt{7}$，OC=2となる。

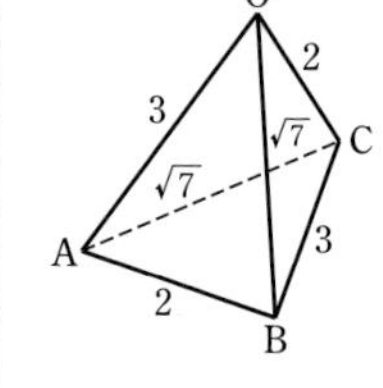


$\overrightarrow{\mathrm{OA}}=\vec{a}$，$\overrightarrow{\mathrm{OB}}=\vec{b}$，$\overrightarrow{\mathrm{OC}}=\vec{c}$とおくと

$$|\vec{a}|=3,\ |\vec{b}|=\sqrt{7},\ |\vec{c}|=2$$

$|\vec{b}-\vec{a}|=2$であるから　$|\vec{b}-\vec{a}|^2=4$

よって　$7-2\vec{a}\cdot\vec{b}+9=4$

ゆえに　$\vec{a}\cdot\vec{b}=6$

同様にして，$|\vec{c}-\vec{b}|=3$から　$\vec{b}\cdot\vec{c}=1$

$|\vec{a}-\vec{c}|=\sqrt{7}$から　$\vec{c}\cdot\vec{a}=3$

←$4-2\vec{b}\cdot\vec{c}+7=9$

←$9-2\vec{a}\cdot\vec{c}+4=7$

$\overrightarrow{\mathrm{OH}}=p\vec{a}+q\vec{b}$（$p$，$q$は実数）とすると　$\overrightarrow{\mathrm{CH}}=p\vec{a}+q\vec{b}-\vec{c}$

CH⊥OAから　$(p\vec{a}+q\vec{b}-\vec{c})\cdot\vec{a}=0$

よって　$9p+6q-3=0$　すなわち　$3p+2q-1=0$ …… ①

CH⊥OBから　$(p\vec{a}+q\vec{b}-\vec{c})\cdot\vec{b}=0$

ゆえに　$6p+7q-1=0$ …… ②

①，②から　$p=\dfrac{5}{9}$，$q=-\dfrac{1}{3}$

したがって　$\boldsymbol{\overrightarrow{\mathrm{OH}}=\dfrac{5}{9}\overrightarrow{\mathrm{OA}}-\dfrac{1}{3}\overrightarrow{\mathrm{OB}}}$

(2) (1)から　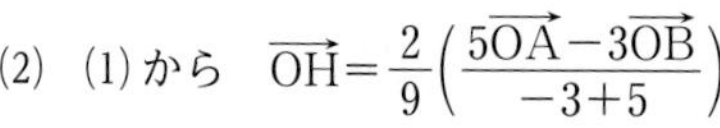

$$\overrightarrow{\mathrm{OH}}=\frac{2}{9}\left(\frac{5\overrightarrow{\mathrm{OA}}-3\overrightarrow{\mathrm{OB}}}{-3+5}\right)$$

(2) △OBAを底面として考える。

よって，線分ABを3：5に外分する点をDとすると，点Hは線分ODを2：7に内分する点である。

←線分ABを$m:n$に外分する点の位置ベクトルは　$\dfrac{n\vec{a}-m\vec{b}}{-m+n}$

$\mathrm{OP}_t:\mathrm{OA}=\mathrm{OQ}_t:\mathrm{OB}=t:1$

$t>0$であるから，$S(t)$は次の[1]，[2]の場合に分けて考える。

[1] $0<t\leqq\dfrac{2}{9}$のとき

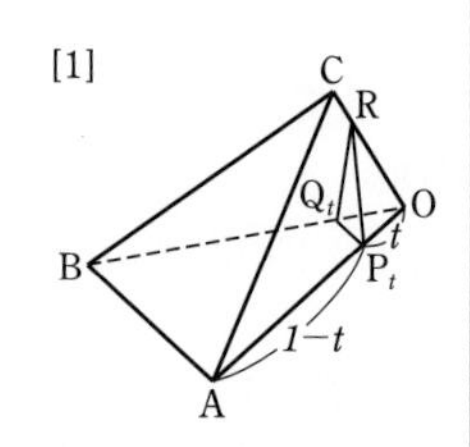

平面$M$は辺OCと交わる。その交点をRとする。

←このとき，平面$M$による四面体OABCの切り口は三角形になる。

ここで　$\overrightarrow{\mathrm{CH}}=\dfrac{5}{9}\vec{a}-\dfrac{1}{3}\vec{b}-\vec{c}$

$$=\frac{1}{9}(5\vec{a}-3\vec{b}-9\vec{c})$$

よって

$$\mathrm{CH}=\frac{1}{9}\sqrt{25\cdot9+9\cdot7+81\cdot4-30\cdot6+54\cdot1-90\cdot3}$$
$$=\frac{1}{3}\sqrt{25+7+36-20+6-30}=\frac{\sqrt{24}}{3}=\frac{2\sqrt{6}}{3}$$

←$\sqrt{\ }$ の中は $|5\vec{a}-3\vec{b}-9\vec{c}|^2$ の計算の要領。

点 R と平面 $L$ との距離を $h$ とすると，右の図から　$h:\dfrac{2\sqrt{6}}{3}=t:\dfrac{2}{9}$

ゆえに　$h=3\sqrt{6}\,t$

←$\dfrac{2}{9}h=\dfrac{2\sqrt{6}}{3}t$

また　　$\mathrm{P}_t\mathrm{Q}_t=t\mathrm{AB}=2t$

よって

$$S(t)=\triangle\mathrm{RP}_t\mathrm{Q}_t$$
$$=\frac{1}{2}\cdot2t\cdot3\sqrt{6}\,t=3\sqrt{6}\,t^2$$

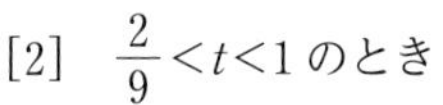
[2]　$\dfrac{2}{9}<t<1$ のとき

←このとき，平面 $M$ による四面体 OABC の切り口は台形になる。

平面 $M$ は辺 AC，辺 BC と交わり，その交点をそれぞれ P′，Q′ とする。このとき，右の図から

$$\mathrm{P'Q'}:\mathrm{AB}=\left(t-\frac{2}{9}\right):\frac{7}{9}$$

ゆえに

$$\mathrm{P'Q'}=\frac{2}{7}(9t-2)$$

←$\dfrac{7}{9}\mathrm{P'Q'}=\left(t-\dfrac{2}{9}\right)\mathrm{AB}$

点 P′ と平面 $L$ との距離を $m$ とすると，右の図から

$$m:\frac{2\sqrt{6}}{3}=(1-t):\frac{7}{9}$$

よって　$m=\dfrac{6\sqrt{6}}{7}(1-t)$

←$\dfrac{7}{9}m=\dfrac{2\sqrt{6}}{3}(1-t)$

ゆえに

$$S(t)=\text{台形 }\mathrm{P'P}_t\mathrm{Q}_t\mathrm{Q'}$$
$$=\frac{1}{2}\left\{\frac{2}{7}(9t-2)+2t\right\}\cdot\frac{6\sqrt{6}}{7}(1-t)$$
$$=\frac{12\sqrt{6}}{49}(8t-1)(1-t)$$

[1]，[2] から

**$0<t\leqq\dfrac{2}{9}$ のとき　　$S(t)=3\sqrt{6}\,t^2$**

**$\dfrac{2}{9}<t<1$ のとき　　$S(t)=\dfrac{12\sqrt{6}}{49}(8t-1)(1-t)$**

(3)　(2) から，$0<t\leqq\dfrac{2}{9}$ のとき，$S(t)=3\sqrt{6}\,t^2$ は $t=\dfrac{2}{9}$ で最大となる。

総合

また，$\dfrac{2}{9}<t<1$ のとき

$$S(t)=\frac{12\sqrt{6}}{49}(8t-1)(1-t)$$
$$=\frac{12\sqrt{6}}{49}(-8t^2+9t-1)$$
$$=\frac{12\sqrt{6}}{49}\left\{-8\left(t-\frac{9}{16}\right)^2+\frac{49}{32}\right\}$$

$\dfrac{2}{9}<\dfrac{9}{16}<1$ であるから，$\dfrac{2}{9}<t<1$ の範囲において，$S(t)$ は

$t=\dfrac{9}{16}$ で最大値 $\dfrac{12\sqrt{6}}{49}\cdot\dfrac{49}{32}=\dfrac{3\sqrt{6}}{8}$ をとる。

$S\left(\dfrac{2}{9}\right)<S\left(\dfrac{9}{16}\right)$ であるから，$t$ が $0<t<1$ の範囲を動くとき，

$S(t)$ は $\boldsymbol{t=\dfrac{9}{16}}$ **で最大値** $\boldsymbol{\dfrac{3\sqrt{6}}{8}}$ をとる。

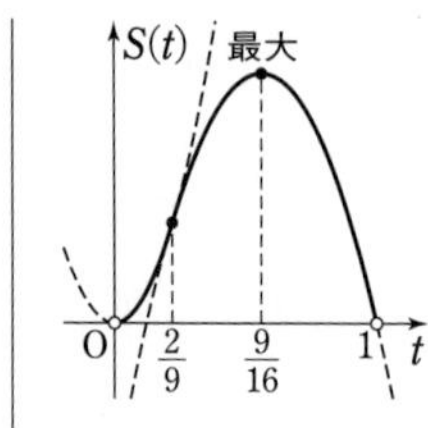


**総合 11**

(1) $xy$ 平面において，O(0, 0)，$\mathrm{A}\left(\dfrac{1}{\sqrt{2}},\ \dfrac{1}{\sqrt{2}}\right)$ とする。このとき，

$(\overrightarrow{\mathrm{OP}}\cdot\overrightarrow{\mathrm{OA}})^2+|\overrightarrow{\mathrm{OP}}-(\overrightarrow{\mathrm{OP}}\cdot\overrightarrow{\mathrm{OA}})\overrightarrow{\mathrm{OA}}|^2\leqq 1$ を満たす点 P 全体のなす図形の面積を求めよ。

(2) $xyz$ 空間において，O(0, 0, 0)，$\mathrm{A}\left(\dfrac{1}{\sqrt{3}},\ \dfrac{1}{\sqrt{3}},\ \dfrac{1}{\sqrt{3}}\right)$ とする。このとき，

$(\overrightarrow{\mathrm{OP}}\cdot\overrightarrow{\mathrm{OA}})^2+|\overrightarrow{\mathrm{OP}}-(\overrightarrow{\mathrm{OP}}\cdot\overrightarrow{\mathrm{OA}})\overrightarrow{\mathrm{OA}}|^2\leqq 1$ を満たす点 P 全体のなす図形の体積を求めよ。

〔神戸大〕

➡ 本冊 数学C 例題 41, 79

(1) $|\overrightarrow{\mathrm{OA}}|^2=\left(\dfrac{1}{\sqrt{2}}\right)^2+\left(\dfrac{1}{\sqrt{2}}\right)^2=1$ であるから

$$(\overrightarrow{\mathrm{OP}}\cdot\overrightarrow{\mathrm{OA}})^2+|\overrightarrow{\mathrm{OP}}-(\overrightarrow{\mathrm{OP}}\cdot\overrightarrow{\mathrm{OA}})\overrightarrow{\mathrm{OA}}|^2$$
$$=(\overrightarrow{\mathrm{OP}}\cdot\overrightarrow{\mathrm{OA}})^2+|\overrightarrow{\mathrm{OP}}|^2-2(\overrightarrow{\mathrm{OP}}\cdot\overrightarrow{\mathrm{OA}})^2+(\overrightarrow{\mathrm{OP}}\cdot\overrightarrow{\mathrm{OA}})^2|\overrightarrow{\mathrm{OA}}|^2$$
$$=(\overrightarrow{\mathrm{OP}}\cdot\overrightarrow{\mathrm{OA}})^2+|\overrightarrow{\mathrm{OP}}|^2-2(\overrightarrow{\mathrm{OP}}\cdot\overrightarrow{\mathrm{OA}})^2+(\overrightarrow{\mathrm{OP}}\cdot\overrightarrow{\mathrm{OA}})^2$$
$$=|\overrightarrow{\mathrm{OP}}|^2$$

←$\overrightarrow{\mathrm{OP}}\cdot\overrightarrow{\mathrm{OA}}=k$ とおくと $|\overrightarrow{\mathrm{OP}}-k\overrightarrow{\mathrm{OA}}|^2=|\overrightarrow{\mathrm{OP}}|^2-2k\overrightarrow{\mathrm{OP}}\cdot\overrightarrow{\mathrm{OA}}+k^2|\overrightarrow{\mathrm{OA}}|^2=|\overrightarrow{\mathrm{OP}}|^2-2k^2+k^2|\overrightarrow{\mathrm{OA}}|^2$

よって，与えられた不等式から

$$|\overrightarrow{\mathrm{OP}}|^2\leqq 1 \quad すなわち \quad |\overrightarrow{\mathrm{OP}}|\leqq 1$$

したがって，点 P 全体のなす図形は，原点を中心とする半径 1 の円の周および内部であり，求める面積は　$\pi\times 1^2=\boldsymbol{\pi}$

別解　P$(x,\ y)$ とすると

←$x$ と $y$ の条件式から領域を求める解法。

$$\overrightarrow{\mathrm{OP}}\cdot\overrightarrow{\mathrm{OA}}=\frac{1}{\sqrt{2}}x+\frac{1}{\sqrt{2}}y=\frac{1}{\sqrt{2}}(x+y)$$

また　$\overrightarrow{\mathrm{OP}}-(\overrightarrow{\mathrm{OP}}\cdot\overrightarrow{\mathrm{OA}})\overrightarrow{\mathrm{OA}}$

$$=(x,\ y)-\frac{1}{\sqrt{2}}(x+y)\left(\frac{1}{\sqrt{2}},\ \frac{1}{\sqrt{2}}\right)$$
$$=(x,\ y)-\left(\frac{x+y}{2},\ \frac{x+y}{2}\right)=\left(\frac{x-y}{2},\ -\frac{x-y}{2}\right)$$

ゆえに　$|\overrightarrow{\mathrm{OP}}-(\overrightarrow{\mathrm{OP}}\cdot\overrightarrow{\mathrm{OA}})\overrightarrow{\mathrm{OA}}|^2=\dfrac{(x-y)^2}{2}$

よって，与えられた不等式から

$$\left\{\frac{1}{\sqrt{2}}(x+y)\right\}^2+\frac{(x-y)^2}{2}\leqq 1$$

整理すると　　$x^2+y^2\leqq 1$

これは，原点を中心とする半径1の円の周および内部を表す。

ゆえに，求める面積は　　$\pi\times 1^2=\boldsymbol{\pi}$

(2)　$|\overrightarrow{\mathrm{OA}}|^2=\left(\frac{1}{\sqrt{3}}\right)^2+\left(\frac{1}{\sqrt{3}}\right)^2+\left(\frac{1}{\sqrt{3}}\right)^2=1$ であるから，(1) と同様にして，与えられた不等式より　　$|\overrightarrow{\mathrm{OP}}|\leqq 1$

したがって，点P全体のなす図形は，原点を中心とする半径1の球面および内部であり，求める体積は

$$\frac{4}{3}\pi\times 1^3=\boldsymbol{\frac{4}{3}\pi}$$

←(1) の 別解 と同じように，$\mathrm{P}(x,\ y,\ z)$ として解いてもよいが，計算が面倒。

総合

## 総合 12

座標空間内の点 $\mathrm{A}(x,\ y,\ z)$ は原点Oを中心とする半径1の球面上の点とする。
点 $\mathrm{B}(1,\ 1,\ 1)$ が直線OA上にないとき，点Bから直線OAに下ろした垂線をBPとし，
△OBPをOPを軸として1回転させてできる立体の体積を $V$ とする。

(1)　$V$ を $x,\ y,\ z$ を用いて表せ。

(2)　$V$ の最大値と，そのときに $x,\ y,\ z$ の満たす関係式を求めよ。　〔東北大〕

➡ 本冊 数学C 例題 85

(1)　点Aは原点Oを中心とする半径1の球面上にあるから

$$x^2+y^2+z^2=1\ \cdots\cdots\ ①$$

点Pは直線OA上にあるから，$\overrightarrow{\mathrm{OP}}=k\overrightarrow{\mathrm{OA}}$ となる実数 $k$ がある。よって　　$\overrightarrow{\mathrm{OP}}=(kx,\ ky,\ kz)$

ゆえに　　$\overrightarrow{\mathrm{BP}}=\overrightarrow{\mathrm{OP}}-\overrightarrow{\mathrm{OB}}=(kx-1,\ ky-1,\ kz-1)$

$\overrightarrow{\mathrm{OA}}\perp\overrightarrow{\mathrm{BP}}$ より，$\overrightarrow{\mathrm{OA}}\cdot\overrightarrow{\mathrm{BP}}=0$ であるから

$$x(kx-1)+y(ky-1)+z(kz-1)=0$$

よって　　$k(x^2+y^2+z^2)=x+y+z$

① を代入すると　　$k=x+y+z\ \cdots\cdots\ ②$

①，② から　　$|\overrightarrow{\mathrm{OP}}|^2=k^2(x^2+y^2+z^2)=k^2=(x+y+z)^2$

したがって　　$|\overrightarrow{\mathrm{OP}}|=|x+y+z|$

また　　$|\overrightarrow{\mathrm{BP}}|^2=(kx-1)^2+(ky-1)^2+(kz-1)^2$

$$=k^2(x^2+y^2+z^2)-2k(x+y+z)+3$$

$$=k^2-2k^2+3=3-k^2=3-(x+y+z)^2$$

←$A^2=B^2$，$A\geqq 0$ のとき $A=|B|$

△OBPをOPを軸として1回転させてできる立体は，底面の円の半径がBP，高さがOPの円錐であるから

$$V=\frac{1}{3}\pi\cdot\mathrm{BP}^2\cdot\mathrm{OP}=\boldsymbol{\frac{\pi}{3}|x+y+z|\{3-(x+y+z)^2\}}$$

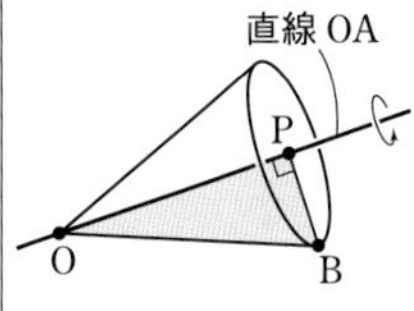


(2)　$x+y+z=t$ とおくと　　$V=\frac{\pi}{3}|t|(3-t^2)$

$f(t)=\frac{\pi}{3}|t|(3-t^2)$ とすると，$f(-t)=f(t)$ であるから，$t\geqq 0$ の範囲で考える。

←$y=f(t)$ は偶関数で，そのグラフは $y$ 軸に関して対称。

$t \geqq 0$ のとき　$f(t)=\dfrac{\pi}{3}t(3-t^2)=\dfrac{\pi}{3}(3t-t^3)$

よって　$f'(t)=\dfrac{\pi}{3}(3-3t^2)=-\pi(t+1)(t-1)$

$t \geqq 0$ において $f'(t)=0$ とすると

$t=1$

ゆえに，$t \geqq 0$ における $f(t)$ の増減表は右のようになる。

| $t$ | 0 | $\cdots$ | 1 | $\cdots$ |
|---|---|---|---|---|
| $f'(t)$ | | $+$ | 0 | $-$ |
| $f(t)$ | | ↗ | 極大 | ↘ |

よって，$f(t)$ は $t=1$ で最大値 $f(1)=\dfrac{2}{3}\pi$ をとる。

ゆえに，$t$ がすべての実数を動くとき，$f(t)$ は $t=\pm 1$ で最大値 $\dfrac{2}{3}\pi$ をとる。

$x=\pm 1$，$y=z=0$ とすると，① と $x+y+z=\pm 1$（複号同順）はともに成り立つ。

よって，$V$ の **最大値は** $\boldsymbol{\dfrac{2}{3}\pi}$ で，このときに $x$，$y$，$z$ が満たす関係式は　$\boldsymbol{x+y+z=\pm 1}$

←$t$ の3次式 ⟶ **微分法**（数学Ⅱ）を利用して増減を調べる。

検討　$t$ のとりうる値の範囲は，球面 $x^2+y^2+z^2=1$ と平面 $x+y+z=t$ が共有点をもつような $t$ の値の範囲である。
（球面の中心と平面の距離）≦（球面の半径）から
$\dfrac{|0+0+0-t|}{\sqrt{1^2+1^2+1^2}} \leqq 1$
よって，$|t| \leqq \sqrt{3}$ から
$-\sqrt{3} \leqq t \leqq \sqrt{3}$
この範囲に $t=\pm 1$ が含まれることを確認してもよい。

**総合 13**

$p$，$q$ を実数とし，$p \neq 0$，$q \neq 0$ とする。2次方程式 $x^2+2px+q=0$ の2つの解を $\alpha$，$\beta$ とする。ただし，重解の場合は $\alpha=\beta$ とする。

(1) $\alpha$，$\beta$ がともに実数のとき，$\alpha(z+i)$ と $\beta(z-i)$ がともに実数となる複素数 $z$ は存在しないことを示せ。

(2) $\alpha$，$\beta$ はともに虚数で，$\alpha$ の虚部が正であるとする。$\alpha(z+i)$ と $\beta(z-i)$ がともに実数となる複素数 $z$ を $p$，$q$ を用いて表せ。〔京都工繊大〕

➡ 本冊 数学C 例題 94

(1) $\alpha$，$\beta$ がともに実数のとき，$\alpha(z+i)$ と $\beta(z-i)$ がともに実数となる複素数 $z$ が存在すると仮定する。

このとき　$\alpha(z+i)=\overline{\alpha(z+i)}$，$\beta(z-i)=\overline{\beta(z-i)}$

よって　$\alpha(z+i)=\alpha(\overline{z}-i)$，$\beta(z-i)=\beta(\overline{z}+i)$

$q \neq 0$ であるから　$\alpha \neq 0$，$\beta \neq 0$

ゆえに　$z+i=\overline{z}-i$，$z-i=\overline{z}+i$

すなわち　$z-\overline{z}=-2i$ …… ①，$z-\overline{z}=2i$ …… ②

①，② は互いに矛盾するから，$\alpha(z+i)$ と $\beta(z-i)$ がともに実数となる複素数 $z$ は存在しない。

(2) 2次方程式 $x^2+2px+q=0$ の判別式を $D$ とすると，$\alpha$，$\beta$ はともに虚数であるから　$D<0$

ここで　$\dfrac{D}{4}=p^2-1\cdot q$　　よって　$p^2-q<0$ …… ③

解と係数の関係により　$\alpha+\beta=-2p$，$\alpha\beta=q$

また，$\beta$ は $\alpha$ の共役な複素数であるから　$\overline{\alpha}=\beta$ …… ④

$\alpha(z+i)$ と $\beta(z-i)$ がともに実数となるための条件は

$\alpha(z+i)=\overline{\alpha(z+i)}$，$\beta(z-i)=\overline{\beta(z-i)}$

④ から　$\alpha(z+i)=\beta(\overline{z}-i)$，$\beta(z-i)=\alpha(\overline{z}+i)$

←背理法を利用。

←$z$ **が実数** ⟺ $z=\overline{z}$

←$\overline{\alpha\beta}=\overline{\alpha}\,\overline{\beta}$，$\overline{\alpha+\beta}=\overline{\alpha}+\overline{\beta}$

←$\alpha=0$ とすると，$0^2+2p\cdot 0+q=0$ から $q=0$ となり，不合理。$\beta=0$ としたときも同様。

←実数係数の方程式が虚数解 $\alpha$ をもつならば，共役な複素数 $\overline{\alpha}$ も解である。

←$\overline{\alpha}=\beta$，$\overline{\beta}=\alpha$

ゆえに　$\alpha z-\beta\overline{z}=-(\alpha+\beta)i$ …… ⑤,
$\beta z-\alpha\overline{z}=(\alpha+\beta)i$ …… ⑥

⑤, ⑥ の辺々を加えて　$(\alpha+\beta)z-(\alpha+\beta)\overline{z}=0$

よって　$(\alpha+\beta)(z-\overline{z})=0$

$\alpha+\beta\neq0$ であるから　$z=\overline{z}$

←$\alpha+\beta=-2p$ で，$p\neq0$ から。

これを ⑤ に代入して　$(\alpha-\beta)z=-(\alpha+\beta)i$

ここで　$(\alpha-\beta)^2=(\alpha+\beta)^2-4\alpha\beta=(-2p)^2-4q=4(p^2-q)$

③ から　$(\alpha-\beta)^2<0$

また，$\alpha$ の虚部は正であるから，$\alpha-\beta$ すなわち $\alpha-\overline{\alpha}$ の虚部は正である。

←$\overline{\alpha}$ の虚部は負 ⟶ $-\overline{\alpha}$ の虚部は正。

よって　$\alpha-\beta=\sqrt{-4(q-p^2)}=2\sqrt{q-p^2}\,i$

←③ から　$q-p^2>0$

したがって　$\boldsymbol{z}=-\dfrac{\alpha+\beta}{\alpha-\beta}i=-\dfrac{-2p}{2\sqrt{q-p^2}\,i}i=\boldsymbol{\dfrac{p}{\sqrt{q-p^2}}}$

**総合 14**　複素数 $z$, $w$ が $|z|=|w|$, $z\neq0$, $w\neq0$, $z+w\neq0$ を満たすとき，次の (1)~(3) を示せ。

(1) $\dfrac{w}{z}+\dfrac{z}{w}$ は実数である。　(2) $\dfrac{(z+w)^2}{zw}$ は正の数である。

(3) 複素数 $z+w$ の偏角を $\theta$ とするとき　$w=\overline{z}(\cos2\theta+i\sin2\theta)$　〔静岡大〕

➡ 本冊 数学 C 例題 91, 95

HINT　(1) **$\alpha$ が実数 ⟺ $\overline{\alpha}=\alpha$**　を利用。(2) $\dfrac{w}{z}$ を極形式で表すことを考える。
(3) (2) の結果を利用して，$zw$ の偏角を $z+w$ の偏角 $\theta$ で表す。

(1) $|z|^2=|w|^2$ から　$z\overline{z}=w\overline{w}$　よって　$\dfrac{\overline{w}}{\overline{z}}=\dfrac{z}{w}$,　$\dfrac{\overline{z}}{\overline{w}}=\dfrac{w}{z}$

**❶ $|\alpha|$ は $|\alpha|^2$ として扱う**

ゆえに　$\overline{\dfrac{w}{z}+\dfrac{z}{w}}=\overline{\left(\dfrac{w}{z}\right)}+\overline{\left(\dfrac{z}{w}\right)}=\dfrac{\overline{w}}{\overline{z}}+\dfrac{\overline{z}}{\overline{w}}=\dfrac{z}{w}+\dfrac{w}{z}$

したがって，$\dfrac{w}{z}+\dfrac{z}{w}$ は実数である。

(2) $\dfrac{(z+w)^2}{zw}=\dfrac{z^2+2zw+w^2}{zw}=2+\dfrac{w}{z}+\dfrac{z}{w}$ …… (＊)

←(＊)と (1) の結果から，$\dfrac{(z+w)^2}{zw}$ は実数。

$|z|=|w|$ から　$\left|\dfrac{w}{z}\right|=1$　また，$z+w\neq0$ から　$\dfrac{w}{z}\neq-1$

よって，$\dfrac{w}{z}=\cos\alpha+i\sin\alpha$ $(0\leqq\alpha<2\pi,\ \alpha\neq\pi)$ と表される。

←$\alpha\neq\pi$ に注意。

ゆえに　$\dfrac{w}{z}+\dfrac{z}{w}=\cos\alpha+i\sin\alpha+\dfrac{1}{\cos\alpha+i\sin\alpha}$
$=\cos\alpha+i\sin\alpha+(\cos\alpha-i\sin\alpha)$
$=2\cos\alpha$

←$w\neq0$ から $\dfrac{w}{z}\neq0$

←$(\cos\alpha+i\sin\alpha)^{-1}=\cos(-\alpha)+i\sin(-\alpha)$

$0\leqq\alpha<2\pi$, $\alpha\neq\pi$ から　$2\cos\alpha>-2$

←$-1<\cos\alpha\leqq1$

すなわち　$\dfrac{w}{z}+\dfrac{z}{w}>-2$

よって，$2+\dfrac{w}{z}+\dfrac{z}{w}>0$ であるから，$\dfrac{(z+w)^2}{zw}$ は正の数である。

(3) (2)の結果から　$\arg\dfrac{(z+w)^2}{zw}=0$

よって　$2\arg(z+w)-\arg zw=0$

ゆえに　$\arg zw=2\arg(z+w)=2\theta$

よって，$zw=|zw|(\cos 2\theta+i\sin 2\theta)$ と表される。

$|w|=|z|$ から　$w=\dfrac{|z|^2}{z}(\cos 2\theta+i\sin 2\theta)$

$=\bar{z}(\cos 2\theta+i\sin 2\theta)$

←正の数の偏角は0

←$\arg z_1z_2=\arg z_1+\arg z_2$, $\arg\dfrac{z_1}{z_2}=\arg z_1-\arg z_2$

←$|zw|=|z||w|=|z|^2=z\bar{z}$

**総合 15**　複素数 $z$ が $z^6+z^5+z^4+z^3+z^2+z+1=0$ を満たすとする。このとき，$z^7$ の値は ア□ であり，$(1+z)(2+2z^2)(3+3z^3)(4+4z^4)(5+5z^5)(6+6z^6)$ の値は イ□ である。更に，$-\dfrac{\pi}{2}\leqq\arg z\leqq\pi$ であるとき，$|2-z+\bar{z}|$ を最大とする $z$ の偏角 $\arg z$ は ウ□ である。

〔北里大〕

➡ 本冊 数学C 例題107

$z^6+z^5+z^4+z^3+z^2+z+1=0$ …… ① の両辺に $z-1$ を掛けると　$z^7-1=0$　すなわち　$z^7=$ ア**1**

$P=(1+z)(2+2z^2)(3+3z^3)(4+4z^4)(5+5z^5)(6+6z^6)$ とすると

$P=6!\{(1+z)(1+z^2)(1+z^4)\}\{(1+z^3)(1+z^5)(1+z^6)\}$

$=720(z^7+z^6+z^5+z^4+z^3+z^2+z+1)$

$\times(z^{14}+z^{11}+z^9+z^8+z^6+z^5+z^3+1)$

$z^7=1$ より，$z^{14}=1$, $z^{11}=z^4$, $z^9=z^2$, $z^8=z$ であるから

$P=720\{(z^6+z^5+z^4+z^3+z^2+z+1)+1\}$

$\times\{(z^6+z^5+z^4+z^3+z^2+z+1)+1\}$

① から　$P=720(0+1)(0+1)=$ イ**720**

また，$z^7=1$ かつ $z\neq1$ であるから，方程式

$z^6+z^5+z^4+z^3+z^2+z+1=0$ の解は

$$z=\cos\frac{2k}{7}\pi+i\sin\frac{2k}{7}\pi\ (k=\pm1,\ \pm2,\ \pm3)$$

と表される。このとき

$$|2-z+\bar{z}|=|2-(z-\bar{z})|=\left|2-2i\sin\frac{2k}{7}\pi\right|$$

$$=2\left|1-i\sin\frac{2k}{7}\pi\right|=2\sqrt{1+\sin^2\frac{2k}{7}\pi}$$

ここで，$-\dfrac{\pi}{2}\leqq\arg z\leqq\pi$ から　$k=-1,\ 1,\ 2,\ 3$

更に　$\dfrac{\pi}{4}<\dfrac{2}{7}\pi<\dfrac{\pi}{3}<\dfrac{4}{7}\pi<\dfrac{2}{3}\pi<\dfrac{3}{4}\pi<\dfrac{6}{7}\pi<\pi$

よって　$0<\sin\dfrac{6}{7}\pi<\sin\dfrac{2}{7}\pi<\sin\dfrac{4}{7}\pi$

ゆえに　$\sin^2\dfrac{6}{7}\pi<\sin^2\dfrac{2}{7}\pi=\sin^2\left(-\dfrac{2}{7}\right)\pi<\sin^2\dfrac{4}{7}\pi$

したがって，$|2-z+\bar{z}|$ を最大にする $z$ の偏角 $\arg z$ は

ウ$\boldsymbol{\dfrac{4}{7}\pi}$

←$(z-1)\times(z^{n-1}+z^{n-2}+\cdots+1)=z^n-1$（$n$ は自然数）

←$P$ を［3つの（　）の積］×［3つの（　）の積］として変形。
組み合わせる3つの（　）をどのようにとっても結果は同じになる。

←$z^7=1$ の解は点1を1つの頂点として，単位円に内接する正七角形の各頂点。

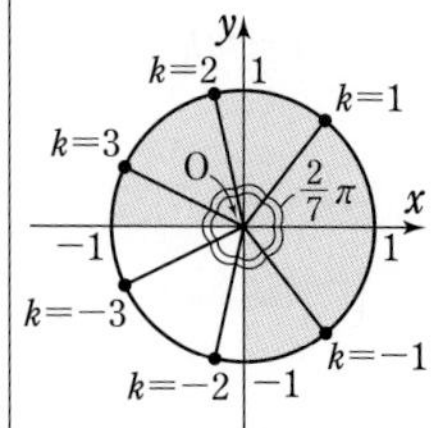


←$\sin\dfrac{\pi}{4}=\sin\dfrac{3}{4}\pi<\sin\dfrac{\pi}{3}=\sin\dfrac{2}{3}\pi$

**総合 16**

$\alpha=\sin\frac{\pi}{10}+i\cos\frac{\pi}{10}$ とする。

(1) 複素数 $\alpha$ を極形式で表せ。ただし，偏角 $\theta$ の範囲は $0\leqq\theta<2\pi$ とする。

(2) 2個のさいころを同時に投げて出た目を $k$，$l$ とするとき，$\alpha^{kl}=1$ となる確率を求めよ。

(3) 3個のさいころを同時に投げて出た目を $k$，$l$，$m$ とするとき，$\alpha^k$，$\alpha^l$，$\alpha^m$ が異なる3つの複素数である確率を求めよ。〔山口大〕

➡ 本冊 数学C 例題 107,108

(1) $\frac{\pi}{2}-\frac{\pi}{10}=\frac{2}{5}\pi$ で，$0<\frac{2}{5}\pi<2\pi$ であるから

$$\alpha=\sin\left(\frac{\pi}{2}-\frac{2}{5}\pi\right)+i\cos\left(\frac{\pi}{2}-\frac{2}{5}\pi\right)=\boldsymbol{\cos\frac{2}{5}\pi+i\sin\frac{2}{5}\pi}$$

←一般に，$0<\beta<\frac{\pi}{2}$ のとき　$\sin\beta+i\cos\beta=\cos\left(\frac{\pi}{2}-\beta\right)+i\sin\left(\frac{\pi}{2}-\beta\right)$

(2) $kl$ は整数であるから

$$\alpha^{kl}=\left(\cos\frac{2}{5}\pi+i\sin\frac{2}{5}\pi\right)^{kl}=\cos\frac{2kl}{5}\pi+i\sin\frac{2kl}{5}\pi$$

←ド・モアブルの定理。

よって，$\alpha^{kl}=1$ となるのは，$n$ を整数として $\frac{2kl}{5}\pi=2n\pi$ と表されるとき，つまり $kl=5n$ から，$kl$ が5の倍数のときである。

←$1=\cos 2n\pi+i\sin 2n\pi$（$n$ は整数）

ここで，2個のさいころの目の出方の総数は　$6^2$ 通り

$kl$ が5の倍数にならないのは，$k$，$l$ がともに5の倍数でないときであり，その目の出方は　$5^2$ 通り

←余事象の確率を利用する。$k$，$l$ のとりうる値は，どちらも1，2，3，4，5，6のうちいずれか。この6つの目のうち，5の倍数は5のみ。

したがって，求める確率は　$1-\frac{5^2}{6^2}=\boldsymbol{\frac{11}{36}}$

(3) 3個のさいころの目の出方の総数は　$6^3$ 通り

$$\alpha^6=\left(\cos\frac{2}{5}\pi+i\sin\frac{2}{5}\pi\right)^6=\cos\frac{12}{5}\pi+i\sin\frac{12}{5}\pi$$
$$=\cos\frac{2}{5}\pi+i\sin\frac{2}{5}\pi=\alpha$$

また，$\arg\alpha=\frac{2}{5}\pi$ であり，$\arg\alpha^m=\frac{2}{5}m\pi$（$m$ は整数）から

$$\arg\alpha^2=\frac{4}{5}\pi,\ \arg\alpha^3=\frac{6}{5}\pi,\ \arg\alpha^4=\frac{8}{5}\pi,\ \arg\alpha^5=2\pi$$

$\therefore\quad 0<\arg\alpha=\arg\alpha^6<\arg\alpha^2<\arg\alpha^3<\arg\alpha^4<\arg\alpha^5=2\pi$

ゆえに，$\alpha^1(=\alpha^6)$，$\alpha^2$，$\alpha^3$，$\alpha^4$，$\alpha^5$ はすべて異なる値である。

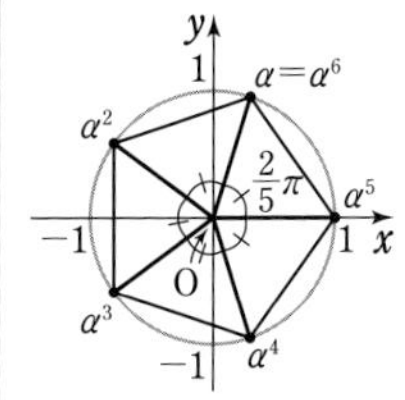


よって，$\alpha^k$，$\alpha^l$，$\alpha^m$ が異なる3つの複素数となるのは，$k$，$l$，$m$ がすべて異なり，かつ1と6を同時に含まない場合である。

それは次の [1]，[2] の場合に分けられる。

[1] $k$，$l$，$m$ に1も6も含まれない場合

$k$，$l$，$m$ は2，3，4，5のいずれかの値をとるから，この場合の数は　${}_4\mathrm{P}_3=4\cdot3\cdot2=24$（通り）

[2] $k$，$l$，$m$ に1，6のいずれか一方が含まれる場合

$k$，$l$，$m$ のいずれか1つが1または6の値をとり，残りの2つは2，3，4，5のいずれかの値をとるから，この場合の数は

$${}_3\mathrm{C}_1\cdot2\cdot{}_4\mathrm{P}_2{}^{(*)}=3\cdot2\cdot12=72\ (\text{通り})$$

(＊)（ア，イ，ウ）1または6がア，イ，ウのどこにくるかで ${}_3\mathrm{C}_1$ 通り，1または6のどちらかで2通り，残りの2か所に2，3，4，5から2つを選んで並べるから ${}_4\mathrm{P}_2$ 通り。

総合

[1]，[2] の事象は互いに排反であるから，求める確率は

$$\frac{24+72}{6^3}=\frac{96}{216}=\frac{4}{9}$$

←加法定理。

**総合 17** 絶対値が1で偏角が$\theta$の複素数を$z$とし，$n$を正の整数とする。
(1) $|1-z^2|$を$\theta$で表せ。
(2) $\sum_{k=1}^{n} z^{2k}$を考えることにより，$\sum_{k=1}^{n}\sin 2k\theta$を計算せよ。

➡ 本冊 数学C 例題 108,133

(1) $z=\cos\theta+i\sin\theta$ であるから

$$|1-z^2|=|1-(\cos 2\theta+i\sin 2\theta)|$$
$$=\sqrt{(1-\cos 2\theta)^2+\sin^2 2\theta}$$
$$=\sqrt{2-2\cos 2\theta}=\sqrt{2-2(1-2\sin^2\theta)}$$
$$=\sqrt{4\sin^2\theta}=\mathbf{2|\sin\theta|}$$

←ド・モアブルの定理。

←$\sin^2 2\theta+\cos^2 2\theta=1$，$\cos 2\theta=1-2\sin^2\theta$

(2) $$\sum_{k=1}^{n} z^{2k}=\sum_{k=1}^{n}(\cos 2k\theta+i\sin 2k\theta)=\sum_{k=1}^{n}\cos 2k\theta+i\sum_{k=1}^{n}\sin 2k\theta$$

←ド・モアブルの定理。
$z^{2k}=(\cos\theta+i\sin\theta)^{2k}$
$=\cos 2k\theta+i\sin 2k\theta$

よって，$\sum_{k=1}^{n}\sin 2k\theta$ は $\sum_{k=1}^{n} z^{2k}$ の虚部である。

[1] $z=\pm1$ のとき，$\sum_{k=1}^{n} z^{2k}$ は実数であるから　$\sum_{k=1}^{n}\sin 2k\theta=0$

←$z=\pm1$ のとき
$\theta=n\pi$（$n$は整数）

[2] $z\neq\pm1$ のとき，$z^2\neq1$ であるから

$$\sum_{k=1}^{n} z^{2k}=\sum_{k=1}^{n} z^2(z^2)^{k-1}=\frac{z^2\{1-(z^2)^n\}}{1-z^2}=\frac{z^2-z^{2n+2}}{1-z^2}$$
$$=\frac{(z^2-z^{2n+2})(\overline{1-z^2})}{(1-z^2)(\overline{1-z^2})}=\frac{(z^2-z^{2n+2})\{1-(\overline{z})^2\}}{|1-z^2|^2}$$
$$=\frac{z^2-|z|^4-z^{2n+2}+|z|^4z^{2n}}{(2|\sin\theta|)^2}$$
$$=\frac{z^2+z^{2n}-z^{2n+2}-1}{4\sin^2\theta}$$

←等比数列の和の公式。

←(1) の結果を利用するために，分子・分母に$\overline{1-z^2}$を掛ける。また，$z\overline{z}=|z|^2=1$ にも注意。

ここで，$z^2+z^{2n}-z^{2n+2}-1$ の虚部は

$$\sin 2\theta+\sin 2n\theta-\sin(2n+2)\theta$$
$$=2\sin(n+1)\theta\times\cos(n-1)\theta-2\sin(n+1)\theta\times\cos(n+1)\theta$$
$$=2\sin(n+1)\theta\{\cos(n-1)\theta-\cos(n+1)\theta\}$$
$$=2\sin(n+1)\theta\{-2\sin n\theta\sin(-\theta)\}$$
$$=4\sin\theta\sin n\theta\sin(n+1)\theta$$

←ド・モアブルの定理。

←$\sin\alpha+\sin\beta$
$=2\sin\frac{\alpha+\beta}{2}\cos\frac{\alpha-\beta}{2}$
$\cos\alpha-\cos\beta$
$=-2\sin\frac{\alpha+\beta}{2}\sin\frac{\alpha-\beta}{2}$

であるから

$$\sum_{k=1}^{n}\sin 2k\theta=\frac{4\sin\theta\sin n\theta\sin(n+1)\theta}{4\sin^2\theta}=\frac{\sin n\theta\sin(n+1)\theta}{\sin\theta}$$

←$\sum_{k=1}^{n} z^{2k}$ の虚部。

[1]，[2] から，$\sum_{k=1}^{n}\sin 2k\theta$ の値は，**$n$を整数とすると**

**$\theta=n\pi$ のとき 0，$\theta\neq n\pi$ のとき** $\boldsymbol{\frac{\sin n\theta\sin(n+1)\theta}{\sin\theta}}$

**総合 18** 3次方程式 $4z^3+4z^2+5z+26=0$ は1つの実数解 $z_1$ と2つの虚数解 $z_2$, $z_3$ ($z_2$ の虚部は正, $z_3$ の虚部は負) をもつ。複素数平面上において, $\mathrm{A}(z_1)$, $\mathrm{B}(z_2)$, $\mathrm{C}(z_3)$ とし, 点B, Cを通る直線上に点Pをとる。点Aを中心に, 点Pを反時計回りに $\dfrac{\pi}{3}$ だけ回転した点を $\mathrm{Q}(x+yi)$ ($x$, $y$ は実数) とする。

(1) $x$ を $y$ の式で表せ。

2点P, Qを通る直線に関して点Aと対称な点をRとする。以下では, 点Rを表す複素数の実部が1である場合を考える。

(2) $x$, $y$ の値を求めよ。

(3) 点Qを中心とする半径 $\dfrac{3}{2}$ の円周上の点をSとする。$\mathrm{S}(w)$ とするとき, $w^{29}$ が実数となるような $w$ の個数を求めよ。 〔類 東京理科大〕

➡ 本冊 数学C 例題 101,117

(1) $P(z)=4z^3+4z^2+5z+26$ とすると　　$P(-2)=0$

よって, $P(z)=0$ から

$$(z+2)(4z^2-4z+13)=0$$

ゆえに　　$z+2=0$ または $4z^2-4z+13=0$

$z+2=0$ から　　$z=-2$

$4z^2-4z+13=0$ から

$$z=\frac{-(-2)\pm\sqrt{(-2)^2-4\cdot13}}{4}=\frac{1\pm2\sqrt{3}\,i}{2}$$

よって　　$z_1=-2$, $z_2=\dfrac{1+2\sqrt{3}\,i}{2}$, $z_3=\dfrac{1-2\sqrt{3}\,i}{2}$

点Pは直線BC上にあるから, 点Pを表す複素数の実部は $\dfrac{1}{2}$ である。

ゆえに, $\mathrm{P}\left(\dfrac{1}{2}+pi\right)$ ($p$ は実数) とすると, 点Aを中心に, 点Qを $-\dfrac{\pi}{3}$ だけ回転した点が点Pであるから

$$\left(\frac{1}{2}+pi\right)-(-2)=\left\{\cos\left(-\frac{\pi}{3}\right)+i\sin\left(-\frac{\pi}{3}\right)\right\}\{x+yi-(-2)\}$$

ゆえに　　$\dfrac{5}{2}+pi=\dfrac{1-\sqrt{3}\,i}{2}(x+2+yi)$

よって　　$\dfrac{5}{2}+pi=\dfrac{x+\sqrt{3}\,y+2}{2}+\dfrac{-\sqrt{3}\,x+y-2\sqrt{3}}{2}i$

実部を比較して　　$\dfrac{5}{2}=\dfrac{x+\sqrt{3}\,y+2}{2}$

したがって　　$\boldsymbol{x=3-\sqrt{3}\,y}$ …… ①

| 4 | 4 | 5 | 26 | $-2$ |
|---|---|---|---|---|
| | $-8$ | 8 | $-26$ | |
| 4 | $-4$ | 13 | 0 | |

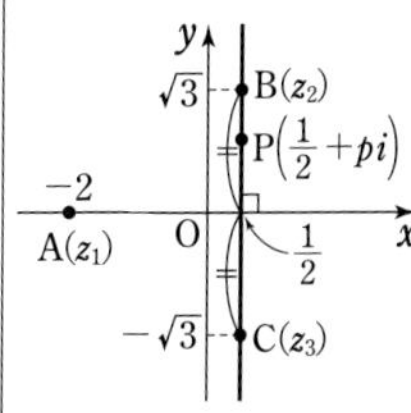


←点 $\beta$ を, 点 $\alpha$ を中心に, $\theta$ だけ回転した点を表す複素数を $\gamma$ とすると
$\boldsymbol{\gamma-\alpha=(\cos\theta+i\sin\theta)\times(\beta-\alpha)}$

別解 (1) $x+yi-(-2)=\left(\cos\dfrac{\pi}{3}+i\sin\dfrac{\pi}{3}\right)\times\left\{\dfrac{1}{2}+pi-(-2)\right\}$
から　$4x+8+4yi=5-2\sqrt{3}\,p+(2p+5\sqrt{3})i$
よって
$4x+8=5-2\sqrt{3}\,p$,
$4y=2p+5\sqrt{3}$
この2式から $p$ を消去する。

総合

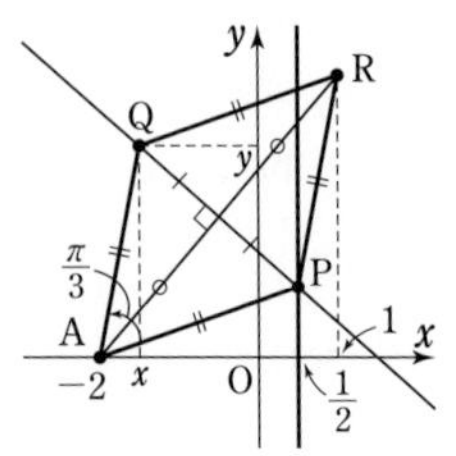


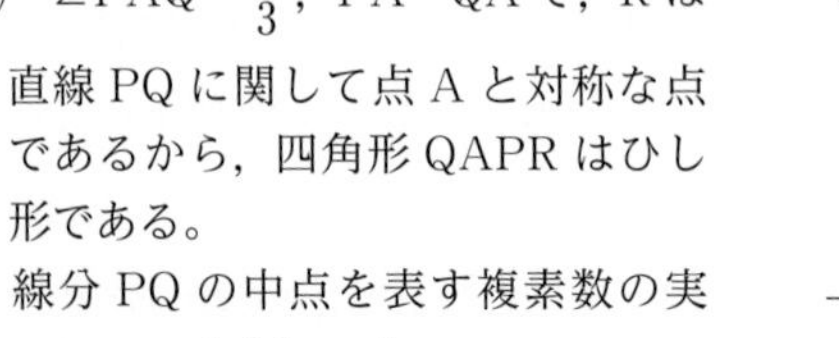

(2) $\angle \mathrm{PAQ}=\frac{\pi}{3}$，PA=QA で，R は直線 PQ に関して点 A と対称な点であるから，四角形 QAPR はひし形である。

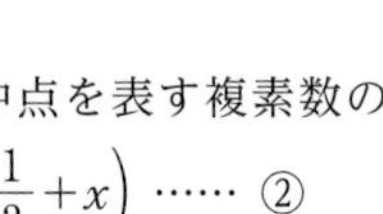

線分 PQ の中点を表す複素数の実部は　$\frac{1}{2}\left(\frac{1}{2}+x\right)$ …… ②

←4 点 A，P，Q，R それぞれを表す複素数の実部はすべてわかっているから，実部のみに注目。

線分 AR の中点を表す複素数の実部は

$$\frac{-2+1}{2}=-\frac{1}{2} \;\cdots\cdots\; ③$$

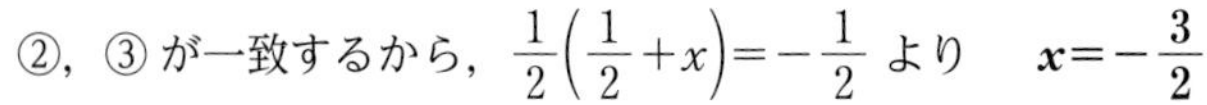

②，③ が一致するから，$\frac{1}{2}\left(\frac{1}{2}+x\right)=-\frac{1}{2}$ より　$\boldsymbol{x=-\frac{3}{2}}$

① に代入して　$-\frac{3}{2}=3-\sqrt{3}\,y$　ゆえに　$\boldsymbol{y=\frac{3\sqrt{3}}{2}}$

(3) 点 Q を表す複素数は　$-\frac{3}{2}+\frac{3\sqrt{3}}{2}i=3\left(\cos\frac{2}{3}\pi+i\sin\frac{2}{3}\pi\right)$

←$3\left(-\frac{1}{2}+\frac{\sqrt{3}}{2}i\right)$

$\arg w=\theta$ $(0\leqq\theta<2\pi)$ とすると　$\arg w^{29}=29\arg w=29\theta$

よって，$w^{29}$ が実数であるための条件は　$29\theta=n\pi$（$n$ は整数）

←偏角が $\pi$ の整数倍。

すなわち　$\theta=\frac{n}{29}\pi$ …… ④

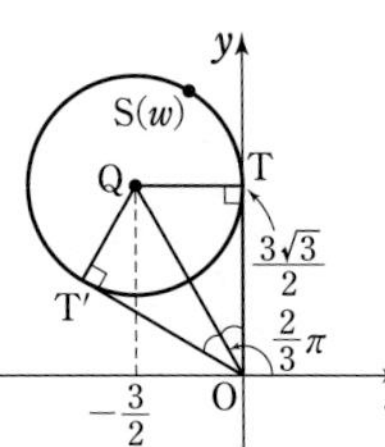


ここで，右の図のように，点 Q を中心とする半径 $\frac{3}{2}$ の円と虚軸との接点を T とする。

また，原点 O からこの円に引いた接線のうち，虚軸以外の接線と円との接点を T′ とすると，△OTQ と △OT′Q は合同な直角三角形で　$\angle \mathrm{TOQ}=\angle \mathrm{T'OQ}=\frac{2}{3}\pi-\frac{\pi}{2}=\frac{\pi}{6}$

ゆえに　$\frac{\pi}{2}\leqq\theta\leqq\frac{5}{6}\pi$ …… ⑤

←$\frac{2}{3}\pi+\frac{\pi}{6}=\frac{5}{6}\pi$

ここで，$\theta=\frac{\pi}{2}$，$\frac{5}{6}\pi$ のとき $w$ は 1 個；$\frac{\pi}{2}<\theta<\frac{5}{6}\pi$ のとき $w$ は 2 個定まる。

④ を ⑤ に代入して　$\frac{\pi}{2}\leqq\frac{n}{29}\pi\leqq\frac{5}{6}\pi$

よって　$\frac{29}{2}\leqq n\leqq\frac{145}{6}$

←$\frac{29}{2}=14.5$，$\frac{145}{6}=24.1\cdots$

ゆえに，$w^{29}$ が実数となるような整数 $n$ の値は $n=15$，16，…，24 の 10 個ある。

この中に $\theta=\frac{\pi}{2}$，$\frac{5}{6}\pi$ となるような $n$ は存在しないから，求める $w$ の個数は　$2\cdot10=$**20**（個）

←＿＿に注意。各 $n$ の値に対して，$w$ は 2 つ定まる。

**総合 19** 複素数 $\alpha$ は $|\alpha|=1$ を満たしている。

(1) 条件 (＊) $|z|=c$ かつ $|z-\alpha|=1$ を満たす複素数 $z$ がちょうど2つ存在するような実数 $c$ の値の範囲を求めよ。

(2) 実数 $c$ は(1)で求めた範囲にあるとし，条件(＊)を満たす2つの複素数を $z_1$，$z_2$ とする。このとき，$\dfrac{z_1-z_2}{\alpha}$ は純虚数であることを示せ。〔学習院大〕

➡ 本冊 数学C 例題 124,128

(1) $|\alpha|=1$ から，複素数平面上で点 $\alpha$ は単位円上にある。

また，$|z|=c$ が表す図形は，$c>0$ のとき原点を中心とする半径 $c$ の円 $D$ であり，$|z-\alpha|=1$ が表す図形は，点 $\alpha$ を中心とする半径1の円 $D'$ である。

←$c=0$ のとき原点を表し，$c<0$ のとき何の図形も表さない。しかし，これらのときは条件を満たさない。

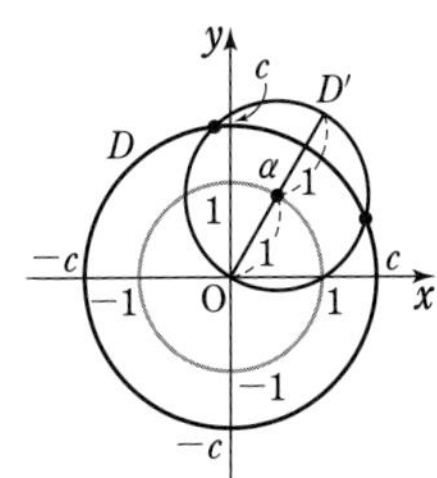


よって，条件(＊)を満たす複素数が2つ存在するのは，2円 $D$，$D'$ が共有点を2個もつときである。

図から，求める値の範囲は

$$0<c<2$$

←円 $D$ の半径（$c$ の値）を大きくしていき，円 $D$ と円 $D'$ の共有点の個数がどうなるかを考える。$c=2$ のとき共有点は1個，$c>2$ のとき共有点は0個となる。

(2) 原点と点 $\alpha$ を通る直線を $\ell$，2点 $z_1$，$z_2$ を通る直線を $m$ とする。

このとき，2円 $D$，$D'$ はいずれも直線 $\ell$ に関して対称である。

よって，2円 $D$，$D'$ の2つの共有点 $z_1$，$z_2$ も直線 $\ell$ に関して対称な位置にあるから　$\ell\perp m$

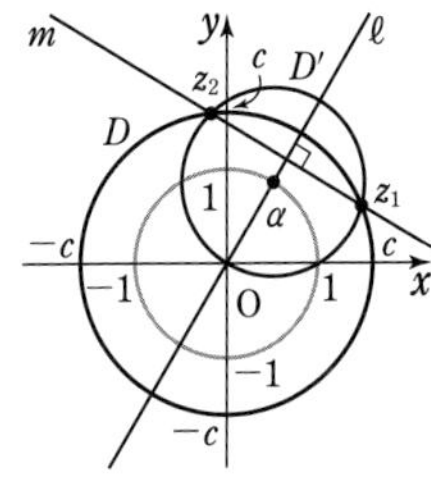


←2円の交点を通る直線は，2円の中心を通る直線に垂直。

したがって，$\dfrac{z_1-z_2}{\alpha-0}$ すなわち

$\dfrac{z_1-z_2}{\alpha}$ は純虚数である。

←異なる4点 A$(\alpha)$，B$(\beta)$，C$(\gamma)$，D$(\delta)$ について

AB⊥CD

$\iff \dfrac{\delta-\gamma}{\beta-\alpha}$ が純虚数

**総合 20** (1) $z\overline{z}+(1-i+\overline{\alpha})z+(1+i+\alpha)\overline{z}=\alpha$ を満たす複素数 $z$ が存在するような複素数 $\alpha$ の範囲を，複素数平面上に図示せよ。

(2) $|\alpha|\leqq 2$ とする。複素数 $z$ が $z\overline{z}+(1-i+\overline{\alpha})z+(1+i+\alpha)\overline{z}=\alpha$ を満たすとき，$|z|$ の最大値を求めよ。また，そのときの $\alpha$，$z$ を求めよ。〔類 新潟大〕

➡ 本冊 数学C 例題 111,112

(1) $1+i+\alpha=\beta$ とおくと，$\overline{\beta}=1-i+\overline{\alpha}$ であるから

$$\begin{aligned}z\overline{z}+(1-i+\overline{\alpha})z+(1+i+\alpha)\overline{z}&=z\overline{z}+\overline{\beta}z+\beta\overline{z}\\&=(z+\beta)(\overline{z}+\overline{\beta})-\beta\overline{\beta}\\&=|z+\beta|^2-|\beta|^2\end{aligned}$$

←$\overline{\beta}=\overline{1+i+\alpha}$
$=1+\overline{i}+\overline{\alpha}$
$=1-i+\overline{\alpha}$

←$z\overline{z}=|z|^2$

よって　$|z+\beta|^2-|\beta|^2=\alpha$

すなわち　$|z+\beta|^2=\alpha+|\beta|^2$ …… ①

$|z+\beta|^2$, $|\beta|^2$ はともに実数であるから，① を満たす複素数 $z$ が存在するための条件は

$\alpha$ が実数　かつ　$\alpha+|\beta|^2 \geqq 0$

←$|z+\beta|^2 \geqq 0$

ゆえに　$\alpha+|1+i+\alpha|^2 \geqq 0$

$\alpha+1$ は実数であるから

$\alpha+(1+\alpha)^2+1^2 \geqq 0$

整理して　$\alpha^2+3\alpha+2 \geqq 0$

←実数 $\alpha$ の 2 次不等式。

すなわち　$(\alpha+1)(\alpha+2) \geqq 0$

よって　$\alpha \leqq -2$,　$-1 \leqq \alpha$

したがって，複素数 $\alpha$ の範囲を複素数平面上に図示すると，**右図の太線部分**のようになる。

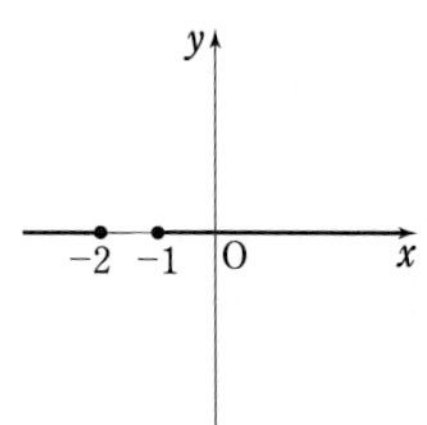


(2) (1) から　$|z+1+\alpha+i|^2=\alpha^2+3\alpha+2$ …… ②

←$\alpha+|\beta|^2=\alpha^2+3\alpha+2$

また，(1) の結果から，② を満たす複素数 $z$ が存在するための条件は　$\alpha \leqq -2$,　$-1 \leqq \alpha$

ここで，$|\alpha| \leqq 2$ から　$\alpha=-2$,　$-1 \leqq \alpha \leqq 2$

←$|\alpha| \leqq 2$
$\Longleftrightarrow -2 \leqq \alpha \leqq 2$

[1]　$\alpha=-2$ のとき

② は　$|z-1+i|^2=0$　　よって　$z=1-i$

←点 $1-i$ を表す。

このとき　$|z|=\sqrt{1^2+(-1)^2}=\sqrt{2}$

[2]　$\alpha=-1$ のとき

② は　$|z+i|^2=0$　　よって　$z=-i$

←点 $-i$ を表す。

このとき　$|z|=1$

[3]　$-1<\alpha \leqq 2$ のとき

② は　$|z+\alpha+1+i|^2$

$=\alpha^2+3\alpha+2$

←$\alpha^2+3\alpha+2$
$=(\alpha+1)(\alpha+2)$
$-1<\alpha \leqq 2$ のとき
$\alpha+1>0$　$\alpha+2>0$

よって，点 $z$ は点 $-\alpha-1-i$ を中心とする半径 $\sqrt{\alpha^2+3\alpha+2}$ の円上を動く。

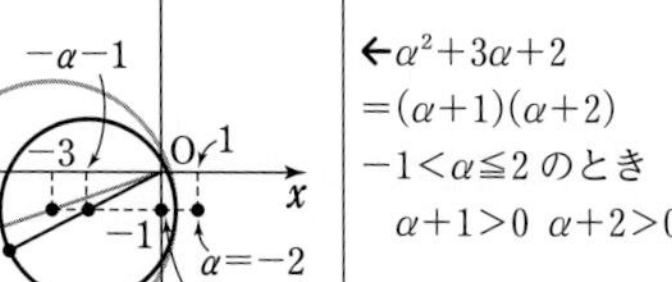

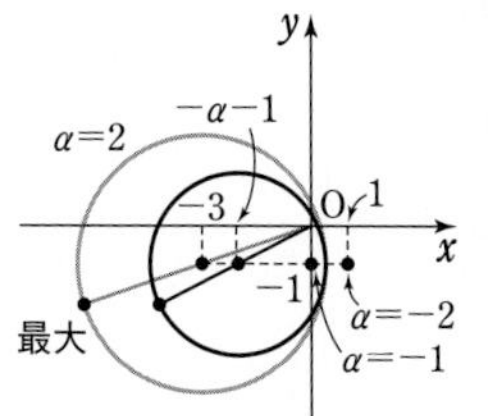


$\alpha$ の値を $-1<\alpha \leqq 2$ の範囲で 1 つ固定すると，図から，$|z|$ の最大値は

←$-3 \leqq -\alpha-1<0$

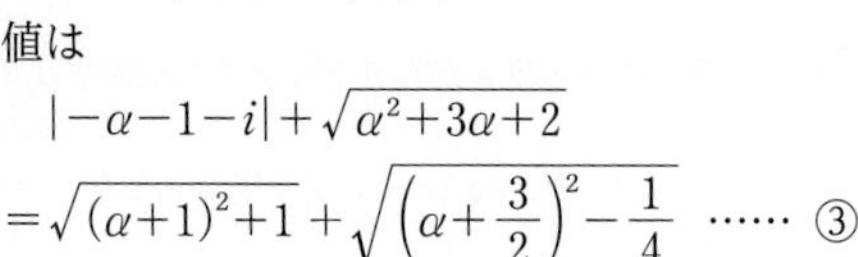

$$|-\alpha-1-i|+\sqrt{\alpha^2+3\alpha+2}$$
$$=\sqrt{(\alpha+1)^2+1}+\sqrt{\left(\alpha+\frac{3}{2}\right)^2-\frac{1}{4}} \quad \cdots\cdots ③$$

←(原点と点 $-\alpha-1-i$ の距離)+(円の半径)

ここで，$(\alpha+1)^2+1$, $\left(\alpha+\frac{3}{2}\right)^2-\frac{1}{4}$ はともに $-1<\alpha \leqq 2$ において単調に増加する。

←この 2 つの $\alpha$ の関数はどちらも $\alpha=2$ で最大となる。

したがって，$-1<\alpha \leqq 2$ において，③ は

**$\alpha=2$ で最大値 $\sqrt{10}+2\sqrt{3}$**　をとる。

[1]〜[3] の結果を合わせて考えると，$\sqrt{10}+2\sqrt{3}>\sqrt{2}>1$ であるから，$|z|$ は $\alpha=2$ で最大値 $\sqrt{10}+2\sqrt{3}$ をとる。

このとき，点 $z$ は点 $-3-i$ の原点からの距離を $\dfrac{\sqrt{10}+2\sqrt{3}}{\sqrt{10}}$ 倍した点であるから

$$z=\frac{\sqrt{10}+2\sqrt{3}}{\sqrt{10}}\cdot(-3-i)$$

$$=-3-\frac{3\sqrt{30}}{5}-\left(1+\frac{\sqrt{30}}{5}\right)i$$

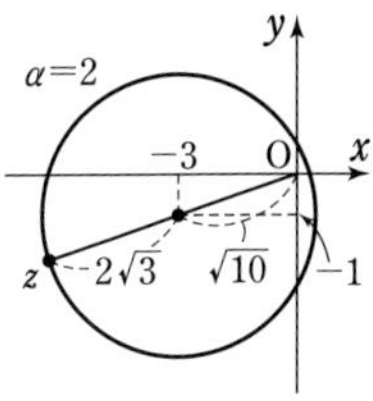


**総合 21**　$z$，$w$ は相異なる複素数で，$z$ の虚部は正，$w$ の虚部は負とする。

(1)　点 1，$z$，$-1$，$w$ が複素数平面の同一円周上にあるための必要十分条件は，$\dfrac{(1+w)(1-z)}{(1-w)(1+z)}$ が負の実数となることであることを示せ。

(2)　$z=x+yi$ が $x<0$ と $y>0$ を満たすとする。点 1，$z$，$-1$，$\dfrac{1+z^2}{2}$ が複素数平面の同一円周上にあるとき，点 $z$ の軌跡を求めよ。　〔東北大〕

➡ 本冊 数学C 例題132

(1)　相異なる 4 点 A(1)，B$(-1)$，P$(z)$，Q$(w)$ が同一円周上にあるための必要十分条件は

$$\angle\text{BPA}+\angle\text{AQB}=\pi$$

$$\Longleftrightarrow \arg\frac{1-z}{-1-z}+\arg\frac{-1-w}{1-w}=\pi$$

$$\Longleftrightarrow \arg\frac{(1+w)(1-z)}{(1-w)(1+z)}=\pi$$

$$\Longleftrightarrow \frac{(1+w)(1-z)}{(1-w)(1+z)} \text{ が負の実数}$$

したがって，題意は示された。

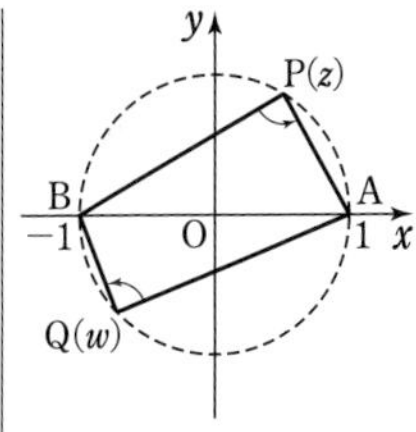


←$r(\cos\pi+i\sin\pi)=-r$

(2)　$\dfrac{1+z^2}{2}=\dfrac{1+(x+yi)^2}{2}=\dfrac{1+x^2-y^2}{2}+xyi$

←$z=x+yi$ の形が与えられているから，$x$，$y$ の関係式を導くことを目指す。

$x<0$，$y>0$ より $xy<0$ であるから，$\dfrac{1+z^2}{2}$ の虚部は負である。

よって，(1) の結果から，

$$\frac{\left(1+\dfrac{1+z^2}{2}\right)(1-z)}{\left(1-\dfrac{1+z^2}{2}\right)(1+z)}=\frac{(3+z^2)(1-z)}{(1-z^2)(1+z)}=\frac{3+z^2}{(1+z)^2}$$

←(1) で $w=\dfrac{1+z^2}{2}$ とする。

が負の実数となるような点 $z$ の軌跡を求める。

$\dfrac{3+z^2}{(1+z)^2}=k$ $(k<0)$ とおくと　　$3+z^2=k(1+z)^2$

$z=x+yi$ を代入して

$$3+x^2-y^2+2xyi=k\{(x+1)^2-y^2+2(x+1)yi\}$$

←ここで，$z=x+yi$ を代入。

ゆえに　$x^2-y^2+3=k\{(x+1)^2-y^2\}$ …… ①，

$2xy=2k(x+1)y$ …… ②

←複素数の相等。

$y>0$ であるから，② より　$(x+1)k=x$ …… ③

$x=-1$ のとき，③ から $0\cdot k=-1$ となり，不合理。

よって，$x\neq-1$ であるから，③ より　$k=\dfrac{x}{x+1}$ …… ④

④ を ① に代入して　$(x+1)(x^2-y^2+3)=x\{(x+1)^2-y^2\}$

両辺を展開して整理すると　$x^2-2x+y^2-3=0$

ゆえに　$(x-1)^2+y^2=4$

また，④ から　$k=1-\dfrac{1}{x+1}$

$k<0$ から　$\dfrac{1}{x+1}>1$

これを解くと　$-1<x<0$

以上から，求める軌跡は **円 $(x-1)^2+y^2=4$ の $-1<x<0$，$y>0$ の部分** である。

参考　軌跡を図示すると，右の図の実線部分のようになる。

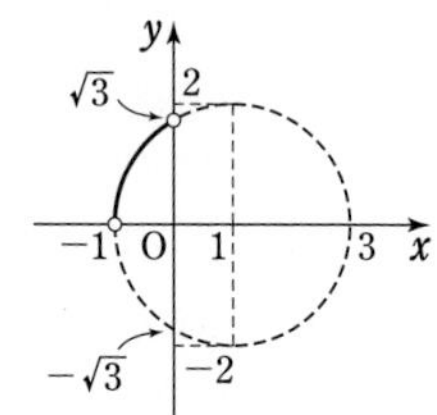


←$k$ を消去。

←$x^3-xy^2+3x+x^2-y^2+3$
$=x^3+2x^2+x-xy^2$

←$\dfrac{1}{x+1}>1$ の両辺に $(x+1)^2$ [$>0$] を掛けて
$x+1>(x+1)^2$
よって　$x(x+1)<0$
ゆえに　$-1<x<0$

**総合 22**

双曲線 $H：x^2-y^2=1$ 上の 3 点 A$(-1,\ 0)$，B$(1,\ 0)$，C$(s,\ t)$ $(t\neq 0)$ について，点 A における $H$ の接線と直線 BC の交点を P，点 B における $H$ の接線と直線 AC の交点を Q，点 C における $H$ の接線と直線 AB の交点を R とするとき，3 点 P，Q，R は一直線上にあることを証明せよ。

〔大阪大 改題〕

➡ 本冊 数学 C 例題 156

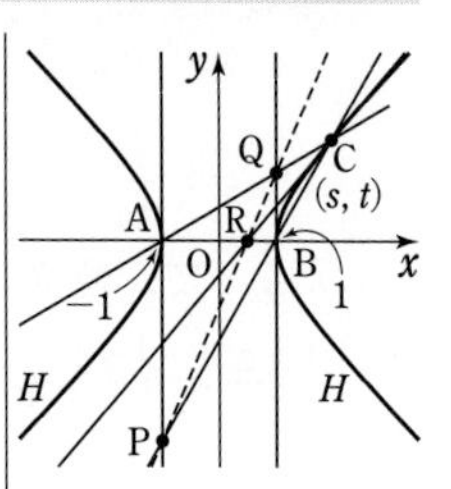


点 A における $H$ の接線の方程式は　$x=-1$

$t\neq 0$ より $s\neq\pm 1$ であるから，直線 BC の方程式は

$$y=\frac{t}{s-1}(x-1)$$

$x=-1$ とすると　$y=-\dfrac{2t}{s-1}$　　よって　$\mathrm{P}\left(-1,\ -\dfrac{2t}{s-1}\right)$

点 B における $H$ の接線の方程式は　$x=1$

直線 AC の方程式は　$y=\dfrac{t}{s+1}(x+1)$

$x=1$ とすると　$y=\dfrac{2t}{s+1}$　　ゆえに　$\mathrm{Q}\left(1,\ \dfrac{2t}{s+1}\right)$

点 C における $H$ の接線の方程式は　$sx-ty=1$

$y=0$ とすると　$sx=1$　　$s\neq 0$ であるから　$x=\dfrac{1}{s}$

よって　$\mathrm{R}\left(\dfrac{1}{s},\ 0\right)$

ゆえに　$\overrightarrow{\mathrm{PR}}=\left(\dfrac{1}{s}+1,\ \dfrac{2t}{s-1}\right)=\left(\dfrac{1+s}{s},\ -\dfrac{2t}{1-s}\right)$

$\overrightarrow{\mathrm{QR}}=\left(\dfrac{1}{s}-1,\ -\dfrac{2t}{s+1}\right)=\left(\dfrac{1-s}{s},\ -\dfrac{2t}{1+s}\right)$

よって　$\overrightarrow{\mathrm{QR}}=\dfrac{1-s}{1+s}\overrightarrow{\mathrm{PR}}$

したがって，3 点 P，Q，R は一直線上にある。

←直線 AB の方程式は $y=0$（$x$ 軸）

←ベクトルの共線条件を利用。

**総合 23** 実数 $a$，$r$ は $0<a<2$，$0<r$ を満たす。複素数平面上で，$|z-a|+|z+a|=4$ を満たす点 $z$ の描く図形を $C_a$，$|z|=r$ を満たす点 $z$ の描く図形を $C$ とする。〔類 静岡大〕

(1) $C_a$ と $C$ が共有点をもつような点 $(a,\ r)$ の存在範囲を，$ar$ 平面上に図示せよ。

(2) (1)の共有点が $z^4=-1$ を満たすとき，$a$，$r$ の値を求めよ。 ➡ 本冊 数学C 例題 106,149

(1) P$(z)$，A$(a)$，B$(-a)$ とすると

$$|z-a|+|z+a|=4 \iff \mathrm{PA}+\mathrm{PB}=4$$

よって，$C_a$ は2点A，Bを焦点とする楕円である。

$z=x+yi$ ($x$，$y$ は実数) とすると，楕円 $C_a$ の方程式は

$\dfrac{x^2}{p^2}+\dfrac{y^2}{q^2}=1$ $(p>q>0)$ とおける。

このとき　PA＋PB$=2p$，

焦点は　2点 $(\sqrt{p^2-q^2},\ 0)$，$(-\sqrt{p^2-q^2},\ 0)$

ゆえに　$2p=4$ …… ①，$\sqrt{p^2-q^2}=a$ …… ②

①から　$p=2$

よって，②から　$q=\sqrt{p^2-a^2}=\sqrt{4-a^2}$

ゆえに，楕円 $C_a$ の方程式は　$\dfrac{x^2}{4}+\dfrac{y^2}{4-a^2}=1$

また，$C$ は原点を中心とする半径 $r$ の円であるから，$C_a$ と $C$ が共有点をもつための条件は

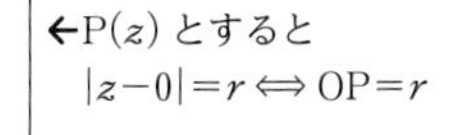

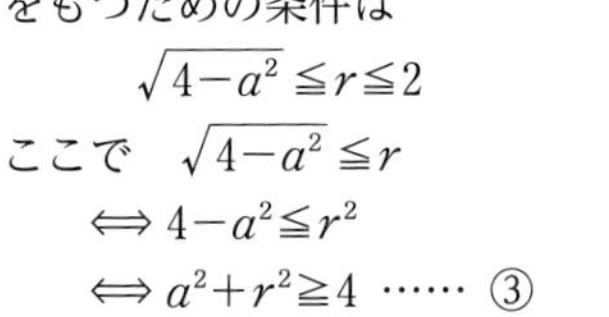

$$\sqrt{4-a^2}\leqq r\leqq 2$$

ここで　$\sqrt{4-a^2}\leqq r$

$\iff 4-a^2\leqq r^2$

$\iff a^2+r^2\geqq 4$ …… ③

また　$0<r\leqq 2$ …… ④

③，④および $0<a<2$ を満たす点 $(a,\ r)$ の存在範囲は **右図の斜線部分** のようになる。

ただし，**境界線は，直線 $a=2$ と点 $(0,\ 2)$ を除き，他は含む。**

(2) $z=r_1(\cos\theta+i\sin\theta)$ $[r_1>0]$ とすると，$z^4=-1$ から　$r_1{}^4(\cos 4\theta+i\sin 4\theta)=\cos\pi+i\sin\pi$

よって　$r_1{}^4=1$，$4\theta=\pi+2n\pi$ ($n$ は整数)

$r_1{}^4=1$ を解くと　$r_1=1$

$4\theta=\pi+2n\pi$ から　$\theta=\dfrac{\pi}{4}+\dfrac{n}{2}\pi$

$n=0$ とすると　$\theta=\dfrac{\pi}{4}$　このとき　$z=\dfrac{1}{\sqrt{2}}+\dfrac{1}{\sqrt{2}}i$

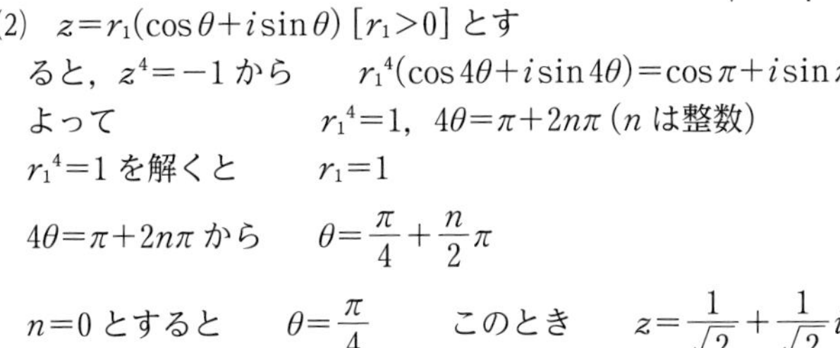

$C_a$ と $C$ の共有点が点 $\dfrac{1}{\sqrt{2}}+\dfrac{1}{\sqrt{2}}i$ であるとき，楕円

$\dfrac{x^2}{4}+\dfrac{y^2}{4-a^2}=1$ 上に点 $\left(\dfrac{1}{\sqrt{2}},\ \dfrac{1}{\sqrt{2}}\right)$ があるから

←点Pの軌跡は，2点A，Bからの距離の和が一定である点の軌跡 ⟶ 楕円。

←焦点は実軸($x$ 軸)上にあるから　$p>q>0$

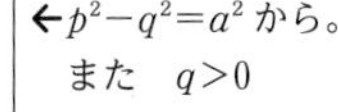

←$p^2-q^2=a^2$ から。また　$q>0$

←P$(z)$ とすると $|z-0|=r \iff \mathrm{OP}=r$

←条件 $0<a<2$，$0<r$ を忘れずに。

←まず，$z^4=-1$ の解を求める。なお，$z^4=-1$ から $(z^4+2z^2+1)-2z^2=0$ よって　$(z^2+\sqrt{2}z+1)\times(z^2-\sqrt{2}z+1)=0$ このように因数分解して解いてもよい。

$$\frac{1}{8}+\frac{1}{2(4-a^2)}=1 \ \cdots\cdots \ (*) \qquad よって \qquad a^2=\frac{24}{7}$$

$0<a<2$ であるから　　$a=\dfrac{2\sqrt{6}}{\sqrt{7}}=\dfrac{2\sqrt{42}}{7}$

$n=1,\ 2,\ 3$ としても，同様にして，同じ $a$ の値が得られる。

したがって　　$\boldsymbol{a=\dfrac{2\sqrt{42}}{7},\ r=1}$

$n=0,\ 1,\ 2,\ 3$ のとき
$z=\pm\dfrac{1}{\sqrt{2}}\pm\dfrac{1}{\sqrt{2}}i$
となる。
よって，$n=0,\ 1,\ 2,\ 3$ の各場合に対して，(＊)が導かれる。

**総合 24**

楕円 $C: 7x^2+10y^2=2800$ の有理点とは，$C$ 上の点でその $x$ 座標，$y$ 座標がともに有理数であるものをいう。また，$C$ の整数点とは，$C$ 上の点でその $x$ 座標，$y$ 座標がともに整数であるものをいう。整数点はもちろん有理点でもある。点 $\mathrm{P}(-20,\ 0)$，$\mathrm{Q}(20,\ 0)$ は $C$ の整数点である。

(1) 実数 $a$ を傾きとする直線 $\ell_a: y=a(x+20)$ と $C$ の交点の座標を求めよ。

(2) (1) を用いて，$C$ の有理点は無数にあることを示せ。

(3) $C$ の整数点は P と Q のみであることを示せ。

〔中央大〕

➡ 本冊 数学C 例題 150

(1) $y=a(x+20)$ を $7x^2+10y^2=2800$ に代入して

$$7x^2+10\{a(x+20)\}^2=2800$$

よって　　$(10a^2+7)x^2+400a^2x+4000a^2-2800=0$

ゆえに　　$(x+20)\{(10a^2+7)x+200a^2-140\}=0$

よって　　$x=-20,\ -\dfrac{200a^2-140}{10a^2+7}$

$y=a(x+20)$ から，$x=-20$ のとき　　$y=0$

$x=-\dfrac{200a^2-140}{10a^2+7}$ のとき　　$y=\dfrac{280a}{10a^2+7}$

したがって，直線 $\ell_a$ と楕円 $C$ の交点の座標は

$$\boldsymbol{(-20,\ 0),\ \left(-\frac{200a^2-140}{10a^2+7},\ \frac{280a}{10a^2+7}\right)}$$

←$C$ と $\ell_a$ の方程式を連立して解く。

←楕円 $C$，直線 $\ell_a$ とも点 $\mathrm{P}(-20,\ 0)$ を通るから，$x+20$ を因数にもつ。

←$y=a\left(-\dfrac{200a^2-140}{10a^2+7}+20\right)$

(2) $a$ が有理数のとき，(1) で求めた交点 $\left(-\dfrac{200a^2-140}{10a^2+7},\ \dfrac{280a}{10a^2+7}\right)$ の座標はともに有理数であるから，有理点であり，楕円 $C$ 上および直線 $\ell_a$ 上にある。

また，有理数 $a,\ b$ が $a\neq b$ を満たすとき，直線 $\ell_a,\ \ell_b$ は異なるから，直線 $\ell_a,\ \ell_b$ と楕円 $C$ の点 $(-20,\ 0)$ 以外の交点 $\mathrm{P}_a,\ \mathrm{P}_b$ の座標は異なる。

したがって，楕円 $C$ の有理点は無数にある。

←$10a^2+7\ (>0)$，$200a^2-140$，$280a$ は有理数で，$\dfrac{有理数}{有理数}$ は有理数。

←$\ell_a: y=a(x+20)$ は定点 $(-20,\ 0)$ を通ることと，傾き $a$ の変化を考えると，図からわかる。

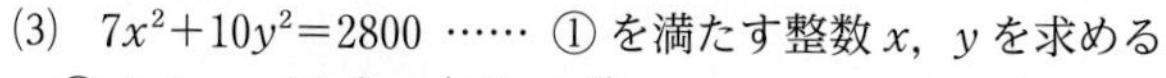

(3) $7x^2+10y^2=2800 \ \cdots\cdots$ ① を満たす整数 $x,\ y$ を求める。

① から　　$10y^2=7(400-x^2)$

10 と 7 は互いに素であるから，$y^2$ は 7 の倍数である。

よって，$y$ も 7 の倍数である。

また，$7x^2=10(280-y^2)\geqq 0$ から　　$0\leqq y^2\leqq 280$

よって，$y$ のとりうる値は　　$y=0,\ \pm 7,\ \pm 14$

**←$a,\ b$ が互いに素で，$an$ が $b$ の倍数ならば，$n$ は $b$ の倍数である。**
($a,\ b,\ n$ は整数)

←$14^2=196,\ 21^2=441$

[1]　$y=0$ のとき　　$x=\pm 20$

このとき，$C$ の整数点はP，Qである。

[2]　$y=\pm 7$ のとき　　$x^2=\dfrac{10(280-49)}{7}=330$

これを満たす整数 $x$ は存在しない。

[3]　$y=\pm 14$ のとき　　$x^2=\dfrac{10(280-196)}{7}=120$

これを満たす整数 $x$ は存在しない。

[1]～[3] から，$C$ の整数点はPとQのみである。

←$x^2=\dfrac{10(280-y^2)}{7}$

**総合 25**

3辺の長さが1，$x$，$y$ であるような鈍角三角形が存在するような点 $(x,\ y)$ からなる領域を，座標平面上に図示せよ。　〔類 学習院大〕

➡ 本冊 数学C 例題164

3辺の長さが1，$x$，$y$ であるような三角形が存在するための条件は　　$|x-1|<y<x+1$

すなわち　　$y>|x-1|$　かつ　$y<x+1$　……①

また，$AB=1$，$BC=x$，$CA=y$ である △ABC において，余弦定理により

$$\cos A=\frac{y^2+1-x^2}{2y},\ \cos B=\frac{x^2+1-y^2}{2x},$$

$$\cos C=\frac{x^2+y^2-1}{2xy}$$

△ABC が鈍角三角形であるための条件は

$\cos A<0$　または　$\cos B<0$　または　$\cos C<0$

よって　　$y^2+1-x^2<0$　または　$x^2+1-y^2<0$

または　$x^2+y^2-1<0$

すなわち

$x^2-y^2>1$　または　$x^2-y^2<-1$

または　$x^2+y^2<1$　……②

よって，①の表す領域と②の表す領域の共通部分が求める領域であるから，**右の図の斜線部分**。

ただし，**境界線は含まない**。

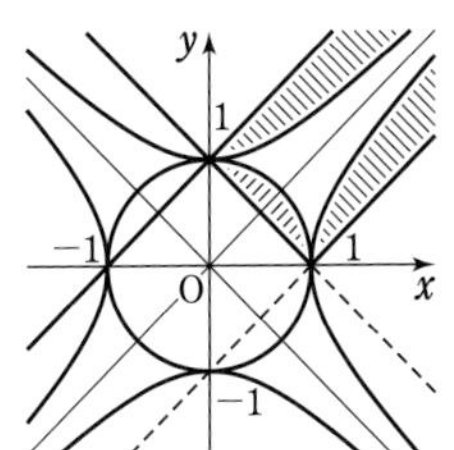


←三角形の成立条件

$a$，$b$，$c$ を3辺の長さとする三角形が存在するための条件は

$|b-c|<a<b+c$

(この不等式が成り立つとき $a>0$，$b>0$，$c>0$)

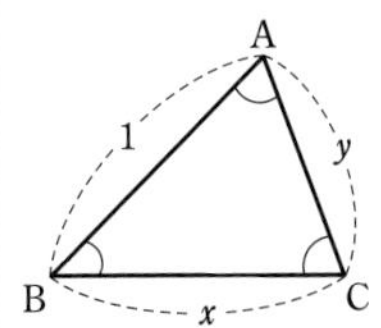


検討　鈍角三角形となる条件については，△PQR で　∠P>90° ⟺ $QR^2>PQ^2+RP^2$ を利用して，$1>x^2+y^2$ または $x^2>y^2+1$ または $y^2>1+x^2$　としてもよい。

**総合 26**

Oを原点とする $xyz$ 空間に点 A$(2,\ 0,\ -1)$，および，中心が点 B$(0,\ 0,\ 1)$ である半径 $\sqrt{2}$ の球面 $S$ がある。$a$，$b$ を実数とし，平面 $z=0$ 上の点 P$(a,\ b,\ 0)$ を考える。

(1)　直線AP上の点Qに対して $\overrightarrow{AQ}=t\overrightarrow{AP}$ と表すとき，$\overrightarrow{OQ}$ を $a$，$b$，$t$ を用いて表せ。ただし，$t$ は実数とする。

(2)　直線APが球面 $S$ と共有点をもつとき，点Pの存在範囲を $ab$ 平面上に図示せよ。

(3)　球面 $S$ と平面 $x=-1$ の共通部分を $T$ とする。直線APが $T$ と共有点をもつとき，点Pの存在範囲を $ab$ 平面上に図示せよ。　〔横浜国大〕

➡ 本冊 数学C 例題78,85，p.275

(1)　$\overrightarrow{OQ}=\overrightarrow{OA}+\overrightarrow{AQ}=\overrightarrow{OA}+t\overrightarrow{AP}=(2,\ 0,\ -1)+t(a-2,\ b,\ 1)$

$=\boldsymbol{(at-2t+2,\ bt,\ t-1)}$

(2)　球面 $S$ の方程式は　　$x^2+y^2+(z-1)^2=2$

この式に $x=at-2t+2$, $y=bt$, $z=t-1$ を代入すると

$$(at-2t+2)^2+(bt)^2+(t-2)^2=2$$

←直線 AP 上の点 Q の座標を代入。

整理して　　$\{(a-2)^2+b^2+1\}t^2+4(a-3)t+6=0$ …… ①

$(a-2)^2+b^2+1>0$ から，① は $t$ の 2 次方程式である。

よって，直線 AP が球面 $S$ と共有点をもつとき，① の判別式を $D$ とすると　　$D\geqq 0$

ここで　　$\dfrac{D}{4}=\{2(a-3)\}^2-\{(a-2)^2+b^2+1\}\cdot 6$

$$=2(-a^2-3b^2+3)=-2(a^2+3b^2-3)$$

$D\geqq 0$ から　　$a^2+3b^2-3\leqq 0$

すなわち　　$\dfrac{a^2}{3}+b^2\leqq 1$

←楕円 $\dfrac{a^2}{3}+b^2=1$ の周および内部を表す。

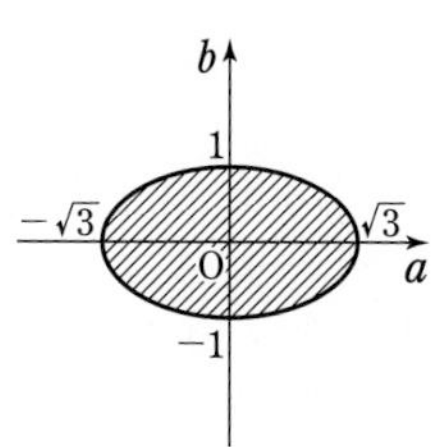


ゆえに，直線 AP が球面 $S$ と共有点をもつとき，点 P の存在範囲は **右の図の斜線部分** である。ただし，**境界線を含む。**

(3)　球面 $S$ の方程式に $x=-1$ を代入すると

$$(-1)^2+y^2+(z-1)^2=2$$

よって，図形 $T$ の方程式は　　$y^2+(z-1)^2=1$, $x=-1$

←$T$ は平面 $x=-1$ 上の点 $(-1, 0, 1)$ を中心とする半径 1 の円。

直線 AP が $T$ と共有点をもつとき，直線 AP 上の点 $\mathrm{Q}(at-2t+2,\ bt,\ t-1)$ が $T$ 上にあるとすると

$$at-2t+2=-1 \quad \text{すなわち} \quad (a-2)t=-3 \ \cdots\cdots \ ②$$

$a=2$ とすると，② を満たす実数 $t$ は存在しないから　$a\neq 2$

←$0\cdot t=-3$

ゆえに，② から　　$t=-\dfrac{3}{a-2}$

このとき，点 Q の座標は　　$\left(-1,\ -\dfrac{3b}{a-2},\ -\dfrac{3}{a-2}-1\right)$

←(1) の $\overrightarrow{\mathrm{OQ}}$ の結果を利用。なお，$T$ 上にあることから，$x$ 座標は $-1$

これが $T$ 上にあるから

$$\left(-\frac{3b}{a-2}\right)^2+\left(-\frac{3}{a-2}-2\right)^2=1$$

よって　　$\dfrac{9b^2}{(a-2)^2}+\dfrac{(-2a+1)^2}{(a-2)^2}=1$

←両辺に $(a-2)^2$ を掛けて，分母を払う。

ゆえに　$9b^2+(-2a+1)^2=(a-2)^2$

整理すると　　$a^2+3b^2=1$

←$a^2+\dfrac{b^2}{\left(\dfrac{1}{\sqrt{3}}\right)^2}=1$

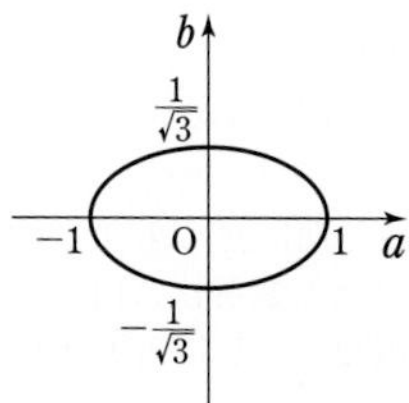


したがって，点 P の存在範囲は **右の図** のような楕円である。

**総合 27**

媒介変数 $\theta_1$ および $\theta_2$ で表される2つの曲線

$C_1:\begin{cases}x=\cos\theta_1\\y=\sin\theta_1\end{cases}\left(0<\theta_1<\frac{\pi}{2}\right)$　$C_2:\begin{cases}x=\cos\theta_2\\y=3\sin\theta_2\end{cases}\left(-\frac{\pi}{2}<\theta_2<0\right)$ がある。

$C_1$ 上の点 $P_1$ と $C_2$ 上の点 $P_2$ が，$\theta_1=\theta_2+\frac{\pi}{2}$ の関係を保って移動する。

曲線 $C_1$ の点 $P_1$ における接線と，曲線 $C_2$ の点 $P_2$ における接線の交点を P とし，これら2つの接線のなす角 $\angle P_1PP_2$ を $\alpha$ とする。〔名古屋大〕

(1) 直線 $P_1P$，$P_2P$ が $x$ 軸となす角をそれぞれ $\beta$，$\gamma$ $\left(0<\beta<\frac{\pi}{2},\ 0<\gamma<\frac{\pi}{2}\right)$ とする。$\tan\beta$ および $\tan\gamma$ を $\theta_1$ で表せ。

(2) $\tan\alpha$ を $\theta_1$ で表せ。

(3) $\tan\alpha$ の最大値と，最大値を与える $\theta_1$ の値を求めよ。

➡ 本冊 数学C 例題165

HINT (1) まず，$C_1$，$C_2$ はどのような曲線かを見極め，図をかいてみる。
(2) 正接の加法定理を利用。　(3) (相加平均)≧(相乗平均) を利用。

(1) $\theta_1$，$\theta_2$ をそれぞれ消去することにより

$$C_1:x^2+y^2=1,\ C_2:x^2+\frac{y^2}{9}=1$$

←$\sin^2\theta_1+\cos^2\theta_1=1$，$\sin^2\theta_2+\cos^2\theta_2=1$

よって，曲線 $C_1$ は円 $x^2+y^2=1$ の第1象限の部分であるから，右の図より

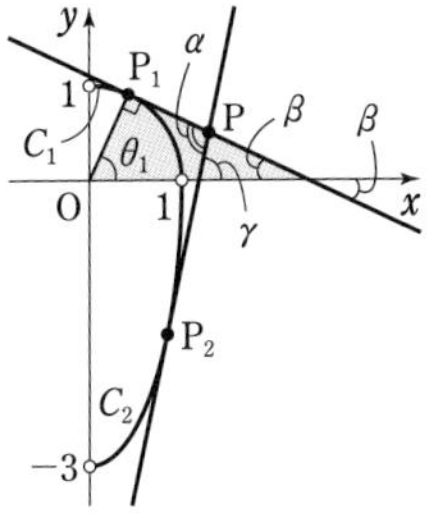

←$0<\theta_1<\frac{\pi}{2}$

←$OP_1\perp$($P_1$ を通る接線)

$$\tan\boldsymbol{\beta}=\tan\left(\frac{\pi}{2}-\theta_1\right)=\frac{1}{\tan\boldsymbol{\theta_1}}$$

←$\beta+\theta_1=\frac{\pi}{2}$

また，曲線 $C_2$ は楕円 $x^2+\frac{y^2}{9}=1$ の第4象限の部分であり，点 $P_2$ における接線の方程式は

←$-\frac{\pi}{2}<\theta_2<0$ から $0<x<1$，$-3<y<0$

$$x\cos\theta_2+\frac{y}{3}\sin\theta_2=1$$

←ここでは，$P_2$ における接線の傾きを具体的に求める。

ゆえに　$y=-\frac{3\cos\theta_2}{\sin\theta_2}x+\frac{3}{\sin\theta_2}$

よって　$\tan\boldsymbol{\gamma}=-\frac{3\cos\theta_2}{\sin\theta_2}=-\frac{3}{\tan\theta_2}=-\frac{3}{\tan\left(\theta_1-\frac{\pi}{2}\right)}$

←$\theta_2=\theta_1-\frac{\pi}{2}$

$$=\mathbf{3\tan\boldsymbol{\theta_1}}$$

(2) 図から　$\tan\alpha=\tan(\beta+\gamma)=\frac{\tan\beta+\tan\gamma}{1-\tan\beta\tan\gamma}$

←正接の加法定理。

$$=\frac{\frac{1}{\tan\theta_1}+3\tan\theta_1}{1-\frac{1}{\tan\theta_1}\cdot 3\tan\theta_1}=-\frac{1}{2}\left(3\tan\boldsymbol{\theta_1}+\frac{1}{\tan\boldsymbol{\theta_1}}\right)$$

(3) $\tan\theta_1>0$ であるから，(相加平均)≧(相乗平均) により

$$3\tan\theta_1+\frac{1}{\tan\theta_1}\geqq 2\sqrt{3\tan\theta_1\cdot\frac{1}{\tan\theta_1}}=2\sqrt{3}\ \cdots\cdots ①$$

←$a>0$，$b>0$ のとき $\frac{a+b}{2}\geqq\sqrt{ab}$
等号は $a=b$ のとき成り立つ。

等号が成り立つのは，$3\tan\theta_1=\frac{1}{\tan\theta_1}$ すなわち

$\tan\theta_1=\pm\frac{1}{\sqrt{3}}$ のとき。それは $0<\theta_1<\frac{\pi}{2}$ から $\theta_1=\frac{\pi}{6}$ のときである。

総合

① から　　$\tan\alpha \leqq -\frac{1}{2}\cdot 2\sqrt{3} = -\sqrt{3}$

ゆえに，$\tan\alpha$ は $\boldsymbol{\theta_1=\frac{\pi}{6}}$ **のとき最大値 $-\sqrt{3}$** をとる。

**総合 28**

$\alpha$ を複素数とする。複素数 $z$ の方程式 $z^2-\alpha z+2i=0$ …… ① について，次の問いに答えよ。

(1) 方程式 ① が実数解をもつように $\alpha$ が動くとき，点 $\alpha$ が複素数平面上に描く図形を図示せよ。

(2) 方程式 ① が絶対値 1 の複素数を解にもつように $\alpha$ が動くとする。原点を中心に点 $\alpha$ を $\frac{\pi}{4}$ 回転させた点を表す複素数を $\beta$ とするとき，点 $\beta$ が複素数平面上に描く図形を図示せよ。

〔東北大〕

➡ 本冊 数学C 例題 171

(1) 方程式 ① は $z=0$ を解にもたないから，① は

$$\alpha=z+\frac{2}{z}i \quad \cdots\cdots ②$$ と同値である。

← ① で，$z=0$ とすると，$2i=0$ となり，不合理。

② が実数解をもつとき，$z=t$（$t$ は 0 でない実数）とすると

$$\alpha=t+\frac{2}{t}i$$

ここで，$\alpha=x+yi$（$x$，$y$ は実数）とすると

$$x+yi=t+\frac{2}{t}i$$

よって　　$x=t$，$y=\frac{2}{t}$　　← 複素数の相等。

ゆえに　　$y=\frac{2}{x}$　　← $t$ を消去。

$t$ は 0 以外の任意の実数値をとるから，求める図形は **右図** のようになる。　　← $x$ の範囲も　$x \neq 0$

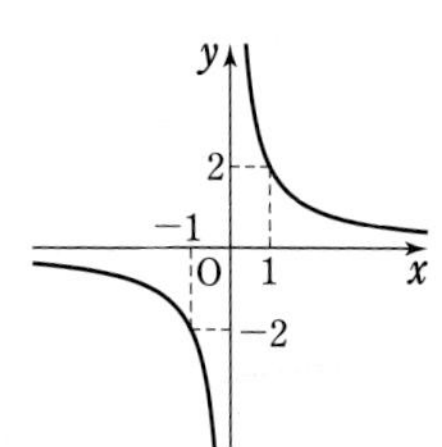


(2) 方程式 ① が絶対値 1 の複素数の解 $z=\cos\theta+i\sin\theta$ をもつとすると，② から

$$\begin{aligned}\alpha&=z+2i\bar{z}\\&=\cos\theta+i\sin\theta+2i(\cos\theta-i\sin\theta)\\&=\cos\theta+2\sin\theta+(2\cos\theta+\sin\theta)i\end{aligned}$$

← $|z|^2=1$ から　$z\bar{z}=1$
よって　$\bar{z}=\frac{1}{z}$

よって　　$\beta=\left(\cos\frac{\pi}{4}+i\sin\frac{\pi}{4}\right)\alpha$

$$\begin{aligned}&=\frac{1}{\sqrt{2}}(1+i)\{\cos\theta+2\sin\theta+(2\cos\theta+\sin\theta)i\}\\&=\frac{1}{\sqrt{2}}\{\sin\theta-\cos\theta+3(\sin\theta+\cos\theta)i\} \quad \cdots\cdots (*)\end{aligned}$$

← 点 $\beta$ は原点を中心に点 $\alpha$ を $\frac{\pi}{4}$ 回転させた点。

ここで，$\beta=x+yi$（$x$，$y$ は実数）とすると

$$x=\frac{1}{\sqrt{2}}(\sin\theta-\cos\theta),\quad y=\frac{3}{\sqrt{2}}(\sin\theta+\cos\theta)$$

ゆえに　　$\sin\theta-\cos\theta=\sqrt{2}x$ …… ③，

$\sin\theta+\cos\theta=\frac{\sqrt{2}}{3}y$ …… ④

検討　(＊)から

$$\beta=\frac{1}{\sqrt{2}}\left\{\sqrt{2}\sin\left(\theta-\frac{\pi}{4}\right)+3\sqrt{2}i\sin\left(\theta+\frac{\pi}{4}\right)\right\}$$

ここで，$\sin\left(\theta-\frac{\pi}{4}\right)$

$=\sin\left(\theta+\frac{\pi}{4}-\frac{\pi}{2}\right)$

$=-\cos\left(\theta+\frac{\pi}{4}\right)$ と変形すると

$(③+④)\div 2$ から　　$\sin\theta=\dfrac{1}{\sqrt{2}}\left(x+\dfrac{y}{3}\right)$

$(④-③)\div 2$ から　　$\cos\theta=\dfrac{1}{\sqrt{2}}\left(\dfrac{y}{3}-x\right)$

よって，$\sin^2\theta+\cos^2\theta=1$ から

$$\frac{1}{2}\left(x+\frac{y}{3}\right)^2+\frac{1}{2}\left(\frac{y}{3}-x\right)^2=1$$

整理すると　　$x^2+\dfrac{y^2}{9}=1$

ゆえに，求める図形は **右図** のようになる。

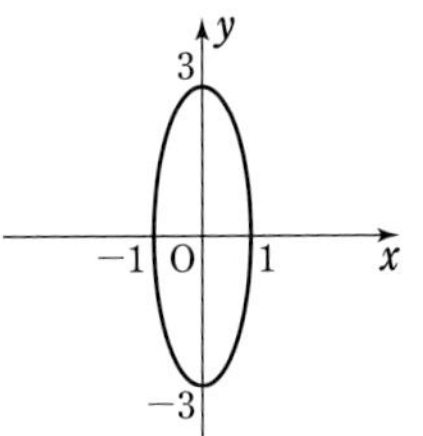


$\beta=-\cos\left(\theta+\dfrac{\pi}{4}\right)$
$\quad+3i\sin\left(\theta+\dfrac{\pi}{4}\right)$
これから
$x=-\cos\left(\theta+\dfrac{\pi}{4}\right)$,
$y=3\sin\left(\theta+\dfrac{\pi}{4}\right)$
とすると，$x^2+\dfrac{y^2}{9}=1$ を導きやすくなる。

**総合 29**

双曲線 $x^2-y^2=2$ の第 4 象限の部分を $C$ とし，点 $(\sqrt{2},\ 0)$ を A，原点を O とする。曲線 $C$ 上の点 Q における接線 $\ell$ と，点 O を通り接線 $\ell$ に垂直な直線との交点を P とする。

(1) 点 Q が曲線 $C$ 上を動くとき，点 P の軌跡は，点 O を極とする極方程式 $r^2=2\cos 2\theta\ \left(r>0,\ 0<\theta<\dfrac{\pi}{4}\right)$ で表されることを示せ。

(2) (1)のとき，△OAP の面積を最大にする点 P の直交座標を求めよ。〔静岡大〕

➡ 本冊 数学C *p*.280, 例題 175

(1) $\mathrm{Q}\left(\dfrac{\sqrt{2}}{\cos t},\ \sqrt{2}\tan t\right)\ \left(-\dfrac{\pi}{2}<t<0\right)$

と表される。

よって，接線 $\ell$ の方程式は

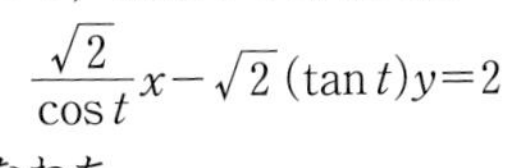

$$\frac{\sqrt{2}}{\cos t}x-\sqrt{2}(\tan t)y=2$$

すなわち

$$x-(\sin t)y=\sqrt{2}\cos t \ \cdots\cdots ①$$

原点 O を通り，接線 $\ell$ に垂直な直線の方程式は

$$(\sin t)x+y=0 \ \cdots\cdots ②$$

$①+②\times\sin t$ から　　$(1+\sin^2 t)x=\sqrt{2}\cos t$

ゆえに　　$x=\dfrac{\sqrt{2}\cos t}{1+\sin^2 t}$

よって，② から　　$y=-(\sin t)x=-\dfrac{\sqrt{2}\sin t\cos t}{1+\sin^2 t}$

ゆえに，点 P を直交座標で表すと

$$\left(\frac{\sqrt{2}\cos t}{1+\sin^2 t},\ -\frac{\sqrt{2}\sin t\cos t}{1+\sin^2 t}\right)$$

ここで，$-\dfrac{\pi}{2}<t<0$ であるから，点 P は第 1 象限にある。

よって，点 P を点 O を極とする極座標 $(r,\ \theta)$ で表したとき，

$r>0,\ 0<\theta<\dfrac{\pi}{2}$ としてよい。

←双曲線 $\dfrac{x^2}{a^2}-\dfrac{y^2}{b^2}=1$ の媒介変数表示は
$\boldsymbol{x=\dfrac{a}{\cos\theta},\ y=b\tan\theta}$
(ここでは，点 Q が第 4 象限にあるから $-\dfrac{\pi}{2}<t<0$)

←直線 $ax+by+c=0$ と垂直な直線の方程式は
$\boldsymbol{bx-ay+c'=0}$
(ここでは，原点を通るから　$c'=0$)

←$\sin t<0,\ \cos t>0$

←$\theta$ が $0<\theta<\dfrac{\pi}{2}$ に限られるため　$r>0$

総合

このとき　$r=\mathrm{OP}=\dfrac{|-\sqrt{2}\cos t|}{\sqrt{1+\sin^2 t}}=\dfrac{\sqrt{2}\cos t}{\sqrt{1+\sin^2 t}}$,

$\cos\theta=\dfrac{x}{r}=\dfrac{\sqrt{2}\cos t}{1+\sin^2 t}\cdot\dfrac{\sqrt{1+\sin^2 t}}{\sqrt{2}\cos t}=\dfrac{1}{\sqrt{1+\sin^2 t}}$

よって　$r^2-2\cos 2\theta=r^2-2(2\cos^2\theta-1)$

$=\dfrac{2\cos^2 t}{1+\sin^2 t}-2\left(2\cdot\dfrac{1}{1+\sin^2 t}-1\right)$

$=2\cdot\dfrac{\cos^2 t+\sin^2 t-1}{1+\sin^2 t}=0$

また，$-\dfrac{\pi}{2}<t<0$ より，$0<\sin^2 t<1$ であるから

$\dfrac{1}{\sqrt{2}}<\dfrac{1}{\sqrt{1+\sin^2 t}}<1$　すなわち　$\dfrac{1}{\sqrt{2}}<\cos\theta<1$

$0<\theta<\dfrac{\pi}{2}$ の範囲で，これを解くと　$0<\theta<\dfrac{\pi}{4}$

したがって，点Pの軌跡は，点Oを極とする極方程式

$r^2=2\cos 2\theta\ \left(r>0,\ 0<\theta<\dfrac{\pi}{4}\right)$ で表される。

(2)　△OAPの面積を $S$ とすると

$S=\dfrac{1}{2}\cdot\mathrm{OA}\cdot\mathrm{OP}\sin\theta=\dfrac{1}{2}\cdot\sqrt{2}\cdot r\sin\theta=\dfrac{1}{\sqrt{2}}r\sin\theta$

(1) より，$r^2=2\cos 2\theta$ であるから

$S^2=\dfrac{1}{2}r^2\sin^2\theta=\dfrac{1}{2}\cdot 2\cos 2\theta\cdot\dfrac{1-\cos 2\theta}{2}$

$=\dfrac{1}{2}(-\cos^2 2\theta+\cos 2\theta)$

$=-\dfrac{1}{2}\left(\cos 2\theta-\dfrac{1}{2}\right)^2+\dfrac{1}{8}$

また，$0<\theta<\dfrac{\pi}{4}$ より，$0<2\theta<\dfrac{\pi}{2}$ であるから　$0<\cos 2\theta<1$

よって，$S^2$ は $\cos 2\theta=\dfrac{1}{2}$ すなわち $\theta=\dfrac{\pi}{6}$ のとき最大となる。

$S>0$ であるから，$\theta=\dfrac{\pi}{6}$ のとき $S$ も最大となる。

このとき，$r=\sqrt{2\cos 2\theta}=\sqrt{2\cos\dfrac{\pi}{3}}=1$ であるから

$x=r\cos\theta=1\cdot\dfrac{\sqrt{3}}{2}=\dfrac{\sqrt{3}}{2}$,　$y=r\sin\theta=1\cdot\dfrac{1}{2}=\dfrac{1}{2}$

したがって，求める点Pの直交座標は　$\boldsymbol{\left(\dfrac{\sqrt{3}}{2},\ \dfrac{1}{2}\right)}$

←原点と直線 $\ell$ の距離。

←$x=\dfrac{\sqrt{2}\cos t}{1+\sin^2 t}$

←2倍角の公式。

←$1<1+\sin^2 t<2$ から
$1<\sqrt{1+\sin^2 t}<\sqrt{2}$

参考　極方程式
$r^2=2\cos 2\theta$ で表される曲線は，レムニスケートであり（本冊 $p.302$ 基本例題179参照），$r>0$, $0<\theta<\dfrac{\pi}{4}$ の範囲が表す部分は，次の図の実線部分である。

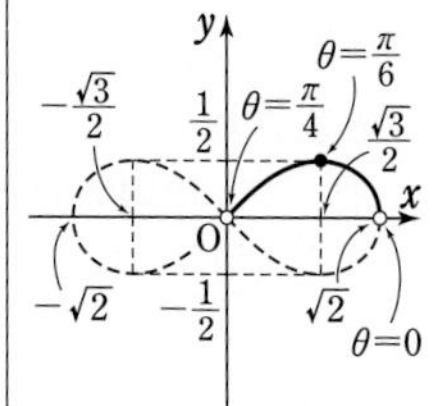


←$2\theta=\dfrac{\pi}{3}$

**総合 30** 座標平面上の点 $(x,\ y)$ が $(x^2+y^2)^2-(3x^2-y^2)y=0$，$x\geqq 0$，$y\geqq 0$ で定まる集合上を動くとき，$x^2+y^2$ の最大値，およびその最大値を与える $x$，$y$ の値を求めよ。〔千葉大〕

➡ 本冊 数学C 例題 175

$(x^2+y^2)^2-(3x^2-y^2)y=0$ …… ① とする。
点 $(x,\ y)$ が題意の集合上を動くとき，$x\geqq 0$，$y\geqq 0$ であるから，
$x=r\cos\theta$，$y=r\sin\theta$ $\left(r\geqq 0,\ 0\leqq\theta\leqq\dfrac{\pi}{2}\right)$ とすると

$$x^2+y^2=r^2(\cos^2\theta+\sin^2\theta)=r^2$$

したがって，$r^2$ の最大値を求める。
① に $x=r\cos\theta$，$y=r\sin\theta$ を代入すると

$$(r^2)^2-(3r^2\cos^2\theta-r^2\sin^2\theta)\cdot r\sin\theta=0$$

よって　$r^3\{r-(3\cos^2\theta-\sin^2\theta)\sin\theta\}=0$
ゆえに　$r=0$ …… ② または
　　　$r=(3\cos^2\theta-\sin^2\theta)\sin\theta$ …… ③
$\theta=0$ のとき，③ は $r=0$ となるから，② は ③ に含まれる。
③ を変形すると

$$r=\{3(1-\sin^2\theta)-\sin^2\theta\}\sin\theta=(3-4\sin^2\theta)\sin\theta$$
$$=3\sin\theta-4\sin^3\theta=\sin 3\theta$$

$0\leqq 3\theta\leqq\pi$ であるから，$r=\sin 3\theta$ は $3\theta=\dfrac{\pi}{2}$ すなわち $\theta=\dfrac{\pi}{6}$ のとき最大値 1 をとる。
このとき　$x=1\cdot\cos\dfrac{\pi}{6}=\dfrac{\sqrt{3}}{2}$，$y=1\cdot\sin\dfrac{\pi}{6}=\dfrac{1}{2}$
よって，$x^2+y^2$ は $\boldsymbol{x=\dfrac{\sqrt{3}}{2}}$，$\boldsymbol{y=\dfrac{1}{2}}$ **のとき最大値** $1^2=\mathbf{1}$ をとる。

HINT　条件式を，極座標 $(r,\ \theta)$ の式で表す。

←条件式 ① を $(r,\ \theta)$ の式に直す。

←3 倍角の公式。

←$0\leqq 3\theta\leqq\dfrac{3}{2}\pi$ であるが，$r=\sin 3\theta\geqq 0$ から $0\leqq 3\theta\leqq\pi$

←$x=r\cos\theta$，$y=r\sin\theta$

←$r^2$ の最大値 $\Longleftrightarrow$ $r$ の最大値

参考　$x\geqq 0$，$y\geqq 0$ の範囲で，$r=\sin 3\theta$ が表す曲線は，右の図の実線部分である。これは正葉曲線の一部である。

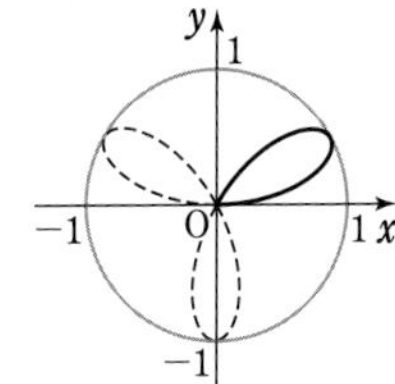

※解答・解説は数研出版株式会社が作成したものです。

発行所
**数研出版株式会社**

〒101-0052 東京都千代田区神田小川町2丁目3番地3
〔振替〕00140-4-118431
〒604-0861 京都市中京区烏丸通竹屋町上る
大倉町205番地
〔電話〕代表 (075)231-0161
ホームページ https://www.chart.co.jp
印刷 株式会社 加藤文明社
乱丁本・落丁本はお取り替えします。 240911